国家塑料制品质量监督检验中心（北京）

国家塑料制品质量监督检验中心（北京）（NTSQP），经国家质量监督检验检疫总局授权，从事塑料制品的质量监督检验、仲裁检验和各方委托检验，具有法定权威性和第三方公正性。

中心和全国塑料制品标准化技术委员会（TC48）、全国生物基材料及降解制品标准化技术委员会（TC380）合署办公，是我国塑料制品、生物基材料和降解制品标准化与性能检测的权威技术机构之一。

中心是食品用塑料包装容器工具等制品生产许可的发证检验机构，是中国合格评定国家认可委员会塑料拉伸性能测定能力验证计划的组织实施机构，多次承担各种塑料制品国家监督抽查任务和食品相关产品的风险监测任务。

目前，中心的检验范围包括了食品接触塑料包装材料、农用薄膜和节水灌溉等农资物品，塑料管材、管件和阀门、门窗型材、人造地板等建材，土工膜、土工格栅等土工材料，各类泡沫塑料制品，各类降解塑料等。中心还能进行塑料老化等长期寿命评价、材料成分分析、卫生性能分析、加工成型基础性能测试等。

中心的测试水平得到了国内外的广泛认可，食品接触塑料包装材料、塑料管道、泡沫、土工材料、降解塑料的检验水平处于国内领先地位，尤其是塑料降解性能的检验水平更是得到了美国、欧洲、日本等国际认可。

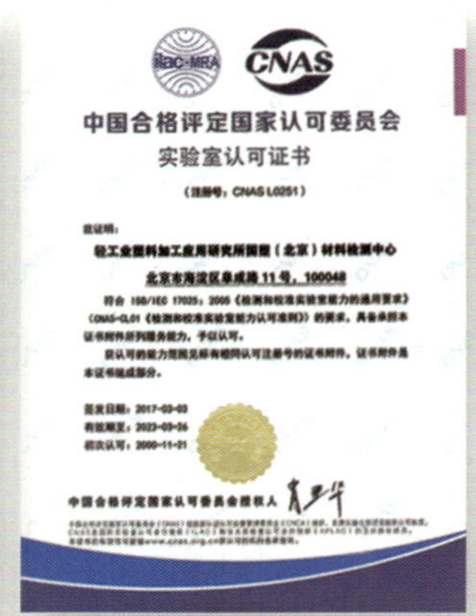

塑料管道系统标准汇编

基础方法分册

全国塑料制品标准化技术委员会
塑料管材、管件及阀门分技术委员会　编
中　国　标　准　出　版　社

中国标准出版社
北京

图书在版编目(CIP)数据

塑料管道系统标准汇编.基础方法分册 / 全国塑料制品标准化技术委员会塑料管材、管件及阀门分技术委员会编.—北京:中国标准出版社,2018.6
ISBN 978-7-5066-8997-7

Ⅰ.①塑… Ⅱ.①全… ②塑… Ⅲ.①塑料管材—标准—汇编—中国 Ⅳ.①TQ320.72-65

中国版本图书馆 CIP 数据核字(2018)第 103529 号

中国标准出版社出版发行
北京市朝阳区和平里西街甲 2 号(100029)
北京市西城区三里河北街 16 号(100045)

网址 www.spc.net.cn
总编室(010)63533533 发行中心:(010)51780238
读者服务部:(010)68523946

中国标准出版社秦皇岛印刷厂印刷
各地新华书店经销

*

开本 880×1230 1/16 印张 60.5 字数 1 820 千字
2018 年 6 月第一版 2018 年 6 月第一次印刷

*

定价 280.00 元

基 础 方 法 分 册
编委会名单

总编委：项爱民　黄　剑　王志伟　谢建玲　李白千
柴　冈　徐海云

主　编：项爱民　谢建玲

编委会成员(排名不分先后)：

宋科明　徐红越　李大治　魏作友　任雨峰
王新华　陈晓林　池永生　王百提　景发岐
涂向群　郑立克　李　莹　沈凡成　者东梅
孙华丽　张雪华　王　军　赵　洁　许丽丹

参编人员(按姓氏笔画排序，排名不分先后)：

王新华　承德市精密试验机有限公司
任雨峰　承德市金建检测仪器有限公司
刘　峰　武汉金牛经济发展有限公司
李　瑜　亚大集团公司
李大治　浙江伟星新型建材股份有限公司
李玉娥　国家化学建筑材料测试中心(材料测试部)
邱　强　爱康企业集团(上海)有限公司
沈凡成　四川金易管业有限公司
张慰峰　广东联塑科技实业有限公司
陈建春　浙江中财管道科技股份有限公司
项爱民　国家塑料制品质量监督检验中心
　　　　北京工商大学(轻工业塑料加工应用研究所)
徐红越　宝路七星管业有限公司
徐海云　北京工商大学
唐　辉　上海白蝶管业科技股份有限公司
黄　剑　永高股份有限公司
常文成　沧州明珠塑料股份有限公司
彭晓翊　日丰企业集团有限公司
景发岐　山东胜邦塑胶有限公司
魏作友　上海纳川核能新材料技术有限公司

前 言

塑料管道产品广泛应用在建筑、市政、水利、农业、工业等领域。为满足塑料制品的生产和贸易需求，全国塑料制品标准化技术委员会塑料管材、管件及阀门分技术委员会(SAC/TC 48/SC 3)组织编辑了《塑料管道系统标准汇编》。

全国塑料制品标准化技术委员会(SAC/TC 48)归口管理塑料制品相关国家标准、行业标准的制修订，其中塑料管材、管件及阀门分技术委员会(SAC/TC 48/SC 3)专业归口管理塑料管材、管件及阀门相关标准制修订工作，并对口国际标准化技术委员会 ISO/TC 138(流体输送用塑料管材、管件及阀门)组织，代表中国进行相关国际标准技术投票。

此汇编汇集了截至 2017 年 12 月底国内现行 200 余项塑料管道系统(管材、管件、阀门等产品标准及测试基础方法标准)相关的国家标准、行业标准。

本标准汇编共分为如下四个分册：

《塑料管道系统标准汇编　基础方法分册》

《塑料管道系统标准汇编　聚烯烃产品分册》

《塑料管道系统标准汇编　聚氯乙烯产品分册》

《塑料管道系统标准汇编　复合管产品分册》

本书为基础方法分册。

我国塑料管道系统标准积极采用 ISO 国际标准的对应标准文件，试验方法标准和基础标准大部分等同采用国际标准，产品标准根据我国人口水平及塑料管道实际应用状况，大多修改采用国际标准，以确保在建筑、市政工程中长期安全使用。本书可供塑料行业生产、检验、科研、销售单位的技术人员以及标准化人员等参考使用。

编　者

二〇一八年四月

目　　录

ICS 17.020
A 20

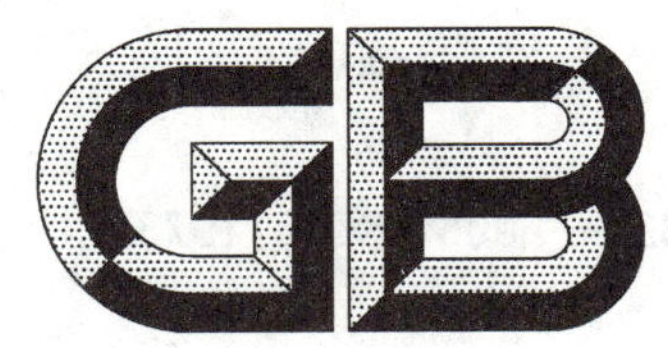

中华人民共和国国家标准

GB/T 321—2005/ISO 3:1973
代替 GB/T 321—1980

优先数和优先数系

Preferred numbers—Series of preferred numbers

(ISO 3:1973,IDT)

2005-05-16 发布 2005-12-01 实施

中华人民共和国国家质量监督检验检疫总局
中国国家标准化管理委员会 发布

前　言

本标准是 GB/T 321—1980《优先数和优先数系》的修订版。本标准等同采用 ISO 3:1973《优先数和优先数系》。

本标准对 GB/T 321—1980《优先数和优先数系》作如下修改：

——按 GB/T 1.1—2000《标准化工作导则　第1部分：标准的结构和编写规则》，调整标准的编排格式；

——等同采用 ISO 3:1973《优先数和优先数系》；

——删去 GB/T 321—1980 中有关《优先数和优先数系的应用指南》和《优先数和优先数化整值系列的选用指南》的内容（另订标准）。

从本标准及 GB/T 19763—2005《优先数和优先数系的应用指南》、GB/T 19764—2005《优先数和优先数化整值系列的选用指南》生效之日起，GB/T 321—1980《优先数和优先数系》废止。

本标准由全国产品尺寸和几何技术规范标准化技术委员会提出。

本标准由全国产品尺寸和几何技术规范标准化技术委员会归口。

本标准起草单位：机械科学研究院中机生产力促进中心、时代集团公司、北京计量检测科学研究院、哈尔滨量具刃具厂。

本标准主要起草人：王欣玲、李晓沛、王忠滨、吴迅、郎岩梅。

本标准所代替标准的历次版本发布情况为：

——GB/T 321—1980。

优先数和优先数系

1 范围

本标准规定了优先数系。

本标准适用于各种量值的分级，特别是在确定产品的参数或参数系列时，应按本标准规定的基本系列值选用。

2 术语与定义

2.1

优先数系 series of preferred numbers

优先数系是公比为$\sqrt[5]{10}$、$\sqrt[10]{10}$、$\sqrt[20]{10}$、$\sqrt[40]{10}$和$\sqrt[80]{10}$，且项值中含有10的整数幂的几何级数的常用圆整值。基本系列表1和补充系列R80表2中列出的1～10这个范围与其一致，这个优先数系可向两个方向无限延伸，表中值乘以10的正整数幂或负整数幂后即可得其他十进制项值。

2.1.1

优先数 preferred numbers

符合R5、R10、R20、R40和R80系列的圆整值(见表1第1～第4列和表2)。

2.1.2

理论值 theoretical values

$(\sqrt[5]{10})^N$、$(\sqrt[10]{10})^N$ 等理论等比数列的连续项值，其中N为任意整数。

注：理论值一般是无理数，不便于实际应用。

2.1.3

计算值 calculated values

对理论值取五位有效数字的近似值，计算值对理论值的相对误差小于1/20000。

注：在作参数系列的精确计算时可用来代替理论值。

2.1.4

序号 serial numbers

表明优先数排列次序的一个等差数列，它从优先数1.00的序号0开始计算。

2.2

系列代号 designation of series

优先数的所有系列均以字母R为符号开始。

3 优先数系

3.1

基本系列 basic series

R5、R10、R20和R40四个系列是优先数系中的常用系列(见表1)。

注1：基本系列中的优先数常用值，对计算值的相对误差在+1.26%～-1.01%范围内。各系列的公比为：

R5：$q_5=(\sqrt[5]{10})\approx1.60$

R10：$q_{10}=(\sqrt[10]{10})\approx1.25$

R20：$q_{20}=(\sqrt[20]{10})\approx1.12$

R40：$q_{40}=(\sqrt[40]{10})\approx1.06$

注 2：常用值的相对误差$=\frac{常用值-计算值}{计算值}\times100\%$

3.2

补充系列 R80　Complementary R80 series

R80 系列称为补充的系列（见表 2），它的公比 $q_{80}=(\sqrt[80]{10})\approx1.03$，仅在参数分级很细或基本系列中的优先数不能适应实际情况时，才可考虑采用。

表 1　基本系列

基本系列（常用值）				序号	理　论　值		基本系列和计算值间的相对误差/%
R5	R10	R20	R40		对数尾数	计算值	
(1)	(2)	(3)	(4)	(5)	(6)	(7)	(8)
1.00	1.00	1.00	1.00	0	000	1.000 0	0
			1.06	1	025	1.059 3	+0.07
		1.12	1.12	2	050	1.122 0	−0.18
			1.18	3	075	1.1885	−0.71
	1.25	1.25	1.25	4	100	1.258 9	−0.71
			1.32	5	125	1.333 5	−1.01
		1.40	1.40	6	150	1.412 5	−0.88
			1.50	7	175	1.496 2	+0.25
1.60	1.60	1.60	1.60	8	200	1.584 9	+0.95
			1.70	9	225	1.678 8	+1.26
		1.80	1.80	10	250	1.778 3	+1.22
			1.90	11	275	1.883 6	+0.87
	2.00	2.00	2.00	12	300	1.995 3	+0.24
			2.12	13	325	2.113 5	+0.31
		2.24	2.24	14	350	2.238 7	+0.06
			2.36	15	375	2.371 4	−0.48
2.50	2.50	2.50	2.50	16	400	2.511 9	−0.47
			2.65	17	425	2.660 7	−0.40
		2.80	2.80	18	450	2.818 4	−0.65
			3.00	19	475	2.985 4	+0.49
	3.15	3.15	3.15	20	500	3.162 3	−0.39
			3.35	21	525	3.349 7	+0.01
		3.55	3.55	22	550	3.548 1	+0.05
			3.75	23	575	3.758 4	−0.22

表 1（续）

基本系列(常用值)				序号	理论值		基本系列和计算值间的相对误差/%
R5	R10	R20	R40		对数尾数	计算值	
(1)	(2)	(3)	(4)	(5)	(6)	(7)	(8)
4.00	4.00	4.00	4.00	24	600	3.981 1	+0.47
			4.25	25	625	4.217 0	+0.78
		4.50	4.50	26	650	4.466 8	+0.74
			4.75	27	675	4.731 5	+0.39
	5.00	5.00	5.00	28	700	5.011 9	−0.24
			5.30	29	725	5.308 8	−0.17
		5.60	5.60	30	750	5.623 4	−0.42
			6.00	31	775	5.956 6	+0.73
6.30	6.30	6.30	6.30	32	800	6.309 6	−0.15
			6.70	33	825	6.683 4	+0.25
		7.10	7.10	34	850	7.079 5	+0.29
			7.50	35	875	7.498 9	+0.01
	8.00	8.00	8.00	36	900	7.943 3	+0.71
			8.50	37	925	8.414 0	+1.02
		9.00	9.00	38	950	8.912 5	+0.98
			9.50	39	975	9.440 6	+0.63
10.00	10.00	10.00	10.00	40	000	10.000 0	0

表 2　补充系列 R80

1.00	1.60	2.50	4.00	6.30
1.03	1.65	2.58	4.12	6.50
1.06	1.70	2.65	4.25	6.70
1.09	1.75	2.72	4.37	6.90
1.12	1.80	2.80	4.50	7.10
1.15	1.85	2.90	4.62	7.30
1.18	1.90	3.00	4.75	7.50
1.22	1.95	3.07	4.87	7.75
1.25	2.00	3.15	5.00	8.00
1.28	2.06	3.25	5.15	8.25
1.32	2.12	3.35	5.30	8.50
1.36	2.18	3.45	5.45	8.75
1.40	2.24	3.55	5.60	9.00
1.45	2.30	3.65	5.80	9.25
1.50	2.35	3.75	6.00	9.50
1.55	2.43	3.85	6.15	9.75

3.3 派生系列

3.3.1 派生系列

派生系列是从基本系列或补充系列 Rr 中，每 p 项取值导出的系列，以 Rr/p 表示，比值 r/p 是 1～10、10～100 等各个十进制数内项值的分级数。

派生系列的公比为：

$$q_{r/p}=q_r^p=(\sqrt[r]{10})^p=10^{p/r}$$

比值 r/p 相等的派生系列具有相同的公比，但其项值是多义的。例如，派生系列 R10/3 的公比 $q_{10/3}=10^{3/10}=1.258\,9^3\approx 2$，可导出三种不同项值的系列：

1.00，2.00，4.00，8.00

1.25，2.50，5.00，10.0

1.60，3.15，6.30，12.5

3.3.2 一般情况

设：r 是基本系列的指数，r=5，10，20 或 40。

p 是派生系列的间距，即组成派生系列时，在基本系列中所要求的间隔项数。

派生系列公比是：

$$10^{p/r}$$

此外，如 N 是正整数，则派生系列的标志项是：

$$10^{N/40}$$

则派生系列记为：

$$R^{r/p}(\cdots\cdots 10^{N/40}\cdots\cdots)$$

最后，如 X 是任意整数（正、零或负整数），则派生系列的任意项为：

$$10^{N/40}\times 10^{(p/r)X}=10^{\left(\frac{N}{40}+\frac{pX}{r}\right)}$$

ICS 83.080.01
G 31

中华人民共和国国家标准

GB/T 1033.1—2008/ISO 1183-1:2004
代替 GB/T 1033—1986

塑料　非泡沫塑料密度的测定 第1部分:浸渍法、液体比重瓶法和滴定法

Plastics—Methods for determining the density of non-cellular plastics—
Part 1:Immersion method,liquid pyknometer method and titration method

(ISO 1183-1:2004,IDT)

2008-08-04 发布　　2009-04-01 实施

中华人民共和国国家质量监督检验检疫总局
中国国家标准化管理委员会　发布

前　言

GB/T 1033《塑料　非泡沫塑料密度的测定》分为以下三个部分：

——第1部分：浸渍法、液体比重瓶法和滴定法；

——第2部分：密度梯度柱法；

——第3部分：气体比重瓶法。

本部分为GB/T 1033的第1部分。

本部分等同采用ISO 1183-1:2004《塑料——测定非泡沫塑料密度的方法——第1部分：浸渍法、液体比重瓶法和滴定法》(英文版)。

为了便于使用，对于ISO 1183-1:2004，本部分还做了下列编辑性修改：

a) 删除了ISO 1183-1:2004的前言；

b) 把"规范性引用文件"一章所列的2个国际标准用采用该文件的我国国家标准代替。

本部分代替GB/T 1033—1986《塑料密度和相对密度试验方法》。

本部分与GB/T 1033—1986相比主要变化如下：

a) 浸渍法：浸渍液的恒温控制温度由23 ℃±1 ℃改为23 ℃±0.5 ℃(或27 ℃±0.5 ℃)；试样质量由1 g～5 g改为大于1 g；悬挂金属丝直径由小于0.13 mm改为小于0.5 mm；称量中规定了秤量精度的要求。

b) 液体比重瓶法：规定了比重瓶抽真空的方式；规定了比重瓶在液浴恒温的温度；规定了每个试样密度的测定次数以及测定结果的表示方法。

c) 增加了滴定法，删除了浮沉法、密度计法和标准密度梯度柱法。

本部分的附录A为资料性附录。

本部分由中国石油和化学工业协会提出。

本部分由全国塑料标准化技术委员会(SAC/TC 15)归口。

本部分负责起草单位：中石化北化院国家化学建筑材料测试中心(材料测试部)。

本部分参加起草单位：国家合成树脂质量监督检验中心、北京燕山石化树脂所、国家石化有机原料合成树脂质检中心、广州金发科技股份有限公司、国家塑料制品质检中心(北京)。

本部分主要起草人：桂华、胡孝义、游欢、陈宏愿、王超先、赵平、叶南飚、翁云宣。

本部分于1986年12月首次发布，本次为第一次修订。

塑料　非泡沫塑料密度的测定
第1部分:浸渍法、液体比重瓶法和滴定法

1 范围

GB/T 1033本部分规定了非泡沫塑料密度的三种测定方法:

——方法A:浸渍法,适用于除粉料外无气孔的固体塑料。

——方法B:液体比重瓶法,适用于粉料,片料,粒料或制品部件的小切片。

——方法C:滴定法,适用于无孔的塑料。

本部分适用于模塑的或挤出的无孔的非泡沫塑料,以及粉料、片料和颗粒状非泡沫塑料。

注:本部分适用于各种无气孔的粒料。密度通常用来考察塑料材料的物理结构或组成的变化,也用来评价样品或试样的均一性。塑料材料的密度取决于试样制备的方法,这种情况下,试样的制备方法应包含在材料相关标准中。本注释对本部分的三个方法都适用。

2 规范性引用文件

下列文件中的条款通过GB/T 1033的本部分的引用而成为本标准的条款。凡是注日期的引用文件,其随后所有的修改单(不包括勘误的内容)或修订版均不适用于本部分,然而,鼓励根据本部分达成协议的各方研究是否可使用这些文件的最新版本。凡是不注日期的引用文件,其最新版本适用于本部分。

GB/T 2035—2008　塑料术语及其定义(ISO 472:1999,IDT)

GB/T 2918—1998　塑料试样状态调节和试验的标准环境(idt ISO 291:1997)

ISO 31-3:1992　力学的量和单位

3 术语和定义

GB/T 2035—2008确立的以及下列术语和定义适用于GB/T 1033的本部分。

3.1

质量　mass

物体所含物质的量,以千克(kg)或克(g)为单位。

3.2

表观质量　apparent mass

用天平测量所得到的物体的质量,以千克(kg)或克(g)为单位。

3.3

密度　density

ρ

试样的质量m与其在温度t时的体积之比,以kg/m^3、kg/dm^3(g/cm^3)或kg/L为单位。

注:根据ISO 31-3:1992对以下术语进行明确说明。

密度术语

术语	符号	公式	单位
密度	ρ	m/V	kg/m^3 kg/dm^3 (g/cm^3) kg/L(g/mL)
比容	ν	$V/m(=1/\rho)$	m^3/kg dm^3/kg (cm^3/g) L/kg (mL/g)

4 状态调节

测试环境应符合 GB/T 2918—1998 的规定。通常，不需要将样品调节到恒定的温度，因为测试本身是在恒定的温度下进行的。

如果测试过程中试样的密度发生变化，且变化范围超过了密度测量所要求的精密度，则在测试之前试样应按材料相关标准规定进行状态调节。如果测试的主要目的是密度随时间或大气环境条件的变化，试样应按材料相关标准规定进行状态调节。如果没有相关标准，则应按供需双方商定的方法对试样进行状态调节。

5 方法

5.1 A 法：浸渍法

5.1.1 仪器

5.1.1.1 分析天平，或为测密度而专门设计的仪器，精确到 0.1 mg。

注：可以用自动化仪器，密度可以用电脑计算得出。

5.1.1.2 浸渍容器，烧杯或其他适于盛放浸渍液的大口径容器。

5.1.1.3 固定支架，如容器支架，可将浸渍容器支放在水平面板上。

5.1.1.4 温度计，最小分度值为 0.1 ℃，范围为 0 ℃～30 ℃。

5.1.1.5 金属丝，具有耐腐蚀性，直径不大于 0.5 mm，用于浸渍液中悬挂试样。

5.1.1.6 重锤，具有适当的质量。当试样的密度小于浸渍液的密度时，可将重锤悬挂在试样托盘下端，使试样完全浸在浸渍液中。

5.1.1.7 比重瓶，带侧臂式溢流毛细管，当浸渍液不是水时，用来测定浸渍液的密度。比重瓶应配备分度值为 0.1 ℃，范围为 0 ℃～30 ℃的温度计。

5.1.1.8 液浴，在测定浸渍液的密度时，可以恒温在±0.5 ℃范围内。

5.1.2 浸渍液

用新鲜的蒸馏水或去离子水，或其他适宜的液体（含有不大于 0.1%的润湿剂以除去浸渍液中的气泡）。在测试过程中，试样与该液体或溶液接触时，对试样应无影响。

如果除蒸馏水以外的其他浸渍液来源可靠且附有检验证书，则不必再进行密度测试。

5.1.3 试样

试样为除粉料以外的任何无气孔材料，试样尺寸应适宜，从而在样品和浸渍液容器之间产生足够的间隙，质量应至少为 1 g。

当从较大的样品中切取试样时，应使用合适的设备以确保材料性能不发生变化。试样表面应光滑，无凹陷，以减少浸渍液中试样表面凹陷处可能存留的气泡，否则就会引入误差。

5.1.4 操作步骤

5.1.4.1 在空气中称量由一直径不大于 0.5 mm 的金属丝悬挂的试样的质量。试样质量不大于 10 g，精确到 0.1 mg;试样质量大于 10 g,精确到 1 mg,并记录试样的质量。

5.1.4.2　将用细金属丝(5.1.1.5)悬挂的试样浸入放在固定支架(5.1.1.3)上装满浸渍液(5.1.2)的烧杯(5.1.1.2)里,浸渍液的温度应为 23 ℃±2 ℃(或 27 ℃±2 ℃)。用细金属丝除去粘附在试样上的气泡。称量试样在浸渍液中的质量,精确到 0.1 mg。

如果在温度控制的环境中测试,整个仪器的温度,包括浸渍液的温度都应控制在 23 ℃±2 ℃(或 27 ℃±2 ℃)范围内。

5.1.4.3　如果浸渍液不是水,浸渍液的密度需要用下列方法进行测定:称量空比重瓶(5.1.1.7)质量,然后,在温度 23 ℃±0.5 ℃(或 27 ℃±0.5 ℃)下,充满新鲜蒸馏水或去离子水后再称量。将比重瓶倒空并清洗干燥后,同样在 23 ℃±0.5 ℃(或 27 ℃±0.5 ℃)温度下充满浸渍液并称量。用液浴(5.1.1.8)来调节水或浸渍液以达到合适的温度。

按式(1)计算 23 ℃或 27 ℃时浸渍液的密度:

$$\rho_{\mathrm{IL}} = \frac{m_{\mathrm{IL}}}{m_{\mathrm{W}}} \times \rho_{\mathrm{W}} \qquad (1)$$

式中:

ρ_{IL}——23 ℃或 27 ℃时浸渍液的密度,单位为克每立方厘米(g/cm^3);

m_{IL}——浸渍液的质量,单位为克(g);

m_{W}——水的质量,单位为克(g);

ρ_{W}——23 ℃或 27 ℃时水的密度,单位为克每立方厘米(g/cm^3)。

5.1.4.4　按式(2)计算 23 ℃或 27 ℃时试样的密度:

$$\rho_{\mathrm{S}} = \frac{m_{\mathrm{S,A}} \times \rho_{\mathrm{IL}}}{m_{\mathrm{S,A}} - m_{\mathrm{S,IL}}} \qquad (2)$$

式中:

ρ_{S}——23 ℃或 27 ℃时试样的密度,单位为克每立方厘米(g/cm^3);

$m_{\mathrm{S,A}}$——试样在空气中的质量,单位为克(g);

$m_{\mathrm{S,IL}}$——试样在浸渍液中的表观质量,单位为克(g);

ρ_{IL}——23 ℃或 27 ℃时浸渍液的密度,单位为克每立方厘米(g/cm^3),可由供货商提供或由 5.1.4.3 计算得出。

对于密度小于浸渍液密度的试样,除下述操作外,其他步骤与上述方法完全相同。

在浸渍期间,用重锤挂在细金属丝上,随试样一起沉在液面下。在浸渍时,重锤可以看作是悬挂金属丝的一部分。在这种情况下,浸渍液对重锤产生的向上的浮力是可以允许的。试样的密度用式(3)来计算:

$$\rho_{\mathrm{S}} = \frac{m_{\mathrm{S,A}} \times \rho_{\mathrm{IL}}}{m_{\mathrm{S,A}} + m_{\mathrm{K,IL}} - m_{\mathrm{S+K,IL}}} \qquad (3)$$

式中:

ρ_{S}——23 ℃或 27 ℃时试样的密度,单位为克每立方厘米(g/cm^3);

$m_{\mathrm{K,IL}}$——重锤在浸渍液中的表观质量,单位为克(g);

$m_{\mathrm{S+K,IL}}$——试样加重锤在浸渍液中的表观质量,单位为克(g)。

5.1.4.5　对于每个试样的密度,至少进行三次测定,取平均值作为试验结果,结果保留到小数点后第三位。

5.2　B 法:液体比重瓶法

5.2.1　仪器

5.2.1.1　天平,精确到 0.1 mg。

5.2.1.2　固定支架(5.1.1.3)。

5.2.1.3 比重瓶(5.1.1.7)。

5.2.1.4 液浴(5.1.1.8)。

5.2.1.5 干燥器,与真空体系相连。

5.2.2 浸渍液(5.1.2)

5.2.3 试样

试样应为接收状态的粉料、颗粒或片状材料,试样的质量应在 1 g~5 g 的范围内。

5.2.4 测试步骤

5.2.4.1 称量干燥过的空比重瓶(5.2.1.3),在比重瓶中装上适量的试样,并称重。用浸渍液(5.2.2)浸过试样并将比重瓶放在干燥器(5.2.1.5)中,抽真空将其中的空气赶出。中止抽真空,然后将比重瓶装满浸渍液,将其放入 23 ℃±0.5 ℃(或 27 ℃±0.5 ℃)恒温液浴(5.2.1.4)中恒温,然后将浸渍液准确充满至比重瓶容量所能容纳的极限处。

将比重瓶擦干,称量盛有试样和浸渍液的比重瓶。

5.2.4.2 将比重瓶倒空清洁后烘干,装入煮沸过的蒸馏水或去离子水,再用上述方法排除空气,在测试温度下称量比重瓶和内容物的质量。

5.2.4.3 如果浸渍液不是水,还应按 5.1.4.3 计算浸渍液的密度。

5.2.4.4 试样在 23 ℃或 27 ℃时的密度按式(4)计算:

$$\rho_S = \frac{m_S \times \rho_{IL}}{m_1 - m_2} \qquad \cdots\cdots(4)$$

式中:

ρ_S——23 ℃或 27 ℃时试样的密度,单位为克每立方厘米(g/cm^3);

m_S——试样的表观质量,单位为克(g);

m_1——充满空比重瓶所需液体的表观质量,单位为克(g);

m_2——充满容有试样的比重瓶所需液体的表观质量,单位为克(g);

ρ_{IL}——由供货商提供的或按 5.1.4.3 计算得到的在 23 ℃或 27 ℃时的浸渍液密度,单位为克每立方厘米(g/cm^3)。

5.2.4.5 每个样品至少应测三个试样,计算三次测试的平均值,结果保留到小数点后第三位。

5.3 C 法:滴定法

5.3.1 仪器

5.3.1.1 液浴(5.1.1.8)。

5.3.1.2 玻璃量筒,容量为 250 mL。

5.3.1.3 温度计,分度值为 0.1 ℃,温度范围适合于测试所需温度。

5.3.1.4 容量瓶,容积为 100 mL。

5.3.1.5 平头玻璃搅拌棒。

5.3.1.6 滴定管,容量为 25 mL,分度值 0.1 mL,可以放置在液浴(5.3.1.1)中。

5.3.2 浸渍液

需要两种可互溶的不同密度的液体,其中一种液体的密度低于被测样品的密度,而另一种液体的密度高于被测样品的密度,附录 A 中给出了几种液体的密度作为参考。必要时,可用几毫升液体进行快速初预测。

在测试过程中,要求液体与试样接触对试样不产生影响。

5.3.3 试样

试样应是无气孔的具有合适形状的固体。

5.3.4 测试步骤

5.3.4.1 用容量瓶(5.3.1.4)准确称量 100 mL 较低密度的浸渍液(5.3.2),倒入干燥的 250 mL 的玻璃量筒(5.3.1.2)中,并将装浸渍液的量筒放入到液浴(5.3.1.1)中,恒温到 23 ℃±0.5 ℃(或 27 ℃±0.5 ℃)。

5.3.4.2 将试样放入到量筒中,试样应沉入底部,并不应有气泡。搅拌几次,量筒及量筒内的试样在恒温液浴中稳定。

注:建议保持温度计(5.3.1.3)始终在浸渍液中,测量期间检查达到热平衡的情况,特别是稀释热的散失情况。

5.3.4.3 当液体的温度达到 23 ℃±0.5 ℃(或 27 ℃±0.5 ℃)时,用滴定管(5.3.1.6)每次取一毫升重浸渍液加入到量筒中,每次加入后,用玻璃棒(5.3.1.5)竖直搅拌浸渍液,防止产生气泡。

每次加入重浸渍液并搅拌后,观察试样的现象,起初试样迅速沉底,当加入较多的重浸渍液后,样片下沉的速率逐渐减慢。这时,每次加入 0.1 mL 重浸渍液。同样每次加入后用玻璃棒竖直搅拌浸渍液,当最轻的试样在液体里悬浮,且能保持至少 1 min 不做上下运动时。记录加入的重浸渍液的总量,这时混合液的密度相当于被测试样密度的最低限。

继续滴加重浸渍液,每次加入后用玻璃棒竖直搅拌浸渍液,当最重的试样在混合液中某一水平也能稳定至少 1 min 时,记录所添加重浸渍液的总量,这时混合液的密度相当于被测试样密度的最高限。

对于每对液体(轻浸渍液和重浸渍液),建立加入重浸渍液的量与混合液体密度两者之间的函数关系曲线,曲线上每点所对应混合液体的密度可用比重瓶法来测定。

6 空气中浮力的校正

由于称量是在空气中进行,当测试结果的准确度在 0.2%~0.05% 范围之间时,应校正所得到的“表观密度”值,以抵消空气浮力对试样和所用砝码产生的影响。

真实质量用式(5)计算:

$$m_T = m_{APP} \times \left(1 + \frac{\rho_{Air}}{\rho_S} - \frac{\rho_{Air}}{\rho_L}\right) \quad \cdots\cdots (5)$$

式中:

m_T——真实质量,单位为克(g);

m_{APP}——表观质量,单位为克(g);

ρ_{Air}——空气的密度,单位为克每立方厘米(g/cm^3),23 ℃或 27 ℃时空气的密度是 0.001 2 g/cm^3;

ρ_S——试样在 23 ℃或 27 ℃时的密度,单位为克每立方厘米(g/cm^3);

ρ_L——所用重物的密度,单位为克每立方厘米(g/cm^3)。

为了提高准确性,可以考虑空气的压力和温度对其密度的影响,如式(6):

$$\rho_{Air} = \frac{131}{(1 + 0.003\,67 \times t)} \times \frac{1}{P} \quad \cdots\cdots (6)$$

式中:

t——测试温度,单位为摄氏度(℃);

P——大气压,单位为帕(Pa)。

7 试验报告

试验报告应该包含以下信息和内容:

a) 注明引用 GB/T 1033 的本部分;

b) 试验样品的完整标识,包括试样的制备方法以及可能进行的预处理;

c) 所使用的测试方法(A、B 或 C);

d) 所使用的浸渍液;

e) 测试温度;

f) 试验结果,单次密度测试值以及密度算术平均值;

g) 关于是否进行浮力校正以及进行何种校正的陈述。

附　录　A
（资料性附录）
适用于方法 C 的液体体系

表 A.1 中给出了适用于本部分方法 C 的液体体系。

警告——以下某些化学品可能是有毒的。

表 A.1　方法 C 的液体体系

体　　系	密度范围/(g/cm^3)
甲醇/苯甲醇	0.79～1.05
异丙醇/水	0.79～1.00
异丙醇/二甘醇	0.79～1.11
乙醇/水	0.79～1.00
甲苯/四氯化碳	0.87～1.60
水/溴化钠水溶液[a]	1.00～1.41
水/硝酸钙水溶液	1.00～1.60
乙醇/氯化锌水溶液[b]	0.79～1.70
四氯化碳/1,3-二溴丙烷	1.60～1.99
1,3-二溴丙烷/溴化乙烯	1.99～2.18
溴化乙烯/溴仿	2.18～2.89
四氯化碳/溴仿	1.60～2.89
异丙醇/甲基乙二醇乙酸酯	0.79～1.00

a　质量分数为40%的溴化钠溶液的密度为 1.41 g/cm^3。

b　质量分数为67%的氯化锌溶液的密度为 1.70 g/cm^3。

以下试剂也可用于制备不同的混合液体系：

	密度/(g/cm^3)
正辛烷	0.70
二甲基甲酰胺	0.94
四氯乙烷	1.60
乙基碘	1.93
亚甲基碘	3.33

ICS 83.080.01
G 31

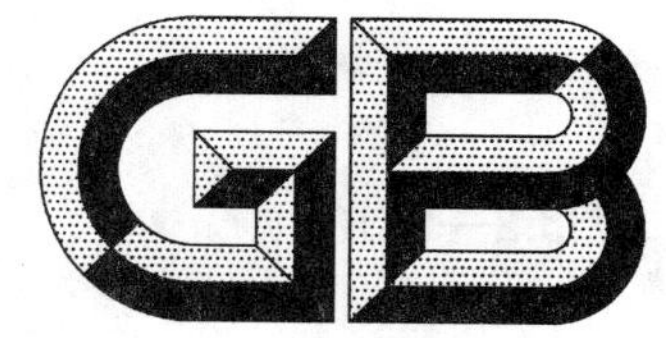

中华人民共和国国家标准

GB/T 1033.2—2010

塑料 非泡沫塑料密度的测定 第2部分:密度梯度柱法

Plastics—Methods for determining the density of non-cellular plastics—Part 2:Density gradient column method

(ISO 1183-2:2004,MOD)

2010-09-26 发布

2011-08-01 实施

中华人民共和国国家质量监督检验检疫总局
中国国家标准化管理委员会 发布

前　言

GB/T 1033《塑料　非泡沫塑料密度的测定》分为以下三个部分：

——第1部分：浸渍法、液体比重瓶法和滴定法；

——第2部分：密度梯度柱法；

——第3部分：气体比重瓶法。

本部分为GB/T 1033的第2部分。

本部分重新起草修改采用ISO 1183-2：2004《塑料　测定非泡沫塑料密度的方法　第2部分：密度梯度柱法》（英文版）。

本部分与ISO 1183-2：2004的技术差异及其原因如下：

——把“规范性引用文件”一章所列的国际标准分别用采用该文件的我国国家标准代替。并在引用文件中增加了GB/T 6379.2—2004 测量方法与结果的准确度（正确度与精密度）　第2部分确定标准测量方法重复性与再现性的基本方法（ISO 5725-2：1994，IDT）；

——增加了“密度梯度柱”的定义；

——将ISO 1183-2：2004中浮子大小的规定由“直径不大于5 mm”改为“直径不大于8 mm”；

——密度的计算明确了对精度的要求；

——增加了精密度部分；

——增加了“附录C（资料性附录）　GB/T 1033的本部分与GB/T 1033—1986中D法的差异”。

为了便于使用，本部分对ISO 1183-2：2004进行了下列编辑性修改：

——删除了ISO 1183-2：2004的前言；

——根据我国标准编写规格，将英文原文的附录B改为本标准的附录A，英文原文的附录A改为本标准的附录B；

——根据我国标准编写规则，将规范性引用文件中的GB 3102.3—1993放入参考文献中。

本部分的附录A、附录B以及附录C为资料性附录。

本部分由中国石油和化学工业协会提出。

本部分由全国塑料标准化技术委员会塑料树脂通用方法和产品分会（SAC/TC 15/SC 4）归口。

本部分负责起草单位：国家化学建筑材料测试中心（材料测试部）。

本部分参加起草单位：中国石化北京燕山分公司树脂应用研究所、国家合成树脂质量监督检验中心、中蓝晨光化工研究院有限公司、国家石化有机原料合成树脂质量监督检验中心、中国石化上海石化股份有限公司质检中心、中国石化齐鲁分公司研究院、中国石化齐鲁分公司塑料厂、石油化工研究院大庆化工研究中心、中国石油大庆石化公司塑料厂、中国石油吉林石化公司研究院、中国石油吉林石化分公司聚乙烯厂、中国石油辽阳石化分公司烯烃厂、中国石油独山子石化公司乙烯厂、上海赛科石油化工有限责任公司、中海壳牌石油化工有限公司、中国石化茂名分公司、中国石油兰州石化公司。

本部分主要起草人：桂华、者东梅、胡孝义、陈宏愿、王超先、赵平。

塑料　非泡沫塑料密度的测定
第2部分：密度梯度柱法

警告：本部分的应用可能会涉及到一些危险的材料、操作或设备。本部分没有针对可能存在的有关应用的全部安全问题做出说明。本部分的使用者有责任在使用前建立适用于本部分的安全健康条款并确定本部分的使用规范。

1　范围

GB/T 1033的本部分规定了用密度梯度柱测定非泡沫塑料密度的方法。

本部分适用于模塑或挤出的无孔非泡沫塑料固体颗粒。

注：密度通常用来考查塑料材料的物理结构或组成的变化，也用来评价样品或试样的均一性。塑料材料的密度通常也与试样的制备方法密切相关，这种情况下，试样制备的详细方法应包含在材料的相关规范中。

2　规范性引用文件

下列文件中的条款通过GB/T 1033的本部分的引用而成为本部分的条款。凡是注日期的引用文件，其随后所有的修改单(不包括勘误的内容)或修订版均不适用于本部分，然而，鼓励根据本部分达成协议的各方研究是否可使用这些文件的最新版本。凡是不注日期的引用文件，其最新版本适用于本部分。

GB/T 1033.1—2008　塑料　非泡沫塑料密度的测定　第1部分：浸渍法、液体比重瓶法和滴定法(ISO 1183-1:2004,IDT)

GB/T 2035—2008　塑料术语及其定义(ISO 472:1999,IDT)

GB/T 2918—1998　塑料试样状态调节和试验的标准环境(idt ISO 291:1997)

GB/T 6379.2—2004　测量方法与结果的准确度(正确度与精密度)　第2部分：确定标准测量方法重复性与再现性的基本方法(ISO 5725-2:1994,IDT)

3　术语和定义

GB/T 2035—2008中确立的以及下列术语和定义适用于本部分。

3.1

密度　density

ρ

试样的质量 m 与其在温度 t 时的体积之比，以 kg/m^3、kg/dm^3 (g/cm^3)或 kg/L(mg/mL)为单位。

注：根据GB 3102.3—1993对以下术语进行明确说明，见表1。

表1　密度术语

术　语	符　号	公　式	单　位
密度	ρ	m/V	kg/m^3 kg/dm^3 (g/cm^3) kg/L(g/mL)
比体积	v	$V/m(=1/\rho)$	m^3/kg dm^3/kg (cm^3/g) L/kg(mL/g)
注：比体积是温度 t 时单位质量物质所占有的体积。			

3.2

密度梯度柱　density gradient column

由两种液体组成的、密度从顶部到底部在一定范围内均匀提高的液体柱。

4　状态调节

状态调节和试验应符合 GB/T 2918—1998 或材料相关规范的规定。通常，测试前不需要将样品调节到恒定的测试温度，因为测试本身是在恒定的温度下进行的。

如果测试过程中试样的密度发生变化，且变化范围超过了密度测量所要求的精度，则试样在测试之前应按材料的相关标准规定进行状态调节。如果研究密度随时间或大气环境条件的变化是测试的主要目的，试样应按材料的相关规范的要求进行状态调节。如果没有相关规范，则应按相关各方认可的条件对试样进行状态调节。

5　方法

5.1　仪器

5.1.1　密度梯度柱，直径不小于 40 mm，顶端有一个盖子。液体柱的高度应与所需的精度相匹配，刻度间隔一般为 1 mm。

5.1.2　液体恒温浴，根据灵敏度的要求(参见附录 A)，控温精度为±0.1 ℃或±0.5 ℃。

5.1.3　经校准的玻璃浮子，覆盖整个测试量程并在量程范围内均匀分布。

注：这些浮子可从被认可的单位购买或按 5.4.1 中所描述的方法进行制备。

5.1.4　天平，精度为 0.1 mg。

5.1.5　虹吸管或毛细填充管组合，用于向梯度柱(5.1.1)或其他适宜的装置中注入密度梯度液，如图 A.1或图 A.2 所示。

5.2　浸渍液

由两种密度不同的可互溶的液体制备，若使用纯液体，应为刚蒸馏过的液体。常用液体体系的密度参见附录 B。

在测试过程中浸渍液不应对试样产生影响。

混合液的制备详见 5.4.1.2。

5.3　试样

试样应为从被测材料上切出的形状容易辨认的小粒，控制试样的大小以确保其中心位置容易确定。

当从较大的样品中切取试样时，应确保材料的物理参数不因产生过多的热量而发生变化。试样表面应光滑，无凹陷，从而避免因试样表面有气泡存留而产生误差。

注：通常试样的直径小于 5 mm。

5.4　测试步骤

5.4.1　玻璃浮子的制备和校准

5.4.1.1　玻璃浮子(5.1.3)应为采用任何便利方法制得的、直径不大于 8 mm 且经过充分退火的近似球形物。

5.4.1.2　制备某一密度范围的玻璃浮子，需准备一系列 500 mL 左右由两种浸渍液(5.2)按不同比例配制的混合液。混合液的密度范围应覆盖密度梯度柱(5.1.1)所测密度的整个范围，在室温条件下将浮子轻轻放入到这些混合液中。

选取适宜的玻璃浮子并按下列步骤进行调整使其与相应的混合液的密度近似匹配：

a)　在玻璃板上用粒径小于 38 μm(400 目)的碳化硅的稀浆液或其他适宜的擦拭剂打磨玻璃浮子。

b)　用氢氟酸刻蚀玻璃浮子。

5.4.1.3 确定以上得到的每一个玻璃浮子的精确密度。将浮子轻放到置于液体恒温浴(5.1.2)中的混合液(5.2)中,液体恒温浴的温度(t ℃±0.1 ℃)为密度梯度柱的使用温度(23 ℃或 27 ℃)。如果浮子下沉,加入两种液体中较重的液体(相反如果浮子上浮,加入较轻的液体)然后轻轻地搅拌使混合液均匀。搅拌均匀后观察浮子在混合液中是否稳定不动。如果浮子向上或向下移动,则按上述步骤再次调节混合液的密度,直到浮子可以静止至少 30 min 为止。

5.4.1.4 当浮子达到平衡时混合液的密度记为该浮子的密度,该混合液的密度用 GB/T 1033.1—2008 中的液体比重瓶法(方法 B)或其他适宜的方法确定。每个浮子的密度应精确到 0.000 1 g/cm^3。必要时按 GB/T 1033.1—2008 中的第 6 章对浮力进行校准。

注:校准的玻璃浮子也可从被认可的供应商处购买。

5.4.2 密度梯度柱的配制

本部分不详细说明密度梯度柱的配制方法,附录 B 给出了两种参考方法。

5.4.3 密度的测定

用配制密度梯度柱时所用的轻液将 3 个试样进行润湿,而后将试样依次轻轻地放入梯度柱中。试样在梯度柱中达到稳定需要 10 min 或更长时间,厚度小于 0.05 mm 的薄膜试样需要至少 1.5 h 才能达到平衡。薄膜试样建议几小时后应复查一下薄膜试样的位置。

注 1:测试过程中试样表面有气泡是产生误差的最常见的原因之一。

注 2:在梯度柱上施以真空或用一个细铁丝小心地去除试样表面的气泡。

以前测试留在梯度柱中的试样可以用一个铁丝网做的篮子以极慢的速度在不破坏其密度梯度的情况下打捞出来。清干净后,篮子再缓慢放回到梯度柱的底部。需强调的是,为了不破坏密度梯度,这一步骤应以极慢的速度(约 10 mm/min)进行。为方便打捞可以使用一种计时马达,打捞之后应对密度梯度柱进行校准后再使用。

5.4.4 计算

试样的密度可以由曲线法或者根据试样在梯度柱中的位置用计算法得出:

a) 曲线法

绘制浮子密度(ρ)-浮子高度(H)曲线,图要足够大以确保曲线中的点所对应的坐标值可以精确到±0.000 1 g/cm^3 和±1 mm。然后在曲线上找出试样的高度值,根据试样的高度找到对应的密度值。

b) 计算法

按式(1)用内插法计算每一个试样的密度 $\rho_{s,x}$:

$$\rho_{s,x}=\rho_{F1}+\frac{(x-y)\times(\rho_{F2}-\rho_{F1})}{z-y} \qquad \cdots\cdots(1)$$

式中:

ρ_{F2} 和 ρ_{F1}——紧邻试样下端和上端两个浮子的密度;

x——试样距某一基准水平面的垂直距离;

y 和 z——密度为 ρ_{F1} 和 ρ_{F2} 的两个浮子距该基准水平面的垂直距离。

注 1:计算法不能显示出校准误差,只能用曲线法检测出来这些误差。只有相关密度范围内校准为线性时,才可以使用方法 b)。

注 2:两种方法得出的密度都应精确到 0.000 1 g/cm^3。

如果每个浮子的位置与其密度不呈线性关系,试样的密度可采用二阶方程曲线内插法求得。

必要时,浮力的校准可参考 GB/T 1033.1—2008 中第 6 章进行。

6 精密度

对密度范围在 0.916 4 g/cm^3~0.962 8 g/cm^3 的 8 种聚乙烯树脂所做的密度梯度柱法测定材料密度的精密度实验进行结果分析,分别得出异丙醇-水或乙醇-水两种体系的重复性限和再现性限,见表 2 和表 3。

表 2 密度梯度柱法测定聚乙烯树脂密度的精密度实验结果(乙醇-水体系)

聚乙烯树脂样品	1#	2#	3#	4#	5#	6#	7#	8#
有效实验室数	13	14	17	17	18	21	17	17
总平均值的估计(m)/(g/cm^3)	0.916 40	0.921 00	0.921 66	0.922 91	0.939 07	0.951 14	0.960 81	0.962 82
重复性标准差(S_r)	5.5×10^{-5}	9.0×10^{-5}	5.2×10^{-5}	7.3×10^{-5}	2.6×10^{-4}	2.2×10^{-4}	1.8×10^{-4}	1.9×10^{-4}
重复性限(r)	1.5×10^{-4}	2.5×10^{-4}	1.5×10^{-4}	2.0×10^{-4}	7.3×10^{-4}	6.1×10^{-4}	5.1×10^{-4}	5.2×10^{-4}
再现性标准差(S_R)	4.7×10^{-4}	5.2×10^{-4}	7.0×10^{-4}	5.6×10^{-4}	4.8×10^{-4}	5.6×10^{-4}	6.9×10^{-4}	1.2×10^{-3}
再现性限(R)	1.3×10^{-3}	1.5×10^{-3}	1.9×10^{-3}	1.6×10^{-3}	1.3×10^{-3}	1.6×10^{-3}	1.9×10^{-3}	3.3×10^{-3}

表 3 密度梯度柱法测定聚乙烯树脂密度的精密度实验结果(异丙醇-水体系)

聚乙烯树脂样品	1#	2#	3#	4#	5#	6#	7#	8#
有效实验室数	4	6	7	9	7	10	7	7
总平均值的估计(m)/(g/cm^3)	0.916 34	0.920 83	0.921 61	0.922 87	0.938 96	0.950 95	0.960 42	0.962 96
重复性标准差(S_r)	—	—	—	1.5×10^{-4}	—	2.3×10^{-4}	—	—
重复性限(r)	—	—	—	4.1×10^{-4}	—	6.6×10^{-4}	—	—
再现性标准差(S_R)	—	—	—	6.3×10^{-4}	—	5.5×10^{-4}	—	—
再现性限(R)	—	—	—	1.8×10^{-3}	—	1.5×10^{-3}	—	—

本次精密度实验所得结果只对用于本次试验的相关批次的、特定试验条件下进行试验的 8 种聚乙烯牌号的数据负责。此数据不应简单地作为接受或拒绝某种材料的依据,但对于测试结果根据本结论作出的判定有 95%正确的可能性。

7 试验报告

试验报告应包含以下信息和内容:

a) 注明引用 GB/T 1033 的本部分;

b) 被测材料的全部详细信息,包括试样的制备方法、(可能进行的)预处理;

c) 使用的浸渍液体系;

d) 三个试样的单个测试值及其算术平均值,精确到 0.000 1 g/cm^3;

e) 试验温度;

f) 进行的浮力校准详细说明;

g) 试验日期。

附 录 A
（资料性附录）
密度梯度柱的配制

A.1 将密度梯度柱放到液体恒温浴(5.1.2)中，从附录B的表中选取合适的浸渍液(5.2)体系。若要求精度为0.001 g/cm³，液浴的温度应控制在±0.5 ℃以内，且整个密度梯度柱的上下密度差应小于0.2 g/cm³(最好小于0.1 g/cm³)。若要求精度为0.000 1 g/cm³，液浴的温度应控制在±0.1 ℃以内，且整个密度梯度柱的上下密度差应小于0.02 g/cm³(最好小于0.01 g/cm³)。梯度柱的最顶端和最底端的数据最好不要使用，且校准区域以外的读数不可取。

配制密度梯度柱的方法很多，下面介绍其中的两种方法，见A.2和A.3。

A.2 方法1：将两个相同形状和体积的容器按图A.1组装。选取一定量的两种液体，要求两种液体都经缓慢加热或施真空而排除了气体，超声波清洗器也是一种较为有效的方法。

将一定量的轻液加入到容器2中(总量至少为梯度柱所需浸渍液量的一半，见注1)，打开磁力搅拌，调节搅拌速度使得液面不发生剧烈振动。将同样量的重液加入到容器1中，注意不要将空气带入其中，打开容器2的阀门，用轻液充满毛细填充管(5.1.5)，毛细填充管用来控制液体的流速。向密度梯度柱底部开始缓慢注入液体，直到液面达到梯度柱顶端(注2)。

使用前应将制好的密度梯度柱放置至少24 h。

注1：用式(A.1)来计算某一时刻容器2中液体的密度ρ_2：

$$\rho_2=\rho_{max}-\frac{2\times(\rho_{max}-\rho_{min})\times V_1}{V} \qquad \text{(A.1)}$$

式中：

ρ_{min}——所配密度范围的下限，其值应比密度梯度柱中最轻的经校准的浮子的密度小0.01 g/cm³。

ρ_{max}——所需密度范围的上限，也就是容器1中液体的密度。应比密度梯度柱中最重的经校准的浮子的密度大0.005 g/cm³；

V——某一时刻密度梯度柱中液体的总体积，单位为立方厘米(cm³)；

V_1——容器1液体的初始体积，单位为立方厘米(cm³)。

注2：配制一个密度梯度柱可能需要1 h～1.5 h，有时需要更长时间，取决于密度梯度柱的体积。

A.3 方法2：按图A.2来组装仪器。此方法除以下几个步骤外其他与方法1相同：

a) 重液放入容器2，轻液放入容器1中；

b) 用虹吸管将液体从容器1吸入到容器2，然后再从容器2虹吸到密度梯度柱中，与梯度柱相连的虹吸管末端应为毛细填充管，填充管上端有阀门以控制液体流速；

c) 浸渍液先虹吸到密度梯度柱顶部，然后顺着密度梯度柱的内壁缓慢流下；

d) 计算密度ρ_2的方程式见式(A.2)：

$$\rho_2=\rho_{min}-\frac{2\times(\rho_{min}-\rho_{max})\times V_1}{V} \qquad \text{(A.2)}$$

式中：

ρ_{min}——所配密度范围的下限，其值应比密度梯度柱中最轻的经校准的浮子的密度小0.01 g/cm³；

ρ_{max}——所需密度范围的上限，也就是容器1中液体的密度。应比密度梯度柱中最重的经校准的浮子的密度大0.005 g/cm³；

V——某一时刻密度梯度柱中液体的总体积，单位为立方厘米(cm³)；

V_1——容器1液体的初始体积，单位为立方厘米(cm³)。

A.4 先在轻液中浸湿清洁的浮子，然后依次将浮子轻轻放入到密度梯度柱中，如果浮子聚集而没有在整个梯度柱中均匀地分散开，则应取出浮子废弃混合液并重新配制密度梯度柱。

如果密度测定的精度要求为 0.001 g/cm³，则应在 0.01 g/cm³ 密度范围内至少分布 1 个浮子；如果密度测定的精度要求为 0.000 1 g/cm³，则应在 0.001 g/cm³ 的密度范围至少分布 1 个浮子；至少需要 5 个浮子才能形成一条合理的校准曲线。

A.5 密度梯度柱配制好后，盖好盖子，恒温 24 h～48 h。恒温结束后，测量每一个浮子中心位置距离柱子底部的距离，精确到 1 mm，绘制出浮子密度(ρ)-浮子高度(H)曲线。

浮子密度-高度曲线的有效部分应是一条单调的、无间断的、拐点不多于一个的、近似线性的曲线，否则梯度液应废弃并重新配制密度梯度柱。

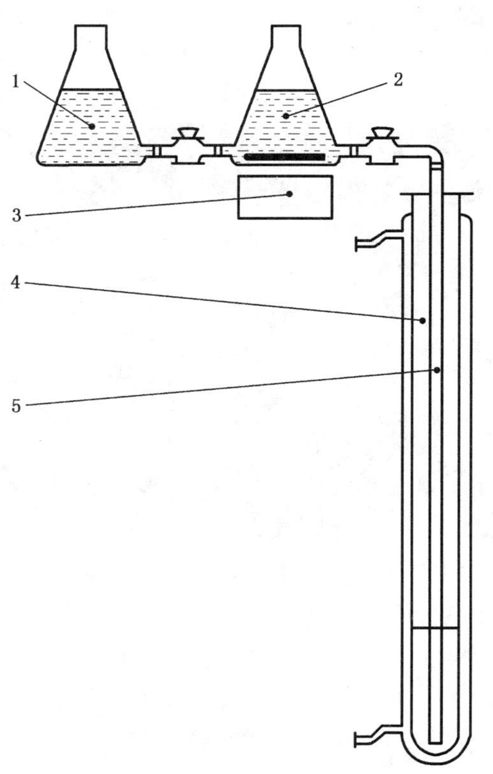

1——容器 1(里面装重液)；
2——容器 2(里面装轻液)；
3——磁力搅拌；
4——密度梯度柱；
5——毛细填充管。

图 A.1 方法 1 所述密度梯度柱的配制装置

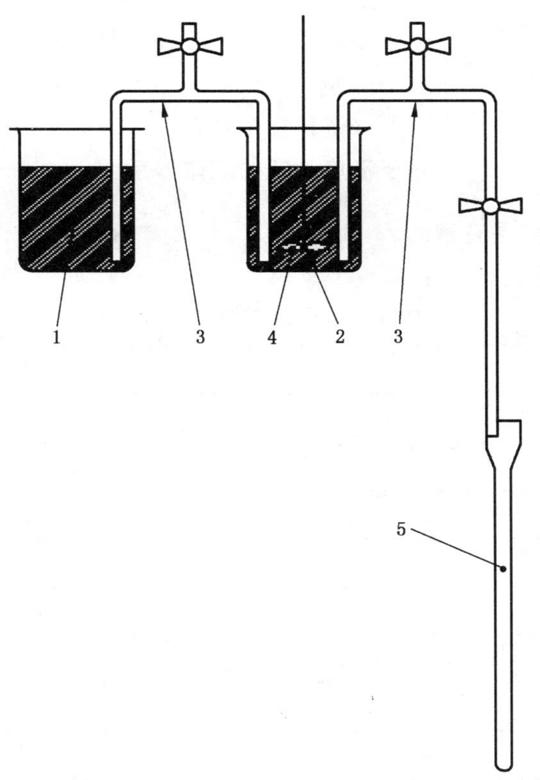

1——容器1(里面装轻液);

2——容器2(里面装重液);

3——虹吸管;

4——搅拌;

5——密度梯度柱。

图 A.2 方法2所述密度梯度柱的配制装置

附 录 B
（资料性附录）
用于密度测定的液体体系

警告：以下某些化学品可能是有害的。

本方法常用的液体体系见表 B.1。

表 B.1 常用的液体体系示例

体系	密度范围/(g/cm^3)
甲醇/苯甲醇	0.79～1.05
异丙醇/水	0.79～1.00
异丙醇/二甘醇	0.79～1.11
乙醇/水	0.79～1.00
甲苯/四氯化碳	0.87～1.60
水/溴化钠水溶液[a]	1.00～1.41
水/硝酸钙水溶液	1.00～1.60
乙醇/氯化锌水溶液[b]	0.79～1.70
四氯化碳/1,3-二溴丙烷	1.60～1.99
1,3-二溴丙烷/溴化乙烯	1.99～2.18
溴化乙烯/溴仿	2.18～2.89
四氯化碳/溴仿	1.60～2.89
异丙醇/甲基乙二醇乙酸酯	0.79～1.00

[a] 质量分数为 40%的溴化钠溶液的密度为 1.41。

[b] 质量分数为 67%的氯化锌溶液的密度为 1.70。

下列试剂也可用于制备不同的混合液体系：

	密度(g/cm^3)
正辛烷	0.70
二甲基甲酰胺	0.94
四氯乙烷	1.60
乙基碘	1.93
亚甲基碘	3.33

附 录 C
（资料性附录）
GB/T 1033 的本部分与 GB/T 1033—1986 中 D 法的差异

本部分与 GB/T 1033—1986 中 D 法的主要差异如下：

a） 增加了“密度梯度柱”的定义。

b） 对密度梯度柱（见 5.1.1）的长度没有要求，GB/T 1033—1986 中 D 法规定长度不小于250 mm（见 GB/T 1033—1986 的 4.4.1.4）。

c） 对浮子的要求为直径不大于 8 mm（见 5.4.1.1），GB/T 1033—1986 中 D 法规定浮子的直径为 3 mm～8 mm（见 GB/T 1033—1986 的 4.4.3.1）。

d） 对每组试样的投样时间间隔取消了规定，GB/T 1033—1986 中 D 法规定每组试样投放时间间隔最好不少于 30 min（见 GB/T 1033—1986 的 4.4.3.3）。

e） 试样在密度梯度柱中的平衡时间为 10 min 或更长时间（见 5.4.3），GB/T 1033—1986 中 D 法规定为 30 min（见 GB/T 1033—1986 中的 4.4.3.3）。

f） 密度梯度柱的配制在附录 A 中说明，GB/T 1033—1986 中 D 法在正文中（见 GB/T 1033—1986 的 4.4.3.2）说明。

g） 密度的计算明确了对精度的要求（见 5.4.4）。

h） 增加了精密度部分（见 6）。

参 考 文 献

［1］ GB 3102.3—1993 力学的量和单位(eqv ISO 31-3:1992)

ICS 83.080.01
G 31

中华人民共和国国家标准

GB/T 1034—2008/ISO 62:2008
代替 GB/T 1034—1998

塑料　吸水性的测定

Plastics—Determination of water absorption

(ISO 62:2008,IDT)

2008-08-04 发布　　2009-04-01 实施

中华人民共和国国家质量监督检验检疫总局
中国国家标准化管理委员会　发布

前　言

本标准等同采用 ISO 62:2008《塑料——吸水性的测定》(英文版)。

本标准等同翻译 ISO 62:2008。

本标准代替 GB/T 1034—1998《塑料吸水性试验方法》。

本标准与 GB/T 1034—1998 的主要差异为:

——增加了引言;

——样品的质量测量精度由 1 mg 改为 0.1 mg(第 4 章);

——GB/T 1034—1998 中的测试方法 2 和 4 合并为本标准的方法 3;室温下的测试温度范围由为 23.0 ℃±0.5 ℃ 改为 23.0 ℃±1.0 ℃或 23.0 ℃±2.0 ℃,湿度条件由原来的 50%改为 50%±5%或 50%±10%(第 6 章);

——在结果表示中增加了用费克(Fick)扩散定律测定的饱和吸水率和扩散系数(第 7 章);

——增加了附录 A:验证试样的吸水性与费克(Fick)扩散定律的相关性;

——增加了附录 B:ISO 62:2008 附录 B 关于精密度的描述;

——增加了附录 C:本标准与 GB/T 1034—1998 试样的主要差异。

本标准的附录 A、附录 B 和附录 C 为资料性附录。

本标准由中国石油和化学工业协会提出。

本标准由全国塑料标准化技术委员会(SAC/TC 15)归口。

本标准负责起草单位:中国石化北京燕山分公司树脂应用研究所、广州合成材料研究院有限公司。

本标准参加起草单位:国家合成树脂质量监督检验中心、国家化学建筑材料测试中心(材料测试部)、广州金发科技股份有限公司。

本标准主要起草人:曾纬丽、王浩江、李思钰、杨春梅、黄毅、石迎秋、李君、宋桂荣、刘畅、蔡彤旻。

本标准于 1970 年 10 月首次发布,1998 年 12 月第一次修订,本次为第二次修订。

引　言

塑料在水的作用下会发生以下几种现象：

a） 由于吸水引起尺寸改变（如膨胀）；

b） 水溶性物质溶出；

c） 材料其他性能的变化。

材料暴露于潮湿条件、浸入或暴露于沸水中，可发生明显不同的反应。当暴露于潮湿条件下平衡吸水量可用于比较不同种类塑料的吸水量。非平衡条件下的吸水量，可用于比较相同材料的不同批次；以及用规定尺寸的塑料试样暴露于潮湿环境中小心控制非平衡条件，也可测定材料的扩散常数。

塑料　吸水性的测定

1　范围

1.1　本标准规定了测定平板或曲面形状的固体塑料在厚度方向吸水性的方法。本标准也规定了当试样浸入水中或在一定的湿度条件下，测量规定塑料试样尺寸的吸水量。对单相材料假设通过试样厚度方向上具有恒定吸水性的费克扩散行为，那么可以测定通过厚度方向的水分扩散系数。该模型对均质材料和增强聚合物基料在玻璃化温度以下的试验是有效的。然而一些两相基料，如固化的环氧树脂可能要求多相吸收模型，不包含在本标准范围内。

1.2　材料的吸水性和(或)扩散系数适于比较塑料暴露于相同条件下的平衡吸水量。若在非湿度平衡条件下比较材料的性能，就不局限于单相费克扩散行为。

1.3　另一种情况是在一定时间内将规定尺寸的塑料试样浸泡于水中或规定的湿度下，该方法可用于相材料不同批次的比较，或给定材料的质量控制。所有试样尽可能相同，有相同的物理性质即表面光洁度、内应力等。然而在这些条件下试样达不到平衡吸水性，所以该试验不能用于比较不同种类塑料的吸水性。为了保证结果的可靠性，建议试验同时进行。

1.4　本标准得到的结果适用于大多数塑料，但不适用于具有吸水性和毛细管效应的泡沫塑料、颗粒或粉末。塑料暴露于潮湿条件一定时间，可用于塑料间的相互比较。测定扩散系数的试验不适用于所有塑料。方法2不适用于浸入沸水中后不能保持形状的塑料(见6.4)。

2　规范性引用文件

下列文件中的条款通过本标准的引用成为本标准的条款。凡是注日期的引用文件，其随后所有的修改单(不包括勘误的内容)或修订版均不适用于本标准，然而，鼓励根据本标准达成协议的各方研究是否可使用这些文件的最新版本。凡是不注日期的引用文件，其最新版本适用于本标准。

GB/T 11547—2008　塑料　耐液体化学试剂性能的测定(ISO 175:1999,IDT)

GB/T 17037.3—2003　塑料　热塑性塑料注塑试样的制备　第3部分:小方试片(ISO 294-3:1996,IDT)

ISO 2818:1994　塑料——用机械加工法制备试样

3　原理

将试样浸入23 ℃蒸馏水中或沸水中，或置于相对湿度为50%的空气中，在规定温度下放置一定时间，测定试样开始试验时与吸水后的质量差异，用质量差异对于初始质量的百分率表示。如有必要，可测定干燥除水后试样的失水量。

在某些应用中，需要使用相对湿度70%～90%和70 ℃～90 ℃的条件。相关方协商可使用比本标准推荐的更高温度和湿度。当使用不同于推荐的相对湿度和温度时，应在试验报告中详尽说明(包括相应的公差)。

4　仪器

4.1　天平

精度为±0.1 mg(见6.1.3)。

4.2　烘箱

具有强制对流或真空系统，能控制在50.0 ℃±2.0 ℃或其他商定温度的烘箱(见6.1.2)。

4.3 容器

用以盛蒸馏水或同等纯度的水，装有能控制水温在规定温度的加热装置。

4.4 干燥器

装有干燥剂（如 P_2O_5）。

4.5 测定试样尺寸的量具

如需要，精度为±0.1 mm。

5 试样

5.1 概述

每一种材料最少用三个试样进行试验。试样可用模塑或机械加工方法制备。报告中应包含试样的制备方法。

注：表面效应影响该方法的结果。对一些材料，模塑试样和从片材切割制得的试样可能得到不同的结果。

当试样表面有影响吸水性的材料污染时，应使用对塑料及其吸水性无影响的清洁剂擦拭。污染程度的测试按 GB/T 11547—2008 进行。例如，在 GB/T 11547—2008 的表 1 中注“无”（外观无变化）。试样清洁后，在 23.0 ℃±2.0 ℃、相对湿度 50%±10%环境下干燥至少 2 h 再开始试验。处理样品时应戴干净的手套以防止污染试样。

清洁剂应不影响吸水性。测定平衡吸水量应按 6.3（方法 1）和 6.6（方法 4）进行，清洁剂的影响可忽略。

5.2 均质塑料方形试样

除非相关方有其他规定，方形试样的尺寸和公差应与 GB/T 17037.3—2003 相同，厚度为 1.0 mm±0.1 mm。可按照 GB/T 17037.3—2003 标准，用标准给出的适用于试验材料的条件模塑（或用材料使用者推荐的条件）。对于有些材料（如聚酰胺、聚碳酸酯和某些增强塑料），用 1 mm 厚试样不能给出有意义的结果。此外有些产品说明书在测定吸水性时要求使用更厚的试样。在这些情况下，可用2.05 mm±0.05 mm 厚的试样。如果使用的试样厚度不为 1 mm，试样厚度应在试验报告中说明。试样对于边角的半径没有要求。试样的边角应光滑、干净，以防止在试验中材料从边角损失。

一些材料具有模塑收缩性，如果这些材料的模塑试样尺寸在 GB/T 17037.3—2003 的下限，最后试样的尺寸可能超过本标准规定的公差，应在试验报告中说明。

5.3 各项异性的增强塑料试样

对于一些增强塑料，如碳纤维增强环氧树脂，用小试样时由增强材料引起的各向异性扩散效应会产生错误的结果。考虑到这种情况，试样应符合以下要求，并且试样的特殊尺寸和制备方法应在试验报告中说明。

a） 标称方形板或曲面板应满足式(1)：

$$w \leqslant 100d \qquad (1)$$

式中：

w——标称边长，单位为毫米(mm)；

d——标称厚度，单位为毫米(mm)。

b） 为使试样边缘的吸水性最小，用不锈钢箔或铝箔粘在 100 mm×100 mm 方形板的边缘。当制备该试样时，由于铝箔和粘合剂质量的影响，粘合铝箔前后需小心称量样品。用吸水性差的粘合剂不会影响试验结果。

5.4 管材试样

除非其他标准另有规定，管材试样应具有如下尺寸：

a） 内径小于或等于 76 mm 的管材，沿垂直于管材中心轴的平面从长管中切取长 25 mm±1 mm 的一段作为试样，可以用机械加工、锯或剪切作用切取没有裂缝的光滑边缘。

b) 内径大于 76 mm 的管材，沿垂直于管材中心轴的平面从长管中切取长 76 mm±1 mm（沿管的外表面测量）、宽 25 mm±1 mm 的一段作为试样，切取的边缘应光滑没有裂缝。

5.5 棒材试样

棒材试样应具有如下尺寸：

a) 对于直径小于或等于 26 mm 的棒材，沿垂直于棒材长轴方向切取长 25 mm±1 mm 的一段作为试样。棒材的直径为试样的直径。

b) 对于直径大于 26 mm 的棒材，沿垂直于棒材长轴方向切取长 13 mm±1 mm 的一段作为试样。棒材的直径为试样的直径。

5.6 取自成品、挤出物、薄片或层压片的试样

除非其他标准另有规定，从产品上切取一小片：

a) 满足方形试样要求，或；

b) 被测材料的长、宽为 61 mm±1 mm，一组试样有相同的形状（厚度和曲面）。

用于制备试样的加工条件需相关方协商一致。也应依照 ISO 2818:1994 并在试验报告中说明。

如果标称厚度大于 1.1 mm，如无特殊要求，仅在一面机械加工试样的厚度至 1.0 mm～1.1 mm。

当加工层压板的表面对吸水性影响较大，试验结果无效时，应按照试样的原始厚度和尺寸进行试验，并在试验报告中说明。

6 试验条件和步骤

6.1 概述

6.1.1 某些材料可能需要在称量瓶中称量。

6.1.2 经相关方协商可采用 6.3 到 6.6 中所述干燥方法以外的干燥方法。

6.1.3 当材料的吸水率大于或等于 1%时，样品需要精确称量至±1 mg，质量波动允许范围为±1 mg。

6.2 通用条件

6.2.1 试验前应小心干燥试样。如在 50 ℃，需要干燥 1 d～10 d，确切的时间依赖于试样厚度。

6.2.2 在浸水过程中为了避免水中的溶出物变得过浓，试样总表面积每平方厘米至少用 8 mL 蒸馏水，或每个试样至少用 300 mL 蒸馏水。

6.2.3 将每组三个试样放入单独的容器（4.3）内完全浸入水中或暴露在相对湿度 50%环境中（方法 4）。

组成相同的几个或几组试样在测试时，可以放入同一容器内并保证每个试样用水量不低于 300 mL。但试样之间或试样与容器之间不能有面接触。

注：建议使用不锈钢栅格，以确保每个试样之间的距离。

对于密度低于水的样品，样品应放在带有锚的不锈钢栅格内浸入水中。注意样品表面不要接触锚。

6.2.4 浸入水中的时间应按 6.3 和 6.4 规定。经相关方协商可采用更长时间。对此应采用下列措施：

a) 在 23 ℃水中试验时，每天至少搅动容器中的水一次。

b) 用沸水中试验时，应经常加入沸水以维持水量。

6.2.5 在称量时试样不应吸收或释放任何水，试样应从暴露环境取出（如需要，除去任何表面水）后立即称量，对于薄试样和高扩散系数的材料尤其应当小心。

6.2.6 1 mm 厚的试样和高扩散系数的材料第一次称量应在 2 h 和 6 h 之后。

6.3 方法 1:23 ℃水中吸水量的测定

将试样放入 50.0 ℃±2.0 ℃烘箱（4.2）内干燥至少 24 h（见 6.2.1），然后在干燥器（4.4）内冷却至室温，称量每个样品，精确至 0.1 mg（质量 m_1）。重复本步骤至试样的质量变化在±0.1 mg 内。

将试样放入盛有蒸馏水的容器（4.3）中，根据相关标准规定，水温控制在 23.0 ℃±1.0 ℃或 23.0 ℃±2.0 ℃。如无相关标准规定，公差为±1.0 ℃。

浸泡 24 h±1 h 后，取出试样，用清洁干布或滤纸迅速擦去试样表面所有的水，再次称量每个试样，

精确至0.1 mg(质量 m_2)。试样从水中取出后,应在1 min内完成称量。

若要测量饱和吸水量,则需要再浸泡一定时间后重新称量。标准浸泡时间通常为24 h,48 h,96 h,192 h等。经过这其中每一段时间±1 h后,从水中取出试样,擦去表面的水并在1 min内重新测量,精确至0.1 mg(例如 $m_{2/24\ h}$)。

6.4 方法2:沸水中吸水量的测定

将试样放入50.0 ℃±2.0 ℃烘箱内(4.2)干燥24 h(见6.2.1),然后在干燥器内(4.4)冷却至室温,称量每个样品,精确至0.1 mg(质量 m_1)。重复本步骤至试样的质量变化在±0.1 mg内。

将试样完全浸入盛有沸腾蒸馏水的容器中(4.3)。浸泡30 min±2 min后,从沸水中取出试样,放入室温蒸馏水中冷却15 min±1 min。取出后用清洁干布或滤纸擦去试样表面的水,再次称量每个试样,精确至0.1 mg(质量 m_2)。如果试样厚度小于1.5 mm,在称量过程中会损失能测出的少量吸水,最好在称量瓶中称量试样。

若要测量饱和吸水量,则需要每隔30 min±2 min重新浸泡和称量。在每个间隔后,试样都要如上所述从水中取出,在蒸馏水中冷却,擦干和称量。

重复浸泡和干燥后可能形成裂缝。如果是这样,在试验报告中注明首次发现裂缝的试验周期数。

6.5 方法3:浸水过程中水溶物的测定

如果已知或怀疑材料中含有水溶物,则需要用材料在浸水试验中失去的水溶物对吸水性进行校正。根据6.3或6.4完成浸水后,就像用6.3和6.4的干燥步骤一样重复至试样的质量恒定(质量 m_3)。如果 $m_3<m_2$,则需要考虑在浸水试验中水溶物的损失。对于这类材料,吸水性应该用在浸水过程中增加的质量与水溶物的质量和来计算。

6.6 方法4:相对湿度50%环境中吸水量的测定

将试样放入50.0 ℃±2.0 ℃烘箱(4.2)内干燥24 h(见6.2.1),然后在干燥器(4.4)内冷却至室温,称量每个试样,精确至0.1 mg(质量 m_1)。重复本步骤至样品的质量变化在±0.1 mg内。

根据相关标准规定,将试样放入相对湿度为50%±5%的容器或房间内,温度控制在23.0 ℃±1.0 ℃或23.0 ℃±2.0 ℃。如无相关标准规定,温度控制在23.0 ℃±1.0 ℃。放置24 h±1 h后,称量每个试样,精确至0.1 mg(质量 m_2),试样从相对湿度为50%±5%的容器或房间中取出后,应在1 min内完成称量。

若要测量饱和吸水量要将试样再放回相对湿度50%的环境中,按照方法1(6.3)中给出的称量步骤和时间间隔进行。

7 结果表示

7.1 吸水质量分数

计算每个试样相对于初始质量的吸水质量分数,用式(2)或式(3)计算:

$$c = \frac{m_2 - m_1}{m_1} \times 100 \qquad \cdots\cdots(2)$$

或

$$c = \frac{m_2 - m_3}{m_1} \times 100 \qquad \cdots\cdots(3)$$

式中:

c——试样的吸水质量分数,数值以%表示;

m_2——浸泡后试样的质量,单位为毫克(mg);

m_1——浸泡前干燥后试样的质量,单位为毫克(mg);

m_3——浸泡和最终干燥后试样的质量,单位为毫克(mg)。

试验结果以在相同暴露条件下得到的三个结果的算术平均值表示。

在某些情况下，需要用相对于最终干燥后试样的质量表示吸水百分率，用式(4)计算：

$$c=\frac{m_2-m_3}{m_3}\times 100 \qquad \cdots\cdots(4)$$

7.2 费克(Fick)定律确定的饱和吸水量和水分扩散系数

当潮湿聚合物试验温度低于其玻璃化温度时，绝大多数聚合物的吸水性(由方法1、方法3和方法4测定)符合费克定律(见附录A)，不依赖于时间和浓度的水分扩散系数可由下例所描述的方法计算。

在这种情况下，可通过在费克定律表中填入试验数据(不必等到质量恒定)，得到饱和吸水率 c_s 和扩散系数 D，D 用平方毫米每秒(mm^2/s)表示。

按照方法1、方法2或方法3将试样浸入水中的饱和吸水量用 c_s 表示；按照方法4将试样暴露在相对湿度50%环境中的饱和吸水量用 $c_s(50\%)$ 表示。曲线法可用于代替计算 D 值验证试样的费克扩散行为，例如用理论数据或商业软件得到的log曲线。为了验证聚合物的吸水性是否符合费克扩散行为，应采用更长时间达平衡浓度后 c_s 的试验数据。

附录A图A.1给出了薄片试样符合费克定律的示例。斜率0.5源于：

$$c\leqslant 0.51c_s \qquad \cdots\cdots(5)$$

或

$$c/c_s\leqslant 0.51 \qquad \cdots\cdots(6)$$

或

$$\frac{D\pi^2 t}{d^2}\leqslant 0.50 \qquad \cdots\cdots(7)$$

式中：

t——试样在水中的浸泡时间或湿润空气中的放置时间，单位为秒(s)；

d——试样的厚度，单位为毫米(mm)。

若：

$$D\pi^2 t/d^2\geqslant 5 \qquad \cdots\cdots(8)$$

得到：

$$c=c_s \qquad \cdots\cdots(9)$$

其他值在表1中列出。

表1 由费克定律得到的薄片试样的理论无量纲值

$D\pi^2 t/d^2$	c/c_s
0	0
0.01	0.07
0.10	0.22
0.5	0.51
0.7	0.60
1.0	0.70
1.5	0.82
2.0	0.89
3.0	0.96
4.0	0.99
5.0	1.00

示例：

对于达到质量恒定的试验，将试验数据填入该表后，把试验浓度 $c_{70\%}$ 代入 $c/c_s=0.7$，计算 c_s：

$$c_s=\frac{c_{70\%}}{0.7} \tag{10}$$

式中 c_s 和 $c_{70\%}$ 用毫克/克或质量分数表示。

扩散系数 D 用试验时间 t_{70} 在 $c_{70\%}$ 计算，单位是平方毫米每秒（mm^2/s），计算如下：

$$\frac{D\pi^2 t_{70}}{d^2}=1 \tag{11}$$

或

$$D=\frac{d^2}{\pi^2 t_{70}} \tag{12}$$

如果 t_{70} 单位是秒，π^2 约等于 10，试样的厚度为 1 mm，那么：

$$D\approx\frac{1}{10t_{70}} \tag{13}$$

注：1 mm 厚的塑料在 10^5 s（约 1 天）的 t_{70} 中，23 ℃时的典型值是 10^{-6} mm^2/s。在该厚度下用于计算和 D 的浸泡时间一般不超过一周。

8 精密度

由于未获得足够的实验室间的数据，本试验方法的精密度尚未知道。在获得这些实验室间数据后，下一个版本将增加精密度的说明。

注：本标准采用的 ISO 62:2008 精密度数据见附录 B。

9 试验报告

试验报告应包括以下内容：

a） 注明采用本标准；

b） 受试材料和产品完整的鉴别说明；

c） 所用试样的类型，制备方法，试样是否裁剪过，尺寸，原始质量，若有必要，可标出原始表面积和表面状况（如是否经机械加工）；

d） 试验方法（1、2、3 或 4）和浸泡时间；

e） 用第 7 章中给出的结果表示方法中的一种或几种方法计算吸水性；报告平均值和标准偏差（如按 7.1 和 7.2 计算，得出的吸水性是负值，应在试验报告中清楚地说明）；

f） 根据 7.2 计算在 23 ℃的饱和吸水率 c_s 或 c_s（50%）；

g） 根据 7.2 计算在 23 ℃的扩散系数；

h） 任何可能影响结果的因素；

i） 试验日期。

附 录 A
（资料性附录）
验证试样的吸水性与费克(Fick)扩散定律的相关性

A.1 概述

在吸水率符合费克定律的情况下，由试验时间决定的吸水率可由扩散系数 D 和饱和吸水率 c_s 表示，见式(A.1)：

$$c(t)=c_s-c_s\frac{8}{\pi^2}\sum_{k=1}^{20}\frac{1}{(2k-1)^2}\exp\left[-\frac{(2k-1)^2D\pi^2}{d^2}t\right] \quad\cdots\cdots\cdots\cdots\cdots\cdots\text{(A.1)}$$

式中：

k——1,2,3,…,20；

d——试样的厚度。

注：通常认为用 20 个加数足够。

A.2 未达到质量恒定测定 D 和 c_s

假设符合费克定律，对于图 A.1 中横、纵坐标值较小时，$\lg(c(t)/c_s)$ 和 $\lg(D\cdot t)$ 具有的线性关系可视为真实的。包括表 1 中的理论值，在线性范围内扩散系数表示见式(A.2)：

$$\sqrt{D}\approx\frac{1}{c_s}\cdot\frac{d}{0.52\pi}\cdot\frac{c(t)}{\sqrt{t}} \quad\cdots\cdots\cdots\cdots\cdots\cdots\text{(A.2)}$$

式中：

c_s——饱和吸水率；

d——试样厚度；

t——暴露时间；

$c(t)$——在 t 时测得的吸水率。

用式(A.1)结合曲线法或计算工具可以估算出 c_s 的值[1)]。

A.3 验证试样的吸水性与费克扩散定律的相关性

如果聚合物试样的吸水性与费克扩散行为较吻合，曲线 $c=f(t)$ 大约在 t_{70} 弯曲后(见图 A.1)，增加浸泡时间至 t_{max}(t_{max} 为最长试验时间，且 $>t_{70}$)，把试验数据代入方程(A.1)得到的 c_s 和 D 值没有明显的变化。t_{70} 时的 c_s 与 $t\to\infty$ 时的 c_s 之间的偏差小于 10%；同样，t_{70} 相对应的 D 值与 $t\to\infty$ 时的 D 值之间的偏差小于 20%。

---

1) 可能的方法是曲线法、数学工具和商业计算机程序。

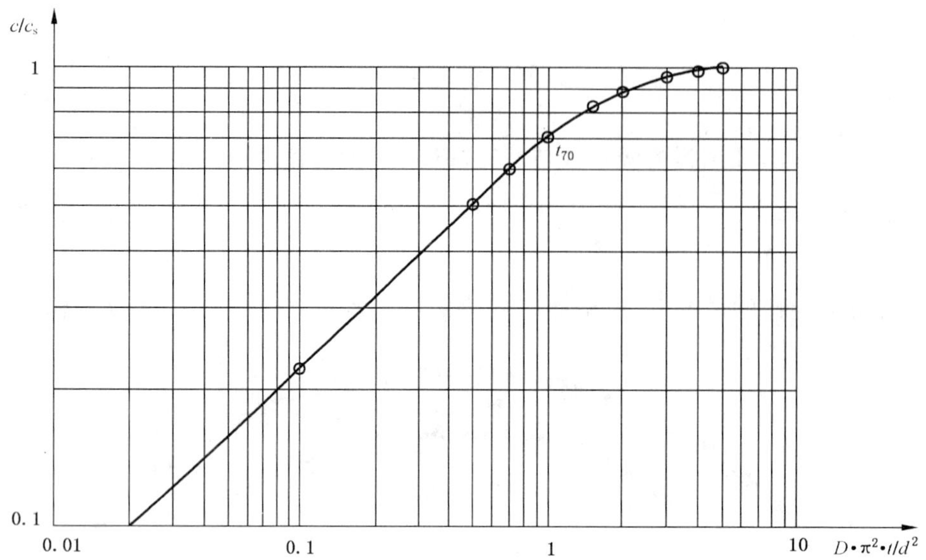

D——扩散系数；

t——浸泡时间；

d——试样厚度。

图 A.1　薄片试样的吸水性 c/c_s 与无量纲值 $D\pi^2 t/d^2$ 的关系

附　录　B
（资料性附录）
ISO 62:2008 附录 B 关于精密度的描述

B.1　循环试验（RRT 试验）

精密度试验是在 5 个国家 16 个试验室间进行的。试验样品为两种聚甲基丙烯酸甲酯（PMMA）［标准 PMMA 和抗冲击 PMMA（PMMA-IR）］和一种聚碳酸酯（PC），试样的尺寸是 60 mm×60 mm×1 mm和 60 mm×60 mm×2 mm。所有的试样由同一试验室制备和分发。

B.2　试样的干燥

对于大多数材料而言，吸水性约 90%时的试验时间为 t_{90}，t_{90} 的吸水量接近平衡吸水量，t_{90} 约为 t_{70} 的两倍。在 50 ℃时，试样的干燥时间通常为 1 d～10 d，具体的时间取决于试样的扩散系数和厚度。

RRT 试验中，对 1 mm 厚的 PC 试样，在 50 ℃下干燥了 1 d，或 23 ℃下干燥了 2 d 或 3 d。对 2 mm 厚的 PMMA 试样，在 50 ℃下干燥了 8 d 或 23 ℃下干燥了 30 d。任何情况下，试样应干燥至质量恒定（在±0.1 mg 内）。

B.3　23 ℃水中吸水量的测定（方法 1）

经过不同的浸泡时间测得吸水量。图 B.1 给出了一个实验室的试验数据。

11 个实验室三种不同材料吸水性的试验数据与附录 A 得到的 c_s 和 D 一致。表 B.1 和表 B.2 中分别给出了测得的平均值和标准偏差。s_R 表示实验室间的标准偏差，R 表示 95%的再现性限。未得到实验室内的标准偏差（重复性）。

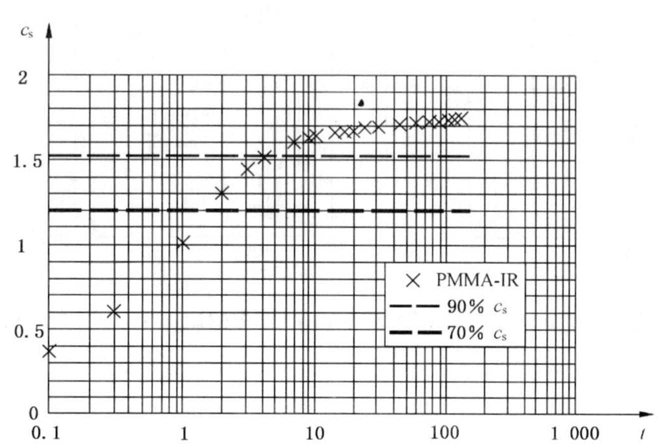

图 B.1　PMMA-IR 的吸水性试验结果

表 B.1　吸水性试验的 c_s 值

材　料	c_s/%	S_R	R
PMMA	1.87	0.06	0.17
PMMA-IR	1.67	0.05	0.13
PC	0.340	0.009	0.025

表 B.2 吸水性试验的 *D* 值

材 料	$D/(mm^2/s\times10^7)$	S_R	R
PMMA	5.2	1.0	2.7
PMMA-IR	7.7	0.6	1.6
PC	42	11	31

允许 c_s 的不确定度为 10%，D 的不确定度为 30%，7 d 后得到了可以接受的结果。尽管试验在 t_{90} 时未达到平衡，但通常在 t_{90} 后可终止试验。

对于具有高 D 值材料的(1 mm)薄试样，需要在第一个 24 h 内多次称量(如 2 h 后和 6 h 后)。

B.4 相对湿度 50%环境中的吸水量的测定(方法 4)

相对湿度为 50%下的标准 PMMA 的 c_s 为质量分数 0.5%至 0.6%。c_s 值、试样达到平衡的暴露时间均与试样达到饱和状态的方式无关，无论从干燥至吸水饱和或从吸水饱和至干燥。

图 B.2 中给出了抗冲击 PMMA-IR 的试验数据。所有参加单位的 c_s 值均为质量分数 0.5%～0.6%，同样不考虑试样达到饱和状态的方式。

在 1 mm 厚 PC 试样的试验中，试样很快达到质量分数 0.15%左右的饱和值，同样不考虑试样达到饱和状态的方式。t_{70} 只需要 5 h～8 h。

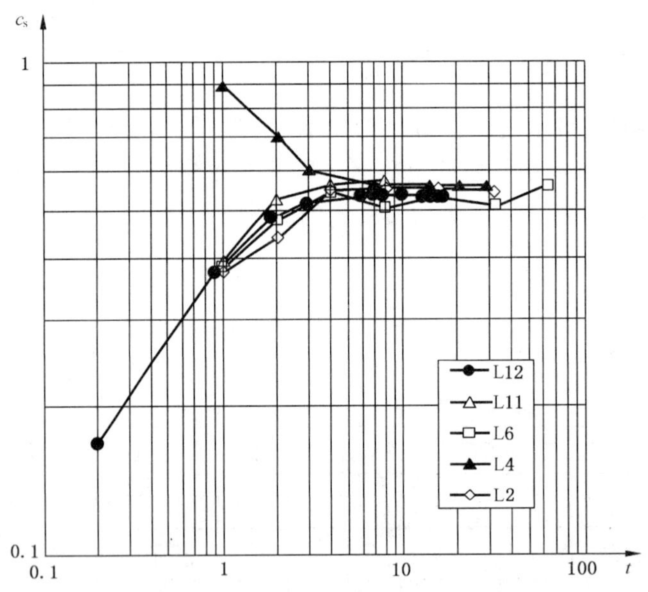

图 B.2 5 个实验室相对湿度 50%下 1 mm 厚 PMMA-IR 试样吸水性试验结果

附 录 C
（资料性附录）
本标准与GB/T 1034—1998试样的主要差异

本标准与GB/T 1034—1998试样的主要差异见表C.1。

表C.1 本标准与GB/T 1034—1998试样的主要差异

试样来源	本 标 准	GB/T 1034—1998
模塑	长、宽60 mm±2 mm，厚1.0 mm±0.1 mm或2.0 mm±0.1 mm（GB/T 17037.3—2003）	直径50 mm±1 mm，厚3 mm±0.2 mm的圆片
管材	直径≤76 mm时，沿径向切取25 mm±1 mm长的一段； 直径>76 mm时，沿径向切取76 mm±1 mm长，25 mm±1 mm宽的样片	外径≤50 mm时，切取50 mm±1 mm长的一段；外径>50 mm时，先切取50 mm±1 mm长的一段，再沿管材中心轴的两个平面切割，使试样外表面的弧长为50 mm±1 mm
棒材	直径≤26 mm时，切取25 mm±1 mm长的一段； 直径>26 mm时，切取13 mm±1 mm长一段	直径≤50 mm时，切取50 mm±1 mm长的一段； 外径>50 mm时，将直径同心加工到50 mm±1 mm，再切取50 mm±1 mm长的一段
片或板材	切取长、宽为61 mm±1 mm，厚度为1.0 mm±0.1 mm	边长为50 mm±1 mm的正方形。厚度≤25 mm时，试样厚度为板材厚度；厚度>25 mm时，在试样的一面加工，使试样厚度达25 mm±1 mm
各项异性的增强塑料	边长≤100×厚度	未规定
成品、挤出物、薄片或层压片	满足方形试样要求，或 被测材料的长、宽为61 mm±1 mm，一组试样有相同的形状（厚度和曲面）	切取50 mm±1 mm长的一段；或经相关方协商加工型材，使其厚度尽可能接近3 mm±0.2 mm

参 考 文 献

［1］ CRANK, J. and PARK, G. S. ,Diffusion in Polymers,1968, Academic Press, London and New York.

［2］ KLOPFER,H. ,Wassertransport durch Diffusion in Feststoffen,1974,Bau-Verlag ,Wiesbaden und Berlin.

［3］ TAUTZ,H. ,Wärmeleitung und Temperaturausgleich,1971, Akademieverlag,Berlin.

［4］ LEHMANN,J. ,Absorption of Water by PMMA and PC,KU Kunststoffe plast Europe, 2001,91:7.

ICS 83.080.01
G 31

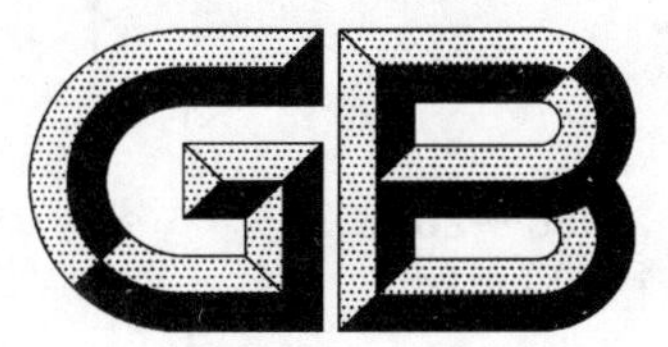

中华人民共和国国家标准

GB/T 1036—2008
代替 GB/T 1036—1989

塑料 −30 ℃～30 ℃线膨胀系数的测定 石英膨胀计法

Test method for coefficient of linear thermal expansion of plastics between −30 ℃ and 30 ℃ with a vitreous silica dilatometer

2008-08-04 发布 2009-04-01 实施

中华人民共和国国家质量监督检验检疫总局
中国国家标准化管理委员会 发布

前　言

本标准修改采用 ASTM D 696:2003《塑料——－30 ℃～30 ℃线膨胀系数的测定——石英膨胀计法》。

本标准与 ASTM D 696:2003 的主要差异如下：

——把“规范性引用文件”中部分引用标准采用了国家标准；

——删除了 ASTM 标准中“意义与用途”以及“关键词”两章。

本标准代替 GB/T 1036—1989《塑料线膨胀系数测定方法》。

本标准与 GB/T 1036—1989 的主要差异如下：

——明确了适用范围，包括所用膨胀计、线膨胀系数区间、温度区间；

——增加收缩试样的处理办法；

——增加修正方法；

——增加精密度。

本标准由中国石油和化学工业协会提出。

本标准由全国塑料标准化技术委员会塑料树脂通用方法和产品分会(SAC/TC 15/SC 4)归口。

本标准负责起草单位：中石化北化院国家化学建筑材料测试中心(材料测试部)。

本标准参加起草单位：国家合成树脂质量监督检验中心、北京燕山石化树脂所、国家塑料制品质检中心(北京)、国家石化有机原料合成树脂质检中心、广州金发科技股份有限公司。

本标准主要起草人：胡孝义、张珊珊、王振江、王建东、陈宏愿、李建军、王超先。

本标准所代替标准的历次版本发布情况为：

——GB/T 1036—1989。

塑料 −30 ℃～30 ℃线膨胀系数的测定 石英膨胀计法

1 范围

本标准规定了用石英膨胀计测定塑料在−30 ℃～30 ℃线膨胀系数的方法。

本标准适用于使用石英膨胀计对线膨胀系数大于 $1\times10^{-6}℃^{-1}$ 的塑料材料的线膨胀系数进行测定。

注：在测试温度下或加压情况下，塑料材料会发生一个可以忽略的蠕变或弹性形变(或二者均有)，在一定范围内会影响到测试精度。

本标准不适用于线膨胀系数很低(小于 $1\times10^{-6}℃^{-1}$)的材料。对于低膨胀系数的材料，建议使用干涉计或电容技术。

2 规范性引用文件

下列文件中的条款通过本标准的引用而成为本标准的条款。凡是注日期的引用文件，其随后所有的修改单(不包括勘误的内容)或修订版均不适用于本标准，然而，鼓励根据本标准达成协议的各方研究是否可使用这些文件的最新版本。凡是不注日期的引用文件，其最新版本适用于本标准。

GB/T 2035—2008 塑料术语及其定义(ISO 472:1999,IDT)

GB/T 2918—1998 塑料试样状态调节和试验的标准环境(idt ISO 291:1997)

ASTM D 4065 测量及报告塑料的动态机械特性的规程

3 术语和定义

GB/T 2035—2008 确立的术语和定义适用于本标准。

4 原理

本方法是将已测量原始长度的试样装入石英膨胀计中，然后将膨胀计先后插入不同温度的恒温浴内，在试样温度与恒温浴温度平衡，测量长度变化的仪器指示值稳定后，记录读数，由试样膨胀值和收缩值，即可计算试样的线膨胀系数。

本标准规定−30 ℃～+30 ℃为通用测定温度，也可按产品标准规定。若材料在规定的测定温度范围内存在相转变点，或玻璃化转变点，则应在转变点以上和以下分别测定其线膨胀系数，以免引起过大的测试误差。

5 仪器

5.1 石英膨胀计：如图 1 所示，内管与外管之间距离大约在 1 mm 内。

5.2 测量长度变化的仪器：将其固定在夹具上，使其位置能够随所安装的试样长度的变化而变化。需要一定的精确度，以保证误差在±1.0 μm 范围内。内石英管的重量加上测量反映仪的重量，总共在试样上施加的压力不应超过 70 kPa，以确保试样不扭曲或者明显的收缩。

5.3 卡尺：能够测量试样的初始长度，精度在±0.5%。

5.4 可控温环境：为测试样品提供恒温环境，温度控制在±0.2 ℃。

注：如果使用流动性液体浴更佳，应避免液体浴和试验样品的接触。如果这类接触不能避免，注意选择液体浴使得其不影响材料的物理性能。

5.5　温度计或热电偶：以温度计或热电偶对液体浴的温度进行测量，精度在±0.1 ℃以内。

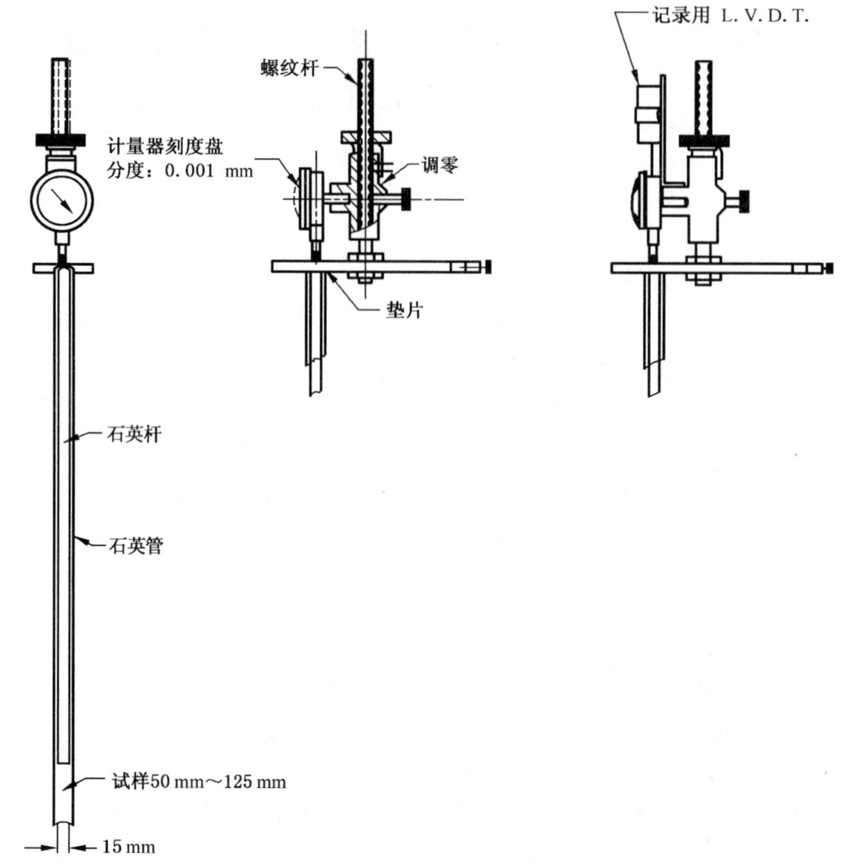

图1　石英膨胀计

6　样品

根据材料的相关规范进行制备。

7　试样

7.1　试验样品的制备，应使其应力以及各向异性最小，例如机加工、模塑或浇铸。

7.2　试样长度应该在 50 mm～125 mm 之间。

注：如果样品长度小于 50 mm，灵敏度会降低。如果长度超过 125 mm，试样温度梯度就很难控制在前述范围之内。使用的长度应根据设备的测量范围灵敏度以及期望伸长量和精度而定。一般来讲，如果温度很好控制，试样越长，测试设备的灵敏度越高，测量结果精度越高。

7.3　试样截面应为圆、正方形或矩形，应能够使样品很容易地放入膨胀计内，而不应有过多的摩擦。横截面积应该足够大以能够保证样品不弯曲扭转。试样的截面一般为：12.5 mm×6.3 mm，12.5 mm×3 mm，直径 12.5 mm 或 6.3 mm。

7.4　在试样两端垂直于试样长轴方向切平整。如果试样在膨胀计中收缩，则需要平滑的、薄的铁或者铝金属片粘牢试样，帮助其在膨胀计中定位。该金属片厚度在 0.3 mm～0.5 mm 之间。

8　状态调节

在温度 23 ℃±2 ℃，相对湿度 50%±5%的环境下按照 GB/T 2918—1998 状态调节不少于 40 h 后，进行试验。特殊情况按材料说明书或按供需双方商定的条件进行状态调节。在有争议的情况下，温度偏差为±1 ℃，相对湿度偏差为±2%。

9 步骤

9.1 用卡尺测量两个状态调节后的试样，精确到0.02 mm。

9.2 将铁片粘在试样底端，以防止收缩(见7.4)，并重新测量试样的长度。

9.3 每个试样均使用同一个膨胀计，小心放入−30 ℃的环境中，如果使用液体浴，应确保试样高度在液面以下至少50 mm。保持液体浴温度在(−32 ℃～−28 ℃)±0.2 ℃之间，待试样温度与恒温浴温度平衡，测量仪读数稳定5 min～10 min后，记录实测温度和测量仪读数。

9.4 在不引起震动和晃动的条件下，小心将石英膨胀计放入+30 ℃的环境中，如果使用液体浴，须确保试样高度至少在液面以下50 mm，保持液体浴温度在(28 ℃～32 ℃)±0.2 ℃的恒温浴中，待试样温度与恒温浴温度平衡，测量仪读数稳定5 min～10 min后，记录实测温度和测量仪读数。

9.5 在不引起震动和晃动的条件下，小心将石英膨胀计平稳地置于−30 ℃的恒温浴中。重复9.3操作。

注：方便起见，可以准备两个温度的恒温浴，在转换恒温浴时须注意不要对其有所晃动或震动。因为这样可以减少试样到达指定温度的时间，试验可以在较短时间内完成，可以避免试样长时间在高温下和低温下可能发生的物理性能的变化。

9.6 测量试样在室温下的最终长度。

9.7 如果试样每摄氏度的膨胀值与收缩值的绝对值之差超过其平均值的10%，则应查明原因如果可能予以消除。重新进行试验，直到符合要求为止。

10 计算

试样的平均每摄氏度的线膨胀系数按式(1)计算：

$$\alpha = \frac{\Delta L}{L_0 \times \Delta T} \qquad (1)$$

式中：

α——平均每摄氏度的线膨胀系数，单位为每摄氏度(℃$^{-1}$)；

ΔL——加热或冷却时试样的膨胀和收缩值，单位为米(m)；

L_0——试样在室温下原始长度，单位为米(m)；

ΔT——测试样品的两个恒温浴的差值，单位为摄氏度(℃)。

实验结果以一组试样的算术平均值表示。

注：石英的热胀系数校正值为4.3×10^{-7}℃$^{-1}$，如果需要，该值应该补偿到试样的长度中。如果利用较厚的金属盘，则其膨胀因素也应考虑，并对结果进行校正。

11 报告

报告应包括以下内容：

a) 注明引用本标准；

b) 材料的名称，包括生产厂家等信息；

c) 试样的制备方法；

d) 试样的形态及尺寸；

e) 设备型号；

f) 测试的试验温度；

g) 两个被测测试样的每摄氏度线膨胀平均系数；

h) 如果在被测范围内，试样存在相转变，须报告其转变温度；

i) 完整描述测试过程中的任何非正常情况，例如测量过程中膨胀与收缩值之差超过10%。

12 精密度和偏差

注：本章数据引自 ASTM D 696:2003。

12.1 表1数据是1989年五个实验室根据相关规范对九种材料进行的平行性能试验，对每一种材料，所有样品在同一地点模塑，不过独立样品由各个实验室准备，每一实验结果取自两个独立试验结果平均。每个实验室对每种材料均获得一组结果。

注：“r”“R”仅是对本试验方法大概精度的一种表示。表1数据并非对材料表示赞同或否定，这些数据仅供在实验室之间比对使用。并非严格的代表其他批次、配方、环境、材料或实验室。另外，当数据来源少于6个实验室时，实验室间的结果会有很高的差异。

12.2 表1中“r”“R”的概念：如果 s_r 和 s 是由一个足够大的样本数据计算出来的，试验每个结果都是从五个试样取得的平均值，那么下列表示：

12.2.1 重复性“r”，由同一操作者使用同一设备，在同一天对同一材料进行两次试验，比较试验结果。如果试验结果的差值大于该种材料和条件下的 r 值，则判为不等价。

12.2.2 再现性“R”，由不同操作者使用不同设备，在不同日期对同一材料进行两次试验，比较试验结果。如果试验结果的差值大于该种材料和条件下的 R 值，则判为不等价。

12.2.3 任何根据12.2.1和12.2.2进行的判断有95%的置信率。

12.3 目前尚无被认可的相关塑料材料来估算本方法的偏差，但是有相应的金属材料和陶瓷材料。

表1 线膨胀系数，10^{-6}

材料	平均	s_r[a]	s_R[b]	r[c]	R[c]	实验室个数
玻纤增强聚脂	24.7	1.80	4.91	5.04	13.75	5
玻纤增强酚醛	34.2	1.18	2.63	3.29	7.36	5
玻纤增强环氧树脂	26.1	1.27	2.74	3.55	7.69	5
PP	158.2	3.38	12.20	9.47	34.20	5
PE	63.0	0.454	1.73	1.27	4.80	5
PC	113.0	2.48	4.77	6.95	13.36	5
PA66	130.7	2.83	7.63	7.92	21.4	5
PTFE	207.0	18.7	42.7	52.4	119.5	4

a s_r=对应材料实验室内标准偏差。是从所有参与试验室汇集到的实验结果的实验室内标准偏差得到的：$s=[(s_1^2+s_2^2+\cdots+s_n^2)/n]^{1/2}$。

b s_R=实验室间的重复性，用标准偏差表示为 $s_R=(s_r^2+s_L^2)^{1/2}$。

c r=在实验室内的两个试验结果之间的临界范围=$2.8\times s_r$。

R=在实验室之间的两个试验结果之间的临界范围=$2.8\times s_R$。

ICS 83.080.01
G 31

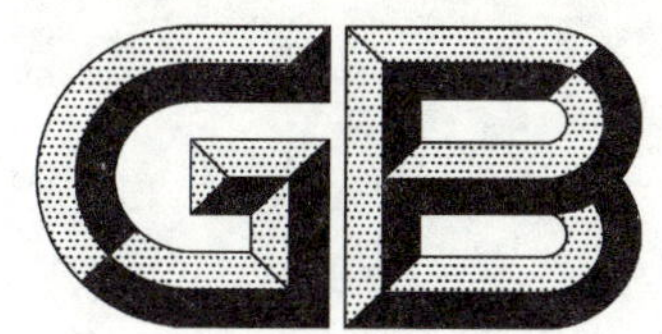

中华人民共和国国家标准

GB/T 1040.1—2006/ISO 527-1:1993
代替 GB/T 1039—1992,GB/T 1040—1992

塑料 拉伸性能的测定 第1部分:总则

Plastics—Determination of tensile properties—Part 1:General principles

(ISO 527-1:1993,IDT)

2006-08-24 发布

2007-01-01 实施

中华人民共和国国家质量监督检验检疫总局
中国国家标准化管理委员会 发布

前　言

GB/T 1040《塑料　拉伸性能的测定》共分为五个部分：

——第1部分：总则；

——第2部分：模塑和挤塑塑料的试验条件；

——第3部分：薄膜和薄片的试验条件；

——第4部分：各向同性和正交各向异性纤维增强复合材料的试验条件；

——第5部分：单向纤维增强复合材料的试验条件。

本部分为GB/T 1040的第1部分，等同采用ISO 527-1:1993《塑料——拉伸性能的测定——第1部分：总则》(英文版)。

本部分等同翻译ISO 527-1:1993，在技术内容上完全相同。

为便于使用，本部分做了下列编辑性修改：

a) 把“本国际标准”一词改为“本标准”或“GB/T 1040”，把“ISO 527的本部分”改成“GB/T 1040的本部分”或“本部分”；

b) 删除了ISO 527-1:1993的前言；

c) 增加了国家标准的前言；

d) 把“规范性引用文件”一章所列的3个国际标准中的2个用对应的等同采用该文件的我国国家标准代替；

e) 将ISO/TC 61/SC 2于1994年发布的1号修改单内容并入文本中。

f) 把附录A中提到的ISO/R 527改为GB/T 1040—1992。

本部分与其他四部分共同代替GB/T 1039—1992《塑料力学性能试验方法总则》和GB/T 1040—1992《塑料拉伸性能试验方法》。

本部分与GB/T 1039—1992及GB/T 1040—1992相比主要变化如下：

——更改了标准名称，增加了目次、前言；

——扩大了适用范围，增加了热致液晶聚合物；

——术语和定义内容进行了扩充和修改，如用“断裂拉伸应变”及“断裂标称应变”代替修订前的“断裂伸长率”；用“x%应变拉伸应力”代替修订前的“偏置屈服应力”等；

——试验速度为1 mm/min时的允差由±50%改为±20%；

——试样形状、尺寸及试样制备与修订前的变化见与受试材料有关的部分；

——增加了模量和泊松比的定义及计算式；

——增加了精密度一章；

——试验报告内容有所扩大；

——增加了附录A“拉伸模量和有关值”。

本部分的附录A为资料性附录。

本部分由中国石油和化学工业协会提出。

本部分由全国塑料标准化技术委员会方法和产品分会(TC 15/SC 4)归口。

本部分负责起草单位：国家合成树脂质量监督检验中心、北京燕化石油化工股份有限公司树脂应用研究所、广州金发科技股份有限公司、四川省华拓实业发展股份有限公司。

本部分参加起草单位：国家石化有机原料合成树脂质量监督检验中心、国家化学建筑材料测试中心、国家塑料制品质量监督检验中心(北京)、国家塑料制品质量监督检验中心(福州)、锦西化工研究院、中昊晨光化工研究院、深圳新三思材料检测有限公司。

本部分主要起草人:施雅芳、王永明、李建军、戴厚益。

本部分所代替标准的历次版本发布情况为:

——GB/T 1039—1979、GB/T 1039—1992,GB/T 1040—1979、GB/T 1040—1992。

塑料　拉伸性能的测定
第1部分:总则

1　范围

1.1　GB/T 1040的本部分规定了在规定条件下测定塑料和复合材料拉伸性能的一般原则,并规定了几种不同形状的试样以用于不同类型的材料,这些材料在本标准的其他部分予以详述。

1.2　本方法用于研究试样的拉伸性能及在规定条件下测定拉伸强度、拉伸模量和其他方面的拉伸应力/应变关系。

1.3　本方法适用于下列材料:

——硬质和半硬质热塑性模塑和挤塑材料,除未填充类型外还包括填充的和增强的混合料,硬质和半硬质热塑性片材和薄膜;

——硬质和半硬质热固性模塑材料,包括填充的和增强的复合材料,硬质和半硬质热固性板材,包括层压板;

——混入单向或无定向增强材料的纤维增强热固性和热塑性复合材料,这些增强材料如毡、织物、无捻粗纱、短切原丝、混杂纤维增强材料、无捻粗纱和碾碎纤维等;预浸渍材料制成的片材(预浸料坯);

——热致液晶聚合物。

本方法一般不适用于硬质泡沫材料或含有微孔材料的夹层结构材料。

1.4　本方法所用试样可以按所选尺寸模塑而成,也可以从模塑件、层压板、薄膜、挤塑或铸塑片材等成品或半成品中用切削、冲切等机加工方法制成。在某些情况下可以使用多用途试样(见ISO 3167:1993《塑料——多用途试样的制备和使用》)。

1.5　本方法规定了试样的优先选用尺寸。用不同尺寸或在不同条件下制备的试样进行试验,其结果不可比。其他因素,如试验速度和试样的状态调节,也能影响试验结果。因此,当需要进行数据比较时,必须严格控制并记录这些影响因素。

2　规范性引用文件

下列文件中的条款通过GB/T 1040的本部分的引用而成为本部分的条款。凡是注日期的引用文件,其随后所有的修改单(不包括勘误的内容)或修订版均不适用于本部分,然而,鼓励根据本部分达成协议的各方研究是否可使用这些文件的最新版本。凡是不注日期的引用文件,其最新版本适用于本部分。

GB/T 2918—1998　塑料　试样状态调节和试验的标准环境(idt ISO 291:1997)

GB/T 17200—1997　橡胶塑料拉力、压力、弯曲试验机　技术要求(idt ISO 5893:1993)

ISO 2602:1980　数据的统计处理和解释　均值的估计和置信区间

3　原理

沿试样纵向主轴恒速拉伸,直到断裂或应力(负荷)或应变(伸长)达到某一预定值,测量在这一过程中试样承受的负荷及其伸长。

4　术语和定义

下列术语和定义适用于GB/T 1040的本部分。

4.1

标距 gauge length

L_0

试样中间部分两标线之间的初始距离，见 GB/T 1040 有关部分中的试样图，以 mm 为单位。

4.2

试验速度 speed of testing

v

在试验过程中，试验机夹具分离速度，以 mm/min 为单位。

4.3

拉伸应力 tensile stress

σ

在任何给定时刻，在试样标距长度内，每单位原始横截面积上所受的拉伸负荷，以 MPa 为单位[见 10.1 中的公式(3)]。

4.3.1

拉伸屈服应力，屈服应力 tensile stress at yield; yield stress

σ_y

出现应力不增加而应变增加时的最初应力，以 MPa 为单位，该应力值可能小于能达到的最大应力（见图 1 中的曲线 b 和曲线 c）。

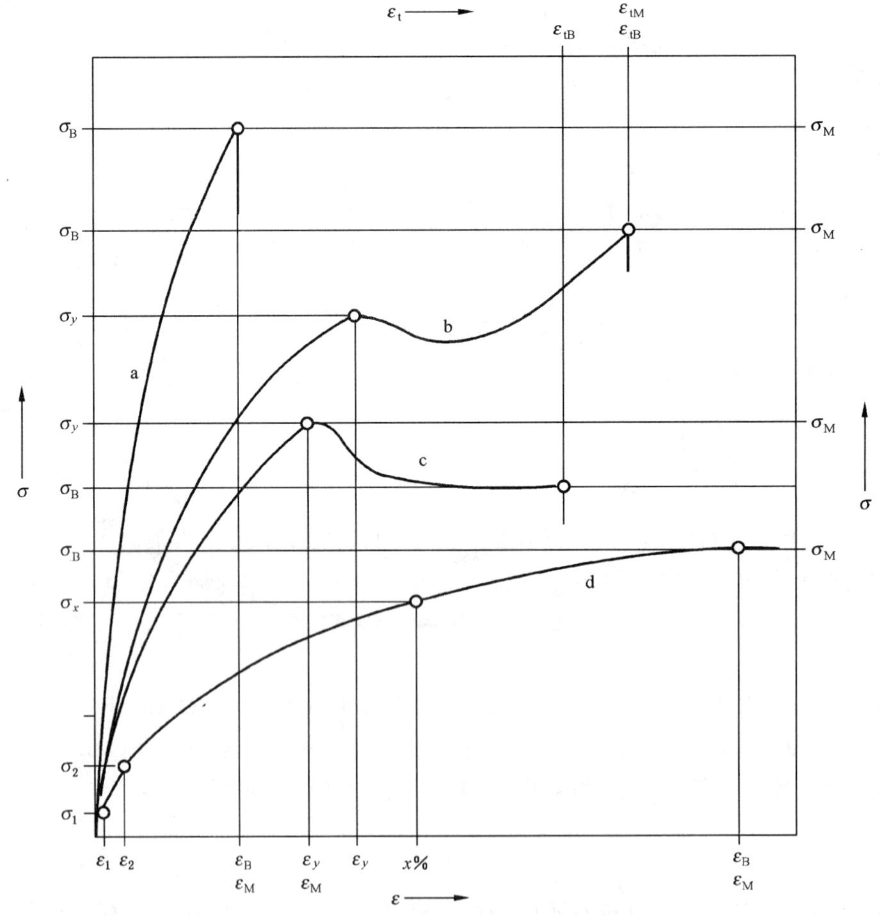

曲线 a　　脆性材料

曲线 b 和 c　有屈服点的韧性材料

曲线 d　　无屈服点的韧性材料

曲线 d 上($\varepsilon_1=0.000\ 5$；$\varepsilon_2=0.002\ 5$)仅表示：通过(σ_1,ε_1)和(σ_2,ε_2)，按 10.3 计算拉伸模量 E_t 时所用的两个点。

图 1　典型应力/应变曲线

4.3.2

拉伸断裂应力　tensile stress at break

σ_B

试样断裂时的拉伸应力(见图 1),以 MPa 为单位。

4.3.3

拉伸强度　tensile strength

σ_M

在拉伸试验过程中,试样承受的最大拉伸应力(见图 1),以 MPa 为单位。

4.3.4

x%应变拉伸应力　tensile stress at x% strain

σ_x

在应变达到规定值(x%)时的应力,以 MPa 为单位。

可用于应力/应变曲线上无明显屈服点的情况(见图 1 中的曲线 d)。在这种情况下,x 应按有关产品标准规定或有关方面商定。但在任何情况下,x 都应低于拉伸强度所对应的应变。

4.4

拉伸应变　tensile strain

ε

原始标距单位长度的增量,用无量纲的比值或百分数(%)表示[见 10.2 中的式(4)和式(5)]。

它适用于屈服点以前的应变,超过屈服点的应变见 4.5。

4.4.1

屈服拉伸应变　tensile strain at yield

ε_y

在屈服应力时的拉伸应变(见 4.3.1 和图 1 中的曲线 b 和曲线 c),用无量纲的比值或百分数(%)表示。

4.4.2

断裂拉伸应变　tensile strain at break

ε_B

试样未发生屈服而断裂时(见图 1 中的曲线 a 和曲线 d),与断裂应力(见 4.3.2)相对应的拉伸应变,用无量纲的比值或百分数(%)表示。

对屈服后的断裂,见 4.5.1。

4.4.3

拉伸强度拉伸应变　tensile strain at tensile strength

ε_M

未出现屈服点(见图 1 中的曲线 a 和曲线 d)或强度就在屈服点(见图 1 中的曲线 c)时,与拉伸强度(见 4.3.3)相对应的拉伸应变,用无量纲的比值或百分数(%)表示。

拉伸强度高于屈服应力的情况,见 4.5.2。

4.5

拉伸标称应变　nominal tensile strain

ε_t

两夹具之间距离(夹具间距)单位原始长度的增量,用无量纲的比值或百分数(%)表示[见 10.2,式(6)和式(7)]。

此方法可用于屈服点(见 4.3.1)后的应变,屈服点前的应变见 4.4。它表示沿试样自由长度上总的相对伸长率。

4.5.1

断裂标称应变 nominal tensile strain at break

ε_{tB}

试样在屈服后断裂时(见图1中的曲线b和曲线c),与拉伸断裂应力(见4.3.2)相对应的拉伸标称应变,用无量纲的比值或百分数(%)表示。

对于无屈服断裂,见4.4.2。

4.5.2

拉伸强度标称应变 nominal tensile strain at tensile strength

ε_{tM}

拉伸强度出现在屈服之后时(见图1中的曲线b),与拉伸强度相对应的拉伸标称应变,用无量纲的比值或百分数(%)表示。

无屈服,或拉伸强度出现在屈服点时,见4.4.3。

4.6

拉伸弹性模量 modulus of elasticity in tension

E_t

应力 σ_2 与 σ_1 的差值与对应的应变 ε_2 与 ε_1 的差值($\varepsilon_2-\varepsilon_1$,$\varepsilon_2=0.002\,5$;$\varepsilon_1=0.000\,5$)的比值[见图1中的曲线d和10.3中的式(8)],以MPa为单位。

此定义不适用于薄膜和橡胶。

注:借助计算机,可以用这些监测点间曲线部分的线性回归代替用两个不同的应力/应变点来测量模量 E_t。

4.7

泊松比 Poisson's ratio

μ

在纵向应变对法向应变关系曲线的起始线性部分内,垂直于拉伸方向上的两坐标轴之一的拉伸应变 ε_n 与拉伸方向上的应变 ε 之比的负值,用无量纲的比值表示。

按照相应的轴向,泊松比可用 μ_b(宽度方向)或 μ_h(厚度方向)来标识。

泊松比优先用于长纤维增强材料。

5 设备

5.1 试验机

5.1.1 概述

试验机应符合GB/T 17200和本部分5.1.2~5.1.5的规定。

5.1.2 试验速度

试验机应能达到表1所规定的试验速度(见4.2)。

表1 推荐的试验速度

速度/(mm/min)	允差/%
1	±20[a]
2	±20[a]
5	±20
10	±20
20	±10

表 1(续)

速度/(mm/min)	允差/%
50	±10
100	±10
200	±10
500	±10
a 这些允差均小于 GB/T 17200 所标明的允差。	

5.1.3 夹具

用于夹持试样的夹具与试验机相连，使试样的长轴与通过夹具中心线的拉力方向重合，例如可通过夹具上的对中销来达到。应尽可能防止被夹持试样相对于夹具滑动，最好使用这种类型夹具：当加到试样上的拉力增加时，能保持或增加对试样的夹持力，且不会在夹具处引起试样过早破坏。

5.1.4 负荷指示装置

负荷指示装置应带有能显示试样所承受的总拉伸负荷的装置。该装置在规定的试验速度下应无惯性滞后，指示负荷的准确度至少为实际值的 1%，应注意之处列在 GB/T 17200 中。

5.1.5 引伸计

引伸计应符合 GB/T 17200 规定，应能测量试验过程中任何时刻试样标距的相对变化。该仪器最好(但不是必须)能自动记录这种变化，且在规定的试验速度下应基本上无惯性滞后，并能以相关值的 1%或更优精度测量标距的变化。这相当于在测量模量时，在 50 mm 标距基础上能准确至±1 μm。

当引伸计连接在试样上时，应小心操作以使试样产生的变形和损坏最小。引伸计和试样之间基本无滑动。

试样也可以装纵向应变规，其精度应为对应值的 1%或更优。用于测量模量时，相当于应变精度为 20×10^{-6}(20 微应变)。应变规表面处理和粘接剂的选择应以能显示被试材料的所有性能为宜。

5.2 测量试样宽度和厚度的仪器

5.2.1 硬质材料

应使用测微计或等效的仪器测量试样宽度和厚度，其读数精度为 0.02 mm 或更优。测量头的尺寸和形状应适合于被测量的试样，不应使试样承受压力而明显改变所测量的尺寸。

5.2.2 软材料

应使用读数精度为 0.02 mm 或更优的度盘式测微器来测量试样厚度，其压头应带有圆形平面，同时在测量时能施加(20±3) kPa 的压力。

6 试样

6.1 形状和尺寸

见 GB/T 1040 与受试材料有关的部分。

6.2 试样制备

见 GB/T 1040 与受试材料有关的部分。

6.3 标线

如果使用光学引伸计，特别是对于薄片和薄膜，应在试样上标出规定的标线，标线与试样的中点距离应大致相等，两标线间距离的测量精度应达到 1%或更优。

标线不能刻划、冲刻或压印在试样上，以免损坏受试材料，应采用对受试材料无影响的标线，而且所划的相互平行的每条标线要尽量窄。

6.4 试样的检查

试样应无扭曲，相邻的平面间应相互垂直。表面和边缘应无划痕、空洞、凹陷和毛刺。试样可与直尺、直角尺、平板比对，应用目测并用螺旋测微器检查是否符合这些要求。经检查发现试样有一项或几项不合要求时，应舍弃或在试验前机加工至合适的尺寸和形状。

6.5 各向异性

见 GB/T 1040 与受试材料有关的部分。

7 试样数量

7.1 每个受试方向和每项性能(拉伸模量、拉伸强度等)的试验，试样数量不少于 5 个。如果需要精密度更高的平均值，试样数量可多于 5 个，可用置信区间(95%概率，见 ISO 2602:1980)估算得出。

7.2 应废弃在肩部断裂或塑性变形扩展到整个肩宽的哑铃形试样并另取试样重新试验。

7.3 当试样在夹具内出现滑移或在距任一夹具 10 mm 以内断裂，或由于明显缺陷导致过早破坏时，由此试样得到的数据不应用来分析结果，应另取试样重新试验。

由于这些数据的变化是受试材料性能变化的函数，因此，无论数据怎样变化，不应随意舍弃数据。

注：如果多数的破坏出现在可接受破坏判据以外时，可用统计学分析得出数据。但一般认为最后的试验结果可能是过低的。在这种情况下，最好用哑铃形试样重复试验，以减少不可接受试验结果的可能性。

8 状态调节

应按有关材料标准规定对试样进行状态调节。缺少这方面的资料时，最好选择 GB/T 2918—1998 中适当的条件，除非有关方面另有商定。

9 试验步骤

9.1 试验环境

应在与试样状态调节相同环境下进行试验，除非有关方面另有商定，例如在高温或低温下试验。

9.2 试样尺寸

在每个试样中部距离标距每端 5 mm 以内测量宽度 b 和厚度 h。宽度 b 精确至 0.1 mm，厚度 h 精确至 0.02 mm。

记录每个试样宽度和厚度的最大值和最小值，并确保其在相应材料标准的允差范围内。

计算每个试样宽度和厚度的算术平均值，以便用于其他计算。

注 1：对注塑试样，不必测量每个试样的尺寸。每批测量一个试样就足以确定所选试样类型的相应尺寸(见 GB/T 1040的有关部分)。使用多型腔模具时，应确保每腔的试样尺寸相同。

注 2：从片材或薄膜上冲压出来的试样，可认为冲模中间平行部分的平均宽度与试样的对应宽度相等。在周期性的比对验证测量基础上，方可采用这种方法。

9.3 夹持

将试样放到夹具中，务必使试样的长轴线与试验机的轴线成一条直线。当使用夹具对中销时，为得到准确对中，应在紧固夹具前稍微绷紧试样(见 9.4)，然后平稳而牢固地夹紧夹具，以防止试样滑移。

9.4 预应力

试样在试验前应处于基本不受力状态。但在薄膜试样对中时可能产生这种预应力，特别是较软材料由于夹持压力，也能引起这种预应力。

在测量模量时，试验初始应力 σ_0，不应超过下值，见式(1)：

$$|\sigma_0| \leqslant 5 \times 10^{-4} E_t \qquad (1)$$

与此相对应的预应变应满足 $\varepsilon_0 \leqslant 0.05\%$。

当测量相关应力(如：$\sigma=\sigma_y$、σ_M 或 σ_B)时，应满足式(2)：

$$\sigma_0 \leqslant 10^{-2}\sigma \qquad (2)$$

9.5 引伸计的安装

平衡预应力后，将校准过的引伸计安装到试样的标距上并调正，或根据5.1.5所述，装上纵向应变规。如需要，测出初始距离（标距）。如要测定泊松比，则应在纵轴和横轴方向上同时安装两个伸长或应变测量装置。

用光学方法测量伸长时，应按6.3的规定在试样上标出测量标线。

测定拉伸标称应变 ε_t（见4.5）时，用夹具间移动距离表示试样自由长度的伸长。

9.6 试验速度

根据有关材料的相关标准确定试验速度，如果缺少这方面的资料，可与有关方面根据表1商定。

测定弹性模量、屈服点前的应力/应变性能及测定拉伸强度和最大伸长时，可能需要采用不同的速度。对于每种试验速度，应分别使用单独的试样。

测定弹性模量时，选择的试验速度应尽可能使应变速率接近每分钟1%标距。GB/T 1040与受试材料相关的部分给出了适用于不同类型试样的试验速度。

9.7 数据的记录

记录试验过程中试样承受的负荷及与之对应的标线间或夹具间距离的增量，此操作最好采用能得到完整应力/应变曲线的自动记录系统[见第10章式(3)、式(4)和式(5)]。

根据应力/应变曲线（见图1）或其他适当方法，测定第4章定义的全部有关应力和应变。

对于超出可接受破坏判据以外的诸种破坏，见7.2和7.3的要求。

10 结果计算和表示

10.1 应力计算

根据试样的原始横截面积按式(3)计算由4.3所定义的应力值：

$$\sigma = \frac{F}{A} \qquad (3)$$

式中：

σ——拉伸应力，单位为兆帕（MPa）；

F——所测的对应负荷，单位为牛（N）；

A——试样原始横截面积，单位为平方毫米（mm^2）。

10.2 应变计算

根据标距由式(4)或式(5)计算由4.4定义的应变值：

$$\varepsilon = \frac{\Delta L_0}{L_0} \qquad (4)$$

$$\varepsilon(\%) = \frac{\Delta L_0}{L_0} \times 100 \qquad (5)$$

式中：

ε——应变，用比值或百分数表示；

L_0——试样的标距，单位为毫米（mm）；

ΔL_0——试样标记间长度的增量，单位为毫米（mm）。

应根据夹具间的初始距离由式(6)或式(7)来计算由4.5定义的拉伸标称应变值：

$$\varepsilon_t = \frac{\Delta L}{L} \qquad (6)$$

$$\varepsilon_t(\%) = \frac{\Delta L}{L} \times 100 \qquad (7)$$

式中：

ε_t——拉伸标称应变,用比值或百分数表示；

L——夹具间的初始距离,单位为毫米(mm)；

ΔL——夹具间距离的增量,单位为毫米(mm)。

10.3 模量计算

根据两个规定的应变值按式(8)计算由4.6定义的拉伸弹性模量：

$$E_t = \frac{\sigma_2 - \sigma_1}{\varepsilon_2 - \varepsilon_1} \qquad \cdots\cdots\cdots\cdots\cdots\cdots\cdots\cdots(8)$$

式中：

E_t——拉伸弹性模量,单位为兆帕(MPa)；

σ_1——应变值 $\varepsilon_1 = 0.000\,5$ 时测量的应力,单位为兆帕(MPa)；

σ_2——应变值 $\varepsilon_2 = 0.002\,5$ 时测量的应力,单位为兆帕(MPa)。

使用计算机测量时,见4.6注。

10.4 泊松比

根据两个相互垂直方向的应变值按式(9)计算4.7定义的泊松比：

$$\mu_n = -\frac{\varepsilon_n}{\varepsilon} \qquad \cdots\cdots\cdots\cdots\cdots\cdots\cdots\cdots(9)$$

式中：

μ_n——泊松比,以法向 $n=b$(宽度)或 h(厚度)上的无量纲比值表示；

ε——纵向应变；

ε_n—$n=b$(宽度)或 h(厚度)时的法向应变。

10.5 统计分析参数

计算试验结果的算术平均值,如需要,可根据ISO 2602:1980的规定计算标准偏差和平均值95%的置信区间。

10.6 有效数字

应力和模量保留三位有效数字,应变和泊松比保留两位有效数字。

11 精密度

见GB/T 1040中与受试材料有关的部分。

12 试验报告

试验报告应包括以下内容：

a) 注明引用GB/T 1040的相关部分；

b) 受试材料的完整标识,包括类型、来源、制造厂代号和所知的历史；

c) 材料(不管其为成品、半成品、试板还是试样)的性能和形态,包括主要尺寸、形状、加工方法、层合顺序和预处理情况；

d) 试样类型及平行部分的宽度和厚度,包括平均值、最小值和最大值；

e) 试样制备及加工方法的详细情况；

f) 如果材料是成品或半成品,试样切割的方向；

g) 试样数量；

h) 状态调节和试验的标准环境,如果需要,根据有关材料或产品相关的标准所增加的特殊状态调节；

i) 试验机的精度等级(见GB/T 17200)；

j) 伸长或应变指示仪的类型;

k) 夹持装置类型和夹持压力,如果知道的话;

l) 试验速度;

m) 单个试验结果;

n) 试验结果的平均值,引用的受试材料指标值;

o) 标准偏差和/或变异系数及平均值的置信区间,如果需要;

p) 有否废弃和更换试样的说明及其原因;

q) 试验日期。

附　录　A
（资料性附录）
拉伸弹性模量和有关值

由于高聚物的黏弹性，其许多性能不但与温度有关，还与时间有关。就拉伸试验而言，即使在线性弹性范围内，也导致应力/应变曲线显示非线性（即向应变轴弯曲）。此影响在韧性材料中很明显。因此，取自韧性材料应力/应变曲线起始部分的正切弹性模量，经常在很大程度上取决于所使用的刻度。所以，使用这种传统方法（即应力/应变曲线起始点处切线法），不能给出这类材料的可靠模量值。

GB/T 1040 的本部分规定的测定拉伸模量方法，是建立在两个规定应变值，即 0.25%和 0.05%的基础上的（较低应变值不应取自零点处，以避免应力/应变曲线起始处可能存在的起始效应所引起的模量测量误差）。

对脆性材料来说，用新方法和传统方法都得出相同的模量值。但因为用新方法还能得到韧性材料的精确的、可重复的模量测量值。所以，本部分删去了起始正切模量的定义。

以上关于模量的说明与在 GB/T 1040—1992 中定义的“偏置屈服应力”类似，在该标准中，偏置屈服应力就是用应力/应变曲线对初始直线部分的偏离来定义的。因此本部分用规定的应变点（应变为 x%时的应力 σ_x，见 4.3.4）来代替“偏置屈服应力”。因为这种“替代”屈服应力的说法只对韧性材料才有意义，所以，规定的应变值一般应在屈服应变附近选择。

ICS 83.080.01
G 31

中华人民共和国国家标准

GB/T 1040.2—2006/ISO 527-2:1993
代替 GB/T 1040—1992,GB/T 16421—1996

塑料 拉伸性能的测定 第2部分:模塑和挤塑塑料的试验条件

**Plastics—Determination of tensile properties—
Part 2:Test conditions for moulding and extrusion plastics**

(ISO 527-2:1993,IDT)

2006-09-01 发布 2007-02-01 实施

中华人民共和国国家质量监督检验检疫总局
中国国家标准化管理委员会 发布

前　言

GB/T 1040《塑料　拉伸性能的测定》分为五个部分：

——第 1 部分：总则；

——第 2 部分：模塑和挤塑塑料的试验条件；

——第 3 部分：薄膜和薄片的试验条件；

——第 4 部分：各向同性和正交各向异性纤维增强复合材料的试验条件；

——第 5 部分：单向纤维增强复合材料的试验条件。

本部分为 GB/T 1040 的第 2 部分。

本部分等同采用 ISO 527-2:1993《塑料　拉伸性能的测定　第 2 部分：模塑和挤塑塑料的试验条件》（英文版）。

为了便于使用，本部分做了下列编辑性修改：

a) 把“本国际标准”一词改为“本标准”或“GB/T 1040”，把“ISO 527 的本部分”改成“GB/T 1040 的本部分”或“本部分”；

b) 删除了 ISO 527-2:1993 的前言；

c) 增加了国家标准本部分的前言；

d) 在 1.3 条后增加了注；

e) 把“规范性引用文件”一章所列的其中两个国际标准用对应等同采用该文件的我国国家标准代替；

f) 用我国的小数点“.”代替国际标准中的小数点“,”。

本部分与其他部分一起共同代替 GB/T 1040—1992《塑料拉伸性能试验方法》，也代替了 GB/T 16421—1996《塑料拉伸性能小试样试验方法》。

本部分与 GB/T 1040—1992《塑料拉伸性能试验方法》相比，主要技术内容改变如下：

——更改了标准名称，增加了目次、前言；

——增加了原理、试样数量、状态调节、精密度等章并增加了附录 A；

——将“主题内容与适用范围”改为“范围”、将“引用标准”改为“规范性引用文件”’、将“术语”改为“定义”；

——扩大了适用范围；

——标准试样类型由原来的四种（Ⅰ、Ⅱ、Ⅲ、Ⅳ）改为 1A、1B 型两种；

——将 GB/T 16421—1996 中的小试样Ⅰ型（$Ⅰ_1$、$Ⅰ_2$）和Ⅱ型（$Ⅱ_1$、$Ⅱ_2$）作为规范性附录 A 纳入本部分，并把型号分别调整为 1BA、1BB、5A、5B，修订前后试样尺寸完全相同；

——试验报告包括的内容有所增加。

本部分的附录 A 为规范性附录。

本部分由中国石油和化学工业协会提出。

本部分由全国塑料标准化技术委员会方法和产品分会（TC 15/SC 4）归口。

本部分负责起草单位：国家合成树脂质量监督检验中心、北京燕化石油化工股份有限公司树脂应用研究所、广州金发科技股份有限公司、四川省华拓实业发展股份有限公司。

本部分参加起草单位：国家石化有机原料合成树脂质量监督检验中心、国家化学建筑材料测试中心、国家塑料制品质量监督检验中心（北京）、国家塑料制品质量监督检验中心（福州）、锦西化工研究院、中昊晨光化工研究院、深圳新三思材料检测有限公司。

本部分主要起草人:宋桂荣、王永明、李建军、戴厚益。

本部分所代替标准的历次版本发布情况为:

——GB/T 1040—1979、GB/T 1040—1992;

——GB/T 16421—1996。

塑料　拉伸性能的测定
第2部分:模塑和挤塑塑料的试验条件

1　范围

1.1　GB/T 1040的本部分在第1部分基础上规定了用于测定模塑和挤塑塑料拉伸性能的试验条件。

1.2　本部分适用于下述范围的材料:

——硬质和半硬质的热塑性模塑、挤塑和铸塑材料,除未填充类型外还包括例如用短纤维、细棒、小薄片或细粒料填充和增强的复合材料,但不包括纺织纤维增强的复合材料;

——硬质和半硬质热固性模塑和铸塑材料,包括填充和增强的复合材料,但纺织纤维增强材料除外;

——热致液晶聚合物。

本部分不适用于纺织纤维增强的复合材料、硬质微孔材料或含有微孔材料夹层结构的材料。

1.3　本部分所用试样既可以模塑成规定尺寸,也可由注塑或压塑的制件或试片经机加工、切割或冲压而成。应优先选用多用途试样(见ISO 3167:1993,塑料　多用途试样)。

注:ISO 3167:1993,已被ISO 3167:2002代替。

2　规范性引用文件

下列文件中的条款通过GB/T 1040的本部分的引用而成为本部分的条款。凡是注日期的引用文件,其随后所有的修改单(不包括勘误的内容)或修订版均不适用于本部分,然而,鼓励根据本部分达成协议的各方研究是否可使用这些文件的最新版本。凡是不注日期的引用文件,其最新版本适用于本部分。

GB/T 1040.1—2006　塑料　拉伸性能的测定　第1部分:总则(ISO 527-1:1993,IDT)

GB/T 17037.1—1997　热塑性塑料材料注塑试样的制备　第1部分:一般原理及多用途试样和长条试样的制备(idt ISO 294-1:1996)

ISO 37:1994　硫化橡胶或热塑性橡胶　拉伸应力应变性能测定

ISO 293:1986　热塑性塑料压塑试样的制备

ISO 295:1991　塑料　热固性材料压塑试样

ISO 2818:1994　塑料　用机加工法制备试样

3　原理

见GB/T 1040.1—2006中的第3章。

4　定义

GB/T 1040.1—2006中确立的术语和定义适用于本部分。

5　设备

见GB/T 1040.1—2006中的第5章。

6 试样

6.1 形状和尺寸

只要可能，试样应为如图 1 所示的 1A 型和 1B 型的哑铃型试样，直接模塑的多用途试样选用 1A 型，机加工试样选用 1B 型。

注：具有 4 mm 厚的 1A 型和 1B 型试样分别与 ISO 3167 规定的 A 型和 B 型多用途试样相同。

关于使用小试样时的规定，见附录 A。

单位为毫米

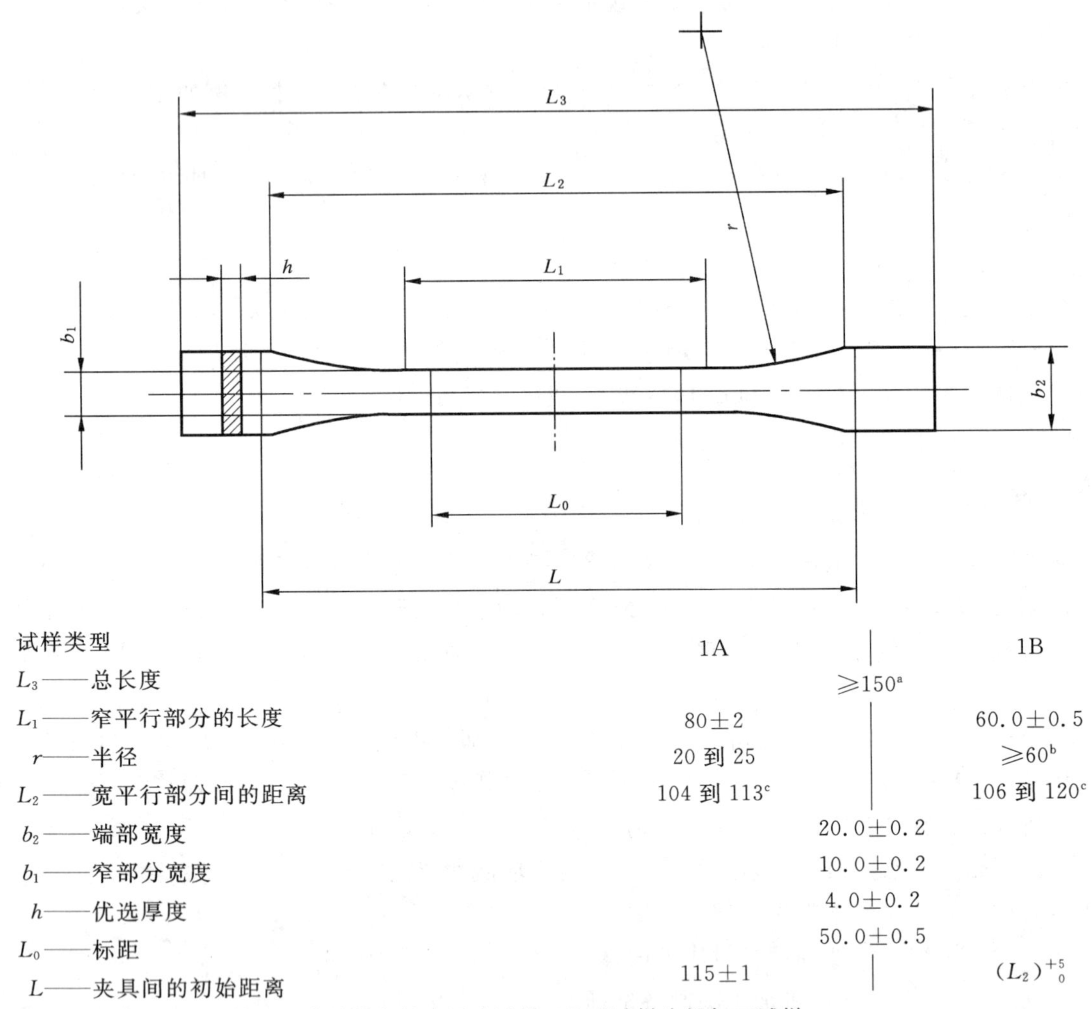

试样类型	1A	1B
L_3——总长度	≥150[a]	
L_1——窄平行部分的长度	80±2	60.0±0.5
r——半径	20 到 25	≥60[b]
L_2——宽平行部分间的距离	104 到 113[c]	106 到 120[c]
b_2——端部宽度	20.0±0.2	
b_1——窄部分宽度	10.0±0.2	
h——优选厚度	4.0±0.2	
L_0——标距	50.0±0.5	
L——夹具间的初始距离	115±1	$(L_2)^{+5}_{0}$

注：1A 型试样为优先使用的直接模塑的多用途试样，1B 型试样为机加工试样。

a 对有些材料柄端长度需要延长(如 L_3=200 mm)，以防止在试验夹具内断裂或滑动。

b $r=[(L_2-L_1)^2+(b_2-b_1)^2]/4(b_2-b_1)$。

c 由 L_1、r、b_1 和 b_2 获得的结果应在规定的允差范围内。

图 1 1A 型和 1B 型试样

6.2 试样制备

应按照相关材料规范制备试样，当无规范或无其他规定时，应按 ISO 293:1986、GB/T 17037.1—1997、ISO 295:1991 以适宜的方法从材料直接压塑或注塑制备试样，或按照 ISO 2818:1994 由压塑或注塑板材经机加工制备试样。

试样所有表面应无可见裂痕、划痕或其他缺陷。如果模塑试样存在毛刺应去掉，注意不要损伤模塑表面。

由制件机加工制备试样时应取平面或曲率最小的区域。除非确实需要，对于增强塑料试样不宜使用机加工来减少厚度，表面经过机加工的试样与未经机加工的试样试验结果不能相互比较。

6.3 标线

见 GB/T 1040.1—2006 中的 6.3。

6.4 试样检查

见 GB/T 1040.1—2006 中的 6.4。

7 试样数量

见 GB/T 1040.1—2006 中的第 7 章。

8 状态调节

见 GB/T 1040.1—2006 中的第 8 章。

9 试验步骤

见 GB/T 1040.1—2006 中的第 9 章。

在测量弹性模量时，1A 型、1B 型试样(见图 1)的试验速度应为 1 mm/min。对于小试样见附录 A。

10 结果计算和表示

见 GB/T 1040.1—2006 中的第 10 章。

11 精密度

因为未得到实验室间试验数据，因此还不知本试验方法的精密度。当获得实验室间数据后，将在下次修订版本给出精密度说明。

12 试验报告

试验报告应包括以下内容：

a) 注明引用 GB/T 1040 的本部分，包括试样类型和试验速度，并按下列方式表示：

拉伸试验　　GB/T 1040.2/1A/50

试样类型(见图 1) —— 1A

试验速度 mm/min(见 GB/T 1040.1—2006 中的表 1) —— 50

对试验报告中的 b)～q)项，见 GB/T 1040.1—2006 第 12 章中的 b)～q)项。

附 录 A
（规范性附录）
小 试 样

如果由于某些原因不能使用1型标准试样时，可使用1BA型、1BB型（见图A.1），5A或5B型（见图A.2）试样。只要将试验速度调整到GB/T 1040.1—2006中的5.1.2表1给定的值，使小试样的标称应变速率最接近标准尺寸试样的应变速率。标称应变速率为试验速度（见GB/T 1040.1—2006中的4.2）与夹具初始距离的商。当需要测量模量时，试验速度应为1 mm/min。用小试样测量模量在技术上可能是困难的，因为标距长度小，试验时间短。由小试样获得的结果与用1型试样获得的结果不可比较。

单位为毫米

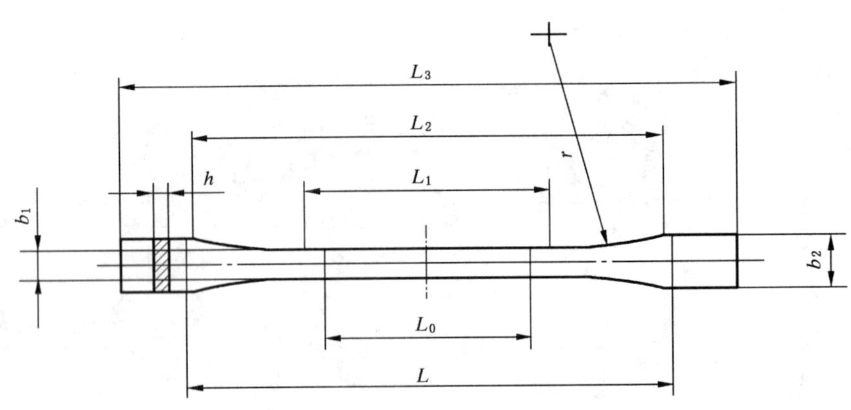

试样类型	1BA	1BB
L_3——总长度	≥75	≥30
L_1——窄平行部分的长度	30±0.5	12±0.5
r——半径	≥30	≥12
L_2——宽平行部分间的距离	58±2	23±2
b_2——端部宽度	10±0.5	4±0.2
b_1——窄部分宽度	5±0.5	2±0.2
h——厚度	≥2	≥2
L_0——标距	25±0.5	10±0.2
L——夹具间的初始距离	$(L_2)^{+2}_{0}$	$(L_2)^{+1}_{0}$

注：除厚度外，1BA型和1BB型试样分别比照1B型试样按1∶2和1∶5比例系数缩小。

图A.1 1BA型和1BB型试验试样

单位为毫米

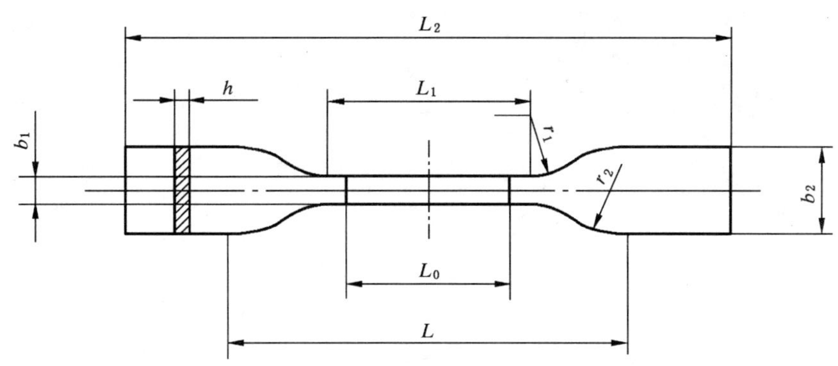

试样类型	5A	5B
L_2——总长度	≥75	≥35
b_2——端部宽度	12.5±1	6±0.5
L_1——窄平行部分的长度	25±1	12±0.5
b_1——窄部分宽度	4±0.1	2±0.1
r_1——小半径	8±0.5	3±0.1
r_2——大半径	12.5±1	3±0.1
L——夹具间的初始距离	50±2	20±2
L_0——标距	20±0.5	10±0.2
h——厚度	≥2	≥1

注：5A 和 5B 型试样与 GB/T 1040.3 中的 5 型试样近似成比例，并分别相当于 ISO 37:1994 中的 2 型和 4 型试样。

图 A.2　5A 型和 5B 型试样

ICS 83.080.01
G 31

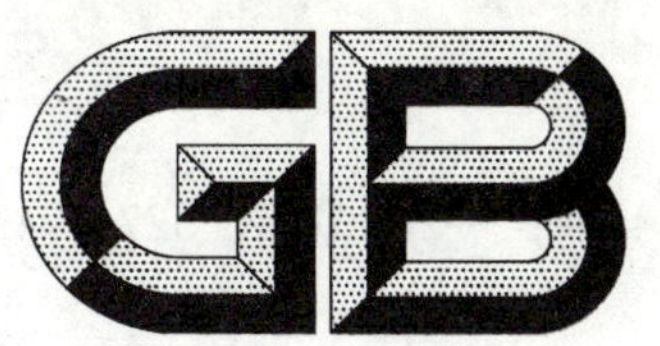

中华人民共和国国家标准

GB/T 1040.4—2006/ISO 527-4:1997
代替 GB/T 1040—1992

塑料　拉伸性能的测定　第4部分：各向同性和正交各向异性纤维增强复合材料的试验条件

Plastics—Determination of tensile properties—
Part 4:Test conditions for isotropic and orthotropic fibre-reinforced plastic composites

(ISO 527-4:1997,IDT)

2006-09-01 发布　　2007-02-01 实施

中华人民共和国国家质量监督检验检疫总局
中国国家标准化管理委员会　发布

前　　言

GB/T 1040《塑料　拉伸性能的测定》分为五部分：

——第 1 部分：总则；

——第 2 部分：模塑和挤塑塑料的试验条件；

——第 3 部分：薄膜和薄片的试验条件；

——第 4 部分：各向同性和正交各向异性纤维增强复合材料的试验条件；

——第 5 部分：单向纤维增强复合材料的试验条件。

本部分为 GB/T 1040 的第 4 部分，等同采用 ISO 527-4:1997《塑料　拉伸性能的测定　第 4 部分：各向同性和正交各向异性纤维增强复合材料的试验条件》(英文版)。

本部分等同翻译 ISO 527-4:1997，在技术内容上完全相同。

为便于使用，本部分做了下列编辑性修改：

a) 把“本国际标准”一词改为“本标准”或“GB/T 1040”，把“ISO 527 的本部分”改成“GB/T 1040 的本部分”或“本部分”；

b) 删除了 ISO 527-4:1997 的前言；

c) 增加了国家标准的前言；

d) 把“规范性引用文件”中的三个国际标准用对应的等同采用该文件的我国国家标准代替。

本部分与其他四部分一起共同代替 GB/T 1040—1992《塑料拉伸性能试验方法》。

本部分与 GB/T 1040—1992 相比主要变化如下：

——适用范围不同，本部分只适用于各向同性和正交各向异性纤维增强复合材料的试验；

——增加了规范性引用文件一章；

——增加了定义和原理；

——增加了对纤维增强复合材料弹性模量、泊松比的测试内容；

——增加了附录 A 和附录 B。

本部分的附录 A 为规范性附录、附录 B 为资料性附录。

本部分由中国石油和化学工业协会提出。

本部分由全国塑料标准化技术委员会方法和产品分会(TC 15/SC 4)归口。

本部分负责起草单位：国家合成树脂质量监督检验中心。

本部分参加起草单位：北京燕化石油化工股份有限公司树脂应用研究所、国家石化有机原料合成树脂质量监督检验中心、国家化学建筑材料测试中心、中昊晨光化工研究院、中国兵器工业集团第五三研究所、广州金发科技股份有限公司、深圳新三思材料检测有限公司等。

本部分主要起草人：黄正安、王永明。

本部分为首次发布。

塑料　拉伸性能的测定　第4部分：各向同性和正交各向异性纤维增强复合材料的试验条件

1　范围

1.1　GB/T 1040的本部分在第1部分基础上，规定了测定各向同性和正交各向异性纤维增强复合材料拉伸性能的试验条件。

对单向增强复合材料的规定见GB/T 1040的第5部分。

1.2　见GB/T 1040.1—2006中的1.2。

1.3　本部分适用于下列材料：

——混入非单向增强材料的纤维增强热固性和热塑性复合材料，所用的非单向增强材料如毡片、机织物、无捻粗纱织物、短切原丝及上述增强材料的组合物、混杂纤维、无捻粗纱、短切或磨碎纤维或预浸渍材料（预浸料）等（对于直接注塑试样，见GB/T 1040.2—2006中的1A型试样）；

——带有单向增强材料的上述材料复合制品和用单向层压片材构成的多向增强材料，所提供的层压片材应是匀称的；

——由这些材料制作的成品。

涉及到的增强纤维包括玻璃纤维、碳纤维、聚芳酰胺纤维或其他类似纤维。

1.4　本部分应使用按ISO 1268或其他等效方法制作的试板或从带有合适平面的成品或半成品经机加工制成的试样。

1.5　见GB/T 1040.1—2006中的1.5。

2　规范性引用文件

下列文件中的条款通过GB/T 1040的本部分的引用而成为本部分的条款，凡是注日期的引用文件，其随后所有的修改单（不包括勘误的内容）或修订版均不适用于本部分，然而，鼓励根据本部分达成协议的各方研究是否可使用这些文件的最新版本。凡是不注日期的引用文件，其最新版本适用于本部分。

GB/T 1040.1—2006　塑料　拉伸性能的测定　第1部分：总则（ISO 527-1:1993，IDT）

GB/T 1040.2—2006　塑料　拉伸性能的测定　第2部分：模塑和挤塑塑料的试验条件（ISO 527-2:1993，IDT）

ISO 1268:1974　塑料　试验用玻璃纤维增强树脂胶合低压层压板的制备

ISO 2818:1994　塑料　用机械加工方法制备试样

ISO 3534-1:1993　统计学　词汇和符号　第1部分：概率和一般统计学术语

3　原理

见GB/T 1040.1—2006中的第3章。

4　定义

下列定义适用于GB/T 1040的本部分。

4.1

标距 gauge length

见 GB/T 1040.1—2006 中的 4.1。

4.2

试验速度 speed of testing

见 GB/T 1040.1—2006 中的 4.2。

4.3

拉伸应力 tensile stress

σ

除把对“1”方向试样的 σ 定义为 σ_1 和把对“2”方向试样的 σ 定义为 σ_2 以外(对这些方向的定义见 4.8),其余见 GB/T 1040.1—2006 中的 4.3。

4.3.1

拉伸强度 tensile strength

σ_M

除把对“1”方向试样的 σ_M 定义为 σ_{M1} 和把对“2”方向试样的 σ_M 定义为 σ_{M2} 外,其余见 GB/T 1040.1—2006 中的 4.3.3。

4.4

拉伸应变 tensile strain

ε

除把对“1”方向试样的 ε 定义为 ε_1 和把对“2”方向试样的 ε 定义为 ε_2 外,其余见 GB/T 1040.1—2006 中的 4.4。

用比值或百分数表示。

4.5

拉伸强度拉伸应变;断裂拉伸应变 tensile strain at tensile strength;tensile failure strain

ε_M

在试样拉伸强度对应点处的拉伸应变。

对“1”方向试样,ε_M 定义为 ε_{M1};对“2”方向试样,定义为 ε_{M2}。

用比值或百分数表示。

4.6

拉伸弹性模量 modulus of elasticity in tension

E

除把对“1”方向试样的 E 定义为 E_1 和把对“2”方向试样的 E 定义为 E_2 以外,其余见 GB/T 1040.1—2006 中的 4.6。

使用的应变值在 GB/T 1040.1—2006 中的 4.6 中给出,即 $\varepsilon'=0.000\ 5$ 和 $\varepsilon''=0.002\ 5$(见图 1),除非在材料或技术规范中已给出了可选择的值。

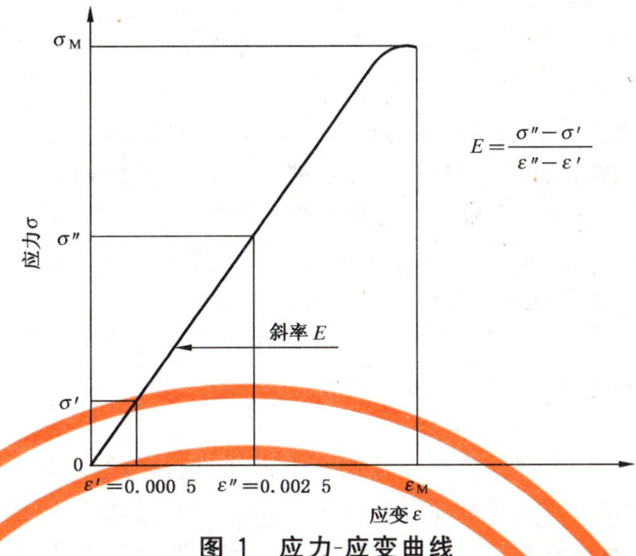

图 1 应力-应变曲线

4.7

泊松比 Poisson's ratio

μ

除按照图 2 所示坐标把对“1”方向试样的 μ_b 定义为 μ_{12}，μ_h 定义为 μ_{13}；把对“2”方向试样的 μ_b 定义为 μ_{21}，μ_h 定义为 μ_{23} 外，其余见 GB/T 1040.1—2006 中的 4.7。

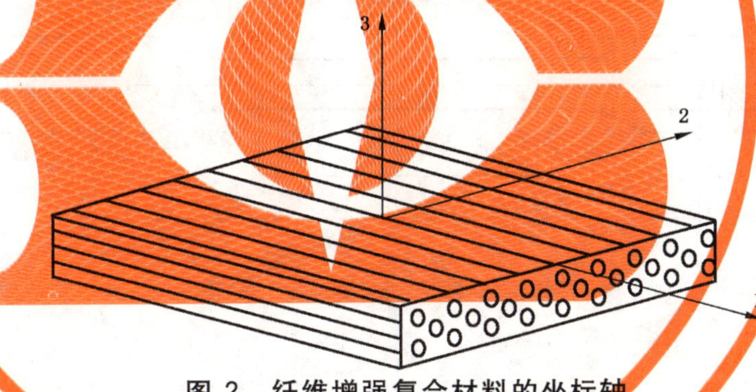

图 2 纤维增强复合材料的坐标轴

4.8

试样坐标轴 specimen coordinate axes

通常根据与材料结构或生产工艺有关的特征来规定“1”方向(见图 2)，把与“1”方向垂直的方向规定为“2”方向。

注 1：“1”方向又称为 0°方向或纵向；“2”方向又称为 90°方向或横向。

注 2：本标准第 5 部分涉及的单向材料把平行于纤维的方向定义为“1”方向；把垂直于纤维方向(在纤维所在平面内)定义为“2”方向。

5 设备

除以下规定外，其余见 GB/T 1040.1—2006 中的第 5 章。

测微计或等效测量仪器的读数精度应达到 0.01 mm 或更优。如果用在凹凸不平的表面上，仪器应带有尺寸合适，端部为球形的测量头；如果用在平整、光滑的(例如经过机械加工的)表面上，则应带有平面测量头。

GB/T 1040.1—2006 中的 5.2.2 不适用于本部分。

注：推荐按附录 B 所述对试样和载荷系统的对中进行校核。

6 试样

6.1 形状和尺寸

GB/T 1040 的本部分规定了三种类型试样，如图 3(1B 型)和图 4(2 型和 3 型)所示。

1B 型试样用于试验纤维增强热塑性塑料。如果破坏发生在标距线内，1B 型试样也可用于纤维增强热固性塑料。1B 型试样不应用于多向性连续纤维增强材料。

2 型试样(为不带端柄的矩形试样)和 3 型试样(带有粘接端柄的矩形试样)用来试验纤维增强热固性和热塑性塑料。未粘接端柄的试样一般作为 2 型试样。

2 型及 3 型试样的优选宽度为 25 mm，如果由于使用了特殊的增强材料，使其拉伸强度变得不高时，也可以使用宽度为 50 mm 或更大的试样。

2 型和 3 型试样的厚度应为 2 mm～10 mm。

为了确定使用 2 型还是 3 型试样，应首先使用 2 型试样进行试验，如果无法试验或结果不令人满意，例如试样在夹具中打滑或在夹具中破坏(GB/T 1040.1—2006 中的 5.1)，则使用 3 型试样。

对于压塑材料，各类试样两端片之间不应有厚度偏离平均值超过 2%的点。

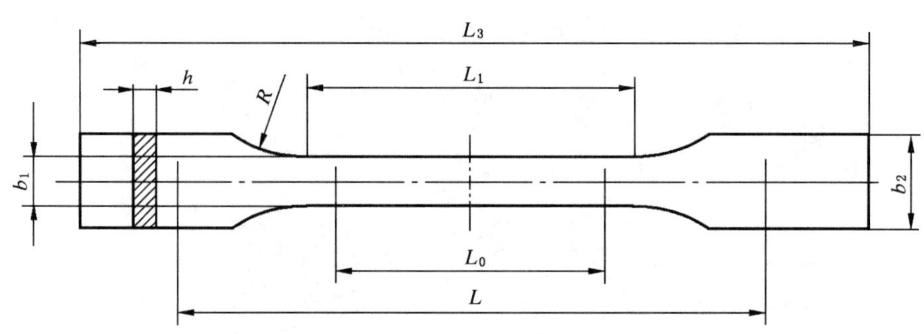

单位为毫米

L_3——总长度	≥150[a]
L_1——窄平行部分的长度	60±0.5
R——半径	≥60[b]
b_2——端部宽度	20±0.2
b_1——狭窄部分的宽度	10±0.2
h——厚度	2～10
L_0——标距(为使用引伸计推荐)	50±0.5
L——夹具间的初始距离	115±1

注：第 6 章已给出关于试样质量和平行度的要求。

a 对某些材料，端柄长度可能需要延长(如可使 L_3=200 mm)，以防止试样在夹具内破坏或滑动。

b 注意：厚度为 4 mm 的试样，与 GB/T 1040.2—2006 规定的 1B 型试样及在 ISO 3167:1993《塑料　多用途试样》中的 B 型试样相同。

图 3　1B 型试样

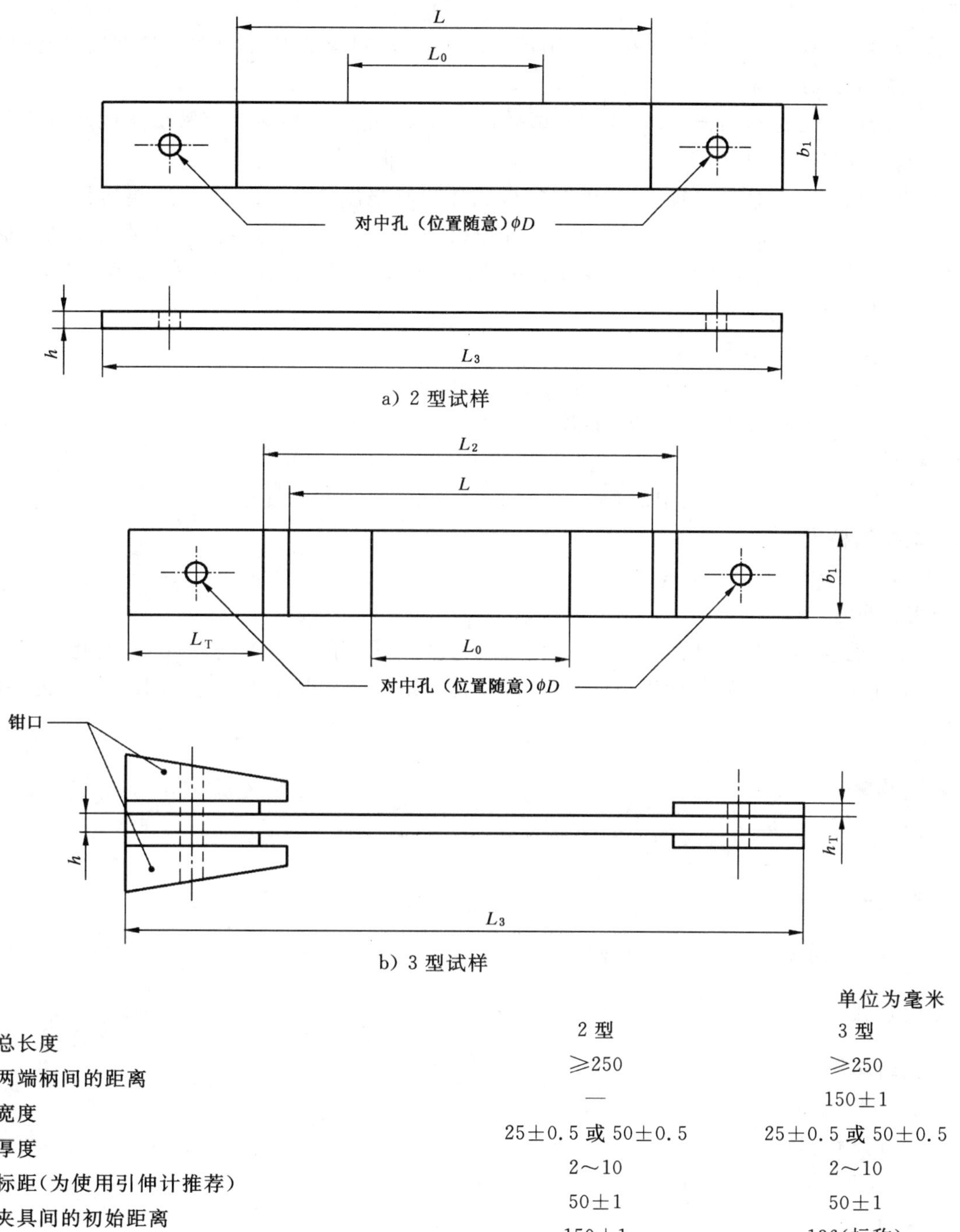

a）2 型试样

b）3 型试样

单位为毫米

	2 型	3 型
L_3——总长度	≥250	≥250
L_2——两端柄间的距离	—	150±1
b_1——宽度	25±0.5 或 50±0.5	25±0.5 或 50±0.5
h——厚度	2～10	2～10
L_0——标距（为使用引伸计推荐）	50±1	50±1
L——夹具间的初始距离	150±1	136（标称）
L_T——端柄长度	—	≥50
h_T——端柄厚度	—	1～3
D——对中孔直径	3±0.25	3±0.25

注：第 6 章已给出关于试样质量和平行度的要求。

图 4　2 型和 3 型试样

6.2　试样的制备

6.2.1　概述

对于模塑及层压材料，应按照 ISO 1268:1974 或其他规定/商定的方法制备试板。对于 3 型试样（见附录 A），应从上述试板上切取单个或成组试样。

当要求从最终产品制备试样时（如为了在生产过程中或交货时进行质量控制），则应从平面部分制取试样。

在 ISO 2818:1994 中规定了机加工制备试样的参数,附录 A 中给出关于切削试样时的其他要求。

6.2.2 端柄(对于 3 型试样)

试样的两端应进行增强,最好使用与试样长轴成 45°角的纤维多层交叉层压或玻纤织物/树脂层压的方式制成端柄,柄厚应为 1 mm~3 mm,柄角为 90°(即不是渐缩的)。

允许选用其他的柄形装置,但使用前应得到证明其强度至少能与推荐的端柄相等,而其变异系数(见 GB/T 1040.1 中的 10.5 及 ISO 3534-1:1993),则不大于推荐的端柄。可供选择的端柄包括:由受试材料制成的端柄、机械紧固端柄及由粗糙材料制造的非粘结端柄(例如金刚砂纸、普通砂纸以及使用粗糙的夹具表面等)。

6.2.3 端柄的粘接(对于 3 型试样)

使用高韧性黏合剂把端柄粘接到试样上,见附录 A。

注:单个试样和成组试样的粘接步骤相同。

6.3 标线

见 GB/T 1040.1—2006 中的 6.3。

6.4 试样的检查

见 GB/T 1040.1—2006 中的 6.4。

6.5 各向异性

纤维增强复合材料的性能常随着片材板面的方向不同而变化(各向异性)。因此,推荐分别按与主轴平行和垂直两个方向制备两组试样,以测定从材料结构或从其生产工艺知识所推断的一些特性的方向性。

7 试样数量

见 GB/T 1040.1—2006 中的第 7 章。

8 状态调节

见 GB/T 1040.1—2006 中的第 8 章。

9 试验步骤

9.1 试验环境

见 GB/T 1040.1—2006 中的 9.1。

9.2 试样尺寸测量

见 GB/T 1040.1—2006 中的 9.2。

9.3 夹持

见 GB/T 1040.1—2006 中的 9.3。

9.4 预应力

见 GB/T 1040.1—2006 中的 9.4。

9.5 引伸计和应变仪的安装和标线的定位

见 GB/T 1040.1—2006 中的 9.5。

测量标距长度应精确至 1%或更优。

9.6 试验速度

使用下列试验速度。

9.6.1 1B 型试样

a) 常规质量控制时,为 10 mm/min;

b) 合格鉴定试验,测定最大伸长和拉伸弹性模量时,为 2 mm/min。

9.6.2 2 型和 3 型试样

a) 常规质量控制时,为 5 mm/min;

b) 合格鉴定试验,测定最大伸长和拉伸弹性模量时,为 2 mm/min。

9.7 数据的记录

见 GB/T 1040.1—2006 中的 9.7。

10 结果计算和表示

除了采用本部分第 4 章中给出的定义且应变值应报告到三位有效数字以外,其余见 GB/T 1040.1—2006 中的第 10 章。

如要求计算泊松比,则应在 4.6 中给出的应变值附近计算。

11 精密度

因为未得到实验室间试验数据,所以本试验方法的精密度尚未知道。如获得实验室间数据后,将在下次修订时补充精密度的说明。

精密度数据将会对纤维和母料类型的具体组合予以规定。

12 试验报告

试验报告应包括以下内容:

a) 注明引用 GB/T 1040 的本部分,包括试样类型和试验速度,按以下格式书写:

拉伸试验　　GB/T 1040.4/2/5

试样类型 —— 2

试验速度 mm/min —— 5

b)～q)项见 GB/T 1040.1—2006 第 12 章中的 b)～q)项。

在 12 章 b)项中应包括纤维类型、纤维含量和纤维几何形状(例如:毡)等。

附　录　A
（规范性附录）
试　样　的　制　备

A.1　机械加工制备试样

在任何情况下，都要采取以下措施：

——避免造成试样中热量大量累积(建议使用冷却剂)。如果使用液体冷却剂，在机加工后，应立即擦干试样。

——检查试样所有切削表面，应没有由机加工造成的缺陷。

A.2　带有粘接端柄试样的制备

推荐方法如下：

从受试材料上切取一块片材，该片材具有指定试样的长度，而其宽度应与切取所需的试样数目相适应。在该片材上标识材料的“1”方向。

切取制作端柄所需长度和宽度的矩形条。

按下述步骤把上述矩形条粘贴到制好的试样片材上：

a)　如果需要，对即将进行粘贴的所有表面都用细砂纸打磨处理或使用合适砂子进行喷砂处理。

b)　消除上述表面灰尘并使用合适溶剂清洁表面。

c)　严格按照黏合剂使用说明，用高韧性黏合剂把矩形条沿片材两端粘贴到片材上，矩形条间应相互平行，且垂直于试样的长度方向，如图 A.1 所示。

注：推荐使用带有薄型载体的薄膜黏合剂。该黏合剂的剪切强度应大于 30 MPa，并希望所使用的黏合剂是柔韧的，其断裂应变应大于受试材料。

d)　按黏合剂使用说明推荐的温度、压力和保持时间进行粘接。

e)　把上述片材切割成试样，切割时应把构成端柄的矩形条与片材结合在一起作为一个整体切割(见图 A.1)。

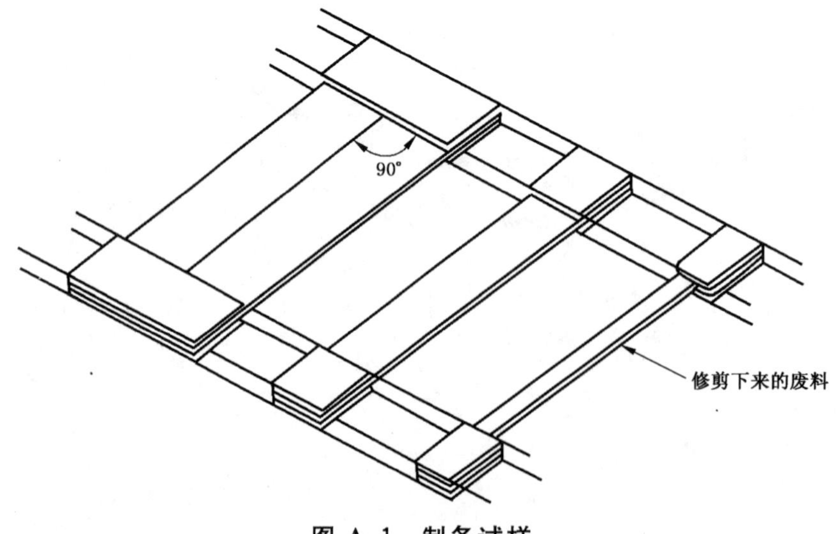

图 A.1　制备试样

附 录 B
（资料性附录）
试 样 的 对 中

推荐使用带有应变片的试样在标距中心位置校核拉力试验机和试样的对中情况，制作该试样的材料与被试材料相同。使用某种装置或方法，以保证该试样用可重复的方式定位在夹具中。带有应变片试样如图 B.1 所示。把两个应变片(SG1、SG2)粘贴到试样的同一个面上，距试样边缘距离大约为试样宽度的 1/8。把第三个应变片(SG3)粘贴到试样的背面中线与前面的二个应变片中点连线的交点位置上。

把各应变片的输出值与在 4.6 给出测量拉伸模量应变范围中点值，即 0.001 5，进行比较。用式(B.1)和式(B.2)分别计算在宽度方向上的弯曲应变(B_b)和在厚度方向的弯曲应变(B_h)，以百分数表示。

$$B_b = \frac{4\ |\ \varepsilon_2 - \varepsilon_1\ |}{3\varepsilon_{av}} \times 100 \qquad \cdots\cdots (B.1)$$

$$B_h = \frac{|\ \varepsilon_{av} - \varepsilon_3\ |}{\varepsilon_{av}} \times 100 \qquad \cdots\cdots (B.2)$$

式中：

ε_1、ε_2 和 ε_3 分别为应变片 SG1、SG2 和 SG3 所记录的应变值；

ε_{av}由右式计算： $\varepsilon_{av} = \frac{\varepsilon_1}{4} + \frac{\varepsilon_2}{4} + \frac{\varepsilon_3}{2}$

最后，确保弯曲应变满足不等式(B.3)给出的条件：

$$B_b + B_h \leqslant 3.0\% \qquad \cdots\cdots (B.3)$$

注 1：为全面检查出不对中的所有可能来源，必须在靠近夹具处使用更多的应变片。

注 2：在试样的每个侧面夹上一个带有纵向应变输出的引伸计，能检查单独试样在宽度方向上的对中情况。

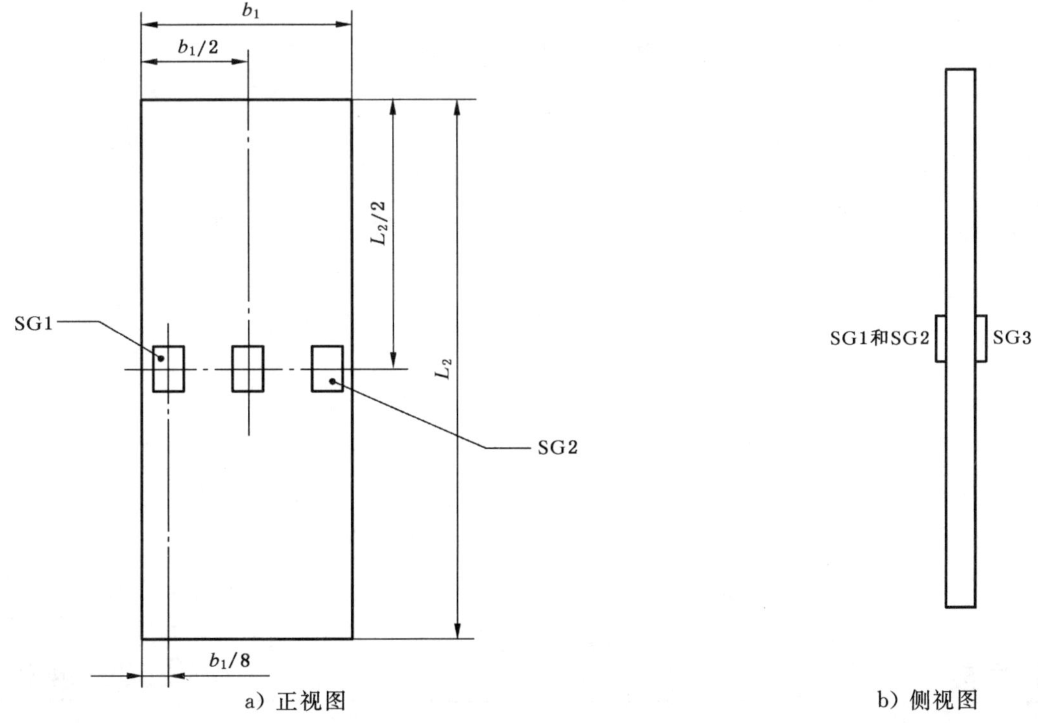

a) 正视图　　b) 侧视图

图 B.1　用于对中校核系统应变片(SG1、SG2 和 SG3)的位置

ICS 83.080.01
G 32

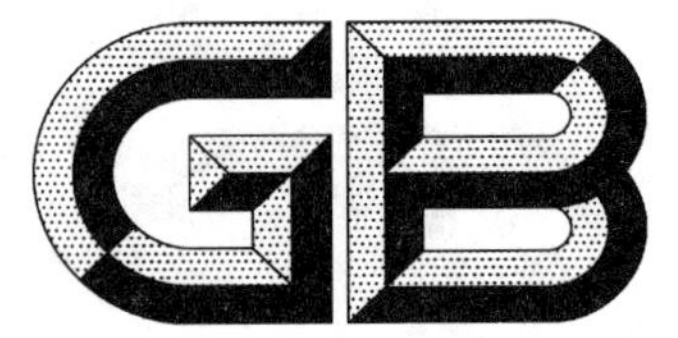

中华人民共和国国家标准

GB/T 1040.5—2008/ISO 527-5:1997

塑料　拉伸性能的测定　第5部分:单向纤维增强复合材料的试验条件

Plastics—Determination of tensile properties—Part 5:Test conditions for unidirectional fibre-reinforced plastic composites

(ISO 527-5:1997,IDT)

2008-08-04 发布　　2009-04-01 实施

中华人民共和国国家质量监督检验检疫总局
中国国家标准化管理委员会　发布

前　言

GB/T 1040《塑料　拉伸性能的测定》分为五个部分：

——第 1 部分：总则；

——第 2 部分：模塑和挤塑塑料的试验条件；

——第 3 部分：薄膜和薄片的试验条件；

——第 4 部分：各向同性和正交各向异性纤维增强复合材料的试验条件；

——第 5 部分：单向纤维增强复合材料的试验条件。

本部分为 GB/T 1040 的第 5 部分，等同采用 ISO 527-5:1997《塑料——拉伸性能的测定——第 5 部分：单向纤维增强复合材料的试验条件》。

为了便于使用，本部分做了下列编辑性修改：

——把“本国际标准”一词改为“本标准”或“GB/T 1040”，把“ISO 527 的本部分”改成“GB/T 1040 的本部分”或“本部分”；

——增加了国家标准本部分的前言；

——把“规范性引用文件”一章所列的其中两个国际标准用对应的等同采用该文件的我国国家标准代替；

——用我国的小数点“.”代替国际标准中的小数点“,”。

本部分的附录 A 为规范性附录，附录 B 为资料性附录。

本部分由中国石油和化学工业协会提出。

本部分由全国塑料标准化技术委员会塑料树脂通用方法和产品分会(SAC/TC 15/SC 4)归口。

本部分负责起草单位：国家合成树脂质量监督检验中心。

本部分参加起草单位：北京燕化石油化工股份有限公司树脂应用研究所、国家石化有机原料合成树脂质量监督检验中心、国家化学建筑材料测试中心、中昊晨光化工研究院、国家塑料制品质量监督检验中心(福州)、国家塑料制品质量监督检验中心(北京)、中国兵器工业集团第五三研究所、广州金发科技股份有限公司和深圳新三思材料检测有限公司。

本部分主要起草人：周为民、王永明。

本部分为首次发布。

塑料　拉伸性能的测定　第5部分:单向纤维增强复合材料的试验条件

1　范围

1.1　GB/T 1040的本部分在第1部分基础上规定了单向纤维增强复合材料拉伸性能的试验条件。

1.2　见GB/T 1040.1—2006中的1.2。

1.3　本部分适用于用单向纤维增强的,并满足GB/T 1040本部分测试要求(包括破坏模式)的所有聚合物复合材料。

本部分适用于用热塑性材料或热固性材料制成的复合材料,包括预浸渍材料(预浸料)。涉及到的增强材料包括碳纤维、玻璃纤维、聚芳酰胺纤维或其他类似纤维。涉及到的增强材料几何形状,包括单向(即完全成一条直线的)纤维、无捻粗纱以及单向织物和窄带织物等。

本部分不适用于由几种单向层压板在不同角度下复合成的多向复合材料(见GB/T 1040.4—2006)。

1.4　本部分应使用两种不同类型试样中的一种,试样类型取决于与纤维方向有关的施加应力的方向(见第6章)。

1.5　见GB/T 1040.1—2006中的1.5。

2　规范性引用文件

下列文件中的条款通过GB/T 1040的本部分的引用而成为本部分的条款。凡是注日期的引用文件,其随后所有的修改单(不包括勘误的内容)或修订版均不适用于本部分,然而,鼓励根据本部分达成协议的各方研究是否可使用这些文件的最新版本。凡是不注日期的引用文件,其最新版本适用于本部分。

GB/T 1040.1—2006　塑料　拉伸性能的测定　第1部分:总则(ISO 527-1:1993,IDT)

GB/T 1040.4—2006　塑料　拉伸性能的测定　第4部分:各向同性和正交各向异性纤维增强复合材料的试验条件(ISO 527-4:1997,IDT)

ISO 1268:1974　塑料　试验用的玻纤增强树脂胶粘低压层压板的制备

ISO 2818:1994　塑料　用机械加工方法制备试样

ISO 3534-1:1993　统计学　词汇和符号　第1部分:概率和一般统计学术语

ISO 9291:1996　纺织玻纤增强塑料　无捻粗纱　缠绕法制备单向板材

3　原理

见GB/T 1040.1—2006中第3章。

4　术语和定义

下列术语和定义适用于GB/T 1040的本部分。

4.1

标距　gauge length

见GB/T 1040.1—2006中的4.1。

4.2

试验速度　speed of testing

见 GB/T 1040.1—2006 中的 4.2。

4.3

拉伸应力　tensile stress

$\boldsymbol{\sigma}$

除了把相对于 A 型试样的 σ 定义为 σ_1；把相对于 B 型试样的 σ 定义为 σ_2 以外，其余见 GB/T 1040.1—2006 中的 4.3(A 型和 B 型试样的详述见第 6 章)。

4.3.1

拉伸强度　tensile strength

$\boldsymbol{\sigma_M}$

除了把相对于 A 型试样的 σ_M 定义为 σ_{M1}；把相对于 B 型试样的 σ_M 定义为 σ_{M2} 以外，其余见 GB/T 1040.1—2006 中的 4.3.3。

4.4

拉伸应变　tensile strain

$\boldsymbol{\varepsilon}$

原始标距单位长度在长度方向上的增加量。

对于 A 型试样，ε 被定义为 ε_1；B 型试样，ε 被定义为 ε_2，用一个无量纲的比值或百分数来表示。

4.5

拉伸强度拉伸应变、断裂拉伸应变　tensile strain at tensile strength; tensile failure strain

$\boldsymbol{\varepsilon_M}$

对应于试样拉伸强度点处的拉伸应变。

对于 A 型试样，ε_M 被定义为 ε_{M1}；对 B 型试样，被定义为 ε_{M2}，用一个无量纲的比值或百分数来表示。

4.6

拉伸弹性模量　modulus of elasticity in tension

$\boldsymbol{E}$

除了把相对于 A 型试样的 E 定义为 E_1；把相对于 B 型试样的 E 定义为 E_2 以外，其余见 GB/T 1040.1—2006 中的 4.6。

所用的应变值如 GB/T 1040.1—2006 中的 4.6 所给出的，即 $\varepsilon'=0.000\,5$，$\varepsilon''=0.002\,5$(见图 1)，除非在材料或技术规范中已经给出了可选择的值。

4.7

泊松比　Poisson's ratio

$\boldsymbol{\mu}$

除按照图 2 所给出的坐标，把相对于 A 型试样的 μ_b 定义为 μ_{12}，μ_h 定义为 μ_{13}；把相对于 B 型试样的 μ_b 定义为 μ_{21}，μ_h 定义为 μ_{23} 以外，其余见 GB/T 1040.1—2006 中的 4.7。

4.8

试样坐标轴　specimen coordinate axes

在试验条件下的材料坐标轴规定如图 2 所示，把平行于纤维的方向规定为方向“1”，把垂直于纤维的方向(在纤维所在的平面内)规定为方向“2”。

注：方向“1”也称作 0°方向或纵方向；方向“2”也称作 90°方向或横方向。

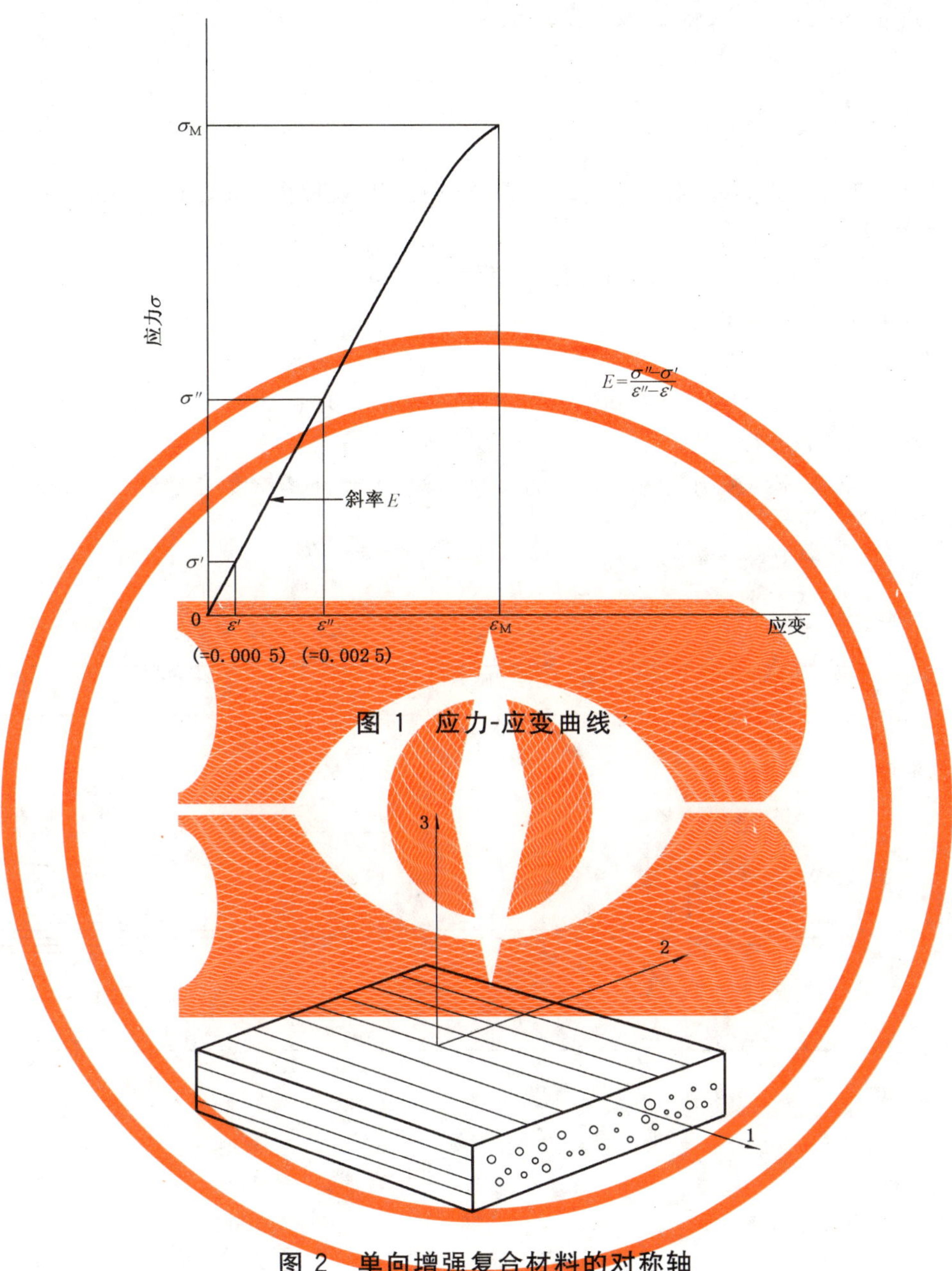

图 1 应力-应变曲线

图 2 单向增强复合材料的对称轴

5 设备

除以下规定外,其余见 GB/T 1040.1—2006 中的第 5 章。

测微计或等效的仪器(见 GB/T 1040.1—2006 中 5.2.1),其读数精度应为 0.01 mm 或更优。如在凹凸不平的表面上使用时,应带有一个尺寸适宜、端部为球形的测量头;如果是在平整光滑的表面(比如是经过机械加工过的)上使用,则应带有一个平面测量头。

GB/T 1040.1—2006 中的 5.2.2 不适用于本部分。

应注意确保由夹具(见 GB/T 1040.1—2006 中 5.1.3)施加的压力能刚好保证试样从加荷至破坏时在夹具中不打滑。夹具压力过大可引起试样破裂,这是由于材料的横向强度较低的缘故。建议使用能保证夹具压力恒定的液压夹具。

如果把应变规粘结到试样上,这种横向应变规的横向效应对各向异性复合材料所引起的误差通常比各向同性的金属材料大得多。应对这种效应进行校正,才能保证泊松比测量的准确性。

注:推荐按照附录 B 所述对试样和载荷系统的对中进行校准。

6 试样

6.1 形状和尺寸

本部分规定了两种试样类型,取决于与纤维方向相关的试验取向,如图 3 中的图示和说明。

6.1.1 A 型试样(纵向)

A 型试样的宽度应为 15 mm±0.5 mm,总长度为 250 mm,厚度为 1 mm±0.2 mm,单个试样的相对边应互相平行至 0.2 mm 以内。

6.1.2 B 型试样(横向)

B 型试样的宽度应为 25 mm±0.5 mm,总长度为 250 mm,厚度为 2 mm±0.2 mm,单个试样的相对边应互相平行至 0.2 mm 以内。

对于按照 ISO 9291 纤维缠绕法板材制备的 B 型试样,可允许其长度缩短至 200 mm。

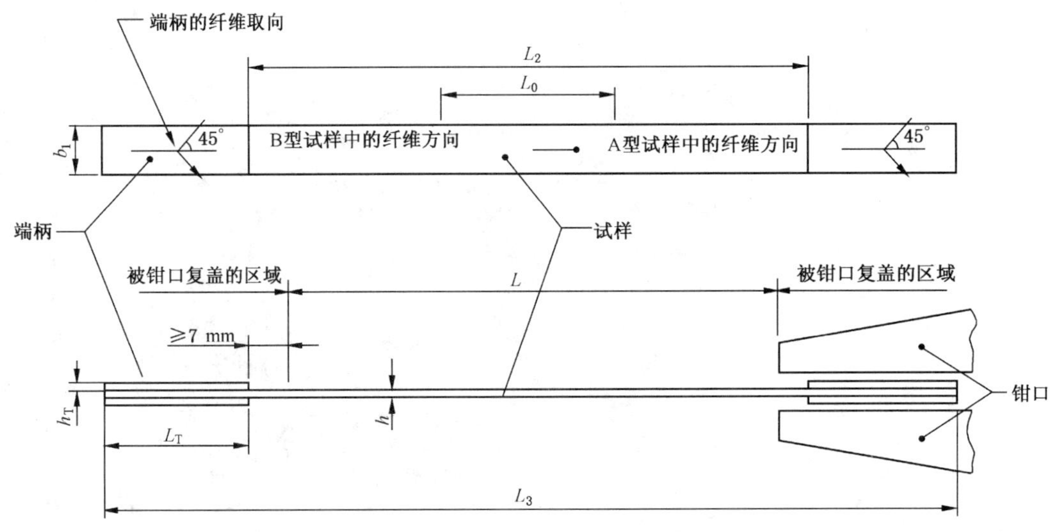

尺寸单位:mm

		A 型	B 型
L_3	总长度	250	250[a]
L_2	两端柄间的距离	150±1	150±1
b_1	宽度	15±0.5	25±0.5
h	厚度	1±0.2	2±0.2
L_0	标距(为使用引伸计所推荐的)	50±1	50±1
L	夹具间的初始距离(标称)	136	136
L_T	端柄长度	≥50	≥50[a]
h_T	端柄厚度	0.5~2	0.5~2

注:第 6 章中已给出关于试样的质量和平行度的要求。

[a] 对于按 ISO 9291 纤维缠绕板所制得的试样,容许试样总长度为 200 mm,端柄长度为 25 mm。

图 3 A 型和 B 型试样

6.2 试样的制备

6.2.1 概述

对于模塑和层压材料,应按照 ISO 1268 或其他规定/商定的方法制备一块试板,从该试板上切取单个或成组试样(见附录 A)。

当需要从成品取样测试时(例如,为了在生产过程中或销售时进行质量控制),则应从其平整区域切取试样。

对于所制取的每个试样,其轴线偏离平均纤维轴线的误差应在0.5°以内。

在ISO 2818中规定了机械加工制备试样的各种参数,附录A中给出了关于切削试样的其他要求。

6.2.2 端柄

试样的两端应当用端柄增强,最好用交叉层压或纤维取向与试样轴线方向成45°的玻璃纤维/树脂层压板制成端柄。端柄的厚度应为0.5 mm~2 mm,端柄角应为90°(即不是渐缩的)。

允许使用其他端柄结构,但在使用前必须验证其强度至少能与推荐的端柄相等,而其变异系数(见GB/T 1040.1—2006的10.5及ISO 3534-1)则不大于所推荐的端柄。可供选择的端柄包括,由受试材料制成的端柄、机械紧固端柄、由粗糙材料制造的非粘结端柄(例如金刚砂纸、普通砂纸以及使用变粗糙的夹具表面等)。

如果在未使用端柄的试样上进行测试,夹具之间的距离应当与使用粗糙端柄试样端柄之间的距离相同。

6.2.3 端柄的粘合

用高韧性的粘结剂把端柄和试样粘结起来,方法如附录A所述。

注:对于单个试样或成组试样都可以使用这种方法。

6.3 标线

见GB/T 1040.1—2006中的6.3。

6.4 试样的检查

见GB/T 1040.1—2006中的6.4。

7 试样的数量

见GB/T 1040.1—2006中的7.1和7.3(7.2不适用)。

8 状态调节

见GB/T 1040.1—2006中的第8章。

9 试验步骤

9.1 试验环境

见GB/T 1040.1—2006中的9.1。

9.2 试样尺寸的测量

除了厚度测量应精确至0.01 mm及注3、注4不适用以外,其余见GB/T 1040.1—2006中的9.2。

9.3 夹持

见GB/T 1040.1—2006中的9.3,插入端柄时至少要使钳口覆盖余量大于或等于7 mm,如图3所示。

9.4 预应力

见GB/T 1040.1—2006中的9.4。

9.5 引伸计和应变仪的安装及标线的定位

见GB/T 1040.1—2006中的9.5,测量标距应精确至1%或更优。

9.6 试验速度

对于A型试样,试验速度应为2 mm/min;

对于B型试样，试验速度应为1 mm/min。

9.7 数据的记录

见GB/T 1040.1—2006中的9.7。

10 结果计算和表示

除了采用本部分第4章中所给出的定义并对应变值报告到三位有效数字以外，其余见GB/T 1040.1—2006中的第10章。

11 精密度

由于尚未得到实验室间试验数据，所以还不知道本试验方法的精密度，在获得实验室间试验数据后，下次修订时，将补充关于精密度的规定。

12 试验报告

试验报告应包括以下内容：

a) 注明引用GB/T 1040的本部分，包括试样的类型和试验速度，并按以下格式记录：

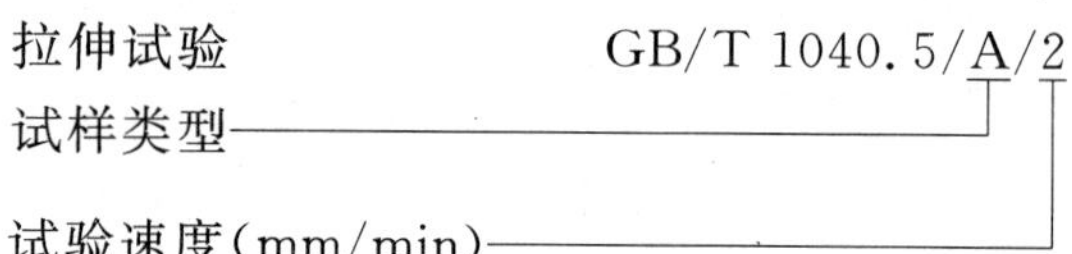

b)～q) 项见GB/T 1040.1—2006中第12章的b)～q)项。在b)项中应包括纤维类型、纤维含量和纤维的几何形状(例如单向的窄带织物)。

附 录 A
（规范性附录）
试样的制备

A.1 机械加工制备试样

在任何情况下都要采取以下预防措施：

——避免造成试样中热量大量累积(推荐使用冷却剂)。如果使用了液体冷却剂，在加工后应当立即擦干试样；

——检查试样所有的切削表面，应无机械加工造成的缺陷。

A.2 带有粘结端柄试样的制备

推荐使用下述方法：

从受试材料上切取一块片材，该片材具有指定试样的长度，而其宽度应与切取所需的试样数目相适应。

采用劈开试板边缘检查纤维的方法测定纤维的平均轴线取向，抽取几个试样进行以上操作以确保所测定的纤维取向的准确性。如果由于片与片或层与层之间未对准，劈开后不能找到一个清晰的边缘，则不应使用该试板，除非上述情况代表了某种特殊产品，或是代表某种特殊加工的结果。

切取具有制作端柄用的所需长度和宽度的矩形条，并按照下述步骤把该矩形条粘贴到上述片材上：

a) 如果需要，对即将进行粘贴的所有表面都用细砂纸打磨处理，或用合适的砂子喷砂处理；

b) 除去上述表面灰尘，并用合适溶剂清洁表面；

c) 严格按照所用粘结剂的产品说明进行操作，用一种高韧性的粘结剂把矩形条沿着片材的两端粘贴到片材上，矩形条间应相互平行，并垂直于试样的长度方向，如图 A.1 所示；

注：推荐使用带有薄型载体的薄膜粘结剂，该粘结剂的剪切强度最好应大于 30 MPa，并希望所用的粘结剂应柔韧，其断裂应变应大于受试材料。

d) 按照粘结剂产品使用说明推荐的温度、压力和保持时间进行粘结；

e) 把上述片材切割成试样，切割时应把构成端柄的矩形条与片材结合在一起，作为一个整体切割(见图 A.1)。

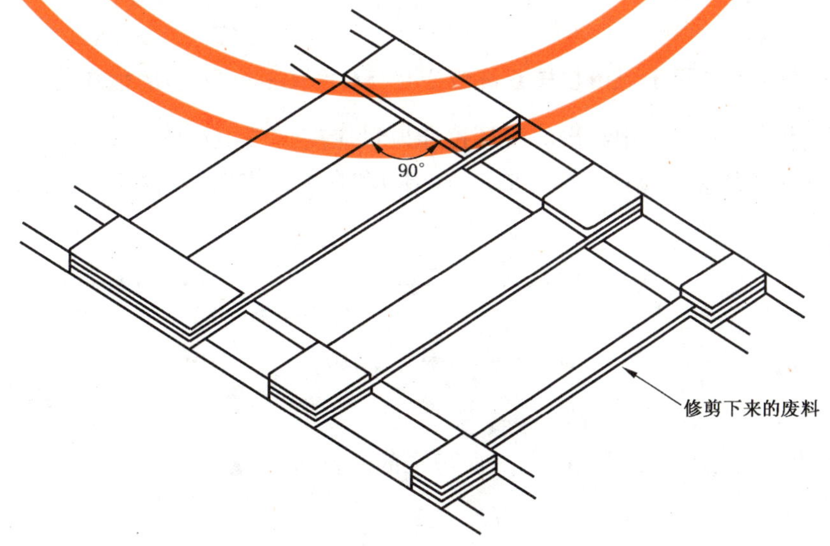

图 A.1 制备试样用的带柄板

附　录　B
（资料性附录）
试样的对中

推荐使用带有应变片的试样在标距中心位置校核拉力试验机和试样的对中状况，制作该试样的材料与被测试材料相同。使用某种装置或方法以保证该试样用可重复的方式定位在夹具中。带有应变片的试样如图 B.1 所示。把两个应变片(SG1、SG2)粘贴到试样的同一个面上，距试样边缘距离大约为试样宽度的八分之一。把第三个应变片(SG3)粘贴到试样背面中线与前面两个应变片中点连线的交点位置上。

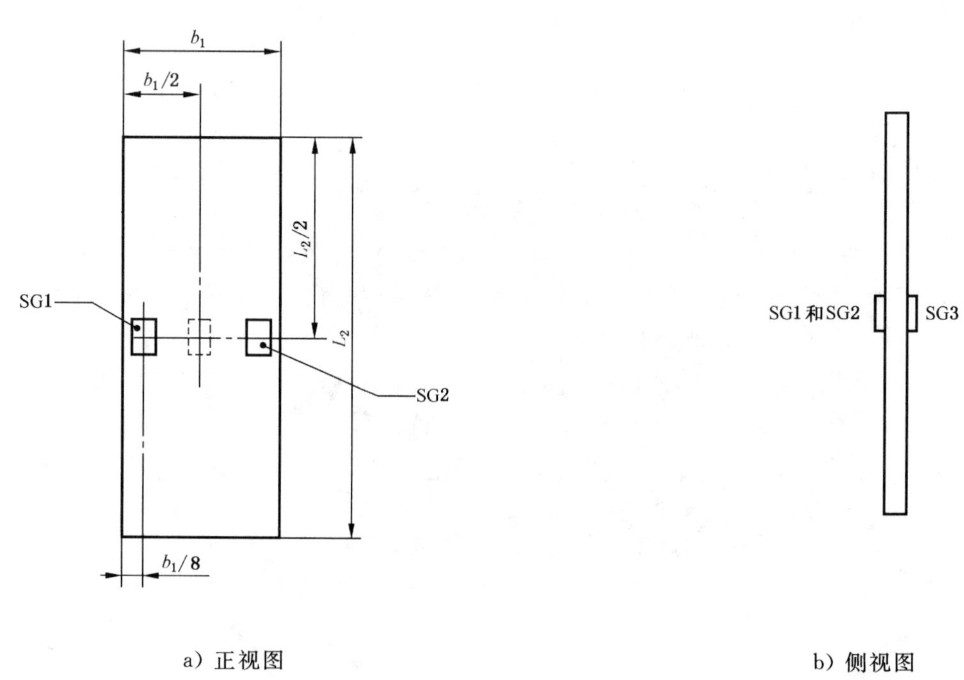

图 B.1　用于对中校核系统应变片(SG1、SG2 和 SG3)的位置

把各应变片的输出值与在 4.6 中给出的测量拉伸模量应变范围中点值，即 0.001 5，进行比较。用式(B.1)和(B.2)分别计算在宽度方向上的弯曲应变(B_b)和在厚度方向上的弯曲应变(B_h)，用百分数来表示。

$$B_b = \frac{4\,|e_2 - e_1|}{3e_{av}} \times 100 \quad \cdots\cdots (B.1)$$

$$B_h = \frac{|e_{av} - e_3|}{e_{av}} \times 100 \quad \cdots\cdots (B.2)$$

式中：

e_1、e_2 和 e_3 分别为应变片 SG1、SG2 和 SG3 所记录的应变值；

e_{av}按右式计算：　$e_{av} = \left(\frac{e_1}{4} + \frac{e_2}{4} + \frac{e_3}{2}\right)$

最后，确保弯曲应变满足不等式(B.3)给出的条件：

$$B_b + B_h \leqslant 3.0\% \tag{B.3}$$

注 1：为全面检查出不对中的所有可能来源，必须在靠近夹具处使用更多的应变片。

注 2：在试样的每个侧面夹上一个带有纵向应变输出的引伸计，能检查单独试样在宽度方向上的对中情况。

前　言

本标准等同采用 ISO 306:1994《塑料—热塑性材料—维卡软化温度(VST)的测定》,对 GB/T 1633—1979(1989年)《热塑性塑料软化点(维卡)试验方法》进行了修订。

本标准与 GB/T 1633—1979(1989年)的主要差异是:

1. 在液体加热介质的基础上增加了空气或氮气加热部分,用来测定维卡软化温度较高的试样。

2. 试验的初始温度由低于维卡软化温度50℃改成初始温度20~23℃,经预试验证明该材料在其他起始温度不会引起试验误差,也可采用其他起始温度。

3. 对测温仪器控温精度的要求由1℃提高至0.5℃以内。

4. 置于压针头下试样放入加热装置中5 min后,压针头位置稳定加砝码并调零;原标准为置于压针头下的试样放入加热装置加砝码,5 min后调零。

5. 试样厚度由3~6 mm(或机械加工3~4 mm)改为3~6.5 mm。

6. 压针头长由3~5 mm改为3 mm。

本标准自实施之日起,同时代替 GB/T 1633—1979(1989年)。

本标准由中华人民共和国原化学工业部提出。

本标准由全国塑料标准化技术委员会塑料树脂产品分会(TC 15/SC 4)归口。

本标准负责起草单位:大庆石油化工总厂。

本标准参加起草单位:晨光化工研究院、燕山石化树脂研究所、上海石化塑料厂、北京化工研究院、上海制笔化工厂、北京塑料研究所、辽阳石油化纤公司化工三厂、大庆石油化工总厂化工三厂、大庆石油化工总厂塑料厂等。

本标准起草人:徐永宁、张连贵、李宏宇。

本标准于1979年9月首次发布。

ISO 前言

ISO(国际标准化组织)是各个国家标准化团体(ISO 成员)的世界性联合组织。国际标准的制定工作由 ISO 各技术委员会进行。凡对技术委员会已确定的项目感兴趣的每个成员团体，都有权派代表参加该技术委员会，与 ISO 有联系的政府或非政府的国际组织也可参加其工作。ISO 与国际电工委员会(IEC)在所有电工技术标准化方面密切协作。

技术委员会将采纳的国际标准草案提交给各成员团体进行投票表决，至少有 75%成员团体投票表决表示赞成时，才能作为国际标准公布。

国际标准 ISO 306 是由 ISO/TC 61 塑料技术委员会 SC2 力学性能分技术委员会制定的。

本第三版经技术审核将取消并代替第二版 ISO 306:1987。

中华人民共和国国家标准

热塑性塑料维卡软化温度(VST)的测定

GB/T 1633—2000
idt ISO 306:1994
代替 GB/T 1633—1979(1989)

**Plastics—Thermoplastic materials—
Determination of Vicat softening temperature (VST)**

1 范围

本标准规定了四种测定热塑性塑料维卡软化温度(VST)的试验方法。

A_{50}法——使用 10 N 的力,加热速率为 50℃/h

B_{50}法——使用 50 N 的力,加热速率为 50℃/h

A_{120}法——使用 10 N 的力,加热速率为 120℃/h

B_{120}法——使用 50 N 的力,加热速率为 120℃/h

本标准规定的四种方法仅适用于热塑性塑料,所测得的是热塑性塑料开始迅速软化的温度。

2 引用标准

下列标准所包含的条文,通过在本标准中引用而构成为本标准的条文。本标准出版时,所示版本均为有效。所有标准都会被修订,使用本标准的各方应探讨使用下列标准最新版本的可能性。

GB/T 2918—1998 塑料试样状态调节和试验的标准环境(idt ISO 291:1997)

GB/T 9352—1988 热塑性塑料压塑试样的制备(neq ISO 293:1986)

GB/T 11997—1989 塑料多用途试样的制备和使用(eqv ISO 3167:1983)

GB/T 17037.1—1997 热塑性塑料材料注塑试样的制备 第1部分:一般原理及多用途试样和长条试样的制备(idt ISO 294-1:1996)

ISO 2818:1994 塑料机械加工试样的制备

3 原理

当匀速升温时,测定在第1章中给出的某一种负荷条件下标准压针刺入热塑性塑料试样表面1 mm深时的温度。

4 仪器

仪器主要包括:

4.1 负载杆,装有负荷板,固定在刚性金属架上,能在垂直方向上自由移动,金属架底座用于支撑负载杆末端压针头下的试样(见图1)。

国家质量技术监督局 2000-07-31 批准　　2001-03-01 实施

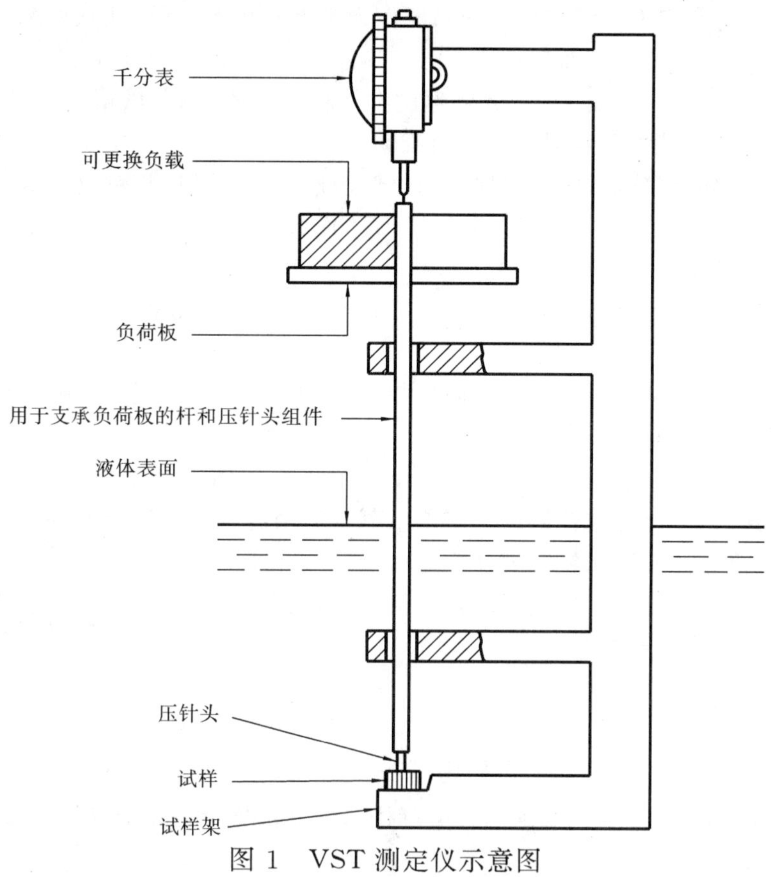

图 1 VST 测定仪示意图

负载杆和金属架构件应具有相同的膨胀系数，部件长度的不同变化，会引起试样表观变形读数的误差。

用低膨胀系数的钢性材料（如瓦镍铁合金或硅硼玻璃）制备的试样，对每台仪器包括其使用的温度范围做空白试验进行校正，并对每个温度确定一个校正项。如果校正项为 0.02 mm 或更大，应注意其代数符号，并通过代数方法将其加到表观针入度上，将此校正项应用于每项试验中。建议使用低膨胀合金制造的仪器。

4.2 压针头，最好是硬质钢制成的长为 3 mm，横截面积为 1.000 mm^2±0.015 mm^2 的圆柱体。固定在负载杆的底部，压针头的下表面应平整，垂直于负载杆的轴线，并且无毛刺。

4.3 已校正的千分表（或其他适宜的测量仪器），能够测量压针头刺入试样 1 mm±0.01 mm 的针入度，并能将千分表的推力记为试样所受推力的一部分。

注

1 在此类型的仪器中，千分表弹簧力向上，要从负荷中减去；如果这种力向下，应加到负荷上。

2 在整个冲程过程中，由于千分表弹簧上所施加的力明显地变化，所以要在整个冲程中测定这个力。

4.4 负荷板，装在负载杆上，中央加有适合的砝码，使加到试样上的总推力，对于 A_{50}和 A_{120}达到 10 N±0.2 N，对于 B_{50}和 B_{120}达到 50 N±1 N。负载杆、压针头、负荷板千分表弹簧组合向下的推力应不超过 1 N。

4.5 加热设备，盛有液体的加热浴或带有强制鼓风式氮气循环烘箱。加热设备应装有控制器，能按要求以 50℃/h±5℃/h 或 120℃/h±10℃/h 匀速升温。在试验期间，每隔 6 min 温度变化分别为 5℃±0.5℃或 12℃±1℃，应认为加热速率符合要求。

调节仪器使其在达到规定的压痕时，自动切断加热器并发出警报。

4.5.1 加热浴，盛有试样浸入的液体，并装有高效搅拌器，试样浸入深度至少为 35 mm；确定选择的液体在使用温度下是稳定的，对受试材料没有影响，例如膨胀或开裂等现象。

当使用加热浴时，将测得靠近试样液体的温度作为维卡软化温度(VST)(见7.5)。

液体石腊、变压器油、甘油和硅油都是合适的传热介质，也可以使用其他液体。

4.5.2 烘箱，能使空气或氮气以60次/min的速度在烘箱内循环。每台烘箱的容积不少于10 L，箱内空气或氮气以1.5～2 m/s的速度垂直于试样表面流动。

试验结果取决于循环空气或氮气与试样间的热传递速度。因试样相对较小以及试样下表面与试样架接触的原因，所以空气或氮气的温度不应作为VST，而将靠近压针头的负载杆上或试样架上的传感器所示的温度作为VST。

初始校准时，应通过试验证明，传感器所显示的温度与放在空白试样附近附加校正传感器所显示的温度差在±0.1℃范围内。

商业用烘箱常常装有适合的空气或氮气循环装置。如果没有，必须通过装配垂直于试样表面的定向循环气流板，以保证热传递速度。

4.6 测温仪器

4.6.1 加热浴，部分浸入型玻璃水银温度计或测量范围适当的其他测温仪器，精度在0.5℃以内。应按照7.2要求的浸入深度校正玻璃水银温度计。

4.6.2 与空气或氮气烘箱相匹配的测温仪器，精度在0.5℃以内。将传感器(热电偶或Pt100)放在靠近压针头负载杆或试样架的适当位置。

5 试样

5.1 每个受试样品使用至少两个试样，试样为厚3～6.5 mm，边长10 mm的正方形或直径10 mm的圆形，表面平整、平行、无飞边。试样应按照受试材料规定进行制备。如果没有规定，可以使用任何适当的方法制备试样。

5.2 如果受试样品是模塑材料(粉料或粒料)，应按照受试材料的有关规定模塑成厚度为3～6.5 mm的试样。没有规定则按照GB/T 9352、GB/T 17037.1或GB/T 11997模塑试样。如果这些都不适用，可以遵照其他能使材料性能改变尽可能少的方法制备试样。

5.3 对于板材，试样厚度应等于原板材厚度，但下述除外：

a) 如果试样厚度超过6.5 mm，应根据ISO 2818通过单面机械加工使试样厚度减小到3～6.5 mm，另一表面保留原样。试验表面应是原始表面。

b) 如果板材厚度小于3 mm，将至多三片试样直接叠合在一起，使其总厚度在3～6.5 mm之间，上片厚度至少为1.5 mm。厚度较小的片材叠合不一定能测得相同的试验结果。

5.4 所获得的试验结果可能与制备试样所用的模塑条件有关，虽然此依从关系并不常见。当试验的结果依赖于模塑条件时，经有关方面商定后可在试验前采用特殊的退火或预处理步骤。

6 状态调节

除非受试材料有规定或要求，试样应按GB/T 2918进行状态调节。

7 操作步骤

7.1 将试样水平放在未加负荷的压针头下。压针头离试样边缘不得少于3 mm，与仪器底座接触的试样表面应平整。

7.2 将组合件放入加热装置中，起动搅拌器，在每项试验开始时，加热装置的温度应为20～23℃。当使用加热浴时，温度计的水银球或测温仪器的传感部件应与试样在同一水平面，并尽可能靠近试样。如果预备试验表明在其他温度开始试验对受试材料不会引起误差，可采用其他起始温度。

7.3 5 min后，压针头处于静止位置，将足量砝码加到负荷板上，以使加在试样上的总推力，对于A_{50}和A_{120}为10 N±0.2 N，对于B_{50}和B_{120}为50 N±1 N。然后，记录千分表的读数(或其他测量压痕仪器)或将仪器调零。

7.4 以 50℃/h±5℃/h 或 120℃/h±10℃/h 的速度匀速升高加热装置的温度；当使用加热浴时，试验过程中要充分搅拌液体；对于仲裁试验应使用 50℃/h 的升温速率。

对某些材料，用较高升温速率(120℃/h)时，测得值可能高出维卡软化温度达 10℃。

7.5 当压针头刺入试样的深度超过 7.3 规定的起始位置 1 mm±0.01 mm 时，记下传感器测得的油浴温度，即为试样的维卡软化温度。

7.6 受试材料的维卡软化温度以试样维卡软化温度的算术平均值来表示。如果单个试验结果差的范围超过 2℃，记下单个试验结果，并用另一组至少两个试样重复进行一次试验。

8 试验报告

试验报告应包括以下内容：

a) 受试材料的完整标识；

b) 使用的方法(A_{50}或 A_{120}；B_{50}或 B_{120})；

c) 由一层以上试样制成的复合试样应注明厚度和层数；

d) 试样制备方法；

e) 使用的传热介质；

f) 状态调节和退火方法；

g) 材料的维卡软化温度(VST)，以℃表示。(如果两次测定后，单个测定结果之差大于 7.6 中规定的范围，应报告单个测定结果)。在试验中或从仪器中移出后，记录试样的任何异常特征；

h) 试验日期及检验人员。

ICS 83.080.10
G 31

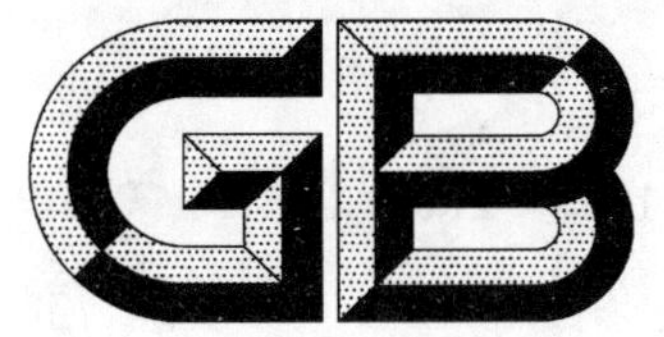

中华人民共和国国家标准

GB/T 1636—2008
代替 GB/T 1636—1979

塑料　能从规定漏斗流出的材料表观密度的测定

Plastics—Determination of apparent density material that can be poured from a specified funnel

(ISO 60:1977,MOD)

2008-08-04 发布　　2009-04-01 实施

中华人民共和国国家质量监督检验检疫总局
中国国家标准化管理委员会　发布

前　言

本标准修改采用ISO 60:1977(2005年9月20日确认)《塑料——能从规定漏斗流出的材料表观密度的测定》(英文版)。

本标准根据ISO 60:1977重新起草。

本标准同ISO 60:1977的主要差异为:

——增加了"规范性引用文件"一章(第2章);

——增加了在测试粉料时也可以使用B型漏斗(3.4);

——增加了试样两次测定时对已测试样不得重复使用的要求(4.3);

——增加了试验结果保留两位有效数字的要求(第5章);

——增加了"精密度"一章(第6章)。

本标准代替了GB/T 1636—1979《模塑料表观密度试验方法》。

本标准同GB/T 1636—1979的主要差异为:

——本标准采用ISO 60:1977标准名称;

——删除了1979年版国家标准中的乙法,适用范围做了调整(第1章);

——增加了"规范性引用文件"一章(第2章);

——每批料进行三次测定修改为进行两次测定(4.3);

——增加了"精密度"一章(第6章)。

本标准由中国石油和化学工业协会提出。

本标准由全国塑料标准化技术委员会(SAC/TC 15)归口。

本标准起草单位:中国石化北京燕山分公司树脂应用研究所。

本标准主要起草人:王灵肖、许越峥、徐桂芹、王晓丽、石迎秋、张汝海。

本标准所代替标准的历次版本发布情况为:

——GB/T 1636—1979。

塑料　能从规定漏斗流出的材料表观密度的测定

1　范围

本标准规定了能从规定漏斗流出的松散材料(粉料或粒料)表观密度的测定方法。

注：测定不能从规定漏斗流出的松散模塑料表观密度的方法，见 ISO 61:1977。

本标准应用于比较粗的材料时，由于直尺刮平量筒上部多余的试样时会引入误差，所以测试结果可能会产生误差。

若模塑料在模塑条件下的密度相近，则表观密度对于评价模塑料的相对松散性或相对体积有一定价值。

2　规范性引用文件

下列文件中的条款通过本标准的引用成为本标准的条款。凡是注日期的引用文件，其随后所有的修改单(不包括勘误的内容)或修订版均不适用于本标准，然而，鼓励根据本标准达成协议的各方研究是否可使用这些文件的最新版本。凡是不注日期的引用文件，其最新版本适用于本标准。

ISO 61:1977　塑料——不能从规定漏斗流出的材料表观密度的测定

3　仪器

3.1　天平，精确至 0.1 g。

3.2　量筒，金属制成，内部光滑，容积为 100 mL±0.5 mL，内径为 45 mm±5 mm。

3.3　A 型漏斗，形状与尺寸见图 1。

单位为毫米

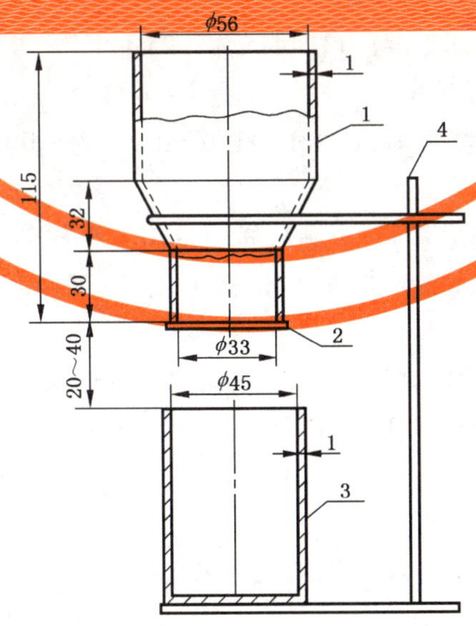

1——漏斗；

2——挡料板；

3——量筒(容积 100 mL±0.5 mL)；

4——支架。

图 1　A 型漏斗表观密度测量装置

3.4 B型漏斗，形状与尺寸见图2。

单位为毫米

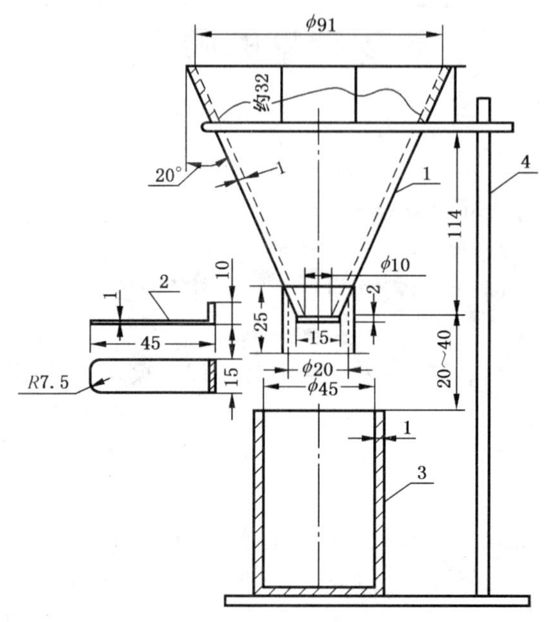

1——漏斗；

2——挡料板；

3——量筒(容积100 mL±0.5 mL)；

4——支架。

图2 B型漏斗表观密度测量装置

4 步骤

4.1 将A型漏斗(3.3)垂直固定，其下端出口距量筒(3.2)正上方20 mm～30 mm，并尽可能与量筒同轴线。在测试粉料时也可使用B型漏斗(3.4)。

试验前将试样混匀，用量杯量取试样110 mL～120 mL。用挡板封住漏斗下端小口，将试样倒入漏斗中。

4.2 迅速移去挡板，使试样自然流进量筒，装满试样的量筒不得震动。必要的话，对于热固性模塑料可以用一根小棒松动试样帮助流动；如果由于静电，试样不流动，可以加入少量γ-氧化铝、炭黑或乙醇重新进行试验。

用直尺刮去量筒上部多余的试样，用天平(3.1)称量，精确至0.1 g。

4.3 对试样应进行两次测定(已测试样不得重复使用)。

5 试验结果

材料表观密度D_a，数值以克每毫升(g/mL)表示，按式(1)计算：

$$D_a = \frac{m}{V} \qquad (1)$$

式中：

m——量筒中试样的质量，单位为克(g)；

V——量筒的容积，单位为毫升(mL)。

试验结果以两次测定的算术平均值表示，取两位有效数字。

6 精密度

因未获得实验室间数据，本试验方法的精密度尚不可知。待得到实验室间数据后，将在下次修订中增加有关精密度的内容。

7 试验报告

试验报告应包括以下的信息：

a） 注明采用本标准；

b） 试验样品的完整标识；

c） 测定粉料时注明用何种漏斗；

d） 各次测定结果和算术平均值；

e） 如果添加抗静电剂，注明所加抗静电剂的类型和量；

f） 试验日期和试验人员。

ICS 83.080.20
G 31

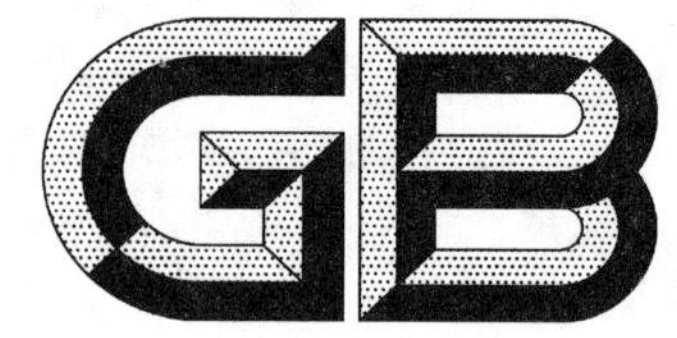

中华人民共和国国家标准

GB/T 1842—2008
代替 GB/T 1842—1999

塑料 聚乙烯环境应力开裂试验方法

Plastics—Test method for environmental stress-cracking of polyethylene

2008-08-01 发布 2009-04-01 实施

中华人民共和国国家质量监督检验检疫总局
中国国家标准化管理委员会 发布

前　言

本标准修改采用 ASTM D 1693:2008《乙烯塑料环境应力开裂标准试验方法》。

本标准与 ASTM D 1693:2008 技术内容基本一致，主要差异为：

——试样保持架的内槽宽度改为 12.00 mm±0.05 mm(第 6 章)；

——试剂采用壬基酚聚氧乙烯醚(TX-10)，并增加试剂配制要求(第 7 章)；

——本标准中规定了制备试验用压塑试片的具体条件(8.1)；

——增加试管内试剂需预热到规定温度再将试样保持架放入的要求(10.4)；

——在观察时间中增加 6 h、7 h、12 h、20 h 的观察点(10.5)；

——精密度按 GB/T 6379 进行计算(第 11 章)。

本标准替代 GB/T 1842—1999《聚乙烯环境应力开裂试验方法》。

本标准与 GB/T 1842—1999 的主要差异为：

——名称变更为“塑料　聚乙烯环境应力开裂试验方法”。

——将第 8 章的“试样制备”与第 11 章的“试样数目”合并为“试样”(第 8 章)。

——将试样状态调节的相对湿度由“50%±5%”改为“50%±10%”(第 9 章)。

——试验条件 B 和 C 的试样厚度改为“1.84 mm～1.97 mm”(10.2)。

——增加了试验结果的表述方法(10.6)。

本标准的附录 A 是规范性附录，附录 B 是资料性附录。

本标准由中国石油化工集团公司提出。

本标准由全国塑料标准化技术委员会石化塑料树脂产品分会(SAC/TC 15/SC 1)归口。

本标准起草单位：中国石油化工股份有限公司北京化工研究院。

本标准主要起草人：者东梅、刘畅。

本标准于 1980 年首次发布，于 1999 年第一次修订，本次为第二次修订。

塑料 聚乙烯环境应力开裂试验方法

1 范围

1.1 本标准规定了聚乙烯环境应力开裂的试验方法。

1.2 本标准适用于测定聚乙烯均聚物以及其他1-烯烃单体含量少于50%(质量分数)和带功能团的非烯烃单体含量不多于3%(质量分数)的共聚物在规定条件下耐环境应力开裂的能力。

2 规范性引用文件

下列文件中的条款通过本标准的引用而成为本标准的条款。凡是注日期的引用文件,其随后所有的修改单(不包括勘误的内容)或修订版均不适用于本标准,然而,鼓励根据本标准达成协议的各方研究是否可使用这些文件的最新版本。凡是不注日期的引用文件,其最新版本适用于本标准。

GB/T 1845.2—2006 塑料 聚乙烯(PE)模塑和挤出材料 第2部分:试样制备和性能测定(ISO 1872-2:1997,MOD)

GB/T 2035—2008 塑料术语及其定义(ISO 472:1999,IDT)

GB/T 2918—1998 塑料试样状态调节和试验的标准环境(ISO 291:1997,IDT)

GB/T 6379.2—2004 测量方法与结果的准确度(正确度与精密度) 第2部分:确定标准测量方法重复性与再现性的基本方法(ISO 5725-2:1994,IDT)

GB/T 9352—2008 塑料 热塑性塑料材料试样的压塑(ISO 293:2004,IDT)

3 术语和定义

GB/T 2035—2008中规定的术语及下列定义适用于本标准。

3.1

应力开裂 stress crack

由低于塑料短时机械强度的各种应力引起的塑料内部或外部的开裂。

这类开裂常常受塑料所处环境的影响而加速发展。存在于外部或内部的应力或两种应力的共同作用可以引起开裂。由细小裂纹构成的网络状结构的开裂又称为龟裂。

3.2

应力开裂破损 stress crack failure

本试验中凡能用眼睛观察到的裂纹均可认为是应力开裂破损,简称试样破损。刻痕的延伸不应视为试样破损。

裂纹通常始于刻痕并与刻痕成近90°角方向向外围发展。有时裂纹在试样内部发展而形成表面塌陷。若塌陷最终发展成表面裂纹,则应将塌陷时间记为试样破损时间。

3.3

环境应力开裂时间 time of environmental stress crack

F_{50}

试样在某种介质中破损几率为百分之五十的时间。

4 方法提要

把表面带有刻痕的试样弯曲并放置入表面活性剂的介质中,观察试样发生开裂的时间并计算破损几率。

5 意义及用途

5.1 作用在试样上的应力及试样的热历史影响材料的环境应力开裂性能。试样表面刻痕使材料局部产生较大的多轴应力。标准规定的条件有利于材料的环境应力开裂。

5.2 由本方法获得的信息不可直接用于实际工程问题。

6 试验装置

6.1 试样尺寸及试验仪器：见图1。

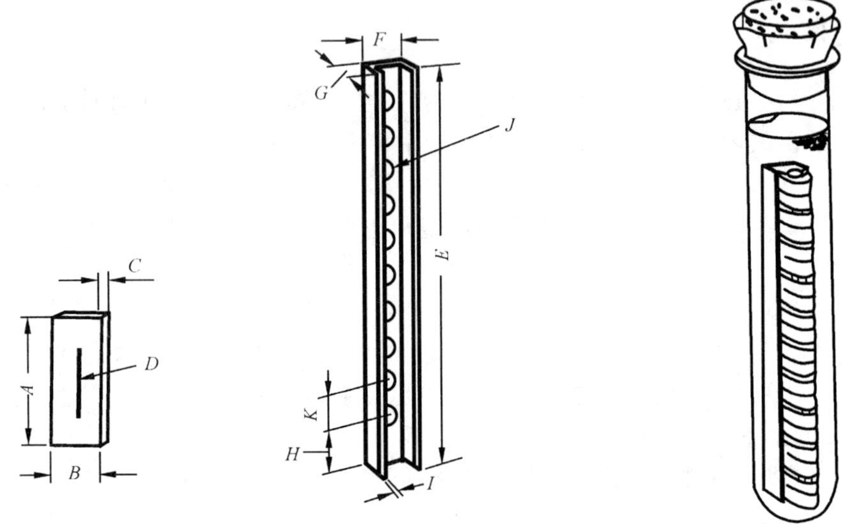

A——试样长度，38 mm±2.5 mm；

B——试样宽度，13 mm±0.8 mm；

C——试样厚度(见表2)；

D——刻痕深度(见表2)；

E——试样保持架长度，165 mm；

F——试样保持架宽度：内槽宽度，12.00 mm±0.05 mm；
外槽宽度，16 mm；

G——试样保持架高度，10 mm；

H——15 mm；

I——试样保持架壁厚，2 mm；

J——孔径，5 mm；

K——相邻孔间圆心距，15 mm。

图1 试验仪器图

6.2 冲模：矩形刀具，能切出切口平整、不带斜棱的试样。

6.3 刻痕刀架：见图2，能按照刻痕要求在试样上进行刻痕。刻痕应与试样的长度方向平行并位于表面的中心部位。刀片每正常使用30次后应予以检查，刀刃一旦变钝或磨损就应及时更换。每把刀片刻痕次数不应超过100次。

6.4 试样保持架：不锈钢、黄铜或黄铜镀铬长槽，其尺寸见图1。长槽的两侧面应相互平行，并与槽底面成直角。槽内表面应光滑。

6.5 试管：硬质玻璃试管并配有塞子，长度大于200 mm，内径30 mm～32 mm。

6.6 铝箔：厚度0.08 mm～0.13 mm，用以包缚塞子。

6.7 恒温浴槽：能保证恒温浴温度为50 ℃±0.5 ℃及100 ℃±0.5 ℃。

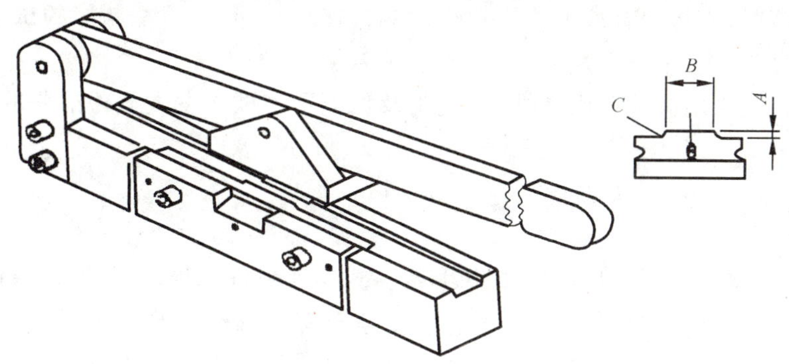

A——刀刃高度,3 mm;

B——刀刃宽度,18.9 mm～19.2 mm;

C——半径,≤1.5 mm。

图 2 刻痕刀架

6.8 试管架:放置试管的支架。

6.9 试样弯曲装置:见图 3。

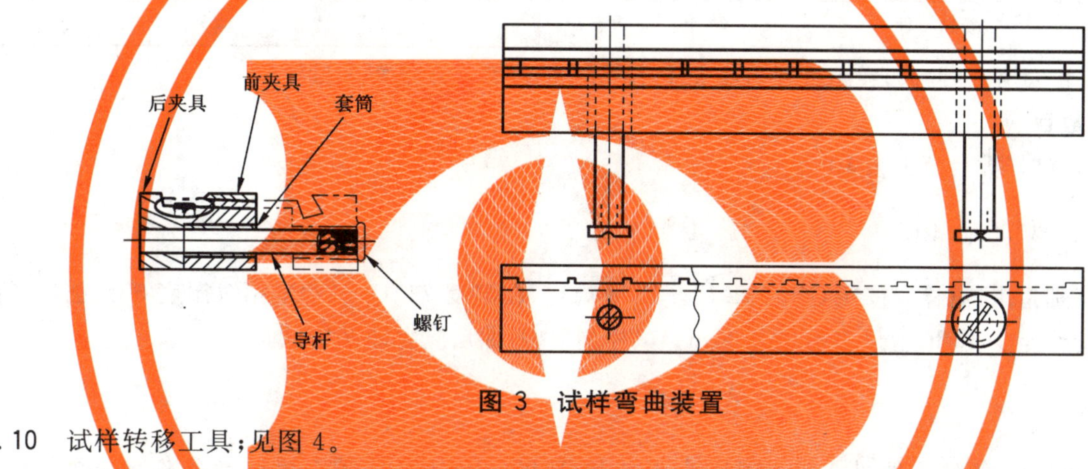

图 3 试样弯曲装置

6.10 试样转移工具:见图 4。

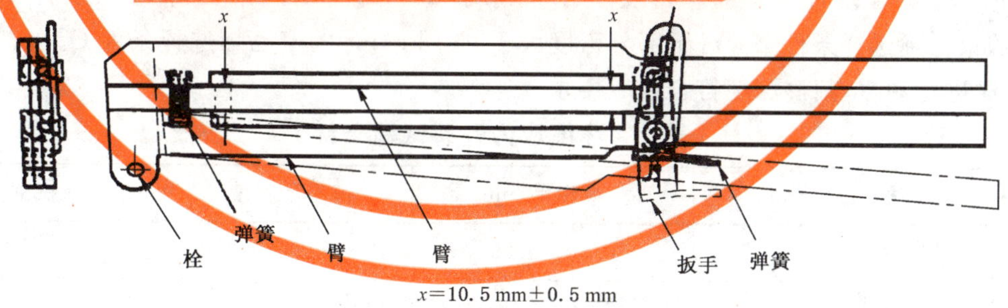

x=10.5 mm±0.5 mm

图 4 试样转移工具

7 试剂

本标准采用壬基酚聚氧乙烯醚(TX-10)[1]或其体积分数 10%的水溶液作为试剂。TX-10 试剂放置时间较长时可进行红外分析,若观察到羰基峰的存在,则认为试剂已降解。

注 1:壬基酚聚氧乙烯醚(TX-10)也称 OP-10,其分子式为:

$C_9H_{19}(C_6H_4)(OCH_2CH_2)_nOH$。

注 2:壬基酚聚氧乙烯醚应贮存在密闭的金属或玻璃容器中以避免其吸湿。

1) ASTM D 1693:2008 采用试剂为 Igepal CO-630。

配制试剂水溶液时，应将混合液加热到60 ℃左右，连续搅拌1 h。配制好的试剂水溶液应在1个星期内使用，并只能使用一次，不得重复使用。

如有特殊需要也可采用其他表面活性剂、皂类及任何不使试样发生显著溶胀的有机试剂作为试剂。

8 试样

8.1 试片制备

按GB/T 9352—2008规定采用单功位压机和溢料式模具制备压塑试片，模塑条件按GB/T 1845.2—2006规定，具体见表1。试片厚度如下：密度小于或等于925 kg/m³ 的聚乙烯试片厚度为3.00 mm～3.30 mm，密度大于925 kg/m³ 的聚乙烯试片厚度为1.84 mm～1.97 mm。

表1 试片模塑条件

热压					冷压		
模塑温度/℃	预热		热压		平均冷却速率/(℃/min)	压力/MPa	脱模温度/℃
	压力/MPa	时间/min	压力/MPa	时间/min			
180	接触	5	5	5±1	15	5	≤40

压制好的试片24 h内，在距试片边缘大于10 mm的位置内切取矩形试样。

8.2 试样数目

检验时，试样数目至少为10个。

9 试样状态调节

除非特别指出，试样应按照GB/T 2918—1998规定，在温度23 ℃±2 ℃，相对湿度50%±10%条件下状态调节至少40 h，但最多不超过96 h。试样刻痕、弯曲后应立即开始试验。

10 试验步骤

10.1 本方法的实验条件见表2。密度小于或等于925 kg/m³ 的聚乙烯选择条件A，密度大于925 kg/m³ 的聚乙烯选择条件B。对于部分密度大于940 kg/m³ 的聚乙烯选择条件C。

10.2 对试样进行刻痕，刻痕深度符合表2要求。

表2 环境应力开裂试验条件

条件	试样厚度/mm	刻痕深度/mm	恒温浴温度/℃	试剂浓度/%
A	3.00～3.30	0.50～0.65	50	10
B	1.84～1.97	0.30～0.40	50	10
C	1.84～1.97	0.30～0.40	100	100

注1：可以在显微镜下观察试样横截面的切片测量刻痕深度。也可以通过在显微镜下观察经液氮冷冻的已刻痕试样的表面来测量。

注2：在偏光显微镜下观察试验的横截面，来检查刻痕质量(边缘是否平直、锋利及是否存在应力集中区域)。

10.3 将10个刻痕面向上的试样放在试样弯曲装置上，在台钳、平板压床或其他适当的工具上合拢弯曲装置，整个操作过程在30 s内完成。用试样转移工具把已弯曲好的试样转移到试样保持架中，并使试样两端紧贴试样保持架底部。

10.4 试样保持架需在10 min内放入已盛有预热到规定温度试剂的试管内，试剂液面应高于保持架约

10 mm。用包有铝箔的塞子塞紧试管，迅速放入已达到温度要求的恒温浴槽中，并开始计时。在操作过程中刻痕不应与试管壁接触。

10.5 按下列观察时间检查试样并记录试样破损数目及相应的破损时间。

0.1 h，0.25 h，0.5 h，1.0 h，1.5 h，2 h，3 h，4 h，5 h，6 h，7 h，8 h，12 h，16 h，20 h，24 h，32 h，40 h，48 h。

48 h 以后，每 24 h 观察一次。

10.6 通过以下 3 种方法之一得到试验结果：

10.6.1 试样在规定的时间间隔终点时的破坏百分数，例：24 h 时破坏 50%。

10.6.2 试样在达到规定的破坏百分数时的时间，单位为小时(h)，用 f_p 表示，p 为试样破坏的百分数。例：f_{50} 为 10 个试样中第 5 个发生破坏的时间，单位为小时(h)。

10.6.3 采用对数-概率坐标绘图法确定试样环境应力开裂时间，单位为小时(h)，用 F_p 表示，p 是试样破坏的百分数。例：F_{50} 为概率图中 50%线计算的破坏时间，单位为小时(h)。见附录 A。

11 精密度

11.1 本标准给出了 3 种聚乙烯材料在 10 个实验室测定的精密度，见表 3。每种聚乙烯材料在同一实验室压塑试片，在不同实验室冲切试样、刻痕及试验。每种材料进行 2 组平行试验。

注：本方法的精密度按 GB/T 6379.2 进行计算，用 r 和 R 表征。表 3 中的数据只是有限的试验的结果，并不能覆盖所有材料、批号、试验条件及实验室，因此，严格地说，不能将其视为判别接收或拒收的依据。

注：ASTM D 1693:2008 的精密度见附录 B。

表 3 部分聚乙烯材料环境应力开裂试验的精密度

材 料	密度/(kg/m³)	试验条件	F_{50}平均值/h	S_r	S_R	r	R
1	921	A	4.8	0.2	1.2	0.6	3.4
2	951	B	5.4	0.5	1.5	1.4	4.2
3	945	B	582.6	54.5	95.5	152.6	267.4

注：
S_r＝实验室内平均值的标准偏差。
S_R＝实验室间平均值的标准偏差。
重现性，$r=2.8\times S_r$。
再现性，$R=2.8\times S_R$。

11.2 对于某种特定的聚乙烯材料，应通过足够多的数据确定重现性(r)和再现性(R)。该类材料再进行试验时，若 2 个测试结果之差大于 r 或 R，则认为 2 个测试结果不一致。该判定方法的置信概率为 95%。

12 试验报告

试验报告应包括以下内容：

a) 注明使用本标准；
b) 材料的完整标识，如名称、编号及送样单位等；
c) 试剂名称及浓度；
d) 试样数目；

e) 试验条件；

f) 试样破损时间及破损几率；

g) 试样环境应力开裂时间 F_p(h)或试样在达到规定的破坏百分数时的时间 f_p(h)或试样在规定的时间间隔终点时的破坏百分数；

h) 试验日期及检验人员。

附 录 A
（规范性附录）
确定环境应力开裂时间 F_{50} 的作图方法

A.1.1 本方法采用对数-概率坐标作图法确定聚乙烯环境应力开裂时间 F_{50}，作图时，以时间(h)的对数为纵坐标，以试验破损几率 f_x(%)为横坐标，f_x 按式(A.1)计算：

$$f_x = \frac{x}{n+1} \times 100 \quad \text{……………………………(A.1)}$$

式中：

f_x——试样破损几率，%；

n——试样总数；

x——试样破损数目。

A.1.2 作图步骤

A.1.2.1 计算每一破损试样的 f_x，也可将上述 f_x 值及对应的破损时间制成表格，实例见表 A.1。

表 A.1 计算实例

试样破损数目/个 试样破损时间/h 试样	1	2	3	4	5	6	7	8	9	10	11	12	13	14	15
例 1(3 个试样不破损)	24	24	24	24	24	32	48								
例 2(10 个试样均破损)	4	4	8	16	16	16	16	24	24	32					
例 3(丢失一个试样)	0.2	0.5	1	1	1.5	2	2	2	2						
例 4(15 个试样)	0.1	0.1	0.25	0.25	0.25	0.5	0.5	0.5	0.5	0.5	0.5	0.5	0.5	0.5	1

A.1.2.2 根据上述数据在对数-概率坐标纸上标记点，作图实例见图 A.1。每一破损试样都应与图中一点对应。通过上述各点作一条最佳的拟合直线，直线与 50%概率线交点所对应的时间，即为环境应力开裂时间 F_{50}。

A.1.3 通常 10 个试样对应图上 10 个坐标点。偶尔会有个别试样作废，概率坐标间隔可能会发生改变，但作图程序不变。

A.1.4 在使用本标准及作图方法时，偶尔会出现个别反常试样而降低了试验的可靠性，在这种情况下，应进行分析。

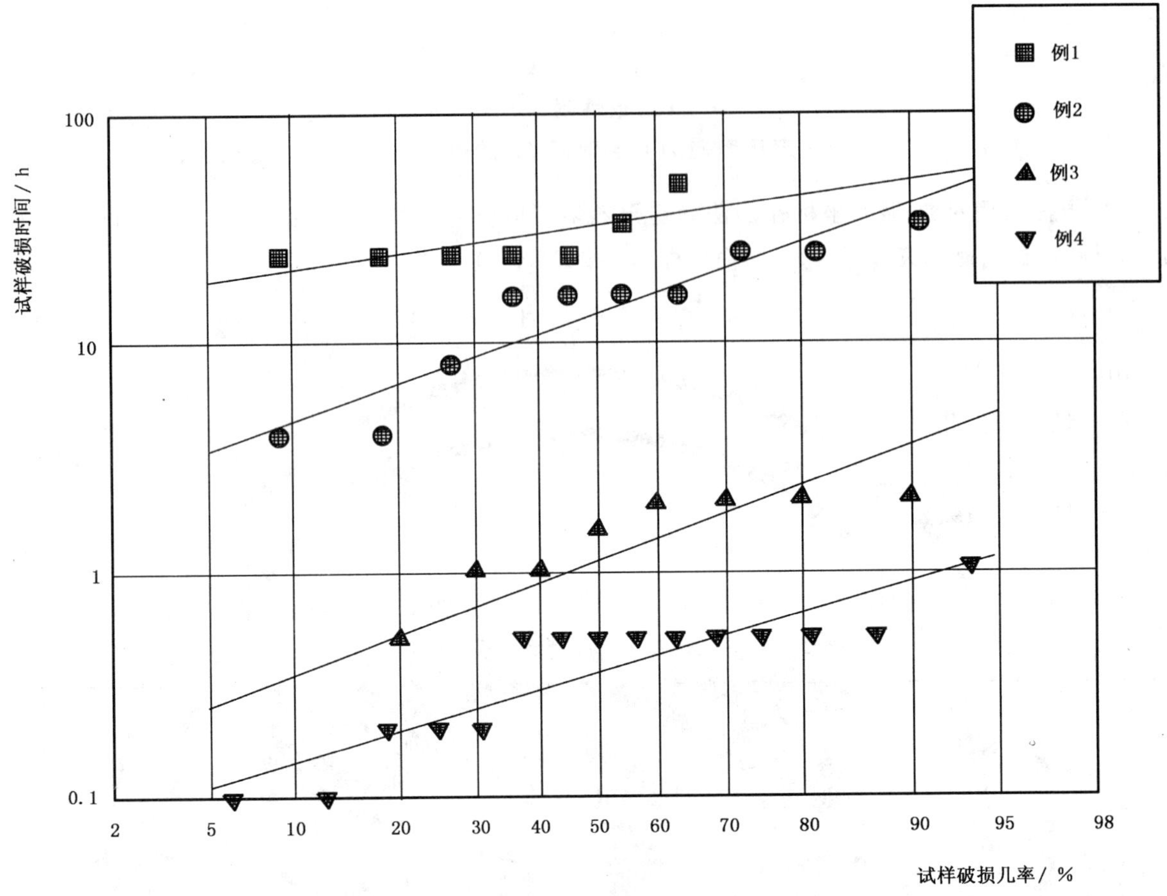

图 A.1 对数-概率坐标作图法求 F_{50} 图例

附　录　B
（资料性附录）
ASTM D 1693:2008 的精密度

ASTM D 1693:2008 给出了 5 种聚乙烯材料在 7 个试验室测定的精密度，见表 B.1。每种聚乙烯材料均在同一实验室压塑成型，在不同实验室进行冲裁、刻痕及试验。每种材料进行 2 组平行试验。

表 B.1　聚乙烯环境应力开裂试验的精密度

样品		平均值 F_{50}/h	S_r	S_R	r	R	S_r/X	S_R/X
树脂 A 0.945/0.3	模塑片	49.6	3.7	19.1	10.5	54.1	7.5%	39%
	挤出片材	52.7	2.3	28.8	6.5	81.5	4.4%	55%
树脂 B 0.950/0.06	模塑片	42.0	3.4	14.2	9.6	40.2	8.1%	34%
	挤出片材	49.1	8.0	14.2	22.6	40.2	16%	29%

注：

试验方法 ASTM D 1693，试验条件 B，试剂：Igepal CO-630，浓度：10%。

S_r＝实验室内的标准偏差平均值。

S_R＝实验室间的标准偏差平均值。

r＝重现性限，$r=2.8\times S_r$。

R＝再现性限，$R=2.8\times S_R$。

ICS 83.080
G 31

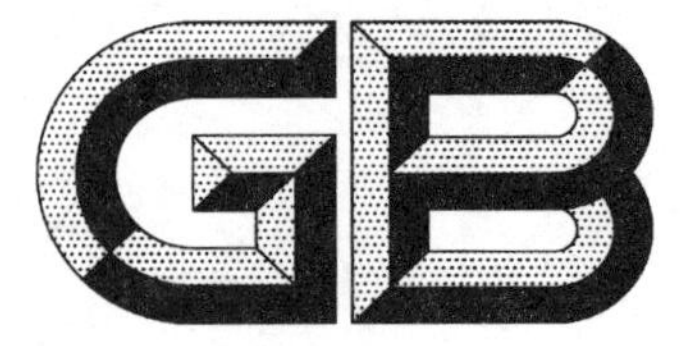

中华人民共和国国家标准

GB/T 2406.1—2008/ISO 4589-1:1996
代替 GB/T 2406—1993

塑料 用氧指数法测定燃烧行为
第1部分:导则

Plastics—Determination of burning behaviour by oxygen index—
Part 1:Guidance

(ISO 4589-1:1996,IDT)

2008-08-04 发布 2009-04-01 实施

中华人民共和国国家质量监督检验检疫总局
中国国家标准化管理委员会 发布

前　　言

GB/T 2406《塑料　用氧指数法测定燃烧行为》共分为三个部分：

——第 1 部分：导则；

——第 2 部分：室温试验；

——第 3 部分：高温试验。

本部分为 GB/T 2406 的第 1 部分。

本部分等同采用国际标准 ISO 4589-1:1996《塑料——用氧指数法测定燃烧行为——第 1 部分：导则》(英文版)。

本部分等同翻译 ISO 4589-1:1996，在技术内容上完全相同。

为了便于使用，对 ISO 4589-1:1996 本部分做了下列编辑性修改：

——把“ISO 4589 的本部分”改成“GB/T 2406 的本部分”或“本部分”；

——删除了 ISO 4589-1:1996 的前言；

——增加了我国标准的本部分的前言；

本部分代替 GB/T 2406—1993《塑料氧指数性能试验方法　氧指数法》，与 GB/T 2406—1993 相比主要差异如下：

——修改了标准名称，增加了前言和引言及附录 A；

——对“范围”、“设备”、“操作”等章内容进行了扩展和补充；

——增加了“原理”、“试验的适用性”、“操作条件”、“结论”章；

——对 ISO 4589 “室温试验”部分和“高温试验”部分及“薄膜试样制样方法”做了概括性介绍。

本部分的附录 A 为资料性附录。

本部分由石油和化学工业协会提出。

本部分由全国塑料标准化技术委员会(SAC/TC 15)归口。

本部分负责起草单位：国家合成树脂质量监督检验中心。

本部分参加起草单位：北京燕山石化树脂所、国家塑料制品质检中心(福州)、国家化学建筑材料测试中心(材料测试部)、南京市江宁区分析仪器厂、公安部上海消防研究所、广州金发科技有限公司、山东道恩集团龙口市道恩工程塑料有限公司。

本部分主要起草人：宋桂荣、王建东、陈宏愿、李建军、张正敏、何芃、杨宗林、王富海、张成杰。

本标准所代替标准的历次版本发布情况为：

——GB 2406—1980、GB/T 2406—1993。

引　言

室温下的氧指数试验首先是由Fenimore和Martin[2]于1966年阐述。ASTM D 2863:1970[6]标准首先使用该方法,此后被许多国家标准和国际标准颁布采用。1984年颁布的ISO 4589现已修订为ISO 4589-2。ISO 4589-3规定了高温氧指数的试验。

自ASTM D2863成为标准期间,有关此方法的许多文章发表。例如,Werll,Hirschler等[3]有关实际火焰位置的相关试验的论述。其他有关阻燃剂的量与氧指数经验公式建议的文章,或设备性能研究情况的文章(见Kanury[4])。两种不同试验的数据显现出明显的一致性,本指导性文件是为了探讨这两种试验方法设备的使用以及方法的适用性。

塑料　用氧指数法测定燃烧行为
第1部分:导则

1　范围

1.1　GB/T 2406 的本部分为进行 *OI* 试验的指导性文件,它给出了关于 ISO 4589-2 和 ISO 4589-3 试验过程中的指导性信息。

1.2　ISO 4589-2 中描述了在规定试验条件下,通入 23 ℃±2 ℃氧、氮的混合气体,材料恰好维持燃烧所需的最小氧浓度的试验方法。其结果定义为 *OI* 值。为了便于质量控制,也给出了材料 *OI* 值是否高于某些规定值的测定方法及厚度在 20 μm～100 μm 间薄膜的试验方法。

1.3　ISO 4589-3 中描述了在 25 ℃～150 ℃特定温度区间(可至 400 ℃)进行上述测定的方法。其结果定义为试验温度下的 *OI* 值。ISO 4589-3 中还给出了小垂直试样 *OI* 值是 20.9 时温度测定的方法。该温度定义为燃烧温度。ISO 4589-3 中不适用于 23 ℃时 *OI* 值低于 20.9 的材料。

2　规范性引用文件

下列文件中的条款通过 GB/T 2406 的本部分的引用而成为本部分的条款。凡是注日期的引用文件,其随后所有的修改单(不包括勘误的内容)或修订版均不适用于本部分,然而,鼓励根据本部分达成协议的各方研究是否可使用这些文件的最新版本。凡是不注日期的引用文件,其最新版本适用于本部分。

ISO 4589-2:1996 塑料　用氧指数法测定燃烧行为　第2部分:室温试验

ISO 4589-3:1996 塑料　用氧指数法测定燃烧行为　第3部分:高温试验

3　试验原理

3.1　在 ISO 4589-2,无论是刚性材料还是柔性材料在特定的夹具中都可进行试验。夹具安装在以层流方式向上流动的氧、氮混合气体的透明燃烧筒中。试样状态调节后,通常进行室温试验。在顶面点燃时,火焰接触顶面最长时间 30 s,并每隔 5 s 移开一次,观察试样是否燃烧。这可确保试样温度不会过高,而获得较低的 *OI* 值。在扩散式点燃时,火焰接触试样垂直侧面向下约 6 mm。薄膜试验中,将薄膜以 45°缠绕在杆上,移出杆固定试样末端并切除顶端 20 mm。

3.2　在 ISO 4589-3 中,材料试验方法与 ISO 4589-2 相同。只是在通入了加热气流的燃烧筒中进行。在试验开始时,试样和夹具都应在气流中预热 240 s±10 s,以使其温度在试验前达到平衡。施加火焰的时间与 ISO 4589-2 的规定相同。

4　试验的适用性

4.1　本试验用于材料的质量控制,尤其适用于研究改进受试材料的阻燃剂的检验。不适用于本方法以外的燃烧特性的评定及制定安全控制和消费者保护的法规。本试验提供了受控实验室条件下燃烧特性灵敏度。该结果取决于试样的大小、形状和取向。虽然有些限制,但 *OI* 试验仍广泛应用于电缆及阻燃剂制造业也广泛应用于聚合物制造业。

4.2　高温试验(ISO 4589-3)给出了温度范围对 *OI* 值的影响的信息。该试验所获得的值高于室温条件下所测的单点值,对某一温度范围内材料燃烧特性做了更好的解释。检测时,该值很重要,例如:当加入的阻燃剂发生失效时。它也可有效控制在较高温度时增加或减小燃烧趋势而发生的任何化学变化。

4.3 燃烧温度试验(ISO 4589-3,附录 B)给出了在通常环境中评价材料特性 *OI* 值在 20.9 时测定温度的方法。

4.4 ISO 4589-2 和 ISO 4589-3 也可用于比较一组塑料材料的特有燃烧行为。材料的燃烧特性很复杂,而对评价材料特性只进行单次试验是不够的,应进行多次试验,以描述材料的所有的燃烧行为。

4.5 这些小型试验室的试验仅作为材料试验,其主要用于材料的改进、一致性控制和/或材料的预选,但不能作为评价材料在使用中潜在的着火危险性的方法。

4.6 由于不同行业的特殊要求,会发布一些类似的标准,但又不完全相同,这些标准常使用不同燃烧器和点燃方式。不同的燃烧器和点燃方式获得的试验结果不同,当用不同的标准试验时,应谨慎比对这些结果。

5 试样制备

应仔细制备试样。试样表面清洁无任何缺陷,否则会影响燃烧行为。在状态调节时,应避免出现试样缺陷。

6 装置

6.1 概述

现有的个别仪器能满足 ISO 4589-2 和 ISO 4589-3 要求。一些仪器具有流量计、阀或氧分析仪,一些仪器是标准的并可加入加热组件。详细说明在 ISO 4589-2 和 ISO 4589-3 的第 5 章。

6.2 测量装置

测量氧浓度有多种方法。既可用流量计测量,也可用氧分析仪测量。使用前需校准流量计,用标准气体校准氧分析仪。按 ISO 4589-2 规定的时间间隔对整台仪器进行检查,确保系统无泄漏。不能随意拆卸和重装仪器。

6.3 燃烧筒

由于燃烧筒外的空气会进入筒内,室温试验(ISO 4589-2)推荐使用最小 95 mm 带有限流孔的燃烧筒。原因已在 Wharton[5] 的著作中说明。第 3 部分推荐使用最小直径 75 mm 带有限流孔的燃烧筒。由于这种燃烧筒也存在空气进入的问题,没有限流孔对特定材料会导致氧指数值的误差。为消除这种影响,优选的开孔形状和尺寸在 ISO 4589-2 和 ISO 4589-3 给出。

6.4 试样夹

试样夹有两种类型:一种用于刚性试样,一种用于柔性试样。按 ISO 4589-2 试验时,确保试样夹冷至室温,两种试样夹任选其一。

注:高温试验(ISO 4589-3)遇到的问题之一是柔性热塑性材料的试样夹。推荐的丝网支撑(见 ISO 4589-3 的图 7)对某些产品不适用。另一种情况是将试片支在两个玻璃细管之间,用单股镍丝或不锈钢丝(标称直径为 200 μm)捆在一起,夹在小标准夹中,这种非标准的做法应慎用并记录在试验报告中。

7 操作条件

7.1 校准

可按 ISO 4589-2 和 ISO 4589-3 规定的校准程序进行校准。推荐使用特定材料进行常规校准试验,如 PMMA。保存所有校准记录值。如果这些值有任何的变化,应按完整的校准步骤进行校准,以确定引起变化的原因。

注:PMMA 是按照 ISO 7823-1[1] 的规定,以甲基丙烯酸甲酯均聚物为基材非改性的浇铸板材。其他的 PMMA 板材,如甲基丙烯酸甲酯共聚物浇铸板材和挤出或熔融压延 PMMA 板材,可能给出不同的燃烧行为,这取决于共聚单体、构成和分子量,这些特性影响燃烧时的熔融行为。

7.2 火焰施加时间

火焰施加于试样的时间应严格控制。时间越长试样的温度越高,*OI* 值越低。大多数情况,多数材

料温度越高 *OI* 值越低。火焰施加情况应在报告中给出。

7.3 气流

在早期标准中规定室温试验燃烧筒中的层流变化为±25%(即线速度是 40 mm/s±10 mm/s),由于氧浓度需要气流和温度恒定,高温试验时不允许大幅波动,故在 ISO 4589-3 中对气流和温度进行了严格规定,气流控制在±2%以内(即线速度是 40 mm/s±0.8 mm/s),在 ISO 4589-2 气流控制在±5%以内(即就是 40 mm/s±2 mm/s)。

7.4 高温试验程序

每次试验按相同程序进行,当按 ISO 4589-3 试验时,应确保温度完全平衡。试验前装好试样夹,设定正确的温度并检查温度是否在规定的范围内。

7.5 通过/失效的判据

燃烧温度试验(ISO 4589-3 附录 B)给出了在规定温度时评价通过/失效的判据,并广泛用于验证在极限温度下是否获得满意的性能。本方法仅适用于表征材料等级的试验。而在高于燃烧温度时对未知合成材料试验,并观察其表观性能是否满意时,谨慎操作。下列数据是采用 ISO 4589-3 附录 B 的方法对燃烧温度高于 300℃的已知材料进行的测试。

温度/℃	通过/失效
262	通过
272	通过
274	失效
277(i)	通过
277(ii)	失效
277(iii)	通过
284	通过
304	通过
305	通过

280 ℃以上"通过"与聚合物明显降解有关。在点燃前调节温度期间清除燃烧筒中的易燃物。因此,任何常规试验在采用 ISO 4589-3 附录 B 之前都应仔细观察和试验。

8 结论

ISO 4589-2 和 ISO 4589-3 对于质量控制和许多应用中的材料预选及研究合成聚合物中阻燃剂的影响具有特殊价值。在第 4 章描述了试验时应注意的范围。

附 录 A
（资料性附录）
参 考 文 献

[1] ISO 7823-1:1991 聚甲基丙烯酸甲酯板材——型号、尺寸和特性——第1部分:浇铸板材

[2] Fenimore 和 Matin. 现代塑料. 43,p. 141(1996).

[3] Weil,Hirschler. Patel,Said 和 Shakir. 着火和材料. 16(4). p. 159(1992).

[4] Kanury. 可燃材料着火安全研讨会. 爱丁堡大学. p. 187(1975).

[5] Wharton. 着火和燃烧. 12,p. 236(1981);着火和材料,8(4), p. 177(1984).

[6] ASTM D 2863 蜡状支撑塑料最小氧浓度(氧指数)的燃烧测量方法

ICS 83.080.01
G 31

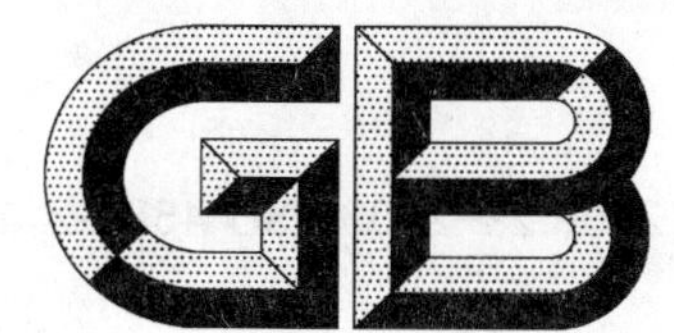

中华人民共和国国家标准

GB/T 2406.2—2009/ISO 4589-2:1996

塑料　用氧指数法测定燃烧行为 第2部分：室温试验

Plastics—Determination of burning behaviour by oxygen index—Part 2: Ambient-temperature test

(ISO 4589-2:1996,IDT)

2009-06-15 发布　　2010-02-01 实施

中华人民共和国国家质量监督检验检疫总局
中国国家标准化管理委员会　发布

前　言

GB/T 2406《塑料　用氧指数法测定燃烧行为》共分为三部分:

——第1部分:导则;

——第2部分:室温试验;

——第3部分:高温试验。

本部分为GB/T 2406的第2部分。等同采用国际标准ISO 4589-2:1996《塑料　用氧指数法测定燃烧行为　第2部分:室温试验》(英文版)及ISO于2005-01-15对ISO 4589-2:1996发布的修改单1。本部分等同翻译ISO 4589-2:1996,及ISO于2005-01-15对ISO 4589-2:1996发布的修改单1,在技术内容上完全相同。为了便于使用,对ISO 4589-2:1996,本部分做了下列编辑性修改:

——把"ISO 4589的本部分"改成"GB/T 2406的本部分"或"本部分";

——删除了ISO 4589-2:1996的前言、目次;

——增加了国家标准的前言、目次;

——对于ISO 4589-2:1996引用的其他国际标准中有被等同采用为我国标准的,本部分直接引用我国的国家标准代替对应的国际标准,其余未等同采用为我国标准的国际标准,在本部分中均被直接引用;

——将ISO 4589中的注的序号删除,用国家标准要求以条为单元加注序号;

——将ISO修改单中放入第9章精密度的内容改为资料性附录NA。

本部分的附录A、附录B为规范性附录,附录C、附录D、附录E、附录NA为资料性附录。

本部分由中国石油和化学工业协会提出。

本部分由全国塑料标准化技术委员会塑料树脂通用方法和产品分会(SAC/TC 15/SC 4)归口。

本部分负责起草单位:国家合成树脂质量监督检验中心。

本部分参加起草单位:北京燕山石化树脂所、国家塑料制品质检中心(福州)、国家化学建筑材料测试中心(材料测试部)、南京市江宁区分析仪器厂、公安部上海消防研究所、广州金发科技有限公司、山东道恩集团龙口市道恩工程塑料有限公司。

本部分主要起草人:宋桂荣、王建东、陈宏愿、李建军、张正敏、何芃、杨宗林、王富海、张成杰。

塑料　用氧指数法测定燃烧行为
第2部分:室温试验

1　范围

GB/T 2406 的本部分描述了在规定试验条件下，在氧、氮混合气流中，刚好维持试样燃烧所需最低氧浓度的测定方法，其结果定义为氧指数。

本部分适用于试样厚度小于 10.5 mm 能直立自撑的条状或片状材料。也适用于表观密度大于 100 kg/m³ 的均质固体材料、层压材料或泡沫材料，以及某些表观密度小于 100 kg/m³ 的泡沫材料。并提供了能直立支撑的片状材料或薄膜的试验方法。

为了比较，本部分还提供了某种材料的氧指数是否高于给定值的测定方法。

本方法获得的氧指数值，能够提供材料在某些受控实验室条件下燃烧特性的灵敏度尺度，可用于质量控制。所获得的结果依赖于试样的形状、取向和隔热以及着火条件。对于特殊材料或特殊用途，需规定不同试验条件。不同厚度和不同点火方式获得的结果不可比，也与在其他着火条件下的燃烧行为不相关。

本部分获得的结果，不能用于描述或评定某种特定材料或特定形状在实际着火情况下材料所呈现的着火危险性，只能作为评价某种火灾危险性的一个要素，该评价考虑了材料在特定应用时着火危险性评定的所有相关因素之一。

注 1：这些方法用于受热后呈现高收缩率的材料时不能获得满意结果。例如：高定向薄膜。

注 2：评价密度小于 100 kg/m³ 的泡沫材料火焰传播特性参照 GB/T 8332。

2　规范性引用文件

下列文件中的条款通过 GB/T 2406 的本部分的引用而成为本部分的条款。凡是注日期的引用文件，其随后所有的修改单(不包括勘误的内容)或修订版均不适用于本部分，然而，鼓励根据本部分达成协议的各方研究是否可使用这些文件的最新版本。凡是不注日期的引用文件，其最新版本适用于本部分。

GB/T 5471—2008　塑料　热固性塑料试样的压塑(ISO 295:2004,IDT)

GB/T 9352—2008　塑料　热塑性塑料材料试样的压塑(ISO 293:2004,IDT)

GB/T 2828.1—2003　计数抽样检验程序　第1部分:按接收质量限(AQL)检索的逐批检验抽样计划(ISO 2859-1:1989,IDT)

GB/T 11997—2008　塑料　多用途试样(ISO 3167:2002,IDT)

GB/T 17037.1—1997　塑料　热塑性塑料材料注塑试样的制备　第1部分:一般原理及多用途试样和长条试样的制备(idt ISO 294-1:1996)

GB/T 17037.3—2003　塑料　热塑性塑料材料注塑试样的制备　第3部分:小方试片(ISO 294-3:2002,IDT)

GB/T 17037.4—2003　塑料　热塑性塑料材料注塑试样的制备　第4部分:模塑收缩率的测定(ISO 294-4:2001,IDT)

ISO 294-2:1996　塑料　热塑性材料注塑试样　第2部分:拉伸条状试样

ISO 294-5:2001　塑料　热塑性材料注塑试样　第5部分:用于研究各向异性的标准试样

ISO 2818:1994　塑料　用机加工方法制备试样

ISO 2859-2:1985　计数抽样检验程序　第2部分:隔批检验极限质量(*LQ*)的抽样计划

3 术语和定义

下列术语和定义适用于 GB/T 2406 本部分。

3.1

氧指数 oxygen index

通入 23 ℃±2 ℃的氧、氮混合气体时，刚好维持材料燃烧的最小氧浓度，以体积分数表示。

4 原理

将一个试样垂直固定在向上流动的氧、氮混合气体的透明燃烧筒里，点燃试样顶端，并观察试样的燃烧特性，把试样连续燃烧时间或试样燃烧长度与给定的判据相比较，通过在不同氧浓度下的一系列试验，估算氧浓度的最小值(见 8.6)。

为了与规定的最小氧指数值进行比较，试验三个试样，根据判据判定至少两个试样熄灭。

5 设备

5.1 试验燃烧筒

由一个垂直固定在基座上，并可导入含氧混合气体的耐热玻璃筒组成(见图 1 和图 2)。

优选的燃烧筒尺寸为高度(500±50)mm，内径(75～100)mm。

燃烧筒顶端具有限流孔，排出气体的流速至少为 90 mm/s。

注：直径 40 mm，高出燃烧筒至少 10 mm 的收缩口可满足要求。

如能获得相同结果，有或无限流孔的其他尺寸燃烧筒也可使用。燃烧筒底部或支撑筒的基座上应安装使进入的混合气体分布均匀的装置。推荐使用含有易扩散并具有金属网的混合室。如果同类型多用途的其他装置能获得相同结果也可使用。应在低于试样夹持器水平面上安装一个多孔隔网，以防止下落的燃烧碎片堵塞气体入口和扩散通道。

燃烧筒的支座应安有调平装置或水平指示器，以使燃烧筒和安装在其中的试样垂直对中。为便于对燃烧筒中的火焰进行观察，可提供深色背景。

5.2 试样夹

用于燃烧筒中央垂直支撑试样。

对于自撑材料，夹持处离开判断试样可能燃烧到的最近点至少 15 mm。对于薄膜和薄片，使用如图 2 所示框架，由两垂直边框支撑试样，离边框顶端 20 mm 和 100 mm 处划标线。

夹具和支撑边框应平滑，以使上升气流受到的干扰最小。

5.3 气源

可采用纯度(质量分数)不低于 98%的氧气和/或氮气，和/或清洁的空气[含氧气 20.9%(体积分数)]作为气源。

除非试验结果对混合气体中较高的含湿量不敏感，否则进入燃烧筒混合气体的含湿量应小于0.1%(质量分数)。如果所供气体的含湿量不符合要求，则气体供应系统应配有干燥设备，或配有含湿量的检测和取样装置。

气体供应管路的连接应使混合气体在进入燃烧筒基座的配气装置前充分混合，以使燃烧筒内处于试样水平面以下的上升混合气的氧浓度的变化小于 0.2%(体积分数)。

注：氧气和氮气瓶中的含湿量(质量分数)不一定小于 0.1%。纯度(质量分数)≥98%的商业瓶装气的含湿量(质量分数)是 0.003%～0.01%，但这样的瓶装气减压到大约 1 MPa 时，气体含湿量可升到 0.1%以上。

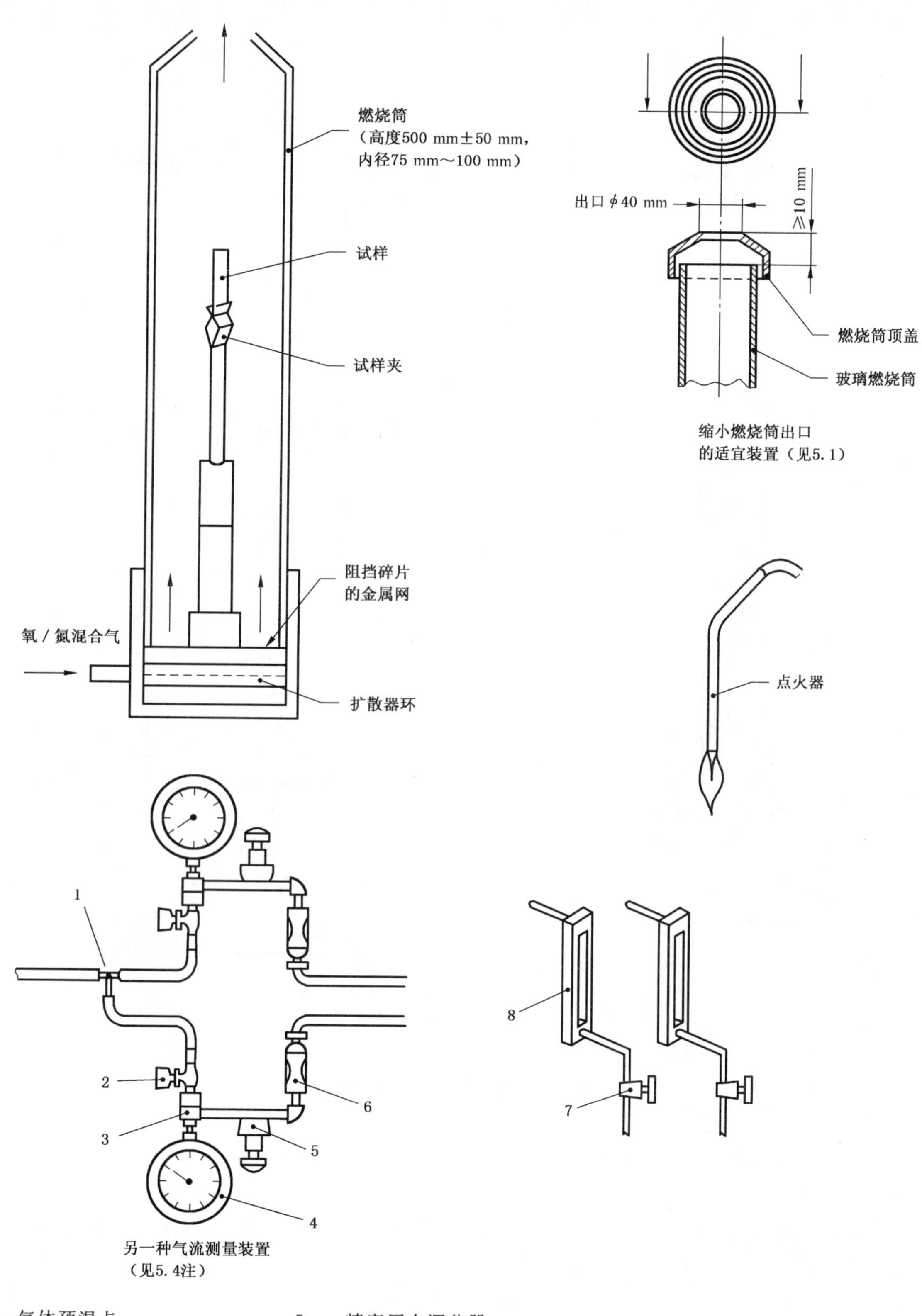

1——气体预混点；
2——截止阀；
3——接口；
4——压力表；
5——精密压力调节器；
6——过滤器；
7——针形阀；
8——气体流量计。

图 1　氧指数设备示意图

单位为毫米　允差±0.25

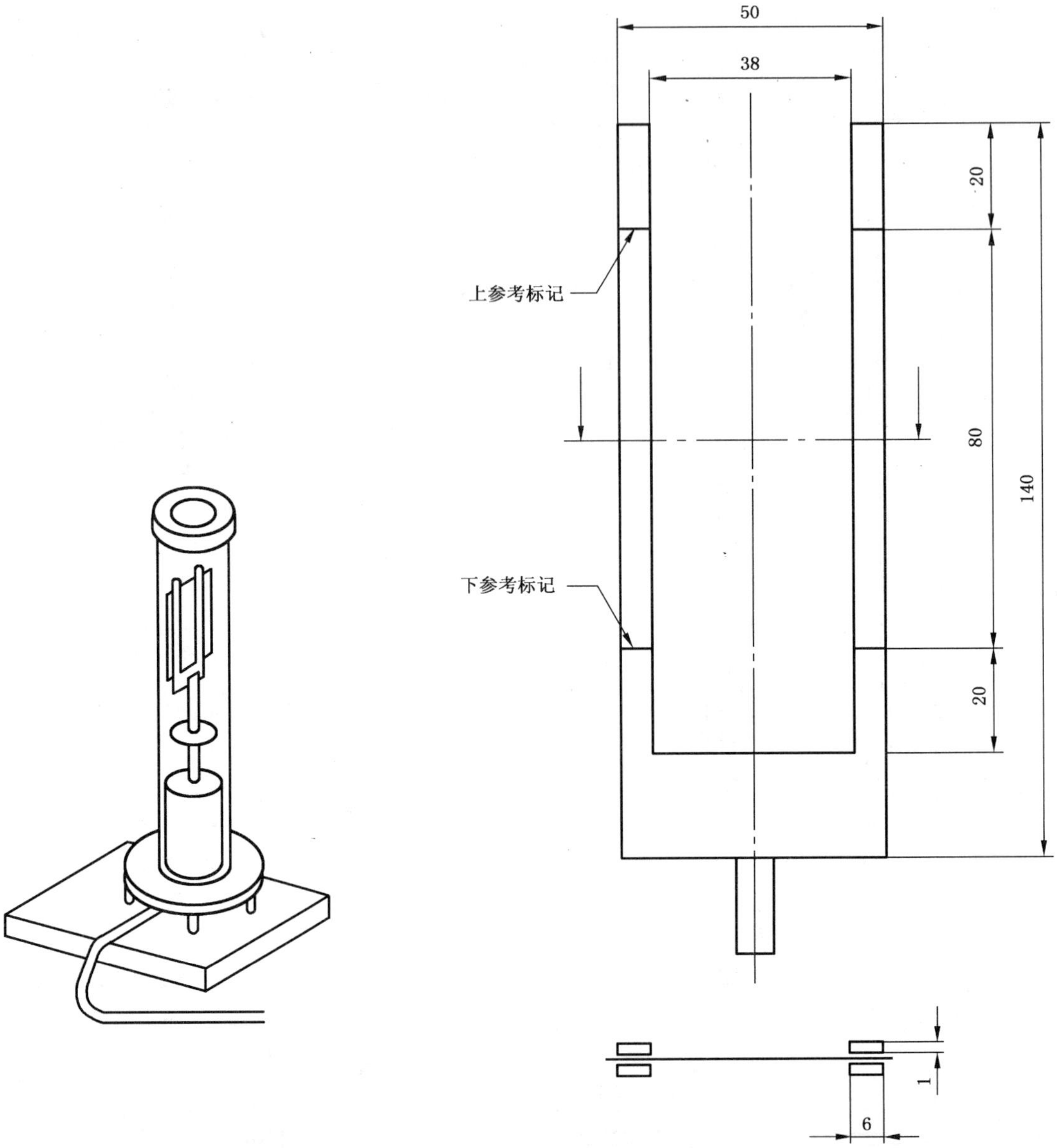

注：试样牢固地夹在不锈钢制造的两个垂直向上的叉子之间。

图 2　非自撑试样的支撑框架

5.4　气体测量和控制装置

适于测量进入燃烧筒内混合气体的氧浓度(体积分数)，准确至±0.5%。当在 23 ℃±2 ℃通过燃烧筒的气流为 40 mm/s±2 mm/s 时，调节浓度的精度为±0.1%。

应提供检测方法，确保进入燃烧筒内混合气体的温度为 23 ℃±2 ℃。如有内部探头，则该探头的位置与外形设计应使燃烧筒内的扰动最小。

注：较适宜的测量系统或控制系统包括下列部件：

a)　在各个供气管路和混合气管路上的针形阀，能连续取样的顺磁氧分析仪(或等效的分析仪)和一个能指示通过燃烧筒内气流流速在要求的范围内的流量计；

b)　在各个供气管路上经校准的接口、气体压力调节器和压力表；

c)　在各个供气管路上针形阀和经校准的流量计。

系统 b)和 c)组装后应经过校准，以确保组合部件的合成误差不超过 5.4 的要求。

5.5 点火器

由一根末端直径为 2 mm±1 mm 能插入燃烧筒并喷出火焰点燃试样的管子构成。

火焰的燃料应为未混有空气的丙烷。当管子垂直插入时,应调节燃料供应量以使火焰从出口垂直向下喷射 16 mm±4 mm。

5.6 计时器

测量时间可达 5 min,准确度±0.5 s。

5.7 排烟系统

有通风和排风设施,能排除燃烧筒内的烟尘或灰粒,但不能干扰燃烧筒内气体流速和温度。

注:如果试验发烟材料,必须清洁玻璃燃烧筒,以确保良好的可视性。对于气体入口、入口隔网和温度传感器也必须清洁,以使其功能良好。应采取适当的防护措施,以免人员在试验或清洁操作中受毒性材料伤害或遭灼伤。

5.8 制备薄膜卷筒的工具

由一根直径为 2 mm 一端带有一个狭缝的不锈钢杆构成(见图 3)。

单位为毫米

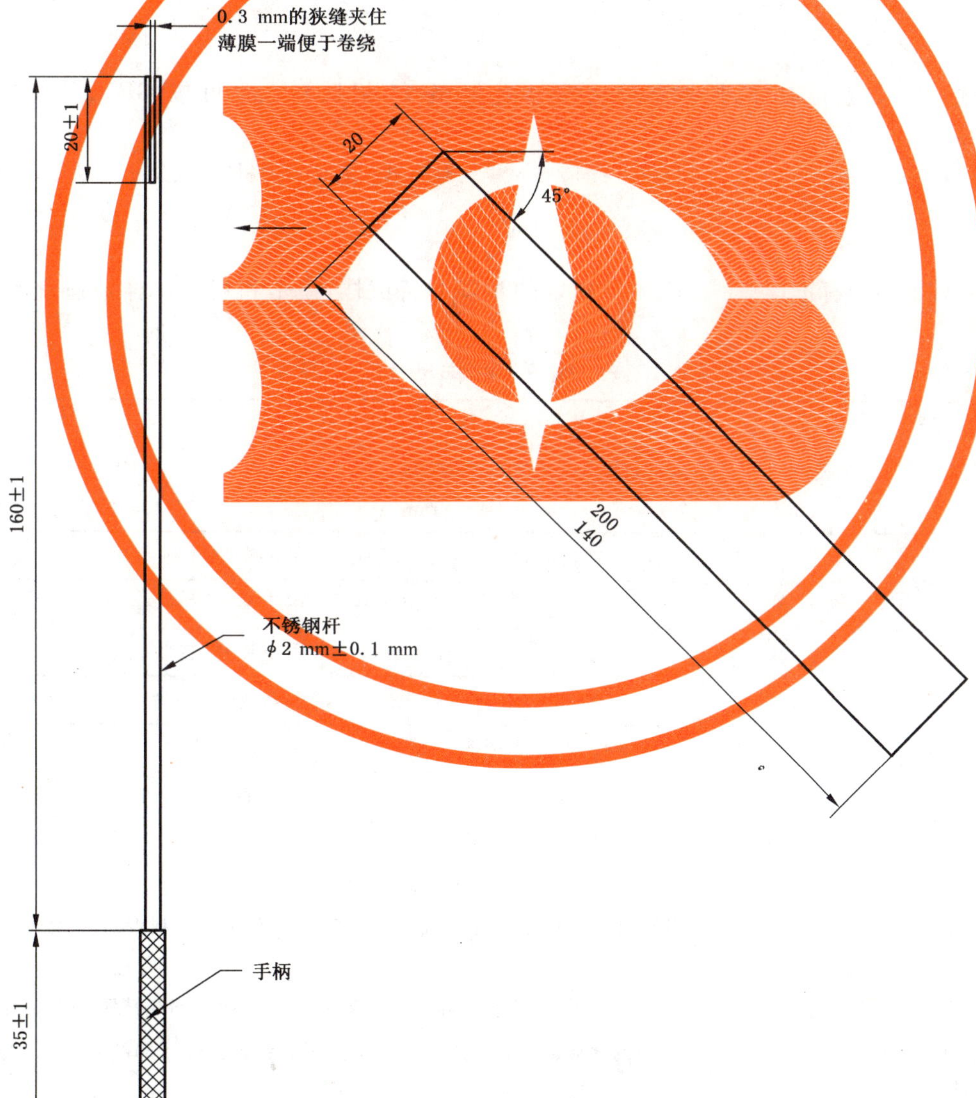

图 3 薄膜试样制备工具

6 设备的校准

为了符合本方法的要求,应定期按照附录A的规定对设备进行校准,再次校准和使用之间的最大时间间隔应符合表1的规定。

表1 设备校准周期

项 目	最大时间间隔
气体系统接口(按附录A的A.1的要求)	
a) 设备在使用或清洁时触动过的组件	立即
b) 未触动过的组件	6个月
浇铸PMMA样品	1个月
气体流速控制	6个月
氧浓度控制	6个月

7 试样制备

7.1 取样

应按材料标准进行取样,所取的样品至少能制备15根试样。也可按GB/T 2828.1—2003或ISO 2859-2:1985进行。

注:对已知氧指数在±2以内波动的材料,需15根试样。对于未知氧指数的材料,或显示不稳定燃烧特性的材料,需15根~30根试样。

7.2 试样尺寸和制备

依照适宜的材料标准(见注1)或注2规定的步骤制备试样,模塑和切割试样最适宜的样条形状在表2中给出。

表2 试样尺寸

试样形状[a]	尺 寸			用 途
	长度/mm	宽度/mm	厚度/mm	
Ⅰ	80~150	10±0.5	4±0.25	用于模塑材料
Ⅱ	80~150	10±0.5	10±0.5	用于泡沫材料
Ⅲ[b]	80~150	10±0.5	≤10.5	用于片材"接收状态"
Ⅳ	70~150	6.5±0.5	3±0.25	电器用自撑模塑材料或板材
Ⅴ[b]	140_{-5}^{0}	52±0.5	≤10.5	用于软膜或软片
Ⅵ[c]	140~200	20	0.02~0.10[d]	用于能用规定的杆[d]缠绕"接收状态"的薄膜

a Ⅰ、Ⅱ、Ⅲ和Ⅳ型试样适用于自撑材料。Ⅴ型试样适用非自撑的材料。

b Ⅲ和Ⅴ型试样所获得的结果,仅用于同样形状和厚度的试样的比较。假定这样材料厚度的变化量是受到其他标准控制的。

c Ⅵ型试样适用于缠绕后能自撑的薄膜。表中的尺寸是缠绕前原始薄膜的形状。缠绕薄膜的制备见7.2。

d 限于厚度能用规定的棒(见图3)缠绕的薄膜。如薄膜很薄,需两层或多层叠加进行缠绕,以获得与Ⅵ型试样类似的结果。

制备薄膜试样时,使用5.8描述的工具。把薄膜的一角插入狭缝中,以45°螺旋地缠绕在杆上,直到工具的末端,制成长度合适的样条,如图3所示。缠绕完成后,粘牢试样卷筒的末端,将不锈钢杆从卷好的薄膜中抽出并剪掉卷筒顶端20 mm(见图4)。

单位为毫米

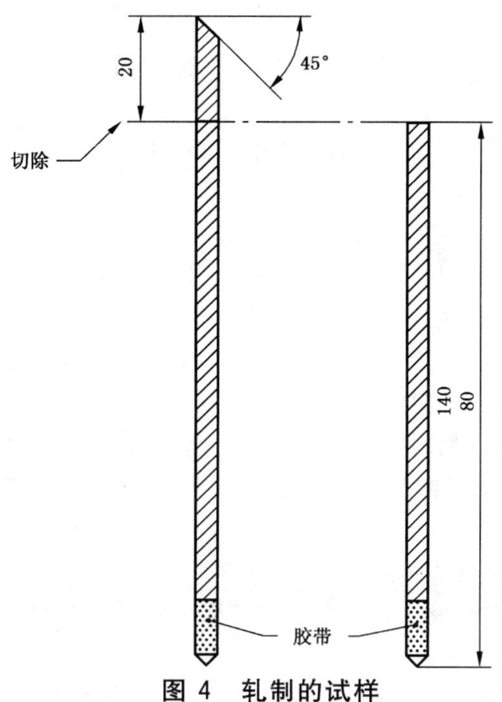

图4 轧制的试样

确保试样表面清洁且无影响燃烧行为的缺陷，如模塑飞边或机加工的毛刺。

注意试样在样品材料上的位置和取向上的不对称性(见注3)。

注1：某些材料标准要求选择和标识所用的“试样状态”，例如，处于“规定状态”或“基态”的以苯乙烯为基材的均聚或共聚物。

注2：在无相关标准时，可从GB/T 5471—2008、GB/T 9352—2008、GB/T 17037.1—1997、GB/T 17037.3—2003、ISO 294-2:1996，ISO 294-5:2001，ISO 2818:1994或GB/T 11997—2008中选择一种或几种制备方法。

注3：由于材料的不均匀性导致点火的难易及燃烧行为的不同(例如，由不对称取向的热塑性薄膜上，在不同方向切取的试样，受热时收缩程度不同)，对氧指数的结果有很大影响。

注4：如果使用这种方法，薄膜的燃烧行为呈现不稳定，包括受热收缩及数据的波动，则应使用Ⅵ型试样，即卷筒形试样。它给出的再现性结果与Ⅰ型试样几乎相同。附录D给出了使用Ⅵ型试样实验室间获得的精密度数据。

7.3 试样的标线

7.3.1 概述

为了观察试样燃烧距离，可根据试样的类型和所用的点火方式在一个或多个面上画标线。自撑试样至少在两相邻表面画标线。如使用墨水，在点燃前应使标线干燥。

7.3.2 顶面点燃试验标线

按照方法A(见8.2.2)试验Ⅰ、Ⅱ、Ⅲ、Ⅳ或Ⅵ型试样时，应在离点燃端50 mm处画标线。

7.3.3 扩散点燃试验标线

试验Ⅴ型试样时，标线画在支撑框架上(见图2)。在试验稳定性材料时，为了方便，在离点燃端20 mm和100 mm处画标线。

如Ⅰ、Ⅱ、Ⅲ、Ⅳ和Ⅵ型试样用B法(见8.2.3)试验时，在离点燃端10 mm和60 mm处画标线。

7.4 状态调节

除非另有规定，否则每个试样试验前应在温度23 ℃±2 ℃和湿度50%±5%条件下至少调节88 h。

注：含有易挥发可燃物的泡沫材料试样，在23 ℃±2 ℃和50%±5%状态调节前，应在鼓风烘箱内处理168 h，以除去这些物质。体积较大这类材料，需要较长的预处理时间。切割含有易挥发可燃物泡沫材料试样的设施需考虑与之相适应的危险性。

8 测定氧指数的步骤

注：当不需要测定材料的准确氧指数，只是为了与规定的最小氧指数值相比较时，则使用简化的步骤。

8.1 设备和试样的安装

8.1.1 试验装置应放置在温度 23 ℃±2 ℃的环境中。必要时将试样放置在 23 ℃±2 ℃和 50%±5%的密闭容器中，当需要时从容器中取出。

8.1.2 如需要，将重新校准设备（见第 6 章和附录 A）。

8.1.3 选择起始氧浓度，可根据类似材料的结果选取。另外，可观察试样在空气中的点燃情况，如果试样迅速燃烧，选择起始氧浓度约在 18%（体积分数）；如果试样缓慢燃烧或不稳定燃烧，选择的起始氧浓度约在 21%（体积分数）；如果试样在空气中不连续燃烧，选择的起始氧浓度至少为 25%（体积分数），这取决于点燃的难易程度或熄灭前燃烧时间的长短。

8.1.4 确保燃烧筒处于垂直状态（见图 1）。将试样垂直安装在燃烧筒的中心位置，使试样的顶端低于燃烧筒顶口至少 100 mm，同时试样的最低点的暴露部分要高于燃烧筒基座的气体分散装置的顶面 100 mm（见图 1 或图 2）。

8.1.5 调整气体混合器和流量计，使氧/氮气体在 23 ℃±2 ℃下混合，氧浓度达到设定值，并以 40 mm/s±2 mm/s 的流速通过燃烧筒。在点燃试样前至少用混合气体冲洗燃烧筒 30 s。确保点燃及试样燃烧期间气体流速不变。

记录氧浓度，按附录 B 给出的公式计算出所用的氧浓度，以体积分数表示。

8.2 点燃试样

8.2.1 概述

根据试样的形状，按下述要求任选一种点燃方法：

a) Ⅰ、Ⅱ、Ⅲ、Ⅳ和Ⅵ型试样（见表 2），使用按 8.2.2 所述的方法 A（顶面点燃）；

b) Ⅴ型试样，按 8.2.3 所述的方法 B（扩散点燃）。

在 GB/T 2406 的本部分中点燃是指有焰燃烧。

注 1：试验的氧浓度在等于或接近材料氧指数值表现稳态燃烧和燃烧扩散时，或厚度≤3 mm 的自撑试样，发现方法 B（用 7.3.2 标线的试样）比方法 A 给出的结果更一致。因此，方法 B 可用于Ⅰ、Ⅱ、Ⅲ、Ⅳ和Ⅵ型试样。

注 2：某些材料可能表现无焰燃烧（例如灼热燃烧）而不是有焰燃烧，或在低于要求的氧浓度时不是有焰燃烧。当试验这种材料时，必须鉴别所测氧指数的燃烧类型。

8.2.2 方法 A——顶面点燃法

顶面点燃是在试样顶面使用点火器点燃。

将火焰的最低部分施加于试样的顶面，如需要，可覆盖整个顶面，但不能使火焰对着试样的垂直面或棱。施加火焰 30 s，每隔 5 s 移开一次，移开时恰好有足够时间观察试样的整个顶面是否处于燃烧状态。在每增加 5 s 后，观察整个试样顶面持续燃烧，立即移开点火器，此时试样被点燃并开始记录燃烧时间和观察燃烧长度。

8.2.3 方法 B——扩散点燃法

扩散点燃法是使点火器产生的火焰通过顶面下移到试样的垂直面。

下移点火器把可见火焰施加于试样顶面并下移到垂直面近 6 mm。连续施加火焰 30 s，包括每 5 s 检查试样的燃烧中断情况，直到垂直面处于稳态燃烧或可见燃烧部分达到支撑框架的上标线为止。如果使用Ⅰ、Ⅱ、Ⅲ、Ⅳ和Ⅵ型试样，则燃烧部分达到试样的上标线为止。

为了测量燃烧时间和燃烧的长度，当燃烧部分达到上标线时，就认为试样被点燃。

注：燃烧部分包括沿着试样表面滴落的任何燃烧滴落物。

8.3 单个试样燃烧行为的评价

8.3.1 当试样按照 8.2.2 和 8.2.3 点燃时，开始记录燃烧时间，观察燃烧行为。如果燃烧中止，但在 1 s 内又自发再燃，则继续观察和记时。

8.3.2 如果试样的燃烧时间和燃烧长度均未超过表3规定的相关值，记作“○”反应。如果燃烧时间或燃烧长度两者任何一个超过表3中规定的相关值，记下燃烧行为和火焰的熄灭情况，此时记作“×”反应。

注意材料的燃烧状况，如滴落、焦糊、不稳定燃烧、灼热燃烧或余辉。

8.3.3 移出试样，清洁燃烧筒及点火器。使燃烧筒温度回到23 ℃±2 ℃，或用另一个燃烧筒代替。

注1：如进行多次试验，应使用两个燃烧筒和两个试样夹，这样一个燃烧筒和试样夹可冷却，而利用另一个燃烧筒和试样夹进行试验。

注2：如果试样足够长，可将试样倒过来或剪去燃烧端再使用。当评估燃烧需要的最小氧浓度的近似值时，上述试样能节约材料，但结果不能包括在氧指数的计算中，除非试样在适合于所涉及材料的温度和湿度下重新状态调节。

表3 氧指数测量的判据

试样类型（见表2）	点燃方法	判据（二选其一）[a]	
		点燃后的燃烧时间/s	燃烧长度[b]
Ⅰ、Ⅱ、Ⅲ、Ⅳ和Ⅵ	A 顶面点燃	180	试样顶端以下50 mm
	B 扩散点燃	180	上标线以下50 mm
Ⅴ	B 扩散点燃	180	上标线（框架上）以下80 mm

a 不同形状的试样或不同点燃方式及试验过程，不能产生等效的氧指数结果。

b 当试样上任何可见的燃烧部分，包括垂直表面流淌的燃烧滴落物，通过该表第四栏规定的标线时，认为超过了燃烧范围。

8.4 逐步选择氧浓度

8.5和8.6所述的方法是基于“少量样品升-降法”[1)]，利用 $N_T-N_L=5$（见8.6.2和8.6.3）的特定条件，以任意步长使氧浓度进行一定的变化。

试验过程中，按下述步骤选择所用的氧浓度：

a) 如果前一个试样燃烧行为是“×”反应，则降低氧浓度，或

b) 如果前一个试样燃烧行为是“○”反应，则增加氧浓度。

按8.5或8.6选择氧浓度变化的步长。

8.5 初始氧浓度的确定

采用任意合适的步长，重复8.1.4～8.4的步骤，直到氧浓度（体积分数）之差≤1.0%，且一次是“○”反应，另一次是“×”反应为止。将这组氧浓度中的“○”反应，记作初始氧浓度，然后按8.6进行。

注1：氧浓度之差≤1.0%的两个相反结果，不一定从连续试验的试样中得到。

注2：给出“○”反应的氧浓度不一定比给出“×”反应的氧浓度低。

注3：使用表格记录本条和附录C所述的各条要求的信息。

8.6 氧浓度的改变

8.6.1 再次利用初始氧浓度（见8.5），重复8.1.4～8.3的步骤试验一个试样，记录所用的氧浓度（c_O）和“×”或“○”反应，作为 N_L 和 N_T 系列的第一个值。

1) DIXON, W. J., *American Statistical Association Journan*, pp. 967-970(1965).

8.6.2 按8.4改变氧浓度，并按8.1.4～8.4步骤试验其他试样，氧浓度(体积分数)的改变量为总混合气体的0.2%(见注)，记录 c_O 值及相应的反应，直到与按8.6.1获得的相应反应不同为止。

由8.6.1获得的结果及8.6.2类似反应的结果构成 N_L 系列(见附录C第2部分的示例)。

注：当 d 不是0.2%时，如满足8.6.4的要求，可选该值作为 d 的起始值。

8.6.3 保持 $d=0.2\%$，按照8.1.4～8.4的步骤试验四个以上的试样，并记录每个试样的氧浓度 c_O 和反应类型，最后一个试样的氧浓度记为 c_f。

这四个结果连同由8.6.2获得的最后的结果(与8.6.1获得的反应不同的结果)构成 N_T 系列的其余结果，即：

$N_T=N_L+5$

(见附录C第2部分。)

8.6.4 按照9.3由 N_T 系列(包括 c_f)最后的六个反应计算氧浓度的标准偏差 $\hat{\sigma}$。如果满足条件：

$$\frac{2\hat{\sigma}}{3}<d<1.5\hat{\sigma}$$

按照式(1)计算氧指数。另外，

a) 如果 $d<\frac{2\hat{\sigma}}{3}$，增加 d 值，重复8.6.2～8.6.4的步骤直到满足条件，或

b) 如果 $d>1.5\hat{\sigma}$，减小 d 值，直到满足条件。除非相关材料标准有要求，d 不能低于0.2。

9 结果的计算与表示

9.1 氧指数

氧指数 OI，以体积分数表示，由式(1)计算：

$$OI=c_f+kd \quad \cdots\cdots(1)$$

式中：

c_f——按8.6测量及8.6.3记录的 N_T 系列中最后氧浓度值，以体积分数表示(%)，取一位小数；

d——按8.6使用和控制的氧浓度的差值，以体积分数表示(%)，取一位小数；

k——按9.2所述由表4获得的系数。

按8.6.4和9.3计算 $\hat{\sigma}$ 值时，OI 值取两位小数。

报告 OI 时，准确至0.1，不修约。

9.2 k 值的确定

k 值和符号取决于按8.6试验的试样反应类型，可由表4按下述的方法确定：

a) 若按8.6.1试样是“○”反应，则第一个相反的反应(见8.6.2)是“×”反应，当按8.6.3试验时，在表4的第一栏，找出与最后四个反应符号相对应的那一行，找出 N_L 系列(按8.6.1和8.6.2获得)中“○”反应的数目，作为该表a)行中“○”的数目，k 值和符号在第2、3、4或5栏中给出。

或

b) 若按8.6.1试样是“×”反应，则第一个相反的反应是“○”反应，当按8.6.3试验时，在表4的第六栏，找出与最后四个反应符号相对应的那一行，找出 N_L 系列(按8.6.1和8.6.2获得)中“×”反应的数目，作为该表b)行中“×”的数目，k 值在第2、3、4或5栏中给出，但符号相反，查表4的负号变成正号，反之亦然。

注：k 值的确定和 OI 的计算示例在附录C中给出。

表 4 由 Dixon's“升-降法”进行测定时用于计算氧指数浓度的 k 值

1	2	3	4	5	6
最后五次测定的反应	N_L 前几次测量反应如下时的 k 值				
	a) ○	○○	○○○	○○○○	
10 ×○○○○	−0.55	−0.55	−0.55	−0.55	○××××
×○○○×	−1.25	−1.25	−1.25	−1.25	○×××○
×○○×○	0.37	0.38	0.38	0.38	○××○×
×○○××	−0.17	−0.14	−0.14	−0.14	○××○○
×○×○○	0.02	0.04	0.04	0.04	○×○××
×○×○×	−0.50	−0.46	−0.45	−0.45	○×○×○
×○××○	1.17	1.24	1.25	1.25	○×○○×
×○×××	0.61	0.73	0.76	0.76	○×○○○
××○○○	−0.30	−0.27	−0.26	−0.26	○○×××
××○○×	−0.83	−0.76	−0.75	−0.75	○○××○
××○×○	0.83	0.94	0.95	0.95	○○×○×
××○××	0.30	0.46	0.50	0.50	○○×○○
×××○○	0.50	0.65	0.68	0.68	○○○××
×××○×	−0.04	0.19	0.24	0.25	○○○×○
××××○	1.60	1.92	2.00	2.01	○○○○×
×××××	0.89	1.33	1.47	1.50	○○○○○
	N_L 前几次反应如下时的 k 值				最后五次测定的反应
	b) ×	××	×××	××××	
	对应第 6 栏的反应上表给出的 k 值，但符号相反，即：$OI=c_f-kd$(见 9.1)				

9.3 氧浓度测量的标准偏差

在 8.6.4 中，氧浓度测量的标准偏差由式(2)计算：

$$\hat{\sigma}=\left[\frac{\sum_{i=1}^{n}(c_i-OI)^2}{n-1}\right]^{1/2} \qquad \cdots\cdots(2)$$

式中：

c_i——N_T 系列测量中最后六个反应每个所用的百分浓度；

OI——按式(1)计算的氧指数值；

n——构成 $\sum(c_i-OI)^2$ 氧浓度测量次数。

注：按照 8.6.4，本方法 $n=6$，对于 $n<6$ 时，会降低本方法的精密度。对于 $n>6$，要选择另外的统计标准。

9.4 结果的精密度

由于尚未得到实验室间试验数据，故未知本试验方法的精密度。如果得到上述数据，则在下次修订时加上精密度说明。附录 NA(资料性)是 ISO 和 ASTM 实验室间的精密度数据。

10 方法 C——与规定的最小氧指数值比较(简捷方法)

注：若有争议或需要材料的实际氧指数时，应用第 8 章给出的方法。

10.1 除了按 8.1.3 选择规定的最小氧浓度外，应按 8.1 安装设备和试样。

10.2 按 8.2 点燃试样。

10.3 试验三个试样，按8.3.1、8.3.2和8.3.3评价每个试样的燃烧行为。

如果三个试样至少有两个在超过表3相关判据以前火焰熄灭，记录的是“○”反应，则材料的氧指数不低于指定值。相反，材料的氧指数低于指定值。或按第8章测定氧指数。

11 试验报告

试验报告应包括下列内容：

a) 注明采用GB/T 2406.2；

b) 声明本试验结果仅与本试验条件下试样的行为有关，不能用于评价其他形式或其他条件下材料着火的危险性；

c) 注明受试材料完整鉴别，包括材料的类型、密度、材料或样品原有的不均匀性相关的各项异性；

d) 试样类型（Ⅰ至Ⅵ）和尺寸；

e) 点燃方法（A或B）；

f) 氧指数值或采用方法C时规定的最小氧指数值，并报告是否高于规定的氧指数；

g) 如需要，若不是0.2%（体积分数），估算标准偏差及所用的氧浓度增量；

h) 任何相关特性或行为的描述，如：烧焦、滴落、严重的收缩、不稳定燃烧或余辉；

i) 任何偏离GB/T 2406本部分要求的情况。

附　录　A
（规范性附录）
设备的校准

A.1　泄漏试验

泄漏试验应在所有的连接处进行。一旦发生泄漏，会造成燃烧筒内氧浓度改变，影响氧浓度的调节和指示。

A.2　气体流动速率

满足5.4和8.1.5要求的指示流经燃烧筒的流速的系统，可用校准过的流量计或等效的设备校准，其准确度为流经燃烧筒流速的±0.2 mm/s。

气体流速是流经燃烧筒总流量除以燃烧筒内孔的横截面积，由式(A.1)计算：

$$F = 1.27 \times 10^6 \frac{q_v}{D^2} \qquad (A.1)$$

式中：

F——流经燃烧筒的气体流速，单位为毫米每秒(mm/s)；

q_v——23 ℃±2 ℃时流经燃烧筒的气体总流量，单位为升每秒(L/s)；

D——燃烧筒内径，单位为毫米(mm)。

A.3　氧浓度

进入燃烧筒的混合气体中的氧浓度应准确至混合气体的0.1%(体积分数)。可从燃烧筒中取样进行分析或用已校准过的氧分析仪分析。如果设备中带有氧分析仪，应用下述的气体进行校准，每种气体应符合5.3规定的纯度和含湿量：

a)　由以下气体中任选两种：

——氮气；

——氧气；

——清洁的空气；

和

b)　对大多数试样，上述任何两种气体的混合均应在所用的氧浓度范围之内。

A.4　整台设备的校准

可通过试验一种已校准的材料并把所得结果与已校准材料预期结果比较的方法来校准仪器性能用于某一特定试验程序。校准材料的选择、适用性及使用见表A.1。

采用本部分的方法，在七个不同国家的16个试验室中进行了实验室间的试验，某些具体材料试验获得的结果列于表A.1。每一特定材料/试验步骤组合的单次试验结果的置信度为95%。1978/1980实验室间试验的剩余材料具有表A.1给出的氧指数的样品，可从英国的橡胶和塑料研究协会获得。

表 A.1 参比材料氧指数值

材料	方法 A 顶面点燃法	方法 B 扩散点燃法
三聚氰胺-甲醛(MF)	41.0～43.6	39.6～42.5
PMMA[a],厚度 3 mm	17.3～18.1	17.2～18.0
PMMA,厚度 10 mm	17.9～19.0	17.5～18.5
酚醛泡沫塑料,厚度 10.5 mm	39.1～40.7	39.6～40.0
PVC 薄膜,厚度 0.02 mm	不适用	22.4～23.6

[a] 这些结果是由上述的实验室间对具体材料试验获得的。适用于下列情况,每月进行校准时,按照表 A.1 使用无添加剂的 3 mm 厚浇铸 PMMA 板材(Ⅳ型),该材料的三个结果的平均值应在 17.3±0.2 的范围内,其置信度为 95%。

附 录 B
(规范性附录)
氧浓度的计算

第8章需求的氧浓度按式(B.1)计算:

$$c_O = \frac{100V_O}{V_O + V_N} \qquad \cdots\cdots\cdots\cdots(B.1)$$

式中:

c_O——氧浓度,以体积分数表示;

V_O——23 ℃时,混合气体中每单位体积的氧的体积;

V_N——23 ℃时,混合气体中每单位体积的氮的体积。

如使用氧分析仪,则氧浓度应在具体使用的仪器上读取。

若由组成混合气体的各气流的流量和压力来计算结果,如不是纯氧时,则需考虑混合气流中氧的比率。例如,使用纯度(体积分数)98.5%氧气与空气混合或与含氧0.5%(体积分数)氮气混合,氧浓度由式(B.2)计算,以体积分数表示。

$$c_O = \frac{98.5V_O' + 20.9V_A' + 0.5V_N'}{V_O + V_A' + V_N'} \qquad \cdots\cdots\cdots\cdots(B.2)$$

式中:

V_O'——每单位体积混合气体中氧气的体积;

V_A'——每单位体积混合气体中空气的体积;

V_N'——每单位体积混合气体中氮气的体积。

假定23 ℃下压力相同,若混合气流由两种气体组成,则其中的V_O'、V_A'或V_N'相应地变为零。

附　录　C
（资料性附录）
试验结果记录单

按 GB/T 2406.2 测定的氧指数试验结果记录单

材料：酚醛层压板　　　　　　　　　氧指数[浓度，%（体积分数）]：29.5

试样型别：Ⅲ（4 mm 厚）　　　　　　$\hat{\sigma}$：0.152

点燃方法：Ⓐ　B　　　　　　　　　试验日期：1995-05-26

状态调节方法：23　㉓/㊿　　　　　实验室 No.：19 试验 No.：1

氧浓度增量（d）：0.2%（体积分数）

第 1 部分：氧浓度间隔≤1%（体积分数）的一对“×”和“○”反应的氧浓度测定（按 8.5）

氧浓度（体积分数）/%	25.0	35.0	30.0	32.0	31.0			
燃烧时间/s	10	>180	140	>180	>180			
燃烧长度/mm								
反应（“×”或“○”）	○	×	○	×	×			

此对反应中“○”反应的氧浓度＝30.0%（体积分数）（该浓度将再次用于第 2 部分首次测量的浓度）。

第 2 部分：氧指数的测定（按 8.6）

连续改变氧浓度所用的步长 d＝0.2%（体积分数）[除非另有说明，首选 0.2%（体积分数）]。

	N_T 系列测量										
	N_L 系列测定（8.6.1 和 8.6.2）						（8.6.3）				c_f
氧浓度（体积分数）/%	30.0	29.8	29.6	29.4			29.4	29.6	29.4	29.6	29.8
燃烧时间/s	>180	>180	>180	150			150	>180	110	165	>180
燃烧长度/mm											
反应（“×”或“○”）	×	×	×				○	×	○	○	×
	栏数（2、3、4 或 5）：4						行数（1～16）：7				
	由表 4 获得的 k 值：1.25										
	故 k＝－1.25										

$OI = c_f + kd = 29.8 + (-1.25 \times 0.2)$

＝29.5%（报告 OI 时取一位小数）

＝29.55%（为按第 3 部分要求计算和确定 d 值，取两位小数）

第 3 部分：氧浓度步长 d%的确定（按 8.6.4 和 9.3）

最后六个结果		氧浓度(体积分数)/%			
		c_i[a]	OI	c_i-OI	$(c_i-OI)^2$
c_f[f]	1	29.8	29.55	0.25	0.062 5
	2	29.6	29.55	0.05	0.002 5
	3	29.4	29.55	−0.15	0.022 5
	4	29.6	29.55	0.05	0.002 5
	5	29.4	29.55	−0.15	0.022 5
n	6	29.6	29.55	0.05	0.002 5
总和 $\sum(c_i-OI)^2$					0.115

[a] 当 $n=6$ 时，c_i 栏中包含用于测定 c_f 的氧浓度及前 5 个测定所用的每个氧浓度。

标准偏差的估算：

$$\hat{\sigma}=\left[\frac{\sum(c_i-OI)^2}{n-1}\right]^{1/2}=\left(\frac{0.115}{5}\right)^{1/2}=0.152$$

$$\frac{2\hat{\sigma}}{3}=0.101$$

$$d=0.2$$

$$\frac{3\hat{\sigma}}{2}=0.227$$

如果 $\frac{2\hat{\sigma}}{3}<d<\frac{3\hat{\sigma}}{2}$ 或如 $0.2=d>\frac{3\hat{\sigma}}{2}$，则 OI 是有效的。

另外

如果 $\frac{2\hat{\sigma}}{3}>d$，则用大一点的 d 值重复第 2 部分；

或

如果 $\frac{3\hat{\sigma}}{2}<d$，则用小一点的 d 值重复第 2 部分。

然后，再次校准步长。如需要，再多次改变步长直到校准后满足关系式为止。

第 4 部分：辅助信息

a) 这些试验结果仅与在本试验条件下试样的行为有关。不能用于评价不同材料或形状在这些或其他条件下着火的危险性；

b) 若有的话，特定材料的历史/特性；

c) 若有的话，与标准步骤的差异；

d) 观察到的燃烧行为的描述；

e) 试验人/报告人。

附 录 D
(资料性附录)
Ⅵ型试样实验室间试验获得的结果

D.1 概述

表 D.1 给出了 1993 年实验室间的试验结果。精密度数据是由九个实验室采用Ⅵ型试样对八种材料进行试验并每种材料重复试验两次获得的。试验前,所有试验设备按附录 A,以 3 mm 厚的 PMMA 试样进行校准。所获结果用 ISO 5725:1986 试验方法的精密度——通过实验室间试验对标准试验方法重复性和再现性的确定。

注:ISO 5725:1986 已被取代,但该组实验室间精密度数据是根据 ISO 5725:1986 计算得到的。

D.2 重复性

按正常和正确的操作方法,由同一操作员使用相同的设备,在短时间内对两组相同的材料测定的两个独立平均值之差。测定 20 个平均值中最多一次超过表 D.1 给出的重复性值。

D.3 再现性

按正常和正确的操作方法,由两个不同实验室的操作员使用不同的设备,对两组相同材料测定的两个独立平均值之差。测定 20 个平均值中最多一次超过表 D.1 给出的重复性值。

表 D.1 精密度数据

材 料	厚度/mm	*OI* 平均值(体积分数)/%	重复性 *r*	再现性 *R*
PP	0.030	18.2	0.5	1.3
PET	0.025	22.0	0.6	3.7
PA-6	0.028	23.7	0.4	2.5
PE-LD	0.025	17.7	0.5	1.0
PVDC-P	0.013 (2 层)	68.4	0.5	12.6
PVC-P	0.013 (2 层)	26.9	0.5	2.0
PI	0.025	59.3	0.5	2.2
PA-15/PE-LD 多层膜	0.080	18.2	0.4	0.8

D.4 平均值

由两组试样测定的两个平均值,若它们的差值超出表 D.1 所给出的重复性和再现性,就认为是可疑或不等效。按 D.2 或 D.3 作出的任何判断置信度为 95%(0.95)。

注:表 D.1 仅仅表示对于某一范围的材料构成这种试验方法的近似精密度,数据不能严格地用于材料的接收和拒收,因为这些数据是实验室间试验特有的,不代表其他批、条件、厚度或材料。

附 录 E
（资料性附录）
1978～1980 年实验室间试验获得的精密度数据

E.1 结果的精密度

对易燃和燃烧稳定的材料，本方法预期的精密度如表 E.1。

表 E.1 估计精密度数据

95%置信度的近似值	实验室内	实验室间
标准偏差	0.2	0.5
重复性(r)	0.5	—
再现性(R)	—	1.4
注：这些精密度数据是 1978～1980 年间由 16 个国际实验室对 12 个样品试验确定的。		

注：对于燃烧行为异常的材料，表 E.1 的极限值可增大到 5 倍。另一方面，对于燃烧行为显示一致的材料，即使 d 减小到 0.1%（体积分数），仍有 $d>1.5\hat{\sigma}$，显示较大的精密度是可接受的。实际上，如用 $d<0.1\%$（体积分数），仪器准确性和精确度的规定不能满足本部分的要求，并且与 $d\leqslant 0.2$ 时采用本方法所获得的结果没有明显的差异。恰好能维持燃烧的最低氧浓度的更精密的测量有赖于不同的仪器和采用不同的统计公式及由较长测量系列所测定的系数。

附 录 NA
（资料性附录）
1999 年 ISO 和 ASTM 实验室间结果的精密度

NA.1 ISO 和 ASTM 在 1999 年采用 ISO 4589-2:1996 和 ASTM D 2863:1997 作为评判标准，进行了实验室间的研究，由 12 个实验室对八种材料进行试验，每种材料试验两次，按照 ISO 5725-2:1996 进行了结果分析，确定了实验室间的精密度数据见表 NA.1。

表 NA.1 精密度数据

材 料	试样类型	方 法	氧指数(*OI*)		
			平均值	重复性	再现性
PMMA-1	Ⅲ	A	17.7	0.09	0.14
PMMA-2	Ⅲ	A	17.8	0.35	0.35
增塑 PVC	Ⅲ	A	38.4	4.44	6.16
增强 ABS	Ⅰ	A	26.8	3.33	3.33
热固性酚醛	Ⅰ	A	49.7	5.45	5.66
PS 泡沫	Ⅱ	A	20.9	0.91	1.30
PC 板材	Ⅴ	B	26.1	2.37	3.11
PET 薄膜	Ⅵ	A	21.9	1.74	2.87

NA.2 重复性

用相同的材料和设备，由一个操作员在短时间内，对两组试样以相同的方法测定的两平均值之差。该重复性值不应超过表 NA.1 所给出的值。

NA.3 再现性

不同实验室间的两个操作员，对同种材料的两组试样，用相同的方法测定的两平均值之差。该再现性值不应超过表 NA.1 所给出的值。

NA.4 两个平均值(两组试样测定的)，若它们的差值超出表 NA.1 所给出的重复性和再现性，就认为是可疑或不等效。按 NA.2 或 NA.3 作出的任何判断置信度为 95%(0.95)。

注：NA.2 和 NA.3 给出的“重复性”和“再现性”，仅表示这种试验方法的近似精密度。表 NA.1 的试验结果和精密度数据，不能用于材料的验收和拒收。这些数据仅供实验室间研究，不能严格地代表其他批、配方、条件、材料或实验室。本方法的使用者应利用本部分所述的方法获得材料和实验室(或特定的实验室间)的数据，那么，NA.2～NA.4 的方法对这些数据是有效的。

参 考 文 献

1） GB/T 8332 泡沫塑料燃烧性能试验方法水平燃烧法

2） ISO 5725-2:1996 测量方法和结果的准确度(正确度和精密度) 第2部分:确定标准测量方法重复性和再现性的基本方法

3） ASTM D 2863:1997 塑料类似蜡烛燃烧时所需最低氧气浓度测量的标准试验方法(氧指数)

ICS 83.080.01
G 31

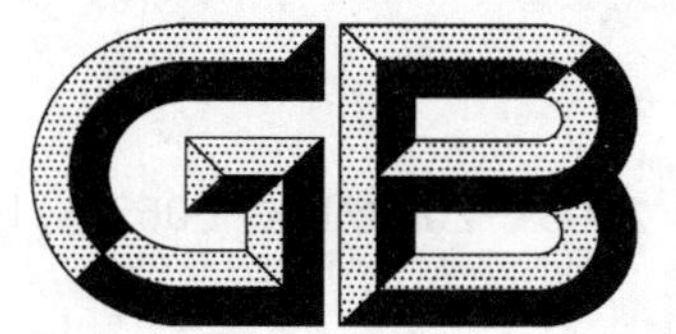

中华人民共和国国家标准

GB/T 2408—2008/IEC 60695-11-10:1999
代替 GB/T 2408—1996

塑料　燃烧性能的测定
水平法和垂直法

Plastics—Determination of burning characteristics—Horizontal and vertical test

(IEC 60695-11-10:1999, Fire hazard testing—Part 11-10: Test flames—50 W horizontal and vertical flame test methods, IDT)

2008-08-04 发布　　2009-04-01 实施

中华人民共和国国家质量监督检验检疫总局
中国国家标准化管理委员会　发布

前　言

本标准等同采用 IEC 60695-11-10:1999《着火危险试验——第 11-10 部分:试验火焰——50 W水平和垂直火焰试验方法》及 2003 年 8 月对 IEC 60695-11-10:1999 发布的修订单。

为便于使用,本标准作了下列编辑性修改:

a) 把“IEC 60695 的本部分”一词改为“本标准”;

b) 标准名称由“《着火危险试验——第 11-10 部分:试验火焰——50 W 水平和垂直火焰试验方法》”更改为“《塑料　燃烧性能的测定　水平法和垂直法》”;

c) 删除了 IEC 60695-11-10 的前言;

d) 增加了本标准的前言;

e) 用我国的小数点符号“.”代替国际标准中的小数点符号“,”;

f) 对于 IEC 60695-11-10 引用的国际标准中,有被等同采用为我国标准的,本标准用引用我国标准代替国际标准,其余未有等同采用为我国标准的,在标准中均被直接引用。

本标准代替 GB/T 2408—1996《塑料燃烧性能试验方法　水平法和垂直法》,与 GB/T 2408—1996 相比,主要技术内容改变如下:

a) 标准名称由“《塑料燃烧性能试验方法　水平法和垂直法》”更改为“《塑料　燃烧性能的测定　水平法和垂直法》”;

b) 明确规定了试验火焰为标称功率 50 W 的小火焰引燃源;

c) 增加了目次、前言;

d) 更改了部分定义,如余焰、余辉等;

e) 提高了对计时装置的精确度要求;

f) 对试样的尺寸有了更加明确的要求;

g) 更改了水平法和垂直法的等级标志。

本标准的附录 A、附录 B 均为资料性附录。

本标准由石油和化学工业协会提出。

本标准由全国塑料标准化技术委员会(SAC/TC 15)归口。

本标准负责起草单位:国家合成树脂质量监督检验中心。

本标准参加起草单位:国家塑料制品质检中心(福州)、中石化北化院国家化学建筑材料测试中心(材料测试部)、南京市江宁区分析仪器厂、公安部上海消防研究所、广州金发科技股份有限公司、山东道恩集团龙口市道恩工程塑料有限公司。

本标准主要起草人:郑宁、宋桂荣、王建东、李建军、张正敏、何芃、杨宗林、王富海、张成杰。

本标准所代替标准的历次版本发布情况为:

——GB/T 2408—1980,GB/T 2408—1996。

塑料　燃烧性能的测定 水平法和垂直法

1　范围

本标准规定了塑料和非金属材料试样处于50 W火焰条件下，水平或垂直方向燃烧性能的实验室测定方法。

本标准规定了线性燃烧速率和余焰/余辉时间以及试样的燃烧长度的测定。

本标准适用于按GB/T 6343测定的表观密度不低于250 kg/m^{3}的固体以及泡沫材料，不适用于施加火焰后未点燃而产生卷缩的材料；对于薄而软的材料应使用ISO 9773。

本标准规定了燃烧性能等级(见8.4和9.4)，可用于质量保证或产品组成材料的预选。当试样厚度等于材料应用时的最小厚度时可获得可靠的结果。

注：试验结果受材料组分的影响，如颜料、填料和阻燃剂，以及如各向异性及分子量的影响。

2　规范性引用文件

下列文件中的条款通过本标准的引用而成为本标准的条款。凡是注日期的引用文件，其随后所有的修改单(不包括勘误的内容)或修订版均不适用于本标准，然而，鼓励根据本标准达成协议的各方研究是否可使用这些文件的最新版本。凡是不注日期的引用文件，其最新版本适用于本标准。

GB/T 1844.1—2008　塑料及树脂缩写代号　第1部分：基础聚合物及其特征性能(ISO 1043.1—2001,IDT)

GB/T 2918—1998　塑料　状态调节和试验的标准环境(idt ISO 291:1997)

GB/T 5169.5—1997　电工电子产品着火危险试验　第2部分：试验方法　第2篇：针焰试验(idt IEC 60695-2-2:1991)

GB/T 5169.17—2002　电工电子产品着火危险试验　第17部分：500 W火焰试验方法(idt IEC 60695-11-20:1999)

GB/T 5471—2008　塑料　热固性塑料试样的压塑(ISO 295:2004,IDT)

GB/T 6343—1995　泡沫塑料和橡胶　表观(体积)密度测定(ISO 845:1988,IDT)

GB/T 6379.2—2004　测量方法与结果的准确度(正确度与精密度)　第2部分：确定标准测量方法

GB/T 9352—2008　塑料　热塑性塑料试样的压塑(ISO 293:2004,IDT)

GB/T 12006.1—1989　聚酰胺黏数测定方法(neq ISO 307:1994)

GB/T 17037.1—1997　热塑性塑料材料注塑试样的制备　第1部分：一般原理及多用途试样和长条试样的制备(ISO 294-1:1996,IDT)

GB/T 17037.3—2003　塑料　热塑性塑料材料注塑试样的制备　第3部分：小方试片(ISO 294-3:2002,IDT)

GB/T 17037.4—2003　塑料　热塑性塑料材料注塑试样的制备　第4部分：模塑收缩率的测定(ISO 294-4:2001,IDT)

ISO 294-2:1996　塑料　热塑性塑料注塑试样　第2部分：小拉伸条

ISO 294-5:2001　塑料　热塑性塑料注塑试样　第5部分：各向异性标准试样的制备

ISO 9773:1998　塑料　与小火焰引燃源接触的薄而软的垂直试样的燃烧行为的测定

ISO 10093:1998 塑料 燃烧试验 标准引燃源

ISO/IEC 导则 51:1990 标准中含有安全内容的导则

IEC 导则 104:1997 安全出版物的制定和基本安全出版物和分类安全出版物的使用

IEC 60695-11-4:2004 着火危险试验——第 11-4 部分:试验火焰-50 W 火焰-装 置和确认的试验方法

3 术语和定义

下列术语和定义适用于本标准。

3.1

余焰 afterflame

引燃源移去后,在规定条件下材料的持续火焰。

3.2

余焰时间 afterflame time

t_1,t_2

余焰持续的时间。

3.3

余辉 afterglow

在火焰终止后,或者没有产生火焰时,移去引燃源后,在规定的试验条件下,材料的持续辉光。

3.4

余辉时间 afterglow time

t_3

余辉持续的时间。

4 原理

将长方形条状试样的一端固定在水平或垂直夹具上,其另一端暴露于规定的试验火焰中。通过测量线性燃烧速率,评价试样的水平燃烧行为;通过测量其余焰和余辉时间、燃烧的范围和燃烧颗粒滴落情况,评价试样的垂直燃烧行为。

5 试验的意义

5.1 在规定的条件下的材料燃烧试验对比较不同材料的相对燃烧行为、控制制造工艺或评价燃烧特性的变化具有重要意义。获得的试验结果取决于试样的形状、方向和试样周围环境以及引燃条件。

试验的主要特点是将试样水平或垂直放置,试样的放置可以区分材料可燃性的程度。

试验方法 A,水平燃烧(HB),试样处于水平位置,适用于评价燃烧范围和(或)火焰传播速率,如线性燃烧速率。

试验方法 B,垂直燃烧(V),试样处于垂直位置,适用于评价试验火焰移去后燃烧程度。

注 1:水平燃烧(HB)方法和垂直燃烧(V)方法所获得的结果不等效。

注 2:本方法所获得的结果与 GB/T 5169.17—2002 规定的 5 VA 和 5 VB 燃烧试验的所得结果不等效,因为本试验火焰的强度大约低 10 倍。

5.2 按本标准获得的结果,不能用于描述或评价实际着火条件下具体材料或具体形状所出现的着火危险。着火危险的评价需要考虑诸多的因素,诸如燃料分布、燃烧强度(热释放速率)、燃烧产物和环境因素,包括火源的强度、材料暴露的方向和通风条件。

5.3 按本标准测量的燃烧行为受诸多因素,诸如,密度、材料的各向异性和试样的厚度的影响。

5.4 某些试样,在施加火焰后未点燃,可能发生收缩或变形,在这种情况下,要求使用其他的试样以获得有效的结果。如果不能获得有效的结果,这些材料不适宜使用本标准进行评价。

注:对薄而软的试样,以及施加火焰未点燃但有一个以上试样发生收缩,应采用 ISO 9773:1998 进行试验。

5.5 某些塑料的燃烧行为随时间而变化，因此，可进行适当的老化，并对其老化前后进行试验。优选的烘箱条件是 70 ℃±2 ℃处理 7 d，也可以使用有关各方协商一致的其他老化时间和温度，但应在试验报告中注明。

6 设备

设备由下列部分组成。

6.1 实验室通风橱/试验箱

实验室通风橱/试验箱其内部容积至少为 0.5 m^3。试验箱应能观察到试验，同时应无风，但燃烧时空气应能通过试样进行正常的热循环。试验箱的内表面应呈现暗色。当用一个面向试验箱后面的照度计置于试样位置时，记录的照度值应低于 20 lx(勒克斯)。为了安全和方便，试验箱应配有抽风装置(能完全闭合)，如抽气扇，以除去可能有毒的燃烧产物。抽风装置在试验时应关闭，试验后立即打开，以除去燃烧残余物，此时可能需要一个强制关闭的风门。

注：在试验箱中可放一面镜子，以观察试样后面。

6.2 实验室喷灯

实验室喷灯应符合 IEC 60695-11-4:2004 火焰 A、B 或 C 的要求。

注：ISO 10093:1998 对引燃源喷灯 P/PF2(50 W)进行了描述。

6.3 环形支架

环形支架上应有夹持或等效的装置，以调整试样的位置(见图 1 和图 3)。

6.4 计时设备

计时设备至少应有 0.5 s 的分辨率。

6.5 量尺

量尺的分度应为毫米。

6.6 金属丝网

金属丝网应为 20 目(近似每 25 mm 开孔 20 个)，由直径 0.40 mm～0.45 mm 的钢丝制成，并且切成近似 125 mm 的方片。

6.7 状态调节室

状态调节室应能保持 23 ℃±2 ℃和 50%±5%的相对湿度。

6.8 千分尺

千分尺至少有 0.01 mm 的分辨率。

6.9 支撑架

对非自撑试样应使用支撑架(见图 2)。

6.10 干燥试验箱

干燥试验箱内应有无水氯化钙或其他干燥剂，试验箱应能使温度保持在 23 ℃±2 ℃、相对湿度不超过 20%。

6.11 空气循环烘箱

空气循环烘箱应提供 70 ℃±2 ℃的处理温度，除非相关标准另有规定，还应提供每小时不低于五次的换气速率。

6.12 棉花垫

该垫应由 100%的脱脂棉制成。

注：这种棉通常称作外科脱脂棉或脱脂棉。

7 试样

7.1 成品试验

试样应由能代表产品的模塑样品切割而成。也可采用与模塑产品一样的工艺进行制备,或采用其他适宜的方法,例如,按照 GB/T 17037.1—1999 浇铸或注塑、按照 GB/T 9352—2008 或 GB/T 5471—2008 压塑或压铸成需要的形状。

如果上述任一方法都无法制备试样,就应该利用 GB/T 5169.5—1997 针焰试验进行型式试验。

进行任何一种切割操作后,要仔细地从表面上去除灰尘和颗粒;切割边缘应精细地砂磨,使其具有平滑的光洁度。

7.2 材料试验

对不同颜色、厚度、密度、分子量、各向异性或类别,或含有不同添加剂或填充/增强材料的试样进行试验时,其结果可能不同。

采用密度、熔体流动和填充/增强材料含量为极限值的试样,如果试验结果为相同的燃烧试验等级,可认为此试样代表此范围的材料。如果代表此范围材料的试样试验结果不能产生相同的燃烧试验等级,那么此结果仅限于所试验的密度、熔体流动和填料/增强材料含量为极端值的材料。另外,密度、熔体流动和填料/增强材料含量为中间值的试样应试验,以确定每个燃烧等级所代表的范围。

如果试验结果产生相同的燃烧试验的等级,就认为未着色试样和按重量计入的具有最多有机或无机颜料的试样代表了此等级的颜色范围。当某些颜料影响可燃特性时,也应试验含有那些颜料的试样。受试的试样应为:

a) 不含着色剂;

b) 含有最多的有机颜料;

c) 含有最多的无机颜料;

d) 含有对燃烧特性有害的颜料。

7.3 条状试样

条状试样尺寸应为:长 125 mm±5 mm,宽 13.0 mm±0.5 mm,而厚度通常应提供材料的最小和最大的厚度,但厚度不应超过 13 mm。边缘应平滑同时倒角半径不应超过 1.3 mm。也可采用有关各方协商一致的其他厚度,不过应该在试验报告中予以注明(见图 4)。

方法 A 最少应制备 6 根试样,方法 B 应制备 20 根试样。

8 试验方法 A——水平燃烧试验

8.1 状态调节

除非相关标准另有要求,通常采用下列条件:

8.1.1 一组三根条状试样,应在 23 ℃±2 ℃和 50%±5%相对湿度下至少状态调节 48 h。一旦从状态调节箱(见 6.7)中移出试样,应在 1 h 以内(见 GB/T 2918—1998)测试试样。

8.1.2 所有试样应在 15 ℃~35 ℃和 45%~75%相对湿度的实验室环境中进行试验。

8.2 步骤

8.2.1 测量三根试样,每个试样在垂直于样条纵轴处标记两条线,各自离点燃端 25 mm±1 mm 和100 mm±1 mm。

8.2.2 在离 25 mm 标线最远端夹住试样,使其纵轴近似水平而横轴与水平面成 45°±2°的夹角,如图 1 所示。在试样的下面夹住一片呈水平状态的金属丝网(见 6.6),试样的下底边与金属丝网间的距离为 10 mm±1 mm,而试样的自由端与金属丝网的自由端对齐。每次试验应清除先前试验遗留在金属丝网上的剩余物或使用新的金属丝网。

8.2.3 如果试样的自由端下弯同时不能保持8.2.2规定的10 mm±1 mm的距离时,应使用图2所示的支撑架(见6.9)。把支撑架放在金属丝网上,使支撑架支撑试样以保持10 mm±1 mm的距离,离试样自由端伸出的支撑架的部分近似10 mm。在试样的夹持端要提供足够的间隙,以使支撑架能在横向自由地移动。

8.2.4 使喷灯的中心轴线垂直,把喷灯放在远离试样的地方,同时调整喷灯(见6.2),使喷灯达到稳定的状态。有争议时,使用A试验火焰作为参比或仲裁试验火焰。

8.2.5 保持喷灯管中心轴与水平面近似成45°角同时斜向试样自由端,把火焰加到试样自由端的底边,此时喷灯管的中心轴线与试样纵向底边处于同样的垂直平面上(见图1)。喷灯的位置应使火焰侵入试样自由端近似6 mm的长度。

8.2.6 随着火焰前端(见8.2.5)沿着试样进展,以近似同样的速率回撤支撑架,防止火焰前端与支撑架接触,以免影响火焰或试样的燃烧。

8.2.7 不改变火焰的位置施焰30 s±1 s,如果低于30 s试样上的火焰前端达到25 mm处,就立即移开火焰。当火焰前端达到25 mm标线时,重新启动计时器(见6.4)。

注:把喷灯撤至离试样150 mm处便令人满意了。

8.2.8 在移开试验火焰后,若试样继续燃烧,记录经过的时间t,单位为秒,火焰前端通过100 mm标线时,要记录损坏长度L为75 mm。如果火焰前端通过25 mm标线但未通过100 mm标线的,要记录经过的时间t,单位为秒,同时还要记录25 mm标线与火焰停止前标痕间的损坏长度L,单位为毫米。

8.2.9 另外再试验两个试样。

8.2.10 如果第一组三个试样(见7.3)中仅一个试样不符合8.4.1和8.4.2的判据,应再试验另一组三个试样。第二组所有试样应符合相关级别的判据。

8.3 计算

火焰前端通过100 mm标线时,每个试样的线性燃烧速率v,单位为毫米每秒,采用式(1)计算:

$$v = \frac{60L}{t} \qquad \cdots\cdots(1)$$

式中:

v——线性燃烧速率,单位为毫米每秒(mm/s);

L——根据8.2.8记录的损坏长度,单位为毫米(mm);

t——根据8.2.8记录的时间,单位为秒(s)。

注:线性速率的SI单位制为米每秒,而实际使用的单位为毫米每秒。

8.4 分级

根据下面给出的判据,应将材料分成HB、HB40和HB75(HB=水平燃烧)级。

8.4.1 HB级材料应符合下列判据之一:

a) 移去引燃源后,材料没有可见的有焰燃烧;

b) 在引燃源移去后,试样出现连续的有焰燃烧,但火焰前端未超过100 mm标线;

c) 如果火焰前端超过100 mm标线,但厚度3.0 mm~13.0 mm、其线性燃烧速率未超过40 mm/min,或厚度低于3.0 mm时未超过75 mm/min;

d) 如果试验的厚度为3.0 mm±0.2 mm的试样,其线性燃烧速率未超过40 mm/min,那么降至1.5 mm最小厚度时,就应自动地接受为该级。

8.4.2 HB40级材料应符合下列判据之一:

a) 移去引燃源后,没有可见的有焰燃烧;

b) 移去引燃源后,试样持续有焰燃烧,但火焰前端未达到100 mm标线;

c) 如果火焰前端超过 100 mm 标线,线性燃烧速率不超过 40 mm/min。

8.4.3 HB75 级材料,如果火焰前端超过 100 mm 标线,线性燃烧速率不应超过 75 mm/min。

8.5 试验报告

试验报告应包括下列内容:

a) 注明采用本标准;

b) 标识受试产品的详细说明,包括制造厂名称、号码或代号及颜色;

c) 试样厚度,精确至 0.1 mm;

d) 标称表观密度(仅对硬质泡沫材料);

e) 相对于试样尺寸的各向异性方向;

f) 状态调节处理情况;

g) 除切削、修剪和状态调节外,试验前的其他处理;

h) 施加火焰后,注明试样是否有连续的有焰燃烧;

i) 注明火焰前端是否通过 25 mm 和 100 mm 标线;

j) 对于火焰前端通过 25 mm 但未通过 100 mm 标线的试样,其燃烧经过的时间和损坏的长度;

k) 对于火焰前端达到或超过 100 mm 标线的试样,平均燃烧速率 v;

l) 注明试样中是否有燃粒或燃滴下落;

m) 注明柔软试样是否使用支撑架;

n) 通过的等级(见 8.4)。

9 试验方法 B——垂直燃烧试验

9.1 状态调节

除非有关标准另有要求,否则应采用下列条件。

9.1.1 一组五根条状试样应在 23 ℃±2 ℃和 50%±5%的相对湿度下至少状态调节 48 h。一旦从状态调节试验箱中移出,试样应在 1 h(见 GB/T 2918—1998)之内试验。

9.1.2 一组五根条状试样应在 75 ℃±2 ℃的空气循环烘箱内老化 168 h±2 h,然后,在干燥试验箱(见 6.10)中至少冷却 4 h。一旦从干燥试验箱中移出,试样应在 30 min 之内试验。

9.1.3 工业层合材料可以在 125 ℃±2 ℃状态调节 24 h,以代替 9.1.2 所述的状态调节。

9.1.4 所有试样应在 15 ℃~35 ℃和 45%~75%相对湿度的实验室环境中进行试验。

9.2 步骤

9.2.1 夹住试样上端 6 mm 的长度,纵轴垂直,使试样下端高出水平棉层(见 6.12)300 mm±10 mm,棉层厚度未经压实,其尺寸近似 50 mm×50 mm×6 mm,最大质量为 0.08 g(见图 3)。

9.2.2 喷灯管的纵轴处于垂直状态,把喷灯放在远离试样的地方,同时调整喷灯(见 6.2),使其产生符合 IEC 60695-11-4:2004 A、B 或 C 的标准 50 W 试验火焰。等待 5 min,以使喷灯状态达到稳定。有争议时,应使用 A 试验火焰作为参比或仲裁试验火焰。

9.2.3 图 6 指明了试样、操作员和喷灯间的排列方位。

9.2.4 使喷灯管的中心轴保持垂直,将火焰中心加到试样底边的中点,同时使喷灯顶端比该点低 10 mm±1 mm,保持 10 s±0.5 s,必要时,根据试样长度和位置的变化,在垂直平面移动喷灯。

注:对于在喷灯火焰作用下长度变化的试样,利用装于喷灯上的一个小指示标尺(见图 5),可以保持喷灯顶端与试样主体部分间 10 mm 的距离,是一种令人满意的办法。

如果在施加火焰过程中,试样有熔融物或燃烧物滴落,则将喷灯倾斜 45°角,并从试样下方后撤足够距离,防止滴落物进入灯管,同时保持灯管出口中心与试样残留部分间距离仍为 10 mm±1 mm,呈线状的滴落物可忽略不计。对试样施加火焰 10 s±0.5 s 之后,立即将喷灯撤到足够距离,以免影响试样,同时用计时设备开始测量余焰时间 t_1,单位为秒,注意并记录 t_1。

注:测量 t_1 时,将喷灯撤离试样 150 mm 的距离是符合要求的。

9.2.5 当试样余焰熄灭后,立即重新把试验火焰放在试样下面,使喷灯管的中心轴保持垂直的位置,并使喷灯的顶端处于试样底端以下 10 mm±1 mm 的距离,保持 10 s±0.5 s。如果需要,如 9.2.3 所述的,移开喷灯清除滴落物。在第二次对试样施加火焰 10 s±0.5 s 后,立即熄灭喷灯或将其移离试样足够远,使之不对试样产生影响,同时利用计时设备开始测量试样的余焰时间 t_2 和余辉时间 t_3,准确至秒。记录 t_2,t_3 及 t_2+t_3。还要注意和记录是否有任何颗粒从试样上落下并且观察是否将棉垫(见 6.12)引燃。

注 1:测量和记录余焰时间 t_2,然后继续测量余焰时间 t_2 和余辉时间 t_3 之总和,即 t_2+t_3,不重调计时设备记录 t_3 是符合要求的。

注 2:测量 t_2 和 t_3 时,把喷灯撤离试样 150 mm 就可以了。

9.2.6 重复该步骤直到按 9.1.1 状态调节过的五根试样及按 9.1.2 状态调节过的五根试样试验完毕。

9.2.7 如果在给定条件下处理的一组五根试样,其中仅一个试样不符合某种分级的所有判据,应试验经受同样状态调节处理的另一组五根试样。作为余焰时间 t_f 的总秒数,对于 V-0 级,如果余焰总时间在 51 s～55 s 或对 V-1 和 V-2 级为 251 s～255 s 时,要外加一组五个试样进行试验。第二组所有的试样应符合该级所有规定的判据。

9.2.8 某些材料当经受这种试验时,由于它们的厚度、畸变、收缩或会烧到夹具,这些材料(倘若试样能适当成型),可以按照 ISO 9773:1998 进行试验。

注:提供的 V-2 级的 PA66 材料,按 GB/T 12006.1—1989 以 96%硫酸测定的黏度应低于 225 mL/g,或以 90%甲酸测定的黏度应低于 210 mL/g。另外,如果相对黏度分别大于 225 mL/g 或 210 mL/g,模塑试样的相对黏度不应低于所提供类型相对黏度的 70%。

9.3 计算

由两种条件处理的各五根试样,采用式(2)计算该组的总余焰时间 t_f:

$$t_f=\sum_{i=1}^{5}(t_{1,i}+t_{2,i}) \quad \cdots\cdots(2)$$

式中:

t_f——总的余焰时间,单位为秒(s);

$t_{1,i}$——第 i 个试样的第一个余焰时间,单位为秒(s);

$t_{2,i}$——第 i 个试样的第二个余焰时间,单位为秒(s)。

9.4 分级

根据试样的行为,按照表 1 所示的判据,把材料分为 V-0、V-1 和 V-2 级(V=垂直燃烧)。

表 1 垂直燃烧级别

判　据	级别		
	V-0	V-1	V-2
单个试样余焰时间(t_1 和 t_2)	≤10 s	≤30 s	≤30 s
任一状态调节的一组试样总的余焰时间 t_f	≤50 s	≤250 s	≤250 s
第二次施加火焰后单个试样的余焰加上余辉时间(t_2+t_3)	≤30 s	≤60 s	≤60 s
余焰和(或)余辉是否蔓延至夹具	否	否	否
火焰颗粒或滴落物是否引燃棉垫	否	否	是
注:如果试验结果不符合规定的判据,材料不能使用本试验方法分级。可采用第 8 章所述的水平燃烧试验方法对材料的燃烧行为分级。			

9.5 试验报告

试验报告应包括下列各部分：

a) 注明参照本标准；

b) 标识受试材料的详细说明，包括制造厂名称、代号以及颜色；

c) 试样厚度，精确至 0.1 mm；

d) 标称表观密度（仅限于硬质泡沫塑料）；

e) 相对于试样尺寸的各向异性的方向；

f) 状态调节处理；

g) 除切割、修整和状态调节外的试验前的其他处理；

h) 每个试样 t_1、t_2、t_3 和 t_2+t_3 的值；

i) 两种状态调节处理（见 9.1.1 和 9.1.2）的每组五个试样的总余焰时间 t_f；

j) 注明是否有颗粒或燃滴从试样上落下以及它们是否引燃棉垫；

k) 注明试样是否燃烧到夹持端；

l) 评出的等级（见 9.4）。

注：如果试样由于较薄，按第 9 条所述的垂直燃烧试验（V）而产生畸变、收缩或烧至夹持端，那么该材料可用第8 条所述的水平燃烧试验代替，或使用 ISO 9773:1998 柔软材料的垂直燃烧试验方法。

单位为毫米

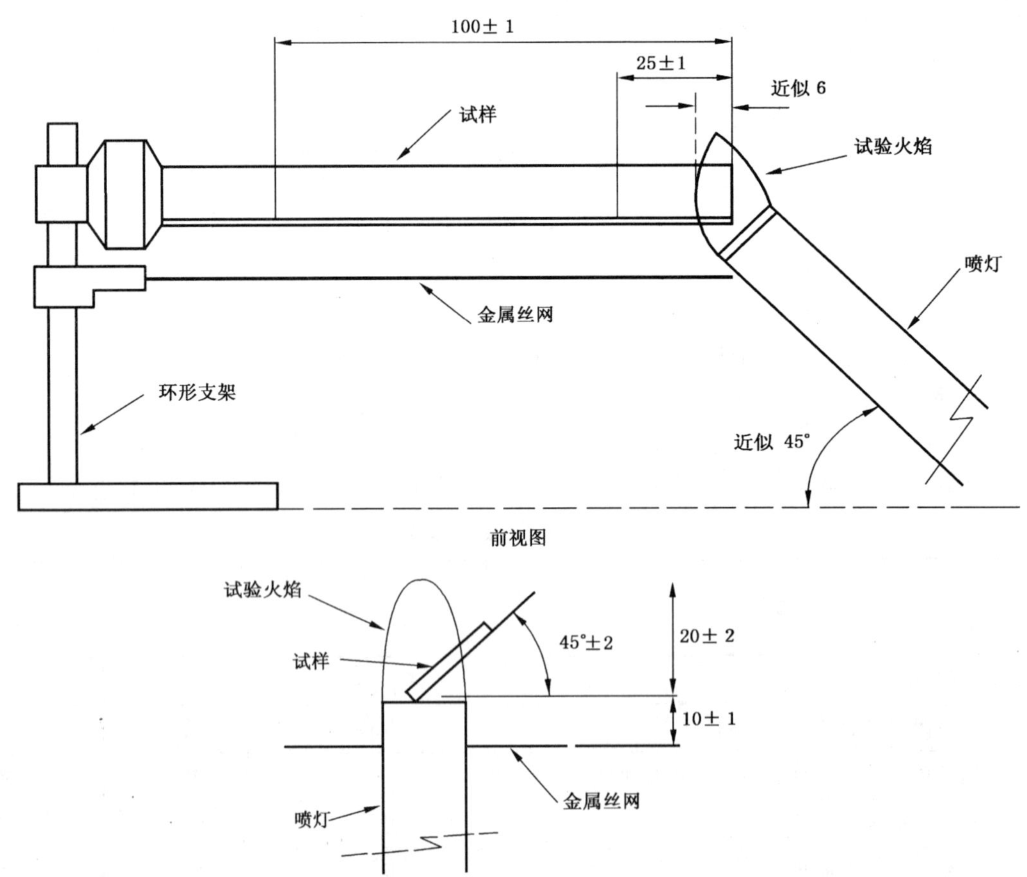

图 1 水平燃烧试验设备

单位为毫米

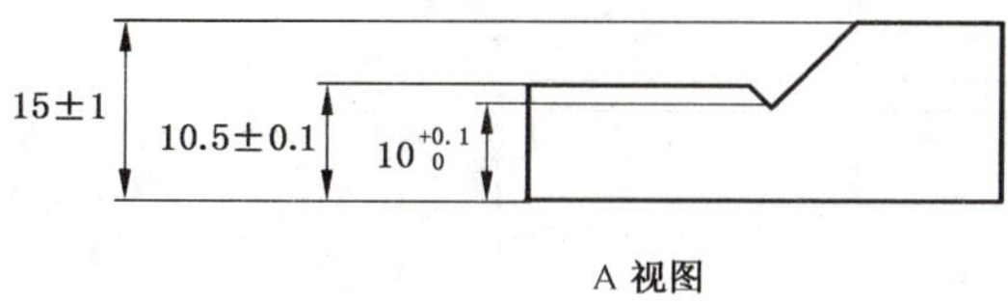

A视图

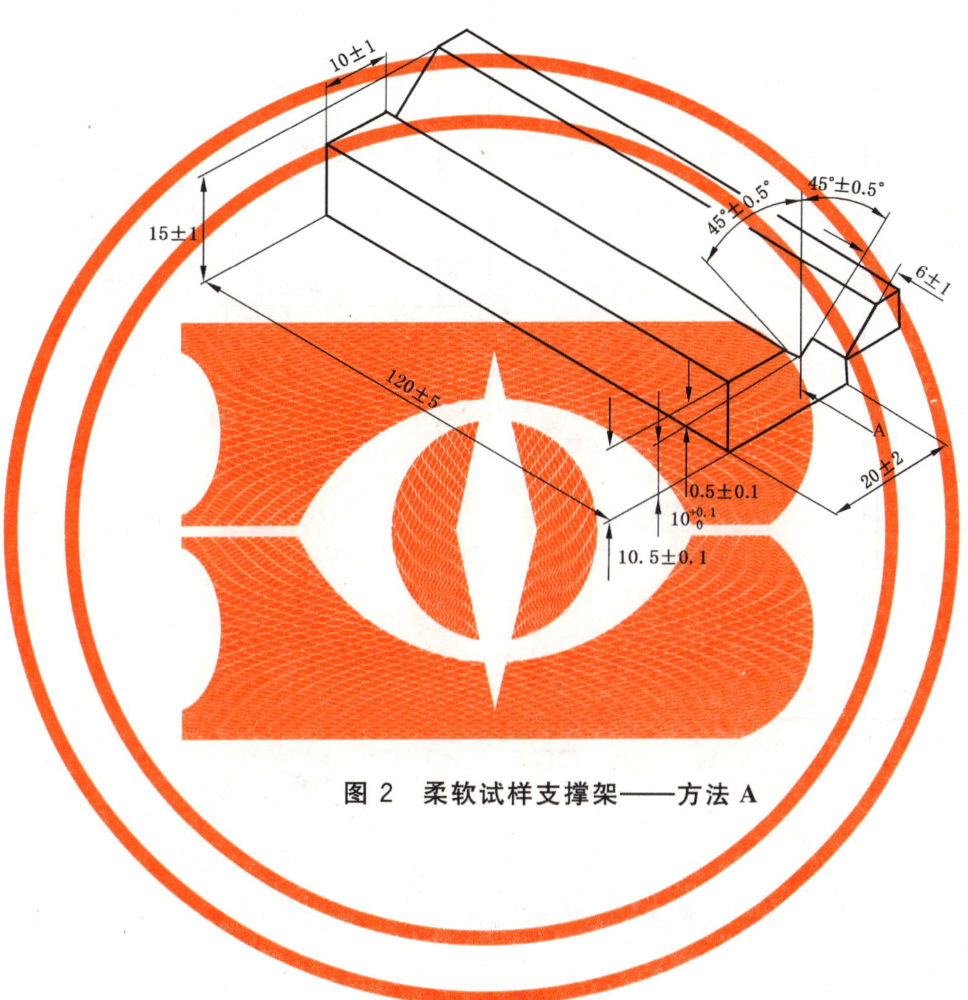

图2 柔软试样支撑架——方法A

单位为毫米

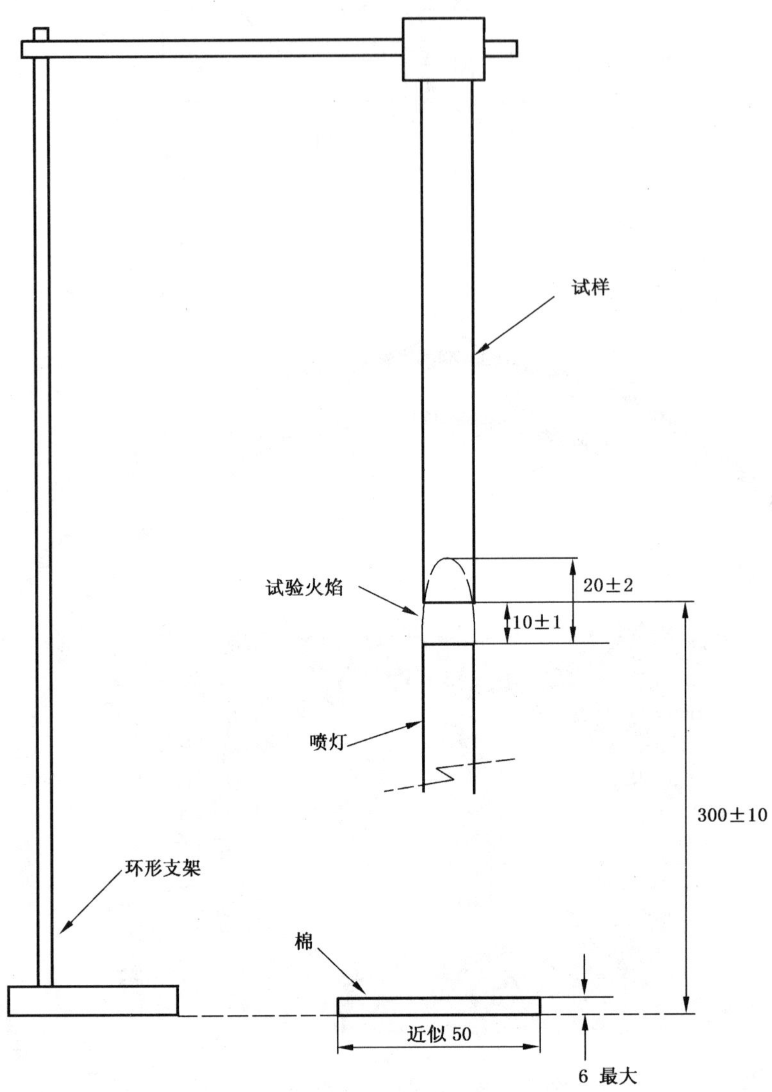

图 3 垂直燃烧试验设备——方法 B

单位为毫米

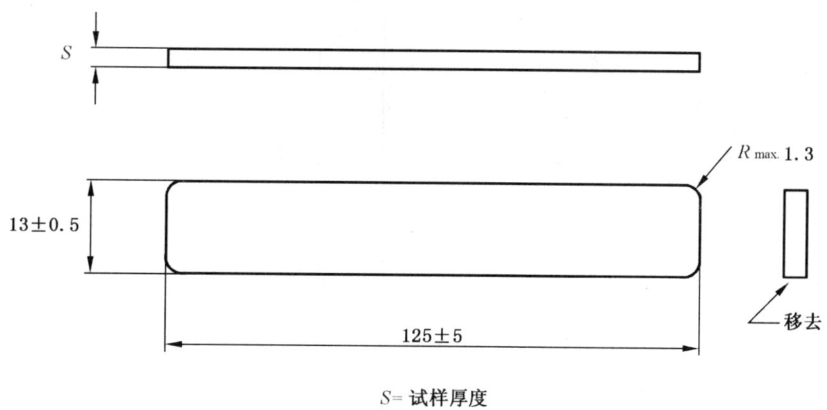

图 4　条状试样

单位为毫米

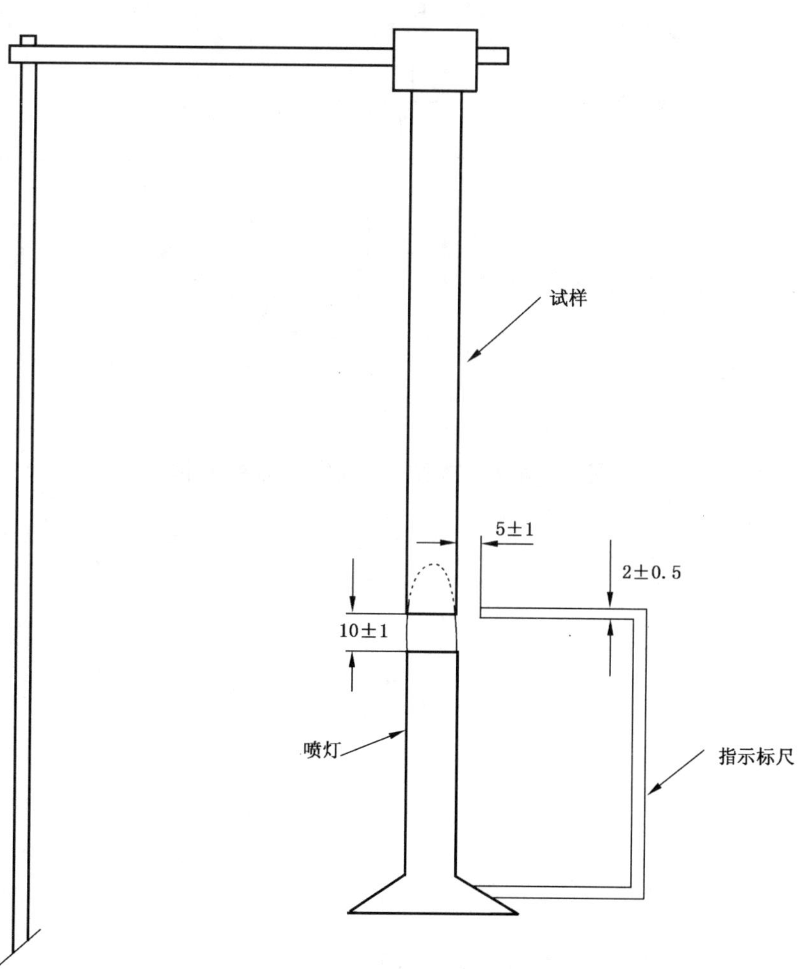

图 5　任选的间隙标尺

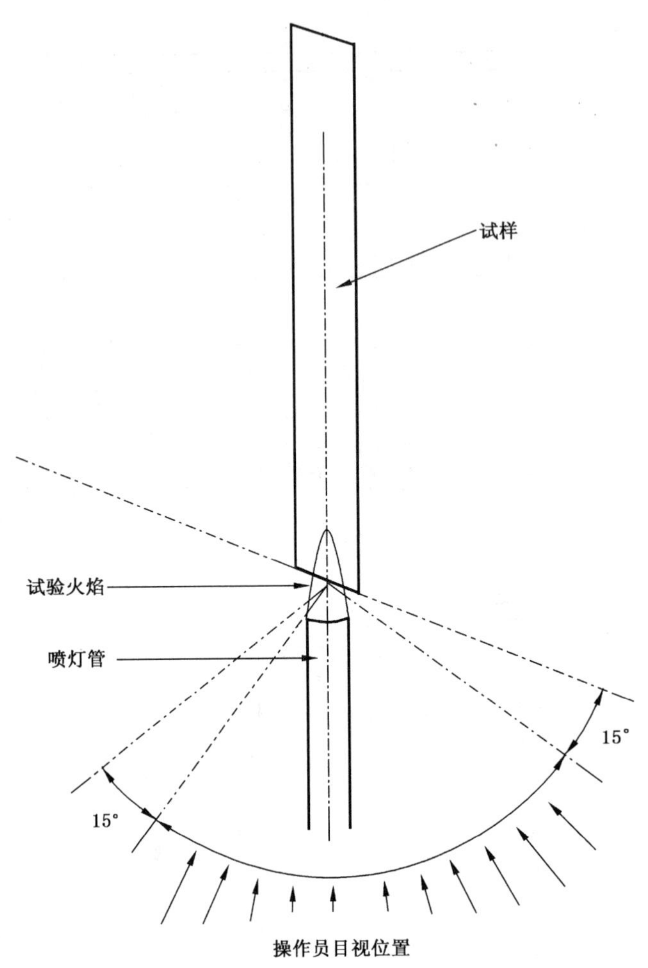

注:操作员视角是60°。

图6 喷灯/操作员/试样的排列方位

附 录 A
（资料性附录）
试验方法 A 的精密度

实验室间试验

1988 年由 10 个实验室对三种材料进行实验室间试验，以确定精密度数据。试验时每种材料重复三次并使用三个数据点的平均值。所有试验都是对厚度为 3.0 mm 的试样进行的。结果按 GB/T 6379.2—2004进行分析并汇总于表 A.1 中。

表 A.1 燃烧速率

单位为毫米每分

参数	PE	ABS	丙烯酸类
平均值	15.1	27.6	29.7
重复性	0.9	2.0	1.9
再现性	1.3	4.1	2.3

注 1：材料的符号是按 GB/T 1844.1—2008 的规定。

注 2：表 A.1 仅仅试图对少数材料，为确定本试验方法近似精密度，而提出的一种有意义的方法。这些数据不能严格地用作材料的接收或拒收的判据，因为这些数据是专指实验室间试验而言的，不能代表其他批、条件、厚度、材料或实验室。

附 录 B
（资料性附录）
试验方法 B 的精密度

实验室间试验

1978 年由四个实验室间对四种材料进行两次重复试验，每种材料取五个数据点的平均值，以确定精密度数据。结果按GB/T 6379.2—2004进行分析，并汇总于表 B.1 中。实验室间的试验是对标称厚度为 3.0 mm 的试样进行的。

表 B.1 余焰和余焰加余辉时间

单位为秒

阶段	测量时间	参数	材料			
			PC	PPE+PS	ABS	PF
第一次施加火焰后	余焰 t_1	平均值	1.7	10.1	0.4	0.8
		重复性	0.4	3.9	0.3	0.3
		再现性	0.6	4.4	0.5	0.6
第二次施加火焰后	余焰加余辉时间 t_1+t_3	平均值	3.6	16.0	1.1	49.3
		重复性	0.5	5.2	0.8	16.3
		再现性	0.9	4.7	0.7	18.1

注 1：材料的缩写符号是按 GB/T 1844.1—2008 的规定。

注 2：表 B.1 仅仅试图对少数材料，为确定本试验方法近似精密度，而提出的一种有意义的方法。这些数据不能严格地用作材料的接收或拒收的判据，因为这些数据是专指实验室间试验而言，不能代表其他批、条件、厚度、材料或实验室。

参 考 文 献

IEC 60695-1-1:1995 着火危险试验——第1部分:评价电工产品着火危险性导则——第1篇:通用导则

IEC 60695-1-3:1986 着火危险试验——第1部分:制定评价电工产品着火危险性的要求和试验规范导则——第3篇:预选程序使用导则

IEC 60695-4:1993 着火危险试验——第4部分:着火试验术语

IEC 60707:1999 固体非金属材料暴露火焰源时的可燃性试验方法一览表

ISO 307:1994 塑料——聚酰胺——粘数测定

ISO 1043-1:1997 塑料——符号和缩写术语——第1部分:基础聚合物和特征性能

ISO 5725-2:1994 测量方法和试验结果精度(准确度和精密度)——第2部分:标准测量方法重复性和再现性测定基本方法

ISO 10093:1998 塑料——着火试验——标准点火源

ISO/TR 10840:1993 塑料——燃烧行为——着火试验开发和应用导则

ICS 83.080
G 31

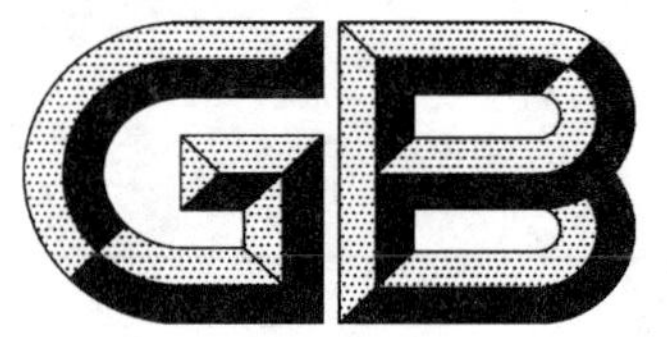

中华人民共和国国家标准

GB/T 2411—2008/ISO 868:2003
代替 GB/T 2411—1980

塑料和硬橡胶 使用硬度计测定压痕硬度(邵氏硬度)

Plastics and ebonite—Determination of indentation hardness by means of a durometer(shore hardness)

(ISO 868:2003,IDT)

2008-08-04 发布　　2009-04-01 实施

中华人民共和国国家质量监督检验检疫总局
中国国家标准化管理委员会　发布

前言

本标准等同采用 ISO 868:2003《塑料和硬橡胶—使用硬度计测定压痕硬度(邵氏硬度)》(英文版)。

本标准等同翻译 ISO 868:2003,在技术内容上完全一致。

为便于使用,本标准做了下列编辑性修改:

a) 把“本国际标准”一词改为“本标准”;

b) 删除了 ISO 868:2003 的前言;

c) 增加了国家标准的前言;

d) 把“规范性引用文件”一章所列的国际标准用对应的等同采用该文件的国家标准代替;

e) 把标准中涉及到的国际标准换成相应的国家标准。

本标准代替 GB/T 2411—1980《塑料邵氏硬度试验方法》。

本标准与 GB/T 2411—1980 相比主要变化如下:

——更改了标准名称、增加了前言;

——扩大了适用范围,增加了硬橡胶;

——增加了规范性引用文件;

——试样厚度及测量点与试样边缘的距离有所不同;

——硬度计弹簧的校准及装置位于标准正文;

——给出了硬度测定读数时间波动范围;

——试验结果的表示有所不同;

——增加了试验报告的内容;

——删除了附录。

本标准由中国石油和化学工业协会提出。

本标准由全国塑料标准化技术委员会(SAC/TC 15)归口。

本标准负责起草单位:国家合成树脂质量监督检验中心、北京燕山石化树脂所。

本标准参加起草单位:国家化学建筑材料测试中心(材料测试部)、国家塑料制品质检中心(福州)、国家塑料制品质检中心(北京)、国家石化有机原料质检中心、广州金发科技有限公司。

本标准主要起草人:施雅芳、陈宏愿、桑桂兰、何芃、李建军、俞峰、邓燕霞、王秀娴。

本标准所代替标准的历次版本发布情况为:

——GB/T 2411—1980;GB/T 2411—1989(确认)。

塑料和硬橡胶
使用硬度计测定压痕硬度(邵氏硬度)

1 范围

1.1 本标准规定了用两种型号的硬度计测定塑料和硬橡胶压痕硬度的方法,其中A型用于软材料,D型用于硬材料(见8.2的注)。本方法可测量起始压痕硬度或经过规定时间后的压痕硬度或两者都测。

注:本标准规定的硬度计和方法,为邵氏A型和邵氏D型的硬度计及方法。

1.2 本标准作为质量控制的一种试验方法,其测定的压痕硬度和受试材料基本性能之间无简单的对应关系。对软性材料推荐使用GB/T 6031—1998《硫化橡胶或热塑性橡胶硬度的测定(10 IRHD~100 IRHD)》。

2 规范性引用文件

下列文件中的条款通过本标准的引用而成为本标准的条款。凡是注日期的引用文件,其随后所有的修改单(不包括勘误的内容)或修订版均不适用于本标准,然而,鼓励根据本标准达成协议的各方研究是否可使用这些文件的最新版本。凡是不注日期的引用文件,其最新版本适用于本标准。

GB/T 2918—1998 塑料试样状态调节和试验的标准环境(idt ISO 291:1997)

3 原理

在规定的测试条件下,将规定形状的压针压入试验材料,测量垂直压入的深度。

压痕硬度与相应的压入深度成反比,且依赖于材料的弹性模量和粘弹性。压针的形状,施加的力以及施力时间都会影响试验结果,一种型号的硬度计与另一种型号的硬度计以及硬度计与其他测量硬度的仪器之间没有一种简单关系。

4 装置

A型和D型邵氏硬度计由以下部件构成:

4.1 压座,中心有一直径3 mm±0.5 mm的孔,离压座的任一边至少6 mm。

4.2 压针,直径为1.25 mm±0.15 mm的硬化钢制成,A型硬度计压针的形状尺寸见图1,D型硬度计压针见图2。

4.3 指示装置,可读取压针顶端伸出压座的长度,当压针全部伸出2.50 mm±0.04 mm时定为0,压座和压针与平面玻璃紧密接触,伸出值为0 mm时定为100,方可直接读数。

注:该装置可能包括将负荷施加于压针时所获得的初始压痕的指示值,需要时(见8.1)可由最大值指示器读取瞬时读数的最大值。

4.4 已校准的弹簧,施加于压针上的力按式(1)计算:

$$F = 550 + 75H_A \qquad \cdots\cdots(1)$$

式中:

F——施加的力,单位为毫牛(mN);

H_A——A型硬度计硬度读数。

或

单位为毫米

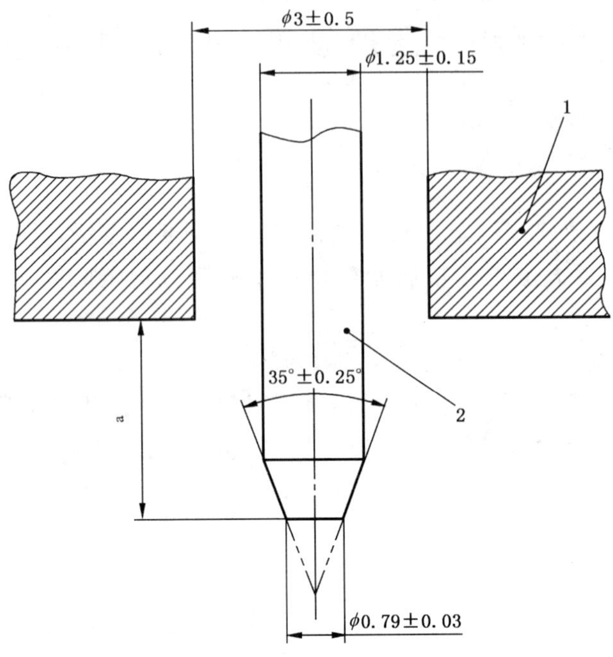

1——压座；
2——压针。
[a] 全部伸出：2.5±0.04

图 1　A 型硬度计压针

单位为毫米

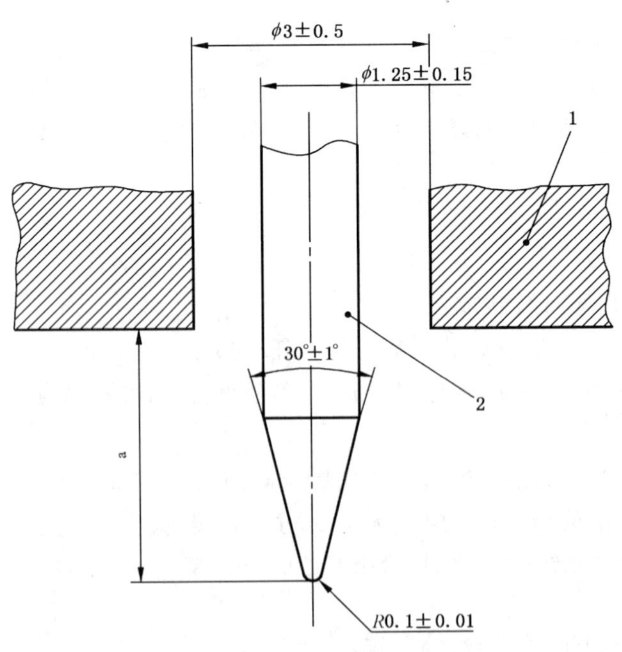

1——压座；
2——压针。
[a] 全部伸出：2.5±0.04

图 2　D 型硬度计压针

$$F = 445H_D \quad \cdots\cdots(2)$$

式中：

F——施加的力，单位为毫牛(mN)；

H_D——D型硬度计硬度读数。

5 试样

5.1 试样的厚度至少为4 mm，可以用较薄的几层叠合成所需的厚度。由于各层之间的表面接触不完全，因此，试验结果可能与单片试样所测结果不同。

5.2 试样的尺寸应足够大，以保证离任一边缘至少9 mm进行测量，除非已知离边缘较小的距离进行测量所得结果相同。试样表面应平整，压座与试样接触时覆盖的区域至少离压针顶端有6 mm的半径。应避免在弯曲的、不平或粗糙的表面上测量硬度。

6 校准

校准硬度计的弹簧(4.4)时，为防止压座(4.1)和天平盘间的干扰，将硬度计垂直放置，压针(4.2)顶端静置在天平盘中的一个金属垫上，如图3所示。垫片上有一个高约2.5 mm，直径约1.25 mm的小圆杆，顶部象一小杯，可容纳压针。垫片的质量用天平的另一个秤盘上的砝码来平衡。把砝码加到秤盘上，以平衡压针在各种刻度读数时的力。测得的力值与式(1)计算的力值之差应在±75 mN之内，或与式(2)计算的力值之差应在±445 mN之内。

可用专门的仪器校准硬度计。用于校准的天平或仪器应能在压针顶端施加力并测量，其中A型硬度计在3.9 mN以内，D型硬度计在19.6 mN以内。

图3 校准硬度计弹簧的装置

7 状态调节和试验环境

7.1 材料的硬度与相对湿度无关时，硬度计和试样应在试验温度(见7.2)下状态调节1 h以上。对于硬度与相对湿度有关的材料，试样应按GB/T 2918—1998或按相应的材料标准进行状态调节。

当硬度计由低于室温的地方移至较高温度的地方时，在转移位置前，应将其放在合适的干燥器或气密的容器中，在移入新的环境后继续保持直到硬度计的温度高于空气露点的温度。

7.2 除非相关材料标准中另有规定，试验应在GB/T 2918—1998规定的一种标准环境下进行。

8 操作步骤

8.1 将试样放在一个硬的、坚固稳定的水平平面上，握住硬度计，使其处于垂直位置，同时使压针顶端(4.2)离试样任一边缘至少 9 mm。立即将压座(4.1)无冲击地加到试样上，使压座平行于试样并施加足够的压力，压座与试样应紧密接触。

注：用硬度计台或压针中心轴上加砝码的方法，将压座加到试样上，可获得最好的再现性。A 型硬度计推荐的质量是 1 kg，D 型硬度计是 5 kg。

(15±1)s 后读取指示装置的示值(4.3)。若规定瞬时读数，则在压座与试样紧密接触后 1 s 之内读取硬度计的最大值。

8.2 在同一试样上至少相隔 6 mm 测量五个硬度值，并计算其平均值。

注：当 A 型硬度计的示值高于 90 时，建议用 D 型硬度计进行测量，当 D 型硬度计的示值低于 20 时，建议用 A 型硬度计进行测量。

9 试验报告

试验报告应包括下列内容：

a) 标明采用本标准；

b) 鉴别受试材料所需的详细完整的说明；

c) 试样的描述，包括厚度以及叠加试样的层数；

d) 试验温度，当材料的硬度受湿度影响时，其相对湿度；

e) 使用的硬度计型号(A 或 D)；

f) 如果已知和需要，试样制备后至硬度测量之间的时间；

g) 压痕硬度的单个值以及读数所用的时间间隔；

注：读数可以用邵氏硬度 A/15:45 的形式报告，A 是硬度计的类型，15 是 15 s，它是将压座与试样紧密接触后与读数之间的时间，而 45 是读数值。邵氏硬度 D/1:60，是指在 1 s 之内读取的 D 型硬度计示值为 60，或由最大值指示器得到的读数。

h) 压痕硬度的平均值；

i) 偏离本标准的任何细节以及影响结果的任何细节。

前　　言

本标准等同采用国际标准 ISO 291:1997《塑料—状态调节和试验的标准环境》。除根据我国国情作了一些编辑性修改外，本标准在技术内容和编写方法上与 ISO 291:1997 相同。

本标准的前一版为 GB/T 2918—1982《塑料试样状态调节和试验的标准环境》。与前版相比，主要技术内容改变如下：

1. 由只规定一种标准环境(23/50)，改为规定两种标准环境(23/50 和 27/65)。

2. 温度及相对湿度的容差，由只考虑对时间的偏差改为既考虑其对时间的偏差，又考虑其对环境内试样位置的偏差。

3. 相对湿度一级容差，由±2%改为±5%；相对湿度 2 级容差，由±5%改为±10%。

4. 关于“标准温度”和“室温”两种环境中的湿度要求，由规定为“常湿”(即为 45%～75%)改为不必控制相对湿度。

5. 把“常温”改为“室温”，把其温度范围由 10℃～35℃改为 18℃～28℃。

6. 对状态调节周期，本标准补充了“对于 18℃～28℃的室温环境，不少于 4 h”的规定。

7. 本标准增设了“标准环境”等三个术语定义、“原理”和附录 A、附录 B 等。

本标准自实施之日起，同时代替 GB/T 2918—1982。

本标准的附录 A 为标准的附录，附录 B 为提示的附录。

本标准由中华人民共和国化学工业部提出。

本标准由全国塑料标准化技术委员会塑料树脂产品分会(SC 4)归口。

本标准负责起草单位：化工部晨光化工研究院。

本标准参加起草单位：四川联合大学、北京航空材料研究所、北京市塑料研究所、上海市塑料研究所。

本标准主要起草人：王永明。

本标准首次发布时间为 1982 年 3 月 2 日。

ISO 前言

国际标准化组织(ISO)是世界性的国家标准团体(ISO 成员团体)的联合机构。制订国际标准的工作通常由 ISO 各技术委员会进行。凡对某个技术委员会确定的项目感兴趣的任何成员团体都有权派代表参加该技术委员会,政府的或非政府的国际组织,经与 ISO 联系,也可参加此工作。ISO 与国际电工委员会(IEC)在电工技术标准化的所有题材方面密切合作。

被技术委员会采纳的国际标准草案,在 ISO 理事会接受为国际标准之前要分发给各成员团体征求表决意见。按照 ISO 章程,应至少有 75%的成员团体投票赞成,表决方为有效。

国际标准 ISO 291 由 ISO/TC 61 塑料技术委员,SC 6 抗老化、化学品和环境分技术委员会制定。

本第二版撤销并取代了已经被技术修订的第一版(ISO 291:1977)。

附录 A 为本国际标准的组成部分,附录 B 仅为提示的附录。

中华人民共和国国家标准

塑料试样状态调节和试验的标准环境

Plastics—Standard atmospheres for conditioning and testing

GB/T 2918—1998
idt ISO 291:1997
代替 GB/T 2918—1982

1 范围

本标准提出了各种塑料及各类试样在相当于实验室平均环境条件的恒定环境条件下进行状态调节和试验的规范。

本标准不包括用于某些特殊试验或材料或模拟某特定气候条件的专用环境。

2 定义

本标准采用下列定义。

2.1 标准环境 standard atmosphere

标准环境是指优先选用的、规定了空气温度和湿度且限制了大气压强和空气循环速度范围的恒定环境，该空气中不含明显的外加成分，且环境未受到任何明显的外加辐射影响。

注

1 标准环境使样品或试样能够达到并保持规定的状态。

2 标准环境相当于实验室的平均环境条件，并能建立在(环境可控制的)状态调节柜、箱或房间中。

2.2 状态调节环境 conditioning atmosphere

进行试验前保存样品或试样的恒定环境。

2.3 试验环境 test atmosphere

在整个试验期间样品或试样所处的恒定环境。

2.4 状态调节 conditioning

为使样品或试样达到温度和湿度的平衡状态所进行的一种或多种操作。

2.5 状态调节程序 conditioning procedure

状态调节环境和状态调节周期的结合。

注3：在本标准中，通常选择标准环境作为状态调节环境和试验环境。

2.6 室温 ambient temperature

相当于没有控制温、湿度的实验室一般大气条件的环境。

3 原理

如果把试样暴露在规定的状态调节环境或温度中，那么试样与状态调节环境或温度之间即可达到可再现的温度和/或含湿量平衡的状态。

国家质量技术监督局 1998-10-19 批准 1999-04-01 实施

4 标准环境

除非另有规定，使用表1所给的条件作为标准环境。

表1 标准环境

标准环境代号	空气温度 t ℃	相对湿度 U %	备注
23/50	23	50	应该使用这种标准环境，除非另有规定
27/65	27	65	对于热带地区如各方商定，可以使用

注4：表1中的数值适用于大气压强在86 kPa和106 kPa之间的一般海拔高度及空气循环速度≤1 m/s的场合。

5 标准环境的等级

表2给出了标准环境的两种不同等级，对应于温度和相对湿度的不同容差（即容许偏差）水平。表2给出的容差适用于试验环境内或状态调节环境内试样所处的空间并且包括了对时间和对环境内试样位置两方面的偏差。

表2 对应于不同容许偏差的标准环境等级

等级	温度容许偏差 Δt ℃	相对湿度容许偏差 ΔU %	
		23/50	27/65
1（加严）	±1	±5	±5
2（一般）	±2	±10	±10

注5：通常，容差是配合成对的，即1级容差或2级容差都是相对于温度和相对湿度两者而言的。

6 标准温度和室温

如果湿度对所测性能没有影响或其影响可忽略不计，则不必控制相对湿度。相应的两个环境称作“温度23”和“温度27”。

同样，如果温度和湿度对所测性能都没有任何显著影响，则温度和相对湿度都不必控制。在这种情况下，该环境称为“室温”。

“室温”指的是这样一种环境：其空气温度保持在规定范围内，而不考虑相对湿度、大气压或空气循环流速的影响。通常，空气温度范围为18～28℃，应称作“18～28℃的室温”。

7 程序

7.1 状态调节

状态调节周期应在材料的相关标准中规定。

当在相应标准中未规定状态调节周期时，应采用下列周期：

a）对于标准环境23/50和27/65，不少于88 h；

b）对于18～28℃的室温，不少于4 h。

注6：对于具体试验和已知能够很快或很慢才能达到温度及湿度平衡的塑料或试样，可以在相应的标准中规定一个较短或较长的状态调节周期（见附录A）。

7.2 试验

除非另有规定，状态调节后的试样应在与状态调节相同的环境或温度下进行试验。在任何情况下，试验都应在将试样从状态调节环境内取出后立即进行。

附　录　A
（标准的附录）
在状态调节环境中塑料湿平衡的到达

在某种环境中进行状态调节的试样，其吸湿量和吸收或解吸湿气的速率显著取决于制作试样材料的特性和形状。

7.1 中给出的状态调节时间可能不适用，特别是对于下列情况：

——已知只有经很长时间才能与其状态调节环境达到平衡的材料(例如某些聚酰胺类)；

——其吸湿能力与到达平衡所要求的时间都无法事先估算的不熟悉的材料。

在这些情况中，可任选下列一种方法：

a）在不会使材料发生明显或永久变化的高温下烘干该材料(对于很多材料，可接受的温度为 50℃±2℃)；

b）在标准环境 23/50 中调节该试样，直至达到平衡；

c）将放置在鼓风烘箱或状态调节箱内的试样保持在一个指定的高温下，直至到达湿含量平衡(该温度和相对湿度应由有关各方商定并应写入试验报告中)。

方法 a)有个缺点，即某些性能值，尤其是力学性能值，在干态下与在标准环境 23/50 中状态调节后得到的测定值不同。

对于方法 b)，下列经验做法可能是有用的，如果间隔 d^2 个星期进行称量，所得结果的变化率不大于 0.1%时，可以假定为已经到达平衡(其中 d 为试样厚度，单位为 mm)。

如果已知聚合物的湿扩散特性并能用来确定适宜的暴露周期和条件时，则使用方法 c)。应把试样放置在烘箱或状态调节箱内，直到其处在湿含量平衡的状态。如果在状态调节期间材料平均湿含量的变化率小于 0.01%时，即到达了该状态。使用下述准则估计到达湿含量平衡的时间：

如果已知湿扩散系数 Dz，则到达湿含量平衡的时间应为 $0.02d^2/Dzt$ 或 1 天，取两者中的较大者(d 为试样厚度，单位为 mm；t 为状态调节时间，单位为 s)。

附　录　B
（提示的附录）
背 景 资 料

B1　概述

ISO 291:1997 的前一版 ISO 291:1977 是以 ISO/TC 125 制定的 ISO 554:1976《状态调节和/或试验的标准环境—规范》为基础制定的。

ISO 291:1977 已不能代表当前的技术水平，其所使用的一些术语已经过时。例如：

——对不控制湿度的环境术语，如环境 23，易与标准环境 23/50(需控制湿度)相混淆；

——温度和相对湿度的容差仅包括随时间方面的偏差；

——相对湿度的容差低于理论可能值，例如，将未给出附加限制(例如涉及湿度计的时间常数)的 2 级环境的相对湿度容差规定为±5%是没有物理意义的。

B2　新的相对湿度容差

在本标准中给出的较宽的容差包括随时间的和随环境内试样位置两方面的偏差。

表 2 中规定的相对湿度容差考虑到下述事实，即在给定温度容差下理论上能达到的最小容差(即如果容许的露点偏差为±0.0℃时的容差)比 ISO 291:1977 中给出的容差要宽。

相对湿度的容差 ΔU(%)由下式给出：

$$\Delta U = K_t \cdot \Delta t + K_{t_d} \cdot \Delta t_d$$

式中：Δt——空气温度容差；

Δt_d——露点温度容差；

K_t——空气温度系数；

K_{t_d}——露点温度系数。

例如：当 Δt_d=0.0℃时，相对湿度的容差

——标准环境 23/50，2 级容差：

$$\Delta U = 3.03 \times 2.0 + 3.30 \times 0.0 = 6.06\%$$

——标准环境 27/65，1 级容差：

$$\Delta U = 3.82 \times 1.0 + 3.76 \times 0.0 = 3.82\%$$

式中：3.03——标准环境 23/50 的 K_t 值；

3.30——标准环境 23/50 的 K_{t_d} 值；

3.82——标准环境 27/65 的 K_t 值；

3.76——标准环境 27/65 的 K_{t_d} 值。

因此，从实际观点看来，2 级标准环境相对湿度容差应定为±10%(对于 1 级标准环境应定为±5%)，这包括：

——露点的实际容差；

——控制装置和湿度计的一般误差和漂移的容差。

ICS 83.080
G 31

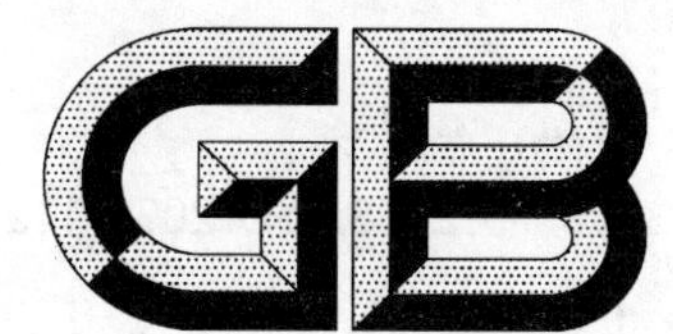

中华人民共和国国家标准

GB/T 3398.1—2008/ISO 2039-1:2001
代替 GB/T 3398—1982

塑料 硬度测定
第1部分:球压痕法

Plastics—Determination of hardness—Part 1:Ball indentation method

(ISO 2039-1:2001,IDT)

2008-09-04 发布　　　　2009-04-01 实施

中华人民共和国国家质量监督检验检疫总局
中国国家标准化管理委员会　发布

前　言

GB/T 3398《塑料　硬度测定》分为两个部分：

——第1部分：球压痕法；

——第2部分：洛氏硬度。

本部分为GB/T 3398的第1部分。

本部分等同采用ISO 2039-1:2001《塑料　硬度测定　第1部分：球压痕法》(英文版)。

本部分等同翻译ISO 2039-1:2001。

为便于使用，本部分做了下列编辑性修改：

——删除了ISO的前言；

——“ISO 2039的本部分”改为“GB/T 3398的本部分”；

——用小数点“.”代替作为小数点的逗号“,”；

——对于ISO 2039-1:2001引用的其他国际标准中有被等同采用为我国标准的，本部分用引用我国国家标准代替对应的国际标准。

本部分代替GB/T 3398—1982《塑料球压痕硬度试验方法》。

本部分与GB/T 3398—1982主要的技术差异如下：

——修改了标准名称；

——扩大了标准的适用范围；

——增加了规范性引用文件一章；

——增加了原理一章；

——增加了试验报告内容；

——增加了附录A。

本部分附录A为资料性附录。

本部分由中国石油和化学工业协会提出。

本部分由全国塑料标准化技术委员会(SAC/TC 15)归口。

本部分负责起草单位：国家合成树脂质量监督检验中心。

本部分参加起草单位：北京燕山石化树脂所、中石化北化院国家化学建筑材料测试中心(材料测试部)、广州金发科技股份有限公司、国家石化有机原料合成树脂质检中心。

本部分主要起草人：黄正安、施雅芳、陈宏愿、李建军、刘玉春、邓燕霞。

本部分所代替标准的历次版本发布情况：

——GB/T 3398—1982。

塑料　硬度测定
第1部分:球压痕法

1　范围

GB/T 3398的本部分规定了用负荷球压痕器测定塑料和硬橡胶硬度的方法。

用这种方法测定的球压痕硬度可为研发、质量控制和按产品标准进行验收和拒收提供数据。

2　规范性引用文件

下列文件中的条款通过GB/T 3398的本部分的引用而成为本部分的条款。凡是注日期的引用文件,其随后所有的修改单(不包括勘误的内容)或修订版均不适用于本部分,然而,鼓励根据本部分达成协议的各方研究是否可使用这些文件的最新版本。凡是不注日期的引用文件,其最新版本适用于本部分。

GB/T 2918—1998　塑料试样状态调节和试验的标准环境(idt ISO 291:1997)

3　术语和定义

下列术语和定义适用于GB/T 3398的本部分。

3.1

球压痕硬度　ball indentation hardness

HB

球压痕硬度是指以规定直径的钢球,在试验负荷作用下,垂直压入试样表面,保持一定时间后单位压痕面积上所承受的压力,单位为牛顿每平方毫米(N/mm^2)。

4　原理

将钢球以规定的负荷压入试样表面,在加荷下测量压入深度,由其深度计算压入的表面积。由以下关系式计算球压痕硬度:

球压痕硬度=施加的负荷/压入的表面积

5　仪器

5.1　硬度试验机,主要是由装有一个试样支撑板的可调整台架、带有连接部件的压痕器以及无冲击的施加负荷的装置构成。

硬度试验机还应配备测量压痕器压入深度在0.4 mm范围内的设备,其测量精密度为±0.005 mm。

在最大负荷下,沿着加力主轴进行变形测量时,框架变形不大于0.05 mm。

压痕器是一个经过硬化并抛光的钢球,试验后该钢球不能显出任何变形或损伤。

钢球的直径应为(5.0±0.05)mm。

5.2　计时器,准确至±0.1 s。

6　试样

每个试样应为一个光滑的平板或具有足够尺寸的样块,以减小边缘对试验结果的影响;例如20 mm×20 mm。试样的两表面间应平行,推荐的厚度为4 mm。

试样的支撑面在试验后不应显示任何形变。

注 1：若所试试样厚度小于 4 mm，可以叠放几个试样。然而，叠加的试样上得到的硬度值和同样厚度单片试样所得到的值会有差异。

注 2：在某些情况下，特别是半结晶热塑性塑料的注塑试样，要获得精准的平板状试样是困难的。若所用的试样稍有翘曲，所测得压入深度包括把试样压向支撑板所移动的距离。为消除这一影响，可使用一直径(10±1)mm 的圆形支撑板，这一直径对于平板试样也足够大了。还推荐将试样较平的一侧朝向支撑板放置。

7 状态调节

试验前，试样的状态调节应按 GB/T 2918—1998 规定的标准环境进行。

8 步骤

8.1 除非另有规定，试验应在与状态调节同样的环境中进行。

8.2 把试样放在支撑板上，充分地支撑试样并使试样表面垂直于加荷轴。

在离试样边缘不小于 10 mm 处的某一点上施加初负荷 F_0，值为(9.8±0.1)N。调整深度指示装置至零点，然后在 2 s～3 s 的时间内平稳地施加试验负荷 F_m(见 8.3)。

8.3 选择下列的试验负荷值 F_m：

49.0 N；132 N；358 N；961 N；(误差±1%)

使修正框架变形(见 8.7)后的压入深度在 0.15 mm～0.35 mm 之间。

如果 30 秒压痕深度值超出范围(无论一组试样或单个试样时)，需改变试验负荷以得到在规定范围内的压痕深度。应报告超出规定范围压痕深度的试验数目。

如果一组试验中试验负荷应改变，当处于转变区域时，不同试验负荷下产生的不同硬度值将难以解释，例如：当评估热老化对硬度的影响时。在这种情况下，经双方协商一致，可扩大上述的压痕深度范围，但不能超出该值的 20%。使用这个负荷使大部分试验压痕深度落在 0.15 mm～0.35 mm 之间。

8.4 当按此方法进行试验时，试样中的气泡或开裂不应影响结果。如果在同一试样上进行几次测定，各压痕点间及离开边缘距离都应不小于 10 mm。

8.5 施加试验负荷 F_m30 s 后，在加荷下测量压入深度 h_1，其精度应符合 5.1 的规定。

8.6 在一个或多个试样上进行 10 次有效的试验。

8.7 仪器机架的变形 h_2(单位为毫米)应按下述步骤测定：把一块软铜板(至少 6 mm 厚)放在支撑板上，同时施加初负荷 F_0。调整指示装置至零点并施加试验负荷 F_m。保持试验负荷直到深度指示器稳定，记下读数，移去试验负荷同时重新调整深度指示器至零。

重复这种操作直到深度指示器读数在每次施加试验负荷时恒定为止。这就表示在该点铜块不会进一步被压入，因此该恒定的深度读数就是由于设备的框架变形而导致的深度指示器的位移量。记下该恒定的读数为 h_2。用 $h=h_1-h_2$ 修正压入深度 h。

9 结果的表示

9.1 由式(1)计算折合试验负荷 F_r，单位为牛顿：

$$F_r = F_m \times \frac{\alpha}{(h - h_r + \alpha)} = F_m \times \frac{0.21}{h - 0.25 + 0.21} \qquad (1)$$

式中：

F_m——压痕器上的负荷，单位为牛顿(N)；

h_r——压入的折合深度(0.25 mm)；

h_1——压痕器在试验负荷时下的压痕深度，单位为毫米(mm)；

h_2——在试验负荷下试验装置的变形量，单位为毫米(mm)；

h——机架变形修正后的压入深度(h_1-h_2),单位为毫米(mm);

α——常数(0.21)。

注:h_r 和 α 值是取自 H. H. Racke'和 Th. felt in Materalprung,10(1968),No. 7,p226。

9.2 球压痕硬度由式(2)计算:

$$HB=\frac{F_r}{\pi d h_r} \quad \cdots\cdots (2)$$

式中:

HB——球压痕硬度值,单位为牛顿每平方毫米(N/mm^2);

F_r——折合试验负荷,单位为牛顿(N)(见 9.1);

h_r——压入的折合深度,(0.25 mm);

d——钢球的直径,(5 mm)。

9.3 对于 HB 低于 250 N/mm^2 时,修约至 1 N/mm^2,对于 HB 值大于 250 N/mm^2,修约至 10 N/mm^2 的倍数。

10 试验报告

试验报告应包括以下内容:

a) 注明采用 GB/T 3398 的本部分;

b) 被试材料完整标识的说明;

c) 状态调节和试验时的条件;

d) 试样制备描述、尺寸和方法;

e) 试验的次数;

f) 产生不正确压入深度的试验次数;

g) 球压痕硬度的平均值和标准偏差;

h) 试验日期。

附　录　A
（资料性附录）
球压痕硬度值随压入深度和试验负荷的函数关系

表 A.1 中的 *HB* 值是利用在 9.1 和 9.2 中给出的公式计算出的。当修正的压入深度 *h* 确定时（见 8.7），可利用该表直接读出 *HB* 值。

表 A.1

压入深度 h/mm	在下列各负荷 F_m 下的球压痕硬度 HB 值/(N/mm^2)			
	49 N	132 N	358 N	961 N
0.150	23.82	64.17	174.04	467.19
0.155	22.79	61.38	166.47	446.87
0.160	21.84	58.82	159.54	428.25
0.165	20.96	56.47	153.16	411.12
0.170	20.16	54.30	147.26	395.31
0.175	19.41	52.29	141.81	380.67
0.180	18.72	50.42	136.75	367.07
0.185	18.07	48.68	132.03	354.42
0.190	17.47	47.06	127.63	342.60
0.195	16.91	45.54	123.51	331.55
0.200	16.38	44.12	119.65	321.19
0.205	15.88	42.78	116.03	311.46
0.210	15.41	41.52	112.61	302.30
0.215	14.97	40.34	109.40	293.66
0.220	14.56	39.22	106.36	285.50
0.225	14.16	38.16	103.48	277.79
0.230	13.79	37.15	100.76	270.48
0.235	13.44	36.20	98.18	263.54
0.240	13.10	35.29	95.72	256.95
0.245	12.78	34.43	93.39	250.69
0.250	12.48	33.61	91.16	244.72
0.255	12.19	32.83	89.04	239.03
0.260	11.91	32.09	87.02	233.59
0.265	11.65	31.37	85.09	228.40
0.270	11.39	30.69	93.24	223.44
0.275	11.15	30.04	81.47	218.68
0.280	10.92	29.41	79.77	214.13
0.285	10.70	28.81	78.14	209.76
0.290	10.48	28.24	76.58	205.56
0.295	10.28	27.68	75.08	201.53

表 A.1（续）

压入深度 h/mm	在下列各负荷 F_m 下的球压痕硬度 HB 值/(N/mm^2)			
	49 N	132 N	358 N	961 N
0.300	10.08	27.15	73.63	197.66
0.305	9.89	26.64	72.24	193.93
0.310	9.70	26.14	70.91	190.34
0.315	9.53	25.67	69.62	186.87
0.320	9.36	25.21	68.37	183.54
0.325	9.19	24.77	67.17	180.32
0.330	9.04	24.34	66.02	177.21
0.335	8.88	23.93	64.90	174.21
0.340	8.73	23.53	63.81	171.30
0.345	8.59	23.14	62.77	168.49
0.350	8.45	22.77	61.76	165.78

注：当试样的球压痕硬度处于一个试验负荷和另一个试验负荷之间的转换区时，以较小的试验负荷在较低的压痕深度时进行的试验与以较大的试验负荷在较大的深度下进行试验产生的球压痕硬度稍有不同。在这种情况下，推荐使用有关各方协商一致的试验负荷。

ICS 83.080
G 31

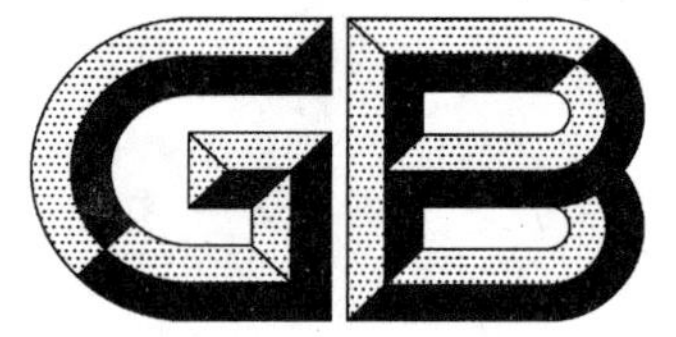

中华人民共和国国家标准

GB/T 3398.2—2008/ISO 2039-2:1987
代替 GB/T 9342—1988

塑料　硬度测定
第2部分:洛氏硬度

Plastics—Determination of hardness—Part 2:Rockwell hardness

(ISO 2039-2:1987,IDT)

2008-08-04 发布　　2009-04-01 实施

中华人民共和国国家质量监督检验检疫总局
中国国家标准化管理委员会　发布

前　言

GB/T 3398《塑料　硬度测定》分为两个部分：

——第1部分：球压痕法；

——第2部分：洛氏硬度。

本部分为GB/T 3398的第2部分，等同采用ISO 2039-2:1987《塑料——硬度测定——第2部分：洛氏硬度》(英文版)。

为便于使用，本部分作了下列编辑性修改：

a) 把"本国际标准"一词改为"本标准"或"GB/T 3398"，把"ISO 2039的本部分"改为"GB/T 3398的本部分"或"本部分"；

b) 删除了ISO 2039-2:1987的前言；

c) 增加了国家标准本部分的前言；

d) 把"规范性引用文件"一章所列的国际标准用对应的等同采用该文件的我国国家标准代替；

e) 用我国的小数点符号"."代替国际标准中的小数点符号","；

f) 把该国际标准附录A公式中洛氏-α硬度"R_α"改为"HR_α"。

本部分代替GB/T 9342—1988《塑料洛氏硬度试验方法》。

本部分与GB/T 9342—1988相比主要变化如下：

——范围中取消了"不适用于测定塑料薄膜、泡沫塑料"；

——取消了定义；

——增加了原理；

——取消了对机架，钢球和计时装置的规定；

——增加了3个引用标准，去掉了1个引用标准。

本部分附录A为规范性附录。

本部分由中国石油和化学工业协会提出。

本部分由全国塑料标准化技术委员会(SAC/TC 15)归口。

本部分负责起草单位：国家合成树脂质量监督检验中心。

本部分参加起草单位：北京燕山石化树脂所、中石化北化院国家化学建筑材料测试中心(材料测试部)、广州金发科技股份有限公司、国家石化有机原料合成树脂质检中心。

本部分主要起草人：王琰、赵平、陈宏愿、李建军、俞峰、邓燕霞。

本部分于1988年首次发布。

塑料　硬度测定
第2部分:洛氏硬度

1　范围

1.1　GB/T 3398的本部分规定了用洛氏硬度计M、L及R标尺测定塑料压痕硬度的方法。

1.2　洛氏硬度值与塑料材料的压痕硬度直接有关;洛氏硬度值越高,材料就越硬。使用本方法时,由于洛氏硬度标尺间的部分重叠,同种材料可能得到两个不同标尺的不同洛氏硬度值,而这两个值在技术上都可能是正确的。

1.3　对于具有高蠕变性和高弹性的材料,其主负荷和初负荷的时间因素对测试结果有很大的影响。

1.4　附录A规定了另一种使用洛氏-α硬度标尺测定洛氏硬度的方法,该方法表明了洛氏-α标尺与GB/T 3398.1硬度测量的关系。

2　规范性引用文件

下列文件中的条款通过GB/T 3398的本部分的引用而成为本部分的条款。凡是注日期的引用文件,其随后所有的修改单(不包括勘误的内容)或修订版均不适用于本部分,然而,鼓励根据本部分达成协议的各方研究是否可使用这些文件的最新版本。凡是不注日期的引用文件,其最新版本适用于本部分。

GB/T 2411—2008　塑料和硬橡胶　使用硬度计测定压痕硬度(邵氏硬度)(ISO 868:2003,IDT)

GB/T 2918—1998　塑料试样状态调节和试验的标准环境(idt ISO 291:1997)

GB/T 3398.1—2008　塑料　硬度测试　第1部分:球压痕法(ISO 2039-1:2001,IDT)

GB/T 6031—1998　硫化橡胶或热塑性橡胶硬度的测定(10~100IRHD)(idt ISO 48:1994)

3　原理

3.1　本部分测定硬度的方法是在规定的加荷时间内,在受试材料上面的钢球上施加一个恒定的初负荷,随后施加主负荷,然后再恢复到相同的初负荷。测量结果是由压入总深度减去卸去主负荷后规定时间内的弹性恢复以及初负荷引起的压入深度。洛氏硬度由压头上的负荷从规定初负荷增加到主负荷,然后再恢复到相同初负荷时的压入深度净增量求出。

3.2　洛氏硬度标尺每一分度表示压头垂直移动0.002 mm。实际上,洛氏硬度值由式(1)求出:

$$HR = 130 - e \qquad \cdots\cdots (1)$$

式中:

HR——洛氏硬度值;

e——主负荷卸除后的压入深度,以0.002 mm为单位的数值。

注:此关系式仅适用于E、M、L和R标尺。

4　仪器

4.1　仪器是标准洛氏硬度计,主要由下列部件构成:

a)　可调工作台的刚性机架,带有直径至少为50 mm的用于放置试样的平板;

b)　有连接器的压头;

c)　无冲击地将适宜负荷加在压头上的装置。

4.2 压头为可在轴套中自由滚动的硬质抛光钢球。该钢球在试验中不应有变形,试验后不应有损伤。压头的直径取决于所用的洛氏硬度标尺(见4.5)。

4.3 压头配有千分表或其他合适的装置,以测量压头的压入深度,精确至0.001 mm。千分表最好按洛氏硬度值标刻度数(但不是必须),(洛氏标尺的每一分度值为0.002 mm)。当仪器直接标刻时,千分表上通常有黑,红两种刻度,后者已自动推算M、L及R标尺洛氏硬度的常数130(见3.2)。只要准确度不低于千分表,也可采用其他测量和数据显示手段。

4.4 4.5列出了与M、L及R标尺相对应的负荷。所有情况下的初负荷都是98.07 N。洛氏硬度计通过螺丝杠将放置试样的工作台升高至试样与压头接触来施加初负荷。在这种情况下,千分表上有一个显示初负荷已经施加的指示点,在操作硬度计之前,应参阅厂商的仪器手册。调整加荷速度极为重要。调节洛氏硬度计的缓冲器,以使操作手柄在仪器上无试样时或未加荷于砧座的情况下,在4 s～5 s内完成,此操作所用的主负荷应是980.7 N。

4.5 洛氏标尺的主负荷、初负荷及压头直径如表1所示。

表1

洛氏硬度标尺	初负荷/N	主负荷/N	压头直径/mm
R	98.07	588.4	12.7±0.015
L	98.07	588.4	6.35±0.015
M	98.07	980.7	6.35±0.015
E	98.07	980.7	3.175±0.015

主负荷及初负荷都需准确到2%之内。

注:在本部分中,E标尺仅用于校准。

4.6 仪器应安装在水平,无振动的钢性基座上。若仪器台座上无法避免要受到振动的影响(例如在其他试验机的附近),则洛氏硬度计也可装在带有至少25 mm厚的海绵橡皮衬垫的金属板上,或其他能有效减振的台座上。

4.7 定期用已知洛氏硬度的金属(铸铁、铝镁合金、轴承材料)标准硬度块,采用洛氏E标尺校准仪器。这样可以发现由于加荷装置的失灵或框架变形所引起的误差,这些误差应在仪器使用前予以校正。当仪器规定R、L或M的试验方法时,可经常按R、L或M相应测试方法所用的标准硬度块进行辅助校验。

5 试样

5.1 标准试样为厚度至少6 mm的平板。其面积应满足7.4的要求。试样不一定为正方形。试验后在支撑面上不应有压头的压痕。

5.2 当无法得到5.1所规定的最小厚度的试样时,可用相同厚度的较薄试样叠成,要求每片试样的表面都应紧密接触,不得被任何形式的表面缺陷分开(例如,凹陷痕迹或锯割形成的毛边)。

5.3 全部压痕都应在试样的同一表面上。

5.4 测量洛氏硬度只需一个试样,对各向同性的材料,每一试样至少应测量5次。

5.5 当受试材料是各向异性时,应规定压痕的方向与各向异性轴的关系。当需要测定不止一个方向上的硬度值时,则应制备足够的试样,以使每个方向上至少可以测定5个洛氏硬度值。

6 状态调节

试验前,试样应在与受试材料有关的标准所规定的环境中或在GB/T 2918—1998所规定的一种环境中进行状态调节。

7 操作步骤

7.1 除非另有规定，试验应在与状态调节相同的标准环境中进行。

7.2 校对主负荷、初负荷及压头直径是否与所用洛氏标尺相符合(见4.5)。由于手调不能使压头正确地安置在轴承座中，更换钢球后的第一次读数必须废弃。需要主负荷的全部压力才能使压头安置在轴承座中。

注1：关于仪器的定期校准见4.7。

7.3 把试样放在工作台上。检查试样和压头的表面是否有灰尘、污物、润滑油及锈迹，并检查试样表面是否垂直于所施加的负荷方向。

施加初负荷且调整千分表到零。在施加初负荷后10 s内施加主负荷(4.4)。在施加主负荷后15^{+1}_{0} s时卸去主负荷。应平稳操作仪器。卸去主负荷15 s后读取千分表上读数，准确到标尺的分度值。

注2：若仪器是按洛氏硬度值直接分度时，则适合于按下述方法操作：计数施加主负荷后指针通过红标尺上零点的次数，将所得次数与卸去主负荷后指针通过零点的次数相减。若其差值为零，则硬度值为标尺读数加上100。若其差值为1，则硬度值为标尺读数，若其差值为2，则硬度值为标尺读数减去100。若有疑问，可查阅制造厂的仪器手册。

7.4 在试样的同一表面上作5次测量。每一测量点应离试样边缘10 mm以上，任何两测量点的间隔不得少于10 mm。

7.5 理论上，洛氏硬度值应处于50～115之间；超出此范围的值是不准确的，应用邻近的标尺重新测定。

注3：如果需要比R标尺更低硬度值的标尺时，则洛氏硬度试验是不适合的，该材料则应按GB/T 2411—2008规定的方法进行试验。

8 结果表示

8.1 洛氏硬度值用标尺字母作前缀的数字表示。

8.2 如果洛氏硬度计是直接硬度数分度时，则在每次试验后记录洛氏硬度值(见7.3注2)。

8.3 如果需要，则计算洛氏硬度值(见3.2)。

8.4 当需要时，按式(2)估算标准偏差：

$$\sigma = \sqrt{\frac{\sum x^2 - n\bar{x}^2}{n-1}} \quad \cdots\cdots(2)$$

式中：

σ——标准偏差(估计的)；

x——洛氏硬度的单个值；

$\bar{x}$——结果的算术平均值；

n——结果的数目。

9 精密度

由于尚未得到实验室间试验数据，故未知本试验方法的精密度。如果得到上述数据，则在下次修订时加上精密度说明。

10 试验报告

试验报告应包括以下内容：

a) 注明采用GB/T 3398的本部分；

b) 受试材料完整的鉴别说明;
c) 有关试样的描述,尺寸及制样的方法;
d) 状态调节与试验环境条件;
e) 试验次数;
f) 洛氏硬度标尺(M、L或R);
g) 洛氏硬度值,单个值与平均值;
h) 如果需要,结果的标准偏差。

附　录　A
(规范性附录)
洛氏-α 硬度的测定

GB/T 3398 的本部分所述的洛氏硬度试验是把塑料硬度作为试样弹性恢复后压头压入深度的函数来测定。因此,L、M 和 R 标尺的洛氏硬度不能与 GB/T 3398.1—2008 的球压痕硬度联系起来,因为后者是由负荷下压入深度求得硬度(即不考虑材料的弹性恢复)。但是,可以使用洛氏硬度计由负荷下压入深度测定硬度,并已经标准化[1]为洛氏-α 试验。用于测定塑料洛氏-α 硬度的唯一合适的标尺是 R 标尺,压头直径为 12.7 mm,主负荷为 588.4 N。

A.1　操作

A.1.1　用直径为 12.7 mm 的压头及 588.4 N 的主负荷。

A.1.2　按以下方法测定试验仪器的弹性常数:在工作台上放一块软铜块(至少 6 mm 厚),施加初负荷,调整深度指示仪到零,施加主负荷,保持主负荷,直到深度指示仪稳定为止。记下读数,卸去主负荷,重调深度指示仪到零。重复以上操作,直到每次施加主负荷后深度指示仪读数恒定为止。这时的情况表示压头不再进一步压入铜块。这恒定的深度读数是仪器的弹性使深度指示仪产生的位移。记录这恒定的深度读数,并将它记作以 0.002 mm 为单位的数值(d_s)。

A.1.3　用试样代替铜块,除了加初负荷后深度指示仪应在 10 s 内调整到零并立刻加主负荷外,按 7.3 操作,加主负荷后 15 s 时,观察并记录压入深度,以 0.002 mm 为单位(d_h=在 15 s 时的压入深度)。

A.2　结果的表示

用式(A.1)计算洛氏-α 硬度:

$$HR_\alpha = 150 - (d_h - d_s) \qquad \cdots\cdots (A.1)$$

式中:

HR_α——洛氏硬度值;

d_h 与 d_s 如 A.1.2 与 A.1.3 所规定。

A.3　洛氏-α 硬度与 GB/T 3398.1—2008 的球压痕硬度之间的关系

Fett[2]确立了洛氏-α 硬度(HR_α)与 GB/T 3398.1—2008 球压痕硬度(H)之间的数学关系,且证明了此数学关系式对于洛氏-α 硬度在 −20～100 之间的热固性和热塑性材料都适用,这个关系由式(A.2)～式(A.3)准确地给出:

$$HR_\alpha = 150 - \left(\frac{448.6}{H^{0.813}}\right) \qquad \cdots\cdots (A.2)$$

或

$$H = \left(\frac{448.6}{150 - HR_\alpha}\right)^{1.23} \qquad \cdots\cdots (A.3)$$

为了便于换算,将 −30 到 130 范围内的 HR_α 与 H 的关系示于图 A.1。

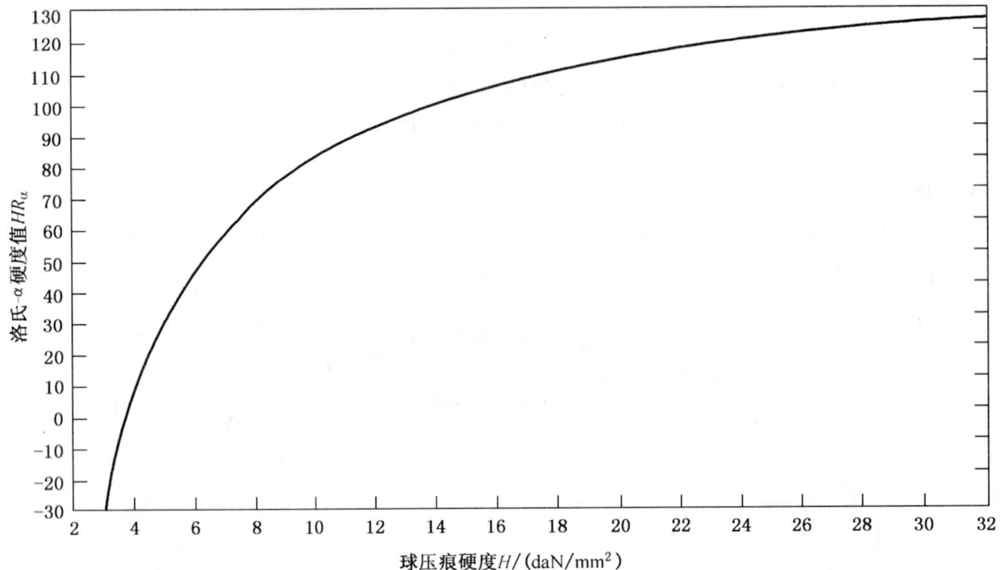

图 A.1 HR_{α} 与 H 的关系图

参 考 文 献

［1］ ASTM D 785-65,塑料与电绝缘材料洛氏硬度试验方法.

［2］ Fett, Theo,ASTM D 785 洛氏-α 硬度与 DIN 53456 球压痕硬度的关系,Materialprufung,14(5):151-153.

前　言

本标准是等效采用国际标准 ISO 4608:1998(E)《塑料　通用型氯乙烯均聚和共聚树脂　室温下增塑剂吸收量的测定》对 GB/T 3400—1993《通用型聚氯乙烯树脂在室温下增塑剂吸收量的测定》修订而成。

本标准与 ISO 4608:1998(E)的主要技术差异为:

——本标准将脱脂棉离心管或滤纸离心管尺寸统一,将两种离心管套管尺寸统一,而 ISO 4608:1998 分别采用两种尺寸的离心管和套管。

——本标准离心加速度规定为 11 000 m/s^2～13 000 m/s^2,而 ISO 4608:1998(E)规定为 24 500 m/s^2～29 500 m/s^2。

——本标准增加采用砂芯离心管,而 ISO 4608:1998(E)无砂芯离心管。

本标准与 GB/T 3400—1993 的主要技术差异为:

——本标准增加了滤纸离心管法,而原标准无此方法。

——本标准以相对偏差表示测量精密度要求,而原标准以误差与平均值之比表示测量精密度要求。

——本标准根据与 ISO 4608:1998(E)名称对应关系,将标准名称进行了修改。

本标准自实施之日起,同时代替 GB/T 3400—1993。

本标准由全国塑料标准化技术委员会聚氯乙烯树脂产品分技术委员会(TC15/SC7)归口。

本标准起草单位:锦西化工研究院、新疆中泰化学股份有限公司、黑龙江齐化化工有限责任公司。

本标准主要起草人:陈沛云、杜凤梅、梁斌、吕华。

本标准 1982 年首次发布,1993 年第一次修订。

本标准由中国石油和化学工业协会提出。

ISO 前言

国际标准化组织(ISO)是由各国标准化团体(ISO 成员体)组成的世界性的联合会。制定国际标准的工作通常由 ISO 技术委员会完成。各成员体若对某技术委员会确立的项目感兴趣,均有权参加该委员会的工作。与 ISO 保持联系的各官方或非官方国际组织也可参加有关工作。在电工技术标准化方面 ISO 与国际电工委员会(IEC)保持密切合作关系。

由技术委员会通过的国际标准草案提交各成员团体表决,需取得至少 75%参加表决的成员团体的同意,才能作为国际标准正式发布。

国际标准 ISO 4608 是由 ISO/TC61/SC9,塑料技术委员会热塑性材料分会制定的,第三版的本版代替已经被技术性修定的第二版(ISO 4608:1984)。

中华人民共和国国家标准

塑料　通用型氯乙烯均聚和共聚树脂室温下增塑剂吸收量的测定

GB/T 3400—2002
eqv ISO 4608:1998
代替 GB/T 3400—1993

Plastics—Homopolymer and copolymer resins of vinyl chloride for general use—Determination of plasticizer absorption at room temperature

1　范围

本标准规定了树脂室温下增塑剂吸收量的测定方法。

本标准适用于填充树脂和通用型氯乙烯均聚和共聚树脂。

2　引用标准

下列标准所包含的条文，通过在本标准中引用而构成为本标准的条文。本标准出版时，所示版本均为有效。所有标准都会被修订，使用本标准的各方应探讨使用下列标准最新版本的可能性。

GB/T 11406—2001　工业邻苯二甲酸二辛酯

3　原理

将过量的邻苯二甲酸二辛酯(DOP)加入到定量的树脂中，在规定的条件下将混合物离心分离，计算保留在树脂中增塑剂的量。

4　仪器和材料

普通实验室仪器和以下部分：

4.1　分析天平：感量 0.1 mg。

4.2　滴定管。

4.3　离心机：其转子在水平面内转动，在试验条件下，管底部位测得的加速度为 11 000 m/s^2～13 000 m/s^2，应防止离心试验时混合物的温度超过 30℃。

4.4　离心管：脱脂棉离心管〔见图 1a)〕，其底部为圆锥形带有直径约为 0.8 mm 孔的玻璃管；滤纸离心管〔见图 1b)〕，一端可以放置滤纸的筛孔板的圆玻璃管，筛孔板穿有近似 0.8 mm 直径的孔，这些孔相距近似 4 mm 同心排列；或 2 号玻璃砂芯离心管〔见图 1c)〕。

4.5　外套管：由聚酰胺、聚乙烯或其他的材料制成，用以配合所用的离心机，在底部有一缩形管用以支撑离心管〔见图 1d)〕。

4.6　脱脂棉：医用级。

注：其他的原棉也可以采用，只要它能证明得到相同的结果，例如玻璃棉和涂有聚四氟乙烯(PTFE)的聚酯毡。

4.7　滤纸：定性滤纸。

4.8　增塑剂：邻苯二甲酸二辛酯(DOP)。

符合 GB/T 11406—2001 一级品技术指标要求。

中华人民共和国国家质量监督检验检疫总局 2002-09-24 批准　　2003-04-01 实施

5 步骤

5.1 空白试验

测定由脱脂棉离心管吸收 DOP 的量，按 5.2.1 步骤，于离心管中称取(100±2) mg 的脱脂棉不加任何样品进行一空白试验；测定由滤纸离心管吸收 DOP 的量，按 5.2.2 的步骤，于滤纸离心管中不加任何样品进行一空白试验。

5.2 测定

5.2.1 当采用脱脂棉离心管时，于离心管中称取脱脂棉(100±2) mg，并轻轻推入底部，称取脱脂棉和离心管的质量，精确至 0.1 mg，而后在管中称取样品约 1 g，精确至 0.1 mg，用滴定管加入 2 mLDOP，放置 10 min。

5.2.2 当采用滤纸离心管时，将滤纸放在筛孔板上(滤纸的大小和筛孔板上的直径相符合)，称量滤纸和离心管的质量，精确至 0.1 mg，而后在管中称取样品约 1 g，精确至 0.1 mg，用滴定管加入 2 mL DOP，放置 10 min。

5.2.3 当采用砂芯离心管时，称取砂芯离心管的质量，精确至 0.1 mg。而后在管中称取样品约 1 g，精确至 0.1 mg，用滴定管加入 2 mL DOP，放置 10 min。

5.2.4 将离心管装入套管中，然后将套管放入离心机转子的定位孔中，应注意所放位置要对称，保持平衡。

5.2.5 开动离心机，使其样品底部位置的离心加速度为 11 000 m/s^2～13 000 m/s^2，转动 60 min，待离心机静止后，取出离心管，仔细擦去外壁上残留的 DOP 并称量，精确至 0.1 mg。

5.2.6 以 m/s^2 表示的离心加速度 a 按式(1)计算：

$$a=\frac{\pi^2\cdot R\cdot n^2}{90\ 000} \quad\cdots\cdots(1)$$

式中：R——转子中心至离心管中样品底部的距离，cm；

n——转子的转速，r/min。

6 结果表示

6.1 采用脱脂棉或滤纸离心管，室温下 100 g 树脂所吸收的 DOP 的克数 X_1 按式(2)计算：

$$X_1=\frac{(m_3-m_0)-m_2}{m_2-m_1}\times 100 \quad\cdots\cdots(2)$$

式中：m_0——由脱脂棉或滤纸在空白试验中吸收 DOP 的质量，g；

m_1——离心管加脱脂棉或离心管加滤纸的质量，g；

m_2——离心管加脱脂棉或离心管加滤纸和树脂样品的质量，g；

m_3——离心后脱脂棉离心管或滤纸离心管与样品及吸收的 DOP 的质量，g。

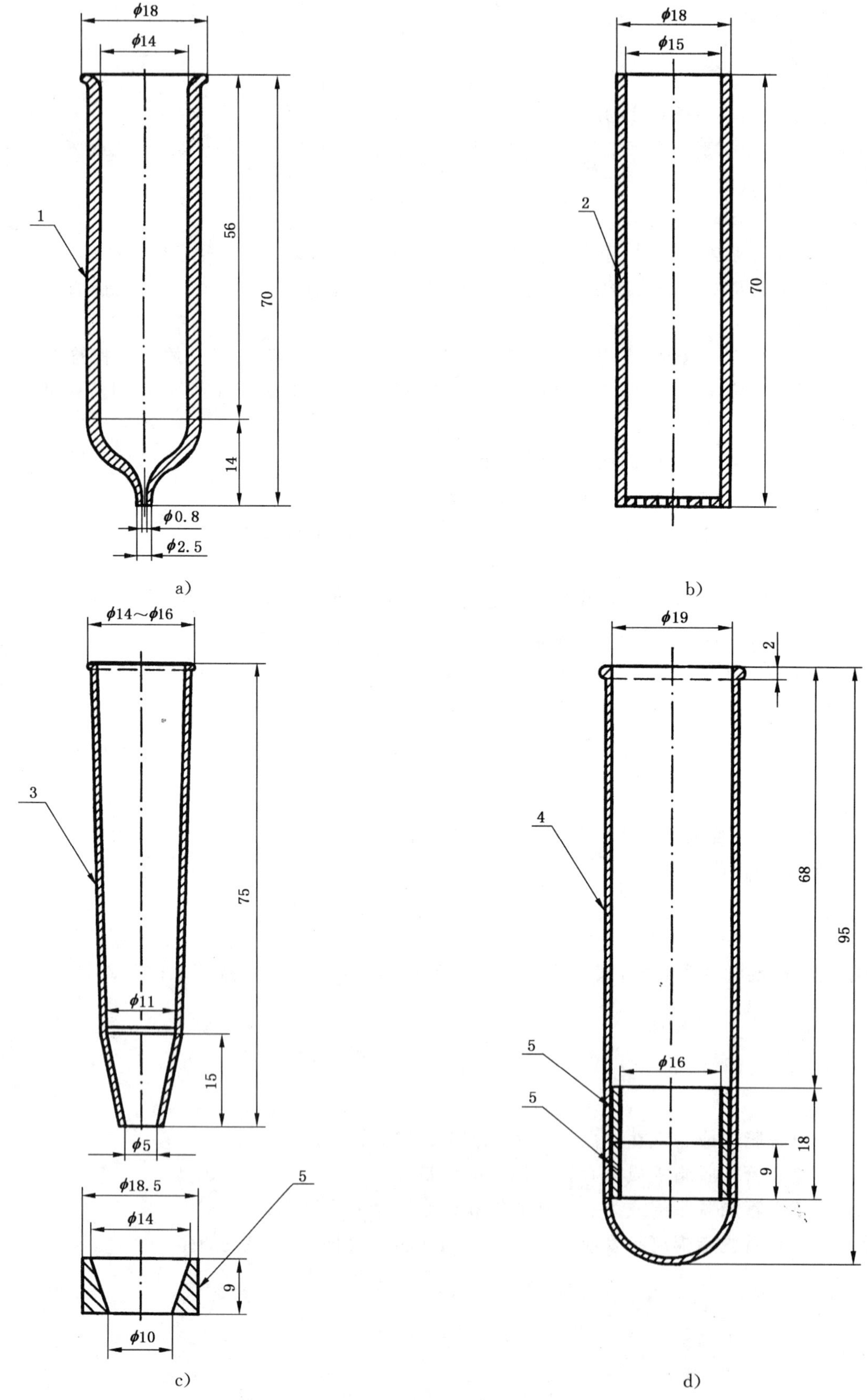

图 1 离心试管和套管

1—脱脂棉离心管;2—滤纸离心管;3—砂芯离心管;4—套管;5—缩型管

6.2 采用砂芯离心管，室温下 100 g 树脂所吸收 DOP 的克数 X_2 按式(3)计算：

$$X_2 = \frac{m_6 - m_5}{m_5 - m_4} \times 100 \qquad (3)$$

式中：m_4——砂芯离心管的质量，g；

m_5——砂芯离心管加树脂样品的质量，g；

m_6——离心后砂芯离心管与样品及吸收 DOP 的质量，g。

6.3 取平行测定结果的算术平均值为报告结果，测定结果的相对偏差应不大于 2%。

7 试验报告

试验报告应包括如下信息：

a) 采用本国家标准。

b) 试验样品的完整标志。

c) 试验结果。

d) 试验日期。

ICS 83.080.20
G 32

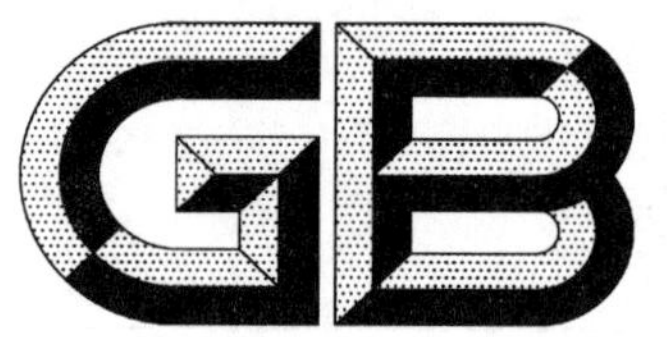

中华人民共和国国家标准

GB/T 3401—2007
代替 GB/T 3401—1999

用毛细管黏度计测定聚氯乙烯树脂稀溶液的黏度

Determination of the viscosity of Poly(vinyl chloride) resins in dilute solution using capillary viscometers

(ISO 1628-2:1998, Determination of the viscosity of Polymers in dilute solution using capillary viscometers—Part 2: Poly(vinyl chloride) resins, MOD)

2007-08-13 发布　　2008-02-01 实施

中华人民共和国国家质量监督检验检疫总局
中国国家标准化管理委员会　发布

前　言

本标准修改采用 ISO 1628-2:1998《用毛细管黏度计测定聚合物稀溶液的黏度——第 2 部分:聚氯乙烯》(英文版)(2003 年 10 月 3 日确认)。

本标准根据 ISO 1628-2:1998 重新起草。在附录 A 中列出了本标准章条编号与 ISO 1628-2:1998 章条编号的对照一览表。

考虑到我国国情,在采用 ISO 1628-2:1998 时,本标准做了一些修改。有关技术性差异已编入正文中并在它们所涉及的条款的页边空白处用垂直单线标识。在附录 B 中给出了这些技术性差异及其原因的一览表以供参考。

为了便于使用,本标准还做了下列编辑性修改:

a) “ISO 1628 本部分 ”一词改为“本标准”;

b) 用小数点“.”代替作为小数点的逗号“,”;

c) 删除了国际标准的前言。

本标准代替 GB/T 3401—1999《聚氯乙烯树脂稀溶液粘数的测定》。

本标准与 GB/T 3401—1999 主要技术差异为:

——修改了标准名称;

——修改了样品挥发物含量的要求(1999 年版第 7 章,本版第 1 章);

——增加了 K 值的定义(本版 3.2);

——增加了称样量 0.250 g 的试验方法 A(本版 9.1.1);

——删除了“方法 2”(1999 年版 8.1.2);

——修改了取样量的范围(1999 年版 8.1.1,本版 9.1.2);

——修改了温控池控制温度的范围(1999 年版 8.2,本版 9.2);

——修改了平行测定的相对偏差要求(1999 年版第 9 章,本版 10.1);

——增加了 K 值的计算(本版 10.2);

——增加了“精密度”一章(本版第 11 章);

——增加了表 3“黏度比(VR)转换为比浓黏度(I)和 K 值对照表”;

——将“锥形瓶法配制 0.005 g/mL 溶液时环己酮用量计算法”修改为附录 D“锥形瓶法溶液的配制”(1999 年版附录 A,本版附录 D);

——增加了附录 A“本标准章条编号与 ISO 1628-2:1998 章条编号对照”;

——增加了附录 B“本标准与 ISO 1628-2:1998 的技术性差异及其原因”;

——将“环己酮运动黏度的测定”修改为附录 C(1999 年版附录 B,本版附录 C);

——增加了附录 E“仪器的清洗”。

本标准附录 A、附录 B、附录 C、附录 D 和附录 E 为资料性附录。

本标准由中国石油和化学工业协会提出。

本标准由全国塑料标准化技术委员会聚氯乙烯树脂产品分会(SAC/TC 15/SC 7)归口。

本标准起草单位:锦西化工研究院、福建省东南电化股份有限公司。

本标准主要起草人:郝晶、孙丽娟、赵敏、陈沛云。

本标准于 1982 年首次发布,1999 年第一次修订。

请注意本标准的某些内容有可能涉及专利,本标准的发布机构不应承担识别这些专利的责任。

用毛细管黏度计测定聚氯乙烯树脂稀溶液的黏度

1 范围

本标准规定了聚氯乙烯(PVC)树脂比浓黏度(也称黏数)和 K 值的测定条件,适用于氯乙烯均聚物及由氯乙烯同一个或更多其他单体构成(但其中主要成分为氯乙烯)的二元共聚物和三元共聚物等粉末型树脂。树脂可以含有少量的非聚合物质(例如,乳化剂或分散剂、残留引发剂等)和在聚合过程中填加的其他物质。但是,本标准不适用于根据 GB/T 2914 进行测定挥发物含量超过 0.5%的树脂以及不能完全溶解在环己酮中的树脂。

一个特定树脂的比浓黏度和 K 值与它的相对分子质量相关,但是关系变化依赖于所存在的其他单体的浓度和类型。因此具有相同的比浓黏度或 K 值的均聚物和共聚物的相对分子质量也可能不同。

对于一个特定的 PVC 树脂样品,所选择的测定溶液的浓度对用于确定比浓黏度或 K 值的数值有不同的影响。因此,只有当所用的溶液浓度相同时,按本标准描述的步骤所得出的比浓黏度和 K 值才可以进行比较。

2 规范性引用文件

下列文件中的条款通过本标准的引用而成为本标准的条款。凡是注日期的引用文件,其随后所有的修改单(不包括勘误的内容)或修订版均不适用于本标准,然而,鼓励根据本标准达成协议的各方研究是否可使用这些文件的最新版本。凡是不注日期的引用文件,其最新版本适用于本标准。

GB/T 2914—1999 塑料 氯乙烯均聚和共聚树脂 挥发物(包括水)的测定(idt ISO 1269:1980)

3 术语和定义

下列术语和定义适用于本标准。

3.1

比浓黏度 I(也称黏数) reduced viscosity(also known as viscosity)

黏度比增量与溶液中聚合物浓度 c 之比:

$$I=\frac{\eta-\eta_0}{\eta_0 c}$$

如果溶液浓度较低,黏度比 η/η_0 可由流经时间之比 t/t_0 给出,则比浓黏度可表示为:

$$I=\frac{\eta-\eta_0}{\eta_0 c}=\frac{t-t_0}{t_0 c}$$

比浓黏度的量纲为 L^3M^{-1}。

比浓黏度的单位为 m^3/kg。

在实际应用中,使用它的千分之一($10^{-3}\ m^3/kg$),即 mL/g 更为方便,通常所说的黏数值指的即是应用此经验单位的比浓黏度(黏数)。

通常在低浓度(低于 5 kg/m^3,即 0.005 g/mL)时测定比浓黏度,除非对相对分子质量低的聚合物才提高浓度。

3.2

K 值 K-value

与聚合物溶液浓度无关并且是为聚合物样品所特有的常数,它是平均聚合度的度量值:

$$K=\frac{1.5\lg\eta_r-1+\sqrt{1+(2/c+2+1.5\lg\eta_r)1.5\lg\eta_r}}{150+300c}\times 1\,000$$

式中：

η_r——黏度比，$\eta_r=\eta/\eta_0$；

c——质量浓度，以 10^3 kg/m^3，即 g/mL 表示。

4 原理

试样溶解在溶剂中，根据溶剂和溶液在毛细管黏度计内的流经时间计算比浓黏度和 K 值。

5 材料

环己酮，25℃时黏度/密度比值（运动黏度）为（$2.06\times10^{-6}\sim2.33\times10^{-6}$）m^2/s[（2.06～2.33）mm^2/s]之间，沸点 155℃。将溶剂贮存在具有磨口玻璃塞的深色瓶中放于暗处，使用前核对运动黏度（参见附录 C）。

6 仪器

6.1 黏度计，标准黏度计为 1C 型乌式黏度计，毛细管直径 0.77 mm，具有±2%的相对误差，其他部分尺寸见图 1。

如果在所测比浓黏度和 K 值范围内建立了所选黏度计和标准黏度计的相互关系，也可以使用其他黏度计，并对结果作相应校正。

6.2 容量瓶，下面任选一种：

6.2.1 单标线容量瓶，A 级，50 mL。

6.2.2 单标线容量瓶，A 级，25 mL。

注：使用在 20℃下进行校正的容量瓶所引起的系统误差可以忽略。

6.3 过滤漏斗，具有中等孔隙度（孔径 40 μm～50 μm）的烧结玻璃过滤器或带有滤纸的玻璃漏斗。

6.4 机械混合器，具有加热装置可使容量瓶（6.2）和其中的内容物温度保持在（80～85）℃之间。此外，也可将转动混合器和振动器放入一个温度介于（80～85）℃的恒温箱中。

6.5 分析天平，准确至 0.1 mg。

6.6 温控池，能够设定在（25.0±0.5）℃，分度值为 0.1℃，在设定温度的±0.05℃范围内保持稳定。

6.7 温度计，准确至 0.05 ℃。

6.8 计时装置，准确至 0.1 s。

7 取样

取能代表该树脂特性的样品用于测定，并且其量应足够用于至少两次测定。

8 测定次数

进行两次完整的测定，每次用新试料进行。

9 步骤

9.1 溶液的制备

如果树脂的 K 值大于 85，溶液对溶剂的流经时间的比值将趋于最大值 2.0，这样就存在切变的影响和黏数对浓度的非线性关系。但为了保证 PVC 测试的统一性，这一影响应该被忽略并且目前所有能得到的树脂的测试均采用同一浓度。

按以下方法制备（25±1）℃时浓度为（5±0.1）g/L 的溶液。

单位为毫米

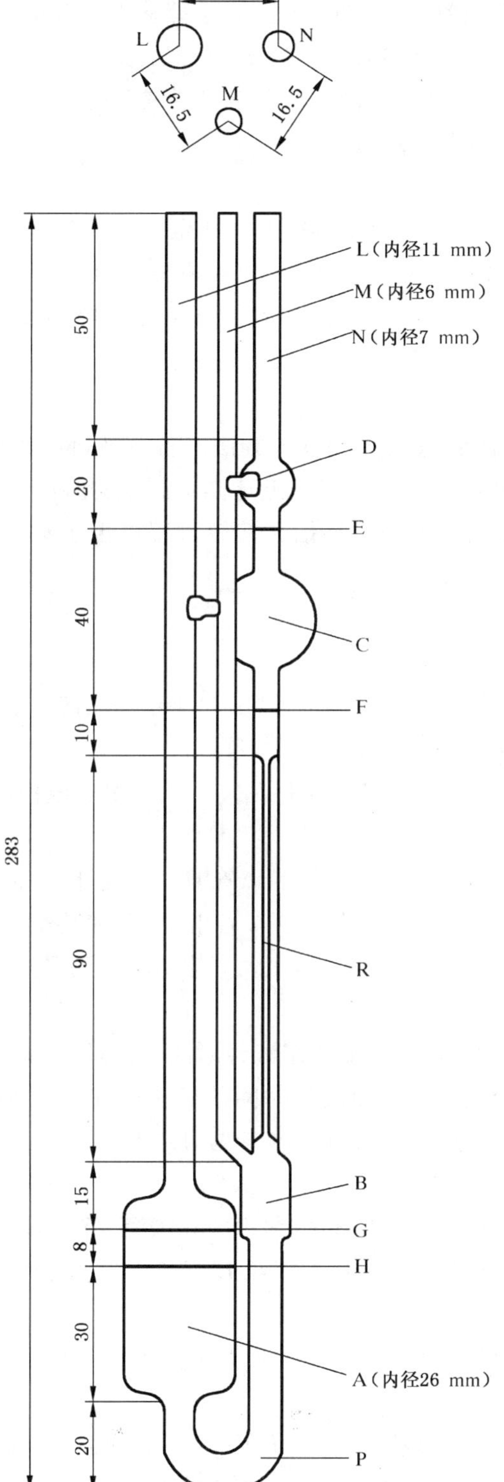

E、F——测量刻线；

G、H——注液刻线；

R——毛细管(直径 0.77 mm，具有±2%的相对误差)；

C——C 球(容积 4.0mL，具有±5%的相对误差)；

P——P 管(内径 6.0 mm，具有±5%的相对误差)。

图 1 标准黏度计

9.1.1　**方法 A**

称取(0.250±0.005)g 树脂，精确至 0.000 1 g，并全部移入 50 mL 容量瓶中(6.2.1)。在容量瓶中加入约 40 mL 环己酮，摇动以防止凝聚或成块，使用机械混合器(6.4)在(80～85)℃继续混合溶解 1 h，目视检查是否溶解完全，如仍存在可见胶状粒子，则应取新试料重新开始。将溶液冷却至(25±1)℃，并用同一温度的环己酮稀释至刻度，摇匀待用。

9.1.2　**方法 B**

称取(0.125±0.002 5)g 树脂，精确至 0.000 1 g，并全部移入 25 mL 容量瓶中(6.2.2)。在容量瓶中加入约 20 mL 环己酮，摇动以防止凝聚或成块，使用机械混合器(6.4)在(80～85)℃继续混合溶解 1 h，目视检查是否溶解完全，如仍存在可见胶状粒子，则应取新试料重新开始。将溶液冷却至(25±1)℃，并用同一温度的环己酮稀释至刻度，摇匀待用。

9.1.3　**其他方法**

除按上述两种方法制备溶液外，还可采用其他方法制备溶液，例如，可以加定量体积的溶剂于定质量的试样中，给出的比浓黏度或 K 值可等同于用上述方法制备的溶液。这种溶液的制备方法需要通过试验测定需要的溶剂和试样量，而且也需要补偿在溶解过程中由于蒸发而损失的溶剂(附录 D 给出了锥形瓶法溶液的配制方法)。

9.2　**流经时间的测定**

9.2.1　**溶剂流经时间的测定**

9.2.1.1　设置温控池(6.6)的温度，使得经温度计(6.7) 所测定的温度在(25±0.5)℃范围内。测定温度应稳定在温控池设定温度的±0.05 ℃内。

9.2.1.2　在黏度计管 M、管 N 上，接上乳胶管，把黏度计垂直置于温控池中，使液面超过黏度计 D 球约 20 mm。

9.2.1.3　用过滤漏斗(6.3)将约 15 mL 环己酮经 L 管滤入黏度计中，恒温约 10 min。

9.2.1.4　当温度平衡后，关闭 M 管，吸 N 管或在 L 管上加压，使溶剂经毛细管缓慢进入 C 球，当液面上升至 E 刻线上方约 5 mm 处时，停止吸气或加压。开启 M 管，测量液体通过 E 刻线到 F 刻线的流经时间。

9.2.1.5　放弃第一次读取的流经时间，重复测定流经时间三次，取其算术平均值为溶剂的流经时间 t_0。对于给定的黏度计，连续测定溶剂环己酮的流经时间的极差应在 0.2 s 以内。如果溶剂的两次连续的平均流经时间测定差大于 0.4 s，则需清洗黏度计(参见附录 E)。

9.2.2　**溶液流经时间的测定**

9.2.2.1　将上述溶剂吸出，用过滤漏斗(6.3)将约 10 mL 溶液经 L 管滤入黏度计中，使溶液通过 C 球反复冲洗三次后将溶液吸出。再将约 15 mL 溶液经 L 管滤入黏度计中，恒温约 10 min。

9.2.2.2　按 9.2.1.4 测定溶液的流经时间。

9.2.2.3　放弃第一次读取的流经时间，重复测量流经时间直至两次连续测定值之差小于 0.25%，取其算术平均值为溶液的流经时间 t。

注：以上为手动过程。可以采用专用仪器将溶液或溶剂注入黏度计并自动测量相应的流经时间。如果在自动步骤前提供了上述所有步骤和验证校核，有关这种仪器的使用也包含在本标准的适用范围内。

10　结果的表示

10.1　比浓黏度

按式(1)计算样品的比浓黏度 I：

$$I = \frac{t - t_0}{t_0 c} \qquad \cdots\cdots (1)$$

式中：

t 和 t_0——分别为溶液和溶剂的流经时间的数值，单位为秒(s)；

c——溶液质量浓度的数值，单位为克每毫升(g/mL)。

取两次单独测定结果的平均值为样品的比浓黏度，结果以整数表示。如果两次测定得到的 I 值大于平均值的±0.4%，则舍弃这些值并取新试料重新测定。

如果溶液的质量浓度为(5±0.005)g/L，可根据溶液流经时间对溶剂流经时间的比值(也称黏度比 VR)从表 3 直接读取比浓黏度 I，以 10^{-3} m^3/kg 表示，即 mL/g，结果修约至第一位小数。

10.2 *K* 值

对于每一试料，按式(2)计算 K 值：

$$K=\frac{1.5\lg\eta_r-1+\sqrt{1+(2/c+2+1.5\lg\eta_r)1.5\lg\eta_r}}{150+300c}\times 1\,000 \qquad \cdots\cdots\cdots\cdots(2)$$

式中：

η_r——溶液和溶剂的黏度(流经时间)比的数值，$\eta_r=\eta/\eta_0=t/t_0$；

t 和 t_0——分别为溶液和溶剂的流经时间的数值，单位为秒(s)；

c——溶液质量浓度的数值，单位为克每毫升(g/mL)。

取两次单独测定结果的平均值为样品的 K 值，结果修约至第一位小数。如果两次测定得到的 K 值大于平均值的±0.4%，则舍弃这些值并取新试料重新测定。

如果溶液的质量浓度为(5±0.005)g/L，可以从表 3 直接读取 K 值，结果修约至第二位小数。

11 精密度

三个树脂在四个不同日期于 11 个实验室进行的室间试验的重复性标准差 S_r(在同一实验室)和可再现性标准差 S_R(不同实验室)结果见表 1 和表 2：

表 1 *K* 值

项目	*K* 值		
	约 50	约 70	约 90
S_r	0.132	0.115	0.120
S_R	0.420	0.291	0.495

表 2 比浓黏度

项目	比浓黏度/(mL/g)		
	约 61	约 124	约 227
S_r	0.313	0.458	0.742
S_R	0.984	1.202	3.042

12 试验报告

试验报告应包含如下信息：

a) 采用本标准及何种方法；

b) 测试样品的完整标识；

c) 树脂样品的比浓黏度和/或 K 值；

d) 所用黏度计的型号与本标准规定的标准黏度计的所有差异；

e) 试验日期。

表 3　黏度比（*VR*）转换为比浓黏度（*I*）和 *K* 值对照表

比浓黏度单位：10^{-3} m^3/kg，即 mL/g

树脂溶液浓度＝5 g/L

VR	*I*	*K*	*VR*	*I*	*K*	*VR*	*I*	*K*
1.195	39.0	39.74	1.237	47.4	44.02	1.279	55.8	47.87
1.196	39.2	39.85	1.238	47.6	44.12	1.280	56.0	47.95
1.197	39.4	39.95	1.239	47.8	44.22	1.281	56.2	48.04
1.198	39.6	40.06	1.240	48.0	44.31	1.282	56.4	48.13
1.199	39.8	40.17	1.241	48.2	44.41	1.283	56.6	48.21
1.200	40.0	40.27	1.242	48.4	44.50	1.284	56.8	48.30
1.201	40.2	40.38	1.243	48.6	44.60	1.285	57.0	48.38
1.202	40.4	40.49	1.244	48.8	44.69	1.286	57.2	48.47
1.203	40.6	40.59	1.245	49.0	44.79	1.287	57.4	48.55
1.204	40.8	40.70	1.246	49.2	44.88	1.288	57.6	48.64
1.205	41.0	40.80	1.247	49.4	44.98	1.289	57.8	48.72
1.206	41.2	40.91	1.248	49.6	45.07	1.290	58.0	48.81
1.207	41.4	41.01	1.249	49.8	45.16	1.291	58.2	48.89
1.208	41.6	41.12	1.250	50.0	45.26	1.292	58.4	48.98
1.209	41.8	41.22	1.251	50.2	45.35	1.293	58.6	49.06
1.210	42.0	41.33	1.252	50.4	45.44	1.294	58.8	49.15
1.211	42.2	41.43	1.253	50.6	45.53	1.295	59.0	49.23
1.212	42.4	41.53	1.254	50.8	45.63	1.296	59.2	49.32
1.213	42.6	41.64	1.255	51.0	45.72	1.297	59.4	49.40
1.214	42.8	41.74	1.256	51.2	45.81	1.298	59.6	49.48
1.215	43.0	41.84	1.257	51.4	45.90	1.299	59.8	49.57
1.216	43.2	41.94	1.258	51.6	45.99	1.300	60.0	49.65
1.217	43.4	42.05	1.259	51.8	46.09	1.301	60.2	49.73
1.218	43.6	42.15	1.260	52.0	46.18	1.302	60.4	49.81
1.219	43.8	42.25	1.261	52.2	46.27	1.303	60.6	49.90
1.220	44.0	42.35	1.262	52.4	46.36	1.304	60.8	49.98
1.221	44.2	42.45	1.263	52.6	46.45	1.305	61.0	50.06
1.222	44.4	42.55	1.264	52.8	46.54	1.306	61.2	50.14
1.223	44.6	42.65	1.265	53.0	46.63	1.307	61.4	50.23
1.224	44.8	42.75	1.266	53.2	46.72	1.308	61.6	50.31
1.225	45.0	42.85	1.267	53.4	46.81	1.309	61.8	50.39
1.226	45.2	42.95	1.268	53.6	46.90	1.310	62.0	50.47
1.227	45.4	43.05	1.269	53.8	46.99	1.311	62.2	50.55
1.228	45.6	43.15	1.270	54.0	47.07	1.312	62.4	50.63
1.229	45.8	43.25	1.271	54.2	47.16	1.313	62.6	50.71
1.230	46.0	43.34	1.272	54.4	47.25	1.314	62.8	50.79
1.231	46.2	43.44	1.273	54.6	47.34	1.315	63.0	50.87
1.232	46.4	43.54	1.274	54.8	47.43	1.316	63.2	50.95
1.233	46.6	43.64	1.275	55.0	47.52	1.317	63.4	51.03
1.234	46.8	43.73	1.276	55.2	47.60	1.318	63.6	51.11
1.235	47.0	43.83	1.277	55.4	47.69	1.319	63.8	51.19
1.236	47.2	43.93	1.278	55.6	47.78	1.320	64.0	51.27

表 3(续)

比浓黏度单位:10^{-3} m^3/kg,即 mL/g

树脂溶液浓度=5 g/L

VR	*I*	*K*	*VR*	*I*	*K*	*VR*	*I*	*K*
1.321	64.2	51.35	1.371	74.2	55.14	1.421	84.2	58.59
1.322	64.4	51.43	1.372	74.4	55.21	1.422	84.4	58.65
1.323	64.6	51.51	1.373	74.6	55.28	1.423	84.6	58.72
1.324	64.8	51.59	1.374	74.8	55.35	1.424	84.8	58.79
1.325	65.0	51.67	1.375	75.0	55.42	1.425	85.0	58.85
1.326	65.2	51.75	1.376	75.2	55.49	1.426	85.2	58.92
1.327	65.4	51.83	1.377	75.4	55.57	1.427	85.4	58.98
1.328	65.6	51.91	1.378	75.6	55.64	1.428	85.6	59.05
1.329	65.8	51.98	1.379	75.8	55.71	1.429	85.8	59.11
1.330	66.0	52.06	1.380	76.0	55.78	1.430	86.0	59.18
1.331	66.2	52.14	1.381	76.2	55.85	1.431	86.2	59.24
1.332	66.4	52.22	1.382	76.4	55.92	1.432	86.4	59.31
1.333	66.6	52.29	1.383	76.6	55.99	1.433	86.6	59.37
1.334	66.8	52.37	1.384	76.8	56.06	1.434	86.8	59.44
1.335	67.0	52.45	1.385	77.0	56.13	1.435	87.0	59.50
1.336	67.2	52.53	1.386	77.2	56.20	1.436	87.2	59.57
1.337	67.4	52.60	1.387	77.4	56.27	1.437	87.4	59.63
1.338	67.6	52.68	1.388	77.6	56.34	1.438	87.6	59.70
1.339	67.8	52.76	1.389	77.8	56.41	1.439	87.8	59.76
1.340	68.0	52.83	1.390	78.0	56.48	1.440	88.0	59.82
1.341	68.2	52.91	1.391	78.2	56.55	1.441	88.2	59.89
1.342	68.4	52.99	1.392	78.4	56.62	1.442	88.4	59.95
1.343	68.6	53.06	1.393	78.6	56.69	1.443	88.6	60.02
1.344	68.8	53.14	1.394	78.8	56.76	1.444	88.8	60.08
1.345	69.0	53.21	1.395	79.0	56.83	1.445	89.0	60.14
1.346	69.2	53.29	1.396	79.2	56.90	1.446	89.2	60.21
1.347	69.4	53.37	1.397	79.4	56.97	1.447	89.4	60.27
1.348	69.6	53.44	1.398	79.6	57.04	1.448	89.6	60.33
1.349	69.8	53.52	1.399	79.8	57.11	1.449	89.8	60.40
1.350	70.0	53.59	1.400	80.0	57.17	1.450	90.0	60.46
1.351	70.2	53.67	1.401	80.2	57.24	1.451	90.2	60.52
1.352	70.4	53.74	1.402	80.4	57.31	1.452	90.4	60.59
1.353	70.6	53.82	1.403	80.6	57.38	1.453	90.6	60.65
1.354	70.8	53.89	1.404	80.8	57.45	1.454	90.8	60.77
1.355	71.0	53.96	1.405	81.0	57.51	1.455	91.0	60.78
1.356	71.2	54.04	1.406	81.2	57.58	1.456	91.2	60.84
1.357	71.4	54.11	1.407	81.4	57.65	1.457	91.4	60.90
1.358	71.6	54.19	1.408	81.6	57.72	1.458	91.6	60.96
1.359	71.8	54.26	1.409	81.8	57.79	1.459	91.8	61.03
1.360	72.0	54.33	1.410	82.0	57.85	1.460	92.0	61.09
1.361	72.2	54.41	1.411	82.2	57.92	1.461	92.2	61.15
1.362	72.4	54.48	1.412	82.4	57.99	1.462	92.4	61.21
1.363	72.6	54.55	1.413	82.6	58.05	1.463	92.6	61.27
1.364	72.8	54.63	1.414	82.8	58.12	1.464	92.8	61.34
1.365	73.0	54.70	1.415	83.0	58.19	1.465	93.0	61.40
1.366	73.2	54.77	1.416	83.2	58.26	1.466	93.2	61.46
1.367	73.4	54.85	1.417	83.4	58.32	1.467	93.4	61.52
1.368	73.6	54.92	1.418	83.6	58.39	1.468	93.6	61.58
1.369	73.8	54.99	1.419	83.8	58.45	1.469	93.8	61.64
1.370	74.0	55.06	1.420	84.0	58.52	1.470	94.0	61.70

表 3(续)

比浓黏度单位:10^{-3} m^3/kg,即 mL/g

树脂溶液浓度=5 g/L

VR	I	K	VR	I	K	VR	I	K
1.471	94.2	61.77	1.521	104.2	64.71	1.571	114.2	67.46
1.472	94.4	61.83	1.522	104.4	64.77	1.572	114.4	67.51
1.473	94.6	61.89	1.523	104.6	64.83	1.573	114.6	67.57
1.474	94.8	61.95	1.524	104.8	64.88	1.574	114.8	67.62
1.475	95.0	62.01	1.525	105.0	64.94	1.575	115.0	67.67
1.476	95.2	62.07	1.526	105.2	65.00	1.576	115.2	67.73
1.477	95.4	62.13	1.527	105.4	65.05	1.577	115.4	67.78
1.478	95.6	62.19	1.528	105.6	65.11	1.578	115.6	67.83
1.479	95.8	62.25	1.529	105.8	65.17	1.579	115.8	67.88
1.480	96.0	62.31	1.530	106.0	65.22	1.580	116.0	67.94
1.481	96.2	62.37	1.531	106.2	65.28	1.581	116.2	67.99
1.482	96.4	62.43	1.532	106.4	65.33	1.582	116.4	68.04
1.483	96.6	62.49	1.533	106.6	65.39	1.583	116.6	68.09
1.484	96.8	62.55	1.534	106.8	65.45	1.584	116.8	68.15
1.485	97.0	62.61	1.535	107.0	65.50	1.585	117.0	68.20
1.486	97.2	62.67	1.536	107.2	65.56	1.586	117.2	68.25
1.487	97.4	62.73	1.537	107.4	65.61	1.587	117.4	68.30
1.488	97.6	62.79	1.538	107.6	65.67	1.588	117.6	68.36
1.489	97.8	62.85	1.539	107.8	65.72	1.589	117.8	68.41
1.490	98.0	62.91	1.540	108.0	65.78	1.590	118.0	68.46
1.491	98.2	62.97	1.541	108.2	65.83	1.591	118.2	68.51
1.492	98.4	63.03	1.542	108.4	65.89	1.592	118.4	68.56
1.493	98.6	63.09	1.543	108.6	65.95	1.593	118.6	68.61
1.494	98.8	63.15	1.544	108.8	66.00	1.594	118.8	68.67
1.495	99.0	63.21	1.545	109.0	66.06	1.595	119.0	68.72
1.496	99.2	63.27	1.546	109.2	66.11	1.596	119.2	68.77
1.497	99.4	63.33	1.547	109.4	66.17	1.597	119.4	68.82
1.498	99.6	63.38	1.548	109.6	66.22	1.598	119.6	68.87
1.499	99.8	63.44	1.549	109.8	66.27	1.599	119.8	68.92
1.500	100.0	63.50	1.550	110.0	66.33	1.600	120.0	68.97
1.501	100.2	63.56	1.551	110.2	66.38	1.601	120.2	69.03
1.502	100.4	63.62	1.552	110.4	66.44	1.602	120.4	69.08
1.503	100.6	63.68	1.553	110.6	66.49	1.603	120.6	69.13
1.504	100.8	63.73	1.554	110.8	66.55	1.604	120.8	69.18
1.505	101.0	63.79	1.555	111.0	66.60	1.605	121.0	69.23
1.506	101.2	63.85	1.556	111.2	66.66	1.606	121.2	69.28
1.507	101.4	63.91	1.557	111.4	66.71	1.607	121.4	69.33
1.508	101.6	63.97	1.558	111.6	66.76	1.608	121.6	69.38
1.509	101.8	64.02	1.559	111.8	66.82	1.609	121.8	69.43
1.510	102.0	64.08	1.560	112.0	66.87	1.610	122.0	69.48
1.511	102.2	64.14	1.561	112.2	66.93	1.611	122.2	69.53
1.512	102.4	64.20	1.562	112.4	66.98	1.612	122.4	69.59
1.513	102.6	64.26	1.563	112.6	67.03	1.613	122.6	69.64
1.514	102.8	64.31	1.564	112.8	67.09	1.614	122.8	69.69
1.515	103.0	64.37	1.565	113.0	67.14	1.615	123.0	69.74
1.516	103.2	64.43	1.566	113.2	67.19	1.616	123.2	69.79
1.517	103.4	64.49	1.567	113.4	67.25	1.617	123.4	69.84
1.518	103.6	64.54	1.568	113.6	67.30	1.618	123.6	69.89
1.519	103.8	64.60	1.569	113.8	67.36	1.619	123.8	69.94
1.520	104.0	64.66	1.570	114.0	67.41	1.620	124.0	69.99

表 3(续)

比浓黏度单位:10^{-3} m^3/kg,即 mL/g
树脂溶液浓度=5 g/L

VR	*I*	*K*	*VR*	*I*	*K*	*VR*	*I*	*K*
1.621	124.2	70.04	1.671	134.2	72.46	1.721	144.2	74.75
1.622	124.4	70.09	1.672	134.4	72.51	1.722	144.4	74.79
1.623	124.6	70.14	1.673	134.6	72.55	1.723	144.6	74.84
1.624	124.8	70.19	1.674	134.8	72.60	1.724	144.8	74.88
1.625	125.0	70.24	1.675	135.0	72.65	1.725	145.0	74.93
1.626	125.2	70.29	1.676	135.2	72.70	1.726	145.2	74.97
1.627	125.4	70.34	1.677	135.4	72.74	1.727	145.4	75.02
1.628	125.6	70.39	1.678	135.6	72.79	1.728	145.6	75.06
1.629	125.8	70.43	1.679	135.8	72.84	1.729	145.8	75.10
1.630	126.0	70.48	1.680	136.0	72.88	1.730	146.0	75.15
1.631	126.2	70.53	1.681	136.2	72.93	1.731	146.2	75.19
1.632	126.4	70.58	1.682	136.4	72.98	1.732	146.4	75.24
1.633	126.6	70.63	1.683	136.6	73.02	1.733	146.6	75.28
1.634	126.8	70.68	1.684	136.8	73.07	1.734	146.8	75.32
1.635	127.0	70.73	1.685	137.0	73.11	1.735	147.0	75.37
1.636	127.2	70.78	1.686	137.2	73.16	1.736	147.2	75.41
1.637	127.4	70.83	1.687	137.4	73.21	1.737	147.4	75.46
1.638	127.6	70.88	1.688	137.6	73.25	1.738	147.6	75.50
1.639	127.8	70.93	1.689	137.8	73.30	1.739	147.8	75.54
1.640	128.0	70.97	1.690	138.0	73.35	1.740	148.0	75.59
1.641	128.2	71.02	1.691	138.2	73.39	1.741	148.2	75.63
1.642	128.4	71.07	1.692	138.4	73.44	1.742	148.4	75.67
1.643	128.6	71.12	1.693	138.6	73.48	1.743	148.6	75.72
1.644	128.8	71.17	1.694	138.8	73.53	1.744	148.8	75.76
1.645	129.0	71.22	1.695	139.0	73.58	1.745	149.0	75.80
1.646	129.2	71.27	1.696	139.2	73.62	1.746	149.2	75.85
1.647	129.4	71.32	1.697	139.4	73.67	1.747	149.4	75.89
1.648	129.6	71.36	1.698	139.6	73.71	1.748	149.6	75.93
1.649	129.8	71.41	1.699	139.8	73.76	1.749	149.8	75.98
1.650	130.0	71.46	1.700	140.0	73.80	1.750	150.0	76.02
1.651	130.2	71.51	1.701	140.2	73.85	1.751	150.2	76.06
1.652	130.4	71.56	1.702	140.4	73.89	1.752	150.4	76.11
1.653	130.6	71.60	1.703	140.6	73.94	1.753	150.6	76.15
1.654	130.8	71.65	1.704	140.8	73.99	1.754	150.8	76.19
1.655	131.0	71.70	1.705	141.0	74.03	1.755	151.0	76.24
1.656	131.2	71.75	1.706	141.2	74.08	1.756	151.2	76.28
1.657	131.4	71.80	1.707	141.4	74.12	1.757	151.4	76.32
1.658	131.6	71.84	1.708	141.6	74.17	1.758	151.6	76.36
1.659	131.8	71.89	1.709	141.8	74.21	1.759	151.8	76.41
1.660	132.0	71.94	1.710	142.0	74.26	1.760	152.0	76.45
1.661	132.2	71.99	1.711	142.2	74.30	1.761	152.2	76.49
1.662	132.4	72.03	1.712	142.4	74.35	1.762	152.4	76.54
1.663	132.6	72.08	1.713	142.6	74.39	1.763	152.6	76.58
1.664	132.8	72.13	1.714	142.8	74.44	1.764	152.8	76.62
1.665	133.0	72.18	1.715	143.0	74.48	1.765	153.0	76.66
1.666	133.2	72.22	1.716	143.2	74.53	1.766	153.2	76.71
1.667	133.4	72.27	1.717	143.4	74.57	1.767	153.4	76.75
1.668	133.6	72.32	1.718	143.6	74.62	1.768	153.6	76.79
1.669	133.8	72.37	1.719	143.8	74.66	1.769	153.8	76.83
1.670	134.0	72.41	1.720	144.0	74.70	1.770	154.0	76.88

表 3(续)

比浓黏度单位：10^{-3} m³/kg，即 mL/g

树脂溶液浓度=5 g/L

VR	I	K	VR	I	K	VR	I	K
1.771	154.2	76.92	1.821	164.2	78.98	1.871	174.2	80.94
1.772	154.4	76.96	1.822	164.4	79.02	1.872	174.4	80.98
1.773	154.6	77.00	1.823	164.6	79.06	1.873	174.6	81.02
1.774	154.8	77.04	1.824	164.8	79.10	1.874	174.8	81.05
1.775	155.0	77.09	1.825	165.0	79.14	1.875	175.0	81.09
1.776	155.2	77.13	1.826	165.2	79.18	1.876	175.2	81.13
1.777	155.4	77.17	1.827	165.4	79.22	1.877	175.4	81.17
1.778	155.6	77.21	1.828	165.6	79.26	1.878	175.6	81.21
1.779	155.8	77.25	1.829	165.8	79.30	1.879	175.8	81.24
1.780	156.0	77.30	1.830	166.0	79.34	1.880	176.0	81.28
1.781	156.2	77.34	1.831	166.2	79.38	1.881	176.2	81.32
1.782	156.4	77.38	1.832	166.4	79.42	1.882	176.4	81.36
1.783	156.6	77.42	1.833	166.6	79.46	1.883	176.6	81.40
1.784	156.8	77.46	1.834	166.8	79.50	1.884	176.8	81.43
1.785	157.0	77.50	1.835	167.0	79.54	1.885	177.0	81.47
1.786	157.2	77.55	1.836	167.2	79.58	1.886	177.2	81.51
1.787	157.4	77.59	1.837	167.4	79.61	1.887	177.4	81.55
1.788	157.6	77.63	1.838	167.6	79.65	1.888	177.6	81.58
1.789	157.8	77.67	1.839	167.8	79.69	1.889	177.8	81.62
1.790	158.0	77.71	1.840	168.0	79.73	1.890	178.0	81.66
1.791	158.2	77.75	1.841	168.2	79.77	1.891	178.2	81.70
1.792	158.4	77.80	1.842	168.4	79.81	1.892	178.4	81.74
1.793	158.6	77.84	1.843	168.6	79.85	1.893	178.6	81.77
1.794	158.8	77.88	1.844	168.8	79.89	1.894	178.8	81.81
1.795	159.0	77.92	1.845	169.0	79.93	1.895	179.0	81.85
1.796	159.2	77.96	1.846	169.2	79.97	1.896	179.2	81.89
1.797	159.4	78.00	1.847	169.4	80.01	1.897	179.4	81.92
1.798	159.6	78.04	1.848	169.6	80.05	1.898	179.6	81.96
1.799	159.8	78.08	1.849	169.8	80.09	1.899	179.8	82.00
1.800	160.0	78.12	1.850	170.0	80.13	1.900	180.0	82.03
1.801	160.2	78.17	1.851	170.2	80.17	1.901	180.2	82.07
1.802	160.4	78.21	1.852	170.4	80.20	1.902	180.4	82.11
1.803	160.6	78.25	1.853	170.6	80.24	1.903	180.6	82.15
1.804	160.8	78.29	1.854	170.8	80.28	1.904	180.8	82.18
1.805	161.0	78.33	1.855	171.0	80.32	1.905	181.0	82.22
1.806	161.2	78.37	1.856	171.2	80.36	1.906	181.2	82.26
1.807	161.4	78.41	1.857	171.4	80.40	1.907	181.4	82.29
1.808	161.6	78.45	1.858	171.6	80.44	1.908	181.6	82.33
1.809	161.8	78.49	1.859	171.8	80.48	1.909	181.8	82.37
1.810	162.0	78.53	1.860	172.0	80.51	1.910	182.0	82.41
1.811	162.2	78.57	1.861	172.2	80.55	1.911	182.2	82.44
1.812	162.4	78.61	1.862	172.4	80.59	1.912	182.4	82.48
1.813	162.6	78.65	1.863	172.6	80.63	1.913	182.6	82.52
1.814	162.8	78.69	1.864	172.8	80.67	1.914	182.8	82.55
1.815	163.0	78.74	1.865	173.0	80.71	1.915	183.0	82.59
1.816	163.2	78.78	1.866	173.2	80.75	1.916	183.2	82.63
1.817	163.4	78.82	1.867	173.4	80.78	1.917	183.4	82.66
1.818	163.6	78.86	1.868	173.6	80.82	1.918	183.6	82.70
1.819	163.8	78.90	1.869	173.8	80.86	1.919	183.8	82.74
1.820	164.0	78.94	1.870	174.0	80.90	1.920	184.0	82.77

表 3(续)

比浓黏度单位:10^{-3} m^3/kg,即 mL/g

树脂溶液浓度=5 g/L

VR	I	K	VR	I	K	VR	I	K
1.921	184.2	82.81	1.971	194.2	84.60	2.021	204.2	86.32
1.922	184.4	82.85	1.972	194.4	84.64	2.022	204.4	86.35
1.923	184.6	82.88	1.973	194.6	84.67	2.023	204.6	86.38
1.924	184.8	82.92	1.974	194.8	84.71	2.024	204.8	86.42
1.925	185.0	82.96	1.975	195.0	84.74	2.025	205.0	86.45
1.926	185.2	82.99	1.976	195.2	84.78	2.026	205.2	86.48
1.927	185.4	83.03	1.977	195.4	84.81	2.027	205.4	86.52
1.928	185.6	83.07	1.978	195.6	84.85	2.028	205.6	86.55
1.929	185.8	83.10	1.979	195.8	84.88	2.029	205.8	86.58
1.930	186.0	83.14	1.980	196.0	84.92	2.030	206.0	86.62
1.931	186.2	83.17	1.981	196.2	84.95	2.031	206.2	86.65
1.932	186.4	83.21	1.982	196.4	84.98	2.032	206.4	86.68
1.933	186.6	83.25	1.983	196.6	85.02	2.033	206.6	86.72
1.934	186.8	83.28	1.984	196.8	85.05	2.034	206.8	86.75
1.935	187.0	83.32	1.985	197.0	85.09	2.035	207.0	86.78
1.936	187.2	83.36	1.986	197.2	85.12	2.036	207.2	86.82
1.937	187.4	83.39	1.987	197.4	85.16	2.037	207.4	86.85
1.938	187.6	83.43	1.988	197.6	85.19	2.038	207.6	86.88
1.939	187.8	83.46	1.989	197.8	85.23	2.039	207.8	86.92
1.940	188.0	83.50	1.990	198.0	85.26	2.040	208.0	86.95
1.941	188.2	83.54	1.991	198.2	85.30	2.041	208.2	86.98
1.942	188.4	83.57	1.992	198.4	85.33	2.042	208.4	87.02
1.943	188.6	83.61	1.993	198.6	85.36	2.043	208.6	87.05
1.944	188.8	83.64	1.994	198.8	85.40	2.044	208.8	87.08
1.945	189.0	83.68	1.995	199.0	85.43	2.045	209.0	87.12
1.946	189.2	83.72	1.996	199.2	85.47	2.046	209.2	87.15
1.947	189.4	83.75	1.997	199.4	85.50	2.047	209.4	87.18
1.948	189.6	83.79	1.998	199.6	85.54	2.048	209.6	87.21
1.949	189.8	83.82	1.999	199.8	85.57	2.049	209.8	87.25
1.950	190.0	83.86	2.000	200.0	85.60	2.050	210.0	87.28
1.951	190.2	83.89	2.001	200.2	85.64	2.051	210.2	87.31
1.952	190.4	83.93	2.002	200.4	85.67	2.052	210.4	87.35
1.953	190.6	83.97	2.003	200.6	85.71	2.053	210.6	87.38
1.954	190.8	84.00	2.004	200.8	85.74	2.054	210.8	87.41
1.955	191.0	84.04	2.005	201.0	85.78	2.055	211.0	87.44
1.956	191.2	84.07	2.006	201.2	85.81	2.056	211.2	87.48
1.957	191.4	84.11	2.007	201.4	85.84	2.057	211.4	87.51
1.958	191.6	84.14	2.008	201.6	85.88	2.058	211.6	87.54
1.959	191.8	84.18	2.009	201.8	85.91	2.059	211.8	87.57
1.960	192.0	84.21	2.010	202.0	85.95	2.060	212.0	87.61
1.961	192.2	84.25	2.011	202.2	85.98	2.061	212.2	87.64
1.962	192.4	84.28	2.012	202.4	86.01	2.062	212.4	87.67
1.963	192.6	84.32	2.013	202.6	86.05	2.063	212.6	87.70
1.964	192.8	84.36	2.014	202.8	86.08	2.064	212.8	87.74
1.965	193.0	84.39	2.015	203.0	86.11	2.065	213.0	87.77
1.966	193.2	84.43	2.016	203.2	86.15	2.066	213.2	87.80
1.967	193.4	84.46	2.017	203.4	86.18	2.067	213.4	87.83
1.968	193.6	84.50	2.018	203.6	86.22	2.068	213.6	87.87
1.969	193.8	84.53	2.019	203.8	86.25	2.069	213.8	87.90
1.970	194.0	84.57	2.020	204.0	86.28	2.070	214.0	87.93

表 3(续)

比浓黏度单位:10^{-3} m^3/kg,即 mL/g

树脂溶液浓度=5 g/L

VR	I	K	VR	I	K	VR	I	K
2.071	214.2	87.96	2.121	224.2	89.55	2.171	234.2	91.07
2.072	214.4	88.00	2.122	224.4	89.58	2.172	234.4	91.10
2.073	214.6	88.03	2.123	224.6	89.61	2.173	234.6	91.13
2.074	214.8	88.06	2.124	224.8	89.64	2.174	234.8	91.16
2.075	215.0	88.09	2.125	225.0	89.67	2.175	235.0	91.19
2.076	215.2	88.12	2.126	225.2	89.70	2.176	235.2	91.22
2.077	215.4	88.16	2.127	225.4	89.73	2.177	235.4	91.25
2.078	215.6	88.19	2.128	225.6	89.76	2.178	235.6	91.28
2.079	215.8	88.22	2.129	225.8	89.79	2.179	235.8	91.31
2.080	216.0	88.25	2.130	226.0	89.82	2.180	236.0	91.34
2.081	216.2	88.28	2.131	226.2	89.85	2.181	236.2	91.37
2.082	216.4	88.32	2.132	226.4	89.89	2.182	236.4	91.40
2.083	216.6	88.35	2.133	226.6	89.92	2.183	236.6	91.43
2.084	216.8	88.38	2.134	226.8	89.95	2.184	236.8	91.46
2.085	217.0	88.41	2.135	227.0	89.98	2.185	237.0	91.49
2.086	217.2	88.44	2.136	227.2	90.01	2.186	237.2	91.52
2.087	217.4	88.48	2.137	227.4	90.04	2.187	237.4	91.54
2.088	217.6	88.51	2.138	227.6	90.07	2.188	237.6	91.57
2.089	217.8	88.54	2.139	227.8	90.10	2.189	237.8	91.60
2.090	218.0	88.57	2.140	228.0	90.13	2.190	238.0	91.63
2.091	218.2	88.60	2.141	228.2	90.16	2.191	238.2	91.66
2.092	218.4	88.64	2.142	228.4	90.19	2.192	238.4	91.69
2.093	218.6	88.67	2.143	228.6	90.22	2.193	238.6	91.72
2.094	218.8	88.70	2.144	228.8	90.25	2.194	238.8	91.75
2.095	219.0	88.73	2.145	229.0	90.28	2.195	239.0	91.78
2.096	219.2	88.76	2.146	229.2	90.31	2.196	239.2	91.81
2.097	219.4	88.79	2.147	229.4	90.35	2.197	239.4	91.84
2.098	219.6	88.83	2.148	229.6	90.38	2.198	239.6	91.87
2.099	219.8	88.86	2.149	229.8	90.41	2.199	239.8	91.90
2.100	220.0	88.89	2.150	230.0	90.44	2.200	240.0	91.93
2.101	220.2	88.92	2.151	230.2	90.47	2.201	240.2	91.96
2.102	220.4	88.95	2.152	230.4	90.50	2.202	240.4	91.99
2.103	220.6	88.98	2.153	230.6	90.53	2.203	240.6	92.02
2.104	220.8	89.01	2.154	230.8	90.56	2.204	240.8	92.04
2.105	221.0	89.05	2.155	231.0	90.59	2.205	241.0	92.07
2.106	221.2	89.08	2.156	231.2	90.62	2.206	241.2	92.10
2.107	221.4	89.11	2.157	231.4	90.65	2.207	241.4	92.13
2.108	221.6	89.14	2.158	231.6	90.68	2.208	241.6	92.16
2.109	221.8	89.17	2.159	231.8	90.71	2.209	241.8	92.19
2.110	222.0	89.20	2.160	232.0	90.74	2.210	242.0	92.22
2.111	222.2	89.23	2.161	232.2	90.77	2.211	242.2	92.25
2.112	222.4	89.27	2.162	232.4	90.80	2.212	242.4	92.28
2.113	222.6	89.30	2.163	232.6	90.83	2.213	242.6	92.31
2.114	222.8	89.33	2.164	232.8	90.86	2.214	242.8	92.34
2.115	223.0	89.36	2.165	233.0	90.89	2.215	243.0	92.36
2.116	223.2	89.39	2.166	233.2	90.92	2.216	243.2	92.39
2.117	223.4	89.42	2.167	233.4	90.95	2.217	243.4	92.42
2.118	223.6	89.45	2.168	233.6	90.98	2.218	243.6	92.45
2.119	223.8	89.48	2.169	233.8	91.01	2.219	243.8	92.48
2.120	224.0	89.51	2.170	234.0	91.04	2.220	244.0	92.51

表 3(续)

比浓黏度单位：10^{-3} m^3/kg，即 mL/g

树脂溶液浓度＝5 g/L

VR	I	K	VR	I	K	VR	I	K
2.221	244.2	92.54	2.271	254.2	93.95	2.321	264.2	95.32
2.222	244.4	92.57	2.272	254.4	93.98	2.322	264.4	95.35
2.223	244.6	92.60	2.273	254.6	94.01	2.323	264.6	95.38
2.224	244.8	92.62	2.274	254.8	94.04	2.324	264.8	95.40
2.225	245.0	92.65	2.275	255.0	94.07	2.325	265.0	95.43
2.226	245.2	92.68	2.276	255.2	94.09	2.326	265.2	95.46
2.227	245.4	92.71	2.277	255.4	94.12	2.327	265.4	95.49
2.228	245.6	92.74	2.278	255.6	94.15	2.328	265.6	95.51
2.229	245.8	92.77	2.279	255.8	94.18	2.329	265.8	95.54
2.230	246.0	92.80	2.280	256.0	94.20	2.330	266.0	95.57
2.231	246.2	92.83	2.281	256.2	94.23	2.331	266.2	95.59
2.232	246.4	92.85	2.282	256.4	94.26	2.332	266.4	95.62
2.233	246.6	92.88	2.283	256.6	94.29	2.333	266.6	95.65
2.234	246.8	92.91	2.284	256.8	94.32	2.334	266.8	95.67
2.235	247.0	92.94	2.285	257.0	94.34	2.335	267.0	95.70
2.236	247.2	92.97	2.286	257.2	94.37	2.336	267.2	95.73
2.237	247.4	93.00	2.287	257.4	94.40	2.337	267.4	95.75
2.238	247.6	93.02	2.288	257.6	94.43	2.338	267.6	95.78
2.239	247.8	93.05	2.289	257.8	94.45	2.339	267.8	95.81
2.240	248.0	93.08	2.290	258.0	94.48	2.340	268.0	95.83
2.241	248.2	93.11	2.291	258.2	94.51	2.341	268.2	95.86
2.242	248.4	93.14	2.292	258.4	94.54	2.342	268.4	95.89
2.243	248.6	93.17	2.293	258.6	94.56	2.343	268.6	95.91
2.244	248.8	93.20	2.294	258.8	94.59	2.344	268.8	95.94
2.245	249.0	93.22	2.295	259.0	94.62	2.345	269.0	95.96
2.246	249.2	93.25	2.296	259.2	94.65	2.346	269.2	95.99
2.247	249.4	93.28	2.297	259.4	94.67	2.347	269.4	96.02
2.248	249.6	93.31	2.298	259.6	94.70	2.348	269.6	96.04
2.249	249.8	93.34	2.299	259.8	94.73	2.349	269.8	96.07
2.250	250.0	93.37	2.300	260.0	94.75	2.350	270.0	96.10
2.251	250.2	93.39	2.301	260.2	94.78	2.351	270.2	96.12
2.252	250.4	93.42	2.302	260.4	94.81	2.352	270.4	96.15
2.253	250.6	93.45	2.303	260.6	94.84	2.353	270.6	96.18
2.254	250.8	93.48	2.304	260.8	94.86	2.354	270.8	96.20
2.255	251.0	93.51	2.305	261.0	94.89	2.355	271.0	96.23
2.256	251.2	93.53	2.306	261.2	94.92	2.356	271.2	96.26
2.257	251.4	93.56	2.307	261.4	94.95	2.357	271.4	96.28
2.258	251.6	93.59	2.308	261.6	94.97	2.358	271.6	96.31
2.259	251.8	93.62	2.309	261.8	95.00	2.359	271.8	96.33
2.260	252.0	93.65	2.310	262.0	95.03	2.360	272.0	96.36
2.261	252.2	93.68	2.311	262.2	95.05	2.361	272.2	96.39
2.262	252.4	93.70	2.312	262.4	95.08	2.362	272.4	96.41
2.263	252.6	93.73	2.313	262.6	95.11	2.363	272.6	96.44
2.264	252.8	93.76	2.314	262.8	95.13	2.364	272.8	96.47
2.265	253.0	93.79	2.315	263.0	95.16	2.365	273.0	96.49
2.266	253.2	93.82	2.316	263.2	95.19	2.366	273.2	96.52
2.267	253.4	93.84	2.317	263.4	95.22	2.367	273.4	96.54
2.268	253.6	93.87	2.318	263.6	95.24	2.368	273.6	96.57
2.269	253.8	93.90	2.319	263.8	95.27	2.369	273.8	96.60
2.270	254.0	93.93	2.320	264.0	95.30	2.370	274.0	96.62

表 3(续)

比浓黏度单位:10^{-3} m^3/kg,即 mL/g
树脂溶液浓度=5 g/L

VR	I	K	VR	I	K	VR	I	K
2.371	274.2	96.65	2.421	284.2	97.93	2.471	294.2	99.17
2.372	274.4	96.67	2.422	284.4	97.96	2.472	294.4	99.20
2.373	274.6	96.70	2.423	284.6	97.98	2.473	294.6	99.22
2.374	274.8	96.73	2.424	284.8	98.01	2.474	294.8	99.25
2.375	275.0	96.75	2.425	285.0	98.03	2.475	295.0	99.27
2.376	275.2	96.78	2.426	285.2	98.06	2.476	295.2	99.29
2.377	275.4	96.80	2.427	285.4	98.08	2.477	295.4	99.32
2.378	275.6	96.83	2.428	285.6	98.11	2.478	295.6	99.34
2.379	275.8	96.86	2.429	285.8	98.13	2.479	295.8	99.37
2.380	276.0	96.88	2.430	586.0	98.16	2.480	296.0	99.39
2.381	276.2	96.91	2.431	586.2	98.18	2.481	296.2	99.42
2.382	276.4	96.93	2.432	286.4	98.21	2.482	296.4	99.44
2.383	276.6	96.96	2.433	286.6	98.23	2.483	296.6	99.47
2.384	276.8	96.99	2.434	286.8	98.26	2.484	296.8	99.49
2.385	277.0	97.01	2.435	287.0	98.28	2.485	297.0	99.51
2.386	277.2	97.04	2.436	287.2	98.31	2.486	297.2	99.54
2.387	277.4	97.06	2.437	287.4	98.33	2.487	297.4	99.56
2.388	277.6	97.09	2.438	287.6	98.36	2.488	297.6	99.59
2.389	277.8	97.11	2.439	287.8	98.38	2.489	297.8	99.61
2.390	278.0	97.14	2.440	288.0	98.41	2.490	298.0	99.63
2.391	278.2	97.17	2.441	288.2	98.43	2.491	298.2	99.66
2.392	278.4	97.19	2.442	288.4	98.46	2.492	298.4	99.68
2.393	278.6	97.22	2.443	288.6	98.48	2.493	298.6	99.71
2.394	278.8	97.24	2.444	288.8	98.51	2.494	298.8	99.73
2.395	279.0	97.27	2.445	289.0	98.53	2.495	299.0	99.76
2.396	279.2	97.29	2.446	289.2	98.56	2.496	299.2	99.78
2.397	279.4	97.32	2.447	289.4	98.58	2.497	299.4	99.80
2.398	279.6	97.35	2.448	289.6	98.61	2.498	299.6	99.83
2.399	279.8	97.37	2.449	289.8	98.63	2.499	299.8	99.85
2.400	280.0	97.40	2.450	290.0	98.66	2.500	300.0	99.88
2.401	280.2	97.42	2.451	290.2	98.68	2.501	300.2	99.90
2.402	280.4	97.45	2.452	290.4	98.70	2.502	300.4	99.92
2.403	280.6	97.47	2.453	290.6	98.73	2.503	300.6	99.95
2.404	280.8	97.50	2.454	290.8	98.75	2.504	300.8	99.97
2.405	281.0	97.52	2.455	291.0	98.78	2.505	301.0	100.00
2.406	281.2	97.55	2.456	291.2	98.80	2.506	301.2	100.02
2.407	281.4	97.58	2.457	291.4	98.83	2.507	301.4	100.04
2.408	281.6	97.60	2.458	291.6	98.85	2.508	301.6	100.07
2.409	281.8	97.63	2.459	291.8	98.88	2.509	301.8	100.09
2.410	282.0	97.65	2.460	292.0	98.90	2.510	302.0	100.12
2.411	282.2	97.68	2.461	292.2	98.93			
2.412	282.4	97.70	2.462	292.4	98.95			
2.413	282.6	97.73	2.463	292.6	98.98			
2.414	282.8	97.75	2.464	292.8	99.00			
2.415	283.0	97.78	2.465	293.0	99.03			
2.416	283.2	97.80	2.466	293.2	99.05			
2.417	283.4	97.83	2.467	293.4	99.07			
2.418	283.6	97.85	2.468	293.6	99.10			
2.419	283.8	97.88	2.469	293.8	99.12			
2.420	284.0	97.90	2.470	294.0	99.15			

附 录 A
（资料性附录）
本标准章条编号与 ISO 1628-2:1998 章条编号对照

表 A.1 给出了本标准章条编号与 ISO 1628-2:1998 章条编号对照一览表。

表 A.1 本标准章条编号与 ISO 1628-2:1998 章条编号对照

本标准章条编号	对应的国际标准章条编号
1	1 的第 1、2、3 段
3.1	—
3.2	—
5	5.1
图 1	—
6.2.1	6.2
6.2.2	—
—	9.1 的第 1 段
9.1	9.1 的第 7 段和第 2 段
9.1.1	9.1 的第 3 段
—	9.1 的第 4 段和第 5 段
9.1.2	—
9.1.3	9.1 的第 6 段
9.2.1	—
—	9.2 的第 1 段
9.2.1.1	9.2 的第 2 段
9.2.1.2	—
9.2.1.3	—
9.2.1.4	—
9.2.1.5	9.2 第 4 段的部分内容
9.2.2	—
9.2.2.1	—
9.2.2.2	—
9.2.2.3	9.2 第 4 段的部分内容
表 1	10 的第一个表
表 2	10 的第二个表
表 3	表 1
附录 A	—
附录 B	—
附录 C	—
附录 D	—
附录 E	—
注：表中的章条以外的本标准其他章条编号与 ISO 1628-2:1998 其他章条编号均相同且内容相对应。	

附 录 B
（资料性附录）
本标准与 ISO 1628-2:1998 技术性差异及其原因

表 B.1 给出了本标准与 ISO 1628-2:1998 的技术性差异及其原因的一览表。

表 B.1 本标准与 ISO 1628-2:1998 的技术性差异及其原因的一览表

本标准的章条编号	技术性差异	原因
封面	修改了标准名称。	现行国家标准号没有对应 ISO 1628 各部分，本次修订仍然延用原标准号，无法对应国际标准名称。
1	删除了 ISO 1628-2:1998 第 1 章中的第 4 段和第 5 段。	不符合 GB/T 1.1 对范围内容的规定。
2	引用了采用国际标准的我国标准。 删除了引用的其他标准。	适合我国国情。 引用的其他标准没有转化为我国国家标准，为便于标准应用，将引用内容加入正文中对应位置。
3	将 ISO 1628-2:1998 引用 ISO 1628-1 的内容列为 3.1 和 3.2。	使标准应用更为方便。
5	将 ISO 1628-2:1998 中 5.1 修改为段。	与我国国家标准版式不符。
6.1	增加了 ISO 1628-2:1998 6.1 中引用部分的具体内容。 增加了图 1。	使标准应用更为方便。 使标准应用更为方便。
6.2	将 ISO 1628-2:1998 6.2 的内容列为 6.2.1。 增加了 6.2.2。	为适合我国国情，增加了另一种溶液制备的方法，对应增加了仪器。
9.1	删除了 ISO 1628-2:1998 9.1 中第 1 段。 将 ISO 1628-2:1998 9.1 中第 3 段内容列为 9.1.1。 删除了 ISO 1628-2:1998 9.1 中第 4 段。 删除了 ISO 1628-2:1998 9.1 中第 5 段。 将 ISO 1628-2:1998 9.1 中第 6 段列为9.1.3。 增加了 9.1.2。 将 ISO 1628-2:1998 9.1 中第 7 段列为 9.1 中第 1 段。	标准中不需要。 增加了另一种溶液制备的方法，将原国际标准中方法列为方法 A。 与我国国际标准版式不符。 与第 10 章规定相同。 与我国国家标准版式不符。 增加了另一种溶液制备的方法。 悬置段置于 9.1.3 后易产生误解。

表 B.1(续)

本标准的章条编号	技术性差异	原　　因
9.2	删除了 ISO 1628-2:1998 9.2 中第 1 段。 将 ISO 1628-2:1998 第 2 段列为 9.2.1.1。 将 ISO 1628-2:1998 第 4 段列为 9.2.1.5 和 9.2.2.3。 增加了 9.2.1.2、9.2.1.3、9.2.1.4 和 9.2.1.5。 增加了 9.2.2.1、9.2.2.2 和 9.2.2.3。	引用内容已经增加至 9.2 中。 与我国国家标准版式不符。 与我国国家标准版式不符。 增加标准可操作性。 增加标准可操作性。
附录 C	增加了"环己酮运动黏度的测定"。	使标准应用更为方便。
附录 D	增加了"锥形瓶法配制 0.005 g/mL 溶液时环己酮用量计算法"	使标准应用更为方便。
附录 E	增加了"仪器的清洗"。	使标准应用更为方便。

附　录　C
（资料性附录）
环己酮运动黏度的测定

C.1　材料

C.1.1　环己酮，见第5章。

C.1.2　标准黏度液，运动黏度与环己酮的运动黏度相近，如GBW 13601。

C.2　仪器

其他仪器见第6章。

乌式黏度计，1型，毛细管直径0.58 mm，具有±2%的相对误差，其他部分尺寸见图1。

C.3　环己酮运动黏度的测定

C.3.1　乌式黏度计系数的标定

在(20±0.05)℃恒温水浴中，用1型乌式黏度计测定标准黏度液的流经时间 t_0，用式(C.1)计算乌式黏度计的系数：

$$c = \nu_0 / t_0 \qquad \text{(C.1)}$$

式中：

c——乌式黏度计的系数的数值，单位为二次方米每二次方秒(m^2/s^2)；

ν_0——标准黏度液的运动黏度的数值，单位为二次方米每秒(m^2/s)；

t_0——标准黏度液的流经时间的数值，单位为秒(s)。

C.3.2　溶剂环己酮运动黏度的测定

在(25±0.05)℃恒温水浴中，用1型乌式黏度计测定溶剂环己酮的流经时间 t_1，用式(C.2)计算溶剂环己酮的运动黏度：

$$\nu_1 = c \times t_1 \qquad \text{(C.2)}$$

式中：

ν_1——溶剂环己酮的运动黏度的数值，单位为二次方米每秒(m^2/s)；

t_1——溶剂环己酮的流经时间的数值，单位为秒(s)；

c——乌式黏度计的系数的数值，单位为二次方米每二次方秒(m^2/s^2)。

附　录　D
（资料性附录）
锥形瓶法溶液的配制

D.1　仪器

D.1.1　具塞锥形瓶，100 mL；

D.1.2　滴定管，50 mL。

D.2　溶液的制备

D.2.1　称取(0.12～0.25)g 树脂于具塞锥形瓶中，精确至 0.000 1 g，用滴定管加入一定量的环己酮，配成 0.005 g/mL 的溶液（见 D.2.3），同时轻轻摇动以免结块，称量锥形瓶及内容物的总质量 m_1。

D.2.2　使用机械混合器(6.4)在(80～85)℃继续混合溶解 1 h，目视检查是否溶解完全，如仍存在可见胶状粒子，则应取新试料重新开始。将溶液冷却至(25±1)℃，再次称量锥形瓶及内容物的总质量 m_2，补偿溶解过程中由于蒸发而损失的溶剂的质量 m_0，摇匀待用。

溶解过程中由于蒸发而损失的溶剂的质量按式(D.1)计算：

$$m_0 = m_1 - m_2 \quad \cdots\cdots (D.1)$$

式中：

m_0——溶解过程中由于蒸发而损失的溶剂的量的数值，单位为克(g)；

m_1——加热前锥形瓶及内容物的总质量的数值，单位为克(g)；

m_2——加热后锥形瓶及内容物的总质量的数值，单位为克(g)。

D.2.3　用锥形瓶配制 0.005 g/mL 聚氯乙烯环己酮溶液时，所需加入的环己酮的体积可按式(D.2)计算，其中不同温度时环己酮的密度见表 D.1。

$$V = (m \times D_0)/(0.005 \times D_1) - m/\rho \quad \cdots\cdots (D.2)$$

式中：

V——室温时所需加入环己酮体积的数值，单位为毫升(mL)；

m——试料的质量的数值，单位为克(g)；

D_0——与恒温水浴测试温度相同温度时的环己酮密度的数值，单位为克每毫升(g/mL)；

D_1——室温时的环己酮密度的数值，单位为克每毫升(g/mL)；

ρ——聚氯乙烯树脂密度的数值，单位为克每毫升(g/mL)。

表 D.1　不同温度时环己酮的密度

温度/℃	环己酮密度/(g/mL)
10	0.954 9
15	0.950 7
20	0.946 3
25	0.941 6
30	0.937 2
35	0.932 8
40	0.928 3
50	0.919 4

附 录 E
（资料性附录）
仪器的清洗

与试验液体接触的全部仪器和部件都必须非常清洁，这是本方法成败的关键。黏度计中任何杂物，如灰尘、液体残渍或细丝都会导致试验失败。

试验前，黏度计和所用的部件（玻璃器皿、吸管、烧结玻璃过滤器、橡皮管等）都要清洗干净，要用合适的洗涤剂。如用王水除去玻璃器皿中的无机残留物，用合适的溶剂除去油渍和油污。待仪器干后，再用新配制的铬酸洗液在不低于 20℃ 下浸泡过夜。为了更有效地清洗，洗液最好先在水浴上小心加热。

倒出洗液，用蒸馏水或去离子水至少洗五次，在 100℃ 以下的烘箱中干燥。或者用蒸馏、干燥、过滤过的丙酮至少冲洗五次。并用经过滤的干燥空气慢气流吹干或最好用真空抽干。

当连续测定两个性质相似的试样的流经时间之间，黏度计可按下述步骤清洗：倒尽试液，用经蒸馏、过滤的挥发性溶剂彻底冲洗，在抽气的情况下，用经过滤的干空气慢气流干燥或在烘箱中 100℃ 以下烘干。清洗的效果可通过给定溶剂在该黏度计中的流经时间保持不变来检查。

如果下一个被测溶液是类型相同黏度相近的聚合物溶液，则可用待测溶液洗黏度计后，再将余下的待测溶液注入黏度计。

警告：用王水和铬酸洗液时，要特别小心！最好戴护目镜和橡皮手套。若溅到皮肤上，则用大量冷水冲洗，并避免吸入其蒸气。

ICS 83.080.01
G 31

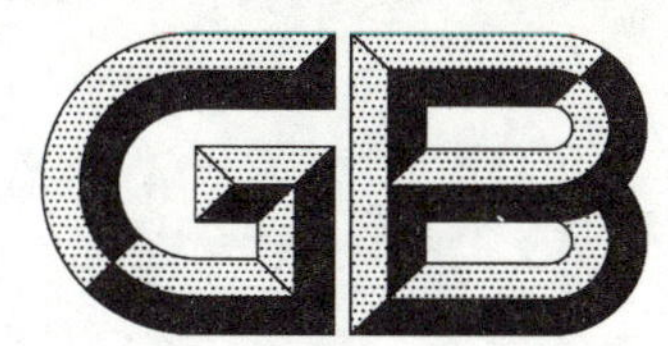

中华人民共和国国家标准

GB/T 3681—2011/ISO 877:1994
代替 GB/T 3681—2000,GB/T 14519—1993

塑料 自然日光气候老化、玻璃过滤后日光气候老化和菲涅耳镜加速日光气候老化的暴露试验方法

Plastics—Methods of exposure to direct weathering, to weathering using glass-filtered daylight, and to intensified weathering by daylight using Fresnel mirrors

(ISO 877:1994,IDT)

2011-12-30 发布　　2012-10-01 实施

中华人民共和国国家质量监督检验检疫总局
中国国家标准化管理委员会　发布

前　言

本标准按照 GB/T 1.1—2009 给出的规则起草。

本标准代替 GB/T 3681—2000《塑料大气暴露试验方法》和 GB/T 14519—1993《塑料在玻璃板过滤后的日光下间接曝露试验方法》。

本标准与 GB/T 3681—2000 和 GB/T 14519—1993 相比的主要变化如下：

——ISO 877:1994 包括方法 A、方法 B、方法 C 三种方法，GB/T 3681—2000 非等效采用了 ISO 877:1994 中方法 A 的内容，GB/T 14519—1993 参照了 ISO 877:1994 中方法 B 的内容，而本标准等同采用了 ISO 877:1994 的全部内容，与 ISO 877:1994 的一致性程度不同；

——改变了标准名称，由《塑料大气暴露试验方法》和《塑料在玻璃板过滤后的日光下间接曝露试验方法》改为《塑料　自然日光气候老化、玻璃过滤后日光气候老化和菲涅耳镜加速日光气候老化的暴露试验方法》。

本标准使用翻译法等同采用 ISO 877:1994《塑料　直接气候老化、玻璃过滤后日光气候老化和菲涅耳镜日光加速气候老化的暴露方法》。

为了便于使用，本标准还做了下列编辑性修改：

——删除了已废止的国际标准 ISO 2557.1；

——用广州的亚热带气候年辐射量平均值替代佛罗里达的辐射数据，见 8.1.2；

——附录 B 改为中国气候区划名称和气候特征；

——删除了包含各国关于菲涅耳镜相关文献的附录 C；

——增加了参考文献。

本标准由中国石油和化学工业联合会提出。

本标准由全国塑料标准化技术委员会老化方法分技术委员会(SAC/TC 15/SC 5)归口。

本标准起草单位：广州合成材料研究院有限公司、珠海市远康企业有限公司、金发科技股份有限公司、美国 Q-Lab 公司中国代表处。

本标准参加单位：广州市合诚化学有限公司

本标准主要起草人：邵芳、宁凯军、谢振平、张恒、诸泉、耿伟、王浩江、杨育农。

本标准所代替标准的历次版本发布情况为：

——GB/T 3681—1983，GB/T 3681—2000；

——GB/T 14519—1993。

引　言

本标准中规定的户外暴露试验用于评定暴露在日光下的塑料性能。这些试验的结果仅宜用来表示自然日光气候老化(方法 A)、玻璃过滤后日光的气候老化(方法 B)或菲涅耳镜加速日光老化(方法 C)的暴露效果。暴露给定时间后所得的结果不可以与用相同方法、相同时间的其他暴露结果相比较。当同一材料在不同时期进行持续几年的暴露时,经过相同暴露间隔后,它们通常具有类似的老化行为。然而,即使在长期试验中,结果也可能受到试验起始季节的影响。当用本标准规定的菲涅耳反射聚能器按照方法 C 进行暴露试验时,这种现象尤其明显。

方法 C 中规定的菲涅耳反射聚能器以太阳辐射为紫外光源,用于很多塑料材料的户外加速暴露试验。

然而,某些塑料材料,尤其是对湿气比较敏感的材料,某些性能损失速率可能与户外自然暴露不同。

短期户外暴露试验的结果能够表征相应的户外性能,但不宜用于预测材料长期绝对的老化性能。暴露时间不足一年的试验,其结果的比较会显示出季节的影响,即使暴露时间超过两年,其结果仍能显示出试验开始时间的季节影响。

附录 B 给出了我国的气候区划分类系统。

需注意所选择的试验方法通常按照将材料暴露在任一特殊气候的最严酷条件下来设计。因此,宜考虑到在大多数情况下,实际应用中的严酷程度可能小于本标准的规定,并且宜在诠释试验结果时相应地把该情况考虑进去。例如,与水平面成 90°的垂直暴露对塑料影响的严酷程度可能大大低于近乎水平的暴露,尤其是热带区域,此区域太阳在高天顶角,辐射最为强烈。

面向两极的样品表面由于接受的太阳辐射较少,其降解的可能性远远小于面向赤道的样品表面。但是它们可以较长时间保持湿润,这对于易受湿气影响的材料可能是重要的。

塑料　自然日光气候老化、玻璃过滤后日光气候老化和菲涅耳镜加速日光气候老化的暴露试验方法

1　范围

本标准规定了将塑料在太阳辐射下暴露的试验方法，包括自然日光气候暴露（方法 A）、通过玻璃滤光改变光谱分布来模拟建筑物或汽车窗玻璃后塑料老化的间接暴露（方法 B）、或用菲涅耳镜加速日光老化暴露（方法 C），目的在于评定塑料在这些规定暴露周期后的性能变化。

本标准规定了对上述试验所用装置和操作方法的一般要求。尽管本标准没有包括使用黑箱试验设备的直接老化，但需注意模拟材料最终使用温度下的暴露试验方法。

用于增强太阳辐射的方法 C 装置能以水喷淋的形式提供湿气，但是方法 B 和方法 C 未考虑风和雨等气候影响因素。

当将方法 C 所得暴露结果与方法 A 和方法 B 所得暴露试验结果进行比较时，宜考虑试样温度、紫外辐射水平和湿气凝聚的不同。此外，当将方法 C 与方法 B 的暴露结果进行比较时，作为滤光器的玻璃或其他透明材料宜相同。相互比较的暴露结果所对应的暴露试验宜有较为一致的紫外辐射水平。

本标准也规定了测定辐射量的方法。这些方法适用于各种塑料材料和产品以及产品的部分。

注：暴露后的性能变化测定见 GB/T 15596。

2　规范性引用文件

下列文件对于本文件的应用是必不可少的。凡是注日期的引用文件，仅注日期的版本适用于本文件。凡是不注日期的引用文件，其最新版本（包括所有的修改单）适用于本文件。

GB/T 250　纺织品　色牢度试验　评定变色用灰色样卡(GB/T 250—2008,ISO 105-A02:1993,IDT)

GB/T 2918　塑料试样状态调节和试验的标准环境(GB/T 2918—1998,idt ISO 291:1997)

GB/T 9352　塑料　热塑性材料试样的压塑(GB/T 9352—2008,ISO 293:2004,IDT)

GB/T 11997　塑料　多用途试样(GB/T 11997—2008,ISO 3167:2002,IDT)

GB/T 15596　塑料在玻璃下日光、自然气候或实验室光源暴露后颜色和性能变化的测定(GB/T 15596—2009,ISO 4582:2007,IDT)

GB/T 16422.1　塑料实验室光源暴露试验方法　第 1 部分：总则(GB/T 16422.1—2006,ISO 4892-1:1999,IDT)

GB/T 16422.2　塑料实验室光源暴露试验方法　第 2 部分：氙弧灯(GB/T 16422.2—1999,idt ISO 4892-2:1994)

GB/T 16422.3　塑料实验室光源曝露试验方法　第 3 部分：荧光紫外灯(GB/T 16422.3—1997,eqv ISO 4892-3:1994)

GB/T 16422.4　塑料实验室光源曝露试验方法　第 4 部分：开放式碳弧灯(GB/T 16422.4—1996,eqv ISO 4892-4:1994)

GB/T 17037.1　热塑性塑料材料注塑试样的制备　第 1 部分：一般原理及多用途试样和长条试样的制备(GB/T 17037.1—1997,idt ISO 294-1:1996)

GB/T 17037.3 塑料 热塑性塑料材料注塑试样的制备 第3部分:小方试片(GB/T 17037.3—2003,ISO 294-3:2002,IDT)

GB/T 17037.4 塑料 热塑性塑料材料注塑试样的制备 第4部分:模塑收缩率的测定(GB/T 17037.4—2003,ISO 294-4:2001,IDT)

ISO 105-A01:1989 纺织品 色牢度试验 第A01部分:试验通则

ISO 105-B01:1989 纺织品 色牢度试验 第B01部分:耐光色牢度:日光

ISO 294.2 塑料 热塑性材料注塑试样的制备 第2部分:小拉伸样条

ISO 294.5 塑料 热塑性材料注塑试样的制备 第5部分:各向异性材料标样

ISO 2818 塑料 试样的机加工制备

WMO,气象监测仪器和方法,WMO No.8,第5版,世界气象组织,日内瓦,1983

3 术语和定义

下列术语和定义适用于本文件。

3.1

太阳直接辐射 direct (beam) solar radiation

从以太阳为中心的小立体角照射出来的光线入射到与该立体角轴线垂直表面上的太阳辐射。

习惯约定直接辐射的平面角约为6°。

3.2

直接老化/直接暴露 direct weathering; direct exposure

通常,未经过透明材料透射或镜面反射即入射到材料表面上产生的老化(或暴露)。

3.3

菲涅耳反射器系统 Fresnel-reflector system

为确保能将日光反射到一个模拟平面镜形状和尺寸的受照靶面上而有序排列的平面镜。

3.4

自然气候老化 natural weathering

自然环境下在固定角度或可季节性调整的试样架上进行的长期暴露。

这些暴露用于评定环境因素对相关的各功能参数和装饰参数的影响。

3.5

直接辐射表 pyrheliometer

用于测定入射到表面上的直接太阳辐照度的辐射表。

3.6

总辐射表 pyranometer

用于测定单位时间入射到单位面积上的太阳总辐射量的辐射表。

包括直接辐射、漫射以及从地面反射的辐射量。

4 原理

按照规定的要求将试样或(如果需要)能够裁剪试样的片材或其他型材暴露在自然日光下、或窗玻璃过滤日光下、或菲涅耳镜聚能器增强日光下。在规定的暴露时间间隔后,将试样取出并测定光学性能、机械性能或其他相关性能的变化。暴露周期可以是给定的一段时间间隔,也可以用给定的太阳总辐射量或太阳紫外辐射量来表示。由于菲涅耳反射聚能增强日光方法可使太阳辐射的波长和强度随气候、地点和时间变化的影响最小，因此，当暴露的主要目的是测定耐光老化性能时，总是优先选用该方法。

可以用以下一种或多种方法评定辐射量：

——仪器法测定辐照度，并用积分法得出在一个时段内的辐射量。

——评定物理标样在光暴露下的颜色或其他明确性能的变化，用变化程度表示辐射量。

除非另有规定，用于测定颜色和机械性能变化的标样应以自然状态暴露。

监测并记录试验过程中的气候条件及其变化以及其他暴露条件。

5 装置

5.1 一般要求

应使用由适合的试验支架组成的试验装置。支架、夹具和其他固定装置应由不影响试验结果的惰性材料制成。耐腐蚀铝合金、不锈钢或陶瓷均适用，还可以使用用铜铬砷混合物等防腐剂浸渍过的、或已被证明不会与暴露试验发生相互影响的木材。材料的热性能不同可能得出不同的结果。在试样附近不应使用铜、锌、铜锌合金、铁、非不锈钢、电镀金属、或非上述木材。

安装时，试验方法A和方法B所用的支架应能提供所要求的倾斜角(见7.1)，并应确保试样所有部位离地面或其他障碍物的距离不小于0.5 m。试样可以直接固定在支架上，或用适合的夹具固定后安装在支架上。固定装置应安装牢固，但作用在试样上的应力宜尽可能小，并尽可能不约束试样的收缩、膨胀或卷曲。

如果需要用背板支撑试样或模拟特定的最终使用条件，则背板应是惰性材料。对于需要用支撑来防止松垂但不需要背板来提高温度的试样，或不需要整体背板的试样，宜用细股金属网、小孔铝或不锈钢背板来支撑。

注：对于在最终产品上进行的试验，推荐尽可能模拟实际使用中的固定装置。

应监测间接暴露方法(方法B和方法C)所用装置的状态，从而确保光谱在老化过程中不发生变化。为此，对于用方法B进行的试验，应周期性地测试玻璃的光谱透射率；对于用方法C进行的试验，应周期性地测试平面镜系统的镜面光谱反射率，即在它们各自的装置中宜周期性地更换玻璃或平面镜。

5.2 用方法A进行暴露试验的装置

支架的设计应与试样类型相适应，但是在很多场合，适合将平板框架固定在支架上。框架应由被认可的木料或其他材料的横条组成，可将试样本身或适合的试样支架固定在框架上。试验装置可以根据太阳高度角(如倾斜)和方位调整。

5.3 用方法B进行暴露试验的装置

试验装置由试验架或开底式箱子组成，装有特定的窗玻璃、挡风玻璃或自动侧窗玻璃框架盖。封闭区应配备一个与玻璃盖平行的试样架，试样可以直接或用适合的夹具固定在试样架上。试验装置可以根据太阳高度角(如倾斜)和方位进行调节。图1给出了符合玻璃过滤后日光暴露要求的装置简图。

单位为毫米

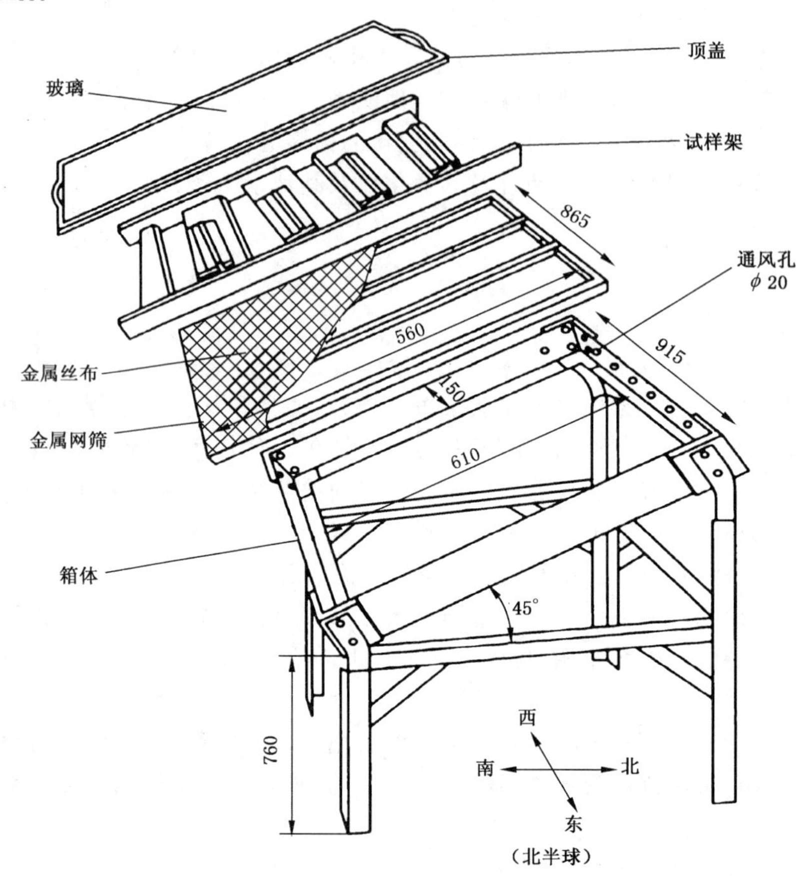

图1 玻璃过滤后日光老化的典型暴露箱

在框架盖和试样架之间需有足够空间以确保充分对流，适合的最小距离是75 mm。为了使阴影部分最小化，玻璃下的可用暴露区域应限制在以玻璃盖尺寸减去其到试样的距离为尺寸形成的区域。

用作框架盖的玻璃应平滑、透光均匀且无缺陷。对于建筑物窗玻璃下的暴露试验，推荐使用2 mm～3 mm厚的薄玻璃，该玻璃在370 nm～830 nm波长范围的可见光透光率大约90%，在300 nm～310 nm及更短波长的透光率小于1%。为保持这些特性，通常不超过两年即更换一次玻璃。

其他玻璃或透光材料可以按照相关方的约定使用。

注：由于光谱分布的不同及玻璃下温度和户外温度的不同，玻璃下暴露和直接大气暴露可能会产生不同的结果。

5.4 用方法C进行暴露试验的装置

试验装置是由10个平面镜组成的菲涅耳反射聚光器，将日光直接辐射聚集在一个风冷的试样区域上。平面镜应模拟抛物面的切线排列以确保将日光均匀地反射到固定在目标区域的试样上。装置简图见图2。

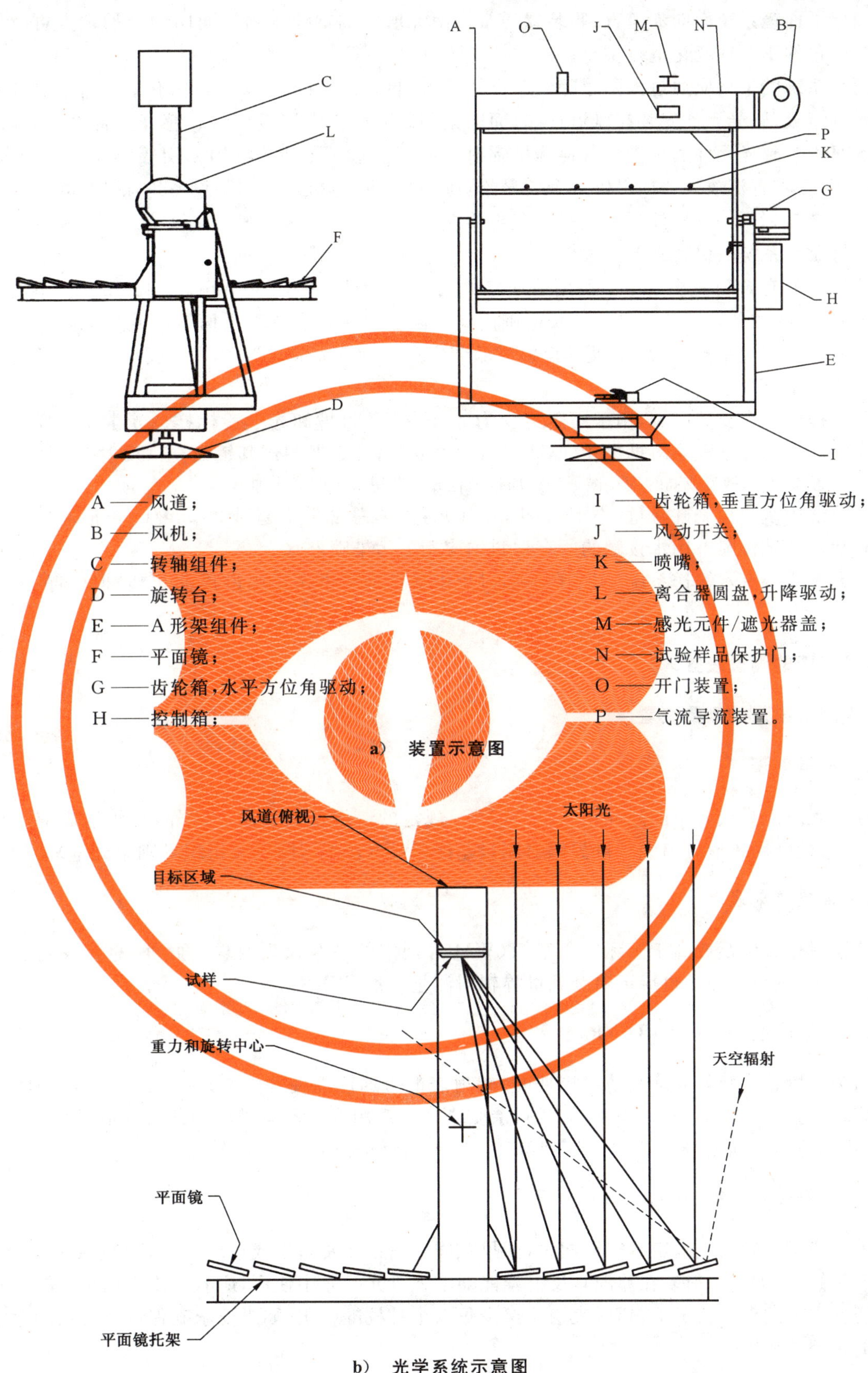

a） 装置示意图

b） 光学系统示意图

图 2 菲涅耳反射聚光加速老化试验装置

为确保平面镜系统面向赤道，试验装置通常按南北取向的轴线排列。面向两极的端点可随在天顶的太阳高度角的季节性变化进行调整。

平面镜系统的平面应通过太阳跟踪装置保持与太阳辐射光束接近垂直的方位。跟踪装置通常由两个感光元件组成，感光元件安装在风道顶端，面向太阳。T 型阴影挡板安装在感光元件之上，以确保当仪器聚焦时每个感光元件的一半均获得等量辐射。当一个感光元件接收的太阳辐射比另一个多时，平衡会被破坏，指零直流放大器即提供一个信号给可逆的电机，电机随之调整设备来保持聚焦。

一种方法是利用计算机控制系统跟踪全年的太阳方位和高度来调整设备方位，另一种方法是根据太阳用时钟驱动系统来保持设备方位。

试验设备的有效靶面积略小于所用平面镜的面积，典型尺寸为 130 mm×1 400 mm。平面镜应在 295 nm～700 nm 的紫外光和可见光波长范围内具有高反射率。应调整平面镜以确保在靶平面内增强太阳辐射的非均匀性小于 5%。菲涅耳反射试验装置所用的镜面应平滑，并且在 310 nm 波长的光谱反射率大于或等于 65%。

装置应提供一个安装区域，用于固定至少为 25 mm^2 的可拆卸光学镜标样。光学镜标样应与用于照射靶样品区域的光学镜原料批次相同，两者应同时安装，并定期测试其镜面光谱反射率。

注：当装置在干燥、沙漠或高纬度气候下进行加速老化时可获得最大的老化加速率。

试样喷淋用水应控制硅含量(小于 0.01 mg/L)且固体总含量不超过 20 mg/L，可能需要对其进行净化或脱盐。与试样喷淋用水接触的所有材料均应不会污染喷淋水。

试验设备应装有水输送系统，用于在辐射过程中向试样喷淋水。喷淋周期与塑料材料的最终应用有关。

5.5 气候因素的测量装置

5.5.1 太阳辐射量的测量装置

5.5.1.1 总辐射表

总辐射表应满足或高于国际气象组织(WMO)规定的二级仪表要求。此外，总辐射表应至少每年校准一次，其校准因子应可追溯到世界辐射测量基准(WRR)(见国际气象组织导则第九章)。

5.5.1.2 直接辐射表

直接辐射表应满足或高于国际气象组织(WMO)规定的一级仪表要求。此外，直接辐射表应至少每年校准一次，其校正因子也应可追溯到世界辐射测量基准(WRR)。

5.5.1.3 全波段紫外辐射表(TUVRs)

当用全波段紫外辐射表确定暴露周期时，辐射表的带通应能使 300 nm～400 nm 波段的辐射接收最大化，并且为能包括天空紫外辐射，应对其余弦修正。商用全波段紫外辐射表如果在北纬 40°和南纬 40°间使用，需要每半年校准一次(如果在此范围外使用，每年校准一次即可)。

5.5.1.4 窄带紫外辐射表(NBUVRs)

当用窄带紫外辐射表确定暴露周期时，如果在固定角自然暴露中或玻璃过滤日光暴露中使用，应对辐射表余弦修正；如果辐射表在菲涅耳反射聚能器增强日光暴露中使用，应有超出平面镜系统有效接收角的视场。在上述任一情况下，辐射表均应至少每六个月校准一次，如果要求确保设备常数的稳定性需要进行更频繁的校准。

5.5.2 蓝色羊毛标样

在确定暴露周期时，应按照 ISO 105-B01:1989 使用蓝色羊毛标样(见附录 A)。

5.5.3 其他的气候因素测量装置

用于测量气温、试样温度、相对湿度、降雨量、润湿时间和光照时间的仪器应与所用的暴露方法相适应，且应经相关方约定。

注：润湿时间通常通过采用原电池或类似电学方法来测定。

6 试样

6.1 形状和制备

试样的尺寸应符合相应试验方法或暴露后被测性能的规定，除非要求从以片材或其他形状暴露的样品上裁取试样进行规定的试验。

如果被测试材料是颗粒状、片状或其他初始状态的挤出或模塑混合物，应直接用适合的方法加工制成试样，或用适合的方法加工成片材，再从片材上裁取试样。所用方法应由相关方约定并且应与使用者采用的材料加工方法紧密相关。试样制备方法见 GB/T 9352、GB/T 17037.1、GB/T 17037.3、GB/T 17037.4、GB/T 11997、ISO 294.2 和 ISO 294.5。

如果被测试材料是挤出件、模塑件或片材等，可以从暴露前或暴露后的材料上裁取试样，这取决于具体的试验要求和材料特点。例如，老化后显著脆化的材料应以被测试的形状暴露，因为暴露后加工困难；相反，如层压材料，在边缘可能分层，宜以片材形状暴露并在暴露后裁取试样。

注：用机械加工法制备试样见 ISO 2818。

当需要确定一类具体产品的老化行为时，只要可能，宜对产品本身进行暴露。对于试验而言足够大的产品或产品的部分应按其本身的形状进行暴露。对于先对材料进行暴露而后从其上裁取试样的，在试样制备过程中不应去除被暴露面。

从被暴露的片材上裁取试样应距离片材边缘和夹具或非模拟实际条件的支撑至少 20 mm。在试样制备过程中，不应去除材料被暴露面的任何部分。

应只对尺寸相同且暴露区域大致相同的试样进行比较。

6.2 试样数量

每一试验条件或暴露周期的试样应至少与暴露后性能测试的相关试验方法所规定的数量相同。

注：就机械性能测试而言，推荐被暴露试样的数量为相关国家标准要求的两倍(众所周知，在老化后的塑料机械性能测试中会出现大的标准偏差)。

试样的总量将由测试初始值和每个暴露周期后的性能值所必需的数量决定。

6.3 状态调节和贮存

如果试样需要通过机械加工制备并且为便于制备需对其进行预处理，则应记录该预处理的详细情况。

试验前，应按照材料种类和将采用的试验方法要求对试样进行适当的状态调节；状态调节的过程应按照 GB/T 2918 的规定进行记录。如果所用的状态调节周期小于 GB/T 2918 规定的最小周期，应记录该状态调节周期，因为这将严重影响随后的试验结果(例如：被测试样对湿度非常敏感和(或)试样被暴露在极端气候条件件的情况)。

参照样品应避光贮存在普通实验室环境下，最好选用 GB/T 2918 给出的标准环境中的一种。

注：有些材料尤其是老化后的材料在避光贮存过程中将会发生变色。

7 试验条件

7.1 试验方法 A 和方法 B 的暴露方位

暴露朝向应面向赤道，并应根据暴露试验的目的从下列条件中选择与地平线的倾斜角度：

a) 在没有权威规定情况下，测定全球大部分中纬度区域太阳总辐射量的年最大值时，与地平线的倾斜角应是该位置的纬度减 10°；

b) 在北纬 40°和南纬 40°范围测定太阳总紫外辐射的最大值时，与地平线的倾斜角应是 5°～10°；

注：在赤道附近的中纬度沙漠地区测定年最大太阳总紫外辐射量，其倾斜角比较接近于以该位置的纬度除以 2。

c) 介于与地平线成 10°～90°的任何其他规定角度。

注：c)可用于获得与特殊用途相关的结果；例如，垂直暴露可用于模拟建筑物表面的条件，45°暴露可用于与已建立的数据库进行比较。

7.2 暴露场地

7.2.1 方法 A 和方法 B 的试验场地

暴露试验的场地应位于远离树木和建筑物的空旷场地。对于面向赤道、倾斜角为 45°的暴露，在东、西或赤道方向上的遮挡物(包括相邻的支架)对向的垂直角应不大于 20°，或在两极方向上不应大于 45°。对于倾斜角小于 30°的暴露，在两极方向上的遮挡物对向的夹角不应大于 20°。除非辅助条件要求，否则推荐使用天然土壤遮盖物，例如，在温带使用草，在沙漠区域使用经稳定化处理的沙。植被的高度应保持较低。

此外，对于某些用途，为了评估生物生长、白蚁和腐朽植被的影响，可能希望在丛林或森林区域非空旷地进行暴露。在选择这些场地时，应注意确保：

a) 非空旷场地足以代表一般环境；

b) 暴露装置和选用的方法基本不影响或改变环境。

注：为了获得最可靠的结果，自然暴露试验宜在一系列不同环境下的场地进行，尤其是那些与最终应用条件非常相似的环境。气候条件见 10.2。

7.2.2 方法 C 的试验场地

方法 C 所需要的菲涅耳反射聚能试验设备最好在干燥、阳光充足即年日照时间大于或等于 3 500 h 的气候下使用，且试验场地年相对湿度的日平均值小于 30%。为获得加速老化的最佳水平，用方法 C 进行增强太阳辐射试验，要求直接辐照度至少为太阳总辐照度的 80%。

注：在中度到高度散射太阳辐照度区域内使用方法 C 装置将会显著减少试样靶板的紫外辐射。虽然可以根据相关性得到可接受的结果，但这种损失可能大大降低所获得的暴露加速程度。正如在 ISO/TR 9673 中所讨论的，中到高湿度水平和城市大气的悬浮微粒导致太阳直接辐射(光束部分)的散射，结果导致紫外光被散射到半球形天顶内，使方法 C 装置的平面镜系统(见图 2)无法聚集直射光束。

7.3 试样的安装

除非另有规定，应将测试颜色和机械性能变化的试样暴露在自然状态下。

除非要求使用背板、支撑(见 5.1)或模拟使用条件(见 5.2)，否则应对试样进行无背板或支撑(除了需要保持位置的情况)暴露，其背面应向空气敞开。

如果需要在试样背面使用背板或一般支撑，应认为暴露试样是由试样和背板/支撑组成。

注：由于背板影响试样非暴露面的热绝缘，故背板或普通支撑可能会对暴露试样的温度产生显著影响。

如果材料的预期用途需要与规定的背板材料直接接触，可以修改试验。

8 暴露周期

无论暴露场所在何处，相同暴露周期（由任何方法规定）都未必会对试样产生相同的变化。对于已得出的暴露结果，应把所确定的暴露周期仅看作材料性能变化程度的大致表示，且宜根据暴露场所的特点考虑暴露结果。

测试试样性能变化的暴露周期通过以下方法确定。

8.1 暴露时间

8.1.1 暴露持续时间

除非另有规定，暴露周期应根据下列暴露持续时间来选择：

a) 周：2、3、4（方法 C）；

b) 月：1、3、6、9（方法 A、方法 B 和方法 C）；

c) 年：1、1.5、2、3、4、6（方法 A 和方法 B）。

按照方法 A 和方法 B 进行暴露周期少于一年的试验时，其结果将依赖于当年进行暴露的季节。对于暴露周期更长的试验，季节的影响将被弱化，但试验结果可能仍依赖于暴露开始的具体季节（例如在春天还是秋天）。

8.1.2 方法 C

用方法 C 试验得到的加速因子依赖于材料本身和试验时间。太阳辐射量中的紫外光含量具有季节依赖性。因此，与夏季试验相比，冬季试验需要更长的暴露期以获得与其等量的紫外辐射能量和等水平的降解。

规定太阳辐射量的测试优于简单规定暴露时间的测试。减少方法 C 所得暴露结果季节差异的唯一方法是测试标准的参考辐射量，用焦耳每平方米太阳紫外辐射量表示。可以用典型亚热带气候纬度上的年平均太阳紫外辐射量作为“等效标准参照年”来指导基于全波段紫外辐射量的暴露周期的选择。表 1 给出了位于亚热带的广州的辐射典型数值。对于其他气候区域，年太阳紫外辐射量的数值也能够用于测定“等效标准参照年”。

表 1 广州的亚热带气候 45°角年辐射量平均值（2002 年～2006 年）

太阳光	紫外光（300 nm～385 nm）
4 137 MJ · m^{-2}	300 MJ · m^{-2}

8.2 太阳辐射量

由于太阳辐射量是老化暴露过程中塑料损蚀的最重要因素之一，可以按照试样接受的太阳辐射量来确定暴露周期。在选择用太阳总辐射能量确定暴露周期时，应测试并记录本标准涉及的所有暴露试验每个暴露周期的太阳总辐射量。

8.2.1 太阳辐射的测量仪器

用于测量辐射量的仪器应安装在紧靠试样暴露架区域的夹具上。

8.2.1.1 太阳总辐射量

对于按方法 A 进行的暴露试验，应使用总辐射表（见 5.5.1.1）测量太阳辐照度，总辐射表的接收器平面与暴露试验支架平面平行。应记录太阳辐照度并积分得出每个暴露周期的太阳总辐射量,以焦耳每平方米表示。如果水平面的倾斜度大于10°,应注意确保没有任何物体会将日光反射到接收器上,并确保总辐射表的上述事项与暴露试样尽可能一致。总辐射表玻璃罩应每天用蒸馏水或去离子水清洗,并用软镜头纸擦干。

对于按方法B进行的暴露试验,与方法A的要求相同,应将总辐射表安装在玻璃框架下,玻璃平面与接收器平面的距离和与暴露在玻璃过滤后日光下试样的距离相同。所选择的玻璃应与方法B试验的试样所用玻璃批次相同,或者光谱特征相同。

当用方法C进行试验时,按照5.5.1.2的规定应将直接辐射表固定在赤道式太阳跟踪器上,并应在方法C试验进行的所有阶段持续工作。应每天修正暴露量以计算出太阳方位角的变化;直接日射表玻璃应每天用蒸馏水或去离子水清洁,并用软镜头纸擦干。

8.2.1.2 规定波长范围的辐射量

总辐射表和直接辐射表除测量紫外光和可见光波段的太阳辐射外,还测量所有红外光部分的太阳辐射。尽管红外光的能量确实影响被暴露试样的温度,但鉴于红外光能量对塑料的老化无直接的光化学效应,最好将太阳辐射的测量结果限制在有光化学活性的波长范围内,大体上在太阳光谱的紫外光区域。

例如,可以使用符合5.5.1.3规定的商用全波段紫外辐射表测定300 nm～400 nm波段的太阳紫外辐射。

另一方面,可以使用符合5.5.1.4规定的窄带紫外辐射表来跟踪暴露过程。无论哪种情况,当用紫外辐射表测量或监测暴露周期时,应按照本标准规定的方法安装和维护总辐射表。应测量并记录紫外辐射量,以焦耳每平方米表示。

8.2.2 蓝色羊毛标样

ISO 105-B01:1989中对使用蓝色羊毛标样评定光色牢度进行了规定。

注:宜通过一个在干燥条件下覆盖和未覆盖标准物的对比试验来检测覆盖物对入射光的透光度。

尚没有一种理想的监测仪器或标准物能监测所有材料的暴露情况。尽管很多材料对太阳光谱中波长较短的紫外光区域特别敏感,但其具体的敏感度不同,这依赖于材料的化学组分及其添加剂的性质。

9 方法

9.1 试样的安装

9.1.1 一般方法(方法A,方法B和方法C)

用惰性材料夹具将试样安置在试样架上或适合的支架上。确保附属装置间以及夹条间存在足够的空间,以便为完成必要的光学和机械性能测试留出足够尺寸的未遮盖区域。确保将机械性能测试所需的试样按照诸如缺口、带状物等形状进行适当固定。确保固定方式不会对试样施加显著的应力。

用适合的不易消除的标记在每个试样的背面进行标识。确保用于识别的任何标记不在能影响机械测试结果的区域。可保留一份安装位置图用于核查。

如果需要,在暴露过程中可以用一个不透光、耐老化的遮板遮住每个试样的一部分,以提供一个被遮挡的未暴露区域与相邻的被暴露部分进行对比。这种方法对于检查暴露试验的进展过程是有用的,但是报告的数据应以存放的未暴露参照试样为基准。

注:为了监测暴露条件的严酷性,往往同时暴露一个或多个已知性能的材料试样。

9.1.2 方法 B

按照 8.1.1 给出的一般方法将试样安装在玻璃过滤后日光下进行暴露，将试样安装在 5.3 所要求的区域内，并确保试样与玻璃之间的距离至少为 75 mm。

9.1.3 方法 C

将试样安置在适合的试样架内，并确保试样被夹具遮盖的面积最小。

对于无背板的暴露，将固定在试样架上的试样安装在距离靶板大约 5 mm 的位置，试验面面向平面镜。控制试样的位置以确保空气输送槽与支架间存在间隙。调整设备的导流板以确保其与试样被暴露面的间隙为 6 mm～13 mm。

对于绝热的、有背板暴露，用绝热的防水材料（如 12mm 厚的室外用胶合板）背板，并固定在试样架上。

9.2 辐射表和材料标准物的安装

如果适用，按照 8.2 安装辐射表或材料标准物。按照 9.1 给出的试样安置方法固定蓝色羊毛标样，并使它们相邻。确保满足附录 A 的要求。

注：一直以来，为测试纺织品色牢度而发展起来的蓝色羊毛标样已被用于塑料的测试。该方法被公认在确定塑料暴露周期时有着严重的局限性。

9.3 气候观测资料

保留可能影响暴露试验结果的所有气候条件和变化（见 10.2）的记录。

9.4 试样的暴露

除非另有规定，在暴露过程中不清洁试样。如果需要清洁，应使用蒸馏水或纯度相当的水，并注意不要因摩擦而破坏试样表面。

定期检查和维护试验场地，加固松动的试样、记录试样的状态、并修复破损或老化的装置，尤其是在暴风雨后。

9.4.1 方法 B

定期清洁在玻璃过滤后日光下暴露的试验中所用的玻璃盖。暴风雨后立即清洁玻璃盖沉积的灰尘、沙和碎屑。应周期性清洁玻璃盖的内表面以去除灰尘和试样挥发物。用水清洁并抹干。

9.4.2 方法 C

定期清洁在强化自然气候老化试验中所用的菲涅耳反射聚能镜。

每六个月测试一次在 295 nm～400 nm 紫外光区域内聚光镜的镜面反射率。可以通过可拆卸的镜面监测光学镜样品（测试后重新放置）或可验证适用性的便携式反射测试仪来完成。当光学镜样品或聚光镜的镜面反射率在 310 nm 处降至 65%以下时，更换平面镜。

按照表 2 给出的喷淋循环周期来调节水喷淋装置。

表 2 菲涅耳反射聚光镜所用喷淋周期

周期序号	描　　述
1	喷淋 8 min，干燥 52 min（在辐照过程中），加 3 次夜间喷淋（分别在 18:00，24:00，6:00），每次持续 8 min
2	喷淋 3 min，干燥 12 min（18:00～6:00），仅在夜间喷淋
3	无喷淋
4	喷淋 18 min，干燥 102 min
其他	可以按相关方约定使用其他喷淋周期

注：喷淋周期的典型用途如下：
周期 1：测试多数塑料试样；
周期 2：测试初始高光泽度的塑料试样，如玻璃透镜材料、透明材料等；
周期 3：测试玻璃下试样、塑料层压玻璃、仅进行褪色试验的试样、太阳能热水器内端盖；
周期 4：用于 GB/T 16422.1～16422.4 中描述的人工老化装置。

9.5 性能变化的测定

将试样暴露适当的周期，然后从试样架上取下，按照 GB/T 15596 和适当的试验方法测定外观、颜色、光泽和机械性能的变化。

暴露后的试样按要求进行状态调节后尽快进行测试，并记录暴露结束点和测试起始点之间的时间间隔。

根据前期的试验结果考虑是否通过调整随后的暴露阶段来提高暴露试验方案的试验价值。

10 结果表示

10.1 性能变化的测定

按照国家规定的试验方法（见 GB/T 15596）测定相关性能的变化。

10.2 气候条件

10.2.1 气候分类

我国主要的气候区划和特征见附录 B。每种气候条件预期会对塑料老化行为产生明显不同的影响。

海岸和工业条件可能对区域的基本气候条件产生明显不同的影响，这些特殊条件形成了试验场所的小气候，会成为这种区域性分类的决定性影响。在沿海区域，大气中可能含有微量盐，但通常是干净的，被暴露试样接收了较多的太阳辐射，其降解也可能比非沙漠的内陆区域更快。在工业地区，大气污染和试样上的灰尘减少了太阳辐射的影响，尽管污染和灰尘可能同时使湿气的影响更加显著。

10.2.2 气候因素观测资料

暴露场所的气候描述除了气候带、气候类型和特殊条件外，还应补充下列观测资料。

10.2.2.1 温度

a) 日最高温度的月平均值；

b) 日最低温度的月平均值；

c) 月最高温度和最低温度。

10.2.2.2 **相对湿度**

a) 日最大相对湿度的月平均值；

b) 日最小相对湿度的月平均值；

c) 月相对湿度范围。

10.2.2.3 **暴露周期**

a) 总暴露时间(周、月、年)；

b) 太阳总辐射量，用焦耳每平方米表示。

对于用方法C测定的暴露周期，用式(1)计算试样接收的太阳辐射量 H_s：

$$H_s = M\rho_s \sum_{1}^{N} H_d \quad \cdots\cdots(1)$$

式中：

H_s——太阳总辐射量，单位为焦耳每平方米($J \cdot m^{-2}$)；

M——平面镜的数量；

ρ_s——昼夜平分点时已知平均光谱能量分布在镜面(光学系统)平均入射角处的平均镜面反射率；

N——暴露天数；

H_d——直接辐射表在6°视场内测得的太阳直射的日辐射量。

10.2.2.4 **降水量**

a) 月总降水量，用毫米表示；

b) 月凝露时间，用小时表示；

c) 月降水时间，用小时表示。

10.2.2.5 **润湿时间**

a) 月润湿时间百分比的平均值；

b) 月润湿时间百分比的范围。

10.2.2.6 **其他观测资料**

还可记录其他观测资料，如风速和风向、大气污染的影响程度和特点、全波段紫外辐射量(如果已测定)，以及当地的任何特殊环境。

11 试验报告

试验报告应包括以下内容：

1) 试样的详细描述：

  a) 试样及其来源的详细描述；

  b) 混料的细节，包括合适的塑化时间和温度；

  c) 试样的加工方法。

2) 所用的试验方法(方法A，方法B或方法C)。

3) 试验的详细描述：

a） 暴露方位（例如倾斜和方向）；

b） 暴露场所的位置和细节（例如经度、纬度、海拔高度、经年气候特点，等等）；

c） 气候的类型（引用附录B，给出了参考资料）；

d） 遮盖物、背板、支撑和附属物（如果已使用）；

e） 确定暴露周期的方法；

f） 太阳总辐射量；

g） 清洗的细节（如果有）。

4） 试验结果：

a） 所用的暴露周期、从暴露中取出样品与性能测试间的时间间隔；

b） 气候资料；

c） 按照GB/T 15596要求表示的结果。

5） 试验日期。

附 录 A
（规范性附录）
用蓝色羊毛标样测试辐射量

A.1 总则

蓝色羊毛标样因纺织品测试发展起来的，有史以来因为它们的有效性而被广泛应用于塑料中。由于塑料的暴露期通常比测试纺织品色牢度的暴露期长，规定了7级标样的连续使用。

由于蓝色羊毛标样与塑料的辐照灵敏度不同，故对蓝羊毛的这种应用有很多质疑。然而，它们现有的有效性和基于此应用的数据积累使得其在塑料暴露试验中仍有需求。

A.2 步骤

同时暴露一组包含(1～7)级的蓝色羊毛标样(ISO 105-B01:1989)。

按照表A.1将暴露和未暴露的蓝色羊毛标样间的色差与灰卡上的4级反差比较来确定辐射量的周期(暴露周期)；如此，当1级标样显示出与灰卡4级相等反差时达到周期1/1；当2级标样显示出相似的反差时达到周期2/1；以此类推至周期7/1。

注1：周期7/1的持续期是在温带气候、自然光照下大约一年。

按照需要的频率检查蓝色羊毛标样，当达到暴露期时进行测定。

到达阶段7/1时丢掉该蓝色羊毛标样，安装另一条新的7级标样并继续暴露至第2条7级标样与未暴露的标样间的反差与灰卡上的4级反差等同。将此阶段定为7/2。

丢掉第2个7级标样并安装第3条新的7级标样。当该标样显示出4级反差时达到阶段7/3。

按照需要重复此步骤，得到暴露周期7/4，…，7/N。

注2：7级标样的连续暴露应仅在无更好选择的情况下使用。

表A.1 暴露周期

周 期	描 述
1/1	1级蓝色羊毛标样达到灰卡4级色差
2/1	2级蓝色羊毛标样达到灰卡4级色差
3/1	3级蓝色羊毛标样达到灰卡4级色差
4/1	4级蓝色羊毛标样达到灰卡4级色差
5/1	5级蓝色羊毛标样达到灰卡4级色差
6/1	6级蓝色羊毛标样达到灰卡4级色差
7/1	第1条7级蓝色羊毛标样达到灰卡4级色差
7/2	第2条7级蓝色羊毛标样达到灰卡4级色差
7/N	第N条7级蓝色羊毛标样达到灰卡4级色差

附　录　B
（资料性附录）
中国的气候区划和气候特征

B.1　寒温带

a）寒温带湿润型气候。

B.2　中温带

a）中温带湿润型气候；
b）中温带亚湿润型气候；
c）中温带亚干旱型气候；
d）中温带干旱型气候；
e）中温带极干旱型气候。

B.3　暖温带

a）暖温带湿润型气候；
b）暖温带亚湿润型气候；
c）暖温带干旱型气候；
d）暖温带极干旱型气候。

B.4　北亚热带

a）北亚热带湿润型气候。

B.5　中亚热带

a）中亚热带湿润型气候。

B.6　南亚热带

a）南亚热带湿润型气候；
b）南亚热带亚湿润型气候。

B.7　其他亚热带

a）亚热带湿润型气候（指达旺—察隅地区）。

B.8 边缘热带

a) 边缘热带湿润型气候；

b) 边缘热带亚湿润型气候。

B.9 中热带

a) 中热带湿润型气候。

B.10 赤道热带

a) 赤道热带湿润型气候。

B.11 高原寒带

a) 高原寒带干旱型气候。

B.12 高原亚寒带

a) 高原亚寒带湿润型气候；

b) 高原亚寒带亚湿润型气候；

c) 高原亚寒带亚干旱型气候。

B.13 高原亚温带

a) 高原亚温带湿润型气候；

b) 高原亚温带亚湿润型气候；

c) 高原亚温带亚干旱型气候。

B.14 高原温带

a) 高原温带亚湿润型气候；

b) 高原温带亚干旱型气候。

参 考 文 献

[1] GB/T 730—2008 纺织品 色牢度试验 蓝色羊毛标样(1~7)级的品质控制
[2] GB/T 17297—1998 中国气候区划名称与代码 气候带和气候大区
[3] GB/T 19565—2004 总辐射表
[4] QX/T 20—2003 直接辐射表

ICS 83.080.20
G 31

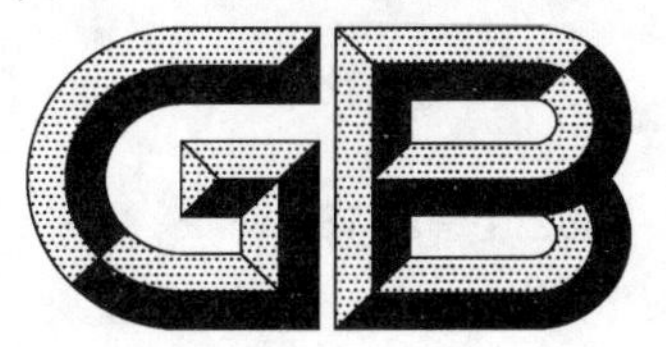

中华人民共和国国家标准

GB/T 3682.1—2018
代替 GB/T 3682—2000

塑料　热塑性塑料熔体质量流动速率(MFR)和熔体体积流动速率(MVR)的测定　第1部分:标准方法

Plastics—Determination of the melt mass-flow rate (MFR) and melt volume-flow rate (MVR) of thermoplastics—Part 1: Standard method

(ISO 1133-1:2011,MOD)

2018-03-15 发布　　2018-10-01 实施

中华人民共和国国家质量监督检验检疫总局
中国国家标准化管理委员会　发布

前　言

GB/T 3682《塑料　热塑性塑料熔体质量流动速率(MFR)和熔体体积流动速率(MVR)的测定》由以下两部分组成:

——第1部分:标准方法;

——第2部分:对时间-温度历史和(或)湿度敏感的材料的试验方法。

本部分为GB/T 3682的第1部分。

本部分按照GB/T 1.1—2009给出的规则起草。

本部分代替GB/T 3682—2000《热塑性塑料熔体质量流动速率和熔体体积流动速率的测定》,与GB/T 3682—2000相比,除编辑性修改外主要技术变化如下:

——增加了术语和定义一章(第3章),包括以下术语和定义:熔体质量流动速率(3.1)、熔体体积流动速率(3.2)、负荷(3.3)、预压试样(3.4)、时间-温度历史(3.5)、标准口模(3.6)、半口模(3.7)、湿度敏感性塑料(3.8);

——修改了活塞的要求(5.1.3),增加了活塞头下边缘的要求(5.1.3);

——修改了温度允差(5.1.4);

——增加了预成型装置(5.2.1.7);

——修改了切断时间的精度要求(5.2.2.2);

——修改了切断时间间隔(8.3);

——增加了采用半口模测试时MFR结果的表达(8.5.3)和MVR结果的表达(9.6.3);

——增加了活塞最小位移的要求(9.3);

——修改了测定MFR和MVR的试验条件(附录A);

——增加了相关材料标准规定的MFR和MVR试验条件的信息(附录B);

——增加了利用压实法对材料进行预成型的装置和步骤(附录C);

——增加了国际标准列出的多家实验室测试MFR和MVR获得的聚丙烯的精密度数据示例(附录D)。

本部分使用重新起草法修改采用ISO 1133-1:2011《塑料　热塑性塑料熔体质量流动速率(MFR)和熔体体积流动速率(MVR)的测定　第1部分:标准方法》。

本部分与ISO 1133-1:2011的主要技术性差异及其原因如下:

——关于规范性引用文件,本标准做了具有技术性差异的调整,以适应我国的技术条件,调整的情况集中反映在第2章"规范性引用文件"中,具体调整如下:

- 用等同采用国际标准的GB/T 3505—2009代替了ISO 4287;
- 用修改采用国际标准的GB/T 3682.2—2018代替了ISO 1133-2;
- 用修改采用国际标准的GB/T 4340.1—2009代替了ISO 6507-1。

——增加了试验方法精密度的具体数据(第11章),以使标准实施更具有指导性。

本部分与ISO 1133-1:2011的标准结构一致,在编辑上做了以下修改:

——对公式进行了编号;

——附录A的表中有关选择试验温度和标称负荷的内容改到附录A第二段正文中;

——附录B中列出了热塑性塑料相关标准规定的MFR和MVR试验条件和代号,并给出了使用说明。

本部分由中国石油和化学工业联合会提出。

本部分由全国塑料标准化技术委员会通用方法和产品分会(SAC/TC 15/SC 4)归口。

本部分主要起草单位:中国石化北京燕山分公司树脂应用研究所、中蓝晨光化工研究设计院有限公司、广州合成材料研究院有限公司、承德市金建检测仪器有限公司、山东道恩高分子材料股份有限公司、中国石油天然气股份有限公司石油化工研究院、上海白蝶管业科技股份有限公司、佛山市日丰企业科技有限公司、上海电缆研究所(机械工业电工材料及特种线缆产品质量监督检测中心)、北京华塑晨光科技有限责任公司。

本部分主要起草人:陈宏愿、陈敏剑、任雨峰、王浩江、郑慧琴、赵磊、郭义、柴冈、彭晓翊、张耀月、张李晶、刘欢胜。

本部分所代替标准的历次版本发布情况为:

——GB/T 3682—2000、GB/T 3682—1983。

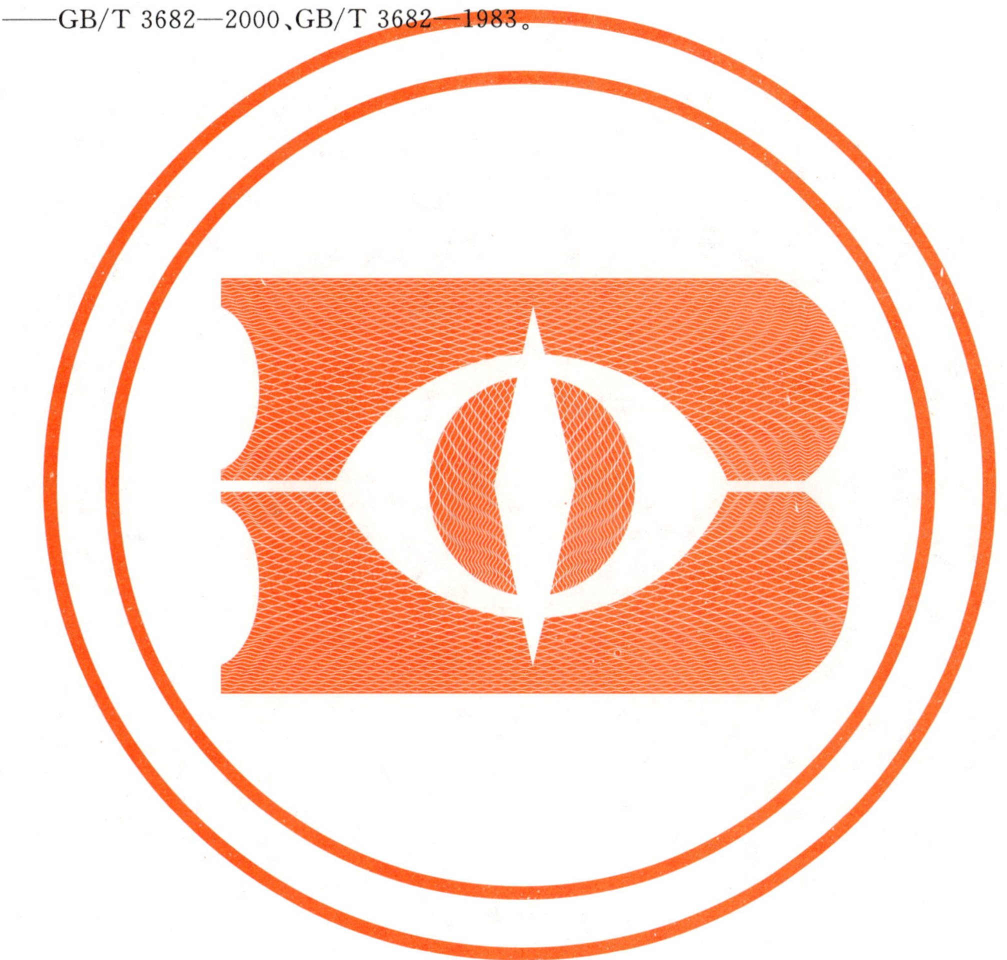

引　言

熔体流动速率测定中对时间-温度历史不敏感的稳定材料，推荐使用本部分。

流变行为对试验时间-温度历史敏感的材料，例如测试中发生降解的材料，推荐使用GB/T 3682.2。

注：GB/T 3682各部分发布时，无证据表明使用GB/T 3682.2测试稳定性材料比使用本部分的测试结果精密度更好。

塑料　热塑性塑料熔体质量流动速率(MFR)和熔体体积流动速率(MVR)的测定　第1部分:标准方法

警示——使用GB/T 3682的各部分的人员应有正规实验室工作的实践经验。GB/T 3682的各部分并未指出所有可能的安全问题。使用者有责任采取适当的安全和健康措施,并保证符合国家有关法规规定的条件。

1　范围

GB/T 3682的本部分规定了在规定的温度和负荷条件下测定热塑性塑料熔体质量流动速率(MFR)和熔体体积流动速率(MVR)的方法。方法A是质量测量方法,方法B是位移测量方法。通常,热塑性塑料材料标准参考本部分规定测定熔体流动速率的试验条件。附录A中列出了热塑性塑料常用的试验条件。

熔体体积流动速率特别适用于填充和非填充的热塑性塑料的比较,以及不同填充量的填充材料的比较。如果已知材料在试验温度下的熔体密度,则MFR可以由MVR的测定结果确定,反之亦然。

本部分也可用于流变行为受水解(断链作用)、缩聚和交联影响的热塑性塑料,但仅当这些影响及测试结果的重复性和再现性在可接受的范围内时才适用。

本部分不适用于在测试过程中流变行为受到显著影响的材料。这些情况下,可采用GB/T 3682.2。

注:本部分中的剪切速率比用于常规条件下加工过程的剪切速率要小很多,因此通过本部分获得的各种热塑性塑料的数据与加工过程中表现出的性能不一定有相关性。本部分规定的方法A和方法B均主要用于质量控制。

2　规范性引用文件

下列文件对于本文件的应用是必不可少的。凡是注日期的引用文件,仅注日期的版本适用于本文件。凡是不注日期的引用文件,其最新版本(包括所有的修改单)适用于本文件。

GB/T 3505—2009　产品几何技术规范(GPS)　表面结构　轮廓法　术语、定义及表面结构参数(ISO 4287:1997,IDT)

GB/T 3682.2—2018　塑料　热塑性塑料熔体质量流动速率和熔体体积流动速率的测定　第2部分:对时间-温度历史和(或)湿度敏感的材料的试验方法(ISO 1133-2:2011,MOD)

GB/T 4340.1—2009　金属材料　维氏硬度试验　第1部分:试验方法(ISO 6507-1,MOD)

3　术语和定义

下列术语和定义适用于本文件。

3.1

熔体质量流动速率　melt mass-flow rate

MFR

在规定的温度、负荷和活塞位置条件下,熔融树脂通过规定长度和内径的口模的挤出速率。以规定时间挤出的质量作为熔体质量流动速率,单位为克每10分钟(g/10 min)。

注:国际单位制(SI)允许使用dg/min,并规定1 g/10 min=1 dg/min。

3.2

熔体体积流动速率　melt volume-flow rate

MVR

在规定的温度、负荷和活塞位置条件下，熔融树脂通过规定长度和内径的口模的挤出速率。以规定时间挤出的体积作为熔体体积流动速率，单位为立方厘米每10分钟($cm^3/10\ min$)。

3.3

负荷　load

在规定的试验条件下，活塞和附加的单个或多个砝码组合的质量之和，单位为千克。

3.4

预压试样棒　preformed compacted charge

聚合物样品经过预压缩得到的试验用试样棒。

注：为使试样快速进入料筒孔中，并确保无气泡，可在试验前对粉末或片状试样等样品进行预压成型，参见附录C。

3.5

时间-温度历史　time-temperature history

在试样制备和试验过程中，试样所经历的时间和温度。

3.6

标准口模　standard die

标称长度8.000 mm、标称内径2.095 mm的口模。

3.7

半口模　half size die

标称长度4.000 mm、标称内径1.050 mm的口模。

3.8

湿度敏感性塑料　moisture-sensitive plastics

流变性能对其水分含量敏感的塑料。

注：若塑料中含有水分，当加热温度高于玻璃化转变温度(非结晶塑料)或熔点(半结晶塑料)时，塑料发生水解，导致摩尔质量减小，熔体粘度变小，MFR和MVR的值增大。

4　原理

在规定的温度和负荷下，由通过规定长度和直径的口模挤出的熔融物质，计算熔体质量流动速率(MFR)和熔体体积流动速率(MVR)。

测定MFR(方法A)，称量规定时间内挤出物的质量，计算挤出速率，以g/10 min表示。

测定MVR(方法B)，记录活塞在规定时间内的位移或活塞移动规定的距离所需的时间，计算挤出速率，以$cm^3/10\ min$表示。

若已知材料在试验温度下的熔体密度，则MVR可以转化为MFR，反之亦然。

注：熔体密度为试验温度和压力下的密度。事实上，由于试验压力较低，在试验温度和环境压力下得到的熔体密度值已经足够一般使用了。

5　仪器

5.1　挤出式塑化仪

5.1.1　概述

熔体流动速率仪的基础部分是一台可在设定温度下操作的挤出式塑化仪。挤出式塑化仪的典型结构如图 1 所示。热塑性材料装入竖直料筒中，在已知负荷的活塞作用下经口模挤出。熔体流动速率仪主要由下列部件组成。

5.1.2 料筒

料筒长度为 115 mm～180 mm，内径为 9.550 mm±0.007 mm，应固定在竖直位置(见 5.1.6)。料筒应由可在加热系统达到最高温度下耐磨损和抗腐蚀性稳定的材料制成。料筒内壁的维氏硬度应不低于 500(HV5～HV100)(见 GB/T 4340.1—2009)，表面粗糙度(算术平均偏差)应小于 Ra0.25(见 GB/T 3505—2009)。总体上，料筒内壁表面性能和尺寸应不受所测试材料的影响。

注 1：对某些特殊材料，所需测试温度可能达到 450 ℃。

料筒底部的绝热板应使金属暴露面积小于 4 cm^2，建议使用三氧化二铝，陶瓷纤维或其他合适材料用作底部绝热材料，以免粘附挤出物。

应提供活塞导向套或其他适当的方法，以减少因活塞不居中所引起的摩擦。

注 2：活塞头、活塞和料筒的过度磨损与不稳定的测试结果都表明活塞不居中。建议定期检查活塞头，活塞和料筒的表面磨损和变化。

5.1.3 活塞

活塞的工作长度应至少与料筒长度相同。活塞头长度应为 6.35 mm±0.10 mm，直径应为 9.474 mm±0.007 mm。活塞头下边缘应有半径 $0.4_{-0.1}^{\ 0.0}$ mm 的圆角，上边缘应去除尖角。活塞头以上的活塞杆直径应小于或等于 9.0 mm(见图 2)。

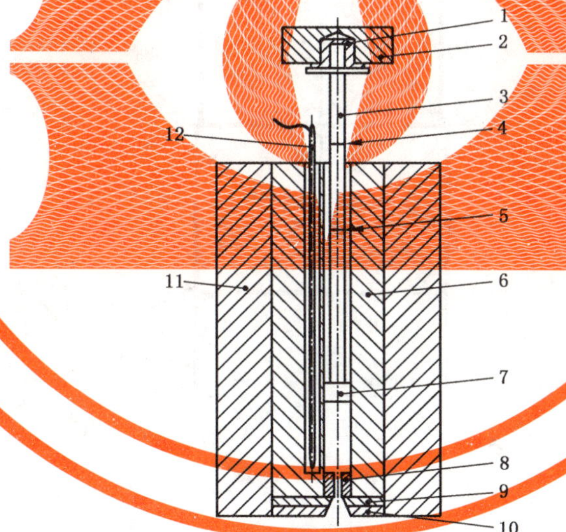

说明：

1——绝热体；
2——可卸负荷；
3——活塞；
4——上参照标线；
5——下参照标线；
6——料筒；
7 ——活塞头；
8 ——口模；
9 ——口模挡板；
10——绝热板；
11——绝热体；
12——温度传感器。

图 1 测定熔体流动速率用挤出式塑化仪的典型结构

活塞应由加热系统达到最高温度下仍耐磨损和抗腐蚀性稳定的材料制造，其性能和尺寸不受测试材料影响。为保证仪器运转良好，料筒和活塞头应采用不同硬度的材料制成。为方便维修和更换，料筒采用比活塞更硬的材料制成。

在活塞杆上，应有两条相距 30 mm±0.2 mm 的细环形参照标线，当活塞头的底部与标准口模上部相距 20 mm 时，上标线与料筒口齐平，这两条标线作为试验时的参照线(见 8.4 和 9.5)。

在活塞顶部可加一个柱形螺栓以支撑可卸去的负荷，但活塞应与负荷绝热。

活塞可以是空心的，也可以是实心的。在使用非常小的负荷试验时，活塞应是空心的，否则可能达不到规定的最小负荷。

表 1　活塞头尺寸

单位为毫米

活塞头长度，A	6.35±0.10
活塞头直径，B	9.474±0.007
活塞杆直径，C	≤9.0
底边圆角半径，R	$0.4^{0.0}_{-0.1}$

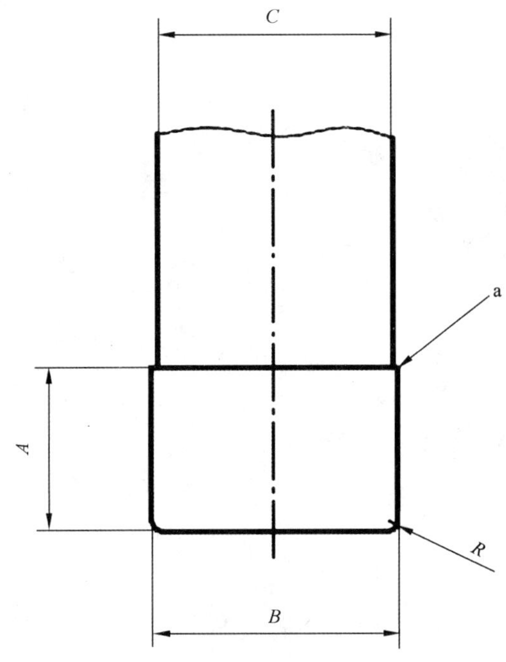

说明：

[a] 边缘去除尖角。

图 2　活塞头示意图

5.1.4　温度控制系统

温度控制应满足在试验过程中，所有可设定的料筒温度下，标准口模顶部 10 mm±1 mm 和 70 mm ±1 mm 之间的温度偏差不超过表 2 规定的最大温度允差。

注：可使用置于料筒内部的热电偶或铂电阻传感器等来测量和控制温度。如果仪器有此类配置，即使温度显示与熔体温度不完全一致，也可通过校准(见 7.1)得到熔体的温度。

温度控制系统应满足以 0.1 ℃或更小的温度间隔设置试验温度。

表 2 试验温度随距离和时间变化的最大允差

单位为摄氏度

试验温度，T	最大温度允差[a]	
	在标准口模顶部[b] 以上 10 mm±1 mm	标准口模顶部[b]10 mm±1 mm～70 mm±1 mm
≥125，<250	±1.0[c]	±2.0
≥250，<300	±1.0[c]	±2.5
≥300	±1.0	±3.0

[a] 最大温度允差即温度真实值和所要求的测试温度之间的差异。在一个正常的试验周期(通常不超过 25 min)之后应进行评估。

[b] 当使用长 4 mm 的半口模(5.1.5)时，读数的位置应该在口模顶部以上再增加 4 mm。

[c] 当测试温度<300 ℃时，口模顶部以上 10 mm 的温度随时间的变化不应超过 1 ℃。

5.1.5 口模

口模应由碳化钨或硬化钢制成。若测试样品有腐蚀性，可使用钴-铬-钨合金、铬合金、合成蓝宝石或其他适合的材料制造的口模。

口模长度为 8.000 mm±0.025 mm；内孔应圆而直，内径为 2.095 mm 且均匀，其任何部位的公差应在±0.005 mm 范围内。

口模内壁硬度应不小于维氏硬度 500(HV5～HV100)(见 GB/T 4340.1—2009)，表面粗糙度(算术平均偏差)应小于 Ra0.25(见 GB/T 3505—2009)。

口模内径应用塞规进行定期检查，若超出公差范围，则舍弃口模。如果塞规不可通过的一头可以任意通过孔径，则舍弃口模。

口模末端应是平面，垂直于孔径轴线并且没有明显的加工痕记。应检查口模平面，确保孔径周围区域无缺陷。任何表面缺陷都可能导致试验错误，应舍弃存在缺陷的口模。

口模应可在料筒中自由移动，但是在试验中，不能有试样在口模外部即口模与料筒之间流动。

口模的设计不应使其突出于料筒底部(见图 1)，安装后口模孔应与料筒孔同轴。

如果测试材料的 MFR>75 g/10 min 或 MVR>75 cm^3/10 min，可以使用长 4.000 mm±0.025 mm、孔径 1.050 mm±0.005 mm 的半口模。不应在此口模下端使用垫圈以将料筒中的口模高度增加到 8 mm。

试验用标准口模标称长度 8.000 mm，标称内径 2.095 mm。当报告使用半口模获得的 MFR 和 MVR 值时，应注明使用了半口模。

5.1.6 安装并保持料筒竖直的方法

可使用一个垂直于料筒轴线的双向气泡水平仪和可调的仪器支脚来使料筒保持竖直。

注：这样可避免因为活塞偏向一侧或在大负荷下弯曲而造成的过分摩擦。一种上端带有水平仪的仿真活塞可用于检查料筒是否完全竖直。

5.1.7 负荷

可卸负荷位于活塞顶部，由一组可调节砝码组成，这些砝码与活塞所组合的质量可调节到所选定的所需负荷，最大允许偏差为±0.5%。

另外，也可用连接负荷传感器的机械加载装置，或具有压力传感器的气动加载装置，其精度与可调节砝码相同。

5.2 附件

5.2.1 通用附件

5.2.1.1 装料杆

将样品装入料筒的工具，由抗磨损的材料制成。

5.2.1.2 清洁装置(见7.2)

5.2.1.3 通止规(塞规)

通止规(塞规)通端测头的直径等于口模内径减去允许的公差(通端)，止端测头的直径等于口模内径加上允许公差(止端)。使用通端时，该端测头的长度应足够检查口模全长。

5.2.1.4 温度校准装置

用于校准料筒温度的热电偶、铂电阻温度计或其他测温设备。

可使用具有较短感应长度的小型探针式温度传感器，当用于校准料筒温度时，它的温度和浸没长度已经过校准。温度传感器的长度应足够测量口模顶部 10 mm±1 mm 处的温度，并有足够的准确度和精密度，能确认 MFR/MVR 仪器的温度在表2中规定的最大允许偏差范围内。当使用热电偶时，应将其包在直径大约为 1.6 mm 的金属套中，热接点接到护套的终端。

一种校验的方法是用装有护套的热电偶或铂电阻温度传感器，插入到直径 9.4 mm±0.1 mm 的铜头末端，放入到无试样的料筒中。当铜头末端直接安装在口模顶部时，应保持热电偶或铂电阻温度传感器的探测点距标准口模顶面 10 mm±1 mm。

另一种校验方法是使用一根装有多个热电偶的热电偶棒，使之在离口模上方 70 mm±1 mm，50 mm±1 mm，30 mm±1 mm 和 10 mm±1 mm 的位置上同时测量温度。热电偶棒的直径应为 9.4 mm±0.1 mm，以便紧密装入孔中。

5.2.1.5 口模塞

在设备底端安装口模塞，以便有效堵住口模出口，防止熔体流出，同时满足试验前能够迅速移开。

5.2.1.6 活塞/负荷支架

支架足够长，且能够支撑活塞和负荷，使活塞下参照标线在料筒顶部上方 25 mm 处。

5.2.1.7 预成型装置

对试样进行预成型，例如，将粉末，片状物，薄膜条或碎片压实，使试样快速进入料筒，确保料筒中被无空隙填充(参见附录C)。

注：可使用其他方法实现无空隙填充。

5.2.2 方法A所用附件(见第8章)

5.2.2.1 切断工具

用于切断挤出的料条。

注：可用边缘锋利的刮刀，手动或自动旋转刀片。

5.2.2.2 计时器

应有足够精度，使挤出料条的切断时间最大允许误差为切断时间间隔的±1%。为确保这一点，在不同的时间间隔下将其与一个经校准的计时器所记的切断时间间隔进行比较，直至时间间隔达到240 s。

注：MFR＜5 g/10 min 的材料，可以用最大允许切断时间间隔 240 s 测量。这时，切断时间最大的允许误差为±2.4 s。允许使用更小的时间间隔，但最大允许误差也会变小。MFR＞10 g/10 min 的材料，所需的切断时间大约几秒，甚至更小。1 s 切断时间的最大允许误差为±0.01 s 或更小。MFR＞10g/10 min 时，推荐使用自动切刀切断。

计时器与活塞杆或负荷直接接触时，负荷变化不应超过标称负荷的±0.5%。

5.2.2.3 天平

最大允许误差为±1 mg 或更小。

5.2.3 方法 B 所用附件(见第 9 章)

5.2.3.1 活塞位移传感器/计时器

测量活塞移动距离和时间的装置，对一次加料进行单次或多次测定(见表 3)。

表 3 活塞距离和时间的测量精度要求

MFR/(g/10 min) MVR[a]/(cm^3/10 min)	距离/ mm	时间/ s
＞0.1，≤1.0	±0.02	±0.1
＞1.0，≤100	±0.1	±0.1
＞100	±0.1	±0.01
[a] 当一次加料进行多次测量时，不论 MFR 或 MVR 的值为多少，要求的精度应与 MFR＞100 g/10 min 或 MVR＞100 cm^3/10 min 时相同。		

注：符合 MFR≤1 g/10 min 或 MVR≤1 cm^3/10 min 的距离精度要求，也就确保了符合 MFR＞1 g/10 min 或 MVR＞1 cm^3/10 min 的精度要求。

位移测量装置与活塞杆或负荷直接接触时，负荷变化不应超过标称值的±0.5%。

计时装置与活塞杆或负荷直接接触时，负荷变化不应超过标称值的±0.5%。

6 试样

6.1 试样形状

只要能够装入料筒内膛，试样可为任何形状，例如：粒料、薄膜条、粉料和模塑切片或挤出碎片。

注：为确保挤出料条无气泡，测试粉末样品时可将材料挤压预成型或挤压成颗粒状(参见附录 C)。

试样的形状对确定试验结果的再现性有很重要的影响。因此应控制试样形状增加实验室内试验结果的可比性，并减少试验差异。

6.2 状态调节

试验前应按照材料标准对试样进行状态调节，必要时还应进行稳定化处理。

7 仪器的温度校验、清理和维护

7.1 控温系统的校验

7.1.1 校验程序

温度控制系统(5.1.4)有必要定期进行校验。校验温度随时间和距离的变化符合表2的规定,且预热时间(8.3)充足从而达到稳定。

在MFR/MVR仪器上将温度控制系统设定为要求的温度,并稳定至少15 min。

在插入料筒之前,把已经校准的温度指示装置预热到相同温度。

如果用料筒中的样品校验料筒温度,则按试验时的同样步骤(见8.3)装入待测试样或推荐试样(见7.1.2),应于15 s之内加料完毕,且至少加料至标准口模上方100 mm处。

完成加料后90 s以内,将已经校准的温度指示装置沿筒壁插入料筒中,并没入样品,直到温度指示装置的顶端离口模上表面10 mm±1 mm为止。立即开始记录温度指示装置的读数。测定从装料完成到温度稳定并达到表2中规定的在标准口模上表面10 mm±1 mm处的温度限制所用的时间,这段时间不应超过5 min。

沿料筒方向的温度分布用相同的方法进行校验。在口模上表面的30 mm±1 mm,50 mm±1 mm和70 mm±1 mm处也要测量材料的温度。测定从装料完成到温度稳定并达到表2中规定的在标准口模上表面10 mm±1 mm～70 mm±1 mm之间的温度限制所用的时间,这段时间不应超过5 min。

如果在口模上表面任意一个设定距离,温度达到稳定且在表2所规定的限值内所用的时间超过5 min,则应在试验报告的f)项记录"预热时间"。

建议当沿料筒校验温度时,在口模上最高点开始测量。

另一种校验温度精度是否符合表2规定的方法是将带有护套的、顶端直径为9.4 mm±0.1 mm的热电偶或铂电阻温度传感器插入空料筒中进行测量。或者使用装有多个热电偶的活塞,当活塞完全插入料筒时应紧贴筒壁,而此时热电偶分别在离标准口模上表面70 mm±1 mm,50 mm±1 mm,30 mm±1 mm和10 mm±1 mm的位置上。这样的配置可以同时校验温度随时间和距离变化的情况。

如果发现仪器精度超出了表2的规定,则应重新校准仪器,并在使用前按上述方法再次校验控温系统。

7.1.2 校验温度所用材料

校验温度时所用的材料需有足够的流动性,以使经过校准的温度传感器在插入时不至受力过大或受到损坏。推荐使用熔体质量流动速率(MFR)大于45 g/10 min(2.16 kg负荷下)且性质稳定的材料进行温度校验。

如果使用某种材料替代黏度较大的受试材料进行校验,则替代材料的导热性应与受试材料相近,以保证它们升温的过程相似。温度校验时的加料量应能使校准温度传感器有足够长度插入其中,以使测量准确。这可通过取出校准温度传感器、检查材料在校准温度传感器上的粘覆高度来确定。

7.2 仪器的清理

警示——操作条件可能使受试材料或清理仪器的材料部分分解,或引起释放有害挥发物,也有可能造成烧伤的危险,使用者有责任建立安全而无害的试验操作,并且符合所有管理要求。

试验仪器,包括料筒、活塞和口模都应在每次试验后彻底清理。

料筒可使用布片清理。活塞应趁热使用棉布擦净。口模可以使用配合适度的黄铜绞刀、直径2.08 mm的高速钻头或木钉清理,也可以在约550 ℃的氮气环境下用热裂解方法清理。注意清理过程不能影响料筒和口模的尺寸及表面光洁度，不能使用可能会损伤料筒、活塞和口模表面的磨料及其他材料。

清理后应用塞规检查口模孔。

清理料筒、活塞和口模时，应注意确保清理过程和所用清理材料(如溶剂或刷子)不会对下一步的测试产生影响，如不会造成聚合物明显的加速降解。

7.3 仪器的竖直调整

应确保仪器料筒孔和口模孔的轴线在竖直方向重合。

8 方法 A:质量测量方法

8.1 温度和负荷的选择

参照材料分类命名标准选择试验条件。如果没有材料分类命名标准，或材料分类命名标准未规定 MFR 或 MVR 的试验条件，可以依据已知的材料熔点或制造商推荐的加工条件从表 A.1 中选择合适的试验条件。

8.2 仪器清理

按 7.2 清理仪器。

一组试验开始前，应使料筒和活塞在选定温度下恒温至少 15 min。

8.3 试样质量的选择和装料

根据预先估计的流动速率(见表 4)，将 3 g～8 g 试样装入料筒。装料时，用手持装料杆(5.2.1.1)压实试样。压实过程应尽可能将空气排出。应在 1 min 内完成装料。装料压实完成后，立即开始预热 5 min计时。

注 1：压实材料时的压力变化，会导致试验结果重复性差。在测定 MFR 或 MVR 相近的材料时，所有试验中用相同质量的试样，可减少数据上的变化。

注 2：对于易氧化降解的材料，接触空气会明显影响结果。

立即将活塞放入料筒。根据试验负荷，活塞可以是加负荷的也可以是未加负荷的，对于高流动速率材料，用较小负荷。如果材料的熔体流动速率很高，例如大于 10 g/10 min 或 10 cm^3/10 min，在预热过程中试样的损失是明显的。在这种情况下，预热时应不加负荷或只加小负荷的活塞。当熔体流动速率非常高时，则需要使用负荷支架和口模塞。

预热时，确认温度恢复到所选定的温度，并在表 2 规定的允差范围内。

为避免被口模中迅速流出的热料条烫伤，建议在取口模塞时佩戴防热手套。

表 4 试验参数指南

MFR/(g/10 min) MVR[a]/(cm^3/10 min)	料筒中试样质量[b,c,e]/ g	挤出料条切断时间间隔[f]/ s
>0.1,≤0.15	3～5	240
>0.15,≤0.4	3～5	120
>0.4, ≤1	4～6	40
>1, ≤2	4～6	20

表 4（续）

MFR/(g/10 min) MVR[a]/(cm³/10 min)	料筒中试样质量[b,c,e]/ g	挤出料条切断时间间隔[f]/ s
＞2，≤5	4～8	10
＞5[d]	4～8	5

a 如果本试验中所测得的数值小于 0.1 g/10 min(MFR)或 0.1 cm³/10 min(MVR)，建议不测熔体流动速率。MFR＞100 g/10 min 时，仅当计时器的分辨率为 0.01 s 且使用方法 B 时，才可以使用标准口模。或者，在方法 A 中使用半口模(5.1.5)。

b 当材料密度大于 1.0 g/cm³，可能需增加试样量。低密度试样用少的试样量。

c 试样量是影响试验重复性的重要因素，因此需要将试样量的变化控制在 0.1 g 以减小各次试验间的差异。

d 当测定 MFR＞10 g/10 min 的试样时，为获得足够的准确度，要么进一步提高测量时间的精度并且选用更长的切断时间间隔，要么使用方法 B。

e 当使用半口模时，应适当增加试样量以弥补口模减小的体积，所需额外试样的体积约为 0.3 cm³。

f 切断时间间隔应满足挤出料条的长度在 10 mm～20 mm 之间(见 8.4)。在此限制条件下操作，特别是对于测定挤出切断时间间隔较短的高 MFR 试样时，有时可能无法实现。采用更长的切断时间间隔可以减少试验误差。仪器分辨率对误差的影响根据仪器的不同而不同，可通过不确定度预估分析来进行评估。

8.4 测量

在预热后，即装料完成 5 min 后，如果在预热时没有加负荷或负荷不足，此时应把选定的负荷加到活塞上。如果预热时，用到口模塞，并且未加负荷或加荷不足，应把选定的负荷加到活塞上，待试样稳定数秒，移走口模塞。如果同时使用负荷支架和口模塞，则先移除负荷支架。

注：有些材料可能需要较短的预热时间，以防止材料降解。对于高熔点、高玻璃化转变温度、低导热系数的材料，为获得测试结果的重复性，则要较长的预热时间。

让活塞在重力的作用下下降，直到挤出没有气泡的料条，根据试样的实际粘度，这一过程可能在加负荷前或加负荷后完成。在试验开始前，强烈建议避免采用手压或施加额外负荷的方法进行外力清除多余试样的操作。为能在规定的时间内完成 MFR 或 MVR 测定，如需外力清除多余试样，应保证外力清除操作完成至少 2 min 后再开始正式试验，且外力清除过程应在 1 min 之内完成。如进行了外力清除，则应在试验报告中报告。用切断工具(5.2.2.1)切断挤出料条并丢弃，此时加载了负荷的活塞在重力作用下继续下降。

当活塞杆下参照标线到达料筒顶面时，用计时器(5.2.2.2)计时，同时用切断工具切断挤出料条并丢弃。

逐一收集按一定时间间隔切断的料条，以测定挤出速率，切断时间间隔取决于试样熔体流动速率的大小，料条的长度不应短于 10 mm，最好为 10 mm～20 mm(切断时间间隔见表 4 及其中脚注 f)。

对于 MFR(和 MVR)较小和(或)出口膨胀较大的材料，在最大切断时间间隔 240 s 时，也可能无法获得 10 mm 或更长的料条。在这种情况下，仅在 240 s 切断时间间隔获得的各切段质量超过 0.04 g 时，才可使用方法 A，否则应使用方法 B。

当活塞杆的上标线达到料筒顶面时停止切断。丢弃所有可见气泡的料条。冷却后，将保留下来的料条(最好是 3 个或以上)逐一称量，精确到 1 mg，计算它们的平均质量。如果单个称量值中的最大值和最小值之差超过平均值的 15%，则舍弃该组数据，并用新样品重新试验。

建议按照挤出顺序称量料条，如果质量持续变化明显，应记为非正常现象(见第 12 章)。

从装料结束到切断最后一个料条的时间不应超过 25 min。为防止测试过程中材料降解或交联，有些材料可能需要减少试验时间。在这种情况下，建议采用 GB/T 3682.2—2018 进行测试。

8.5 结果表示

8.5.1 总则

用标准口模测试，见 8.5.2。用半口模测试，见 8.5.3。

8.5.2 结果表示：标准口模

用式(1)计算熔体质量流动速率(MFR)的值，单位为克每 10 分钟(g/10 min)：

$$\mathrm{MFR}(T, m_{\mathrm{nom}}) = \frac{600 \times m}{t} \qquad (1)$$

式中：

T ——试验温度，单位为摄氏度(℃)；

m_{nom} ——标称负荷，单位为千克(kg)；

600 ——g/s 转换为 g/10 min 的系数(10 min=600 s)；

m ——切断平均质量，单位为克(g)；

t ——切断时间间隔，单位为秒(s)。

可用式(2)由 MFR 计算熔体体积流动速率(MVR)，单位为立方厘米每 10 分钟(cm^3/10 min)：

$$\mathrm{MVR}(T, m) = \frac{\mathrm{MFR}(T, m_{\mathrm{nom}})}{\rho} \qquad (2)$$

式中：

ρ——熔体密度，单位为克/立方厘米(g/cm^3)。由材料分类标准给出，如果没有给定，则在测试温度下测定(9.6.2)。

注：熔体密度为试验温度和压力下的密度。事实上，由于试验压力较低，在试验温度和环境压力下得到的熔体密度值已经足够一般使用了。

对于流动性能，推荐优先测定 MVR，因为其值不受熔体密度的影响(见第 9 章)。

结果用三位有效数字表示，小数点后最多保留两位小数，并记录试验温度和使用的负荷。例如：MFR=10.6 g/10 min(190 ℃/2.16 kg)，MFR=0.15 g/10 min(190 ℃/2.16 kg)。

8.5.3 结果表示：半口模

当使用半口模报告试验结果时，应加下标“h”(见 5.1.5)。

用 8.5.2 中的公式计算 MFR 和(或)MVR 的值。

结果用三位有效数字表示，小数点后最多保留两位小数，并记录试验温度和使用的负荷。例如：$\mathrm{MFR_h}$=0.15 g/10 min(190 ℃/2.16 kg)，$\mathrm{MVR_h}$=15.3 cm^3/10 min(190 ℃/2.16 kg)。

9 方法 B：位移测量方法

9.1 温度和负荷的选择

见 8.1。

9.2 仪器清理

按 7.2 清理仪器。

一组试验开始前，应使料筒和活塞在选定温度下恒温至少 15 min。

9.3 活塞最小位移(活塞最小移动距离)

为确保测试结果更加准确及其重复性更高,表5列出了推荐的活塞最小位移。

表5 试验参数指南

MVR/(cm^3/10 min) MFR/(g/10 min)	活塞最小位移/ mm
>0.1,≤0.15	0.5
>0.15,≤0.4	1
>0.4,≤1	2
>1,≤20	5
>20	10

注1:这些参数满足一次加料进行至少3次测量。由于受仪器位移分辨率的影响,选择比表中最小位移更大的活塞位移可减少试验误差。对于MVR小于0.4 cm^3/10 min的材料,使用最大的切断时间240 s可减小误差,但仍需满足一次加料进行至少3次测量。仪器的分辨率对试验结果的影响,可由不确定度进行评价。

注2:对于有些材料,测量结果可能由于活塞移动的位移而改变。为了提高重复性,关键是每次试验都应保持相同位移。

9.4 试样质量的选择和装料

见8.3。

9.5 测量

在预热后,即装料完成5 min后,如果在预热时没有加负荷或负荷不足,此时应把选定的负荷加到活塞上。如果预热时,用到口模塞,并且未加负荷或加荷不足,应把选定的负荷加到活塞上,待试样稳定数秒,移走口模塞。如果同时使用负荷支架和口模塞,则先移除负荷支架。

注:有些材料可能需要较短的预热时间,以防止材料降解。对于高熔点、高玻璃化转变温度、低导热系数的材料,为获得测试结果的重复性,则要较长的预热时间。

让活塞在重力的作用下下降,直到挤出没有气泡的料条,根据试样的实际粘度,这一过程可能在加负荷前或加负荷后完成。在测试开始前,强烈建议避免进行外力清除多余试样的操作,无论采用手动或施加额外负荷。如需外力清除多余试样,需在规定的时间内完成操作,即应保证外力清除操作完成至少2 min后再开始正式试验,且外力清除过程应在1 min之内完成。如进行了外力清除,则应在试验报告中报告。用切断工具(5.2.2.1)切断挤出料条并丢弃,加载了负荷的活塞在重力作用下继续下降。

当活塞杆下标线到达料筒顶面时,用计时器(5.2.2.2)计时,同时用切断工具切断挤出料条并丢弃。

不要在活塞下标线到达料筒顶面之前开始试验。

测量采用如下两条原则之一:

a) 测量在规定时间内活塞移动的距离;

b) 测量活塞移动规定距离所用的时间。

对于有些材料,测量结果可能由于活塞移动的距离而改变。为了提高重复性,关键是每次试验都应保持相同位移。

当活塞杆的上标线达到料筒顶面时停止测量。

从装料到最后一次测量不应超过25 min。为防止测试过程中材料降解或交联,有些材料可能需要减少试验时间。在这种情况下,应考虑采用GB/T 3682.2—2018进行测试。

9.6 结果表示

9.6.1 总则

用标准口模测试，见 9.6.2。用半口模测试，见 9.6.3。

9.6.2 结果表示：标准口模

用式(3)计算熔体体积流动速率(MVR)的值，单位为立方厘米每 10 分钟(cm^3/10 min)：

$$\mathrm{MVR}(T, m_{\mathrm{nom}}) = \frac{A \times 600 \times l}{t} \quad \cdots\cdots(3)$$

式中：

T ——试验温度，单位为摄氏度(℃)；

m_{nom} ——标称负荷，单位为千克(kg)；

A ——料筒标准横截面积和活塞头的平均值(等于 0.711 cm^2)(见注 1)，单位为平方厘米(cm^2)；

600 ——g/s 转换为 g/10 min 的系数(10 min=600 s)；

l ——活塞移动预定测量距离或各个测量距离的平均值(见 9.3，9.5)，单位为厘米(cm)；

t ——预定测量时间或各个测量时间的平均值(见 9.3，9.5)，单位为秒(s)。

注 1：由于存在料筒孔径和活塞直径的允差，料筒和活塞头的实际横截面积会有少于±0.5%的变化。这种影响可以忽略不计，为操作简单，使用标称值 0.711 cm^2。

用式(4)计算熔体质量流动速率(MFR)，单位为克每 10 分钟(g/10 min)：

$$\mathrm{MFR}(T, m_{\mathrm{nom}}) = \frac{A \times 600 \times l \times \rho}{t} \quad \cdots\cdots(4)$$

式中：

ρ——熔体在试验温度下的密度，按式(5)计算，单位为克每立方厘米(g/cm^3)：

$$\rho = \frac{m}{A \times l} \quad \cdots\cdots(5)$$

式中：

m——活塞移动 l cm 时挤出的试样质量，单位为克(g)。

注 2：材料的分类标准可能会给出该类材料熔体密度的理论值，例如 GB/T1845.2 和 GB/T2546.2 分别给出了聚乙烯和聚丙烯材料熔体密度的理论值，该值以试验温度下外推至零压力下熔体的密度表示(参见参考文献[1])。

注 3：熔体密度为试验温度和压力下的密度。事实上，由于试验压力较低，在试验温度和环境压力下得到的熔体密度值已经足够一般使用了。

结果用三位有效数字表示，小数点后最多保留两位小数，并记录试验温度和使用的负荷。例如：MVR=10.6 cm^3/10 min(190 ℃/2.16 kg)，MVR=0.15 cm^3/10 min(190 ℃/2.16 kg)。

9.6.3 结果表示：半口模

当使用半口模报告试验结果时，应加下标“h”(见 5.1.5)。

用 9.6.2 中的公式计算 MFR 和/或 MVR 的值。

结果用三位有效数字表示，小数点后最多保留两位小数，并记录试验温度和使用的负荷。例如：$\mathrm{MFR_h}$=0.15 g/10 min(190 ℃/2.16 kg)，$\mathrm{MVR_h}$=15.0 cm^3/10 min(190 ℃/2.16 kg)。

10 流动速率比

一种材料在相同温度不同负荷下获得的 MFR(或 MVR)两个值的比称为流动速率比(FRR)，如式

(6)所示：

$$\mathrm{FRR}=\frac{\mathrm{MFR}(190\ ℃/10.0\ \mathrm{kg})}{\mathrm{MFR}(190\ ℃/2.16\ \mathrm{kg})} \qquad \cdots\cdots(6)$$

注：FRR 一般用来表征材料分子量分布对热塑性塑料流变行为的影响。

用于测定流动速率比的条件，可参考相应的材料标准。如果没有材料标准，或材料标准中未规定流动速率比的测试条件，则该测试条件由各相关方协商确定。

流动速率比结果用两位有效数字表示，而若 MFR 或 MVR 的值都是三位有效数字，则用三位有效数字表示。

如用半口模获得流动速率比，应使用符号 $\mathrm{FRR_h}$ 表示。

11 精密度

应考虑影响测量值和可能导致降低重复性的因素，这些因素包括：

a) 在预热或试验阶段，材料的热降解或交联可引起熔体流动速率的变化（需要长时间预热的粉状材料对此影响更敏感，在某些情况下，需要加入稳定剂以减小这种变化）。

b) 对填充或增强材料，填料的长度、分布和取向可影响熔体流动速率。

2016 年多家实验室对部分塑料材料样品分别进行了 MFR 和 MVR 测试方法的精密度试验，精密度计算结果分别见表 6 和表 7。

注 1：本部分 MFR 和 MVR 方法的精密度按 GB/T 6379.2 进行计算，其中 S_r 为重复性标准偏差；S_R 为再现性标准偏差；r 为重复性限，即在重复性试验条件下（由同一个操作者、在同一天、用同一台仪器对相同材料进行的两次测试结果进行比较），所得两次测试结果的绝对差至少有 95% 的可能性小于或等于该值；R 为再现性限，即在再现性试验条件下（由不同的操作者、用不同的设备、在不同的实验室对相同材料进行的两次测试结果进行比较），所得两次测试结果之绝对差至少有 95% 的可能性小于或等于该值。

注 2：表 6 和表 7 中的数据只是有限的试验结果，并不能覆盖所有材料、批号、试验条件及实验室，因此，严格地说，不能将其视为判别接收或拒收的直接依据。ISO 1133-1:2011 中由多实验室测试 MFR 和 MVR 获得的聚丙烯的精密度数据参见附录 D。

注 3：本部分下次修订时，将提供 MFR 和 MVR 测试方法测量不确定度的信息。本部分的使用者可参考表 6 和表 7 的数据开展各自实验室测量不确定度评估的研究。

表 6 熔体质量流动速率(MFR)测试的精密度数据

序号	样品	试验条件	实验室参加数/个	MFR 平均值 $\overline{m}$/(g/10 min)	实验室内			实验室间		
					标准偏差 S_r/(g/10 min)	重复性限 $r(2.8S_r)$/(g/10 min)	重复性相对误差 $r/\overline{m}$/%	标准偏差 S_R/(g/10 min)	再现性限 $R(2.8S_R)$/(g/10 min)	再现性相对误差 $R/\overline{m}$/%
1	LLDPE	190 ℃/2.16 kg	17	2.08	0.01	0.03	1.7%	0.03	0.09	4.3%
2	HDPE1	190 ℃/5.0 kg	15	3.01	0.02	0.04	1.4%	0.04	0.11	3.5%
3	HDPE2	190 ℃/21.6 kg	13	11.1	0.1	0.4	3.2%	0.2	0.7	6.1%
4	PPH1	230 ℃/2.16 kg	15	2.57	0.06	0.16	6.0%	0.08	0.24	9.2%
5	PPH2	230 ℃/2.16 kg	19	17.6	0.3	0.8	4.4%	0.8	2.2	12.3%
6	PPB1	230 ℃/2.16 kg 半口模	8	10.9	0.1	0.4	3.3%	0.5	1.3	12.2%

表 6（续）

序号	样品	试验条件	实验室参加数/个	MFR 平均值 $\bar{m}$/(g/10 min)	实验室内			实验室间		
					标准偏差 S_r/(g/10 min)	重复性限 $r(2.8S_r)$/(g/10 min)	重复性相对误差 $r/\bar{m}$/%	标准偏差 S_R/(g/10 min)	再现性限 $R(2.8S_R)$/(g/10 min)	再现性相对误差 $R/\bar{m}$/%
7	PPR	230 ℃/2.16 kg	14	0.25	0.002	0.01	2.0%	0.01	0.03	12.5%
8	EVA	190 ℃/2.16 kg	12	3.48	0.03	0.08	2.2%	0.15	0.43	12.3%
9	PS	200 ℃/5.0 kg	18	1.72	0.03	0.07	4.1%	0.19	0.53	31.1%
10	ABS	220 ℃/2.16 kg	16	10.0	0.2	0.5	5.0%	0.7	2.0	19.4%
11	SAN	220 ℃/2.16 kg	16	22.4	0.2	0.6	2.6%	1.1	3.1	13.9%

表 7　熔体体积流动速率(MVR)测试的精密度数据

序号	样品	试验条件	实验室参加数/个	MFR 平均值 $\bar{m}$/(g/10 min)	实验室内			实验室间		
					标准偏差 S_r/(g/10 min)	重复性限 $r(2.8S_r)$/(g/10 min)	重复性相对误差 $r/\bar{m}$/%	标准偏差 S_R/(g/10 min)	再现性限 $R(2.8S_R)$/(g/10 min)	再现性相对误差 $R/\bar{m}$/%
1	LDPE1	190 ℃/2.16 kg	14	24.9	0.2	0.7	2.9%	0.5	1.3	5.1%
2	LDPE2	190 ℃/2.16 kg	15	64.3	0.78	2.18	3.3%	2.7	7.5	11.7%
3	HDPE1	190 ℃/5.0 kg	9	3.96	0.02	0.05	1.3%	0.05	0.14	3.6%
4	PPH1	230 ℃/2.16 kg	9	3.47	0.04	0.11	3.0%	0.10	0.27	7.8%
5	PPB1	230 ℃/2.16 kg	11	113	1	3	3%	5	14	13%
6	PPB2	230 ℃/2.16 kg	17	33.0	0.3	0.73	2.2%	1.23	3.4	10.3%

12　试验报告

试验报告至少应包括以下信息：

a)　注明参照本部分 GB/T 3682.1—2018；

b)　试样的详细说明，包括装入料筒时的物理形状；

c)　预处理条件的详细说明，包括干燥和预成型条件，测试前的预压负荷和强制挤压时间；

d)　稳定化处理的详细说明(见 6.2)；

e)　试验温度和负荷；

f)　所用预热时间(当超过 5 min 时)；

g)　对于方法 A，料条质量和切断时间间隔；对于方法 B，规定的时间或活塞移动距离，以及对应的活塞移动距离或所用时间的测定值；

h)　熔体质量流动速率(MFR)，g/10 min；或熔体体积流动速率(MVR)，cm^3/10 min。结果表示保留三位有效数字，但小数点后最多保留两位小数。当一次加料测得多个熔体流动速率时，将其算术平均值报告为熔体流动速率值。所有的单次测量值也应如实报告；

i) 需要时,若 MFR 或 MVR 的计算使用了由 8.5.2 或 9.6.2 得到的熔体密度,则应予以报告,并注明该值为计算值。报告用于转换的熔体密度值。
j) 报告使用半口模测定的 MFR 和/或 MVR 值时,应使用下标“h”,并注明使用了半口模;
k) 需要时,报告流动速率比(FRR);
l) 报告试样的任何异常情况,例如变色、发粘、挤出物扭曲(鲨鱼皮)或熔体流动速率的异常变化等;
m) 试验日期。

附 录 A
（规范性附录）
测定 MFR 和 MVR 的试验条件

相应材料的分类标准中规定了测定 MFR 和 MVR 的试验条件。

表 A.1 列出了已知常用的试验温度和负荷。如需，某些材料可能要使用其他未列出的试验条件。对于尚无材料标准或标准未规定试验条件的新热塑性材料，推荐使用表中列出的温度和负荷。可使用表 A.1 中温度和负荷的任何组合。无论如何，应根据材料的流变性能选择适当的温度和负荷。

表 A.1 测定 MFR 和 MVR 的试验条件

试验温度 T/℃
100
125
150
190
200
220
230
235
240
250
260
265
275
280
300
标称负荷(组合的)m_{nom}/kg
0.325
1.20
2.16
3.80
5.00
10.00
21.60
注：在 GB/T 3682—2000 或 ISO 1133:2005 及其以前版本中，均给出了用于测试的试验温度和标称负荷组合的代号，这些代号也用于材料命名的字符组中。为方便使用者，将这些代号在表 B.1 中列出作为参考。

附 录 B
（资料性附录）
热塑性塑料相关材料标准规定的测定熔体流动速率的条件

热塑性塑料相关材料标准规定了测定熔体流动速率的试验条件。表 B.1 列出了部分材料标准的标准号及其规定的测定熔体流动速率的试验条件和代号，涉及的相关标准信息参见参考文献[2]至[40]。

表 B.1 热塑性塑料相关材料标准规定的测定熔体流动速率的试验条件

<table>
<tr><th rowspan="2">材料</th><th rowspan="2">相关标准</th><th colspan="3">测定熔体流动速率的试验条件[b]</th></tr>
<tr><th>条件代号</th><th>试验温度 T/℃</th><th>标称负荷（组合）m_{nom}/kg</th></tr>
<tr><td>ABS</td><td>GB/T 20417</td><td>U</td><td>220</td><td>10</td></tr>
<tr><td>ASA，ACS，AEDPS</td><td>ISO 6402</td><td>U</td><td>220</td><td>10</td></tr>
<tr><td>E/VAC</td><td>GB/T 39204</td><td>D
B
Z</td><td>190
150
125</td><td>2.16
2.16
0.325</td></tr>
<tr><td>MABS</td><td>ISO 10366</td><td>U</td><td>220</td><td>10</td></tr>
<tr><td rowspan="3">PB[a]</td><td>ISO 8986</td><td>D
F</td><td>190</td><td>2.16
10</td></tr>
<tr><td>GB/T 19473</td><td>T</td><td>190</td><td>5</td></tr>
<tr><td>ISO 15494</td><td>D
T</td><td>190</td><td>2.16
5</td></tr>
<tr><td>PC</td><td>ISO 7391</td><td>W</td><td>300</td><td>1.2</td></tr>
<tr><td rowspan="3">PE[a]</td><td>GB/T 1845</td><td>E
D
T
G</td><td>190</td><td>0.325
2.16
5
21.6</td></tr>
<tr><td>SH/T 1758
SH/T 1768</td><td>T</td><td>190</td><td>5</td></tr>
<tr><td>GB/T 13663
GB 15558
GB/T 28799
ISO 15494</td><td>T</td><td>190</td><td>5</td></tr>
<tr><td>PMMA</td><td>GB/T 15597</td><td>N</td><td>230</td><td>3.80</td></tr>
<tr><td>POM</td><td>GB/T 22271</td><td>D</td><td>190</td><td>2.16</td></tr>
<tr><td rowspan="4">PP[a]</td><td>GB/T 2546</td><td>M
P</td><td>230</td><td>2.16
5</td></tr>
<tr><td>SH/T 1750</td><td>M</td><td>230</td><td>2.16</td></tr>
<tr><td>GB/T 18742</td><td>M</td><td>230</td><td>2.16</td></tr>
<tr><td>ISO 15494</td><td>M
T</td><td>230
190</td><td>2.16
5</td></tr>
</table>

表 B.1（续）

材料	相关标准	测定熔体流动速率的试验条件[b]		
		条件代号	试验温度 T/℃	标称负荷(组合)m_{nom}/kg
PS	GB/T 6594	H	200	5
PS-I	GB/T 18964	H	200	5
SAN	GB/T 21460	U	220	10

[a] 材料标准中可能会给出该类材料熔体密度的理论值。

[b] GB/T 3682 各部分发布时，相关材料标准中规定或列出了这些试验条件。GB/T 3682 各部分的使用者在使用这些试验条件以前，应从这些材料标准的最新发布版本或其他新发布的材料标准中确认这些试验条件的有效性。随着材料的发展，研究和采用其他试验温度和标称负荷的组合是必要的和可能的，按附录 A 进行。

附 录 C
(资料性附录)
利用压实法对材料进行预成型的装置和步骤

C.1 总则

本附录提供了装料压实方法的信息。当测定粉料、薄片、薄膜碎片或碎片状样品的 MFR 和 MVR 时,本附录对试验样品的预成型特别有用。将这样的试验样品压实成棒状试样,可减少试样内部气泡和空隙,从而避免试验结果重复性差的情况,并且压实后的试样棒可以快速装入 MFR 或 MVR 的料筒中。其他预压制试验样品的方法也是可适用的。

C.2 原理

粉料、薄片、薄膜条或模塑制品的碎片料在真空下压制成型,其直径接近但不能超过熔体流动速率仪的料筒内径。对于半结晶聚合物,压制材料的温度应该低于熔融温度 T_m;对于非结晶聚合物,压制材料的温度应该接近玻璃化转变温度 T_g。这样可尽量减少气泡并且不会导致过多的热降解。

C.3 预成型装置

C.3.1 总则

本预成型装置应由一个可加热的料筒组成,料筒底部被一个端塞堵住。压力由活塞施加在料筒中的试样上。预成型装置示意图见图 C.1。装置主要部件及说明见 C.3.2~C.3.6。

注:允许使用不同设计的预成型装置,例如,经改进的熔体流动速率仪。

C.3.2 钢料筒

钢料筒应固定在竖直方向,操作温度应可达 300 ℃,并与其他部件隔热。料筒长度为 115 mm~180 mm,内径为 9.550 mm±0.025 mm。端塞用锁塞螺母固定在料筒底部。

C.3.3 活塞

活塞的工作长度至少与料筒长度相同。活塞应有长度为 6.35 mm±0.1 mm 的活塞头。活塞头的直径应为 9.474 mm±0.007 mm。

C.3.4 加热和恒温装置

加热和恒温装置可用于使料筒中的材料在选定温度下维持在所要求温度的±3.0 ℃以内。

C.3.5 负荷

施加在活塞顶部的负荷力应为 2 kN±0.5 kN,可通过合适的方法施加,例如机械施加、气动施加等。负荷力加在预成型的试验样品上,将试样压实成棒,移除底部端塞后,从料筒挤出试样。

C.3.6 真空泵

真空泵用于在预成型前,预成型中和预成型后对试样进行抽湿和排气,防止进一步的污染。

C.3.7 状态调节

在将试验样品压实成棒前，应按该材料分类标准要求进行状态调节。材料的状态调节也可参见6.2和GB/T 3682.2—2018。

C.4 压实步骤

对于半结晶样品，料筒温度应设定为低于熔融温度(T_m)10 ℃～20 ℃；对于非结晶样品，料筒温度应设定为低于玻璃化温度(T_g)10 ℃～20 ℃。如果这些值不合适，也可选择其他的温度范围，但半结晶样品设定温度应低于熔融温度 T_m，非结晶样品应低于玻璃化转变温度 T_g。

注：给出的温度范围已证明适用于一些材料。粉料和薄片仅部分软化，并在真空下被压实成棒。

用棉布清洁料筒和活塞。

用底部端塞堵住料筒底部。

将状态调节过的样品加入料筒中。样品量不应少于MFR或MVR试验所需要的量，见表4指南要求的最少试样量。装料时，用装料杆压实试样。在试样堆积密度很低时，先用较少量的料装满料筒，压实，重复此步骤直到料筒中装入所需的试样量。

如果材料分类标准未禁止使用真空，应在装料时使用真空。

注：使用真空可提高材料压实程度，并且减少材料吸收的水分。

装料完成后，迅速向活塞施加2.0 kN±0.5 kN的力，并保持2 min。

移除活塞负荷。移除料筒底部端塞后，随着活塞的下降，压实料棒从料筒中挤出。

C.5 压实料棒的处理

除非在相关材料分类标准中另有说明，应将压实料棒冷却后再进行MFR或MVR测试。

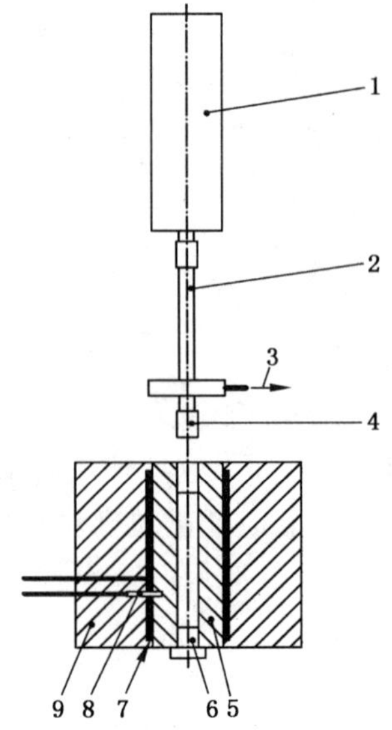

说明：

1——气缸；

2——活塞；

3——密封料筒的真空设备；

4——活塞头；

5——料筒；

6——底部端塞；

7——加热器；

8——温度传感器；

9——绝热体。

图 C.1 用压实法对材料进行预成型的装置示例

附 录 D
（资料性附录）
ISO 1133-1:2011 中由多实验室测试 MFR 和 MVR 获得的聚丙烯的精密度数据

ISO 1133-1:2011 附录 D 列出了 2007 年由多家实验室使用高熔体流动速率的聚丙烯在 230 ℃和 2.16 kg 的试验条件下进行熔体质量流动速率(MFR)和熔体体积流动速率(MVR)比对试验(参考文献[41])的结果，见表 D.1。

需要强调的是，试验方法的精密度与被测材料的性质极其相关。表 D.1 列出的比对结果是使用高熔体流动速率的材料得出的，不能代表本方法在各种熔体流动速率下的精密度。该比对数据只有一个实验室测定 MVR 的结果为离群值，已被舍弃。

表 D.1 高熔体流动速率聚丙烯的比对结果

方法	实验室参加数/个	MFR 或 MVR 的平均值	实验室内		实验室间	
			标准偏差，S_r/%	重复性限，$r(2.8\ S_r)$/%	标准偏差，S_R/%	再现性限，$R(2.8\ S_R)$/%
MFR	8	43.4 g/10 min	2.2	6.2	7.4	20.8
MVR	16	59.3 cm^3/10 min	1.6	4.5	3.7	10.5

从表中可注意到，MFR 与 MVR 平均值的比值为 731.8 kg/m^3，这与 ISO 1873-2(和 GB/T 2546.2)中规定的由 MVR 计算 MFR 时所用的理论值 738.6 kg/m^3 相比较，差值约为 1%。

参 考 文 献

[1] GB/T 1845.1—1999 塑料 聚乙烯(PE)模塑和挤出材料 第1部分:命名系统和分类基础

[2] GB/T 1845.2—2006 塑料 聚乙烯(PE)模塑和挤出材料 第2部分:试样制备和性能测定

[3] GB/T 2546.1—2006 塑料 聚丙烯(PP)模塑和挤出材料 第1部分:命名系统和分类基础

[4] GB/T 2546.2—2003 塑料 聚丙烯(PP)模塑和挤出材料 第2部分:试样制备和性能测定

[5] GB/T 3682—2000 热塑性塑料熔体质量流动速率和熔体体积流动速率的测定

[6] GB/T 6594.1—1998 塑料 聚苯乙烯(PS)模塑和挤出材料 第1部分:命名系统和分类基础

[7] GB/T 6594.2—2003 塑料 聚苯乙烯(PS)模塑和挤出材料 第2部分:试样制备和性能测定

[8] GB/T 13663(各部分) 给水用聚乙烯(PE)管道系统

[9] GB 15558(各部分) 燃气用埋地聚乙烯(PE)管道系统

[10] GB/T 15597.1—2009 塑料 聚甲基丙烯酸甲酯(PMMA)模塑和挤塑材料 第1部分:命名系统和分类基础

[11] GB/T 15597.2—2010 塑料 聚甲基丙烯酸甲酯(PMMA)模塑和挤塑材料 第2部分:试样制备和性能测定

[12] GB/T 18742 冷热水用聚丙烯管道系统

[13] GB/T 18964.1—2008 塑料 抗冲击聚苯乙烯(PS-I)模塑和挤出材料 第1部分:命名系统和分类基础

[14] GB/T 18964.2—2003 塑料 抗冲击聚苯乙烯(PS-I)模塑和挤出材料 第2部分:试样制备和性能测定

[15] GB/T 19473(各部分) 冷热水用聚丁烯(PB)管道系统

[16] GB/T 20417.1—2008 塑料 丙烯腈-丁二烯-苯乙烯(ABS)模塑和挤出材料 第1部分:命名系统和分类基础

[17] GB/T 20417.2—2006 塑料 丙烯腈-丁二烯-苯乙烯(ABS)模塑和挤出材料 第2部分:试样制备和性能测定

[18] GB/T 21460.1—2008 塑料 苯乙烯-丙烯腈(SAN)模塑和挤出材料 第1部分:命名系统和分类基础

[19] GB/T 21460.2—2008 塑料 苯乙烯-丙烯腈(SAN)模塑和挤出材料 第2部分:试样制备和性能测定

[20] GB/T 22271.1—2008 塑料 聚甲醛(POM)模塑和挤塑材料 第1部分:命名系统和分类基础

[21] GB/T 22271.2—2008 塑料 聚甲醛(POM)模塑和挤塑材料 第2部分:试样制备和性能测定

[22] GB/T 28799(各部分) 冷热水用耐热聚乙烯(PE-RT)管道系统

[23] GB/T 30924.2—2014 塑料 乙烯-乙酸乙烯酯(EVAC)模塑和挤出材料 第2部分:试样制备和性能测定

[24] SH/T 1750—2005 冷热水管道系统用无规共聚聚丙烯(PP-R)专用料

[25] SH/T 1758—2007 给水管道系统用聚乙烯(PE)专用料

[26] SH/T 1768—2009 燃气管道系统用聚乙烯(PE)专用料

[27] P.Zoller, Journal of Applied Polymer Science, Vol.23.pp.1051-1061, 1979

[28] ISO 4427 (all parts) Plastics piping systems—Polyethylene (PE) pipes and fittings for water supply

[29] ISO 4437 Buried polyethylene (PE) pipes for the supply of gaseous fuels—Metricseries—Specifications

[30] ISO 4613-1:1993 Plastics—Ethylene/vinyl acetate (E/VAC) moulding and extrusion materials—Part 1: Designation and specification

[31] ISO 4613-2:1995 Plastics—Ethylene/vinyl acetate (E/VAC) moulding and extrusion materials—Part 2: Preparation of test specimens and determination of properties

[32] ISO 6402-2:2003 Plastics—Acrylonitrile-styrene-acrylate (ASA), crylonitrile-(ethylene-propylene-diene)-styrene (AEPDS) and acrylonitrile-(chlorinated polyethylene)-styrene (ACS) moulding and extrusion materials—Part 2: Preparation of test specimens and determination of properties

[33] ISO 7391-1:2006 Plastics—Polycarbonate (PC) moulding and extrusion materials—Part 1: Designation system and basis for specifications

[34] ISO 7391-2:2006 Plastics—Polycarbonate (PC) moulding and extrusion materials—Part 2: Preparation of test specimens and determination of properties

[35] ISO 8986-1:2009 Plastics—Polybutene-1 (PB-1) moulding and extrusion materials—Part 1: Designation system and basis for specifications

[36] ISO 8986-2:2009 Plastics—Polybutene-1 (PB-1) moulding and extrusion materials—Part 2: Preparation of test specimens and determination of properties

[37] ISO 10366-2:2003 Plastics—Methyl methacrylate-acrylonitrile-butadiene-styrene (MABS) moulding and extrusion materials—Part 2: Preparation of test specimens and determination of properties

[38] ISO 15494:2015 Plastics piping systems for industrial applications—Polybutene (PB), polyethylene (PE), polyethylene of raised temperature resistance (PE-RT), crosslinked polyethylene (PE-X), polypropylene (PP)—Metric series for specifications for components and the system

[39] ISO 15874 (all parts), Plastics piping systems for hot and cold water installations — Polypropylene (PP)

[40] ISO 22391 (all parts), Plastics piping systems for hot and cold water installations—Polyethylene of raised temperature resistance (PE-RT)

[41] RIDES, M., Allen, C., OMLOO, H., NAKAYAMA, K., CANCELLI, G. Interlaboratory comparison of melt flow rate testing of moisture sensitive plastics. Polym. Test. 2009, 28, pp. 572-591

ICS 83.080.20
G 31

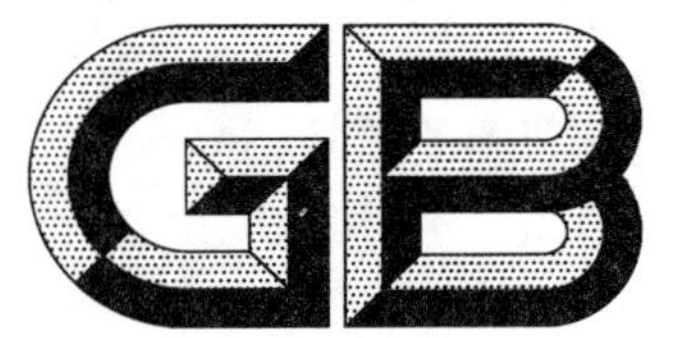

中华人民共和国国家标准

GB/T 3682.2—2018

塑料 热塑性塑料熔体质量流动速率(MFR)和熔体体积流动速率(MVR)的测定 第2部分:对时间-温度历史和(或)湿度敏感的材料的试验方法

Plastics—Determination of the melt mass-flow rate (MFR) and melt volume-flow rate (MVR) of thermoplastics—Part 2:Method for materials sensitive to time-temperature history and/or moisture

(ISO 1133-2:2011,MOD)

2018-03-15 发布 2018-10-01 实施

中华人民共和国国家质量监督检验检疫总局
中国国家标准化管理委员会 发布

前言

GB/T 3682《塑料　热塑性塑料熔体质量流动速率(MFR)和熔体体积流动速率(MVR)的测定》由以下两部分组成:

——第1部分:标准方法;

——第2部分:对时间-温度历史和(或)湿度敏感的材料的试验方法。

本部分为GB/T 3682的第2部分。

本部分按照GB/T 1.1—2009给出的规则起草。

本部分使用重新起草法修改采用国际标准ISO 1133-2:2011《塑料　热塑性塑料熔体质量流动速率(MFR)和熔体体积流动速率(MVR)的测定　第2部分:对时间-温度历史和(或)湿度敏感的材料的试验方法》。

本部分与ISO 1133-2:2011的技术性差异及其原因如下:

——关于规范性引用文件,本部分做了具有技术性差异的调整,以适应我国的技术条件,调整的情况集中反映在第2章"规范性引用文件"中,具体调整如下:

- 用修改采用国际标准的GB/T 1632.1—2008代替ISO 1628-1:1998;
- 用修改采用国际标准的GB/T 3682.1—2018代替ISO 1133-1:2011;
- 用修改采用国际标准的GB/T 12006.1—2009代替ISO 307:2007;
- 用修改采用国际标准的GB/T 12006.2—2009代替ISO 15512:1999。

本部分由中国石油和化学工业联合会提出。

本部分由全国塑料标准化技术委员会通用方法和产品分会(SAC/TC 15/SC 4)归口。

本部分主要起草单位:中蓝晨光成都检测技术有限公司、中国蓝星(集团)股份有限公司、承德市金建检测仪器有限公司、山东道恩高分子材料股份有限公司、中国石油天然气股份有限公司大庆化工研究中心、北京华塑晨光科技有限责任公司。

本部分主要起草人:谢鹏、赵磊、张怀志、彭斌、郑宁、任雨峰、陈敏剑、陈宏愿。

引言

本部分提供的方法适用于在测试过程中流变行为对时间-温度历史和(或)湿度敏感的材料，GB/T 3682.1—2018 没有详细规定这类材料的测试条件，所得测试数据的精密度不能达到要求(即至少相当于采用 GB/T 3682.1—2018 测稳定材料获得的数据的精密度水平)。本部分与湿度敏感性材料尤为相关。

本部分与 GB/T 3682.1—2018 的主要差别是本部分规定的温度允差、时间线、样品量和预处理更严格，有更好的重复性和再现性，测试结果有更好的精密度。

流变行为受水解和冷凝现象影响的热塑性材料的 MVR 测量，其精密度通常受以下因素影响严重：

——水分含量和样品调节；

——样品处理；

——微弱的温差，即料筒内温度随位置和时间的变化；

——材料在测试温度下的总时间；

——样品体积；

——样品样式(形状和尺寸-粒子、粉末、小片等)；

——仪器的清洗。

为了得到精确的可重复的和可再现的结果，不仅仪器需要满足本部分的要求，样品预处理和测试步骤也需满足本部分的说明，特别是上述提到的对测试结果敏感的细节。设备、测试步骤和(或)样品处理的小偏差，会严重影响测试数据的可重复性、可再现性和测试精密度。

一般而言，材料标准中指定 MVR 和 MFR 值测试试验条件的，在测试之前，应提出并用于指导测试。流变行为在测试过程中受水解、冷凝或交联影响的材料，在许多情况下其材料标准中没有指定 MVR 和 MFR 值的测试条件。这些材料的标准有可能在以后被修订或改进。当没有相关材料标准或材料标准中未指定试验条件时，相关方应沟通确认干燥和试验条件。

注：出版时，无证据表明使用本部分测试稳定性材料比使用 GB/T 3682.1—2018 的测试结果精密度更好。

塑料　热塑性塑料熔体质量流动速率(MFR)和熔体体积流动速率(MVR)的测定 第2部分:对时间-温度历史和(或)湿度敏感的材料的试验方法

警示——本部分的使用人员应熟知所采用的实验室规范。本部分不涉及与使用有关的所有安全问题,如有,也仅与其使用有关。本部分的使用者有责任建立适当的保障人身安全的措施,并确定这些规章制度的适用性。

重要提示:仪器需满足本部分的规定,需在规定的温度和负荷条件下进行测试,需注意样品预处理,严格执行本部分和任何适用的材料标准中的试验步骤。

1　范围

GB/T 3682的本部分规定了一种测试流变性能对时间-温度历史和(或)湿度非常敏感的热塑性材料的熔体质量流动速率(MFR)和熔体体积流动速率(MVR)的方法。

注1:某些材料受到水解反应的影响,如聚对苯二甲酸乙二醇酯(PET)、聚对苯二甲酸丁二醇酯(PBT)、聚萘二甲酸乙二醇酯(PEN),以及其他聚酯类聚合物、聚酰胺等;还有的材料受交联反应影响,如热塑性弹性体(TPE)和热塑性硫化橡胶(TPV)。本方法也可能适用于其他材料。

本方法可能不适用于在测试过程中流变行为受到极大影响的材料。

注2:对那些MFR和MVR的变异系数比GB/T 3682.1—2018中精密度还高的材料,用其稀溶液中的黏数(GB/T 12006.1—2009,GB/T 1632.1—2008)来表征可能更为合适。

注3:设备,操作流程和/或样品处理的微小差异可能大幅降低测量结果的重复性、再现性和精度。附录B给出了在理想的条件下采用本部分测试不同材料的MVR结果,这表明了本部分的重复性。

若已知测试温度和压力下材料的密度,或装有切断装置时测量精度至少与测MVR时的精度相同,则可通过MVR计算MFR。

注4:所需熔体密度应在试验温度和负荷下获得。实际上,低压下,在测试温度和环境压力下获得的数据即可使用。

本部分和GB/T 3682.1—2018的主要不同在于本部分在料筒温度和材料在该温度下经历的时间上规定了更严格的允差。因此要更严格的控制材料的时间温度历程,对易受高温影响的材料,与采用GB/T 3682.1—2018时得到的结果相比,采用本部分能减小结果的可变性。

本部分也给出了对湿度敏感的材料的制备和处理方法,这与获得可重复、可再现、精确的数据密切相关。

材料标准中一般规定了MVR和MFR的测试条件。然而,对那些在标准中没有规定测试条件的材料,其测试条件应由相关方协商确定。

2　规范性引用文件

下列文件对于本文件的应用是必不可少的。凡是注日期的引用文件,仅注日期的版本适用于本文件。凡是不注日期的引用文件,其最新版本(包括所有的修改单)适用于本文件。

GB/T 1632.1—2008　塑料　使用毛细管黏度计测定聚合物稀溶液黏度　第1部分:通则(ISO 1628-1:1998,MOD)

GB/T 2035—2008　塑料术语及其定义(ISO 472:1999,IDT)

GB/T 3682.1—2018 塑料 热塑性材料的熔体质量流动速率(MFR)和熔体体积流动速率(MVR)的测定 第1部分:标准方法(ISO 1133-1:2011,MOD)

GB/T 12006.1—2009 塑料 聚酰胺 第1部分:黏数测定(ISO 307:2007,MOD)

GB/T 12006.2—2009 塑料 聚酰胺 第2部分:含水量测定(ISO 15512:1999,MOD)

3 术语和定义

GB/T 2035—2008 和 GB/T 3682.1—2018 界定的术语和定义适用于本文件。

4 原理

熔体质量流动速率(MFR)和熔体体积流动速率(MVR)是在预设的温度和负荷下从挤出仪料筒中将熔融材料通过规定长度和直径的口模挤出来测定的。

对 MFR 的测定,称量规定时间内挤出物的质量,计算挤出速率,以 g/10 min 表示。

对 MVR 的测定,记录活塞在规定时间内的位移或活塞移动规定的距离所需的时间,计算挤出速率,以 cm^3/10 min 表示。

若已知材料在试验温度下的熔体密度,则 MVR 可以转化为 MFR,反之亦然。

与 GB/T 3682.1—2018 相比,本部分对温度、时间、样品用量和预处理的要求更严格,以得到对时间温度历程和水敏感的材料更精确的结果。

5 仪器

5.1 挤出式塑化仪

5.1.1 概述

GB/T 3682.1—2018 中给出的仪器和以下的规定都适用本部分,本部分与 GB/T 3682.1—2018中不同的规定,应按以下规定执行。

5.1.2 料筒

见 GB/T 3682.1—2018。

5.1.3 活塞

见 GB/T 3682.1—2018。

5.1.4 温度控制系统

对于所有使用的温度,绝对温度应该是口模表面以上 0 mm～70 mm 之间的温度,且其与要求的测试温度最大偏差应不超过±1 ℃。

对料筒所有部分的温度,在试验进行中,口模表面以上 0 mm～70 mm 之间温度分布随距离或时间变化最大偏差应不超过±0.3 ℃。

温度控制系统应能以 0.1 ℃或更小的幅度调节。

注 1:因为测试时材料的时间温度历史对其流变行为有显著影响,所以有必要严格控制温度的偏差。为了使测试精度达到稳定材料采用 GB/T 3682.1—2018 的精度,有必要规定比第 1 部分更严格的测试条件。

注 2:如果采用将测温装置嵌入料筒壁的方法来测控温度,有可能测得的温度与熔体温度不同,但是可通过校正温度控制系统得到“熔体内部温度”。

5.1.5 口模

见 GB/T 3682.1—2018。

GB/T 3682.1—2018 中规定口模长 8.000 mm±0.025 mm,直径为 2.095 mm±0.005 mm。除非相关材料标准有其他规定或当事双方另有约定,本部分也采用上述口模。

有的材料有较低的熔体黏度如瓶级 PET,此时若采用标准口模则在加料过程中就会有挤出物流出,且不易得到无孔隙的挤出段而使测试准确度下降。在这种情况下推荐采用 GB/T 3682.1—2018 中规定的半口模(8.1)。

5.1.6 安装并保持料筒竖直的方法

见 GB/T 3682.1—2018。

5.1.7 负荷

见 GB/T 3682.1—2018。

5.2 附件

5.2.1 概述

对本部分,GB/T 3682.1—2018 中给出的辅助设备和下述的设备都适用。

5.2.2 装料杆

见 GB/T 3682.1—2018。

5.2.3 清洁装置

见 GB/T 3682.1—2018。

5.2.3.1 通止规(塞规)

见 GB/T 3682.1—2018。

5.2.3.2 温度校准装置

见 GB/T 3682.1—2018。

温度检验装置要有足够的精确度和精密度以检验 MVR/MFR 装置是否达到 5.1.4 中规定的温度允差。

本部分要求以 10 mm 的间隔检验标准口模以上 0 mm~70 mm 的温度,在料筒中未加入材料时校正其温度的设备与 GB/T 3682.1—2018 中使用的不同(相关信息参见附录 A)。

5.2.3.3 口模塞

见 GB/T 3682.1—2018。

5.2.3.4 活塞/负荷支架

见 GB/T 3682.1—2018。

5.2.3.5 预成型装置

见 GB/T 3682.1—2018。

5.2.3.6 干燥设备

按材料标准要求使用真空干燥箱或烘箱除去样品中的水。

推荐使用真空干燥箱，因为这能使材料的干燥过程用时更少温度更低，因而能减少如水解造成的材料流变性能的变化。

5.2.3.7 水含量的测定

除非材料标准另有规定，一般采用 GB/T 12006.2—2009 测定材料中水含量。

5.2.4 熔体质量流动速率测定装置(方法 A)

见 GB/T 3682.1—2018。

如果仪器没有安装自动切断装置，可采用手动切断，但测量精度至少与 MVR 测量相同。

5.2.5 熔体体积流动速率测定装置(方法 B)

见 GB/T 3682.1—2018。

6 试样

6.1 试样形状

见 GB/T 3682.1—2018。

6.2 试样的预处理和存储

根据相关材料标准规定，在进行测试之前须对测试样品进行处理，如干燥。当测试样品是粉末或片状材料预处理成的预压试验棒时，则在其预成型前须干燥。如果相关材料标准没有规定样品的预处理程序则须当事方协商解决。

对湿度敏感的材料，在测试条件下须尽可能地减小其水含量对材料的 MFR 和 MVR 的影响。在干燥前后，都应该尽量阻止或减小其对水分的吸收，例如防止样品通过与皮肤的接触或从大气中吸潮。

样品干燥过后要立即转入干燥的(宜是热的)、防潮的容器中以阻止水分的吸收，然后让样品冷却到室温，除非材料标准有其他规定或当事方协商同意，须在样品被转移到干燥容器中 4h 以内，或装有干燥剂的容器中 2 d 以内，完成样品的测定。

所有的成型物从预成型装置(GB/T 3682.1—2018)中取出后，在进行测定之前，应用同样的方式处理和储存以提高测定的可重复性，除非有的成型物需要在不冷却的情况下测定，以避免因其变形而妨碍将其置入挤出仪料筒。

为了使测试结果具有可比性，例如不同实验室测定结果的比较，材料应先冷却再测试以防止温度历程的不同带来影响，或当事方协商统一的处理流程。不过在生产控制或实际操作中，可能从烘箱中将材料取出直接加入挤出仪中更好。

材料不应放置在(真空)烘箱中冷却至室温。与将其放在一个容器中冷却相比，烘箱中的冷却时间很长，时间-温度历史有很大不同，可能对结果产生重大影响。

注：可通过对含水量不同的材料的重复试验来测定水含量对材料流变行为的影响。

7 仪器的温度校验、清理和维护

7.1 控温系统的校验

7.1.1 校验程序

校验温度随位置和时间的变化时，设定挤出仪温控系统为要求的温度，至少等待仪器说明书中规定的时间，直到料筒的仪器显示温度保持在设定温度。

用一准确的温度测量装置校验从标准口模上表面 0 mm 向上至并包括 70 mm±1 mm 处每间隔 10 mm±1 mm 处的料筒温度变化。测定温度变化时每隔 10 mm 间隔测一个点的温度变化，每个点在出现第一个稳定温度读数后，每隔 1 min 间隔记录一个温度读数，直到 10 min 为止。

校验操作方法相关信息参见附录 A。

注：测温装置浸入或放置在挤出仪料筒中后温度计读数稳定的时间取决于所使用的仪器，测温装置响应时间的信息由供应商提供。

7.1.2 校验温度所用材料

见 GB/T 3682.1—2018 和参见附录 A 的规定。

7.2 仪器的清理

见 GB/T 3682.1—2018。

7.3 仪器的竖直调整

见 GB/T 3682.1—2018。

8 程序设置

8.1 概述

为了取得比 GB/T 3682.1—2018，方法 A 中 MFR 方法更好的重复性，在测定对时间温度历程和/或水有高流变敏感性的材料时，优先使用活塞位移距离和时间的自动测量装置(GB/T 3682.1—2018，方法 B)。

如果 MVR 值高于 40 cm^3/10 min 时，推荐使用半口模(5.1.5)。

如果知道测试温度下的聚合物的密度，则可以通过 MVR 值算出 MFR 值，反之亦然(见 GB/T 3682.1—2018)。

注：所需熔体密度应在试验温度和负荷下获得。实际上，低压下，在测试温度和环境压力下获得的数据即可使用。

8.2 温度和负荷的选择

查阅相关材料标准得到合适的测试条件。

如果没有材料标准或材料标准没有规定 MVR 或 MFR 的测试条件，应由相关方基于材料的熔点或制造商提供的加工条件协商给出测试温度和负荷。见 GB/T 3682.1—2018 表 A.1。

注：通常，材料标准规定了 MVR 和 MFR 的测定条件。在很多情况下，有的材料的流变行为在测定时受到水解和缩合反应的影响，而材料标准中并没有规定其 MVR 和 MFR 的测定条件。这类材料的标准可能需要完善和修订。

8.3 仪器清理

警示——在测定过程中的材料或清洗仪器所用的任何材料可能会有的部分分解并释放出有害的挥发性物质，同时有被烫伤的危险。本部分的使用者有责任建立合适，安全的操作规章和在使用前确立合适的限制规则。

见 GB/T 3682.1—2018。

每次实验前，料筒和所有的部件包括口模都应彻底清洗干净。

重要提示：测试易吸水的材料时，彻底清洗非常重要。污染物或它们的热分解产物是加速易吸水材料水解的主要原因。

8.4 样品用量和装料

根据预期的 MVR 或 MFR 选择样品用量。MVR 或 MFR 值最好高于 10 cm^3/10 min 低于 40 cm^3/10 min。为了比较具有相近 MVR 或 MFR 的不同材料时，试样之间的体积差异应在±0.5 cm^3 以内，见表 1。

实验员不能触摸试样，以避免试样通过皮肤接触吸收水分，且应尽量避免试样暴露在空气中。样品处理，包括打开样品储存箱、转移、加入样品到料筒，都应尽量快。从开始处理样品到样品加入料筒的时间应不超过 1 min 以防止样品吸潮。

样品的用量选取应能保证在测试时任何情况下完成材料的加入后测试能在 5.5 min 到 6.0 min 内开始。

表 1 样品用量指导

预期 MVR/(cm^3/10min) 预期 MFR/(g/10min)	料筒内压实样品体积/cm^3
10～20	4～5
20～30	5～6
30～40	6～7

注 1：很多对时间温度历程敏感的材料，其 MVR 的测定受料筒内样品体积的影响。分析具有类似 MVR 或 MFR 的材料时，加入相同体积的材料能减小所得数据的变异。可用要求大小的样品杯来量取样品或称取等体积材料换算得的质量的材料。

推荐在加入样品前使用干燥氮气吹扫料筒，并在测试过程中保持料筒的氮气氛围以避免样品氧化分解和吸潮。

称取适当量的样品，加入料筒。在加料过程中，手工操作压料杆压实材料，但应尽量避免压力大幅变化。对易受氧化或水解分解的材料，加料过程中应尽量不与空气接触。应在 0.5 min～1 min 内完成加料过程。立即将活塞放入料筒。加料完成后应立即预热 5 min。

注 2：压实样品的压力的变化会降低结果的重复性。

注 3：有些材料可能需要较短的预热时间，以防止材料降解。对于高熔点，高玻璃化转变温度，低导热系数的材料，为获得测试结果的重复性，则要较长的预热时间。

对高流动速率的材料，活塞可在预热过程中空负荷或少加负荷。如果体积流动速率较大，材料在预热过程中的损失就比较大。此时可在预热时活塞不加负荷或加小负荷。如果材料流动速率非常高，则须要用到负荷支架和口模塞以阻止材料从口模处流涎。

预热过程中应检查温度是否回到了设定温度。

9 操作步骤

9.1 温度和负荷的选择

见8.2。

9.2 活塞最小移动距离

活塞移动距离规定在20 mm～30 mm。

9.3 计时装置

见GB/T 3682.1—2018。

9.4 测试准备

见第8章。

9.5 测试

9.5.1 概述

完成向料筒加入测试样品5 min后向活塞上装载选择的负荷。如果用到了口模塞且没加足预定的负荷，应加足预定的负荷，并使材料稳定几秒钟后移开口模塞。如果同时用到了负荷支架和口模塞，应先移去负荷支架。让加了负荷的活塞在重力的作用下下降，确保挤出的是没气泡的料条。样品正式测试前应避免有其他力加到样品上，如人力或其他重物。

预运行时间(加上负荷和正式测定之间的时间)应有0.5 min到1 min。

应在完成加料后的5.5 min～6 min之间开始测试。

为了减少被快速流出的热材料烫伤的危险，在移走口模塞时应戴上隔热手套。

9.5.2 位移测量方法(MVR)

在下标线到达料筒上边缘时开始测试。

测定活塞移动20 mm～30 mm范围内规定的距离的时间。测试应在上标线到达料筒顶部时或之前结束。

注：加料时间，预热时间和预运行时间的变化可能降低结果的重复性。

9.5.3 质量测量方法(MFR)

当下标线到达料筒上边缘时，开始计时并同时切断挤出物，弃去，宜使用自动切断装置。如果使用手动切断须在测试报告中注明。

为了测得给定时间间隔的挤出速率，应收集连续的样条段。根据材料的熔体质量流动速率来选择所用的时间间隔以使单个样条段不短于10 mm。

在活塞杆上标线到达料筒上边缘时应停止切断。丢弃所有有明显气泡的样条段。将剩下的样条段(最好有三根或以上)冷却，单独称重(精确到1 mg)，并计算平均质量。

如果样条质量最大值和最小值的差别超过了平均值的10%，则要舍弃测试结果，并以新的样品重新测定。

样条质量最大值和最小值的差别最好不超过单次测量MFR值计算得出的标准偏差的三倍。

推荐按挤出顺序称重样条。如果观察到连续的质量变化应作为不寻常行为记入测试报告(见12章)。

9.6 结果表示

见 GB/T 3682.1—2018。

10 流动速率比

见 GB/T 3682.1—2018。

11 精密度

因未获得实验室间的数据，所以本部分的精密度尚不可知。

同一实验员在同一实验室使用同一仪器和本部分规定的方法在理想测量条件下得出的几种材料的MVR测量结果参见附录B。附录B中的MVR值为5～9次测量结果的平均值。

应考虑到可能使得重复性降低或影响测定结果的因素，包括：

a） 水含量会影响熔体流动性；须使用合适的干燥步骤和干燥条件以及样品预处理操作来降低结果的变化性。

b） 易吸水材料在预热或测定过程中的水解会引起流动速率改变；须使用合适的样品处理操作干燥步骤，干燥条件和样品处理操作来降低结果的变化性。

c） 料筒污染物和它们的热解产物会加速样品的降解。一旦样品水解发生，降解就会自动催化且熔体黏度会下降。须使用合适的清洁程序以降低结果的变化性。

12 测试报告

见 GB/T 3682.1—2018，包括：

a） 注明采用了 GB/T 3682 的本部分；

b） 是否用到了手动或自动切断装置应在报告中注明。

附 录 A
（资料性附录）
料筒温度的校验

将测温装置插入空的冷的 MVR/MFR 料筒并使温度计感应点位于口模顶部。在温度测量装置位于料筒顶部的位置作一称之为“基准”的标记(示于图 A.1)。这个表明了口模上部 0 mm 处的测量点。

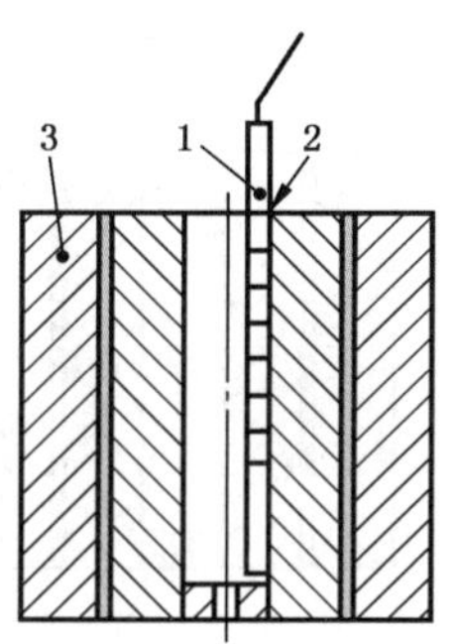

说明：

1——温度计；

2——标记；

3——MVR/MFR 料筒。

图 A.1 MVR/MFR 料筒

从料筒移去温度测量装置。从“口模上部 0 mm 处”的标记朝温度测量装置感应端以 10 mm±1 mm的间隔在温度测量装置上划分 70 mm±1 mm 的长度,并作标记(如图 A.2)。

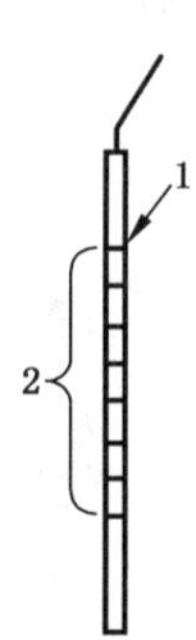

说明：

1——口模上部 0 mm；

2——标记。

图 A.2 温度测量装置标记

可用口模塞塞住口模孔。塞入和移去口模塞时都应戴上隔热手套以防被热的料筒和/或材料烫伤。

将温控系统设置为需要的温度并等待至少规定的时间长度(设备说明书规定的等待时间)直至料筒达到温度平衡。

用与测定 MVR/MFR 相同的加料方法(见 8.4)向料筒内加入材料。材料的用量要能至少达到料筒的口模顶部以上 100 mm 位置。

注 1：测定聚丙烯(PP)时料筒温度适于升至 250 ℃；测聚碳酸酯料筒温度适于升至 320 ℃，比 250 ℃更高。

加料高度可用活塞来检查。在接触到熔体时，活塞杆下标线应至少高于料筒顶 40 mm。

加料完成 5 min 后将温度测量装置插入料筒浸没在熔融材料中，并使其下部第一个标线与料筒顶部在同一高度，且其感应端靠紧料筒壁（如图 A.3）。温度测量装置的感应点此时应在口模顶部以上 70 mm 处。

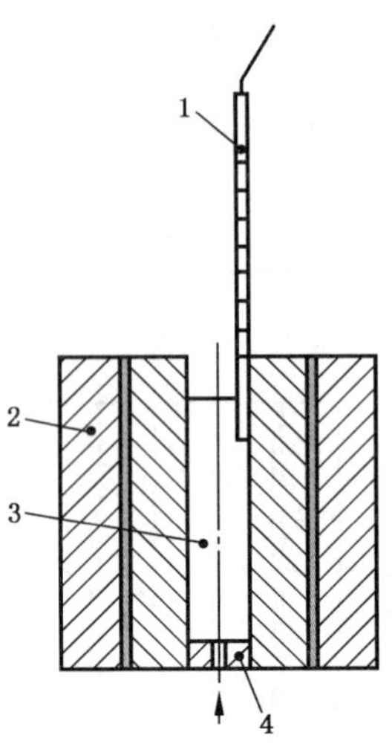

说明：

1——温度测量装置；

2——MVR/MFR 料筒；

3——材料熔体；

4——口模塞。

图 A.3　MVR/MFR 料筒的温度曲线的测定

记录温度测量装置感应点在口模顶部以上的高度（70 mm）和温度稳定后的读数。第一个稳定的温度读取后每隔 1 min 读取一个温度数，总共读 10 min，以此来测定温度随时间的变化。

注 2：温度计从浸入料筒中至温度读数稳定时所需的时间取决于所用的仪器。而温度测量装置的响应时间则由供应商提供。

温度测量装置由于其外壳的散热读数可能会下降。温度测量装置的设计和制造所用的材料应尽量不影响测量。

将温度计向材料熔体浸入 10 mm 使温度测量装置上下一个标记与料筒顶部在同一水平上。记录温度计的感应点在口模以上的高度（60 mm）和稳定后的温度读数。按 1 min 间隔一次总共 10 min（第一个稳定温度值读取后）记录温度计读数，以此来测定温度随时间的变化情况。

像上面介绍的一样，按每 10 mm 间隔一点沿料筒的长度方向测量材料熔体温度。温度计感应点位于口模顶部（0 mm）时，得到最后一个测量点。

如果材料在整个测量时间内不稳定并且会影响到整个测试过程或材料难以清洁，则需要分段测定料筒温度随时间的稳定性，如果有必要料筒每个测试点都得分别测定。

注 3：有一可供选择的技术是使用非金属制成的活塞。该活塞从口模向上 0 mm～70 mm 内每隔 10 mm 装有温度测量装置，当料筒中无料时，能完全插入料筒且贴合紧密。装有单个温度测量装置的非金属活塞也能被类似地使用。使用非金属制的活塞是为了减少对料筒温度分布的干扰。

附　录　B
（资料性附录）
对不同材料采用本部分进行重复测定

附录中的结果是采用本部分指定的测试条件，是由同一实验员在同一实验室使用同一 MVR 挤出仪采用本部分提到的方法获得的。该值不能代表本方法的真实可重复性。

表中报道的 MVR 值是 5 次～9 次测试所得结果的平均值。

表 B.1　不同材料 MVR 的测定

聚酰胺 6(PA6)					
MVR 类型	水含量/ $\times 10^{-6}$	试验条件	MVR 平均值/ (cm^3/10 min)	标准偏差/ (cm^3/10 min)	变异系数/ %
高	308	275 ℃/5 kg/标准口模	103	0.8	0.8
中	295	275 ℃/5 kg/标准口模	64.3	0.9	1.4
低	412	275 ℃/5 kg/标准口模	34.0	0.5	1.5

聚对苯二甲酸丁二醇酯(PBT)					
MVR 类型	水含量/ $\times 10^{-6}$	试验条件	MVR 平均值/ (cm^3/10 min)	标准偏差/ (cm^3/10 min)	变异系数/ %
很高	118	250 ℃/2.16 kg/标准口模	63.4	0.3	0.5
高	143	250 ℃/2.16 kg/标准口模	35.0	0.2	0.6
中	166	250 ℃/2.16 kg/标准口模	22.3	0.1	0.4
低	83	250 ℃/2.16 kg/标准口模	2.4	0.2	8.2

聚对苯二甲酸丁二醇酯(PBT)					
MVR 类型	水含量/ $\times 10^{-6}$	试验条件	MVR 平均值/ (cm^3/10 min)	标准偏差/ (cm^3/10 min)	变异系数/ %
很高	133	250 ℃/5 kg/半标准口模	32.7	0.1	0.3
		250 ℃/2.16 kg/半标准口模	13.5	0.1	0.4
		250 ℃/5 kg/标准口模	251	3	1.2
		250 ℃/2.16 kg/标准口模	106	3	2.8

聚对苯二甲酸乙二醇酯(PET)					
MVR 类型	水含量/ $\times 10^{-6}$	试验条件	MVR 平均值/ (cm^3/10 min)	标准偏差/ (cm^3/10 min)	变异系数/ %
很高	45	280 ℃/5 kg/半标准口模	36.1	0.1	0.3
高	44	280 ℃/5 kg/半标准口模	15.9	0.2	1.3
中等	26	280 ℃/5 kg/半标准口模	10.5	0.1	1.0
中等	37	280 ℃/5 kg/半标准口模	6.6	0.1	1.2
低	49	280 ℃/5 kg/标准口模	16.3	0.4	2.5
高(30%质量分数玻纤)	15	280 ℃/5 kg/标准口模	74.2	3.0	4.0

表 B.1（续）

聚(醚-酯)					
MVR类型	水含量/ $\times 10^{-6}$	试验条件	MVR 平均值/ (cm^3/10 min)	标准偏差/ (cm^3/10 min)	变异系数/ %
低	240	230 ℃/10 kg/标准口模	2.5	0.1	2.3
高	320	230 ℃/2.16 kg/标准口模	33.2	0.3	0.9

注：这些报告的测试工作是在相关材料的熔体流动速率测试条件标准出台之前进行的。表 B.1 中的测试条件只适用于研究目的，因此不必服从材料标准规定。

PET，PBT，PA6 和 PA66 的熔体体积流动速率与标准等级的 PP 的比较研究表明可以通过对温度，时间线和样品用量和样品状态调节规定更严格的公差来提高测定的重复性和再现性，例如 GB/T 3682.2和 GB/T 3682.1—2018 的比较。更多信息参见参考文献[5]。

参 考 文 献

[1] ISO 307, Plastics—Polyamides—Determination of viscosity number

[2] ISO 1628 (all parts), Plastics—Determination of the viscosity of polymers in dilute solution using capillary viscometers

[3] ISO 7391-2, Plastics—Polycarbonate (PC) moulding and extrusion materials—Part 2: Preparation of test specimens and determination of properties

[4] ISO 14910-2, Plastics—Thermoplastic polyester/ester and polyether/ester elastomers for moulding and extrusion—Part 2: Preparation of test specimens and determination of properties

[5] Rides, M., Allen, C., OM100, H., nAkAyAMA, k., CAnCelli, G. Interlaboratory comparison of melt flow rate testing of moisture sensitive plastics. Polym. Test. 2009, 28, pp.572-591

ICS 83.040.20
G 33

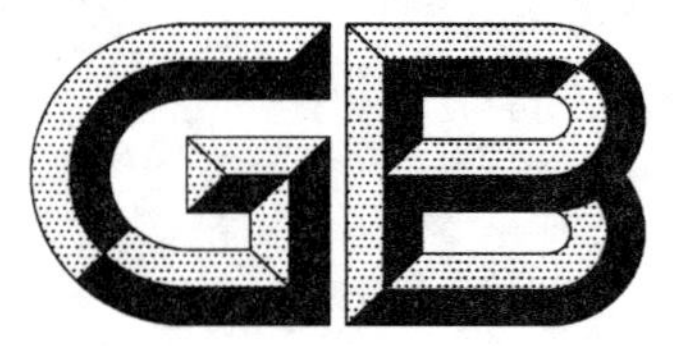

中华人民共和国国家标准

GB/T 4217—2008/ISO 161-1:1996
代替 GB/T 4217—2001

流体输送用热塑性塑料管材 公称外径和公称压力

Thermoplastics pipes for the conveyance of fluids—Nominal outside diameters and nominal pressures

(ISO 161-1:1996,IDT)

2008-08-19 发布　　2009-05-01 实施

中华人民共和国国家质量监督检验检疫总局
中国国家标准化管理委员会　发布

前　言

本标准等同采用ISO 161-1:1996《流体输送用热塑性塑料管材　公称外径和公称压力　第1部分:公制系列》,在技术内容和标准结构上完全相同,仅作少量编辑性修改。

本标准代替GB/T 4217—2001《流体输送用热塑性塑料管材　公称外径和公称压力》。

本标准与GB/T 4217—2001相比主要变化如下:

——规范性引用文件引用了GB/T 321—2005《优先数和优先数系》;

——修正了GB/T 4217—2001的式(4)、式(5);

——将表1中的"350"改为"450";

——将表2注中的"R20"改为"R10";

——增加了参考文献。

本标准由全国塑料制品标准化技术委员会(SAC/TC 48)归口。

本标准起草单位:轻工业塑料加工应用研究所、亚大塑料制品有限公司、河北宝硕管材有限公司。

本标准主要起草人:李田华、王志伟、李艳英。

本标准所代替标准的历次版本发布情况为:

——GB/T 4217—1984,GB/T 4217—2001。

流体输送用热塑性塑料管材 公称外径和公称压力

1 范围

本标准规定了有压和无压流体输送用热塑性塑料管材的公称外径,并规定了有压热塑性塑料管材的公称压力、最小要求强度和总体使用(设计)系数。

本标准适用于用各种加工方法和材料制造的、横截面为圆形、内外壁光滑的热塑性塑料管材。

2 规范性引用文件

下列文件中的条款通过本标准的引用而成为本标准的条款。凡是注日期的引用文件,其随后所有的修改单(不包括勘误的内容)或修订版均不适用于本标准,然而,鼓励根据本标准达成协议的各方研究是否可使用这些文件的最新版本。凡是不注日期的引用文件,其最新版本适用于本标准。

GB/T 321—2005 优先数和优先数系(ISO 3:1973,IDT)

GB/T 18475—2001 热塑性塑料压力管材和管件用材料 分级和命名 总体使用(设计)系数(eqv ISO 12162:1995)

3 术语和定义

下列术语和定义适用于本标准。

3.1

公称外径 nominal outside diameter

d_n

管材或管件插口外径的规定数值,单位为毫米(mm)。在热塑性塑料管材系统中,它适用于除法兰和用螺纹尺寸表示的部件外的所有热塑性塑料管道系统部件。为便于参考采用整数。

注:公称外径是管材产品标准中规定的最小平均外径 $d_{em,min}$,单位为毫米(mm)。

3.2

外径 outside diameter

d_e

3.2.1

平均外径 mean outside diameter

d_{em}

管材或管件插口端任一横断面的外圆周长除以 π(圆周率)并向大圆整到 0.1 mm 得到的值。

3.2.2

最小平均外径 minimum mean outside diameter

$d_{em,min}$

平均外径(3.2.1)的最小允许值。

注:在符合 GB/T 4217 的管材产品标准中,最小平均外径等于其公称外径(3.2.1)。

3.3

压力 pressure

3.3.1

公称压力　nominal pressure

PN

与管道系统部件的力学性能相关用于参考的标识。它选自 GB/T 321 中的 R10 系列的便于使用的数字。

注：缩略语 *PN* 来源于法语 pression nominale。

3.3.2

最大允许工作压力　maximum allowable operating pressure

p_{PMS}

考虑总体使用(设计)系数 *C* 后确定的管材的允许压力,单位为 MPa。

注：有时用 MOP 表示;缩略语 PMS 来源于法语 pression maximale de service。

3.4

置信下限　lower confidence limit

σ_{LCL}

一个用于评价材料性能的应力值,指该材料制造的管材在 20 ℃、50 年的内水压下,置信度为 97.5%时,预测的长期强度的置信下限,单位为 MPa。

3.5

最小要求强度　minimum required strength

MRS

将 20 ℃、50 年置信下限(3.4)σ_{LCL}的值按 GB/T 321 的 R10 或 R20 系列向下圆整到最接近的一个优先数得到的应力值,单位为 MPa。当 σ_{LCL}小于 10 MPa 时,按 R10 系列圆整,当 σ_{LCL}大于等于 10MPa 时按 R20 系列圆整。*MRS* 是单位为 MPa 的环应力值。

3.6

总体使用(设计)系数　overall service (design) coefficient

C

一个大于 1 的数值,它的大小考虑了使用条件和管路其他附件的特性对管系的影响,是在置信下限所包含因素之外考虑的管系的安全裕度。

GB/T 18475 规定了特定材料的总体使用系数的最小值。

3.7

设计应力　design stress

σ_s

规定条件下的允许应力,等于最小要求强度(单位 MPa)除以总体使用(设计)系数(3.6):

$$\sigma_s = \frac{MRS}{C} \qquad (1)$$

3.8

标准尺寸比　standard dimension ratio

SDR

管材的公称外径(d_n)与公称壁厚(e_n)的比值,由公式 $SDR = d_n/e_n$ 计算并按一定规则圆整。*SDR* 可以由式(2)、式(3)之一计算:

$$SDR = \frac{2 \times MRS}{C \times p_{PMS}} + 1 \qquad (2)$$

或

$$SDR = \frac{2 \times \sigma_s}{p_{PMS}} + 1 \qquad \cdots\cdots (3)$$

式中：

d_n——管材公称外径，单位为毫米(mm)；

e_n——公称壁厚，单位为毫米(mm)；

MRS——最小要求强度，单位为兆帕(MPa)；

p_{PMS}——最大允许工作压力，单位为兆帕(MPa)；

C——总体使用(设计)系数；

σ_s——设计应力，单位为兆帕(MPa)。

给定 SDR 的值，用产品标准中规定的 MRS 和 C，可以按式(4)、式(5)算出最大允许工作压力 p_{PMS}：

$$p_{PMS} = \frac{2 \times MRS}{C \times (SDR - 1)} \qquad \cdots\cdots (4)$$

或

$$p_{PMS} = \frac{2 \times \sigma_s}{(SDR - 1)} \qquad \cdots\cdots (5)$$

3.9

静液压应力　hydrostatic stress

σ

管材充满有压液体时，管壁所受到的应力，单位为 MPa。它与压力、壁厚和外径的关系：

$$\sigma = \frac{p(d_e - e)}{2e} \qquad \cdots\cdots (6)$$

式中：

p——静液压压力，单位为兆帕(MPa)；

d_e——管材的外径，单位为毫米(mm)；

e——管材的壁厚，单位为毫米(mm)。

4　公称外径(d_n)

公称外径应从表1中选定。

表1　公称外径(d_n)允许值

单位为毫米

2.5	10	40	125	250	500	1 000
3	12	50	140	280	560	1 200
4	16	63	160	315	630	1 400
5	20	75	180	355	710	1 600
6	25	90	200	400	800	1 800
8	32	110	225	450	900	2 000

5　公称压力(p_N)级别

公称压力级别应从表2中选定。

表 2　公称压力(p_N)级别(对应最大允许工作压力 p_{PMS})

PN	p_{PMS}	
	MPa	bar
1	0.1	1
2.5	0.25	2.5
3.2	0.32	3.2
4	0.4	4
5	0.5	5
6	0.6	6
6.3	0.63	6.3
8	0.8	8
10	1	10
12.5	1.25	12.5
16	1.6	16
20	2	20
注：如要求更高的公称压力，应从 GB/T 321 中的 R5 系列或 R10 系列选取。		

6　最小要求强度(*MRS*)

最小要求强度应从表 3 中选定。

表 3　最小要求强度(*MRS*)允许值

单位为兆帕

1	6.3	20
1.25	8	22.4
1.5	10	25
2	11.2	28
2.5	12.5	31.5
3.15	14	35.5
4	16	40
5	18	—
注：从 1 到 10 的各个值选自 GB/T 321 中的 R10 系列(增量 25%)，大于 10 的值选自 GB/T 321 中的 R20 系列(增量 12%)。		

参 考 文 献

[1] ISO 161-2:1996 流体输送用热塑性塑料管材 公称外径和公称压力 第2部分:英制系列.

[2] GB/T 19764—2005 优先数和优先数化整值系列的选用指南(ISO 497:1973,IDT).

[3] GB/T 10798—2001 热塑性塑料管材通用壁厚表(idt ISO 4065:1996).

[4] GB/T 19278—2003 热塑性塑料管材、管件及阀门通用术语及其定义.

ICS 83.080.20
G 32

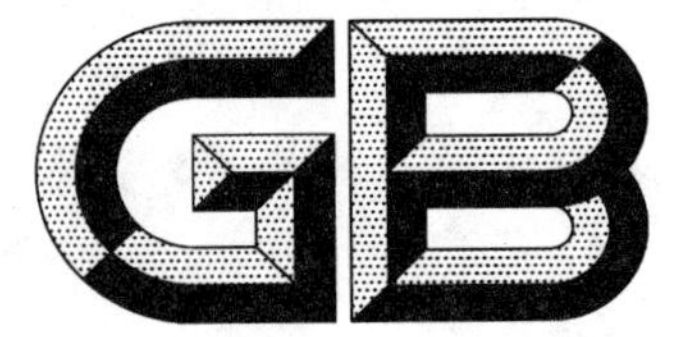

中华人民共和国国家标准

GB/T 4615—2013
代替 GB/T 4615—2008

聚氯乙烯　残留氯乙烯单体的测定 气相色谱法

Poly(vinyl chloride)—Determination of residual vinyl chloride monomer—Gas-chromatographic method

(ISO 6401:2008, Plastics—Poly(vinyl chloride)—Determination of residual vinyl chloride monomer—Gas-chromatographic method, MOD)

2013-11-12 发布　　2014-05-01 实施

中华人民共和国国家质量监督检验检疫总局
中国国家标准化管理委员会　发布

前　言

本标准按照 GB/T 1.1—2009 给出的规则编写。

本标准代替 GB/T 4615—2008《聚氯乙烯树脂　残留氯乙烯单体含量的测定　气相色谱法》，与 GB/T 4615—2008 相比，主要技术变化如下：

——修改了标准的中文名称；

——调整了标准的适用范围(2008 年版的第 1 章，本版第 1 章)；

——增加了"规范性引用文件"一章；

——增加了"术语和定义"一章；

——增加了"警示语"；

——调整了标准的结构并删除了方法 B；

——修改了"称样量及溶剂体积"、"操作步骤"和"氯乙烯标准溶液制备"等技术内容(本版的第 8 章)；

——增加了"精密度"一章；

——修改了附录 A(本版的附录 A)；

——修改了附录 B(本版的附录 B)；

——增加了附录 C；

——增加了附录 D。

本标准使用重新起草法修改采用 ISO 6401:2008《塑料 聚氯乙烯 残留氯乙烯单体的测定 气相色谱法》。

本标准与 ISO 6401:2008 相比在结构上有较多的调整，附录 C 中列出本标准与 ISO 6401:2008 相比章条编号变化对照一览表。

本标准与 ISO 6401:2008 相比存在技术性差异，附录 D 中给出了相应技术性差异及原因的一览表。

为了便于使用，本标准还做了下列编辑性修改：

——以"μg/g"代替"mg/kg"作为试样中残留氯乙烯单体含量的单位；

——增加了附录 C，给出了本标准与 ISO 6401:2008 相比章条编号变化对照一览表；

——增加了附录 D，给出了本标准与 ISO 6401:2008 的技术性差异及原因的一览表。

本标准由中国石油和化学工业联合会提出。

本标准由全国塑料标准化技术委员会聚氯乙烯树脂产品分会(SAC/TC 15/SC 7)归口。

本标准起草单位：新疆中泰化学股份有限公司、锦西化工研究院有限公司。

本标准主要起草人：谭琛、梁斌、石阳秋、王小红。

本标准所代替标准的历次版本发布情况为：

——GB/T 4615—1984、GB/T 4615—2008。

聚氯乙烯 残留氯乙烯单体的测定 气相色谱法

警告:使用本标准的人员应具有正规实验室工作的实践经验。本标准并未指出所有可能的安全问题。使用者有责任采取适当的安全和健康措施,并保证符合国家有关法规规定的条件。

1 范围

本标准规定了以液上顶空气相色谱法测定聚氯乙烯中残留氯乙烯单体含量的方法。

本标准适用于聚氯乙烯树脂及其复合物中氯乙烯单体含量的测定,检出范围为0.1 μg/g～3.0 μg/g。

2 规范性引用文件

下列文件对于本文件的应用是必不可少的。凡是注日期的引用文件,仅注日期的版本适用于本文件。凡是不注日期的引用文件,其最新版本(包括所有的修改单)适用于本文件。

GB/T 2035 塑料术语及其定义(GB/T 2035—2008,ISO 472:1999,IDT)

3 术语和定义

GB/T 2035 中界定的术语和定义适用于本文件。

4 原理

将聚氯乙烯试样溶解/溶胀于N,N′-二甲基乙酰胺溶剂中,采用顶空气相色谱法测定试样中氯乙烯含量。

5 仪器

一般实验室仪器及下述仪器:

5.1 气相色谱仪(GC)。

5.2 氢火焰离子化检测器(FID)。

5.3 气相色谱柱,所用的色谱柱应能使试样中的杂质与氯乙烯完全分开,0.01 mg/L的氯乙烯溶液所获得的信号至少应是基线噪声的3倍。适宜的色谱柱样例参见附录A中的表A.1,也可选择其他同等效果的色谱柱。

5.4 数据处理系统,用于采集数据及处理气相色谱信号。

5.5 恒温器,可控制在(70±1)℃。

5.6 玻璃瓶,容积30 mL,具硅橡胶隔垫及金属螺旋密封帽。

5.7 玻璃管形瓶,常用的容积为(22.5±0.5)mL,具硅橡胶隔垫及金属螺旋密封帽。

5.8 玻璃吸管,容积25 mL和10 mL。

5.9 微量注射器,容积500 μL和100 μL或其他适宜的体积。

5.10 玻璃气密注射器,容积10 mL,或其他适宜的体积。

5.11 天平，精确至 0.1 mg。

5.12 天平，精确至 0.01 g。

6 试剂和材料

所用试剂均为分析纯试剂。

6.1 氯乙烯，纯度大于 99.5%。氯乙烯气体钢瓶应具注射器接头。

警告——氯乙烯是一种有害物质，常温下是气体。制备其溶液时宜在通风橱中进行。

6.2 N,N'-二甲基乙酰胺，密度 $\rho=0.937$ g/mL，测试条件下不应含有与氯乙烯的色谱保留时间相同的任何杂质。

警告——N,N'-二甲基乙酰胺是有害物质。

6.3 检测器气体和载气，应使用高纯气体以满足气相色谱分析的需要。

7 试样制取及贮存

所取试样应具有代表性。氯乙烯具有挥发性，贮存的树脂样品中可能存在浓度梯度。可在取样前将样品冷却，但应避免湿气冷凝。制备试样时应尽可能地快速进行以使残留单体的损失最小。样品于实验室间交换或贮存时，应完全充满于玻璃瓶或管形瓶中并密封。

8 步骤

8.1 氯乙烯标准溶液的配制

8.1.1 氯乙烯标准溶液，氯乙烯浓度约 1 600 mg/L。

用玻璃吸管(5.8)向 30 mL 玻璃瓶(5.6)中加入 25 mL N,N'-二甲基乙酰胺(6.2)，以硅橡胶隔垫密封并压帽，称重，精确至 0.1 mg。用经预冲洗的气密注射器(5.10)经隔垫向 N,N'-二甲基乙酰胺中注射适量的氯乙烯气体(6.1)，注射时应保持注射器针头末端在液面以下，定义此溶液为溶液 A。

以另一只 30 mL 玻璃瓶重复上述过程，所得溶液定义为溶液 B 。

将溶液 A 和溶液 B 置于室温下 2 h，使氯乙烯被完全吸收。再次称重玻璃瓶，精确至 0.1 mg，计算加入的氯乙烯单体的质量。依据钢瓶压力，每个标准溶液中氯乙烯的质量约为 40 mg。通过计算得到溶液 A 和溶液 B 中氯乙烯的浓度，以 mg/L 表示。可将上述溶液保存于冰箱中。

8.1.2 氯乙烯标准溶液，氯乙烯的浓度约 32 mg/L。

以玻璃吸管向 30 mL 玻璃瓶中加入 25 mL N,N'-二甲基乙酰胺，以硅橡胶隔垫密封并压帽。以适宜的注射器(5.9)移取 500 μL 的溶液 A 经隔垫注入瓶中，所得的标准溶液定义为溶液 C。

以溶液 B 重复上述过程，所得的标准溶液定义为溶液 D。

计算溶液 C 和溶液 D 中氯乙烯的浓度，以 mg/L 表示。

8.1.3 氯乙烯标准溶液，氯乙烯浓度约为 0 mg/L～0.3 mg/L。

取 7 只玻璃管形瓶(5.7)，用玻璃吸管向其中各加入 10 mL N,N'-二甲基乙酰胺，以 100 μL 的注射器分别移取 0 μL，20 μL，40 μL，50 μL，60 μL，80 μL 和 100 μL 的溶液 C 至各管形瓶中，以硅橡胶隔垫密封并压帽。

另取两只玻璃管形瓶(5.7)加入 10 mL N,N'-二甲基乙酰胺，向其中各加入 20 μL 的溶液 D，所得氯乙烯标准溶液的浓度约为 0.06 mg/L，以隔垫密封并压帽。此两标准溶液定义为比对溶液。

8.1.4 校准工作曲线的制备

绘制上述七个氯乙烯标准溶液(8.1.3)中氯乙烯含量与对应的峰面积间的曲线图，氯乙烯含量以

mg/L表示。以两比对溶液验证标准曲线的准确性。典型的氯乙烯单体标准溶液的响应谱图参见附录B中的图B.1。

注：标准曲线应定期进行核验。

8.2 试样溶液的制备

称取1 g样品(复合材料切割成细小碎片),精确至0.01 g,置于玻璃管形瓶(5.7)中,加入10 mL N,N'-二甲基乙酰胺,使试样溶解/溶胀,以硅橡胶隔垫密封并压帽。

8.3 测定

将装有氯乙烯标准溶液(8.1.3)和试样溶液(8.2)的管形瓶置于恒温器中,于70 ℃下恒温30 min以上。采用自动进样装置或手动采用气密注射器(5.10)迅速取出1 mL液上气体,进样分析。

9 结果表示

试样中残留氯乙烯的含量按式(1)计算:

$$c_{\mathrm{RVCM}}=\frac{c\times 10}{m} \qquad \cdots\cdots(1)$$

式中:

c_{RVCM}——试样中残留氯乙烯含量的数值,单位为毫克每千克(μg/g);

c ——由校准曲线计算的测试溶液中氯乙烯含量的数值,单位为毫克每升(mg/L);

m ——试样质量的数值,单位为克(g)。

每一试样进行两次测定,以两次测定值的算术平均值为测试结果。

10 精密度

由于未获得足够的实验室数据,本标准未规定方法的精密度。若获得足够的符合要求的数据,将在下版标准中增加精密度的说明。

11 试验报告

试验报告至少应包含下列内容:

a) 采用本标准;
b) 试样的完整性标识;
c) 单次测定值及其算数平均值;
d) 与本标准的差异;
e) 试验人员和日期等。

附　录　A
（资料性附录）
用于氯乙烯单体测定的适宜的色谱柱

A.1　适宜的色谱柱(见表 A.1)

表 A.1　适宜的色谱柱

柱	长度 m	直径 mm	柱的类型	柱温 ℃
1	2～3	3～4	填充柱(β,β′—氧二丙腈—硅油Ⅲ)	50
2	30.00	0.53	多孔层空心柱(二乙烯基苯多孔均聚物)	150

A.2　使用柱 1 时色谱仪操作条件

A.2.1　各部温度

色谱柱,(50±0.5)℃;
检测室,(120±1)℃;
汽化室,(110±1)℃。

A.2.2　气体流量

氮气,30 mL/min;
氢气,50 mL/min;
空气,350 mL/min～400 mL/min。

附　录　B
（资料性附录）
典型的氯乙烯单体校准溶液的响应谱图

B.1　典型的氯乙烯单体校准溶液的响应谱图（如图 B.1）

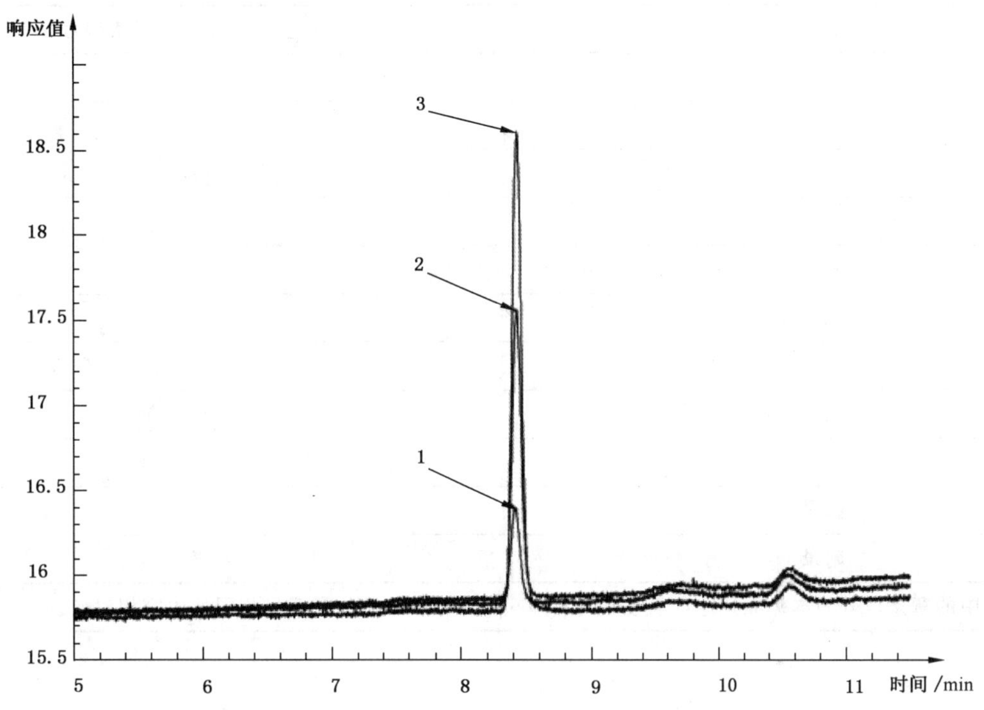

说明：

1——0.06 mg/L 的氯乙烯；

2——0.19 mg/L 的氯乙烯；

3——0.31 mg/L 的氯乙烯。

使用附录 A 中柱 2 时色谱仪操作条件：

a)　传输管温度：150 ℃；

b)　柱箱升温程序：80 ℃恒温 2 min，80 ℃～170 ℃，速率 5 ℃/min，170 ℃～230 ℃，速率 20 ℃/min。上述条件下，氯乙烯于 8.4 min 时流出。建议顶空进样器的操作参数为：

　1)　进样器温度：150 ℃；

　2)　加压时间：1.0 min；

　3)　针刺时间：0.1 min；

　4)　进样时间：0.5 min。

图 B.1　使用附录 A 的柱 2 于 *N*,*N*′-二甲基乙酰胺中氯乙烯标准溶液的典型响应谱图

附 录 C
(资料性附录)
本标准与 ISO 6401:2008 相比的结构变化情况

本标准与 ISO 6401:2008 相比,章条编号发生了变化,具体对照情况如表 C.1。

表 C.1 本标准与 ISO 6401:2008 的章条编号对照情况

本标准章条编号	对应 ISO 标准的章条编号
5	6
5.12	—
6	7
7	5
8.1.1	7.4
8.1.2	7.5
8.1.3	7.6
8.1.4	8.4
8.2	8.1
附录 C	—
附录 D	—
注:表中的章条以外的本标准其他章条编号与 ISO 6401:2008 的其他章条号相同且内容相对应。	

附　录　D
（资料性附录）
本标准与 ISO 6401:2008 的技术性差异及其原因

表 D.1 给出了本标准与 ISO 6401:2008 的技术性差异及其原因的一览表。

表 D.1　本标准与 ISO 6401:2008 的技术性差异及其原因

本标准的章条编号	技术性差异	原因
封面	修改了标准的中英文名称	ISO 6401:2008 的名称结构为四段式，不符合 GB/T 1.1—2009 对标准名称的要求
2	引用了一项等同于国际标准的我国国家标准	适合我国国情，符合 GB/T 1.1—2009 对规范性引用文件的要求
5.1	增加了具有手动进样装置的气相色谱仪	适合我国国情
5.12	增加了一项精度为 0.01 g 的天平要求	完全能够满足检测的准确性且方便使用
8	删除了 ISO 6401:2008 中 8.2 和 8.3 中的顶空进样操作参数	标准中不需要
8.3	将气液平衡时间调整为 30 min 以上	经充分试验证明试样恒温 30 min 以上就可以达到充分的气液平衡，结果准确，提高检测效率
附录 A	修改了 ISO 6401:2008 中附录 A 的内容	提供了一种适宜的气相色谱柱及相应的色谱条件，适合我国国情
附录 B	将 ISO 6401:2008 中 8.2 和 8.3 中顶空进样参数调整到附录 B 中	依据标准需要

ICS 83.140.30
G 33

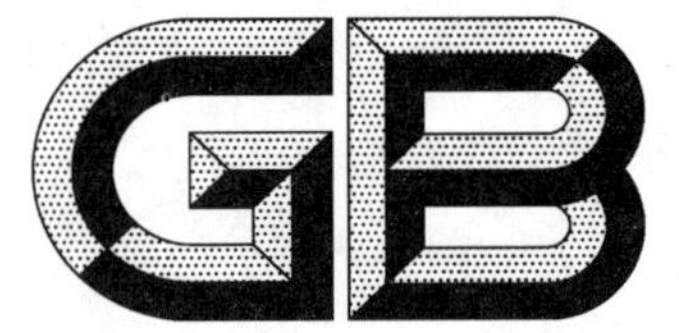

中华人民共和国国家标准

GB/T 6111—2018
代替 GB/T 6111—2003

流体输送用热塑性塑料管道系统 耐内压性能的测定

Thermoplastics piping systems for the conveyance of fluids—Determination of the resistance to internal pressure

(ISO 1167-1:2006,Thermoplastics pipes,fittings and assemblies for the conveyance of fluids—Determination of the resistance to internal pressure—Part 1:General method;ISO 1167-2:2006,Thermoplastics pipes,fittings and assemblies for the conveyance of fluids—Determination of the resistance to internal pressure—Part 2:Preparation of pipe test pieces;ISO 1167-3:2007,Thermoplastics pipes,fittings and assemblies for the conveyance of fluids—Determination of the resistance to internal pressure—Part 3:Preparation of components;ISO 1167-4:2007,Thermoplastics pipes,fittings and assemblies for the conveyance of fluids—Determination of the resistance to internal pressure—Part 4:Preparation of assemblies,NEQ)

2018-03-15 发布　　　　2018-10-01 实施

中华人民共和国国家质量监督检验检疫总局
中国国家标准化管理委员会　发布

前　言

本标准按照 GB/T 1.1—2009 给出的规则起草。

本标准代替 GB/T 6111—2003《流体输送用热塑性塑料管材耐内压试验方法》，与 GB/T 6111—2003 相比，除编辑性修改外，主要技术变化如下：

——范围由“管材”扩大至“管材、组件和组合件”（见第 1 章）；

——增加了以下术语：组件（3.1）、标准尺寸比（3.2）、自由长度（3.3）；

——恒温箱平均温度，由$^{+3}_{-1}$℃修改为$^{+2}_{-1}$℃（6.2）；

——增加了“尺寸测量装置”的要求（6.8），删除了“测厚仪”和“管材平均外径尺”；

——增加并修改了试样类型及相关要求（见第 7 章）；

——增加了试验压力的计算方法：根据试样公称尺寸和根据 SDR 的压力计算方法（8.3、8.4）；

——增加了“试验已经进行了 500 h～1 000 h”时的处理方法（11.3）；

——试验报告中增加了“f）样品制备的条件”和“l）状态调节时间”（见第 12 章）；

——删除了原标准的资料性附录 A；

——增加了规范性附录 A、附录 B、附录 C，分别对管材、组件、组合件试样制备的要求。

本标准使用重新起草法参考 ISO 1167-1：2006《流体输送用热塑性塑料管材、组件和组合件　耐内压性能的测定　第 1 部分：试验方法总则》、ISO 1167-2：2006《流体输送用热塑性塑料管材、组件和组合件　耐内压性能的测定　第 2 部分：管材试样的制备》、ISO 1167-3：2007《流体输送用热塑性塑料管材、组件和组合件　耐内压性能的测定　第 3 部分：组件试样的制备》、ISO 1167-4：2007《流体输送用热塑性塑料管材、组件和组合件　耐内压性能的测定　第 4 部分：组合件试样的制备》编制，与 ISO 1167：2006/2007 的一致性程度为非等效。

请注意本文件的某些内容可能涉及专利。本文件的发布机构不承担识别这些专利的责任。

本标准由中国轻工业联合会提出。

本标准由全国塑料制品标准化技术委员会（SAC/TC 48）归口。

本标准主要起草单位：永高股份有限公司、国家塑料制品质量监督检验中心（福州）、武汉金牛经济发展有限公司、承德市精密试验机有限公司、承德市金建检测仪器有限公司、厦门三登塑胶工业有限公司、河北宝硕管材有限公司。

本标准主要起草人：黄剑、林伟、刘峰、王新华、任雨峰、孙华丽、裘旭升、王志斌。

本标准所代替标准的历次版本发布情况为：

——GB/T 6111—1985、GB/T 6111—2003。

引　言

本标准将 ISO 1167-1：2006《流体输送用热塑性塑料管材、组件和组合件　耐内压性能的测定　第1部分：试验方法总则》、ISO 1167-2：2006《流体输送用热塑性塑料管材、组件和组合件　耐内压性能的测定　第2部分：管材试样的制备》、ISO 1167-3：2007《流体输送用热塑性塑料管材、组件和组合件　耐内压性能的测定　第3部分：组件试样的制备》、ISO 1167-4：2007《流体输送用热塑性塑料管材、组件和组合件　耐内压性能的测定　第4部分：组合件试样的制备》的四个部分合并为一个文本，重新起草，包括编辑性修改，本标准与 ISO 1167 主要技术差异如下：

——将 ISO 1167 的四个部分合并为一个文本，ISO 1167-2、ISO 1167-3、ISO 1167-4 的技术内容分别作为本标准的规范性附录 A、附录 B、附录 C；

——规范性引用文件采用国内相关同类标准进行替代和增减；

——正文中凡有与国际标准相对应的国家标准的，采用国家标准，而非直接采用国际标准；

——增加了规范性引用文件 GB/T 19278-2003；

——将标准中所涉及的压力单位统一修改为我国法定单位兆帕“MPa”；

——修改了图1，并在图中标示出自由长度；

——对公式进行了编号以符合我国国家标准起草相关规定；

——增加了“进行仲裁试验时密封接头类型为A型”；

——增加了“管材仲裁试验采用测量尺寸计算试验压力”；

——将“最短状态调节时间”的要求修改为“状态调节时间”，并给出偏差。

流体输送用热塑性塑料管道系统 耐内压性能的测定

1 范围

本标准规定了在给定温度下测定流体输送用热塑性塑料管材、组件和组合件耐内压性能的试验方法。

本标准适用于试样内部为水，外部为水(水-水试验)、空气(水-空气试验)及其他液体(水-其他液体试验)的耐内压性能试验。

2 规范性引用文件

下列文件对于本文件的应用是必不可少的。凡是注日期的引用文件，仅注日期的版本适用于本文件。凡是不注日期的引用文件，其最新版本(包括所有的修改单)适用于本文件。

GB/T 4217 流体输送用热塑性塑料管材 公称外径和公称压力(GB/T 4217—2008,ISO 161-1:1996,IDT)

GB/T 8806 塑料管道系统 塑料组件 尺寸的测定(GB/T 8806—2008,ISO 3126:2005,IDT)

GB/T 18252 塑料管道系统 用外推法确定热塑性塑料材料以管材形式的长期静液压强度(GB/T 18252—2008,ISO 9080:2003,IDT)

GB/T 18475 热塑性塑料压力管材和管件用材料分级和命名 总体使用(设计)系数(GB/T 18475—2001,eqv ISO 12162:1995)

GB/T 19278—2003 热塑性塑料管材、管件及阀门通用术语及其定义

GB/T 19807 塑料管材和管件 聚乙烯管材和电熔管件组合试件的制备(GB/T 19807—2005,ISO 11413:1996,MOD)

GB/T 19809 塑料管材和管件 聚乙烯(PE)管材/管材或管材/管件热熔对接组件的制备(GB/T 19809—2005,ISO 11414:1996,IDT)

QB/T 2568 硬聚氯乙烯(PVC-U)塑料管道系统用溶剂型胶粘剂(QB/T 2568—2002,ASTM D 2564-1996a,MOD)

3 术语和定义

GB/T 19278—2003 界定的以及下列术语和定义适用于本文件。

3.1

组件 component

作为整体单元的单个或者组合形式的管件或阀门。

3.2

标准尺寸比 standard dimension ratio

SDR

管材的公称外径 d_n 与公称壁厚 e_n 的比值。

[GB/T 19278—2003,定义 6.7]

3.3

自由长度　free length

l_0

试样中，密封接头或者组合件的组件之间管材的长度。

4　原理

试样经状态调节后，在规定的恒定静液压（内水压）下保持一个规定的时间或直到试样破坏。

在整个试验过程中，试样应保持在规定的恒温环境中，这个恒温环境可以是水（水-水试验），空气（水-空气试验），或者其他液体（水-其他液体试验）。

5　试验参数

本试验应明确以下试验参数：

a)　使用的密封接头类型；

b)　试验温度；

c)　管材或管件的 SDR、管系列和尺寸；

d)　试样数量；

e)　试验压力 p 或由试验压力引起的环应力 σ；

f)　试验类型，如“水-水”，“水-空气”或“水-其他液体”；

g)　保压时间和破坏类型；

h)　附加试验的要求。

6　试验设备

6.1　密封接头

密封接头安装于试样末端。通过适当的方法，密封接头应密封试样并与加压装置相连，且在试验开始之前应排尽试样中的空气。

密封接头应采用以下类型中的一种：

——A 型：与试样刚性连接的密封接头，但两个密封接头彼此不相连接，因此静液压端部推力可以传递到试样中[如图 1 a)所示]。对于大口径管材，可以根据实际情况在试样与密封接头之间连接法兰盘，当法兰、接头、堵头与法兰盘的材料与试样相匹配时，可以把它们焊接在一起。

——B 型：金属承口，保证与试样外表面密封，且密封接头通过连接件与另一密封接头连接，因此静液压端部推力不会作用在试样上。这种密封接头可由一根或多根金属杆组成[如图 1b)所示]，允许试样两端纵向自由移动，以避免受热膨胀引起弯曲。若使用外部金属杆，试验过程中应避免金属杆与试样外表面接触。否则，试验视为无效。

除了密封接头的齿纹之外，其他任何与管材试样外表面接触的锐边都应修整。

应避免密封接头的组成材料对被测试样造成不良影响。

组件试验中，密封接头应由附录 B 中规定的密封装置代替。

根据 GB/T 18252 测定材料的长期静液压性能时应选用 A 型密封接头。

注：使用不同类型的密封接头，破坏时间也不同。

仲裁试验采用 A 型密封接头。

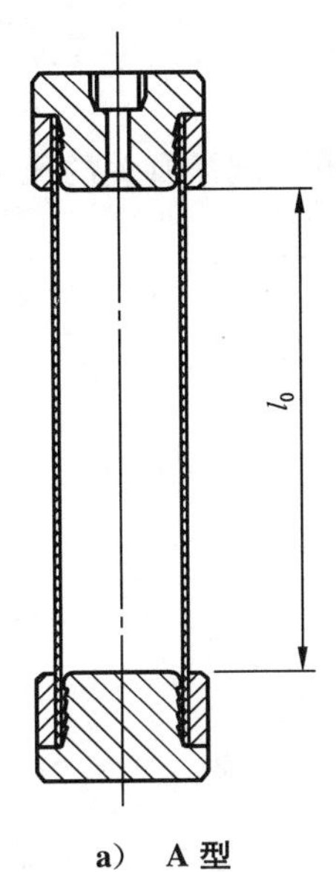

a) A型

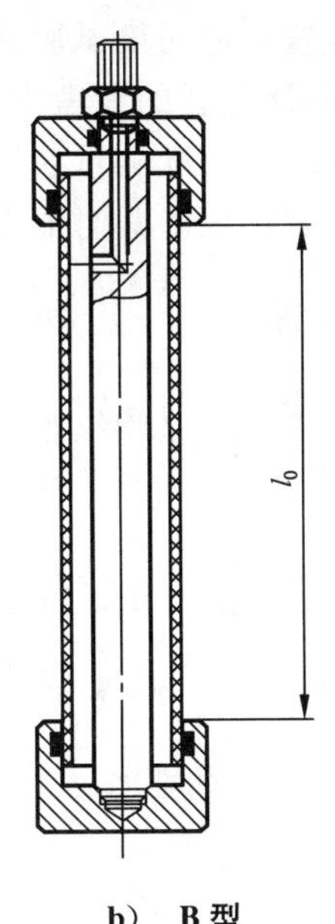

b) B型

图 1 耐内压试验密封接头示意图

6.2 恒温箱

恒温箱内充满水或其他液体时，保持恒定的温度，其平均温差为±1 ℃；如果恒温箱为烘箱，保持恒定的温度，其平均温差为$^{+2}_{-1}$ ℃，最大偏差$^{+4}_{-2}$ ℃。

当试验在水以外的介质中进行时，特别是涉及安全及液体与试样材料之间的相互作用时，应采取必要的防护措施。

当试验在水以外的介质中进行时，用于相互对比的试验应在相同环境下进行。

由于温度对试验结果影响很大，试验温度偏差应控制在规定范围内并尽可能小，如：采用流体强制循环系统。

如试验在空气中进行时，除测量空气的温度外，还应测量试样外表面温度。

应使用经处理的水，且水中不得含有可能影响试验结果的杂质，如清洁剂、润滑剂等。

6.3 支承或吊架

当试样置于恒温箱中时，支承或吊架能保持试样之间以及试样与恒温箱之间的任何部分不相接触，以免影响试验结果。

6.4 加压装置

加压装置应能按照第 11 章的要求持续均匀地向试样施加所需的压力，在试验过程中，压力偏差应保持在要求值的−1%～+2%范围内。

由于压力对试验结果影响很大，压力偏差应尽可能控制在规定范围内的最小偏差值。

压力宜单独作用于每个试样上。但一个试样发生破坏不会对其他试样产生干扰时，允许使用装置将压力作用于多个试样(例如：使用隔离阀或在一个批次中根据第一个破坏而得出结果的测试)。

为保持压力在规定偏差范围内，应使用自动控制系统使压力处于规定范围内(例如试样膨胀时)。

6.5 压力测量装置

能检查试验压力与规定压力的一致性。选择压力测量装置时，应使压力的设定值处于压力测量装置的测量范围内。

压力测量装置不应污染试验液体。

有争议时，测压装置的参考水平面应与恒温箱中的水平面一致。

应用标准仪表来校准测量装置。

建议使用在破坏或渗漏时能自动停止计时的设备，且能同时关闭与试样有关的压力循环系统。

6.6 温度测量装置

能够检查试验温度与规定温度的一致性。

6.7 计时器

能记录试验加压后直至试样破坏或渗漏的时间，时间以分钟表示。

6.8 尺寸测量装置

符合 GB/T 8806 的要求。

7 试样

7.1 试样制备

按照附录 A、附录 B、附录 C 中的规定制备试样。

如有必要，测量并记录试样组件的参数，如制样条件、尺寸。

7.2 试样数量

除非在相关标准中另有规定，试验数量应不少于三个。

8 试验压力的计算

8.1 总则

对于材料测试，试验压力应按照式(1)和给定的环应力，根据试样的测量尺寸进行计算。

对于管材测试，试验压力应按照给定的环应力和相应标准中的规定选择下列其中一种进行计算：

a) 根据试样的测量尺寸，见式(1)；

b) 根据试样的公称尺寸，见式(2)。

管材的仲裁试验，应根据试样的测量尺寸计算试验压力。

对于组件的测试，应按相应标准的规定确定试验压力。当相应产品标准中无规定时，试验压力应根据给定的环应力和试样所用管材的 SDR 进行计算。

对于组合件的测试，除非在相关标准中另有规定，试验压力应根据给定的环应力和试样所用管材的 SDR 进行计算，见式(3)。

8.2 根据测量尺寸计算试验压力

按照式(1)计算试验压力 p，单位为兆帕(MPa)，结果保留三位有效数字：

$$p=\sigma\frac{2e_{\min}}{d_{\mathrm{em}}-e_{\min}} \qquad \cdots\cdots(1)$$

式中：

σ ——由试验压力引起的环应力，单位为兆帕(MPa)；

$e_{\min}$——管材试样自由长度部分的最小壁厚，单位为毫米(mm)；

d_{em}——试样的平均外径，单位为毫米(mm)。

8.3 根据公称尺寸计算试验压力

管材的公称尺寸应符合 GB/T 4217 的规定。按照式(2)计算试验压力 p，单位为兆帕(MPa)，结果保留三位有效数字：

$$p=\sigma\frac{2e_n}{d_n-e_n} \qquad \cdots\cdots(2)$$

式中：

σ ——由试验压力引起的环应力，单位为兆帕(MPa)；

e_n——管材自由长度部分的公称壁厚，单位为毫米(mm)；

d_n——试样的公称外径，单位为毫米(mm)。

8.4 根据管材试样 SDR 计算试验压力

按照式(3)计算试验压力 p，单位为兆帕(MPa)，结果保留三位有效数字：

$$p=\frac{2\sigma}{(\mathrm{SDR}-1)} \qquad \cdots\cdots(3)$$

式中：

σ ——由试验压力引起的环应力，单位为兆帕(MPa)；

SDR ——管材试样的标准尺寸比。

9 试验仪器的校准和精度

温度和压力控制系统及用于测量温度、压力和时间的仪器都应与所使用的量程相一致，且应校准。仪器的精度应能满足温度、压力和时间测量的要求。

10 状态调节

准备试样，清除试样表面的污渍、油渍、蜡或其他污染物，然后与本标准规定的密封接头装配。

需要时，测量并记录管材试样的自由长度 l_0。

向试样中注水，可以将水预热但不超过试验温度。

将注满水的试样，浸入水箱或者放入烘箱中，在相关标准规定的温度下，按照表 1 规定的时间进行状态调节。如果状态调节温度超过沸点，应施加一定的压力防止沸腾。

表 1 状态调节时间

壁厚 e_{min}/mm	状态调节时间
$e_{min}<3$	1 h±5 min
$3\leqslant e_{min}<8$	3 h±15 min
$8\leqslant e_{min}<16$	6 h±30 min
$16\leqslant e_{min}<32$	10 h±1 h
$e_{min}\geqslant 32$	16 h±1 h
注：状态调节时间超过表 1 规定时可能会影响试验结果。	

除非在相关标准中另有规定，否则试样在生产后的 24 h 内不应进行耐内压试验。

11 试验步骤

11.1 按照相关标准的要求，选择试验类型，如“水-水试验”，“水-空气试验”或者“水-其他液体试验”。

将状态调节后的试样与加压设备连接，并排净试样内的空气。根据试验的材料、规格尺寸和加压设备的性能情况，在 30 s～1 h 之间用尽可能短的时间，均匀平稳地施加试验压力至第 8 章计算出的压力值。测量并记录试样加压时间。

达到试验压力时开始计时，必要时重置计时器开始记录试样维持规定压力的时间。

11.2 将试样悬放在恒温控制的环境中，应保持试样之间以及试样与恒温箱之间的任何部分不相接触，保持恒温并观测 6.2 规定的温度偏差，按 11.3 或 11.4 直至试验结束。

11.3 当达到规定试验时间或者试样发生破坏、渗漏时，停止试验，记录时间，发生 11.4 规定的情况时除外。

如果试样发生破坏，记录其破坏类型，如脆性破坏、韧性破坏或者其他。

注：在破坏区域内，不出现可见屈服变形破坏的为“脆性破坏”。在破坏区域内，出现目测可见的屈服变形破坏的为“韧性破坏”。对于某些材料，“脆性破坏”表现为管材表面渗出液体。

如试验已经进行 500 h～1 000 h，试验过程中设备出现故障，若设备在 1 d 内能恢复，则试验可继续进行；如试验已超过 1 000 h，设备在 3 d 内能恢复，则试验可继续进行。设备发生故障的这段时间不应计入试验时间内。试验报告中应记录试验中断情况。

11.4 如果试样在距离密封接头小于 $0.1l_0$ 处发生破坏，则试验结果无效，应另取试样重新试验（l_0 为试样的自由长度，见附录 A 或附录 C）。

进行组件测试时，如果组件本身以外发生渗漏（密封失效或管材爆破），或因不适宜的卡槽设计，或由机械加工条件而引起的失效，则重复试验。如有必要，更换组件，以保证组合件在最短要求试验时间内保持水密性。

12 试验报告

试验报告应包含以下内容：

a) 本标准编号及相关的引用标准；
b) 试样的详细标识；
c) 试样材料或者各部分组件材料的类型；
d) 试样各组件的公称尺寸；
e) 实测尺寸，如试样各组件的最小壁厚，管材自由长度；
f) 试样制备的条件（如熔接条件）；对于注塑成型的管材试样，需详细说明注塑前的材料情况、注塑机以及注塑工艺条件；
g) 试验温度及其测量精度；
h) 使用的应力和/或试验压力；
i) 试验环境（水、空气或其他液体，如为后者，说明所用的液体）；
j) 密封接头的类型，如为组件试验，密封装置的类型；
k) 试样数量；
l) 状态调节时间，如有必要，加压时间；
m) 试验持续时间；
n) 如有破坏，则其破坏类型；

o） 试验期间及试验后观察到的现象；

p） 其他任何影响试验结果的因素，如意外情况、试验中断情况或本标准中未规定的操作细节；

q） 试验装置标识；

r） 试验日期或者试验起止日期。

附 录 A
（规范性附录）
管材试样的制备

A.1 原理

管材试样包括挤出成型的管材试样和注塑成型的管状试样。挤出成型试样用于材料测试和管材测试,注塑成型管状试样仅用于注塑成型材料的测试。

管件所用注塑材料的长期蠕变行为,可以使用注塑成型的管状试样,按照与挤出管状试样相同的静液压和试验条件测定)。

根据 GB/T 18252 的规定外推得出 MRS(最小要求强度),并按照 GB/T 18475 对材料进行分级。同样,可以根据其(破坏应力-破坏时间)曲线,预测在设定应力下破坏的时间,作为该材料的最低试验要求。

注:如果用于注塑成型组件的混配料也可用于挤出成型,则其时间相关行为可以通过注塑或者挤出成管状试样进行研究。

具有足够自由长度(与管材直径有关)的管材试样经状态调节后,在一定的内部静液压或应力下保持规定的时间不渗漏或直至试样破坏。

A.2 设备

A.2.1 密封接头,见 6.1 的规定。

A.2.2 测量壁厚的工具,见 GB/T 8806。

A.2.3 测量管材外径的工具,见 GB/T 8806,如 π 尺。

A.3 试样

A.3.1 挤出试样

A.3.1.1 自由长度

当管材公称外径 $d_n \leqslant 315$ mm 时,自由长度应不小于其公称外径 d_n 的 3 倍,且不应小于 250 mm;当管材公称外径 $d_n > 315$ mm 时,其自由长度应不小于 d_n 的 2 倍。

A.3.1.2 总长度

对于 B 型密封接头(见 6.1),试样总长度应为密封接头间可以自由移动的长度,并允许热膨胀。

A.3.2 注塑试样

注塑成型试样应符合以下要求,尺寸如图 A.1 所示。

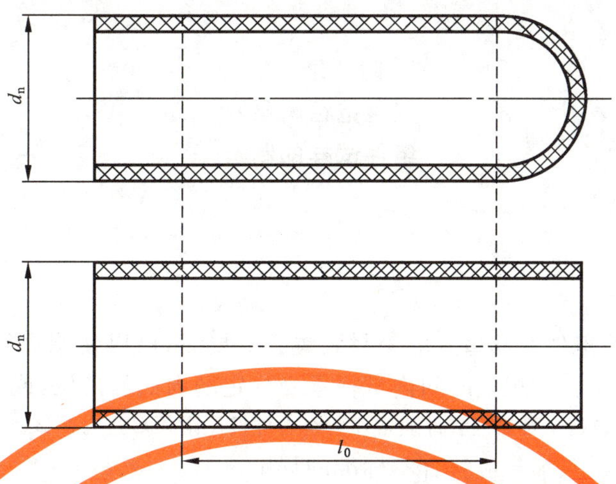

图 A.1 注塑成型试样

试样的公称外径 d_n应为 25 mm～110 mm。壁厚采用所用材料的相关管材标准。

当管材的公称外径 d_n＜50 mm 时，自由长度应为其公称外径 d_n的 3 倍；当管材的公称外径 d_n≥50 mm 时，其自由长度应不小于 140 mm。

具有纵向熔合线和两端开口的注塑成型试样仅应作为对比和研究。

注塑成型参数可能对注塑试样的应力产生明显影响。

A.3.3 尺寸测量

如有必要根据测量壁厚计算试验压力，使用符合要求的仪器，按照 GB/T 8806 的规定在试样自由长度范围内寻找并测出最小壁厚和平均外径。这些测量应用于试验压力的计算，因此不应采用 GB/T 8806 的方法修约。

附 录 B
(规范性附录)
组件试样的制备

B.1 原理

每个样件应包括单独的组件及其适宜的密封装置。需要时,可以使用短管作为组件与密封接头的连接部件。经过状态调节之后,在规定时间内试样承受规定的内部静液压,或者直至试样破坏。

注:热熔对接、电熔和承口熔接型聚烯烃管件通常作为组合件按照附录C进行测试。

试样数量,状态调节和试验报告应符合本标准的规定。

B.2 密封装置

B.2.1 总则

密封装置应将组件密封并与加压装置连接,且能在试验前排尽空气。试验过程中,密封装置不应阻止组件连接之间的自由部分在静液压作用下变形。试验过程中可以使用外部加强圈以防止连接渗漏。外部加强圈和内部密封应位于承口区域以内。

承压组件的所有开口端均应封闭并排尽空气,使试样能安全地进行试验且对试验结果不产生不利影响。

装置应符合B.2.2.1,B.2.2.2或B.2.2.3的要求,或者应为B.2.2.4或者B.2.3规定的类型。

密封装置的类型应在试验报告中说明。

B.2.2 平承口型组件

B.2.2.1 以管材和/或堵头连接

以管材和/或堵头连接的密封试样见图B.1。

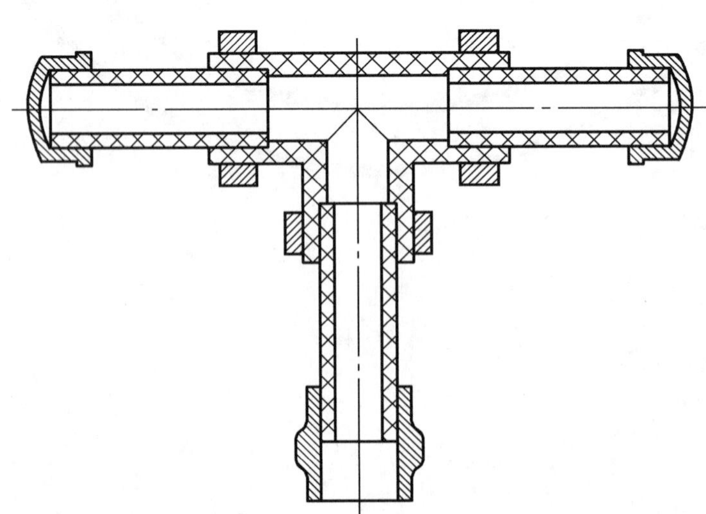

图 B.1 静液压推力下密封试样示意图

使用与管件或阀体设计压力相同的管段，将其各个承口与堵头相连并实现密封。管材末端应符合连接设计的要求。管材的自由长度应尽可能短，以使连接件容易安装。

注：注意密封装置不引起外加应力。

B.2.2.2 通过外螺纹或机械加工卡槽机械连接

通过外螺纹或机械加工卡槽机械连接的密封试样见图 B.2。

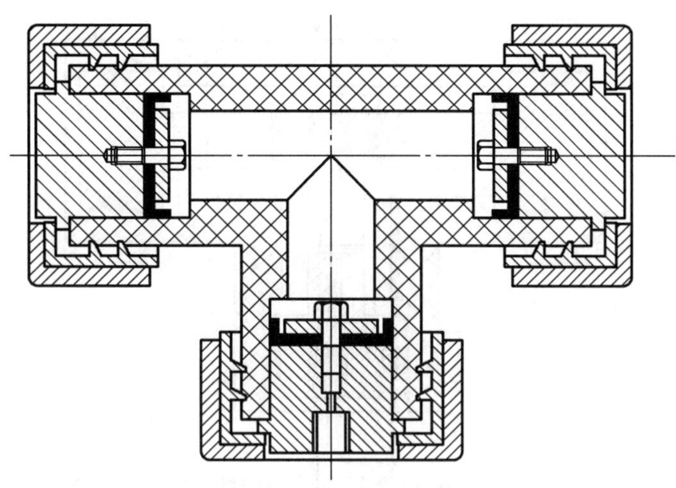

图 B.2 静液压推力下以外螺纹或机械加工卡槽连接的密封试样示意图

密封装置应以其筋与试样的外部螺纹或者机械加工卡槽相连接。应通过试样承口内部的杯状密封件确保其密封性。

考虑到塑料材料的切口敏感性，机械加工卡槽时应注意。所选择的卡槽数量和深度应保证卡槽部位的应力水平在可接受的范围内。

B.2.2.3 以带齿的压紧块密封的机械连接

以带齿的压紧块压紧的机械连接的密封试样见图 B.3。

注：带齿的压紧块指的是哈夫块。

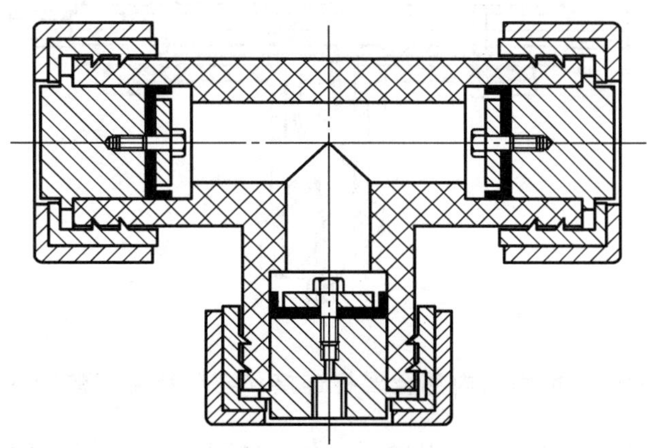

图 B.3 静液压推力下的采用机械压紧连接的密封试样示意图

试样的卡槽由哈夫块的筋或者封闭装置的块状壳体压紧试样形成。充分紧固哈夫块使其筋与试样外壁嵌合。应通过试样的承口内部杯状密封件确保其密封性。

考虑到塑料材料的切口敏感性，形成试样卡槽所选择的筋数量和深度，应保证组件的应力水平在卡槽可接受的范围内。

注：图 B.3 所示连接方式避免了机械加工，减少了因卡槽产生缺陷带来的影响。

B.2.2.4 内部金属杆防止连接件脱落的连接

以内部金属杆和密封圈密封的密封试样见图 B.4。

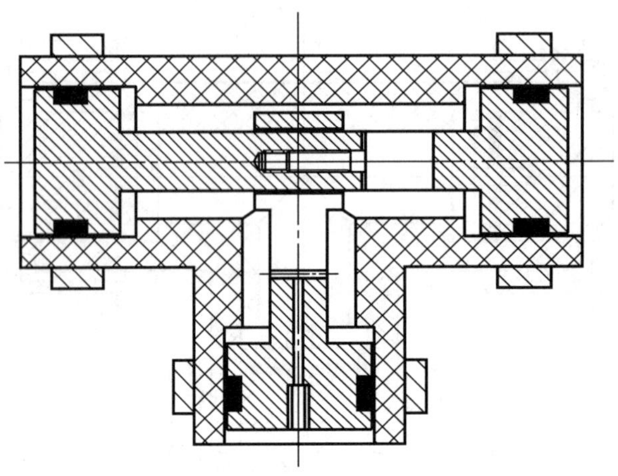

图 B.4 无静液压推力以内部金属杆和密封圈密封的密封试样示意图

内置封闭活塞应以适宜的联结设计组合在一起。试样外部应有加强环支撑，承口内部的密封圈应能保证密封性。

注：图 B.4 所示的方式可避免加强或紧固装置造成的切口影响。自由部件的变形和金属销钉的硬度造成的外加应力可能产生叠加影响。

B.2.3 弹性密封承口组件

B.2.3.1 内部金属杆防止连接件脱落的弹性密封连接

以内部金属杆连接和密封垫密封的密封试样见图 B.5。

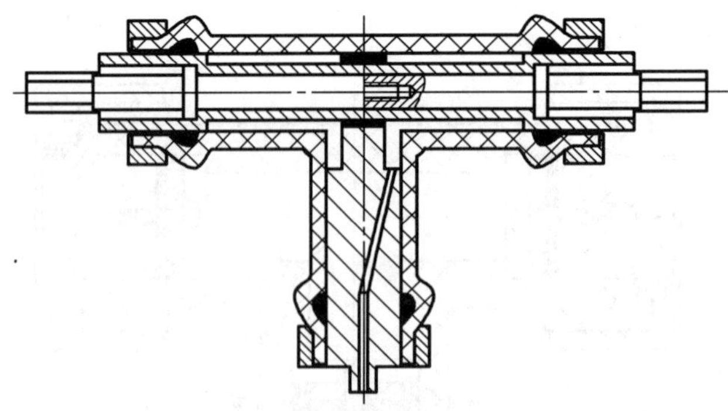

图 B.5 无静液压推力以内部金属杆连接和密封垫密封的密封试样示意图

内置封闭活塞应以适宜的的联结设计组合在一起。试样外部应有加强环支撑，推进式承口内部的原始密封垫应能保证密封性。

注：注意避免由于活塞安装导致的作用力在试样上产生的外加应力。

B.2.3.2 使用外部框架的弹性密封垫连接

使用外部框架的弹性密封垫连接的密封试样见图 B.6。

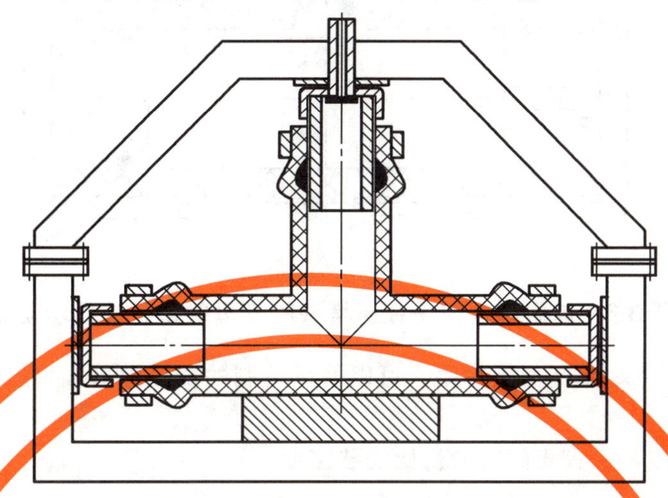

图 B.6 无静液压推力带外部框架的密封试样示意图

内置的封闭活塞应以适宜的的联结设计(外部框架)组合在一起。试样推进式承口内部的原始密封件应能保证密封性。若管件制造商有规定,所有管材末端均应倒角。

注:注意避免由于活塞安装和支撑导致的作用力在试样上产生的外加应力。

B.2.3.3 使用外部哈夫块的弹性密封垫连接

有静液压推力外部哈夫块连接的密封试样见图 B.7。

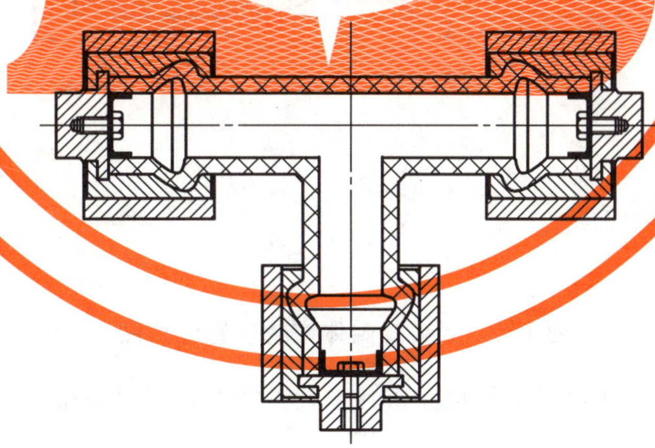

图 B.7 有静液压推力外部哈夫块连接的密封试样示意图

密封装置应将试样的承插部位与哈夫块相连接。应通过试样的承口内部杯状密封件确保其密封性。

B.2.4 阀体的密封装置

B.2.4.1 双活接球阀

球阀阀体使用金属堵头和螺母的密封装置见图 B.8。

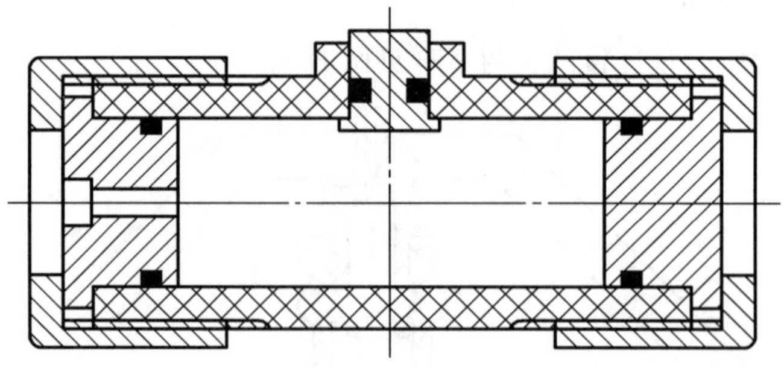

图 B.8 球阀阀体使用金属堵头和螺母的密封装置示意图

所有开口端均应以堵头和 O 型圈封闭。可以使用特制的金属螺母代替原来的塑料螺母保持堵头稳固。

堵头插入阀体的深度不宜大于阀门的初始安装深度。

B.2.4.2 插口连接式隔膜阀

隔膜阀阀体密封装置见图 B.9。

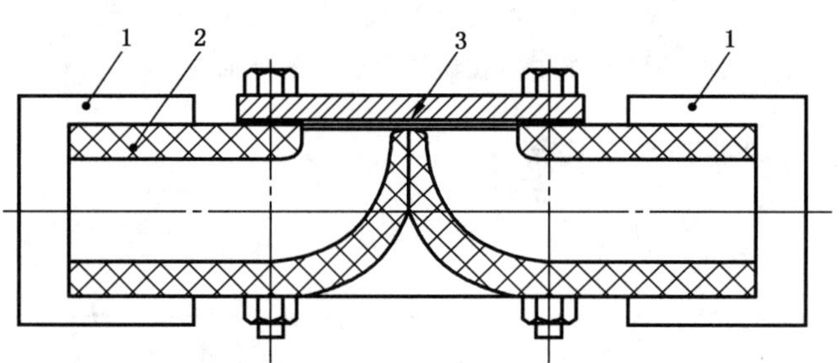

说明：
1——末端连接(插口)；
2——阀体；
3——金属板和密封件。

图 B.9 隔膜阀阀体密封装置示意图

考虑到压力和温度，通常可以用金属板和密封垫代替隔膜。可以使用同样类型的密封装置，如管件，封闭阀体入口和出口。

注：这种装置并不精确模拟组装好的阀门中的应力情况。然而，在不考虑所用的隔膜时，允许对阀体进行压力试验。组装好的阀门的实际性能只能以完整组装的阀门进行评价。

B.2.4.3 插口连接式角阀

角阀阀体密封装置见图 B.10。

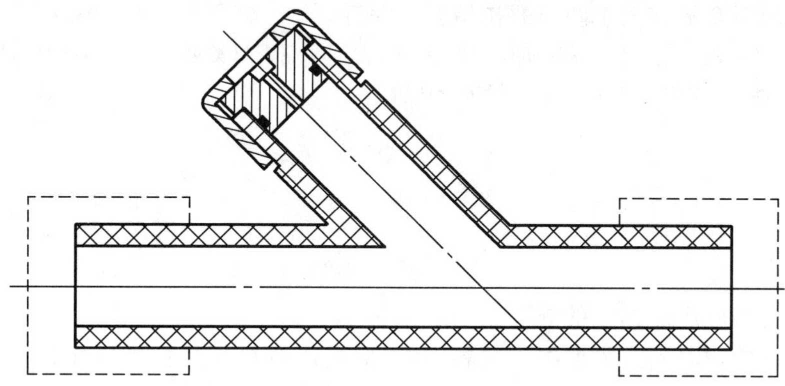

图 B.10　角阀阀体密封装置示意图

阀门活动开口端应由堵头、O 型圈和金属螺母封闭。可以使用同样类型的封闭装置，如管件，封闭阀体入口和出口。

堵头插入阀体的深度不宜大于阀门的初始安装深度。

注：这种装置并不精确模拟组装好的阀门中的应力。然而，在不考虑所用的封闭装置时，可以对阀体进行压力试验。组装好的阀门的实际性能只能以完整组装的阀门进行评价。

B.2.4.4　蝶阀

蝶阀阀体密封装置见图 B.11。

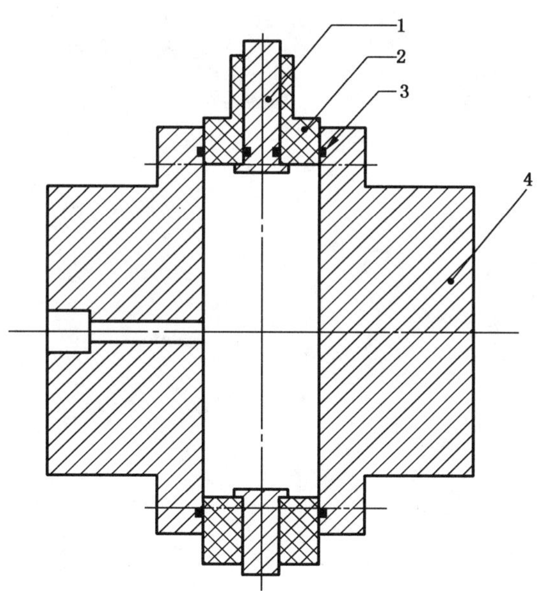

说明：

1——金属堵头；

2——阀体；

3——密封圈；

4——法兰。

图 B.11　蝶阀阀体密封装置示意图

阀杆的开口端应以金属堵头和 O 型圈密封。金属堵头的肩防止加压过程中的压力冲击。入口和出口可以通过盲法兰和密封圈封闭。安装盲法兰的螺钉应与实际安装阀门所用的螺钉的类型相同。

堵头插入阀体的深度不宜大于阀门的初始安装深度。

注：这种装置并不精确模拟组装好的阀门的应力。然而，在不考虑密封类型下，可以对阀体进行压力试验。组装好的阀门的实际性能只能以完整组装的阀门进行评价。

B.3 试样

B.3.1 抽样

抽样要求应符合相应产品标准的规定。

组件由生产到试验的时间间隔取决于材料类型，应按该材料相关标准规定的要求。若没有相关材料标准，生产到检测的最短时间间隔应符合状态调节要求的规定。

B.3.2 试样制备

试样应由给定类型和公称直径的管件，阀体或者其他承压组件及其连接件组成，需要时可以框架限制。

试样应按照制造商规定的程序制备。

试样应在室温下进行组装。

附 录 C
(规范性附录)
组合件试样的制备

C.1 原理

组合件试样是指由管材、管件或阀门经熔接(或粘接)形成的组合试样,经状态调节后,在规定时间内试样承受本标准规定的内部静液压,或者直至试样破坏。

注:按照相关规定的要求设置以下参数:

a) 抽样要求;

b) 连接条件;

c) 试样组装的温度;

d) 径向间隙(承口的平均内径与管材平均外径之间的直径差);

e) 固化时间(使用胶粘剂至测试开始之间的时间);

f) 固化条件(温度,空气湿度);

g) 如有必要,模拟组合件公差变化的组件加工。

C.2 试样

C.2.1 抽样

抽样要求应按照相关产品标准的规定。

组件由生产到试验的时间间隔取决于材料类型,应按该材料相关标准规定的要求。若没有相关材料标准,生产到检测的最短时间间隔应符合状态调节要求的规定。

试样可以包括几种类型的组合件,例如熔融,机械连接,或粘接而成的组合件。这种情况下,各种类型的组合件都应符合相应标准的要求。

C.2.2 熔接组合件

C.2.2.1 组合件的构成

试样包括以下三种类型:

a) 两段管材,热熔对接;

b) 几段管材与一个组件(管件或阀门)的各端口热熔连接;

c) 几段管材与多个组件(管件或阀门)热熔连接(树形试验)。

对 c)类组件进行评估时,应仅在组件部分进行,其连接管材的自由长度符合 C.2.6 中的要求。

C.2.2.2 管材

管材应符合使用的相关标准,且符合以下要求:

——管材端面应与其轴线垂直切割;

——无气泡,裂口和杂质;

——干燥清洁,无油污。

C.2.2.3 管件和阀体

试验管件和阀体应清洁干燥,无油污。

C.2.2.4 管材和组件的熔接

管材和组件应在产品标准规定的条件下按照制造商的说明连接。对于PE组合件，应按照GB/T 19807的电熔或者GB/T 19809的对焊给出的条件。

注：热熔对接和电熔适用设备的标准分别见GB/T 20674.1和GB/T 20674.2。

C.2.3 有静液压推力的机械连接式组合件

C.2.3.1 总则

除非在相关标准中另有规定，机械连接式组合件试样应在室温下制备。

组合件试样应按照组件制造商提供的书面说明进行装配。装配方法应在试验报告中说明。

为方便装配，应按照组件制造商的说明将管材小心预热。同时应注意避免热分解。

除非组件制造商另有规定，不应使用组合件润滑剂。润滑剂应按照制造商的安装说明来使用。

规定使用机械辅助装配的组件不应以手工安装。仅可使用组件制造商规定的装配工具和相关说明。

C.2.3.2 管材

管材应符合使用的相关标准，且符合以下要求：

——管材端面应与其轴线垂直切割；

——无气泡，裂口和杂质；

——干燥清洁，无油污。

C.2.3.3 组件的组合

组件应以制造商规定的拧紧扭矩值与管材组合。应使用适宜的设备测量扭矩值并记录。渗漏试验前不允许重新拧紧组合件。

C.2.4 粘接型组合件

C.2.4.1 总则

按照本标准规定设置以下参数：

a) 径向间隙(承口平均内径与管材平均外径之间的直径差值)；

b) 凝固时间(从使用胶粘剂至试验开始之间的时间间隔)；

c) 固化条件(温度，空气湿度)。

对径向间隙有规定时，应对组件承口的内表面进行机械加工以达到要求值。

C.2.4.2 组合件的制备

管材和组件的表面应按照胶粘剂制造商的说明进行处理，且各部件应符合以下要求：

——管材端面应与其轴线垂直切割；

——无气泡，裂口和杂质；

——干燥清洁，无油污。

除非另有规定，组合件的各部件在温度为(23±2)℃和相对湿度(50±5)%条件下进行状态调节至少6 h。

C.2.4.3 组合件的粘接

胶粘剂应剂按照制造商的说明来制备。除非另有规定，胶粘剂应符合QB/T 2568的规定。

除特别说明外，应在温度为(23±2)℃和相对湿度为(50±5)%，空气流动的环境下，按照制造商的说明使用胶粘剂并粘合组件。

接触面外多余的胶粘剂应使用干净的湿巾擦除。

粘接好的组合件应贮存在通风良好的区域内完成规定的固化时间。固化时间应从插入操作结束时开始计算。

除非另有规定，推荐使用以下固化时间：

——PVC-U：在(23±2)℃下放置20 d，然后在(60±2)℃下放置4 d。

——PVC-C：在(23±2)℃下放置20 d，然后在(80±2)℃下放置4 d。

——ABS：在(23±2)℃下放置20 d，然后在(40±2)℃下放置4 d。

试验报告里应包括组装方法和胶粘剂的完整说明。

C.2.5 无静液压推力的组合件

组合件至少包含一段管材、一个与之相连的承口管件(或带承口的管段)，管材应符合以下要求：

——管材端面应与其轴线垂直切割；

——无气泡，裂口和杂质；

——干燥清洁，无油污。

组合件试样应按照组件制造商提供的书面说明进行装配。装配方法应在试验报告中说明。

除非组件制造商另有规定，不应使用组合件润滑剂。润滑剂应按照制造商的安装说明使用。

为防止分离，必要时可以使用连杆或者外部框架。

C.2.6 管材的自由长度

C.2.6.1 有静液压推力的组合件中管材的自由长度

两段管材热熔对接时，管材的自由长度应不小于其公称外径 d_n 的3倍，且不应小于250 mm；当管材的公称外径 d_n>315 mm，规定的最小自由长度不能达到时，自由长度应不小于其公称外径 d_n 的2倍。

组合件中含有一个或几个管件时，管材的自由长度应不小于其公称外径 d_n 的2倍，且不应小于150 mm；当管材的公称外径 d_n>250 mm时，其自由长度应不小于公称外径的1.5倍。

鞍形旁通测试时，同一管材上试样之间的自由长度应至少100 mm。

C.2.6.2 无静液压推力的组合件中管材的自由长度

管材部分的自由长度应等于公称外径，但不小于150 mm。

C.2.7 极限间隙试样制备

组合件中各部件的极限间隙应使用挤出或由厚壁管材加工成的管段进行试验。可以将管材加工至最大或者最小公差，但是应保持规定的最小壁厚。

除非另有规定，组件不应经机加工模拟组合件的极限间隙。

C.2.8 尺寸测量

管材和试样的相关尺寸应按照GB/T 8806的规定进行测量。

前　　言

本标准是对GB/T 6671.1—1986《硬聚氯乙烯(PVC)管材纵向回缩率的测定》、GB/T 6671.2—1986《聚乙烯(PE)管材纵向回缩率的测定》、GB/T 6671.3—1986《聚丙烯(PP)管材纵向回缩率的测定》的修订。在修订中,等效采用了国际标准ISO 2505:1994《热塑性塑料管材——纵向回缩率》。

本标准的主要修订内容有:

1.扩大了标准适用范围,本标准适用于所有热塑性塑料管材。

2.增加了对大口径管材试验的说明,规定公称外径在400 mm以上的管材,可均匀切成四片进行试验。

3.按照国际标准,取样方式由从三根管材上各取一段,改为从一根管材上截取三个试样,试样长度一律为(200±20) mm。

本标准自实施之日起,同时代替GB/T 6671.1—1986、GB/T 6671.2—1986、GB/T 6671.3—1986。

本标准的附录A是标准的附录。

本标准的附录B是提示的附录。

本标准由中国轻工业联合会提出。

本标准由全国塑料制品标准化技术委员会归口。

本标准起草单位:河北宝硕管材有限公司。

本标准主要起草人:勾迈、孙志伟、王新龙。

ISO 前言

国际标准化组织(ISO)是由各国标准化团体(ISO 成员团体)组成的世界性的联合会。制定国际标准的工作通常由 ISO 的技术委员会完成。各成员团体若对某技术委员会确立的项目感兴趣,均有权参加该委员会的工作。与 ISO 保持联系的各国际组织(官方的或非官方的)也可参加有关工作。在电工技术标准化方面,ISO 与国际电工委员会(IEC)保持密切合作关系。

由技术委员会通过的国际标准草案(DIS)提交各成员团体表决,须取得至少 75%参加表决的成员团体的同意,才能作为国际标准正式发布。

国际标准 ISO 2505 是由 ISO/TC138/SC5(流体输送用塑料管材、管件和阀门技术委员会塑料管材、管件和阀门及其附件的一般特性——试验方法和基本规范分技术委员会)制定的。

ISO 2505-1 和 ISO 2505-2,取代 ISO 2505:1981、ISO 2506:1981 和 ISO 3478:1975(因对其进行了技术性修订)。

在总标题"热塑性塑料管材——纵向回缩率"下,ISO 2505 包含以下部分:

——第 1 部分:测定方法;

——第 2 部分:测定参数。

中华人民共和国国家标准

热塑性塑料管材纵向回缩率的测定

GB/T 6671—2001
eqv ISO 2505:1994
代替 GB/T 6671.1～6671.3—1986

Thermoplastics pipes—Determination of longitudinal reversion

1 范围

本标准规定了测定热塑性塑料管材纵向回缩率的两种试验方法，一种是在液体中(方法 A)，另一种是在空气中(方法 B)。

本标准适用于所有内外壁光滑，横截面恒定的热塑性管材。

2 引用标准

下列标准所包含的条文，通过在本标准中引用而构成为本标准的条文。本标准出版时，所示版本均为有效。所有标准都会被修订，使用本标准的各方应探讨使用下列标准最新版本的可能性。

GB/T 2918—1998 塑料试样状态调节和试验的标准环境(idt ISO 291:1997)

GB/T 8806—1988 塑料管材尺寸测量方法(eqv ISO 3126:1974)

3 原理

将规定长度的试样，置于给定温度下的加热介质中保持一定的时间。测量加热前后试样标线间的距离，以相对原始长度的长度变化百分率来表示管材的纵向回缩率。

4 方法 A——液浴试验

4.1 仪器

4.1.1 热浴槽：除另有规定外，热浴槽应恒温控制在附录 A 中规定的温度 T_R 内。

热浴槽的容积和搅拌装置应保证当试样浸入时，槽内介质温度变化保持在试验温度范围内。所选用的介质应在试验温度下性能稳定，并对塑料材料无不良影响(见图 1)。

注：甘油、乙二醇、无芳烃矿物油和氯化钙溶液均是适宜的加热介质，其他满足上述要求的介质也可使用。

4.1.2 夹持器：悬挂试样的装置，把试样固定在加热介质中(见图 1)。

4.1.3 划线器：保证两标线间距为 100 mm。

4.1.4 温度计：精度为 0.5℃。

4.2 试样

4.2.1 取(200±20) mm 长的管段为试样。

4.2.2 使用划线器，在试样上划两条相距 100 mm 的圆周标线，并使其一标线距任一端至少 10 mm。

4.2.3 从一根管材上截取三个试样。对于公称直径大于或等于 400 mm 的管材，可沿轴向均匀切成 4 片进行试验。

4.3 预处理

按照 GB/T 2918 规定，试样在(23±2)℃下至少放置 2 h。

中华人民共和国国家质量监督检验检疫总局 2001-10-24 批准　　2002-05-01 实施

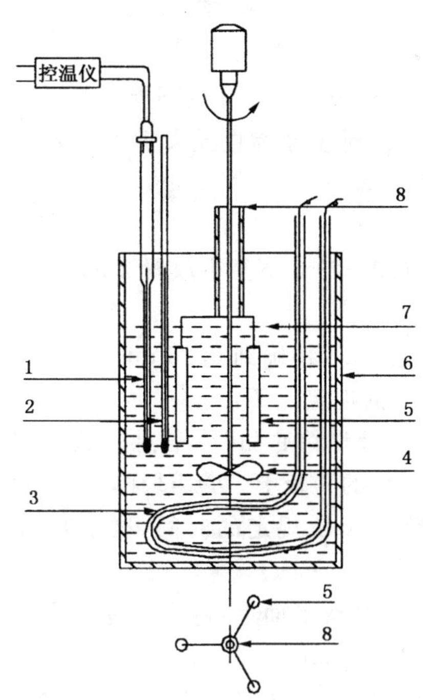

1—电接点温度计；2—温度计；3—加热器；4—搅拌器；
5—试样；6—容器；7—加热介质；8—夹持器

图 1　液浴试验装置图

4.4　试验步骤

4.4.1　在(23±2)℃下，测量标线间距 L_0，精确到 0.25 mm。

4.4.2　将液浴温度调节至附录 A 中的规定值 T_R。

4.4.3　把试样完全浸入液浴槽中，使试样既不触槽壁也不碰槽底，保持试样的上端距液面至少30 mm。

4.4.4　试样浸入液浴保持附录 A 中规定的时间。

4.4.5　从液浴槽中取出试样，将其垂直悬挂，待完全冷却至(23±2)℃时，在试样表面沿母线测量标线间最大或最小距离 L_i，精确至 0.25 mm

注：切片试样，每一管段所切的四片应作为一个试样，测得 L_I，且切片在测量时，应避开切口边缘的影响。

4.5　结果表示

4.5.1　按式(1)计算每一试样的纵向回缩率 R_{Li} 以百分率表示。

$$R_{Li}=\Delta L/L_0\times 100 \qquad \cdots\cdots(1)$$

其中：$\Delta L=|L_0-L_i|$

L_0——浸入前两标线间距离，mm；

L_i——试验后沿母线测定的两标线间距离，mm。

选择 L_i 使 ΔL 的值最大。

4.5.2　计算出三个试样 R_{Li} 的算术平均值，其结果作为管材的纵向回缩率 R_L。

5　方法 B——烘箱试验

5.1　试验装置

5.1.1　烘箱：除另有规定外，烘箱应恒温控制在附录 A 中规定的温度 T_R 内，并保证当试样置入后，烘箱内温度应在 15 min 内重新回升到试验温度范围。

5.1.2　划线器：保证两标线间距为 100 mm。

5.1.3　温度计：精度为 0.5℃。

5.2 试样

5.2.1 取(200±20) mm 长的管段为试样。

5.2.2 使用划线器，在试样上划两条相距 100 mm 的圆周标线，并使其一标线距任一端至少 10 mm。

5.2.3 从一根管材上截取三个试样。对于公称直径大于或等于 400 mm 的管材，可沿轴向均匀切成 4 片进行试验。

5.3 预处理

按照 GB/T 2918 规定，试样在(23±2)℃下至少放置 2 h。

5.4 试验步骤

5.4.1 在(23±2)℃下，测量标线间距 L_0，精确到 0.25 mm。

5.4.2 将烘箱温度调节至附录 A 中的规定值 T_R。

5.4.3 把试样放入烘箱，使样品不触及烘箱底和壁。若悬挂试样，则悬挂点应在距标线最远的一端。若把试样平放，则应放于垫有一层滑石粉的平板上，切片试样，应使凸面朝下放置。

5.4.4 把试样放入烘箱内保持附录 A 所规定的时间，这个时间应从烘箱温度回升到规定温度(见 5.1.1)时算起。

5.4.5 从烘箱中取出试样，平放于一光滑平面上，待完全冷却至(23±2)℃时，在试样表面沿母线测量标线间最大或最小距离 L_i，精确至 0.25 mm。

注：切片试样，每一管段所切的四片应作为一个试样，测得 L_i，且切片在测量时，应避开切口边缘的影响。

5.5 结果表示

5.5.1 按式(2)计算每一试样的纵向回缩率 R_{Li} 以百分率表示。

$$R_{Li} = \Delta L / L_0 \times 100 \qquad \cdots\cdots(2)$$

式中：$\Delta L = |L_0 - L_i|$

L_0——放入烘箱前试样两标线间距离，mm；

L_i——试验后沿母线测量的两标线间距离，mm。

选择 L_i 使 ΔL 的值最大。

5.5.2 计算三个试样 R_{Li} 的算术平均值，其结果作为管材的纵向回缩率 R_L。

6 试验报告

试验报告应包括以下内容：

a) 本国家标准号；

b) 试样名称、规格、生产日期；

c) 试验方法(A 或 B)和加热温度 T_R 以及所用加热介质的种类；

d) 每个试样的长度变化 ΔL；

e) 根据 4.5.2 或 5.5.2 计算出管材的纵向回缩率 R_L；

f) 本标准未包括的任何可能对结果产生影响的操作细节；

g) 试验人员和日期。

附 录 A
（标准的附录）
测 定 参 数

A1 液浴试验测定参数

按照方法 A 测定纵向回缩率时，热塑性材料的测定参数见表 A1。

A2 烘箱试验测定参数

按照方法 B 测定纵向回缩率时，热塑性材料的测定参数见表 A2。

表 A1 液浴试验测定参数

热塑性材料	液浴温度 T_R ℃	浸入时间 min	试样长度 mm
硬质聚氯乙烯(PVC-U)	150±2	e≤8[1)],15 e>8,30	200±20
氯化聚氯乙烯(PVC-C)	150±2	15	
聚乙烯(PE32/40)	100±2	30	
聚乙烯(PE50/63)	110±2		
聚乙烯(PE80/100)			
交联聚乙烯(PE-X)	120±2		
聚丁烯(PB)	110±2		
聚丙烯的均聚物和嵌段共聚物(PP-H,PP-B)	150±2		
聚丙烯无规共聚物(PP-R)	135±2		
丙烯腈-丁二烯-苯乙烯三元共聚物(ABS) 丙烯腈-苯乙烯-丙烯酸盐三元共聚物(ASA)	150±2	e≤8,15 8<e≤16,30 e>16,60	

1) e 指壁厚，单位为 mm。

表 A2 烘箱试验的测定参数

热塑性材料	烘箱温度 T_R ℃	试样在烘箱中放置时间 min	试样长度 mm
硬质聚氯乙烯(PVC-U)	150±2	e≤8[1)],60 8<e≤16,120 e>16,240	200±20
氯化聚氯乙烯(PVC-C)	150±2	e≤8,60 8<e≤16,60 e>16,120	
聚乙烯(PE32/40)	100±2	e≤8,60 8<e≤16,120 e>16,240	
聚乙烯(PE50/63)	110±2		
聚乙烯(PE80/100)			

表 A2(完)

<table>
<tr><th>热塑性材料</th><th>烘箱温度 T_R
℃</th><th>试样在烘箱中放置时间
min</th><th>试样长度
mm</th></tr>
<tr><td>交联聚乙烯(PE-X)</td><td>120±2</td><td>e≤8,60
8<e≤16,120
e>16,240</td><td rowspan="5">200±20</td></tr>
<tr><td>聚丁烯(PB)</td><td>110±2</td><td>e≤8,60
8<e≤16,120
e>16,240</td></tr>
<tr><td>聚丙烯的均聚物和嵌段共聚物</td><td>150±2</td><td rowspan="2">e≤8,60
8<e≤16,120
e>16,240</td></tr>
<tr><td>聚丙烯无规共聚物</td><td>135±2</td></tr>
<tr><td>丙烯腈-丁二烯-苯乙烯三元共聚物(ABS)
丙烯腈-苯乙烯-丙烯酸盐三元共聚物(ASA)</td><td>150±2</td><td>e≤8,60
8<e≤16,120
e>16,240</td></tr>
<tr><td colspan="4">1) e 指壁厚,单位为 mm。</td></tr>
</table>

附　录　B
(提示的附录)
推荐纵向回缩率

按照方法 A 或方法 B 测定出的纵向回缩率的值应符合表 B1 中的值。

表 B1　纵向回缩率的基本规定

热塑性材料	纵向回缩率,%
硬质聚氯乙烯(PVC-U)	≤5
氯化聚氯乙烯(PVC-C)	≤5
聚乙烯(PE)	≤3
交联聚乙烯(PE-X)	≤3
聚丁烯(PB)	≤2
聚丙烯的均聚物和嵌段共聚物(PP-H,PP-B)	≤2
聚丙烯无规共聚物(PP-R)	≤2
丙烯腈-丁二烯-苯乙烯三元共聚物(ABS) 丙烯腈-苯乙烯-丙烯酸盐三元共聚物(ASA)	≤5

注：如有更严格规定,则在产品标准中采用比表 B1 更小的值。

GB/T 6671—2001《热塑性塑料管材　纵向回缩率的测定》第1号修改单

本修改单业经国家标准化管理委员会于2003年8月25日以国标委农轻函[2003]72号文批准，自2003年10月1日起实施。

附录A中：表A2表格中更改：

表A2原为：

表A2　烘箱试验的测定参数

<table>
<tr><th>热塑性材料</th><th>烘箱温度 T_R/℃</th><th>试样在烘箱中放置时间/min</th><th>试样长度/mm</th></tr>
<tr><td>硬质聚氯乙烯(PVC-U)</td><td>150±2</td><td>$e\leqslant8$[1)],60　$8<e\leqslant16$,120
$e>16$,240</td><td rowspan="10">200±20</td></tr>
<tr><td>氯化聚氯乙烯(PVC-C)</td><td>150±2</td><td>$e\leqslant8$,60　$8<e\leqslant16$,60
$e>16$,120</td></tr>
<tr><td>聚乙烯(PE32/40)</td><td>100±2</td><td rowspan="3">$e\leqslant8$,60
$8<e\leqslant16$,120</td></tr>
<tr><td>聚乙烯(PE50/63)</td><td rowspan="2">110±2</td></tr>
<tr><td>聚乙烯(PE80/100)</td></tr>
<tr><td>交联聚乙烯(PE-X)</td><td>120±2</td><td>$e\leqslant8$,60　$8<e\leqslant16$,120
$e>16$,240</td></tr>
<tr><td>聚丁烯(PB)</td><td>110±2</td><td>$e\leqslant8$,60　$8<e\leqslant16$,120
$e>16$,240</td></tr>
<tr><td>聚丙烯的均聚物和嵌段共聚物</td><td>150±2</td><td rowspan="2">$e\leqslant8$,60　$8<e\leqslant16$,120
$e>16$,240</td></tr>
<tr><td>聚丙烯无规共聚物</td><td>135±2</td></tr>
<tr><td>丙烯腈-丁二烯-苯乙烯三元共聚物(ABS)
丙烯腈-苯乙烯-丙烯酸盐三元共聚物(ASA)</td><td>150±2</td><td>$e\leqslant8$,60　$8<e\leqslant16$,120
$e>16$,240</td></tr>
<tr><td colspan="4">1) e 指壁厚，单位为mm。</td></tr>
</table>

更改为：

表A2　烘箱试验的测定参数

<table>
<tr><th>热塑性材料</th><th>烘箱温度 T_R/℃</th><th>试样在烘箱中放置时间/min</th><th>试样长度/mm</th></tr>
<tr><td>硬质聚氯乙烯(PVC-U)</td><td>150±2</td><td>$e\leqslant8$[1)],60　$8<e\leqslant16$,120
$e>16$,240</td><td rowspan="10">200±20</td></tr>
<tr><td>氯化聚氯乙烯(PVC-C)</td><td>150±2</td><td>$e\leqslant8$,60　$8<e\leqslant16$,60
$e>16$,120</td></tr>
<tr><td>聚乙烯(PE32/40)</td><td>100±2</td><td rowspan="3">$e\leqslant8$,60　$8<e\leqslant16$,120
$e>16$,240</td></tr>
<tr><td>聚乙烯(PE50/63)</td><td rowspan="2">110±2</td></tr>
<tr><td>聚乙烯(PE80/100)</td></tr>
<tr><td>交联聚乙烯(PE-X)</td><td>120±2</td><td>$e\leqslant8$,60　$8<e\leqslant16$,120
$e>16$,240</td></tr>
<tr><td>聚丁烯(PB)</td><td>110±2</td><td>$e\leqslant8$,60　$8<e\leqslant16$,120
$e>16$,240</td></tr>
<tr><td>聚丙烯的均聚物和嵌段共聚物</td><td>150±2</td><td rowspan="2">$e\leqslant8$,60　$8<e\leqslant16$,120
$e>16$,240</td></tr>
<tr><td>聚丙烯无规共聚物</td><td>135±2</td></tr>
<tr><td>丙烯腈-丁二烯-苯乙烯三元共聚物(ABS)
丙烯腈-苯乙烯-丙烯酸盐三元共聚物(ASA)</td><td>150±2</td><td>$e\leqslant8$,60　$8<e\leqslant16$,120
$e>16$,240</td></tr>
<tr><td colspan="4">1) e 指壁厚，单位为mm。</td></tr>
</table>

注：对于聚乙烯材料(PE32/40)、(PE50/63)、(PE80/100)，增加了当 $e>16$ 时，试样在烘箱中放置时间为240 min。

ICS 83.080;83.080.01
G 31

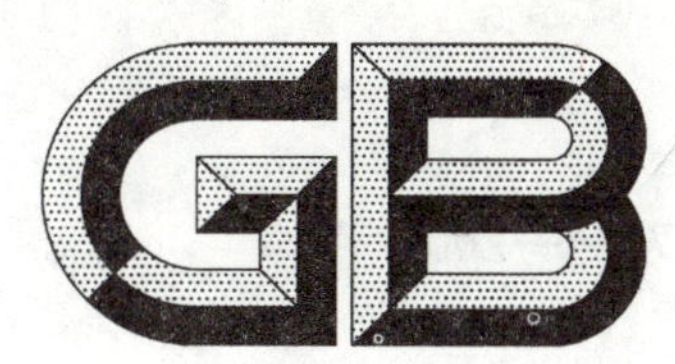

中华人民共和国国家标准

GB/T 7141—2008
代替 GB/T 7141—1992

塑料热老化试验方法

Plastics—Methods of heat aging

2008-08-14 发布　　2009-04-01 实施

中华人民共和国国家质量监督检验检疫总局
中国国家标准化管理委员会　发布

前　　言

本标准修改采用 ASTM D5510:1994(2001)《可氧化降解塑料热老化标准规范》(英文版)。

本标准根据 ASTM D5510:1994(2001)重新起草。

考虑到我国国情,在采用 ASTM D5510:1994(2001)时,本标准做了一些修改。有关技术性差异已编入正文中并在它们所涉及的条款的页边距空白处用垂直单线标识。在附录 A 中给出了这些技术性差异及其原因的一览表供参考。

为便于使用,对于 ASTM D5510:1994(2001)还做了下列编辑性修改:

a) "ASTM 标准"一词改为"本标准";

b) 删除了 ASTM D5510:1994(2001)的标准说明;

c) 删除了 ASTM D5510:1994(2001)的出版注释;

d) 删除了 ASTM D5510:1994(2001)的引用标准注释;

e) 增加了国家标准的前言;

f) 规范性引用文件中,用相应的国家标准或国际标准替代 ASTM 标准;

g) 增加了附录 A。

本标准代替 GB/T 7141—1992《塑料热空气暴露试验方法》。

本标准与 GB/T 7141—1992 的主要差异如下:

——GB/T 7141—1992 中只有一种热老化试验箱方法即强制通风的空气热老化试验箱。而本标准提供了两种热老化试验箱方法,即重力对流式热老化试验箱和强制通风式热老化试验箱。这两种热老化试验箱分别适用于不同标称厚度的试样;

——本标准对塑料热老化试验提出了更多试验周期选择的要求;

——本标准除了提供单一温度下每种材料在每个暴露周期的试验方法和结果比较方法外,还提供了在一系列温度下每种材料进行暴露试验时的试验方法和结果比较方法。试验结果可用于材料温度稳定性的基本评定或在设定温度下的最大预期使用寿命的评估。

本标准的附录 A 为资料性附录。

本标准由中国石油和化学工业协会提出。

本标准由全国塑料标准化技术委员会老化方法分技术委员会归口。

本标准起草单位:广州合成材料研究院有限公司、无锡市锦华试验设备有限公司、北京天加科技有限公司。

本标准参加单位:珠海远康企业有限公司、龙口市道恩工程塑料有限公司、广州金发科技股份有限公司。

本标准主要起草人:王浩江、邵芳、李杰、单金华、杨欣华 、杨育农、谢振平。

本标准所代替标准的历次版本发布情况:GB 7141—1986、GB/T 7141—1992。

塑料热老化试验方法

1 范围

1.1 本标准规定了塑料仅在不同温度的热空气中暴露较长时间时的暴露条件。本标准仅规定了热暴露的方法,而未对试验方法或试样进行规定。热对塑料任何性能的影响都可以通过选择适合的试验方法和试样来测定,本标准推荐使用ASTM D3826标准来测定脆化终点,脆化终点是指在0.1 mm/min的初始应变速率下,当75%的被测试样断裂伸长率为5%或更小值时,材料即达到其脆化终点。

1.2 本标准给出了比较材料热老化性能的导则,这些性能通过某相关性能的变化来测定(也就是说,脆化性能通过伸长率的减少来测定)。本标准适用于评价使用时易氧化的塑料。

1.3 按照本标准得到的结果受到所用热老化试验箱类型的影响。使用者可以选择两种方法中的一种进行热老化试验箱暴露。基于这两种方法的结果不应相互混淆。

1.3.1 方法 A:重力对流式热老化试验箱——推荐用于标称厚度不大于0.25 mm的薄型试样。

1.3.2 方法 B:强制通风式热老化试验箱——推荐用于标称厚度大于0.25 mm的试样。

1.4 本标准介绍了在单一温度下比较材料热老化性能的方法。本标准还描述了材料在一系列温度下测定热老化性能的方法,以此来估计在某更低温度下材料发生规定特性变化所需的时间。本标准没有预计应力、环境、温度和控时失效等因素相互作用时的热老化性能。

1.5 本标准没有涉及相关安全性能说明,即使有也仅与其应用有关。本标准的使用者在使用前有责任建立适用的安全和健康规范,并确定应用规章限制。

注:没有等同于本标准的ISO标准。

2 规范性引用文件

下列文件中的条款通过本标准的引用而成为本标准的条款。凡是注明日期的引用文件,其随后所有的修改单(不包括勘误的内容)或修订版均不适用于本标准,然而,鼓励根据本标准达成协议的各方研究是否可使用这些文件的最新版本。凡不注明日期的引用文件,其最新版本适用于本标准。

GB/T 2035 塑料术语及其定义(GB/T 2035—2008 ISO 472:1999,IDT)

GB/T 2918 塑料试样状态调节和试验的标准环境(GB/T 2918—1998 idt ISO 291:1997)

GB/T 7142 塑料长期热暴露后时间—温度极限的测定 (GB/T 7142—2002 ISO 2578:1993,MOD)

GB/T 11026.4—1999 确定电气绝缘材料耐热性的导则 第4部分:老化烘箱 单室烘箱(idt IEC 60216-4-1:1990)

ISO 16014-2 塑料——体积排斥色谱法测定平均分子量及分布 第2部分:通用校正法

ASTM D382—1998(2002) 用拉伸试验测定聚乙烯和聚丙烯降解最终老化点的测定

3 术语和定义

GB/T 2035的术语和定义适用于本标准。

4 意义和应用

4.1 由于按本标准所获得结果与实际使用环境的相关性没有被确定,因此,这些结果仅用于比较和评级。

4.2 在热环境下暴露的可降解塑料可能发生多种物理和化学变化。暴露时间的长短和温度的高低决定了发生变化的程度和类型。高温短暴露周期通常就足以缩短可氧化降解塑料的诱导期，这个过程会发生抗氧剂和增塑剂的消耗。物理性能如拉伸强度、冲击强度、伸长率和模量可能在诱导期内引起变化；然而，这些变化通常不是由于分子量的降低，而仅仅是一种随温度变化的响应，如结晶度增加或挥发物减少或二者同时发生。

4.3 一般情况下，塑料在高温下的短期暴露会释放出易挥发物质，如水分、溶剂或增塑剂；减少模塑应力；增进热固性塑料固化；提高结晶度；并使增塑剂或着色剂或二者均发生颜色变化。通常，随着挥发物的减少或进一步的聚合反应将会出现进一步收缩。

4.4 某些塑料，如 PVC，可能会由于增塑剂的损失或聚合物分子链的断裂而变脆。聚丙烯及其共聚物在分子发生降解时往往会变得非常脆，而聚乙烯则会在拉伸强度和伸长率变小和脆化之前变柔软。

4.5 材料的脆化未必与分子量的减小相一致。应使用试验方法 ISO 16014-2 来测定在热暴露过程中可能发生的分子量变化。

4.6 所观测到的性能变化取决于该被测性能，不同的性能可能不会按相同的速率变化。多数情况下，极限性能(如断裂强度或断裂伸长率)对降解的敏感程度比大多数性能(如模量)要高。

4.7 样品的暴露效果可能显著不同，尤其是在长时间暴露时，误差会随时间累积。影响数据再现性的因素包括热老化试验箱内的温度控制程度，热老化试验箱的湿度，试样表面的空气流速以及暴露周期。在长期试验中，某些材料由于受湿度的影响容易降解。如水解敏感的材料(即水解可降解塑料)在进行长期热试验时，会由于湿气的原因而发生降解。

4.8 本标准的目的就是提供相应的信息，以便对材料在一定热老化条件下暴露后进行相应的物理性能比较由于没有考虑与绝大多数实际应用有关的应力或环境的影响，因此，在使用从本标准中获得的结果时需十分谨慎。使用者在选择材料时，还必须考虑诸如水分、土壤和机械力作用等与实际应用情况相符的其他因素的影响。

4.9 事实上可能存在多个温度值，每一个失效判据都对应一个温度值。因此，为确保任何应用中温度值的有效性，热老化程序必须与最终产品的预定暴露条件完全相同。如果材料的最终使用方式是老化程序所没有评估的，那么由此所得的温度指数不适于材料的这种应用方式。

4.10 在某些情况下，材料可以在一个温度下暴露一个特定周期，紧接着在另一个温度下暴露一个特定周期，本标准适于这些方面的应用。在得到第一个温度的热老化曲线后，第二个温度下的热老化曲线就可以通过对经第一个温度暴露后的样品进行暴露而得到。

4.11 当用基于一系列温度下试验数据的阿累尼乌斯曲线或方程估计在某一更低温度下达到规定性能变化的时间时可能存在非常大的误差。达到规定性能变化或失效的时间估计值应始终在 95% 的置信区间内。

5 设备

5.1 环境条件

设备的环境条件，应提供环境状态调节。

5.2 热老化试验箱

5.2.1 方法 A：重力对流式热老化试验箱——推荐使用标称厚度不大于 0.25 mm 的试样。热老化试验箱装置应与 GB/T 11026.4—1999 一致(不带强制空气循环)。

5.2.2 方法 B：强制通风式热老化试验箱——推荐使用标称厚度大于 0.25 mm 的试样。热老化试验箱装置应与 GB/T 11026.4—1999 一致(带强制空气循环)，采用(50±10)次/h 的换气率及箱内保持均匀的试验温度。推荐使用监测暴露温度和湿度的记录仪器。

5.3 试样架

试样架的设计应确保试样周围的空气流通。

5.4 试验仪器

用于根据相应的国家标准测定选定的一种性能或多种性能。

6 试样

6.1 所需试样的数量和类型应符合检测特定性能的相应国家标准的规定，在所选的每个周期和温度下均应满足该要求。在所选的每个周期和温度下每种材料至少暴露三个平行试样，除非另有规定或所有相关方另有商定。

6.2 试样厚度应相当于但不大于预期应用中的最小厚度。

6.3 试样的制作方法应与其在预期应用中的相同。

6.4 一系列温度的所有试验试样均应为同一批次。

7 状态调节

7.1 按照 GB/T 2918 的规定，初始试验在标准试验室环境中进行，试样应根据国家标准规定的性能测试方法的要求进行状态调节。

7.2 如果要求在高温暴露后及试验前进行试样调节，应按照 GB/T 2918 的规定，除非另有规定。

8 试验步骤

8.1 根据 5.2 项中适用的热老化试验箱类型选择方法 A 或 B。

8.2 当在单一温度下进行试验时，所有材料应在同一装置中同时暴露。每种材料在每个暴露周期的平行试样数应足够多，以确保用于表征材料性能的试验结果能够用方差分析或类似的统计数据分析法进行比较。

8.3 当进行一系列温度下的测试时，为了确定规定的性能变化和温度间的关系，应最少使用四个温度。推荐按以下方法选择暴露温度。

8.3.1 最低温度应能在大约六个月内使性能变化或使产品失效达到预期水平。第二个温度较高，应能在大约一个月内使性能变化或使产品失效达到相同的水平。

8.3.2 第三和第四个温度应能够分别在大约一周和一天内达到预期的水平。

8.3.3 如有可能，从表 1 中选择暴露温度。如果采用 8.3.1 和 8.3.2 中推荐的热老化周期，那么可以使用表 1 推荐的暴露周期 A，B，C，D，E。

8.3.4 表 1 给出了在特定温度下某些材料特性的典型热老化周期表。实际上，在获得试验数据前往往难以估计热老化的影响。因此通常只需要在一个或两个温度下开始短期老化，直到获得数据来作为选择其余热老化温度的基础。由于可氧化降解塑料的温度相关性会有很大的不同，所以表 1 应仅用作初始的指导。为了获得更准确的数据，可以使用表 1 给出的暴露时间和温度的中间值。

表 1 测定可氧化降解塑料热老化性能时推荐的温度和暴露时间

推荐的暴露温度/℃	温度的对数/℃	90 ℃时估计的失效时间/h				
		1～10	11～24	25～48	49～96	97～192
30	1.477	A				
40	1.602	B	A			
50	1.699	C	B	A		
60	1.778	D	C	B	A	
70	1.845	E	D	C	B	A
80	1.903		E	D	C	B
90	1.954			E	D	C
100	2.000				E	D
110	2.041					E
注：推荐的暴露周期为：A——2，4，8，16，24，32 周；B——3，6，12，24，36，48 d；C——1，2，4，8，12，16 d；D——8，16，32，64，96，128 h；E——2，4，8，16，24，32 h。						

注：某些材料在较高温下的活化能可能与其在较低温度下的活化能不同。仅根据最高老化温度的数据来外推表 1 的关系时，应格外谨慎。

8.4 根据适用的试验方法测试一组非暴露试样的选定性能，包括状态调节。

8.5 将试样安装在试样架上，并将试样架放在热老化试验箱内确保试样的两面均暴露在气流中。为了使热老化试验箱内温度变化的影响最小，建议周期性地调整试样或试样架的位置。

8.6 在规定的温度下将留存的系列试样在选定的时间区间内暴露。暴露后按照规定的方法调节这些试样，然后进行测试。如果预期有非加热的老化影响，那么应对一组未进行热暴露的老化平行试样进行调节和测试。

9 结果计算

9.1 当材料在单一温度下进行比较时，应使用方差分析比较每种材料在每个暴露时间的被测性能数据的平均值。使用每一种被比较材料的每组平行测定结果进行方差分析。推荐使用置信度为95%的F统计量确定方差分析结果的有效性。

9.2 当在一系列不同的温度下进行材料比较时，应采用以下方法分析数据，并估算在更低温度下达到预定性能变化水平所需的暴露时间。该时间能够用于材料温度稳定性的基本评定，或用作在选定温度下的最大预期使用寿命的估计。

9.2.1 绘制所有采用温度下暴露时间对被测性能的函数曲线。曲线应按照图1绘制，横坐标为时间的对数，纵坐标为被测性能值。

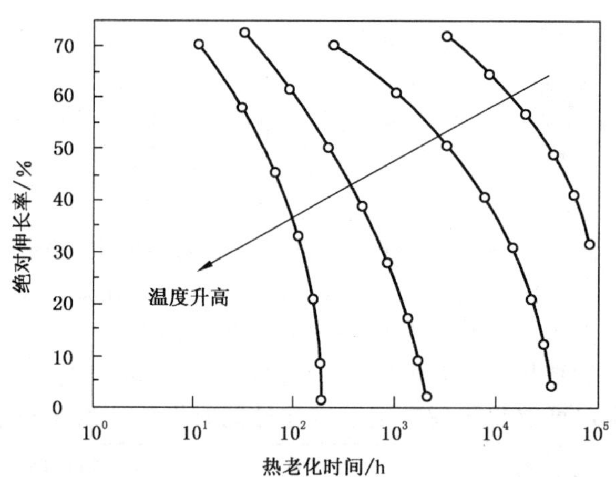

图1 典型的热老化曲线——绝对延长率对时间(示例)

9.2.2 使用回归分析确定暴露时间的对数与被测性能的关系。使用回归方程确定达到性能变化预定水平所需的暴露时间。一个可接受的回归方程应满足 $r^2 \geqslant 80\%$。与老化时间相对的残差(利用回归方程预测的性能保留值减去实测值)曲线应是随机分布。不推荐使用图解法来估算达到性能变化预定水平所需的时间。

9.2.3 以达到性能变化预定水平所需时间(通过可接受的回归方程确定)的对数与每次暴露所用绝对温度倒数($1/T$，温度单位K)的函数绘制曲线。其典型曲线(众所周知的阿累尼乌斯曲线)如图2所示。用回归分析来确定时间的对数与绝对温度倒数关系的方程。一个可接受的回归方程应满足9.2.2中描述的要求。

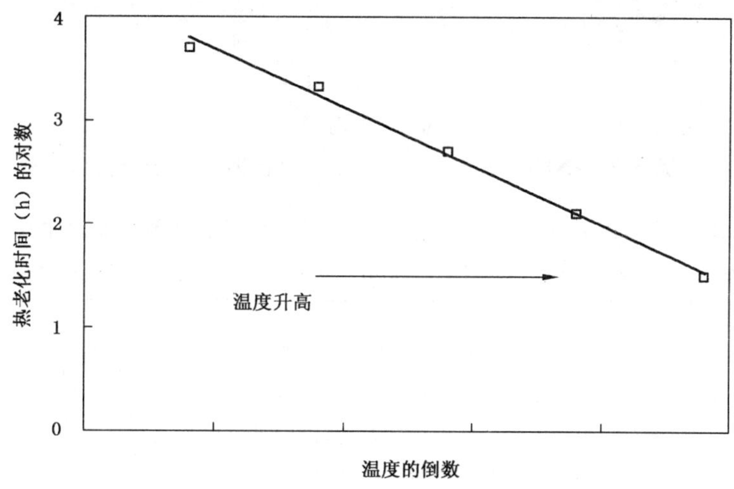

图 2　典型的阿累尼乌斯曲线——老化时间的对数对温度倒数

9.2.4　使用达到规定性能变化水平所需时间的对数与绝对温度倒数的函数方程，来确定在所有相关方商定的预选温度下达到此性能变化的时间。

9.2.5　使用时间的95%置信区间来计算特定性能的变化量。标准误差通过对某一温度下的估算时间进行回归分析获得，回归分析在大多数应用软件包中可获得，95%的置信区间可由计算时间±(2×估计时间的标准误差)确定。

10　试验报告

试验报告中应包括以下内容：

a)　材料、型号和进行暴露的塑料厚度以及试样加工方法；
b)　采用的预调节和后调节方法；
c)　性能评价所采用的试验方法；
d)　试样的所有可见变化；
e)　所采用的方法，A 或 B；
f)　所采用的暴露温度和每个温度下的暴露周期；
g)　暴露过程中热老化试验箱的湿度；
h)　热老化试验箱内空气流动的线速度；
i)　方差分析的结果，在单一温度下每种材料每个暴露周期的结果比较；
j)　当在一系列温度下进行暴露时，应在报告中记录每种被测材料的以下内容：
   1)　根据9.2.1和9.2.3绘制的图表；
   2)　所用每个温度下性能对暴露时间函数的回归方程；
   3)　达到规定性能变化的时间对绝对温度倒数函数的回归方程；
   4)　每种被测材料在选定温度下达到规定性能变化的估算时间；
   5)　对于每种被测材料在选定温度下达到特定性能变化时间，取时间的95%置信区间来计算特定性能的变化量(按照9.2.5计算)。

11　精密度和偏倚

没有适用于本标准的精密度和偏倚描述。然而，在处理与本标准联合使用的其他方法所得数据时，应考虑对暴露试样进行的不同试验方法和分析方法所引入的精密度和偏倚。

附　录　A
（资料性附录）
本标准与ASTM D5510:1994(2001)技术性差异及其原因

表A.1给出了本标准与ASTM D5510:1994(2001)技术性差异及其原因的一览表。

表A.1　本标准与ASTM D5510:1994(2001)技术性差异及原因

本标准的章条编号	技术性差异	原　因
2	删除了以下三个标准： ASTM D1870 管式热老化试验箱高温老化规范， ASTM D2436 电绝缘强制对流试验箱规定， ASTM E145 重力对流式和强制通风式热老化试验箱规定， 增加了GB/T 11026.4—1999　确定电器绝缘材料耐热性的导则　第4部分:老化烘箱　单室烘箱(idt IEC 60216-4-1:1990)。	前面所述三个ASTM标准无相对应的国家标准和国际标准，而国家标准中与之相关的标准为GB/T 11026.4—1999。
5.2.2	老化热老化试验箱标准采用GB/T 11026.4—1999 增加了“(不带强迫空气循环)”。 删除“当需要消除试样和材料中的污染物时，规范D1870中规定的管式加热炉可能比较适用。热老化试验箱装置应与规范D2436和E145的型号1A和型号ⅡB一致”。 增加“(带强迫空气循环)”。	与我国国情相符， 明确老化热老化试验箱类型， 国内无相关标准和设备， 明确老化热老化试验箱类型。
—	删除“关键词”一章。	国家标准无此要求。

ICS 83.140.30
G 33

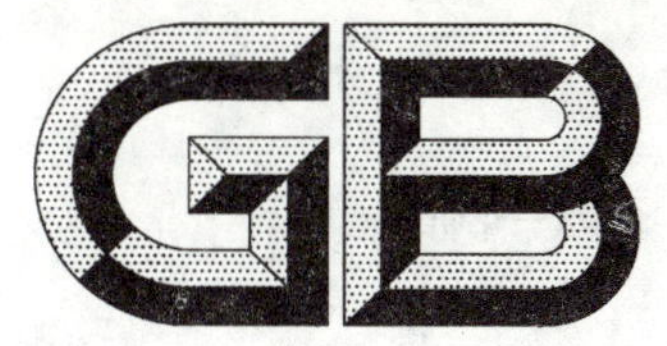

中华人民共和国国家标准

GB/T 8801—2007
代替 GB/T 8801—1988

硬聚氯乙烯(PVC-U)管件坠落试验方法

Test method for unplasticized polyvinyl chloride(PVC-U)fittings by falling

2007-12-05 发布

2008-09-01 实施

中华人民共和国国家质量监督检验检疫总局
中国国家标准化管理委员会
发布

前　言

本标准紧密结合国内塑料产品动态，参考国内相关标准的技术内容，对GB/T 8801—1988《硬聚氯乙烯(PVC-U)管件坠落试验方法》进行修订。

本标准代替GB/T 8801—1988《硬聚氯乙烯(PVC-U)管件坠落试验方法》，与后者相比主要变化为坠落高度要求条件的划分：

——公称直径小于或等于75 mm的管件，从距地面(2.00±0.05)m处坠落；

——公称直径大于75 mm小于200 mm的管件，从距地面(1.00±0.05)m处坠落；

——公称直径等于200 mm或大于200 mm的管件，从距地面(0.50±0.05)m处坠落。

本标准由中国轻工业联合会提出。

本标准由全国塑料制品标准化技术委员会塑料管材、管件及阀门分技术委员会(SAC/TC 48/SC 3)归口。

本标准起草单位：梧州五一塑料制品有限公司、四川川科塑胶集团。

本标准主要起草人：黄婉霞、焦大川。

本标准所代替标准的历次版本发布情况为：

——GB/T 8801—1988。

硬聚氯乙烯(PVC-U)管件坠落试验方法

1 范围

本标准规定了硬聚氯乙烯(PVC-U)管件坠落的试验方法。

本标准适用于各种用途的硬聚氯乙烯(PVC-U)管件。

2 原理

本方法是将管件在(0±1)℃下按规定时间进行预处理,在 10 s 内从规定高度自由坠落到平坦的混凝土地面上,观察管件的破损情况。

3 仪器设备

3.1 秒表:分度值 0.1 s。

3.2 温度计:分度值 1℃。

3.3 恒温水浴(内盛冰水混合物)或低温箱:温度为(0±1)℃。

4 试样及其制备

4.1 试样为注射成型的完整管件,如管件带有弹性密封圈,试验前应去掉。如管件由一种以上注射成型部件组成,这些部件应彼此分开试验。

4.2 试样数量应按产品标准的规定,同一规格同批产品至少取 5 个试样。试样应无机械损伤。

5 试验条件

5.1 坠落高度

——公称直径小于或等于 75 mm 的管件,从距地面(2.00±0.05)m 处坠落;

——公称直径大于 75 mm 小于 200 mm 的管件,从距地面(1.00±0.05)m 处坠落;

——公称直径等于 200 mm 或大于 200 mm 的管件,从距地面(0.50±0.05)m 处坠落。

注:异径管件以最大口径为准。

5.2 试验场地

平坦混凝土地面。

6 试验步骤

6.1 将试样放入(0±1)℃的恒温水浴或低温箱中进行预处理,最短时间见表 1。异径管件按最大壁厚确定预处理时间。

表 1 试样最短预处理时间

壁厚 δ/mm	最短预处理时间/min	
	恒温水浴	低温箱
$\delta \leqslant 8.6$	15	60
$8.6 < \delta \leqslant 14.1$	30	120
$\delta > 14.1$	60	240

6.2　恒温时间达到后,从恒温水浴或低温箱中取出试样,迅速从规定高度自由坠落于混凝土地面,坠落时应使 5 个试样在 5 个不同位置接触地面。

6.3　试样从离开恒温状态到完成坠落,应在 10 s 之内进行完毕,检查试验后试样表面状况。

7　结果判定

检查试样破损情况,如其中一个或多个试样在任何部位产生裂纹或破裂,则该组试样为不合格。

8　试验报告

试验报告应包括以下内容:

a)　本标准编号;

b)　试样名称、规格、生产日期;

c)　试验温度;

d)　恒温时间;

e)　试样数量;

f)　试样坠落后的破损个数;

g)　试验人员和试验日期。

前　　言

本标准是对 GB/T 8802—1988《硬聚氯乙烯(PVC-U)管件维卡软化温度测定方法》的修订。

本标准等效采用国际标准 ISO 2507:1995《热塑性塑料管材、管件——维卡软化温度》。

本标准的主要修订内容：

1. 扩大了标准适用范围，修订后的标准适用于所有低结晶或未结晶聚合的热塑性塑料材料。

2. 试样所受载荷由 49.05 N 改为(50±1)N。

3. 引入了带有空气环流装置的加热箱，规定如果没有合适的传热介质，也可使用带有空气环流的加热箱进行试验。

本标准自实施之日起，同时代替 GB/T 8802—1988。

本标准的附录 A 是标准的附录。

本标准由中国轻工业联合会提出。

本标准由全国塑料制品标准化技术委员会归口。

本标准起草单位：河北宝硕管材有限公司。

本标准主要起草人：王亚江、高长全、孙志伟。

ISO 前言

国际标准化组织(ISO)是由各国标准化团体(ISO 成员团体)组成的世界性的联合会。制定国际标准的工作通常由 ISO 的技术委员会完成。各成员团体若对某技术委员会确立的项目感兴趣,均有权参加该委员会的工作。与 ISO 保持联系的各国际组织(官方的或非官方的)也可参加有关工作。在电工技术标准化方面,ISO 与国际电工委员会(IEC)保持密切合作关系。

由技术委员会通过的国际标准草案(DIS)提交各成员团体表决,须取得至少 75%参加表决的成员团体的同意,才能作为国际标准正式发布。

国际标准 ISO 2507 是由 ISO/TC138/SC5(流体输送用塑料管材、管件和阀门技术委员会塑料管材、管件和阀门及其附件的一般特性—试验方法和基本规范分技术委员会)制定的。

ISO 2507-1 和 ISO 2507-2,取代 ISO 2507 的第二版 ISO 2507:1982(因对其进行了技术性修订)。

在总标题“热塑性塑料管材和管件——维卡软化温度”下,ISO 2507 包含以下部分:

——第 1 部分:通用试验方法;

——第 2 部分:硬聚氯乙烯(PVC-U)或氯化聚氯乙烯(PVC-C)管材和管件和高抗冲聚氯乙烯(PVC-HI)管材的试验条件;

——第 3 部分:丙烯腈-丁二烯-苯乙烯(ABS)和丙烯腈-苯乙烯-丙烯酸(ASA)管材和管件的试验条件。

中华人民共和国国家标准

热塑性塑料管材、管件维卡软化温度的测定

Thermoplastics pipes and fitting—Determination of vicat softening temperature

GB/T 8802—2001
eqv ISO 2507:1995

代替 GB/T 8802—1988

1 范围

本标准规定了热塑性塑料管材、管件维卡软化温度的测定方法。

本标准适用于当材料开始迅速软化时，能测定出温度的热塑性塑料材料，不适用于结晶或半结晶的聚合材料。

2 引用标准

下列标准所包含的条文，通过在本标准中引用而构成为本标准的条文。本标准出版时，所示版本均为有效。所有标准都会被修订，使用本标准的各方应探讨使用下列标准最新版本的可能性。

GB/T 2918—1998 塑料试样状态调节和试验的标准环境(idt ISO 291:1997)

GB/T 8806—1988 塑料管材尺寸测量方法(eqv ISO 3126:1974)

3 原理

把试样放在液体介质或加热箱中，在等速升温条件下测定标准压针在(50±1)N 力的作用下，压入从管材或管件上切取的试样内 1 mm 时的温度。

压入 1 mm 时的温度即为试样的维卡软化温度(VST)，单位：℃。

4 试验装置

本标准中的试验装置如图 1 所示。

4.1 试样支架、负载杆

试样支架用于放置试样，并可方便地浸入到保温浴槽中，支架和施加负荷的负载杆都应选用热膨胀系数小的材料组成(如果负载杆与支架部分线性膨胀系数不同，则它们在长度上的不同变形会导致读数偏差)。每台仪器都用一种低热膨胀系数的刚性材料进行校正，校正应包括整个的工作温度范围，并且测定出每一温度的校正值。如果校正值大于等于 0.02 mm 时，应对其进行标记，并且在其后的每次试验中均应考虑此校正值。

负载杆能自由垂直移动，支架底座用于放置试样，压针固定在负载杆的末端(见图 1)。

4.2 压针

材料最好选用硬质钢，压针长 3 mm 且横截圆面积为(1±0.015)mm^2，安装在负载杆底部。压针端应是平面并且与负载杆轴向成直角，压针不允许带有毛刺等缺陷。

4.3 千分表(或其他测量仪器)

用来测量压针压入试样的深度，精度应小于等于 0.01 mm。作用于试样表面的压力应是可知的(见

中华人民共和国国家质量监督检验检疫总局 2001-10-24 批准 2002-05-01 实施

4.4)。

4.4 载荷盘

安装在负载杆上,质量负载应在载荷盘的中心,以便使作用于试样上的总压力控制在(50±1)N。由于向下的压力是由负载杆、压针及载荷盘综合作用的,因此千分表的弹力应不超过1 N。

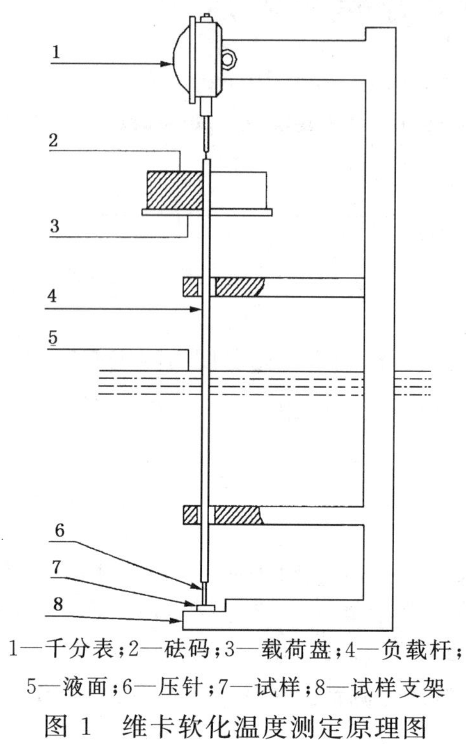

1—千分表;2—砝码;3—载荷盘;4—负载杆;
5—液面;6—压针;7—试样;8—试样支架

图1 维卡软化温度测定原理图

4.5 砝码

试样承受的静负载 $G=W+R+T=50$ N,则应加砝码的质量由式(1)计算:

$$W=50-R-T \quad \cdots\cdots\cdots\cdots(1)$$

式中:W——砝码质量,N;

R——压针、负载杆和载荷盘的质量,N;

T——千分表或其他测量仪器附加的压力,N。

4.6 加热浴槽

放一种合适的液体在浴槽中(见注1、2),使试验装置浸入液体中,试样至少在介质表面35 mm以下。浴槽中应具有搅拌器及加热装置,使液体可按每小时(50±5)℃等速升温。

试验过程中,每6 min间隔内温度变化应在(5±0.5)℃范围内。

注

1 液体石蜡、变压器油、甘油和硅油可用作传热介质,也可用其他介质。但无论选用哪种介质,都应确定其在测试温度下是稳定的,并且在测试中对试样不产生影响,如软化、膨胀、破裂。

如果没有合适的传热介质,也可使用带有空气环流的加热箱(4.8)。

2 试验结果与传热介质的热传导率有关。

3 通过手动或自动控制加热都可达到等速升温,推荐使用后者。给定从最初测试温度开始所要达到的升温速率,通过调节一个电阻器或可调变压器增大或减少加热功率。

4 为减少连续的两次试验间的冷却时间,建议在加热浴槽中装一个冷却盘管。由于冷却剂的存在会影响其升温速率,因此,冷却盘管应在下次试验前拆除或排空。

4.7 水银温度计

局部浸入式水银温度计(或其他合适的测温装置),分度值为0.5℃。水银温度计浸入深度,见7.3。

4.8 加热箱

加热箱内需具有空气环流装置且温度应控制在标准规定的范围之中。

5 试样

5.1 取样

5.1.1 管材

试样应是从管材上沿轴向裁下的弧形管段，其尺寸如下：

长度：约 50 mm，宽度：10 mm～20 mm。

5.1.2 管件

试样应是从管件的承口、插口或柱面上裁下的弧形片段，其长度为：

直径小于或等于 90 mm 的管件，试样长度和承口长度相等；

直径大于 90 mm 的管件，试样长度为 50 mm。

宽度为 10 mm～20 mm。

试样应从没有合模线或注射点的部位切取。

5.2 试样制备

5.2.1 如果管材或管件壁厚大于 6 mm，则采用适宜的方法加工管材或管件外表面，使壁厚减至 4 mm。如果管件承口带有螺纹，则应车掉螺纹部分，使其表面光滑。

5.2.2 壁厚在 2.4 mm～6 mm(包括 6 mm)范围内的试样，可直接进行测试。

5.2.3 如果管材或管件壁厚小于 2.4 mm，则可将两个弧形管段叠加在一起，使其总厚度不小于 2.4 mm。作为垫层的下层管段试样应首先压平，为此可将该试样加热到 140 ℃并保持 15 min，再置于两块光滑平板之间压平。上层弧段应保持其原样不变。

5.3 试样数量

每次试验用两个试样，但在裁制试样时，应多提供几个试样，以备试验结果相差太大时作补充试验用。

6 预处理

6.1 将试样在低于预期维卡软化温度(VST)50℃的温度下预处理至少 5 min。

6.2 对于丙烯腈-丁二烯-苯乙烯(ABS)和丙烯腈-苯乙烯-丙烯酸(ASA)试样，应在烘箱中(90±2)℃的温度下干燥 2 h，取出后在(23±2)℃的温度和(50±5)%的相对湿度下，冷却(15±1)min。然后再按 6.1 进行处理。

7 试验步骤

7.1 将加热浴槽温度调至约低于试样软化温度 50℃并保持恒温。

7.2 将试样凹面向上，水平放置在无负载金属杆的压针下面，试样和仪器底座的接触面应是平的。对于壁厚小于 2.4 mm 的试样，压针端部应置于未压平试样的凹面上，下面放置压平的试样。

压针端部距试样边缘不小于 3 mm。

7.3 将试验装置放在加热浴槽中。温度计的水银球或测温装置的传感器与试样在同一水平面，并尽可能靠近试样。

7.4 压针定位 5 min 后，在载荷盘上加所要求的质量，以使试样所承受的总轴向压力为(50±1)N，记录下千分表(或其他测量仪器)的读数或将其调至零点。

7.5 以每小时(50±5)℃的速度等速升温，提高浴槽温度。在整个试验过程中应开动搅拌器。

7.6 当压针压入试样内(1±0.01)mm 时，迅速记录下此时的温度，此温度即为该试样的维卡软化温度(VST)。

8 结果表示

两个试样的维卡软化温度的算术平均值，即为所测试管材或管件的维卡软化温度（VST），单位以℃表示。若两个试样结果相差大于2℃时，应重新取不少于两个的试样进行试验。

9 试验报告

试验报告应包括下列内容：

a）本标准号；

b）试样名称、规格、批号；

c）试样的制备方法、尺寸和预处理条件，试样是否叠加；

d）加热槽所用的传热介质；

e）起始温度，升温速率，所加负载；

f）每个试样的维卡软化温度和两个试样的维卡软化温度的算术平均值，单位：℃；

g）试验中或试验后试样外观的特殊变化；

h）本标准未包括的任何可能对结果产生影响的操作细节；

i）试验人员和日期。

附 录 A
（标准的附录）
不同热塑性塑料材料维卡软化温度的基本规定

A1 硬聚氯乙烯(PVC-U)管材和管件的基本规定

当按照本标准测试时，维卡软化温度应为：

PVC-U 管材不低于 79℃；

PVC-U 注塑管件不低于 74℃；

对于特殊用途有较严格要求的硬聚氯乙烯(PVC-U)管材或管件，所规定的最小值大于以上给定值时，应在相关产品标准中给予说明。

A2 氯化聚氯乙烯(PVC-C)管材和管件的基本规定

当按照本标准测试时，维卡软化温度应为：

PVC-C 无压管材不低于 90℃；

PVC-C 压力管材不低于 110℃；

PVC-C 管件不低于 103℃。

对于特殊用途有较严格要求的氯化聚氯乙烯(PVC-C)管材或管件，所规定的最小值大于以上给定值时，应在相关产品标准中给予说明。

A3 高抗冲聚氯乙烯(PVC-HI)管材的基本规定

当按照本标准测试时，高抗冲聚氯乙烯(PVC-HI)管材的维卡软化温度应不低于 76℃。

对于特殊用途有较严格要求的高抗冲聚氯乙烯(PVC-HI)管材，所规定的最小值大于以上给定值时，应在相关产品标准中给予说明。

A4 丙烯腈-丁二烯-苯乙烯(ABS)管材和管件的基本规定

当按照本标准测试时，丙烯腈-丁二烯-苯乙烯(ABS)管材和管件的维卡软化温度应不低于 90℃。

对于特殊用途有较严格要求的丙烯腈-丁二烯-苯乙烯(ABS)管材和管件，所规定的最小值大于以上给定值时，应在相关产品标准中给予说明。

A5 丙烯腈-苯乙烯-丙烯酸(ASA)管材和管件的基本规定

当按照本标准测试时，丙烯腈-苯乙烯-丙烯酸(ASA)管材和管件的维卡软化温度应不低于 90℃。

对于特殊用途有较严格要求的丙烯腈-苯乙烯-丙烯酸(ASA)管材和管件，所规定的最小值大于以上给定值时，应在相关产品标准中给予说明。

注：本附录仅作为标准制、修订工作时的参考，维卡软化温度应以相应产品标准的规定为判定依据。

前　言

本标准主要紧密结合了ISO标准化组织的动态，参考了国际上新的技术内容，对GB/T 8803—1988《注塑成型硬聚氯乙烯(PVC-U)管件　热烘箱试验方法》进行修订。主要修订内容包括：

1. 对管件根据壁厚进行恒温的时间进行了略微改动。

2. 对管件热烘箱试验后的结果判定进行了部分修改，使其更具体、明确。

3. 注射成型的管件种类除原有的PVC-U，新增了PVC-C、ABS和ASA。

本标准自实施之日起，同时代替GB/T 8803—1988。

本标准的附录A是标准的附录。

本标准由中国轻工业联合会提出。

本标准由全国塑料制品标准化技术委员会归口。

本标准起草单位：川路塑胶集团。

本标准主要起草人：杨慧丽、郝文、潘必纯。

中华人民共和国国家标准

注射成型硬质聚氯乙烯(PVC-U)、氯化聚氯乙烯(PVC-C)、丙烯腈-丁二烯-苯乙烯三元共聚物(ABS)和丙烯腈-苯乙烯-丙烯酸盐三元共聚物(ASA)管件热烘箱试验方法

GB/T 8803—2001

代替 GB/T 8803—1988

Injection-moulded unplasticized poly(vinyl chloride)(PVC-U),chlorinated poly(vinyl chloride)(PVC-C),acrylonitrile-butadiene-styrene(ABS) and acrylonitrile-styrene-acrylester (ASA) fittings—Hot oven test method

1 范围

本标准规定了用于验证 PVC-U、PVC-C、ABS 和 ASA 注射成型管件质量的热烘箱试验方法。

本标准适用于承压管件和排水用非承压管件，也适用于带弹性密封圈承口的管件、法兰及注塑部件组合而成的管件。

注：如有要求，也可使用液浴法，见附录A(标准的附录)。

2 原理

为了揭示管件在注射成型过程中所产生的内部应力大小，是否有冷料或未熔融部分以及熔接缝的熔接质量等，根据试样壁厚将试样置于150℃的空气循环烘箱中经受不同时间的加热，取出冷却后，检查试样出现的缺陷，测量所有开裂、气泡、脱层或熔接缝开裂等，并用试样壁厚的百分数形式表示。

3 仪器设备

3.1 带温控器的温控空气循环烘箱，能使试验过程中工作温度保持在(150±2)℃，并有足够的加热功率，试样放入烘箱后，能使温度在15 min内重新达到设定的试验温度。

3.2 温度计精度为0.5℃。

4 试样及其制备

4.1 试样为注射成型的完整管件。如管件带有弹性密封圈，试验前应去掉；如管件由一种以上注射成型部件组合而成的，这些部件应彼此分开进行试验。

4.2 试样数量应按产品标准的规定，同批同类产品至少取三个试样。

5 试验步骤

5.1 将烘箱升温，使其达到(150±2)℃。

5.2 试验前，应先测量试样壁厚，在管件主体上选取横切面，在圆周面上测量间隔均匀的至少六点的壁

中华人民共和国国家质量监督检验检疫总局 2001-10-24 批准　　2002-05-01 实施

厚,计算算术平均值作为平均壁厚 e,精确到 0.1 mm。

5.3 将试样放入烘箱内,使其中一承口向下直立,试样不得与其他试样和烘箱壁接触,不易放置平稳或受热软压后易倾倒的试样可用支架支撑。

5.4 待烘箱温度回升至设定温度时开始计时,根据试样的平均壁厚确定试样在烘箱内恒温时间(见表 1)。

表 1

平均壁厚 e mm	恒温时间 t min
$e \leqslant 3.0$	15
$3.0 < e \leqslant 10.0$	30
$10.0 < e \leqslant 20.0$	60
$20.0 < e \leqslant 30.0$	140
$30.0 < e \leqslant 40.0$	220
$e > 40.0$	240

5.5 恒温时间达到后,从烘箱中取出试样,小心不要损伤试样或使其变形。

5.6 待试样在空气中冷却至室温,检查试样出现的缺陷,例如:试样的开裂、脱层、壁内变化(如气泡等)和熔接缝开裂,并确定这些缺陷的尺寸是否在第 6 章规定的最小范围内。

6 结果判定

试样的开裂、脱层、气泡和熔接缝开裂等缺陷,应满足下面要求:

——在注射点周围:在以 15 倍壁厚为半径的范围内,开裂、脱层或气泡的深度应不大于该处壁厚的 50%。

——对于隔膜式浇口注射试样:任一开裂、脱层或气泡应在距隔膜区域 10 倍壁厚的范围内,且深度应不大于该处壁厚的 50%。

——对于环形浇口注射试样:试样壁内任一开裂应在距离浇口 10 倍壁厚的范围内,如果开裂深入环形浇口的整个壁厚,其长度应不大于壁厚的 50%。

——对于有熔接缝的试样:任一熔接处部分开裂深度应不大于壁厚的 50%。

——对于注射试样的所有其他外表面,开裂与脱层深度应不大于壁厚的 30%,试样壁内气泡长度应不大于壁厚的 10 倍。

判定时,需将试样缺陷处剖开进行测量,三个试样均通过判定为合格。

7 试验报告

试验报告应包括以下内容:

a) 本国家标准号;

b) 试样名称、规格、生产日期;

c) 试验温度及偏差;

d) 恒温时间;

e) 试样数量;

f) 试验前后试样外表面的变化,如气泡、开裂、熔接缝开裂;

g) 用试样壁厚的百分数形式表示出的开裂、脱层、气泡等的最大尺寸;

h) 若采用液浴试验方法,应注明;

i) 试验人员和试验日期。

附 录 A
（标准的附录）
液浴试验方法

A1 通则

液浴试验可代替烘箱试验，有争议时，应采用烘箱试验方法。

A2 仪器设备

A2.1 加热池：温控器控制试验温度在(150±2)℃，液池容积足够且有搅拌器，当试样浸没后，保持液浴温度在规定的温度范围内。

应选用试验温度下稳定且对这几种塑料材料不产生影响的液体。

注：甘油、乙二醇、非芳香烃的无机油或氯化钙盐溶液以及满足上面规定要求的其他液体均可采用。

A2.2 在加热池内支撑试样的装置。

A2.3 温度计精度为 0.5℃。

A3 试样及其制备(见第 4 章)

A4 试验步骤

A4.1 将液池(A2.1)温度设定在(150±2)℃(见第 3 章)。

A4.2 将试样浸入液池，且全部淹没，彼此不应相互接触或与池壁相靠。

A4.3 试样在液浴中的恒温时间：

壁厚小于等于 8 mm 的管件为 15 min；

壁厚大于 8 mm 的管件为 30 min。

A4.4 将试样从液池中取出，小心不要损伤试样或使其变形。

A4.5 以下的过程按 5.6 进行。

A5 结果判定(见第 6 章)

A6 试验报告(见第 7 章)

ICS 83.140.30
G 33

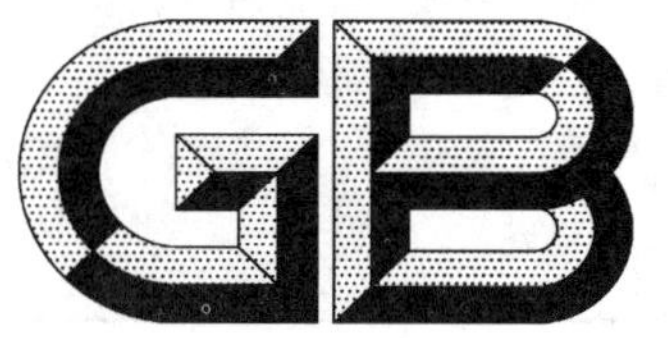

中华人民共和国国家标准

GB/T 8804.1—2003

热塑性塑料管材　拉伸性能测定
第1部分:试验方法总则

Thermoplastic pipes—Determination of tensile properties—Part 1:General test method

(ISO 6259-1:1997,IDT)

2003-03-05 发布　　2003-08-01 实施

中华人民共和国国家质量监督检验检疫总局　发布

前　言

GB/T 8804—2003《热塑性塑料管材　拉伸性能测定》分为三个部分：

——第1部分：试验方法总则；

——第2部分：硬聚氯乙烯(PVC-U)、氯化聚氯乙烯(PVC-C)和高抗冲聚氯乙烯(PVC-HI)管材；

——第3部分：聚烯烃管材。

本部分为GB/T 8804—2003的第1部分。等同采用ISO 6259-1:1997《热塑性塑料管材　拉伸性能测定　第1部分：试验方法总则》。

本部分与GB/T 8804.2—2003和GB/T 8804.3—2003一起，代替GB/T 8804.1～8804.2—1988。

本标准与GB/T 8804—1988相比，主要变化如下：

1. 本标准在结构上分为三个部分，而GB/T 8804—1988是由两个部分组成：

——GB/T 8804.1—1988《热塑性塑料管材拉伸性能试验方法　聚氯乙烯管材》

——GB/T 8804.2—1998《热塑性塑料管材拉伸性能试验方法　聚乙烯管材》

2. 原标准中试样状态调节时间为4 h，而现在改为根据试样的厚度来确定；

3. 试样的数量由5个改为由公称外径来确定；

4. 增加了原理一章；

5. 增加了附录A。

本部分的附录A为资料性附录。

本标准由中国轻工业联合会提出。

本标准由全国塑料制品标准化委员会(TC48)归口。

本部分由华亚芜湖塑胶有限公司负责起草，福建亚通新材料科技股份有限公司参加起草。

本部分主要起草人：高仅雨、周令仁、魏作友。

引　言

ISO 6259 的第一部分规定了一种用于确定热塑性塑料管材拉伸性能的短期性能的试验方法。

本方法为进一步的研究与开发提供数据。

当力的应用条件和本试验方法有相当大的差别时，本试验方法不能作为应用的重要依据，此类应用需要相应的冲击、蠕变和疲劳试验。

拉伸性能试验方法应主要为材料制成管材后进行试验，试验结果能对材料加工控制有利，但不能作为管材长期性能的质量评定依据。

ISO 6259 是在 ISO 527 基础上起草制定的。

为使用方便，起草了用于确定热塑性塑料管材拉伸性能的完整文件，如需要更详细，可参见 ISO 527。

应当注意的是 ISO 527 应用于材料制成片材形式，而 ISO 6259 应用于材料制成管状形式。

应考虑到只用所提供的管材进行测试，例如不减少壁厚，困难在于试验试样的选择。

ISO 527 规定了试样为几毫米厚，而管材的壁厚可达到 60 mm，正是这个原因，两标准之间有一定的差别。

对薄壁管材，试样可用裁刀裁切；对于厚壁管材只有通过机械加工制样。

ISO 6259 由三部分组成，第一部分总则，规定了热塑性塑料管材拉伸性能测定的一般条件，其余两部分分别给出了不同材料管材的试验步骤(见前言)。

对于各种材料的基本规定在相关的部分中以资料性附录给出。

热塑性塑料管材　拉伸性能测定
第1部分：试验方法总则

1　范围

GB/T 8804 的本部分规定了热塑性塑料管材的拉伸性能的试验方法，拉伸性能主要包括以下性能：

——拉伸屈服应力；

——断裂伸长率。

本部分适用于各种类型的热塑性塑料管材。

2　规范性引用文件

下列文件中的条款通过本部分的引用而成为本部分的条款。凡是注日期的引用文件，其随后所有的修改单（不包括勘误的内容）或修订版均不适用于本部分，然而，鼓励根据本部分达成协议的各方研究是否可使用这些文件的最新版本。凡是不注日期的引用文件，其最新版本适用于本部分。

GB/T 3360—1982　数据的统计处理和解释　均值的估计和置信区间（neq ISO 2602：1980）

GB/T 8804.2—2003　热塑性塑料管材　拉伸性能测定　第2部分：硬聚氯乙烯（PVC-U）、氯化聚氯乙烯（PVC-C）和高抗冲聚氯乙烯（PVC-HI）管材（idt ISO 6259-2：1997）

GB/T 8804.3—2003　热塑性塑料管材　拉伸性能测试　第3部分：聚烯烃管材（idt ISO 6259-3：1997）

GB/T 17200—1997　橡胶塑料拉力、压力、弯曲试验机　技术要求（idt ISO 5893：1993）

3　原理

沿热塑性塑料管材的纵向裁切或机械加工制取规定形状和尺寸的试样。通过拉力试验机在规定的条件下测得管材的拉伸性能。

4　设备

4.1　拉力试验机

应符合 GB/T 17200 和 4.2、4.3、4.4 的规定。

4.2　夹具

用于夹持试样的夹具连在试验机上，使试样的长轴与通过夹具中心线的拉力方向重合。试样应夹紧，使它相对于夹具尽可能不发生位移。

夹具装置系统不得引起试样在夹具处过早断裂。

4.3　负载显示计

拉力显示仪应能显示被夹具固定的试样在试验的整个过程中所受拉力，它在一定速率下测定时不受惯性滞后的影响且其测定的准确度应控制在实际值的±1%范围内。注意事项应按照 GB/T 17200 的要求。

4.4　引伸计

测定试样在试验过程中任一时刻的长度变化。

此仪表在一定试验速度时必须不受惯性滞后的影响且能测量误差范围在1%内的形变。试验时，此仪表应安置在使试样经受最小的伤害和变形的位置，且它与试样之间不发生相对滑移。

夹具应避免滑移，以防影响伸长率测量的精确性。

注：推荐使用自动记录试样的长度变化或任何其他变化的仪表。

4.5　测量仪器

用于测量试样厚度和宽度的仪器，精度为 0.01 mm。

4.6 裁刀

应可裁出符合 GB/T 8804.2 或 GB/T 8804.3 中的相应要求的试样。

4.7 制样机和铣刀

应能制备符合 GB/T 8804.2 或 GB/T 8804.3 中相应要求的试样。

5 试样

5.1 试样要求

试样应符合 GB/T 8804.2 或 GB/T 8804.3 中相应要求的试样类型。

5.2 试样的制备

5.2.1 从管材上取样条

从管材上取样条时不应加热或压平，样条的纵向平行于管材的轴线，取样位置应符合 a)或 b)的要求。

a) 公称外径小于或等于 63 mm 的管材

取长度约 150 mm 的管段。

以一条任意直线为参考线，沿圆周方向取样。除特殊情况外，每个样品应取三个样条，以便获得三个试样(见表 1)。

表 1 取样数量

公称外径 d_n/mm	$15 \leqslant d_n < 75$	$75 \leqslant d_n < 280$	$280 \leqslant d_n < 450$	$d_n \geqslant 450$
样条数	3	5	5	8

b) 公称外径大于 63 mm 的管材

取长度约 150 mm 的管段。

如图 1 所示沿管段周边均匀取样条。

除另有规定外，应按表 1 中的要求根据管材的公称外径把管段沿圆周边分成一系列样条，每块样条制取试样 1 片。

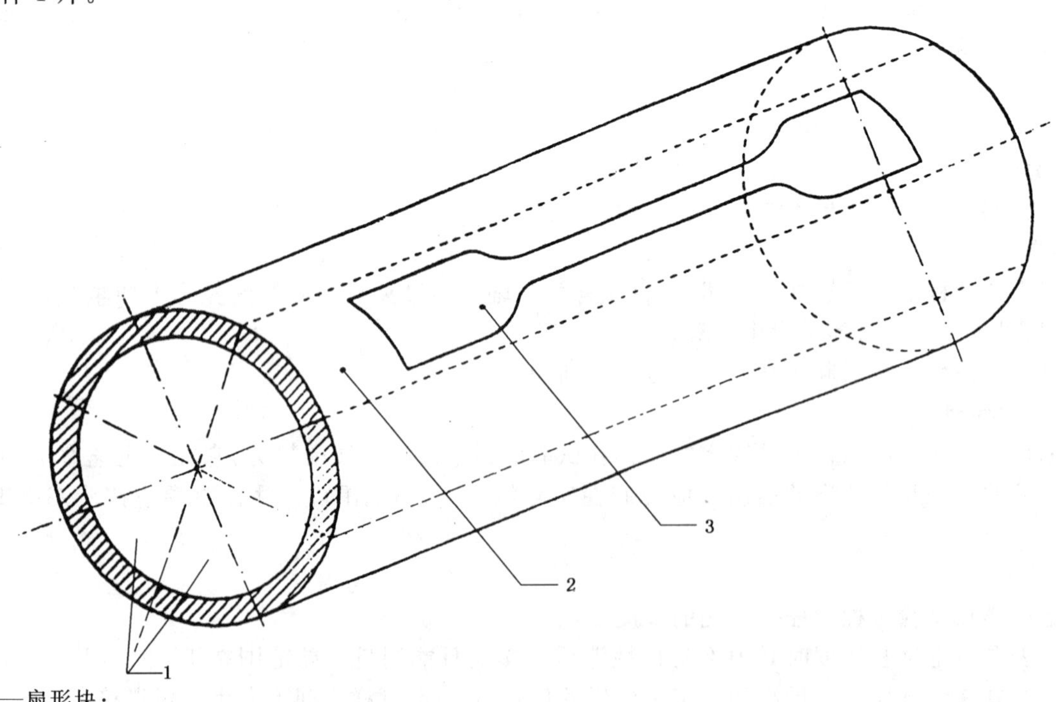

1——扇形块；

2——样条；

3——试样。

图 1 试样制备

5.2.2 试样的选择

5.2.2.1 选择

根据不同材料制品标准的要求，选择采用冲裁或机械加工方法从样条中间部位制取试样。

5.2.2.2 冲裁方法

应按照 GB/T 8804.2 或 GB/T 8804.3 中所要求的外形，选择合适的没有刻痕，刀口干净的裁刀（4.6）。

从样条（5.2.1）上冲裁试样。

5.2.2.3 机械加工方法

用机械加工方法制取试样，需采用铣削。

铣削时应尽量避免使试样发热，避免出现如裂痕、刮伤及其他使试样表面品质降低的可见缺陷。

注：关于机械加工程序建议用户参考 ISO 2818（见附录 A）

5.2.2.4 标线

从中心点近似等距离划两条标线，标线间距离应精确到 1%。

划标线时不得以任何方式刮伤、冲击或施压于试样。以避免试样受损伤。标线不应对被测试样产生不良影响，标注的线条应尽可能窄。

5.2.2.5 试样数量

除相关标准另有规定外，试样应根据管材的公称外径按照表 1 中所列数目进行裁切。

6 状态调节

除生产检验或相关标准另有规定外，试样应在管材生产 15 h 之后测试。试验前根据试样厚度，应将试样置于 23℃±2℃的环境中进行状态调节，时间不少于表 2 规定。

表 2 状态调节时间

管材壁厚 e_{min}/mm	状态调节时间
$e_{min}<3$	1 h±5 min
$3\leqslant e_{min}<8$	3 h±15 min
$8\leqslant e_{min}<16$	6 h±30 min
$16\leqslant e_{min}<32$	10 h±1 h
$32\leqslant e_{min}$	16 h±1 h

7 试验速度

试验速度和管材的材质和壁厚有关。按产品标准或 GB/T 8804.2 或 GB/T 8804.3 的要求确定试验速度。

8 试验步骤

8.1 试验应在温度 23℃±2℃环境下按下列步骤进行。

8.2 测量试样标距间中部的宽度和最小厚度，精确到 0.01 mm，计算最小截面积。

8.3 将试样安装在拉力试验机上（4.1）并使其轴线与拉伸应力的方向一致，使夹具松紧适宜以防止试样滑脱（4.2）。

8.4 使用引伸计，将其放置或调整在试样的标线上（4.4）。

8.5 选定试验速度进行试验。

8.6 记录试样的应力/应变曲线直至试样断裂，并在此曲线上标出试样达到屈服点时的应力和断裂时标距间的长度；或直接记录屈服点处的应力值及断裂时标线间的长度。

如试样从夹具处滑脱或在平行部位之外渐宽处发生拉伸变形并断裂，应重新取相同数量的试样进行试验。

9 试验结果

9.1 拉伸屈服应力

对于每个试样，拉伸屈服应力以试样的初始截面积为基础，按式(1)计算。

$$\sigma = F/A \quad \cdots\cdots(1)$$

式中：

σ——拉伸屈服应力，单位为兆帕(MPa[1])；

F——屈服点的拉力，单位为牛顿(N)；

A——试样的原始截面积，单位为平方毫米(mm^2)。

所得结果保留三位有效数字。

注：屈服应力实际上应按屈服时的截面积计算，但为了方便，通常取试样的原始截面积计算。

9.2 断裂伸长率

对于每个试样，断裂伸长率按式(2)计算。

$$\varepsilon = (L - L_0)/L_0 \times 100 \quad \cdots\cdots(2)$$

式中：

ε——断裂伸长率，单位为%；

L——断裂时标线间的长度，单位为毫米(mm)；

L_0——标线间的原始长度，单位为毫米(mm)。

所得结果保留三位有效数字

9.3 统计参数

如有要求可按 GB/T 3360 中所示程序计算标准偏差和平均值的 95%置信度。

9.4 补做试验

如果所测的一个或多个试样的试验结果异常应取双倍试样重做试验，例如五个试样中的两个试样结果异常，则应再取四个试样补做试验。

10 试验报告

试验报告应包括下列内容：

a) GB/T 8804 的本部分及相关部分；

b) 试样的详细标识包括原材料组成、类型、来源、公称尺寸等；

c) 试样的类型及其制备方法；

d) 试验室环境温度及试样的调节方法；

e) 试样数量；

f) 试验速度；

g) 拉伸屈服应力，注明单个值、算术平均值和标准偏差；

h) 断裂伸长率，注明单个值、算术平均值和标准偏差；

i) GB/T 8804 中未规定的操作详细情况及可能对结果产生影响的任何情况，存在于试样上和断裂的截面中的任何特殊细节(譬如杂质)；

j) 试验日期。

---

1) 1 MPa=1 N/mm^2

附　录　A
（资料性附录）
参　考　资　料

A.1　GB/T 2918—1998　塑料试样状态调节和试验的标准环境(idt ISO 291:1997)

A.2　ISO 527-1:1993　塑料　拉伸性能测试方法　第1部分:测试方法

A.3　ISO 527-2:1993　塑料　拉伸性能测试方法　第2部分:模塑与挤出管材的测试环境

A.4　ISO 2818:1994　塑料　机械加工试样的制备

A.5　GB/T 14152—2001　热塑性塑料管材耐外冲击性能试验方法　时针旋转法(eqv ISO 3127:1994)

ICS 83.140.30
G 33

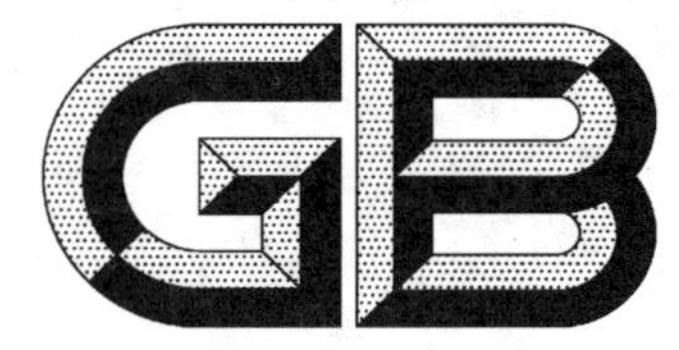

中华人民共和国国家标准

GB/T 8804.2—2003
代替 GB/T 8804.1—1988

热塑性塑料管材 拉伸性能测定 第2部分:硬聚氯乙烯(PVC-U)、氯化聚氯乙烯(PVC-C)和高抗冲聚氯乙烯(PVC-HI)管材

Thermoplastic pipes—Determination of tensile properties—Part 2: Pipes made of unplasticized poly (vinyl chloride) (PVC-U), chlorinated poly (vinyl chloride) (PVC-C) and high-impact poly (vinyl chloride) (PVC-HI)

(ISO 6259-2:1997,IDT)

2003-03-05 发布 2003-08-01 实施

中华人民共和国
国家质量监督检验检疫总局 发布

前　言

GB/T 8804—2003《热塑性塑料管材　拉伸性能测定》分为三个部分：

——第 1 部分：试验方法总则；

——第 2 部分：硬聚氯乙烯(PVC-U)、氯化聚氯乙烯(PVC-C)和高抗冲聚氯乙烯(PVC-HI)管材；

——第 3 部分：聚烯烃管材。

本部分为 GB/T 8804—2003 的第 2 部分。等同采用 ISO 6259-2：1997《热塑性塑料管材　拉伸性能测定　第 2 部分：硬聚氯乙烯(PVC-U)、氯化聚氯乙烯(PVC-C)和高抗冲聚氯乙烯(PVC-HI)管材》(英文版)。

本部分删去了 ISO 6259-2：1997 中资料性附录 A、附录 B、附录 C、附录 D。

本部分和 GB/T 8804.1—1988 相比主要变化如下：

1. 增加了氯化聚氯乙烯(PVC-C)和高抗冲聚氯乙烯(PVC-HI)管材拉伸性能测定；

2. 试样平行部分的宽度由 6 mm±0.4 mm 改为 $6^{+0.4}_{0}$ mm；

3. 试验速度由 5 mm/min±1 mm/min 改为 5 mm/min±0.5 mm/min；

4. 增加了“原理”一章；

本部分自实施之日起，代替 GB/T 8804.1—1988。

本标准由国家轻工联合会提出。

本标准由全国塑料制品标准化委员会归口。

本部分由华亚芜湖塑胶有限公司负责起草、福建亚通新材料科技股份有限公司参加起草。

本部分主要起草人：高仅雨、周令仁、魏作友。

热塑性塑料管材　拉伸性能测定 第2部分：硬聚氯乙烯(PVC-U)、氯化聚氯乙烯(PVC-C)和高抗冲聚氯乙烯(PVC-HI)管材

1　范围

GB/T 8804的本部分规定了硬聚氯乙烯(PVC-U)、氯化聚氯乙烯(PVC-C)和高抗冲聚氯乙烯(PVC-HI)热塑性塑料管材的拉伸性能的试验方法，特别是下列性质：

——拉伸屈服应力；

——断裂伸长率。

本部分适用于各种用途的硬聚氯乙烯(PVC-U)、氯化聚氯乙烯(PVC-C)和高抗冲聚氯乙烯(PVC-HI)管材。

注：热塑性管材拉伸性能的拉伸试验方法总则见GB/T 8804.1。

2　规范性引用文件

下列文件中的条款通过本部分的引用而成为本部分的条款。凡是注日期的引用文件，其随后所有的修改单(不包括勘误的内容)或修订版均不适用于本部分，然而，鼓励根据本部分达成协议的各方研究是否可使用这些文件的最新版本。凡是不注日期的引用文件，其最新版本适用于本部分。

GB/T 8804.1—2003　热塑性塑料管材　拉伸性能测定　第1部分：试验方法总则(idt ISO 6259-1:1997)

3　原理

同GB/T 8804.1第3章，适用于本部分所包括的热塑性管材。

4　设备

见GB/T 8804.1第4章。

5　试样

见GB/T 8804.1第5章。

5.1　试样要求

5.1.1　通则

见GB/T 8804.1第5章。

5.1.2　试样尺寸

试样的形状与尺寸见图1和表1或图2和表2。

5.2　试样的制备

5.2.1　试样应从符合GB/T 8804.1的5.2.1和本部分的5.2.2或5.2.3要求长度的管材的样条中部裁切。

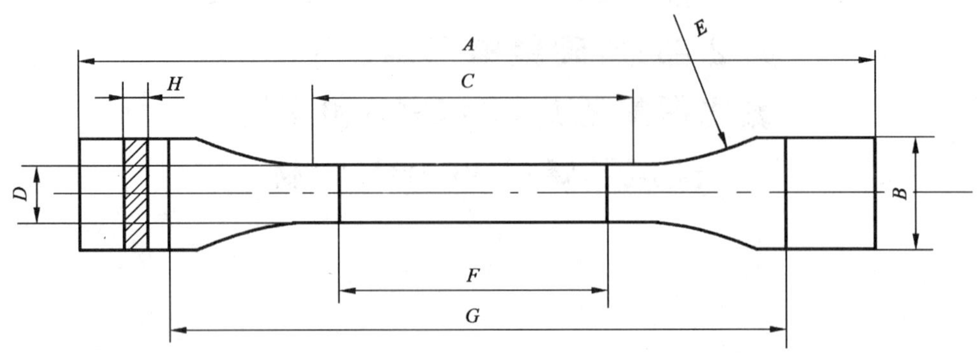

图 1　机械加工试样(类型 1)

表 1　机械加工试样尺寸

单位为毫米

符　　号	说　　明	尺　　寸
A	最小总长度	115
B	端部宽度	≥15
C	平行部分长度	33±2
D	平行部分宽度	$6^{+0.4}_{0}$
E	半径	14±1
F	标线间长度	25±1
G	夹具间距离	80±5
H	厚度	管材实际厚度

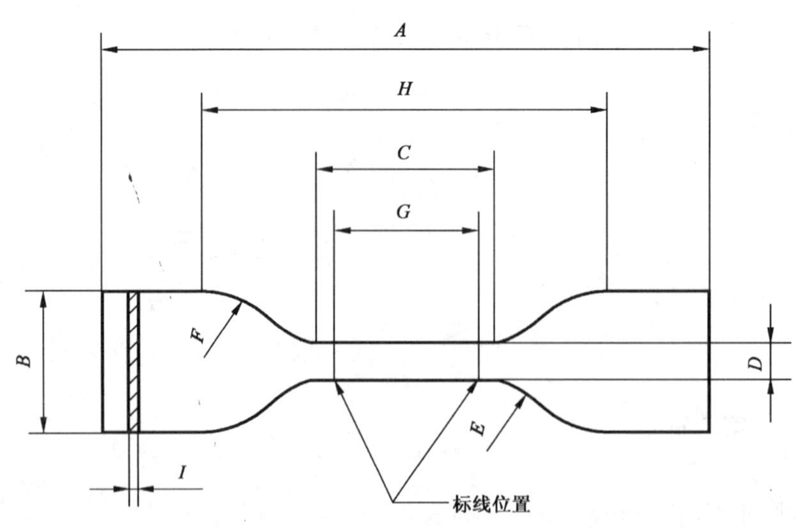

图 2　冲裁试样(类型 2)

表 2　冲裁试样尺寸

单位为毫米

符　　号	说　　明	尺　　寸
A	最小总长度	115
B	端部宽度	25±1
C	平行部分长度	33±2
D	平行部分宽度	$6^{+0.4}_{0}$
E	小半径	14±1
F	大半径	25±2
G	标线间长度	25±1
H	夹具间距离	80±5
I	厚度	管材实际厚度

5.2.2　硬聚氯乙烯(PVC-U)和高抗冲聚氯乙烯(PVC-HI)管材，试样应按 a)或 b)制备。

a)　管材壁厚小于或等于 12 mm 采用冲裁(见图 2)或机械加工(见图 1)方法制样。
　　试验室间比对和仲裁试验采用机械加工方法制样。

b)　管材壁厚大于 12 mm 采用机械加工方法制样(见图 1)。

5.2.3　氯化聚氯乙烯(PVC-C)管材或(PVC-U/PVC-C)共混料制作的管材不论其厚度大小均采用机械加工方法制样。

5.3　冲裁方法

冲裁方法见 GB/T 8804.1 的 5.2.2.2。

将样条放置于 125℃～130℃的烘箱中加热，加热时间按每毫米壁厚加热 1 min 计算。加热结束取出样条，快速地将裁刀置于样条内表面，均匀地一次施压裁切得试样。然后将试样放置于空气中冷却至常温。

注：必要时可加热裁刀。

5.4　机械加工方法

机械加工方法见 GB/T 8804.1 的 5.2.2.3。

公称外径大于 110 mm 规格的管材，直接采用机械加工方法制样。

公称外径小于或等于 110 mm 规格的管材，应将截取的样条在下列条件下压平后制样。

a)　温度：PVC-U 或 PVC-HI 管加热温度为 125℃～130℃。PVC-C 或 PVC-U/PVC-C 共混料制作的管材加热温度为 135℃～140℃。

b)　加热时间：按 1 min/mm 计算。

c)　平面压力：施加的压力不应使样条的壁厚发生减小。压平后在空气中冷却至常温，然后用机械加工方法制样。

6　状态调节

见 GB/T 8804.1 第 6 章。

7　试验速度

对所有试样不论壁厚大小，试验速度均取 5 mm/min±0.5 mm/min。

8　试验步骤

见 GB/T 8804.1 第 8 章。

9 试验结果

见 GB/T 8804.1 第 9 章。

10 试验报告

见 GB/T 8804.1 第 10 章。

ICS 83.140.30
G 33

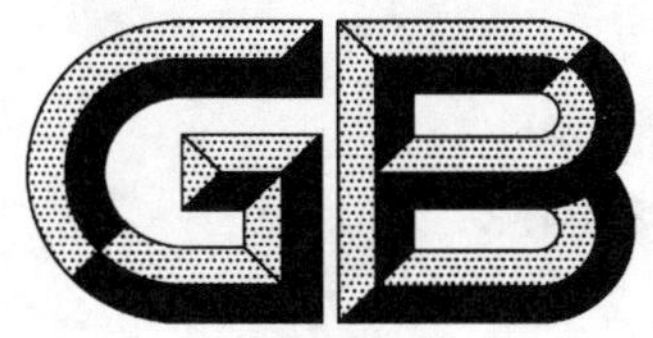

中华人民共和国国家标准

GB/T 8804.3—2003
代替 GB/T 8804.2—1988

热塑性塑料管材　拉伸性能测定
第3部分：聚烯烃管材

**Thermoplastic pipes—Determination of tensile properties—
Part 3：Polyolefin pipes**

(ISO 6259-3：1997，IDT)

2003-03-05 发布　　2003-08-01 实施

中华人民共和国
国家质量监督检验检疫总局　发布

前　言

GB/T 8804—2003《热塑性塑料管材　拉伸性能测定》分为三个部分：

——第1部分：试验方法总则；

——第2部分：硬聚氯乙烯(PVC-U)、氯化聚氯乙烯(PVC-C)和高抗冲聚氯乙烯(PVC-HI)管材；

——第3部分：聚烯烃管材。

本部分为GB/T 8804—2003的第3部分。等同采用ISO 6259-3：1997《热塑性塑料管材　拉伸性能测定　第3部分：聚烯烃管材》(英文版)。

本部分删去了ISO 6259-3：1997资料性附录A、附录B、附录C、附录D、附录E。

本部分和GB/T 8804.2—1988相比主要变化如下：

1. 测定的管材范围由聚乙烯管材扩大为聚烯烃类管材；

2. 试样的形状和尺寸由两种类型改为三种类型，裁切试样与机制试样尺寸不一样；

3. 试验速度由25 mm/min±2.5 mm/min改为依不同试样类型及壁厚在四种测试速度中选用一种；

4. 增加了“原理”一章；

本部分自实施之日起，代替GB/T 8804.2—1988。

本标准由中国轻工业联合会提出。

本标准由全国塑料制品标准化委员会(TC48)归口。

本部分由华亚芜湖塑胶有限公司负责起草，福建亚通新材料科技股份有限公司参加起草。

本部分主要起草人：高仅雨、周令仁、魏作友。

热塑性塑料管材　拉伸性能测定
第3部分：聚烯烃管材

1　范围

GB/T 8804的本部分规定了聚烯烃(聚乙烯、交联聚乙烯、聚丙烯和聚丁烯)热塑性塑料管材的拉伸性能的试验方法，特别是下列性质：

——拉伸屈服应力；

——断裂伸长率。

本部分适用于各种用途的聚烯烃管材。

注1：管材熔焊处的性能可以通过本文献中介绍的机械加工试样测定；

注2：热塑性管材拉伸性能的试验方法总则见GB/T 8804.1。

2　规范性引用文件

下列文件中的条款通过本部分的引用而成为本部分的条款。凡是注日期的引用文件，其随后所有的修改单(不包括勘误的内容)或修订版均不适用于本部分，然而，鼓励根据本部分达成协议的各方研究是否可使用这些文件的最新版本。凡是不注日期的引用文件，其最新版本适用于本部分。

GB/T 8804.1—2003　热塑性塑料管材　拉伸性能测定　第1部分：试验方法总则(idt ISO 6259-1:1997)

GB/T 1040—1992　塑料拉伸性能试验方法

3　原理

见GB/T 8804.1第3章，适用于本部分所包括的热塑性管材。

4　设备

应见GB/T 8804.1第4章。

5　试样

5.1　试样要求

5.1.1　通则

管材壁厚小于或等于12 mm规格的管材，可采用哑铃形裁刀冲裁或机械加工的方法制样。管材壁厚大于12 mm的管材应采用机械加工的方法制样。

5.1.2　试样尺寸

依据管材厚度的大小，在图1及表1；图2及表2；图3及表3中选择一种形状和尺寸的试样。

注1：类型1的试样等同于GB/T 1040—1992中的类型1B试样。较小一些的试样等同于GB/T 8804.2—2003中的类型2试样。

注2：为避免试样在夹具内滑脱，建议试样端部的宽度(b_2)与厚度(e_n)成下列线性关系：

$$b_2 = e_n + 15(\text{mm})$$

5.2　试样的制备

试样应按照GB/T 8804.1的5.2.1及下面的a)或b)的要求从所取样条的中部制取。

a)　壁厚小于或等于12 mm的管材根据下列类型应采用裁刀冲裁或机械加工制样：

——壁厚大于 5 mm 但小于或等于 12 mm 采用类型 1；

——壁厚小于或等于 5 mm 采用类型 2。

b) 壁厚大于 12 mm 的管材应采用类型 1 或类型 3 用机械加工方法制样。

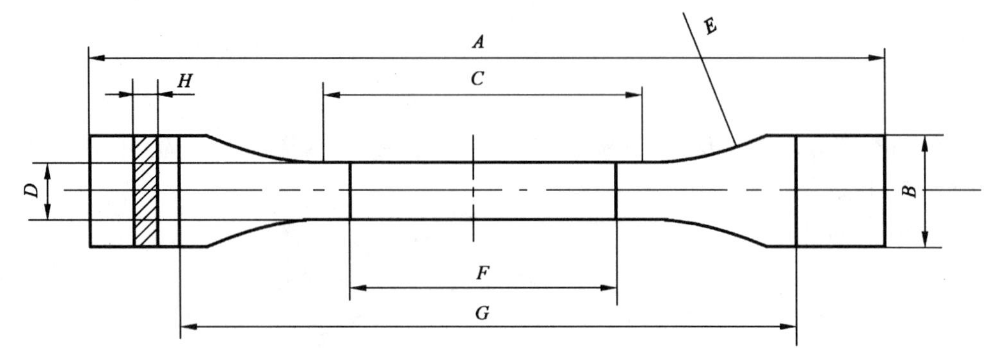

图 1 类型 1 试样

表 1 类型 1 试样尺寸

单位为毫米

符　　号	说　　明	尺　　寸
A	最小总长度	150
B	端部宽度	20±0.2
C	平行部分长度	60±0.5
D	平行部分宽度	10±0.2
E	大半径	60
F	标线间距离	50±0.5
G	夹具间距离	115±0.5
H	壁厚	管材壁厚

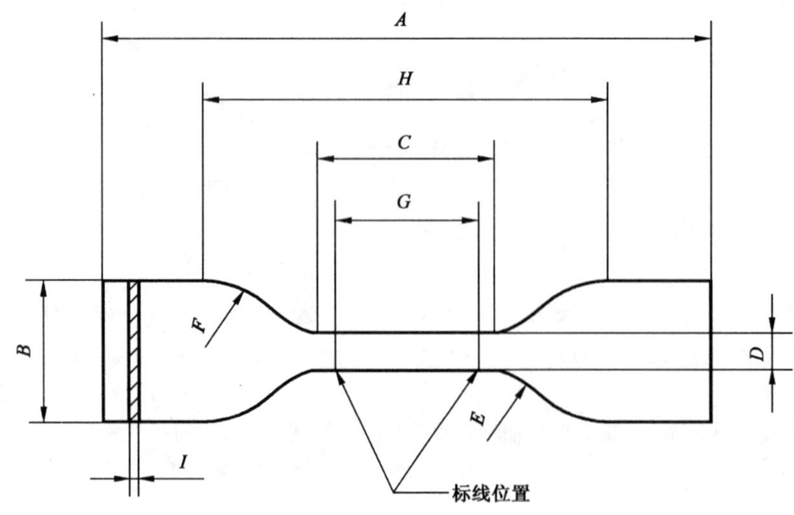

图 2 类型 2 试样

表 2　类型 2 试样尺寸

单位为毫米

符　　号	说　　明	尺　　寸
A	最小总长度	115
B	端部宽度	25±1
C	平行部分长度	33±2
D	平行部分宽度	6+0.4
E	小半径	14±1
F	大半径	25±2
G	标线间距离	25±2
H	壁厚夹具间距离	80±5
I	壁厚	管材壁厚

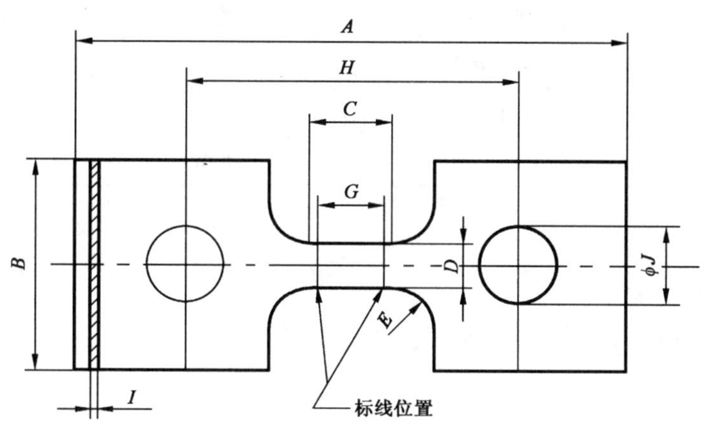

图 3　类型 3 试样

表 3　类型 3 试样尺寸

单位为毫米

符　　号	说　　明	尺　　寸
A	最小总长度	250
B	端部宽度	100±3
C	平行部分长度	25±1
D	平行部分宽度	25±1
E	半径	25±1
G	标线间距离	20±1
H	载荷销间的距离	165±5
I	厚度	管材壁厚
J	孔径	30±5

5.3 裁切方法

裁切方法见 GB/T 8804.1 中 5.2.2.2。

根据管材的厚度,选择与类型 1 或类型 2 试样截面对应的裁刀(GB/T 8804.1 中 4.6)。在室温下使用裁刀,在样条的内表面均匀地一次施压冲裁试样。

5.4 机械加工方法

见 GB/T 8804.1 中 5.2.2.3。

6 状态调节

见 GB/T 8804.1 第 6 章。

7 试验速度

试验速度与管材的厚度有关,见表 4。

如使用其他速度,则须说明此速度与规定速度之间的关系。在存有异议的情况下使用规定速度。

表 4 试验速度

管材的公称壁厚 e_n/mm	试样制备方法	试样类型	试验速度/(mm/min)
$e_n \leqslant 5$	裁刀裁切或机械加工	类型 2	100
$5 < e_n \leqslant 12$	裁刀裁切或机械加工	类型 1	50
$e_n > 12$	机械加工	类型 1	25
$e_n > 12$	机械加工	类型 3	10

8 试验步骤

见 GB/T 8804.1 第 8 章。

注:如果试样的伸长率达到 1 000%,应在它断裂前停止试验。

9 试验结果

见 GB/T 8804.1 第 9 章。

10 试验报告

见 GB/T 8804.1 第 10 章。

ICS 83.140.30
G 33

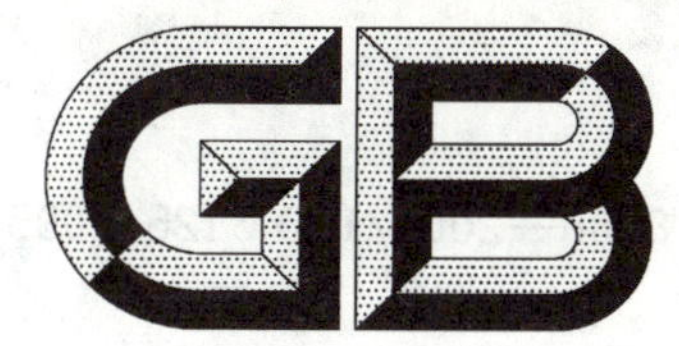

中华人民共和国国家标准

GB/T 8806—2008/ISO 3126:2005
代替 GB/T 8806—1988

塑料管道系统　塑料部件　尺寸的测定

Plastics piping systems—Plastics components—Determination of dimensions

(ISO 3126:2005,IDT)

2008-08-19 发布　　2009-05-01 实施

中华人民共和国国家质量监督检验检疫总局
中国国家标准化管理委员会　发布

前　言

本标准等同采用国际标准 ISO 3126:2005《塑料管道系统　塑料部件　尺寸的测定》,技术内容上完全相同,仅作如下编辑性修改:

a) “本国际标准”改为“本标准”;

b) 用小数点符号“.”代替原国际标准的小数点符号“,”;

c) 删除了国际标准的前言,增加我国标准的前言;

d) 增加了规范性引用文件 GB/T 6315《游标万能角度尺》、GB/T 6379.1《测量方法与结果的准确度(正确度与精密度)　第1部分:总则与定义》、GB/T 6379.2《测量方法与结果的准确度(正确度与精密度)　第2部分:确定标准测量方法重复性与再现性的基本方法》、GB/T 6379.4《测量方法与结果的准确度(正确度与精密度)　第4部分:确定标准测量方法正确度的基本方法》、GB/T 6379.5《测量方法与结果的准确度(正确度与精密度)　第5部分:确定标准测量方法精密度的可替代方法》和附录A《测量量具和仪器的推荐精度》;

e) 将公式 $L_{e,so}=L_4+\frac{0.5d_2}{\sin\theta}-\frac{L_2+0.5d_1}{\tan\theta}-L_5$ 更正为:$L_{e,so}=\frac{L_3}{\sin\theta}+\frac{0.5d_2}{\sin\theta}-\frac{L_2+0.5d_1}{\tan\theta}-L_5$;

f) 将公式 $L_{e,sp}=L_4+\frac{0.5d_1}{\sin\theta}-\frac{L_2+0.5d_2}{\tan\theta}$ 更正为:$L_{e,sp}=\frac{L_3}{\sin\theta}+\frac{0.5d_1}{\sin\theta}-\frac{L_2+0.5d_2}{\tan\theta}$;

g) 将图6和图7b)中的 d_2 更正为 d_4、图7a)中的 d_4 更正为 D。

本标准代替 GB/T 8806—1988《塑料管材尺寸测量方法》。

本标准与 GB/T 8806—1988 相比主要变化如下:

——范围中增加了管件以及角度、长度、垂直度等几何量的测定;

——引入了测量准确度的有关内容;

——增加了非接触式仪器;

——规定了角度、长度、垂直度等几何量的测定步骤。

本标准的附录A为资料性附录。

请注意本标准的某些内容有可能涉及专利,本标准的发布机构不应承担识别这些专利的责任。

本标准由中国轻工业联合会提出。

本标准由全国塑料制品标准化技术委员会(SAC/TC 48)归口。

本标准起草单位:国家塑料制品质量监督检验中心(北京)、亚大塑料制品有限公司、浙江中财管道科技股份有限公司。

本标准主要起草人:凌伟、王志伟、代启勇。

本标准所替代标准的历次版本发布情况为:

GB/T 8806—1988。

塑料管道系统　塑料部件　尺寸的测定

1　范围

本标准规定了塑料管材和管件尺寸的测量或测定方法以及测量的准确度。

为检测产品几何尺寸的符合性，本标准规定了壁厚、直径、长度、角度和垂直度等的测量步骤。

2　规范性引用文件

下列文件中的条款通过本标准的引用而成为本标准的条款。凡是注日期的引用文件，其随后所有的修改单(不包括勘误的内容)或修订版均不适用于本标准，然而，鼓励根据本标准达成协议的各方研究是否可使用这些文件的最新版本。凡是不注日期的引用文件，其最新版本适用于本标准。

GB/T 1216　外径千分尺(GB/T 1216—2004,DIN 863-1:1999,MOD)

GB/T 1219　指示表

GB/T 4340.1　金属维氏硬度试验　第1部分:试验方法(GB/T 4340.1—1999, eqv ISO 6507-1:1997)

GB/T 6315　游标、带表和数显万能角度尺

GB/T 6379.1　测量方法与结果的准确度(正确度与精密度)　第1部分:总则与定义(GB/T 6379.1—2004,ISO 5725-1:1994,IDT)

GB/T 6379.2　测量方法与结果的准确度(正确度与精密度)　第2部分:确定标准测量方法重复性与再现性的基本方法(GB/T 6379.2—2004,ISO 5725-2:1994,IDT)

GB/T 6379.4　测量方法与结果的准确度(正确度与精密度)　第4部分:确定标准测量方法正确度的基本方法(GB/T 6379.4—2006,ISO 5725-4:1994,IDT)

GB/T 6379.5　测量方法与结果的准确度(正确度与精密度)　第5部分:确定标准测量方法精密度的可替代方法(GB/T 6379.5—2006,ISO 5725-5:1998,IDT)

GB/T 21389　游标、带表和数显卡尺

3　术语和定义、符号

下列术语和定义、符号适用于本标准。

3.1　术语和定义

3.1.1

准确度　accuracy

测量结果与接受参考值间的一致程度。

注：术语“准确度”，当用于一组测试结果时，由随机误差分量和系统误差即偏倚分量组成(GB/T 3358.1)。

3.1.2

校准　calibration

在规定的条件下，为确定测量仪器或测量系统所指示的量值，或实物量或参考物质所代表的量值，与对应的由标准所复现的量值之间关系而建立的一组操作。

3.1.3

参考标准　reference standard

国际(国家)认可的给定单位测量规定。

3.2 符号

b_1:法兰螺栓孔边到法兰孔边之间的距离

b_2:法兰螺栓孔边到法兰外径边之间的距离

b_3:法兰螺栓孔中心到法兰孔边之间的距离

b_4:法兰螺栓孔中心到法兰外径边之间的距离

c_1:法兰两个相邻的螺栓孔边之间的距离

c_2:法兰两个相邻的螺栓孔中心之间的距离

d_e:部件(某部分)的外径

$d_{i,m}$:三通(四通或多通)主管的平均内径

d_1:承口端的外径

d_2:插口端的外径

d_3:法兰孔的直径

d_4:法兰螺栓孔的直径

D:法兰的外径

e:部件的壁厚

k:法兰螺栓孔分布圆的直径

$L_{e,b}$:三通(四通或多通)支管的有效长度

$L_{e,m}$:三通(四通或多通)主管的有效长度

$L_{e,r}$:异径管件的有效长度

$L_{e,so}$:管件承口端的有效长度

$L_{e,sp}$:管件插口端的有效长度

L_{str}:管件的承口或插口圆柱平直段的长度

L_t:异径管件锥形部分的长度

L_1:理论上的最大不垂直距离

L_2:部件、直尺与基准平面形成的角度顶点在基准平面方向上的测量距离

L_3:部件、基准平面与直尺形成的角度顶点在直尺方向上的测量距离

L_4:从基准平面到试样上端面最近点之间的垂直距离

L_5:承口的插入深度

L_6:三通(四通或多通)的总长

L_7:三通(四通或多通)的插口或承口的中心线方向上端面到主管底边之间的距离

L_8:异径管件的总长

L_9:法兰的两个选定的螺栓孔边之间的距离

L_{10}:法兰轴向的总高

r:不垂直度的计算角度

R:弯曲半径

θ:弯头或三通(四通或多通)的角度

4 测量量具

4.1 一般要求

4.1.1 测量量具的准确度

测量量具的选用应与测量步骤相结合,以达到尺寸测量所要求的准确度。

注:测量量具和仪器的推荐精度参见附录A。

4.1.2 校准

应根据本标准使用者的质量计划定期对量具进行校准,其校准应能溯源到接受的参考标准。

4.2 仪器

4.2.1 接触式仪器

4.2.1.1 在仪器的使用中，不应有可引起试样表面产生局部变形的作用力。

4.2.1.2 与试样的一个或多个表面相接触的测量量具，如：管材千分尺，应符合下列要求：

a) 与部件内表面相接触的仪器的接触面，其半径应小于试样表面的半径。

b) 与部件外表面相接触的仪器的接触面应为平面或半圆形。

c) 按照 GB/T 4340.1 要求，与试样接触的仪器的接触表面的硬度不应低于 500 HV。

4.2.1.3 千分尺应符合 GB/T 1216，游标卡尺应符合 GB/T 21389，角度尺应符合 GB/T 6315。

4.2.1.4 指示表式测量仪应符合 GB/T 1219。

4.2.1.5 卷尺（π 尺）应根据试样的直径确定分度，以 mm 表示。当在卷尺（π 尺）的两端沿长度方向施加 2.5 N 的作用力时，其伸长不应超过 0.05 mm/m。

4.2.1.6 测量仪器可与已经校准过的厚度或长度标样相结合进行测量，也就是标样在和试样测量结果之间的差异较小时，标样作为测量基准器具使用。

注：建议用于测量大直径或厚壁的试样。

4.2.1.7 对特定限值符合性的检测可使用通规或止规。

4.2.1.8 也可以使用除上述 4.2.1.3、4.2.1.4、4.2.1.5 和 4.2.1.7 规定之外的其他接触式仪器。超声波测量仪应作为非接触式仪器(见 4.2.2)。

4.2.2 非接触式仪器

非接触式量具或仪器，如光学或超声波测量仪，其测量的准确度应符合第 5 章中的相关要求，或者其使用被限定在寻找到相关的测量位置而采用其他的方法进行测量，如最大或最小尺寸位置。

5 尺寸的测定

5.1 总则

5.1.1 测量人员应经过对相关量具和测量步骤的培训。

5.1.2 除非其他标准另有规定，应保证下列任一条：

a) 测量量具、试样的温度和周围环境的温度均在(23±2) ℃；

b) 结果可通过计算和经验与相应的 23 ℃的值关联。

5.1.3 检查试样表面是否有影响尺寸测量的现象，如标志、合模线、气泡或杂质。如果存在，在测量时记录这些现象和影响。

5.1.4 选择测量的截面时，应满足以下一条或多条的要求：

a) 按相关标准的要求；

b) 距试样的边缘不小于 25 mm 或按照制造商的规定；

c) 当某一尺寸的测量与另外的尺寸有关，如通过计算而得到下一步的尺寸，其截面的选取应适合于进行计算。

5.1.5 按 5.2.3、5.3.3 和 5.3.4 中规定的测量结果为修约值，测定平均值时应在计算出算术平均值后再对其进行修约。

5.1.6 测量方法与结果准确度的确定应符合 GB/T 6379.2 的要求。

5.2 壁厚

5.2.1 总则

选择量具或仪器以及测量的相关步骤，使结果的准确度在表 1 要求的范围内，除非其他标准另有规定。

表 1　壁厚的测量

单位为毫米

壁　　厚	单个结果要求的准确度	算术平均值修约至
≤10	0.03	0.05
>10～≤30	0.05	0.1
>30	0.1	0.1

5.2.2　最大和最小壁厚

在选定的被测截面上移动测量量具直至找出最大和最小壁厚，并记录测量值。

5.2.3　平均壁厚

在每个选定的被测截面上，沿环向均匀间隔至少 6 点进行壁厚测量。

由测量值计算算术平均值，按表 1 的规定修约并记录结果作为平均壁厚，e_m。

5.3　直径

5.3.1　总则

5.3.1.1　选择量具或仪器以及相关的步骤测量试样在选定截面处的直径(外径或内径)，使结果的准确度在表 2 要求的范围内，除非其他标准另有规定。

表 2　直径的测量

单位为毫米

公称直径	单个结果要求的准确度	算术平均值修约至
≤600	0.1	0.1
>600～≤1 600	0.2	0.2
>1 600	1	1

5.3.1.2　按 5.1.4 的规定选择被测截面，测量部件的直径。

5.3.2　最大和最小直径的测量

在选定的每个被测截面上移动测量量具，直至找出直径的极值并记录测量值。

5.3.3　平均外径

平均外径 $d_{e,m}$ 可用以下任一方法测定：

a)　用 π 尺直接测量；

b)　按表 3 的要求对每个选定截面上沿环向均匀间隔测量的一系列单个值计算算术平均值，按表 2 的规定修约并记录结果作为平均外径 $d_{e,m}$。

表 3　给定公称尺寸的单个直径测量的数量

管材或管件的公称尺寸/mm	给定截面要求单个直径测量的数量/个
≤40	4
>40～≤600	6
>600～≤1 600	8
>1 600	12

5.3.4　平均内径

使用符合 5.3.1.1 的量具，用以下任一方法测定：

a)　按表 3 的规定间隔测量一系列的单个值，对单个测量值计算算术平均值，按表 2 的规定修约并记录结果作为平均内径 $d_{i,m}$；

b)　用内径 π 尺直接测量。

5.3.5　中部直径

按 5.2 或 5.3 测定的未经修约的值，用式(1)、式(2)、式(3)任一公式计算中部直径 d_m：

$$d_m = d_{e,m} - e_m \qquad (1)$$

$$d_m = d_{i,m} + e_m \quad (2)$$

$$d_m = 0.5(d_{e,m} + d_{i,m}) \quad (3)$$

式中：

$d_{e,m}$——被测截面的平均外径；

e_m——被测截面的平均壁厚；

$d_{i,m}$——被测截面的平均内径。

按表 2 的规定修约后记录结果。

注：该方法不适用于热塑性结构壁管材和管件。

5.4 不圆度

根据 5.3.2 测定选定截面中直径的极值，测量结果的准确度应符合表 4 的要求，按相关产品标准的规定计算不圆度。

表 4 不圆度测量的准确度

单位为毫米

公称直径 D_N	单个结果要求的准确度
≤315	0.1
>315～≤600	0.5
>600	1

5.5 管材长度

5.5.1 选择测量的量具或仪器和相应的步骤，使测量结果的准确度符合表 5 的要求，除非其他标准另有规定。

表 5 长度的测量

长度/mm	单个结果要求的准确度	算术平均值修约至
≤1 000	1 mm	1 mm
>1 000	0.1%	1 mm

5.5.2 用符合 5.5.1 规定的量具测量单根管材的总长或有效长度。测定管材的总长时，应在内表面或外表面平行于管材的轴线处进行测量，且至少测量三处，均匀分布在管材的圆周上。当由测量值计算算术平均值时，按表 5 的规定修约并记录结果作为管材的总长。用机械切割并能保证垂直切割的管材可以在一处测量。

如存在承口，用管材的总长减去承口部分的深度(s)，记录得到的结果作为管材的有效长度。

5.6 管材和管件的端面垂直度

5.6.1 总则

选择测量管材和管件端面垂直度的量具或仪器以及相关的步骤，使测量评估的准确度在公称直径≤200 mm 时为 0.5 mm、公称直径>200 mm 时为 1 mm，除非其他标准另有规定。

5.6.2 原理

以下步骤假设管材或管件的外表面平行于轴线，还假设用钢直角尺或铅锤作为垂直基准线通过任一装置与部件的轴线形成垂直。钢直角尺法适合于中、小尺寸的部件，而铅锤法适合于大、中尺寸的部件。

按图 1，将钢直角尺或铅锤贴近部件放置。不垂直度 γ 由测量得到的外径和距离 L_1（见图 1）经计算得出。

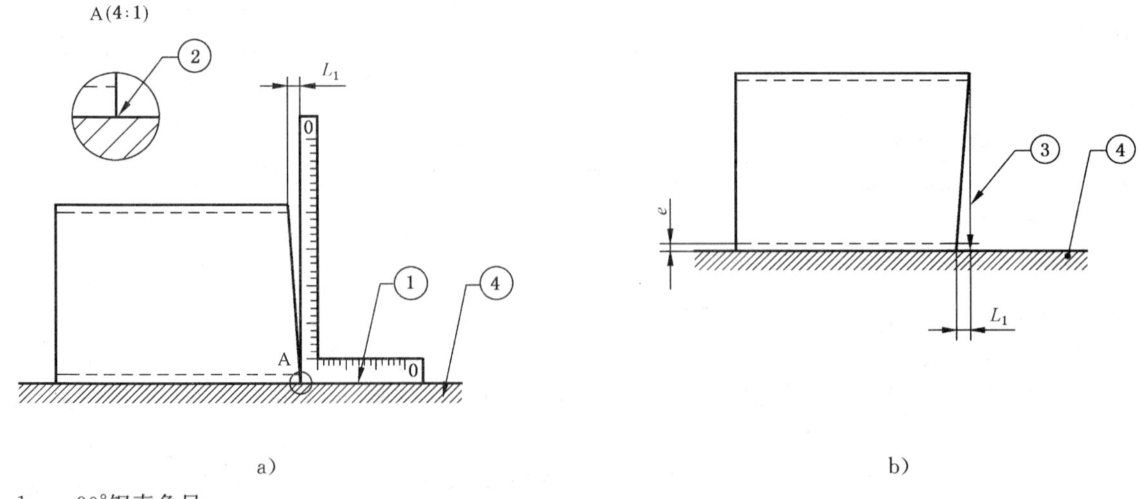

1——90°钢直角尺；

2——接触点；

3——铅锤；

4——平面。

图 1 端面垂直度的测定示意图

5.6.3 步骤

5.6.3.1 使用钢直角尺

按 5.3.3 的规定测定部件的外径。

将部件放在一个水平的平板上，在部件和平板之间加垫必要的垫块以解决如承口或其他凸起部位等引起的部件轴线与平板表面不平行的问题。

按图 1a)所示放置直角尺，使其位于部件的直径处并与部件接触。

旋转部件至直角尺与管材端面的间隙为最大时的位置。如果直角尺与端面为一点接触，则测定并记录与该端面相对的另一点到直角尺间的最大距离 L_1[见图 1a)]。

除其他标准另有规定外，应按式(4)计算不垂直度：

$$\gamma = \arctan \frac{L_1}{d_{e,m}} \quad \cdots\cdots (4)$$

式中：

γ——不垂直度，单位为度(°)；

L_1——部件上和下点与垂直基准线间的最大距离，单位为毫米(mm)；

$d_{e,m}$——部件的外径，单位为毫米(mm)。

5.6.3.2 使用铅锤

按 5.3.3 的规定测定部件的外径。

将部件放在一个水平的平板上，在部件和平板之间加垫必要的垫块以解决如承口或其他凸起部位等引起的部件轴线与平板表面不平行的问题。

按图 1b)所示将铅锤上悬于部件的顶部，下降调节铅锤的长度至铅锤与平板之间的距离同部件的壁厚相当。

旋转部件至铅锤与管材端面的间隙为最大时的位置。

如果铅锤没有与部件接触则继续下降至接触到平板，测定并记录该点到与其相对的部件端面间的最大距离 L_1[见图 1b)]。

除其他标准另有规定外，应按式(5)计算不垂直度：

$$\gamma = \arctan \frac{L_1}{d_{e,m}} \quad \cdots\cdots (5)$$

式中：

γ——不垂直度，单位为度(°)；

L_1——部件上和下点与垂直基准线间的最大距离，单位为毫米(mm)；

$d_{e,m}$——部件的外径，单位为毫米(mm)。

6 与管件有关的其他几何尺寸的测定

6.1 总则

6.2～6.4 给出了准确度的要求和测定下列类型的部件的至少一个步骤或方法：

——6.2 弯头；

——6.3 三通(四通或多通)；

——6.4 异径管件；

可以使用符合 6.2.1、6.3.1、6.4.1 和 7.1 中测量准确度要求的量具和步骤。

6.2 弯头

6.2.1 总则

选择量具或仪器以及相关的步骤测量弯头的尺寸，使单个结果的准确度符合表 6 的要求，除非其他标准另有规定。

在测量前，应按 5.6 的步骤检查管件端面的垂直度，如果端面与其轴线不垂直，在计算中予以考虑。

表 6 其他测量

单位为毫米

测　　量	单个结果要求的准确度	算术平均值修约至
线性尺寸		
≤10	0.1	0.1
>10～≤200	0.5	1
>200～≤1 000	1	1
>1 000～≤4 000	0.1%	1
角度	1°	1°

6.2.2 角度变化和有效长度

用下列步骤测定弯头的角度变化和有效长度：

a) 按 5.3.3 的规定，测量并记录部件端部的外径 d_1 和 d_2；

b) 如有应用，按相关标准的规定，用游标卡尺或千分深度尺类量具测量承口的深度 L_5；

c) 如图 2 所示，将弯头的一端放在平面或基准平面上；

d) 如图 2 所示，放置一端接触基准面、另一端可达到并跨越部件上端面直径的足够长的直尺；

e) 用钢直角尺或其他量具测量并记录长度 L_4[见图 2a)或图 2b)]；

f) 测量并记录长度 L_2 和 L_3[见图 2a)或图 2b)]；

g) 用角度尺测量或式(6)计算角度 θ，其结果的准确度应符合表 6 的规定。

$$\theta = \arcsin \frac{L_4}{L_3} \qquad \cdots\cdots (6)$$

如果对部件一端或两端面的不垂直进行校正，可用式(7)、式(8)任一个计算有效长度 L_e(见图 2)。

如果向下的一端为承口(见图 2a)：

$$L_{e,so} = \frac{L_3}{\sin\theta} + \frac{0.5d_2}{\sin\theta} - \frac{L_2 + 0.5d_1}{\tan\theta} - L_5 \qquad \cdots\cdots (7)$$

如果向下的一端为插口(见图 2b)：

$$L_{e,sp} = \frac{L_3}{\sin\theta} + \frac{0.5d_1}{\sin\theta} - \frac{L_2 + 0.5d_2}{\tan\theta} \qquad \cdots\cdots (8)$$

式中：

d_1——承口端的平均外径；

d_2——插口端的平均外径；

L_2——沿平面或基准平面方向从直尺端到部件之间的测量长度（见图2）；

L_3——沿直尺方向从直尺端到部件之间的测量长度(见图2)；

L_4——从平面或基准平面到试样上端面最近点间的垂直距离(见图2)；

L_5——测量或相关标准规定的承口的深度；

θ——管件的角度。

按表6修约后记录得到 $L_{e,so}$ 或 $L_{e,sp}$ 值。

注：如果所有的承口或插口对应 d_2 或 d_1，在公式中将 d_1 或 d_2 调换。

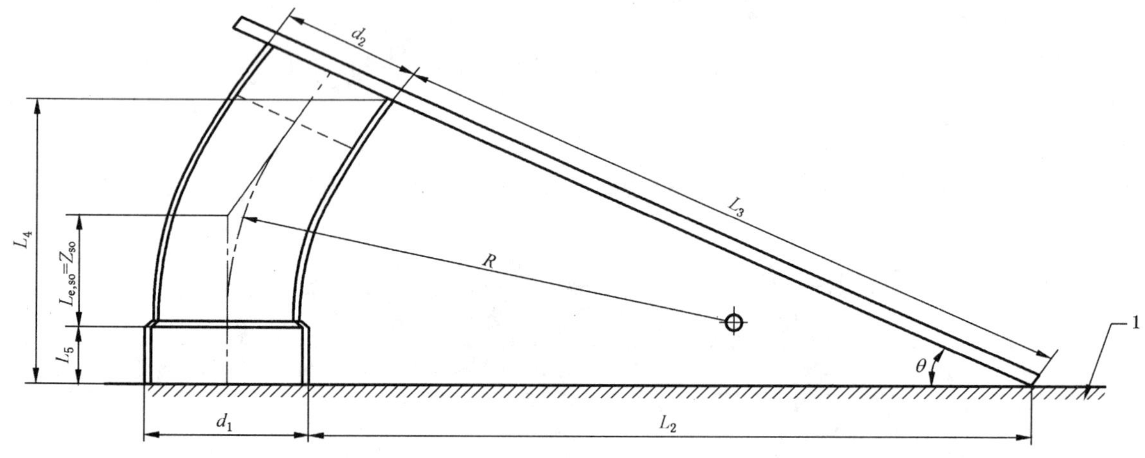

1——基准平面。

a) 承口向下的弯头

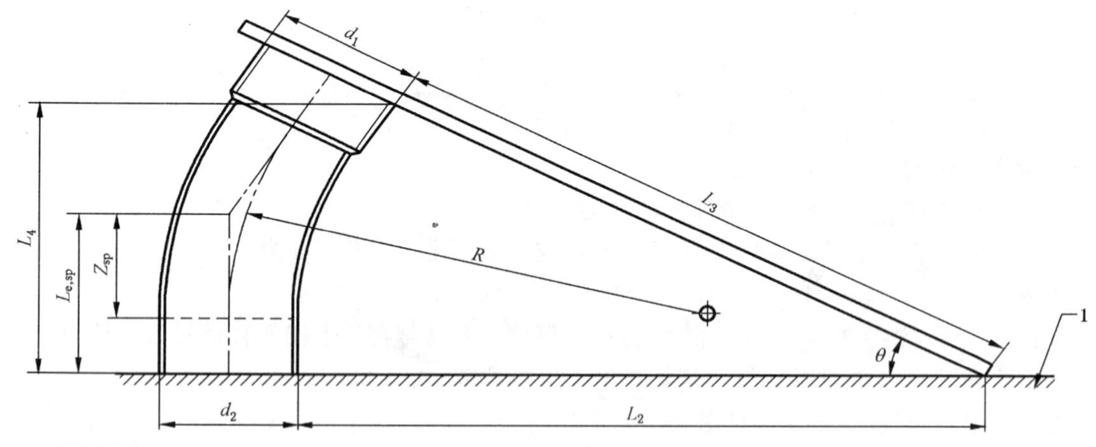

1——基准平面。

b) 插口向下的弯头

图2 弯头的测量示意图

6.2.3 弯曲半径

注：只有制造商提供管件端部的垂直长度，才能测定弯曲半径。

用式(9)、式(10)任一公式计算弯曲半径。

对管件的插口端：

$$R=\frac{L_{e,sp}-L_{str}}{\tan 0.5\theta} \qquad \cdots\cdots(9)$$

对管件的承口端：

$$R = \frac{L_{e,so} + L_5 - L_{str}}{\tan 0.5\theta} \quad \cdots\cdots (10)$$

式中：

R——弯曲半径；

$L_{e,sp}$——管件插口端的有效长度；

$L_{e,so}$——管件承口端的有效长度；

L_{str}——所提供的管件端部的垂直长度；

L_5——测量或相关标准规定的承口的深度；

θ——按 6.2.2 测定的管件的角度(见图 2)。

6.3 三通(四通或多通)

6.3.1 总则

选择量具或仪器以及相关的步骤，使测量结果的准确度符合表 6 的要求，除非其他标准另有规定。

测量前，按 5.6 规定的步骤检查管件端面的垂直度。如果端面与轴线不垂直，在计算时予以考虑，其结果是以切割端的最突出点计算得到的。

6.3.2 主管的有效长度

按 5.5.2 规定的步骤测量管件主管的总长。

记录两个测量值中的较大值，按表 6 修约作为主管的总长 L_6(见图 3)。

用游标卡尺或深度千分尺类量具测量承口的深度 L_5。

用式(11)、式(12)计算有效长度 L_{em}。

对单承口的主管：

$$L_{em} = L_6 - L_5 \quad \cdots\cdots (11)$$

对双承口的主管：

$$L_{em} = L_6 - 2L_5 \quad \cdots\cdots (12)$$

式中：

L_{em}——主管的有效长度；

L_5——承口的深度；

L_6——主管的总长(见图 3)。

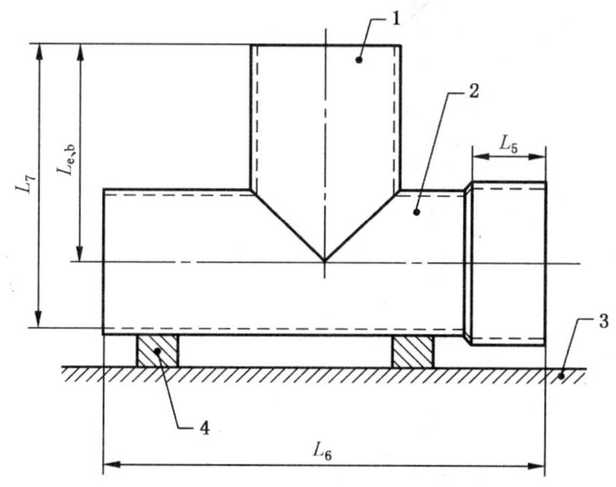

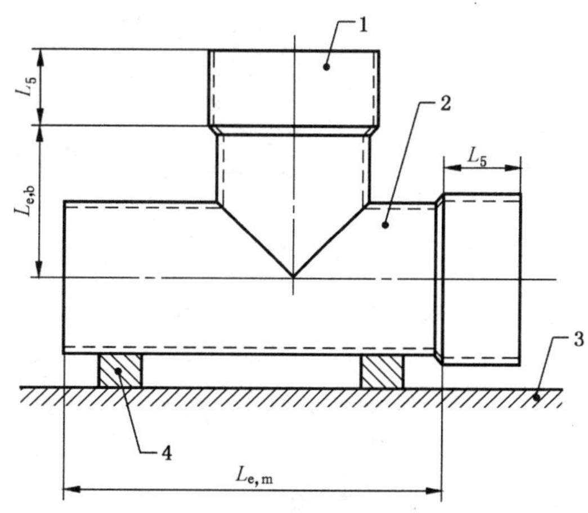

1——支管；

2——主管；

3——基准平面；

4——垫块。

图 3 正三通长度的测量示意图

6.3.3 支管的有效长度

在支管的内壁，测量两个彼此相对的并与支管的轴线平行的支管长度 $L_{7,1}$ 和 $L_{7,2}$（见图 4）。

注：测量 $L_{7,2}$ 时，如一端超出管件主管之外，可采取一定的措施，将主管内壁底边平行延长后进行测量。

计算 $L_{7,1}$ 和 $L_{7,2}$ 的平均值，根据表 6 修约并记录该值作为长度 L_7（见图 4），对 90°支管只需一个测量值（见图 3）。

如有应用，按相关标准的规定用游标卡尺或深度千分尺类量具测量承口的深度 L_5。

按 5.3.4 规定的步骤测定主管的平均内径。

用公式(13)、(14)计算支管的有效长度 $L_{e,b}$。

对插口端的支管：

$$L_{e,b} = L_7 - \frac{0.5d_{i,m}}{\sin\theta} \quad \cdots\cdots (13)$$

对承口端的支管：

$$L_{e,b} = L_7 - \frac{0.5d_{i,m}}{\sin\theta} - L_5 \quad \cdots\cdots (14)$$

式中：

$d_{i,m}$——三通（四通或多通）主管的平均内径；

$L_{e,b}$——支管的有效长度；

L_5——承口的深度；

L_7——测量长度 $L_{7,1}$ 和 $L_{7,2}$ 的平均值（见图 4），即 $L_7 = 0.5(L_{7,1} + L_{7,2})$；

θ——按 6.2.2 测定的管件的角度。

注：如支管为 90°，$\sin\theta = 1$。

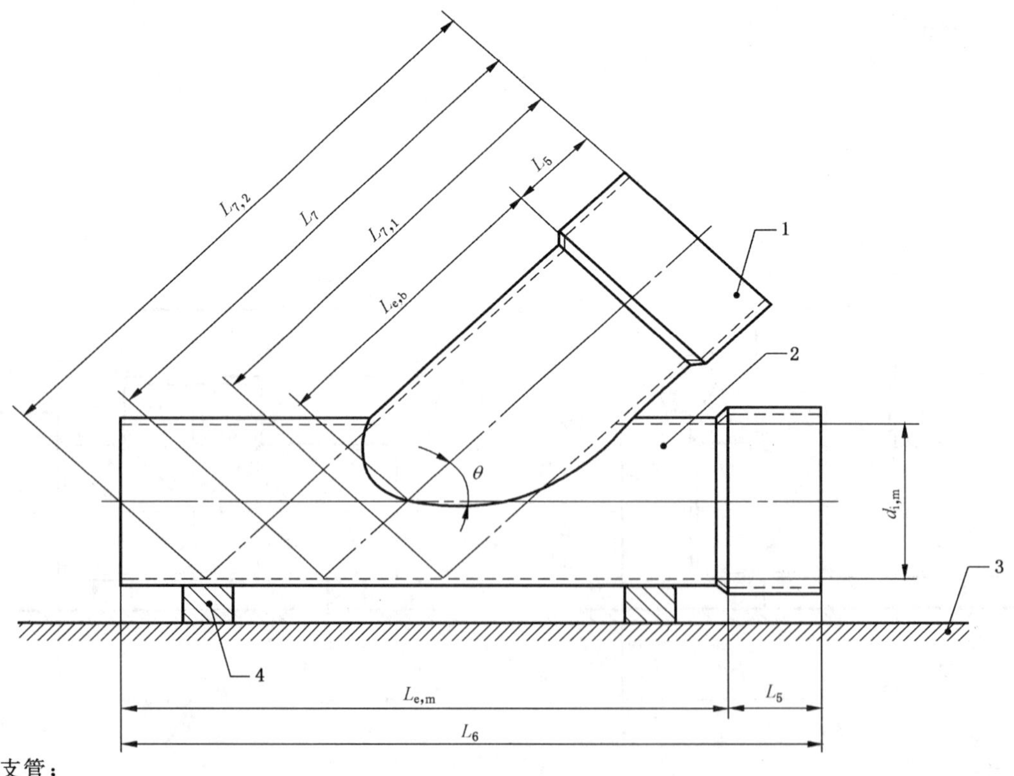

1——支管；

2——主管；

3——基准平面；

4——垫块。

图 4 非 90°支管有效长度的测量示意图

6.4 异径管件

6.4.1 总则

选择量具或仪器进行测量，使测量结果的准确度符合表6的要求，除非其他标准另有规定。

测量前，按5.6规定的步骤检查管件端面的垂直度，如果端面与轴线不垂直，在计算时予以考虑，其结果是以切割端的最突出点计算得到的。

6.4.2 有效长度

将异径管件直径较大的端面放在平板上。

测量两个彼此相对的并与轴线平行的长度 $L_{8,1}$ 和 $L_{8,2}$（见图5），计算两个测量值的平均值，按表5的规定修约并记录该值作为长度 L_8。

如果大直径端为承口，用游标卡尺或千分深度尺类量具对承口沿环向等间隔位置测量承口深度的平均值，记录该值作为平均承口插入深度 $L_{5,L}$。

如果小直径端为承口，用游标卡尺或千分深度尺类量具对承口沿环向等间隔位置测量承口深度的平均值，记录该值作为平均承口插入深度 $L_{5,S}$。

用式(15)计算有效长度 $L_{e,r}$：

$$L_{e,r} = L_8 - L_{5,L} - L_{5,S} \qquad (15)$$

式中：

$L_{e,r}$——异径管件的有效长度；

L_8——总长，即两个测量长度的平均值；

$L_{5,L}$——如有，大直径端的承口插入深度；

$L_{5,S}$——如有，小直径端的承口插入深度。

6.4.3 锥形部分的长度

将异径管件直径较大的一端放在基准平面上。

按6.4.2的规定测定异径管件的总长 L_8。

按5.5.2的规定测量两个圆柱平直段部分的长度 $L_{str,sp}$ 和 $L_{str,so}$（见图5）并按表6的规定修约后记录测量值。

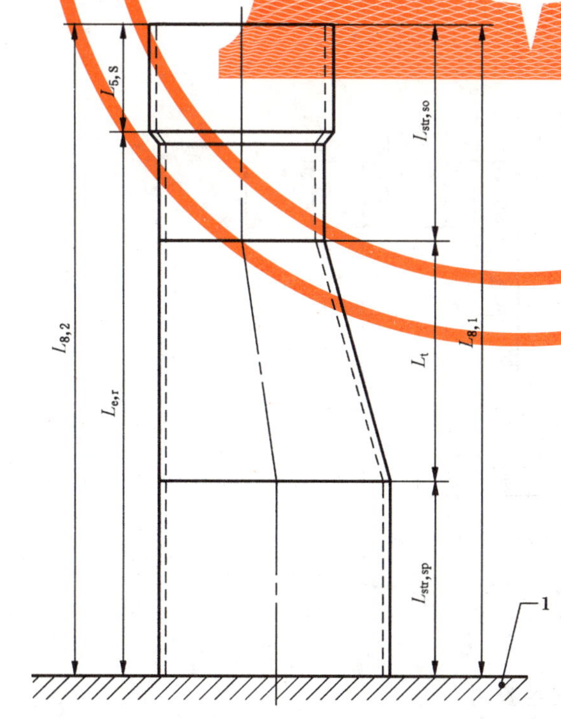

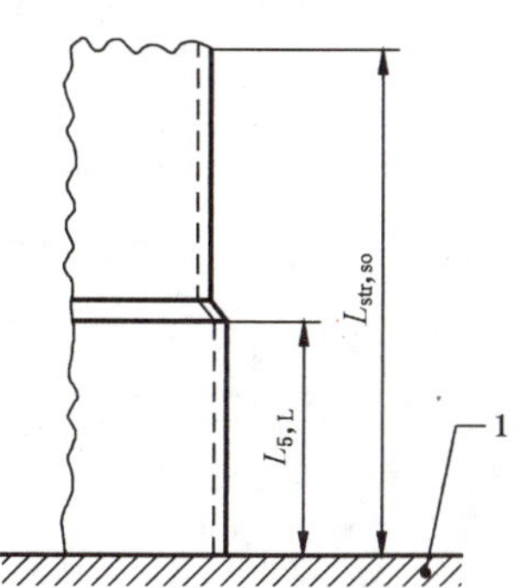

1——基准平面。

图5 异径管件有效长度的测量示意图

用式(16)计算锥形部分的长度 L_t 并记录该值：

$$L_t = L_8 - L_{str,sp} - L_{str,so} \qquad \cdots\cdots (16)$$

式中：

L_8——异径管件的总长；

$L_{str,sp}$和 $L_{str,so}$——圆柱平直段的长度。

7 法兰、活套法兰和法兰盘

7.1 总则

选择量具或仪器以及相关的步骤进行尺寸测量，使结果的准确度符合表 6 的要求，除非另有规定。

注：如有应用，尺寸测量的部位见图 6 或图 7。

7.2 法兰、活套法兰和法兰盘的外径

按 5.3.3 规定的步骤测定法兰、活套法兰和法兰盘的平均外径 D(见图 6 和图 7)。

7.3 法兰、活套法兰和法兰盘的孔径

按 5.3.4 规定的步骤测定法兰、活套法兰和法兰盘的平均孔径 d_3(见图 6 和图 7)。

7.4 螺栓孔的直径

按 5.3.4 规定的步骤测定并记录每个螺栓孔的直径 d_4[见图 6 和图 7b)]。

7.5 螺栓孔的分布

如果按 7.4 测定的所有螺栓孔的直径是相同的，则按表 6 规定的准确度要求测量并记录每个相邻的螺栓孔边之间的直线距离 c_1。

如果按 7.4 测定的螺栓孔直径不相同，则按表 6 规定的准确度要求测量并记录螺栓孔中心之间的直线距离 c_2，例如可通过测量相邻的两个螺栓孔边之间的直线距离 c_1 加上按 7.4 测定的每个螺栓孔的半径得出。

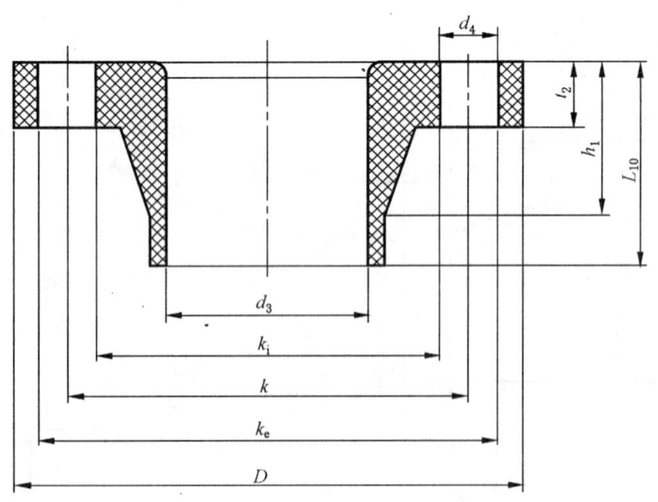

图 6 法兰尺寸

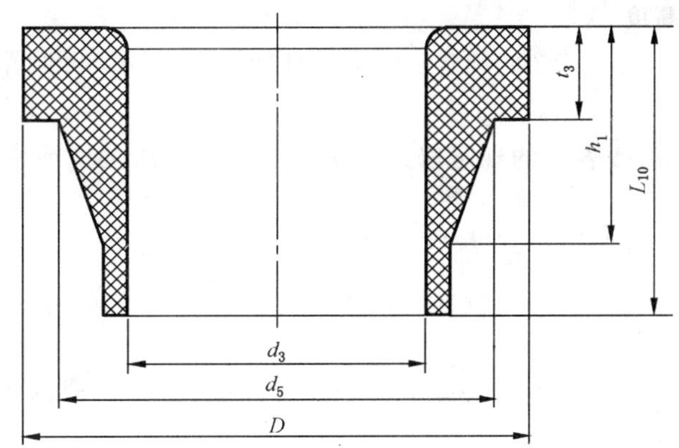

a) 活套法兰

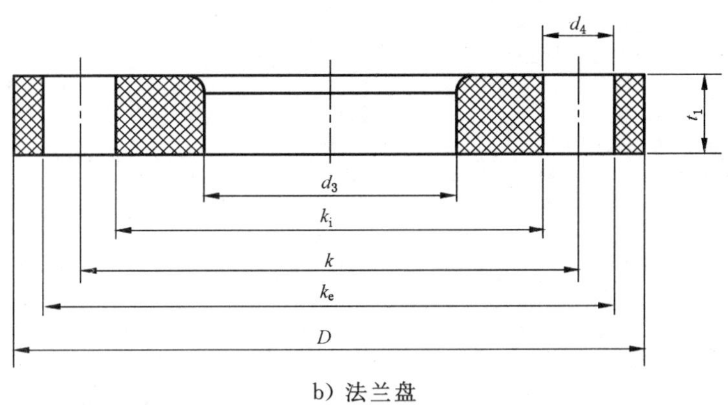

b) 法兰盘

图 7　法兰盘和活套法兰的尺寸

7.6　螺栓孔分布圆直径的同心度

7.6.1　如果按 7.4 测定所有的螺栓孔直径都是相同的，则按表 6 规定的准确度要求测量并记录每个螺栓孔边和法兰孔边之间的直线距离 b_1。

如果为盲板法兰，测量并记录每个螺栓孔边与法兰外径边之间的直线距离 b_2。

7.6.2　如果按 7.4 测定的螺栓孔直径尺寸不相同，则按表 6 规定的准确度要求测定并记录每个螺栓孔中心与法兰孔边之间的直线距离 b_3，例如，通过测量 b_1 加上按 7.4 测定的螺栓孔的半径得出。

如果为盲板法兰，同理测量并记录每个螺栓孔中心与法兰外径边之间的直线距离 b_4。

7.7　螺栓孔分布圆的直径

按表 6 规定的准确度要求测定两个相对的螺栓孔内边的平均直径 k_i 或外边的平均直径 k_e[见图 6 和图 7b)]，通过 $n/2$ 次测量计算平均值，n 为螺栓孔数。

用式(17)或式(18)计算螺栓孔分布圆的直径 k：

$$k = k_i + d_4 \qquad (17)$$

或

$$k = k_e - d_4 \qquad (18)$$

d_4 是按 7.4 测定的螺栓孔尺寸或螺栓孔尺寸不同时其尺寸的平均值，如 $d_4 = 0.5(d_{4,1} + d_{4,2})$，

对计算的平均直径按表 2 进行修约并记录结果作为螺栓孔分布圆的直径 k。

7.8　法兰和活套法兰肩圆的直径

按 5.3.1、5.3.2 和 5.3.3 规定的步骤测量法兰和活套法兰肩圆部位的最大、最小和平均直径 d_5[见图 7a)]。

7.9　法兰、活套法兰和法兰盘的厚度

用符合 5.2.1 规定的量具和 5.2.3 的步骤测定法兰、活套法兰和法兰盘的平均厚度 t_1，t_2 或 t_3(见图 6 和图 7)。

7.10 法兰和活套法兰的高度

将法兰放在基准平面上，按5.5.2的规定沿法兰的环向在至少四个等间距的位置上测量高度[见图6或图7a)中的 h_1 和 L_{10}]。

计算测量结果的平均值，按表5的规定修约并记录该值作为法兰或活套法兰的高度 h_1 或总高 L_{10}。

8 其他尺寸的测定

选择量具或仪器和相应的步骤测量从5.2到第7章中没有涉及到的尺寸，使测量结果的准确度符合表6的要求，除非其他标准另有规定。

用上述量具按5.1测定从5.2到第7章中没有涉及到的尺寸，并根据表6的规定对结果修约后记录该值。

附　录　A
（资料性附录）
测量量具和仪器的推荐精度

以下为塑料部件各种尺寸测量所使用的量具和仪器的推荐精度，测量中还应考虑量具和仪器以及测量方法等产生的系统和随机误差，使测量结果的准确度符合相关的要求。

A.1　壁厚的测量

壁厚的测量见表A.1。

表A.1　壁厚的测量　　单位为毫米

壁　厚	量具和仪器的精度
≤30	0.01或0.02
>30	≤0.02

A.2　直径的测量

直径的测量见表A.2。

表A.2　直径的测量　　单位为毫米

公　称　直　径	量具和仪器的精度
≤600	0.02
>600～≤1 600	0.05
>1 600	≤0.1

A.3　不圆度的测量

不圆度的测量见表A.3。

表A.3　不圆度的测量　　单位为毫米

公　称　直　径	量具和仪器的精度
≤315	0.02
>315～≤600	0.05
>600	≤0.1

A.4　管材长度的测量

管材长度的测量见表A.4。

表A.4　长度的测量　　单位为毫米

长　度	量具和仪器的精度
≤1 000	0.1
>1 000	≤1

A.5 管材和管件端面垂直度的测量

管材和管件端面垂直度的测量见表 A.5。

表 A.5 端面垂直度的测量

单位为毫米

公称直径	量具和仪器的精度
≤200	0.05
>200	0.1

A.6 与管件有关的其他几何尺寸的测量

与管件有关的其他几何尺寸的测量见表 A.6。

表 A.6 其他尺寸的测量

测量	量具和仪器的精度
线性尺寸	
≤10	0.01 mm
>10～≤200	0.02 mm
>200～≤1 000	0.1 mm
>1 000～≤4 000	≤0.5 mm
角度	5′

参考文献

[1] GB/T 3358.1 统计学术语 第一部分:一般统计术语.

ICS 83.080.01
G 31

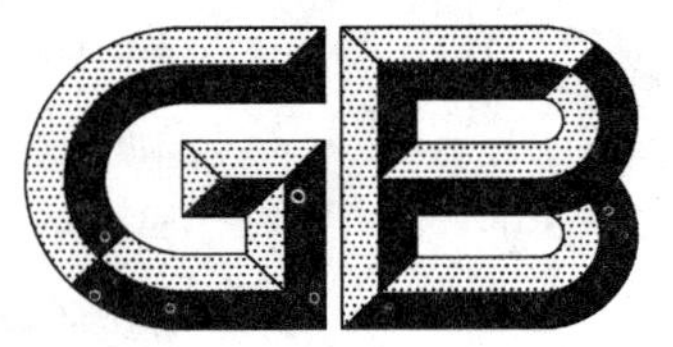

中华人民共和国国家标准

GB/T 9341—2008/ISO 178:2001
代替 GB/T 9341—2000

塑料　弯曲性能的测定

Plastics—Determination of flexural properties

(ISO 178:2001, IDT)

2008-08-04 发布　　2009-04-01 实施

中华人民共和国国家质量监督检验检疫总局
中国国家标准化管理委员会　发布

前　言

本标准等同采用国际标准 ISO 178:2001《塑料——弯曲性能的测定》,并将 ISO/TC 61/SC 2 于 2004 年发布的 1 号修改单的内容并入文本中。

本标准与 GB/T 9341—2000 相比主要变化如下:

——适用范围中取消了纤维增强热固性和热塑性复合材料及热致液晶聚合物;

——增加了对"硬质塑料"的定义;

——对支座和压头之间平行度的要求做了修订;

——取消了对某些测量仪器的要求;

——修改了对非推荐试样的尺寸的要求;

——增加了注塑试样的数量;

——规定了状态调节的优选条件;

——修改了对应剔除试样的规定;

——增加了对试验中初始应力的要求;

——增加了弯曲应变的计算方法;

——增加了附录 A"柔量修正";

——增加了附录 B"精密度说明"。

本标准中附录 A 为规范性附录,附录 B 为资料性附录。

本标准由中国石油和化学工业协会提出。

本标准由全国塑料标准化技术委员会(SAC/TC 15)归口。

本标准负责起草单位:中石化北化院国家化学建筑材料测试中心(材料测试部)。

本标准参加起草单位:广州合成材料研究院有限公司、国家合成树脂质量监督检验中心、北京燕山石化树脂所、国家塑料制品质检中心(北京)、深圳市新三思材料检测有限公司、国家化学建筑材料测试中心(材料测试部)、国家石化有机原料合成树脂质检中心、广州金发科技股份有限公司。

本标准主要起草人:孙佳文、俞峰、邢进、王浩江、施雅芳、陈宏愿、刘山生、李建军、王超先、安建平。

本标准于 1988 年首次发布,2000 年第一次修订。

ISO 前言

国际标准化组织(ISO)是世界性的国家标准化团体(ISO 成员团体)的联合机构。制定国际标准的工作一般是通过 ISO 各技术委员会进行。凡对某个技术委员会设立的项目感兴趣的任何成员团体都有权派代表参加该技术委员会。政府的或非政府的国际组织,经与 ISO 联系,也可参加此工作。ISO 与国际电工委员会(IEC)在电工技术标准化所有题材方面密切协作。

国际标准按照 ISO/IEC 方针中第 3 部分的条例起草。

被技术委员会采纳的国际标准草案,在接受为国际标准之前要提交各成员团体进行投票表决。当至少有 75%的成员团体表示赞成时,才能作为正式国际标准公布。

值得注意的是,一些本国际标准的组成部分可能是专利权主体,ISO 不负责鉴定任何一个或所有专利权。

国际标准 ISO 178 是由 ISO/TC 61 塑料技术委员会,SC2 力学性能分技术委员会制定的。

本第四版取代第三版(ISO 178:1993),并作了下列修改:

——给出了对应力-应变曲线的起始部分发生的弯曲进行校正的方法(见 9.2);

——给出了对试验机的柔量进行修正的方法(见附录 A)。

附录 A 为本国际标准的规范性附录。

塑料　弯曲性能的测定

1　范围

1.1　本标准规定了在规定条件下测定硬质和半硬质塑料弯曲性能的方法。规定了标准试样，同时对适合使用的替代试样也提供了尺寸参数和试验速度范围。

1.2　本标准用于在规定条件下研究试样弯曲特性[1]，测定弯曲强度、弯曲模量和弯曲应力-应变关系。本标准适用于两端自由支撑、中央加荷的试验（三点加荷试验）。

1.3　本标准适用于下列材料：

——热塑性模塑和挤塑材料，包括填充的和增强的未填充材料以及硬质热塑性板材。

——热固性模塑材料，包括填充和增强材料以及热固性板材。

依照 GB/T 19467.1—2004[2] 和 GB/T 19467.2—2004[3]，本标准适用于加工前纤维长度≤7.5 mm 的纤维增强的材料。对于纤维长度＞7.5 mm 的长纤维增强的材料（层压材料），见参考文献[4]。

本标准通常不适用于硬质多孔材料和含有多孔材料的夹层结构材料[5,6]。

注：对于某些纺织纤维增强的塑料，最好采用四点弯曲试验，见参考文献[4]。

1.4　本标准采用的试样可以是选定尺寸的模塑试样，也可以是用标准多用途试样中部机加工的试样（见 GB/T 11997—2008），或从成品或半成品如模塑件、挤出或浇铸板材经机加工的试样。

1.5　本标准推荐了最佳试样尺寸。用不同尺寸或不同条件制备的试样进行试验，其结果是不可比的。其他因素，如试验速度和试样的状态调节也会影响试验结果。尤其对于半结晶聚合物，表层的厚度取决于模塑条件和试样的厚度，会影响弯曲性能。因此，在要求数据比较时，必须仔细控制和记录这些因素。

1.6　只有具有线性应力-应变特性的材料，其弯曲性能才能作为工程设计的依据，而非线性材料的弯曲性能仅是公称值。对于脆性材料，即难于作拉伸试验的材料，最好采用弯曲试验。

2　规范性引用文件

下列文件中的条款通过本标准的引用而成为本标准的条款。凡是注日期的引用文件，其随后所有的修改单（不包括勘误的内容）或修订版均不适用于本标准，然而，鼓励根据本标准达成协议的各方研究是否可使用这些文件的最新版本。凡是不注日期的引用文件，其最新版本适用于本标准。

GB/T 2918—1998　塑料试样状态调节和试验的标准环境（idt ISO 291:1997）

GB/T 5471—2008　塑料　热固性塑料试样的压塑（ISO 295:2004，IDT）

GB/T 9352—2008　塑料　热塑性塑料材料试样的压塑（ISO 293:2004，IDT）

GB/T 11997—2008　塑料　多用途试样（ISO 3167:2002，IDT）

GB/T 17037.1—1997　热塑性塑料材料注塑试样的制备　第1部分：一般原理及多用途试样和长条试样的制备（idt ISO 294-1:1996）

GB/T 17200—1997　橡胶塑料拉力、压力、弯曲试验机　技术要求（idt ISO 5893:1993）

ISO 2602:1980　测试结果的统计处理和解释　均值的估计和置信区间

ISO 2818:1994　塑料——用机械加工方法制备试样

ISO 10724-1:1998　塑料——热固性粉末模塑复合物试样的注射模塑成型——第1部分：一般原则和多用途试样的模塑成型

3 术语和定义

下列术语和定义适用于本标准。

3.1

试验速度 test speed

v

支座与压头之间的相对移动的速率,以毫米每分(mm/min)为单位。

3.2

弯曲应力 flexural stress

σ_f

试样跨度中心外表面的正应力,以兆帕(MPa)为单位[见 9.1 中的式(5)]。

3.3

断裂弯曲应力 flexural stress at break

σ_{fB}

试样断裂时的弯曲应力(见图 1 中的曲线 a 和曲线 b),以兆帕(MPa)为单位。

3.4

弯曲强度 flexural strength

σ_{fM}

试样在弯曲过程中承受的最大弯曲应力(见图 1 中的曲线 a 和曲线 b),以兆帕(MPa)为单位。

3.5

在规定挠度时的弯曲应力 flexural stress at conventional deflection

σ_{fC}

达到 3.7 规定的挠度 s_C 时的弯曲应力(见图 1 中的曲线 c),以兆帕(MPa)为单位。

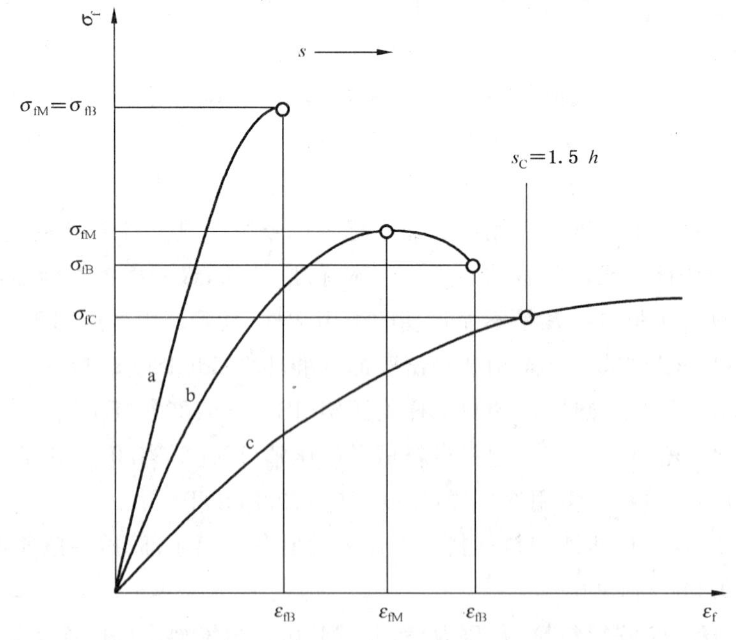

曲线 a——试样在屈服前断裂;

曲线 b——试样在规定挠度 s_C 前显示最大值后断裂;

曲线 c——试样在规定挠度 s_C 前既不屈服也不断裂。

图 1 弯曲应力 σ_f 随弯曲应变 ε_f 和挠度 s 变化的典型曲线

3.6

挠度 deflection

s

在弯曲过程中，试样跨度中心的顶面或底面偏离原始位置的距离，以毫米(mm)为单位。

3.7

规定挠度 conventional deflection

s_C

规定挠度为试样厚度 *h* 的 1.5 倍，以毫米(mm)为单位。当跨度 $L=16$ h 时，规定挠度相当于弯曲应变为 3.5%(见 3.8)。

3.8

弯曲应变 flexural strain

ε_f

试样跨度中心外表面上单元长度的微量变化，用无量纲的比或百分数(%)表示[见 9.2 中的式(6)和式(7)]。

3.9

断裂弯曲应变 flexural strain at break

ε_{fB}

试样断裂时的弯曲应变(见图 1 中的曲线 a 和曲线 b)，用无量纲的比或百分数(%)表示。

3.10

弯曲强度下的弯曲应变 flexural strain at flexural strength

ε_{fM}

最大弯曲应力时的弯曲应变(见图 1 中的曲线 a 和曲线 b)，用无量纲的比或百分数(%)表示。

3.11

弯曲弹性模量或弯曲模量 modulus of elasticity in flexure; flexural modulus

E_f

应力差 $\sigma_{f2}-\sigma_{f1}$ 与对应的应变差($\varepsilon_{f2}=0.0025$)$-$($\varepsilon_{f1}=0.0005$))之比[见 9.3 中的式(9)]，以兆帕(MPa)为单位。

注 1：弯曲模量仅是杨氏弹性模量的近似值。

注 2：能借助计算机用两个不同的应力-应变点测定模量 E_f，即把这两点间的曲线经线性回归处理后来表示。

3.12

硬质塑料 rigid plastic

在规定条件下[7]，弯曲弹性模量或(弯曲弹性模量不适用时)拉伸弹性模量大于 700 MPa 的塑料。

4 原理

把试样支撑成横梁，使其在跨度中心以恒定速度弯曲，直到试样断裂或变形达到预定值，测量该过程中对试样施加的压力。

5 试验机

5.1 概述

试验机应符合 GB/T 17200—1997 的要求。

5.2 试验速度

试验机应具有表 1 所规定的试验速度(见 3.1)。

表 1 试验速度的推荐值

速度 v/(mm/min)	允差/%
1[a]	±20[b]
2	±20[b]
5	±20
10	±20
20	±10
50	±10
100	±10
200	±10
500	±10

[a] 厚度在 1 mm 至 3.5 mm 之间的试样，用最低速度。

[b] 速度 1 mm/min 和 2 mm/min 的允差低于 GB/T 17200—1997 的规定。

加速度、机架和试验机的柔量可能影响应力-应变曲线的起始部分。如 8.4 和 9.2 所述可以避免该问题。

5.3 支座和压头

两个支座和中心压头的位置情况如图 2 所示，在试样宽度方向上，支座和压头之间的平行度应在 ±0.2 mm以内。

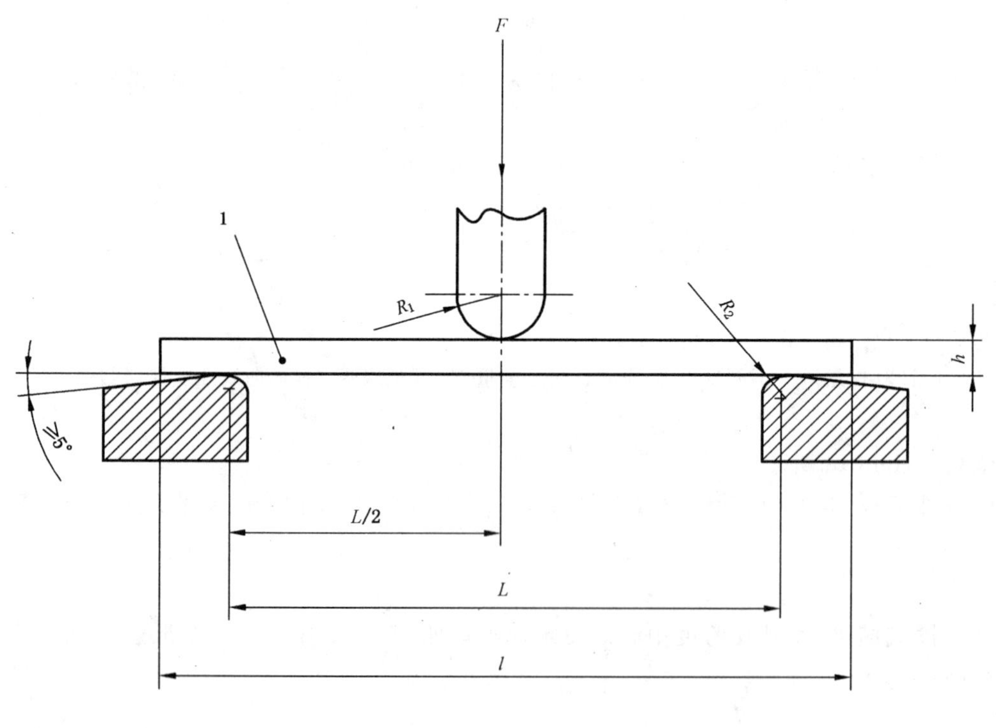

1——试样；
h——试样厚度；
F——施加力；
l——试样长度；
R_1——压头半径；
R_2——支座半径；
L——支座间跨距的长度。

图 2 试验开始时的试样位置

压头半径 R_1 和支座半径 R_2 尺寸如下：

R_1＝5.0 mm±0.1 mm；

R_2＝2.0 mm±0.2 mm，试样厚度≤3 mm；

R_2＝5.0 mm±0.2 mm，试样厚度＞3 mm。

跨度 L 应可调节。

注：为了正确地调整和定位试样，以免影响应力-应变曲线的起始部位(见 8.4)，有必要对试样施加预应力。

5.4 负荷和挠度指示装置

力值的示值误差不应超过实际值的 1%，挠度的示值误差不应超过实际值的 1%(见 GB/T 17200—1997)。

注 1：测定弯曲模量时，使用的实际值是计算应变之差的上限值(ε_2＝0.002 5)。例如当使用推荐试样类型(见 6.1.2)时，试样厚度 h 为 4 mm，跨距 L 为 16 h(见 8.3)，根据式(6)计算出挠度 s_2 为 0.43 mm 时，挠度测量系统的允差为±4.3 μm。

注 2：环形应变仪已经商品化，这样在试样安装过程中因未对准而可能产生的横向力能够得到补偿。

6 试样

6.1 形状和尺寸

6.1.1 概述

试样尺寸应符合相关的材料标准，若适用，应符合 6.1.2 或 6.1.3 的要求。否则，应与有关方面协商试样的类型。

6.1.2 推荐试样

推荐试样尺寸：

长度 l：80 mm±2 mm；

宽度 b：10.0 mm±0.2 mm；

厚度 h：4.0 mm±0.2 mm。

对于任一试样，其中部 1/3 的长度内各处厚度与厚度平均值的偏差不应大于 2%，宽度与平均值的偏差不应大于 3%。试样截面应是矩形且无倒角。

注：推荐试样可以从按 GB/T 11997—2008 的规定制成的多用途试样的中部机加工制取。

6.1.3 其他试样

当不可能或不希望采用推荐试样时，试样应符合下面的要求。

试样长度和厚度之比应与推荐试样相同，如式(1)所示：

$$l/h = 20 \pm 1 \qquad (1)$$

按 8.3a)、8.3 b)或 8.3c)提供的试样不受此约束。

注：某些产品标准要求从厚度大于规定上限的板材上制取试样时，可采用机加工方法，仅从单面加工到规定厚度，此时，通常是把试样的未加工面与两个支座接触，中心压头把力施加到试样的机加工面上。

试样宽度应采用表 2 给出的规定值。

表 2 与试样厚度 h 相关的宽度值 b 单位为毫米

公称厚度 h	宽度 b[a]
$1<h\leqslant3$	25.0±0.5
$3<h\leqslant5$	10.0±0.5
$5<h\leqslant10$	15.0±0.5
$10<h\leqslant20$	20.0±0.5

表 2（续）　　单位为毫米

公称厚度 h	宽度 b[a]
$20<h\leqslant35$	35.0±0.5
$35<h\leqslant50$	50.0±0.5
[a] 含有粗粒填料的材料，其最小宽度应为 30 mm。	

6.2 各向异性材料

6.2.1 这类材料的物理性能，例如弹性与方向有关，应使所选择的试样承受弯曲应力的方向与其产品（模塑制品、板、管等）在使用时承受弯曲应力的方向相同或相近。如果已知该方向，试样和设计的最终产品之间的关系将决定是否使用标准的试样。

注：试样的取样位置、取样方向和尺寸，有时对测试结果有很大的影响。

6.2.2 当材料的弯曲特性在两个主要方向上显示出有很大差别时，应在这两个方向上进行试验，并记录试样的取向与主方向的关系（见图 3）。

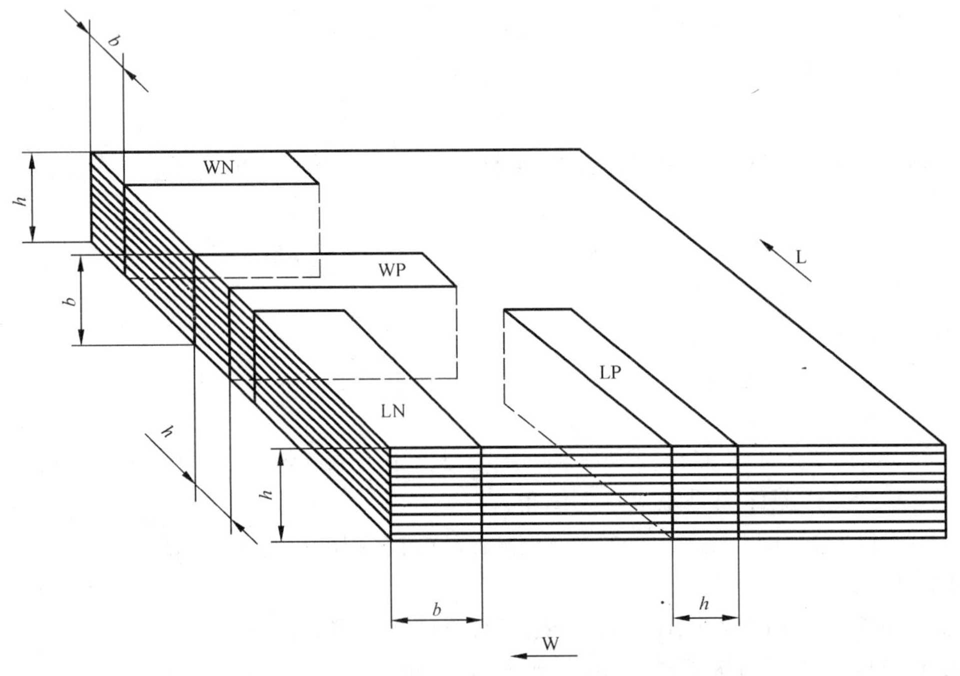

L——产品的长度方向；
W——产品的宽度方向。

试样位置	产品方向	施力方向
LN	长度	垂直层压面
WN	宽度	
LP	长度	平行层压面
WP	宽度	

图 3　相对于产品方向和施力方向的试样位置

6.3 试样制备

6.3.1 模塑和挤塑料

试样应根据相关的材料标准进行制备。当没有材料标准或其他规定时，则可根据需要，按照 GB/T 9352—2008、GB/T 17037.1—1997、GB/T 5471—2008、ISO 10724-1:1998 的要求直接模压或注塑试样。

6.3.2 板材

试样应根据 ISO 2818:1994 的规定从片材上机加工制取。

6.4 试样检查

试样不可扭曲,相对的表面应互相平行,相邻的表面应互相垂直。所有的表面和边缘应无刮痕、麻点、凹陷和飞边。

借助直尺、规尺和平板,目视检查试样是否符合上述要求,并用游标卡尺测量。

试验前,应剔除测量或观察到的有一项或多项不符合上述要求的试样,或将其加工到合适的尺寸和形状。

注:为了便于脱模,注塑试样通常有 1°~2°的脱模角,因此模塑试样的侧面通常不完全平行。

6.5 试样数量

6.5.1 在每一试验方向上至少应测试五个试样(见图 3)。如果要求平均值要有更高的精密度,试样数量可能会超过五个,具体的试样数量可用置信区间进行估算(95%概率,见 ISO 2602:1980)。

6.5.2 直接注塑的试样,应至少测试五个试样。

注:建议试样在同一方向上试验,即与中空板或固定板接触的表面(根据需要,参见 GB/T 17037.1—1997 或 ISO 10724-1:1998),通常与支座接触,以消除模塑过程中所引起的任何不对称性的影响。

6.5.3 试样在跨度中部 1/3 外断裂的试验结果应予作废,并应重新取样进行试验。

7 状态调节

试样应按其材料标准的规定进行状态调节,除另有商定,如高温或低温试验除外,若无相关标准时,应从 GB/T 2918—1998 中选择最合适的条件进行状态调节。GB/T 2918—1998 中推荐的状态调节环境为 23/50,只有当知道材料的弯曲性能不受湿度影响时,才不需要控制湿度。

8 试验步骤

8.1 试验应在受试材料的标准规定的环境中进行。若无相关标准时,应从 GB/T 2918—1998 中选择最合适的环境进行试验。另有商定的,如高温或低温试验除外。

8.2 测量试样中部的宽度 b,精确到 0.1 mm;厚度 h,精确到 0.01 mm,计算一组试样厚度的平均值 $\bar{h}$。

剔除厚度超过平均厚度允差±2%的试样,并用随机选取的试样来代替。

本标准应在室温下测量用于测定弯曲性能的试样尺寸。对于在其他温度下测定的弯曲性能,没有考虑热膨胀所产生的影响。

8.3 按式(2)调节跨度:

$$L=(16\pm1)\bar{h} \qquad \cdots\cdots(2)$$

并测量调节好的跨度,精确到 0.5%。

除下列情况外,都应用式(2)计算跨度:

a) 对于很厚且单向纤维增强的试样,为避免因剪切分层,可用较大的 $L/\bar{h}$ 比值来计算跨度。

b) 对于很薄的试样,为适应试验机的能力,可用较小的 $L/\bar{h}$ 比值来计算跨度。

c) 对于软性的热塑性塑料,为防止支座嵌入试样,可用较大的 $L/\bar{h}$ 比值。

8.4 试验前试样不应过分受力。为避免应力-应变曲线的起始部分出现弯曲,有必要施加预应力。在测量模量时,试验开始时试样所受的弯曲应力 σ_{f0}(见图 4)应该为正值,且处于下列范围内:

$$0\leqslant\sigma_{f0}\leqslant5\times10^{-4}E_f \qquad \cdots\cdots(3)$$

该范围与 $\varepsilon_{f0}\leqslant0.05\%$ 的预应变相对应。当测量相关性能,如 σ_{fM}、σ_{fC} 或 σ_{fB} 时,试验开始时试样所受的弯曲应力 σ_{f0} 应处于下列范围内:

$$0\leqslant\sigma_{f0}\leqslant5\times10^{-2}\sigma_f \qquad \cdots\cdots(4)$$

注:高粘弹性、高韧性的材料,如聚乙烯、聚丙烯或湿态聚酰胺的弯曲模量受预应力影响明显。

8.5 按受试材料标准的规定设置试验速度，若无相关标准，从表1中选一速度值，使弯曲应变速率尽可能接近1%/min，对于6.1.2中的推荐试样，给定的试验速度为2 mm/min。

8.6 把试样对称地放在两个支座上，并于跨度中心施加力(见图2)。

8.7 记录试验过程中施加的力和相应的挠度，若可能，应用自动记录装置来执行这一操作过程，以便得到完整的应力-应变曲线图[见9.1中式(5)]。

根据力-挠度或应力-挠度曲线或等效的数据来确定在第3章中的相关应力、挠度和应变值。对于柔量修正的方法见附录A。

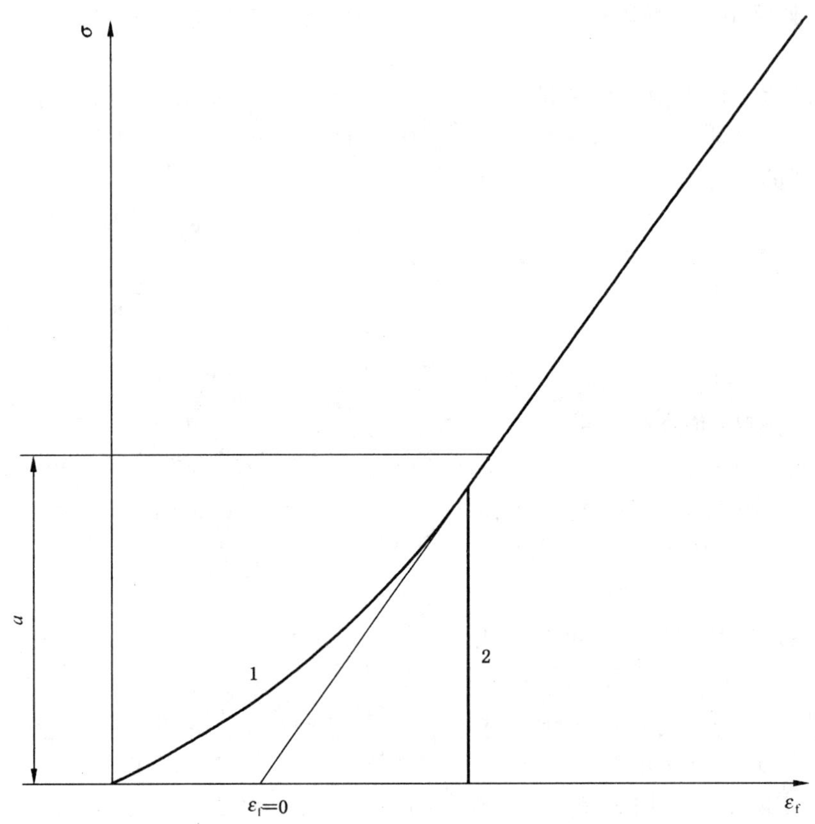

1——应力-应变曲线的起始部分区域。

2——应力-应变曲线的起始部分的预应力。

$a \leqslant 5 \times 10^{-4} E_f$ 或 $\leqslant 10^{-2} \sigma_f$。

图4 带有曲线起始部分和测定零应变点的应力-应变曲线示例

9 结果计算和表示

9.1 弯曲应力

用式(5)计算第3章中定义的弯曲应力参数：

$$\sigma_f = \frac{3FL}{2bh^2} \qquad \cdots\cdots(5)$$

式中：

σ_f——弯曲应力，单位为兆帕(MPa)；

F——施加的力，单位为牛顿(N)；

L——跨度，单位为毫米(mm)；

b——试样宽度,单位为毫米(mm);

h——试样厚度,单位为毫米(mm)。

9.2 弯曲应变

用式(6)或式(7)计算第3章中定义的弯曲应变参数:

$$\varepsilon_f = \frac{6sh}{L^2} \qquad \cdots\cdots(6)$$

$$\varepsilon_f = \frac{600sh}{L^2}\% \qquad \cdots\cdots(7)$$

式中:

ε_f——弯曲应变,用无量纲的比或百分数表示;

s——挠度,单位为毫米(mm);

h——试样厚度,单位为毫米(mm);

L——跨度,单位为毫米(mm)。

如果从应力-应变曲线的起始部分找到曲线区域,就可以从8.4(见图4)中所述的初始弯曲应力上外推出零应变。

9.3 弯曲模量

测定弯曲模量,根据给定的弯曲应变 $\varepsilon_{f1}=0.000\ 5$ 和 $\varepsilon_{f2}=0.002\ 5$,按式(8)计算相应的挠度 s_1 和 s_2:

$$s_i = \frac{\varepsilon_{fi}L^2}{6h}(i=1,2) \qquad \cdots\cdots(8)$$

式中:

s_i——单个挠度,单位为毫米(mm);

ε_f——相应的弯曲应变,即上述的 ε_{f1} 和 ε_{f2} 值;

L——跨度,单位为毫米(mm);

h——试样厚度,单位为毫米(mm)。

再根据式(9)计算弯曲模量 E_f:

$$E_f = \frac{\sigma_{f2}-\sigma_{f1}}{\varepsilon_{f2}-\varepsilon_{f1}} \qquad \cdots\cdots(9)$$

式中:

E_f——弯曲模量,单位为兆帕(MPa);

σ_{f1}——挠度为 s_1 时的弯曲应力,单位为兆帕(MPa);

σ_{f2}——挠度为 s_2 时的弯曲应力,单位为兆帕(MPa)。

若借助计算机来计算,见3.11中的注2。

注:所有关于弯曲性能的公式仅在线性应力-应变行为才是精确的(见1.6),因此对大多数塑料,仅在小挠度时才是精确的。

9.4 统计参数

计算试验结果的算术平均值,若需要,可按ISO 2602:1980来计算平均值的标准偏差和95%的置信区间。

9.5 有效数字

应力和模量计算到3位有效数字,挠度计算到2位有效数字。

10 精密度

本标准暂无精密度数据,ISO 178:2001精密度数据见附录B。

11 试验报告

试验报告应该包含以下信息和内容：

a) 注明采用本标准；

b) 注明试验材料所有已知的必要信息，包括类型、来源、生产批号、形态和成型工艺；

c) 对于板材，注明板材的厚度，若需要，应注明试样的轴线方向与板材某些特征的关系；

d) 试样的形状和尺寸；

e) 试样的制备方法；

f) 若需要，注明试验条件和状态调节方法；

g) 试样数量；

h) 所用跨度的公称长度；

i) 试验速度；

j) 试验设备的精度等级；

k) 力施加的表面；

l) 若需要，给出每个试样的试验结果；

m) 试验结果的平均值；

n) 若需要，给出平均值的标准偏差和95%置信区间；

o) 试验日期。

附 录 A
（规范性附录）
柔 量 修 正

如果不能直接测量挠度 s，必须准确记录试验机横梁间距离的变化量 s_C 来替代挠度，这个距离的变量应该用试验机的柔量 C_M 进行修正。可以使用已知拉伸模量的高硬度材料的参考棒，如钢板来测定 C_M。用式（A.1）和式（A.2）计算挠度 s：

$$s = s_C - C_M F \qquad \text{(A.1)}$$

$$C_M = \frac{s_R}{F} - \frac{L_R^3}{4E_R b_R h_R^3} \qquad \text{(A.2)}$$

式中：

s——挠度，单位为毫米(mm)；

s_C——试验机上，选定两点之间的距离变化量，单位为毫米(mm)；

C_M——试验机选定点之间的柔量，单位为毫米每牛顿(mm/N)；

F——施加力，单位为牛顿(N)；

s_R——使用参考试样时，选定点之间的距离变化量，单位为毫米(mm)；

L_R——测量柔量时的跨度，单位为毫米(mm)；

E_R——参考材料的拉伸模量，单位为兆帕(MPa)；

b_R——参考试样的宽度，单位为毫米(mm)；

h_R——参考试样的厚度，单位为毫米(mm)。

另一种方法是，如果能够测量参考试样相对于支座的准确挠度 Δs_R，则可以用式（A.3）测定试验机的柔量：

$$C_M = \frac{1}{F}(s^* - \Delta s_R) \qquad \text{(A.3)}$$

式中：

s^*——试验中设备显示的位移，如横梁的位移；

Δs_R——用一台校准的参考仪器测量的参考试样的挠度。

在这种情况下，不必知道参考材料的模量。

对于相应的力值范围，应保证柔量 C_M 是恒定的。如果出现诸如机架影响试验机的一个或多个部件的情况，柔量可能是无效的，可将试验机的变形假定为简单的线性关系（$s_C = C_M \times F$）。

附 录 B
（资料性附录）
精密度说明

B.1 表 B.1 和表 B.2 是按照 ASTM E691《测定试验方法精密性进行实验室间研究的标准实施规范》，根据循环试验得到的数据。应由同一机构制样并分发样品。由 5 个单个测试值的平均值作为一个试验结果。对于每种材料，每个实验室应得出两个试验结果。

表 B.1 在规定挠度为 3.5%a 时弯曲应力的精密度数据 单位为兆帕

材料	平均值	s_r	s_R	r	R
聚碳酸酯	70.5	0.752	1.99	2.11	5.58
ABS	72.1	0.382	2.67	1.07	7.49
高密度聚乙烯	20.4	0.129	0.505	0.36	1.42
玻纤增强聚砜	156[a]	1.65	3.13	4.26	8.75
注：所使用的代数符号的意义，见表 B.2。					
[a] 已测出玻纤增强聚砜的弯曲强度。					

表 B.2 弯曲模量的精密度数据 单位为兆帕

材料	平均值	s_r	s_R	r	R
聚碳酸酯	2 310	45.6	146	128	410
ABS	2 470	33.6	157	94.0	439
高密度聚乙烯	1 110	15.0	94.4	41.9	264
玻纤增强聚砜	8 510	83.5	578	234	1 618
注：s_r——实验室内标准偏差； s_R——实验室间标准偏差； r——95%重复性的极限值（=2.8 s_r）； R——95%再现性的极限值（=2.8 s_R）。					

B.2 表 B.1 中的数据是根据循环试验，由 9 个实验室对 4 种材料进行测试的结果，表 B.2 中的数据是根据循环试验，由 11 个实验室对 4 种材料进行测试的结果。

注：以下对 r 和 R（见 B.3）的解释只是为了给出考虑该测试方法的近似精密度的一种有意义的方法。由于表 B.1 和表 B.2 中的数据是根据循环试验得出的，可能不能代表其他的批次、测试条件、材料或实验室，因此不能严格地作为接受或拒绝材料的依据。该测试方法的使用者应使用 ASTM E 691 的原理，根据自己的实验室条件和材料或在实验室之间建立相关数据。对于这些数据，B.3 中的原理应该是有效的。

B.3 表 B.1 和表 B.2 中 r 和 R 的概念

如果 s_r 和 s_R 是由大量充足的数据计算出来的，并且每个试验结果是由 5 个试样的测试结果得出的，则：

a) 重复性：如果由同一个实验室得出的两个试验结果的差大于该材料的 r 值，则应判断这两个值不等价。r 间隔表示了同一材料的两个试验结果之间的临界差，试验结果应由同一操作者使用同一设备在同一实验室中进行测试得出。

b) 再现性：如果由不同实验室得出的两个试验结果的差大于该材料的 R 值，则应判断这两个值不等价。R 间隔表示了同一材料的两个试验结果之间的临界差，试验结果应由不同操作者使用不同设备在不同实验室中进行测试得出。

c) 根据 a) 和 b) 进行的判断大约有 95%（0.95）的置信概率。

参 考 文 献

[1] GB/T 1040.1—2006 塑料 拉伸性能的测定 第1部分:总则(ISO 527-1:1993,IDT).

[2] GB/T 19467.1—2004 塑料 可比单点数据的获得和表示 第1部分:模塑材料(ISO 10350-1:1998,MOD).

[3] GB/T 19467.2—2004 塑料 可比单点数据的获得和表示 第2部分:长纤维增强材料(ISO 10350-2:2001,IDT).

[4] GB/T 1449—2005 纤维增强塑料弯曲性能试验方法(ISO 14125: 1998,NEQ).

[5] GB/T 8812.1—2007 硬质泡沫塑料 弯曲性能的测定 第1部分:基本弯曲试验(ISO 1209-1:2004,IDT).

[6] GB/T 8812.2—2007 硬质泡沫塑料 弯曲性能的测定 第2部分:弯曲强度和表观弯曲弹性模量的测定(ISO 1209-2:2004,IDT).

[7] GB/T 2035—2008 塑料术语及其定义(ISO 472:1999,IDT).

ICS 83.080.01
G 32

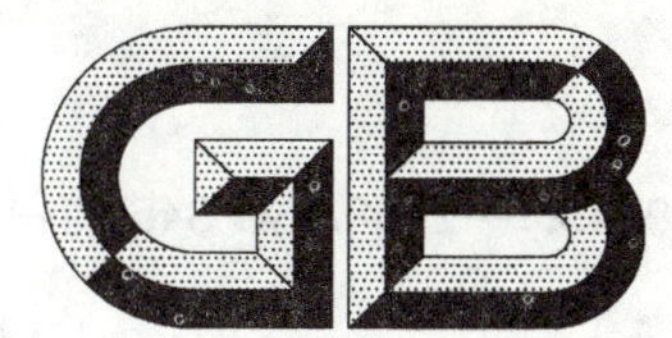

中华人民共和国国家标准

GB/T 9345.1—2008/ISO 3451-1:1997
代替 GB/T 9345—1988

塑料　灰分的测定
第1部分:通用方法

Plastics—Determination of ash—
Part 1:General methods

(ISO 3451-1:1997,IDT)

2008-08-14 发布　　　　2009-04-01 实施

中华人民共和国国家质量监督检验检疫总局
中国国家标准化管理委员会　发布

前　言

GB/T 9345《塑料　灰分的测定》分为五个部分：

——第1部分：通用方法；

——第2部分：聚对苯二甲酸烷撑酯；

——第3部分：未增塑的乙酸纤维素；

——第4部分：聚酰胺；

——第5部分：聚氯乙烯。

本部分为GB/T 9345的第1部分，对应于ISO 3451-1:1997《塑料——灰分的测定——第1部分：通用方法》(1997年英文版)。本部分等同采用ISO 3451-1:1997。

为便于使用，本部分作了下列编辑性修改：

a) 把"本国际标准"一词改为"本标准"或"GB/T 9345"，把"ISO 3451的本部分"改成"GB/T 9345的本部分"或"本部分"；

b) 删除了ISO 3451-1:1997的前言；

c) 增加了国家标准本部分的前言；

d) 用我国的小数点符号"."代替国际标准中的小数点符号","；

e) 把该稿中的"%(m/m)"、"%(v/v)"、"质量百分数"及第7章公式中的不当之处进行了调整。

本部分代替GB/T 9345—1988《塑料灰分通用测定方法》。

本部分与GB/T 9345—1988相比，主要变化如下：

——增加了精密度数据；

——设备上增加了通风橱；

——在涉及人身安全的试剂后增加了警示语。

本部分由中国石油和化学工业协会提出。

本部分由全国塑料标准化技术委员会塑料树脂通用方法和产品分会(TC 15/SC 4)归口。

本部分负责起草单位：国家合成树脂质量监督检验中心、北京燕化石油化工股份有限公司树脂应用研究所。

本部分参加起草单位：国家石化有机原料合成树脂质量监督检验中心、国家化学建筑材料测试中心、国家塑料制品质量监督检验中心(北京)、国家塑料制品质量监督检验中心(福州)、中昊晨光化工研究院、广州金发科技股份有限公司等。

本部分主要起草人：郑宁、王建东、陈宏愿、刘玉春、刘山生、何芃。

本部分所代替标准的历次版本发布情况为：

——GB/T 9345—1988。

塑料　灰分的测定
第1部分:通用方法

1　范围

GB/T 9345的本部分规定了测定各种塑料(树脂及混合料)中灰分的通用方法及合适的试验条件。某种材料所选择的具体条件,可在该塑料的材料规范中规定。

含有增强材料玻璃纤维、填料和/或某些添加剂的塑料的具体试验条件将在GB/T 9345的有关特定类型塑料的其他部分中规定(见前言)。

2　原理

测定有机物的灰分,有以下三种基本方法:

a)　直接煅烧法(方法A),即燃烧有机物并在高温下煅烧处理残留物直至恒重。

b)　硫酸化后再煅烧。可使用两种不同的操作步骤:

——燃烧后硫酸处理法,即燃烧有机物后,用浓硫酸处理无机残留物,使其转变成硫酸盐,再在高温下煅烧处理残留物直至恒重。此方法即为"硫酸化灰分"的一般方法(方法B)。

——燃烧前硫酸处理法,即把有机物与浓硫酸一起加热至冒烟,接着有机物燃烧,最后在高温下煅烧处理残留物直至恒重(方法C)。本方法适用于含有挥发性金属卤化物的有机物,因这些卤化物在燃烧时易于挥发,但不适用于含硅或含氟聚合物。

每种方法的最后一步,都是在600 ℃、750 ℃、850 ℃或950 ℃下煅烧直到恒重(见5.2)。

3　试剂(仅用于方法B和方法C)

在分析过程中,仅可使用分析纯的试剂及蒸馏水或同等纯度的水。

3.1　碳酸铵,无水。

3.2　硝酸铵,质量分数约10%的溶液。

3.3　硫酸,密度为1.84 g/cm^3。

警告:操作时要小心。

3.4　硫酸,体积分数50%的溶液。

警告:操作时要小心。

4　仪器

4.1　坩埚,与试验物质不起化学作用的石英坩埚、陶瓷坩埚或铂坩埚。

4.2　本生灯或其他合适的加热源。

4.3　马弗炉或微波炉,能控制在600 ℃±25 ℃,750 ℃±50 ℃,850 ℃±50 ℃或950 ℃±50 ℃范围内。

4.4　分析天平,分度值为0.1 mg。

4.5　移液管,容量合适,仅用于方法B和方法C。

4.6　干燥器,盛有与灰分不起反应的高效干燥剂。

注:如果灰分对水的亲和力大于所选的干燥剂对水的亲和力,则要另选更有效的干燥剂。

4.7　称量瓶。

4.8　通风橱。

5 操作步骤

5.1 试样量

所取的试样量要足够产生 5 mg～50 mg 的灰分。如预先未知灰分的近似含量,则要进行一次预测定。

表 1 给出推荐试样量。

表 1 推荐试样量

灰分近似含量(如已知道)/%	试样量/g	所得的灰分量/mg
≤0.01	≥200	5～50
>0.01～0.05	100	10～50
>0.05～0.1	50	25～50
>0.1～0.2	25	25～50
>0.2	≤10	20～50

对灰分量很少的塑料,必须增大试样量。当试样不能一次燃烧完时,就在一个合适的称量瓶中一次称取所需的量,然后分次把适量试样加入坩埚(4.1)进行连续燃烧,直到全部试样烧完为止。

5.2 试验条件

应按 5.3.6 规定连续煅烧至恒重,但在马弗炉(4.3)内于规定温度下煅烧的累计时间不应超过 3 h。

煅烧温度的选择和硫酸化处理法的选用,取决于该塑料的性质和它可能含有的添加剂。如果在各种符合要求的条件间进行选择,则宜选少于 3 h 便可达到恒重的条件。用较高的温度或硫酸化处理,通常能缩短煅烧的持续时间。

不论使用方法 A、方法 B 或方法 C,除非有特殊技术上或商业上的理由要求采用其他温度,通常最后煅烧温度应从下列温度系列中选择一种:

600 ℃±25 ℃,750 ℃±50 ℃,850 ℃±50 ℃,950 ℃±50 ℃。

灰化操作应在通风橱中进行。

5.3 方法 A——直接煅烧

5.3.1 把坩埚(4.1)放在马弗炉(4.3)内,在试验温度下加热至恒重。将其放入干燥器(4.6)内至少 1 h,使其冷却至室温,并在分析天平(4.4)上称量,精确到 0.1 mg。

5.3.2 将按相关材料规范规定进行预干燥的或已知其挥发物含量的试样放入已知质量的称量瓶(4.7)中。称量,精确至 0.1 mg 或试样量的 0.1%,试样量的多少以能产生 5 mg～50 mg 灰分为准。如果坩埚足够大,能容纳相当于 5 mg～50 mg 灰分的试样,则可直接把试样放在坩埚内称量。对体积较大的材料可先压成小块,然后再破碎成尺寸合适的碎片。

5.3.3 把试样放入坩埚中,不能超过坩埚高度的一半,然后直接在本生灯或其他合适的加热源(4.2)上加热,使其缓慢地燃烧。燃烧不可太剧烈,以免灰分粒子损失。冷却后再加其余的试样。重复上述操作直至烧完全部试样。

5.3.4 把坩埚放入已预热至规定温度的马弗炉中,煅烧 30 min。

5.3.5 把坩埚放入干燥器内冷却 1 h,或使其冷却至室温,并在分析天平(4.4)上称量,精确至 0.1 mg。

5.3.6 在相同条件下,再煅烧 30 min,直至恒重,即相继两次称量结果之差不大于 0.5 mg。

5.4 方法 B——燃烧后用硫酸处理再煅烧

5.4.1 按 5.3.1～5.3.3 的规定进行操作。

5.4.2 冷却后,用容量合适的移液管(4.5)逐滴加入硫酸溶液(3.4),使残留物完全润湿,并加热至不冒烟为止,应避免过于剧烈的沸腾。

5.4.3 如冷却后还有微量含碳物质，则加入一至五滴硝酸铵溶液(3.2)，再加热到不冒白烟为止。

5.4.4 为使上述步骤所生成的金属氧化物再变成硫酸盐，应在冷却后加约五滴浓硫酸(3.3)，并加热到不冒白烟为止。避免剧烈沸腾或由于大量冒烟而使灰分损失。

5.4.5 冷却后，加入1 g～2 g无水碳酸铵(3.1)，并加热到不再冒烟为止，在加热过程中要避免灰分损失。然后把坩埚放入预热至规定温度的马弗炉中，按5.3.4～5.3.6规定进行操作。

5.5 方法C——燃烧前用硫酸处理后再煅烧

5.5.1 本方法不适用于含硅或含氟聚合物。

5.5.2 按5.3.1和5.3.2规定进行操作。

5.5.3 把试样放入坩埚中，不要超过坩埚高度的一半。用移液管(4.5)加入足量浓硫酸(3.3)使之完全润湿材料。用表面皿盖住坩埚，在本生灯上用小火直接加热，直到有机物开始分解。

继续小心加热，调节表面皿以便让酸烟逸出，并确保不损失含灰分的物质。对于有失去含灰分物质趋势的塑料，建议把盛有试样的坩埚搁在一个由耐热材料(如陶瓷纤维)制成的孔板上，只用小火加热，使有机物只冒烟而不燃烧。如果最初放进坩埚的试样不足以产生所需的灰分量，则待坩埚冷却后，再加入另一部分试样，重复上述操作，直到在坩埚中烧尽全部试样。移去表面皿，并确保没有固体颗粒粘附在表面皿上。

当硫酸有蔓延到坩埚口的倾向，或尽管非常小心仍有一些试样由于反应剧烈而有损失的趋势时(聚氯乙烯经常如此)，则可用浓乙酸与浓硫酸的混酸来代替浓硫酸。使用混酸应征得有关方面同意，并在试验报告中注明。

5.5.4 按5.4.3～5.4.5规定进行操作。

6 试验次数

应在每种材料的相关标准中规定试验次数和试验结果所允许的分散性，若相关标准中没有规定，则进行二次测定，必要时还需要重复试验，直到相继二次测定结果之差不大于其平均值的10%为止。

7 结果表示

灰分或硫酸化灰分以质量分数计，数值以%表示，由式(1)给出：

$$\frac{m_1}{m_0} \times 100 \quad \cdots\cdots(1)$$

式中：

m_0——干燥试样质量，单位为克(g)；

m_1——所得灰分质量，单位为克(g)。

8 精密度

精密度的数据已由八个实验室用八种不同材料测试而得。结果汇总在表2中。

表2 精密度数据汇总

材料/填料	平均灰分/%	S_r	S_R	r	R
HDPE/防粘连剂	0.015	0.003 8	0.005 2	0.010 7	0.014 6
LDPE/防粘连剂	0.149	0.004 7	0.005 4	0.013 2	0.015 1
LDPE/防粘连剂	0.437	0.004 7	0.005 9	0.013 1	0.016 5
LDPE/防粘连剂	1.00	0.009 0	0.009 0	0.025 3	0.025 3
PET/SiO_2	3.18	0.044 8	0.044 8	0.125 3	0.125 3

表 2(续)

材料/填料	平均灰分/%	S_r	S_R	r	R
PET/TiO_2	12.46	0.046 1	0.051 5	0.129 2	0.144 1
PA/玻璃	33.16	0.271 5	0.282 2	0.760 2	0.790 2
PET/TiO_2	44.81	0.370 7	0.400 0	1.037 9	1.120 1

其中:

S_r——重复性标准偏差;

S_R——再现性标准偏差;

r——重复性限,即在重复性试验条件下(同一操作者、同一仪器、同一实验室、在短时间间隔内)所获得的置信水平为95%的两个单个测试结果绝对差值应低于的值;

R——再现性限,即在再现性试验条件下(不同操作者、不同仪器、不同实验室)所获得的置信水平为95%的两个单个测试结果的绝对差值应低于的值。

9 试验报告

试验报告应包括以下内容:

a) 注明引用 GB/T 9345 的本部分;

b) 受试材料的完整标识;

c) 注明所用的试验方法(方法 A、方法 B 或方法 C);如使用乙酸和硫酸的混酸(见 5.5.3 最后一段)则应注明;

d) 所用的煅烧温度;

e) 试验次数和每次所用的试样量;

f) 结果及其分散性。

ICS 83.080.20
G 32

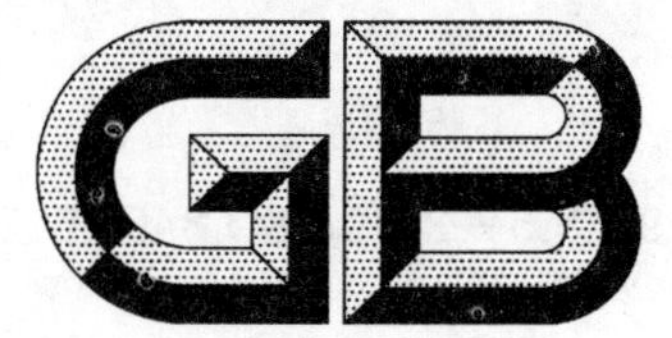

中华人民共和国国家标准

GB/T 9345.5—2010/ISO 3451-5:2002
代替 GB/T 13453.3—1992

塑料　灰分的测定
第5部分:聚氯乙烯

Plastics—Determination of ash—Part 5: Poly (vinyl chloride)

(ISO 3451-5:2002,IDT)

2010-08-09 发布　　2011-05-01 实施

中华人民共和国国家质量监督检验检疫总局
中国国家标准化管理委员会　发布

前　言

GB/T 9345《塑料　灰分的测定》分为五个部分：

——第1部分:通用方法；

——第2部分:聚对苯二甲酸烷撑酯；

——第3部分:未增塑的乙酸纤维素；

——第4部分:聚酰胺；

——第5部分:聚氯乙烯。

本部分为GB/T 9345的第5部分,对应于ISO 3451-5:2002《塑料　灰分的测定　第5部分:聚氯乙烯》(英文版)。本部分等同采用ISO 3451-5:2002。

为便于使用,本部分作了下列编辑性修改：

a) “本国际标准”一词改为“GB/T 9345”,把“ISO 3451本部分”改成“GB/T 9345的本部分”或“本部分”；

b) 删除了ISO 3451-5:2002的前言；

c) 用我国的小数点符号“.”代替国际标准中的小数点符号“,”；

d) 规范性引用文件中引用了等同采用国际标准的我国标准。

本部分代替GB/T 13453.3—1992《聚氯乙烯灰分和硫酸化灰分的测定》。

本部分与GB/T 13453.3—1992主要差异为：

——增加了“前言”；

——增加了“警示语”；

——增加了“规范性引用文件”一章(本版的第2章)；

——增加了一种灰分的测定方法:C法(本版的7.4)；

——增加了“安全防护”(本版的第6章)；

——增加了“测定次数”(本版的第8章)；

——增加了“精密度和偏差”(本版的第10章)；

——“试验报告”一章中增加了“试验所用方法、试料质量、试验日期、混合酸比例、灼烧3 h质量不恒定”等内容(1992年版的第7章;本版的第11章)；

——对“范围”进行了补充(见第1章)；

——修改了灼烧温度(1992年版的5.1;本版的7.2.1)；

——修改了用于测试的试料质量(1992年版的5.1;本版的7.1)；

——修改了坩埚规格(1992年版的4.1;本版的5.1)；

——修改了平行测定的偏差要求(1992年版的6.2;本版的第8章)。

本部分由中国石油和化学工业协会提出。

本部分由全国塑料标准化技术委员会聚氯乙烯树脂分会(SAC/TC 15/SC 7)归口。

本部分起草单位:锦西化工研究院。

本部分起草人:孙丽娟、陈沛云、杜凤梅。

本部分代替标准的历次版本发布情况为：

——GB/T 13453.3—1992。

请注意本部分的某些内容有可能涉及专利,本部分的发布机构不应承担识别这些专利的责任。

塑料　灰分的测定
第5部分:聚氯乙烯

警告——GB/T 9345的本部分在使用中可能涉及到危险的化学品、材料、操作和设备。本部分并未写明与本部分的使用相关的安全问题。本部分的使用者有责任制定适当的安全与健康制度,并在使用前确定这些规章制度的适用性。

聚氯乙烯在热分解时放出氯化氢等烟气,应采取预防措施以避免吸入。

1　范围

GB/T 9345的本部分规定了三种测定聚氯乙烯灰分的方法。采用了GB/T 9345.1中的通用步骤。方法A用于测定灰分,方法B和C用于测定硫酸化灰分。三种方法都可应用于树脂、混合物和制成品。当存在含铅化合物时应采用方法B和C。

2　规范性引用文件

下列文件中的条款通过GB/T 9345的本部分的引用而成为本部分的条款。凡是注日期的引用文件,其随后所有的修改单(不包括勘误的内容)或修订版均不适用于本部分,然而,鼓励根据本部分达成协议的各方研究是否可使用这些文件的最新版本。凡是不注日期的引用文件,其最新版本适用于本部分。

GB/T 9345.1—2008　塑料　灰分的测定　第1部分:通用方法(ISO 3451-1:1997,IDT)

3　原理

3.1　方法A(直接灼烧)

试料中的有机物被燃烧掉后,残余物在950 ℃灼烧,直至质量恒定。

3.2　方法B(燃烧后用硫酸处理再灼烧)

试料中的有机物被燃烧掉后,用浓硫酸使残余物转化为硫酸盐,最后,残余物在950 ℃下灼烧,直至质量恒定。

3.3　方法C(燃烧前用硫酸处理再灼烧)

试料中的有机物在加入浓硫酸后被燃烧掉,残余物在950 ℃下灼烧,直到质量恒定。由于本方法结果的重复性优于方法B,因而两者之中推荐本法。

如果存在含铅化合物,应使用方法B或方法C。

4　试剂(仅对方法B和方法C)

4.1　硫酸,密度1.84 g/mL,分析纯。

4.2　乙酸,100%,分析纯。

警告——应小心使用硫酸和乙酸。

5　仪器

仪器按GB/T 9345.1—2008中的规定,详细如下:

5.1　具盖的石英坩埚、铂坩埚或瓷坩埚,上口直径45 mm~75 mm,高度与直径相等,容积应使试料装填不超过坩埚容积的一半。

5.2 本生灯,具有石英三角架;或其他合适的加热装置。

5.3 马弗炉或微波炉,能控制温度 950 ℃±50 ℃。

5.4 吸管,适合的体积(仅用于方法 B 和 C)。

警告——在 7.3.4 和 7.4.3 需要使用吸管加入硫酸,必须用适宜的装置将酸吸入到吸管中(如橡胶吸球),绝对不能用口吸取。

5.5 干燥器,内盛不与灰分组分起化学反应的有效干燥剂。

注:在某种情况下,灰分的吸水性可能大于普通使用的干燥剂的吸水性。

5.6 分析天平,精确至 0.1 mg。

5.7 称量瓶。

6 安全防护

6.1 在实验室工作时应始终佩戴防护镜。

6.2 应采取在明火或高温条件下工作时所有通用的安全防护措施,当向马弗炉中送入或取出试料时,应使用绝缘手套和长坩埚钳。

6.3 加热试料应在通风橱内进行,试料灼烧应使用具有适宜排气孔的马弗炉。

6.4 仔细阅读并严格按照在正文开始部分的警告和第 4 章及 5.4 和 7.4.3 的操作要求执行。

7 步骤

7.1 试料

表 1 中给出了推荐的试料量。

表 1 试料质量

样品		试料质量/g
树脂		5
干混料或粒料,产品所含填充物	>10%	2
干混料或粒料,产品无填充物或所含填充物	≤10%	5

7.2 方法 A(非硫酸化灰分的测定)

7.2.1 将清洁的坩埚(见 5.1)及盖于马弗炉(5.3)内在 950 ℃±50 ℃下灼烧 10 min,然后在干燥器内冷却至室温,称量坩埚及盖,精确至 0.1 mg。

7.2.2 将适量的试料放入坩埚内(见表 1)(制成品试料应切成小块)。称量坩埚、盖和试料,精确至 0.1 mg,并计算试料质量(m_0)。

7.2.3 在加热装置(见 5.2)上直接加热坩埚,使试样慢慢燃烧以防止灰分损失,继续加热直至不再冒烟为止。

在剧烈燃烧的情况下,试料应该逐次加入。

7.2.4 部分盖上坩埚盖,以使挥发性物质可以逸出且不会带出灰分。将坩埚放在 950 ℃±50 ℃恒温的马弗炉入口处(入口处的温度大约为 300 ℃~400 ℃),然后将坩埚慢慢推入炉内,在 950 ℃±50 ℃下灼烧 30 min。

建议将盖子设计为如下形式:当将其放在坩埚上时,盖子与坩埚配合良好,但又不完全封闭坩埚。

7.2.5 将坩埚和盖从炉内移出,放入干燥器内,使其冷却至室温并称量,精确至 0.1 mg(m_1)。

7.2.6 在同样条件下再次灼烧,直至质量恒定。即直至两次连续称量结果之差不大于 0.5 mg。但在炉内的加热时间累计不应超过 3 h,如果累计时间达 3 h 仍不能达到质量恒定,则 3 h 时称量的量用于测试结果的计算。

7.3 **方法 B（硫酸化灰分的测定）**

7.3.1 按 7.2.1 进行。

7.3.2 按 7.2.2 进行。

7.3.3 按 7.2.3 进行。

7.3.4 在坩埚及内容物冷却后，用吸管(5.4)滴加硫酸(4.1)至残余物完全浸湿，在适当的加热装置上小心加热至不再冒烟为止，注意防止坩埚内容物溅出。

7.3.5 如果坩埚冷却后还有明显的碳存在，加(1～5)滴硫酸并再加热至不冒白烟为止。

7.3.6 将坩埚放在 950 ℃±50 ℃恒温的马弗炉的入口处，然后按照 7.2.4、7.2.5 和 7.2.6 进行，灼烧后的残余物应是灰色或白色，但不应是黑色。

7.4 **方法 C(硫酸化灰分的测定)**

7.4.1 按 7.2.1 进行。

7.4.2 按 7.2.2 进行。

7.4.3 使用吸管，逐滴加入尽可能少量的浓硫酸(4.1)但应使试料均匀润湿，盖上坩埚盖并在加热装置上加热，重复这一操作直至完全分解和炭化。

当硫酸有浸上坩埚边缘的倾向，或尽管已采取预防措施，某些试料由于剧烈的反应仍有从坩埚损失的倾向时，可以用乙酸和硫酸的混合物代替硫酸。使用混合酸应取得有关方面的同意，并且应在试验报告中注明。

警告——在燃烧之前进行炭化是必须的，因为如果在加入硫酸后马上将坩埚放入马弗炉内，将发生剧烈的燃烧。应小心地制备和处理乙酸和硫酸的混合物。

7.4.4 按 7.2.4 进行。

7.4.5 按 7.2.5 进行。

7.4.6 按 7.2.6 进行。

8 测定次数

进行两次测定，计算结果的算术平均值，如果两个试验结果之差的绝对值大于平均值的 5%，则重复操作直至两个连续结果彼此之差的绝对值不大于平均值的 5%。

9 结果表示

非硫酸化灰分(方法 A)或硫酸化灰分含量(方法 B 和 C)，以%表示，由下式给出：

$$\frac{m_1}{m_0} \times 100$$

式中：

m_0——试料质量的数值，单位为克(g)；

m_1——得到的灰分质量的数值，单位为克(g)。

10 精密度和偏差

由于没有得到实验室间数据，本方法的精密度和偏差尚未能确定。由于聚氯乙烯产品配方范围较广，因此无法给出覆盖所有聚氯乙烯配方的精密度和偏差的详细规定。

11 试验报告

试验报告应包括以下部分：

a) 引用 GB/T 9345 的本部分；

b) 所有完整描述样品所必需的说明，包括型号、生产商代码号、来源、商品名等；

c) 所用方法(方法 A、B 或 C);

d) 两次测定中每个试料质量;

e) 两次测定灰分含量的单独结果和平均值;

f) 如果累计 3 h 仍不能达到质量恒定,需要在报告中注明(见 7.2.6);

g) 如果在方法 C 中使用乙酸和硫酸的混合物,需注明混合酸的比例(见 7.4.3);

h) 试验日期。

ICS 83.080.20
G 32

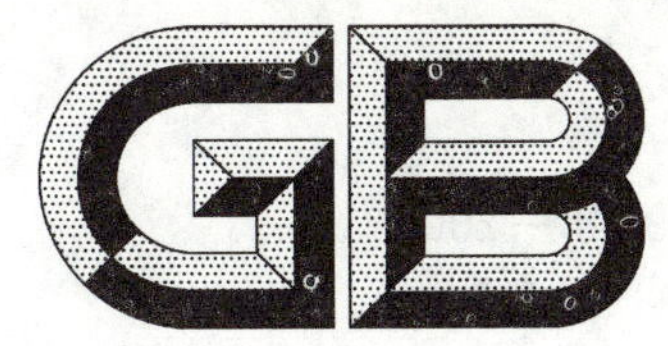

中华人民共和国国家标准

GB/T 9348—2008
代替 GB/T 9348—1988

塑料　聚氯乙烯树脂
杂质与外来粒子数的测定

Plastics—Poly(vinyl chloride) resins—Determination of number of impurities and foreign particles

(ISO 1265:2007,MOD)

2008-05-15 发布　　　　2008-11-01 实施

中华人民共和国国家质量监督检验检疫总局
中国国家标准化管理委员会　发布

前　言

本标准修改采用 ISO 1265:2007(E)《塑料　聚氯乙烯树脂　杂质与外来粒子数的测定》(英文版)。

本标准根据 ISO 1265:2007(E)重新起草,与其主要技术性差异如下:

——ISO 1265:2007(E)规定计数粒径大于 0.250 mm 的杂质,本标准要求计数目视可见的杂质,据此删除了相关的“注 2”和“图 2”。

为便于使用,本标准作了下列编辑性修改:

a) “本国际标准”一词改为“本标准”;

b) 删除了国际标准的前言。

本标准代替 GB/T 9348—1988《聚氯乙烯树脂的杂质与外来物粒子数的测定方法》。

本标准与前版标准主要技术差异:

——仪器中增加了计时器(本版 3.3);

——对操作步骤进行了修改(1988 年版第 4 章,本版第 4 章);

——对结果表示进行了修改(1988 年版第 5 章,本版第 5 章);

——增加了附录 A“计数杂质数(杂质与外来粒子)和结果表示的逻辑图”。

本标准的附录 A 为资料性附录。

本标准由中国石油和化学工业协会提出。

本标准由全国塑料标准化技术委员会聚氯乙烯树脂产品分会(SAC/TC 15/SC 7)归口。

本标准起草单位:锦西化工研究院、中国石化齐鲁股份有限公司氯碱厂、四川省金路树脂有限公司。

本标准主要起草人:陈沛云、郝晶、孙丽娟、翟怀吉、周悠贵。

本标准于 1988 年首次发布。

请注意本标准的某些内容有可能涉及专利,本标准的发布机构不应承担识别这些专利的责任。

塑料 聚氯乙烯树脂 杂质与外来粒子数的测定

1 范围

本标准规定了在展开的聚氯乙烯树脂表面测定杂质与外来粒子数的方法。

由于糊用树脂的粒子过细,本方法不适用于糊用树脂的测定。

2 原理

把一定量的树脂放在一硬质平板(用一张白色蜡光纸覆盖)和带网格的玻璃板之间并展平,数出25个方格中可见的杂质与外来粒子数。

结果用外推法表示为每100个方格中的杂质点(杂质与外来粒子)数。

3 仪器

3.1 玻璃板,340 mm×340 mm×4.5 mm,无色、透明,没有划痕、气泡、黑点之类的缺陷[1)]。

在玻璃板的中央,是一个由100个30 mm×30 mm的方格组成的300 mm×300 mm的网格。方格网可以用擦不掉的铅笔、金刚石或其他适当的工具在不接触树脂的一面画出。

3.2 硬质平板:450 mm×450 mm,用一张白色蜡光纸覆盖。

3.3 计时器(如秒表)。

4 操作步骤

在硬质平板(3.2)上摊开大约200 mL(1 cm^3=1 mL) 试料。

将玻璃板(3.1)压在试料上,轻轻移动玻璃板,展开试料,使试料与玻璃板的接触面积至少在25个方格以上,最好在玻璃板的中央。

用深色铅笔标明25个所选方格的界限(如图1)。

1) 如有上述缺陷,则在检测计数时给予考虑。

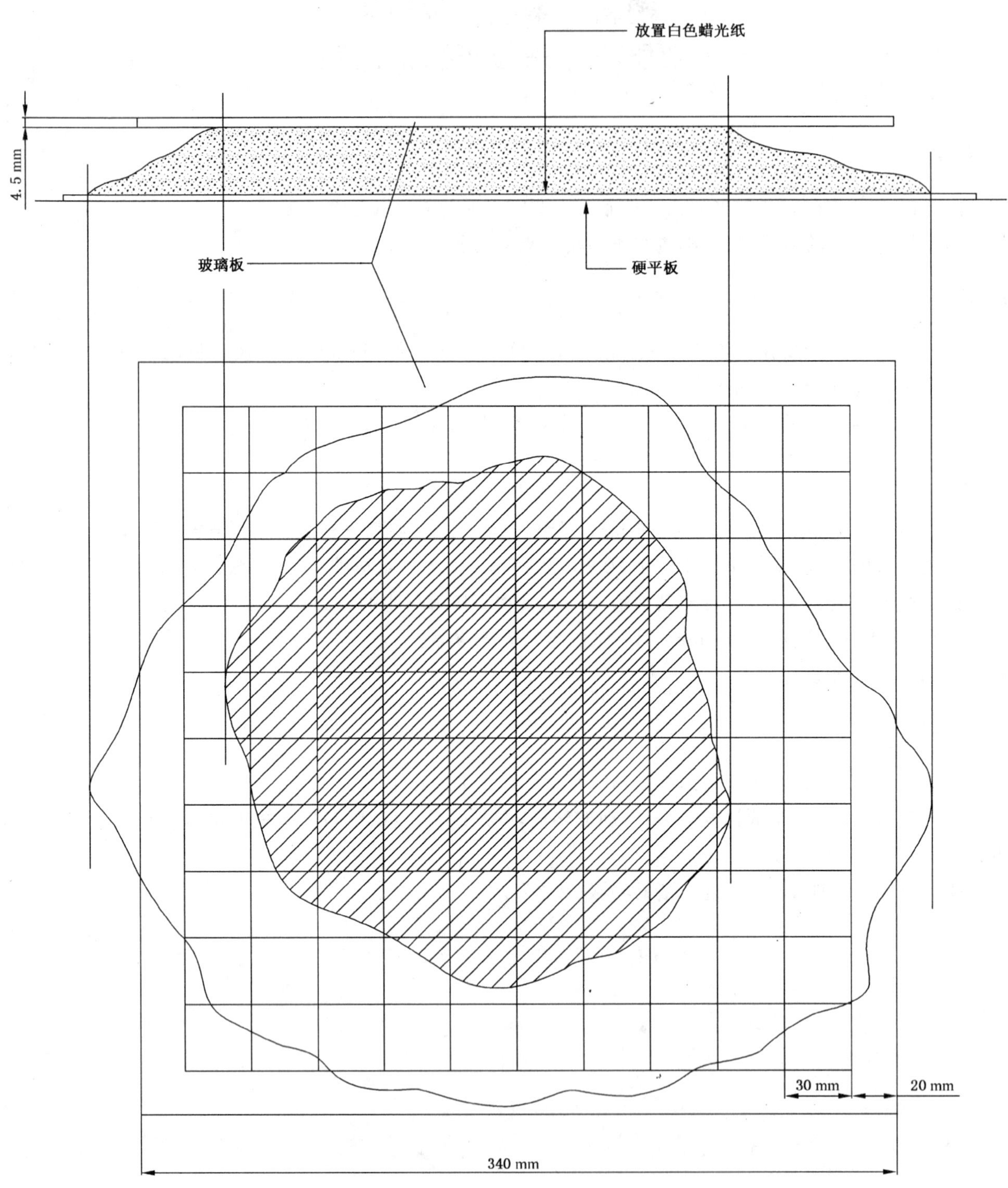

宽影线:玻璃板与树脂的接触面。

窄影线:所选用于计数的25个方格组。

图1 用来计数杂质和外来粒子的树脂展开方法的说明

在良好的实验室光线下，距所选方格约 300 mm 处，于 2 min 内，在所选的方格内目视计数可见的杂质点(n_1)数。

注：为避免操作者的眼睛疲劳，训练操作者在最长 2 min 内完成测试。

根据需要，每次使用新试料按照以下步骤再次计数(n_2，n_3，n_4)：

a) 第一次测定——n_1。

——如果杂质点太多，2 min 内不能数完 25 个方格中的杂质点，除记录已计数的杂质点数 n_1 外，还要记录已检验的方格数 S，并且不需要再一次测定。

——如果可以在 2 min 内计数 25 个方格中的杂质点，应进行第二次测定 n_2。

b) 第二次测定——n_2。

——如果杂质点太多，2 min 内不能数完 25 个方格中的杂质点，除记录已计数的杂质点数 n_2 外，还要记录已检验的方格数 S，并且不需要再一次测定。

——如果 $|n_1-n_2|<3$，说明污染是均匀性的而不需要再次测定。

——如果 $|n_1-n_2|\geqslant 3$，说明污染是非均匀性的需要进行第三次测定 n_3。

c) 第三次测定——n_3。

——如果杂质点太多，2 min 内不能数完 25 个方格中的杂质点，除记录已计数的杂质点数 n_3 外，还要记录已检验的方格数 S，并且不需要再一次测定。

——如果可以在 2 min 内计数 25 个方格中的杂质点，需要进行第四次测定 n_4。

d) 第四次测定——n_4。

——如果杂质点太多，2 min 内不能数完 25 个方格中的杂质点，除记录已计数的杂质点数 n_4 外，还要记录已检验的方格数 S，并且不需要再一次测定。

上述操作步骤的逻辑说明图见附录 A。

5 结果表示

每 100 个方格中的杂质点数(P)应与第 4 章所述操作步骤的表示一致(也可参见附录 A)。

对任何一次测定，如果杂质点太多，在 2 min 内不能数完 25 个方格中的杂质点，树脂为高度污染，应按下式计算每 100 个方格中的杂质点数(P)：

$$P = (n \times 100)/S$$

式中：

n——n_1、n_2、n_3 或 n_4；

S——已检验的方格数。

如果进行了第二次测定，且 $|n_1-n_2|<3$，说明树脂污染为均匀性，应按下式计算每 100 个方格中的杂质点数(P)：

$$P = 2(n_1 + n_2)$$

如果进行了四次测定，树脂污染为非均匀性，则应按下式计算每 100 个方格中的杂质点数(P)：

$$P = n_1 + n_2 + n_3 + n_4$$

6 试验报告

试验报告应包括下列内容：

a） 试验产品的完整标识；

b） 注明采用本标准；

c） 结果表示，按第5章；

d） 测定过程中观察到的异常情况；

e） 试验日期。

附 录 A
（资料性附录）
计数杂质点（杂质与外来粒子）数和结果表示的流程图

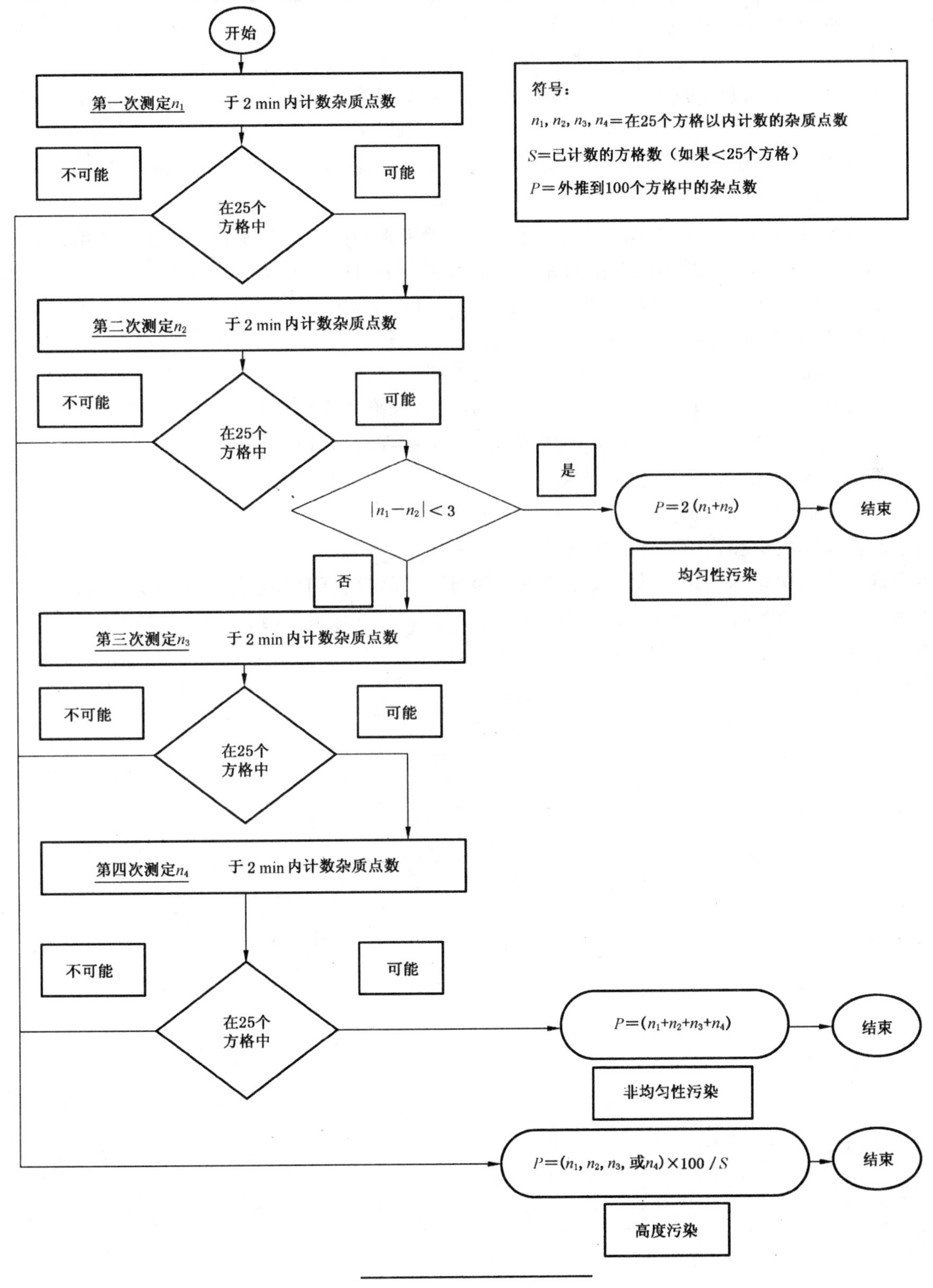

前　　言

本标准是等效采用国际标准 ISO 305:1990(E)《塑料　聚氯乙烯、相关含氯均聚物和共聚物及其共混物热稳定性的测定　变色法》对国家标准 GB/T 9349—1988《氯乙烯均、共聚物树脂及其组合物热稳定性的测定　变色法》修订而成。

本标准与 ISO 305:1990(E)的主要差异为：

——本标准根据试验明确要求铝锭和铝柱测试前应预热到指定温度，而 ISO 305:1990(E)没有要求。

——本标准根据实际操作，提出对加热后取出的铝锭和铝柱放入水中冷却，而 ISO 305:1990 未作具体要求。

——本标准在 ISO 305:1990 的基础上，对聚氯乙烯树脂的测试样品制备以附录形式给出。

——本标准对烘箱法要求的控温精度为 1℃，而 ISO 305:1990(E)为 0.5℃。

本标准与 GB/T 9349—1988 的主要差异为：

——本标准增加了烘箱法，而原标准无此方法。

——本标准玻璃试管直径和壁厚与原标准要求不同。

——本标准对不同共混物和制品推荐了测定温度，原标准未作规定。

——本标准根据与 ISO 305:1990 名称对应关系，对标准名称进行了修改。

本标准的附录 A 和附录 B 是提示的附录。

本标准自实施之日起，代替 GB/T 9349—1988。

本标准由国家石油和化学工业局提出。

本标准由全国塑料标准化技术委员会聚氯乙烯树脂产品分会(TC15/SC7)归口。

本标准负责起草单位：锦西化工研究院、新疆中泰化学股份有限公司。

本标准主要起草人：陈沛云、杜凤梅、梁斌。

本标准首次发布于 1988 年。

ISO 前言

国际标准化组织(ISO)是由各国标准化团体(ISO 成员体)组成的世界性的联合体。制定国际标准工作通常由 ISO 技术委员会进行。对技术委员会已设立的项目感兴趣的任何成员团体都有权派代表参加该技术委员会的工作,与 ISO 有联系的政府或非政府的国际组织也可以参加这项工作,在电工技术标准化方面,ISO 与国际电工委员会(IEC)保持紧密合作关系。

由技术委员会采纳的国际标准草案提交各成员团体投票表决。作为国际标准发布,需要取得至少75%参加表决的成员团体的同意。

国际标准 ISO 305 是由 ISO/TC 61 塑料技术委员会制定的。

本第二版取代第一版(ISO 305:1976),构成一个技术修订版。

中华人民共和国国家标准

聚氯乙烯、相关含氯均聚物和共聚物及其共混物热稳定性的测定 变色法

GB/T 9349—2002
eqv ISO 305:1990(E)
代替 GB/T 9349—1988

Determination of thermal stability of poly (vinyl chloride) related chlorine-containing homopolymers and copolymers and their compounds—Discoloration method

1 范围

本标准规定了以氯乙烯均聚物和共聚物(以下简称 PVC)为主的共混物和制品,通过以薄片形式放置在高温中发生变色程度测定热稳定性的两种方法。

本标准适用于测定 PVC 的热降解阻力,通过在标准条件下不同加热时间颜色变化来评价,结果只是相对的,不适用对有颜色 PVC 材料的测定。

——A 法:油浴法

——B 法:烘箱法

由两种方法得出的稳定时间可能不一致,不能将两个结果直接对比。

2 原理

2.1 A 法:油浴法

将一组测试样分别放在铝锭和铝柱之间以促进传热并限制空气流通,在控温油浴中于高温下加热不同的时间。

2.2 B 法:烘箱法

在平铺于可装架子上的新的干净铝箔上面,放上一组测试试样,在强制鼓风烘箱中于高温下加热不同时间。

3 测试试样的制备和数量

3.1 测试试样应包括:

——A 法:直径 14 mm、厚度约 1 mm 的圆片。

——B 法:边长 15 mm、厚度约 1 mm 的正方形。

测试试样应从需测定的片上冲压下来。

3.2 需要的测试试样数量是以 min 计的预期时间除以 5。如果共混物的稳定性非常好,那么在呈现变色前的加热初始阶段,以每 10～15 min 取出一个测试试样代替每 5 min 取出一个,可以减少测试试样的数量。

3.3 如果待测材料为粒状、粉状或球形的挤出料或注塑料,则应将材料按材料规范所规定的条件或以双方之间商定的条件在辊筒机上碾成片。试片的制备参见附录 A(提示的附录)。

3.4 如果待测材料为糊型(塑溶胶),则应将其凝成适当的熔胶片。试片的制备参见附录 B(提示的附录)。

中华人民共和国国家质量监督检验检疫总局 2002-05-29 批准　　2002-12-01 实施

4 测试温度

测试温度应在材料规范或双方协议的范围内，在后一种情况下，应选择测试持续时间在 60～120 min范围的温度。如果没有规范和协议，应使用 180℃的测试温度。

5 仪器

5.1 A 法

5.1.1 控温油浴：装有搅拌器。可容纳适宜数量试管插入深度 60 mm～70 mm，精度 0.5℃。

5.1.2 玻璃试管，尺寸如下：

——外径：(18±0.4)mm。

——壁厚：(1.2±0.2)mm。

——长度：≥150 mm。

5.1.3 铝锭，如图 1 所示。

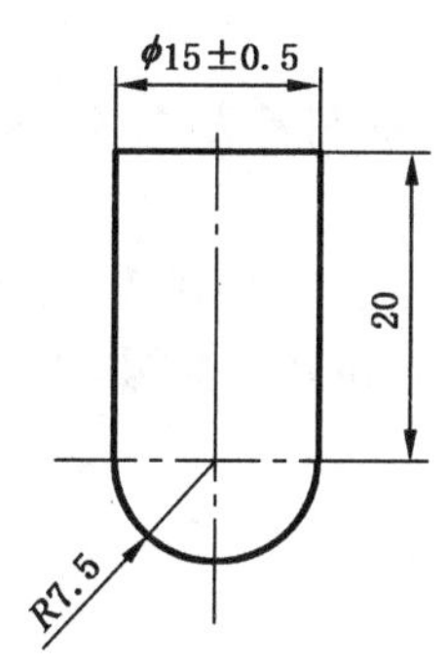

图 1 铝锭

5.1.4 铝柱：直径(15±0.5)mm，高 30 mm。

5.1.5 温度计，精度 0.1℃。

5.1.6 秒表。

5.2 B 法

5.2.1 鼓风烘箱，温度分布均匀，控温精度 1℃。

测试前，可在接近烘箱角和中间部位放置热电偶，以检查温度的均匀性，也可以在测试温度下，于托架上放置取自同一样品的 8～10 个试样分布在测试面上，受热至最初出现颜色变化。在测试条件下，45 min～60 min 内试样的颜色应能发生显著变化，通过观察试样颜色，确定温度的均匀性。

5.2.2 铝箔

5.2.3 温度计，精度 0.1℃。

5.2.4 秒表。

6 测试步骤

6.1 A 法

6.1.1 准备若干支试管(5.1.2)，在试管中放入铝锭和铝柱后，垂直放入已达规定温度的油浴中，预热 10 min，然后取出铝柱，在铝锭上放一片试样(3.1)，用铝柱压住试样，开始计时。

6.1.2 每 5 min 从油浴中取出一支试管，将铝锭和铝柱放在冷水中冷却，取出试样，并按顺序编号。

6.1.3 将试样固定在标记试样加热时间和测试温度的卡片上。

6.2 B 法

6.2.1 将需测定的每个试样(3.1)分别放在一片铝箔上，将铝箔和试样一同放在托架上。

6.2.2 将托架放入已达到测试温度的烘箱中，同时开始计时。必须保持以最短的时间开启烘箱门，并且在打开烘箱门时，关闭空气循环扇。

6.2.3 按选定的时间间隔，快速取出铝箔和试样，按顺序给试样编号。

6.2.4 将试样固定在标记加热时间和测试温度的卡片上。

7 结果的表示

从测试开始至最初观察到颜色变化和完全变黑，以 min 计。

8 精密度

由于没有实验室之间的数据，所以未给出精密度。

9 试验报告

试验报告应包括以下内容：

a）采用本国家标准。

b）试样的完整识别，包括混合物和试样的制备方法(如热处理)。

c）测试温度。

d）固定在卡片上的一片未测试试样和一组测试试样(必须贮存在暗处)。

e）从开始测试至最初观察到的颜色变化和完全变黑，以 min 计。

f）测试日期。

附　录　A

（提示的附录）

通用型聚氯乙烯树脂(PVC)试片的制备

A1　材料

A1.1　硬脂酸镉(CdSt)：工业品。

A1.2　邻苯二甲酸二辛酯(DOP)：工业品。

A1.3　钛白粉：工业品。

A2　仪器

A2.1　双辊炼塑机：ϕ160 mm×320 mm，控温精度 2℃。

A2.2　表面温度计：精度 1℃。

A2.3　厚度计：精度 0.01 mm。

A2.4　杯：不锈钢或搪瓷。

A3　试片制备

A3.1　配方

配方见表 A1。

表 A1　配方表

材　料	PVC	DOP	CdSt	钛白粉
配比(质量份数)	100	40	0.3	0.2
用量/g	150±1	60±0.5	0.45±0.05	0.3±0.01

A3.2　操作步骤

A3.2.1　按配方要求在杯中称取 DOP、PVC 树脂，再称取硬脂酸镉和钛白粉(或不加)，于杯中将物料搅拌均匀。

A3.2.2　开动双辊炼塑机，当温度稳定到(160±2)℃时，将杯中混合物倒入辊筒上并计时。迅速将落下的物料重新放回辊上，全部包辊后从两端切下样片测量厚度并调整辊距使试片厚度为(1.0±0.1)mm。每分钟两次用刮刀切翻物料，至 4 min 时拉出试片。

附　录　B

（提示的附录）

糊用聚氯乙烯(PVC)树脂试片的制备

B1　材料

B1.1　硬脂酸镉(CdSt)：工业品。

B1.2　邻苯二甲酸二酯(DOP)：工业品。

B1.3　钛白粉：工业品。

B2 仪器

B2.1 恒温干燥箱:精度 1℃。

B2.2 玻璃模板:厚度(1.0±0.1)mm。

B3 试片的制备

B3.1 配方

配方见表 B1。

表 B1 配方表

材 料	PVC	DOP	CdSt	钛白粉
配比(质量份数)	100	80	0.3	0.2
用量/g	20±0.2	16±0.2	0.06±0.01	0.04±0.01

B3.2 操作步骤

按配方要求在杯中称取 DOP、PVC 树脂,再称取 CdSt 和钛白粉(可不加),于杯中将物料搅拌均匀。置于厚度为(1.0±0.1)mm 的玻璃模板上,静止 10 min,放入恒温箱中,在(80±2)℃下烘 20 min,冷却后取出试片。

ICS 83.080.20
G 31

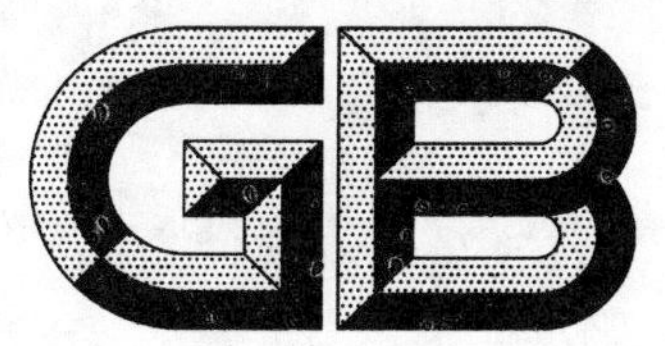

中华人民共和国国家标准

GB/T 9352—2008/ISO 293:2004
代替 GB/T 9352—1988

塑料　热塑性塑料材料试样的压塑

Plastic—Compression moulding of test specimens of thermoplastic materials

(ISO 293:2004,IDT)

2008-08-04 发布　　2009-04-01 实施

中华人民共和国国家质量监督检验检疫总局
中国国家标准化管理委员会　发布

前　　言

本标准是等同采用 ISO 293:2004《塑料——热塑性塑料压塑试样的制备》(英文版)。

本标准代替 GB/T 9352—1988《热塑性塑料压塑试样的制备》。本标准与 GB/T 9352—1988 技术内容一致,仅做了编辑性修改。

本标准由中国石油化工集团公司提出。

本标准由全国塑料标准化技术委员会石化塑料树脂产品分会(SAC/TC 15/SC 1)归口。

本标准起草单位:中国石化北京燕山分公司树脂应用研究所、四川大学、中蓝晨光化工研究院有限公司。

本标准主要起草人:陈宏愿、吴世见、王建东、张昌怡、于洋、苗翠霞、王晓丽、张友玲。

本标准于 1988 年首次发布,本次为第一次修订。

引　言

为使试验结果具有重复性，需要具有规定状态的试样。与注塑相比，压塑的目的是制备均匀和各向同性的试样和片材，用机加工或冲压方法可从片材上获取试样。

在压塑过程中，材料发生混合的程度很小，可予忽略。颗粒料和粉料的熔融仅发生在表面，预塑片（辊炼片）也只是被部分地软化。

因此，只有当模塑材料本身是均匀的和各向同性的，才能获得均匀的和各向同性的试样。当加工多相材料（例如 ABS）时，应考虑保持其内部结构。

塑料　热塑性塑料材料试样的压塑

1　范围

本标准规定了制备热塑性塑料模压试样和试片的一般原理和步骤，试样可以通过机加工或冲压的方法从试片上获得。

为了获得具有重复性的模塑件，包括四种不同的冷却方法的主要加工步骤都是标准的。对每一种材料，模压时需要的模塑温度和冷却方法应按照有关材料的国际标准中的规定或由有关利益双方商定。

注：不推荐热塑性增强材料用本方法。

2　规范性引用文件

下列文件中的条款通过本标准的引用而成为本标准的条款。凡是注日期的引用文件，其随后所有的修改单（不包括勘误的内容）或修订版均不适用于本标准，然而，鼓励根据本标准达成协议的各方研究是否可使用这些文件的最新版本。凡是不注日期的引用文件，其最新版本适用于本标准。

GB/T 3505—2000　产品几何技术规范(GPS)　表面结构轮廓法　表面结构的术语、定义及参数(eqv ISO 4287:1997)

ISO 286-1　产品几何量技术规范(GPS)——ISO 极限和配合系统——第1部分：公差、偏差和配合基础(1988)

3　术语和定义

下列术语和定义适用于本标准。

3.1

模塑温度　moulding temperature

预热和模塑期间，在最接近模塑料的区域测得的模具或模压机模板的温度。

3.2

脱模温度　demoulding temperature

冷却结束时，在最接近模塑料的区域测得的模具或模压机模板的温度。

注：对于不溢式模具，可在模具上钻孔以用于测量3.1和3.2规定的温度。

3.3

预热时间　preheating time

保持接触压力，将模具内的材料加热到模塑温度所需要的时间。

3.4

模塑时间　moulding time

保持模塑温度下施加全压的时间。

3.5

平均冷却速率(非线性)　average cooling rate (non-linear)

以恒定流动的冷流体进行冷却的速率。平均冷却速率的计算：用模塑温度和脱模温度之差除以模具冷却到脱模温度所需的时间。

注：平均冷却速率通常用℃/min表示。

3.6

冷却速率　cooling rate

在规定温度范围内，通过控制冷却流体的流动得到的恒定冷却速率，即：每隔至少 10 min 的冷却速率与规定的冷却速率的偏差不超过规定公差。

注：冷却速率通常用℃/h 表示。

4　设备

4.1　模压机

模压机的合模力应能产生至少 10 MPa 的模塑压力(通常用合模力与模腔面积的比值给出)。

在整个模塑期间，压力波动应控制在规定压力的 10%以内。

模压板应能：

a)　至少加热到 240 ℃；

b)　以表 1 中给定的速率冷却。

模具表面任意两点间的温差在加热时不应超过±2 ℃，在冷却时不应超过±4 ℃。

当模具中装配有加热和冷却系统时，也应满足同样条件。

模压板或模具可使用在适当管道系统中的高压蒸汽或导热流体加热，也可使用电加热元件加热。模压板或模具可用管道系统中的导热流体(通常为冷水)冷却。

急冷(见表 1 中方法 C)时需要用两台模压机，一台用于模塑加热，另一台用于冷却。

对于指定的冷却方法，导热流体的流速应在模具内没有任何材料时通过试验预先定出。

模压机可连续控制上下模板之间中心位置的温度。

4.2　模具

4.2.1　概述

使用不同类型模具制备的试样，其特性是不相同的。特别是机械性能受冷却时给物料施加压力的影响。

用于模压热塑性塑料试样的模具通常有两种，即溢料式模具(见图 1)和不溢料式模具(见图 2)。

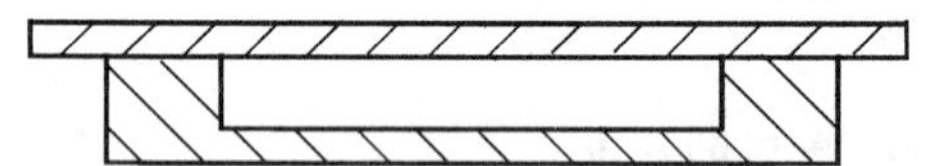

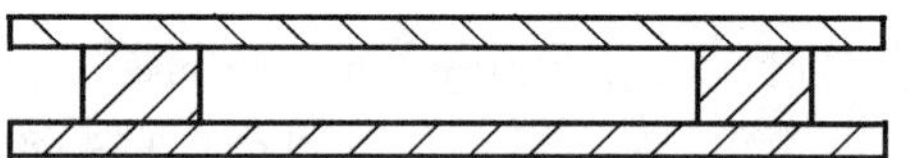

图 1　溢料式("画框")模具

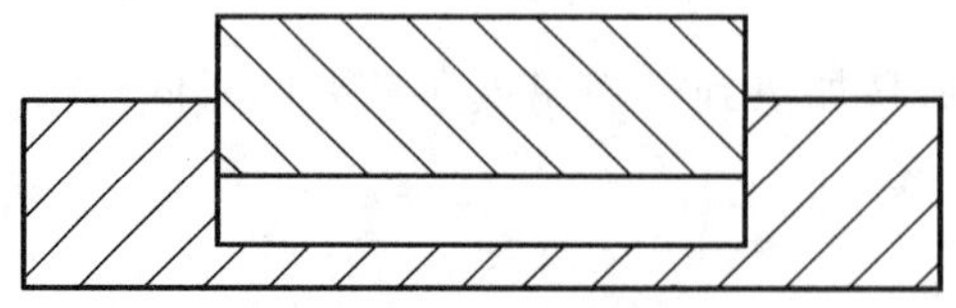

图 2　不溢料式模具

溢料式模具允许过量的模塑材料挤出，并且冷却时模塑压力不施加于模塑材料上。制备厚度相近或具有可比性的低内应力的试样或试片，特别适宜使用溢料式模具。

使用不溢式模具时，冷却期间，全部的模塑压力(摩擦力忽略不计)都施加在模塑材料上。所得模塑件的厚度、内应力和密度取决于模具的结构、加料量及模塑和冷却条件。此类模具能模塑密实的试样，因此特别适于获得表面平整或内部不会产生空隙的试样。

4.2.2 **制造**

模具应选用耐模塑高温和模塑压力的材料制造。为了得到表面状况良好的试样，模具与模塑材料接触的表面要抛光(推荐表面粗糙度为 0.16 Ra 见 GB/T 3505—2000)。模具表面镀铬有利于试样脱模。对于小尺寸的试样，强烈推荐有一个 2°的斜度。

可在模具上钻盲孔，以便使用热电偶或水银温度计在接近模塑料的区域测量温度。

根据模压机的性能(见 4.1)，可在模具中装配类似于模压机压板上的加热和(或)冷却装置。抗机械冲击、经热处理后拉伸强度可达到 2 200 MPa 的合金钢，一般可以满足制造这种模具的要求。但在模塑聚氯乙烯材料的特殊情况下，推荐使用经过处理其拉伸强度达到 1 050 MPa 的马氏体不锈钢。

4.2.3 **类型**

4.2.3.1 **概述**

根据材料相关标准规定或有关利益双方商定，使用相应类型的模具。

4.2.3.2 **溢料式(画框)模具**

使用这种模具时，过量的材料被挤出，冷却过程中模塑压力仅施加在模框上，不施加在材料上。由于模塑件在冷却过程中收缩，其中心部分厚度要比边缘部分稍薄。如果粘附于模具上的塑料材料阻碍收缩，直接模压的试样也会产生缩痕或空隙。

为了克服这些缺点，应优先从模压片材的中心部分冲切或机加工试样。

模塑试片可使用简易而经济的溢料式模具。该模具由两块模板和夹在其中的一个模框(见图 1)组成。上下模板可用抛光钢材或镀铬黄铜板制成，以利于脱模，厚度约为 1 mm～2 mm。为防止塑料材料粘到模板上可在材料上盖一层软质箔，如铝箔或聚酯膜。

不允许使用脱模剂。

模框的厚度应与模塑试片的厚度相适应。

模框尺寸的大小应保证在从模塑试片上冲切或机加工试样时，不使用其周边 20 mm 宽的部分。

4.2.3.3 **不溢料式模具**

这种模具(见图 2)是由一个或两个阳模塞与一个阴模座装配而成。模塑和冷却期间，摩擦力忽略不计，模具允许压力连续施加在模塑材料上。

模塑件的厚度取决于材料的数量、材料的热膨胀以及由于模具间隙造成的材料损失。损失量与材料在选定的模塑温度下的流动、施加的压力、加压时间及模具结构等有关。

使用圆形的型腔便于正确引导在阴模内的阳模。推荐阴阳模的配合为 H7/g6(见 ISO 286-1)，如直径 200 mm 的圆模腔，间隙为 15 μm～90 μm。模具可装一个或几个顶针以便脱模。

在不溢料式模具内可使用薄垫片帮助控制模塑件的厚度，在冷却阶段开始时将其取掉。

5 步骤

5.1 模塑材料的制备

5.1.1 **颗粒料的干燥**

按有关国际标准的规定或材料提供者的说明干燥颗粒料。如果没有说明，则在 70 ℃±2 ℃的烘箱内干燥 24 h±1 h。

5.1.2 **预成型**

为了模塑均匀的压塑试片，用粒料直接模塑是标准过程，可避免压塑试片表面不平整和内部缺陷。

用粉料或粒料直接模塑时，为获得满意的最终试片，有时要求用热熔辊炼或混炼的预成型使熔体均匀化，使用的条件不能造成聚合物降解。通常，熔融后热熔辊炼或混炼不超过 5 min 就可以达到此要求。所得到的预成型片应比模塑的试片厚些，尺寸也要足够供模塑试片之用。

推荐使用干燥的气密容器贮存预成型片。

5.2 模塑

将模具温度调节到有关国际标准规定或有关各方确认的模塑温度的±5 ℃以内。

将称量过的材料(粒料或预成型片)放入经预热的模具中。如果模塑粒料,确认其均匀地铺展在模具表面。熔融后,材料的量要足够充满模腔。溢料式模具允许有约10%的损失,不溢料式模具允许有约3%的损失。用溢料式模具时,铺上软质箔(见4.2.3.2),然后将其放入已预热的模压机内。

闭合模压机并在接触压力下对加入的材料预热5 min,然后施加全压2 min(模塑时间见3.4),并随即冷却(见5.3)。

为模塑2 mm的压塑片,对已均匀铺开的物料,标准的预热时间是5 min。而较厚的模塑件预热时间应相应调整。

注:接触压力是指压机刚好闭合,不致使材料流动的足够低的压力。全压是指足够使材料成型并把多余的材料挤出的压力。

5.3 冷却

5.3.1 概述

对于某些热塑性塑料,冷却速率影响其最终的物理性能。因此在表1中规定了冷却方法。

表1 冷却方法

冷却方法	平均冷却速率 (见3.5)/ (℃/min)	冷却速率 (见3.6)/ (℃/h)	备注
A	10±5		
B	15±5		
C	60±30		急冷
D		5±0.5	缓冷

冷却方法应同压塑试片的最终物理性能一起加以说明。一般在材料的有关国际标准中给出合适的冷却方法。如未指定方法,可使用方法B(见5.3.2)。

5.3.2 冷却方法

应从表1中选择合适的冷却方法。

在采用急冷的情况下(见表中方法C),应使用合适的方法,例如使用一对钳子,迅速将模具从热压机移到冷压机上。

如果没有给出其他说明,脱模温度≤40 ℃。

用方法C(见4.1)时,需使用两台模压机。

推荐使用方法D制备没有任何内应力的模塑片或对预制片进行退火后的缓冷。

6 模塑试样或试片的检验

冷却后检查模塑试样或试片的外观(如缩痕、收缩孔、变色),并检查是否符合规定尺寸。如发现有任何缺陷,应舍弃该试样或试片。

使用有关国际标准规定的或由有关利益双方协商同意的方法,确保没有降解或不需要的交联现象。

7 试验报告

试验报告应包括下列内容:

a) 注明采用本标准。

b) 试样尺寸及预期用途。

c) 区分模塑材料的必要信息,如类型、牌号等。

d) 制备模塑材料的详细信息：
  1) 颗粒料或粉料的干燥条件；
  2) 制备预成型片时所用的加工条件及平均厚度。

e) 所用模具和箔的类型。

f) 模塑条件：
  1) 预热时间；
  2) 模塑温度、压力及时间；
  3) 使用的冷却方法；
  4) 脱模温度。

g) 试样的状态。

h) 试样制备的日期。

i) 其他观察结果。

ICS 83.140.30
G 33

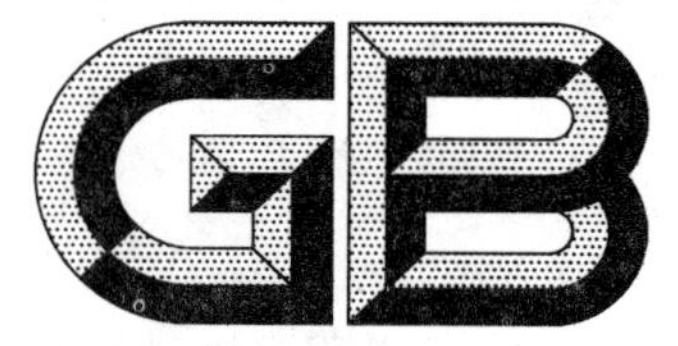

中华人民共和国国家标准

GB/T 9647—2015/ISO 9969:2007
代替 GB/T 9647—2003

热塑性塑料管材 环刚度的测定

Thermoplastics pipes—Determination of ring stiffness

(ISO 9969:2007,IDT)

2015-12-31 发布 2016-07-01 实施

中华人民共和国国家质量监督检验检疫总局
中国国家标准化管理委员会 发布

前　言

本标准按照 GB/T 1.1—2009 给出的规则起草。

本标准代替 GB/T 9647—2003《热塑性塑料管材环刚度的测定》。

本标准与 GB/T 9647—2003 相比较，技术内容变化如下：

——将表 1 中的管材公称直径 400＜DN≤1 000 mm 修改为 400＜DN≤710 mm；DN＞1 000 mm修改为 DN＞710 mm，压缩速率（50±5）mm/min 修改为（0.03×d_i）±5% mm/min；

——规定了大直径结构壁管材试样的取样长度；

——增加使用内径 π 尺测量管材的内径；

——试验中增加了预负荷 F_0；

——涉及了环柔性试验的相关内容；

——将试验中如管壁厚度 e_c 的变化超过 10%则测量试样的内径变化，修改为如管壁厚度 e_c 的变化超过 5%则测量试样的内径变化。

本标准使用翻译法等同采用 ISO 9969:2007《热塑性塑料管材　环刚度的测定》。

与本标准中规范性引用的国际文件有一致性对应关系的我国文件如下：

——GB/T 8806—2008《塑料管道系统　塑料部件　尺寸的测定》(ISO 3126:2005，IDT)

请注意本文件的某些内容可能涉及专利。本文件的发布机构不应承担识别这些专利的责任。

本标准由中国轻工业联合会提出。

本标准由全国塑料制品标准化技术委员会(SAC/TC 48)归口。

本标准起草单位：轻工业塑料加工应用研究所、广东联塑科技实业有限公司。

本标准主要起草人：凌伟、张慰峰、孙秀慧。

本标准所代替标准的历次版本发布情况为：

——GB/T 9647—1988、GB/T 9647—2003。

热塑性塑料管材　环刚度的测定

1　范围

本标准规定了具有环形横截面的热塑性塑料管材环刚度的测定方法。

2　规范性引用文件

下列文件对于本文件的应用是必不可少的。凡是注日期的引用文件，仅注日期的版本适用于本文件。凡是不注日期的引用文件，其最新版本(包括所有的修改单)适用于本文件。

ISO 3126　塑料管道系统　塑料部件　尺寸的测定（Plastics piping systems—Plastics components—Determination of dimensions)

3　符号

本标准用到下列符号：

DN　管材的公称直径，单位为毫米；

d_i　管材的平均内径，单位为毫米；

e_c　结构壁厚度，单位为毫米；

F　负荷，单位为千牛；

L　试样的长度，单位为毫米；

P　肋或螺旋的节距，单位为毫米；

S　环刚度，单位为千牛每平方米；

y　垂直变形量，单位为毫米。

4　原理

以管材在恒速变形时所测得的负荷和变形量确定环刚度。

用两个相互平行的平板对一段水平放置的管材以恒定的速率在垂直方向进行压缩，该试验速率由管材的直径确定，得到负荷-变形量的关系曲线，以管材直径方向变形量为3%时的负荷计算环刚度。

5　仪器

5.1　压缩试验机

能够按表1的规定对不同公称直径的管材试样提供相应的恒定的横梁移动速率，通过两个相互平行的平板(见5.2)对试样施加足够的负荷并达到规定的直径变形量(见第8章)。负荷测量装置能够测定试样在直径方向产生1%～4%变形量时所需的负荷，精确到试验负荷的2%。

表 1 压缩速率

管材的公称直径 DN mm	压缩速率 mm/min
$DN \leqslant 100$	2 ± 0.1
$100 < DN \leqslant 200$	5 ± 0.25
$200 < DN \leqslant 400$	10 ± 0.5
$400 < DN \leqslant 710$	20 ± 1
$DN > 710$	$(0.03 \times d_i^{a}) \pm 5\%$
[a] d_i 应根据 6.3 测定。	

5.2 压缩平板

能够通过试验机对试样施加规定的负荷 F。

接触试样的平板的表面应平整、光滑、洁净。

平板应具有足够的硬度和刚度，以防止在试验中发生弯曲和变形而影响试验结果。

每块平板的长度应不小于试样的长度，宽度应至少比试样在承受负荷时与压板的接触表面宽 25 mm。

5.3 测量量具

能够测定：

——试样的长度(见 6.2)，精确到 1 mm；

——试样的内径，精确到内径的 0.5%；

——在负荷方向上试样的内径变形量，精确到 0.1 mm 或变形量的 1%，取较大值。

以测量波纹管内径的量具为例，见图 1。

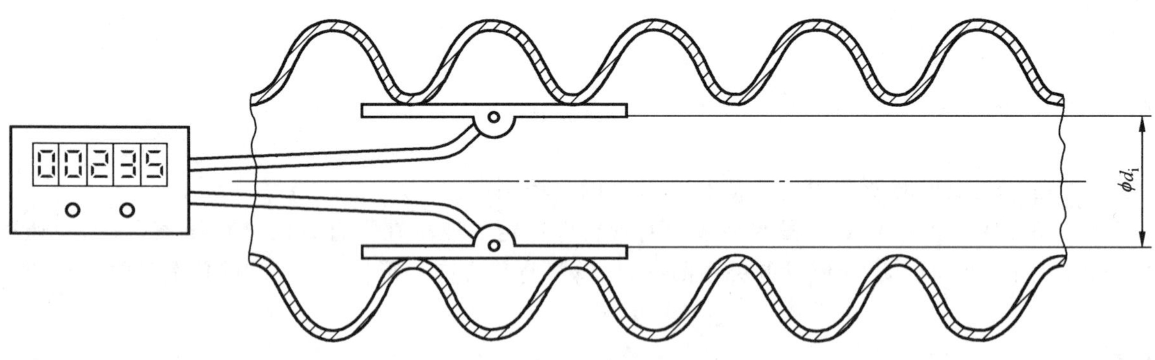

图 1 测量波纹管内径的典型装置

6 试样

6.1 标记和数量

在待测管材的外表面，沿轴向在全长画一条直线作为标记，对该段做过标记的管材分别截取 3 个试样 a、b 和 c，使试样的端面垂直于管材的轴线并符合 6.2 的长度。

6.2 试样的长度

6.2.1 每个试样按表 2 的规定沿圆周方向等分测量 3～6 个长度值，计算其算术平均值作为试样的长度，测量应精确到 1 mm。每个试样的长度应符合 6.2.2、6.2.3、6.2.4 或 6.2.5 的要求。

对于每个试样，在所有的测量值中，最小值不应小于最大值的 0.9 倍。

表 2 长度测量的数量

管材的公称直径 DN/mm	长度测量的数量
$DN \leqslant 200$	3
$200 < DN < 500$	4
$DN \geqslant 500$	6

6.2.2 公称直径小于或等于 1 500 mm 的管材，试样的平均长度应为(300±10)mm。

6.2.3 公称直径大于 1 500 mm 的管材，试样的平均长度应不小于 0.2 DN。

6.2.4 对有垂直的肋、波纹或其他规则结构的结构壁管材，切割试样时应至少包含一个完整的肋、波纹或其他的规则结构，切割部位应在肋、波纹或其他规则结构之间的中点。

试样的长度应有最少的完整的肋、波纹或其他规则结构，其长度应不小于 290 mm，对公称直径大于 1 500 mm 的管材，长度应不小于 0.2 DN，见图 2。

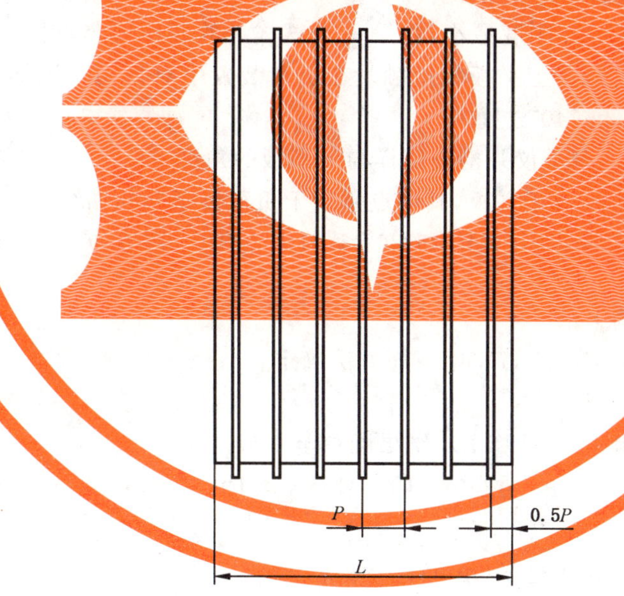

说明：

L——试样长度；

P——节距。

图 2 从垂直肋管材切取的试样

6.2.5 对于有螺旋的肋、波纹或其他规则结构的结构壁管材，试样的长度应等于(d_i±20)mm，但不小于 290 mm，也不大于 1 000 mm。

6.3 内径的测定

用下列任一方法测定 a、b 和 c 三个试样(见 6.1)的内径 d_{ia}、d_{ib} 和 d_{ic}。

a) 在试样长度中部的横截面处，间隔45°依次测量4次，取算术平均值，每次测量应精确到0.5%。

b) 在试样长度中部的横截面处，用内径π尺按ISO 3126进行测量。

记录经计算或测量得到的a、b和c 3个试样的平均内径d_{ia}、d_{ib}和d_{ic}。

按式(1)计算3个值的平均值d_i：

$$d_i=\frac{d_{ia}+d_{ib}+d_{ic}}{3} \quad\cdots\cdots(1)$$

6.4 试样的陈化

试样应至少放置24 h后才可按第8章进行试验。

对于型式检验或在发生争议的情况下，试样应放置(21±2)d。

7 状态调节

在按第8章进行试验前，试样应在试验环境温度(见8.1)下状态调节至少24 h。

8 试验步骤

8.1 除非在其他标准中有特殊规定，试验应在(23±2)℃下进行。

注：试验温度有可能对环刚度结果产生一定的影响。

8.2 如果能确定试样在某个位置的环刚度最小，将第一个试样a的该位置与试验机的上平板相接触。否则放置第一个试样a时，将其标线与上平板相接触。在负荷装置中对另两个试样b，c的放置位置应相对于第一个试样依次旋转120°和240°放置。

8.3 对于每一个试样，放置好变形测量仪并检查试样与上平板的角度位置。

放置试样时，应使试样的轴线平行于平板，其中点垂直于负荷传感器的轴线。

注：为获得负荷传感器的准确读数，必须将试样放置在合适的位置，使作用力的方向与负荷传感器的轴线尽量一致。

8.4 下降平板直至接触到试样的上部。

施加一个包括平板质量的预负荷F_0，F_0用下列方法确定：

a) $d_i \leqslant 100$ mm的管材，F_0为7.5N。

b) $d_i > 100$ mm的管材，用式(2)计算F_0，结果圆整至1 N。

$$F_0=250\times10^{-6}\times DN\times L \quad\cdots\cdots(2)$$

式中：

DN ——管材的公称直径，单位为毫米(mm)；

L ——试样的实际长度，单位为毫米(mm)。

试验中负荷传感器所显示的实际预负荷的准确度应在设定预负荷的95%～105%之间。

将变形测量仪和负荷传感器调节至零。

如发生争议，零点的调节见8.6。

8.5 根据表1的规定以恒定的速率压缩试样，按照8.6的规定连续记录负荷和变形值，直至达到至少$0.03d_i$的变形量。

注：当要求测定环柔性时，继续压缩试样直至达到环柔性所要求的变形量。

8.6 通常，负荷和变形量的测量是通过一个平板的位移得到，但如果在试验的过程中，管材的结构壁厚度e_c(见图3)的变化超过5%，则应通过测量试样的内径变化得到。

在有争议的情况下，应测量试样的内径变化。

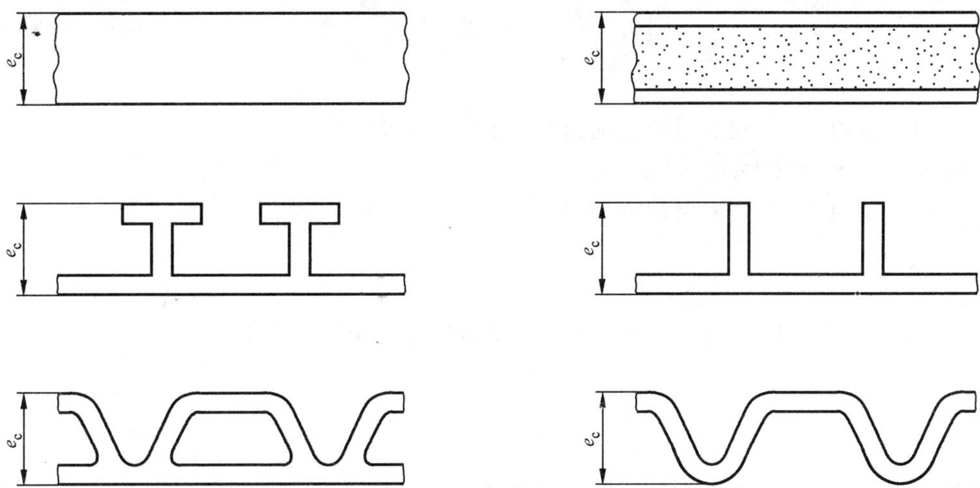

图 3 管材结构壁厚度 e_c 的示例

典型的负荷/变形量曲线是一条光滑的曲线，否则表明零点可能不正确，如图 4 所示，可用曲线初始的直线部分倒推至和水平轴相交于(0,0)点(零点)。

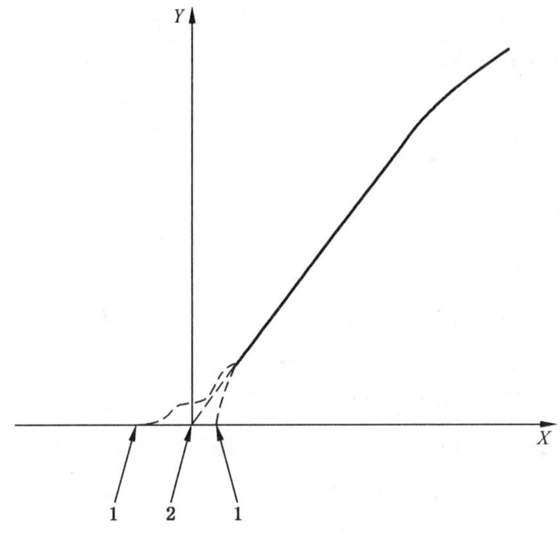

说明：

X ——形变，y；

Y ——负荷，F；

1 ——表观零点；

2 ——修正零点。

图 4 修正零点方法

9 环刚度的计算

用式(3)～式(5)计算 3 个试样 a、b 和 c 各自的环刚度 S_a、S_b、S_c，单位为 kN/m²；

$$S_a = \left(0.018\,6 + 0.025\,\frac{y_a}{d_i}\right)\frac{F_a}{L_a y_a} \times 10^6 \quad \cdots\cdots(3)$$

$$S_b = \left(0.018\,6 + 0.025\,\frac{y_b}{d_i}\right)\frac{F_b}{L_b y_b} \times 10^6 \quad \cdots\cdots(4)$$

$$S_c = \left(0.0186 + 0.025\frac{y_c}{d_i}\right)\frac{F_c}{L_c y_c} \times 10^6 \qquad (5)$$

式中：

F ——相对于管材3.0%变形时的负荷，单位为千牛(kN)；

L ——试样的长度，单位为毫米(mm)；

y ——相对于管材3.0%变形时的变形量，单位为毫米(mm)，如：

$$\frac{y}{d_i} = 0.03$$

计算管材的环刚度 S，单位为 kN/m^2，在求三个值的平均值时，用式(6)计算：

$$S = \frac{S_a + S_b + S_c}{3} \qquad (6)$$

10 试验报告

试验报告应包含以下信息：

a) 注明参考本标准；

b) 热塑性塑料管材的信息，包括：

——生产企业名称；

——管材的类型(包括材料)；

——尺寸；

——公称环刚度和(或)压力等级；

——生产日期；

——试样的长度；

c) 试验温度；

d) 每个试样环刚度的计算值 S_a、S_b 和 S_c，保留小数点后3位数字；

e) 环刚度的计算值 S，保留小数点后2位数字；

f) 如果需要，每个试样的负荷/变形量曲线图；

g) 任何可能影响试验结果的因素，如本标准没有规定的偶然性因素和操作细节；

h) 试验时间。

前　　言

本标准是对 GB/T 10798—1989《热塑性塑料管材通用壁厚表》的修订。在修订中，等同采用了国际标准 ISO 4065:1996《热塑性塑料管材——通用壁厚表》。

与原国家标准相比，本标准的主要修订内容有：

1. 增加了定义一章，对本标准中涉及到的定义进行了解释和说明；

2. 修订后标准中管系列 S 增加了 2、11.2、14，公称外径扩至 2 000。

本标准自实施之日起，同时代替 GB/T 10798—1989。

本标准由中国轻工业联合会提出。

本标准由全国塑料制品标准化技术委员会归口。

本标准起草单位：轻工业塑料加工应用研究所。

本标准主要起草人：钱汉英、刘秋凝、孙志伟。

ISO 前言

国际标准化组织(ISO)是由各国标准化团体(ISO 成员团体)组成的世界性的联合会。制定国际标准的工作通常由 ISO 的技术委员会完成。各成员团体若对某技术委员会确立的项目感兴趣,均有权参加该委员会的工作。与 ISO 保持联系的各国际组织(官方的或非官方的)也可参加有关工作。在电工技术标准化方面,ISO 与国际电工委员会(IEC)保持密切合作关系。

由技术委员会通过的国际标准草案(DIS)提交各成员团体表决,须取得至少 75%参加表决的成员团体的同意,才能作为国际标准正式发布。

国际标准 ISO 4065 由技术委员会 ISO/TC 138(流体输送用塑料管材、管件和阀门)起草。

此第二版取消并代替第一版(ISO 4065:1978),并对第一版进行了技术修订。

第一版的目的是为了识别热塑性塑料管材的标准壁厚,作为生产中壁厚变化范围的控制方法。这次修订有许多基本的变化。本标准提供了用于建立系列壁厚的基础,以用于产品标准的制定。但是,不能把它看作全部壁厚的列表,当考虑诸如刚度和温度条件等附加因素,其他壁厚有使用要求时,可以不同于此壁厚表。

附录 A 是提示的附录。

中华人民共和国国家标准

GB/T 10798—2001
idt ISO 4065:1996

代替 GB/T 10798—1989

热塑性塑料管材通用壁厚表

Table of universal wall thickness of thermoplastics pipe

1 范围

本标准规定了热塑性塑料管材公称外径 d_n 对应的公称壁厚 e_n，并给出了用公称壁厚表示的通用壁厚表。

本标准适用于沿管材长度方向具有恒定圆形断面的光滑热塑性塑料管材，不论该管材的加工方法、组成及用途。

2 引用标准

下列标准所包含的条文，通过在本标准中引用而构成为本标准的条文。本标准出版时，所示版本均为有效。所有标准都会被修订，使用本标准的各方应探讨使用下列标准最新版本的可能性。

GB/T 321—1980 优先数和优先数系

GB/T 4217—2001 流体输送用热塑性塑料管材 公称外径和公称压力

3 定义

本标准采用下列定义。

3.1 公称外径 d_n

用于表示管材外径的一个数值，单位为毫米。对于尺寸符合 GB/T 4217 的管材，公称外径是所用管材产品标准中规定的最小平均外径 $d_{em,min}$。为使用方便，对该数字进行了圆整。

3.2 平均外径 d_{em}

管材外圆周长的测量值除以 π(3.142)，并向大圆整到 0.1 mm。

3.3 任意点的壁厚 e_y

沿管材圆周的任意点测得的壁厚，并向大圆整到 0.1 mm。

3.4 公称壁厚 e_n

用于表示管材壁厚的一个数值，单位为毫米。它等于任意点最小允许壁厚 $e_{y,min}$ 经圆整后的值。本标准中表 4 和表 5 给出了管材公称外径对应的公称壁厚。

3.5 标准尺寸比 SDR

管材的公称外径与公称壁厚之比。

注 1：此值也可由 3.6 的公式得到。

3.6 管材系列数 S

与公称外径 d_n 和公称壁厚 e_n 有关的无量纲数，其值在标准的表 1、表 2 和表 3 中给出。

$$S = (\mathrm{SDR} - 1)/2 \qquad (1)$$

对于压力管可表达为：

$$S = \sigma/p \qquad (2)$$

式中：p——内压；

中华人民共和国国家质量监督检验检疫总局 2001-10-24 批准　　2002-05-01 实施

σ——诱导应力，σ 及 p 单位相同。

表 1　由所选设计应力 σ_S 和最大许用工作压力 p_{PMS} 所得 S 值

设计应力 σ_S MPa	p_{PMS}，MPa											
	2.5	2.0	1.6	1.25	1.0	0.8	0.63	0.6	0.5	0.4	0.315	0.25
	S 值											
16	6.400 0	8.000 0	10.000	12.800	16.000	20.000	25.397	26.667	32.000	40.000	50.794	64.000
14	5.600 0	7.000 0	8.750 0	11.200	14.000	17.000	22.222	23.333	28.000	35.000	44.444	56.000
12.5	5.000 0	6.250 0	7.812 5	10.000	12.500	15.625	19.841	20.833	25.000	31.250	39.683	50.000
11.2	4.480 0	5.600 0	7.000 0	8.960 0	11.200	14.000	17.778	18.667	22.400	28.000	35.556	44.800
10	4.000 0	5.000 0	6.250 0	8.000 0	10.000	12.500	15.873	16.667	20.000	25.000	31.746	40.000
8	3.200 0	4.000 0	5.000 0	6.400 0	8.000 0	10.000	12.698	13.333	16.000	20.000	25.397	32.000
6.3	2.520 0	3.150 0	3.937 5	5.040 0	6.300 0	7.875 0	10.000	10.500	12.600	15.750	20.000	25.200
5	2.000 0	2.500 0	3.125 0	4.000 0	5.000 0	6.250 0	7.936 5	8.333 3	10.000	12.500	15.873	20.000
4		2.000 0	2.500 0	3.200 0	4.000 0	5.000 0	6.439 2	6.666 7	8.000 0	10.000	12.698	16.000
3.15			1.968 8	2.150 0	3.150 0	3.937 5	5.000 0	5.250 0	6.300 0	7.875 0	10.000	12.600
2.5					2.500 0	3.125 0	3.968 3	4.166 7	5.000 0	6.250 0	7.936 5	10.000
注：S 值分级低于 2.000 的不包含在本表中，因为实际应用中这种管子的几何形状是不合格的。												

表 2　由 GB/T 321 所得公称 S 值及计算值[1)]

公称 S 值	计算值
2	1.995 3
2.5	2.511 9
3.2	3.162 3
4	3.981 1
5	5.011 9
6.3	6.309 6
8	7.943 3
10	10.000
11.2	11.220
12.25	12.598
14	14.125
16	15.849
20	19.953
25	25.119
32	31.623
40	39.811
50	50.119
63	63.096
1）更高的值从 GB/T 321—1980 中 R10 系列选取。	

表 3　由表 1 所得 S 值和设计应力用于计算壁厚(6 MPa 的 p_{PMS})

设计应力 MPa	计算 S 值	公称 S 值
2.5	4.166 7	4.2
3.15	5.250 0	5.3
4	6.666 7	6.7
5	8.333 3	8.3
6.3	10.500 0	10.5
8	13.333	13.3
10	16.667	16.7
11.2	18.667	18.7
12.5	20.833	20.8
14	23.333	23.3
16	26.667	26.7

用户可参照 GB/T 4217 选择 σ、p。S 值小于或等于 10 时，由 ISO 3 中 R10 系列选取；S 值大于 10 时，由 R20 系列选取。

4　壁厚值计算

按照 GB/T 4217，压力管的壁厚由下面二个公式之一计算。

$$e_n = \frac{1}{2(\sigma/p)+1} \times d_n \quad \cdots\cdots(3)$$

$$e_n = \frac{1}{2S+1} \times d_n \quad \cdots\cdots(4)$$

式中：e_n——公称壁厚；

d_n——公称外径，e_n 和 d_n 单位相同；

σ——诱导应力；

p——内压，σ 及 p 单位相同；

S——管材系列数。

上述公式也适用于表达最大允许工作压力 p_{PMS} 以及设计应力 σ_S 间的关系。

$$e_n = \frac{1}{2(\sigma_S/p_{PMS})+1} \times d_n \quad \cdots\cdots(5)$$

p_{PMS} 值由 GB/T 321 优先数 R10 系列中选取。σ_S 值等于或小于 10 MPa 时，由 GB/T 321 优先数 R10 系列中选取；而 σ_S 值大于 10 MPa 时，由 GB/T 321 优先数 R20 系列中选取。

S 定义为设计应力与最大允许操作压力的商，见式(6)：

$$S = \sigma_S/p_{PMS} \quad \cdots\cdots(6)$$

表 1 给出了最大允许工作压力在 0.25 MPa～2.5 MPa，设计应力在 2.5 MPa～16 MPa 时的 S 值，还包括了公称压力为 0.6 MPa 的管系列(0.6 MPa 不属于 R10 优先数系列)。表 2 给出了由 GB/T 321 得出的 S 的计算值，表 3 给出了 p_{PMS} 为 0.6 MPa 的 S 的计算值。

注 2：除 0.6 MPa 系列外，设计应力小于等于 1.0 MPa 时，S 是两个 R10 系列数的商，因此它也是 R10 系列数。设计应力大于 10 MPa 时，S 是一个 R10 系列数和一个 R20 系列数的商，因此它是 R20 系列数。

注 3：表 4 和表 5 给出的全部壁厚计算值是按下述程序圆整到一位小数：

步骤 1：计算值保留三位小数，如 0.×××；

步骤 2：

a) 如果第 2 位小数是 1 或大于 1 的数，则向大圆整到第 1 位小数；

b) 如果第 2 位小数是 0，第 3 位小数是 5 或大于 5 的数，则向大圆整到第 1 位小数。如小数点后第 2 位小数是 0，第

3 位小数是 4 或小于 4 的数，则向小圆整到第 1 位小数。

表 4 p_{PMS}值为 0.25；0.315；0.4；0.5；0.63；0.8；1.0；1.25；1.6；2.0 和 2.5 MPa 的公称壁厚 e_n

单位：mm

公称外径 d_n	管系列 S（标准尺寸比 SDR）																	
	2 (5)	2.5 (6)	3.2 (7.4)	4 (9)	5 (11)	6.3 (13.6)	8 (17)	10 (21)	11.2 (23.4)	12.5 (26)	14 (29)	16 (33)	20 (41)	25 (51)	32 (65)	40 (81)	50 (101)	63 (127)
	公称壁厚 e_n																	
2.5	0.5																	
3	0.6	0.5	0.5															
4	0.8	0.7	0.6	0.5														
5	1.0	0.9	0.7	0.6	0.5													
6	1.2	1.0	0.9	0.7	0.6	0.5												
8	1.6	1.4	1.1	0.9	0.8	0.6	0.5											
10	2.0	1.7	1.4	1.2	1.0	0.8	0.6	0.5	0.5									
12	2.4	2.0	1.7	1.4	1.1	0.9	0.8	0.6	0.6	0.5	0.5							
16	3.3	2.7	2.2	1.8	1.5	1.2	1.0	0.8	0.7	0.7	0.6	0.5						
20	4.1	3.4	2.8	2.3	1.9	1.5	1.2	1.0	0.9	0.8	0.7	0.7	0.5					
25	5.1	4.2	3.5	2.8	2.3	1.9	1.5	1.2	1.1	1.0	0.9	0.8	0.7	0.5				
32	6.5	5.4	4.4	3.6	2.9	2.4	1.9	1.6	1.4	1.3	1.1	1.0	0.8	0.7	0.5			
40	8.1	6.7	5.5	4.5	3.7	3.0	2.4	1.9	1.8	1.6	1.4	1.3	1.0	0.8	0.7	0.5		
50	10.1	8.3	6.9	5.6	4.6	3.7	3.0	2.4	2.2	2.0	1.8	1.6	1.3	1.0	0.8	0.7	0.5	
63	12.7	10.5	8.6	7.1	5.8	4.7	3.8	3.0	2.7	2.5	2.2	2.0	1.6	1.3	1.0	0.8	0.7	0.5
75	15.1	12.5	10.3	8.4	6.8	5.6	4.5	3.6	3.2	2.9	2.6	2.3	1.9	1.5	1.2	1.0	0.8	0.6
90	18.1	15.0	12.3	10.1	8.2	6.7	5.4	4.3	3.9	3.5	3.1	2.8	2.2	1.8	1.4	1.2	0.9	0.8
110	22.1	18.3	15.1	12.3	10.0	8.1	6.6	5.3	4.7	4.2	3.8	3.4	2.7	2.2	1.8	1.4	1.1	0.9
125	25.1	20.8	17.1	14.0	11.4	9.2	7.4	6.0	5.4	4.8	4.3	3.9	3.1	2.5	2.0	1.6	1.3	1.0
140	28.1	23.3	19.2	15.7	12.7	10.3	8.3	6.7	6.0	5.4	4.8	4.3	3.5	2.8	2.2	1.8	1.4	1.1
160	32.1	26.6	21.9	17.9	14.6	11.8	9.5	7.7	6.9	6.2	5.5	4.9	4.0	3.2	2.5	2.0	1.6	1.3
180	36.1	29.9	24.6	20.1	16.4	13.3	10.7	8.6	7.7	6.9	6.2	5.5	4.4	3.6	2.8	2.3	1.8	1.5
200	40.1	33.2	27.4	22.4	18.2	14.7	11.9	9.6	8.6	7.7	6.9	6.2	4.9	3.9	3.2	2.5	2.0	1.6
225	45.1	37.4	30.8	25.2	20.5	16.6	13.4	10.8	9.6	8.6	7.7	6.9	5.5	4.4	3.5	2.8	2.3	1.8
250	50.1	41.5	34.2	27.9	22.7	18.4	14.8	11.9	10.7	9.6	8.6	7.7	6.2	4.9	3.9	3.1	2.5	2.0
280	56.2	46.5	38.3	31.3	25.4	20.6	16.6	13.4	12.0	10.7	9.6	8.6	6.9	5.5	4.4	3.5	2.8	2.2
315		52.3	43.1	35.2	28.6	23.2	18.7	15.0	13.5	12.1	10.8	9.7	7.7	6.2	4.9	4.0	3.2	2.5
355		59.0	48.5	39.7	32.2	26.1	21.1	16.9	15.2	13.6	12.2	10.9	8.7	7.0	5.6	4.4	3.6	2.8
400			54.7	44.7	36.3	29.4	23.7	19.1	17.1	15.3	13.7	12.3	9.8	7.9	6.3	5.0	4.0	3.2

表 4（完） 单位：mm

公称外径 d_n	管系列 S（标准尺寸比 SDR）																	
	2 (5)	2.5 (6)	3.2 (7.4)	4 (9)	5 (11)	6.3 (13.6)	8 (17)	10 (21)	11.2 (23.4)	12.5 (26)	14 (29)	16 (33)	20 (41)	25 (51)	32 (65)	40 (81)	50 (101)	63 (127)
	公称壁厚 e_n																	
450			61.5	50.3	40.9	33.1	26.7	21.5	19.2	17.2	15.4	13.8	11.0	8.8	7.0	5.6	4.5	3.6
500				55.8	45.4	36.8	29.7	23.9	21.4	19.1	17.1	15.3	12.3	9.8	7.8	6.2	5.0	4.0
560					50.8	41.2	33.2	26.7	23.9	21.4	19.2	17.2	13.7	11.0	8.8	7.0	5.6	4.4
630					57.2	46.3	37.4	30.0	26.9	24.1	21.6	19.3	15.4	12.3	9.9	7.9	6.3	5.0
710						52.2	42.1	33.9	30.3	27.2	24.3	21.8	17.4	13.9	11.1	8.9	7.1	5.6
800						58.8	47.4	38.1	34.2	30.6	27.4	24.5	19.6	15.7	12.5	10.0	7.9	6.3
900							53.3	42.9	38.4	34.4	30.8	27.6	22.0	17.6	14.1	11.2	8.9	7.1
1000							59.3	47.7	42.7	38.2	34.2	30.6	24.5	19.6	15.6	12.4	9.9	7.9
1200								57.2	51.2	45.9	41.1	36.7	29.4	23.5	18.7	14.9	11.9	9.5
1400										53.5	47.9	42.9	34.3	27.4	21.8	17.4	13.9	11.1
1600										61.2	54.7	49.0	39.2	31.3	24.9	19.9	15.8	12.6
1800											61.6	55.1	44.0	35.2	28.1	22.4	17.8	14.2
2000											68.4	61.2	48.9	39.1	31.2	24.9	19.8	15.8

5 壁厚表

依据表 2 中的 S 值，表 4 给出了不同公称外径 d_n 对应的公称壁厚 e_n。

最大许用压力 0.6 MPa 的管材系列壁厚见表 5，该值由表 3 中 S 值计算得到。

表 5 公称壁厚（p_{PMS}为 0.6 MPa） 单位：mm

公称外径 d_n	管系列 S（标准尺寸比 SDR）										
	4.2 (9.4)	5.3 (11.6)	6.7 (14.4)	8.3 (17.6)	10.5 (22)	13.3 (27.6)	16.7 (34.4)	18.7 (38.4)	20.8 (42.6)	23.3 (47.6)	26.7 (54.4)
	公称壁厚 e_n										
2.5											
3											
4	0.5										
5	0.6	0.5									
6	0.7	0.6	0.5								
8	0.9	0.7	0.6	0.5							
10	1.1	0.9	0.7	0.6	0.5						
12	1.3	1.1	0.9	0.7	0.6	0.5					
16	1.8	1.4	1.2	1.0	0.8	0.6	0.5	0.5			
20	2.2	1.8	1.4	1.2	1.0	0.8	0.6	0.6	0.5	0.5	

表 5（完）　　单位:mm

公称外径 d_n	管系列 S（标准尺寸比 SDR）										
	4.2 (9.4)	5.3 (11.6)	6.7 (14.4)	8.3 (17.6)	10.5 (22)	13.3 (27.6)	16.7 (34.4)	18.7 (38.4)	20.8 (42.6)	23.3 (47.6)	26.7 (54.4)
	公称壁厚 e_n										
25	2.7	2.2	1.8	1.5	1.2	0.9	0.8	0.7	0.6	0.6	0.5
32	3.5	2.8	2.3	1.9	1.5	1.2	1.0	0.9	0.8	0.7	0.6
40	4.3	3.5	2.8	2.3	1.9	1.5	1.2	1.1	1.0	0.9	0.8
50	5.4	4.4	3.5	2.9	2.3	1.9	1.5	1.3	1.2	1.1	1.0
63	6.8	5.5	4.4	3.6	2.9	2.3	1.9	1.7	1.5	1.4	1.2
75	8.1	6.6	5.3	4.3	3.5	2.8	2.2	2.0	1.8	1.6	1.4
90	9.7	7.9	6.3	5.1	4.1	3.3	2.7	2.4	2.2	1.9	1.7
110	11.8	9.6	7.7	6.3	5.0	4.0	3.2	2.9	2.6	2.4	2.1
125	13.4	10.9	8.8	7.1	5.7	4.6	3.7	3.3	3.0	2.7	2.3
140	15.0	12.2	9.8	8.0	6.4	5.1	4.1	3.7	3.3	3.0	2.6
160	17.2	14.0	11.2	9.1	7.3	5.8	4.7	4.2	3.8	3.4	3.0
180	19.3	15.7	12.6	10.2	8.2	6.6	5.3	4.7	4.3	3.8	3.4
200	21.5	17.4	14.0	11.4	9.1	7.3	5.9	5.3	4.7	4.2	3.7
225	24.2	19.6	15.7	12.8	10.3	8.2	6.6	5.9	5.3	4.8	4.2
250	26.8	21.8	17.5	14.2	11.4	9.1	7.3	6.6	5.9	5.3	4.6
280	30.0	24.4	19.6	15.9	12.8	10.2	8.2	7.3	6.6	5.9	5.2
315	33.8	27.4	22.0	17.9	14.4	11.4	9.2	8.3	7.4	6.7	5.8
355	38.1	30.9	24.8	20.1	16.2	12.9	10.4	9.3	8.4	7.5	6.6
400	42.9	34.8	28.0	22.7	18.2	14.5	11.7	10.5	9.4	8.4	7.4
450	48.3	39.2	31.4	25.5	20.5	16.3	13.2	11.8	10.6	9.5	8.3
500	53.6	43.5	34.9	28.3	22.8	18.1	14.6	13.1	11.8	10.5	9.2
560	60.0	48.7	39.1	31.7	25.5	20.3	16.4	14.7	13.2	11.8	10.4
630		54.8	44.0	35.7	28.7	22.8	18.4	16.5	14.8	13.3	11.6
710			49.6	40.2	32.3	25.7	20.7	18.6	16.7	14.9	13.1
800			55.9	45.3	36.4	29.0	23.3	20.9	18.8	16.8	14.8
900				51.0	41.0	32.6	26.3	23.5	21.1	18.9	16.6
1000				56.6	45.5	36.2	29.2	26.1	23.5	21.0	18.4
1200					54.6	43.4	35.0	31.3	28.2	25.2	22.1
1400						50.6	40.8	36.6	32.9	29.4	25.8
1600						57.9	46.6	41.8	37.5	33.6	29.5
1800							52.5	47.0	42.2	37.8	33.2
2000							58.3	52.2	46.9	42.0	36.9

6 无压管

用 S 值进行壁厚计算(S 值由设计应力 σ_S 及最大许用工作压力 p_{PMS}确定)主要适用于压力管,但表 4 和表 5 也适用于无压管。

7 特殊情况

虽然在第 6 章描述了一般情况,但考虑到如刚性或温度及其他因素,允许在其他场合采用其他壁厚值,然而应尽量减少这种例外情况。

GB/T 10798—2001《热塑性塑料管材通用壁厚表》第 1 号修改单

本修改单业经国家标准化管理委员会于 2003 年 8 月 25 日以国标委农轻函[2003]72 号文批准,自 2003 年 10 月 1 日起实施。

表 3 表格中更改:

表 3 原为:

表 3　由表 1 所得 S 值和设计应力用于计算壁厚(6 MPa 的 p_{PMS})

设计应力 MRS/MPa	计算 S 值	公称 S 值
1.5	1.166 7	4.2
1.15	1.250 0	5.3
4	1.666 7	6.7
5	8.333 3	8.3
6.3	10.500 0	10.5
8	13.333	13.3
10	16.667	16.7
11.2	18.667	18.7
12.5	20.833	20.8
14	23.333	23.3
16	26.667	26.7

更改为:

表 3　由表 1 所得 S 值和设计应力用于计算壁厚(6 MPa 的 p_{PMS})

设计应力 MRS/MPa	计算 S 值	公称 S 值
2.5	4.166 7	4.2
3.15	5.250 0	5.3
4	6.666 7	6.7
5	8.333 3	8.3
6.3	10.500 0	10.5
8	13.333	13.3
10	16.667	16.7
11.2	18.667	18.7
12.5	20.833	20.8
14	23.333	23.3
16	26.667	26.7

ICS 83.080.01
G 32

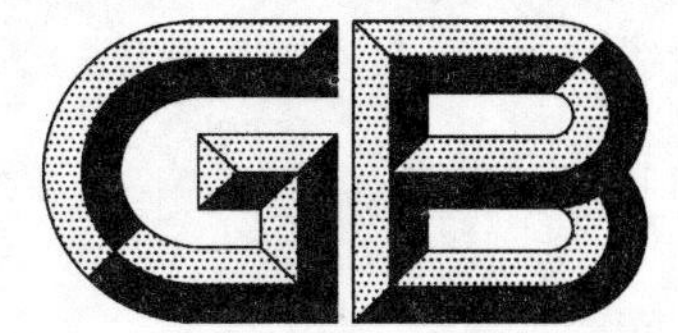

中华人民共和国国家标准

GB/T 11547—2008
代替 GB/T 11547—1989

塑料 耐液体化学试剂性能的测定

Plastic—Methods of test for the determination of the effects of immersion in liquid chemicals

(ISO 175:1999,MOD)

2008-09-04 发布 2009-04-01 实施

中华人民共和国国家质量监督检验检疫总局
中国国家标准化管理委员会 发布

前言

本标准修改采用ISO 175:1999《塑料——耐液体化学试剂性能的测试方法》(英文版)。

本标准根据ISO 175:1999重新起草，在附录A中列出了本标准章条号与ISO 175:1999章条号的对照一览表。

考虑到我国国情，本标准在采用国际标准时进行了修改。这些技术性差异用垂直单线标识在它们所涉及的条款的页边空白处。

本标准与ISO 175:1999主要技术性差异如下：

——将ISO 175:1999的4.1.1中的注修改为本标准的4.1.1中的条文；

——将ISO 175:1999的4.2.1中补充100 ℃～105 ℃温度范围的允许温度偏差为±3 ℃；

——将规范性引用文件由ISO标准相应地改为我国标准；

——将一些适用于国际标准的表述改为适用于我国标准的表述。

为便于使用，本标准还做了下列编辑性修改：

——"ISO 175"一词改为"本标准"；

——删除了ISO 175:1999的前言。

本标准代替GB/T 11547—1989《塑料　耐液体化学试剂(包括水)性能测试方法》，与GB/T 11547—1989相比主要技术内容改变如下：

——修改了标准名称；

——增加了目次、前言；

——增加了对试样尺寸的具体要求"优先选择试样尺寸为60 mm×60 mm"(见4.4)；

——将试样的尺寸要求由"50±1 mm"更改为"60 mm±1 mm"(见5.3)；

——增加了"5.2.3.4 试样浸泡装置"和"5.5.1.8 液体吸收体积的测量"。

本标准附录B为规范性附录，本标准附录A和附录C为资料性附录。

本标准由中国石油和化学工业协会提出

本标准由全国塑料标准化技术委员会(SAC/TC 15)归口

本标准负责起草单位：国家合成树脂质量监督检验中心。

本标准参加起草单位：中石化北化院国家化学建筑材料测试中心(材料测试部)、国家塑料制品质检中心(福州)、广州金发科技股份有限公司。

本标准主要起草人：赵平、王建东、李建军、刘玉春、何芃。

本标准所代替标准的历次版本发布情况为：

——GB/T 11547—1989。

塑料　耐液体化学试剂性能的测定

1　范围

1.1　本标准规定了塑料试样在不受外界影响的情况下，浸泡于液体化学试剂中所引起性能变化的测定。本标准不包含 ISO 22088-2:2006、ISO 22088-3:2006 和 ISO 22088-4:2006 所规定的环境应力开裂测试(ESC)。

1.2　本标准仅适用于测定试样表面完全浸没于液体化学试剂的情况。

注：这一方法可能不适用于塑料试样的局部浸泡或间歇式蘸湿。

1.3　本标准适用于所有的固体塑料，如模塑或挤出成型塑料、板材、管材、棒材或厚度大于 0.1 mm 的片材。本标准不适用于多孔塑料材料。

2　规范性引用文件

下列文件中的条款通过本标准的引用而成为本标准的条款。凡是注日期的引用文件，其随后所有的修改单(不包括勘误的内容)或修订版均不适用于本标准，然而，鼓励根据本标准达成协议的各方研究是否可使用这些文件的最新版本。凡是不注日期的引用文件，其最新版本适用于本标准。

GB/T 1034—2008　塑料　吸水性的测定(ISO 62:2008,IDT)

GB/T 1690—2006　硫化橡胶或热塑性橡胶耐液体试验方法(ISO 1817:2005,MOD)

GB 2536—1990　变压器油(neq IEC 60296:1982)

GB/T 2918—1998　塑料试样状态调节和试验的标准环境(idt ISO 291:1997)

GB/T 8806—1988　塑料管材尺寸测量方法(eqv ISO 3126:1974)

GB/T 15596—1995　塑料　暴露于玻璃下日光或自然气候或人工光后颜色和性能变化的测定(eqv ISO 4582:1980)

GB/T 17037.3—2003　塑料　热塑性塑料材料注塑试样的制备　第 3 部分：小方试片(ISO 294-3:2002,IDT)

ISO 2818:1994　塑料——机械加工法制备试样

ISO 3205:1976　优先选用的试验温度

3　原理

在规定的温度和规定的时间条件下，将试样完全浸泡在测试液体中。

在浸泡前后，分别对试样的性能进行测定，如果可行，也可在干燥后进行测定。对于后一种情况，在同一组试样中，尽可能一个接一个进行测试。

注：仅在所用试样具有相同的形状、相同的尺寸(特别是厚度相同)和极为相似的状态(内应力、表面等)下，本试验方法才能比较不同塑料之间的性能。

规定的测试方法如下：

a)　浸泡后或浸泡干燥后，立即测定试样在质量、尺寸和外观上的变化；

b)　浸泡后或浸泡干燥后，立即测定试样物理性能的变化(力学性能、热性能、光学性能等)；

c)　液体吸收量。

若要求确定材料仍受液体作用的情况，应采用浸泡后立即测试的方法。若要求确定材料在液体(液体为挥发性的)作用的状态，则应采用浸泡干燥后测试的方法。这一方法可以测定可溶成分的影响。

4 通用技术要求和步骤

4.1 试液

4.1.1 试液的选择

若需要塑料与某一特定液体接触时的行为的数据，通常应选用该特定液体作为试液。试液应为分析纯。

不同批次的工业用化学试剂通常没有完全恒定的组分。因此，为了使试液对塑料性能产生的影响具有代表性，应尽可能选用规定的化工产品或其混合液。当采用工业级试剂时，应采用同一批次试剂来测试。

在验证成分不明的试剂对塑料性能产生的影响时，其试剂应从同一容器中取出。

4.1.2 试液类型

试液类型见附录B。

4.2 测试条件

4.2.1 浸泡温度

优先选用的浸泡温度为：

a) 23 ℃±2 ℃；

b) 70 ℃±2 ℃。

若为了与塑料的使用温度保持一致，应采用其他温度时，则应从ISO 3205:1976中给出的优先选用温度中选取。推荐使用以下温度：

0 ℃，20 ℃，27 ℃，40 ℃，55 ℃，85 ℃，95 ℃，100 ℃，125 ℃，150 ℃

浸泡温度不大于100 ℃，允许偏差±2 ℃；浸泡温度大于100 ℃时，允许偏差±3 ℃。在测试塑料管材的某些特定条件下，则采用60 ℃作为浸泡温度。

注1：在高于正常环境温度条件下进行浸泡试验时，可增加一组试样。在此温度下，用相同的试验周期进行状态调节，然后测试其性能，以区分性能的变化是受温度影响还是受试液影响。

注2：对于长周期浸泡试验，试样在23 ℃空气中储放期间也可能发生变化，建议增制一组试样以供对比。

4.2.2 测定温度

质量、尺寸或物理性能变化的测定温度为23 ℃±2 ℃。若浸泡温度不是23 ℃±2 ℃，则按4.6.3中所述方法调节试样温度到23 ℃。

4.3 浸泡时间

优先选用的浸泡时间为：

a) 短期试验：24 h；

b) 标准试验：1周；

c) 长期试验：16周。

若需要采用其他的浸泡时间，如要求以时间为变数进行试验，或要求作出直到达到平衡时的曲线，建议从下列标准等级中选用浸泡时间：

a) 1 h，2 h，4 h，8 h，16 h，24 h，48 h，96 h，168 h；

b) 2周，4周，8周，16周，26周，52周，78周；

c) 1.5年，2年，3年，4年，5年。

4.4 试样

试样的形状和尺寸根据塑料本身的形状（片材、薄膜、棒材等）、性质以及浸泡后的试验项目（质量、尺寸、物理性能）而定，试样可以具有各种各样的形状和尺寸。

试样可直接模塑成型，也可机械加工成型。在机械加工中，表面应精加工，试样的加工表面应非常光洁，但不得造成炭化痕迹。

对于5.3.1和5.3.2中规定的试样，优先选择试样尺寸为60 mm×60 mm，其厚度取决于塑料的类型：

——对于热塑性塑料，推荐选择厚度为1.0 mm～1.1 mm；

——对于模塑混合物，样品尺寸按照GB/T 17037.3—2003的规定；

——对于半成品材料，试样应优先选择根据ISO 2818:1994进行的机械加工，并且至少保留一面不进行机械加工；

——对于复合材料，推荐厚度不少于2 mm。

所用的试样数量按相关测定项目的国家标准中的规定，若无规定，每组试样应不少于三个。

注：采用厚度是1 mm的样品进行测试，由于厚度影响可能会导致测试结果在质量、尺寸、外观或试液吸收量上发生改变。

4.5 状态调节

按照GB/T 2918—1998的规定：23/50，2级，对试样进行调节。

注：对于已知能迅速达到或很缓慢达到温度和湿度平衡(特别是湿度平衡)的塑料，可以在相应的产品说明中缩短或延长状态调节时间(见附录C)。

4.6 步骤

4.6.1 试液用量

为避免试验过程中试液中被提取物质浓度增大，所用试液量按照试样的总表面积计算，每平方厘米不少于8 mL的试液。试样应完全浸泡于试液当中。

注：在一些其他标准中规定了不同的试液量，如：已知硬质PVC和聚烯烃管材中被提取物质含量很少，在相关的标准中规定了较少的试液量。

4.6.2 试样的浸泡

每组试样放置于规定的容器中(见5.2)，并使它们完全浸泡于试液内(必要时可系一重物)。允许将成分相同的几组试样浸泡于同一容器中。

试样表面不允许相互接触，也不允许与容器壁及所系重物有所接触。

浸泡过程中，每24 h至少搅动试液一次。

试验时间超过7 d时，每到第7 d应更换等量新配试液。

若试液不稳定(如次氯酸钠)，则要求更加频繁地更换。

注：若光线对试液作用可能产生影响，则建议在暗室或在规定照明条件下进行操作。

在某些情况下，应规定试样上方的液体高度(如试液有氧化的危险)，或检测试液吸收体积量。试样吸收的试液体积是开始时的体积和试液剩余体积之差。若有必要计算这一值，仪器设备应具有单独测量试液体积的能力。

4.6.3 冲洗和擦拭

浸泡周期结束时，如需将试样温度调节到室温，可将试样迅速地转入室温下的新鲜试液中，浸泡15 min～30 min。

试样从试液中移出以后，采用下列步骤冲洗试样：

a) 对于浸泡在酸、碱或其他水溶性溶剂中的试样，可直接用清水冲洗。若为了避免在称重之前或称重的过程中试样吸湿，要求快速处理，可在冲洗后的试样表面吸附一些吸湿剂，如浓硫酸。

b) 对于浸泡在非挥发性、非水溶性的有机试液中的试样，用对试样没有影响的挥发性溶剂清洗，如轻质石脑油。

用滤纸或无绒棉布擦拭试样表面。

注1：若试样浸泡在室温的丙酮或乙醇一样挥发性溶剂中，可无需冲洗和擦拭。

注2：若要求的话，可能需要在浸泡结束时检测试液。这种检测可以是简单的肉眼观察、试液体积或质量的测定以检测是否有液体吸收，也可以是更严格的检测，如滴定等。

这种检测可能不适用于在浸泡过程中更换过试液的情况。

4.7 结果表示

4.7.1 数字形式表示

除了给出浸泡前、后的测定结果外，还可以用浸泡后性能值(X_2)(质量变化除外)相对于浸泡前的性能值(X_1)的百分比来表示，见式(1)：

$$性能变化百分比 = \left(\frac{X_2}{X_1}\right)\times 100\% \qquad \cdots\cdots(1)$$

式中：

X_1——相应的浸泡前性能值；

X_2——浸泡后的某一性能值。

4.7.2 图线形式表示

进行试样性能随时间变化试验时，建议绘制出相应的关系图。以所得测定值(包括起始值)或性能值的差值为纵坐标，以浸泡时间(t)为横坐标，如需缩短时间坐标，则可用 $t^{1/2}$ 或 $\lg t$ 作为横坐标。

若吸收符合菲克定律，GB/T 1034—2008 推荐的双对数曲线(如试液质量或体积-浸泡时间)可以使得饱和浓度和扩散系数的测定在较短的浸泡时间内完成。

5 质量、尺寸及外观变化的测定

5.1 概述

质量、尺寸和外观变化试验可在同一片试样上进行。至少需测量三个试样。

5.2 仪器

5.2.1 通用仪器

5.2.1.1 烧杯：大小适宜，并带盖(必要时需密封)，对于易挥发性或有蒸汽产生的试液需配上冷凝管。仪器应具有一定的耐腐蚀性。浸泡温度在室温以上时，烧杯需密封，以尽量减少试液蒸发带来的质量损失。

5.2.1.2 密闭容器：可控制试验温度恒定。若随着温度的升高，试液有所挥发，则应保证通风效果良好。

5.2.1.3 温度计：范围和精度适宜。

5.2.1.4 鼓风烘箱：能控制在所选定的干燥温度下。

若无特别说明，则能控制在 50 ℃±2 ℃的烘箱。

5.2.2 质量变化测量仪器

5.2.2.1 称量瓶。

5.2.2.2 天平：当试样质量大于或等于 1 g 时，天平的精度为 0.001 g；当试样质量小于 1 g 时，天平的精度为 0.000 1 g。

5.2.3 尺寸和体积变化测量仪器

5.2.3.1 千分尺：平面砧式，精度为 0.01 mm。

5.2.3.2 孔径规：精度为 0:1 mm。

5.2.3.3 带刻度的玻璃管：用于测量试样的原始体积。

5.2.3.4 试样浸泡装置：能够测量剩余液体体积(参见参考文献[1])，例如由带刻度毛细管测量计连接的完全密封的两个玻璃球形容器[图 1a)]。然后将装置翻转 180°，让在球形容器 1 中的试样浸泡于试液当中[见图 1b)]，开始试验。为了测量剩余试液的体积，再次将装置翻转恢复到刚刚开始的位置。试液流回球形容器 1 中，可从毛细管测量计上读出液体体积变化[见图 1c)]。读数完成后，装置翻转 180°变成图 1b)的位置，继续浸泡过程。

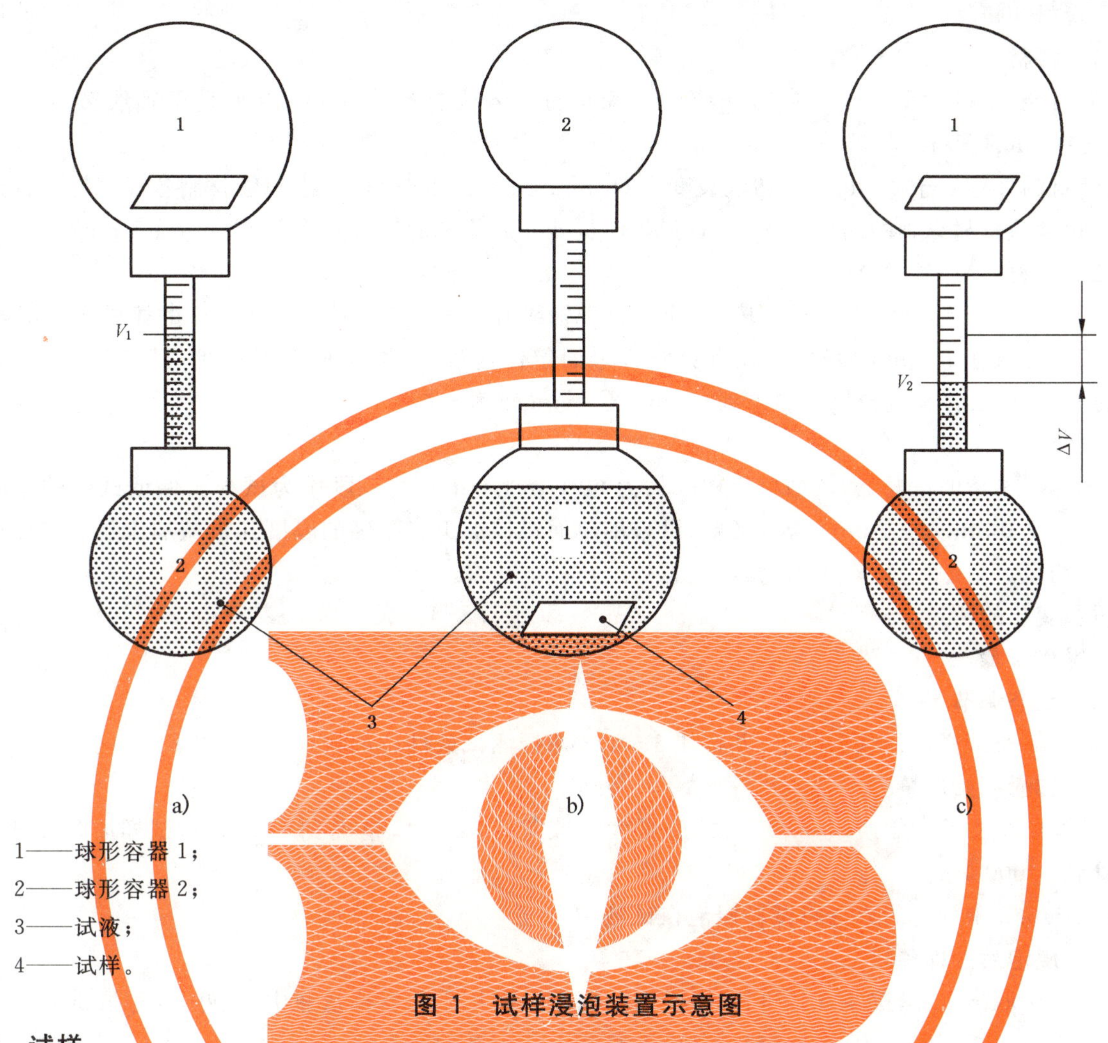

1——球形容器1；
2——球形容器2；
3——试液；
4——试样。

图1 试样浸泡装置示意图

5.3 试样

5.3.1 模塑材料

试样应是边长为60 mm±1 mm的正方形，其厚度在1.0 mm～1.1 mm之间。材料应按照相应的产品标准规定的条件模塑成型(或按照供应商提供的条件)。

注1：GB/T 9352—1988、GB/T 17037.3—2003和GB/T 5471—2008提供了模塑试样制备的通则。

注2：在某些情况下，经双方协商可采用尺寸为50 mm×50 mm×4 mm的试样。采用这一尺寸试样时，将会增加达到平衡的时间，相当于厚度为1 mm试样的16倍。

5.3.2 挤出料

试样应是边长为60 mm±1 mm的正方形，其厚度在1.0 mm～1.1 mm之间。试样可从挤出片材上直接切取下来，片材应按照相应的产品标准中规定的条件制备(或按照材料供应商提供的条件)。

注：在某些情况下，经双方协商试样尺寸可为50 mm×50 mm×2 mm。

5.3.3 片材和板材

试样应是边长为60 mm±1 mm的正方形，并采用ISO 2818:1994规定的机械加工方法从大片材或板材上加工而得到。

若片材或板材的公称厚度小于或等于25 mm，则试样厚度跟板材或片材厚度一样。

若片材或板材的公称厚度大于25 mm，在没有相关说明的情况下，试样的尺寸应单面加工到25 mm。

注：由于菲克扩散，达到平衡的时间与正方形试样的厚度成比例的增加。试样厚度为25 mm将需要花费5年多的时间来达到平衡。

5.3.4 管材和棒材

5.3.4.1 管材

若有可能，试样的尺寸应当参考相应的国家标准。若无标准参考，应以垂直于轴线截取长度为60 mm±1 mm的管材作为试样。

若管材的外径大于 60 mm，应切取长度为 60 mm±1 mm 的管材，再由该管材制备成试样。其制法为：沿着包含该管材纵轴的两个平面分别切割，使从外表面测量的展开宽度为 60 mm±1 mm。

5.3.4.2 棒材

对于直径小于或等于 60 mm 的棒材，应垂直于轴线截取长度为 60 mm±1 mm 的棒段作为试样。

对于直径大于 60 mm 的棒材，在有关双方未商定任何规定时，先垂直于轴线截取长为 60 mm±1 mm的一段，然后将其直径机械加工到 60 mm±1 mm 作为试样。

5.3.5 型材

在无标准参考的情况下，从型材上切取长为 60 mm±1 mm 的一段作为试样。保证试样的厚度尽可能地接近 1.0 mm～1.1 mm，若有必要，可采用单面机械加工。精确的厚度和机械加工条件应根据协议双方的约定。

5.4 质量变化的测定

5.4.1 操作步骤

5.4.1.1 状态调节

按照 4.5 对试样进行状态调节，并按 4.1～4.3 选择测试条件。

5.4.1.2 称量初始质量

测定每个试样的初始质量(m_1)，试样质量大于或等于 1 g 时，精确到 0.001 g，试样质量小于 1 g 时，精确到 0.000 1 g。

按照 4.6.2 中规定的方法将试样浸泡在试液中。

5.4.1.3 浸泡后立即称量

从试液中取出试样，按 4.6.3 进行冲洗和擦拭，放入已称重的空称量瓶中，盖好，并称取试样的质量(m_2)根据 5.4.1.2 精确到 0.001 g 或 0.000 1 g。

若所用试液在室温下有挥发性，则试样暴露在空气中的时间不应超过 30 s。若称量之后还需继续试验(如质量随时间变化的曲线)，则立即将试样放回试液中，并将容器放回恒温控制器中。

5.4.1.4 浸泡干燥后称量

在 5.4.1.3 操作后，从称量瓶中取出试样，放入规定温度的烘箱中，干燥至恒重。对于厚度为1 mm的试样，通常采用的干燥条件为：50 ℃±2 ℃，2 h。若有必要则将试样冷却，按 4.5 重新进行状态调节，再称取试样的质量(m_3)。

注：在某些情况下，有关双方可以商定被测试样不必进行状态调节。

5.4.1.5 仅在干燥后称量

试样从试液中取出后，先按照 4.6.3 进行冲洗和擦拭，然后立即置于烘箱中，并按照 5.4.1.4 进行干燥处理，再称取试样质量。

5.4.2 试验结果的计算和表示

5.4.2.1 记录每个试样的质量，用 mg 表示。

a) 浸泡前的质量，用 m_1 表示；

b) 试样浸泡后的质量，用 m_2 表示；

c) 试样浸泡干燥和再状态调节的质量，用 m_3 表示。

计算以下差值：

m_2-m_1 和 m_3-m_1，并记录正负号。

5.4.2.2 也可用下列方法表示：

5.4.2.2.1 单位面积的质量变化

用式(2)、(3)计算每单位面积的质量增加或减少值，用 mg/cm^2 表示：

$$浸泡后每单位面积的质量变化 = \frac{m_2 - m_1}{A} \quad \cdots\cdots (2)$$

$$浸泡干燥和再状态调节后每单位面积质量变化 = \frac{m_3 - m_1}{A} \quad \cdots\cdots (3)$$

式中：

m_1——试样浸泡前的质量，单位为毫克(mg)；

m_2——试样浸泡后的质量，单位为毫克(mg)；

m_3——试样浸泡干燥和再状态调节的质量，单位为毫克(mg)；

A——表示试样的初始总表面积，单位为平方厘米(cm^2)。

5.4.2.2.2 质量变化百分率

用式(4)、(5)计算质量增加或减少的百分率：

$$浸泡后质量变化率 = \frac{m_2 - m_1}{m_1} \times 100\% \quad \cdots\cdots (4)$$

$$浸泡干燥和再状态调节后质量变化率 = \frac{m_3 - m_1}{m_1} \times 100\% \quad \cdots\cdots (5)$$

式中：

m_1——试样浸泡前的质量，单位为毫克(mg)；

m_2——试样浸泡后的质量，单位为毫克(mg)；

m_3——试样浸泡干燥和再状态调节后的质量，单位为毫克(mg)。

5.4.2.3 计算每组试验结果的算术平均值。

5.5 尺寸变化的测定

5.5.1 操作步骤

5.5.1.1 状态调节

按照 4.5 对试样进行状态调节，并根据 4.1～4.3 选择测试条件。

5.5.1.2 测量试样的原始尺寸

5.5.1.2.1 正方形试样

在试样的 4 个侧面作 4 根长度基准线，用千分尺测量其长度，然后记录其平均长度为 l_1，精确到 0.1 mm。

用孔径规测量 4 个基准点的厚度，然后记录其平均长度为 h_1，精确到 0.01 mm，要求各基准点离边缘的距离不小于 10 mm。

5.5.1.2.2 棒材和型材

用千分尺测量并记录试样长度，然后记录其平均长度为 l_1，精确到 0.1 mm。

用孔径规在 4 个基准点上测量其厚度，然后记录其平均长度为 h，精确到 0.01 mm。

若型材的厚度不均匀，则在两个不同厚度的区域分别测量其厚度值。

5.5.1.2.3 管材

根据 GB/T 8806—1988 测量管材的外径(d_1)、长度(l_1)、壁厚(h_1)。

5.5.1.3 初始体积的测量

使用带刻度的玻璃管在 23 ℃条件下，测量试样的原始体积(V_1)。

5.5.1.4 浸泡

采用烧杯和 5.2.3.4 中描述的装置，并按照 4.6.2 中规定的方法将试样浸泡在试液中。

5.5.1.5 **浸泡后立即测量**

从试液中取出试样，采用4.6.3进行冲洗和擦拭，按5.5.1.2在原记号位置上测量试样的尺寸，相应地记录为d_2、l_2和h_2。

注：不宜延长开始测量尺寸的时间。

5.5.1.6 **浸泡干燥后测量**

在5.5.1.5操作后，将试样按照规定的温度和规定的时间在烘箱中干燥，通常采用的干燥条件为：50 ℃±2 ℃，2 h。若有必要则将试样冷却，按4.5重新进行状态调节，再按5.5.1.2在原记号位置上测量试样的尺寸，相应地记录为d_3、l_3和h_3。

注：在某些情况下，有关双方可以商定被测试样不必进行状态调节。

5.5.1.7 **仅在干燥后测量**

试样从试液中取出后，先按照4.6.3进行冲洗和擦拭，然后立即置于烘箱中，并按照5.5.1.6进行干燥处理和测量。

5.5.1.8 **液体吸收体积的测量**

按5.2.3.4中描述的那样测量液体吸收总量，用试液原始体积和试样移出的试液体积之差表示。

5.5.2 **试验结果计算和表示**

除了记录试样原始尺寸(或体积)和最后尺寸(或体积)外，还应报告最后尺寸(或体积)对原始尺寸(或体积)的百分率。对试验过程中每个试样、每个尺寸和每个变化计算百分率。计算结果可能大于、等于或小于100%。若计算值为100%，则表示试样在试液作用下无尺寸(或体积)变化。

因此，可按式(6)、(7)计算膨胀率：

$$Q=\frac{\Delta V}{V_1}=\frac{V_1-V_2}{V_1} \qquad \cdots\cdots(6)$$

或用百分比表示：

$$Q'=\frac{\Delta V}{V_1}\times 100\% \qquad \cdots\cdots(7)$$

式中：

Q——材料试样的膨胀率；

ΔV——浸泡前后的体积差；

V_1——试样浸泡前的体积；

V_2——试样浸泡后的体积；

Q'——材料试样的膨胀率百分比。

5.5.2.1 计算每组试样试验结果的算术平均值。

5.5.2.2 做试样尺寸随时间变化试验时，应绘制尺寸-浸泡时间的曲线。

5.6 **颜色或其他外观变化的检测**

5.6.1 **概述**

颜色或其他外观变化的检测可以与本标准规定的其他测试试验一同进行，也可单独进行。无论是哪种情况，都应准备好额外的试样以做对比。

5.6.2 **操作步骤**

5.6.2.1 当进行其他测试时，兼测颜色或其他外观变化，则按该试验项目步骤操作。

5.6.2.2 当仅测颜色或其他外观变化，只要双方一致同意，则采用通用步骤(见第4章)。

5.6.2.3 用GB/T 15596—1995规定的方法将每个试样与空白试样对比检测，并记录如下性能的变化：

a) 颜色

——仪器检测；

——用灰度比色卡肉眼检测；

b) 其他外观

——仪器检测(表面光泽度、透光性)；

——肉眼检测如下外观上的变化：

银纹和开裂的出现；

起泡、小坑或其他类似缺陷的出现；

表面存在有易于擦掉的物质；

表面发黏；

分层、翘曲或其他变形；

部分溶解。

使用表1中的等级表示。

表 1

外观变化等级
无变化
不明显变化
轻微变化
中等变化
严重变化

5.6.3 **结果表示**

根据GB/T 15596—1995，用表1中规定的变化等级来表示肉眼检测外观性能改变的结果。

分别记录试样经浸泡擦拭、浸泡干燥和再状态调节的检测结果。

6 其他物理性能变化的测试

6.1 概述

可测定力学性能、电性能、热性能或光学性能等。

6.2 仪器

6.2.1 仪器列于5.2中，但仅在特殊情况需要时才使用天平。

6.2.2 其他仪器，在所要测定性能的相关国家标准中规定了的仪器。

6.3 试样

6.3.1 **形状和尺寸**

试样应满足所要测定性能的相关国家标准中的试样规定。

若有几种尺寸可供选择，推荐选用试样厚度最接近4 mm的规格尺寸。

6.3.2 **试样制备**

遵照相关国家标准的规定进行。

注：有些性能对样品中的内应力很敏感。因此，为了评价最终制品，建议试样取自该最终制品，不使用专门的模塑或挤出成型。

6.3.3 **数目**

试样数目按照相关国家标准中规定的数量。对需要更换试样的测试项目(特别是破坏性试验)，应多备一些空白试样。

6.4 操作步骤

6.4.1 状态调节和初始值的测定

按照 4.5 对试样进行状态调节，并根据 4.1～4.3 选择测试条件。

根据所要测定项目的相关国家标准测定试样的初始性能值。

按照 4.6.2 中规定的方法将试样浸泡在试液中。

6.4.2 浸泡后立即测量

从试液中取出试样，按 4.6.3 进行冲洗和擦拭，，然后如 6.4.1 中一样，重新测量该测定项目的性能值。

若所用试液在室温条件下是挥发性的，则试样从试液移出后的 2 min～3 min 内就应开始测试。

6.4.3 浸泡干燥后测量

在 6.4.2 操作后，将试样按照规定的温度和时间在烘箱中干燥，若无特别说明则在 50 ℃±2 ℃下干燥 2 h±15 min。若有必要则将试样冷却，按 4.5 重新进行状态调节，再按相关国家标准重新测量所要求的性能值。

注：在某些情况下，有关双方可以商定被测试样不必进行状态调节。

6.4.4 仅在干燥后测量

试样从试液中取出后，先按照 4.6.3 进行冲洗和擦拭，然后立即置于烘箱中，并按照 6.4.3 进行干燥处理，再测量所测定的性能值。

6.5 试样结果的计算和表示

6.5.1 按照相关的国家标准计算测定性能的试验结果。

计算下列数值的平均值：

Y_1——每个试样浸泡前的性能数值(空白试样的性能值)；

Y_2——浸泡后试样的性能值；

Y_3——浸泡干燥和再状态调节后的性能值。

6.5.2 对于可测量的(即测量标尺呈比例的)性能，可按下式计算其最终性能对初始性能的百分比：

对于浸泡后性能改变百分比为：$\frac{Y_2}{Y_1}\times 100\%$

对于浸泡干燥和再状态调节后性能改变百分比为：$\frac{Y_3}{Y_1}\times 100\%$

所得百分率可能大于、等于或小于 100%。当该值等于 100%时，表示试样在试液作用下该物理性能无变化。

6.5.3 若有必要，可做性能-时间的关系曲线。

7 试验报告

试验报告应包括以下内容：

a) 注明采用本标准；

b) 试验材料或测试产品的完整说明；

c) 试样种类、制备方法、尺寸、表面状态等；

d) 采用的状态调节步骤；

e) 所用的试液、浸泡温度和浸泡时间(s)，以及所有其他条件(光照或黑暗、蒸汽等)；

f) 干燥温度和时间；

g) 所用的肉眼检测方法；

h) 研究的性能和试验方法；

i) 按 4.7、5.4.2、5.5.2、5.6.3 和 6.5 表示试验结果，若有必要可附上性能值与浸泡时间的函数关系图；

j) 若有要求，浸泡后对试液进行检测的结果；

k) 对试验结果产生影响的所有其他现象。

附 录 A
（资料性附录）
ISO 175:1999 与 GB/T 11547—2008 对照表

序号	ISO 175:1999	GB/T 11547—2008
1	1 范围	1 范围
2	2 参考文献	2 规范性引用文件
3	3 原理	3 原理
4	4 通用技术和要求	4 通用技术要求和步骤
5	5 质量、尺寸及外观变化的测定	5 质量、尺寸及外观变化的测定
6	6 其他物理性能变化的测试	6 其他物理性能变化的测试
7	7 试验报告	7 试验报告
8	附录 A（资料性附录）试液的类型	附录 A（资料性附录）ISO 175:1999 与 GB/T 11547—2008 对照表
9	附录 B（资料性附录）关于达到状态平衡的塑料试样吸湿的注释	附录 B（规范性附录）试液的类型
10		附录 C（资料性附录）关于达到状态平衡的塑料试样吸湿的注释
11	参考文献	参考文献

附　录　B
（规范性附录）
试液的类型

B.1　表 B.1 和表 B.2 列出了可作为试液的化学试剂和各种化工产品的详细名称。

警告——某些试剂是用浓化学试剂稀释而成的，在配制时有危险性，应在有经验的技术人员指导下操作。

试验所用的化学试剂质量应满足试验要求。

任何混合产品的质量和参考组成都应满足协议双方的商定。

B.2　试液在处理时的危险性和预防措施如下：

A——不同腐蚀程度的药品决不应与皮肤或衣服接触，只能用安全移液管。

B——可燃性药品，不应靠近火源。

C——产生刺激性气味或毒气的药品，应在通风橱内操作。

表 B.1　化学试剂

试液	浓度[a]		预防措施（见 B.1 和 B.2）	备注	密度（20 ℃[b]）/（kg/m³）
	质量分数/%	kg/m³			
乙酸	99.5		A+C	浓溶液	1 050
乙酸	5	50		加 50 mL 浓乙酸到 950 mL 水中	
丙酮	100		B		785
氢氧化铵	25	230	A+C	以（NH_3）表示	907
氢氧化铵	10	96	A+C	以（NH_3）表示	958
苯胺	100		A+C		1 021
铬酸	40（以 CrO_2 表示）	550	A+C	1 000 mL 溶液中加 3 mL 浓硫酸	
柠檬酸	10	100			
乙醚	100		B+C		719
蒸馏水	100				
乙醇		770	B	体积分数 97%（71 ℃ O.P.）	802
乙醇	50	460		1 000 mL 体积分数 96%乙醇加 47 mL水	
乙酸乙酯	100		B+C		901
正庚烷	100		B		683
盐酸	36		A+C	浓溶液	1 180
盐酸	10	105	A+C	加 250 mL 浓盐酸到 750 mL 水中	
氢氟酸[c]	40	450	A+C		1 160
过氧化氢	30	330	A	不稀释	
过氧化氢	3	31	A	10 份体积体积分数为 30% H_2O_2 加 90 份体积水	
乳酸	10	100			
甲醇	100		B+C		790
硝酸	70		A+C	浓硝酸	1 420

表 B.1（续）

试液	浓度[a]		预防措施(见 B.1 和 B.2)	备注	密度(20 ℃[b])/(kg/m³)
	质量分数/%	kg/m³			
硝酸	40	500	A	加 500 mL 浓硝酸到 540 mL 水中	1 250
硝酸	10	105	A	加 105 mL 浓硝酸到 900 mL 水中	1 050
油酸	100				890
苯酚	5	50	A		
碳酸钠	20	216	A	以 $Na_2CO_3 \cdot H_2O$ 表示	1 080
碳酸钠	2	20			1 010
氯化钠	10	108			1 070
氢氧化钠	40	575	A		1 430
氢氧化钠	1	10	A		1 010
次氯酸钠	10		A+C	9.5%活性氯	
硫酸	98		A	浓硫酸	1840
硫酸	75	1 250	A	加 695 mL 浓硫酸到 420 mL 水中	1 670
硫酸	10		A	$c(H_2SO_4)=1$ mol/L	
硫酸	5		A	$c(H_2SO_4)=0.5$ mol/L	
甲苯	100		B		871
2,2,4-三甲基戊烷	100		B		698

[a] g/L 表示的浓度与 kg/m³ 表示的浓度在数值上是相等的。

[b] g/mL 表示的单位体积质量是由 kg/m³ 表示的单位体积质量除以 1 000 得到的。

[c] 若在操作过程中氢氟酸溅到皮肤上，应立即用葡萄糖酸钙溶液或胶体处理。

表 B.2 化工产品

试 液	说 明	预防措施(见 B.1 和 B.2)
矿物油	例如：GB/T 1690—2006[a] 中规定的 1、2 或 3 号参照油	
绝缘油	按 GB 2536—1990	
橄榄油	质量待规定	
棉籽油	质量待规定	
溶剂混合物	例如：GB/T 1690—2006[a] 中规定的 A、B、C 或 D 参照溶剂	B
肥皂液	用肥皂片制得 1%肥皂溶液	
清洗剂	质量和浓度待规定	
松节油	质量待规定	B
煤油	质量待规定	B
石油(汽油)	质量待规定[b]	B

[a] GB/T 1690—2006 是关于液体对硫化弹性体的标准。

[b] 石油不应含苯。

附 录 C
（资料性附录）
关于达到状态调节平衡的塑料试样吸湿的注释

C.1 在潮湿环境中状态调节的塑料试样的吸湿量和吸湿速度会因为塑料性质的不同而大不相同。

C.2 本标准中所规定的状态调节步骤(见 4.5),除了以下一些情况,一般都能达到满意效果:

a) 已知在状态调节环境下需经过很长时间才能达到平衡的材料(如某些聚酰胺材料);

b) 不能预估计吸湿能力的吸湿达到平衡所需时间的新材料或未知结构的材料。

C.3 对于 C.2 中提到的材料,可采用如下操作步骤之一:

a) 在高温下干燥材料。本方法的缺点是:材料处于干燥状态时的某些性能,特别是力学性能,不同于在 23 ℃±2 ℃和相对湿度(50±10)%条件下测量的性能值;

b) 根据 GB/T 2918—1998 在 23/50 条件下对试样进行状态调节,直到平衡。在这种情况下,在相隔$(h/\mathrm{mm})^2$ 周(h 为试样的厚度,mm)进行一次测定,直到试样质量恒定在 0.1%以内,是一种判断是否达到平衡的简便判断依据。对于某些聚合物,作出不少于$(h/\mathrm{mm})^2$ 周的质量-时间曲线就足够了。从实用来看,只要此图的斜率(以百分率表示)在$(h/\mathrm{mm})^2$ 周的位置上为 0.1%便可认为达到平衡。

参 考 文 献

[1] Menger a. Gomzi:"Swelling Kinetics of Polymer-Solvent System", Eur. Polymer J., 30 (1994), 1, pp. 33-36

[2] ISO 4433(所有部分):1997,热塑管——耐液体化学试剂的性能——分类

[3] ISO 22088-2:2006 塑料——抗环境应力开裂(ESC)的测定——第2部分:恒定拉伸应力法

[4] ISO 22088-3:2006 塑料——抗环境应力开裂(ESC)的测定——第3部分:弯曲试条法

[5] ISO 22088-4:2006 塑料——抗环境应力开裂(ESC)的测定——第4部分:球或针压痕法

[6] GB/T 5471—2008 塑料 热固性塑料试样的压塑(ISO 295:2004,IDT)

[7] GB/T 9352—2008 塑料 热塑性塑料材料试样的压塑(eqv ISO 293:2004,IDT)

ICS 83.140.30
G 33

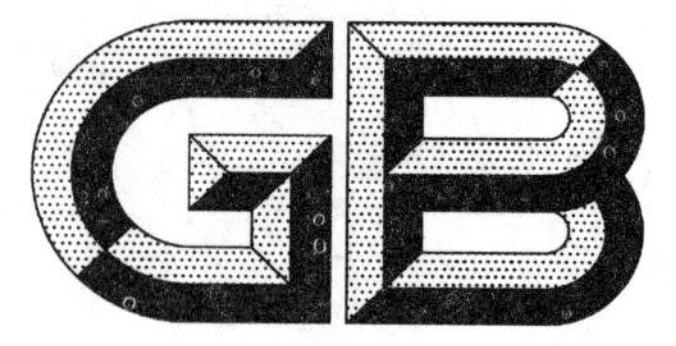

中华人民共和国国家标准

GB/T 13526—2007
代替 GB/T 13526—1992

硬聚氯乙烯(PVC-U)管材二氯甲烷浸渍试验方法

Unplasticized polyvinyl chloride(PVC-U) pipes—Dichloromethane resistance test method

2007-12-05 发布 2008-09-01 实施

中华人民共和国国家质量监督检验检疫总局
中国国家标准化管理委员会 发布

前　言

本标准代替 GB/T 13526—1992《硬聚氯乙烯(PVU-U)管材　二氯甲烷浸渍试验方法》。

与 GB/T 13526—1992 相比主要变化为：

——试样长度由 100 mm 改为 160 mm(见 5.1)；

——试样恒温浸渍 20 min 改为 30 min(见 7.3)；

——按照国际标准，试样的倾斜角度根据管材壁厚确定(见 5.2)；

——结果的判定以破坏或无破坏、斜面破坏百分数计算和斜面圆周方向破坏百分数计算(见 8.2)。

本标准参考了 ISO/DIS 9852:2006(英文版)，技术要求与 ISO/DIS 9852:2006 一致。

本标准的附录 A、附录 B 为规范性附录。

本标准由中国轻工业联合会提出。

本标准由全国塑料制品标准化技术委员会塑料管材、管件及阀门分技术委员会(SAC/TC 48/SC 3)归口。

本标准起草单位：漳州市龙海集友塑料有限公司、梧州五一塑料制品有限公司、四川川科塑胶集团、河北宝硕管材有限公司。

本标准主要起草人：林漳鸿、黄婉霞、杨慧丽、李艳英。

硬聚氯乙烯(PVC-U)管材
二氯甲烷浸渍试验方法

1 范围

本标准规定了硬聚氯乙烯(PVC-U)管材的二氯甲烷浸渍试验方法。

本标准作为生产过程的快速质量控制,用以表征管材的塑化程度和均一性。

本标准适用于各种用途的硬聚氯乙烯(PVC-U)管材。

2 原理

2.1 将PVC-U管材切割为规定长度,根据它的壁厚将其一个端面切割为一定角度的斜面,将试样在二氯甲烷恒温水浴中浸渍(30±1) min来测试试样在相关产品标准规定温度下的破坏程度。

2.2 加入蒸馏水,使其在二氯甲烷上形成一层厚的水封层,以减少蒸发达到保护作用。试样浸渍后,应置于水封层滴去试样表面的二氯甲烷浸渍液,最后干燥检查试样是否有破坏。

3 试剂

3.1 二氯甲烷,分析纯。

警告:二氯甲烷的沸点较低(40 ℃),在环境温度下易气化。另外,二氯甲烷可以通过皮肤和眼睛吸收造成中毒,当操作二氯甲烷液体或浸渍过的试样时,要有足够的预防措施。蒸气也有毒,浓度最大允许的极限值为100 mL/m^3(ppm)。因此,应保持存放容器的房间和场所的通风以及试样的干燥。

3.2 蒸馏水。

4 装置

本标准使用下列仪器及装置:

a) 斜面切割仪;

b) 玻璃或不锈钢容器:尺寸合适,在规定条件下能够容纳一个或多个试样,离容器底部10 mm处安装有滤网,加盖用以限制液体的蒸发;

c) 调温装置:带搅拌的调温装置,能将二氯甲烷的温度冷却至规定温度,保持试液的温度在(T±0.5)℃范围内;

d) 通风橱:安装有抽风系统。

5 试样制备

5.1 从管材上截取长度为160 mm的试样,切割时应垂直于管材轴线,管材试样的壁厚应大于标准中所规定的试样最小壁厚。

5.2 切割斜面时应尽可能避免产生热量。将试样一个端面沿整个厚度倒成斜面,倾斜角度根据管材壁厚确定,两者之间的对应关系见表1。

表1 管材壁厚与斜面角度的关系

管材壁厚 e/mm	斜面角度 α/(°)
$e<8$	10
$8\leqslant e\leqslant 16$	20
$e>16$	30

5.3 为便于试验大口径管材可沿轴向切割成片条。

5.4 从管材上截取试样时，在尽量不使材料发热的情况下，用直角刀仔细切削试样斜面，然后用 800＃水磨砂纸轻轻打磨，使斜面光滑平整，再用干布仔细地将试样内外表面清理干净。

6 浸渍条件

6.1 将已知折光指数的二氯甲烷装入容器中，装入量应足以覆盖试样的斜面（见 7.2）。

6.2 加入蒸馏水，使其在二氯甲烷上形成水封层，水封层一般为 250 mm～300 mm，但最少为 20 mm。

6.3 用调温装置控制温度并适当搅拌，保持容器内的二氯甲烷温度在（T±0.5）℃范围内，试验温度 T 不应低于 12 ℃。

7 试验步骤

7.1 在试验过程中，宜使用钳子或带手套取放试样，避免用手直接接触试样（见 3.1 警告）。

7.2 将试样置于浸渍液内，确保斜面完全浸渍在二氯甲烷中。

7.3 保持试样在二氯甲烷液中浸渍（30±1）min。

7.4 试样经浸渍后，将滤网放在相应的位置，让二氯甲烷液滴下 10 min～15 min，见图 B.1。

7.5 将试样从容器内取出，放在空气中或通风良好的地方和有通风系统的通风橱里干燥至少 15 min，直到水分全部蒸发。

7.6 检查试样，并根据第 8 章要求得出试验结果。

8 结果表示

8.1 如果测试样品显示无破坏（除膨胀），结果表示"无破坏"。

8.2 如果测试样品显示破坏，按附录 A 规定表示破坏结果。如切片，则将各片试验结果累计表示。

9 试验报告

试验报告应包括下列内容：

a） 本标准编号；
b） 有关试样的详细说明；
c） 二氯甲烷水浴温度；
d） 浸渍时间；
e） 试样数量；
f） 试验结果和相关内容；
g） 标准中未规定的对结果可能产生影响的事件或操作细节；
h） 试验日期。

附 录 A
（规范性附录）
破坏程度的描述

A.1 在破坏的情况下，计算方法有如下两种(见图 A.1)：

a) 斜面破坏百分数的计算，即：

$$破坏百分数1 = a/c \times 100\% \quad \cdots\cdots(A.1)$$

式中：

a——斜面轴向方向平均破坏长度；

c——斜面宽度。

试验结果圆整的间隔数为5。

b) 斜面圆周方向破坏百分数的计算，即：

$$破坏百分数2 = b/\pi D \times 100\% \quad \cdots\cdots(A.2)$$

式中：

b——斜面圆周方向各破坏面平均破坏长度的累加值；

D——管材平均外径。

A.2 结果表示

用以下两种形式共同表示破坏结果，例如"破坏程度为4L"。

A.2.1 按A.1a)方法评定试样尺寸变化：

a) 4——0%～25%；

b) 3——26%～50%；

c) 2——51%～75%；

d) 1——75%以上。

A.2.2 按A.1b)方法评定试样尺寸变化：

a) N——0%～25%；

b) L——26%～50%；

c) M——51%～75%；

d) S——75%以上。

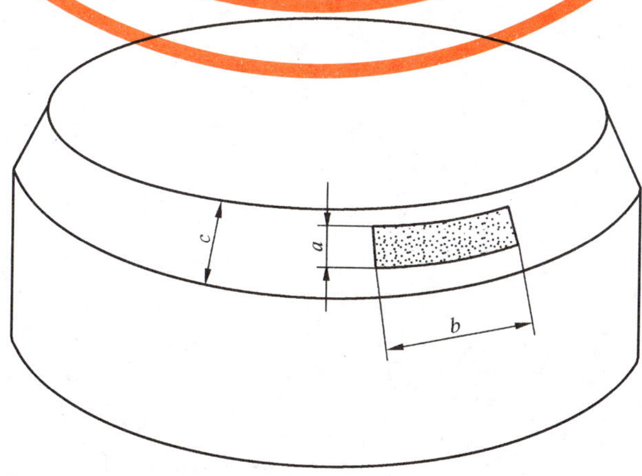

图 A.1 试样尺寸变化计算示意图

附 录 B
(规范性附录)
小容器装入大容器实例

图 B.1 显示了在试验中为了减少二氯甲烷蒸发量而修改试验装置和程序的实例。

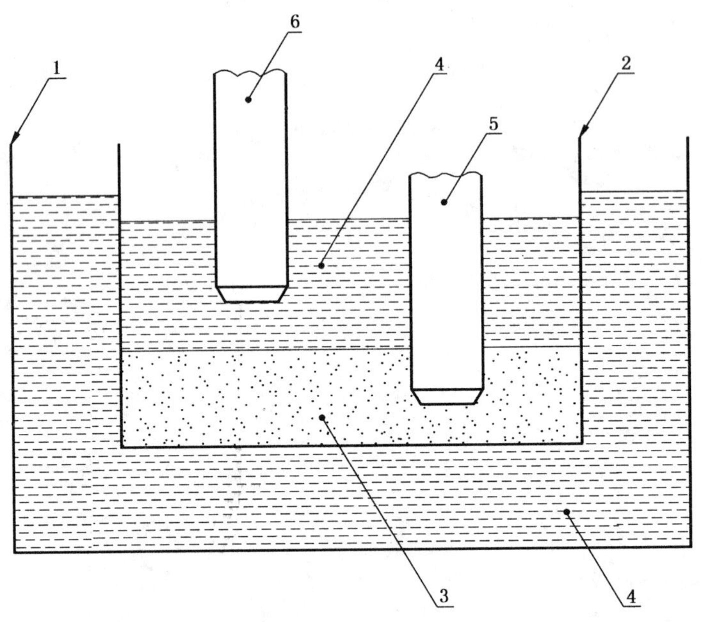

1——大容器内装保持试验温度的水;
2——新容器(测试容器);
3——二氯甲烷的水的容量;
4——水的容量;
5——管材在试验中的位置;
6——管材在"滴水"的位置。

图 B.1 试验装置示意图

ICS 23.060.01
J 16

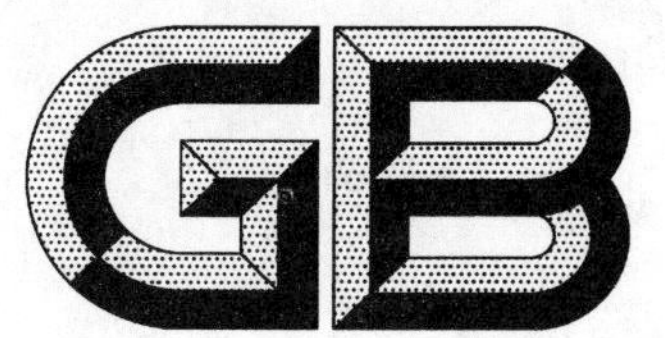

中华人民共和国国家标准

GB/T 13927—2008
代替 GB/T 13927—1992

工业阀门 压力试验

Industrial valves—Pressure testing

2008-12-23 发布 2009-07-01 实施

中华人民共和国国家质量监督检验检疫总局
中国国家标准化管理委员会 发布

前　言

本标准修改采用 ISO/DIS 5208:2007《工业用阀门　阀门的压力试验》(英文版)。

本标准根据 ISO/DIS 5208:2007 重新起草。在附录 B 中列出了本标准章条编号与 ISO/DIS 5208:2007 章条编号的对照一览表。

本标准与 ISO/DIS 5208:2007 相比,主要做了如下修改:

——调整了标准的条款编写顺序,例如:"试验介质"本标准集中在 4.6 中,而 ISO 标准在 4.6、4.10.1、4.11.2、4.12.2 中分别叙述;

——删除了 ISO 中的(2.7、2.8)术语;

——增加了 4.6.2 和 4.6.4。

本标准是对 GB/T 13927—1992《通用阀门　压力试验》的修订。本标准与 GB/T 13927—1992 相比,主要变化如下:

——标准名称修改为《工业阀门　压力试验》(按国际标准的名称);

——增加"允许工作压差、双关双断阀门"等术语解释;

——增加"试验相关规定"章节,规定买方的权限;

——修改"试验要求"章节中的"试验项目、试验持续时间"等要求;

——修改"试验方法和步骤"章节中的"泄漏率要求"等内容,增加了泄漏量等级;

——修改附录的内容。

本标准的附录 A 为规范性附录,附录 B 为资料性附录。

本标准由中国机械工业联合会提出。

本标准由全国阀门标准化技术委员会(SAC/TC 188)归口。

本标准起草单位:合肥通用机电产品检测院、合肥通用机械研究院、永嘉县产品质量监督检验所、浙江超达阀门股份有限公司、苏州纽威阀门有限公司。

本标准主要起草人:王晓钧、黄明亚、林美、邱晓来、高开科。

本标准所代替标准的历次版本发布情况为:

——GB/T 13927—1992。

工业阀门　压力试验

1　范围

本标准规定了工业用金属阀门的压力试验的术语、压力试验相关情形、压力试验要求、试验方法和步骤以及试验结果要求。

本标准适用于工业用金属阀门。本标准应与阀门的产品标准配套使用。

本标准经供需双方同意后也可适用于其他类型的阀门。

2　术语

下列术语和定义适用于本标准。

2.1

壳体试验　shell test

对阀体和阀盖等连接而成的整个阀门壳体进行的冷态压力试验。目的是检验阀门壳体、包括固定连接处在内的整个壳体的结构强度、耐压能力和致密性。

2.2

密封试验　closure test

检验阀门启闭件和阀座密封副、阀体和阀座间的密封性能的试验。

2.3

试验压力　test pressure

试验时，阀门内腔的显示压力。

2.4

试验介质　test fluid

用于阀门压力试验加压的液体或气体。

2.5

试验介质温度　test fluid temperature

用于阀门压力试验加压的液体或气体的温度。除另有特别的规定外，温度应在 5 ℃～40 ℃范围内。

2.6

弹性密封副　resilient seats

非金属弹性材料、固体和半固体润滑脂类等组成的密封副。

2.7

冷态工作压力　cold working pressure

在－20 ℃～38 ℃介质温度时，阀门最大允许工作压力，缩写符号 CWP。阀门的温度-压力等级由相关产品标准确定。

2.8

允许工作压差　design differential pressure

阀门在关闭状态下，阀门密封副能保证密封状态，允许进出口两端的工作压力差值。没有规定时，允许工作压差按阀门的最大允许工作压力。

2.9

双截断与排放阀门 double block-and-bleed valve

对有两个独立密封副的阀门,包容在两个密封副之间体腔内的介质,在腔体压力泄放时,两个密封副同时能截断密封。

3 压力试验相关情形

3.1 买方的检查

如在订货合同中有要求,买方检验员可以在阀门制造期间到现场进行检验。买方要求检验产品时,制造厂应根据所要求的试验项目,提前5个工作日通知买方。

3.2 密封试验的选择项目

当买方有要求时,可进行表1中“选择”项目的密封试验。

4 压力试验要求

4.1 安全提示

按本标准进行的压力试验,需要对试验用气体或液体压力的安全性进行评估。

4.2 试验地点

每台阀门出厂前均应进行压力试验,压力试验应在阀门制造厂内进行。

4.3 试验设备

进行压力试验的设备,不应有施加影响阀门的外力。使用端部对夹紧试验装置时,阀门制造厂应能保证该试验装置不影响被试验阀门的密封性。对夹式止回阀和对夹式蝶阀等装配在配合法兰间的阀门,可用端部对夹紧装置。

4.4 压力测量装置

用于测量试验介质压力的测量仪表的精度应不低于1.6级,并经校验合格。

4.5 阀门壳体表面

4.5.1 在壳体压力试验前,不允许对阀门表面涂漆和使用其他可以防止渗漏的涂层;允许无密封作用的化学防腐处理或衬里阀门的衬里存在。

4.5.2 买方要求进行再次压力试验时,对已涂过漆的阀门,则可以不去除涂漆。

4.6 试验介质

4.6.1 液体介质可用含防锈剂的水、煤油或黏度不高于水的非腐蚀性液体;气体介质可用氮气、空气或其他惰性气体;奥氏体不锈钢材料的阀门进行试验时,所使用的水含氯化物量应不超过100 mg/L。

4.6.2 上密封试验和高压密封试验应使用液体介质。

4.6.3 试验介质的温度应在5 ℃~40 ℃之间。

4.6.4 用液体介质试验时,应保证壳体的内腔充满试验介质。

4.7 试验压力

4.7.1 壳体试验压力

4.7.1.1 试验介质是液体时,试验压力至少是阀门在20 ℃时允许最大工作压力的1.5倍(1.5×CWP)。

4.7.1.2 试验介质是气体时,试验压力至少是阀门在20 ℃时允许最大工作压力的1.1倍(1.1×CWP)。

4.7.1.3 如订货合同有气体介质壳体试验的要求时,试验压力应不大于4.7.1.2的规定,且必须先进行液体介质的壳体试验,在液体介质的试验合格后,才进行气体介质的壳体试验,并应采取相应的安全保护措施。

4.7.2 上密封试验压力

试验压力至少是阀门在20 ℃时的允许最大工作压力的1.1倍(1.1×CWP)。

4.7.3 密封试验压力

4.7.3.1 试验介质是液体时，试验压力至少是阀门在20 ℃时允许最大工作压力的1.1倍(1.1×CWP)；如阀门铭牌标示对最大工作压差或阀门配带的操作机构不适宜进行高压密封试验时，试验压力按阀门铭牌标示的最大工作压差的1.1倍。

4.7.3.2 试验介质是气体时，试验压力为0.6 MPa±0.1 MPa；当阀门的公称压力小于PN 10时，试验压力按阀门在20 ℃时允许最大工作压力的1.1倍(1.1×CWP)。

4.7.4 试验压力应在试验持续时间内得到保持。

4.8 压力试验项目

4.8.1 压力试验项目按表1的要求；制造厂应有试验操作的程序和方法文件。

4.8.2 表1中，某些试验项目是可"选择"的，合格的阀门应能通过这些试验。当订货合同有要求时，制造厂应按表1的规定对"选择"项目进行试验。

表1 压力试验项目要求

试验项目	阀门范围	闸阀	截止阀	旋塞阀[a]	止回阀	浮动球球阀	蝶阀、固定球球阀
液体壳体试验	所有	必须	必须	必须	必须	必须	必须
气体壳体试验	所有	选择	选择	选择	选择	选择	选择
上密封试验[b]	所有	选择	选择	不适用	不适用	不适用	不适用
气体低压密封试验	≤DN100、≤PN250 >DN100、≤PN100	必须	选择	必须	选择	必须	必须
	≤DN100、>PN250 >DN100、>PN100	选择	选择	选择	选择	必须	选择
液体高压密封试验	≤DN100、≤PN250 >DN100、≤PN100	选择	必须	选择	必须	选择[c]	选择
	≤DN100、>PN250 >DN100、>PN100	必须	必须	必须	必须	选择[c]	必须

a 油封式的旋塞阀，应进行高压密封试验，低压密封试验为"选择"；试验时应保留密封油脂。

b 除波纹管阀杆密封结构的阀门外，所有具有上密封结构的阀门都应进行上密封试验。

c 弹性密封阀门经高压密封试验后，可能会降低其在低压工况的密封性能。

4.9 试验持续时间

4.9.1 对于各项试验，保持试验压力的持续时间按表2的规定。

表2 保持试验压力的持续时间

单位为秒

阀门公称尺寸	保持试验压力最短持续时间[a]			
	壳体试验	上密封试验	密封试验	
			其他类型阀	止回阀
≤DN50	15	15	60	15
DN65～DN150	60	60	60	60
DN200～DN300	120	60	60	120
≥DN350	300	60	120	120

a 保持试验压力最短持续时间是指阀门内试验介质压力升至规定值后，保持该试验压力的最少时间。

4.9.2 试验持续时间除符合表2的规定外，还应满足具体的检漏方法对试验压力持续时间的要求。

5 试验方法和步骤

5.1 壳体试验

5.1.1 封闭阀门的进出各端口，阀门部分开启，向阀门壳体内充入试验介质，排净阀门体腔内的空气，逐渐加压到1.5倍的CWP，按表2的时间要求保持试验压力，然后检查阀门壳体各处的情况（包括阀体、阀盖连接法兰、填料箱等各连接处）。

5.1.2 壳体试验时，对可调阀杆密封结构的阀门，试验期间阀杆密封应能保持阀门的试验压力；对于不可调阀杆密封（如"O"形密封圈，固定的单圈等），试验期间不允许有可见的泄漏。

5.1.3 如订货合同有气体介质的壳体试验要求时，应先进行液体介质的试验，试验结果合格后，排净体腔内的液体，封闭阀门的进出各端口，阀门部分开启，将阀门浸入水中，并采取相应的安全保护措施。向阀门壳体内充入气体，逐渐加压到1.1倍的CWP，按表2的时间要求保持试验压力，观察水中有无气泡漏出。

5.2 上密封试验

对具有上密封结构的阀门，封闭阀门的进出各端口，向阀门壳体内充入液体的试验介质，排净阀门体腔内的空气，用阀门设计给定的操作机构开启阀门到全开位置，逐渐加压到1.1倍的CWP，按表2的时间要求保持试验压力。观察阀杆填料处的情况。

5.3 密封试验方法

5.3.1 一般要求

5.3.1.1 试验期间，除油封结构旋塞阀外，其他结构阀门的密封面应是清洁的。为防止密封面被划伤，可以涂一层黏度不超过煤油的润滑油。

5.3.1.2 有两个密封副、在阀体和阀盖有中腔结构的阀门（如：闸阀、球阀、旋塞阀等），试验时，应将该中腔内充满试验压力的介质。

5.3.1.3 除止回阀外，对规定了介质流向的阀门，应按规定的流向施加试验压力。

5.3.1.4 试验压力按4.7的规定。

5.3.2 密封试验检查

主要类型阀门的试验方法和检查按表3的规定。

表3 密封试验

阀门种类	试验方法
闸　阀 球　阀 旋塞阀	封闭阀门两端，阀门的启闭件处于部分开启状态，给阀门内腔充满试验介质，逐渐加压到规定的试验压力，关闭阀门的启闭件；按规定的时间保持一端的试验压力，释放另一端的压力，检查该端的泄漏情况。 重复上述步骤和动作，将阀门换方向进行试验和检查
截止阀 隔膜阀	封闭阀门对阀座密封不利的一端，关闭阀门的启闭件，给阀门内腔充满试验介质，逐渐加压到规定的试验压力，检查另一端的泄漏情况
蝶　阀	封闭阀门的一端，关闭阀门的启闭件，给阀门内腔充满试验介质，逐渐加压到规定的试验压力，在规定的时间内保持试验压力不变。检查另一端的泄漏情况。 重复上述步骤和动作，将阀门换方向试验。
止回阀	止回阀在阀瓣关闭状态，封闭止回阀出口端，给阀门内充满试验介质，逐渐加压到规定的试验压力，检查进口端的泄漏情况
双截断与排放结构	关闭阀门的启闭件，在阀门的一端充满试验介质，逐渐加压到规定的试验压力，在规定的时间内保持试验压力不变。检查两个阀座中腔的螺塞孔处泄漏情况。 重复上述步骤和动作，将阀门换方向试验另一端的泄漏情况
单向密封结构	关闭阀门的启闭件，按阀门标记显示的流向方向封闭该端，充满试验介质，逐渐加压到规定的试验压力，在规定的时间内保持试验压力不变。检查另一端的泄漏情况

6 试验结果要求

6.1 壳体试验

壳体试验时，不应有结构损伤，不允许有可见渗漏通过阀门壳壁和任何固定的阀体连接处(如：中口法兰)；如果试验介质为液体，则不得有明显可见的液滴或表面潮湿。如果试验介质是空气或其他气体，应无气泡漏出。

6.2 上密封试验

不允许有可见的泄漏。

6.3 密封试验

6.3.1 不允许有可见泄漏通过阀瓣、阀座背面与阀体接触面等处，并应无结构损伤(弹性阀座密封面的塑性变形不作为结构上的损坏考虑)。在试验持续时间内，试验介质通过密封副的最大允许泄漏率按表4的规定。

表 4 密封试验的最大允许泄漏率

试验介质	允许泄漏率										
	泄漏率单位	A 级	AA 级	B 级	C 级	CC 级	D 级	E 级	EE 级	F 级	G 级
液体	mm^3/s	在试验压力持续时间内无可见泄漏	0.006×DN	0.01×DN	0.03×DN	0.08×DN	0.1×DN	0.3×DN	0.39×DN	1×DN	2×DN
	滴/min		0.006×DN	0.01×DN	0.03×DN	0.08×DN	0.1×DN	0.29×DN	0.37×DN	0.96×DN	1.92×DN
气体	mm^3/s	在试验压力持续时间内无可见泄漏	0.18×DN	0.3×DN	3×DN	22.3×DN	30×DN	300×DN	470×DN	3 000×DN	6 000×DN
	气泡/min		0.18×DN	0.28×DN	2.75×DN	20.4×DN	27.5×DN	275×DN	428×DN	2 750×DN	5 500×DN

注 1：泄漏率是指 1 个大气压力状态。

注 2：阀门的 DN 按附录 A 的规定“等同的规格”的公称尺寸数值。

6.3.2 泄漏率等级的选择应是相关阀门产品标准规定或订货合同要求中要求更严格的一个。若产品标准或订货合同中没有特别规定时，非金属弹性密封副阀门按表 4 的 A 级要求，金属密封副阀门按表 4 的 D 级要求，等同规格的阀门按附录 A 的要求。

6.4 合格证明书

阀门制造厂应向买方提供阀门产品符合本标准的合格证明书。

附 录 A
（规范性附录）
等同的规格

产品的计算泄漏率值用等同的规格的 DN 数按表 A.1 的规定。

表 A.1 等同的规格的 DN 数

DN	NPS	铜管用缩径端	塑料管用缩径端
8	1/4	8	—
10	—	10、12	10、12
15	1/2	14、14.7、15、16、18	14.7、15、16、18
20	3/4	21、22	20、21、22
25	1	25、27.4、28	25、27.4、28
32	1¼	34、35、38	32、34
40	1½	40、40.5、42	40、40.5
50	2	53.6、54	50、53.6
65	2½	64、66.7、70	63
80	3	76.1、80、88.9	75、90
100	4	108	110
125	5	—	—
150	6	—	—
200	8	—	—
250	10	—	—
300	12	—	—
350	14	—	—
400	16	—	—
450	18	—	—
500	20	—	—
600	24	—	—
650	26	—	—
700	28	—	—
750	30	—	—
800	32	—	—
900	36	—	—
1 000	40	—	—

附 录 B
（资料性附录）
本标准章条编号与 ISO/DIS 5208:2007 章条编号对照

表 B.1 给出了本标准章条编号与 ISO/DIS 5208:2007 章条编号对照一览表。

表 B.1 本标准章条编号与 ISO/DIS 5208:2007 章条编号对照

本标准章条编号	对应的国际标准章条编号
1	1
2	2
2.1	2.1
2.2	2.2
2.3	2.3
2.4	2.4
2.5	2.5
2.6	2.6
—	2.7
—	2.8
2.7	2.9
2.8	2.10
2.9	2.11
3	3
3.1	3.1、3.1.1、3.1.2
3.2	3.2
3.3	3.3
4	4
4.1	4.1
4.2	4.2
4.3	4.3、4.3.1、4.3.2
4.4	4.4
4.5、4.5.1、4.5.2	4.5
4.6、4.6.1、4.6.3	4.6、4.10.1、4.11.2、4.12.2
4.6.2、4.6.4	—
4.7	4.7
4.7.1	4.10.3
4.7.1.1	4.10.3 中 a)
4.7.1.2	4.10.3 中 b)
4.7.1.3	4.10.3 中最后一段

表 B.1（续）

本标准章条编号	对应的国际标准章条编号
4.7.2	4.11.4
4.7.3	4.12.4
—	4.11.1
4.7.3.1	4.12.4.1 中 b)
4.7.3.2	4.12.4.1 中 a)
4.8	4.8
4.8.1	4.8.1
4.8.2	4.8.2、4.8.5、4.9
表 1	表 1
表 1 中注 1、注 2	4.8.3
—	4.8.4
4.9、4.9.1	4.10.4、4.11.5、4.12.5
表 2	表 2
4.9.2	—
5、5.1、5.1.1、5.1.2、5.1.3	4.10、4.10.2
5.2	4.11、4.11.3
5.3	4.12、4.12.3、4.12.6
5.3.1	4.12.1
5.3.2	4.12.3、4.12.6
表 3	表 3
6	4.10.5、4.11.6、4.12.7
6.1	4.10.5
6.2	4.11.6
6.3	4.12.7
表 4	表 4
6.4	4.13
附录 A	附录 A
附录 B	—

前　　言

本标准等效采用ISO 3127:1994《热塑性塑料管材——耐外冲击性能的测试——时针旋转法》,对原国家标准GB/T 14152—1993《热塑性塑料管材耐外冲击性能试验方法　真实冲击率法》进行修订。本标准的主要修订内容有:

1. 标准名称由"真实冲击率法"改为"时针旋转法"。
2. 规定了锤头尺寸。
3. 统一了试样长度。
4. 详细规定了状态调节的条件。
5. 将原国家标准中5% TIR值时的判定图和判定表改在提示的附录中,同时增加了两个附录。

本标准自实施之日起,同时代替GB/T 14152—1993。

本标准的附录A、附录B、附录C都是提示的附录。

本标准由中国轻工业联合会提出。

本标准由全国塑料制品标准化技术委员会归口。

本标准起草单位:沈阳久利塑料有限公司。

本标准主要起草人:葛琳、解英秀、陈九镛、任涛、李广达。

ISO 前言

国际标准化组织(ISO)是由各国标准化团体(ISO 成员团体)组成的世界性联合会。制定国际标准的工作通常由 ISO 技术委员会完成。各成员团体若对某技术委员会已确立的标准项目感兴趣,均有权参加该技术委员会的工作。与 ISO 保持联系的各国际组织(官方或非官方的)也可参加有关工作。ISO 与国际电工委员会(IEC)在电工技术标准化的所有方面保持密切合作。

由技术委员会通过的国际标准草案提交各成员团体表决,须取得至少 75%参加表决的成员团体的同意,才能作为国际标准正式发布。

国际标准 ISO 3127 由 ISO/TC138(流体输送用塑料管材、管件和阀门)技术委员会第五分技术委员会 SC5(塑料管材、管件和阀门及其辅件的一般特性—试验方法和基本规范)制定。

此第二版进行了技术修订,代替第一版 ISO 3127:1980。

此国际标准的附录 A 和附录 B 为参考附录。

中华人民共和国国家标准

热塑性塑料管材耐外冲击性能试验方法　时针旋转法

Thermoplastics pipes—Determination of resistance to external blows—Round-the-clock method

GB/T 14152—2001
eqv ISO 3127:1994

代替 GB/T 14152—1993

1　范围

本标准规定了用时针旋转法测定热塑性塑料管材耐外冲击性能的试验方法。

本标准适用于批量管材的抽样检验，也可作为连续生产时管材抽样检验的依据。

2　定义

本标准采用下列定义。

2.1　真实冲击率(TIR)

整批产品进行试验时，其冲击破坏总数除以冲击总数即为真实冲击率，以百分数表示。

2.2　破坏

用肉眼观察，试样经冲击产生裂纹、裂缝或试样破碎称为破坏。因落锤冲击而形成的试样凹痕或变色则不认为是破坏。

3　原理

以规定质量和尺寸的落锤从规定高度冲击试验样品规定的部位，即可测出该批(或连续挤出生产)产品的真实冲击率。

此试验方法可以通过改变落锤的质量和/或改变高度来满足不同产品的技术要求。

TIR 最大允许值为 10%。

4　试验设备

4.1　落锤冲击试验机

4.1.1　主机架和导轨：垂直固定，可以调节并垂直、自由释放落锤。校准时，落锤冲击管材的速度不能小于理论速度的 95%。

4.1.2　落锤：落锤应符合图 1、表 1、表 2 的规定，锤头应为钢的，最小壁厚为 5 mm，锤头的表面不应有凹痕、划伤等影响测试结果的可见缺陷。质量为 0.5 kg 和 0.8 kg 的落锤应具有 d25 型的锤头，质量大于或等于 1 kg 的落锤应具有 d90 型的锤头。

4.1.3　试样支架：包括一个 120°角的 V 型托板，其长度不应小于 200 mm，其固定位置应使落锤冲击点的垂直投影在距 V 型托板中心线的 2.5 mm 以内。仲裁检验时，采用丝杠上顶式支架。

4.1.4　释放装置：可使落锤从至少 2 米高的任何高度落下，此高度指距离试样表面的高度，精确到 ±10 mm。

4.1.5　应具有防止落锤二次冲击的装置：落锤回跳捕捉率应保证 100%。

中华人民共和国国家质量监督检验检疫总局 2001-10-24 批准　　　　2002-05-01 实施

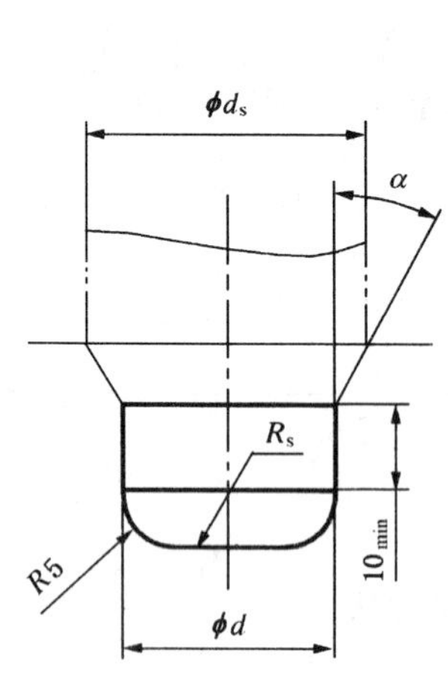

a）d25 型（质量为 0.5 kg 和 0.8 kg 的落锤）

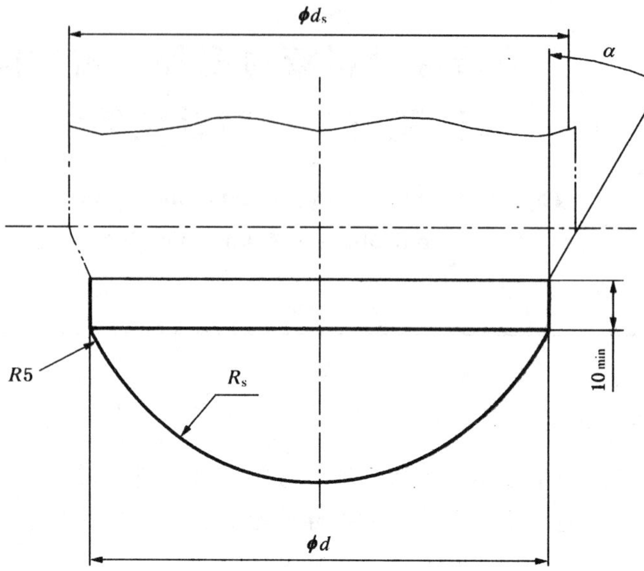

b）d90 型（质量大于或等于 1 kg 的落锤）

图 1　落锤的锤头

表 1　落锤锤头的尺寸　　单位：mm

型　号	R_s	d ±1	d_s	α,(°)
d25	50	25	任意	任意
d90	50	90	任意	任意

表 2　推荐落锤质量　　单位：kg

0.5	1.6	4.0	10.0
0.8	2.0	5.0	12.5
1.0	2.5	6.3	16.0
1.25	3.2	8.0	
注：落锤质量的允许公差为±0.5%。			

5　试样

5.1　试样制备：试样应从一批或连续生产的管材中随机抽取切割而成，其切割端面应与管材的轴线垂直，切割端应清洁、无损伤。

5.2　试样长度：试样长度为(200±10)mm。

5.3　试样标线：外径大于 40 mm 的试样应沿其长度方向画出等距离标线，并顺序编号。不同外径的管材试样画线的数量见表 3。对于外径小于或等于 40 mm 的管材，每个试样只进行一次冲击。

5.4　试样数量：试验所需试样数量可根据图 2(或表 5)及本标准第 8 章确定。

表 3　不同外径管材试样应画线数

公称外径,mm	应画线数	公称外径,mm	应画线数
≤40	—	160	8
50	3	180	8
63	3	200	12
75	4	225	12
90	4	250	12
110	6	280	16
125	6	≥315	16
140	8	—	—

6　状态调节

6.1　试样应在(0±1)℃或(20±2)℃的水浴或空气浴中进行状态调节,最短调节时间见表 4。仲裁检验时应使用水浴。

表 4　不同壁厚管材状态调节时间表

壁厚　δ mm	调节时间,min	
	水　浴	空气浴
$\delta \leq 8.6$	15	60
$8.6 < \delta \leq 14.1$	30	120
$\delta > 14.1$	60	240

6.2　状态调节后,壁厚小于或等于 8.6 mm 的试样,应从空气浴中取出 10 s 内或从水浴中取出 20 s 内完成试验。壁厚大于 8.6 mm 的试样,应从空气浴中取出 20 s 内或从水浴中取出 30 s 内完成试验。如果超过此时间间隔,应将试样立即放回预处理装置,最少进行 5 min 的再处理。若试样状态调节温度为(20±2)℃,试验环境温度为(20±5)℃,则试样从取出至试验完毕的时间可放宽至 60 s。

注:对于内外壁光滑的管材,应测量管材各部分壁厚,根据平均壁厚进行状态调节。对于波纹管或有加强筋的管材,根据管材截面最厚处壁厚进行状态调节。

7　试验步骤

7.1　按照产品标准的规定确定落锤质量和冲击高度。

7.2　外径小于或等于 40 mm 的试样,每个试样只承受一次冲击。

7.3　外径大于 40 mm 的试样在进行冲击试验时,首先使落锤冲击在 1 号标线上,若试样未破坏,则按 6.2 的规定,再对 2 号标线进行冲击,直至试样破坏或全部标线都冲击一次。

注:当波纹管或加筋管的波纹间距或筋间距超过管材外径的 0.25 倍时,要保证被冲击点为波纹或筋顶部。

7.4　逐个对试样进行冲击,直至取得判定结果。

8　结果判定

8.1　监督检验与出厂检验的判定

8.1.1　若试样冲击破坏数在图 2(表 5)的 A 区,则判定该批的 TIR 值小于或等于 10%。

8.1.2　若试样冲击破坏数在图 2(表 5)的 C 区,则判定该批的 TIR 值大于 10%。

8.1.3　若试样冲击破坏数在图 2(表 5)的 B 区,则应进一步取样试验,直至根据全部冲击试样的累计结果能够作出判定。

8.2 验收检验的判定

8.2.1 若试样冲击破坏数在图 2(表 5)的 A 区,则判定该批的 TIR 值小于或等于 10%。

8.2.2 若试样冲击破坏数在图 2(表 5)的 C 区,则判定该批的 TIR 值大于 10%而不予接受。

8.2.3 若试样冲击破坏数在图 2(表 5)的 B 区,而生产方在出厂检验时已判定其 TIR 值小于或等于 10%,则可认为该批的 TIR 值不大于规定值。若验收方对批量的 TIR 值是否满足要求持怀疑时,则仍按 8.1 条所述继续进行冲击试验。

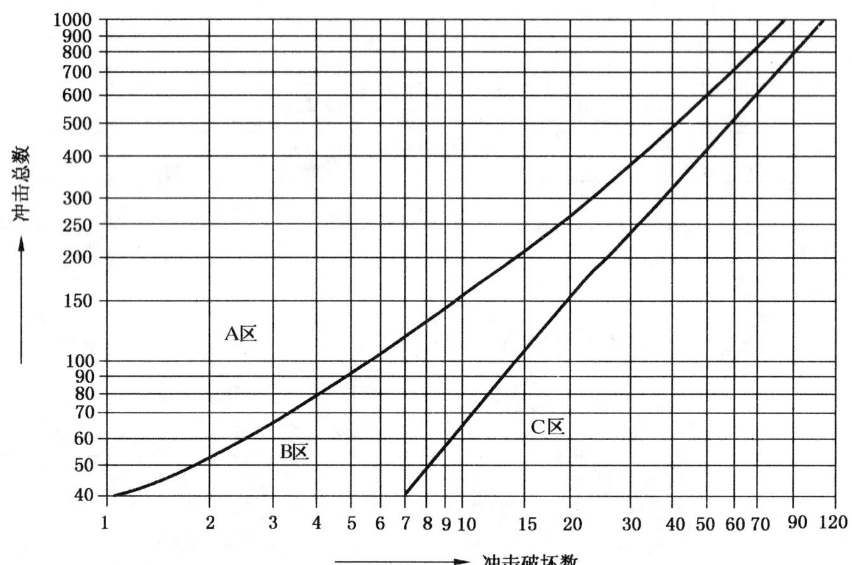

图 2 TIR 值为 10%时判定图

表 5 TIR 值为 10%时判定表

冲击总数	冲击破坏数			冲击总数	冲击破坏数		
	A 区	B 区	C 区		A 区	B 区	C 区
25	0	1~3	4	46	1	2~6	7
26	0	1~4	5	47	1	2~6	7
27	0	1~4	5	48	1	2~6	7
28	0	1~4	5	49	1	2~7	8
29	0	1~4	5	50	1	2~7	8
30	0	1~4	5	51	1	2~7	8
31	0	1~4	5	52	1	2~7	8
32	0	1~4	5	53	2	3~7	8
33	0	1~5	6	54	2	3~7	8
34	0	1~5	6	55	2	3~7	8
35	0	1~5	6	56	2	3~7	8
36	0	1~5	6	57	2	3~8	9
37	0	1~5	6	58	2	3~8	9
38	0	1~5	6	59	2	3~8	9
39	0	1~5	6	60	2	3~8	9
40	1	2~6	7	61	2	3~8	9
41	1	2~6	7	62	2	3~8	9
42	1	2~6	7	63	2	3~8	9
43	1	2~6	7	64	2	3~8	9
44	1	2~6	7	65	2	3~9	10
45	1	2~6	7	66	2	3~9	10

表 5（完）

冲击总数	冲击破坏数			冲击总数	冲击破坏数		
	A 区	B 区	C 区		A 区	B 区	C 区
67	3	4～9	10	96	5	6～12	13
68	3	4～9	10	97	5	6～12	13
69	3	4～9	10	98	5	6～13	14
70	3	4～9	10	99	5	6～13	14
71	3	4～9	10	100	5	6～13	14
72	3	4～9	10	101	5	6～13	14
73	3	4～10	11	102	5	6～13	14
74	3	4～10	11	103	5	6～13	14
75	3	4～10	11	104	5	6～13	14
76	3	4～10	11	105	6	7～13	14
77	3	4～10	11	106	6	7～14	15
78	3	4～10	11	107	6	7～14	15
79	3	4～10	11	108	6	7～14	15
80	4	5～10	11	109	6	7～14	15
81	4	5～11	12	110	6	7～14	15
82	4	5～11	12	111	6	7～14	15
83	4	5～11	12	112	6	7～14	15
84	4	5～11	12	113	6	7～14	15
85	4	5～11	12	114	6	7～15	16
86	4	5～11	12	115	6	7～15	16
87	4	5～11	12	116	6	7～15	16
88	4	5～11	12	117	7	8～15	16
89	4	5～12	13	118	7	8～15	16
90	4	5～12	13	119	7	8～15	16
91	4	5～12	13	120	7	8～15	16
92	5	6～12	13	121	7	8～15	16
93	5	6～12	13	122	7	8～15	16
94	5	6～12	13	123	7	8～16	17
95	5	6～12	13	124	7	8～16	17

9 结果表示

根据试验结果，批量或连续生产管材的 TIR 值可表示为 A、B、C，其意义如下：

A：TIR 值小于或等于 10%；

B：根据现有冲击试样数不能作出判定；

C：TIR 值大于 10%。

10 试验报告

试验报告应包括下列内容：

a）本国家标准号；

b）试样名称、规格、生产日期；

c）试样来源(对单批或者连续生产的试样的描述)；

d）试样的数量；

e）试验温度，℃；

f）落锤质量（kg）和冲击高度，mm；

g）锤头型号；

h）试样破坏数；

i）试样冲击总数；

j）以 A、B、C 表示结果；

k）任何影响结果的因素，如标准中没规定的任何事故或操作细节；

l）试验人员及试验日期。

附　录　A
（提示的附录）
独立批量管材的结论评定

A1　范围

此附录提供了用图2对独立批量管材试验结果进行评定的资料，同时对连续生产的产品的抽样和测试方法提出建议。

A2　TIR的可靠性要求

确定从批量管材中抽取试验数量时，应考虑如下因素，一般来说，按统计学规律，测量方法的精确度和准确度是不够的。

举例说明如下：

——如果对一批管材中随机抽取的试样进行测试，并要求其TIR值为10%时，在100次冲击之后，只有一个试样失败，其结果仅表明该批产品的TIR值在0.1%至3.9%之间（置信度90%）。

——如果100次冲击后有5个试样破坏，则表明该批产品的TIR值在2.5%至9.1%之间（置信度90%）。

——如果100次冲击后有9个试样破坏，则表明该批产品的TIR值在5.5%至13.8%之间（置信度90%）。

A3　有第三方质量标识的批量管材

A3.1　在独立证明和监测下，使用A3.2中的步骤。

A3.2　如果一批管材要求其TIR值小于或等于10%，而该要求由质量标识所保证，则确认方法如下：

——如果冲击破坏数在图2的A区内，则证明此批产品的TIR值小于10%。

——如果冲击破坏数在图2的B区内，则随后应继续测量使其落在A区内，以便得到确认的TIR值。

——如果冲击破坏数在图2的C区内，则不能给出合格的质量标识。

例：确认TIR要求小于或等于10%的试样测试。

——如果100次冲击后，有13次或更少的破坏次数，则可确认该批的TIR值小于或等于10%。

——如果100次冲击后，有14次或更多的破坏次数，则可确认不能给该批产品一个合格的质量标识。

A4　无第三方质量标识的批量管材

如果一批管材要求其TIR值小于或等于10%，但没有质量标识，则可以用如下方法确认：

——如果冲击破坏数在图2的A区内，则证明该批产品的TIR值小于10%。

——如果冲击破坏数在图2的C区内，则证明该批产品的TIR值大于10%。

——如果冲击破坏数在图2的B区内，应进一步取样试验以便得出结论，该结论应由所有试样的冲击试验结果累加作出。

例：确认TIR要求小于或等于10%的试样测试。

——如果100次冲击后，不超过5次破坏，则可确认该批的TIR小于或等于10%。

——如果100次冲击后，有14次或更多的破坏次数，则可确认此批产品的TIR大于10%。

——如果100次冲击后，有6至13次破坏次数，则试验将进一步进行，以便得出结论（例如：进一步进行 50 次冲击后,破坏总数为 20 次,则该批产品的 TIR 值大于 10%)。

A5 对连续生产的产品抽样方法的建议

A5.1 当连续生产开始时,应抽取足够的试样进行冲击测试,以证明该管材的 TIR 值小于或等于 10%。

A5.2 然后在不超过 8 h 的时间内再抽足够的试样,为确保 TIR 值,至少应进行 25 次冲击。

A5.3 根据 A5.2,如果抽取样品未发生破坏,则生产可继续进行。

A5.4 根据 A5.2,如果抽取样品出现破坏,则应进一步取样试验,直至获得明确的通过或失败的结论为止(即:破坏数落在 A 区或 C 区)。

附 录 B

(提示的附录)

硬聚氯乙烯(PVC-U)压力管材耐外冲击性能的测定

B1 测试方法

按本标准规定的试验方法,可以使用由表 B1 规定的落锤的质量和冲击高度。

B2 0 ℃的耐外冲击性能

当管材按表 B1 规定的条件下进行测试时,TIR 值不应超过 10%(见图 2)。

表 B1 0℃冲击试验的高度和质量要求

管材公称外径	M 级			H 级		
	kg	m	N·m	kg	m	N·m
20	0.5	0.4	2	0.5	0.4	2
25	0.5	0.5	2.5	0.5	0.5	2.5
32	0.5	0.6	3	0.5	0.6	3
40	0.5	0.8	4	0.5	0.8	4
50	0.5	1.0	5	0.5	1.0	5
63	0.8	1.0	8	0.8	1.0	8
75	0.8	1.0	8	0.8	1.2	10
90	0.8	1.2	10	1.0	2.0	20
110	1.0	1.6	16	1.6	2.0	32
125	1.25	2.0	25	2.5	2.0	50
140	1.6	1.8	29	3.2	1.8	58
160	1.6	2.0	32	3.2	2.0	64
180	2.0	1.8	36	4.0	1.8	72
200	2.0	2.0	40	4.0	2.0	80
225	2.5	1.8	45	5.0	1.8	90
250	2.5	2.0	50	5.0	2.0	100
280	3.2	1.8	58	6.3	1.8	113
315	3.2	2.0	64	6.3	2.0	126
355	3.2	2.0	64	6.3	2.0	126
400	3.2	2.0	64	6.3	2.0	126
450	3.2	2.0	64	6.3	2.0	126

附 录 C

（提示的附录）

5％ TIR 值时的判定图和判定表

C1 适用范围

当产品标准中要求 TIR 值为 5％时，采用本附录中图 C1 及表 C1 进行结果判定。

C2 判定方法

C2.1 监督检验与出厂检验的判定

C2.1.1 若试样冲击破坏数在图 C1(表 C1)的 A 区，则判定该批的 TIR 值小于或等于 5％。

C2.1.2 若试样冲击破坏数在图 C1(表 C1)的 C 区，则判定该批的 TIR 值大于 5％。

C2.1.3 若试样冲击破坏数在图 C1(表 C1)的 B 区，则应进一步取样试验，直至根据全部冲击试样的累计结果能够作出判定。

C2.2 验收检验的判定

C2.2.1 若试样冲击破坏数在图 C1(表 C1)的 A 区，则判定该批的 TIR 值小于或等于 5％。

C2.2.2 若试样冲击破坏数在图 C1(表 C1)的 C 区，则判定该批的 TIR 值大于 5％而不予接受。

C2.2.3 若试样冲击破坏数在图 C1(表 C1)的 B 区，而生产方在出厂检验时已判定其 TIR 值小于或等于 5％，则可认为该批的 TIR 值不大于规定值。若验收方对批量的 TIR 值是否满足要求持怀疑时，则仍按 C2.1 条所述继续进行冲击试验。

C3 结果表示

根据试验结果，批量或连续生产线的 TIR 值可表示为 A、B、C，其意义如下：

A：TIR 值小于或等于 5％；

B：根据现有冲击试样数不能作出判定；

C：TIR 值大于 5％。

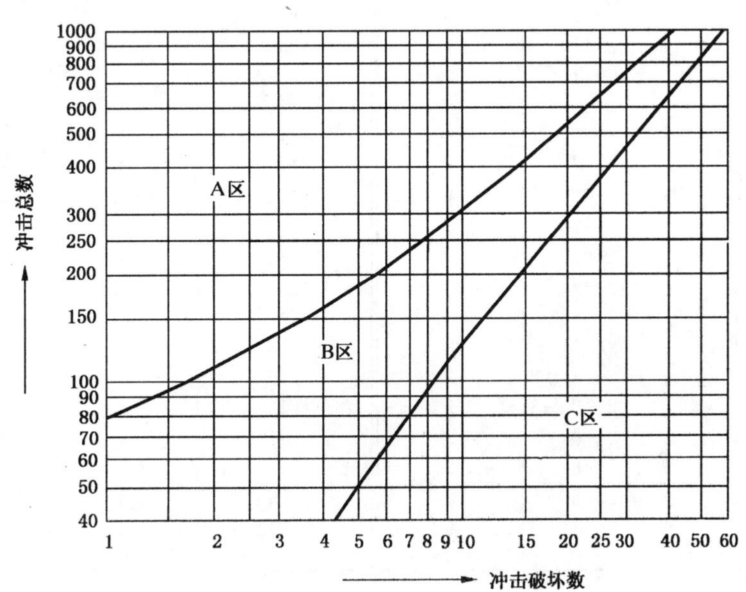

图 C1 TIR 值为 5％时判定图

表 C1　TIR 值为 5%时判定表

冲击总数	冲击破坏数			冲击总数	冲击破坏数		
	A 区	B 区	C 区		A 区	B 区	C 区
50	0	1～4	5	103	1	2～8	9
51	0	1～5	6	104	1	2～8	9
52	0	1～5	6	105	1	2～8	9
53	0	1～5	6	106	1	2～8	9
54	0	1～5	6	107	1	2～8	9
55	0	1～5	6	108	2	3～8	9
56	0	1～5	6	109	2	3～8	9
57	0	1～5	6	110	2	3～8	9
58	0	1～5	6	111	2	3～8	9
59	0	1～5	6	112	2	3～9	10
60	0	1～5	6	113	2	3～9	10
61	0	1～5	6	114	2	3～9	10
62	0	1～5	6	115	2	3～9	10
63	0	1～5	6	116	2	3～9	10
64	0	1～5	6	117	2	3～9	10
65	0	1～6	7	118	2	3～9	10
66	0	1～6	7	119	2	3～9	10
67	0	1～6	7	120	2	3～9	10
68	0	1～6	7	121	2	3～9	10
69	0	1～6	7	122	2	3～9	10
70	0	1～6	7	123	2	3～9	10
71	0	1～6	7	124	2	3～9	10
72	0	1～6	7	125	2	3～9	10
73	0	1～6	7	126	2	3～9	10
74	0	1～6	7	127	2	3～10	11
75	0	1～6	7	128	2	3～10	11
76	0	1～6	7	129	2	3～10	11
77	0	1～6	7	130	2	3～10	11
78	0	1～6	7	131	2	3～10	11
79	0	1～6	7	132	2	3～10	11
80	1	2～7	8	133	2	3～10	11
81	1	2～7	8	134	2	3～10	11
82	1	2～7	8	135	3	4～10	11
83	1	2～7	8	136	3	4～10	11
84	1	2～7	8	137	3	4～10	11
85	1	2～7	8	138	3	4～10	11
86	1	2～7	8	139	3	4～10	11
87	1	2～7	8	140	3	4～10	11
88	1	2～7	8	141	3	4～10	11
89	1	2～7	8	142	3	4～10	11
90	1	2～7	8	143	3	4～10	11
91	1	2～7	8	144	3	4～11	12
92	1	2～7	8	145	3	4～11	12
93	1	2～7	8	146	3	4～11	12
94	1	2～7	8	147	3	4～11	12
95	1	2～7	8	148	3	4～11	12
96	1	2～8	9	149	3	4～11	12
97	1	2～8	9	150	3	4～11	12
98	1	2～8	9	151	3	4～11	12
99	1	2～8	9	152	3	4～11	12
100	1	2～8	9	153	3	4～11	12
101	1	2～8	9	154	3	4～11	12
102	1	2～8	9				

中华人民共和国国家标准

硬质塑料落锤冲击试验方法　通则

GB/T 14153—93

General test method for impact resistance of rigid plastics by means of falling weight

1　主题内容与适用范围

本标准规定了硬质塑料落锤冲击试验方法。

本标准适用于硬质塑料管材、管件、异型材、板材及硬质塑料零部件。

2　引用标准

GB 2918　塑料试样状态调节和试验的标准环境

ZB N72 026　落锤式冲击试验机技术条件

3　原理

A 法——通过法：采用一定质量的落锤在规定高度下冲击试样。一般用于产品的质量控制。

B 法——梯度法：采用变换冲击高度或落锤质量冲击试样的方法而获得冲击破坏能。

4　仪器

4.1　符合 ZB N72 026 要求的各种落锤式冲击试验机。

4.2　落锤质量

4.2.1　质量分为 0.5、1、2、3、4、5、6、8、10、15 kg。

4.2.2　锤头半径分为 30、10、5 mm 三种。

4.3　夹具

4.3.1　管材试样采用 V 型夹具，夹角为 120°，长度 200 mm。使试样稳固地夹在 V 型槽内。

4.3.2　板材或异型材等所用夹具形状不作具体规定。但必须保证以下几点：

a.　夹具必须能够将试样夹紧，保证其在受冲击时不发生位移。

b.　夹具夹紧点必须与支承点重合。夹力不可过大，以免试样变形。

c.　夹具装上后的中心线必须与落锤中心线重合，其误差不得大于 2.5 mm。

5　试样

5.1　形状及尺寸

5.1.1　管材

管材公称外径小于或等于 75 mm 时，从五根管上沿长度方向分别截取 150 mm 长的试样。公称外径大于 75 mm 时，从五根管材上沿长度方向分别截取 200 mm 长的试样。

5.1.2　板材

从五块板材上距边缘不小于 100 mm 处分别截取 200 mm×200 mm 的正方形试样。厚度为板材原

国家技术监督局1993-02-15批准　　　　1993-10-01实施

厚。

5.1.3 异型材

从五根异型材上沿挤出方向各截取 200 mm 长的试样。

5.1.4 管件及硬质塑料零部件保持原形状的整体试样。

5.2 制备

试样不得有裂纹，端口平整，对管材和异型材试样，两端应与轴线垂直切平。

5.3 数量

通过法 10 个。梯度法 25 个以上。

6 试样状态调节与试验的标准环境

6.1 按 GB 2918 中规定的标准环境与正常偏差范围进行调节，时间不小于 48 h，并在此环境下进行试验。

6.2 试样需进行高低温冲击试验时，可按产品标准中的有关规定或用户要求的试验条件进行。冲击试样离开预处理环境状态后 15 s 内完成。

7 试验步骤

7.1 将试样水平放置在夹具上。有困难时，可采用垫片等加以调整、固定。

7.2 采用 A 法时，按产品标准中规定的冲击高度及落锤质量对 10 个试样依次进行冲击。

7.3 采用 B 法时，首先确定初始冲击高度和落锤质量。试验时，第一个试样若未被破坏，测第二个试样时，高度增高一个增量 d(m)。若第一个试样已破坏，高度则下降一个增量 d(m)。直至试样达到 50％破坏时为止。每组试样至少 20 个。

7.4 对管材或对称管件，沿圆周方向冲击，冲击点选在垂直直径的顶部。

对板材试样选在中心部位。

对于不对称管件或异型材用一半试样先冲击一面，剩下一半再冲击另一面。

每个试样只允许冲击一次。试样受冲击后造成的裂纹和破碎均为破坏。

8 试验结果

8.1 通过法：按产品标准中有关规定处理。若无规定，10 个试样中有 6 个以上不破坏为合格。

8.2 梯度法

8.2.1 50％冲击破坏高度按式(1)计算：

$$H_{50} = H_1 + d\left\{\frac{\Sigma(i \cdot n_i)}{N} \pm \frac{1}{2}\right\} \quad \cdots\cdots(1)$$

式中：H_{50}——50％冲击破坏高度，m；

H_1——试验初始高度(预测的试验破坏高度)m；

d——每次升降的试验高度，m；

n_i——各试验高度已破坏(或未破坏)的试样数；

i——设 H_1为 0 时，逐个增减的高度水准($i=\cdots-3,-2,-1,0,1,2,3\cdots\cdots$)；

N——已破坏(或未破坏)试样之总数($N=\Sigma n_i$)；

$\pm\frac{1}{2}$——使用已破坏的数据时取负号，使用未破坏的数据时取正号。

8.2.2 50％冲击破坏能按式(2)计算：

$$E_{50} = m \cdot g \cdot H_{50} \quad \cdots\cdots(2)$$

式中：E_{50}——50％冲击破坏能，J；

m——落锤质量，kg；

g——重力加速度（9.81 m/s^2）；

H_{50}——50%冲击破坏高度，m。

8.2.3 50%冲击破坏高度的标准偏差（S）按式（3）、式（4）计算：

$$S = d \cdot \alpha \qquad \cdots\cdots (3)$$

式中：S——标准偏差，m；

d——每次升降的试验高度，m；

α——由（4）式求出 M 值，再查"α 值表"。

$$M = \frac{\Sigma(i^2 \cdot n_i)}{N} - \left[\frac{\Sigma(i \cdot n_i)}{N}\right]^2 \qquad \cdots\cdots (4)$$

9 试验报告

试验报告应包括以下内容：

a. 国家标准编号；

b. 试样名称、规格、生产厂家；

c. 试验方法（通过法或梯度法）；

d. 试验机型号；

e. 试验条件；

f. 试验结果；

g. 试验日期、试验人员。

附 录 A
α 值 表
（补充件）

M	0.00	0.01	0.02	0.03	0.04	0.05	0.06	0.07	0.08	0.09
0.30	0.510 2	0.531 6	0.551 8	0.571 1	0.589 7	0.607 7	0.625 3	0.642 6	0.659 7	0.676 5
0.40	0.693 2	0.709 8	0.726 3	0.742 7	0.759 1	0.775 4	0.791 7	0.807 9	0.824 2	0.840 5
0.50	0.856 7	0.872 9	0.889 2	0.905 4	0.921 6	0.937 9	0.954 1	0.970 3	0.986 6	1.002 8
0.60	1.019 0	1.035 3	1.051 5	1.067 7	1.083 9	1.100 1	1.116 4	1.132 6	1.148 8	1.165 0
0.70	1.181 2	1.197 4	1.213 5	1.229 7	1.245 9	1.262 1	1.278 3	1.294 4	1.310 6	1.326 7
0.80	1.342 9	1.359 0	1.375 2	1.391 3	1.407 5	1.423 6	1.439 7	1.455 9	1.472 0	1.488 1
0.90	1.504 3	1.520 4	1.536 5	1.552 6	1.568 7	1.584 8	1.600 9	1.617 0	1.633 1	1.649 2
1.00	1.665 3	1.681 4	1.697 5	1.713 5	1.729 4	1.745 7	1.761 8	1.777 9	1.793 9	1.810 0
1.10	1.826 1	1.842 2	1.858 2	1.874 3	1.890 4	1.906 4	1.922 5	1.938 6	1.954 6	1.970 7
1.20	1.986 7	2.002 8	2.018 8	2.034 9	2.050 9	2.067 0	2.083 0	2.099 1	2.115 1	2.131 2
1.30	2.147 2	2.163 3	2.179 3	2.195 3	2.211 4	2.227 4	2.243 5	2.259 5	2.275 5	2.291 6
1.40	2.307 6	2.323 6	2.339 7	2.355 7	2.371 7	2.387 8	2.403 8	2.419 8	2.435 8	2.451 9
1.50	2.467 9	2.483 9	2.499 9	2.515 9	2.532 0	2.548 0	2.564 0	2.580 0	2.596 0	2.612 1
1.60	2.628 1	2.644 1	2.660 1	2.676 1	2.692 1	2.708 2	2.724 2	2.742 0	2.756 2	2.772 2
1.70	2.788 2	2.804 2	2.820 2	2.836 2	2.852 3	2.868 3	2.884 5	2.900 3	2.916 3	2.932 3
1.80	2.948 3	2.964 3	2.980 3	2.996 3	3.012 3	3.028 3	3.044 3	3.060 3	3.076 3	3.092 3
1.90	3.103 3	3.124 3	3.140 3	3.156 3	3.172 3	3.188 3	3.204 3	3.220 3	3.236 3	3.252 3
2.00	3.268 3	3.284 3	3.300 3	3.316 3	3.332 3	3.348 3	3.364 3	3.380 3	3.396 3	3.412 3
2.10	3.428 3	3.444 3	3.460 3	3.476 3	3.492 3	3.508 3	3.524 3	3.540 2	3.556 2	3.572 2
2.20	3.588 2	3.604 3	3.620 2	3.636 2	3.652 2	3.668 2	3.684 1	3.700 1	3.716 1	3.732 1
2.30	3.748 1	3.764 1	3.780 1	3.796 1	3.812 1	3.828 0	3.844 0	3.860 0	3.876 0	3.892 0
2.40	3.908 0	3.924 0	3.940 0	3.956 0	3.972 0	3.987 9	4.003 9	4.019 9	4.035 9	4.061 9
2.50	4.067 8	4.083 8	4.099 8	4.115 8	4.131 8	4.147 7	4.163 7	4.179 7	4.195 7	4.211 7
2.60	4.227 7	4.243 6	4.259 6	4.275 6	4.291 6	4.307 5	4.323 5	4.339 5	4.355 5	4.371 5
2.70	4.387 4	4.403 4	4.419 4	4.435 4	4.451 4	4.467 3	4.483 3	4.499 3	4.515 3	4.531 3
2.80	4.547 2	4.563 2	4.579 2	4.595 2	4.611 1	4.627 1	4.643 1	4.659 1	4.675 0	4.691 0
2.90	4.707 0	4.723 0	4.739 0	4.754 9	4.770 9	4.786 9	4.802 9	4.818 8	4.834 8	4.850 4
3.00	4.866 8	…	…	…	…	…	…	…	…	…

附 录 B
计 算 示 例
（参考件）

设：1 kg 的重锤，对 20 个试样（$d=0.1$ m）进行实验后，10 个破坏，其余 10 个未破坏，见表 B1，此时已破坏数与未破坏数相同，所以计算任何一方，皆为已破坏时的例子：

50%的破坏高度（H_{50}）从式（1）可得：

$$H_{50}=0.9+0.1\left(\frac{3}{10}-\frac{1}{2}\right)$$
$$=0.88\text{m}$$

50%破坏能（E_{50}）从式（2）可得：

$$E_{50}=1\times 9.81\times 0.88=8.6\text{J}$$

50%破坏高度的标准偏差（S）可由式（3）及式（4）求出：

$$M=\frac{5}{10}-\left(\frac{3}{10}\right)^2$$
$$=0.41$$

由 α 值表查出 M 为 0.41 时的 α 值

$$\alpha=0.7098\approx 0.71$$

代入式（3）：

$$S=10\times 0.71=0.071\text{m}$$

表 B1

试验高度 cm	水准 i	试验结果（×：破坏；○：不破坏）																				n_i		$i\cdot n_i$	$i^2\cdot n_i$
		1	2	3	4	5	6	7	8	9	10	11	12	13	14	15	16	17	18	19	20	○	×		
110	2																					○	○	○	○
100	1						×								×				×		×	○	4	4	4
90 (H_i)	0	×				○		×		×		×		○		×		○		○		4	5	○	○
80	−1		×		○				○		○		○				○					5	1	−1	1
70	−2			○																		1	○	○	○
																						—	$\frac{\Sigma n_i}{10}$	$\frac{\Sigma(i\cdot n_i)}{3}$	$\frac{\Sigma(i^2\cdot n_i)}{5}$

附加说明：

本标准由中华人民共和国轻工业部提出。

本标准由全国塑料制品标准化技术委员会归口。

本标准由天津塑料研究所负责起草。

本标准主要起草人焦彩云、李华芙、王焕琴。

本标准参照采用日本工业标准 JIS K 7211—84《硬质 PVC 塑料落锤冲击试验方法通则》、美国试验与材料协会标准 ASTM 2444—80《热塑性塑料管材、管件的落锤冲击强度试验方法》制订。

中华人民共和国国家标准

流体输送用塑料管材液压瞬时爆破和耐压试验方法

GB/T 15560—1995

Standard test method for short-time hydraulic failure and resistance to constant internal pressure of the plastics pipes for the transport of fluids

1 主题内容与适用范围

本标准规定了流体输送用塑料管材液压瞬时爆破和耐压试验方法。

本标准适用于流体输送用各种类型的热塑性塑料管材和热固性增强塑料管材。

2 引用标准

GB 8806 塑料管材尺寸测量方法

3 术语

3.1 破坏:是指通过试样内的液体,其压力连续损失。破坏可以是下面的一种形式,也可以是下面几种形式的结合。

a. 韧性破坏:是指试样破裂时伴随发生塑性变形或局部出现球形膨胀现象。

注:由于长期应力引起的蠕变而导致的试样微小膨胀不属于韧性破坏。

b. 脆性破坏:是指试样在破裂区域没有明显材料变形,诸如:延伸、缩颈等。此时试验压力不出现屈服现象,试样瞬时破裂,压力快速下降为零。

c. 渗漏和渗出:是指在压力作用下,试样内的液体通过管壁微小的破裂处渗出。此时若降低试验压力,通常能使管材试样不出现液体流失现象。

4 试验原理

该试验方法分为瞬时爆破试验和耐压试验两种试验型式:

瞬时爆破试验是指对给定的一段塑料管材试样,快速地、连续地对其内部施加液体压力作用,使试样在短时间内破裂。读取试样破裂时的压力值,计算其环向应力。

耐压试验是指对给定的一段塑料管材试样,在给定的时间内,使其承受规定的恒内压作用,观察试样是否发生破坏现象。试验压力值和试验时间由管材的产品标准确定。

5 密封接头

密封接头安装在试样两端,合理的设计接头,使其与试样和压力装置密封连接。安装在试样上的接头,不能使试样承受轴向作用力。也不能对试样构成损坏。

推荐采用附录A(参考件)的密封接头。

国家技术监督局1995-05-02批准　　1995-12-01实施

6 试验装置

6.1 恒温控制系统

恒温系统由恒温槽，流体循环或搅拌装置，加热和温度控制装置等组成。无论恒温槽内的加热介质是水、空气或其他流体，温度均保持在±2℃的偏差内。

6.2 压力系统

6.2.1 要求施压装置能把压力逐渐地、平稳地升到规定的压力值。然后在整个试验过程中保持压力在±2%的偏差内。

6.2.2 对于瞬时爆破试验，要求施压装置有足够的加压能力，能够在60～70 s内完成试样爆破。建议采用附录B(参考件)所示的气体加压系统。

6.2.3 压力系统可以单独对一个试样施加压力，也可以通过系统支路对多个试样同时施加压力。在有系统支路的情况下，要求每个压力支路都有可控制截止阀，并且每个试样支路都有自己的测量压力表。当一个试样破裂时，压力控制系统能够关闭该支路，以防止其他支路上的试样压力下降(建议采用电接点压力表控制方式或类似的压力控制系统)。

6.3 压力表

6.3.1 试验测量压力表的精度不低于1.0级。

6.3.2 选择压力表的量程刻度，使得压力值读数在压力表刻度的60%附近。要求每个试样有一个测量压力表，并且压力表应带有压力缓冲保护装置。

6.4 计时装置

计时器的精度在±2%以内。

7 试样

7.1 试验样品表面不应有可见的裂纹、划痕和其他影响试验结果的缺陷。试样两端应平整并与管的轴线垂直。

7.2 试样长度：除产品标准另有规定外，试样在两个密封接头之间有效长度 L 应符合下表规定。

L	
公称外径 $D<160$ mm	$L=5D$，但不小于300 mm
公称外径 $D\geqslant160$ mm	$L=3D$，但不小于760 mm

7.3 试样数量

在同一试验条件下，试样数量不少于5个。或根据产品标准的规定确定试样数量。

8 试验条件和预处理

8.1 试验温度按产品标准规定的试验条件进行。

8.2 试样内部必须施加液体压力。例如水。如果采用其他液体必须保证该液体对试样不起侵蚀作用。

8.3 试样外部可以是液体环境，也可以是气体环境。外部环境的温度要求与试样内部液体温度相同。

8.4 试样在施加压力之前应进行预处理。预处理温度与试验温度相同。预处理时间应使试样达到试验温度为止。对于23℃条件下的试验，当将试样浸在液体中，预处理时间不少于1 h。当将试样置于气体介质中，预处理时间不少于16 h。

9 试验步骤

9.1 将密封接头安装在试样上，将每个试样都充满试验温度下的液体，排除试样内的空气，然后按照

8.4 条进行预处理。

9.2 将试样连接到压力装置上，并把试样支撑好，以防止由于管子和接头的重量引起试样弯曲和偏移（支撑不能使试样纵向和径向受束缚力）。

9.3 对试样施加试验压力

9.3.1 瞬时爆破试验时，连续均匀地、快速地对试样施加压力，并同时开始计时直至试样破裂为止。如果试样在小于 60 s 内破裂，则降低施压速度，重复试验，直到试样在 60～70 s 内破裂为止。记录试样破裂时的压力和时间及试样的破裂状态。

9.3.2 耐压试验时，连续均匀地把试样压力施加到给定值，然后开始计时。在整个试验过程中。保持压力恒定并符合 6.2.1 条要求。达到规定时间后，记录试验结果和试样破裂状态。

9.4 当破坏出现在距接头一个直径长度内时，如果有理由确认破坏是由样品本身存在某种缺陷造成的，该试样有效。否则另取试样重新试验。

10 计算

10.1 如果需要计算管材的环向应力时，应按下式进行计算：

$$\delta = P(D-t)/2t$$

式中：δ——环向应力，MPa；

P——试验压力，MPa；

D——平均外径，mm（对于热固性增强管，外径不包括非增强层）；

t——最小壁厚，mm（对于热固性增强管，采用最小增强层壁厚）。

10.2 当试验压力值以环向应力 δ 值给出时，如无特殊说明，试验压力 P 按式(1)计算得出。

10.3 管材试样尺寸测量按 GB 8806 进行。

11 试验报告

试验报告应包括下列内容：

11.1 试验样品的说明：包括制造厂、材料类型、产品代号、产品规格等。

11.2 试样的公称直径、平径外径、最小壁厚、试样在二个接头之间的有效长度 L。

11.3 试验温度、试验环境介质和密封接头类型。

11.4 每个试样的试验结果

对于瞬时爆破试验，应写出爆破压力、爆破时间和试样破裂状态。

对于耐压试验，应写出试验压力、试验时间和试验结果（试样是否破裂或破裂状态）。

11.5 不符合标准的任何操作以及试验中和试验后暴露出的异常现象。

附 录 A
密 封 接 头
（参考件）

A1 图 A1 将接头硬性连接到试样上，下端接头的重量由试样携带，并承受反压力。

该类型接头适用于管径圆度较好的硬管。例如 PVC、PP 等管材。

A2 图 A2 将带有环型密封圈的密封接头安装在试样的外表面。通过试样内部的一个金属杆与另一端的密封接头相连接。试样能够在两个接头之间做一定量的纵向移动，压力通过金属杆空心一端施加到试样上。

该类型接头适用于管径圆度较好的硬管。例如 PVC、PP 和双壁波纹管等。

对于波纹管密封圈、金属接头和试样的装配形式见图 A7。

A3 图 A3 把带有环型密封圈的密封接头安装在试样的内表面，通过一个金属杆与另一端的密封接头相连接。试样能在两个接头之间做一定量的纵向移动。

该类型接头适用于管径圆度较好的硬管。例如 PVC、PP 等管材。

A4 图 A4 将试样两端分别浸在 120～130℃的油浴中加热至软，然后套上带斜度堵头的内法兰和带有相同斜度的外法兰。用螺栓拴住均匀紧固好。依次安装好另一个密封接头。试验压力通过密封接头施加到试样上。

该类型接头适用于厚壁且管径不圆度较大的硬管和软管。例如 PE、PVC 等热塑性塑料管材。

A5 图 A5 将试样插套到锥度管堵头上。并在管子外面套上带锥度的管套。然后套上螺帽，与堵头的螺纹相拧紧。试验压力从另一接头加到试样上。

该类型接头适用于各种塑料软管。例如软 PVC 管、PE 管、尼龙管，软 PVC 夹网管等。

A6 图 A6 将试样紧套在管接头上，套上管箍。然后用电热吹风器对其表面均匀加热吹风。使其变软，同时拧紧管箍。试验压力从另一接头加到试样上。

该类型接头适用于薄壁 PE 管，软 PVC 管、软 PVC 夹网管等。

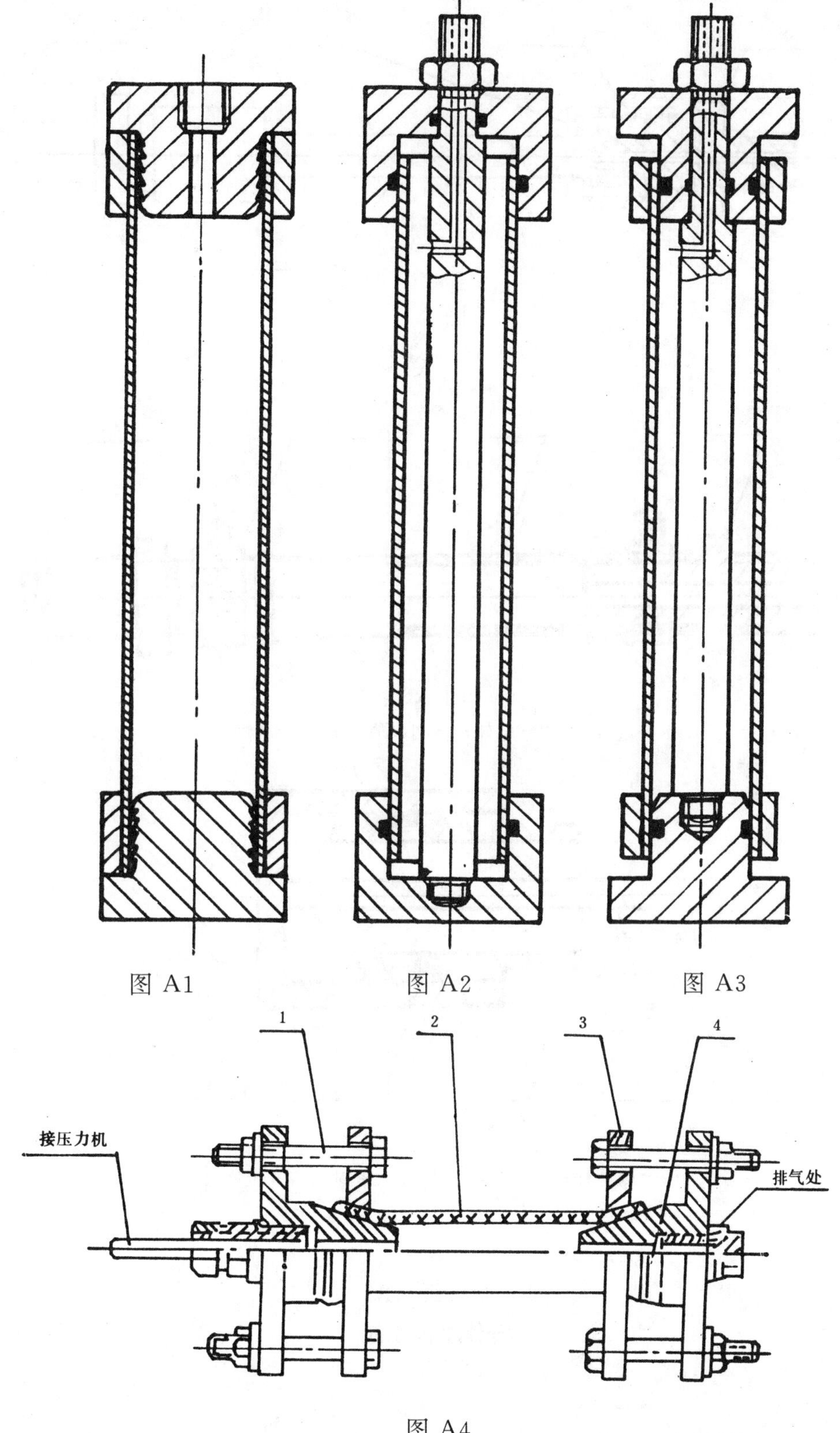

图 A1　　图 A2　　图 A3

图 A4

1—连接螺栓；2—试样；3—内法兰；4—密封接头

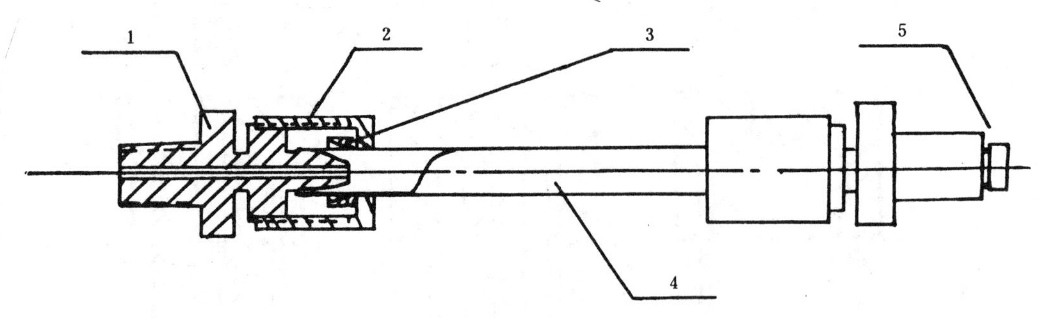

图 A5

1—接头;2—压紧螺帽;3—压紧环;4—试样;5—排气帽

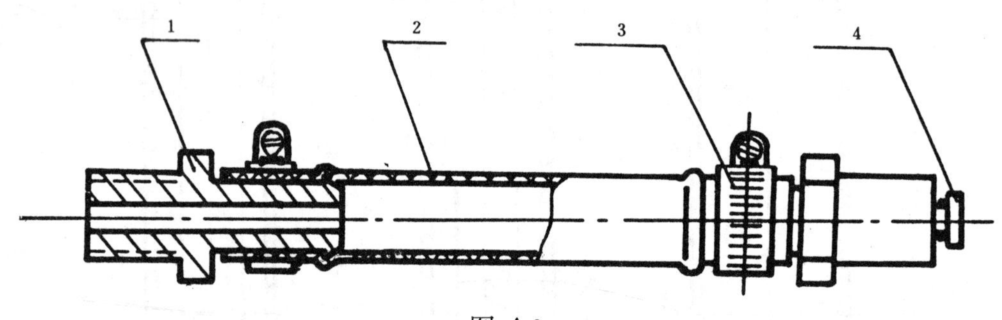

图 A6

1—接头;2—试样;3—可调管箍;4—排气帽

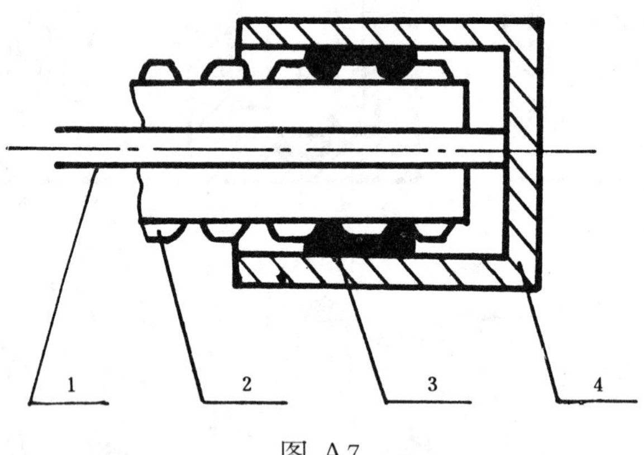

图 A7

1—金属连杆;2—波纹管试样;3—密封圈;4—金属接头

附 录 B
气体加压系统
(参考件)

B1 如图 B1 所示,利用压缩空气,例如氮气对液体压力缓冲器施加压力,再通过缓冲器中的压力液体对试样加压。

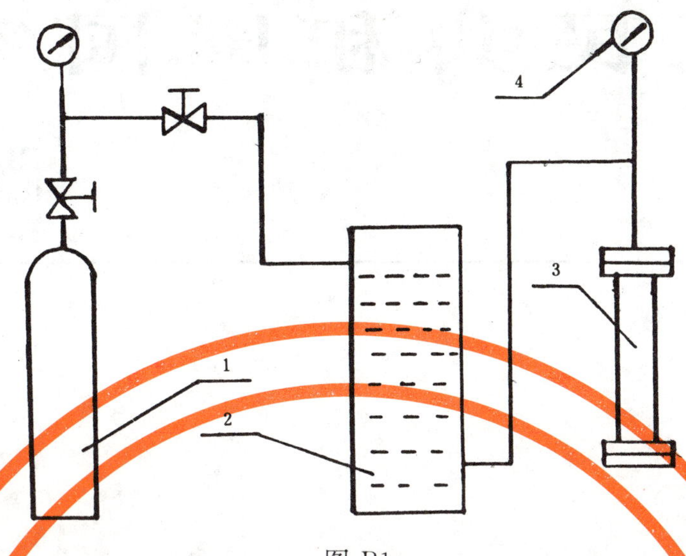

图 B1

1—氮气瓶；2—液体压力缓冲器；3—试样；4—测量压力表

附加说明：

本标准由中国轻工总会提出。

本标准由全国塑料制品标准化技术委员会归口。

本标准由大连塑料研究所负责起草。

本标准主要起草人孙俊华、王玉焕、黄丹、李玉民、薛萍。

ICS 83.140.30
G 33

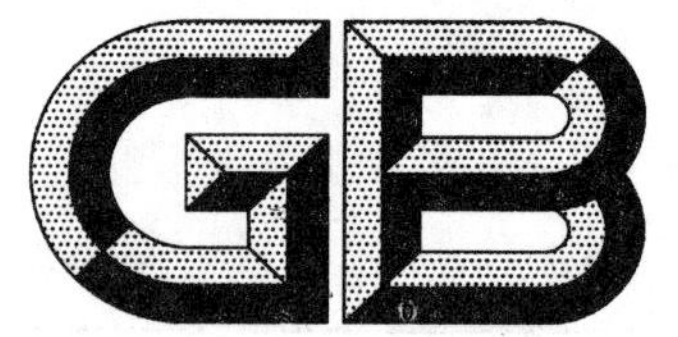

中华人民共和国国家标准

GB/T 15819—2006
代替 GB/T 15819—1995

灌溉用聚乙烯(PE)管材
由插入式管件引起环境应力开裂敏感性的
试验方法和技术要求

**Polyethylene (PE) pipes for irrigation laterals—
Test method and specification of susceptibility to
environmental stress cracking induced by insert-type fittings**

(ISO 8796:2004,MOD)

2006-02-21 发布 2006-08-01 实施

中华人民共和国国家质量监督检验检疫总局
中国国家标准化管理委员会 发布

前　言

本标准修改采用国际标准 ISO 8796:2004《灌溉支管用聚乙烯(PE32 和 PE40)管材——由插入式管件引起的环境应力开裂敏感性——试验方法和技术要求》。

本标准技术内容与 ISO 8796:2004 一致，主要差别是：

国际标准适用于符合 ISO 8779 中与插入式管件配合的 PE32 和 PE40 管材，本标准按我国实际使用情况，未规定所用聚乙烯管材的等级。

本标准代替 GB/T 15819—1995《灌溉支管用聚乙烯(PE)25 管材　由插入式管件引起环境应力开裂敏感性的试验方法和技术要求》。

本标准与 GB/T 15819—1995 版相比主要变化如下：

——取消对管材 PE 材料等级的限制；

——原标准中所用试剂为纯试剂，现改为 10%浓度溶液；

——增加“对试样进行 24 h 状态调节”的要求；

——将试验条件：温度(50±2)℃、时间 30 min 改为温度(70±2)℃、时间 60 min；

——对试验方法作了调整。

本标准由中国轻工业联合会提出。

本标准由全国塑料制品标准化技术委员会管材、管件及阀门分技术委员会(TC 48/SC 3)归口。

本标准由福建亚通新材料科技股份有限公司、新疆天业股份有限公司起草。

本标准主要起草人：魏作友、薛惠钦、魏健。

本标准所代替标准的历次版本发布情况为：GB/T 15819—1995。

灌溉用聚乙烯(PE)管材由插入式管件引起环境应力开裂敏感性的试验方法和技术要求

1 范围

本标准规定了灌溉用聚乙烯(PE)管材由插入式管件引起环境应力开裂敏感性的试验方法和技术要求。

本标准适用于用插入式管件配合的灌溉用聚乙烯(PE)压力管材的环境应力开裂敏感性试验方法。

2 术语和定义

下列术语和定义适用于本标准。

2.1 插入式管件

利用其表面的环状锯齿或其他形状，使管材涨大而被箍紧的管件，见图1。

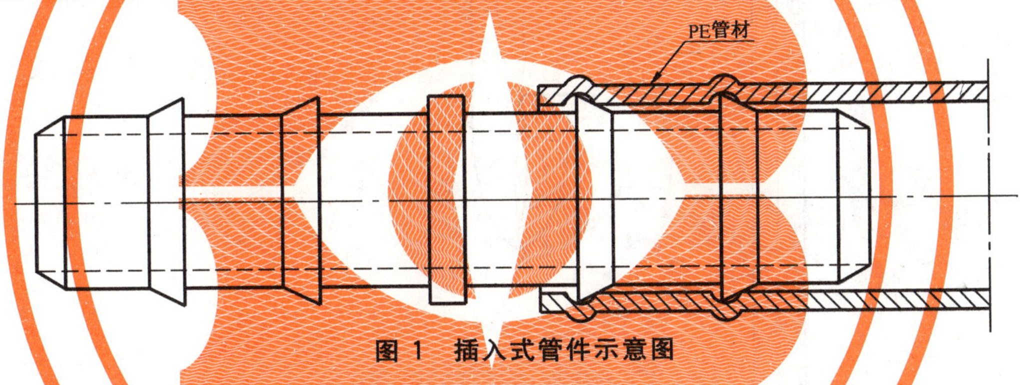

图1 插入式管件示意图

3 原理

经状态调节的管段两端180°弯折，以形成两个U弯，并在(70±2)℃下将其浸于含活性溶液的玻璃烧杯中放置1h，然后将管段取出擦拭干净后检查弯折处的可见裂纹。

4 设备

具有恒温、鼓风装置的烘箱，能使温度控制在(70±2)℃范围内。试样放入烘箱后，5 min内应能重新达到试验温度。

注：如果恒温浴也有与上述烘箱相同的热性能，则可用恒温浴代替烘箱。

5 试剂

未稀释的壬基酚聚氧乙烯醚(TX-10)，化学结构式为：C_9H_{19}—⟨苯环⟩—O[—CH_2CH_2O—]$_{10}$H，应保存于密闭容器中。

6 试样

每组5个试样，应分别从同一批管材的5卷盘管上取样，试样长度约为$20d_n$（d_n为管材的公称直径）。

试样应无任何裂纹。

7 试验步骤

7.1 在将试样弯折前，试样在(23±2)℃的环境温度下进行不少于24 h的状态调节。

7.2 将试样两端朝两个互相垂直的平面内180°弯折，使试样在这两个互相垂直的平面内形成两个“U”形弯折，弯折处应距试样端口$3d_n$以上[见图2a)和图2b)]。用箍带或PE环绑住弯折以保持弯折状态[见图2b)]。

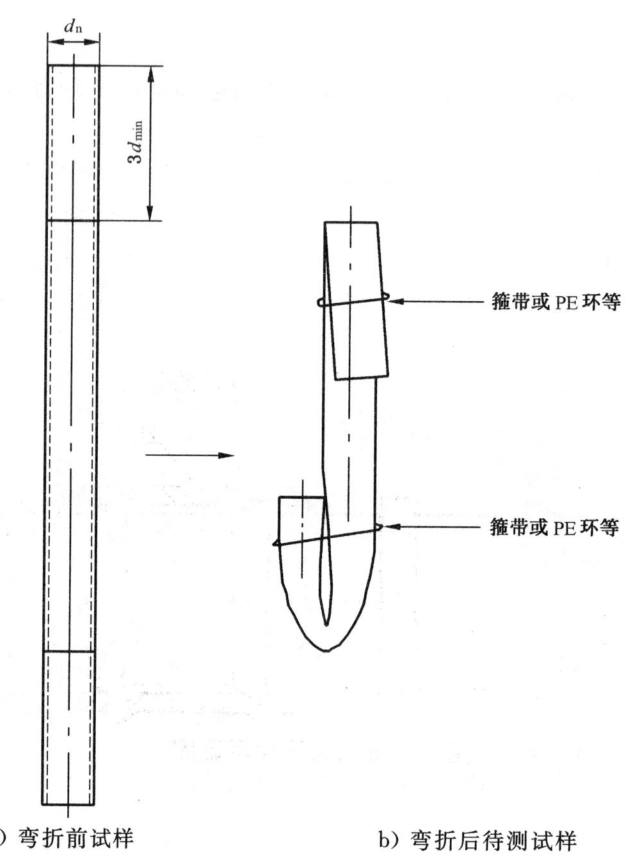

a) 弯折前试样　　b) 弯折后待测试样

图2 试样制备

7.3 取10%新鲜溶剂和90%水在烧杯中混合制备活性溶液，用磁力搅拌器搅拌1h。每次试验取新鲜溶液。

7.4 将所有试样浸置于装有浓度为10%活性水溶液(质量分数)的烧杯中，然后将烧杯置于烘箱或恒温浴中。

7.5 在(70±2)℃的鼓风烘箱或恒温浴中放置60 min后，取出烧杯。

7.6 将所有的试样从烧杯中取出并擦净弯折处的溶液。

7.7 用肉眼全面检查每个弯折处是否出现可见裂纹。

8 结果判定

试验结果按以下规则判定。

8.1 每一弯折若出现一处或一处以上裂纹为不合格(不包括由用于保持弯折状态的箍带或PE环导致的裂纹)。

8.2 试样弯折处变白不应判为不合格。

8.3 记录不合格的弯折总数，每个试样的两个弯折应独立进行判定和计算裂纹数。

9 重复试验

如果一组试样中有一个弯折不合格而其他九个合格，应再取一组试样(5 个试样，10 个弯折)重复进行整个试验。

10 技术要求

试样不合格弯折数不超过 10％判定试验合格。

11 试验报告

试验报告应包括以下内容：

a) 本标准编号；
b) 所有用于表征试样的必要内容；
c) 管材公称尺寸；
d) 试样数量；
e) 不合格弯折总数；
f) 试验结果(管材是否通过试验的判定)；
g) 试验时间。

中华人民共和国国家标准

聚乙烯压力管材与管件连接的耐拉拔试验

GB/T 15820—1995

Test of resistance to pull out of joints between polyethylene(PE) pressure pipes and fittings

本标准等效采用国际标准 ISO 3501:1976《聚乙烯(PE)压力管材与管件间的组装接头——耐拔拉力试验》。

1 主题内容与适用范围

本标准规定了聚乙烯压力管材与管件连接后,耐纵向拉力的试验方法。

本标准适用于直径不大于 63 mm 的聚乙烯(PE)压力管材与不同材质,不同结构形式的管件的连接。

本标准不适用于熔焊连接。

2 原理

检验聚乙烯压力管材与管件连接后承受纵向拉力时的耐拉拔能力。

3 仪器

3.1 游标卡尺,精度为 0.02 mm。

3.2 拉力计或砝码

3.2.1 使用拉力计时,应使试样保持在恒定的纵向拉力下(见图 1)。

3.2.2 使用砝码时,可将计算的力施于试样,试样应悬挂于一框架上,试样的下端有镫架,以支承砝码。

国家技术监督局1995-12-08批准　　　　1996-08-01实施

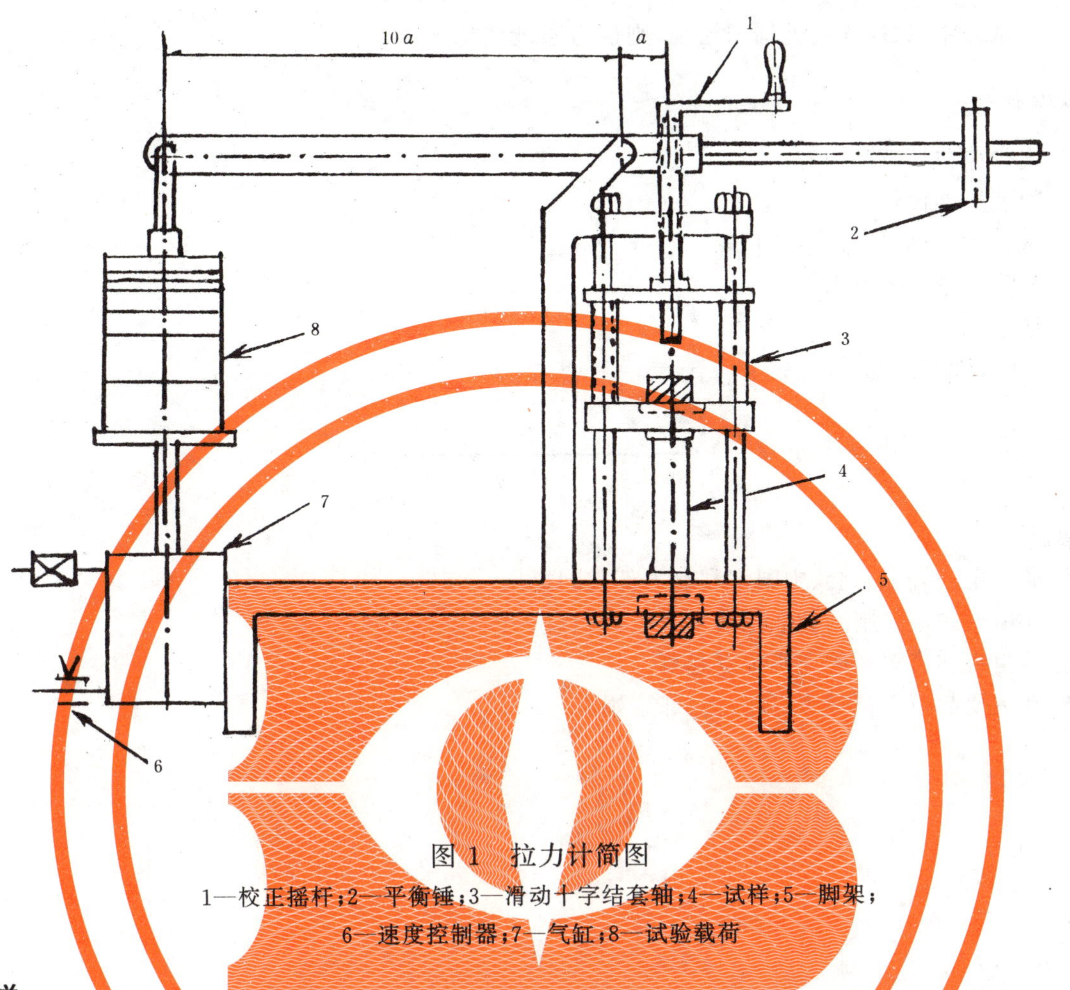

图 1 拉力计简图

1—校正摇杆;2—平衡锤;3—滑动十字结套轴;4—试样;5—脚架;

6—速度控制器;7—气缸;8—试验载荷

4 试样

4.1 试样由管件与一或二段聚乙烯管材组装而成,每段管材长度至少为 300 mm。管材尺寸应与管件相配,并按产品说明书的要求组装。

4.2 试样数量为三件。

5 试验步骤

5.1 试验温度为 23±2℃。

5.2 调试仪器至工作状态。

5.3 测量管材内径的最大值、最小值,取算术平均值;测量管材外径的最大值、最小值,取算术平均值。

5.4 用下列公式计算试验所需要的力 K:

$$K = 1.5 \times \sigma_t \times \frac{\pi}{4} \times (d_e^2 - d^2)$$

式中:σ_t——聚乙烯管材的允许设计应力;

d_e——管材平均外径,mm;

d——管材平均内径,mm。

5.5 K 值取小数点后一位有效数字。

5.6 将试样固定在拉力计上(或悬挂于框架上),在 30 s 内逐渐施加到计算的力 K,保持试样在恒定的纵向拉力下 1 h,检查试样连接处是否松脱。

6 试验结果

在三件试样中，试样连接处均未松脱，则认为通过试验。

7 试验报告

试验报告应包括下列内容：

a. 国家标准代号；

b. 试样的名称、型号、生产厂家；

c. 试验所需要的力 K；

d. 试验结果；

e. 试验日期、人员。

附加说明：

本标准由中国轻工总会、中国水利电力部共同提出。

本标准由全国塑料制品标准化技术委员会归口。

本标准由吉林省塑料研究所负责起草。

本标准主要起草人董晓薇、高云雪、邹素娟。

前　　言

本标准等同采用国际标准 ISO 294-1:1996《塑料—热塑性塑料材料试样的注塑—第 1 部分:一般原理及多用途试样和长条试样的模塑》。

本标准与采用的 ISO 294-1:1996 标准在技术内容上完全一致,在编辑上有以下差异:

1　因我国 GB 11997—89《塑料多用途试样的制备和使用》是参照 ISO 3167:1983 制定的,现尚未修订。本标准中将 ISO 3167:1993《塑料—多用途试样》的译文作为附录 D。

2　本标准的引用标准比 ISO 294-1:1996 规定的引用标准少,但尚未列入本标准的内容不影响本标准的执行。

1) 1996 年版 ISO 294 的其他三个标准规定的试样模具,我国尚未制定标准。

2) ISO 294-1:1996 规定的几个涉及注塑试样来源的引用标准(如:ISO 10350 和 ISO 11403),未作为本标准的引用标准。但我国塑料测试的方法基本采用国际标准,本标准中标准模具的型腔有明确规定。

3　在本标准 4.1.1.4 的 n)中,增加了模具型腔抛光后表面粗糙度的要求。该模具可用来加工制备具有可比性试验数据的试样。

本标准在《热塑性塑料材料注塑试样的制备》总标题下,由以下几部分组成:

——第 1 部分:一般原理及多用途试样和长条形试样的制备

——第 2 部分:小拉伸试样

——第 3 部分:小方试片

——第 4 部分:模塑收缩率的测定

本标准的附录 A、B 和 C 是提示的附录,附录 D 是标准的附录。

本标准自生效之日起,代替行业标准 HG/T 2-1122-77《热塑性塑料试样注射制备方法》。

本标准由全国塑料标准化技术委员会石化塑料树脂产品分会提出并归口。

本标准起草单位:北京燕山石化公司树脂应用研究所、四川联合大学。

本标准主要起草人:王树华、申开智、桑杰、柳凌、吴世见、张昌怡。

ISO 前言

ISO(国际标准化组织)是各国家标准化团体(ISO 成员)的世界性联合组织。国际标准的制定工作一般是通过 ISO 技术委员会进行。对技术委员会已设立的项目感兴趣的每个成员有权参加该技术委员会。与 ISO 有联系的政府或非政府的国际组织也可参加其工作。ISO 与国际电工技术委员会(IEC)在所有电工技术标准化方面密切协作。

技术委员会将所采纳的国际标准草案(DIS)提交各成员团体进行投票表决。当至少 75%参加投票的成员团体表示赞成时,国际标准才能正式公布。

国际标准 ISO 294-1 是由 ISO/TC 61 塑料技术委员会 SC9 热塑性塑料分技术委员会制定的。

本标准和 ISO 294 的其他部分,取消并代替了 ISO 294 的第二版(ISO 294:1995)。为了加工制备具有可比性试验数据所需要的基础试样,本标准中改进了注塑参数的定义,并经重新调整,规定了四种类型的 ISO 模具。

采用本国际标准应注意确保标准中规定的 ISO 模具适合现行的注塑设备,并具有可更换的型腔板。

ISO 294 在《塑料—热塑性塑料材料试样的注塑》总标题下,由以下几部分组成:

第 1 部分:一般原理及多用途试样和长条试样的制备

第 2 部分:小拉伸试样

第 3 部分:小方试片

第 4 部分:模塑收缩率的测定

ISO 294 这一部分的附录 A、B 和 C 仅是提示的附录。

引　　言

在注塑过程中,很多因素可以影响注塑试样的性能和用此试样获得的各种试验的测定值。制备注塑试样过程中使用的注塑条件对试样的力学性能有很大的影响。对注塑过程每一个主要参数给出确切的定义是标准化的基本要求,可使操作条件具有再现性和可比性。

在确定注塑条件时,考虑注塑条件可能对被测定材料性能的影响是很重要的。热塑性塑料中,无定形的聚合物可显示出不同的分子取向;结晶形和半结晶形聚合物可显示出不同的结晶形态;非均相热塑性塑料可显示出不同的相态;各向异性的填充材料,如短纤维,也可显示不同的取向。"冻结"在注塑试样里残留应力和注塑过程中的热降解也可能影响试样的性能。因此,必须控制这些现象,以避免试样性能测试值的波动。

中华人民共和国国家标准

热塑性塑料材料注塑试样的制备 第1部分：一般原理及多用途试样和长条试样的制备

GB/T 17037.1—1997
idt ISO 294-1:1996

Injection moulding of test specimens of thermoplastic materials —Part 1: General principles and moulding of multipurpose and bar test specimens

1 范围

本标准给出了热塑性塑料材料注塑试样所遵循的一般原理和注塑试样所涉及到的条件参数的定义。给出了用于制备符合ISO 3167的多用途试样和80 mm×10 mm×4 mm的长条试样的模具设计的详细参考数据。

本标准是确定具有再现性的注塑条件的基础，可使描述注塑过程的各种主要操作参数统一，也可使报告注塑的各种条件统一。制备具有可比性和再现性的试样所需要的具体条件将随着材料的变化而变化。这些条件在有关材料的标准中给出，或经供需双方商定。

本标准适用于热塑性塑料材料注塑试样的制备。

注1：对丙烯腈/丁二烯/苯乙烯(ABS)、苯乙烯/丁二烯(SB)和聚甲基丙烯酸甲酯(PMMA)的循环试验表明，模具设计是保证注塑试样性能具有再现性的重要因素之一。

2 引用标准

下列标准包含的条文，通过在本标准中引用而构成为本标准的条文。本标准出版时，所示版本均为有效。所有标准都会被修订，使用本标准的各方应探讨使用下列标准最新版本的可能性。

GB/T 1043—93 硬质塑料简支梁冲击试验方法(neq ISO 179:1982)

ISO 3167:1993 塑料—多用途试样

3 定义

本标准中使用如下定义：

3.1 模具温度 T_C：模具系统达到热平衡后，打开模具，立即测得的模具型腔表面的平均温度，用℃表示。

3.2 熔体温度 T_M：对空注射所得的熔融物料温度，用℃表示。

3.3 熔体压力 p：在模塑过程中的任一时刻，螺杆前端处塑料材料的压力(见图1)，用MPa表示。

由注塑机液压系统产生的熔体压力可根据螺杆的轴向作用力 F_S 用公式(1)计算：

$$p = \frac{4 \times 10^3 F_S}{\pi D^2} \qquad (1)$$

式中：p——熔体压力，MPa；

国家技术监督局1997-10-14批准　　1998-04-01实施

F_S——螺杆的轴向作用力，kN；

D——螺杆直径，mm。

3.4 保压压力 p_H：保压时间内的熔体压力，用 MPa 表示。

3.5 模塑周期：在模塑过程中，制备一模注塑试样所需要的全部操作工序（见图 1）。

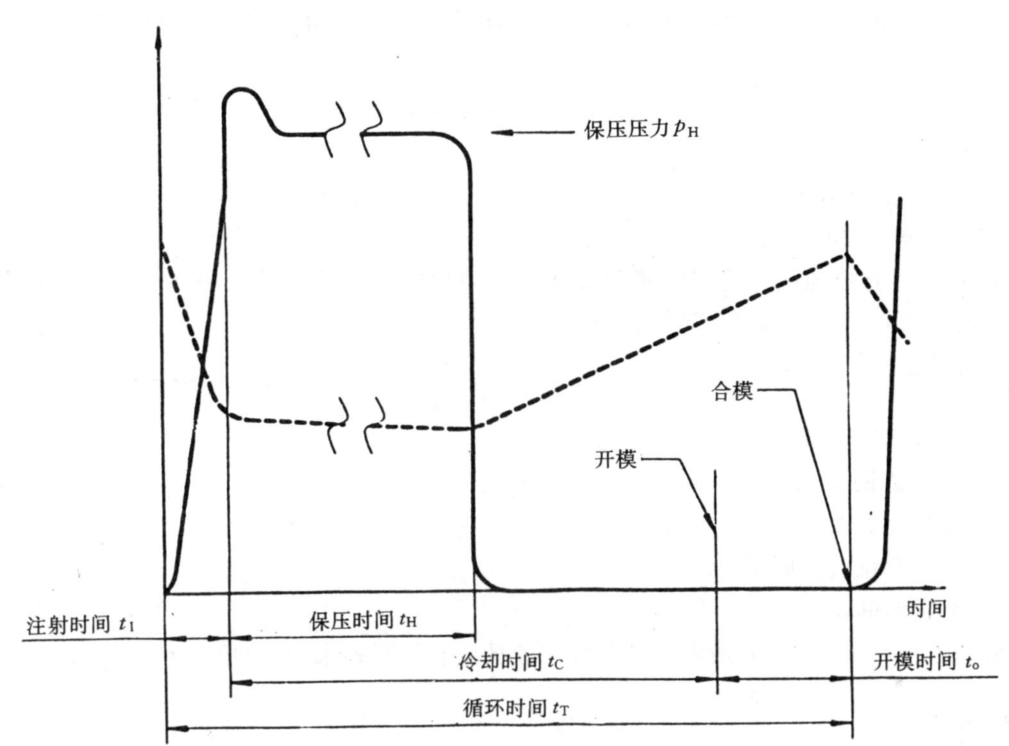

—— 熔体压力 p；

---- 螺杆轴向位置

图 1 模塑周期示意图

3.6 循环时间 t_T：完成一个模塑周期所用的时间，用 s 表示。循环时间等于注射时间（t_I）、冷却时间（t_C）和开模时间（t_O）之和。

3.7 注射时间 t_I：从螺杆向前运动开始，直到从注射转换到保压时所需要的时间，用 s 表示。

3.8 冷却时间 t_C：从注射过程结束，到模具开始打开所用的时间，用 s 表示。

3.9 保压时间 t_H：维持保压压力（见 3.4）期间的时间，用 s 表示。

3.10 开模时间 t_O：从模具开始打开的瞬间到再关闭并施加最大锁模力时的时间，用 s 表示。这段时间包括试样从模具中移出的时间。

3.11 型腔：在模具中，用于制备一个试样的空腔部分。

3.12 单型腔模具：仅有一个型腔的模具（见图 4）。

3.13 多型腔模具：模具中包含两个或多个相同且与流动方向平行排列的型腔（见图 2、图 3）。

多型腔模具中，相同几何形状的流道和对称的型腔位置能保证一次注塑的所有试样在性能上是相同的。

3.14 家族式模具：模具中包含一个以上并具有不同几何尺寸的型腔（见图 5）。

3.15 标准模具：为了制备具有可比性和再现性的试样，本标准规定了两个标准模具（A 型和 B 型）。标准模具有一个设置中心主流道的定模和如 3.13 所述的多型腔的型腔板。其他细节见 4.1.1.4。本标准的附录C给出了一例完整的模具图。

3.16 关键部位横截面积 A_C：在一个单型腔或多型腔模具中，处于成型试样关键部位型腔的横截面的面积，也就是测试时试样被测量的部分，单位用 mm^2 表示。

例如拉伸试样，试样的关键部位是它的狭窄部分，试验时承受最大的应力。

3.17 模塑体积 V_M：模塑件的质量与固体塑料密度的比值，用 mm^3 表示。

3.18 投影面积 A_P：模塑件在分型面上的投影面积，用 mm^2 表示。

3.19 锁模力 F_M：模塑过程中为保持模具闭合而加在模具上的力，用kN表示。注塑所需要最小锁模力可按公式(2)计算。

$$F_M \geqslant A_P \cdot p_{max} \times 10^{-3} \qquad \cdots\cdots(2)$$

式中：F_M——锁模力，kN；

A_P——投影面积，mm^2；

p_{max}——熔体压力的最大值，MPa。

3.20 注射速度 v_I：熔体通过关键部位横截面(见3.16)时的平均速度。用mm/s表示。注射速度仅用于单型腔或多型腔模具，并按公式(3)进行计算。

$$v_I = \frac{V_M}{t_I \cdot A_C \cdot n} \qquad \cdots\cdots(3)$$

式中：v_I——注射速度，mm/s；

V_M——模塑体积，mm^3；

n——模具型腔数；

A_C——关键部位横截面积，mm^2；

t_I——注射时间，s。

3.21 最大注射量 V_S：注塑机的最大计量行程与螺杆横截面积的乘积，单位用 mm^3 表示。

4 设备

4.1 注塑模具

4.1.1 标准模具(多型腔)

4.1.1.1 为了获得可比较的数据并根据试验方法标准的要求，推荐用标准模具(见3.15)制备试样。在有争议的情况下，应使用标准模具。

4.1.1.2 在ISO 3167中规定的多用途试样(见附录D)，应该用一个Z形或T形流道(见附录A)的两型腔的A型标准模具注塑。模具如图2所示，并符合4.1.1.4的要求。两种流道相比，Z形流道使模具受力均衡，更为可取。A型标准模具制备的试样的尺寸就是ISO 3167中规定的A型试样的尺寸。

4.1.1.3 矩形长条试样(80 mm×10 mm×4 mm)应该用一个具有双T形流道的四型腔B型标准模具注塑。模具如图3所示，并符合4.1.1.4的要求。制备的长条试样具有相同的横截面积，可用做多种试验的试样(见ISO 3167)。试样长度为80 mm±2 mm。

4.1.1.4 A型和B型标准模具的主要结构应符合图2、图3和下列要求：

a) 靠近喷嘴侧的主流道直径至少为4 mm。

b) 分流道的宽和高(或直径)至少为5 mm。

c) 浇口设置在型腔的一端，如图2和图3所示。

d) 浇口的高度至少应该是型腔高度的2/3。浇口的宽度等于与其相连接的型腔的宽度。

e) 浇口长度应该尽可能短，不要超过3 mm。

f) 流道的脱模斜角至少为10°，但不要超过30°。试样型腔的脱模斜角小于1°，但在拉伸试样的肩角部位可不超过2°。

g) 型腔的尺寸应该使用它制备的试样的尺寸符合有关试验方法标准的要求。考虑到各种材料的模塑收缩率不同，试样型腔尺寸可在标准值与允许的上限值之间选择。A 或 B 型标准模具型腔的主要尺寸(见 ISO 3167)如下：

厚度：	4.0 mm～4.2 mm
中间部位宽度：	10.0 mm～10.2 mm
长度(B 型模具)：	80 mm～82 mm

h) 如果使用顶出杆，应将它设置在试样的测试面积之外。例如：A 型模具制备的哑铃形试样，顶出杆可设置在肩角部位；B 型模具，顶出杆可设置在样条中间部位 20 mm 以外的部分。

i) 设计模板的加热-冷却系统，应保证在操作条件下，型腔表面上任意两点间的温度差及两块模板间的温度差均小于 5℃。

j) 推荐使用可更换式的型腔板和嵌入式的浇口镶件，以便从注塑一种试样转换成注塑另一种试样时，可以迅速更换。同样，调整注塑量 V_S 的变化值尽量一致也是很方便的。在附录 C 中给出了一个图例。

k) 推荐在中心分流道处安装压力传感器，用它能给出注射期间的控制情况。

l) 为确保不同标准模具间型腔板可以更换，要注意图 2、图 3 以及下列附加的有关模具结构详细要求：

1) 用 A 型标准模具制备多用途试样时，推荐型腔长度为 170 mm，型腔板的最大长度为 180 mm。

2) 一般情况下，模板的宽度值取决于连接的冷却流道的最小距离。

3) 为了分离试样与流道，在 A、B 型标准模具中可设置切断线。为方便从多用途试样上裁出 80 mm长的部分，也可再设置一对切断线。

m) 为了方便检查一个模具注塑的所有试样是否一致，建议在每个型腔试样的有效面积之外(见 h)做标记。例如，简单地在顶出杆头上刻上符号这样可以避免对型腔板表面有任何伤害。

n) 有缺陷的表面将影响试验的结果，尤其是力学性能的结果。因此，模具型腔的表面应仔细抛光，抛光方向应与试样在试验中的受荷方向一致，表面粗糙度应不大于 R_a0.2[1]。

单位：mm

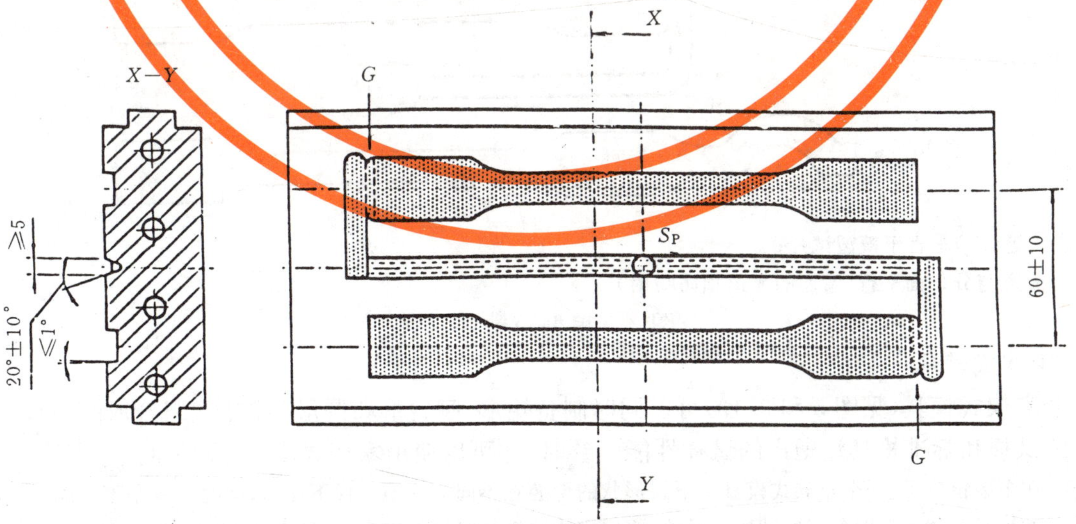

X—Y

≥5

20°±10°

≤1°

G

X

S_P

60±10

Y

G

S_P—主流道　模塑体积 V_M≈30 000 mm³

G—浇口　投影面积 A_P≈6 500 mm²

图 2　A 型标准模具型腔板图

采用说明：

1] ISO 294-1 中只规定模具型腔的表面应抛光。本标准中增加了表面粗糙度的具体要求。

单位:mm

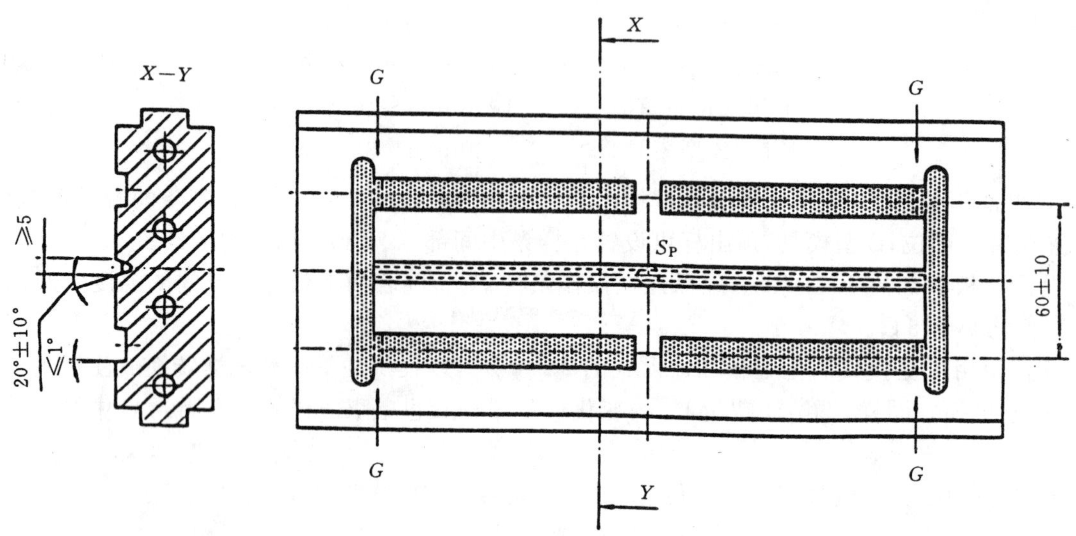

S_P—主流道　模塑体积 V_M≈30 000 mm^3

G—浇口　　投影面积 A_P≈6 300 mm^2

图 3　B 型标准模具型腔板图

4.1.1.5　有关模具部件的其他标准可参考附录 B。

4.1.2　单型腔模具

单型腔模具(见图 4 和 3.12)的型腔可以是哑铃形、圆形和其他形状。一般情况下,在测定某些性能时单型腔模具制备的试样与标准模具制备的试样测定值不同,见注 2。

注 2:上述差异可能是由于单型腔模具的型腔体积与模塑体积 V_M 之比和标准模具不同。同时,单型腔模具的注塑体积较小不符合 4.2.1 要求的体积比,由此也可能会产生错误的性能测定值。

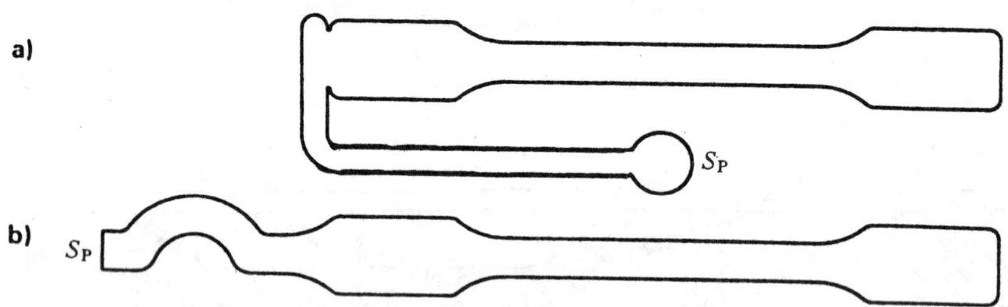

a) 主流道(S_P)垂直于模塑试片;

b) 主流道与分型面平行(弯曲的流道预防喷射)。

图 4　单型腔模具示例

4.1.3　家族式模具

一个家族式模具(见图 5 和 3.13)可以同时制备矩形,哑铃形和圆形等试样。组合成的模具。只有当注塑出的试样和标准模具注塑出的试样性能一致时,才可以使用家族式模具,见注 3。

注 3:在多数情况下,一个家族式模具中不同形状的型腔在不同的注塑条件下连续、同时注满是不可能的。因此,这种模具不适用于制备标准试样。另外,使用家族式模具时注射速度 v_I(见 3.20)不能精确测定。

4.2　注塑机

为制备具有再现性的试样使测试结果可以比较,需要使用往复式螺杆注塑机,并配备必要的设备以控制注塑条件。

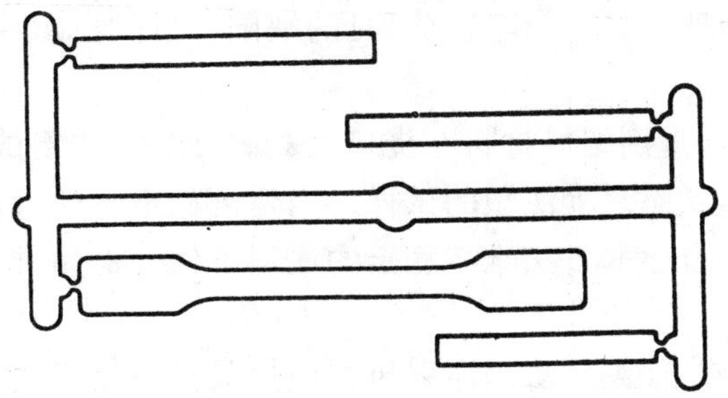

图 5　家族式模具示例

4.2.1　注射体积

模塑体积 V_M(见 3.17)与注塑机最大注射量 V_S 之比应在 20%至 80%之间。只有当有关材料的标准规定或制造厂家推荐时，才可以用较高的比例。

4.2.2　控制系统：

注塑机的控制系统应该能够使操作条件保持在下列允许偏差内：

注射时间 t_I(见 3.7)：　±0.1 s

保压压力 p_H(见 3.4)：±5%

保压时间 t_H(见 3.9)：　±5%

熔体温度 T_M(见 3.2)：±3℃

模具温度 T_C(见 3.1)：±3℃(≤80℃时)

±5℃(>80℃时)

模塑件质量：　±2%

4.2.3　螺杆

螺杆的类型(如：长度、直径、螺槽深度、压缩比等)应适用于注塑的材料。推荐使用直径在 18 mm 到 40 mm 之间的螺杆。

4.2.4　锁模力

在所有的操作条件下注塑机的锁模力 F_M 应足够大以防止物料溢出。

对 A、B 型标准，最小锁模力应按 $F_M \geqslant 6\,500 \times p_{max} \times 10^{-3}$(见 3.19)公式计算。例如，最大熔体压力为 80 MPa 时，最小锁模力应是 520 kN。

4.2.5　温度计

应该使用精确到±1℃的带针形探头的温度计测量塑料熔体的温度 T_M(见 3.2)。同样，应该使用精确到±1℃的表面温度计测量模具型腔表面的温度 T_C(见 3.1)。

5　步骤

5.1　材料的状态调节

热塑性塑料材料的粒子或颗粒，应按有关材料的标准的规定，在注塑前进行状态调节。如果标准没有提到，也可按生产厂推荐的条件进行状态调节。

应该避免使温度明显低于室温的物料暴露在空气中，以防止湿气在物料上冷凝。

5.2　注塑

5.2.1　根据有关材料的标准的规定设定注塑机的操作条件。如果没有相应的标准，则可按供需双方商定的条件。

5.2.2　对很多热塑性塑料，使用 A 型或 B 型模具时，注射速度的适用范围是 200 mm/s±100 mm/s。应该注意，对于一个给定的注射速度 v_I 的值，注射时间 t_I 与模具型腔数 n 成反比[见 3.20 中公式(3)]。注射时，应尽可能减少注射速度的变化。

5.2.3　保压压力(p_H)的调整：保压压力是一个需要调整的参数，调整按下述方法进行：从需开始逐渐增加熔体压力，直到样条没有凹痕、空洞和其它可见的缺陷，允许有最小限度的溢料。用此熔体压力作为保压压力。

5.2.4 应维持保压压力恒定，直到塑料材料在浇口处凝固，此时，注塑试样的质量已达到上限值。

5.2.5 弃掉注塑机达到稳定状态之前注塑的试样。当达到稳定条件后，记录操作条件，开始收集试样。

在注塑过程中，应该使用合适的方法维持稳定的注塑条件。例如，检查模塑件的质量可以观察注塑条件是否稳定。

5.2.6 物料变化时，应该彻底、仔细地清理注射机。使用新材料注塑试样时，在收集试样前应至少弃去10模试样。

5.3 模具温度的测量

当系统达到热平衡后，打开模具并立即测量模具温度 T_C。具体做法是在模具至少进行十次开合模循环后，用表面温度计测量动、定模相对应的型腔表面上几个点的温度，记录每个测量值，计算它们的平均值作为模具温度。

5.4 熔体温度的测定

按下述方法之一测量熔体温度：

5.4.1 当达到热平衡或稳定的温度状态后，将至少 30 cm 对空注射的塑料熔体射入一个适当大小的非金属容器内，立刻将一个反应灵敏经预热的温度计的针型探头插入熔体中心并轻轻移动直到温度计读数达到最大值。温度计需预热到接近被测熔体的温度。对空注射时循环时间和注塑条件应与注塑试样时条件相同。

5.4.2 当能得到的测量值与对空注射测量值相同时，也可以使用测温传感器测量塑料熔体的温度。传感器应有较低的热损失，而且对熔体温度的变化有较快的响应。传感器应安置在合适的位置上，如注塑机的喷嘴处。

在有疑问的情况下，采用 5.4.1 的方法。

5.5 试样的后处理

为了避免各个试样处理的差异，脱模后的试样可放在实验室内逐渐冷却到实验室的环境温度。对大气暴露敏感的热塑性塑料试样应保存在加入干燥剂的密闭的容器内。

6 报告

报告应包括下列项目：

a) 注明采用本标准；

b) 注塑试样的日期、时间、地点；

c) 材料的全部情况(类型、牌号、生产厂、批号)；

d) 注塑前，材料状态调节的情况；

e) 使用模具的类型(A 型、B 型)。如用其他模具，给出详细说明(试样类型、相关的标准、型腔数、浇口的大小和位置)；

f) 使用注塑机的详细情况(制造厂、最大注射量、锁模力及控制系统)；

g) 注塑条件：

——熔体温度 T_M(见 3.2)，℃；

——模具温度 T_C(见 3.1)，℃；

——注射速度 v_I(见 3.20)，mm/s；

——注射时间 t_I(见 3.7)，s；

——保压压力 p_H(见 3.4)，MPa；

——保压时间 t_H(见 3.9)，s；

——冷却时间 t_C(见 3.8)，s；

——循环时间 t_T(见 3.6),s;

——模塑件质量,g。

h) 其他有关的情况(例如:收集试样前弃去的注塑试样数量、保留数量、试样的后处理等)。

附 录 A
(提示的附录)
流道布置示例

如图A1所示,用嵌入的浇口镶件可以改变模具的流道。

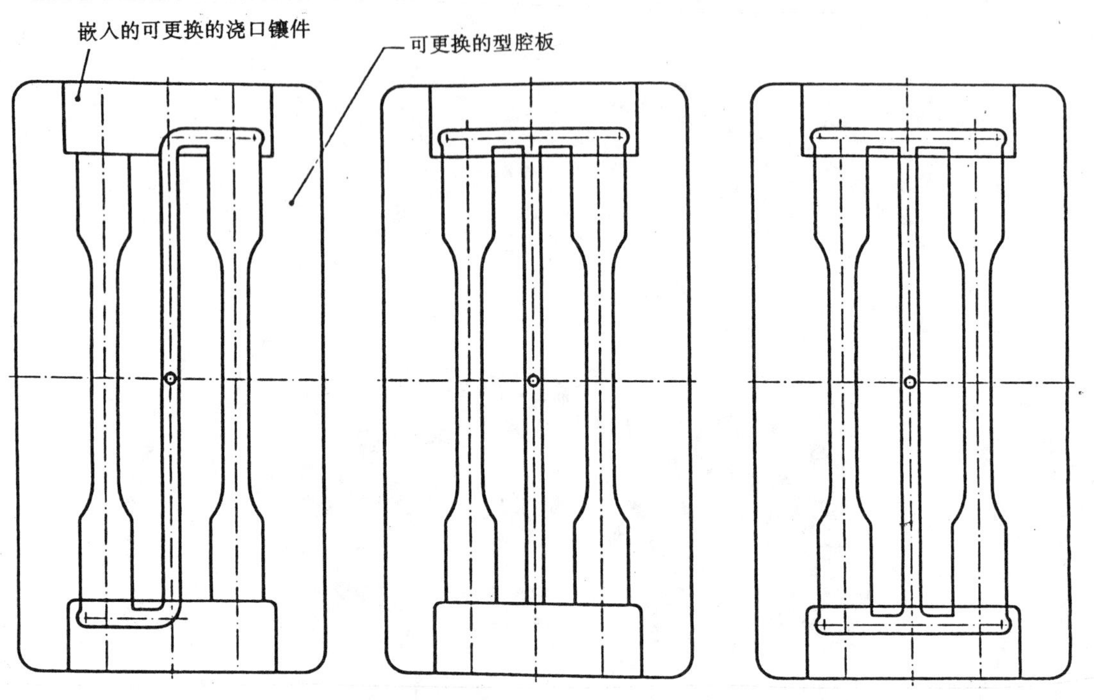

a) Z型流道的注塑模具　b) T型流道的注塑模具　c) 双T型流道的注塑模具(例如用于研究熔接线强度)

图A1 不同流道类型的模具

附 录 B
(提示的附录)
塑料注射模具零件的标准

GB 4169.1—84 塑料注射模具零件 推杆
GB 4169.2—84 塑料注射模具零件 直导套
GB 4169.3—84 塑料注射模具零件 带头导套
GB 4169.4—84 塑料注射模具零件 带头导柱
GB 4169.5—84 塑料注射模具零件 有肩导柱
GB 4169.6—84 塑料注射模具零件 垫块
GB 4169.7—84 塑料注射模具零件 推板
GB 4169.8—84 塑料注射模具零件 模板
GB 4169.9—84 塑料注射模具零件 限位钉
GB 4169.10—84 塑料注射模具零件 支承柱
GB 4169.11—84 塑料注射模具零件 圆锥定位件

附　录　C
（提示的附录）
注塑模具示例

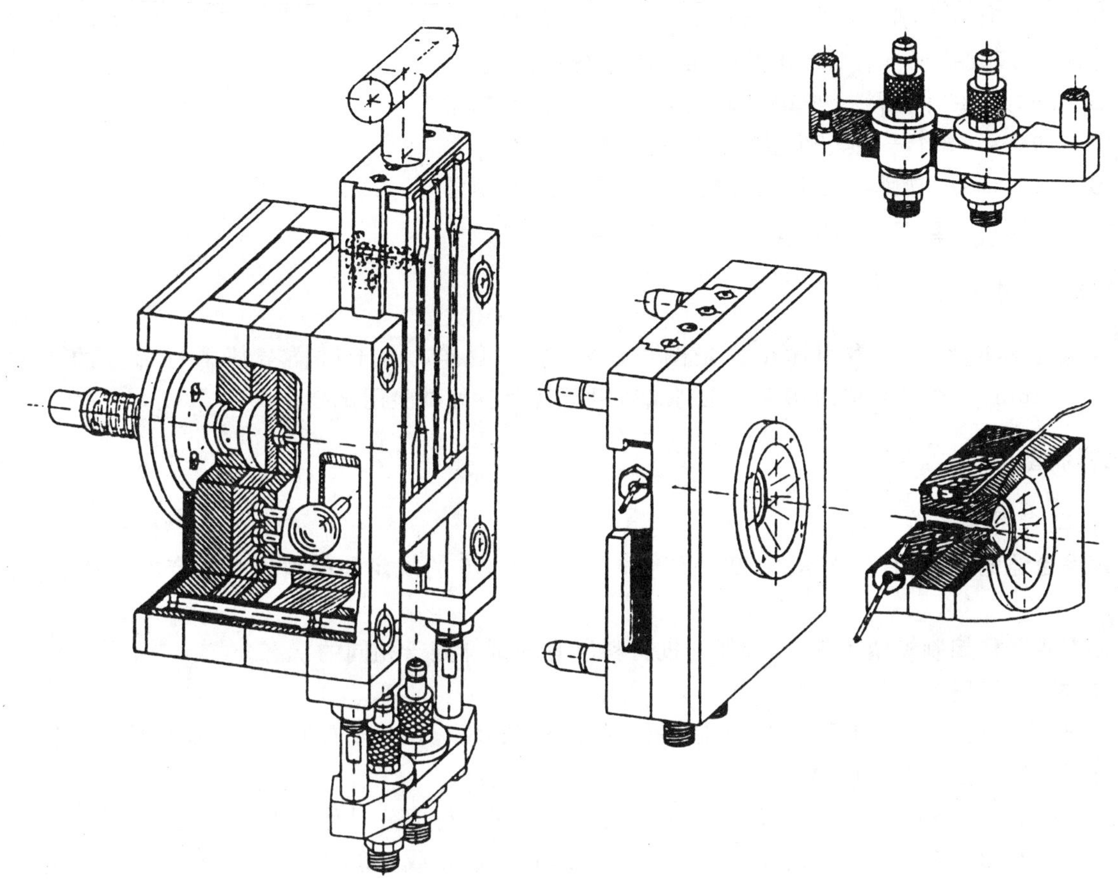

图 C1　具有可更换型腔板的两型腔 A 型标准模具的分解图

附　录　D
（标准的附录）
ISO 3167:1993 塑料—多用途试样

1　范围

1.1　本国际标准规定了塑料模塑材料用注塑或直接压塑方法加工制备多用途试样的技术要求。

1.2　A 和 B 型试样是拉伸试样，由它们经简单的机加工，就可制得其他各种试验用试样（见附录 A）。由于试样用途广泛，本标准将这些拉伸试样作为多用途试样。

1.3　多用途试样的主要优点是附录 A 中的所有试验，均在具有可比性的模塑件的基础上进行。从而，测定的性能是一致的，因为所有的试验是用处于相同状态下的试样。换句话说，只要不是有意的改变模塑条件，对于一组给定试样的测试结果不会有明显的变化。另一方面，如果需要，也容易确定模塑条件和（或）试样的不同状态对被测性能的影响。

1.4　对于质量控制，多用途试样可以作为其他不易获得试样的方便来源。而且优点是只需要一个模具。

1.5　由于多用途试样的性能与试验方法中规定的试样的性能可能有明显的差异，使用多用途试样应由有关双方商定。

2　引用标准

下列标准包含的条文，通过在本标准中引用而构成为本国际标准的条文。在标准出版时，所示版本均为有效。所有标准都会被修订，使用本标准的各方应探讨、使用下列标准最新版本的可能性。IEC 和 ISO 的成员，应支持现行有效的国际标准的注册使用。

ISO 293:1986　塑料—热塑性塑料材料压塑试样的制备

ISO 294[1]：　塑料—热塑性塑料材料试样的注塑

ISO 295:1991　塑料—热固性塑料材料压塑试样的制备

ISO 2818:[2]　塑料—采用机械加工制备试样。

3　试样的尺寸

本国际标准推荐的多用途试样是图 1 所示的 A 型样。由于试样窄部平行部分的长度 L_1 为 80 mm±2 mm，可通过简单的切割就能制成适用于其他各种试验用试样。

4　试样制备

4.1　模塑多用途试样

如果合适的话，可直接按 ISO 293、ISO 294 或 ISO 295 的规定和材料试验指定的模塑条件制备试样。

必需要严格控制模塑条件，以确保一批材料所有的试样处于相同的状态。

4.2　机械加工试样

4.2.1　从多用途试样上用机械加工法制备试样，应按照 ISO 2818 或有关双方的商定协议进行。试样中间平行部分的表面应保持模塑状态。

4.2.2　宽度为 10 mm 的试样，应该从多用途试样的中间平行部分对称切割。

4.2.3　对于长度超过 80 mm 的试样，应将 A 型多用途试样(或长度超过 60 mm，用 B 型)的宽端加工至中间平行部分的宽度。机加工操作时，应注意避免损伤中间部分的模塑表面。试样机械加工部分的宽度不得小于中间平行部分的宽度，但最多可超过它的宽度 0.2 mm。

5　试样制备的报告

报告应包括以下内容：

a) 注明参照本国际标准；

b) 标明试样类型(A 或 B 型)；

c) 如果知道，应注明材料类型、来源制造厂、等级和形状及历史等；

d) 使用的模塑方法和模塑条件；

e) 使用的机加工方法和条件；

f) 试样数量；

g) 状态调节的标准环境。如果有关材料或产品的标准需要，任何特殊的处理；

h) 制备日期。

---

1) 即将出版(修订 ISO 294:1975)

2) 即将出版(修订 ISO 2818:1980)

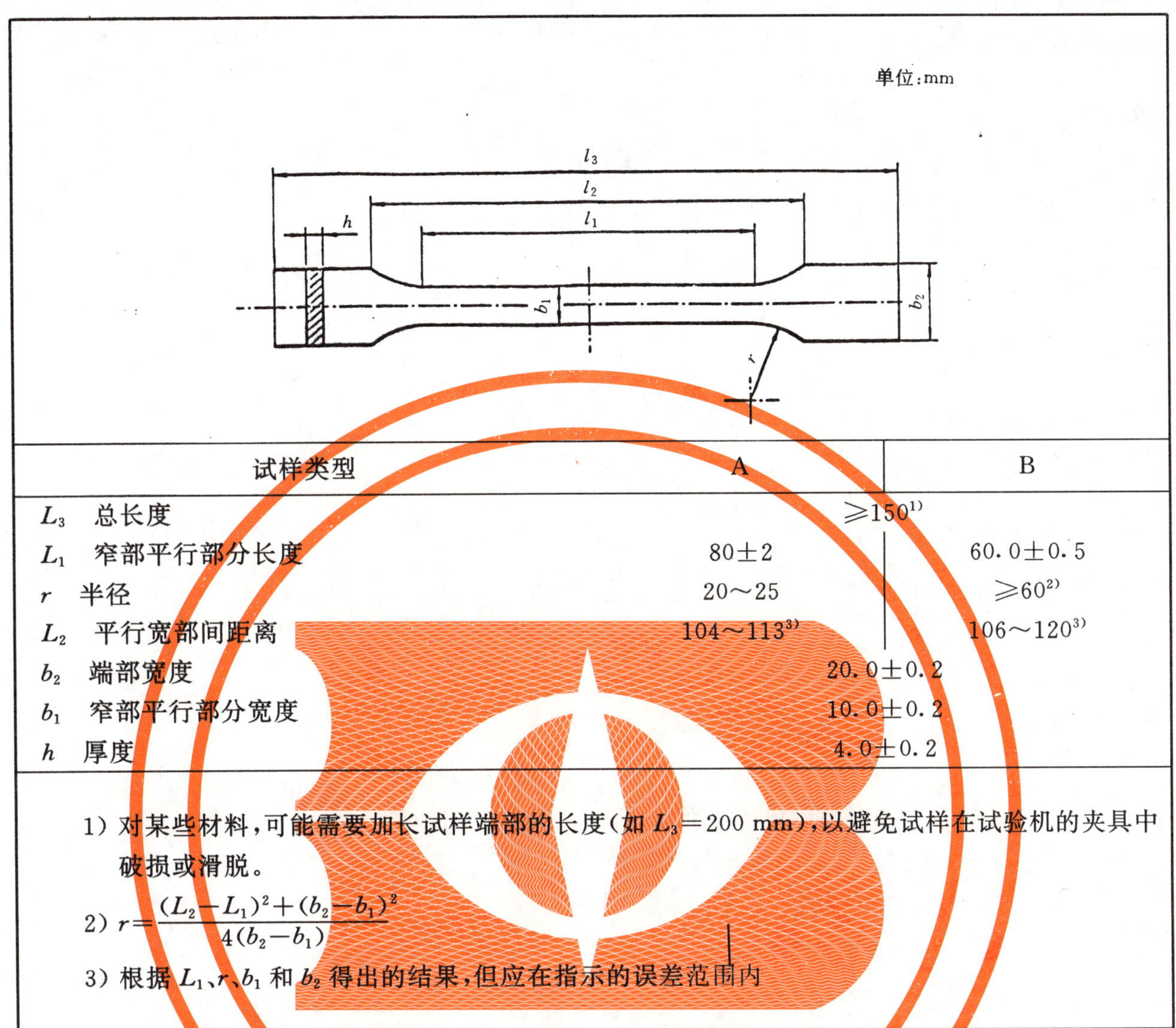

试样类型	A	B
L_3 总长度	≥150[1)]	
L_1 窄部平行部分长度	80±2	60.0±0.5
r 半径	20～25	≥60[2)]
L_2 平行宽部间距离	104～113[3)]	106～120[3)]
b_2 端部宽度	20.0±0.2	
b_1 窄部平行部分宽度	10.0±0.2	
h 厚度	4.0±0.2	

1) 对某些材料,可能需要加长试样端部的长度(如 L_3=200 mm),以避免试样在试验机的夹具中破损或滑脱。

2) $r=\dfrac{(L_2-L_1)^2+(b_2-b_1)^2}{4(b_2-b_1)}$

3) 根据 L_1、r、b_1 和 b_2 得出的结果,但应在指示的误差范围内

图 1　A 和 B 型多用途试样

编者注:引用标准中国际标准转化情况见附表。

ICS 83.080.20
G 31

中华人民共和国国家标准

GB/T 17037.3—2003/ISO 294-3:2002

塑料　热塑性塑料材料注塑试样的制备　第3部分:小方试片

Plastics—Injection moulding of test specimens of thermoplastic materials—Part 3:Small plates

(ISO 294-3:2002,IDT)

2003-02-10 发布　　　　2003-07-01 实施

中华人民共和国
国家质量监督检验检疫总局　发布

前　言

GB/T 17037《塑料　热塑性塑料材料注塑试样的制备》分为五个部分：

——第1部分：一般原理及多用途试样和长条试样的制备；

——第2部分：小拉伸试样；

——第3部分：小方试片；

——第4部分：模塑收缩率的测定；

——第5部分：研究各向异性用标准试样的制备。

本部分为GB/T 17037的第3部分。

本部分等同采用ISO 294-3:2002《塑料　热塑性塑料材料试样的注塑　第3部分：小方试片》(英文版)。

本部分等同翻译ISO 294-3:2002。

本部分的附录A和附录B为资料性附录。

本部分由中国石油化工股份有限公司提出。

本部分由全国塑料标准化技术委员会石化塑料树脂产品分会(CSBTS/TC15/SC1)归口。

本部分起草单位：北京燕化石油化工股份有限公司树脂应用研究所、四川大学高分子材料系。

本部分主要起草人：王晓丽、王树华、吴世见、陈宏愿、张昌怡。

塑料　热塑性塑料材料注塑试样的制备　第3部分:小方试片

1　范围

GB/T 17037 的本部分规定了 D1 型和 D2 型两个两型腔的标准模具,用于注塑 60 mm×60 mm 的小方试片,试片厚度为 1 mm(D1 型)和 2 mm(D2 型)。试片可用于多种测试(见附录 A)。另外,模具可以装配嵌件用于研究熔接线对力学性能的影响(见附录 B)。

2　规范性引用文件

下列文件中的条款通过 GB/T 17037 本部分的引用而成为本部分的条款。凡是注日期的引用文件,其随后所有的修改单(不包括勘误的内容)或修订版均不适用于本部分,然而,鼓励根据本部分达成协议的各方研究是否可使用这些文件的最新版本。凡是不注日期的引用文件,其最新版本适用于本部分。

GB/T 17037.1—1997　热塑性塑料材料注塑试样的制备　第1部分:一般原理及多用途试样和长条试样的制备(idt ISO 294-1:1996)

GB/T 17037.4—2003　塑料　热塑性塑料材料注塑试样的制备　第4部分:模塑收缩率的测定(ISO 294-4:2001,IDT)

ISO 6603-1:2000　塑料　硬质塑料穿刺冲击性能的测定　第1部分:非仪器冲击试验

ISO 6603-2:2000　塑料　硬质塑料穿刺冲击性能的测定　第2部分:仪器冲击试验

3　术语和定义

GB/T 17037.1 中确立的术语和定义适用于 GB/T 17037 的本部分。

4　设备

4.1　D1 型和 D2 型标准模具

D1 型和 D2 型标准模具(见图 1)是有两个型腔的模具,用于制备 60 mm×60 mm 的试片。使用该模具模塑试片的尺寸见图 2 和表 1。

D1 型和 D2 型标准模具主要结构如图 1、图 2 所示,并满足下述要求:

a)　GB/T 17037.1,4.1.1.4 中 a);

b)　GB/T 17037.1,4.1.1.4 中 b)不适用;

c)　GB/T 17037.1,4.1.1.4 中 c);

d)和 e)　GB/T 17037.1,4.1.1.4 中 d)和 e)不适用;

f)　GB/T 17037.1,4.1.1.4 中 f);

g)　GB/T 17037.1,4.1.1.4 中 g),但应参考 ISO 6603;

模具型腔(见图 2)的主要尺寸如下,单位为 mm:

——长度　　60～62

——宽度　　60～62

——高度,D2 型模具　　2.0～2.1

　　D1 型模具　　1.0～1.1

h)～j)　GB/T 17037.1,4.1.1.4 中 h)～j)。

k)　压力传感器 P 在型腔内的位置见图 2。压力传感器仅在模塑收缩率测定时使用(见 GB/T 17037.4)。然而,在使用任何一个标准模具时,用它控制注射期间的压力也是合适的[见 GB/T 17037.1,4.1.1.4 中 k)]。压力传感器应该与模具表面在同一平面,以防止干扰熔体流动。

l)～n)　GB/T 17037.1,4.1.1.4 中 l)～n)。

注 1:被严格限定高度的浇口对材料在型腔内(甚至离浇口很长距离内)的取向有很大影响。因此,已经将浇口高度设定在一个有利于模塑收缩率测量的值(见 GB/T 17037.4)。

注 2:浇口的高度和长度对熔体流进型腔的凝固过程和模塑收缩率有很大影响(见 GB/T 17037.4)。因此,浇口尺寸公差较小。

注 3:在材料变更导致模塑收缩率发生变化时,浇口长度 l_G 的值也能使试片与流道分离的两切断线间距离 l_c(见图 1 和图 2)保持不变。

注 4:试片与流道分离的两切断线间距离 l_c 按公式 $l_c=2(l_G+l_R+l^*)$ 计算(见图 2)。把距离 l_c 设定为 80 mm 有利于使用与从多用途试样中心部分切取 80 mm×10 mm×4 mm 的试样相同的切割机。[见 GB/T 17037.1,4.1.1.4 中 l)]。

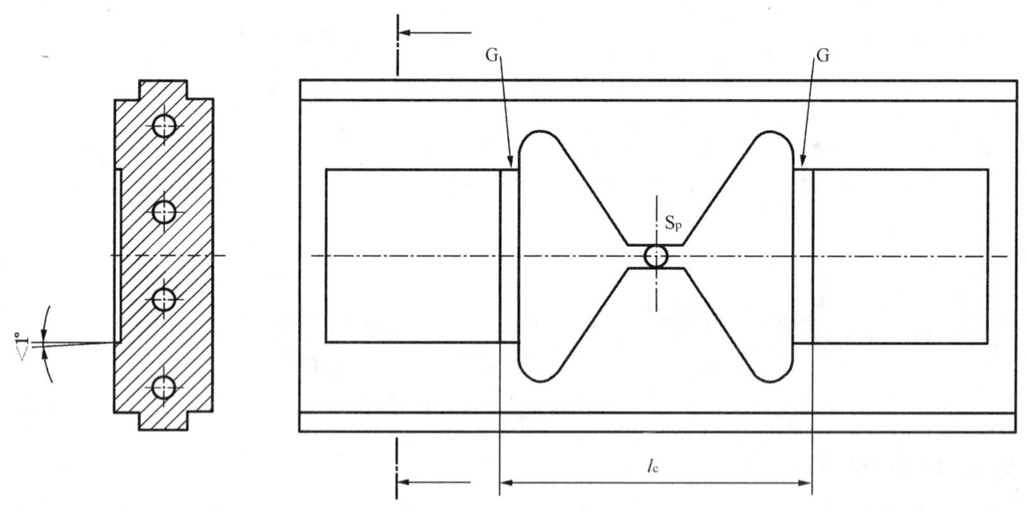

S_P——主流道;

G——浇口;

l_c——试片与流道分离的两切断线间距离(见 4.1 中注 3 和注 4);

模塑体积 $V_M \approx 23\ 000\ mm^3$(2 mm 厚试片);

投影面积 $A_P \approx 11\ 000\ mm^2$。

图 1　D1 型和 D2 型标准模具的型腔板图

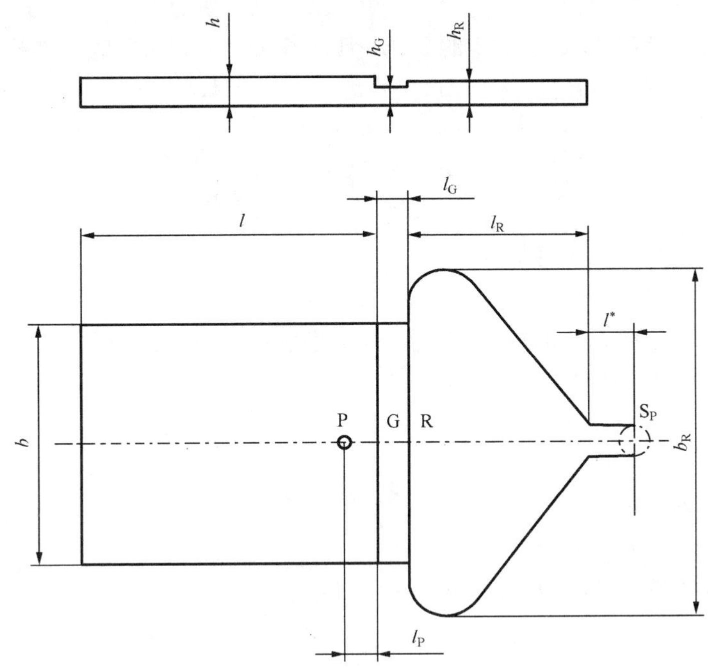

S_P——主流道；
R——分流道；
G——浇口；
P——压力传感器。

图 2 D1 型和 D2 型标准模具详图

表 1 用 D1 型和 D2 型标准模具模塑试片的尺寸

单位为毫米

代 号	名 称		尺 寸
l	试片长度		60±2[a]
b	试片宽度		60±2[a]
h	试片厚度	D1 型模具 D2 型模具	1.0±0.1 2.0±0.1[a]
l_G	浇口长度		4.0±0.1[b]
h_G	浇口高度		$(0.75\pm0.05)\times h$[c]
l_R	分流道长度		25—30[d]
b_R	分流道在浇口处宽度		$\geqslant(b+6)$
h_R	分流道高度		h
l^*	未规定距离		—
l_P	浇口至压力传感器距离		5±2 $l_P+r_P\leqslant10$[e] $l_P-r_P\geqslant0$

注：因为收缩使最终制件尺寸小于模具尺寸，所以此表中给出的试片尺寸不同于 4.1 中 g)给出的型腔尺寸。

a 这些尺寸是 ISO 6603 中试样的优先尺寸。
b 见 4.1 中注 2 和注 3。
c 见 4.1 中注 1 和注 2。
d 见 4.1 中注 4。
e r_P 是压力传感器的半径。

4.2 注塑机

注塑机应符合 GB/T 17037.1 中 4.2 的要求，但推荐 D1 型和 D2 型标准模具使用的最小锁模力 $F_M \geqslant 11\ 000 \times P_{max} \times 10^{-3}$，例如，$P_{max}=80$ MPa 时，$F_M \geqslant 880$ kN。

5 步骤

5.1 材料的状态调节

应符合 GB/T 17037.1 中 5.1 的规定。

5.2 注塑

应符合 GB/T 17037.1 中 5.2 的规定，但对于 D1 型和 D2 型标准模具，选择合适的注射时间 t_I 以使注射速度 v_I 与使用 A 型模具时的速度相符。

6 试样制备的报告

报告应包括以下内容：

a) 采用 GB/T 17037 的本部分；

b)～h) 按 GB/T 17037.1，第 6 章中 b)～h)的规定。

附　录　A
（资料性附录）
小方试片的推荐用途

推荐使用D2型标准模具制备测定ISO 6603规定的多轴冲击性能的试样（见注1），按GB/T 17037.4规定测定模塑收缩率及光学性能的试样（见注2），测定有色塑料试样（见注3），研究力学性能各向异性（见注4）以及通过镶置嵌块制备研究熔接线影响的试样（见附录B）。

D1型标准模具特别适用于制备测定电性能的试样（见注5）、测定吸水性的试样（见注6）以及测定动态力学性能的试样（见注7）。

注1：在ISO 10350-1[8]中，多轴冲击强度包括在力学性能内。推荐试样厚度为2 mm。

注2：由天然或本色材料制备的试样适合于测定折光指数[2]和透光率[9]和[10]。

注3：用天然或有色材料制备的试样适合于测定光学和力学特征性能，例如，按照ISO 4892-2[5]研究气候的影响。

注4：按照ISO 2818[4]可用机械加工的方法从试片不同的位置和不同的方向截取符合ISO 8256[7]的4型拉伸试样，并分别按照ISO 527-1[3]和ISO 8256[7]做拉伸和拉伸冲击试验，用以研究力学性能各向异性。

注5：ISO 10350-1[8]推荐使用厚度为1 mm、边长≥60 mm的方形试样测定相对介电常数、介质损耗指数、体积电阻率、表面电阻率和电气强度等电学性能。

注6：ISO 10350-1[8]推荐使用厚度≥1 mm的试样按ISO 62[1]规定测定吸水性。使用该厚度试样可以在合适的测定时间内测得饱和吸水值。

注7：ISO 6721-2[6]规定使用扭力摆锤及1 mm厚的试样测定复合剪切模量。这些试样可以从D1型标准模具注塑的试片中裁取。

附 录 B
（资料性附录）
熔 接 线

在模具型腔内设置合适的嵌件，可用来研究熔接线对机械性能的影响（见图 B.1 和 B.2）。

图 B.1 显示的是紧挨着浇口的单个嵌件（阴影部分），熔接线（实线）在两个平行流动的熔体间形成。可用机械的方法从能够研究熔接线影响的注塑试片中（用虚线表示）截取符合 ISO 8256[7] 的 4 型拉伸试样，按 ISO 527-1[3] 和 ISO 8256[7] 做拉伸和拉伸冲击试验，研究试样性能与距嵌件距离的关系。

图 B.2 显示的是使用多个嵌块的情况，熔接线由熔体相对流动产生，每个熔接线代表了不同长度的流道。

图 B.1 表示的熔体的平行流动和图 B.2 表示的熔体的相对流动产生的熔接线代表了熔接线的两个基本类型。无论哪一种情况下，只能应用对称排列的两型腔模具。

注：对于一些材料，如果因为熔融塑料压力随距浇口距离增加而下降导致流动距离影响结果，从图 B.1 和图 B.2 所示模具获得的数据是有效的。其他一些因素，如填充均匀性和半结晶材料的结晶速度也可能对结果有影响。所以熔接线强度与距浇口距离的不同而不同。

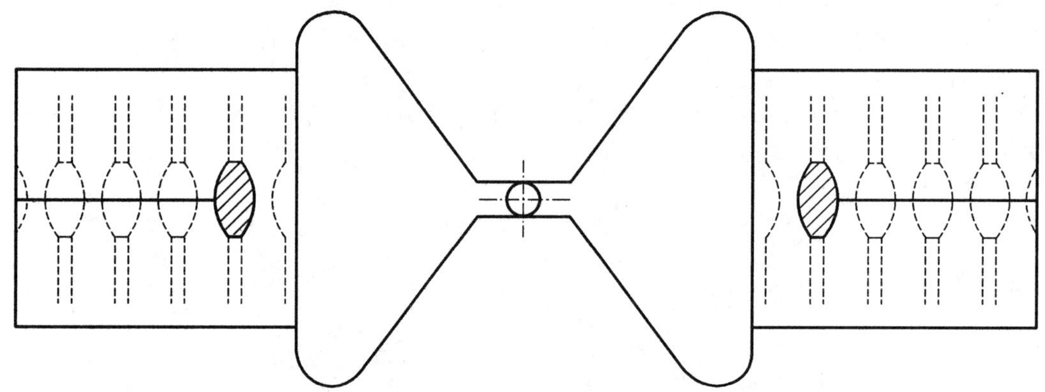

图 B.1 用单个嵌件（阴影部分）的注塑试片裁出拉伸试样的位置（点画线）

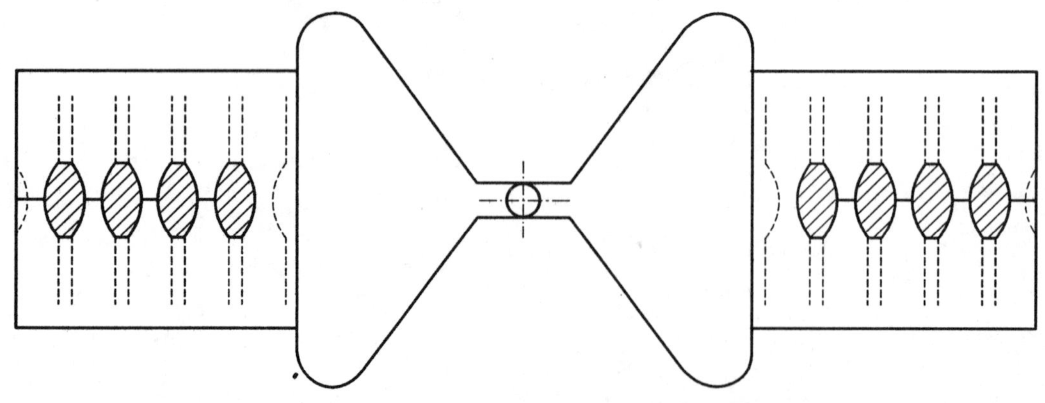

图 B.2 用多个嵌件（阴影部分）的注塑试片裁出拉伸试样的位置（点画线）

参 考 文 献

[1] ISO 62:1999　塑料　吸水性的测定
[2] ISO 489:1999　塑料　折光指数的测定
[3] ISO 527-1:1993　塑料　拉伸性能的测定　第1部分:一般原理
ISO 527-1:1993/Cor 1:1994
[4] ISO 2818:1994　塑料　机加工法试样的制备
[5] ISO 4892-2:1996　塑料　实验室光源曝晒法　第2部分:氙弧灯光源
[6] ISO 6721-2:1994　塑料　动态力学性能的测定　第2部分:扭力摆锤
ISO 6721-2:1994/Cor 1:1995
[7] ISO 8256:1990　塑料　拉伸冲击强度的测定
ISO 8256:1990/Cor 1:1991
[8] ISO 10350-1:1998　塑料　可比单点数据的获得和表示　第1部分:模塑材料
[9] ISO 13468-1:1996　塑料　透明材料总透光率的测定　第1部分:单光束仪器
[10] ISO 13468-2:1999　塑料　透明材料总透光率的测定　第2部分:双光束仪器

ICS 83.080.20
G 31

中华人民共和国国家标准

GB/T 17037.4—2003/ISO 294-4:2001

塑料　热塑性塑料材料注塑试样的制备 第4部分:模塑收缩率的测定

Plastic—Injection moulding of test specimens of thermoplastic materials—Part 4: Determination of moulding shrinkage

(ISO 294-4:2001,IDT)

2003-02-10 发布　　2003-07-01 实施

中华人民共和国
国家质量监督检验检疫总局　发布

前　言

GB/T 17037《塑料　热塑性塑料材料注塑试样的制备》分为五个部分：

——第 1 部分：一般原理及多用途试样和长条试样的制备；

——第 2 部分：小拉伸试样；

——第 3 部分：小方试片；

——第 4 部分：模塑收缩率的测定；

——第 5 部分：研究各向异性用标准试样的制备。

本部分为 GB/T 17037 的第 4 部分。

本部分等同采用 ISO 294-4:2001《塑料　热塑性塑料材料试样的注塑　第 4 部分：模塑收缩率的测定》(英文版)。

本部分等同翻译 ISO 294-4:2001。

为便于使用，本部分做了下列编辑性修改：

a)　型腔长度“l_c”改为“l_0”；

b)　型腔宽度“b_c”改为“b_0”。

本部分的附录 A 为资料性附录。

本部分由中国石油化工股份有限公司提出。

本部分由全国塑料标准化技术委员会石化塑料树脂产品分会(CSBTS/TC 15/SC 1)归口。

本部分起草单位：北京燕化石油化工股份有限公司树脂应用研究所。

本部分主要起草人：王晓丽、王树华、陈宏愿、杨春梅、邸丽京。

引　言

GB/T 17037.1 的引言适用于本部分。

在热塑性塑料材料注塑时,模塑件与相应的型腔尺寸间的差异随模具设计和模具使用的不同而变化。这种差异可能与注塑机的大小,受收缩干扰作用的模塑件的形状和尺寸,材料在模具内流动或移动的程度和方向,喷嘴、主流道、流道及浇口的尺寸,注塑机的操作循环,熔体温度和模具温度,保压压力的大小和保压时间等因素有关。模塑收缩率和模塑后收缩率是由于材料的结晶、材料的松弛(如解取向)以及热塑性塑料和模具的热收缩而产生的。另外,模塑后收缩率也可能受所处环境湿度的影响。

模塑收缩率和模塑后收缩率的测定有助于热塑性塑料间的比较及检查生产的均一性。

本部分所得数据不能作为组件设计计算的依据,然而,通过测定在不同熔体温度、模具温度、注射速度、保压压力和其他注塑参数下材料的收缩率可得到材料典型性能的信息。在生产具有精确尺寸的制品时,收缩率的信息对选择适用的模塑材料是重要的。

塑料　热塑性塑料材料注塑试样的制备
第4部分:模塑收缩率的测定

1　范围

GB/T 17037 的本部分规定了热塑性塑料材料注塑试样在平行和垂直于熔体流动方向上的模塑收缩率和模塑后收缩率的测定方法。

热固性材料收缩率的测定方法见 ISO 2577[2]。

本部分规定的模塑收缩率不包括吸湿的影响。该影响包括在模塑后收缩率和总收缩率中。仅由吸湿而产生的模塑后收缩率的测定方法见 ISO 175[1]。

本部分规定的模塑收缩率系指自由收缩率,即保压期间模具中的试片因冷却而不受限制变形产生的收缩。因而它可被视为受限制收缩的最大值。

2　规范性引用文件

下列文件中的条款通过 GB/T 17037 本部分的引用而成为本部分的条款。凡是注日期的引用文件,其随后所有的修改单(不包括勘误的内容)或修订版均不适用于本部分,然而,鼓励根据本部分达成协议的各方研究是否可使用这些文件的最新版本。凡是不注日期的引用文件,其最新版本适用于本部分。

GB/T 17037.1—1997　热塑性塑料材料注塑试样的制备　第1部分:一般原理及多用途试样和长条试样的制备(idt ISO 294-1:1996)

GB/T 17037.3—2003　塑料　热塑性塑料材料注塑试样的制备　第3部分:小方试片(1SO 294-3:2002,IDT)

3　术语和定义

GB/T 17037.1 中确立的以及下列术语和定义适用于 GB/T 17037 的本部分。

3.1

模塑收缩率　moulding shrinkage

S_M

试验室温度下测量的干燥的试样和模塑它的模具型腔之间的尺寸差异。

注1:S_M 用相关型腔尺寸的百分数表示。

注2:平行于熔体流动方向的模塑收缩率 S_{M_p} 在试样宽度的中间测定;垂直于熔体流动方向的模塑收缩率 S_{M_n} 在试样长度的中间测定。

3.2

模塑后收缩率　post-moulding shrinkage

S_p

试验室温度下测量的模塑收缩率测定后又经后处理的试样在后处理前后的尺寸差异。

注1:S_p 用百分数表示。

注2:平行于熔体流动方向的模塑后收缩率 S_{p_p} 和垂直于熔体流动方向的模塑后收缩率 S_{p_n} 按与3.1中 S_{M_p} 和 S_{M_n} 类似的方式定义。

3.3

总收缩率　total shrinkage

S_T

试验室温度下测量的模塑后处理之后的试样与模塑它的模具型腔之间的尺寸差异。

注1：S_T 用百分数表示。

注2：平行于熔体流动方向的总收缩率 S_{T_p} 和垂直于熔体流动方向的总收缩率 S_{T_n} 按与3.1中 S_{M_p} 和 S_{M_n} 类似的方式定义。

3.4

型腔压力　cavity pressure

p_c

模塑过程中任意时刻，在靠近浇口中心处测量的型腔内热塑性塑料材料的压力。

注：P_C 用MPa表示。

3.5

保压时的型腔压力　cavity pressure at hold

P_{CH}

注射时间 t_1（见图1）结束后1 s时的型腔压力（3.4）。

注：P_{CH} 用MPa表示。

4　设备

4.1　D2型标准模具

D2型标准模具应符合GB/T 17037.3中4.1的规定，用于制备60 mm×60 mm×2 mm的试片。

为便于用光学法测量试样尺寸，可在模具型腔内刻上参考标记。参考标记应在距模具型腔边缘(4±1)mm处。

为确保在任何方向都不限制收缩，建议参考标记的最大深度为5 μm（见引言）。使用调整到合适位置的镶件效果较好。

GB/T 17037.1中4.1.1.4,k）和GB/T 17037.3中图2建议安装的压力传感器P对测定收缩率是必需的。

模具型腔板应有足够的硬度，以防止保压期间模塑试片厚度超过型腔的厚度，保证试片长度和宽度的收缩率为正值。

4.2　注塑机

注塑机应符合GB/T 17037.3中4.2的规定，但应在GB/T 17037.1中4.2.2给出的操作条件内增加下述允许偏差的内容：

型腔压力 P_C：±5%

4.3　测量设备

测量设备应能测量试样及其对应的型腔长度和宽度，精确至0.02 mm。测量在对边的中心之间、对边之间或参考标记之间进行（见附录A）。测量试样长度时，注意试样末端浇口处0.5 mm高的台阶。如果使用机械测量仪，注意测量系统的触头不能划出刻痕。

建议使用校准板定期校准测量设备。

4.4　恒温箱

当有关双方同意进行模塑后收缩率测定时，才需要恒温箱。

5　步骤

5.1　材料的状态调节

应符合 GB/T 17037.1 中 5.1 的规定。

5.2 注塑

5.2.1 注塑的基本条件应符合 GB/T 17037.3 中 5.2 的规定。

5.2.2 制备测定模塑收缩率的试样时，保压时的型腔压力 P_{CH}（见 3.5）最好在 20 MPa、40 MPa、60 MPa、80 MPa 和 100 MPa 中选择一个或多个值，也可以使用其他值。

注：型腔压力高于 80 MPa，需要很高的锁模力，普通商用设备可能达不到此要求。

5.2.3 测定保压压力 P_H，确认其是否与选定的 P_{CH} 相符，并且在每一个压力下模塑试样时，考虑以下附加说明：

a) 仔细找出注射和保压的转换点，避免时间-压力曲线出现凹陷的情况（见图 1，曲线 c），同时也要在转换点后 1 s 内避免峰值超出保压时型腔压力的 10%（见图 1，曲线 b）；

由于注塑机惯性的影响，有效的转换时间要比正常值长。在试验中需要对每种材料和每一注射速度调整正确的转换点；

注：型腔压力曲线出峰是由于部分熔体回流引起型腔瞬时超压。因而注射到型腔内的材料的质量没有被清楚地确定，接近浇口处材料的取向将被扰动。

b) 保压期间保持压力恒定；

c) 保压时间按 GB/T 17037.1 中 5.2.4 给出的细节，保压期间型腔压力减少到零，表明浇口里的材料已经充分凝固不再向型腔内流动；

d) 选择试样从模具中移出且不变形的最短的冷却时间。因为材料的冷却速率与厚度平方的倒数成正比，所以对于 GB/T 17037.3 中浇口高度与试片厚度比为 3：4 的情况，型腔的最短冷却时间约为保压时间（浇口的冷却时间）的 1.8 倍；

e) 按 GB/T 17037.1 中 5.2.5 的规定维持稳定状态的条件。

图 1 靠近 A 点曲线的曲率变化表明从熔体流动期到膨胀压缩期的转变。保压时的型腔压力值在 R 点记录，最短的保压时间是型腔压力值降为零的时间。

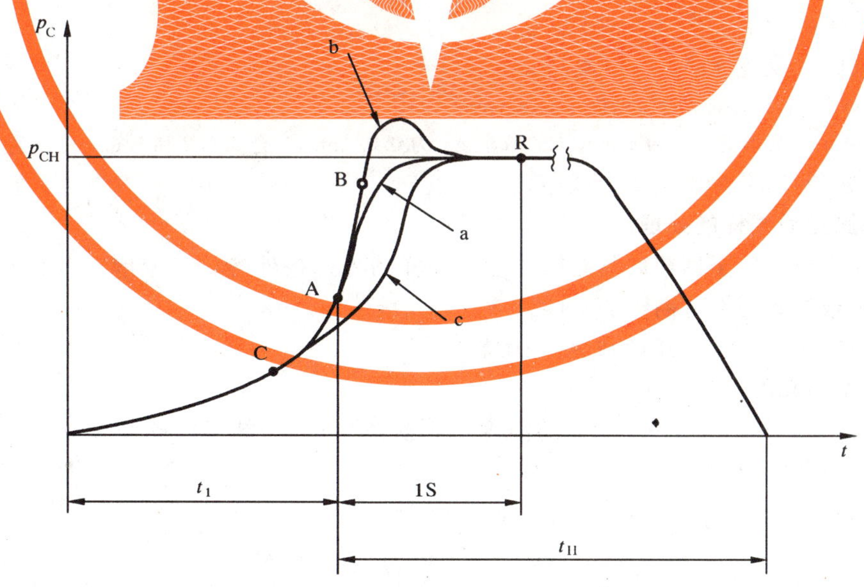

曲线 a——注射时间（接近 A 点）合适；

曲线 b——注射时间（B 点）过长；

曲线 c——注射时间（C 点）过短。

图 1 注塑过程中型腔压力-时间的关系图

5.3 模具温度的测量

应符合 GB/T 17037.1 中 5.3 的规定。

5.4 熔体温度的测量

应符合 GB/T 17037.1 中 5.4 的规定。

5.5 脱模后试样的处理

5.5.1 为减小试样的变形，脱模后应立即将试样与流道分离开。在切割时，注意不能损伤尺寸测量所用的边。

5.5.2 允许把试样平放在低导热的表面上冷却到室温。冷却后，试样应在 23℃±2℃ 的温度下，放置 16 h～24 h。假如材料放置在潮湿与干燥的环境中收缩率有明显的差异，则应将它放置在干燥的环境(例如装有干燥剂的密闭容器)中。

5.6 模塑收缩率的测定

5.6.1 比较试片厚度和型腔高度，特别是接近浇口中间位置，检验模具型腔板是否有足够硬度(见 4.1)。

5.6.2 假如没有已知数据，应在 23℃±2℃ 温度下测量模具对边的参考点处型腔的长度 l_0 和宽度 b_0，精确到 0.02 mm。这些点可以是对边中点、浇口末端与对边中点、边棱中点或模具型腔内的参考标记。

记录这些数据，用于收缩率计算。

注：应经常检查型腔内的标记是否磨损。

5.6.3 在测量试样尺寸之前，可将试样放在一个平面上或靠在一个直边上以检查试样是否有变形。任何试样，变形高度(超出平面的变形量)超过 2 mm 时，均应废弃。

5.6.4 在 23℃±2℃ 温度下，在与型腔尺寸测量相对应的位置测量试样长度 l_1 和宽度 b_1，精确到 0.02 mm(见 5.6.2)。

可通过使试样水平受压以减小其变形(小于 2 mm 的变形)。在尺寸测量中，试样的任何变形应小于 1 mm。

注：变形使试样的尺寸减小，试样尺寸减小可用近似式(1)计算：

$$-\Delta x \approx 4h^2/3x \qquad (1)$$

式中：

x——试样尺寸(长度 l 或宽度 b)，单位为毫米(mm)；

$-\Delta x$——尺寸减小(长度 l 或宽度 b)，单位为毫米(mm)；

h——变形高度(超出平面的变形量)，单位为毫米(mm)。

试样尺寸 x 为 60 mm，变形高度 h 为 1 mm，x 的减小 Δx 为 0.02 mm，符合 5.6.2 和 5.6.4 给出的允许偏差。

5.6.5 每一个注塑条件，至少测量 5 个试样。

5.7 模塑收缩率测定后试样的处理

试样模塑收缩率测定后至模塑后收缩率测定前试样的处理条件(温度、湿度或其他环境)应采用相关材料标准的规定或按有关双方商定的条件。

注：模塑后处理的条件也可以作为贮存或使用时的条件。

5.8 模塑后收缩率的测定

试样按 5.7 要求处理后，在 23℃±2℃ 的温度下再次测量试样，结果精确至 0.02 mm(见 5.6.3 至 5.6.5)，长度记为 l_2，宽度记为 b_2。

6 结果表示

6.1 模塑收缩率

平行和垂直于熔体流动方向的模塑收缩率 S_{M_p} 和 S_{M_n} 分别按式(2)和式(3)计算，以百分数表示。

$$S_{M_p} = 100(l_0 - l_1)/l_0 \qquad (2)$$

$$S_{M_n} = 100(b_0 - b_1)/b_0 \qquad (3)$$

式中：

l_0——型腔长度(见 5.6.2)，单位为毫米(mm)；

l_1——试样长度(见5.6.4),单位为毫米(mm);

b_0——型腔宽度(见5.6.2),单位为毫米(mm);

b_1——试样宽度(见5.6.4),单位为毫米(mm)。

6.2 **模塑后收缩率**

平行和垂直于熔体流动方向的模塑后收缩率 S_{P_p} 和 S_{P_n} 分别按式(4)和式(5)计算,以百分数表示。

$$S_{P_p} = 100(l_1 - l_2)/l_1 \qquad (4)$$

$$S_{P_n} = 100(b_1 - b_2)/b_1 \qquad (5)$$

式中:

l_1——试样长度(见5.6.4),单位为毫米(mm);

l_2——试样经模塑后处理(见5.8)后的长度,单位为毫米(mm);

b_1——试样宽度(见5.6.4),单位为毫米(mm);

b_2——试样经模塑后处理(见5.8)后的宽度,单位为毫米(mm)。

6.3 **总收缩率**

平行和垂直于熔体流动方向的总收缩率 S_{T_p} 和 S_{T_n} 分别按式(6)和式(7)计算,以百分数表示。

$$S_{T_p} = 100(l_0 - l_2)/l_0 \qquad (6)$$

$$S_{T_n} = 100(b_0 - b_2)/b_0 \qquad (7)$$

式中:

l_0——型腔长度(见5.6.2),单位为毫米(mm);

l_2——试样经模塑后处理(见5.8)后的长度,单位为毫米(mm);

b_0——型腔宽度(见5.6.2),单位为毫米(mm);

b_2——试样经模塑后处理(见5.8)后的宽度,单位为毫米(mm)。

模塑收缩率、模塑后收缩率和总收缩率之间的相互关系见式(8)。

$$S_T = S_M + S_P - S_P S_M/100 \qquad (8)$$

注:模塑收缩率和模塑后收缩率表示的百分数不是用相同的起始尺寸〔分别见式(2)和式(3),式(4)和式(5)〕,因此总收缩率并不是二者之和。但是式(8)的最后一项通常可以忽略。

7 精密度

因未获得实验室间的数据,本方法的精密度尚不可知。

8 试验报告

试验报告应包括以下内容:

a) 采用GB/T 17037的本部分;

b)~h) 按GB/T 17037.1,第6章中b)~h)的规定,但g)中保压压力 P_H 用型腔压力 P_{CH} 代替;

i) 平行和垂直于熔体流动方向的模塑收缩率、模塑后收缩率和总收缩率,用百分数表示,精确到0.1%。

附　录　A
（资料性附录）
测量长度和宽度的参考点

图 A.1 是试样的透视图，阴影为浇口末端台阶和与流道切割处的剖面。

用机械测量仪测量长度 l_1 和 l_2，宽度 b_1 和 b_2，试样三对模塑面的中心 S 和台阶中心 G 是合适的参考点。

用光学仪器测量时，可用试样边棱的中点 E 或距边棱 4 mm 处（见 4.1）型腔板上预制的标记 M 作为参考点（图 A.1 仅显示了一个这样的标记）。

只要采用相同的参考点测量试样和型腔，每对参考点间的高度差就不会对收缩率产生显著的影响。参考点的一致可避免测量试样时的倾角和不同类型的参考点产生的影响，例如：一面的“机械”参考点 S 和与之相对面的“光学”参考点 E 或 M 相结合。

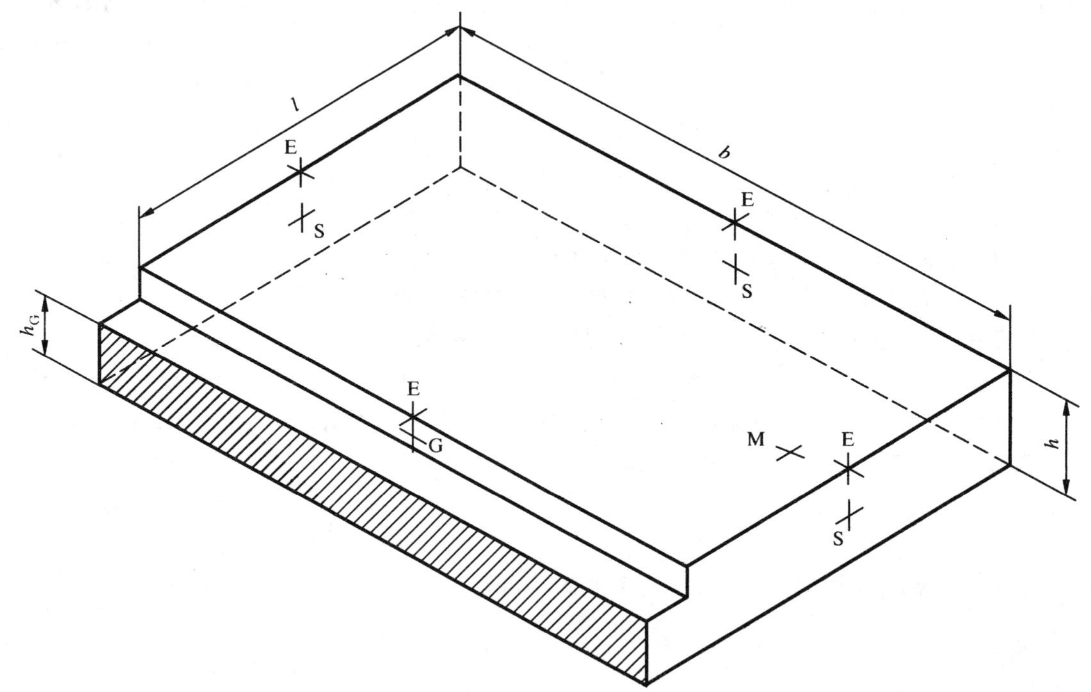

图 A.1　注塑试片透视图

参考文献

[1] ISO 175:1999 塑料 测定液体化学物质浸没效果的试验方法
[2] ISO 2577:1984 塑料 热固性塑料模塑材料 收缩率的测定

前　　言

为贯彻执行《生活饮用水监督管理办法》，保障人群身体健康，特制定本标准。

本标准从1998年10月1日起实施。

本标准的附录A、附录B、附录C是标准的附录。

本标准由中华人民共和国卫生部提出。

本标准由中国预防医学科学院环境卫生监测所起草。

本标准主要起草人：秦钰慧、陈亚妍、李双黎、宋向东、陶毅。

本标准由卫生部委托中国预防医学科学院环境卫生监测所负责解释。

中华人民共和国国家标准

生活饮用水输配水设备及防护材料的安全性评价标准

GB/T 17219—1998

Standard for safety evaluation of equipment and protective materials in drinking water system

1 范围

本标准规定了饮用水输配水设备(供水系统的输配水管、设备、机械部件)和防护材料的卫生安全性评价标准。

本标准适用于与饮用水以及饮用水处理剂直接接触的物质和产品,这些物质和产品系指用于饮用水供水系统的输配水管、设备和机械部件(如阀门、加氯设备、水处理剂加入器等)以及防护材料(如涂料、内衬等)。

2 引用标准

下列标准所包含的条文,通过在本标准中引用而构成为本标准的条文。本标准出版时,所示版本均为有效。所有标准都会被修订,使用本标准的各方应探讨使用下列标准最新版本的可能性。

GB 5749—85　生活饮用水卫生标准

GB/T 5750—85　生活饮用水标准检验法

GB 7919—87　化妆品安全性评价程序和方法

GB/T 5009.69—1996　食品罐头内壁环氧酚醛涂料卫生标准的分析方法

GB 11934—89　水源水中乙醛、丙烯醛卫生检验标准方法　气相色谱法

3 卫生要求

3.1 凡与饮用水接触的输配水设备和防护材料不得污染水质,管网末梢水水质必须符合 GB 5749 的要求。

3.2 饮用水输配水设备和防护材料必须按附录 A 和附录 B 的规定分别进行浸泡试验。

3.3 浸泡水需按附录 A 和附录 B 的方法进行检测。检测结果必须分别符合表 1 和表 2 的规定。

表 1　饮用水输配水设备浸泡水的卫生要求

项　目	卫　生　要　求
生活饮用水卫生标准中规定的项目	
色	不增加色度
浑浊度	增加量≤0.5 度
臭和味	无异臭、异味
肉眼可见物	不产生任何肉眼可见的碎片杂物等
pH	不改变 pH
铁	≤0.03mg/L

国家技术监督局 1998-01-21 批准　　1998-10-01 实施

表 1(完)

项　　目	卫　生　要　求
锰	≤0.01mg/L
铜	≤0.1mg/L
锌	≤0.1mg/L
挥发酚类(以苯酚计)	≤0.002mg/L
砷	≤0.005mg/L
汞	≤0.001mg/L
铬(六价)	≤0.005mg/L
镉	≤0.001mg/L
铅	≤0.005mg/L
银	≤0.005mg/L
氟化物	≤0.1mg/L
硝酸盐(以氮计)	≤2mg/L
氯仿	≤6μg/L
四氯化碳	≤0.3μg/L
苯并(a)芘	≤0.001μg/L
其他项目	
蒸发残渣	增加量≤10mg/L
高锰酸钾消耗量〔以氧气(O_2)计〕	增加量≤2mg/L
与受试产品配方有关成分	(1)根据地面水卫生标准及国内外相关标准判定(不大于限值的十分之一)。 (2)无标准可依的,需按附录 C 进行毒理学试验确定限值。

表 2　与饮用水接触的防护材料浸泡水的卫生要求

项　　目	卫　生　要　求
生活饮用水卫生标准中规定的项目	
色	不增加色度
浑浊度	增加量≤0.5 度
臭和味	无异臭、异味
肉眼可见物	不产生任何肉眼可见的碎片杂物等
pH	不改变 pH
铁	≤0.03mg/L
锰	≤0.01mg/L
铜	≤0.1mg/L
锌	≤0.1mg/L
挥发酚类(以苯酚计)	≤0.002mg/L
砷	≤0.005mg/L
汞	≤0.001mg/L
铬(六价)	≤0.005mg/L
镉	≤0.001mg/L
铅	≤0.005mg/L
银	≤0.005mg/L
氟化物	≤0.1mg/L
硝酸盐(以氮计)	≤2mg/L
氯仿	≤6μg/L

表 2(完)

项　　　目	卫　生　要　求
四氯化碳 苯并(a)芘	≤0.3μg/L ≤0.001μg/L
其他项目 醛类 蒸发残渣 高锰酸钾消耗量〔以氧气(O_2)计〕 与受试产品配方有关成分 放射性物质	 不得检出 增加量≤10mg/L 增加量≤2mg/L (1)根据地面水卫生标准及国内外相关标准判定(不大于限值的十分之一)。 (2)无标准可依的,需按附录C进行毒理学试验确定限值。 不增加放射性

3.4 浸泡水尚需按附录C的方法进行下列毒理学试验:

3.4.1 急性经口毒性试验:LD_{50}不得小于10g/kg体重。

3.4.2 两项致突变试验:基因突变试验和哺乳动物细胞染色体畸变试验,两项试验均需为阴性。

3.5 生产与饮用水输配水设备和防护材料所用原料应使用食品级。

4 监测检验方法

见附录A和附录B。

附 录 A

（标准的附录）

饮用水输配水设备卫生标准检验方法

A1 样品预处理

A1.1 采样

为尽可能符合应用条件，在浸泡试验中应使用输配水管或有关产品的最终产品。当最终产品容积过大时，可根据具体情况，按比例适当缩小。

A1.2 预处理

用自来水将试样清洗干净，并连续冲洗 30min，然后用浸泡水立即进行浸泡。

A1.3 浸泡试验

A1.3.1 浸泡水制备

A1.3.1.1 试剂

A1.3.1.1.1 纯水：用蒸馏水或去离子水，其电导率为小于 2μS/cm。

A1.3.1.1.2 0.025mol/L 氯贮备液：取 7.3mL 试剂级次氯酸钠（5%NaOCl），用纯水稀释至 200mL，贮于密闭具塞的棕色瓶中，于 20℃避光保存，每周新鲜配制。

测定氯含量：取 1.0mL 氯贮备液，用水稀释至 1.0L，立即分析总余氯，将此值定为“A”。

测定所需的余氯：为了获得 2.0mg/L 余氯，需要向浸泡水中加入氯贮备液的量，按式（A1）计算：

$$V=\frac{2.0\times B}{A} \quad \cdots\cdots (A1)$$

式中：V——需加入氯贮备液的体积，mL；

B——标准浸泡水的体积，L；

A——氯贮备液的浓度，mg/mL。

A1.3.1.1.3 0.04mol/L 钙硬度贮备液：称取 4.44g 无水氯化钙（$CaCl_2$），溶于纯水中，稀释至 1.0L，充分混匀，每周新鲜配制。

A1.3.1.1.4 0.04mol/L 碳酸氢钠缓冲液：将 3.36g 无水碳酸氢钠（$NaHCO_3$）溶于纯水中，并用纯水稀释至 1L，充分混匀。每周新鲜配制。

A1.3.1.2 浸泡水的配制：配制 pH 为 8、硬度为 100mg/L、有效氯为 2mg/L 的浸泡水方法如下：取 25mL 碳酸氢钠的缓冲液（A1.3.1.1.4）、25mL 钙硬度贮备液（A1.3.1.1.3）以及所需的氯贮备液（见 A1.3.1.1.2），用纯水稀释至 1L。按此比例配制实际所需要的浸泡水。

A1.3.2 浸泡

A1.3.2.1 浸泡条件：受试产品接触浸泡水的表面积与浸泡水的容积之比应不小于在实际使用条件下最大的比例。对于输配水管应使用该类产品中直径最小的。

A1.3.2.2 浸泡试验

A1.3.2.2.1 用试验用浸泡水充满受试水管或水箱，不留空隙，两端用包有聚四氟乙烯薄膜的干净软木塞或橡皮塞塞紧，在 25℃±5℃避光的条件下浸泡 24h±1h。

A1.3.2.2.2 对于机械部件，如不能在部件内进行浸泡试验时，可将部件放在玻璃容器中浸泡，条件同上。

表 A1 浸泡水的收集和保存

项目	保存剂	容器	贮藏
色、臭、味	无	玻璃瓶	4℃,24h 内测定
浑浊度	无	玻璃瓶	4℃
金属(汞除外)	加浓硝酸至 pH<2	聚乙烯瓶	室温
汞	加浓硝酸至 pH<2,每 100mL 水样加 1mL5%重铬酸钾溶液	聚乙烯瓶	室温
砷	无	玻璃瓶	室温
苯酚、氰化物	加氢氧化钠至 pH>12	棕色玻璃瓶	4℃,24h 内测定
多环芳烃	无	棕色玻璃瓶	4℃
混合有机物	无	棕色玻璃瓶	4℃
溶剂	无	玻璃瓶	4℃
挥发性有机物	少量硫代硫酸钠	玻璃瓶	4℃

A1.3.2.2.3 另取相同容积玻璃容器,加满试验用浸泡水,在相同条件下放置 24h±1h,作空白对照。

A1.3.3 浸泡水的收集和保存

浸泡一段时间后,立即将浸泡水放入预先洗净的样品瓶内。一般收集和分析间隔的时间尽可能缩短。某些项目需尽快的测定。有些项目则需加入适当的保存剂。需加入保存剂的水样,一般应先把保存剂加入瓶中,或直接低温保存。详细的方法见表 A1。

A2 检验方法

A2.1 色:按 GB/T 5750—85 中第 5 章执行。

A2.2 浑浊度:按 GB/T 5750—85 中第 6 章执行。

A2.3 臭和味:按 GB/T 5750—85 中第 7 章执行。

A2.4 肉眼可见物:按 GB/T 5750—85 中第 8 章执行。

A2.5 铁:按 GB/T 5750—85 中第 11 章执行。

A2.6 锰:按 GB/T 5750—85 中第 12 章执行。

A2.7 铜:按 GB/T 5750—85 中第 13 章执行。

A2.8 锌:按 GB/T 5750—85 中第 14 章执行。

A2.9 挥发酚类:按 GB/T 5750—85 中第 15 章执行。

A2.10 砷:按 GB/T 5750—85 中第 22 章执行。

A2.11 汞:按 GB/T 5750—85 中第 24 章执行。

A2.12 镉:按 GB/T 5750—85 中第 25 章执行。

A2.13 铬(六价):按 GB/T 5750—85 中第 26 章执行。

A2.14 铅:按 GB/T 5750—85 中第 27 章执行。

A2.15 蒸发残渣:

A2.15.1 用重量法测定输水管及有关产品浸泡水中蒸发残渣。

A2.15.2 方法原理

样品经浸泡水浸泡后,在一定温度下烘干,所得的固体残渣为蒸发残渣,蒸发残渣表示在浸泡水中的溶出量。

A2.15.3 仪器

A2.15.3.1　分析天平，感量万分之一克。

A2.15.3.2　水浴锅。

A2.15.3.3　蒸发皿。

A2.15.3.4　电热恒温干燥箱。

A2.15.3.5　干燥器：用硅胶作干燥剂。

A2.15.4　测定步骤

A2.15.4.1　将蒸发皿洗净，放在105℃±3℃烘箱内烘干30min，取出放在干燥器中冷却30min。称量，再次烘烤，称量直至恒重。

A2.15.4.2　取200mL浸泡液置于预先恒重的蒸发皿中，在水浴上蒸干，于105℃烘箱中干燥2h，取出于干燥器中冷却30min后称重，再于105℃干燥1h，称至恒重。

A2.15.5　计算，见式(A2)

$$c=\frac{(W_2-W_1)\times 1\,000\times 1\,000}{V} \quad \cdots\cdots (A2)$$

式中：c——浸泡水中蒸发残渣的浓度，mg/L；

W_1——蒸发皿重量，g；

W_2——蒸发皿和蒸发残渣重量，g；

V——水样体积，mL。

A2.16　高锰酸钾耗氧量

A2.16.1　本法最低检测浓度为0.05mg/L，测定范围为0.05～5.0mg/L。

A2.16.2　在酸性溶液中，高锰酸钾将还原性物质氧化，过量的高锰酸钾用草酸还原，根据所消耗的高锰酸钾的量，表示可溶出物质的情况。

A2.16.3　试剂

A2.16.3.1　1+3硫酸溶液：将1份浓硫酸加入3份纯水，煮沸，滴加高锰酸钾溶液至溶液保持微红色。

A2.16.3.2　草酸钠溶液〔$c(\frac{1}{2}Na_2C_2O_4)=0.1000mol/L$〕：称取6.70g草酸钠($Na_2C_2O_4$)溶于少量纯水中，并定容至1 000mL，置暗处保存。

A2.16.3.3　草酸钠溶液〔$c(\frac{1}{2}Na_2C_2O_4)=0.0100mol/L$〕：将0.1000mol/L草酸钠溶液准确稀释10倍。

A2.16.3.4　高锰酸钾溶液〔$c(\frac{1}{5}KMnO_4)=0.1000mol/L$〕：称取3.3g高锰酸钾($KMnO_4$)，溶于少量纯水中，并稀释至1 000mL。煮沸15min，静置2日以上。然后用玻璃砂芯漏斗过滤，移入棕色瓶中，置暗处保存，使用前按下述方法标定：吸取25.00mL草酸溶液(2.19.3.2)与5 000mL三角瓶中，加入225mL新煮沸放冷的纯水及10mL浓硫酸，迅速自滴定管中加入约24mL高锰酸钾溶液，待褪色后加热至70℃～80℃，再继续滴定至溶液呈微红色，记录高锰酸钾用量。见式(A3)。

$$C(\frac{1}{5}KMnO_4)=\frac{0.1000\times 25.00}{V} \quad \cdots\cdots (A3)$$

式中：C——高锰酸钾溶液的浓度，mol/L；

V——高锰酸钾溶液的用量，mL。

A2.16.3.5　高锰酸钾溶液〔$c(\frac{1}{5}KMnO_4)=0.0100mol/L$〕：准确吸取标定后的高锰酸钾溶液，按所需要量稀释，使高锰酸钾溶液浓度为0.0100mol/L。

A2.16.4　仪器

A2.16.4.1　50mL滴定管。

A2.16.4.2　250mL三角瓶。

A2.16.5　测定步骤

A2.16.5.1 三角瓶预处理：取 50mL 纯水，放入 250mL 三角瓶，加入 1mL 硫酸溶液(2.19.3.1)及少量高锰酸钾溶液(2.19.3.5)，加热煮沸数分钟，取出三角瓶，用草酸溶液(2.19.3.3)滴定至微红色，将溶液倾出。

A2.16.5.2 取 100mL 浸泡水于处理过的三角瓶中，加入 5mL 硫酸溶液(2.19.3.1)，用滴定管加入 10mL 高锰酸钾溶液(2.19.3.5)，放入沸水浴中 30min。取下趁热加入 10mL 草酸溶液(2.19.3.3)，充分振摇，使红色褪尽，再以高锰酸钾溶液(2.19.3.5)滴定至微红色，记录高锰酸钾用量 V_1。

A2.16.5.3 另取 100mL 纯水，按上述同样步骤做试剂空白。

A2.16.6 计算，见式(A4)

$$c=\frac{(V_1-V_2)\times 0.316\times 1\,000}{100} \qquad \text{(A4)}$$

式中：c——浸泡水中高锰酸钾消耗量，mg/L；

V_1——浸泡水滴定时高锰酸钾溶液的体积，mL；

V_2——试剂空白滴定时高锰酸钾溶液的体积，mL；

0.316——1mL 0.0100mol/L 高锰酸钾溶液相当的高锰酸钾量，mg；

100——浸泡水的体积，mL。

A2.17 银：按 GB/T 5750—85 中第 28 章执行。

A2.18 pH：按 GB/T 5750—85 中第 9 章执行。

A2.19 氟化物：按 GB/T 5750—85 中第 20 章执行。

A2.20 硝酸盐：按 GB/T 5750—85 中第 29 章执行。

A2.21 氯仿：按 GB/T 5750—85 中第 30 章执行。

A2.22 四氯化碳：按 GB/T 5750—85 中第 31 章执行。

A2.23 苯并(a)芘：按 GB/T 5750—85 中第 32 章执行。

附 录 B
(标准的附录)
与饮用水接触的防护材料卫生标准检验方法

B1 样品预处理

B1.1 试样的制备

B1.1.1 按生产厂提供的使用条件(如涂层厚度，涂后干燥时间等)制备试样，可将涂层涂在玻璃片上，如玻璃片不合适，可根据生产厂的建议选用。

B1.1.2 取 70mm×300mm 玻璃片，洗净烘干。在玻璃片两面 70mm×120mm 面积上，按实际使用厚度涂以涂料。在干燥处自然干燥，制成涂料片。

B1.1.3 预处理：用自来水将试样涂料片清洗干净，立即进行浸泡试验。

B1.2 浸泡试验

B1.2.1 浸泡水制备：同附录 A 中 A1.3.1 条。

B1.2.2 浸泡条件：试样的表面积与浸泡水容积比为 $50\text{cm}^2/\text{L}$。如为多层涂料，则将各层涂料分别涂在玻璃片(或根据生产厂的建议选用)上，同时固定在浸泡水中。每种涂料试样与浸泡水容积比均按 $50\text{cm}^2/\text{L}$ 计算。

B1.2.3 浸泡

B1.2.3.1 将试验片未涂防护材料的部分分别插入放于玻璃容器中的玻璃固定架上，使试样片保持垂直，互不接触，或者将试验片悬挂于玻璃容器中。在密闭、避光 25℃±5℃温度条件下进行浸泡。于浸泡后 1,3,5,10,20 和 30 天收集全部浸泡水,供检测分析用,以观察溶出污染物浓度的衰减情况,第 30 天的浸泡水中污染物浓度用于评价是否符合本卫生标准的规定。在收集浸泡水的同时,全部换入新的浸泡水。

B1.2.3.2 制备空白对照时,除玻璃片上不涂防护材料外,其他一切试验条件同 1.2.3.1。

B1.2.4 浸泡水收集和保存

同附录 A 中 A1.3.3 条。

B2 检验方法

B2.1 色:按 GB/T 5750—85 中第 5 章执行。

B2.2 浑浊度:按 GB/T 5750—85 中第 6 章执行。

B2.3 臭和味:按 GB/T 5750—85 中第 7 章执行。

B2.4 肉眼可见物:按 GB/T 5750—85 中第 8 章执行。

B2.5 铁:按 GB/T 5750—85 中第 11 章执行。

B2.6 锰:按 GB/T 5750—85 中第 12 章执行。

B2.7 铜:按 GB/T 5750—85 中第 13 章执行。

B2.8 锌:按 GB/T 5750—85 中第 14 章执行。

B2.9 挥发酚类:按 GB/T 5750—85 中第 15 章执行。

B2.10 砷:按 GB/T 5750—85 中第 22 章执行。

B2.11 汞:按 GB/T 5750—85 中第 24 章执行。

B2.12 镉:按 GB/T 5750—85 中第 25 章执行。

B2.13 铬(六价):按 GB/T 5750—85 中第 26 章执行。

B2.14 铅:按 GB/T 5750—85 中第 27 章执行。

B2.15 氟化物:按 GB/T 5750—85 中第 20 章执行。

B2.16 蒸发残渣:同附录 A 中 A2.15。

B2.17 高锰酸钾消耗量:同附录 A 中 A2.16。

B2.18 醛类:

B2.18.1 甲醛按 GB/T 5009.69—85 中 7.2 测定。

B2.18.2 乙醛、丙烯醛按 GB 11934—89 中。

B2.19 银:按 GB/T 5750—85 中第 28 章执行。

B2.20 pH:按 GB/T 5750—85 中第 9 章执行。

B2.21 硝酸盐:按 GB/T 5750—85 中第 29 章执行。

B2.22 氯仿:按 GB/T 5750—85 中第 30 章执行。

B2.23 四氯化碳:按 GB/T 5750—85 中第 31 章执行。

B2.24 苯并(a)芘:按 GB/T 5750—85 中第 32 章执行。

附 录 C

(标准的附录)

饮用水输配水设备及防护材料的卫生毒理学评价程序和方法

C1 范围

本程序和方法适用于饮用水输配水设备(包括一切与饮用水接触的设备)和防护材料的卫生毒理学评价。当饮用水输配水设备和防护材料在水中的溶出物质未规定最大容许浓度时,需按本方法进行毒理学试验确定其在饮用水中的限值。

C2 总要求

C2.1 生产者必须提供下列资料：

C2.1.1 产品应用条件、应用范围、理化性质；

C2.1.2 配方、生产方法；

C2.1.3 配方各成分的化学结构式、杂质成分和含量；

C2.1.4 在饮用水浸泡过程中可能溶出的物质及估计浓度。

C2.2 生产者必须根据实际应用情况制备试样和提供试验样品。

C3 毒理学评价程序

根据饮用水输配水设备和防护材料在水中溶出物质的浓度，分四个水平进行毒理学试验，以确定其在水中的最大容许浓度。

C3.1 水平Ⅰ：当溶出物质在水中的浓度＜10μg/L 时选用。

C3.1.1 试验项目：两项遗传毒理学试验。

C3.1.1.1 基因突变试验：Ames 试验。

C3.1.1.2 哺乳动物染色体畸变试验：体外哺乳动物细胞染色体畸变，或小鼠骨髓细胞染色体畸变试验，或小鼠骨髓细胞微核试验任选一项。

C3.1.2 结果评价

C3.1.2.1 如果上述两项试验均为阴性，则可以投入使用。

C3.1.2.2 如果上述两项试验均为阳性，则该产品不能投入使用，或进行慢性试验以便进一步评价。

C3.1.2.3 如果上述两项试验中有一项为阳性，则需选用另外两种遗传毒性试验做为补充，包括一种基因突变试验和一种哺乳动物细胞染色体畸变试验。如果均为阴性，则产品可投入使用，如有一项阳性，则不能投入使用，或进行慢性试验，以便进一步评价。

C3.2 水平Ⅱ：当溶出物质在水中浓度为≥10～＜50μg/L 时选用。

C3.2.1 试验项目

C3.2.1.1 水平Ⅰ试验

C3.2.1.2 大鼠 90 天经口毒性试验

C3.2.2 结果评价

C3.2.2.1 对遗传毒理学试验结果的评价同水平Ⅰ。

C3.2.2.2 通过大鼠 90 天经口毒性试验，确定溶出物质在水中的最大容许浓度（安全系数一般选用 1 000）。

C3.2.2.3 当溶出物质在水中的实际浓度超过最大容许浓度时，不能投入使用。

C3.3 水平Ⅲ：当溶出物质在水中浓度为≥50～＜1 000μg/L 时选用。

C3.3.1 试验项目

C3.3.1.1 水平Ⅱ试验

C3.3.1.2 大鼠致畸试验

C3.3.2 结果评价

C3.3.2.1 对遗传毒理学试验结果评价水平同水平Ⅰ。

C3.3.2.2 当致畸试验结果为阳性时该产品不能使用。

C3.3.2.3 综合全部试验结果，确定溶出物质在水中的最大容许浓度。

C3.3.2.4 当溶出物质在水中的实际浓度超过最大容许浓度时，不能投入使用。

C3.4 水平Ⅳ：当溶出物质在水中浓度大于 1 000μg/L 时选用。

C3.4.1 试验项目

C3.4.1.1 水平Ⅲ试验

C3.4.1.2 大鼠慢性毒性试验

C3.4.2 结果评价

C3.4.2.1 当致畸试验结果为阳性时,不能投入使用。

C3.4.2.2 当致癌试验和遗传毒理学试验结果综合评价,溶出物质有致癌性时,不能投入使用。

C3.4.2.3 根据慢性试验结果确定溶出物质在水中的最大容许浓度。

C3.4.2.4 当溶出物质在水中的实际浓度超过最大容许浓度时,不能投入使用。

C4 试验方法:见 GB 7919。

前　　言

本标准等效采用 ISO 9967:1994《热塑性塑料管材蠕变比率的测定》。

ISO 9967 中的附录 A、附录 B 分别阐述了材料的蠕变机理与利用蠕变率计算长期环刚度，但由于本标准只规定蠕变比率的计算、陈化时间及外推时间，而这些在 ISO 9967 中已规定，因此省略了 ISO 9967中的附录 A、附录 B。

因管材按规定埋地安装时会发生形变，而其形变经一段时间后就会停止，此时间依赖于土壤和安装情况，但一般不会超过两年，所以本标准是利用外推得到的两年形变量来计算管材的蠕变比率。

本标准由国家轻工业局提出。

本标准由全国塑料制品标准化技术委员会归口。

本标准起草单位：轻工业塑料加工应用研究所。

本标准主要起草人：翁云煊、凌伟。

ISO 前言

实践表明，当管材按规定埋地安装时，一段较短的时间后它的变形增加就几乎停止。该时间的长短依赖于土质与安装条件，但不会超过两年。

因此当进行长期静态预测时，就可利用此国际标准测定两年的蠕变比率。

热塑性材料蠕变理论的简单解释见附录A。

对试验来说，可以在其他陈化、其他试验温度或其他试验时间的条件下进行。

中华人民共和国国家标准

热塑性塑料管材蠕变比率的试验方法

GB/T 18042—2000
eqv ISO 9967:1994

Thermoplastics pipes—Determination of creep ratio

1 范围

本标准规定了测定热塑性塑料管材蠕变比率的试验方法。

本标准适用于具有圆环形截面的热塑性塑料管材。

2 引用标准

下列标准所包含的条文，通过在本标准中引用而构成为本标准的条文。本标准出版时，所示版本均为有效。所有标准都会被修订，使用本标准的各方应探讨使用下列标准最新版本的可能性。

GB/T 2918—1998 塑料试样状态调节和试验的标准环境

3 原理

将管材平放于两平行水平板中，以一固定压力对其持续施压 1 000 h(42 天)，并分别在规定的时间里记录管材的形变，然后建立管材形变对时间的关系曲线，并分析数据的线性关系，最后通过计算外推两年时的形变求取管材的蠕变比率。

4 试验仪器和主要技术参数

4.1 压缩试验仪

压缩试验仪能施加需要的预负荷 F_0 与负荷 F(见 6.5)，仪器的精度为 1%。

4.2 钢板

需两块钢板，钢板应平整、光滑、清洁，且在试验期间不发生形变。每块钢板的长度应大于或等于试样的长度，宽度至少要比负荷下试样接触表面的最大宽度大 25 mm(包括 25 mm)。

4.3 其他仪器

测量仪器，包括直尺(精确至 1 mm)、形变测量仪(至少精确至 0.1 mm 或形变的 1%)、计时器(精确至 min)。

测量管材内径形变的示例见图 1。

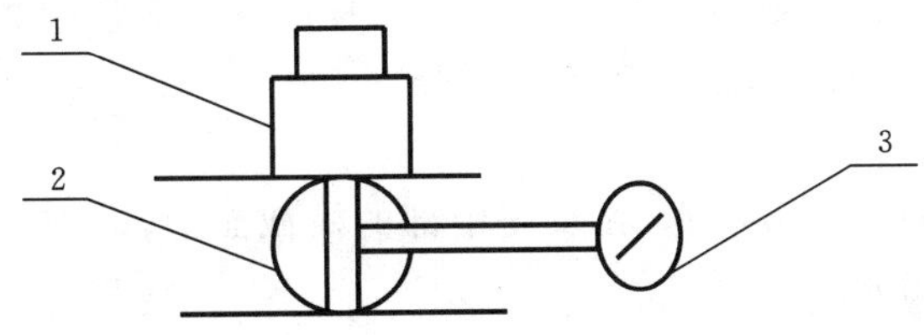

1—负荷 F；2—试样；3—内径测量仪

图 1 测量管材内径形变的示例

国家质量技术监督局 2000-04-05 批准 2000-09-01 实施

5 试样

5.1 试样制备

取一根足够长的管材，沿其外壁画一条平行于轴线的直线并作标记，然后截取三段作为试验试样，分别记为 a、b、c，试样端面应垂直于管材的轴线，长度按 5.2 规定。

5.2 试样的长度

5.2.1 从管材的端面开始在外表面上沿轴向均匀标记 3 至 6 条直线，标记数目见表 1，测量每条标线的长度，并求得它们的算术平均值，以算术平均值作为试样的长度，管材长度应精确至 1 mm。对每个试样，长度测量值中最小值与最大值的偏差要小于 10%。

表 1 长度测量数目

管材公称直径 d_n,mm	长度测量数目
$d_n \leqslant 200$	3
$200 < d_n < 500$	4
$d_n \geqslant 500$	6

5.2.2 对于公称直径 d_n 小于或等于 1 500 mm 的管材，每个试样的平均长度为(300±10)mm。

5.2.3 对于公称直径 d_n 大于 1 500 mm 的管材，每个试样的平均长度(以毫米为单位)至少为 $0.2d_n$。

5.2.4 对于带垂直筋、波纹或具有规则结构的结构壁管材取样时，应尽可能使每个试样的长度包含满足 5.2.2 或 5.2.3 条要求的最小的整数筋、波纹或其他结构。垂直筋管材试样的截取见图 2。

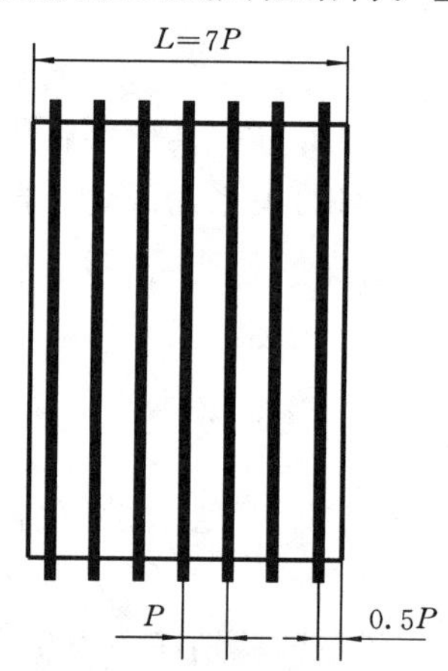

L—试样长度；P—单元结构长，P=45 mm

图 2 垂直筋管材试样的截取

5.2.5 对于螺旋形结构的管材(见图 3)，每个试样的长度应包含满足 5.2.2 或 5.2.3 要求的最小的整数螺旋数。

对于用波纹等方式作为螺旋加强筋的管材，在每个试样的长度内应包含一整数目的加强筋，并最少为 3 个，而且试样的长度尽可能按 5.2.2 或 5.2.3 取得。

5.3 试样的内径

分别测量试样 a、b、c 的内径 d_{ia}、d_{ib}、d_{ic}，在长度中部的横截面上，以 45°为间隔，测量四个值，计算它们的算术平均值，并精确到 0.5%。

分别记录每个试样 a、b、c 的平均内径 d_{ia}、d_{ib}、d_{ic}，按式(1)计算三个值的平均值 d_i：

$$d_i = \frac{d_{ia} + d_{ib} + d_{ic}}{3} \qquad \cdots\cdots(1)$$

5.4 试样的陈化

试验前，试样应先陈化 21 天±2 天。

$P=65$ mm

图 3　螺旋结构管材试样的截取示例

6　试验步骤

6.1　试验温度按 GB/T 2918 规定的标准试验环境执行。试样在试验前应在此温度状态下调节至少 24 h。

6.2　如果某试样最低环刚度的位置能测知，则在试验时以该位置放到压缩试验仪的平板下进行试验，并将此试样作为第一个试样 a。

如试样的最低环刚度不能测知，则在放第一个试样 a 时，应将其标线与上板接触。

其他试样(b、c)与上板接触的位置，相对于第一个试样标线旋转 120°、240°。

6.3　放置好形变测量仪，并检查每个试样相对于上平板的角度。

6.4　降低上平板直至与试样上部分接触。

6.5　加载预负荷 F_0，F_0 的取法如下

6.5.1　管材内径 d_i 小于或等于 0.1 m 时，$F_0=7.5$ N；

6.5.2　管材内径 d_i 大于 0.1 m 时 $F_0=75d_i$ N(d_i 单位为 m)，F_0 不是整数时将其圆整到下一个整数值。

6.5.3　加载预负荷 F_0 5 min 后，调节形变测量仪到零点。然后加载一个稳定增加的压力，在开始加载后的 20 s～30 s 内达到负荷 F，在施加负荷 F 360 s(6 min)后应使试样的形变 δ 达到管材内径的(1.5±0.2)%，即 $\delta=(0.015\pm0.002)d_i$，并将此负荷作为试验的满负荷。达到满负荷 F 时，开始计时。

6.6　施加满负荷 F 6 min 后测量初始形变，记为 y_0，然后继续分别测量 1 h、4 h、24 h、168 h、336 h、504 h、600 h、696 h、840 h、1 008 h 时的形变量，对每个试样应至少拥有 11 个形变值。

如果 y_0 超出了 6.5 中的规定，则中断试验，重新调节试样状态至少 1 h，并再按 6.3 进行试验。

试验中，在 500～1 008 h 时间段内的各规定的测量时间允许有±24 h 的偏差，并以该实际得到的测量值作回归分析。如在 862 h 时读得的形变值来代替 840 h 的形变值进行计算。

7　试验结果

7.1　计算

对每个样品，在半对数坐标图(见图 4)上作形变(m)对试验时间(h)的半对数曲线，通过建立直线方程 $Y_t=B+M\lg t$，以及对全部 11 个数据点，最后 10 个点，最后 9 个点，……直到最后的 5 个点(见表 2)作线性回归分析，这里常数 B、M 及相关系数 R 用下列公式计算(运用了最小二乘法)。

$$M=\frac{N\Sigma x_iy_i-\Sigma x_i\Sigma y_i}{N\Sigma x_i^2-(\Sigma x_i)^2} \quad\cdots\cdots(2)$$

$$B=\frac{\Sigma y_i-M\Sigma x_i}{N} \quad\cdots\cdots(3)$$

$$R=\left[\frac{M(N\Sigma x_iy_i-\Sigma x_i\Sigma y_i)}{N\Sigma y_i^2-(\Sigma y_i)^2}\right]^{1/2} \quad\cdots\cdots(4)$$

式中：B——在 1 h 时理论上的形变，mm；

M——直线斜率；

N——用作线性回归分析的形变-时间曲线上的数据点数；

R——相关系数(如果 R 值在 0.99 到 1.00 之间，则认为图中的点基本处于一直线上)；

t_i——在 i 点的时间，通过下式给出：$x_i=\lg t_i$，h；

y_i——在时间 t_i 时的总形变，mm。

利用每一试样通过不同数据点的范围导出的公式 $Y_t=B+M\lg t$ 分别计算外推两年的形变 Y_2(mm)(t=2 年=17 520 h)(见表 2)。选择相关系数分布在 0.990 到 0.999(R 值包含 0.999)之间的 R 值最高值时相应的 Y_2 值为两年形变量，当 R 值相同时，取 R 值相应的 Y_2 最高计算值为两年形变量，然后将 Y_2 用于对试验样品蠕变比率的计算。当 R 值最高值小于 0.990(包含 0.990)时，试验按 7.3 进行。

在得到 Y_2 值后用下列公式来计算三个试样的蠕变比率：

$$\gamma_a=\frac{Y_{2a}(0.018\,6+0.025y_{0a}/d_i)}{y_{0a}(0.018\,6+0.025Y_{2a}/d_i)} \quad\cdots\cdots(5)$$

$$\gamma_b=\frac{Y_{2b}(0.018\,6+0.025y_{0b}/d_i)}{y_{0b}(0.018\,6+0.025Y_{2b}/d_i)} \quad\cdots\cdots(6)$$

$$\gamma_c=\frac{Y_{2c}(0.018\,6+0.025y_{0c}/d_i)}{y_{0c}(0.018\,6+0.025Y_{2c}/d_i)} \quad\cdots\cdots(7)$$

取它们的算术平均值作为管材的蠕变比率，公式如下：

$$\gamma=\frac{\gamma_a+\gamma_b+\gamma_c}{3} \quad\cdots\cdots(8)$$

结果取两位有效数字。

表 2　试样的试验记录及有关计算结果

测量点序号	t,h	Y_t,mm	点范围	M	B	R	Y_2,mm
1	0.1	6.529	1～11	0.505	6.683	0.950	8.830
2	1	6.649	2～11	0.612	6.424	0.967	9.023
3	4	6.780	3～11	0.710	6.170	0.972	9.185
4	24	7.019	4～11	0.888	5.695	0.982	9.463
5	168	7.534	5～11	1.196	4.842	0.996	9.921
6	336	7.849	6～11	1.311	4.517	0.996	10.081
7	504	8.049	7～11	1.422	4.195	0.998	10.232
8	600	8.134					
9	696	8.234					
10	864	8.384					
11	1 008	8.464					

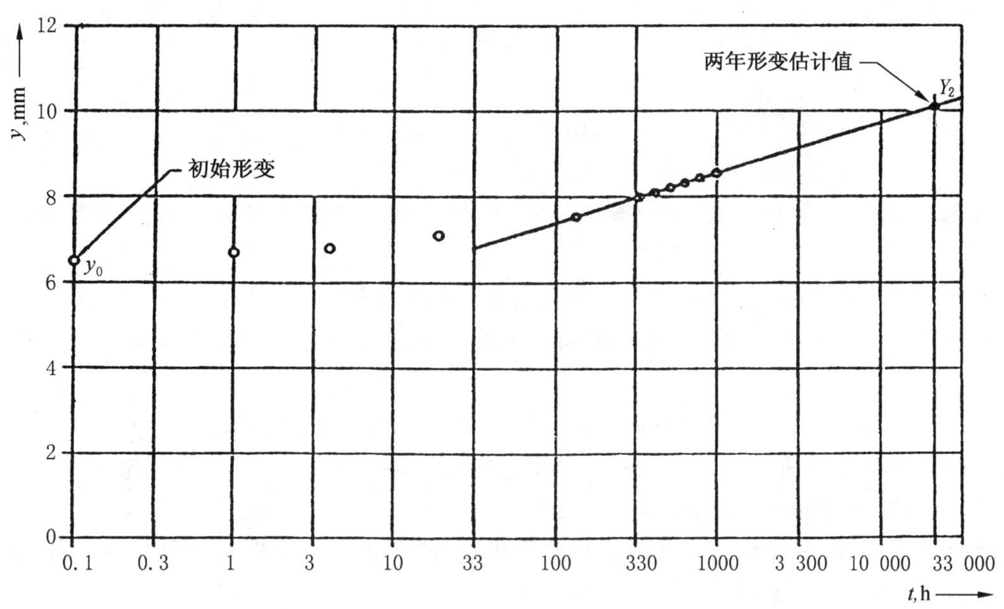

图 4　试样形变对时间的曲线

7.2　蠕变比率计算举例

表 2 是一试样的试验记录及有关的计算结果，从第四列向后依次给出了不同数据点的范围及相应 M、B、R、Y_2 值的计算结果，第四列表明了有哪些点被包括在回归分析中。

图 4 给出了结果曲线，依据第 7 节 Y_2 的线性回归分析点不少于 5 个，其对应的 R 值是最高值，并在 0.990 以上。

7.3　继续试验

在回归分析中，对于三个样品的任何一个，如果在最后 5 个点的范围内仍得不到高于 0.990 的相关系数值，那么就需要对所有的试样继续进行试验，分别再测量 1 200 h、1 400 h、1 680 h、2 000 h、2 400 h、2 818 h、3 400 h 与 4 000 h 时的形变，(各测量时间允许偏差为±24 h)，直到最后五个点范围的相关系数值超过 0.990 为止。

8　试验报告

试验报告应具有下列内容：

a) 本标准代号；

b) 材料名称、规格和型号；

c) 仪器型号、试验条件；

d) 试验结果；

e) 试验人员及日期。

前　　言

本标准参照 ISO/DIS 18553:1999《聚烯烃管材、管件和混配料中颜料或炭黑分散的测定方法》制定。

ISO/DIS 18553 是 ISO 11420:1996《聚烯烃管材、管件和混配料中炭黑分散度的测定方法》和 ISO 13949:1997《聚烯烃管材、管件和混配料中颜料分散度的测定方法》的合并。本标准与 ISO/DIS 18553 技术内容等同。

本标准的附录 A、附录 B 为标准的附录;附录 C、附录 D 为提示的附录。

本标准由国家轻工业局提出。

本标准由全国塑料制品标准化技术委员会归口。

本标准起草单位:山东胜利股份有限公司塑胶事业部、齐鲁石化股份有限公司树脂研究所。

本标准主要起草人:孙逊、王雪梅、陆光炯。

中华人民共和国国家标准

聚烯烃管材、管件和混配料中颜料或炭黑分散的测定方法

GB/T 18251—2000

Method for the assessment of pigment or carbon black dispersion in polyolefin pipes, fittings and compounds

1 范围

本标准规定了聚烯烃管材、管件和混配料中颜料或炭黑分散的测定方法。

本标准适用于聚烯烃管材、管件和混配料。测定炭黑时，本标准适用于炭黑含量小于3%(质量)的聚烯烃管材、管件和混配料。

2 原理

从管材、管件或粒料上取少量样品压在载玻片之间并加热制备试样，也可以使用切片机切片制备试样。

在显微镜下观察试样，测定粒子和粒团的尺寸，并与等级表(见附录A)相比确定等级。分散的尺寸等级由六个试样等级的平均值来确定。

如果需要分散的表观等级，通过与显微照片(见附录B)的比照来确定。

3 试验仪器

a) 显微镜：最小放大倍率为×70，带有校准的正交移动标尺，能够测量出粒子和粒团的尺寸；

b) 载玻片：厚度约1 mm；

c) 加热设备：烘箱、热板等，可在150℃～210℃之间的控制温度下操作；

d) 小刀：如手术刀等；

e) 压紧装置：重物或弹簧夹；

f) 切片机：能切出规定厚度的薄片。

4 试样制备

本标准规定了两种试样制备方法：压片方法和切片方法。制备好的试样应厚度均匀，用于测定颜料分散的试样厚度至少为60 μm，用于测定炭黑分散的试样厚度为25 μm±10 μm。仲裁时应采用压片方法。

4.1 压片方法

4.1.1 用小刀沿产品的不同轴线在不同部位切取六个试样。测定颜料分散时，每个试样质量大于0.6 mg；测定炭黑分散时，每个试样质量为0.25 mg±0.05 mg。把六个样品放在一个或几个干净的载玻片上，使每一试样与相邻试样或载玻片边缘近似等距排放，用另一干净的载玻片盖住。可以使用金属材料或其他材料制成的垫片，以保证制备好的试样厚度均匀。由于试样的质量和厚度已给定，因此每个试样的幅宽约为3 mm～5 mm。

国家质量技术监督局2000-11-21批准　　　　2001-05-01实施

4.1.2 用弹簧夹夹住两个载玻片，把夹好的载玻片放在烘箱中至少 10 min，烘箱温度 150℃～210℃，使得每个试样的厚度达到规定的要求。

将载玻片从烘箱里取出，冷却后移走弹簧夹。

4.1.3 也可以把夹有试样的载玻片放在温度控制在 150℃～210℃之间的热板或其他加热装置上，加压制成规定厚度的薄膜试样。

4.1.4 显微观察前载玻片要进行冷却。

4.2 切片方法

沿产品的不同轴线在不同部位切取六个试样，用于制备 3 mm～5 mm 幅宽规定厚度的试样。

把六个试样放在一个或几个干净的载玻片上，使每一试样与相邻试样或载玻片边缘近似等距排放，用另一干净的载玻片盖住。

5 试验步骤

5.1 利用透射光，在放大倍率为×100 的显微镜下逐个观察六个试样中的粒子和粒团。

注：一些颜料可能在偏振光下或通过改变光强更易观察。

5.2 测量并记录每个粒子和粒团的最大尺寸，小于 5 μm 的忽略不计。按照附录 A（标准的附录）表 A1 确定等级。

5.3 如果需要确定表观等级，则在放大倍率为×70 的显微镜下将每一试样与附录 B（标准的附录）中的显微照片（放大×70）进行比较，要考虑到污点和条痕。

6 试验结果

颜料或炭黑分散的测定结果可以有两种表示方法。

6.1 分散的尺寸等级

利用附录 A（标准的附录）表 A1，确定每个试样的最大等级。计算所获得的六个等级的算术平均值，小数点后保留一位，小数点后第二位非零数字进位，并以该值表示分散的尺寸等级。

6.2 分散的表观等级

如果需要确定表观等级，将每个试样的显微外观与显微照片（见附录 B）相比照，采用最具可比性的等级评价外观。以全部试样中占多数的等级表示结果。

7 试验报告

试验报告应具有下列内容：

a）本标准代号；

b）材料名称、来源；

c）试样制备方法；

d）显微镜型号、放大倍数；

e）试验结果；

f）试验人员及日期。

附 录 A
（标准的附录）
试样等级确定表

表 A1 基于粒子和粒团最大尺寸的等级

<table>
<tr><td rowspan="3">等级</td><td colspan="15">尺寸，μm</td></tr>
<tr><td>5～10</td><td>11～20</td><td>21～30</td><td>31～40</td><td>41～50</td><td>51～60</td><td>61～70</td><td>71～80</td><td>81～90</td><td>91～100</td><td>101～110</td><td>111～120</td><td>121～130</td><td>131～140</td><td>141～150</td></tr>
<tr><td colspan="15">粒子及粒团数目</td></tr>
<tr><td>0</td><td>0</td><td></td><td></td><td></td><td></td><td></td><td></td><td></td><td></td><td></td><td></td><td></td><td></td><td></td><td></td></tr>
<tr><td>0.5</td><td>1</td><td>0</td><td></td><td></td><td></td><td></td><td></td><td></td><td></td><td></td><td></td><td></td><td></td><td></td><td></td></tr>
<tr><td>1</td><td colspan="2"><3+1</td><td>0</td><td></td><td></td><td></td><td></td><td></td><td></td><td></td><td></td><td></td><td></td><td></td></tr>
<tr><td>1.5</td><td colspan="3"><6+<3+1</td><td>0</td><td></td><td></td><td></td><td></td><td></td><td></td><td></td><td></td><td></td><td></td></tr>
<tr><td>2</td><td colspan="4"><12+<6+<3+1</td><td>0</td><td></td><td></td><td></td><td></td><td></td><td></td><td></td><td></td><td></td></tr>
<tr><td>2.5</td><td colspan="5">≥12+<12+<6+<3+1</td><td>0</td><td></td><td></td><td></td><td></td><td></td><td></td><td></td><td></td></tr>
<tr><td>3</td><td></td><td colspan="5">≥12+<12+<6+<3+1</td><td>0</td><td></td><td></td><td></td><td></td><td></td><td></td><td></td></tr>
<tr><td>3.5</td><td></td><td></td><td colspan="5">≥12+<12+<6+<3+1</td><td>0</td><td></td><td></td><td></td><td></td><td></td><td></td></tr>
<tr><td>4</td><td></td><td></td><td></td><td colspan="5">≥12+<12+<6+<3+1</td><td>0</td><td></td><td></td><td></td><td></td><td></td></tr>
<tr><td>4.5</td><td></td><td></td><td></td><td></td><td colspan="5">≥12+<12+<6+<3+1</td><td>0</td><td></td><td></td><td></td><td></td></tr>
<tr><td>5</td><td></td><td></td><td></td><td></td><td></td><td colspan="5">≥12+<12+<6+<3+1</td><td>0</td><td></td><td></td><td></td></tr>
<tr><td>5.5</td><td></td><td></td><td></td><td></td><td></td><td></td><td colspan="5">≥12+<12+<6+<3+1</td><td>0</td><td></td><td></td></tr>
<tr><td>6</td><td></td><td></td><td></td><td></td><td></td><td></td><td></td><td colspan="5">≥12+<12+<6+<3+1</td><td>0</td><td></td></tr>
<tr><td>6.5</td><td></td><td></td><td></td><td></td><td></td><td></td><td></td><td></td><td colspan="5">≥12+<12+<6+<3+1</td><td>0</td></tr>
<tr><td>7</td><td></td><td></td><td></td><td></td><td></td><td></td><td></td><td></td><td></td><td colspan="5">≥12+<12+<6+<3+1</td><td>0</td></tr>
<tr><td colspan="16">注：放大倍率为 100 情况下，7 μm 相当于 0.7 mm。</td></tr>
</table>

附 录 B

（标准的附录）

评价分散表观等级的显微照片

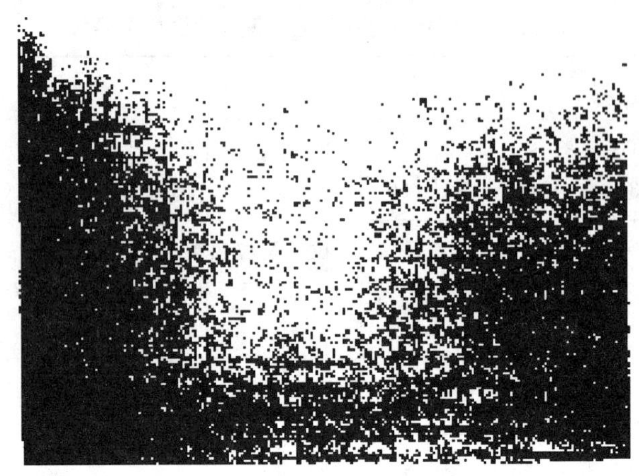

A1

A2

A3

B

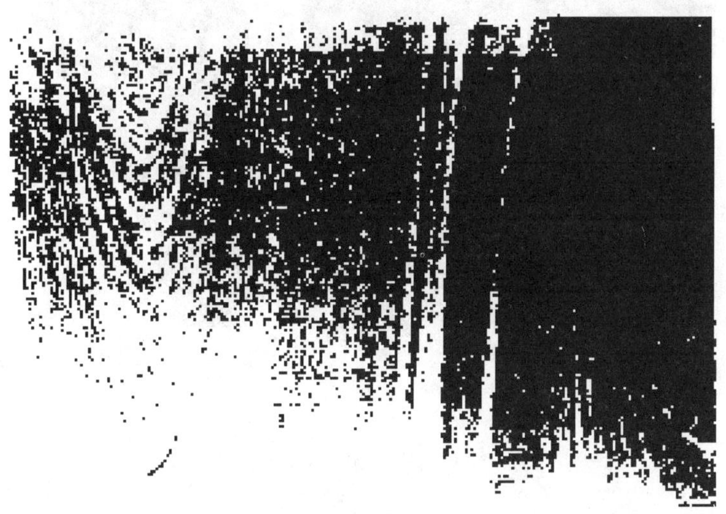

C1

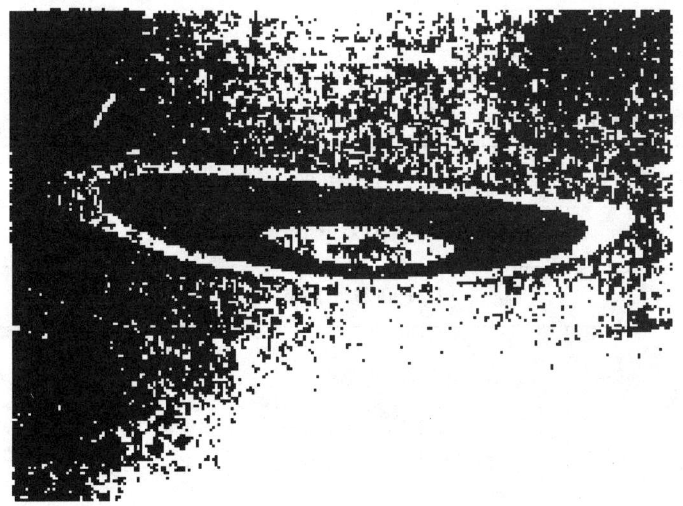

C2

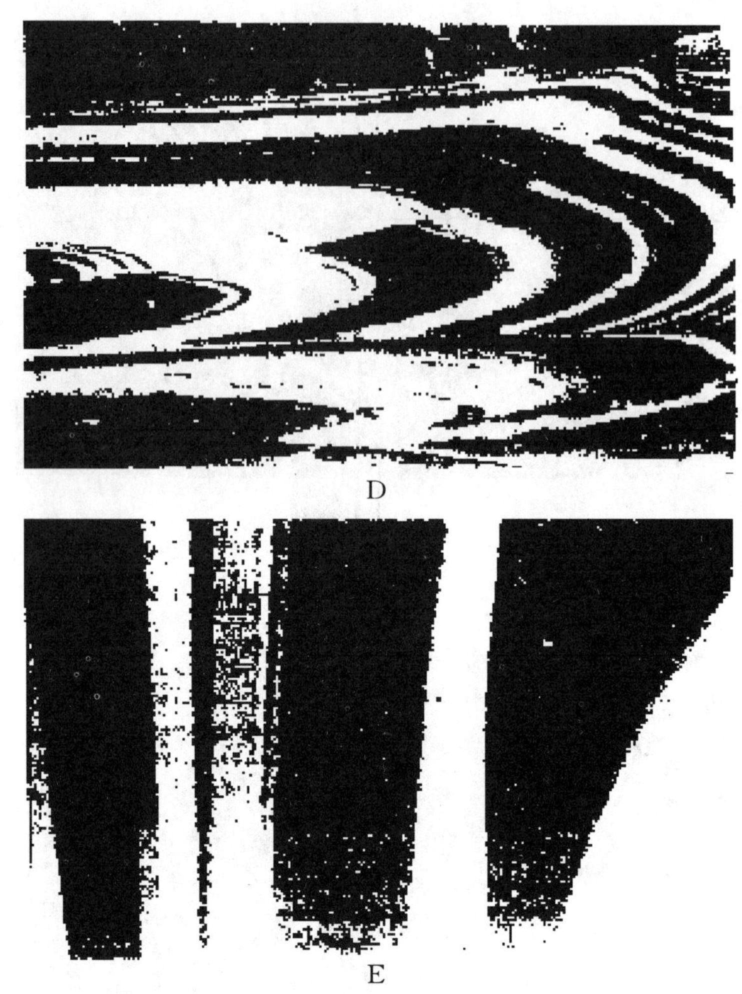

D

E

附 录 C

（提示的附录）

确定分散的尺寸等级示例

C1 示例

例 1：

表 C1 六个试样中每个试样按尺寸分类的粒子和粒团的数目及相应的等级

试样	尺寸，μm							试样等级
	5～10	11～20	21～30	31～40	41～50	51～60	61～70	
	粒子和粒团的数目							
1	3		2	1				2
2	3		5	1				2.5
3		14	2	1				3
4	3		2	2				2.5
5	3		2	4				3
6	3	12	5	7				3.5

六个等级的算术平均得到：

——(2＋2.5＋3＋2.5＋3＋3.5)/6＝2.75

——结果:2.8

例 2:

表 C2　六个试样中每个试样按尺寸分类的粒子和粒团的数目及相应的等级

试样	尺寸,μm						试样等级
	5～10	11～20	21～30	31～40	41～50	51～60	
	粒子和粒团的数目						
1	7	3	9	3		1	3
2	7	3	9	3			3
3	7	3	5	3			2.5
4	19	5		1			2.5
5	19	5			2		3
6						1	3

六个等级的算术平均得到:

——(3＋3＋2.5＋2.5＋3＋3)/6＝2.83

——结果:2.9

附　录　D
（提示的附录）
基　本　要　求

D1　建议下列要求:

分散的尺寸等级≤3

分散的表观等级不比附录 B 中的显微照片 B 差(即:只有与显微照片 A1,A2,A3 和 B 相当的等级是可接受的)。

ICS 83.140.30
G 33

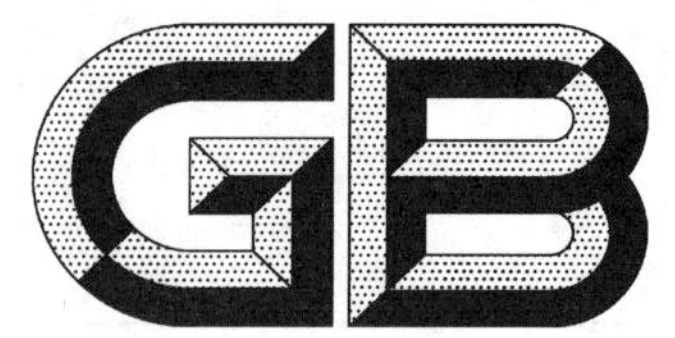

中华人民共和国国家标准

GB/T 18252—2008/ISO 9080:2003
代替 GB/T 18252—2000

塑料管道系统 用外推法确定热塑性塑料材料以管材形式的长期静液压强度

Plastics piping and ducting systems—Determination of the long-term hydrostatic strength of thermoplastics materials in pipe form by extrapolation

(ISO 9080:2003,IDT)

2008-08-19 发布 2009-05-01 实施

中华人民共和国国家质量监督检验检疫总局
中国国家标准化管理委员会 发布

前　言

本标准等同采用 ISO 9080:2003《塑料管道系统　用外推法确定热塑性塑料材料以管材形式的长期静液压强度》。

本标准代替 GB/T 18252—2000《塑料管道系统　用外推法对热塑性塑料管材长期静液压强度的测定》。

本标准与 GB/T 18252—2000 相比主要变化如下：

——标准名称由《塑料管道系统　用外推法对热塑性塑料管材长期静液压强度的测定》改为《塑料管道系统　用外推法确定热塑性塑料材料以管材形式的长期静液压强度》；

——本标准对破坏模式分为 A 型和 B 型，用拐点自动检验法确定破坏模式。GB/T 18252—2000 对破坏模式分为韧性破坏和脆性破坏，首先用肉眼观察法来确定破坏模式，肉眼观察难于确定破坏模式时用拐点自动检验法来确定；

——本标准中 **x** 定义为行向量，在式(A.12)的矩阵乘积项中出现为 $[\mathbf{x}(\mathbf{X}^T\mathbf{X})^{-1}\mathbf{x}^T]$，该量在 GB/T 18252—2000 中定义为列向量；

——计算 σ_{LTHS} 的两个公式：本标准取消了 GB/T 18252—2000 中计算 σ_{LTHS} 的式(A.13)和式(A.14)；

——求 σ_{LPL} 时筛选有效解的方法：本标准式(A.13)中根式前只取减号。GB/T 18252—2000 相应公式(A.15)中根式前为(±)号。$\alpha>0$ 时，根号前取负号，$\alpha<0$ 时，根号前取正号；

——本标准第 A.4 章给出了拟合检验方法，GB/T 18252—2000 没有给出拟合检验方法。

本标准的附录 A、附录 B 为规范性附录，附录 C、附录 D 为资料性附录。

本标准由中国轻工业联合会提出。

本标准由全国塑料制品标准化技术委员会塑料管材、管件及阀门分技术委员会(TC 48/SC 3)归口。

本标准起草单位：四川大学、北京工商大学轻工业塑料加工应用研究所、中国石油化工股份有限公司齐鲁分公司研究院、上海乔治费歇尔管路系统有限公司。

本标准主要起草人：董孝理、赵启辉、谢建玲、李鹏。

本标准所代替标准的历次版本发布情况为：

——GB/T 18252—2000。

引　言

塑料材料的力学破坏与温度、载荷大小和受载时间有关。塑料压力管的正确使用考虑到了温度(T)和管内内压介质在管壁内产生的静液压应力(σ)与管材破坏时间(t)的关系。一般说来,T 升高或 σ 升高,都导致 t 减少。

塑料压力管通常需要有几十年甚至100年的长期使用寿命。本标准用高温下管材在较短时间(仍需1年)的静液压应力破坏试验结果来外推几十年甚至100年使用时间下管材材料耐受静液压应力的能力。

管材的静液压应力破坏试验结果表现出明显的数据离散性。这使 T、σ、t 间的关系带有统计性质。可以选择合适的统计分布和概率来表述这一特点。本标准选用的统计分布是在同一 T、σ 下,$\log_{10}t$ 呈正态分布。在此基础上,按以下顺序计算:

a)　多元线性回归;

b)　对 $\log_{10}t$ 作新观察值预测,同时引入学生氏(t_{st})分布及预测概率(ε);

c)　用 $\log_{10}t$ 新观察值预测公式作反方向运算求得与一定 T、t 和 ε 相应的应力,即静液压强度。

这一套计算方法称为标准外推法(standard extrapolation method, SEM)。SEM 建立了 T、σ、t、ε 四个变量之间的关系。最常见的应用是解决以下两个问题:

——在一定 T、σ、ε 下预测 $\log_{10}t$ 的预测下限(lower prediction limit, LPL);

——与一定 T、t 和 ε 相应的应力,即静液压强度。这实际上是在 T、t 下,保证 $\log_{10}t$ 是预测概率不低于 ε 的预测下限时所应控制的应力上限。通常取 $\varepsilon=0.975$,相应的应力为 σ_{LPL}。σ_{LPL} 是管材制品许用应力、许用压力、压力等级和壁厚的设计基础。先前的某些ISO标准中,曾使用符号 σ_{LCL} 来表示同一物理量。

由于国际贸易的需要,本标准中静液压强度 σ_{LTHS} 和 σ_{LPL} 的定义按其在 ISO 9080:2003 中的定义直译给出。

塑料管道系统　用外推法确定热塑性塑料材料以管材形式的长期静液压强度

1　范围

本标准描述了一种用统计外推法估计热塑性塑料材料的长期静液压强度的方法。

本标准适用于在其适用温度下的各种热塑性塑料管材材料。本方法建立在管材的试验数据基础上。试验所用管材的尺寸可在有关制品或系统标准中规定并记入试验报告中。

2　规范性引用文件

下列文件中的条款通过本标准的引用而成为本标准的条款。凡是注日期的引用文件，其随后所有的修改单(不包括勘误的内容)或修订版均不适用于本标准，然而，鼓励根据本标准达成协议的各方研究是否可使用这些文件的最新版本。凡是不注日期的引用文件，其最新版本适用于本标准。

GB/T 6111　流体输送用热塑性塑料管材　耐内压试验方法(GB/T 6111—2003,ISO 1167:1996,IDT)

GB/T 8802—2001　热塑性塑料管材、管件　维卡软化温度的测定(eqv ISO 2507:1995)

GB/T 8806　塑料管材尺寸测量方法(GB/T 8806—2008,ISO 3126:2005,IDT)

GB/T 19466.3—2004　塑料　差示扫描量热法(DSC)　第3部分:熔融和结晶温度及热焓的测定(ISO 11357-3:1999,IDT)

3　术语和定义

下列术语和定义适用于本标准。

3.1

内压　internal pressure

p

管内介质施加在单位面积上的力，单位为兆帕(MPa)。

3.2

应力　stress

σ

内压在管壁内产生的指向环向(周向)的单位面积上的力，单位为兆帕(MPa)。

用下列简化公式由内压计算应力 σ:

$$\sigma = \frac{p(d_{em} - e_{y,min})}{2e_{y,min}} \qquad \cdots\cdots(1)$$

式中：

p——内压，单位为兆帕(MPa)；

d_{em}——管材的平均外径，单位为毫米(mm)；

$e_{y,min}$——测定的管材的最小壁厚，单位为毫米(mm)。

3.3

试验温度　test temperature

T_t

测定应力破坏数据时所采用的温度，单位为摄氏度(℃)。

3.4

最高试验温度　maximum test temperature

$T_{t,max}$

测定应力破坏数据时所采用的最高温度，单位为摄氏度(℃)。

3.5

使用温度　service temperature

T_S

预计的管材使用温度，单位为摄氏度(℃)。

3.6

破坏时间　failure time

t

管材发生泄漏的时间，单位为时(h)。

3.7

长期静液压强度　long-term hydrostatic strength

σ_{LTHS}

一个与应力有相同量纲的量，它表示在温度 T 和时间 t 预测的平均强度，单位为兆帕(MPa)。

3.8

静液压强度预测值的置信下限　lower confidence limit of the predicted hydrostatic strength

σ_{LPL}

一个与应力有相同量纲的量，它表示在温度 T 和时间 t 预测的静液压强度的97.5%置信下限，单位为兆帕(MPa)。

注：σ_{LPL}按下式给出：

$$\sigma_{LPL} = \sigma(T, t, 0.975) \qquad \cdots\cdots(2)$$

3.9

拐点　knee

两种破坏模式的转折点。在静液压应力破坏数据的 $\log_{10}\sigma$ 对 $\log_{10}t$ 图上于拐点处斜率变化。

3.10

分支　branch

$\log_{10}\sigma$ 对 $\log_{10}t$ 图上斜率不变的线段。同一分支代表破坏模式相同。

3.11

外推时间因子　extrapolation time factor

k_e

计算外推时间极限时用的因子。

4　试验数据的获得

4.1　试验条件

管材的应力破坏数据应按 GB/T 6111—2003 测定。耐压性能的测定应使用直管。

每只管材试样都应按 GB/T 8806 测定其平均外径和最小壁厚。

如有争议，应选用 25 mm～63 mm 范围内某一直径的管材进行试验。

所测试样应来自同一批材料的同一批挤出管材。

4.2　内压水平和时间范围的分布

4.2.1　对每个选定的温度，都应得到至少30个观察值。它们应当规则地分布在至少5个内压水平上。出于统计分析的需要，要求在每个内压水平上都有重复观察值。选择内压水平时，应做到至少有4个观察值在 7 000 h 以上，至少有 1 个观察值在 9 000 h 以上(见 5.1.4)。当拐点存在时，对两个分支都应收集到可供统计分析的足够数量的观察值，以保证结果的精度。

4.2.2 任何温度下，破坏时间在 10 h 以内的观察值都应舍弃。

4.2.3 温度不大于 40 ℃时，若破坏时间在 1 000 h 以上的观察值的数量已能符合 4.2.1 的要求，可以舍弃破坏时间小于 1 000 h 的观察值。这时，应舍弃所有符合舍弃条件(温度和破坏时间)的观察值。

4.2.4 在最低内压水平未破坏的试样的应力与试验时间可以在多元线性回归计算和拐点判断时取为观察值，或者也可以予以舍弃。

5 步骤

5.1 数据的收集和分析

注：本方法基于线性回归分析，计算细节见附录 A。本方法要求在一个温度或多个温度试验，试验时间 1 年或 1 年以上。不论有无拐点，本方法都适用。

5.1.1 试验数据要求

在至少两个温度 T_1、T_2、…、T_n 下测试，所得数据应符合第 4 章和下列条件要求：

a) 每两个相临的温度应至少相差 10 ℃；

b) 对无定形聚合物或主要是无定形状态的聚合物，最高试验温度 $T_{t,max}$ 不能高于维卡软化温度 $VST_{B,50}$ 以下 15 ℃。维卡软化温度按 GB/T 8802—2001 测定。对结晶或部分结晶聚合物，$T_{t,max}$ 不能超过熔点以下 15 ℃。熔点按 GB/T 19466.3—2004 测定；

c) 每个温度下的观察值数量和内压水平分布应符合 4.2；

d) 为了得到 σ_{LPL} 的最佳估计值，试验温度范围应包括使用温度或使用温度范围；

e) 如果材料状态在最低试验温度及其以下 20 ℃没有变化，最低试验温度下所得数据可用至该温度以下 20 ℃。

任何由污染所致的破坏结果应予舍弃。

5.1.2 拐点检验以及数据和模型的适用性

按附录 B 的步骤检验拐点是否存在。

对每个特定的温度，拐点检验完成后把数据分成 2 组，一组属于第一分支，另一组属于第二分支。

将各温度下属于第一或第二分支的所有观察值，分别按附录 A 作多元线性回归。

只有一个温度时，问题简化为简单线性回归分析。但这时外推因子 k_e(见 5.1.4)不再适用。

注：检验拐点时，应注意所考察数据中是否有降解破坏点。降解破坏的特征是降解破坏时间几乎与应力无关，通常可以肉眼识别。在作蠕变破坏计算时，应舍弃降解破坏数据。

5.1.3 直观检验

在 $\log_{10}\sigma/\log_{10}t$ 坐标内绘出所得破坏数据的散点图，作出 σ_{LTHS} 线性回归线和 σ_{LPL} 曲线。

5.1.4 外推时间极限和外推时间因子 k_e

根据以下步骤确定外推时间极限。

外推计算允许的时间极限 t_e 与温度有关。外推时间因子 k_e 是 ΔT 的函数。ΔT 按式(3)计算：

$$\Delta T = T_t - T \qquad \cdots\cdots(3)$$

式中：

T_t——准备对其使用外推时间因子 k_e 的试验温度，$T_t \leqslant T_{t,max}$，单位为摄氏度(℃)；

$T_{t,max}$——最高试验温度，单位为摄氏度(℃)；

T——对其算出外推时间极限的温度，$T_S \leqslant T$，单位为摄氏度(℃)；

T_S——使用温度，单位为摄氏度(℃)。

用式(4)计算外推时间 t_e，单位为时(h)：

$$t_e = k_e t_{max} \qquad (4)$$

当 t_{max} 等于 8 760 h(1 a)时，k_e 值等于以年(a)为单位的最大外推时间 t_e 值。外推只能是高温向低温外推。最大试验时间 t_{max}(h)，是由同一温度的 5 个最长破坏时间的对数值取平均后得到；这 5 个时间不一定是同一应力水平下的破坏时间，但应是同一温度下的数据。在计算 t_{max} 时，还没有破坏的试样可以视为“已破坏”，被视为“已破坏”的试验散点都应当包括在所有计算程序所采用的样本中。

外推时间极限的应用实例见图 1 至图 3。图 2 中只在最高试验温度检验出拐点。图 3 中在较高的多个温度检验出了拐点。外推因子 k_e 的取值见 5.2 和 5.3。

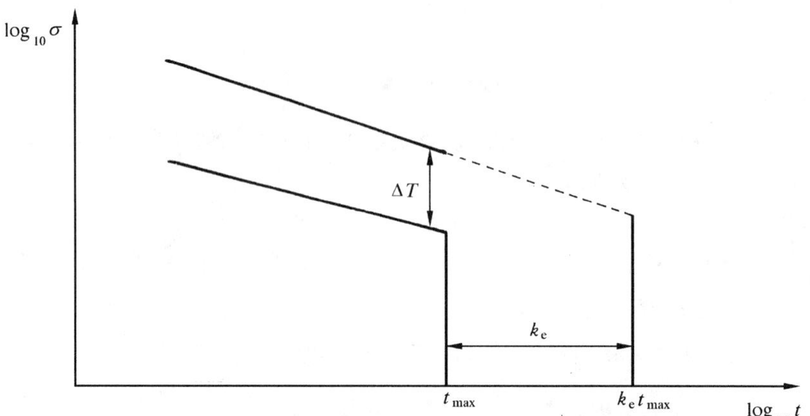

图 1 最高试验温度无拐点时作外推的外推时间极限

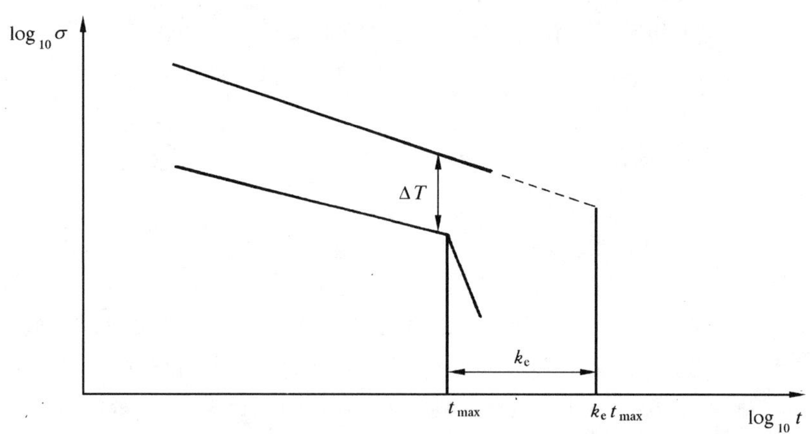

图 2 仅在最高试验温度有拐点时作外推的外推时间极限

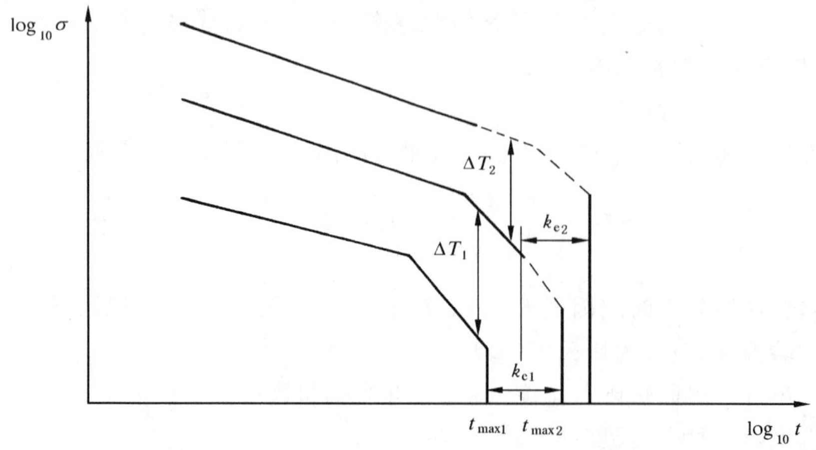

图 3 在不同试验温度有拐点时作外推的外推时间极限

5.2 聚烯烃(结晶或部分结晶聚合物)的外推因子

在聚烯烃蠕变破坏数据的外推计算中,外推时间极限是基于其最高试验温度下所测寿命和描述温度依赖关系的 Arrhenius 方程来确定的,计算时活化能取 110 kJ/mol。该活化能是不发生降解破坏时聚烯烃在第二分支的活化能的保守估计值。所得外推因子 k_e 如表 1。

表 1 聚烯烃的 $\Delta T(=T_t-T)$ 和 k_e 的关系

ΔT/℃	k_e
$10 \leqslant \Delta T < 15$	2.5
$15 \leqslant \Delta T < 20$	4
$20 \leqslant \Delta T < 25$	6
$25 \leqslant \Delta T < 30$	12
$30 \leqslant \Delta T < 35$	18
$35 \leqslant \Delta T < 40$	30
$40 \leqslant \Delta T < 50$	50
$50 \leqslant \Delta T$	100

5.3 以氯乙烯为基础的玻璃态无定形聚合物的外推因子

对氯乙烯基聚合物蠕变破坏数据进行外推计算时,外推时间极限是基于其最高试验温度下所测寿命和描述温度依赖关系的 Arrhenius 方程来确定的。最高试验温度取维卡软化点以下 15 ℃。活化能取 178 kJ/mol。该活化能是氯乙烯基聚合物在第二分支的活化能估计值。所得外推因子 k_e 如表 2。

表 2 以氯乙烯为基础的聚合物的 $\Delta T(=T_t-T)$ 和 k_e 的关系

ΔT/℃	k_e
$5 \leqslant \Delta T < 10$	2.5
$10 \leqslant \Delta T < 15$	5
$15 \leqslant \Delta T < 20$	10
$20 \leqslant \Delta T < 25$	25
$25 \leqslant \Delta T < 30$	50
$30 \leqslant \Delta T$	100

对改性 PVC 材料,若其连续相为氯乙烯基聚合物,应使用表 2 的外推因子。

5.4 未包括在 5.2 和 5.3 中的聚合物的外推因子

可以认为,对 5.2 中提及的聚合物和本标准未提及的聚合物,表 1 的外推因子是最小值。如果有试验证据表明,对某一特定聚合物可以使用较大的外推因子,这些因子将纳入本标准。允许使用这些外推因子代替表 1 中给出的因子。

6 一种部分结晶聚合物的计算示例和软件的验证

附录 C 中给出了一个按第 5 章所述步骤计算回归曲线(20 ℃、40 ℃和 60 ℃)和检验拐点的计算示例。

第 C.1 章中给出的数据组可用于验证软件的适用性。如果使用不同于附录 D 提到的程序,则用上述数据进行验证计算应给出与附录 C 相同的结果,准确至小数点后第 3 位。

7 试验报告

试验报告应包括以下资料：

a) 本标准号；

b) 样品的全部信息，包括制造商、材料种类、代号、来源及其他相关内容；

c) 用作试验的管材尺寸；

d) 试验用的管外环境和管内压力介质；

e) 观察值表，对每个观察值包括：试验温度(℃)、试验压力(MPa)、环应力(MPa)、破坏时间(h)、对破坏类型的肉眼判断(韧性、脆性或未知)、试验日期以及其他相关内容；

f) 因破坏时间小于 1 000 h 而舍弃的数据散点数目，相应温度，破坏时间和破坏类型；

g) 用于估计 σ_{LTHS} 和 σ_{LPL} 的模型；

h) 对每一分支分别列出参数 c_i 的估计值及其标准差 s_i；

i) 观察到的破坏数据的散点图，σ_{LTHS} 线性回归线图和 σ_{LPL} 曲线图；

j) 用于计算的软件包的信息；

k) 可能影响结果的任何细节，如意外情况或本标准中未规定的操作细节。

附 录 A
（规范性附录）
数据的收集和分析方法

A.1 一般模型

本标准使用的一般模型为下列四参数模型：

$$\log_{10}t = c_1 + c_2\frac{1}{T} + c_3\log_{10}\sigma + c_4\frac{\log_{10}\sigma}{T} + e \quad \cdots\cdots\text{(A.1)}$$

式中：

t——破坏时间，单位为时(h)；

T——温度，单位为开(K)(℃+273.15)；

σ——环应力，单位为兆帕(MPa)；

$c_1 \sim c_4$——模型中所用的参数；

e——误差变量，服从正态分布，平均值为0，方差恒定。假设误差独立。

如果 c_3 的概率水平大于0.05，四参数模型应简化为三参数模型。这时有 $c_3=0$，即：

$$\log_{10}t = c_1 + c_2\frac{1}{T} + c_4\frac{\log_{10}\sigma}{T} + e \quad \cdots\cdots\text{(A.2)}$$

如果所有数据都在同一温度下获得，则简化为2参数模型：

$$\log_{10}t = c_1 + c_3\log_{10}\sigma + e \quad \cdots\cdots\text{(A.3)}$$

四参数模型的计算过程如下所述。从模型中除去相应的项可以得到三参数模型或二参数模型的计算过程。由于求逆矩阵时可能发生矩阵病态问题，需要使用计算机双精度运算(14位有效数字)。求逆矩阵的运算按经典的Gauss-Jordan法进行(见参考文献[1])。

使用下列矩阵记号：

$$\boldsymbol{X} = \begin{bmatrix} 1 & \frac{1}{T_1} & \log_{10}\sigma_1 & \frac{\log_{10}\sigma_1}{T_1} \\ \vdots & \vdots & \vdots & \vdots \\ 1 & \frac{1}{T_N} & \log_{10}\sigma_N & \frac{\log_{10}\sigma_N}{T_N} \end{bmatrix} \quad \cdots\cdots\text{(A.4)}$$

$$\boldsymbol{y} = \begin{bmatrix} \log_{10}t_1 \\ \vdots \\ \log_{10}t_N \end{bmatrix} \quad \cdots\cdots\text{(A.5)}$$

$$\boldsymbol{e} = \begin{bmatrix} e_1 \\ \vdots \\ e_N \end{bmatrix} \quad \cdots\cdots\text{(A.6)}$$

式中：

N——观察值总数。

$$c=(c_1,c_2,c_3,c_4)^{\mathrm{T}} \qquad\cdots\cdots(\text{A}.7)$$

式中：

T——转置运算符，模型(A.1)成为：

$$\boldsymbol{y}=\boldsymbol{X}\boldsymbol{c}+\boldsymbol{e} \qquad\cdots\cdots(\text{A}.8)$$

参数的最小二乘法估计值为：

$$\hat{\boldsymbol{c}}=(\boldsymbol{X}^{\mathrm{T}}\boldsymbol{X})^{-1}\boldsymbol{X}^{\mathrm{T}}\boldsymbol{y} \qquad\cdots\cdots(\text{A}.9)$$

残余方差估计值为：

$$s^2=(\boldsymbol{y}-\boldsymbol{X}\hat{c})^{\mathrm{T}}(\boldsymbol{y}-\boldsymbol{X}\hat{c})/(N-q) \qquad\cdots\cdots(\text{A}.10)$$

式中：

q——模型中参数的个数。

在温度 T，与破坏时间 t 相应的预测的应力值为：

$$\log_{10}\sigma=\left(\log_{10}t-\hat{c}_1-\frac{\hat{c}_2}{T}\right)\Big/\left(\hat{c}_3+\frac{\hat{c}_4}{T}\right) \qquad\cdots\cdots(\text{A}.11)$$

注：上式计算所得应力，即为 σ_{LTHS}。

为了计算在温度 T，与破坏时间 t 相应的 σ_{LPL}，由下式作反方向运算：

$$\log_{10}t=\hat{c}_1+\hat{c}_2\frac{1}{T}+\hat{c}_3\log_{10}\sigma+\hat{c}_4\frac{\log_{10}\sigma}{T}-t_{\mathrm{st}}s[1+\boldsymbol{x}(\boldsymbol{X}^{\mathrm{T}}\boldsymbol{X})^{-1}\boldsymbol{x}^{\mathrm{T}}]^{\frac{1}{2}} \qquad\cdots\cdots(\text{A}.12)$$

式中：

t_{st}——自由度为 $N-4$ 的学生氏 t 分布与 0.975 概率水平相应的分位数；

记号 $\boldsymbol{x}$ 表示向量$\left(1,\frac{1}{T},\log_{10}\sigma,\frac{\log_{10}\sigma}{T}\right)$。

结果是：

$$\log_{10}\sigma_{\mathrm{LPL}}=\frac{-\beta-\sqrt{\beta^2-4\alpha\gamma}}{2\alpha} \qquad\cdots\cdots(\text{A}.13)$$

式中：

$$\alpha=\left(\hat{c}_3+\hat{c}_4\frac{1}{T}\right)^2-t_{\mathrm{st}}^2s^2\left(K_{33}+2K_{43}\frac{1}{T}+K_{44}\frac{1}{T^2}\right) \qquad\cdots\cdots(\text{A}.14)$$

$$\beta=2\left(\hat{c}_1+\hat{c}_2\frac{1}{T}-\log_{10}t\right)\left(\hat{c}_3+\hat{c}_4\frac{1}{T}\right)-2t_{\mathrm{st}}^2s^2\left[K_{31}+(K_{41}+K_{32})\frac{1}{T}+K_{42}\frac{1}{T^2}\right] \qquad\cdots(\text{A}.15)$$

$$\gamma=\left(\hat{c}_1+\hat{c}_2\frac{1}{T}-\log_{10}t\right)^2-t_{\mathrm{st}}^2s^2\left(K_{11}+2K_{21}\frac{1}{T}+K_{22}\frac{1}{T^2}+1\right) \qquad\cdots\cdots(\text{A}.16)$$

K_{ij}——矩阵$(\boldsymbol{X}^{\mathrm{T}}\boldsymbol{X})^{-1}$中角标为 i、j 的元素。

σ_{LPL}的值由下式计算：

$$\sigma_{\mathrm{LPL}}=10^{\log_{10}\sigma_{\mathrm{LPL}}} \qquad\cdots\cdots(\text{A}.17)$$

A.2 简化的模型

对三参数模型($c_3=0$)，有：

$$\log_{10}\sigma=\left(\log_{10}t-\hat{c}_1-\hat{c}_2\frac{1}{T}\right)T/\hat{c}_4 \qquad \cdots\cdots(\text{A. }18)$$

以及

$$\alpha=\left(\hat{c}_4\frac{1}{T}\right)^2-t_{st}^2s^2K_{44}\frac{1}{T^2} \qquad \cdots\cdots(\text{A. }19)$$

$$\beta=2\left(\hat{c}_1+\hat{c}_2\frac{1}{T}-\log_{10}t\right)\hat{c}_4\frac{1}{T}-2t_{st}^2s^2\left(K_{41}\frac{1}{T}+K_{42}\frac{1}{T^2}\right) \qquad \cdots\cdots(\text{A. }20)$$

$$\gamma=\left(\hat{c}_1+\hat{c}_2\frac{1}{T}-\log_{10}t\right)^2-t_{st}^2s^2\left(K_{11}+2K_{21}\frac{1}{T}+K_{22}\frac{1}{T^2}+1\right) \qquad \cdots\cdots(\text{A. }21)$$

t_{st}的自由度为 $N-3$。

对二参数模型($c_2=0,c_4=0$),有:

$$\log_{10}\sigma=(\log_{10}t-\hat{c}_1)/\hat{c}_3 \qquad \cdots\cdots(\text{A. }22)$$

以及

$$\alpha=\hat{c}_3^2-t_{st}^2s^2K_{33} \qquad \cdots\cdots(\text{A. }23)$$

$$\beta=2(\hat{c}_1-\log_{10}t)\hat{c}_3-2t_{st}^2s^2K_{31} \qquad \cdots\cdots(\text{A. }24)$$

$$\gamma=(\hat{c}_1-\log_{10}t)^2-t_{st}^2s^2(K_{11}+1) \qquad \cdots\cdots(\text{A. }25)$$

t_{st}的自由度为 $N-2$。

A.3 拐点存在时计算 σ_{LTHS} 和 σ_{LPL}

如附录B所述,假设两种破坏机理都存在,每种破坏机理发生在各自的温度范围和破坏时间范围。应对这两组与不同破坏模式相应的数据分别进行拟合。为此,应将可用的试验数据分为两组,每组数据与一种破坏模式对应。

对每组数据,如果数据的数量足够,且其在温度范围内的分布是合适的(见4.2和5.1.1),就能够用上述一般步骤分别计算出 σ_{LTHS} 和 σ_{LPL}。

按附录B所述,对每一个温度分别进行拐点的自动检验。按拐点的自动检验结果将数据分成两组。按本附录所述一般步骤对这两组数据分别进行拟合。

A.4 拟合检验

为检验数据对模型的拟合效果,使用下述统计量:

$$F=\frac{(SS_H-SS_e)/(\nu_H-\nu_e)}{SS_e/\nu_e} \qquad \cdots\cdots(\text{A. }26)$$

式中:

SS_e——每一观察值与其平均值的差的平方和。该平均值是在同一试验条件下重复试验所得各观察值的平均值。其计算与使用何种模型无关;

SS_H——每一观察值与其预测值的差的平方和。该预测值是在相应观察值的试验条件下用拟合 模型得出的预测值。

ν_e——SS_e 的自由度。ν_e 等于观察值的数目减去不同的试验条件的数目。

ν_H——SS_H 的自由度。ν_H 等于观察值的数目减去所用模型中参数的数目。

假若用该模型对数据的拟合是正确的,则上述统计量服从分子自由度为 $\nu_H-\nu_e$,分母自由度为 ν_e 的 F 分布。

由 F 分布的数据表或计算机程序,可得到数值超过按上式计算所得 F 值的区间的概率。将该概率与0.05显著性水平比较。如果该概率大于该水平，则接受“模型是正确的”这一假设。否则，否定“模型是正确的”这一假设。

注：本检验只能被视为模型对观察值拟合效果的一种指示。

下例给出用表C.1中20 ℃的观察值，用二参数模型作的拟合检验。

$$SS_{e} = 2.377\ 78 \tag{A.27}$$

$$\nu_{e} = 31 - 15 = 16 \tag{A.28}$$

$$SS_{H} = 5.984\ 24 \tag{A.29}$$

$$\nu_{H} = 31 - 2 = 29 \tag{A.30}$$

$F(13;16)$值为1.866 75。

在给定的自由度，F分布超过该值的概率为：

$$Pr[F(13;16) > 1.866\ 75] = 0.118\ 3 \tag{A.31}$$

显著性水平置于0.05。由于上述概率已超过该限，该模型被接受。

附 录 B
（规范性附录）
拐点的自动检验

B.1 原理

本步骤用计算的方法分别在每个温度检验拐点是否存在。

本计算方法假设，对给定的温度和破坏类型，在管材试样的 $\log_{10}\sigma$ 和 $\log_{10}t$ 之间存在线性关系。σ 是管材试样受到的静液压应力，t 是管材试样的破坏时间。还假设破坏时间的测定误差服从随机误差分布。

按本方法，破坏类型与静液压应力有关。在拐点值以下的应力时，为 B 型破坏，在拐点值以上的应力时，为 A 型破坏。

B.2 步骤

表达上述假设，并考虑到破坏类型的模型如下：

$$\log_{10}t = c_1 + c_3\log_{10}\sigma + c_{1i} + c_{3i}\log_{10}\sigma + e \qquad \text{(B.1)}$$

为避免奇异点，其中

$$c_{11} + c_{12} = c_{31} + c_{32} = 0 \qquad \text{(B.2)}$$

式中：

E——误差变量。

注：假设误差独立，呈正态分布，平均值为 0，方差恒定。

上式中，参数 c_{1i} 和 c_{3i} 表示定性参数——“破坏类型”的影响。$i=1$ 是 A 型破坏，$i=2$ 是 B 型破坏。

拐点把两种破坏类型相应的应力范围分开，但拐点处破坏时间不应与破坏类型有关，为此补充下列限制条件。

$$c_{1i} + c_{3i}\log_{10}\sigma_k = 0 \qquad \text{(B.3)}$$

式中：

σ_k——与拐点相应的应力。

这样，可消去参数 c_{1i}，模型成为：

$$\log_{10}t = c_1 + c_3\log_{10}\sigma + c_{3i}(\log_{10}\sigma - \log_{10}\sigma_k) + e \qquad \text{(B.4)}$$

并且有

$$c_{31} + c_{32} = 0 \qquad \text{(B.5)}$$

计算步骤是：在应力值的试验范围内扫描 σ_k，按模型拟合试验数据，对每次拟合计算残余方差。其中残余方差最小者记为 s_k^2，表示扫描 σ_k 时所得最佳拟合，相应于最佳 σ_k 值。

用 F 检验对有拐点模型的残余方差 s_k^2 和无拐点模型的残余方差 s^2 作比较。Fisher 统计量 F 计算如下：

$$F_{N-2,N-4} = s^2/s_k^2 \qquad \text{(B.6)}$$

该统计量在无拐点假设成立时，近似服从 Fisher 分布，分子自由度为 $N-2$，分母自由度为 $N-4$，N 是试验数据个数。

如果与 F 计算值相关的概率大于 0.05，则在概率水平 5% 接受无拐点假设。否则排除无拐点假设，承认拐点存在。

附 录 C
（资料性附录）
应用 SEM 分析应力破坏数据的示例

C.1 观察值表

一种部分结晶聚合物在 20 ℃、40 ℃和 60 ℃的应力破坏数据列于表 C.1、表 C.2 和表 C.3。

表 C.1 20 ℃时的应力破坏数据

温度/℃	应力/MPa	时间/h	温度/℃	应力/MPa	时间/h
20	16.0	11	20	13.7	536
20	15.0	58	20	13.6	680
20	15.0	44	20	13.5	411
20	14.9	21	20	13.5	412
20	14.5	25	20	13.5	3 368
20	14.5	24	20	13.5	865
20	14.3	46	20	13.5	946
20	14.1	11	20	13.5	4 524
20	14.0	201	20	13.4	122
20	14.0	260	20	13.4	5 137
20	14.0	201	20	13.3	1 112
20	13.9	13	20	13.3	2 108
20	13.7	392	20	13.2	1 651
20	13.7	440	20	13.2	1 760
20	13.7	512	20	12.8	837
20	13.7	464			

表 C.2 40 ℃时的应力破坏数据

温度/℃	应力/MPa	时间/h	温度/℃	应力/MPa	时间/h
40	11.1	10	40	10.0	2 076
40	11.2	11	40	10.0	1 698
40	11.5	20	40	9.5	1 238
40	11.5	32	40	9.5	1 790
40	11.5	35	40	9.5	2 165
40	11.5	83	40	9.5	7 823
40	11.2	240	40	9.0	4 128
40	11.2	282	40	9.0	4 448
40	11.0	1 912	40	8.5	7 357
40	11.0	1 856	40	8.5	5 448
40	11.0	1 688	40	8.0	7 233
40	11.0	1 114	40	8.0	5 959

表 C.2（续）

温度/℃	应力/MPa	时间/h	温度/℃	应力/MPa	时间/h
40	10.8	54	40	8.0	12 081
40	10.5	5 686	40	7.5	16 920
40	10.5	921	40	7.5	12 888
40	10.5	1 145	40	7.5	10 578
40	10.5	2 445	40	6.5	12 912
40	10.0	5 448	40	6.0	11 606
40	10.0	3 488			
40	10.0	1 488			

表 C.3　60 ℃时的应力破坏数据

温度/℃	应力/MPa	时间/h	温度/℃	应力/MPa	时间/h
60	9.6	10	60	7.5	351
60	9.5	13	60	7.0	734
60	9.5	32	60	7.0	901
60	9.5	34	60	7.0	1 071
60	9.5	114	60	7.0	1 513
60	9.5	195	60	6.5	1 042
60	9.2	151	60	6.5	538
60	9.0	242	60	6.0	4 090
60	9.0	476	60	6.0	839
60	9.0	205	60	6.0	800
60	9.0	153	60	5.5	339
60	9.0	288	60	5.5	2 146
60	8.9	191	60	5.5	2 048
60	8.5	331	60	5.5	2 856
60	8.5	296	60	5.0	1 997
60	8.5	249	60	5.0	1 647
60	8.5	321	60	5.0	1 527
60	8.5	344	60	5.0	2 305
60	8.5	423	60	5.0	2 866
60	8.5	686	60	4.0	6 345
60	8.5	513	60	3.5	15 911
60	8.5	585	60	3.4	6 841
60	8.5	719	60	3.4	8 232
60	7.5	423	60	2.9	15 090
60	7.5	590			
60	7.5	439			
60	7.5	519			

C.2 自动检验拐点的示例

本例使用表 C.2 中 40 ℃的观察值。

首先假设拐点不存在，用一条直线拟合全部数据散点。所得残余方差为 0.409 1，自由度 36。

然后假设存在拐点，用扫描 σ_k 的方法确定拐点位置。扫描方法是：在 $\log_{10}\sigma$ 的试验范围内，规则地分隔出 50 个应力值，依次将它们作为 σ_k，按二分支直线模型作拟合。拟合所得结果中残余方差最小者为0.227，自由度为 34。与之相应的应力为 10.6 MPa，时间为 1 927 h。

用于检验拐点是否存在的 Fisher 统计量等于 0.409 1/0.227=1.802。在分子自由度 36、分母自由度 34 的 Fisher 统计分布上，与大于 1.802 的区间相应的概率为 0.0438。由于 0.0438<0.05，故可确定拐点存在。

破坏类型分类结果如表 C.4：

表 C.4 破坏类型的分类

温度/℃	应力/MPa	时间/h	破坏类型	温度/℃	应力/MPa	时间/h	破坏类型
40	11.1	10	A	40	10.5	2 445	B
40	11.2	11	A	40	10.0	5 448	B
40	11.5	20	A	40	10.0	3 488	B
40	11.5	32	A	40	10.0	2 076	B
40	11.5	35	A	40	9.5	1 790	B
40	10.8	54	A	40	9.5	2 165	B
40	11.5	83	A	40	9.5	7 823	B
40	11.2	240	A	40	9.0	4 128	B
40	11.2	282	A	40	9.0	4 448	B
40	11.0	1 688	A	40	8.5	7 357	B
40	11.0	1 114	A	40	8.5	5 448	B
40	11.0	1 912	A	40	8.0	7 233	B
40	11.0	1 856	A	40	8.0	5 959	B
40	10.5	921	B	40	8.0	12 081	B
40	10.0	1 488	B	40	7.5	16 920	B
40	10.0	1 698	B	40	7.5	12 888	B
40	9.5	1 238	B	40	7.5	10 578	B
40	10.5	1 145	B	40	6.5	12 912	B
40	10.5	5 686	B	40	6.0	11 606	B

注：该示例说明了拐点自动检验的具体算法。计算机程序中用其他方式表示上述结果。

C.3 应力破坏数据的回归计算示例

C.3.1 参数估计(见图 C.1)

C.3.1.1 所用模型

$$\log_{10} t = c_1 + c_2 \frac{1}{T} + c_4 \frac{\log_{10}\sigma}{T} + e \qquad \text{(C.1)}$$

C.3.1.2 破坏类型 A

残余方差：0.306 061

试验散点个数：50

参数个数：3

自由度：47

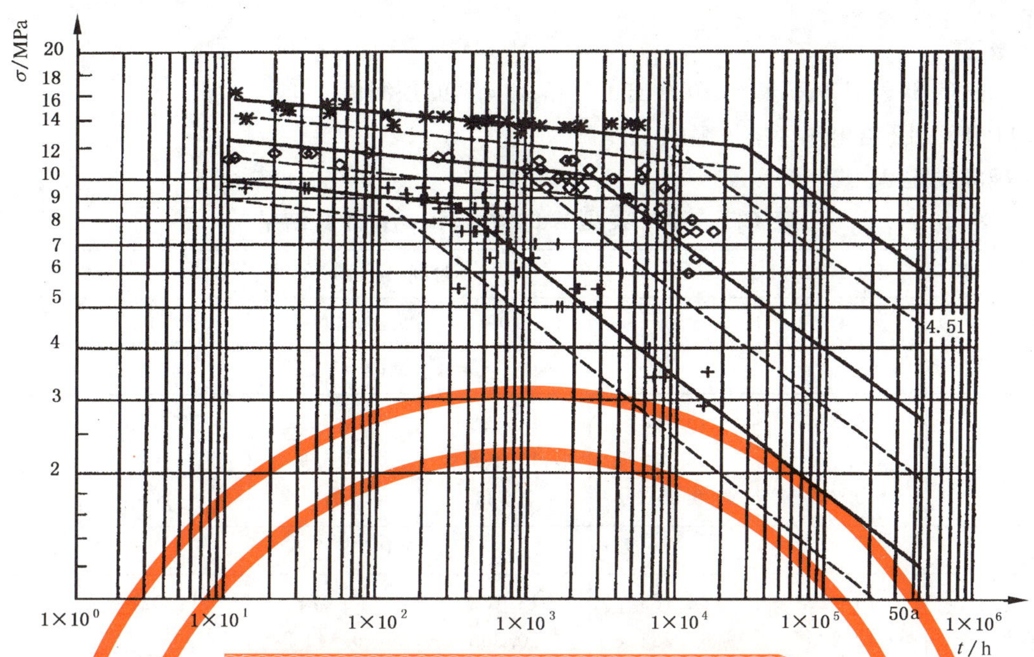

注 1：实线表示 σ_{LTHS} 的线性回归线。

注 2：虚线表示 σ_{LPL} 的曲线。

注 3："＊"表示试验温度为 20 ℃。

注 4："◇"表示试验温度为 40 ℃。

注 5："＋"表示试验温度为 60 ℃。

图 C.1　部分结晶聚合物的 SEM 分析结果的图形表示

A 型破坏的参数与统计量的详细结果见表 C.5(有关统计学的更多细节见文献[2])。

表 C.5　破坏类型 A 的参数估计

参数	估计值	标准差	t 值	Pr(>|t|)
c_1	−42.014	6.048	−6.947	0.000
c_2	23 184.326	3 290.992	7.045	0.000
c_4	−8 892.575	1 361.190	−6.533	0.000

模型适度检验：$Pr[F(19;28)>2.981]=0.004$。

C.3.1.3　破坏类型 B

残余方差：0.048 413

试验散点个数：70

参数个数：3

自由度：67

B 型破坏的参数与统计量的详细结果见表 C.6。

表 C.6　破坏类型 B 的参数估计

参数	估计值	标准差	t 值	Pr(>|t|)
c_1	−15.775	1.010	−15.619	0.000
c_2	7 228.155	366.250	19.736	0.000
c_4	−1 213.615	76.868	−15.788	0.000

模型适度检验：$Pr[F(20;47)>0.751]=0.753$。

C.3.2 预测

C.3.2.1 概述

表 C.7，表 C.8，表 C.9 和表 C.10 给出了 σ_{LTHS} 和 σ_{LPL} 的预测值。

表 C.11 和 C.12 给出了外推极限。

C.3.2.2 破坏类型 A

表 C.7 破坏类型 A 的 σ_{LTHS} 和 σ_{LPL} 计算结果

温度/℃	时间/h					
	1	10	100	1 000	10 000	100 000
	σ_{LTHS}/MPa					
20	16.678	15.458	14.328	13.281	12.310	B
40	13.416	12.372	11.408	10.519	B	B
60	10.793	9.901	9.083	B	B	B
温度/℃	σ_{LPL}/MPa					
20	15.229	14.183	13.132	12.074	11.024	B
40	12.209	11.288	10.365	9.444	B	B
60	9.748	8.942	8.140	B	B	B

表 C.8 破坏类型 A 的 σ_{LTHS} 和 σ_{LPL} 计算结果

温度/℃	时间/a			
	0.5	1	10	50
	σ_{LTHS}/MPa			
20	12.650	12.364	B	B
40	B	B	B	B
60	B	B	B	B
温度/℃	σ_{LPL}/MPa			
20	11.398	11.084	B	B
40	B	B	B	B
60	B	B	B	B

C.3.2.3 破坏类型 B

表 C.9 破坏类型 B 的 σ_{LTHS} 和 σ_{LPL} 计算结果

温度/℃	时间/h					
	1	10	100	1 000	10 000	100 000
	σ_{LTHS}/MPa					
20	A	A	A	A	A	8.661
40	A	A	A	A	7.132	3.937
60	A	A	A	6.336	3.368	1.790
温度/℃	σ_{LPL}/MPa					
20	A	A	A	A	A	6.550
40	A	A	A	A	5.427	2.914
60	A	A	A	4.772	2.478	1.261

表 C.10　破坏类型 B 的 σ_{LTHS} 和 σ_{LPL} 计算结果

温度/℃	时间/a			
	0.5	1	10	50
	σ_{LTHS}/MPa			
20	A	A	8.942	6.062
40	8.825	7.380	4.074	2.689
60	4.224	3.492	1.856	1.193
温度/℃	σ_{LPL}/MPa			
20	A	A	6.770	4.510
40	6.748	5.621	3.022	1.937
60	3.142	2.575	1.312	0.811

C.3.2.4　外推极限

表 C.11　T_t=40 ℃,t_{max}=13 160.5 h 时的外推极限

T/℃	ΔT/℃	k_e	t_e/h	t_e/a
20	20	6	78 963	9.01

表 C.12　T_t=60 ℃,t_{max}=9 698.1 h 时的外推极限

T/℃	ΔT/℃	k_e	t_e/h	t_e/a
20	40	50	484 907	55.35
40	20	6	58 189	6.64

C.3.3　拐点位置

表 C.13 给出了拐点位置。

表 C.13　拐点位置

温度/℃	应力/MPa	时间/h
20	11.92	26 664
40	10.18	2 515
60	8.70	315

附 录 D
（资料性附录）
SEM 软件信息

从下列供应者可得到用于 SEM 计算的软件包。该软件包与本标准的规定是一致的，并已通过 ISO/TC 138/SC5 Ad Hoc SEM 工作组的测试和批准。

BECETEL vzw
Gontrode Heirweg 130
B-9090 Melle
Belgium
Tel：+32(0)9 272 50 70
Fax：+32(0)9 272 50 72
e-mail：info@becetel.be

参 考 文 献

[1] RALSTON, A.. and WILF, H. S.: Mathematical Methods for Digital Computers. Volume 1, John Wiley & Sons. 1967.

[2] HENRY SCHEFFE: The Analysis of Variance. John Wiley & Sons, New York, 1959.

[3] 董孝理.塑料压力管的力学破坏和对策.北京:化学工业出版社,2006.

前　　言

本标准是等效采用国际标准ISO 10147:1994《交联聚乙烯(PE-X)管材与管件——测定凝胶含量确定交联度》制定。其主要的技术内容与ISO 10147相同，而对试样的取样部位和萃取冷凝回流速度做出了更为具体的规定。

本标准由中国轻工业联合会提出。

本标准由全国塑料制品标准化技术委员会归口。

本标准起草单位：轻工业塑料加工应用研究所、北京工商大学、佛山市日丰企业有限公司、天津德塔科技集团有限公司、广东万家通交联管厂。

本标准主要起草人：凌伟、叶志殷、窦小江、张玉伟、郑文松。

ISO 前言

国际标准化组织(ISO)是由各国标准化团体(ISO 成员团体)组成的世界性联合机构。制定国际标准的工作通常由 ISO 各技术委员会进行。凡对某个技术委员会的工作感兴趣的任何成员团体都有权参加该技术委员会。政府或非政府的国际组织,经与 ISO 联系,也可参加其工作。ISO 与国际电工技术委员会(IEC)在电工技术标准化方面有密切的合作。

由技术委员会采纳的国际标准草案提交各成员团体表决,国际标准必须取得至少 75%的参加表决的成员团体同意才可正式通过。

国际标准 ISO 10147 由 ISO/TC 138/SC5(流体输送用塑料管材、管件和阀门技术委员会塑料管材、管件和阀门及其附件的一般特性—试验方法和基本要求分技术委员会)制定。

中华人民共和国国家标准

交联聚乙烯(PE-X)管材与管件交联度的试验方法

GB/T 18474—2001
eqv ISO 10147:1994

Pipes and fittings made of crosslinked polyethylene (PE-X)—Estimation of the degree of crosslinking by determination of the gel content

1 范围

本标准规定了交联聚乙烯(PE-X)管材与管件交联度的试验方法。

本标准适用于以交联聚乙烯为材质的管材和管件。

2 原理

本方法是通过测定交联聚乙烯产品的凝胶含量来确定交联度。将试样在选定的溶剂中按规定的时间进行萃取并称量其萃取前后的质量,以经萃取而未被溶解的剩余物所占的质量百分数(即凝胶含量)作为试样的交联度。

3 仪器设备

3.1 冷凝回流器:普通型。

3.2 圆底烧瓶:容积至少 500 mL(2 000 mL 的容积一次试验可同时盛装最多 6 个试样)。

3.3 加热装置:与圆底烧瓶相配,加热功率应能使溶剂达到充分沸腾(二甲苯沸点 138℃～144℃)。

3.4 铁架台及各类夹子。

3.5 真空烘箱或鼓风烘箱。

3.6 干燥器。

3.7 分析天平:感量为 1 mg。

3.8 车床、切片设备或其他切削工具。

3.9 筛网:铝或不锈钢,孔径(125±25) μm。

3.10 金属丝:铝或不锈钢。

4 材料

4.1 溶剂:二甲苯,分析纯。

注:二甲苯为有害、易燃型溶剂并能通过人体皮肤吸收,其挥发气体的过量吸入亦会对人身健康产生影响。因此,应在安全的环境条件下小心操作同时建立相关的管理条例。

4.2 抗氧剂:2,2′-甲撑双(4-甲基-6-叔丁基苯酚)(抗氧剂 2246)。

5 试样

5.1 试样制备:从管材或管件在距端面 10 mm 处的横截面上切取至少一圈,包括整个管壁的厚度为

中华人民共和国国家质量监督检验检疫总局 2001-10-24 批准　　2002-05-01 实施

0.1 mm～0.2 mm 的薄片。试样质量在 0.5 g～1.0 g 之间。

5.2 试样数量：连续切取不少于 2 个。

6 步骤

6.1 剪取一块面积大小可以包裹试样的清洁、干燥的筛网并称重，精确至 1 mg，作为 m_1。

6.2 将试样放入筛网中包裹成袋形并称重，精确至 1 mg，作为 m_2。

6.3 把二甲苯溶剂倒入圆底烧瓶内，加入量为溶剂与试样的质量比不小于 500：1，然后向溶剂中加入溶剂质量 1%的抗氧剂。

6.4 用金属丝将包有试样的筛网袋悬吊于圆底烧瓶内，应使试样整个浸没于二甲苯溶剂中。

6.5 安装冷凝回流器（萃取装置的装配见图 1）。

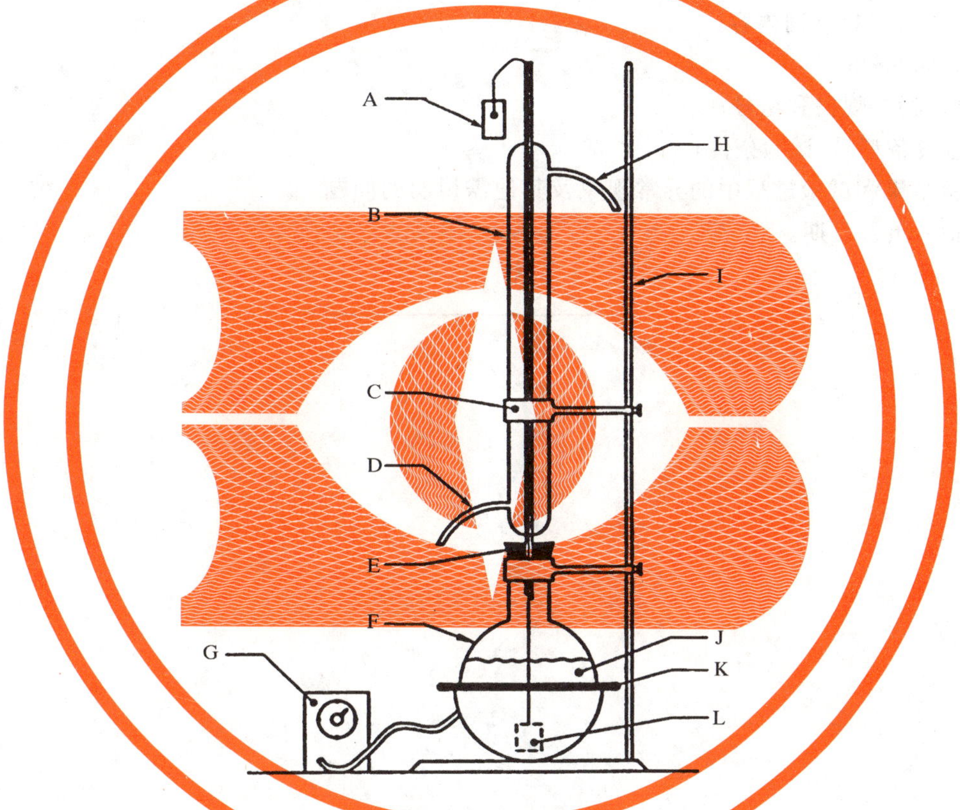

A—筛网袋的标签；B—冷凝回流器；C—固定夹；D—进水口；E—圆底烧瓶与冷凝回流器的接口；F—圆底烧瓶；G—与加热装置相配的调压器；H—出水口；I—铁架台；J—溶剂；K—加热装置；L—盛装试样的筛网袋

图 1 萃取装置

6.6 开启加热装置加热溶剂至沸点，控制冷凝回流速度在(20～40)滴/min，萃取时间 8 h±5 min。

6.7 小心取出金属丝与筛网袋。

6.8 将筛网袋与金属丝放入真空干燥箱（真空度至少 85 kPa）或鼓风干燥箱（开启鼓风）内干燥，温度(140±2)℃，时间 3 h。

6.9 取出筛网袋与金属丝冷却（必要时放入干燥器内）至环境温度后，解下金属丝称量筛网袋，精确至 1 mg，作为 m_3。

7 结果与计算

7.1 单个试样的交联度 G_i 按式(1)计算。

$$G_i = \frac{m_3 - m_1}{m_2 - m_1} \times 100 \quad \cdots\cdots(1)$$

式中：G_i——交联度，%；

m_1——筛网的质量，mg；

m_2——萃取前试样与筛网的质量，mg；

m_3——萃取后剩余试样与筛网的质量，mg。

7.2 计算每个交联度 G_i 的算术平均值作为平均交联度 G，结果保留三位有效数字。如果两个试样的结果相差超过 3%，则需另取两个试样重新试验。

8 试验报告

试验报告应包括下列内容：

a）国家标准号；

b）材料名称、规格和型号；

c）仪器设备型号、试验条件；

d）试验结果和试验过程中的异常现象及其他需说明的问题；

e）试验人员及日期。

前　　言

本标准是等效采用国际标准 ISO 12162:1995《热塑性塑料压力管材和管件用材料——分级和命名——总体使用(设计)系数》制定的。

由于本标准为基础标准,不涉及标志的内容,故本标准未采用 ISO 12162:1995 的第 8 章:标志。

本标准是重要的基础标准,它规定了热塑性塑料压力管材和管件用材料的分级要求和总体使用(设计)系数,对于正确选用材料,保证产品质量具有重要意义。

本标准由中国轻工业联合会提出。

本标准由全国塑料制品标准化技术委员会归口。

本标准起草单位:轻工业塑料加工应用研究所。

本标准主要起草人:刘秋凝、钱汉英、焦翠云、何其志。

ISO 前言

国际标准化组织(ISO)是各国标准化团体(ISO 成员团体)组成的世界性联合会。制定国际标准的工作通常由 ISO 的技术委员会完成,各成员团体若对某技术委员会已确立的标准项目感兴趣,均有权参加该委员会的工作。与 ISO 保持联系的各国际组织(官方或非官方的)也可参加有关工作。ISO 与国际电工委员会(IEC)在电工技术标准化的所有方面保持密切合作。

由技术委员会通过的国际标准草案提交各成员团体表决,须取得至少 75%参加表决的成员团体的同意,才能作为国际标准正式发布。

国际标准 ISO 12162 由 ISO/TC138/SC5(流体输送用塑料管材、管件和阀门技术委员会塑料管材、管件和阀门及其附件的一般特性—试验方法和基本要求分技术委员会)制定。

中华人民共和国国家标准

热塑性塑料压力管材和管件用材料分级和命名　总体使用(设计)系数

GB/T 18475—2001
eqv ISO 12162:1995

Thermoplastics materials for pipes and fittings for pressure applications—Classification and designation—Overall service(design)coefficient

1　范围

本标准规定了压力管材或管件用热塑性塑料的分级和命名，以及管材和管件设计应力的计算方法。

本标准适用于压力管材或管件用材料。

材料的分级、命名和设计应力的计算方法是以用 GB/T 18252《塑料管道系统　用外推法对热塑性塑料管材长期静液压强度的测定》所得的管状试样的耐液压能力(20℃，50 年)为基础的。

2　引用标准

下列标准所包含的条文，通过在本标准中引用而构成为本标准的条文。本标准出版时，所示版本均为有效。所有标准都会被修订，使用本标准的各方应探讨使用下列标准最新版本的可能性。

GB/T 321—1980　优先数和优先数系

GB/T 1844.1—1995　塑料及树脂缩写代号　第一部分：基础聚合物及其特征性能(neq ISO 1043-1:1987)

GB/T 18252—2000　塑料管道系统　用外推法对热塑性塑料管材长期静液压强度的测定

3　定义

本标准采用下列定义。

3.1　20℃、50 年的长期静液压强度　σ_{LTHS}

一个用于评价材料性能的应力值，指该材料的管材在 20℃、50 年的内水压下，置信度为 50%的长期静液压强度的置信下限。它等于在 20℃承受水压 50 年的平均强度或预测平均强度，单位为 MPa。

3.2　置信下限　σ_{LCL}

一个用于评价材料性能的应力值，指该材料的管材在 20℃、50 年的内水压下，置信度为 97.5%的长期静液压强度的置信下限，单位为 MPa。

3.3　最小要求强度　MRS

按 GB/T 321—1980 的 R10 或 R20 系列向小圆整的置信下限 σ_{LCL}的值。当 σ_{LCL}小于 10 MPa 时，按 R10 圆整，当 σ_{LCL}大于等于 10 MPa 时按 R20 圆整。MRS 是单位为 MPa 的环应力值。

3.4　总体使用(设计)系数　C

一个大于 1 的数值，它的取值考虑了使用条件和管道系统组件的性能，而不考虑置信下限已包含的因素。

中华人民共和国国家质量监督检验检疫总局 2001-10-24 批准　　　　2002-05-01 实施

3.5 设计应力 σ_s

规定条件下的允许应力，它是按式(1)计算，并按 GB/T 321—1980 的 R20 向小圆整后得到的，单位为 MPa。

$$\sigma_S = \frac{MRS}{C} \quad \cdots\cdots(1)$$

式中：MRS——最小要求强度，MPa；

C——总体使用(设计)系数。

4 材料的分级

热塑性塑料材料应根据 σ_{LCL}值进行分级，当 σ_{LCL}小于 10 MPa 时，按 R10 系列向小圆整；当 σ_{LCL}大于或等于 10 MPa 时，按 R20 系列向小圆整，圆整后的值即为 MRS。

热塑性塑料材料的分级数为 MRS 的 10 倍，见表 1。

表 1 分级

置信下限范围 σ_{LCL} MPa	最小要求强度 MRS MPa	分级数
$1 \leqslant \sigma_{LCL} \leqslant 1.24$	1	10
$1.25 \leqslant \sigma_{LCL} \leqslant 1.59$	1.25	12.5
$1.6 \leqslant \sigma_{LCL} \leqslant 1.99$	1.6	16
$2 \leqslant \sigma_{LCL} \leqslant 2.49$	2	20
$2.5 \leqslant \sigma_{LCL} \leqslant 3.14$	2.5	25
$3.15 \leqslant \sigma_{LCL} \leqslant 3.99$	3.15	31.5
$4 \leqslant \sigma_{LCL} \leqslant 4.99$	4	40
$5 \leqslant \sigma_{LCL} \leqslant 6.29$	5	50
$6.3 \leqslant \sigma_{LCL} \leqslant 7.99$	6.3	63
$8 \leqslant \sigma_{LCL} \leqslant 9.99$	8	80
$10 \leqslant \sigma_{LCL} \leqslant 11.19$	10	100
$11.2 \leqslant \sigma_{LCL} \leqslant 12.49$	11.2	112
$12.5 \leqslant \sigma_{LCL} \leqslant 13.99$	12.5	125
$14 \leqslant \sigma_{LCL} \leqslant 15.99$	14	140
$16 \leqslant \sigma_{LCL} \leqslant 17.99$	16	160
$18 \leqslant \sigma_{LCL} \leqslant 19.99$	18	180
$20 \leqslant \sigma_{LCL} \leqslant 22.39$	20	200
$22.4 \leqslant \sigma_{LCL} \leqslant 24.99$	22.4	224
$25 \leqslant \sigma_{LCL} \leqslant 27.99$	25	250
$28 \leqslant \sigma_{LCL} \leqslant 31.49$	28	280
$31.5 \leqslant \sigma_{LCL} \leqslant 35.49$	31.5	315
$35.5 \leqslant \sigma_{LCL} \leqslant 39.99$	35.5	355
$40 \leqslant \sigma_{LCL} \leqslant 44.99$	40	400
$45 \leqslant \sigma_{LCL} \leqslant 49.99$	45	450
$50 \leqslant \sigma_{LCL} \leqslant 54.99$	50	500

5 *C* 值的确定

在管道产品标准中应规定 *C* 值。压力管材和管件用热塑性塑料总体使用(设计)系数 *C* 的最小值见

表 2。

20℃时的 C 值应等于或大于表 2 中规定的最小值,确定 C 值时还应考虑下列因素:

a) 对产品有特别要求时,如承受其他应力以及应用中可能会出现的不易量化的作用(如动负荷等);

b) 温度、时间、管内外环境与 20℃、50 年、水的条件不一致的情况;

c) 温度不是 20℃的 MRS 的相关标准。

表 2 C 的最小值

材料	C 的最小值
ABS	1.6
PB	1.25
PE(各种类型)	1.25
PE-X	1.25
PP(共聚)	1.25
PP(均聚)	1.6
PVC-C	1.6
PVC-HI	1.4
PVC-U	1.6
PVDF(共聚)	1.4
PVDF(均聚)	1.6

6 设计应力的计算

除在管道产品(系统)标准中另有规定外,设计应力应按式(1)计算,并按 R20 系列向小圆整。

7 材料的命名

材料的命名应由材料的缩写代号及分级数组成。缩写代号按 GB/T 1844.1 的规定。

例:某未增塑聚氯乙烯材料的 MRS 为 25 MPa,其命名为 PVC-U 250。

前　　言

本标准是等效采用 ISO 13479:1997《流体输送用聚烯烃管材——耐裂纹扩展的测定——切口管材裂纹慢速增长的试验方法(切口试验)》制定的。

本标准与采用的 ISO 13479:1997 在技术内容上等效,在编辑上的主要差异如下:

1. 由于 ISO 13479:1997 中的定义在我国相关标准中已有规定,所以本标准未采用 ISO 13479:1997 中的“定义”一章;

2. 本标准增加了“试验结果”一章;

3. 由于 ISO 13479:1997 中的提示性附录 B 为参考文献,与本标准内容无关,所以没有采用附录 B。

本标准的附录 A 是提示的附录。

本标准由中国轻工业联合会提出。

本标准由全国塑料制品标准化技术委员会归口。

本标准起草单位:亚大塑料制品有限公司、山东胜利股份有限公司。

本标准主要起草人:于计俊、孙逊、何其志。

ISO 前言

国际标准化组织(ISO)是各国标准化团体(ISO 成员团体)组成的世界性联合会。制定国际标准的工作通常由 ISO 的技术委员会完成,各成员团体若对某技术委员会已确立的标准项目感兴趣,均有权参加该委员会的工作。与 ISO 保持联系的各国际组织(官方或非官方的)也可参加有关工作。ISO 与国际电工委员会(IEC)在电工技术标准化的所有方面保持密切合作。

由技术委员会通过的国际标准草案提交各成员团体表决,须取得至少 75%参加表决的成员团体的同意,才能作为国际标准正式发布。

国际标准 ISO 13479 由 ISO/TC138/SC5(流体输送用塑料管材、管件和阀门技术委员会塑料管材、管件和阀门及其附件的一般特性——试验方法和基本要求分技术委员会)制定。

本国际标准的附录 A 和附录 B 是提示的附录。

中华人民共和国国家标准

流体输送用聚烯烃管材　耐裂纹扩展的测定　切口管材裂纹慢速增长的试验方法(切口试验)

GB/T 18476—2001
eqv ISO 13479:1997

Polyolefin pipes for the conveyance of fluids—Determination of resistance to crack propagation—Test method for slow crack growth on notched pipes (notch test)

1　范围

本标准规定了测定聚烯烃管材耐裂纹慢速增长的一种试验方法。管材耐裂纹慢速增长的能力用切口管材静液压试验的破坏时间来表示。

本标准适用于壁厚大于 5 mm 的聚烯烃管材。

2　引用标准

下列标准所包含的条文,通过在本标准中引用而构成为本标准的条文。本标准出版时,所示版本均为有效。所有标准都会被修订,使用本标准的各方应探讨使用下列标准最新版本的可能性。

GB/T 4217—2001　流体输送用热塑性塑料管材　公称外径和公称压力(idt ISO 161-1:1996)

GB/T 6111—1985　长期恒定内压下热塑性塑料管材耐破坏时间的测定方法(eqv ISO/DP 1167:1978)

GB/T 6128.3—1996　角度铣刀　第 3 部分:对称双角铣刀的型式和尺寸(eqv ISO 6108:1978)

3　原理

将外表面带有四个机械加工的纵向切口的管材浸没到 80℃的水箱中进行静液压试验,记录破坏的时间。

4　仪器

4.1　管材静液压试验设备

按 GB/T 6111 的规定。

4.2　切口加工设备

带有一个固定在床身上的水平芯轴的铣床,并能牢固卡紧试样,使其笔直。芯轴置于管材内部,用于加工切口时在正下方支撑管材。安装在水平刀杆上的铣刀应是符合 GB/T 6128.3 的 60°夹角的 V 形铣刀,铣削速率为(0.010±0.002) (mm/rev)/齿(见下例)。

应保护铣刀以免损伤。铣刀在第一次正式使用前,应预铣累计 10 m 长的切口。铣刀不能用于其他材料或其他用途,铣 100 m 切口后应更换铣刀。

例:

带有 20 个齿的铣刀以 700 r/min 的速度转动,横向进给速度为 150 mm/min,铣削速率为 150/(20

中华人民共和国国家质量监督检验检疫总局 2001-10-24 批准　　2002-05-01 实施

×700)=0.011 (mm/rev)/齿。

5 试样制备

5.1 试样

试样应具有足够长度。当按照GB/T 6111进行试验时,密封接头间试样自由长度至少应为(3 d_n±5) mm,其中 d_n 为管材的公称外径。公称外径大于315 mm的管材,自由长度应不小于1 000 mm。

5.2 切口位置

将管材圆周四等分,标记出四个纵向切口加工位置和长度,切口的两端应在圆周上对齐,如图1所示。

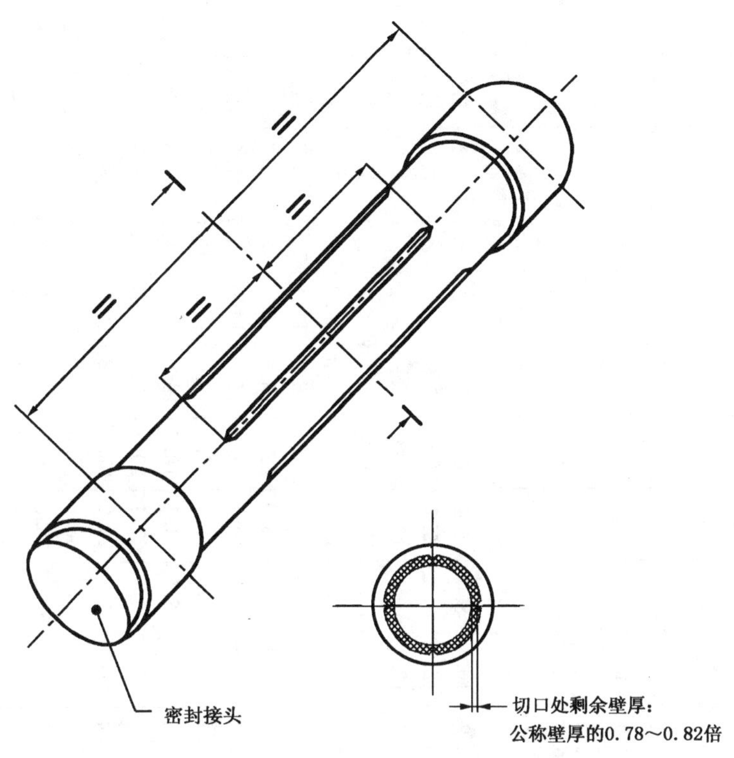

图1 管材试样

5.3 加工切口

5.3.1 顺铣加工纵向切口,使管材切口处剩余壁厚在管材公称壁厚的0.78~0.82倍之间,如图2所示。各种管材切口处剩余壁厚见表1。

具有完整深度的每个切口的长度应等于(d_n±1) mm。对于自由长度小于(3d_n±5) mm的试样,具有完整深度的每个切口的长度应等于自由长度减去(500±1) mm。

5.3.2 试样壁厚小于等于50 mm时,用V形铣刀加工切口。当试样壁厚大于50 mm时,应先用直径为15 mm~20 mm的螺旋铣刀预加工,加工到离预期的切口深度约10 mm时,再用V形铣刀加工切口。

注1:因为管材在释放残余应力时管壁会变化,导致切口加深,所以为使切口处剩余壁厚在要求的范围内,建议按上限加工。

5.4 密封接头

试样两端装有的密封接头(如GB/T 6111—1985中类型A),应保证内部压力引起的纵向载荷全部作用在管材上。

5.5 试样数量

除产品标准中另有规定外,应最少准备3个试样。

表 1 管材切口处剩余壁厚

单位:mm

公称外径 d_n	SDR6 $S2.5$		SDR7.4 $S3.2$		SDR9 $S4$		SDR11 $S5$		SDR13.6 $S6.3$		SDR17 $S8$		SDR17.6 $S9.3$		SDR21 $S10$		SDR26 $S12.5$		SDR33 $S16$		SDR41 $S20$	
	切口处剩余壁厚																					
	min	max	min	max	min	max	min	max	min	max	min	max	min	max	min	max	min	max	min	max	min	max
32	4.2	4.4																				
40	5.2	5.5	4.3	4.5																		
50	6.5	6.8	5.4	5.7	4.4	4.6																
63	8.2	8.6	6.7	7.1	5.5	5.8	4.5	4.8														
75	9.8	10.3	8.0	8.4	6.5	6.9	5.3	5.6	4.3	4.5												
90	11.7	12.3	9.6	10.1	7.9	8.3	6.4	6.7	5.1	5.4	4.2	4.1	4.0	4.2								
110	14.3	15.0	11.8	12.4	9.6	10.1	7.8	8.2	6.3	6.6	5.1	5.4	4.9	5.2	4.1	4.3						
125	16.2	17.1	13.3	14.0	10.9	11.5	8.9	9.3	7.2	7.5	5.8	6.1	5.5	5.8	4.7	4.9						
140	18.2	19.1	15.0	15.7	12.2	12.9	9.9	10.4	8.0	8.4	6.5	6.8	6.2	6.6	5.2	5.5	4.2	4.4				
160	20.7	21.8	17.1	18.0	14.0	14.7	11.4	12.0	9.2	9.7	7.4	7.8	7.1	7.5	6.0	6.3	4.8	5.1				
180	23.3	24.5	19.2	20.0	15.7	16.5	12.8	13.4	10.4	10.9	8.3	8.8	8.0	8.4	6.7	7.1	5.4	5.7	4.3	4.5		
200	25.9	27.2	21.4	22.5	17.5	18.4	14.2	14.9	11.5	12.1	9.3	9.8	8.9	9.3	7.5	7.9	6.0	6.3	4.8	5.1		
225	29.2	30.7	24.0	25.3	19.6	20.6	16.0	16.8	12.9	13.6	10.5	11.0	10.0	10.5	8.4	8.9	6.7	7.1	5.4	5.7	4.3	4.5
250	32.4	34.0	26.7	26.0	21.8	22.9	17.7	18.6	14.4	15.1	11.5	12.1	11.1	11.6	9.3	9.8	7.5	7.9	6.0	6.3	4.8	5.0
280	36.3	38.1	29.9	31.4	24.3	25.6	19.8	20.8	16.1	16.9	12.9	13.6	12.4	13.0	10.5	11.0	8.3	8.8	6.7	7.1	5.4	5.7
315	40.8	42.9	33.6	35.3	27.3	28.7	22.3	23.5	18.2	19.1	14.6	15.3	14.0	14.7	11.7	12.3	9.4	9.9	7.6	8.0	6.0	6.3
355	46.0	48.4	37.8	39.8	30.8	32.4	25.2	26.5	20.4	21.4	16.5	17.3	15.8	16.6	13.2	13.9	10.6	11.2	8.5	8.9	6.8	7.1
400			42.7	44.9	34.7	36.5	28.4	29.8	22.9	24.1	18.5	19.4	17.8	18.7	14.9	15.7	11.9	12.5	9.6	10.1	7.6	8.0
450			48.1	50.6	39.0	41.0	31.9	33.5	25.8	27.1	20.8	21.9	19.9	21.0	16.8	17.6	13.4	14.1	10.8	11.3	8.6	9.0
500					43.4	45.6	35.5	37.3	28.7	30.2	23.1	24.3	22.2	23.3	18.6	19.6	14.9	15.7	11.9	12.5	9.5	10.0
560							39.7	41.7	32.1	33.8	25.9	27.2	24.9	26.2	20.8	21.9	16.7	17.5	13.4	14.1	10.7	11.2
630							44.7	47.0	36.2	38.0	29.1	30.6	27.9	29.4	23.4	24.6	18.8	19.8	15.1	15.8	12.0	12.6
710									40.8	42.9	32.8	34.5	31.4	33.0	26.4	27.8	21.2	22.3	17.0	17.9	13.6	14.3
800									45.9	48.3	37.0	38.9	35.3	37.1	29.7	31.2	23.9	25.1	19.1	20.1	15.3	16.1
900											41.7	43.9	39.8	41.8	33.5	35.2	27.1	28.5	21.5	22.6	17.2	18.0
1 000											46.3	48.6	44.1	46.4	37.2	39.1	30.0	31.6	23.9	25.1	19.0	20.0
1 200															44.6	46.9	36.0	37.9	28.4	29.8	22.8	24.0
1 400																	42.0	44.2	33.1	34.8	26.7	28.0
1 600																	48.0	50.4	37.8	39.8	30.5	32.1

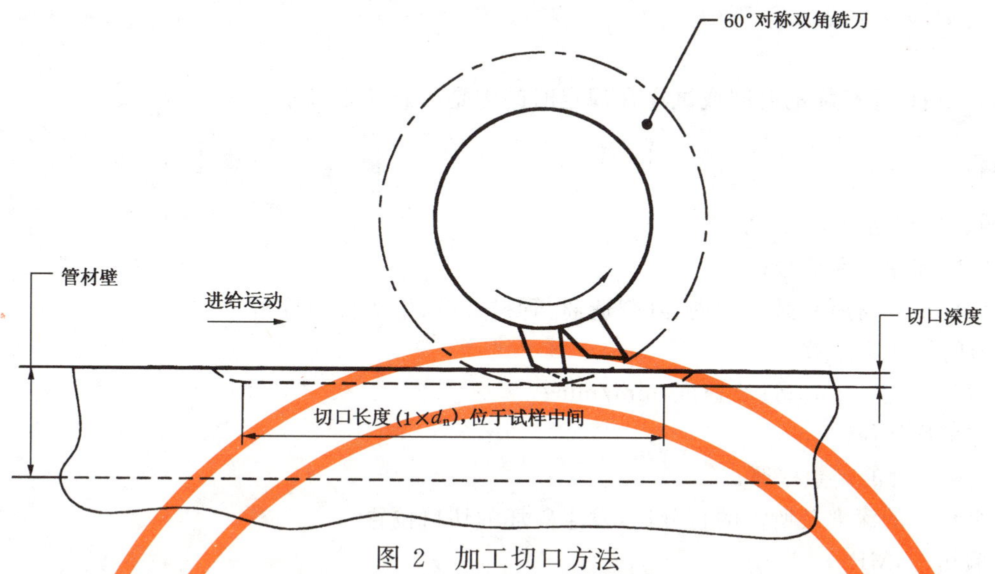

图 2 加工切口方法

6 状态调节

试验前试样应充满水,浸没在 80℃的水中进行状态调节。壁厚小于等于 25 mm 时,状态调节时间为 24 h;壁厚大于 25 mm 时,状态调节时间为 48 h。

7 步骤

7.1 静液压试验

按 GB/T 6111 在 80℃和相关标准规定的压力条件下进行静液压试验。在加压过程中,要确保平稳、连续升压,不超过要求的压力。保压到试样破坏或达到规定的时间,记录时间,向小圆整到小时。如果发生破坏,记录破坏的位置。

注 2:附录 A 给出了聚乙烯管材的试验参数和要求,它取决于材料级别和管系列。

7.2 切口深度测量

压力试验完成后,从水箱中取出试样并冷却到环境温度。围绕切口位置切下一段管材,再从管段上切下一块带有切口的部分,用显微镜或类似的仪器测量切口加工表面的宽度,精确到 0.1 mm,如图 3 所示。如果相关标准有要求,应同时测量裂纹透过的深度。

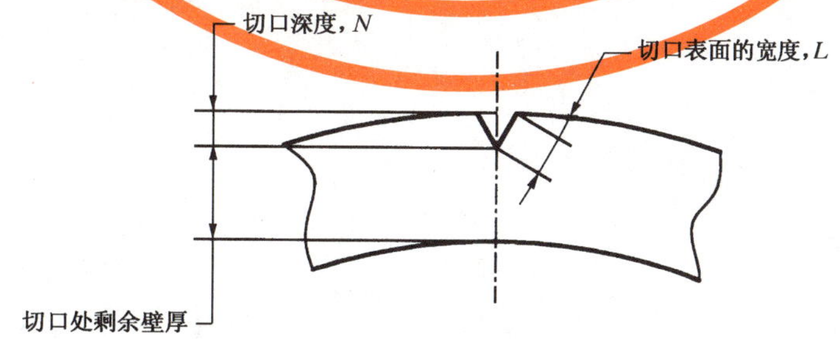

图 3 切口几何尺寸示意图

用式(1)计算切口深度:

$$N = 0.5[d_{em} - (d_{em}^2 - L^2)^{1/2}] + 0.866\,L \quad \cdots\cdots(1)$$

式中:N——切口深度,mm;

L——切口加工表面的宽度,mm;

d_{em}——测量的管材平均外径,mm。

从每个切口位置处的切口深度和平均壁厚,计算出切口处剩余壁厚。

8 试验结果

试验结果用试样破坏的时间或试样在规定时间内是否破坏来表示。

9 试验报告

试验报告应包括以下内容：

a）本标准和相关标准号；

b）完整标识管材所有必要的内容(制造商、管材类型、生产日期等)；

c）铣刀的尺寸和齿数；

d）铣刀的转速，r/min；进给速度，mm/min；

e）管材平均外径，mm；

f）每个切口处的剩余壁厚；

g）每个切口的深度及所占的百分比，发生破坏的切口位置；

h）试验压力，MPa；

i）每个试样的破坏时间，h；

j）可能影响试验结果的各种因素，如失误或本标准没有规定的操作；

k）试验日期。

附　录　A
（提示的附录）
聚乙烯的试验参数和要求

A1　总则

本附录给出了聚乙烯的试验参数和要求。本试验也适用于其他聚烯烃材料，如聚丙烯，但试验参数和要求尚未确定。

A2　试验压力

聚乙烯(PE)管材耐裂纹慢速增长的切口试验，试验温度为80℃，试验压力根据材料级别和管系列确定(见表A1)。

表A1　试验压力

SDR	S	试验压力 p MPa	
		PE 80	PE 100
41	20	0.2	0.23
33	16	0.25	0.288
26	12.5	0.32	0.368
21	10	0.4	0.46
17.6	8.3	0.482	0.554
17	8	0.5	0.575
13.6	6.3	0.635	0.73
11	5	0.8	0.92
9	4	1.0	1.15
7.4	3.2	1.25	1.438
6	2.5	1.6	1.84

注：上述试验压力是通过下式计算出来的。光滑壁管材静液压应力，对于PE 80材料为4.0 MPa，对于PE 100材料为4.6 MPa。

$$p = \sigma/S$$

或

$$p = 2\sigma/(\mathrm{SDR} - 1)$$

式中：σ——静液压应力，MPa；

S——管系列；

SDR——标准尺寸比。

A3　推荐的最低要求

PE 80和PE 100材料的最少破坏时间应不小于165 h。

前　　言

本标准等效采用 ISO 9854-1:1994《用于流体输送的热塑性塑料管材——简支梁法摆锤冲击强度的试验方法——第 1 部分:通用测试方法》和 ISO 9854-2:1994《用于流体输送的热塑性塑料管材——简支梁法摆锤冲击强度的试验方法——第 2 部分:各种材料管材的测试条件》。

本标准在技术内容上与 ISO 9854:1994 的第 1 部分和第 2 部分基本相同。

本标准与 ISO 9854:1994 第 1 部分和第 2 部分的差异:

——把 ISO 9854:1994 的第 1 部分和第 2 部分合并为一部分;

——由于 ISO 9854:1994 的第 1 部分的附录 A 和第 2 部分的附录 A 与本标准无关,因此未采用。

——增加了对于 $e>10.5$ mm 的均聚和共聚聚丙烯管材试样的处理方法。

本标准由中国轻工业联合会提出。

本标准由全国塑料制品标准化技术委员会归口。

本标准起草单位:上海白蝶管业科技股份有限公司(原上海建筑材料厂)、轻工业塑料加工应用研究所。

本标准主要起草人:徐红越、凌伟、邱强。

ISO 前言

国际标准化组织(ISO)是各国家标准化团体(ISO 成员团体)组成的世界性联合会。制定国际标准的工作通常由 ISO 的技术委员会完成,各成员团体若对某技术委员会已确立的标准项目感兴趣,均有权参加该委员会的工作。与 ISO 保持联系的各国际组织(官方或非官方的)也可参加有关工作。ISO 与国际电工委员会(IEC)在电工技术标准化的所有方面保持密切合作。

由技术委员会通过的国际标准草案提交各成员团体表决,需取得至少 75%参加表决的成员团体的同意,才能作为国际标准正式发布。

国际标准 ISO 9854 是由 ISO/TC 138(流体输送用塑料管材、管件和阀门技术委员会下设的 SC5“塑料管材、管件、阀门及其附件的一般特性——试验方法和基本规范”分委会)制定的。

国际标准 ISO 9854 在用简支梁方法测定流体输送用热塑性塑料管材的摆锤冲击强度时,包含以下内容:

——第 1 部分:通用测试方法

——第 2 部分:各种材料管材的测试条件

本标准第 1 部分中的附录 A 仅作资料参考。

本标准第 2 部分中的附录 A 仅提供信息。

中华人民共和国国家标准

流体输送用热塑性塑料管材简支梁冲击试验方法

GB/T 18743—2002
eqv ISO 9854-1:1994
eqv ISO 9854-2:1994

Thermoplastics pipes for the transport of fluids—Determination of impact by the charpy method

1 范围

本标准规定了用简支梁冲击试验测定流体输送用热塑性塑料管材冲击强度的方法和测试参数。

本标准适用于均聚和共聚聚丙烯(PP-H、PP-B、PP-R)管材,未增塑聚氯乙烯(PVC-U)管材,经改性后高抗冲的聚氯乙烯(PVC-Hi)管材,氯化聚氯乙烯(PVC-C)管材,丙烯腈-丁二烯-苯乙烯和丙烯腈-苯乙烯-丙烯酸(ABS、ASA)管材。

2 引用标准

下列标准所包含的条文,通过在本标准中引用而构成为本标准的条文。本标准出版时,所示版本均为有效。所有标准都会被修订,使用本标准的各方应探讨使用下列标准最新版本的可能性。

GB/T 1043—1993 硬质塑料简支梁冲击试验方法(neq ISO 179:1982)

3 原理

一小段管材或机械加工制得的无缺口条状试样在规定的测试温度 T_c 下进行预处理。然后以规定的跨度将试样在水平方向呈简支梁式支撑,用具有给定冲击能量的摆锤在支撑中线处迅速冲击一次。

对规定数目的试样冲击后,以试样破坏数对被测试样总数的百分比表示试验结果。

4 设备

4.1 冲击测试仪

按 GB/T 1043 规定并符合下列要求:

a) 冲击速度为 3.8 m/s;

b) 摆锤应能提供 15 J 或 50 J 的冲击能量,冲击刀刃夹角 30°±1°,端部圆弧半径(2±0.5) mm;

c) 纵向切割的试样的支撑方式如图 1、图 2;

d) 环向切割的试样的支撑方式如图 3。

4.2 试样预处理设备

一个恒温控制的空间或浴槽,能够使试样达到规定的测试温度 T_c。

中华人民共和国国家质量监督检验检疫总局 2002-05-29 批准　　2003-01-01 实施

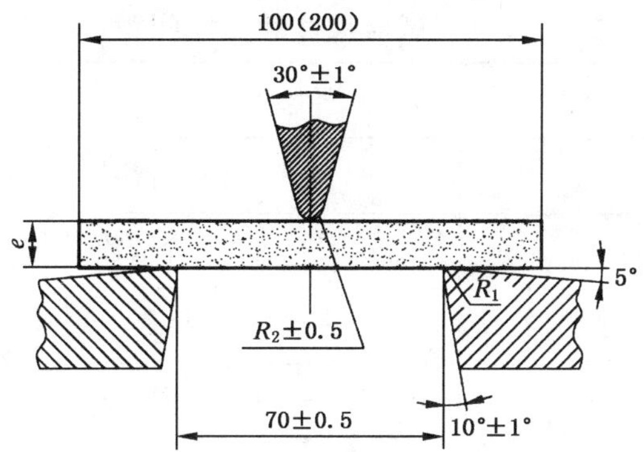

图 1　标准试样的冲击刀刃和支座

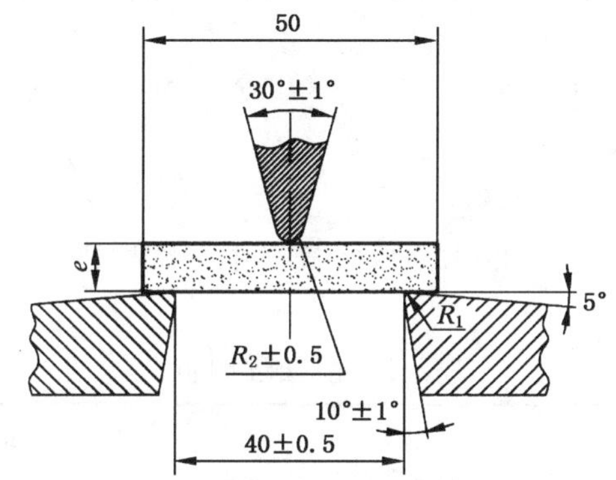

图 2　小试样的冲击刀刃和支座

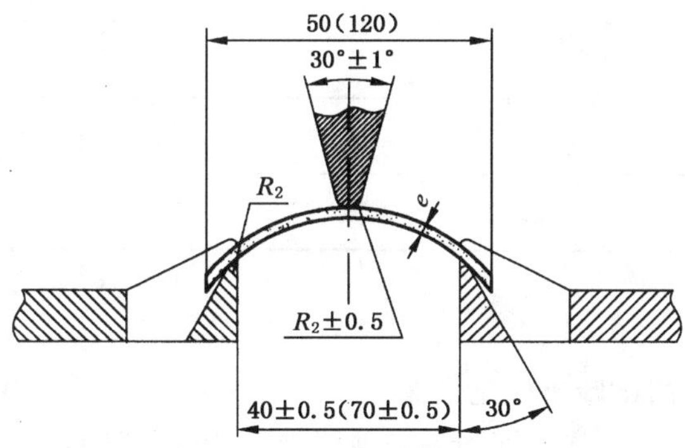

注：弧形弦高的冲击动能忽略不计。

图 3　弧形试样的冲击刀刃和支座

5　试样

5.1　制备

根据5.2.1、5.2.2、5.2.3的规定从管材上切割下试样。对于均聚和共聚聚丙烯管材，如果所切试样的壁厚 e 小于等于10.5 mm，保留试样厚度，试样无需加工；如果壁厚 e 大于10.5 mm，则从外表面起加工至试样成薄片状，其厚度为(10±0.5) mm，加工过的表面用细砂纸(颗粒≥220目)沿长度方向磨光。试样表面应平整、光滑，无毛刺。

5.2　切割和尺寸

5.2.1　外径小于25 mm的管材其试样为(100±2) mm长的整个管段。

5.2.2　外径大于等于25 mm小于75 mm的管材，试样沿纵向切割，其尺寸和形状符合表1的要求。

表 1 试样尺寸和支座间距 mm

试样类型	试样尺寸			支座间距
	长	宽	厚	
1	100±2	整个管段		70±0.5
2	50±1	6±0.2	e	40±0.5
3	120±2	15±0.5	e	70±0.5
注：e 为管材的加工厚度。				

5.2.3 外径大于等于 75 mm 的管材，试样分别沿环向和纵向切割，其尺寸和形状符合表 1 的要求。

5.3 试样数量

试样数量应在产品标准中规定。

6 预处理

将试样放在符合规定测试温度 T_c 的水浴或空气浴中对试样进行预处理，时间按表 2 规定。在仲裁检验时，应使用水浴。

表 2 预处理时间

试样厚度 e mm	预处理时间 min	
	水 浴	空 气 浴
$e \leqslant 8.6$	15	60
$8.6 < e \leqslant 14.1$	30	120
$e > 14.1$	60	240

7 试验条件

7.1 均聚和共聚聚丙烯管材的试验条件见表 3。

表 3 均聚聚丙烯和共聚聚丙烯管材试验条件

管材尺寸		试样类型	试样的支撑方式	冲击能量 J	测试温度 T_c ℃	
外径 d_e mm	壁厚 e mm				均聚物	共聚物
$d_e < 25$	全部	1	图 1	15	23±2	0±2
$25 \leqslant d_e < 75$	$e \leqslant 4.2$	2	图 2	15	23±2	0±2
$25 \leqslant d_e < 75$	$4.2 < e \leqslant 10.5$	3	图 1	15	23±2	0±2
$d_e \geqslant 75$	$e \leqslant 4.2$	2	图 2 或图 3	15	23±2	0±2
$d_e \geqslant 75$	$4.2 < e \leqslant 10.5$	3	图 1 或图 3	15	23±2	0±2

7.2 未增塑聚氯乙烯和高抗冲聚氯乙烯管材试验条件见表 4。

表 4 未增塑聚氯乙烯和高抗冲聚氯乙烯管材试验条件

管材尺寸		试样类型	试样的支撑方式	冲击能量 J	测试温度 T_c ℃	
外径 d_e mm	壁厚 e mm				PVC-U	PVC-Hi
$d_e<25$	全部	1	图 1	15	23±2	0±2
$25\leqslant d_e<75$	全部	2	图 2	15	23±2	0±2
$d_e\geqslant75$	$e\leqslant9.5$	2	图 3	15	23±2	0±2
$d_e\geqslant75$	$e>9.5$	3	图 3	50	23±2	0±2

7.3 氯化聚氯乙烯管材的试验条件见表 5。

表 5 氯化聚氯乙烯管材试验条件

管材尺寸		试样类型	试样的支撑方式	冲击能量 J	测试温度 T_c ℃
外径 d_e mm	壁厚 e mm				
$d_e<25$	全部	1	图 1	15	23±2
$25\leqslant d_e<75$	$e\leqslant4.2$	2	图 2	15	23±2
$25\leqslant d_e<75$	$4.2<e\leqslant9.5$	3	图 1	15	23±2
$d_e\geqslant75$	$e\leqslant9.5$	2	图 3	15	23±2
$d_e\geqslant75$	$e>9.5$	3	图 3	15	23±2

7.4 丙烯腈-丁二烯-苯乙烯和丙烯腈-苯乙烯-丙烯酸管材的试验条件见表 6。

表 6 丙烯腈-丁二烯-苯乙烯和丙烯腈-苯乙烯-丙烯酸管材的试验条件

管材尺寸		试样类型	试样的支撑方式	冲击能量 J	测试温度 T_c ℃
外径 d_e mm	壁厚 e mm				
$d_e<75$	$e<3$	2	图 2	15	23±2
$d_e<75$	$e\geqslant3$	3	图 1	15	23±2
$d_e\geqslant75$	$e<3$	2	图 3	15	23±2
$d_e\geqslant75$	$e\geqslant3$	3	图 3	15	23±2

8 试验步骤

8.1 将已测量尺寸的试样从预处理的环境中取出，置于相应的支座上，按规定的方式支撑，在规定时间内(时间取决于 T_c 和环境温度 T 之间的温差)，用规定能量对试样外表面进行冲击。

a) 若温差小于或等于 5℃，试样从预处理环境中取出后，应在 60 s 内完成冲击；

b) 若温差大于 5℃，试样从预处理环境中取出后，应在 10 s 内完成冲击。

8.2 若超过上述规定的时间，但超过的时间不大于 60 s，则可立即在预处理温度下对试样进行再处理至少 5 min，并按 8.1 重新测试。否则应放弃该试样或按本标准第 6 章规定对试样重新进行预处理。

8.3 冲击后检查试样破坏情况，记下断裂或龟裂情况。如有需要可记录相关标准中规定的其他破坏现象。

8.4 重复试验步骤 8.1～8.3，直到完成规定数目的试样。

9 结果表示

以试样破坏数对被测试样总数的百分比来表示试验结果。

10 试验报告

a）注明采用本标准号；
b）管材尺寸和材料、来源；
c）试样的类型及取样方向；
d）预处理介质（空气或水浴）及测试温度 T_c，用摄氏度表示；
e）摆锤能量，单位为焦耳；
f）环境温度 T，以摄氏度表示；
g）试验结果：
  1）被测试样总数；
  2）破损数；
  3）破损百分数；
h）任何标准中没有规定的可能影响试验结果的情况；
i）试验日期、试验人员。

ICS 83.140.30
G 33

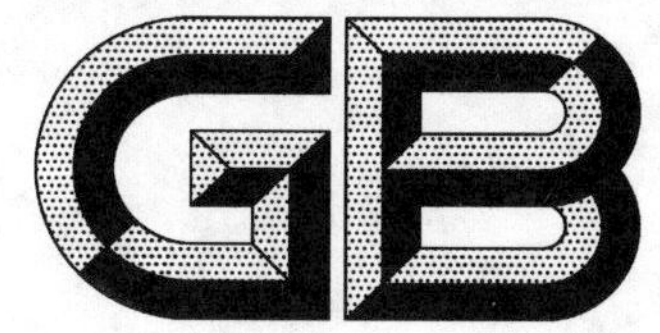

中华人民共和国国家标准

GB/T 18991—2003

冷热水系统用热塑性塑料管材和管件

Thermoplastics pipes and fittings for hot and cold water systems

(ISO 10508:1995,IDT)

2003-03-05 发布　　2003-08-01 实施

中华人民共和国
国家质量监督检验检疫总局 发布

前　言

本标准等同采用 ISO 10508:1995《冷热水系统用热塑性塑料管材和管件》,技术内容上完全一致,仅在文字上进行了编辑性修改,编写方法完全对应。

本标准的附录 A、附录 B、附录 C 为规范性附录。

本标准的附录 D、附录 E 为资料性附录。

本标准由中国轻工业联合会提出。

本标准由全国塑料制品标准化技术委员会归口。

本标准起草单位:轻工业塑料加工应用研究所。

本标准主要起草人:钱汉英、刘秋凝、焦翠云。

本标准为第一次发布。

引　言

本标准是冷热水用管道系统产品标准的基础标准。

产品的力学性能要求在相关产品标准中给出。

本标准只适用于热塑性塑料管材及与之配套使用的管件，本标准将交联聚乙烯（PE-X）视作为一种热塑性材料。

注1：不是所有的塑料管材、管件都允许户外存放，在使用方准备长期户外存放时，应与生产商联系。

注2：只有在生产商推荐的情况下，塑料管材、管件才可以和热力发生装置直接相连接。

冷热水系统用热塑性塑料管材和管件

1 范围

本标准规定了用于压力下输送冷热水的塑料管材及管件(或金属管件)组成的管道系统的性能要求。

由规定级别的塑料原材料制作的各种管材和管件都应符合相应的产品标准和本标准的要求。

本标准为通常使用条件下压力输送冷热水管道系统建立一个分级体系,作为热塑性塑料管材和管件系统性能评价和设计的基础。

本标准适用于工作压力为0.4 MPa、0.6 MPa和1.0 MPa的建筑物内用于输送水的下列塑料管道系统:

a) 冷热水,包括饮用水的管道系统。

b) 热水采暖的管道系统。

本标准不适用于消防系统和不使用水作加热介质的供暖系统。

2 规范性引用文件

下列文件中的条款通过本标准的引用而成为本标准的条款。凡是注日期的引用文件,其随后所有的修改单(不包括勘误的内容)或修订版均不适用于本标准,然而,鼓励根据本标准达成协议的各方研究是否可使用这些文件的最新版本。凡是不注日期的引用文件,其最新版本适用于本标准。

GB/T 15820—1995 聚乙烯压力管材与管件连接的耐拉拔试验(eqv ISO 3501:1976)

GB/T 17219—1998 生活饮用水输配水设备及防护材料的安全性评价标准

GB/T 18252—2000 塑料管道系统 用外推法对热塑性塑料管材长期静液压强度的测定

ISO 3458:1976 PE压力管材和管件的组装连接件-内压下的渗漏试验

ISO 3503:1976 PE压力管材和管件的组装连接件-内压下承受弯曲的渗漏试验

ISO 7686:1992 塑料管材和管件-遮光性-试验方法

注:GB/T 18252—2000《塑料管道系统 用外推法对热塑性塑料管材长期静液压强度的测定》是参考ISO/DIS 9080:1997《塑料管道系统 用外推法对热塑性塑料材料以管材形式的长期静液压强度的测定》制定的,该标准的技术内容与ISO/DIS 9080:1997一致。ISO/DIS 9080:1997是对ISO/TR 9080的修改。

3 术语和定义

本标准采用下列术语和定义:

3.1

工作温度 T_o operating temperature

系统设计的输送水的温度或温度组合。

3.2

最高工作温度 T_{max} maximum operating temperature

仅在短时间内出现的、可以接受的最高温度。

3.3

故障温度 T_m malfunction temperature

系统超出控制极限时出现的最高温度。

注:在50年内发生这种情况的总的时间累积应不超过100 h。

3.4

冷水温度 T_c　cold water temperature

输送冷水的温度，设计时取 20℃。

3.5

工作压力 p_o　operating pressure

系统设计输送水的压力。

3.6

经处理的水　treated water

塑料管材、管件制造商和管道系统供应商所允许使用的含有水处理剂的水。

4　使用条件级别

使用条件分为 5 个级别(见表 1)，每个级别均对应一个 50 年的设计寿命下的使用条件。各条件下的温度-时间分布的确定可参见附录 D。在一些地区因特殊的气候条件，也可以使用其他分级。当未选用表 1 中规定的级别时，应征得设计、生产、使用方的同意。

表 1　使用条件级别

级别	T_o/℃	时间[a]/年	T_{max}/℃	时间/年	T_m/℃	时间/h	应用举例
1	60	49	80	1	95	100	供热水(60℃)
2	70	49	80	1	95	100	供热水(70℃)
3[b]	30 40	20 25	50	4.5	65	100	地板下的低温供热
4	40 60	20 25	70	2.5	100	100	地板下供热和低温暖气
5[c]	60 80	25 10	90	1	100	100	较高温暖气

a　当时间和相关温度不止一个时，应当叠加处理。由于系统在设计时间内不总是连续运行，所以对于 50 年使用寿命来讲，实际操作时间并未累计达到 50 年，其他时间按 20℃考虑。

b　仅在故障温度不超过 65℃适用。

c　本标准仅适用于 T_o、T_{max}和 T_m 的值都不超过表 1 中第 5 级的闭式系统。

当温度升至 80℃时，所有与饮用水接触的材料都不应对人体健康有影响，还必须符合 GB/T 17219—1998要求。

表 1 中所列的使用条件级别的管道系统同时应满足在 20℃、1.0 MPa 下输送冷水具有 50 年使用寿命的要求，并应用 GB/T 18252—2000 的方法证实。

当要求的使用寿命小于 50 年时，使用时间可依表 1 规定按比例减少，而故障温度时间仍按100 h 计。

管道系统的供热装置应只输送水或经处理的水。当需考虑如氧的渗透性等要求时，生产厂应提出有关注意事项。

用于管材或管件的材料的热稳定性应符合相应使用级别的产品标准。

当对管材有遮光性要求时，应符合 ISO 7686:1992 的规定。

5　尺寸

5.1　计算

对于每种应用，首先要确定一个对应的使用条件级别，并用 GB/T 18252—2000 等方法得到 50 年使用时的最大允许应力，再按 5.2 要求选用合适的系数，按 Miner's 规则(附录 E)进行计算。

计算下列式(1)和式(2)，取其中最低值。

$$\sigma/p_o \qquad (1)$$

式中：

σ——某应用条件级别的设计应力，单位为兆帕(MPa)；

p_o——工作压力，为 0.4、0.6 或 1.0 MPa。

$$\sigma_1/p_1 \qquad (2)$$

式中：

σ_1——20℃下 50 年考虑了使用系数后的设计应力，单位为兆帕(MPa)；

p_1——1.0 MPa 的设计压力。

式(1)和式(2)中取较低值，按式(3)确定最小设计壁厚：

$$\frac{\sigma}{p}=\frac{d_n-e_n}{2e_n} \qquad (3)$$

式中：

σ/p 选自式(1)或式(2)；

d_n——公称外径，单位为毫米(mm)；

e_n——公称壁厚，单位为毫米(mm)。

5.2 使用系数

当计算最大允许环应力时，所用温度分布中的 T_o、T_{max}、T_m 和 T_C 的使用系数均在相应产品标准中规定。

6 管件

6.1 生产管件的材料应当制成管状试样，按 GB/T 18252 进行试验。材料应达到产品标准规定的控制点。

6.2 制作管件的材料需经 6.1 所述的材料性能试验所验证。试验要求应考虑到最终的使用条件级别和管件的类型。

7 系统适用性试验

7.1 组装件的静液压试验

按 ISO 3458 规定，将管材和管件连接成组装件，在下列条件下进行试验，管材和管件及连接处不应发生渗漏。

(a) 试验温度为 20℃±2℃，试验压力为 p_o 的 1.5 倍，保持 1 h；

(b) 试验温度为 95℃±2℃，用管材材料 1 000 h 95℃的预测应力值除以 $(d-e)/2e$ 计算出 95℃±2℃的试验压力值，保持 1 000 h。

7.2 热循环试验

按附录 A(适用于柔性塑料管)或附录 B(适用于刚性塑料管)要求进行试验，试验条件为：

5 000 次循环，每次循环 30 min±2 min，恒定在操作压力 p_o(0.4，0.6 或 1.0 MPa)。每次循环应有一个 15 min 的冷水(温度为 20℃±2℃)流动时间及一个 15 min 的热水(T_{max}+10℃，但不超过 90℃)流动时间。

管材、管件及连接处不应发生渗漏。

7.3 压力循环试验

按附录 C，试验条件为：23℃±2℃、10 000 次交替变换压力(0.1 MPa±0.05 MPa 和 1.5 MPa±0.05 MPa)的循环试验、变换频率为每分钟至少 30 次。

管材、管件及连接处不应发生渗漏。

7.4 耐拉拔试验

按 GB/T 15820 规定，在下列条件下进行试验，试验完成后管件的承口应与管材完好连接：

a) 1 h，23℃±2℃，拉拔力由公称外径确定的管材整个断面面积及 1.5 MPa 内压计算。

b) 1 h，T_{max}+10℃，拉拔力由公称外径确定的管材整个断面面积及 0.4、0.6 或 1.0 MPa 的内压计算。

7.5 组装件的耐弯曲试验

仅在管材材料弯曲弹性模量小于或等于 2 000 MPa 时进行本项试验。

按 ISO 3503：1976 规定，将管材、管件连接成组装件进行试验，试验温度 23℃±2℃，试验压力 1.5 MPa，保持 1 h，组装件不应发生渗漏。

8 质量控制试验

该控制试验的要求按产品标准规定执行。

9 外观

管材和管件应符合相关产品标准的要求。

10 标志

10.1 管材

达到本标准的管材应具有持久标志，包括生产厂名、材料名称、规格尺寸，并应符合相关产品标准要求。

10.2 管件

达到本标准的管件应有下列持久标志，包括生产厂名或商标、规格尺寸，并应符合相关产品标准要求。

附 录 A
（规范性附录）
柔性塑料管材热循环试验方法

A.1 原理

管材和管件按规定要求组装并承受一定的内压，在规定次数的温度交替变化后，检查管材和管件连接处的渗漏情况。

A.2 设备

设备包含有冷热水交替循环装置，水流、水压调节装置以及在出水口和进水口处温度测量装置。该设备能够在冷热源之间按规定的时间间隔进行变换。

A.3 组装试件

本试验的组装试件是由管材和管件组成，并根据厂商推荐的方法进行装配和固定。

组装的试件包括：

a） 按图 A.1（见 A 段）所示，至少有一对由管箍连接的预先施加应力管段，其自由长度为 3 000 mm±5 mm。参照 A.4 方法对试样组件施加预应力。

b） 至少有二段直管，按图 A.1（见 B 段）连接后，每段可以自由活动的长度为 300 mm±5 mm；

c） 至少有一个按图 A.1 所示的弯管（见 C 段）。每段管由其端部支撑。

试验时的具体尺寸应符合产品标准要求，如果产品标准中没有规定，按图 A.2 的尺寸。此时，管材的自由长度应为 27 d_n 到 28 d_n（d_n 即管材的公称外径）。也可以取能够满足最小弯曲半径的较小的长度。

如果壁厚和/或管材外径不能弯到这个弯曲半径，按附录 B 进行试验。

A.4 试验步骤

准备好组合试件，注水以驱出全部空气。

对试件施加一预应力，使应力值等于温度下降 20℃时所产生的收缩应力。

在试验温度下进行状态调节至少 1 h，将管段 A 的自由臂顶点的位置在预应力下锁定。在与试验规定的并与管材和管件等级相适应的压力、温度和持续时间作用下，通入规定循环次数的冷热水。在头 5 次循环周期内可拧紧或调节接头以使系统处于不漏水的状态。控制循环水的流速，使热循环时保持从热水进口到出口的温度降不超过 5℃。

整个循环试验程序完成后，检查所有接头处的渗漏。

注：为使热水进出口温差降至最低，可能需要在循环的某部分加装平衡阀或系统的连接件。

A.5 试验报告

试验报告应包含下列信息：

a） 标准号及试验方法；

b） 试验组件的名称；

c） 试验条件；

d） 观察到的任何渗漏现象；

e） 试验时间。

单位为毫米

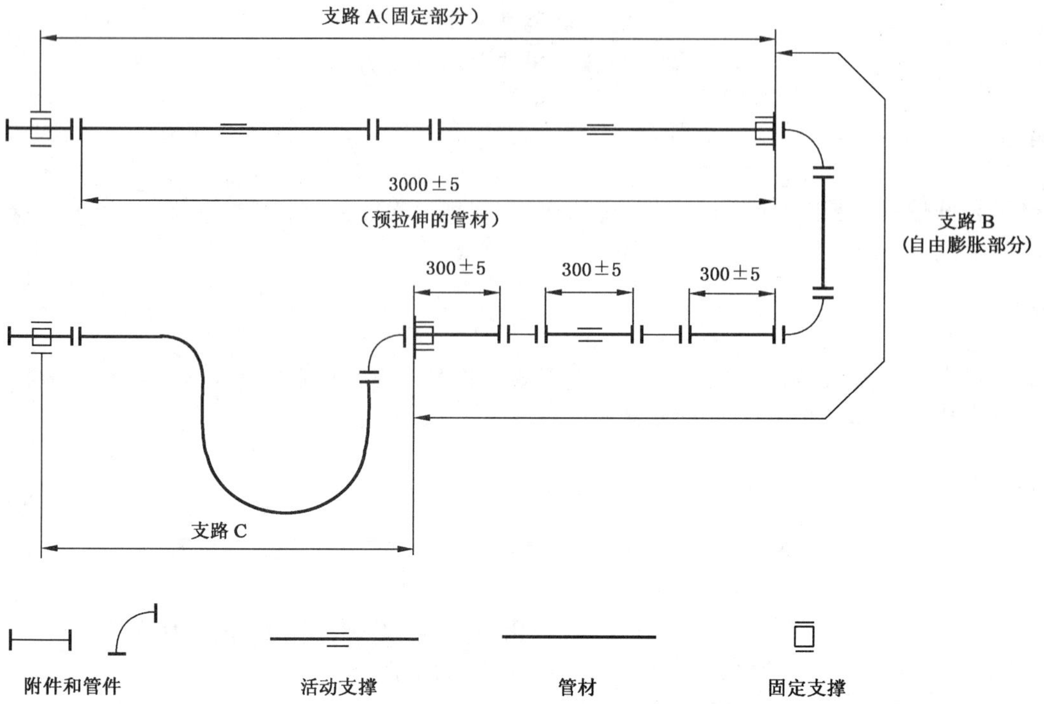

支路 A(固定部分)

3000±5

(预拉伸的管材)

支路 B
(自由膨胀部分)

300±5　300±5　300±5

支路 C

附件和管件　活动支撑　管材　固定支撑

图 A.1　柔性管冷热水循环试验安装示意图

单位为毫米

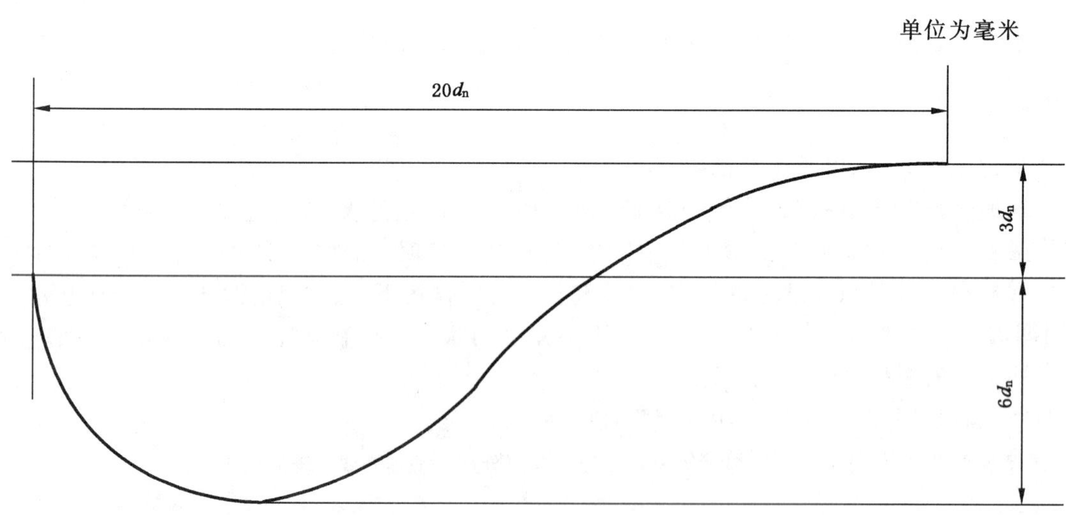

注：除非另有说明，管材的自由长度应为 27 d_n 至 28 d_n(d_n 为管材的公称外径)，根据生产厂家的说明，管材长度可更短，该长度对应管材最小弯曲半径。

图 A.2　C 部分可替换试验安装示意图

附 录 B
（规范性附录）
刚性塑料管耐热循环试验方法

B.1 原理

管材和管件按规定要求组装并承受一定的内压，在规定次数的温度交替变化后，检查管材和管件连接处的渗漏情况。

B.2 设备

设备包含有冷热水交替循环装置，水流、水压调节装置以及在出水口和进水口处温度测量装置。该设备能够在冷热源之间按规定的时间间隔进行变换。

B.3 组装试件

本实验的组装试件是由管材和管件组成，并根据厂商推荐的方法进行装配和固定。

组装的试件包括：

a) 按图 B.1(见 A 段)所示，至少一对由管箍连接的预先施加应力管段，其自由长度为 3 000 mm ±5 mm。参照 A.4 方法对试样组件施加预应力；

b) 至少有二段直管，按图 A.1 连接后，每段可以自由活动的长度为 300 mm±5 mm；

c) 至少有三段直管，在按图 B.1(见 C 段)法连接时，每段管在其管端固定。

B.4 试验步骤

准备好组合试件，注水以驱出全部空气。

对试件施加一预应力，使应力值等于温度下降 20℃时所产生的收缩应力。

在试验温度下进行状态调节至少 1 h，将管段 A 的自由臂顶点的位置在预应力下锁定。在与试验规定的并与管材和管件等级相适应的压力、温度和持续时间作用下，向试件通规定循环次数的冷热水。在头 5 次循环期间可拧紧或调节接头处于理想的状态。控制循环水的流速，使热循环时保持从热水进口到出口的温度降不超过 5℃。

整个循环试验程序完成后，检查所有接头处的渗漏。

注：为使热水进出口温差降至最低，可能需要在循环的某部分加装平衡阀或系统的连接件。

B.5 试验报告

试验报告应包含下列信息：

a) 标准号以及试验方法；

b) 试验组件的名称；

c) 试验条件；

d) 观察到的任何渗漏现象；

e) 试验时间。

单位为毫米

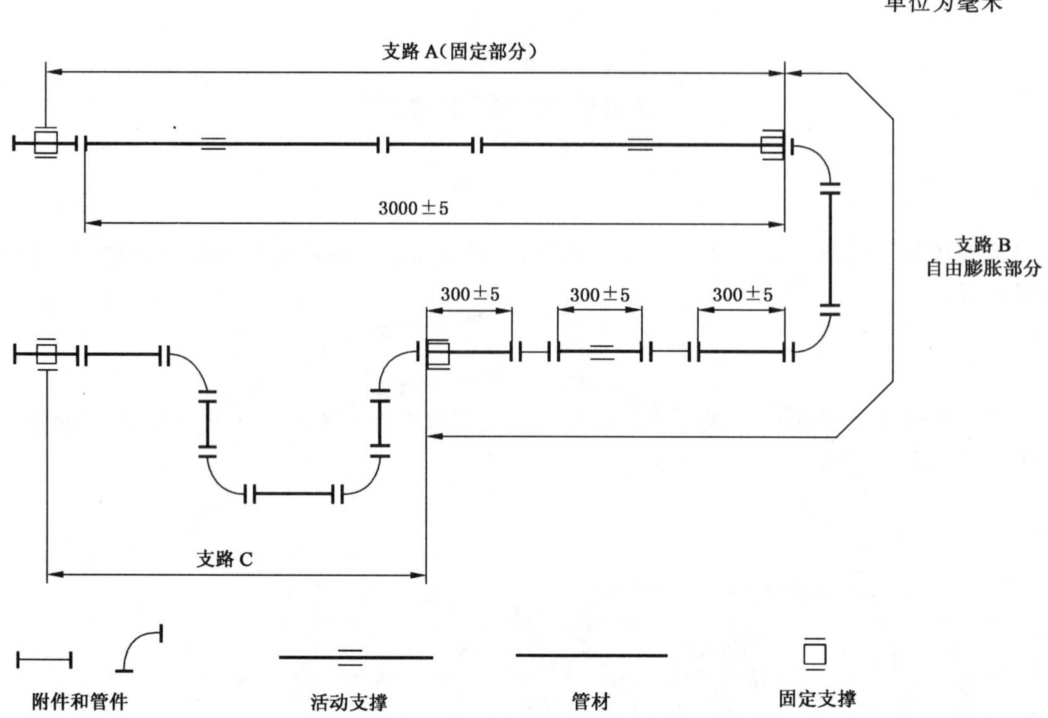

图 B.1 刚性管冷热水循环试验安装示意图

附　录　C
（规范性附录）
压力循环试验方法

C.1　原理

管材和管件组装后，在一定温度下，交替循环快速通入高低压流体介质。检查系统渗漏情况。

C.2　设备

试验设备包括试验组装件和液体介质的温度调节装置，以及在一定范围内进行压力循环变化的装置，压力变化频率不小于 30 次/min。图 C.1 为典型的装置图。

C.3　试验组件

试验的组装件应包括：至少一个管件，其连接按生产厂推荐的方法进行；一个或多个 10 *d* 长的管段（*d* 为公称外径）。为包括所需数量的管材和/或管件，可以使用几个组合件一同进行试验。

C.4　试验步骤

准备好组装试件，注水以排出空气。

将组装试件置于要求温度的水中，状态调节至少 1 h，然后保持温度不变按规定的内压和频率进行试验。

完成规定的循环次数后，检查所有试验组件和连接处是否有渗漏。

注：如需要，也可将试验组装件或者是与压力转换装置连在一起的组装件一同进行状态调节。如果是状态调节以后进行连接，要确保将空气再次排净。

C.5　试验报告

试验报告应包含下列信息：

a）　标准号以及试验方法；

b）　试验组件的名称；

c）　试验条件；

d）　观察到的任何渗漏现象；

e）　试验时间。

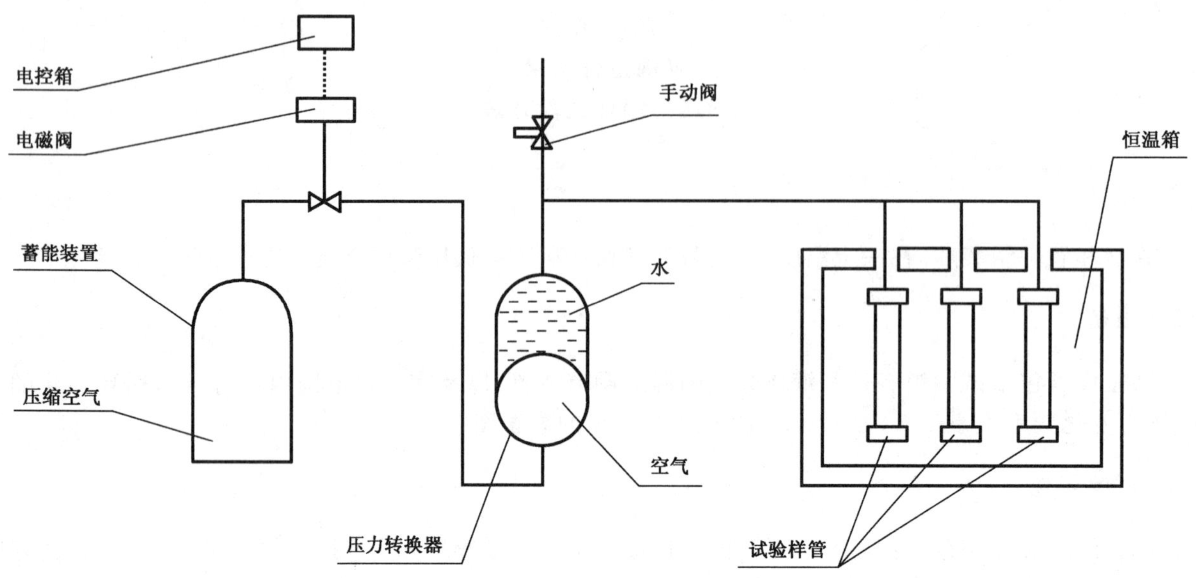

图 C.1　循环压力冲击试验示意图

附 录 D
（资料性附录）
时间-温度分布的确定

D.1 使用奥地利、法国、德国的数据确定设计所用的温度-时间分布

按 DIN 4702 标准，用散热器入口温度决定带多个温度区的温度分布，入口温度与外部温度具有半经验的函数关系，从而得到与各因素相关的温度时间分布。以德国 Bremerhaven 为例，按 DIN 4710 规定所得到的数据列于表 D.1。

表 D.1 Bremerhaven 的数据

温度 T/℃	每年的小时数（30 年的平均值）	总时间的百分份额/%
80～90	148	1.7
70～80	1 158	13.2
60～70	1 955	22.3
50～60	1 517	17.3
40～50	1 687	19.2
30～40	1 283	14.6
20～30	646	7.4
＜20	373	4.3

还收集了其他一些城市，如德国的 Essen、Frankfurt、Main、Berlin、Munich，法国的 Besse、Cherborg 和 Abbeville，奥地利的 Vienna 等不太冷的地区的数据。

为将实际温度分布进行“换算”以得到便于设计、计算的温度分布，特作下列规定：

a) 温度分布在 10℃范围内的小时数均按该温度范围的最高温度对待。

b) 当较低温度的应用时间换算成高 10℃条件下（如从 60℃至 70℃的小时数，“换算”为 70℃至 80℃的小时数）的时间时，按 2.5 倍减少（即除以系数 2.5）；反之，当温度按上述规律降低时，应用时间要乘以 2.5 系数，这是按 ISO/TR 9080 和德国 DIN 16887 标准的规定。

c) “换算”系数可取 2.5，也可以取 2.5～3，在较严酷的条件下的温度时间-分布应取 2.5。

d) 数据应按规定圆整（见 D.2 的例子）。

e) 异常温度的时间不计算在温度-时间分布中，而在 Miner’s 规则中（见附录 E）考虑。

D.2 举例

以 D.1 中 Bremerhaven 的数据为例加以说明：

a) 将 90℃时应用时间 1.7%，圆整为 2%。

b) 要得到 80℃下 20%的数据（可考虑由二部分时间组成：已知的 80℃下 13.2%及 70℃下贡献的 6%），70℃下的数据 22.3%可分解为二部分：15%加 7.3%。15%除以 2.5 得到 6%，再加上 80℃时的 13.2%，得 19.2%，即可圆整到 20%。

c) 70℃下剩余的 7.3%，用 2.5 乘（得 18%）再加上 60℃时的 17.3%，得到 35%。

d) 50℃时的 19.2 除以 2.5 得 8%，加上 60℃的 35%得 43%，圆整到 50%。

则温度-时间分布结果为：90℃，2%；80℃，20%；60℃，50%。

用类似的方法可以确定较低温度和/或不同温度组合的温度-时间分布。

附 录 E
（资料性附录）
使用 Miner's 规则计算管材尺寸举例

E.1 使用下面的步骤计算温度-时间分布

$T_o=T_1=60℃$ 为总时间的 70%，时间分数 $a_1=0.7$；

$T_{max}=T_2=80℃$ 为总时间的 29.9%，时间分数 $a_2=0.299$；

$T_m=T_3=95℃$ 为总时间的 0.1%，时间分数 $a_3=0.001$

在此例中 $a_1+a_2-a_3=1$，但如果不足 1 时，以 $T=20℃$ 补偿时间分数 $(1-\Sigma a)$ 的部分。

E.2 T_o、T_{max}、T_m 所取的系数由相关的产品标准中提供。此处，T_1 系数是 1.5，T_2 系数是 1.3，T_3 系数是 1.0。

E.3 作为举例，T_o 时管材材料许用环应力为 4 MPa，则所使用的环应力分别为：

对 T_1，$\sigma_1=F_1\times\sigma_0=6$ MPa；对 T_2，$\sigma_2=F_2\times\sigma_0=5.2$ MPa；对 T_3，$\sigma_3=F_3\times\sigma_0=4$ MPa。

E.4 图解计算预期寿命（年）：T_1，σ_1 时为 t_1，T_2，σ_2 时为 t_2，T_3，σ_3 时为 t_3。

E.5 Miner's 规则规定，如果材料在温度 T_1 连续的作用下经 t_1 年后破坏，则每一年耗用的寿命是 $1/t_1$。此分数称为“每年破坏量”。如果不是连续作用，仅仅是每年的一部分时间（时间分数）a_i，破坏量就小一些。因此，由 T_1 温度作用下引起的年破坏量是 a_1/t_1，由 T_2 温度作用的年破坏量是 a_2/t_2，由 T_3 作用的年破坏量是 a_3/t_3。每年的破坏量累积加和在一起得到“年破坏量总和”（TYD），$TYD=\Sigma(a/t)$。

E.6 材料在 $1/TYD=t_x$ 年后将发生破坏。如果计算值太高或太低，则遵循 E.3 按高的或低的 σ 重新计算。通过成功的近似计算，可得到允许的环应力值 σ_0。同时，可以得到 50 年的有效寿命值。

E.7 按如下顺序可便利地得到所需的值：

$\sigma_0=$…………（估计值）

T_1	a_1	F_1	$\sigma_1=F_1\times\sigma_0$	t_1	a_1/t_1
T_2	a_2	F_2	$\sigma_2=F_2\times\sigma_0$	t_2	a_2/t_2
…	…	…	……	…	…
…	…	…	……	…	…
	$\Sigma a=1$				$\Sigma(a/t)=TYD$

$$t_x=1/TYD$$

E.8 实际应用中，如使用计算机可很方便的进行计算。Spreadsheet 是一个很有效的计算工具，特别是在不同温度和环应力下的破坏时间，可以方便地使用标准外推法的模式进行计算。例如：

$$\log t=A+B(\log\sigma)T+c/T+D(\log\sigma)$$

当使用 $\log t$ 与 σ 和 T 间函数关系的系数时，Spreadsheet 算法很容易的给出了 t_x 与 σ_0 的函数关系。

注：Miner's 规则是在一定温度-时间分布情况下预测管材寿命的适宜方法，但它仅适用于具有相同破坏机理的情况下。

参考文献

(1) DIN 4702,中央锅炉。

(2) DIN 4710:1982,用于计算热能消耗和空调设备的气象数据。

(3) DIN 16887:1990,热塑性塑料管材耐长期静液压的测定。

ICS 23.040.20
G 33

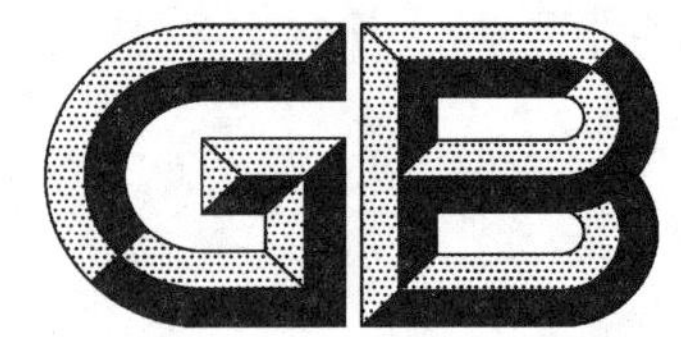

中华人民共和国国家标准

GB/T 19279—2003

聚乙烯管材　耐慢速裂纹增长
锥体试验方法

Polyethylene pipes—Resistance to slow crack growth —Cone test method

(ISO 13480:1997 IDT)

2003-08-25 发布　　　　2004-02-01 实施

中华人民共和国
国家质量监督检验检疫总局　发布

前　言

本标准等同采用 ISO 13480:1997《聚乙烯管材　耐慢速裂纹增长　锥体试验方法》。

本标准的附录 A 是资料性附录。

本标准由中国轻工业联合会提出。

本标准由全国塑料制品标准化技术委员会归口。

本标准起草单位:亚大塑料制品有限公司、胜邦塑胶管道系统集团有限公司。

本标准主要起草人:王　华、邹丽君、王志伟、孙　逊、陆光炯。

聚乙烯管材　耐慢速裂纹增长锥体试验方法

1　范围

本标准规定了一种测定聚乙烯管材耐慢速裂纹增长的试验方法，试验结果以缺口管材环在承受恒定环向应变并浸没在较高温度表面活性溶液中的裂纹增长速率来表示。

2　规范性引用文件

下列文件中的条款通过本标准的引用而成为本标准的条款。凡是注日期的引用文件，其随后所有的修改单（不包括勘误的内容）或修订版均不适用于本标准，然而，鼓励根据本标准达成协议的各方研究是否可使用这些文件的最新版本。凡是不注日期的引用文件，其最新版本适用于本标准。

GB/T 8806—1988　塑料管材尺寸测量方法（eqv ISO 3126：1974）

GB/T 18476—2001　流体输送用聚烯烃管材　耐裂纹扩展的测定　切口管材裂纹慢速增长的试验方法（切口试验）（eqv ISO 13479：1997）

3　原理

从管材上切取规定长度的管材环，在管材环内插入一个锥体以保持恒定应变，在管材环的一端开一个缺口。将其浸入温度为80℃±1℃的规定的表面活性溶液中。测量裂纹从缺口处开始的扩展的速率。本试验适用于壁厚小于或等于5 mm的管材。

注：如果管材壁厚大于5 mm，适用GB/T 18476—2001。

4　材料

表面活性溶液

采用对壬基苯基聚氧乙烯醚中性溶剂，（别名：对壬基酚聚氧乙烯醚）分子式如下。

$$C_9H_{19}—\langle\bigcirc\rangle—O—(CH_2—CH_2—O)_n—H$$

其中：$n=11$

用上述表面活性溶剂配制浓度为5%（质量分数）的去离子水溶液，保证试样全部浸入溶液中。

此溶液在80℃条件下随时间老化，因此使用不应超过100天。

5　试验装置

5.1　恒温控制槽

装有表面活性溶液的恒温控制槽，其尺寸应保证试样能够全部浸入到溶液中。恒温控制槽应采用不影响表面活性溶液的材料制造，加盖防止溶液蒸发，并配有搅拌装置。

注：搅拌的目的是防止溶液的分离或分层。

5.2　锥体

一端为锥形的芯轴，插入管材环内以保持恒定应变，见图1。在芯轴的另一端开一个纵向凹槽，尺寸为：长（L）20 mm±1 mm、宽1 mm±0.2 mm、深（e）2 mm±0.2 mm，芯轴应采用不影响表面活性溶液的材料制造，如黄铜。

$D=1.12\times$管材的公称内径（±0.1 mm）；

当管材公称外径小于等于 40 mm 时，取 $H=D(\pm 1\ mm)$；当管材公称外径大于 40 mm 时，取 $H=\frac{D}{2}(\pm 1\ mm)$；

当管材公称外径小于等于 40 mm 时，取 $R=4\times$管材公称内径（± 2 mm）；当管材公称外径大于 40 mm时，取 $R=$管材公称内径（± 2 mm）。

公称内径等于管材公称外径减两倍的规定的最小壁厚。

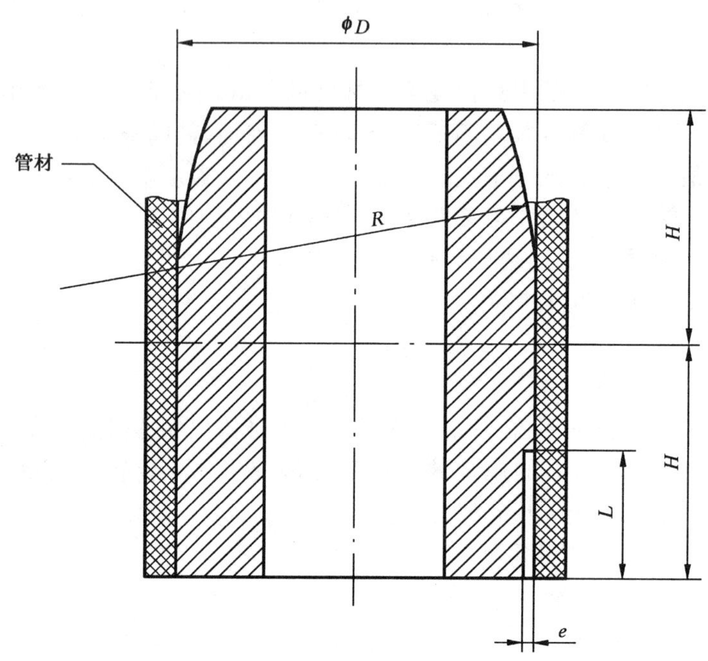

图 1 锥体

5.3 压力机或台钳

将锥体压入管材环的压力机，压入的速率不应引起管端破坏或变形。也可使用带有夹持和导向爪的台钳。

5.4 缺口加工装置

将剃刀刀片插入管材的端部以制造缺口的缺口加工装置，如图 2 所示。另外，也可以选用能实现这一操作的其他装置，如使用一个特定的夹具或带有移动台的机床。

应使用剃刀刀片开切口，一个刀片加工缺口数不得超过 20 个。

刀片切入速率约 10 mm/min 为宜。

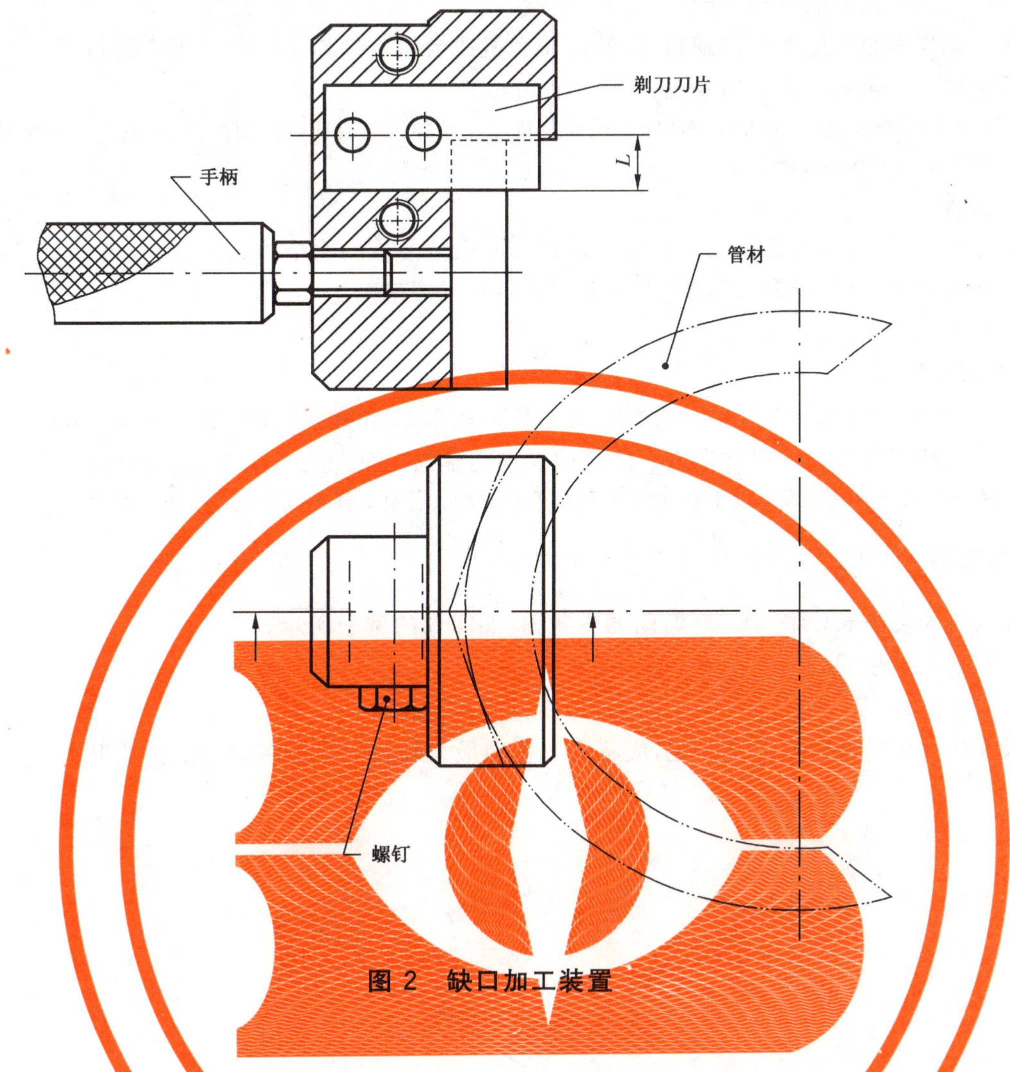

图 2 缺口加工装置

6 试样

公称外径小于等于 40 mm 时,试样长度为 100^{+5}_{0} mm;公称外径大于 40 mm 时,试样长度为 150^{+5}_{0} mm。每组试样数为 3 个,试样两端应切割平整且与轴线垂直。

在距锥体插入端 30 mm 处按 GB/T 8806—1988 测量管材的外径(D_1)。

7 步骤

7.1 插入锥体

将锥体小心地插入管材环,保证锥体和管材环同轴。使用压力机或台钳在不损坏、扭曲管材环端面或边缘的速率下将锥体全部压入管材环。适宜的速率为 100 mm/min±50 mm/min。在距离管端 30 mm的同一位置处重新测量管材的外径(D_2)。

插入锥体后,应在 10 min 内加工缺口并将试样浸没到表面活性溶液中。

7.2 计算应变

插入锥体后,用公式(1)计算试样的应变水平,以百分数的形式表示。

$$应变 = \frac{D_2 - D_1}{D_1} \times 100 \qquad \cdots\cdots(1)$$

7.3 加工缺口

在被锥体完全绷紧的管材环的一端,沿整个壁厚加工轴向长度为 10 mm±1 mm 的缺口。记录缺口相对于管材标记的环向位置。

应使用图 2 所示的装置加工缺口。

为保证试样沿整个壁厚形成缺口,应使用压力机或台钳将缺口加工装置推入管材环。

从管材端部测量缺口的轴向长度,A_0±0.5mm。

注:可以使用机械方法加工缺口。例如将组合试样固定在拉伸试验机或特殊的夹具上,控制刀具加工缺口。推荐切割速率为 10 mm/min 左右。

7.4 浸泡试样

加工完缺口后,将带有锥体的试样放入装有表面活性溶液的水槽中,并保持 80℃±1℃的恒温。

试样垂直放置,完全浸没,锥体底部置于槽底,即:锥端朝上。

槽上应加盖并密封。

7.5 测量裂纹增长

每隔 24 h 将试样从槽内取出。观察外观并测量距管材端部的缺口长度(A_i±0.5 mm),至少测得 3 次连续增长的缺口长度。如果缺口增长曲线明显偏离轴向,应停止试验,准备新的试样。

注:如果一周后 3 个试样没有发生裂纹增长,可以停止试验。管材试样被认为是耐慢速裂纹增长的。

8 结果的表示

画出裂纹长度增长(A_i-A_0)对时间的变化图,如图 3 的例子所示。

对数据进行线性回归。

对于每个试样,从直线的斜率确定裂纹增长速率 V(mm/24 h)。

如果在相关标准中没有其他规定,应将所测量的最大裂纹增长速率做为试验结果。

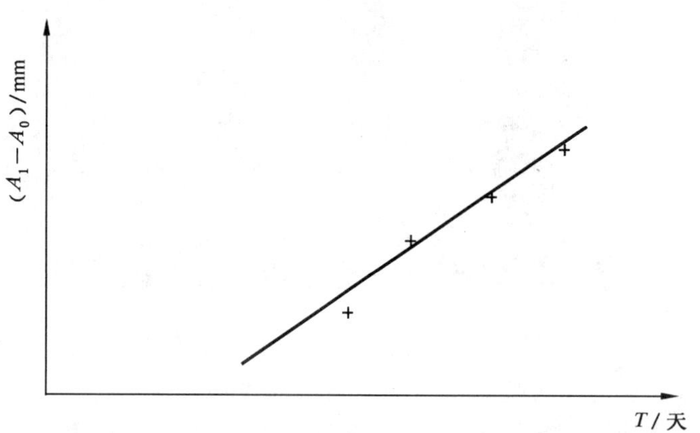

图 3 裂纹长度随时间的增长

9 试验报告

试验报告应包括以下内容:

——本标准号;

——管材的完整标识(制造商、管材类型、生产日期);

——试验开始日期;

——试样的初始直径(D_1)、壁厚和长度;

——插入锥体后试样的直径(D_2)和应变水平;

——初始缺口长度(A_0)及每 24 h 后缺口的长度(A_i);

——图示裂纹增长路径的试样外观;

——可能影响试验的任何偶发事件,例如表面活性溶液温度的降低;

——根据图形确定的每个试样的裂纹增长速率 V(mm/24 h),见图 3;

——3 个试样中裂纹增长的最大速率。

附　录　A
（资料性附录）
推荐的要求

本试验与规定范围内的管材直径、管材系列和公差无关，但与所使用的溶剂类型有关。对于各等级聚乙烯材料制造的管材，使用4.1所规定的表面活性溶剂，即对壬基苯基聚氧乙烯醚溶剂，建议最大允许的裂纹增长速率为10 mm/24 h。

如果使用其他类型的溶剂，则需要重新确立裂纹增长速率。

ICS 23.040.20
G 33

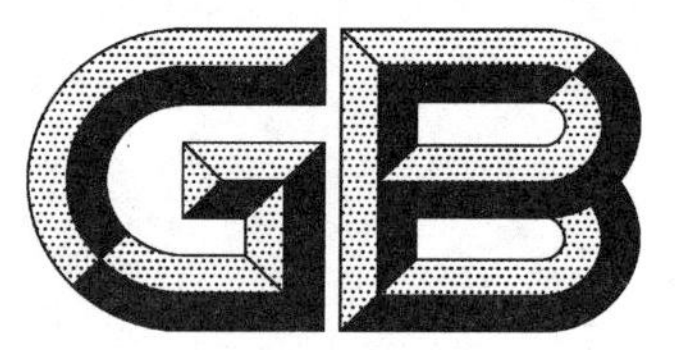

中华人民共和国国家标准

GB/T 19280—2003

流体输送用热塑性塑料管材耐快速裂纹扩展(RCP)的测定小尺寸稳态试验(S4试验)

Thermoplastics pipes for the conveyance of fluids —Determination of resistance to rapid crack propagation(RCP) —Small-scale steady-state test (S4 test)

(ISO 13477:1997 IDT)

2003-08-25 发布 2004-02-01 实施

中华人民共和国
国家质量监督检验检疫总局 发布

前　　言

本标准等同采用 ISO 13477:1997《流体输送用热塑性塑料管材　耐快速裂纹扩展的测定　小尺寸稳态试验(S4 试验)》。

本标准的附录 A 和附录 B 是规范性附录。

本标准由中国轻工业联合会提出。

本标准由全国塑料制品标准化技术委员会归口。

本标准起草单位:亚大塑料制品有限公司、胜邦塑胶管道系统集团有限公司。

本标准主要起草人:王　华、王志伟、孙　逊、陆光炯。

流体输送用热塑性塑料管材
耐快速裂纹扩展(RCP)的测定
小尺寸稳态试验(S4试验)

1 范围

本标准规定了一种测定热塑性塑料管材在规定的温度和内压下裂纹终止或裂纹扩展的小尺寸的试验方法。

本标准适用于评价输送燃气或液体(液体中可能存有空气)的热塑性塑料管材的性能。

2 规范性引用文件

下列文件中的条款通过本标准的引用而成为本标准的条款。凡是注日期的引用文件,其随后所有的修改单(不包括勘误的内容)或修订版均不适用于本标准,然而,鼓励根据本标准达成协议的各方研究是否可使用这些文件的最新版本。凡是不注日期的引用文件,其最新版本适用于本标准。

GB/T 4217—2001 流体输送用热塑性塑料管材 公称外径和公称压力(idt ISO 161-1:1996)

GB/T 6111—2003 流体输送用热塑性塑料管材 耐内压试验方法(idt ISO 1167:1997)

GB/T 8806—1988 塑料管材尺寸测量方法(eqv ISO 3126:1974)

ISO 11922-1:1997 流体输送用热塑性塑料管材 尺寸和公差 第1部分:公制系列

3 定义

GB/T 4217—2001和ISO 11922-1:1997中规定的定义适用于本标准。

4 符号

a:管材试样外表面纵向裂纹长度,从撞击刀片中心处测量,单位为毫米。

d_n:管材公称外径,单位为毫米。

e_n:管材公称壁厚,单位为毫米。

SDR:标准尺寸比:公称外径 d_n 与公称壁厚 e_n 之比。

$d_{i,min}$:管材最小内径,单位为毫米,用下列公式计算:

$$d_{i,min} = d_n(1 - 2.2/SDR) \qquad (1)$$

5 原理

截取规定长度的热塑性塑料管材试样,保持在规定的试验温度下,管内充满流体并施加规定的试验压力,在接近管材一端实施一次冲击,以引发一个快速扩展的纵向裂纹。裂纹引发过程应尽可能减少对管材的影响。

试验温度和试验压力按相关标准确定。

试验流体与实际应用的流体相同,或能得到相同结果的其他流体。

通过内部减压挡板和外部限制环阻止扩展之前的快速减压,外部限制环限制试样在裂纹边缘处大大张开。

因此这种方法能够在较低压力下以一段短的管材试样实现稳态快速裂纹扩展(RCP),这个压力低于在同样的试样上实现扩展的全尺寸试验压力。

随后检查管材试样以确定是裂纹终止还是裂纹扩展。

通过一系列不同压力但温度恒定的这种试验，就可以确定 *RCP* 的临界压力或临界应力（详见附录 A）。

同样，在恒定压力或恒定环向应力下改变温度进行一系列试验，就可以确定 *RCP* 的临界温度（详见附录 B）。

6 试验参数

下列参数应由相应产品标准规定。

a) 管材的直径和系列；

b) 加压流体，如空气或空气和水的混合物；

c) 试验压力；

d) 试验温度。

7 装置

试验所用装置总体上应符合图 1 所示的要求，其基本特点如下。

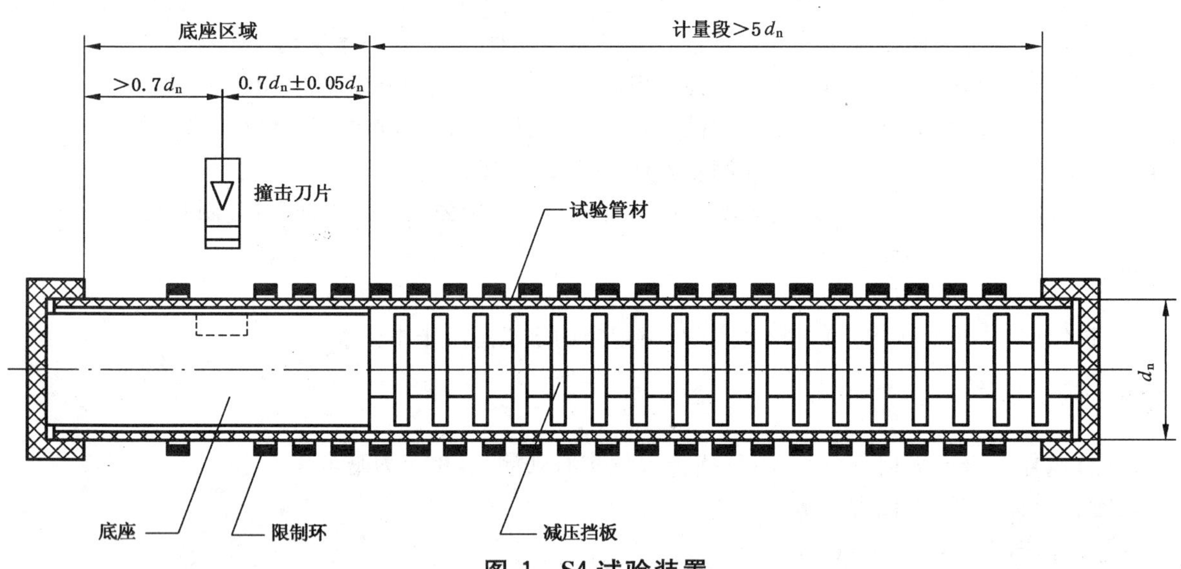

图 1 S4 试验装置

7.1 限制环

限制环应允许试验管材在加压过程中自由膨胀，但在裂纹扩展过程中，应将管材圆周上任意点的径向膨胀限制在最大直径为 $1.1d_n \pm 0.04d_n$ 的范围内。限制环不应接触管材或被管材支撑并且应与管材同轴。

在裂纹引发点到计量段终点范围内，限制环的间距应为 $0.35d_n \pm 0.05d_n$，每个限制环纵向宽度为 $0.15d_n \pm 0.05d_n$。

7.2 计量段长度

计量段长度应大于 $5d_n$。计量段内部体积至少留有 70% 以上充以加压空气，加压空气所致试验管材管壁径向膨胀，不应受到限制。

测量管材内部静压力的装置，精度为 ±1%。

7.3 减压挡板

减压挡板直径为 $0.95d_{i,min} \pm 0.01d_{i,min}$，挡板间距为 $0.4d_{n\,-0.1}^{\;\;0}d_n$。

7.4 裂纹引发装置

撞击刀片边缘长度为 $0.4d_n \pm 0.05d_n$，刀片高度应大于管材公称壁厚(e_n)(见图 2)。

从管材外表面算起，撞击刀片刺进管材的深度应不超过 $1e_n$ 到 $1.5e_n$。除刀片本身外，撞击器的任何部分不得直接碰撞管材的外表面。圆形截面的内部底座应保证在刀片的冲击下，整个底座区域管材内表面不能变形到直径小于 $0.98d_{i,min} \pm 0.01d_{i,min}$ 的程度。在底座上开一个槽，以确保引发裂纹时不损坏刀片。槽的体积应不超过 $\pi d_n^3/4$ 的 1%。

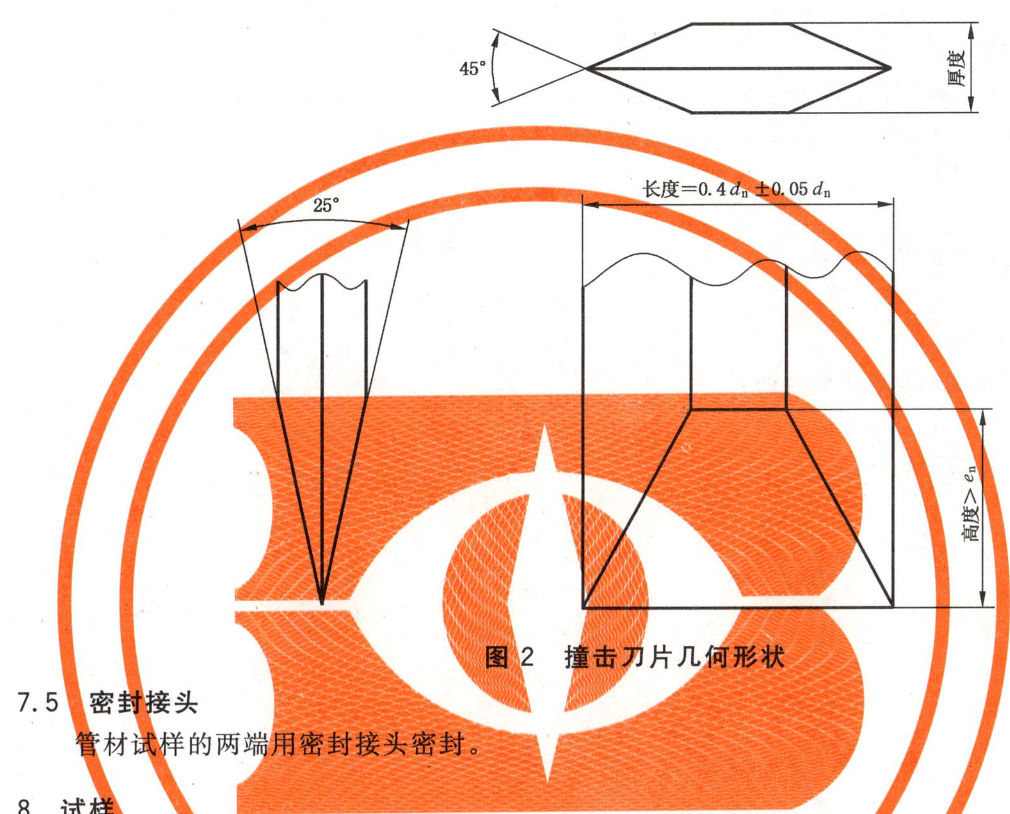

图 2 撞击刀片几何形状

7.5 密封接头

管材试样的两端用密封接头密封。

8 试样

管材试样应平直，端部平整且与轴线垂直，长度为 $7d_n{}^{+1d_n}_{0}$。

计量段的管材表面不应做任何处理。必要时可对裂纹引发端进行倒角以便于安装试样。

当难于引发一个满意的裂纹时(见 10.1)，可以在底座区域的管材内壁上开一个缺口。缺口不应延伸至计量段。对于 PE 管材，深度至少为 1 mm 的剃刀缺口可以达到令人满意的结果。

9 状态调节

将试样浸没在用于状态调节的流体中，试验温度保持在相关标准规定温度的${}^{0}_{-2}$℃范围内。调节时间至少应符合 GB/T 6111—2003 中按管材试样壁厚而规定的时间。用于状态调节的流体不应影响管材的性能。

采取必要的预防措施，使试样温度在试验之前不显著提高。在管材试样从状态调节的流体中取出后 3 min 内引发裂纹。

10 试验步骤

10.1 用一段未加压的管材，计量段长度最小为 $5d_n$，建立引发条件，以产生长度 a 至少等于 $1d_n$ 的裂纹。撞击器速度在 15 m/s±5 m/s 之间。必要时，开缺口(见第 8 章)。

10.2 保持这些引发条件，用规定的加压流体对管材试样加压至试验压力，偏差为±1%，进行试验并测

量裂纹长度 a。

11 结果说明

当 $a \leqslant 4.7d_n$ 时，定义为裂纹终止；
当 $a > 4.7d_n$ 时，定义为裂纹扩展。

12 试验报告

试验报告应包括下列内容：

——依据的标准：本标准号及相关标准号；
——管材试样的完整标识，包括制造商、原料、生产日期以及管材试样上的标记；
——管材公称直径和管材系列；
——计量段长度；
——试验温度及状态调节方法；
——试验压力；
——裂纹长度 a；
——快速裂纹扩展或裂纹终止的说明；
——试验日期；
——可能影响试验结果的详细情况，如偶发事件或本标准没有规定的操作。

附　录　A
（规范性附录）
临界压力（或环向应力）测定

A.1　总则

有一个试验结果是裂纹终止，就可表明裂纹扩展的临界压力大于试验压力。

推荐用下面的方法测定在规定温度下的临界压力（或环向应力），高于此临界值时，在热塑性塑料管材上引发的裂纹将沿管材稳态扩展。

A.2　符号

p：试验压力，单位为 MPa；

p_{cs4}：临界压力，单位为 MPa；

σ_{cs4}：临界环向应力，单位为 MPa；

d_{em}：管材试样平均外径，单位为 mm；

D：平均外径 d_{em} 的平均值，单位为 mm；

e_t：沿裂纹处管材试样的平均壁厚，单位为 mm。

A.3　原理

在恒定温度下改变试验压力进行一系列试验确定临界压力（或临界环向应力），在这个临界状态下，从初始裂纹的突然终止到裂纹持续稳态地扩展有一个明显的转变。

A.4　步骤

A.4.1　总则

采用一系列试验压力，按第 10 章的步骤，得到：

a)　至少有一个裂纹终止的试验结果（即 $a \leqslant 4.7d_n$）；

b)　至少有一个裂纹扩展的试验结果（即 $a > 4.7d_n$）。

A.4.2　临界环向应力

A.4.2.1　准备

按照 GB/T 8806—1988 测量平均外径 d_{em}，用 π 尺沿管材试样的 3 个位置测量三个数值，计算并记录平均值 D。

A.4.2.2　试验后

按照 GB/T 8806—1988，沿管材试样裂纹路径每隔一段距离测量其壁厚，如果裂纹路径不只一条，选主要裂纹路径。记录每点的壁厚值，计算并记录平均值 e_t。

如果裂纹处管壁变薄，在离裂纹路径足够远的地方进行所有的壁厚测量。

A.5　分析确定临界压力

画出裂纹长度对试验应力的关系图（见图 A.1）。

临界压力 p_{cs4} 定义为低于最低裂纹扩展压力的最高裂纹终止压力。

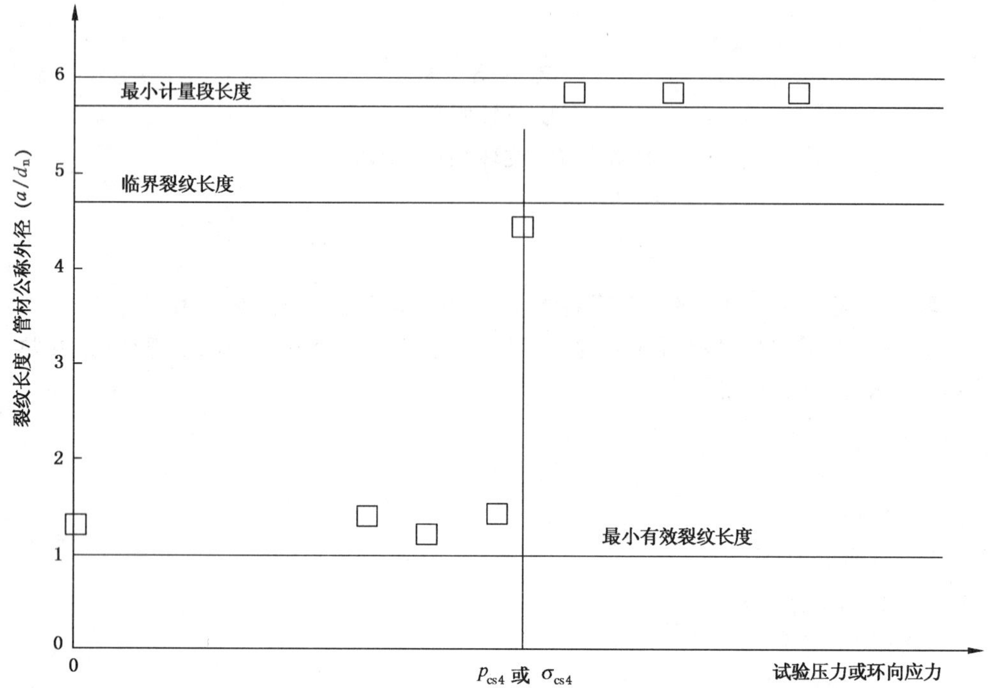

图 A.1 确定临界压力或环向应力(p_{cs4}或σ_{cs4})的典型试验数据图

A.6 分析确定临界环向应力

对每根管材试样,用公式(A.1)计算环向应力 σ,单位为 MPa。

$$\sigma = p(D - e_t)/2e_t \qquad \cdots\cdots\cdots\cdots\cdots\cdots\cdots\cdots\cdots\cdots\cdots\cdots\cdots\cdots\cdots\cdots\cdots\cdots\cdots\cdots\cdots\cdots\cdots\cdots\cdots\cdots\cdots\cdots\cdots\cdots\cdots\cdots\cdots\cdots\cdots\cdots\cdots\cdots\cdots\cdots\cdots(A.1)$$

式中:

p——试验压力,单位为兆帕(MPa);

D——平均外径 d_{em} 的平均值,单位为毫米(mm);

e_t——沿(主要)裂纹路径管材试样的平均壁厚,单位为毫米(mm)。

画出裂纹长度对环向应力的关系图(见图 A.1)。

临界环向应力 σ_{cs4} 定义为低于最低裂纹扩展环向应力的最高裂纹终止环向应力(见图 A.1)。

注:建议在 p_{cs4} 或 σ_{cs4} 的期望值上下交替选取试验压力。

A.7 试验报告—附加要求

A.7.1 在确定临界压力时,试验报告应包括下面附加信息。

——临界压力 p_{cs4} 的估计值,单位为 MPa。

A.7.2 在确定临界环向应力时,试验报告应包括下面附加信息。

——沿(主要)裂纹路径测量的每点壁厚,单位为 mm;

——沿(主要)裂纹测量的管材试样的平均壁厚 e_t,单位为 mm;

——管材试样的平均外径 d_{em},单位为 mm;

——管材试样平均外径 d_{em} 的平均值 D,单位为 mm;

——裂纹长度 a 对环向应力 σ 的曲线;

——临界环向应力 σ_{cs4} 估计值,单位为 MPa。

附 录 B
（规范性附录）
临界温度的测定

有一个试验结果是裂纹终止，就表明裂纹扩展的临界温度低于该试验温度。

在恒定的压力或环向应力下，对特定类型的热塑性塑料管材进行一系列类似于附录 A 的试验，以确定临界温度。

该方法总是有可能同时得到裂纹终止和扩展的条件，因此就可以得到临界温度。相比而言，在 0℃或高于 0℃的条件下，有些热塑性塑料管材在任何压力下都不可能出现快速裂纹扩展的现象，当然其临界压力也就不能确定了。

临界温度 T_c 定义为高于最高裂纹扩展温度的最低裂纹终止温度（见图 B.1）。

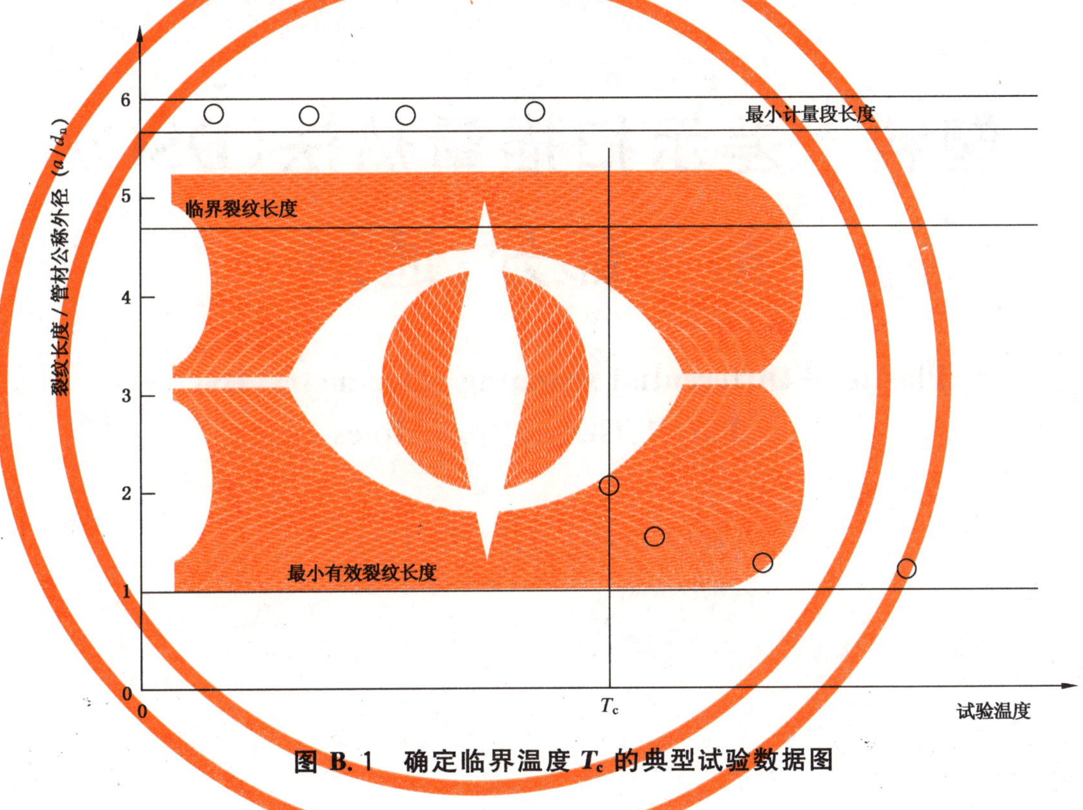

图 B.1 确定临界温度 T_c 的典型试验数据图

ICS 83.080.01
G 31

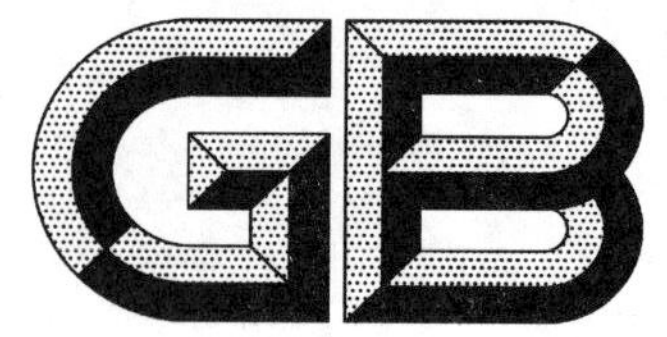

中华人民共和国国家标准

GB/T 19466.1—2004/ISO 11357-1:1997

塑料　差示扫描量热法(DSC)
第1部分:通则

Plastics—Differential scanning calorimetry(DSC)—
Part 1:General principles

(ISO 11357-1:1997,IDT)

2004-03-15 发布　　2004-12-01 实施

中华人民共和国国家质量监督检验检疫总局
中国国家标准化管理委员会　发布

前　言

GB/T 19466《塑料　差示扫描量热法(DSC)》分为7个部分:

——第1部分:通则;

——第2部分:玻璃化转变温度的测定;

——第3部分:熔融和结晶温度及热焓的测定;

——第4部分:比热容的测定;

——第5部分:聚合温度和/或时间及聚合动力学的测定;

——第6部分:氧化诱导时间的测定;

——第7部分:结晶动力学测定。

本部分为GB/T 19466的第1部分。

本部分等同采用ISO 11357-1:1997《塑料　差示扫描量热法(DSC)　第1部分:通则》。

本部分等同翻译ISO 11357-1:1997。

为便于使用,本部分做了下列编辑性修改。

a) "本国际标准"一词改为"本标准";

b) 删除了国际标准的前言;

c) 把规范性引用文件所列的国际标准换成对应的、被我国等同采用制(修)订的国家标准;

d) 按我国标准编写规定要求对标准中的公式进行了编号;

e) 对公式中符号进行了必要的注释;

f) 参考文献不再作为附录,而是作为与附录不同的资料性要素。

本部分的附录A、附录B为资料性附录。

本部分由中国石油和化学工业协会提出。

本部分由全国塑料标准化技术委员会通用方法和产品分会(TC15/SC4)归口。

本部分负责起草单位:中国石油天然气股份有限公司大庆石化分公司研究院。

本部分参加起草单位:中国石油化工股份有限公司北京燕山石化树脂应用研究所、中蓝晨光化工研究院、梅特勒-托利多仪器(上海)有限公司、德国耐驰仪器制造有限公司上海代表处、中国石油化工股份有限公司北京燕山石化研究院、中国石油化工股份有限公司齐鲁石化树脂加工应用研究所、中国石油化工股份有限公司北京化工研究院、天津联合化学有限公司、中国石油天然气股份有限公司辽阳石化分公司烯烃厂、中国石油化工股份有限公司茂名乙烯公司、上海精密科学仪器有限公司。

本部分主要起草人:包世星、张立军、赵　平、王　刚、王伟众、史群策。

本部分为首次制定。

塑料 差示扫描量热法(DSC)
第1部分:通则

警示—使用本标准的这部分时,可能会涉及有危险的材料,操作和设备。本标准不涉及与使用有关的所有安全问题的解决方法。本标准的使用者有责任在使用前规定适当的保障人身安全的措施并确定这些规章制度的适用性。

1 范围

GB/T 19466 本部分规定了使用差示扫描量热法(DSC)对热塑性塑料和热固性塑料包括模塑材料和复合材料等聚合物进行热分析的方法通则。

本部分适用于 GB/T 19466 第 2 至第 7 部分所叙述的应用差示扫描量热法对聚合物进行各种测定的方法。

2 规范性引用文件

下列文件中的条款通过 GB/T 19466 本部分的引用而成为本部分的条款。凡是注日期的引用文件,其随后所有的修改单(不包括勘误的内容)或修订版均不适用于本部分,然而,鼓励根据本部分达成协议的各方研究是否可使用这些文件的最新版本。凡是不注日期的引用文件,其最新版本适用于本部分。

GB/T 2918—1998 塑料试样状态调节和试验的标准环境(idt ISO 291:1997)

3 术语和定义

下列术语和定义适用于 GB/T 19466 的本部分。

3.1

差示扫描量热法(DSC) Differential scanning calorimetry(DSC)

在程序温度控制下,测定输入到试样和参比样的热流速率(热功率)差对温度和/或时间关系的技术。

通常,每次测量记录一条以温度或时间为 X 轴,热流速率差或热功率差为 Y 轴的曲线。

3.2

参比样 reference specimen

在一定温度和时间范围内,具有热稳定性的已知样品。

注:通常,使用和装试样的样品皿相同的空皿作为参比样。

3.3

标准样品 standard reference material

具有一种或多种足够均匀且确定的热性能材料。该材料能用于 DSC 仪器校准、测量方法的评价及材料的评估。

3.4

热流速率;热功率 heat flux;thermal power:

单位时间的传热量(dQ/dt)

注:总传热量 Q 等于热流速率对时间的积分,见式(1),单位为 J/kg 或 J/g。

$$Q = \int \frac{dQ}{dt} dt \qquad \cdots\cdots (1)$$

式中：

Q——总传热量，单位为焦耳每千克(J/kg)；焦耳每克(J/g)。

3.5

焓变 ΔH： change in enthalpy

在恒定压力下，试样因化学、物理或温度变化而吸收(ΔH 为正)或放出(ΔH 为负)的热量，见式(2)，单位为 J/kg 或 J/g。

$$\Delta H = \int_{T_1}^{T_2} \frac{dH}{dT} dT \qquad \cdots\cdots (2)$$

式中：

ΔH——焓变，单位为焦耳每千克(J/kg)；焦耳每克(J/g)。

3.6

恒压比热容 c_p：specific capacity at constant pressure

在恒定压力及其他参数恒定下，单位质量材料温度升高 1℃所需要的热量，见式(3)。

$$c_p = \frac{1}{m} \times \left(\frac{\partial Q}{\partial T}\right)_p \qquad \cdots\cdots (3)$$

式中：

∂Q——在恒定压力下，使质量为 m 的材料升高 ∂T℃所需要的热量，单位为焦耳(J)；

c_p——恒压比热容，单位为焦耳每千克摄氏度[J/(kg·℃)]或焦耳每克摄氏度[J/(g·℃)]。

分析聚合物时应小心，以保证测得的比热容不包含任何因化学或物理变化而产生的热量变化。

3.7

基线 baseline

DSC 曲线上位于反应或转变区域以外，但与该区域相邻的部分。在该部分中，热流速率(热功率)差近于恒定。

3.8

准基线 virtual baseline

假定反应热和/或转变热为零时，通过反应和/或转变区域所拟合出的基线。通常采用内插或外推方法在所记录的基线上画出。一般在 DSC 曲线上标示(见图 1)。

3.9

峰 peak

DSC 曲线上，偏离基线达到最大值然后又返回到基线的那部分曲线。

注：峰的开始对应于反应或转变的开始。

3.9.1

吸热峰 endothermic peak

输入到试样的能量大于相应准基线能量的峰。

3.9.2

放热峰 exothermic peak

输入到试样的能量小于相应准基线能量的峰。

注：根据热力学的惯例，当反应或转变是放热时，焓变为负。吸热时，焓变为正。吸热或放热的方向，通常在 DSC 曲线上表示。

3.9.3

峰高： peak height

峰最高点与准基线间的距离，用 mW 表示。峰高与试样质量不成比例关系。

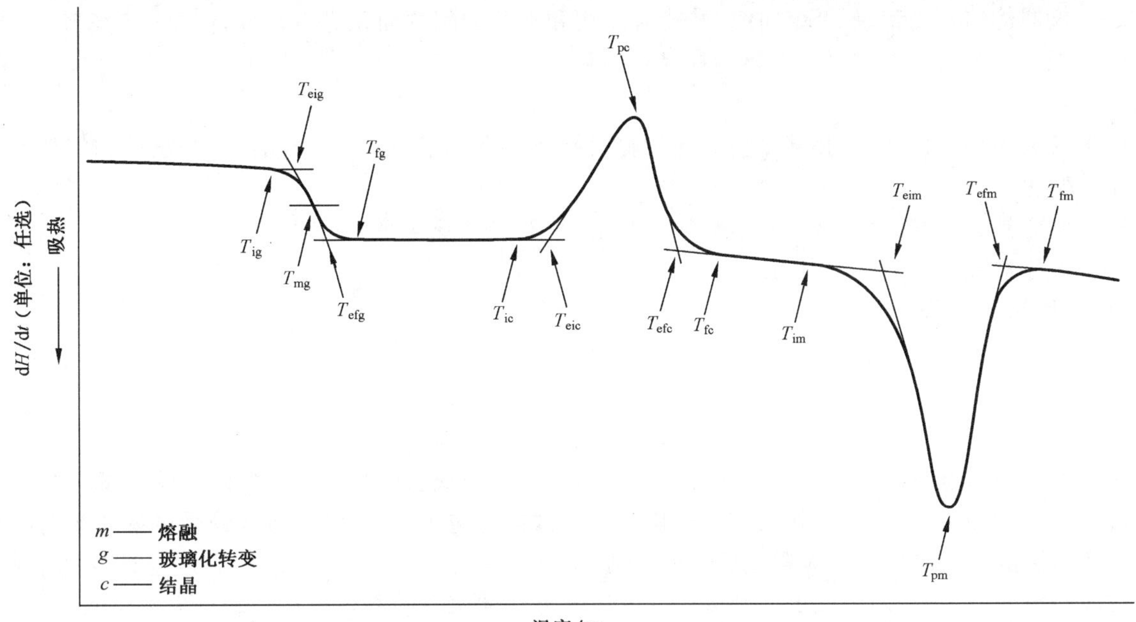

图 1　典型 DSC 曲线

3.10

特征温度　characteristic temperature

DSC 曲线上的特征温度如下：

——起始温度　　T_i；

——外推起始温度　　T_{ei}；

——峰温度　　T_p；

——外推终止温度　　T_{ef}；

——终止温度　　T_f。

4　原理

在规定的气氛及程度温度控制下，测量输入到试样和参比样的热流速率差随温度和/或时间变化的关系。

注：可使用功率补偿型和热流型两种类型的 DSC 仪进行试验。这两种方法所使用的测量仪器设计区分如下：

a）功率补偿型 DSC：保持试样和参比样的温度相同，当试样的温度改变时，测量输入到试样和参比样之间的热流速率差随温度或时间的变化。

b）热流型 DSC：按控制程序改变试样的温度时，测量由试样和参比样之间的温度差而产生的热流速率差随温度或时间的变化。这种测量，试样和参比样之间的温度差与热流速率差成比例。

5　仪器和材料

5.1　差示扫描量热仪，主要性能如下：

a）能以 0.5℃/min～20℃/min 的速率，等速升温或降温；

b）能保持试验温度恒定在±0.5℃内至少 60 min；

c）能够进行分段程序升温或其他模式的升温；

d）气体流动速率范围在 10 mL/min～50 mL/min，偏差控制在±10%范围内；

e）温度信号分辨能力在 0.1℃内，噪音低于 0.5℃；

f）为便于校准和使用，试样量最小应为 1mg（特殊情况下，试样量可以更小）；

g) 仪器能够自动记录DSC曲线，并能对曲线和准基线间的面积进行积分，偏差小于2%；

h) 配有一个或多个样品支持器的样品架组件。

5.2 样品皿

用来装试样和参比样，由相同质量的同种材料制成。在测量条件下，样品皿不与试样和气氛发生物理或化学变化

样品皿应具有良好的导热性能，能够加盖和密封，并能承受在测量过程中产生的过压。

5.3 天平：称量准确度为±0.01 mg。

5.4 标准样品：参见附录A。

5.5 气源：分析级

6 试样

试样可以是固态或液态。固态试样可为粉末、颗粒、细粒或从样品上切成的碎片状。试样应能代表受试样品，并小心制备和处理。如果是从样片上切取试样时应小心，以防止聚合物受热重新取向或其他可能改变其性能的现象发生。应避免研磨等类似操作，以防止受热或重新取向和改变试样的热历史。对粒料或粉料样品，应取两个或更多的试样。取样的方法和试样的制备应在试验报告中说明。

注：不正确的试样制备会影响待测聚合物的性能。其他有关资料，见附录B。

7 试验条件和试样的状态调节

7.1 试验条件

试验前，接通仪器电源至少1 h，以便电器元件温度平衡。仪器的维护和操作应在GB/T 2918—1998规定的环境下进行。

注：建议仪器不要放在风口处，并防止阳光直接照射。测量时，应避免环境温度、气压或电源电压剧烈波动。

7.2 试样的状态调节

测定前，应按材料相关标准规定或供需双方商定的方法对试样进行状态调节。

注1：除非规定了其他条件，建议按照GB/T 2918—1998的规定对试样进行状态调节。

注2：DSC得到的结果受状态调节影响很大。

8 校准

8.1 总则

至少应按照仪器生产厂的建议校准量热仪的能量和温度测量装置。

注1：由于校正函数 $K(T)$（见8.3）随温度而变化，所以不能表示为简单的比例系数。因此，对每一个参数，即温度或能量，有必要至少用两种标准样品进行校准。在附录A中给出的大多数标准样品，都能用于温度和能量两个参数的校准。

注2：影响校准的因素：

——DSC量热计类型；

——气体及其流速；

——样品皿类型，尺寸及其在样品支持架上的位置；

——试样的质量；

——升温和降温速率；

——冷却系统的类型。

建议尽可能精确地确定实际测定条件，并用相同的条件进行校准。DSC仪器附带的计算机系统可能会自动校准某些参数。

注3：建议定期用熔点接近于待测材料测试温度范围的标准样品对温度和能量测量装置进行校准。

8.2 温度校准

进行温度校准的步骤如下：

——选择至少两种转变温度处于或接近待测温度范围的标准样品；

——用与测定试样相同的条件测定标准样品的转变温度。标准样品转变温度的定义为：在峰的前沿最大斜率点的切线与外推基线的交点(即：外推起始温度)；

——通过比较标准样品的标准值和记录值确定温度校正系数，除非计算机系统能根据标准值与记录值进行比较自动得到。

注：在升温方式下，正确地校准仪器可给出一致的结果，但在降温方式下却不一定(因为过冷)。

因为没有用于降温方式的标准样品，可只对升温方式进行温度校准。每次改变试验条件，都应进行温度校正。如果需要，也可按有关要求经常进行温度校准。温度校准的重复性应优于2%。

8.3 能量或热功率的校准

DSC仪器能量(以J为单位)或热功率(以W为单位)的校准，就是测定校准函数$K(T)$或仪器灵敏度与温度的关系。灵敏度单位为mW/mV，它表示仪器指示的电信号$E(T)$与在温度T时传递给试样的功率$P(T)$的关系，如式(4)所示：

$$P(T) = K(T) \times E(T) \qquad (4)$$

或用积分式，如式(5)所示

$$\int_{t_1}^{t_2} P(T)\mathrm{d}t = \int_{t_1}^{t_2} K(T) \times E(T)\mathrm{d}t \qquad (5)$$

式中：

$P(T)$——温度为T时DSC仪传递给试样的功率，单位为毫瓦(mW)；

$K(T)$——校准函数或仪器灵敏度，单位为毫瓦每毫伏(mW/mV)；

$E(T)$——仪器指示的电信号，单位为毫瓦(mW)。

根据DSC仪的类型和待测的温度范围，可用仪器直接校准或用标准样品的熔融焓或热容的测试值与它们的标准值比较来进行校准。

注：在选择校准方法时，建议参照仪器制造商的有关资料。

按下述步骤进行校准：

——选择两种或多种标准样品，其热容和熔点处于或接近待测的温度范围；

——用与测定试样相同的条件测定标准样品；

——记录转变热或热容的电信号E与温度的关系图；

——通过比较标准值与记录值，确定能量或热功率校正函数。除非计算机系统能根据标准值与记录值比较自动地得到校正函数。

能量校准应定期进行。这种校正的重复性应优于2%。

9 操作步骤

9.1 仪器准备

9.1.1 试验前，接通仪器电源至少1 h，使电器元件温度平衡。

9.1.2 将具有相同质量的两个空样品皿放置在样品支持器上，调节到实际测量的条件。在要求的温度范围内，DSC曲线应是一条直线。当得不到一条直线时，在确认重复性后记录DSC曲线。

9.2 将试样放在样品皿内

9.2.1 选择容积适当的样品皿，并保证其清洁；

9.2.2 用两个相同的样品皿，一个作试样皿，另一个作参比皿(可用空样品皿或不空的样品皿)；

9.2.3 称量样品皿及盖，精确到0.01 mg；

9.2.4 将试样放在样品皿内；

9.2.5 如果需要，用盖将样品皿密封；

9.2.6 再次称量试样皿。

9.3 把样品皿放入仪器内

用镊子或其他合适的工具将样品皿放入样品支持器中，确保试样和皿之间、皿和支持器之间接触良好。盖上样品支持器的盖。

9.4 温度扫描测量

9.4.1 设置仪器的程序，以进行需要的热循环。可使用两种类型的程序：连续或分步。

9.4.2 开始测量。测量期间所需的控制操作取决于测量类型和仪器相联的计算机的功能。参考仪器制造商的资料。

9.4.3 把样品支持器组件冷却到室温，取出试样皿，检验试样皿是否变形及或试样是否溢出。若试样溢出污染样品支持器，则按照制造商说明书进行清洗。

9.4.4 称量试样皿，如果有质量损失，则可能发生另外的焓变。

9.4.5 如果怀疑有化学变化，打开试样皿并检查试样。被损坏的皿不能再次用于测量。

9.4.6 按仪器制造商的说明书处理数据。

聚合物 DSC 测定结果受样品和试样的热历史和形态的影响很大。建议进行两次测定，第二次测定在按规定的降温速率冷却以后进行，以确保试验结果的一致。有关资料见附录 B。

9.5 等温测量

注：根据所用仪器的类型，有两种不同的恒温步骤：即将试样在室温下装入样品支持器或在规定的测量温度下装入样品支持器。

9.5.1 在室温下放入试样

9.5.1.1 将样品皿放入样品支持器中。设置仪器的程序，使其以快速扫描速率达到预定温度。

9.5.1.2 当得到稳定的基线后，尽快使仪器达到规定温度。

9.5.1.3 恒温，记录以时间为横坐标的 DSC 曲线。

9.5.1.4 当吸热/放热反应或转变完成以后，仪器试验条件不变继续运行，直到再次得到稳定的基线。

注：运行 5 min 是合适的。

9.5.1.5 测试结束后，冷却仪器，取出样品皿。

9.5.1.6 称量装有试样的皿。

9.5.1.7 按仪器制造商的说明处理数据。

注：当材料在室温和测量温度下没有发生反应或转变时，可将仪器温度直接升高到规定的测量温度。在这种情况下，基线是在室温下得到的。

9.5.2 在测量温度下放入试样

9.5.2.1 设置仪器的程序，仪器升温达到规定的测量温度。

9.5.2.2 让仪器温度达到稳定状态条件。

9.5.2.3 在此温度下将试样皿和参比皿放入样品支持器中，记录以时间为横坐标的 DSC 曲线。

9.5.2.4 当吸热/放热反应或转变完成以后，仪器试验条件不变继续运行，直到再次得到稳定的基线。

注：运行 5 min 是合适的。

9.5.2.5 测试结束后，冷却仪器，取出样品皿。

9.5.2.6 称量装有试样的皿。

9.5.2.7 按仪器制造商的说明处理数据。

9.5.2.8 如果在试验过程中有试样溢出，应清理样品支持器。清理按照仪器制造商的说明书进行，并用至少一种标准样品进行温度和能量的校准，确认仪器有效。

10 试验报告

试验报告应包括以下内容：

a) 注明参照本标准；

b) 标明受试材料的全部资料信息;
c) 所用 DSC 仪器类型;
d) 所用样品皿类型;
e) 每次使用的标准样品,特征值及用量;
f) 样品支持器组件中所用的气体及流速;
g) 取样、试样制备及试样状态调节的详细情况;
h) 试样质量;
i) 样品和试样在试验前的热历史;
j) 程序温度参数,应包括起始温度,升温速率,最终温度以及降温速率;
k) 试样质量的变化;
l) 试验结果;
m) 试验日期。

试验报告应附 DSC 曲线。

附 录 A
（资料性附录）
标准样品

表 A.1 各种标准样品的转变或熔融温度及熔融焓

标准样品	转变点或熔点温度（平衡温度）/℃	熔融焓/(J/g)	NIST 标准样品编号
环己烷（转变）	−83[a]		NISTGM757
水银（熔融）	−38.9	11.47	NIST SRM2225
1,2-二氯乙烷（熔融）	−32[a]		NIST GM757
环已烷（熔融）	7[a]		NIST GM757
苯基醚（熔融）	30[a]		NIST GM757
邻三联苯（熔融）	58[a]		NIST GM757
联二苯（熔融）	69.2	120.2	NIST SRM2222
硝酸钾（转变）	127.7		NIST GM758
铟（熔融）	157	28.42	NIST GM758
过氯酸钾（转变）	299.5		NIST GM758、GM759
锡（熔融）	231.9	60.22	NIST SRM2220、GM758
铅（熔融）	327.5	23.16	
锌（熔融）	419.6	107.38	NIST SRM2221a
硫酸银（转变）	430		NIST GM758、GM759
石英（转变）	573		NIST GM759、GM760
硫酸钾（转变）	583		NIST GM759、GM760
铬酸钾（转变）	665		NIST GM759、GM760
碳酸钡（转变）	810		NIST GM760
碳酸锶（转变）	925		NIST GM760

注：NIST(the US National Institute of Standard and Technology)
——美国国家标准与技术学会

[a] 峰温

表 A.2 玻璃化转变温度标准样品

标准样品	外推起始温度/℃	中点温度/℃	NIST 标准样品编号
聚苯乙烯	104.5	107.5	NIST GM754

表 A.3 测定比热标准样品

标 准 样 品	NIST 标准样品编号
蓝宝石	NIST SRM720

附　录　B
（资料性附录）
一般建议

本试验方法适用于聚合物材料的比较测试。然而，使用本方法的测试结果常常受系统误差的影响，例如：不正确的校准、基线校准或试样制备等因素。建议用聚合物来做标准样品（同常规分析材料相似）用于待测材料的分析。这样有利于对不同仪器、时间和试样制备方法测得的数据进行比较。

建议测试温度不要超出聚合物样品的分解温度。样品分解会导致样品从不带盖的样品皿中溢出或从密封的试样皿挤出而污染样品架组件。温度过高或温度扫描范围太大，会引起校准曲线线性的变化，导致结果不准确。

当一条多峰的DSC曲线中的各个峰是可分开的，则对各峰的说明是相当确定的（参见本系列标准的第3部分中的3.7）。但更多的情况，DSC曲线中的峰是分不开的。这些类型的曲线是由于几个反应和/或转化同时发生的结果。在这种情况下，测得的热性能只能是：总焓、第一个反应或转变的起始温度和外推起始温度、最后一个反应或转变的外推终止温度和终止温度、以及几个峰温。仅用DSC曲线，不可能完全识别这些单个反应或转变。在某些情况下，调节升温或降温速率可能会有助于分离多峰现象。但是，降温速率对降温后升温扫描测得的特征温度有很大影响，应小心操作。

DSC曲线在第一次升温扫描中有几个峰，而在第二次升温扫描时只有一个峰的现象，对聚合物来说是典型的。第二次升温扫描通常是随着一个准确迅速均匀的冷却过程后进行的。第一次升温扫描获得的信息可以说明聚合物经受的预热过程（如加工和试样制备）。因此，分析聚合物时，建议分三步进行DSC操作：第一次升温、然后降温和第二次升温。用上述步骤进行测试，记录试样皿中聚合物的初始质量及第二次升温前后的质量，可有助于识别各个不同的峰。要想得到不受热历史影响的样品材料的热性能信息，应使用第二次扫描的结果。

参考文献

[1] ISO 31-4: 1992, Quantities and units—Part 4: Heat.

[2] ISO 472: 1988, plastics—Vocabulary.

[3] ASTM D 3418:1983 (1988), Test method for transition temperatures of polymers by thermal analysis.

[4] TURI, E. A. (editor), Thermal characterization of polymeric materials, Academic Press (1981), New York.

[5] ROCABOY, E, Comportement thermique des polyméres synthétiques, Masson et Cie Éditeurs (1972).

[6] STULL, Dr., et al. The chemical thermodynamics of organic compounds, John Wiley & Sons (1969), New York.

[7] ROSSINI, F. O., Pure and applied chemistry, Vol. 22 (1970), p. 557.

[8] HULTGREN, R. R., et al. Selected values of thermodynamic properties of elements, John Wiley & Sons(1973), New York.

[9] MACKENZIE, R. C., Differential Thermal Analysis, Academic Press (1972), London and NeW York.

[10] ROLLET, A. P., and BOUAZIZ, R., L'analyse thermique, Gauthier Villars Éditeur (1972).

[11] ICTA(J. O. HILL, Editor), For better thermal analysis, third edition(1991).

ICS 83.080.01
G 31

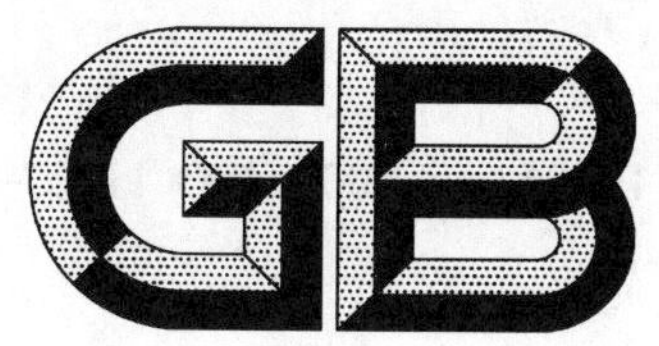

中华人民共和国国家标准

GB/T 19466.2—2004/ISO 11357-2:1999

塑料 差示扫描量热法(DSC) 第2部分:玻璃化转变温度的测定

Plastics—Differential scanning calorimetry(DSC)—
Part 2:Determination of glass transition temperature

(ISO 11357-2:1999,IDT)

2004-03-15 发布 2004-12-01 实施

中华人民共和国国家质量监督检验检疫总局
中国国家标准化管理委员会 发布

前　言

GB/T 19466《塑料　差示扫描量热法(DSC)》分为7个部分：

——第1部分：通则；

——第2部分：玻璃化转变温度的测定；

——第3部分：熔融和结晶温度及热焓的测定；

——第4部分：比热容的测定；

——第5部分：聚合温度和/或时间及聚合动力学的测定；

——第6部分：氧化诱导时间的测定；

——第7部分：结晶动力学测定。

本部分为GB/T 19466的第2部分。

本部分等同采用ISO 11357-2:1999《塑料　差示扫描量热法(DSC)　第2部分：玻璃化转变温度的测定》。

本部分等同翻译ISO 11357-2:1999。

为便于使用，本部分做了下列编辑性修改。

a)　“本国际标准”一词改为“本标准”；

b)　删除了国际标准的前言；

c)　把规范性引用文件所列的国际标准换成对应的、被我国等同采用制(修)订的国家标准。并删除了正文中未引用的ISO 472；

d)　为指导使用，在图1的左、右两部分增加了“A”、“B”标识符号；

e)　增加了资料性附录A以便使用时参考；

f)　参考文献不再作为附录，而是作为与附录不同的要素。

本部分的附录A为资料性附录。

本部分由中国石油和化学工业协会提出。

本部分由全国塑料标准化技术委员会通用方法和产品分会(TC15/SC4)归口。

本部分负责起草单位：中国石油天然气股份有限公司大庆石化分公司研究院。

本部分参加起草单位：中国石油化工股份有限公司北京燕山石化树脂应用研究所、中蓝晨光化工研究院、德国耐驰仪器制造有限公司上海代表处、梅特勒-托利多仪器(上海)有限公司、中国石油化工股份有限公司北京燕山石化研究院、中国石油化工股份有限公司齐鲁石化树脂加工应用研究所、中国石油化工股份有限公司北京化工研究院、天津联合化学有限公司、中国石油天然气股份有限公司辽阳石化分公司烯烃厂、中国石油化工股份有限公司茂名乙烯公司、上海精密科学仪器有限公司。

本部分主要起草人：张立军、包世星、赵　平、王　刚、王伟众。

本部分为首次制定。

塑料　差示扫描量热法(DSC)
第2部分:玻璃化转变温度的测定

警示—使用本标准的这部分时,可能会涉及有危险的材料、操作和设备。本标准不涉及与使用有关的所有安全问题的解决办法。本标准的使用者有责任在使用前规定适当的保障人身安全的措施并确定这些规章制度的适用性。

1　范围

GB/T 19466.2 的本部分规定了测定无定形聚合物和半结晶聚合物玻璃化转变特征温度的方法。

2　规范性引用文件

下列文件中的条款通过 GB/T 19466 本部分的引用而成为本部分的条款。凡是注日期的引用文件,其随后所有的修改单(不包括勘误的内容)或修订版均不适用于本部分,然而,鼓励根据本部分达成协议的各方研究是否可使用这些文件的最新版本。凡是不注日期的引用文件,其最新版本适用于本部分。

GB/T 19466.1—2004　塑料　差示扫描量热法(DSC)　第1部分:通则(idt ISO 11357-1:1997)

3　术语和定义

GB/T 19466.1 确立的以及下列术语和定义适用于本部分。

3.1

玻璃化转变　glass transition

无定形聚合物或半结晶聚合物中的无定形区域从粘流态或橡胶态到硬的、相对脆的玻璃态的一种可逆变化。

3.2

玻璃化转变温度　glass transition temperature

发生玻璃化转变的温度范围的近似中点的温度。

注:根据材料的特性及选择的试验方法和测试条件的不同,玻璃化转变温度(T_g)可能和材料已知的 T_g 值不同。

3.3　**玻璃化转变的特征温度**(见图1)

3.3.1

外推起始温度 T_{eig}　extrapolated onset temperature

由曲线低温侧的初始基线外推与曲线拐点处切线的交点。

3.3.2

外推终止温度 T_{efg}　extrapolated end temperature

由曲线高温侧的初始基线外推与曲线拐点处切线的交点。

3.3.3

中点温度 T_{mg}　midpoint temperature

与两条外推基线距离相等的线与曲线的交点。

注:下标中的"g"表示"玻璃化转变"。

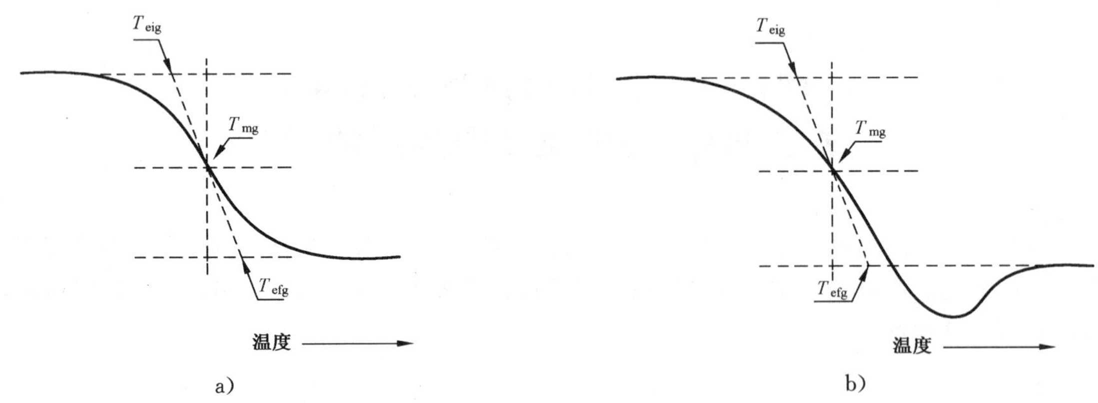

图 1 玻璃化转变特征温度示例

4 原理

见 GB/T 19466.1—2004 第 4 章。

测量材料的比热容随温度的变化，并由所得的曲线确定玻璃化转变特征温度。

5 仪器和材料

见 GB/T 19466.1—2004 第 5 章。

6 试样

见 GB/T 19466.1—2004 第 6 章。

7 试验条件和试样状态调节

见 GB/T 19466.1—2004 第 7 章。

8 校准

见 GB/T 19466.1—2004 第 8 章。

9 操作步骤

9.1 打开仪器

见 GB/T 19466.1—2004 中 9.1。

使用与校准仪器相同的清洁气体及流速。气体和流速有任何变化，都需要重新校准。一般采用：氮气（分析级），流速 50 mL/min(1±10%)。经有关双方的同意，可以采用其他惰性气体和流速。

调节灵敏度，以使曲线上转变区域（或阶段）的垂直高度的差至少为记录器满刻度读数的 10%（现在的仪器不需要这种调节）。

9.2 将试样放在样品皿内

见 GB/T 19466.1—2004 中 9.2。

称量试样，精确到 0.1 mg。除非材料标准另有规定，试样量采用 5 mg 至 20 mg。对于半结晶材料，使用接近上限的试样量。

样品皿的底部应平整，且皿和试样支持器之间接触良好。这对获得好的数据是至关重要的。

不能用手直接处理试样或样品皿，要用镊子或戴手套处理试样。

9.3 把样品皿放入仪器内

见 GB/T 19466.1—2004 中 9.3。

9.4 温度扫描

9.4.1 在开始升温操作之前,用氮气预先清洁 5min。

9.4.2 以 20℃/min 的速率开始升温并记录。将试样皿加热到足够高的温度,以消除试验材料以前的热历史。

样品和试样的热历史及形态对聚合物的 DSC 测试结果有较大影响。进行预热循环并进行第二次升温扫描(见 GB/T 19466.1—2004 附录 B)测量是非常重要的。若材料是反应性的或希望评定预处理前试样的性能时,取第一次热循环时的数据。试验报告中应记录与标准步骤的差别。

9.4.3 保持温度 5 min。

9.4.4 将温度骤冷到比预期的玻璃化转变温度低约 50℃。

9.4.5 保持温度 5 min。

9.4.6 以 20℃/min 的速率进行第 2 次升温并记录,加热到比外推终止温度 T_{efg}高约 30℃。

注:经有关双方同意,可以采用其他升温或降温速率。特别是,高的扫描速率使记录的转变有高的灵敏度,另一方面,低的扫描速度能提供较好的分辨能力。选择适当的速率对观察细微的转变是重要的。

9.4.7 将仪器冷却到室温,取出试样皿,观察试样皿是否变形或试样是否溢出。

9.4.8 重新称量皿和试样,精确到±0.1 mg。

9.4.9 如有任何质量损失,应怀疑发生了化学变化,打开皿并检查试样。如果试样已降解,舍弃此试验结果,选择较低的上限温度重新试验。

变形的样品皿不能再用于其他试验。

如果在测试过程中有试样溢出,应清理样品支持器组件。清理按照仪器制造商的说明书进行,并用至少一种标准样品进行温度和能量的校准,确认仪器有效。

9.4.10 按仪器制造商的说明处理数据。

9.4.11 应由使用者决定重复试验。

10 结果表示

转变温度的测定曲线如图 1 所示。通常两条基线不是平行的。在这种情况下,T_{mg}就是两条外推基线间的中线与曲线的交点。

也可以把测定的拐点本身作为玻璃化转变特征温度 T_g。它可通过测定微分 DSC 信号最大值或转变区域斜率最大处对应的温度而得到。

若 DSC 曲线出现图 1 中 b)曲线的情况,确定玻璃化转变温度的方法是相同的。

11 精密度

由于未获得足够的实验室间的数据,本试验方法的精密度尚未知道。在获得这些实验室间数据后,下个版本将增加精密度的说明。

附录 A 给出了制标工作组对三种材料测得的数据,仅供参考。

12 试验报告

见 GB/T 19466.1—2004 第 10 章。

其中试验结果的第 1 项应包括下列内容:

——玻璃化转变的特征温度 T_{eig}、T_{efg}和 T_{mg}值,℃,修约到整数位。

尽管玻璃化转变温度 T_g应对应于 T_{mg}。但应用最多的是 T_{eig},也是比较有意义的,也常将其作为 T_g。必须强调,当说明玻璃化转变温度时,应报告 T_{eig}、T_{efg}和 T_{mg}的值。

附　录　A
（资料性附录）
PS、HIPS 和 ABS 测定结果精密度

制标工作组用 PS、HIPS 和 ABS 样品在 10 个实验室之间进行了室间重复试验，并分别对玻璃化转变温度的 T_{eig}、T_{mg}和 T_{efg}进行了精密度计算，见表 A.1、表 A.2 和表 A.3。

表 A.1　PS 精密度结果

试验条件		精密度结果	T_{eig}/℃	T_{mg}/℃	T_{efg}/℃
试样质量/mg	升温速率/(℃/min)				
10	20	平均值 $\bar{Y}$	96.8	101.8	105.6
		重复性 r	1.717	2.783	1.141
		再现性 R	4.787	3.317	6.609

表 A.2　HIPS 精密度结果

试验条件		精密度结果	T_{eig}/℃	T_{mg}/℃	T_{efg}/℃
试样质量/mg	升温速率/(℃/min)				
10	20	平均值 $\bar{Y}$	102.2	106.1	109.3
		重复性 r	2.116	1.755	2.058
		再现性 R	2.507	3.513	4.522

表 A.3　ABS 精密度结果

试验条件		精密度结果	T_{eig}/℃	T_{mg}/℃	T_{efg}/℃
试样质量/mg	升温速率/(℃/min)				
10	20	平均值 $\bar{Y}$	104.8	109.9	113.3
		重复性 r	3.201	2.615	3.974
		再现性 R	5.725	2.968	6.436

参 考 文 献

[1] Turi,E. A. ,Thermal characterization of polymeric materials,2 nd. ,Academic Press,1996

[2] Wunderlich,B. ,Thermal analysis,Academic Press,1990.

[3] Perez,J. , Physique et mecanique des polymeres amorphes,Technique et Documentation,Edition Lavoisier(Paris),1992.

[4] Nakamura,S. , et al. , Thermal analysis of polymer samples by a round robin method-1:Reproducibility of melting,crystallization and glass transition temperatures,Thermochimica Acta,136 (1988),pp. 163-178.

[5] Hatakeyama,T. , and Quinn,F. X. ,Thermal analysis:Fundamentals and applications to polymer science,John Wiley & Sons,1994.

[6] Assignment of the glass transition,ASTM research report,1994.

ICS 83.080.01
G 31

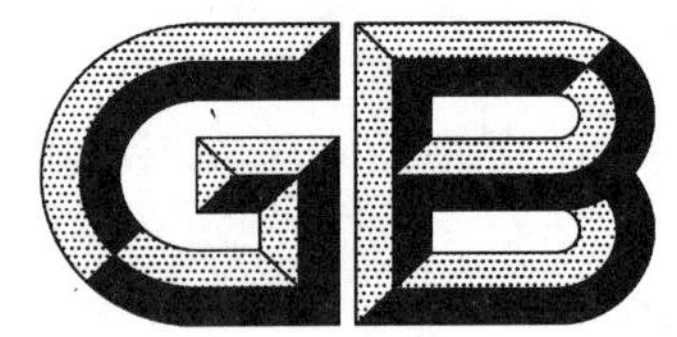

中华人民共和国国家标准

GB/T 19466.3—2004/ISO 11357-3:1999

塑料　差示扫描量热法(DSC)
第3部分:熔融和结晶温度及热焓的测定

Plastics—Differential scanning calorimetry (DSC)—
Part 3:Determination of temperature and enthalpy of melting and crystallization

(ISO 11357-3:1999,IDT)

2004-03-15 发布　　2004-12-01 实施

中华人民共和国国家质量监督检验检疫总局
中国国家标准化管理委员会　发布

前　　言

GB/T 19466《塑料　差示扫描量热法(DSC)》分为7个部分:

——第1部分:通则;

——第2部分:玻璃化转变温度的测定;

——第3部分:熔融和结晶温度及热焓的测定;

——第4部分:比热容的测定;

——第5部分:聚合温度和/或时间及聚合动力学的测定;

——第6部分:氧化诱导时间的测定;

——第7部分:结晶动力学测定。

本部分为GB/T 19466的第3部分。

本部分等同采用ISO 11357-3:1999《塑料　差示扫描量热法(DSC)　第3部分:熔融和结晶温度及热焓的测定》。

本部分等同翻译ISO 11357-3:1999。

为便于使用,本部分做了下列编辑性修改。

a) "本国际标准"一词改为"本标准";

b) 删除了国际标准的前言;

c) 把规范性引用文件所列的国际标准换成对应的、被我国等同采用制(修)订的国家标准,并删除了正文中未引用的ISO 472;

d) 对公式进行了编号;

e) 把10.1中的术语定义调整到3.5;

f) 不再把参考文献作为附录,而是作为与附录不同的资料性要素;

g) 增加了资料性附录A以便参考。

本部分的附录A为资料性附录。

本部分由原国家石油和化学工业局提出。

本部分由全国塑料标准化技术委员会通用方法和产品分会(TC15/SC4)归口。

本部分负责起草单位:中国石油天然气股份有限公司大庆石化分公司研究院。

本部分参加起草单位:中国石油化工股份有限公司北京燕山石化树脂应用研究所、中蓝晨光化工研究院、梅特勒-托利多仪器(上海)有限公司、德国耐驰仪器制造有限公司上海代表处、中国石油化工股份有限公司北京燕山石化研究院、中国石油化工股份有限公司齐鲁石化树脂加工应用研究所、中国石油化工股份有限公司北京化工研究院、天津联合化学有限公司、中国石油天然气股份有限公司辽阳石化分公司烯烃厂、中国石油化工股份有限公司茂名乙烯公司、上海精密科学仪器有限公司。

本部分主要起草人:包世星、张立军、赵　平、王　刚、王伟众、史群策。

本部分为首次制定。

塑料 差示扫描量热法(DSC)
第3部分:熔融和结晶温度及热焓的测定

警示—使用本标准的这部分时,可能会涉及有危险的材料,操作和设备。本标准不涉及与使用有关的所有安全问题的解决办法。本标准的使用者有责任在使用前规定适当地保证人身安全的措施并确定这些规章制度的适用性。

1 范围

GB/T 19466.3的本部分规定了测定结晶和半结晶聚合物熔融和结晶温度及热焓的试验方法。

2 规范性引用文件

下列文件中的条款通过GB/T 19466的本部分的引用而成为本部分的条款。凡是注日期的引用文件,其随后所有的修改单(不包括勘误的内容)或修订版均不适用于本部分,然而,鼓励根据本部分达成协议的各方研究是否可使用这些文件的最新版本。凡是不注日期的引用文件,其最新版本适用于本部分。

GB/T 19466.1—2004 塑料 差示扫描量热法(DSC) 第1部分:通则(idt ISO 11357-1:1997)

3 术语和定义

GB/T 19466.1确立的以及下列术语和定义适用于本部分。

3.1

熔融 melting

完全结晶或半结晶聚合物从固态向具有不同粘度的液态的转变阶段。

注:这种转变也可称为熔化,在DSC曲线上表现为吸热峰。

3.2

结晶 crystallization

聚合物的无定形液态向完全结晶或半结晶的固态的转变阶段。

注:这种转变在DSC曲线上表现为放热峰。对液晶,应把无定形液态用"有序液态"代替。

3.3

熔融焓 enthalpy of fusion

在恒压下,材料熔融所需要的热量,单位,kJ/kg。

3.4

结晶焓 enthalpy of crystallization

在恒压下,材料结晶所放出的热量,单位,kJ/kg。

3.5

特征温度

特征温度如下(见图1)

——外推起始温度 T_{ei},℃,extrapolated onset temperature

外推基线与对应于转变开始的曲线最大斜率处所作切线的交点所对应的温度。

——峰温度 T_p,℃,peak temperature

峰达到的最大值(或最小值)所对应的温度。

——外推终止温度 T_{ef},℃,extrapolated end temperature

外推基线与对应于转变结束的曲线最大斜率处所作切线的交点所对应的温度。

注：用下标“m”注明与熔融现象有关的温度，下标“c”注明与结晶现象有关的温度，见图 1。

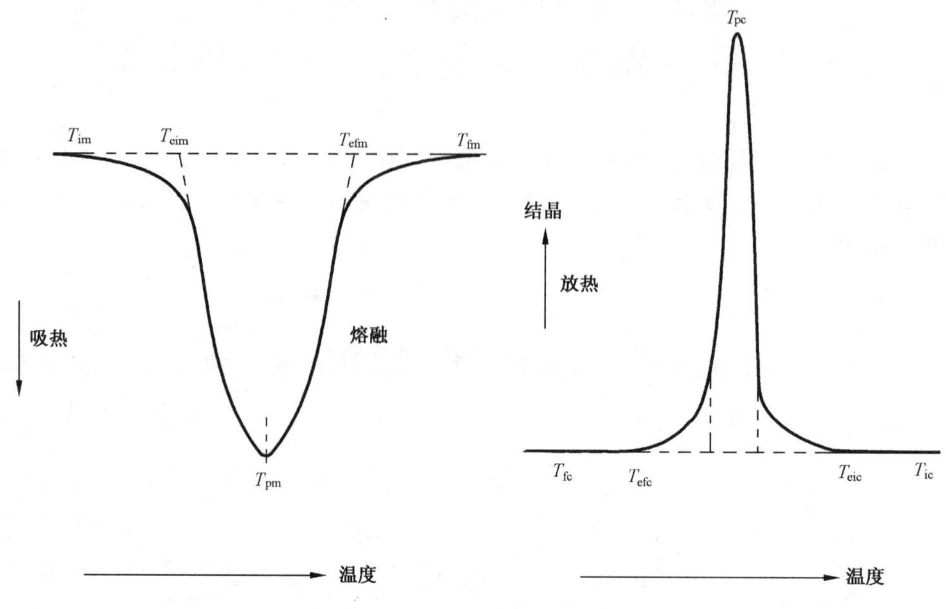

图 1 特征温度测定示例

4 原理

见 GB/T 19466.1—2004 第 4 章。

5 仪器和材料

见 GB/T 19466.1—2004 第 5 章。

使用的气氛应为分析级的氮气或其他惰性气体。

应使用清洁的镊子处理试样和样品皿。

6 试样

见 GB/T 19466.1—2004 第 6 章。

7 试验条件和试样状态调节

见 GB/T 19466.1—2004 第 7 章。

8 校准

见 GB/T 19466.1—2004 第 8 章。

9 操作步骤

9.1 打开仪器

见 GB/T 19466.1—2004 9.1。

接通仪器电源，使其平衡至少 30 min。

使用与校准仪器相同的清洁气体及流速。气体和流速有任何变化，都需要重新校准。一般采用：氮气（分析级），流速 50 mL/min（1±10%）。经有关双方的同意，可以采用其他惰性气体和流速。

9.2　将试样放在样品皿内

见 GB/T 19466.1—2004 9.2。

除非材料的标准另有规定，试样量采用 5 mg 至 10 mg。称量试样，精确到 0.1 mg。

样品皿的底部应平整，且皿和试样支持器之间接触良好。这对获得好的数据是至关重要的。

不能用手直接处理试样或样品皿，要用镊子或戴手套处理试样。

9.3　把样品皿放入仪器内

见 GB/T 19466.1—2004 9.3。

9.4　温度扫描

9.4.1　在开始升温操作之前，用氮气预先清洁 5 min。

9.4.2　以 20℃/min 的速率开始升温并记录。将试样皿加热到足够高的温度，以消除试验材料以前的热历史。通常高于熔融外推终止温度(T_{efm})约 30℃。

样品和试样的热历史及形态对聚合物的 DSC 测试结果有较大影响。进行预热循环并进行第二次升温扫描(见 GB/T 19466.1—2004 的附录 B)测量是非常重要的。若材料是反应性的或希望评定预处理前试样的性能时，可取第一次热循环时的数据。试验报告中应记录与标准步骤的差别。

9.4.3　保持温度 5 min。

9.4.4　以 20℃/min 的速率进行降温并记录，直到比预期的结晶温度(T_{efc})低约 50℃。

注 1：经有关双方的同意，可以采用其他的升温或降温速率。特别是，高的扫描速率使记录的转变有高的灵敏度，另一方面，低的扫描速率能提供较好的分辨能力。选择适当的速率对观察细微的转变是重要的。

注 2：由于过冷，要达到足够低的温度变化时才能得到结晶，结晶温度通常大大低于熔融温度。

9.4.5　保持温度 5 min。

9.4.6　以 20℃/min 的速率(见 9.4.4 注 1)进行第 2 次升温并记录，加热到比外推终止温度 T_{efm} 高约 30℃。

9.4.7　将仪器冷却到室温，取出试样皿，观察试样皿是否变形或试样是否溢出。

9.4.8　重新称量皿和试样，精确到±0.1 mg。

9.4.9　如有任何质量损失，应怀疑发生了化学变化，打开皿并检查试样。如果试样已降解，舍弃此试验结果，选择较低的上限温度重新试验。

变形的样品皿不能再用于其他试验。

如果在测试过程中有试样溢出，应清理样品支持器组件。清理按照仪器制造商的说明进行，并用至少一种标准样品进行温度和能量的校准，确认仪器有效。

9.4.10　按仪器制造商的说明处理数据。

9.4.11　应由使用者决定是否进行重复试验。

10　结果表示

10.1　转变温度的测定

调整 DSC 曲线图，使峰覆盖的范围能达到满量程的 25%。通过连接峰(熔融是吸热峰，结晶是放热峰)开始偏离基线的两点画一条基线，如图 1 所示。如果存在多个峰，对每一个峰要画一条基线。

对熔融转变部分曲线，应测量每一个峰并报告下列值：

——外推熔融起始温度　T_{eim}；

——熔融峰温　T_{pm}；

——外推熔融终止温度　T_{efm}。

对结晶转变部分的曲线，应测量每一个峰并报告下列值：

——外推结晶起始温度　T_{eic}；

——结晶峰温　T_{pc}；

——外推结晶终止温度　T_{efc}。

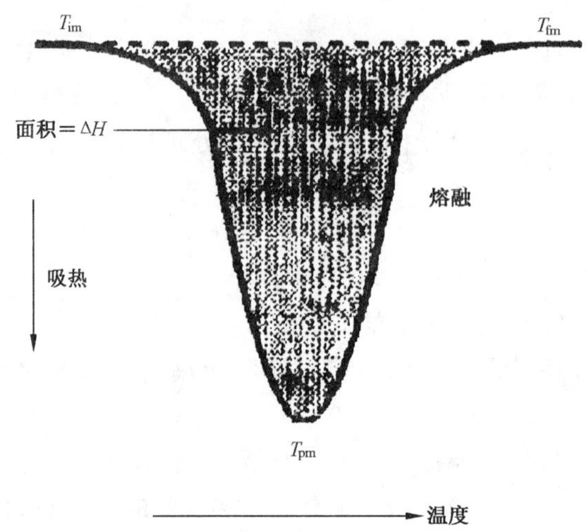

图 2　转变焓的测定

10.2　转变焓的测定(见图 2)

测量 DSC 曲线上的峰与按 10.1 所作的基线之间的面积。

熔融焓 ΔH_m(或结晶焓 ΔH_C)的值用公式(1)计算,单位为 kJ/kg。

$$\Delta H = \frac{ABT}{W} \times \frac{\Delta H_S W_S}{A_S B_S T_S} \qquad (1)$$

式中:

ΔH——试样的熔融焓或结晶焓,单位为千焦每千克(kJ/kg);

ΔH_S——标准样品的熔融焓或结晶焓,单位为千焦每千克(kJ/kg);

A——试样的峰面积,单位为平方毫米(mm^2);

A_S——标准样品的峰面积,单位为平方毫米(mm^2);

W——试样的质量,单位为毫克(mg);

W_S——标准样品的质量,单位为毫克(mg);

T——试样在 Y 轴的灵敏度,单位为毫瓦每毫米(mW/mm);

T_S——标准样品在 Y 轴的灵敏度,单位为毫瓦每毫米(mW/mm);

B——试样在 X 轴(时间)的灵敏度,单位为秒每毫米(s/mm);

B_S——标准样品在 X 轴(时间)的灵敏度,单位为秒每毫米(s/mm)。

注 1:现在的仪器可进行这种计算。

注 2:当聚合物的固态和液态的比热容存在明显差异的情况下,可使用特殊形状的基线,如 S 形基线,以改进试验的结果。

11　精密度

由于未获得足够的实验室间的数据,本试验方法的精密度尚未知道。在获得这些实验室间数据后,下个版本将增加精密度的说明。

附录 A 给出了制标工作组对两种材料测得的数据,仅供参考。

12　试验报告

见 GB/T 19466.1—2004,第 10 章。其中试验结果的第 1 项应包括下列内容:

——每个峰的转变特征温度 T_{ei}、T_{ef}和 T_p 值,℃,修约到整数位;

——每个峰的焓变 ΔH 值,kJ/kg,修约到小数点后一位。

附　录　A
（资料性附录）
HDPE 和 PP 测定结果精密度

制标工作组用 HDPE 和 PP 样品在 9 个试验室之间进行了室间重复试验，并分别对熔融和结晶的 T_{ei}、T_p 和 T_{ef} 进行了精密度计算，见表 A.1 和表 A.2。

表 A.1　HDPE5000S 精密度结果

试验条件		精密度结果	T_{eim}/℃	T_{pm}/℃	T_{efm}/℃	T_{eic}/℃	T_{pc}/℃	T_{efc}/℃
试样质量/mg	升降温速率/(℃/min)							
5	20	平均值 $\bar{Y}$	121.1	132.1	139.3	117.1	113.3	103.0
		重复性 r	1.343	1.366	3.860	0.365	1.195	4.649
		再现性 R	5.253	2.455	9.416	3.227	4.576	11.02
5	10	平均值 $\bar{Y}$	122.4	131.9	136.8	118.4	115.9	108.7
		重复性 r	0.937	0.994	2.019	0.460	0.714	2.316
		再现性 R	3.522	3.119	7.061	2.162	3.252	8.847
10	20	平均值 $\bar{Y}$	120.9	133.2	141.1	116.9	112.5	100.8
		重复性 r	0.920	0.812	1.637	0.365	1.766	1.764
		再现性 R	4.609	3.753	7.024	3.125	6.657	10.89
10	10	平均值 $\bar{Y}$	122.0	132.4	137.3	118.4	115.3	106.3
		重复性 r	2.348	0.966	2.007	0.538	1.268	2.346
		再现性 R	4.955	1.887	2.731	2.215	3.557	9.342

表 A.2　PP 精密度结果

试验条件		精密度结果	T_{eim}/℃	T_{pm}/℃	T_{efm}/℃	T_{eic}/℃	T_{pc}/℃	T_{efc}/℃
试样质量/mg	升降温速率/(℃/min)							
5	20	平均值 $\bar{Y}$	150.5	161.8	169.0	111.7	105.5	99.1
		重复性 r	2.029	1.363	1.289	1.377	1.689	1.120
		再现性 R	2.673	2.189	3.846	3.632	3.694	6.616
5	10	平均值 $\bar{Y}$	152.2	161.8	169.1	115.1	109.7	105.0
		重复性 r	1.191	2.418	1.466	1.198	1.148	1.158
		再现性 R	3.486	4.892	4.620	3.313	2.594	4.490
10	20	平均值 $\bar{Y}$	149.2	163.3	171.8	111.1	104.8	96.1
		重复性 r	1.109	1.372	2.198	0.958	1.304	2.374
		再现性 R	4.028	1.962 8	4.903	3.094	3.713	7.980
10	10	平均值 $\bar{Y}$	152.1	163.0	170.3	114.7	109.3	103.4
		重复性 r	0.674	1.249	1.474	0.697	0.645	1.791
		再现性 R	2.031	4.556	4.031	3.531	2.498	5.321

参 考 文 献

[1] Turi,E. A. ,Thermal characterization of polymeric materials,2nd Ed. ,Academic Press,1996.

[2] Wunderlich,B. ,Thermal analysis,Academic Press,1990.

[3] Perez,J. ,Physique et mecanique des polymeres amorphes, Technique et Documentation, Edition Lavoisier(Paris),1992

[4] Nakamura,S. ,et al. ,Thermal analysis of polymer samples by a round robin method-I:Reproducibility of melting, crystallization and glass transition temperatures, Thermochimica Acta, 136 (1988),pp. 163-178.

[5] Hatakeyama,T. ,and Quinn,F. X. ,Thermal analysis:Fundamentals and applications to polymer science,John Wiley&Sons,1994.

[6] For better thermal analysis and calorimetry,edited by J. O. Hill,3rd Edition,ICTA,1991

[7] Nomenclature for thermal analysis,ICTA,1991.

ICS 83.080.01
G 31

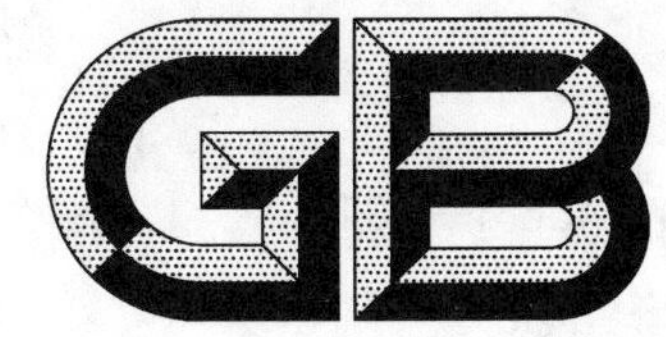

中华人民共和国国家标准

GB/T 19466.4—2016

塑料　差示扫描量热法(DSC)
第4部分：比热容的测定

Plastics—Differential scanning calorimetry (DSC)—
Part 4：Determination of specific heat capacity

(ISO 11357-4：2014，MOD)

2016-10-13 发布　　　　2017-05-01 实施

中华人民共和国国家质量监督检验检疫总局
中国国家标准化管理委员会　发布

前　言

GB/T 19466《塑料　差示扫描量热法(DSC)》分为以下7个部分：

——第1部分：通则；

——第2部分：玻璃化转变温度的测定；

——第3部分：熔融和结晶温度及热焓的测定；

——第4部分：比热容的测定；

——第5部分：特征反应温度、反应时间、反应热及转化率的测定；

——第6部分：氧化诱导时间(等温OIT)和氧化诱导温度(动态OIT)的测定；

——第7部分：结晶动力学的测定。

本部分为GB/T 19466的第4部分。

本部分按照GB/T 1.1—2009给出的规则起草。

本部分使用重新起草法修改采用ISO 11357-4:2014《塑料　差示扫描量热法(DSC)　第4部分：比热容的测定》。

本部分与ISO 11357-4:2014的技术性差异及其原因如下：

——关于规范性引用文件，本部分做了具有技术性差异的调整，以适应我国的技术条件，调整的情况集中反映在第2章“规范性引用文件”中，具体调整如下：

- 用等同采用国际标准的GB/T 2035代替ISO 472；
- 用等同采用国际标准的GB/T 19466.1—2004代替ISO 11357-1；
- 增加引用了GB/T 6379.2—2004，以满足计算精密度的需要；
- 将引用文件ISO 80000-1改为GB/T 8170，国内计算修约规则普遍不采用ISO 80000-1中的方法；

——第10章删除了ISO的精密度，改为我国精密度数据。

本部分由中国石油和化学工业联合会提出。

本部分由全国塑料标准化技术委员会(SAC/TC 15)归口。

本部分起草单位：中国石油化工股份有限公司北京燕山分公司树脂应用研究所、中国石油石油化工研究院、中国石化齐鲁分公司研究院、中蓝晨光成都检测技术有限公司。

本部分主要起草人：李震环、张立军、侯斌、陈宏愿、谢鹏、张雪芹、吴彦瑾、邵伟。

塑料　差示扫描量热法(DSC)
第4部分:比热容的测定

1　范围

GB/T 19466 的本部分规定了用差示扫描量热法(DSC)测定塑料比热容的试验方法。

2　规范性引用文件

下列文件对于本文件的应用是必不可少的。凡是注日期的引用文件,仅注日期的版本适用于本文件。凡是不注日期的引用文件,其最新版本(包括所有的修改单)适用于本文件。

GB/T 2035　塑料术语及其定义(GB/T 2035—2008,ISO 472:1999,IDT)

GB/T 6379.2—2004　测量方法与结果的准确度(正确度与精密度)　第2部分:确定标准测量方法重复性与再现性的基本方法(ISO 5725-2:1994,IDT)

GB/T 8170　数值修约规则与极限数值的表示和判定

GB/T 19466.1—2004　塑料　差示扫描量热法(DSC)　第1部分:通则(ISO 11357-1:1997,IDT)

3　术语和定义

GB/T 2035 和 GB/T 19466.1—2004 界定的以及下列术语和定义适用于本文件。

3.1

校准物质　calibration material

比热容已知的物质。

注:通常,可用 99.9%或更纯的 α-氧化铝(例如人造蓝宝石)作为校准物质。

3.2

比热容(压力恒定)　specific heat capacity (at constant pressure)

c_p

在恒定的压力下,单位质量的物质温度升高 1 K 所需要的热量。

注 1:比热容按式(1)计算:

$$c_p = m^{-1} C_p = m^{-1} (\mathrm{d}Q/\mathrm{d}T)_p \qquad \cdots\cdots(1)$$

式中:

m ——物质的质量;

C_p——热容,单位为千焦每千克开尔文($kJ \cdot kg^{-1} \cdot K^{-1}$)或焦每克开尔文($J \cdot g^{-1} \cdot K^{-1}$),下脚标 p 表示等压过程;

$\mathrm{d}Q$——物质升温 $\mathrm{d}T$ 所需要的热量。

在材料未发生一级相变的温度范围,式(2)是成立的。

$$(\mathrm{d}Q/\mathrm{d}T) = (\mathrm{d}t/\mathrm{d}T) \times (\mathrm{d}Q/\mathrm{d}t) = (\text{加热速率})^{-1} \times \text{热流速率} \qquad \cdots\cdots(2)$$

注 2:在发生相转变时,热容是不连续的。消耗的热量并没有全部用于升温,其中的部分热量用于使材料达到更高的能态。因此,在相转变区域外才能合理地测得比热。

4 原理

4.1 通则

每次测量是以相同的扫描速率进行如下三次试验(见图1):

a) 空白试验(样品端和参比端均为空坩埚);

b) 校准试验(样品端样品坩埚内放置校准物质,参比端为空坩埚);

c) 试样试验(样品端样品坩埚内放置试样,参比端为空坩埚)。

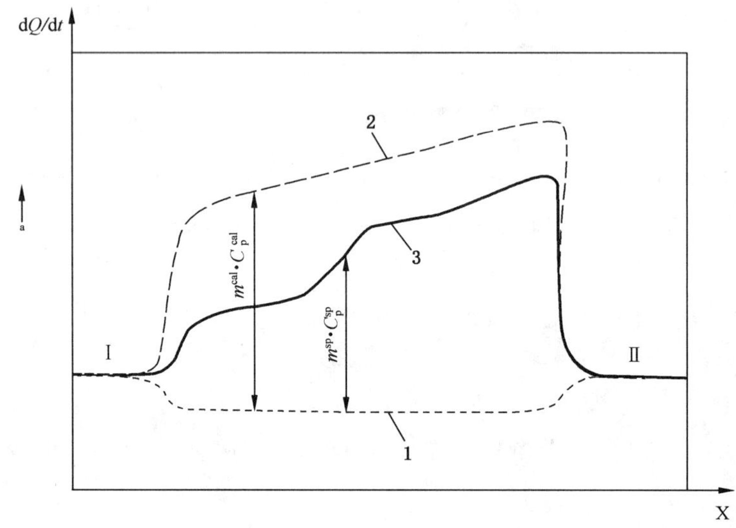

说明:

X——温度 T 或时间 t;

1——空白试验;

2——校准试验;

3——试样试验;

Ⅰ——在起始温度 T_s 下的等温基线;

Ⅱ——在终止温度 T_f 下的等温基线;

[a] 吸热方向。

图1 基线调整后比热容测量(空白、校准、试样试验)的典型DSC曲线

4.2 连续升温扫描法

根据DSC原理(见GB/T 19466.1—2004)和3.2中的比热容定义,得到关系式式(3)和式(4):

$$m^{sp}\cdot C_p^{sp}\propto P_{sr}-P_{br} \qquad \cdots\cdots(3)$$

$$m^{cal}\cdot C_p^{cal}\propto P_{cr}-P_{br} \qquad \cdots\cdots(4)$$

式中:

P——热流速率(dQ/dt);上标sp和cal分别表示试样和校准物质(见图1);下标sr、cr和br分别表示试样试验的热流速率(specimen run)、校准试验的热流速率(calibration run)和空白试验的热流速率(black run)。

由于 C_p^{cal},m^{sp} 和 m^{cal} 是已知的,测得 P_{sr},P_{cr} 和 P_{br} 后,便可用式(6)计算 C_p^{sp}:

$$\frac{m^{sp}\cdot C_p^{sp}}{m^{cal}\ C_p^{cal}}=\frac{P_{sr}-P_{br}}{P_{cr}-P_{br}} \qquad \cdots\cdots(5)$$

$$C_p^{sp} = C_p^{cal} \cdot \frac{m^{cal}(P_{sr} - P_{br})}{m^{sp}(P_{cr} - P_{br})} \quad \cdots\cdots(6)$$

4.3 步进升温扫描法

步进升温扫描法是将待测的总的温度范围分割成小的区间，对每个温度区间进行4.1所述的三个试验而构成完整的测量。由热流速率曲线的积分可求得在该温度区间内消耗的总热量 ΔQ。将该热量 ΔQ 除以温度区间 ΔT 和试样质量，即可得到比热容[见式(1)]：

$$m^{sp} \cdot C_p^{sp} \propto \left(\frac{\Delta Q^{sp}}{\Delta T}\right)_p - \left(\frac{\Delta Q^{b}}{\Delta T}\right)_p \quad \cdots\cdots(7)$$

$$m^{cal} \cdot C_p^{cal} \propto \left(\frac{\Delta Q^{cal}}{\Delta T}\right)_p - \left(\frac{\Delta Q^{b}}{\Delta T}\right)_p \quad \cdots\cdots(8)$$

式中：

上标b表示空白(blank)。

将温度区间 ΔT 保持恒定，联立方程式(7)、式(8)，得到式(9)：

$$C_p^{sp} = C_p^{cal} \cdot \frac{m^{cal}}{m^{sp}} \cdot \frac{\Delta Q^{sp} - \Delta Q^{b}}{\Delta Q^{cal} - \Delta Q^{b}} \quad \cdots\cdots(9)$$

5 仪器

5.1 DSC仪器

见GB/T 19466.1—2004中5.1。

5.2 坩埚

见GB/T 19466.1—2004中5.2。

试样坩埚和参比物(校准物质)坩埚应具有相同的形状和材质，质量尽可能接近，相差不超过0.1 mg。

注：若仪器相当稳定，校准物坩埚与空坩埚的质量差一经修正，则同一空白试验和校准试验结果可用于多次测量。将 $C_{p,crucible}(T)\beta\Delta m$ 项加入到校准试验的热流速率，便可得到适当的修正，式中 $C_{p,crucible}(T)$ 项是校准坩埚与温度有关的比热容，β 是升温速率，Δm 是校准坩锅与空白坩锅的质量差。同样的做法也可用于试样试验与空白试验的质量差的修正。

5.3 分析天平

见GB/T 19466.1—2004中5.3。

6 试样

见GB/T 19466.1—2004第6章。

7 试验条件和试样状态调节

见GB/T 19466.1—2004第7章。

8 试验步骤

8.1 样品坩埚的选择

准备三套样品坩埚及坩埚盖，将每套样品坩埚和盖子一起称量，各套总质量差不超过 0.1 mg（见 5.2）。此外，样品坩埚的材料、尺寸、类型（敞开的或密封的）也应一样。

8.2 仪器的设置与等温基线调整

8.2.1 将一对带盖的空坩埚分别置于 DSC 仪的样品端和参比端。

8.2.2 连续升温扫描法。

连续升温扫描法按如下方式进行：

a) 设定初始温度和终止温度（T_s 和 T_f），初始温度 T_s 至少应比第一个数据的温度点低 30 K。

注 1：若要在一个宽温度范围获得更精确的结果，则可将整个范围划分成两个（或更多）小范围，每个小范围的温度为 50 K～100 K。第二温度范围的开始温度 T_s 一般比第一温度范围的终止温度 T_f 低 30 K，以确保充分覆盖。

b) 设定扫描速率。

c) 设定等温阶段Ⅰ和Ⅱ的时间间隔（见图 1），以稳定各自的等温基线。时间间隔通常在 2 min～10 min 之间。

注 2：某些量热计，如 Calvet 型量热计，基线稳定的时间约 30 min。

8.2.3 步进升温扫描法。

当试样的比热容不明显取决于温度时，则可采用步进升温扫描法。步进升温扫描法是在一个小温度区间内对热流量进行积分，在所考虑的温度范围得到一系列单独的比热容值。应注意如下几点：

a) 等温阶段的时间区间应足够长，以获得稳定的基线；

b) 该方法不用于出现一级相转变的温度范围。

步进升温扫描法按如下方式进行：

——设定起始温度和终止温度（T_s 和 T_f）；

——设定温度增量，通常 5 K～10 K；

——将温度扫描速率设定为 5 K · min^{-1} 或 10 K · min^{-1}；

——设定等温阶段的时间间隔，通常在 2 min～10 min 之间。

8.2.4 设定热流速率的灵敏度，以使纵坐标跨度至少是满量程的 80%（见图 1）。

8.2.5 调整仪器，以使升温阶段前后的等温基线处于相同的纵坐标位置。

如果使用计算机系统，可以在得到数据后，将等温基线调整到相同的纵坐标水平。宜在任何测量前调整基线，这样可以改善结果的准确度。若使用传统的笔式记录仪，适当地调节仪器使等温基线差异最小是至关重要的。

检查在相同纵坐标时 DSC 曲线结果的基线调整。如果基线的重复性差，应重新调整仪器，再重新试验。

注：诸如样品坩埚的污染、盖的位置、气体流速的稳定性、试样分解、挥发、样品坩埚与试样发生化学反应等原因，也可能导致基线的重复性差。

8.2.6 图 2 为典型的连续扫描方式 DSC 曲线，图 3 为典型的步进扫描方式 DSC 曲线。温度程序的设定见 8.2.2 和 8.2.3。

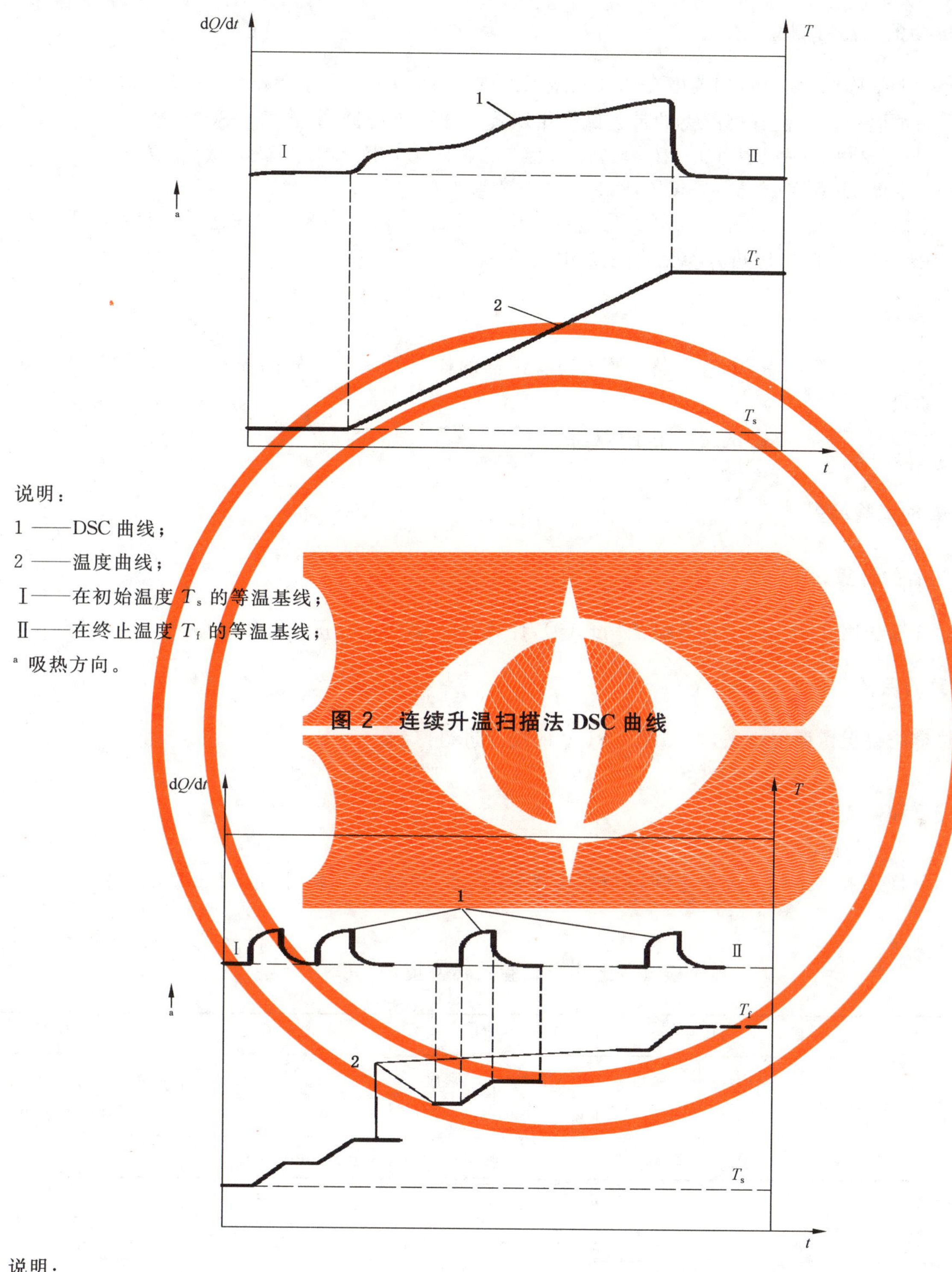

说明：

1 ——DSC 曲线；

2 ——温度曲线；

Ⅰ——在初始温度 T_s 的等温基线；

Ⅱ——在终止温度 T_f 的等温基线；

[a] 吸热方向。

图 2 连续升温扫描法 DSC 曲线

说明：

1 ——DSC 曲线；

2 ——温度曲线；

Ⅰ——在初始温度 T_s 的等温基线；

Ⅱ——在终止温度 T_f 的等温基线；

[a] 吸热方向。

图 3 步进升温扫描法 DSC 曲线

8.3 校准物的比热容测量

用分析天平称取校准物，如纯度在99.9%或以上的α-Al_2O_3(合成蓝宝石)。将校准物放于8.1准备的一个样品坩埚中。将盛有校准物的带盖试样坩埚置于样品支持器，并进行DSC测量。

注1：可按5.2中所述的方法修正试样试验、校准试验和空白试验所用样品坩埚质量的微小差异。

注2：校准物的热容尽可能与待测试样的相匹配，以减少系统误差。

对于空白试验，使用8.1中所准备的另一套空样品坩埚进行，采用8.2中描述的试验方法进行测量。α-Al_2O_3在不同温度时的比热容参见附录A中表A.1。

8.4 试样测量

称量试样，放入样品坩埚。将带有盖子、盛有试样的样品坩埚放入样品支持器上，进行DSC试验。建议试样质量大一些。

校准试验时所做的空白试验可用于试样试验。

9 比热容的试验结果

9.1 比热容的计算

连续升温法用式(6)，或步进升温法用式(9)，计算C_p^{sp}，单位为焦每克开尔文($J \cdot g^{-1} \cdot K^{-1}$)。

9.2 结果的保留

比热容结果保留两位小数，按GB/T 8170的规定进行修约。

10 精密度和偏差

对四种样品在12个实验室之间进行了精密度试验，数据处理采用GB/T 6379.2—2004，结果见表1。

表1 比热容试验的精密度(30 ℃)

试样		HDPE		PPH		PS-I		ABS	
		MFR g/10 min	密度 g/cm^3	MFR g/10 min	密度 g/cm^3	MFR g/10 min	密度 g/cm^3	MFR g/10 min	密度 g/cm^3
		1.0	约0.950	0.35	约0.900	6.0～7.0	约1.05	18～20	约1.03
平均值 $J \cdot g^{-1} \cdot K^{-1}$	$\bar{X}$	1.91		1.78		1.36		1.36	
重复性标准差	S_r	0.03		0.04		0.04		0.06	
再现性标准差	S_R	0.07		0.09		0.05		0.10	
重复性限	r	0.09		0.10		0.11		0.17	
再现性限	R	0.20		0.25		0.14		0.29	

11 试验报告

包括以下内容：

a) GB/T 19466 中引用本部分的内容；

b) 试验日期；

c) 能完整描述测试样品的所有必要细节，包括热历史；

d) 所用 DSC 仪器的制造厂家、型号、类型(功率补偿型或热流型)；

e) 试验用样品坩埚及盖子的形状、尺寸和材质；

f) 试验用气氛及流速；

g) 校准物质，包括印刷品上的信息，材料的性质，使用的质量和其他与校准相关的特性；

h) 试样的形状、尺寸和质量；

i) 取样的详细资料和试样的状态调节；

j) 温度程序参数，即：起始温度、加热速率、终止温度、等温段的时间间隔，以及在步进方法中温度的增量，若采用降温，还需说明降温速率；

k) 试验结果，包括比热容和相应的温度；

l) 其他所需的信息。

附 录 A
（资料性附录）
纯 α-Al_2O_3 比热容的近似表达式[3]~[5]

在表 A.1 中的比热容可按式(A.1)～式(A.4)近似表达：

$$C_p = A_0 + A_1x + A_2x^2 + A_3x^3 + A_4x^4 + A_5x^5 + A_6x^6 + A_7x^7 + A_8x^8 + A_9x^9 + A_{10}x^{10} \qquad \text{(A.1)}$$

$$x = (T\text{K} - 650\ \text{K})/550\ \text{K} \qquad \text{(A.2)}$$

$$= (\theta\ ℃ - 376.85\ ℃)/550\ ℃ \qquad \text{(A.3)}$$

$$\theta\ ℃ = T\text{K} - 273.15\ \text{K} \qquad \text{(A.4)}$$

式中：

100 K≤T≤1 200 K；

A_0=1.127 05；

A_1=0.232 60；

A_2=−0.217 04；

A_3=0.264 10；

A_4=−0.237 78；

A_5=−0.100 23；

A_6=0.153 93；

A_7=0.545 79；

A_8=−0.478 24；

A_9=−0.376 23；

A_{10}=0.344 07；

C_p 和 A_i(i=1,2,…)——单位为焦每克开尔文($J \cdot g^{-1} \cdot K^{-1}$)；

T ——单位为开尔文(K)；

θ ——单位为摄氏度(℃)。

在式(A.2)和式(A.3)中的系数用于归一化温度变量 T 和 θ。

表 A.1 中数据的标准偏差是 0.000 13 $J \cdot g^{-1} \cdot K^{-1}$。

最大的偏差是在 140 K 时，为 0.071%。

温度高于 300 K 时的标准偏差小于 0.02%。

表 A.1 纯 α-Al_2O_3 在 120 K～780 K 温度范围内的比热容[3]~[5]

温度		比热容	温度		比热容
K	℃	$J \cdot g^{-1} \cdot K^{-1}$	K	℃	$J \cdot g^{-1} \cdot K^{-1}$
120.00	−153.15	0.196 9	440.00	166.85	0.987 5
130.00	−143.15	0.235 0	450.00	176.85	0.997 5
140.00	−133.15	0.274 0	460.00	186.85	1.007 0
150.00	−123.15	0.313 3	470.00	196.85	1.016 0
160.00	−113.15	0.352 5	480.00	206.85	1.024 7
170.00	−103.15	0.391 3	490.00	216.85	1.033 0

表 A.1（续）

温度		比热容	温度		比热容
K	℃	J·g^{-1}·K^{-1}	K	℃	J·g^{-1}·K^{-1}
180.00	−93.15	0.429 1	500.00	226.85	1.040 8
190.00	−83.15	0.465 9	510.00	236.85	1.048 4
200.00	−73.15	0.501 4	520.00	246.85	1.055 6
210.00	−63.15	0.535 5	530.00	256.85	1.062 6
220.00	−53.15	0.568 2	540.00	266.85	1.069 2
230.00	−43.15	0.599 4	550.00	276.85	1.075 6
240.00	−33.15	0.629 2	560.00	286.85	1.081 6
250.00	−23.15	0.657 6	570.00	296.85	1.087 5
260.00	−13.15	0.684 5	580.00	306.85	1.093 1
270.00	−3.15	0.710 1	590.00	316.85	1.098 6
280.00	6.85	0.734 2	600.00	326.85	1.103 8
290.00	16.85	0.757 1	610.00	336.85	1.108 8
300.00	26.85	0.778 8	620.00	346.85	1.113 6
310.00	36.85	0.799 4	630.00	356.85	1.118 2
320.00	46.85	0.818 6	640.00	366.85	1.122 7
330.00	56.85	0.837 2	650.00	376.85	1.127 0
340.00	66.85	0.854 8	660.00	386.85	1.131 3
350.00	76.85	0.871 3	670.00	396.85	1.135 3
360.00	86.85	0.887 1	680.00	406.85	1.139 2
370.00	96.85	0.902 0	690.00	416.85	1.143 0
380.00	106.85	0.916 1	700.00	426.85	1.146 7
390.00	116.85	0.929 5	720.00	446.85	1.153 7
400.00	126.85	0.942 3	740.00	466.85	1.160 4
410.00	136.85	0.954 4	760.00	486.85	1.166 7
420.00	146.85	0.966 0	780.00	506.85	1.172 6
430.00	156.85	0.977 0			

参 考 文 献

[1] WUNDERLICH, B.: *Thermal Analysis*, Academic Press (1990)

[2] HATAKEYAMA, T., and LIU, Z.: *Handbook of Thermal Analysis*, John Wiley (1999)

[3] DITMARS, D.A., and DOUGLAS, T.B.: *J. Res. Nat. Bur. Stand.*, Vol. 75A (1971), p. 401

[4] DITMARS, D.A., ISHIHARA, S., CHANG, S.S., BERNSTEIN, G., and WEST, E.D.: *J. Res. Nat. Bur. Stand.*, Vol. 87 (1982), p. 159

[5] CASTANET, R., COLLOCOTT, S.J., and WHITE, G.K.: *Thermophysical Properties of Some Key Solids*, CODATA Bulletin. No. 59 (1985), G.K. White and M.L. Minges, eds., p.3

ICS 83.080.01
G 31

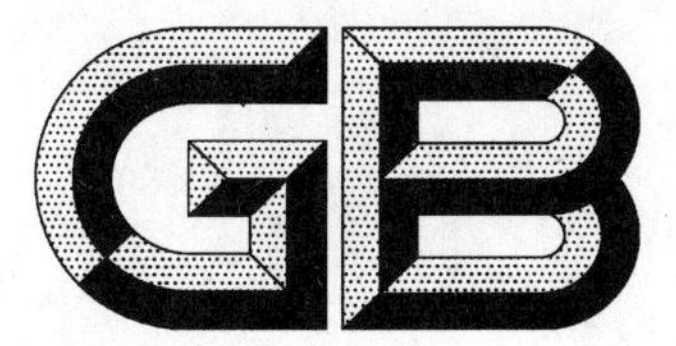

中华人民共和国国家标准

GB/T 19466.6—2009

塑料　差示扫描量热法(DSC)
第6部分：氧化诱导时间(等温OIT)和氧化诱导温度(动态OIT)的测定

Plastics—Differential scanning calorimetry(DSC)—
Part 6:Determination of oxidation induction time(isothermal OIT)and oxidation induction temperature(dynamic OIT)

(ISO 11357-6:2008,MOD)

2009-06-15 发布　　2010-02-01 实施

中华人民共和国国家质量监督检验检疫总局
中国国家标准化管理委员会　发布

前　　言

GB/T 19466《塑料　差示扫描量热法(DSC)》分为七个部分:

——第1部分:通则;

——第2部分:玻璃化转变温度的测定;

——第3部分:熔融和结晶温度及热焓的测定;

——第4部分:比热容的测定;

——第5部分:特征反应温度、反应时间、反应热及转化率的测定;

——第6部分:氧化诱导时间(等温OIT)和氧化诱导温度(动态OIT)的测定;

——第7部分:结晶动力学的测定。

本部分为GB/T 19466的第6部分。

本部分修改采用ISO 11357-6:2008《塑料　差示扫描量热法(DSC)　第6部分:氧化诱导时间(等温OIT)和氧化诱导温度(动态OIT)的测定》(英文版)。

本部分根据ISO 11357-6:2008重新起草。

本部分与ISO 11357-6:2008主要技术性差异如下:

——第11章为我国精密度数据,将ISO 11357-6:2008的精密度作为附录;

——对ISO 11357-6:2008引用的部分标准作了如下处理:

a) 对尚未转化为我国标准的《塑料　聚丁烯(PB)模塑和挤出材料　第2部分:试样制备和性能测试》标准,直接引用了ISO标准;

b) 对其他已转化为我国标准的,则引用了国家标准。

本部分的附录A为资料性附录。

本部分由中国石油和化学工业协会提出。

本部分由全国塑料标准化技术委员会塑料树脂通用方法和产品分会(SAC/TC 15/SC 4)归口。

本部分负责起草单位:中国石油天然气股份有限公司石油化工研究院大庆化工研究中心、中国石油化工股份有限公司北京燕山分公司树脂应用研究所、中国石油化工股份有限公司齐鲁分公司研究院。

本部分参加起草单位:中国石油天然气股份有限公司大庆石化分公司、中国科学院长春应用化学研究所、中蓝晨光化工研究院有限公司。

本部分主要起草人:张立军、李震环、侯斌、李艳红、陈宏愿、吴彦瑾、刘振海、王建东、王刚、王伟众、于宏伟。

本部分为首次发布。

引 言

GB/T 19466 的本部分所述的氧化诱导时间或氧化诱导温度测定仅提供了由所试材料来评价一定结构塑料混配物热稳定性的一种办法,但并非旨在提供有关抗氧剂浓度的信息。不同的抗氧剂,氧化诱导时间或氧化诱导温度可能不同。由于抗氧剂与配方中其他物质可能存在相互作用,即使抗氧剂的种类和浓度相同的材料氧化诱导时间或氧化诱导温度也会有所差异。

塑料　差示扫描量热法(DSC)
第6部分:氧化诱导时间(等温OIT)和氧化诱导温度(动态OIT)的测定

警告——本标准的使用者应熟知所采用的实验室规范。本标准不涉及与使用有关的所有安全问题的解决方法,如有,也仅与其使用有关。本标准的使用者有责任在使用前建立适当的保障人身安全的措施并确定这些规章制度的适用性。

1　范围

GB/T 19466的本部分规定了用差示扫描量热法(DSC)测定聚合材料氧化诱导时间(等温OIT)和氧化诱导温度(动态OIT)的试验方法。

本部分适用于充分稳定混配的聚烯烃材料(原料或最终制品)。本部分也适用于其他塑料。

2　规范性引用文件

下列文件中的条款通过GB/T 19466的本部分的引用而成为本部分的条款。凡是注日期的引用文件,其随后所有的修改单(不包括勘误的内容)或修订版均不适用于本部分,然而,鼓励根据本部分达成协议的各方研究是否可使用这些文件的最新版本。凡是不注日期的引用文件,其最新版本适用于本标准。

GB/T 1845.2—2006　塑料　聚乙烯(PE)模塑和挤出材料　第2部分:试样制备和性能测定(ISO 1872-2:1997,MOD)

GB/T 2035—2008　塑料术语及其定义(ISO 472:1999,IDT)

GB/T 2546.2—2003　塑料　聚丙烯(PP)模塑和挤出材料　第2部分:试样制备和性能测定(ISO 1873-2:1997,MOD)

GB/T 9352—2008　塑料　热塑性塑料材料试样的压塑(ISO 293:2004,IDT)

GB/T 17037.3—2003　塑料　热塑性塑料材料注塑试样的制备　第3部分:小方试片(ISO 294-3:2002, IDT)

GB/T 19466.1—2004　塑料　差示扫描量热法(DSC)　第1部分:通则(ISO 11357-1:1997,IDT)

ISO 8986-2:1995　塑料　聚丁烯(PB)模塑和挤出材料　第2部分:试样制备和性能测试

3　术语和定义

GB/T 2035—2008和GB/T 19466.1确立的以及下列术语和定义适用于本部分。

3.1

氧化诱导时间　oxidation induction time

等温OIT,isothermal OIT

稳定化材料耐氧化分解的一种相对度量。在常压、氧气或空气气氛及规定温度下,通过量热法测定材料出现氧化放热的时间。

注:以分(min)表示。

3.2

氧化诱导温度　oxidation induction temperature

动态OIT,dynamic OIT

稳定化材料耐氧化分解的一种相对度量。在常压、氧气或空气气氛中，以规定的速率升温，通过量热法测定材料出现氧化放热的温度。

注：以摄氏度(℃)表示。

4 原理

4.1 概述

在氧气或空气气氛中，在规定的温度下恒温或以恒定的速率升温时，测定试样中的抗氧化稳定体系抑制其氧化所需的时间或温度。氧化诱导时间或氧化诱导温度是评价被测材料稳定水平(或程度)的一种手段。试验温度越高氧化诱导时间越短；升温速率越快氧化诱导温度也越高。氧化诱导时间和氧化诱导温度还与试样承受氧化的表面积有关。应注意，在纯氧中测试会比普通大气环境下测得的氧化诱导时间短或氧化诱导温度低。

注：氧化诱导时间或氧化诱导温度能评价试样中抗氧剂的效果，但在解释数据时须注意，因为氧化反应动力学与温度和样品中添加剂的固有性质有关。例如经常用氧化诱导时间或氧化诱导温度对树脂的配方进行优选。某些抗氧剂尽管在最终制品的使用温度下性能优异，但由于抗氧剂的挥发或氧化反应活化能的差异，也可能导致较差的氧化诱导时间或氧化诱导温度测试结果。

4.2 氧化诱导时间(等温 OIT)

试样和参比物在惰性气氛(氮气)中以恒定的速率升温。达到规定温度时，切换成相同流速的氧气或空气。然后将试样保持在该恒定温度下，直到在热分析曲线上显示出氧化反应。等温 OIT 就是开始通氧气或空气到氧化反应开始的时间间隔。氧化的起始点是由试样放热的突增来表明的，可通过差示扫描量热仪(DSC)观察。按照 9.6.1 测定等温 OIT。

4.3 氧化诱导温度(动态 OIT)

试样和参比物在氧气或空气气氛中以恒定的速率升温，直到在热分析曲线上显示出氧化反应。动态 OIT 就是氧化反应开始时的温度。氧化的起始点是由试样放热的突增来表明的，可通过差示扫描量热仪(DSC)观察。按照 9.6.2 测定动态 OIT。

5 仪器和材料

5.1 概述

仪器和材料见 GB/T 19466.1—2004 第 5 章，以及下述 5.5 至 5.8(5.7 和 5.8 仅适用于氧化诱导时间测试)。

5.2 差示扫描量热仪(DSC)仪器

差示扫描量热仪(DSC)仪器的最高温度应至少能达到 500 ℃。对于氧化诱导时间的测试，应能在试验温度下、整个试验期间(通常为 60 min)，保持±0.3 ℃的恒温稳定性。

对于高精度测试，建议恒温稳定性为±0.1 ℃。

5.3 坩埚

将试样置于开口或加盖密封但上部通气的坩埚内。最好使用铝坩埚，通过有关方面商定后，也可使用其他材质的坩埚。

注：坩埚的材质能显著影响氧化诱导时间和氧化诱导温度的测试结果(即具有相关的催化作用)。容器的类型决定于被测材料的用途。通常，用于电线电缆工业的聚烯烃可用铜坩埚或铝坩埚，而用于地膜和防雾滴膜的聚烯烃仅使用铝坩埚。

5.4 流量计

流速测量装置用于校准气体流速，如带流量调节阀的转子流量计或皂膜流量计。质量流量计应用容积式测量装置进行校准。

5.5 氧气

99.5% 工业氧一等品(特别干燥)或更高纯度的氧气。

警告——使用高压气体应进行安全、妥当的处理。另外，氧气是极强的氧化剂，能加速燃烧。应将油脂远离正在使用或载氧的设备。

5.6 空气

干燥且无油脂的压缩空气。

5.7 氮气

99.99% 纯氮(特别干燥)或更高纯度的氮气。

5.8 气体选择转换器及调节器

氮气和氧气或空气之间的切换装置，用于测量氧化诱导时间时气体的切换。为使切换体积最小，气体切换点和仪器样品室之间的距离应尽量短，滞后时间不能超过 1 min。对于 50 mL/min 的气体流速，死体积不应超过 50 mL。

注：若滞后时间可知，则能获得更高的测试精度。测定滞后时间一种可行的方法是对一种在氧气中立即氧化的不稳定材料进行测试。用该测试所得的氧化诱导时间可对以后的等温 OIT 测定值进行修正。

6 试样

6.1 概述

试样见 GB/T 19466.1—2004 第 6 章。

试样厚度为(650±100)μm，要求厚度均匀、表面平行、平整、无毛刺、无斑点。

注：样品和试样的制备方法取决于材料及其加工历史、尺寸和使用条件，它们对测试结果与其意义的一致性是非常关键的。另外，试样的比表面积、样品不均匀、残余应力以及试样与坩锅接触不良都会显著影响试验精度。

若要进行横穿样品厚度方向的 OIT 测试，可能需要厚度远小于 650 μm 的试样。应在试验报告中注明。

6.2 模压片材的试样

为获得形状和厚度一致的试样，应按照 GB/T 9352—2008 或其他与聚烯烃制品相关的标准，如 GB/T 1845.2—2006、GB/T 2546.2—2003，以及 ISO 8986-2:1995 标准，将样品模压成厚度满足 6.1 要求的片材。也可从较厚的模压片材上切取适当厚度的试样。如果相关产品标准没有规定加热时间，在模压温度下最多加热 5 min。用打孔器从片材上冲出一直径略小于样品坩埚内径的圆片。从片材上冲取的试样圆片应足够小，平铺在坩埚内，不应叠加试样来增加质量。

注：试样质量随直径变化而变化。根据材料的密度不同，通常对于直径为 5.5 mm、从片材上切取的试样圆片，其质量应在(12～17)mg 之间。

6.3 注塑片材或熔体流动速率测定仪挤出料条的试样

从厚度满足 6.1 要求的注塑试样上取样。注塑样品时按照 GB/T 17037.3—2003 或其他与聚烯烃制品相关的标准，如 GB/T 1845.2—2006、GB/T 2546.2—2003 以及 ISO 8986-2:1995。最好用打孔器从片材上冲出一直径略小于样品坩埚内径的圆片。

也可从熔体流动速率测定仪挤出料条上切取试样。此时，应从垂直于料条长度方向上切取，并通过目测观察试样以确保其没有气泡。最好用切片机切取厚度为(650±100)μm 的试样。

6.4 制品部件的试样

按照相关标准从最终制品(如管材或管件)切取圆形片材，获得厚度为(650±100)μm 的试样。

建议采用下述步骤从较厚的最终制品上取样：用取芯钻快速直接穿透管壁以获得一个管壁的横断面，芯的直径刚好小于样品坩埚的内径。注意在切取过程中防止试样过热。最好使用切片机，从芯上切取规定厚度的试样圆片。若期望得到表面效应的特性，则从内、外表面切取试样，然后将原始表面朝上进行试验。若期望得到原材料本身的特性，应切去内、外表面，从中间部分切取试样。

7 试验条件和试样的状态调节

见 GB/T 19466.1—2004 第 7 章。

8 校准

8.1 氧化诱导时间(等温 OIT)

采用两点校准步骤。对聚烯烃可用铟和锡作为标准物质,因为两者的熔点涵盖了规定的分析温度范围(180 ℃～230 ℃)。若分析其他塑料,可能需要改变标准物质。按照 GB/T 19466.1—2004 第 8 章校准仪器。在氮气气氛中使用密封坩埚进行校准。

若校准程序中未提供升温速率的校正,则采用下列熔融步骤:

铟:以 10 ℃/min 从室温升至 145 ℃;再以 1 ℃/min 从 145 ℃升至 165 ℃。

锡:以 10 ℃/min 从室温升至 220 ℃;再以 1 ℃/min 从 220 ℃升至 240 ℃。

8.2 氧化诱导温度(动态 OIT)

应按照 GB/T 19466.1—2004 第 8 章所述步骤对仪器进行校准,所用吹扫气为氮气或空气。

9 操作步骤

9.1 仪器准备

见 GB/T 19466.1—2004 中 9.1。

9.2 试样放置

见 GB/T 19466.1—2004 中 9.2。

若试样是切自管材或管件内、外表面,应将其关注的表面朝上放入坩埚内。由于此时不测定热流,称量试样时可精确至±0.5 mg。将试样放到适当类型的坩埚内。必须加盖时,应将其刺破以使氧气或空气流至试样。除非坩埚是通气的,否则不能密封坩埚。

9.3 坩埚放置

见 GB/T 19466.1—2004 中 9.3。

9.4 氮气、空气和氧气流速设定

采用与校准仪器时相同的吹扫气流速。气体流速发生变化时需重新校准仪器。吹扫气流速通常是(50±5)mL/min。

9.5 灵敏度调整

调整仪器的灵敏度以使 DSC 曲线突变的纵坐标高度差至少是记录仪满量程的 50%以上。计算机控制的仪器无需此调整。

9.6 测量

9.6.1 氧化诱导时间(等温 OIT)

在室温下放置试样及参比样坩埚,开始升温之前,通氮气 5 min。

在氮气气氛中以 20 ℃/min 的速率从室温开始程序升温试样至试验温度。恒温试验温度的选取尽量是 10 ℃的倍数,而且每变化一次只改变 10 ℃。可按照参考标准的规定或有关方面商定采用其他的试验温度。当试样的 OIT 小于 10 min 时,应在较低温度下重新测试;当试样的 OIT 大于 60 min 时,也应在较高温度下重新测试。

达到设定温度后,停止程序升温并使试样在该温度下恒定 3 min。

打开记录仪。

恒定时间结束后,立即将气体切换为同氮气流速相同的氧气或空气。该氧气或空气切换点记为试验的零点。

继续恒温,直到放热显著变化点出现之后至少 2 min(见图 1)。也可按照产品技术指标要求或经有关方面商定的时间终止试验。

试验完毕,将气体转换器切回至氮气并将仪器冷却至室温。如需继续进行下一试验,应将仪器样品室冷却至 60 ℃以下。

每个样品的试验次数可由有关方面商定。建议重复测试两次，报告其算术平均值、低值和高值。

注：由于氧化诱导时间与温度和聚合物中的添加剂有复杂的关系。因此外推或比较不同温度下得到的数据是无效的，除非有试验结果能证实。

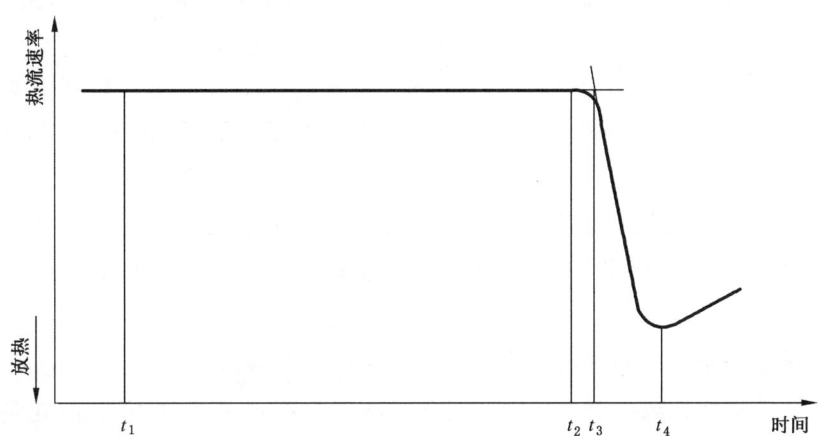

t_1——氧气或空气切换点(时间零点)；

t_2——氧化起始点；

t_3——切线法测的交点(氧化诱导时间)；

t_4——氧化出峰时间。

图 1 氧化诱导时间曲线示意图——切线分析方法

9.6.2 氧化诱导温度(动态 OIT)

开始升温之前，在室温下用测试用吹扫气(即氧气或空气)，将载有试样及参比样坩埚的仪器吹扫 5 min。

在氧气或空气气氛中从室温开始程序升温试样至放热显著变化点出现后至少 30 ℃(见图 2)。尽量采用 10 ℃/min 或 20 ℃/min 的升温速率。也可按照产品技术指标要求或经有关方面商定的温度终止试验。

试验完毕后，将仪器冷却至室温。如需继续进行下一个试验，应将仪器样品室冷却至 60 ℃以下。

每个样品的试验次数可由有关方面商定。建议重复测试两次，报告其算术平均值、低值和高值。

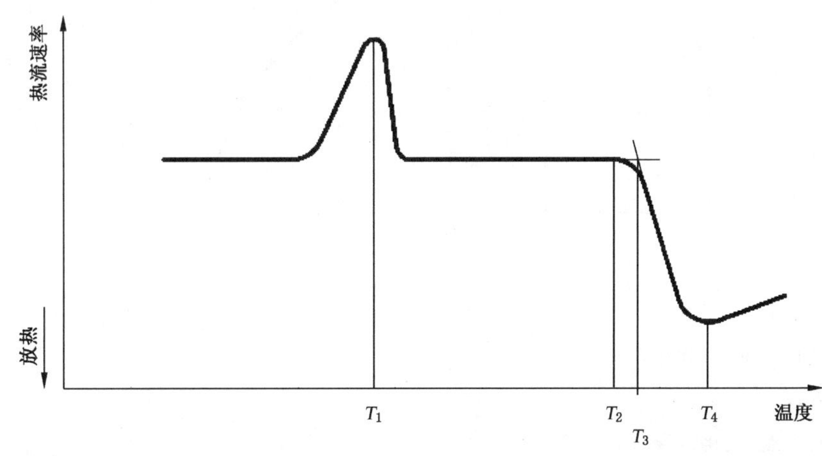

T_1——聚合物的熔融温度；

T_2——氧化起始点；

T_3——切线法测的交点(氧化诱导温度)；

T_4——氧化出峰温度。

图 2 氧化诱导温度曲线示意图——切线分析法

9.7 清洗

在空气或氧气中至少升温至500 ℃并保持5 min以清洗污染的DSC测量池，清洗频率可根据相关认可程序或结果偏离情况而定。作为预防措施，清洗频率应按照实验室的规程执行。

10 结果表示

将数据以热流速率为 Y 轴，以时间或温度为 X 轴进行绘图。采用手工分析时，为便于分析应尽量扩展X轴。

记录的基线应充分延长至氧化放热反应起始点之外，外推放热曲线上最大斜率处的切线与延长的基线相交(见图1或图2)。该交点对应的时间或温度即是氧化诱导时间或氧化诱导温度，保留三位有效数字。

上述切线分析法是确定交点的优选方法。但当氧化反应缓慢时，可能会产生逐步放热的峰，此时在放热曲线上选择合适的切线比较困难。若用切线分析法时选择的基线很不明显，可使用偏移法。在距离第一条基线0.05 W/g处(见图3或图4)画一条与其平行的第二条基线。将第二条基线与放热曲线的交点定义为氧化起始点。

有逐步放热峰的热分析曲线也可能是由于试样制备欠佳，如，试样厚度不均、不平或有毛刺、斑痕造成的。因此，在用偏移分析法对结果进行评价时，建议在确保试样满足第6章中需求后重复扫描，以确认有逐步放热峰的热分析曲线的存在。

经有关方面商定，也可采用其他处理手段或基线间距。

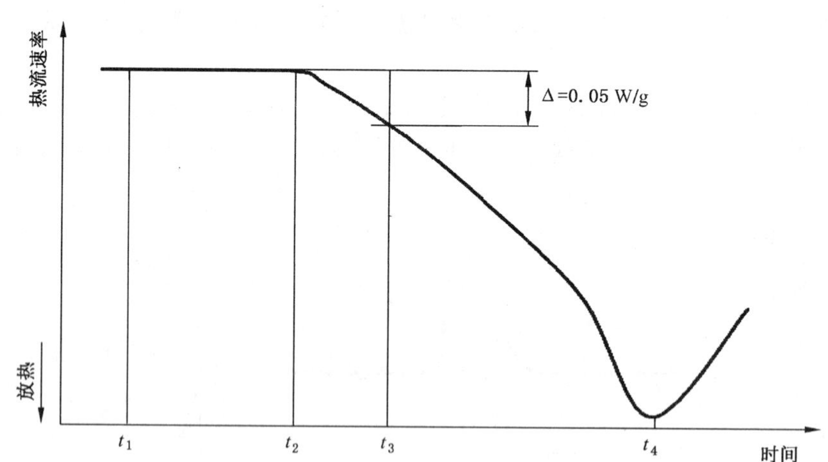

t_1——氧气或空气切换点(时间零点)；

t_2——氧化起始点；

t_3——偏移法测的交点(氧化诱导时间)；

t_4——氧化出峰时间。

图3 有逐步放热峰的氧化诱导时间曲线——偏移分析法

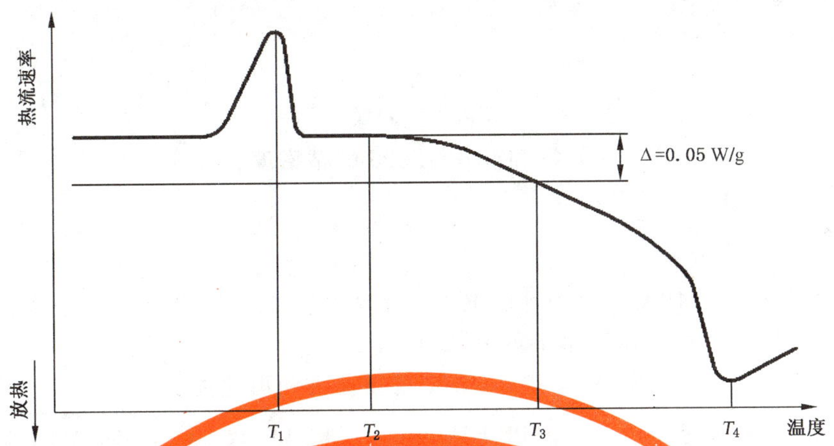

T_1——聚合物的熔融温度；

T_2——氧化起始点；

T_3——偏移法测的交点(氧化诱导温度)；

T_4——氧化出峰温度。

图 4　有逐步放热峰的氧化诱导温度曲线——偏移分析法

11　精密度

11.1　氧化诱导时间精密度

三种聚乙烯和三种聚丙烯样品精密度试验结果见表 1。

表 1　聚乙烯和聚丙烯氧化诱导时间的精密度数据

量值	单位	PE-HD	PE-LD	PE-LLD	PP-H	PP-R	PP-B
等温 OIT	min	58.0	21.9	37.0	92.0	41.4	59.0
S_r(绝对)	min	3.3	2.8	1.1	3.2	1.4	3.0
S_r(相对)	%	5.7	12.8	3.0	3.5	3.4	5.1
S_R(绝对)	min	9.7	3.6	3.9	7.6	2.9	9.7
S_R(相对)	%	16.7	16.4	10.5	8.3	7.0	16.4
r	min	9.2	7.8	3.1	9.0	4.0	8.5
R	min	27.1	10.1	10.8	21.3	8.0	27.2

11.2　氧化诱导温度精密度

因未获得实验室间数据，氧化诱导温度试验方法的精密度尚不可知。待得到实验室间数据后，将在下次修订中增加有关精密度的内容。

注：ISO 的精密度参见附录 A。

12　试验报告

试验报告应包括 GB/T 19466.1—2004 第 10 章中要求的信息以及下列内容：

a)　样品及试样制备方法的详细描述；

b)　所用的吹扫气类型及流速；

c)　试验温度；

d)　所用的测量技术(切线法、偏移法或其他协定的方法)；

e)　氧化诱导时间(min)，或氧化诱导温度(℃)，均保留三位有效数字；

f)　升温程序(包括氧化诱导温度的升温速率)；

g)　任何与 GB/T 19466 本部分规定有差异的条件或材料的细节。

附 录 A
（资料性附录）
ISO 11357-6:2008 的精密度

A.1 精度及偏差

由瑞士材料测试协会 EMPA 于 1998 和 2000 年对四种不同 PE 在 14 和 16 个实验室间进行了循环测试，相应的等温及动态 OIT[1,2] 试验结果见表 A.1、表 A.2。

表 A.1 等温 OIT 的重复性和再现性

量值	单位	PE-HD 1	PE-LD 1	PE-HD 2	PE-HD 3
等温 OIT	min	3.4	18.9	36.9	62.4
S_r（绝对）	min	0.6	1.2	2.1	1.7
S_r（相对）	%	17.8	6.1	5.8	2.7
S_R（绝对）	min	2.1	2.0	6.5	9.5
S_R（相对）	%	62.1	10.8	17.6	15.3
r	min	1.7	3.2	5.9	4.8
R	min	6.0	5.7	18.2	26.6

S_r：重复性标准偏差。
S_R：再现性标准偏差。
r：重复性限——在重复性试验条件下（即：由同一个操作者、在同一天、用同一台设备对相同材料进行的两次测试结果进行比较）所得两次测试结果之绝对差至少有 95% 的可能性小于或等于该值。
R：再现性限——在再现性试验条件下（即：由不同的操作者、用不同的设备、在不同的实验室对相同材料进行的两次测试结果进行比较）所得两次测试结果之绝对差至少有 95% 的可能性小于或等于该值。

表 A.2 动态 OIT 的重复性和再现性

量值	单位	PE-HD 1	PE-LD 1	PE-HD 2	PE-HD 3
动态 OIT	℃	217	242	248	254
S_r（绝对）	℃	2.4	0.7	0.9	1.5
S_r（相对）	%	1.1	0.3	0.4	0.6
S_R（绝对）	℃	4.0	2.2	2.8	4.1
S_R（相对）	%	1.8	0.9	1.2	1.6
r	℃	6.7	1.9	2.5	4.2
R	℃	11.1	6.1	7.8	11.5

各符号的意义，见表 A.1。

参 考 文 献

［1］ SCHMIDT,M.,AFFOLTER,S.,Interlaboratory tests on polymers by differential scanning calorimetry (DSC)—Determination and comparison of oxidation induction time (OIT) and oxidation induction temperature (OIT*),*Polymer testing*,22 (2003).

［2］ SCHMIDT,M.,RITTER,A.,AFFOLTER,S.,Interlaboratory tests on polymers—Determination of oxidationinduction time and oxidation induction temperature by differential scanning calorimetry,Polimery,49(2004),p. 333.

ICS 83.140.30
G 33

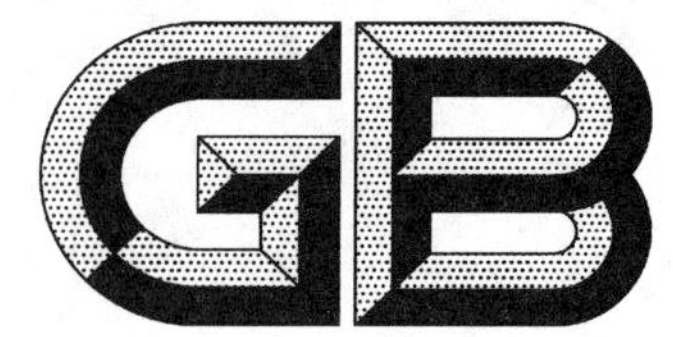

中华人民共和国国家标准

GB/T 19471.1—2004

塑料管道系统 硬聚氯乙烯(PVC-U)管材弹性密封圈式承口接头偏角密封试验方法

Plastics piping systems—Elastomeric-sealing-ring-type socket joints for use with unplasticized poly(vinyl chloride)(PVC-U) pipes—Test method for leaktighness under internal pressure and angular deflection

(ISO 13845:2000,IDT)

2004-03-15 发布 2004-10-01 实施

中华人民共和国国家质量监督检验检疫总局
中国国家标准化管理委员会 发布

前　　言

本标准等同采用国际标准 ISO 13845:2000《塑料管道系统　硬聚氯乙烯管材用弹性密封圈式承口接头　偏角密封试验方法》(英文版)。本标准技术内容与 ISO 13845:2000 完全相同，仅在文字和格式上稍有编辑性修改。

本标准为系统适用性方法标准中的一项，它规定了塑料管道系统柔性承口连接在有一定偏角时承受内压的性能要求。

本标准由中国轻工业联合会提出。

本标准由全国塑料制品标准化技术委员会(TC48)塑料管材管件及阀门分技术委员会(SC3)归口。

本标准起草单位：河北宝硕管材有限公司、成都川路塑胶集团、承德市金建检测仪器有限公司。

本标准主要起草人：赵志杰、贾丽蓉、任雨峰。

塑料管道系统　硬聚氯乙烯(PVC-U)管材弹性密封圈式承口接头偏角密封试验方法

1　范围

本标准规定了一种测定承口接头密封性能的试验方法。

本标准适用于硬聚氯乙烯管材弹性密封圈式承口,包括管材单承口、双承口、管件承口。

本标准也适用于与PVC-U压力管道配套使用的球墨铸铁材料弹性密封圈式承口。

2　原理

将PVC-U插口管段插入PVC-U承口管段,使两管段的轴线偏角满足规定角度;在规定的温度下,向试样施加规定的压力,在规定的测试时间内观察试样的密封情况。

注:下面的试验参数由引用本标准的相关标准确定:

a)　试验压力和压力/时间关系(见3.2和5.6);

b)　试样数量(见4.2)。

3　试验设备

3.1　工作架

至少由两个紧固装置组成,其中一个是可调节的,可以使试样接头产生一定的偏转角度。试验装置如图1所示。

3.2　压力控制装置

与试样连接,能施加并保持不同的内静液压,能提供为PVC-U管材和接头组装件公称压力两倍以上的压力。

3.3　压力测量装置

能检测符合规定的静液压值(见5.6和图2)

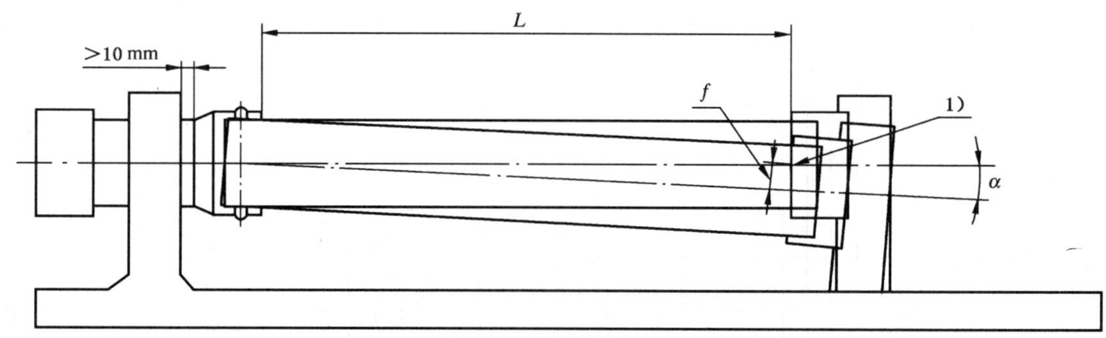

d_n——插口管段的公称外径;

L——插口管段部分的自由长度[$L=5d_n$(最小500 mm,最大1 500 mm)];

1)　测量和判断偏角α($\alpha \geqslant 2°$)的参考点。

图1　典型的试验装置

警告：出于安全的原因，在装置的设计和操作中应采取必要的措施，尤其对于大尺寸的试样。

4 试样

4.1 试样准备

试样应由PVC-U插口管段插入承口管段组装而成。

组装应按照承口制造商的说明进行。

用于试验的承口管段和插口管段应是同一公称压力等级。

插口管段的长度应满足自由长度 L，L 是承口端面和插口管段封头之间的间距，等于5倍的公称外径，最小500 mm，最大1 500 mm。

注：为了得到密封尺寸可能的公差最大极限，插口管段的平均外径 d_{em}，应优选符合公差范围的最小值，并且承口尺寸（平均内径 d_{im} 和放密封圈的密封槽的直径）应当取符合制造商规定的最大值。

4.2 试样数量

试样的数量应当符合相关标准规定。

5 试验步骤

5.1 将承口管段固定到工作架上，不得产生变形，并使承口管段的轴线保持水平，调整插口管段轴线与承口管段轴线成一直线。

5.2 调节试验装置，使插口管段偏转，测量自由偏角 α，接头部位不允许施加外力。

如果 $\alpha \geqslant 2°$，固定插口管段，使管材保持在此位置，进行下面的试验。

如果 $\alpha < 2°$，在插口管段封头上施加力，使 α 角度增大，在偏角为2°时开始试验。

5.3 用(20±5)℃的水充满试样，并排出里面的空气。

5.4 试样预处理至少20 min，确保达到温度平衡。

5.5 按照5.6试验时：

a) 环境温度为15℃和25℃之间的任一温度，温度波动±5℃。

b) 在试验周期内，检查接头并记录出现的任何泄漏。

5.6 除非在引用本标准的相关标准中另有其他规定，否则应按照图2施加压力，并保持静压力在 ${}^{+5}_{0}\%$ 的允许偏差之内。

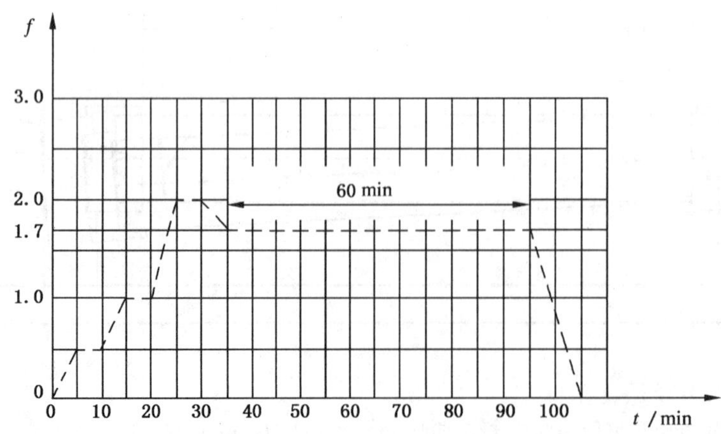

f：试验中所用PN的系数。

注：压力变化不必是严格的线性变化。

图2 压力/时间关系

6 试验报告

试验报告应包括以下内容：

a） 本标准号和相关标准号；

b） 用于试验的 PVC-U 插口管段和承口管段公称压力级别或 S 系列；

c） 试验时的偏角 α；

d） 试验环境温度；

e） 接头处渗漏情况；

f） 影响结果的其他因素，如偶然事件或本标准未规定的其他操作细节；

g） 试验日期。

ICS 83.140.30
G 33

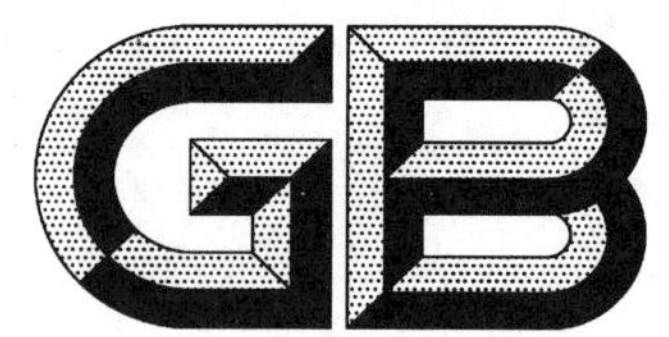

中华人民共和国国家标准

GB/T 19471.2—2004

塑料管道系统 硬聚氯乙烯(PVC-U)管材弹性密封圈式承口接头 负压密封试验方法

Plastics piping systems—Elastomeric-sealing-ring-type socket joints of unplasticized poly(vinyl chloride)(PVC-U) for use with PVC-U pipes—Test method for leaktightness under negative pressure

(ISO 13844:2000,IDT)

2004-03-15 发布 2004-10-01 实施

中华人民共和国国家质量监督检验检疫总局
中国国家标准化管理委员会 发布

前　言

本标准等同采用国际标准ISO 13844:2000《塑料管道系统　硬聚氯乙烯管材用弹性密封圈式承口接头　负压密封试验方法》(英文版)。本标准技术内容与ISO 13844:2000完全相同,仅在文字和格式上稍有编辑性修改。

本标准为系统适用性方法标准中的一项,它规定了塑料管道系统弹性密封圈式承口连接在承受负压时的密封性能要求。

本标准由中国轻工业联合会提出。

本标准由全国塑料制品标准化技术委员会(TC48)塑料管材管件及阀门分技术委员会(SC3)归口。

本标准起草单位:河北宝硕管材有限公司、成都川路塑胶集团、承德市金建检测仪器有限公司。

本标准主要起草人:赵志杰、贾丽蓉、任雨峰。

塑料管道系统　硬聚氯乙烯(PVC-U)管材弹性密封圈式承口接头　负压密封试验方法

1　范围

本标准规定了一种测定承口接头密封性能的试验方法。

本标准适用于符合 GB/T 10002.1 的硬聚氯乙烯管材弹性密封圈式承口接头，包括硬聚氯乙烯管材单承口、双承口和管件承口。

2　规范性引用文件

下列文件中的条款通过本标准的引用而成为本标准的条款。凡是注日期的引用文件，其随后所有的修改单(不包括勘误的内容)或修订版均不适用于本标准，然而，鼓励根据本标准达成协议的各方研究是否可使用这些文件的最新版本。凡是不注日期的引用文件，其最新版本适用于本标准。

GB/T 10002.1　给水用硬聚氯乙烯(PVC-U)管材(neq ISO 4422-2:1996)

3　原理

将 PVC-U 插口管段插入 PVC-U 承口管段，使两管段的轴线偏角满足规定角度，并使插口管段产生一定的形变；在规定的温度范围内，依次向试样施加两个规定的负内压，在规定的测试时间内观察试样的密封情况。

4　试验设备

4.1　工作架

至少包括两个紧固装置，其中一个是可调节的，在向试样施加负压(相对真空)的同时，可以使试样接头处产生一定的偏转角度。

4.2　真空表

测量精度±1%。

4.3　夹具

可以在距离承口管段端面规定距离处的插口管段上，施加一个变形力。典型的试验装置如图 1 所示。

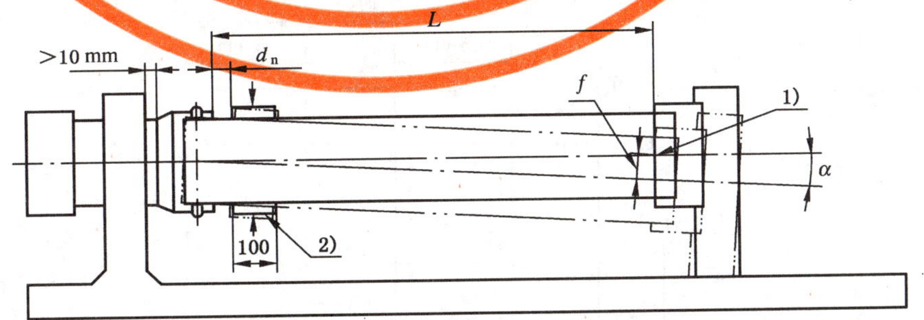

L——承口和密封封头之间管材的自由长度[$L=5d_n$(最小 500 mm，最大 1 500 mm)]；

d_n——管材的公称外径；

1)　测量和判断偏角的参考点，$\alpha(\alpha \geq 2°)$；

2)　对于管系列 S≥16 的管材，使管材变形的一对夹具(见 6.2)；

注：偏移量 f 与偏角 α 的关系如下：$f=L\sin\alpha$。当 $\alpha=2°$时，偏移量 $f=0.035L$。

图 1　典型的试验装置

4.4 **真空泵**

能施加并保持两个规定的负压(见 6.6)。

4.5 **隔离阀**

安装在真空泵和试样之间(见 6.6)。

5 试样

试样由符合 GB/T 10002.1 的 PVC-U 插口管段插入承口管段组成。

组装时应按照承口制造商的说明进行。

用于试验的承口管段和插口管段应为同一公称压力(PN)等级或同一管系列 S。

选择适当的尺寸,管材的平均外径 d_{em},应是在公差范围内的最小值,并且承口尺寸(平均内径 d_{im} 和放密封圈的密封槽的直径)尽量取符合制造商规定的最大值。

插口管段的自由长度 L,是指承口端面和插口管段密封接头端面的距离,等于 5 倍的公称外径 d_n,插口管段的自由长度 L 最小为 500 mm,最大为 1 500 mm。

6 试验步骤

6.1 将承口管段固定到工作架上,不得产生变形,并使承口管段的轴线保持水平,调整插口管段轴线与承口管段轴线成一直线。

6.2 管系列 S≥16 的管材(即薄壁管材),在距离承口端面 $0.5d_n$ 的插口管段上,用一对 100 mm 宽的夹具,使插口管段在垂直方向上产生 $5\%d_n$ 的变形,在与承口相邻的夹具端面上测量变形量。

6.3 对于管系列 S<16 的管材(即厚壁管材),不需施加变形力,按照 6.4 到 6.6 的步骤进行。

6.4 调节试验装置,使插口管段偏转,测量自由偏角 α,接头部位不允许施加外力。

如果 $\alpha \geq 2°$,固定插口管段,使管材保持在此位置,进行下面的试验。

如果 $\alpha < 2°$,在插口管段封头上施加力,使 α 角度增大,在偏角为 2°时开始试验。

6.5 在下列条件下进行 6.6 的步骤:

a) 在垂直面上保持偏角 α,并不断地检查和记录任何破坏或泄漏。

b) 环境温度保持在 15℃到 25℃之间,温度波动±2℃。

6.6 向试样施加负压,当达到−(0.01±0.002) MPa 的稳定压力时(见图 2),关闭真空泵。

监控压力 15 min 并记录负压的任何变化,如果负压变化超过 0.005 MPa,停止试验。

如果负压变化不超过 0.005 MPa,则对试样继续施加负压,直到压力达到−(0.08±0.002) MPa。

断开试样与真空泵,监控压力 15 min,并记录负压的变化。

注:第一次负压近似于绝对压力 0.09 MPa,第二次负压近似于绝对压力 0.02 MPa。

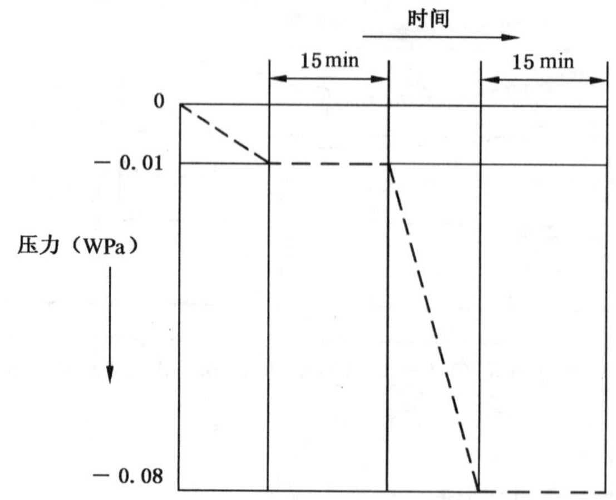

注:施加负压不要求成严格的线性变化。

图 2 负压试验压力曲线

7 试验报告

试验报告应包括以下内容：

a) 本标准号和相关标准号；

b) 用于试验的 PVC-U 插口管段和承口管段公称压力级别或 S 系列；

c) 插口管段的平均外径；

d) 承口的平均内径；

e) 密封环槽直径；

f) 试验的偏角 α；

g) 试验环境温度℃；

h) 接头部位的密封情况；

i) 插口管段是否变形(见 6.2 和 6.3)；

j) 接头泄漏情况，包括观察到的负压的任何变化(见 6.6)；

k) 影响结果的其他因素，如偶然事件或本标准未规定的其他操作细节；

l) 试验日期。

ICS 83.140.30
G 33

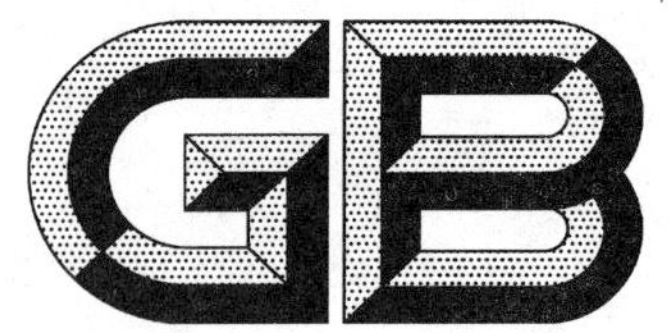

中华人民共和国国家标准

GB/T 19712—2005/ISO 13957:1997

塑料管材和管件　聚乙烯(PE)鞍形旁通抗冲击试验方法

Plastics pipes and fittings—Polyethylene (PE) tapping tees—Test method for impact resistance

(ISO 13957:1997,IDT)

2005-03-23 发布　　2005-09-01 实施

中华人民共和国国家质量监督检验检疫总局
中国国家标准化管理委员会　发布

前 言

本标准等同采用 ISO 13957:1997《塑料管材和管件 聚乙烯(PE)鞍形旁通 抗冲击试验方法》(英文版)。

为了便于使用,本标准做了下列编辑性修改:

a) “本国际标准”改为“本标准”;

b) 用小数点“.”代替作为小数点的逗号“,”;

c) 删除国际标准的前言。

请注意本标准的某些内容有可能涉及专利。本标准的发布机构不应承担识别这些专利的责任。

本标准由中国轻工业联合会提出。

本标准由全国塑料制品标准化技术委员会塑料管材、管件及阀门分技术委员会(TC 48/SC 3)归口。

本标准起草单位:亚大塑料制品有限公司、河北宝硕管材有限公司。

本标准主要起草人:王志伟、代启勇、邹丽君、赵海深。

塑料管材和管件　聚乙烯(PE)鞍形旁通抗冲击试验方法

1　范围

本标准规定了测定聚乙烯鞍形旁通抗冲击性能的一种试验方法。

本标准适用于流体输送用聚乙烯鞍形旁通。

2　原理

鞍形旁通的端帽(或分支的顶部)承受从一定高度、沿与鞍形旁通熔接的管材的轴线平行的方向下落的重物冲击。

沿与管材轴线平行的方向正反两次冲击后,检查旁通是否有明显可见的损伤或丧失气密性。

试验在(0±2)℃或另一规定的温度下进行。

3　装置

3.1　落锤试验机

主机架应有沿竖直方向固定的导杆或导管,以引导重锤释放后沿竖直方向自由下落,重锤冲击鞍形旁通时的速度不能小于理论速度的95%。

3.2　重锤

质量为(2 500±20)g或(5 000±20)g,具有直径50 mm的半球形冲击表面。

3.3　带有钢质芯轴的刚性试样固定器

能将试样维持在图1所示位置并防止试验过程中试样的任何旋转。

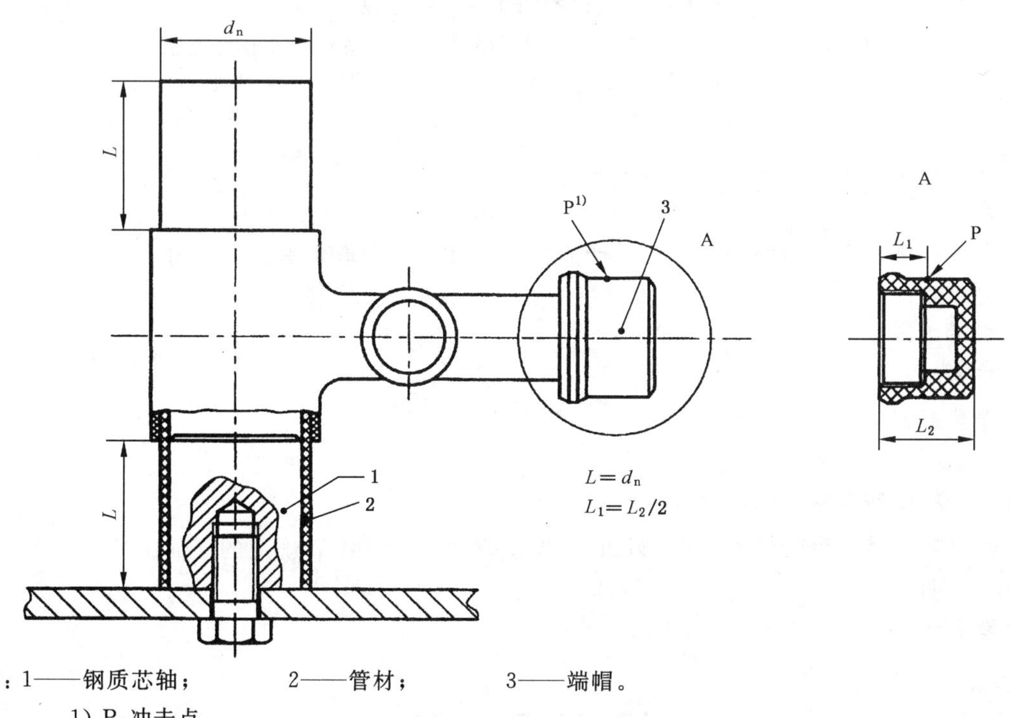

图中:1——钢质芯轴;　　2——管材;　　3——端帽。

1) P:冲击点。

图1　试样安装示意图

4 试样

对于任一给定尺寸的鞍形旁通，至少需要三个试样。

任一试样都应包含一个完整的管材/鞍形旁通组件，其中 L 至少等于 d_n（见图 1）。若无必要，可不用定位夹块。

所有组件的连接以及主管材的切削均应按鞍形旁通生产商给出的说明进行，或按照相关标准的规定进行。

在试验前，每一个试样都要在温度为 23℃±2℃、2.5×10^{-3} MPa 或 0.6 MPa 的条件下进行气密性检查（见第 6 章）。

5 状态调节

鞍形旁通和管材焊接完成至少 8 h 以后，将试样在温度为（0±2）℃的空气中处理 4 h 或在液体中浸泡 2 h。

6 步骤

试样从状态调节环境中取出后，在 30 s 内完成 6.1～6.4 的操作。

如果 30 s 内未完成上述操作，且试样离开状态调节环境未超过 3 min，试样应重新状态调节至少 5 min；如果超过了 3 min，应按照第 5 章重新进行状态调节。

6.1　将试样套在钢质芯轴上，如图 1 所示。

6.2　沿与鞍形旁通熔接的管材轴线平行的方向，从高度（2 000±10）mm 处释放重锤，冲击鞍形旁通端帽（或其分支顶部）。冲击点 P 应距离鞍形分支端部不超过 30 mm。如果旁通装有端帽（如图 1），P 最好应位于此端帽圆柱部位。

6.3　翻转组件，准备冲击端帽或分支的对面。

6.4　在相同条件下重复 6.2 中给出的过程。

6.5　目测检查试验后的样件，记录任何裂纹或破坏的位置和程度。

6.6　在（23±2）℃下，用 2.5×10^{-3} MPa 或 0.6 MPa 的内部压力验证试样的气密性。

7 试验报告

试验报告应包括以下内容：

——本标准编号；

——试样的详细标识，包括材料类型，生产商的代码和管材与鞍形旁通的尺寸；

——试验温度；

——重锤质量；

——下落高度；

——试样数量；

——破坏类型；

——试验过程中所观察到的任何细节；

——可能影响试验结果的任何因素，例如，偶发事件或本标准没有规定的任何细节；

——试验日期；

——试验室名称。

ICS 83.140.30
G 33

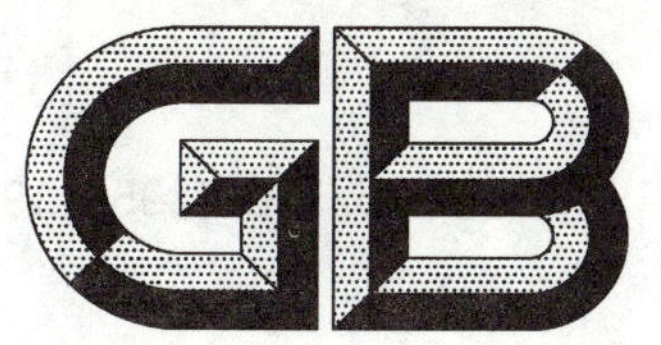

中华人民共和国国家标准

GB/T 19806—2005/ISO 13955:1997

塑料管材和管件 聚乙烯电熔组件的挤压剥离试验

Plastics pipes and fittings—Crushing decohesion test for polyethylene(PE) electrofusion assemblies

(ISO 13955:1997,IDT)

2005-03-23 发布 2005-10-01 实施

中华人民共和国国家质量监督检验检疫总局
中国国家标准化管理委员会 发布

前　　言

本标准等同采用国际标准 ISO 13955:1997《塑料管材和管件——聚乙烯电熔组件的挤压剥离试验》(英文版)。

为了便于使用,本标准做了下列编辑性修改:

a) “本国际标准”改为“本标准”;

b) 用小数点“.”代替作为小数点的逗号“,”;

c) 删除国际标准的前言。

请注意本标准的某些内容有可能涉及专利。本标准的发布机构不应承担识别这些专利的责任。

本标准由中国轻工业联合会提出。

本标准由全国塑料制品标准化技术委员会管材、管件及阀门分技术委员会(TC48/SC3)归口。

本标准起草单位:港华辉信工程塑料(中山)有限公司、亚大塑料制品有限公司。

本标准主要起草人:何健文、李声红、王志伟、邹丽君、李鹏。

塑料管材和管件　聚乙烯电熔组件的挤压剥离试验

1　范围

本标准规定了用挤压的方法来确定流体输送用聚乙烯管材和电熔承口或鞍形管件组件的抗剥离性能。

本标准适用于管材公称外径 16 mm～225 mm 的组件。

2　规范性引用文件

下列文件中的条款通过本标准的引用而成为本标准的条款。凡是注日期的引用文件，其随后所有的修改单(不包括勘误的内容)或修订版均不适用于本标准，然而，鼓励根据本标准达成协议的各方研究是否可使用这些文件的最新版本。凡是不注日期的引用文件，其最新版本适用于本标准。

GB/T 19807　塑料管材和管件　聚乙烯管材和电熔管件组合试件的制备(GB/T 19807—2005，ISO 11413:1996，MOD)

3　原理

试验是通过挤压测试试样来评估 PE 管材/电熔承口或鞍形管件之组件的熔接质量。测试在(23±2)℃下进行。

组件的剥离强度用熔接面剥离后的破坏特征和脆性剥离百分数来表征。组件破坏的外观和位置也用于评估组件的强度。

4　仪器

应包括下列主要仪器：

4.1　压缩试验机

能够保持(100±10) mm/min 的稳定压缩速度。

4.2　工具

例如螺丝刀。

4.3　限位器

限制压缩机两压板的最小距离为管材壁厚的两倍。

5　试样

5.1　取样

试样(见 5.2 和 5.3)应按产品标准规定的抽样方式从管材和/或管件上截取。

5.2　试样制备

5.2.1　总则

每个试样应从组件上截取，组件是由一个或多个管材和一个承口或鞍形管件连接而成，并按照 GB/T 19807 制备。

由电熔承口管件连接而成的组件，按 5.2.2 制备试样。

由电熔鞍形管件连接而成的组件，按 5.2.3 制备试样。

5.2.2 电熔承口管件

按表1规定从组件截取试样，见图1。

表1 试样截取

管材公称外径 d_n/mm	分切数目(见图1)	角度/(°)	管件两侧管材的最小长度/mm
$16 \leqslant d_n < 90$	2	180	$2\ d_n$ 或 100
$90 \leqslant d_n \leqslant 225$	4	90	$2\ d_n$

单位为毫米

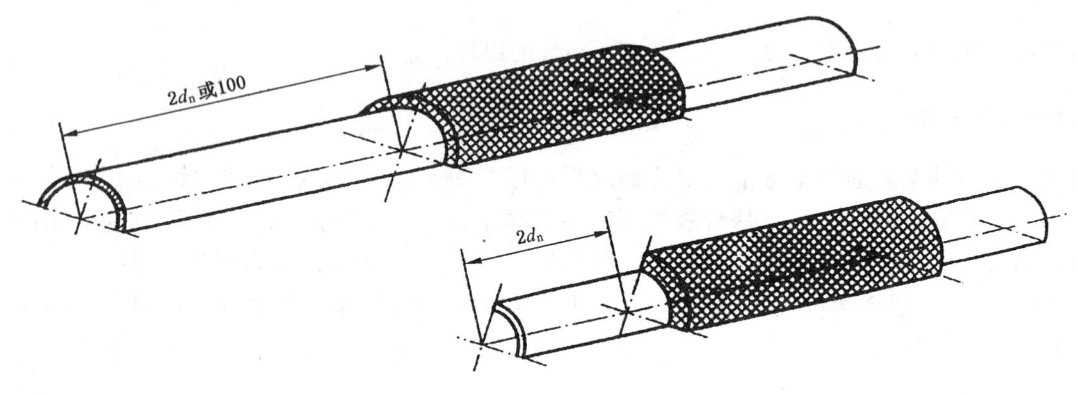

a) $16 \leqslant d_n < 90$　　b) $90 \leqslant d_n \leqslant 225$

图1 试样制备

5.2.3 电熔鞍形管件

沿着通过管材轴线的平面切割组件。该平面应垂直于由管材轴线与鞍形旁通或直通中线所形成的平面。如图2所示。

5.3 试样数目

试样的数目应按产品标准规定。

注：推荐最少使用三个试样。

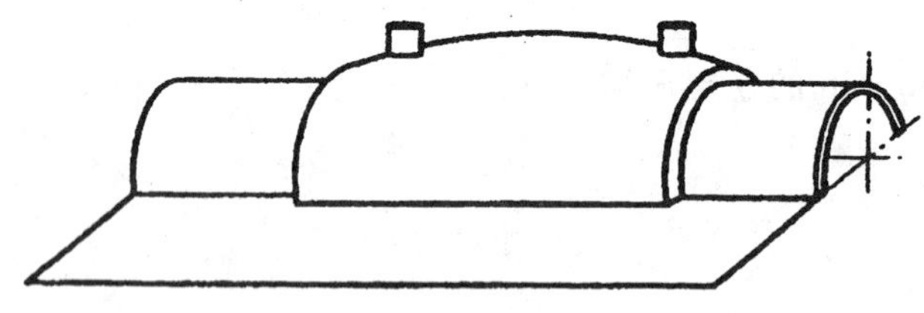

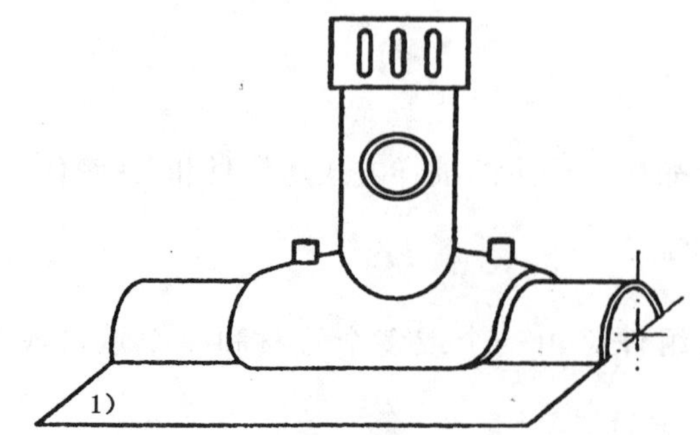

1) 为截取平面。

图2 包含鞍形管件的试样

6 状态调节

6.1 在熔接完成最少 12 h 后，按第 7 章规定的步骤进行。

6.2 熔接完成后，截取试样前，在(23±2)℃下，状态调节最少 6 h。

6.3 截取试样后，在测试温度下最少放置 6 h。

7 步骤

7.1 总则

在(23±2)℃下，执行下列步骤。如果试样包含有电熔承口管件，按 7.2 执行；如果试样包含电熔鞍形管件，按 7.3 执行。

7.2 电熔承口管件

7.2.1 测量并记录电熔管件承口线圈首圈至末圈之间的距离 y，如图 3 中 a)所示。

7.2.2 对每一试样，在电熔管件承口旁，用(100±10) mm/min 的速度施加压缩力，直到管材内壁彼此接触。限位器间的距离应等于管材壁厚的两倍。

7.2.3 用工具小心地将电熔承口管件与管材分离，工具应轻微移动以免对试样产生冲击。检查试样并记录破坏形式(如管材破坏或管件破坏，在线圈之间或在熔合面破坏)。

7.2.4 在管件外缘平行于管材轴线方向的熔接面上，测量总的脆性破坏长度 d_2，如图 3 中 b)所示。

7.2.5 对每一试样，使用式(1)，根据脆性破坏长度 d_2 和线圈首圈至末圈之间的距离 y，计算脆性剥离的百分比 C_c。

$$C_c = \frac{d_2}{y} \times 100 \qquad \cdots\cdots(1)$$

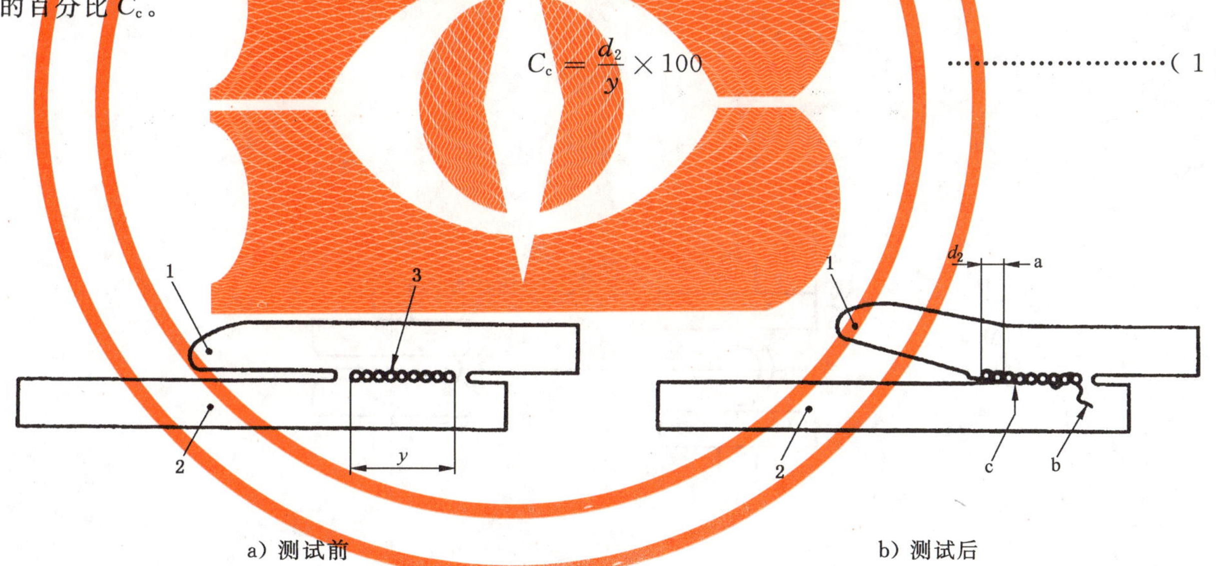

1——管件承口；

2——管材；

3——线圈；

a——熔接面的脆性破坏；

b——管材的韧性破坏；

c——线圈匝间塑料材料的韧性破坏。

图 3 包含电熔承口管件试样的剥离评价

7.3 **电熔鞍形管件**

7.3.1 确定熔融面的面积 S_T(见生产商的资料说明书)。

7.3.2 放置试样,使压力作用在与管材被切开平面平行的平面上(见图 4),而且压力试验机的压板接近鞍形管件。以(100±10) mm/min 的速度,使压板相互趋近,对试样施加一个不断增加的压缩力。继续压缩试样直到压板间的距离减小到管材壁厚的两倍。记录管壁即将接触前的压缩力。

单位为毫米

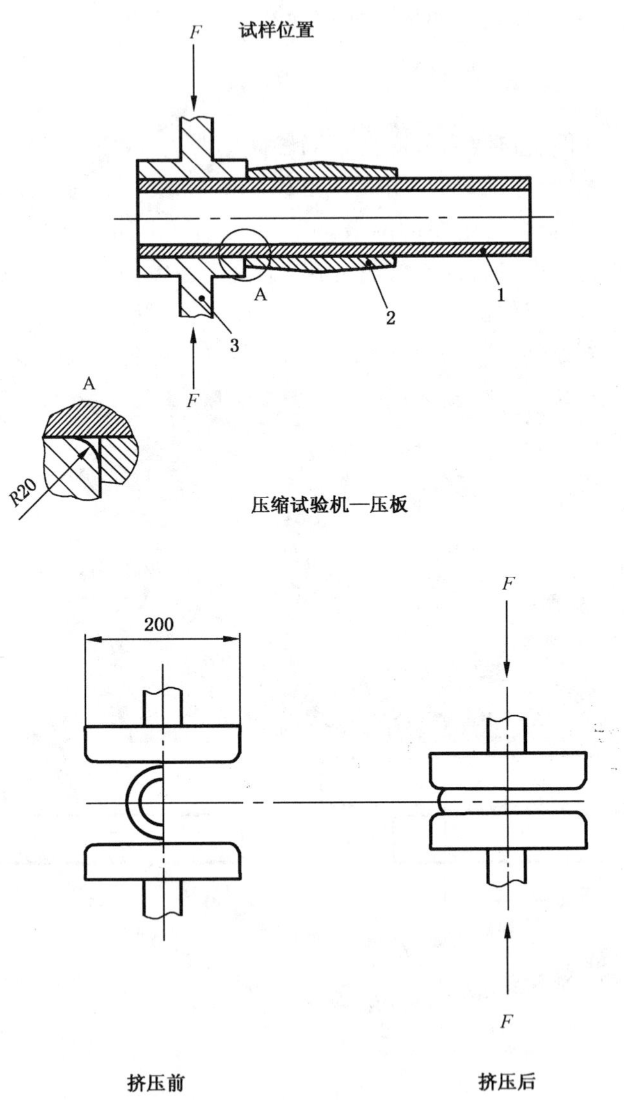

1——管材;

2——管件;

3——压板;

F——压力;

R——半径。

图 4 试样安装在压缩试验机两压板之间

7.3.3 用工具小心地将电熔鞍形管件与管材分离,工具应轻微移动以免对试样产生冲击。检查试样并记录破坏形式(如管材破坏或管件破坏,在线圈之间或在熔合面破坏)。

7.3.4 测量熔融面总的脆性破坏面积 S_F。

7.3.5 用公式(2),根据脆性破坏面积 S_F 和熔融面的面积 S_T,计算脆性剥离的百分比 C_c。

$$C_c = \frac{S_F}{S_T} \times 100 \quad \cdots\cdots\cdots\cdots\cdots\cdots(2)$$

式中:

S_F——脆性破坏面积,单位为平方毫米(mm^2);

S_T——熔融面的面积,单位为平方毫米(mm^2)。

8 结果判定

如果脆性剥离的百分比高于相关产品标准中的规定,则组件没有通过测试。

9 试验报告

试验报告应包括下列内容:

a) 本标准编号;

b) 测试试样的完整标识;

c) 组件每一部件的材料;

d) 管件的公称尺寸;

e) 管材装配前的尺寸(平均直径、不圆度、壁厚和长度);

f) 测试试样的尺寸,包括管材从承口突出来的自由长度;

g) 制备组件时的熔接条件;

h) 测试温度和温度测试的精度;

i) 试样数量;

j) 在熔接和从组件截取试样之间的时间,及状态处理的时间;

k) 测试电熔鞍形管件时,当压板之间距离为管材壁厚的两倍时的压缩力;

l) 脆性剥离的百分比;

m) 破坏形式(在熔接面破坏,线圈之间拉裂,管材或管件破坏);

n) 在测试期间或测试后,观察到的任何特殊情况;

o) 测试日期;

p) 进行测试的实验室。

ICS 83.140.30
G 33

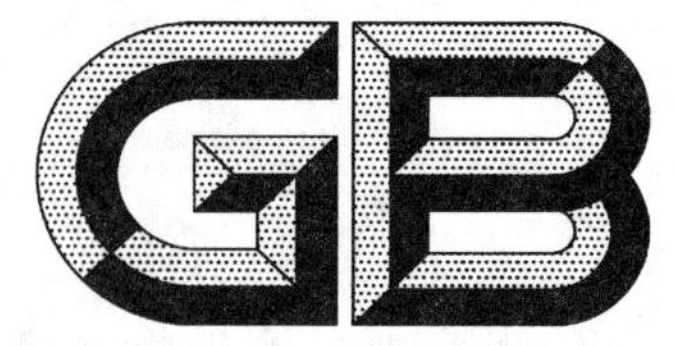

中华人民共和国国家标准

GB/T 19807—2005

塑料管材和管件　聚乙烯管材和电熔管件组合试件的制备

Plastics pipes and fittings—Preparation of test piece assemblies between a polyethylene (PE) pipe and an electrofusion fitting

(ISO 11413:1996,MOD)

2005-03-23 发布　　2005-10-01 实施

中华人民共和国国家质量监督检验检疫总局
中国国家标准化管理委员会　发布

前　言

本标准修改采用国际标准 ISO 11413:1996《塑料管材和管件——聚乙烯管材和电熔管件组合试件的制备》(英文版)。

根据我国国情和标准编写的要求，本标准采用 ISO 11413:1996 时，作了一些修改，有关技术性差异已编入正文中，并在它们所涉及的条款的页边空白处用垂直单线标识，在附录 E 中给出了这些技术性差异及其原因的一览表以供参考。技术性差异为：

——删除了第 2 章中引用的国际标准 ISO/CD 12093《塑料管材和管件——聚烯烃电熔管件生产商的技术数据报告内容》；

——本标准 3.4 中不再引用 ISO/CD 12093，规定由生产商在技术文件中说明；

——附录 D 中 D.1 和 D.2 中不再引用 ISO/CD 12093，改为由制造商提供 R_{min} 和 R_{max} 值；

——修改了附录 D 中表 D.1 的电阻测量仪的分辨率和精度；

——增加了附录 E“本标准与 ISO 11413:1996 技术性差异及其原因”。

为了便于使用，本标准还作了下列编辑性修改：

a)　“本国际标准”改为“本标准”；

b)　用小数点“.”代替作为小数点的逗号“,”；

c)　删除国际标准的前言。

请注意本标准的某些内容有可能涉及专利。本标准的发布机构不应承担识别这些专利的责任。

本标准的附录 A、附录 B、附录 C 为规范性附录，附录 D、附录 E 为资料性附录。

本标准由中国轻工业联合会提出。

本标准由全国塑料制品标准化技术委员会塑料管材、管件及阀门分技术委员会(TC48/SC3)归口。

本标准起草单位：港华辉信工程塑料(中山)有限公司、亚大塑料制品有限公司。

本标准主要起草人：何健文、李声红、王志伟、邹丽君、李鹏。

塑料管材和管件　聚乙烯管材和电熔管件组合试件的制备

1　范围

本标准规定了聚乙烯(PE)管材或插口管件与电熔管件(例如:承口管件如套筒,或鞍形管件)组合试件的制备方法。

本标准规定了组合试件制备准则,包括环境温度、熔接条件、管材和管件的尺寸、管材形状等参数,并考虑了相关产品标准中对使用条件的限制。

2　规范性引用文件

下列文件中的条款通过本标准的引用而成为本标准的条款。凡是注日期的引用文件,其随后所有的修改单(不包括勘误的内容)或修订版均不适用于本标准,然而,鼓励根据本标准达成协议的各方研究是否可使用这些文件的最新版本。凡是不注日期的引用文件,其最新版本适用于本标准。

GB/T 13663　给水用聚乙烯(PE)管材(GB/T 13663—2000,neq ISO 4427:1996)

GB 15558.1　燃气用埋地聚乙烯(PE)管道系统　第1部分:管材(GB 15558.1—2003,ISO 4437:1997,MOD)

GB 15558.2　燃气用埋地聚乙烯(PE)管道系统　第2部分:管件(GB 15558.2—2005,ISO 8085-2:2001,ISO 8085-3:2001,MOD)

ISO 12176-2:2000　塑料管材管件　聚乙烯系统焊接设备　第2部分:电熔连接

3　符号

3.1　通用符号(见图A.1)

D_{im}:在距管件承口端面 $L_3+0.5L_2$ 处的径向截面熔区平均内径。

$D_{im_{max}}$:管件制造商声明的 D_{im} 的最大理论值。

$D_{i_{max}}$:管件熔区最大内径。

$D_{i_{min}}$:管件熔区最小内径。

d_e:管材或管件插口端的外径。

d_{em}:管材或管件插口端平均外径。与产品标准中的定义一致,用测量的周长计算得出。

d_{emp}:管材或管件插口端经刮削处理或剥离表层后的平均外径。在对应于组合试件熔区中心测量周长,即距离管件承口端面 $L_3+0.5L_2$ 的径向截面内,测量周长后计算得出。

L_2:由管件制造商声明的熔区公称长度。

L_3:从管件承口端面到熔区外沿的公称距离。

e_s:管材表面刮削深度或剥离层的材料厚度。

3.2　间隙

3.2.1　承口管件

C_1:管件内孔与未刮削管材外壁之间的间隙,按式(1)进行计算。

$$C_1 = D_{im} - d_{em} \quad \cdots\cdots(1)$$

C_2:管件内孔与刮削后管材外壁之间的间隙,按式(2)进行计算。

$$C_2 = C_1 + 2e_s \quad \cdots\cdots(2)$$

注 1：C_2 可以通过机械加工的办法，将未刮削管材平均外径从 d_{em} 加工到 d_{emp} 得到。d_{emp} 按公式(3)进行计算。

$$d_{emp} = D_{im} - C_2 \quad \cdots\cdots(3)$$

C_3：管件内孔与未刮削管材外壁之间的最大理论间隙，按式(4)进行计算。

$$C_3 = D_{im_{max}} - d_e \quad \cdots\cdots(4)$$

C_4：管件内孔与刮削后管材外壁之间的最大理论间隙，按式(5)进行计算。

$$C_4 = C_3 + 2e_s \quad \cdots\cdots(5)$$

注 2：C_4 也可以通过机械加工的办法，将未刮削管材平均外径从 d_{em} 加工到 d_{emp} 得到。d_{emp} 按公式(6)计算。

$$d_{emp} = D_{im} - C_4 \quad \cdots\cdots(6)$$

3.2.2 鞍形管件

鞍形管件与管材之间的间隙假设为零。

3.3 环境温度

T_a：组合试件熔接时的环境温度。

注 3：环境温度可以是产品标准规定(或供需双方约定)的最低温度和最高温度之间的任意温度。

T_R：基准温度，23℃±2℃。

T_{max}：组合试件熔接时所允许的最高环境温度。

T_{min}：组合试件熔接时所允许的最低环境温度。

3.4 熔接参数

——基准时间，t_R：在基准环境温度下的理论熔接时间，由管件制造商给出。

——熔接能量：熔接过程中向管件提供的总电能。在给定环境温度 T_a 下，从管件接线端测得。管件的电工参数应在制造商声明的公差范围之内。通常要求管件制造商在其技术文件中说明环境温度在 T_{min}～T_{max} 变化时管件所需熔接能量与环境温度的函数关系。

——常规能量：在基准温度 T_R 下，用公称熔接参数熔接时，向管件输入的熔接能量。公称熔接参数由管件制造商给定。

——基准能量：根据管件公称电阻熔接时需要的常规能量。公称电阻由管件制造商给定。

——最大能量：在给定环境温度 T_a 下熔接能量的最大值。

——最小能量：在给定环境温度 T_a 下熔接能量的最小值。

4 组合试件的制备

4.1 总则

制备组合试件使用的管材或插口管件，应符合 GB 15558.1、GB/T 13663 或 GB 15558.2 的规定，使用的电熔管件尺寸应符合 GB 15558.2 的规定。组合试件制备方法应符合电熔管件制造商提供的书面程序。

除非制造商推荐更大的数值，最小刮削深度 e_s 为 0.2 mm。

4.2 步骤

执行下列步骤，其中步骤 d)和 f)应在足够容纳管材、管件和装夹工具的控温箱内进行，控温精度 ±2℃。不应使用制造后不满 170 h 的管件。

a) 在基准温度 T_R 下，测量待组合的部件，以确定 3.1 所定义(图 A.1 所示)的尺寸；

b) 在基准温度 T_R 下，根据 3.2 的规定准备管材，以达到所需的间隙条件；

c) 按制造商的操作说明将管材与管件装配；

d) 在附录 C 所规定的环境温度 T_a 下，将上述组件及相关装置进行状态调节至少 4 h；

e) 状态调节后，测量加热线圈的电阻，并根据附录 C 和附录 D 确定熔接所需的电工参数。测量电阻时，管件仍处于上述状态调节温度，电阻仪放置的环境温度为基准温度 T_R；

f) 根据附录 C 规定的能量水平，按照管件制造商的操作说明进行熔接制备组合试件；

g) 将组合试件冷却到环境温度。

附　录　A
（规范性附录）
电熔承口的尺寸符号

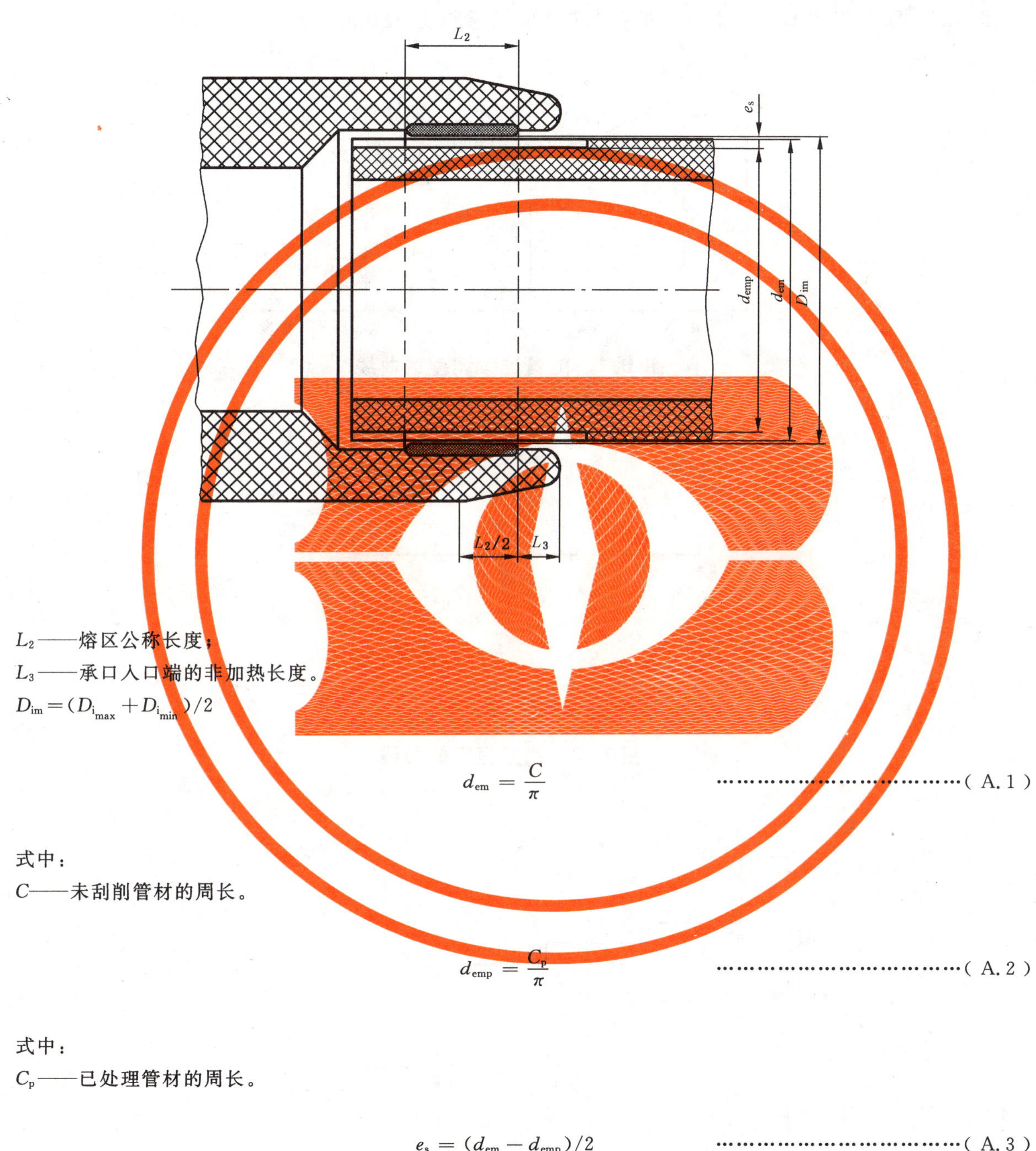

L_2——熔区公称长度；

L_3——承口入口端的非加热长度。

$D_{im}=(D_{i_{max}}+D_{i_{min}})/2$

$$d_{em}=\frac{C}{\pi} \quad \cdots\cdots (A.1)$$

式中：

C——未刮削管材的周长。

$$d_{emp}=\frac{C_p}{\pi} \quad \cdots\cdots (A.2)$$

式中：

C_p——已处理管材的周长。

$$e_s=(d_{em}-d_{emp})/2 \quad \cdots\cdots (A.3)$$

图 A.1　电熔承口的尺寸符号

附　录　B
（规范性附录）
环境温度不同时熔接能量的变化示意图

图 B.1、图 B.2、图 B.3 为不同能量变化方式的示意曲线(见附录 C)。

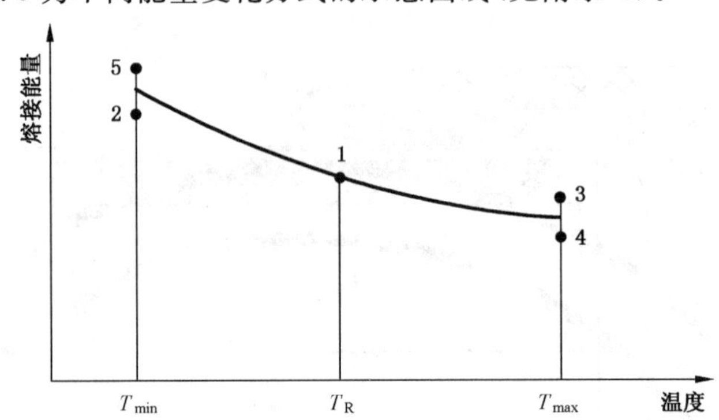

图 B.1　能量连续调整的曲线

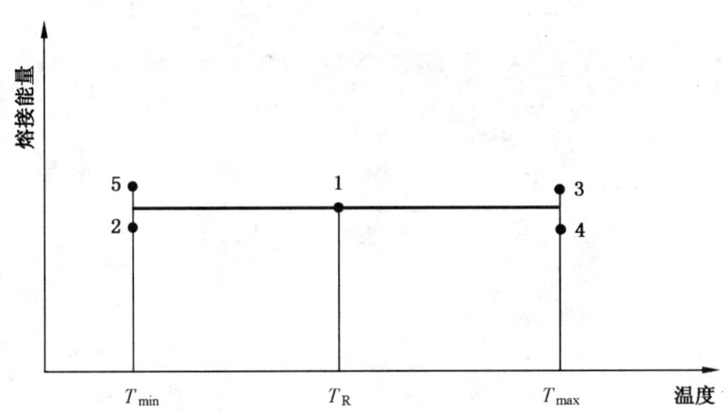

图 B.2　能量恒定的曲线

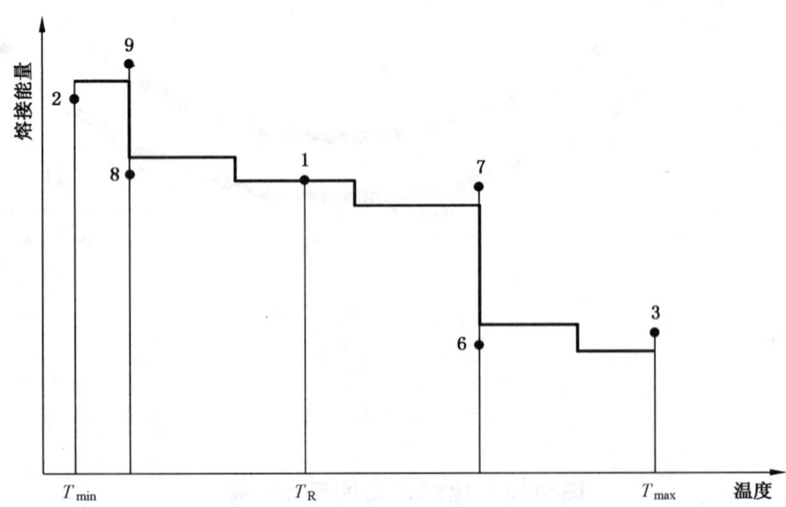

图 B.3　能量阶梯调整的曲线

附 录 C
（规范性附录）
组合试件制备条件

表 C.1 管材和管件准备的条件

条 件	环境温度 T_a(3.3)	管材外形	间隙[a](3.2)	能量(3.4)	装配载荷[b]
1	T_R	盘管或直管	C_2	常规	常规值
2	T_{min}	直管	C_4	最小	最小值
3	T_{max}	盘管或直管	C_2	最大	最大值
4	T_{max}	直管	C_4	最小	最小值
5	T_{min}	盘管或直管	C_2	最大	最大值
6	$>T_R$[c]	直管	C_4	最小	最小值
7	$>T_R$[c]	盘管或直管	C_2	最大	最大值
8	$<T_R$[c]	直管	C_4	最小	最小值
9	$<T_R$[a]	盘管或直管	C_2	最大	最大值

注：条件 1～5 适用于附录 B 中图 B.1 和图 B.2 所示的能量曲线，条件 1～3 和 6～9 适用于图 B.3 所示的能量曲线。

a 对于鞍形管件，间隙应视为 0。

b 适用于可控制装配载荷的鞍形管件的连接。

c 在能量曲线上基准温度的左侧或右侧，对应于最大能量间断点，并且最接近极限温度的温度。

附　录　D
（资料性附录）
熔接电工参数的确定
（能量、电压或电流公差符合 ISO 12176-2）

D.1　在环境温度 T_a 下的最大输入能量

以能量控制模式工作的焊机：

$$能量=公称能量+公差 \qquad (D.1)$$

以电压控制模式工作的焊机：

$$工作电压=U_{max}\sqrt{R/R_{min}} \qquad (D.2)$$

以电流控制模式工作的焊机：

$$工作电流=I_{max}\sqrt{R_{max}/R} \qquad (D.3)$$

式中：

U_{max}——焊机最大额定电压，伏特（公称值＋公差）；

I_{max}——焊机最大额定电流，安培（公称值＋公差）；

R_{min}——由制造商提供的管件在基准温度 T_R 下的最小电阻值，单位为欧姆（Ω）；

R_{max}——由制造商提供的管件在基准温度 T_R 下的最大电阻值，单位为欧姆（Ω）；

R——在环境温度 T_a 下进行状态调节，然后用双臂桥式电阻仪测出的管件电阻值。电阻仪工作特性满足表 D.1。

D.2　在环境温度 T_a 下最小输入能量

以能量控制模式工作的焊机：

$$能量=公称能量-公差 \qquad (D.4)$$

以电压控制模式工作的焊机：

$$工作电压=U_{min}\sqrt{R/R_{max}} \qquad (D.5)$$

以电流控制的焊机：

$$工作电流=I_{min}\sqrt{R_{min}/R} \qquad (D.6)$$

式中：

U_{min}——焊机最小额定电压，单位为伏特（V）（公称值－公差）；

I_{min}——焊机最小额定电流，单位为安培（A）（公称值－公差）；

R_{min}——由制造商提供的管件在基准温度 T_R 下的最小电阻值，单位为欧姆（Ω）；

R_{max}——由制造商提供的管件在基准温度 T_R 下的最大电阻值，单位为欧姆（Ω）；

R——在环境温度 T_a 下进行状态调节，然后用双臂桥式电阻仪测出的管件电阻值。电阻仪工作特性满足表 D.1。

测量电阻时，电阻仪所处的环境温度应为基准温度 23℃±2℃，管件按规定（例如，T_{max}或 T_{min}）状态调节。如果将管件从状态调节环境中取出测量电阻，测量时间不得超过 30 s。

表 D.1　电阻仪工作特性

范围/Ω	分辨率/mΩ	精　度
0～1	1	读数的 2.5％
0～10	10	读数的 2.5％
0～100	100	读数的 2.5％

附　录　E
（资料性附录）
本标准与 ISO 11413:1996 技术性差异及其原因

表 E.1 给出了本标准与 ISO 11413:1996 的技术性差异及其原因的一览表。

表 E.1　本标准与 ISO 11413:1996 技术性差异及其原因

本标准的章条编号	技术性差异	原　因
2	删去了 ISO/CD 12093，增加了 ISO 12176-2:2000，其余采用了与国际标准相应的国家标准。	国际标准 ISO/CD 12093 目前仍无正式文本；增加 ISO 12176-2 为便于使用，并符合国家标准编写规定，强调与 GB/T 1.1 的一致性。
3.4	不再引用 ISO/CD 12093，规定由生产商在技术文件中说明。	国际标准 ISO/CD 12093 目前仍无正式文本，且不易统一，故本标准中规定由生产商在技术文件中说明，符合我国国情，方便使用。
附录 D	D.1 和 D.2 中不再引用 ISO/CD 12093，改为由制造商提供的 R_{min} 和 R_{max} 值。	理由同上。
附录 D	附录 D 中表 D.1 的电阻测量仪的分辨率和精度做了修改，分辨率由 0.1 mΩ 改为 1 mΩ、1 mΩ 改为 10 mΩ、10 mΩ 改为 100 mΩ，精度由读数的 0.25% 改为读数的 2.5%。	考虑到可操作性及我国实际生产的情况。

ICS 83.140.30
G 33

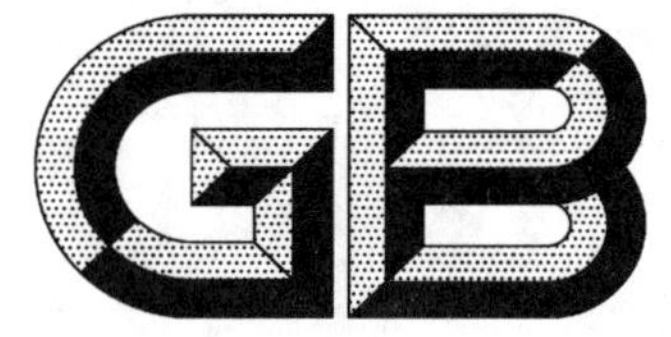

中华人民共和国国家标准

GB/T 19808—2005/ISO 13954:1997

塑料管材和管件　公称外径大于或等于90 mm的聚乙烯电熔组件的拉伸剥离试验

Plastics pipes and fittings—Peel decohesion test for polyethylene (PE) electrofusion assemblies of nominal outside diameter greater than or equal to 90 mm

(ISO 13954:1997,IDT)

2005-03-23 发布　　2005-10-01 实施

中华人民共和国国家质量监督检验检疫总局
中国国家标准化管理委员会　发布

前　言

本标准等同采用国际标准ISO 13954:1997《塑料管材和管件——公称外径大于或等于90 mm的聚乙烯电熔组件的拉伸剥离试验》(英文版)。

为了便于使用,本标准做了下列编辑性修改:

a) “本国际标准”改为“本标准”;

b) 用小数点“.”代替作为小数点的逗号“,”;

c) 删除国际标准的前言。

请注意本标准的某些内容有可能涉及专利。本标准的发布机构不应承担识别这些专利的责任。

本标准由中国轻工业联合会提出。

本标准由全国塑料制品标准化技术委员会塑料管材、管件及阀门分技术委员会(TC48/SC3)归口。

本标准起草单位:港华辉信工程塑料(中山)有限公司、亚大塑料制品有限公司。

本标准主要起草人:何健文、李声红、王志伟、邹丽君、李鹏。

塑料管材和管件　公称外径大于或等于 90 mm 的聚乙烯电熔组件的拉伸剥离试验

1　范围

本标准规定了用拉伸的方法来确定流体输送用聚乙烯管材和电熔承口组件的抗剥离性能。

本标准适用于公称外径大于或等于 90 mm 的组件。

2　规范性引用文件

下列文件中的条款通过本标准的引用而成为本标准的条款。凡是注日期的引用文件，其随后所有的修改单(不包括勘误的内容)或修订版均不适用于本标准，然而，鼓励根据本标准达成协议的各方研究是否可使用这些文件的最新版本。凡是不注日期的引用文件，其最新版本适用于本标准。

GB/T 19807　塑料管材和管件　聚乙烯管材和电熔管件组合试件的制备(GB/T 19807—2005，ISO 11413:1996,MOD)

3　原理

试验是在一定条件下将试样样条熔融面逐渐拉伸剥离，通过检查熔融面来评价 PE 管材/电熔承口组件的熔接质量。测试在 23℃±2℃下进行。

组件的剥离强度通过管壁、管件壁或熔合面剥离后的破坏特征和脆性剥离百分数来表征。

4　仪器

仪器应包括下列主要部件(见图 1)。

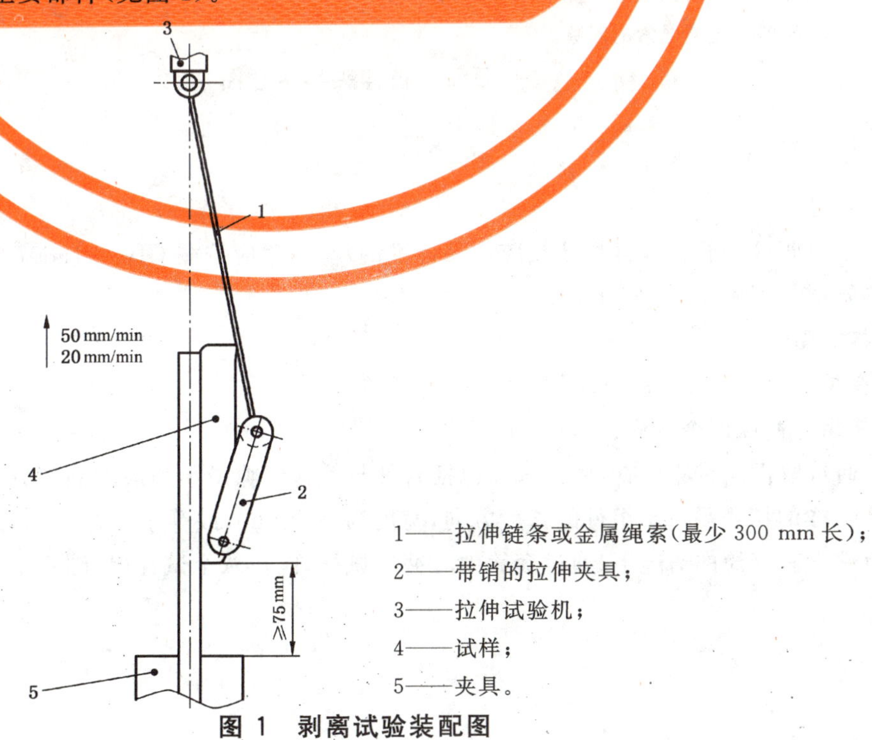

1——拉伸链条或金属绳索(最少 300 mm 长)；
2——带销的拉伸夹具；
3——拉伸试验机；
4——试样；
5——夹具。

图 1　剥离试验装配图

4.1 拉伸试验机

能够在规定的速度(见第7章)下,用足够的力剥离测试试样(见第5章和图4)。

4.2 带销的拉伸夹具

如图2所示。

单位为毫米

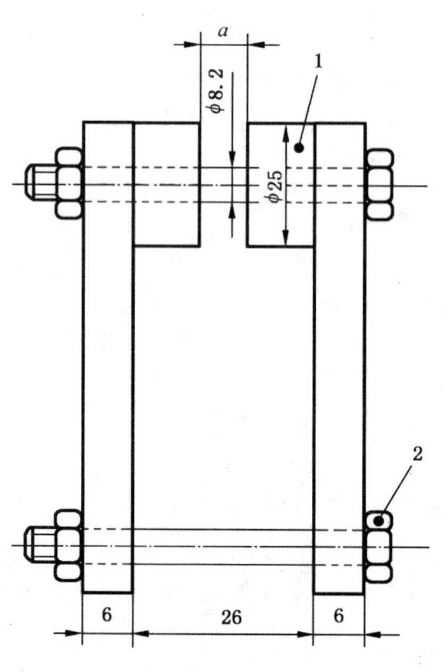

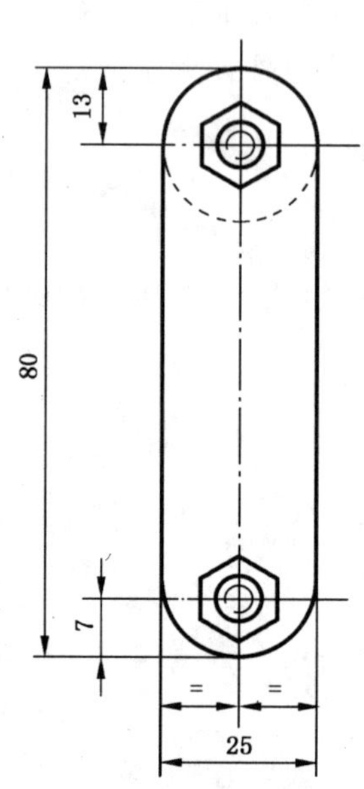

1——垫片;

2——螺栓,与试样牵引孔配合(见图1和图3);

a——放置拉伸链/金属绳索的间隙。

图2 拉伸夹具示意图

5 试样

5.1 组件制备

电熔承口管件和管材取样按照相应产品标准的规定,并应按照GB/T 19807制备组件,突出管件承口以外的管材长度不少于125 mm。

5.2 试样制备

5.2.1 在熔接至少6 h之后,按照5.2.2准备试样。

5.2.2 从组件截取四个试样:

a) 通过取样前目测检查,使得试样包括管件与管材间隙最小和最大的部分;

b) 试样的切边平行于组件的长度方向,宽度为25^{+5}_{0}mm,或等于管材壁厚,偏差$^{+5}_{0}$mm,取较大者。

在组件含有套筒的情况下,通过套筒中心截取试样,制得八个试样(见图3)。

单位为毫米

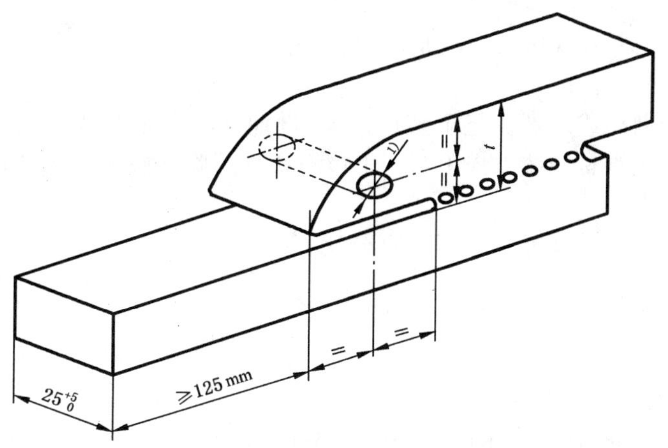

1） 与拉伸夹具螺栓配合的牵引孔，直径为 $t/5$，最小 3 mm。

图 3 试样尺寸和形状

5.2.3 对每个试样钻一个牵引孔，以便与拉伸夹具联结，孔直径为 $t/5$，最小取 3 mm。如果孔出现屈服，把孔位移到第一个线圈的上方，如图 3 所示。

5.3 试样数目

试样的数目应按产品标准规定。

注：推荐最少使用三个试样。

6 状态调节

在熔接完成最少 12 h 后，按第 7 章的步骤进行。

熔接完成后，截取试样前，在 23℃±2℃下，组件最少状态调节 6 h。

截取试样后，在测试温度下最少放置 6 h。

7 步骤

在 23℃±2℃下，执行下列步骤。

7.1 测量电熔管件承口线圈首圈到末圈之间的距离 y，如图 4 所示。

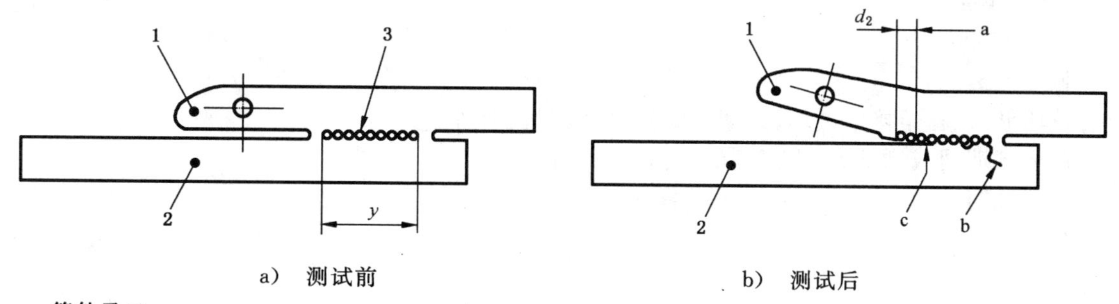

a） 测试前　　b） 测试后

1——管件承口；

2——管材；

3——线圈；

a——熔接面的脆性破坏；

b——管材的韧性破坏；

c——线圈匝间塑料的韧性破坏。

图 4 试样的剥离评价

7.2　把试样的承口部分连接到拉伸夹具(4.2),把从承口突出的管材插入拉伸试验机的夹具内(4.1),如图1所示。

7.3　沿试样长度方向,以20 mm/min到50 mm/min的速度施加拉力。在有争议情况下,使用(25±2.5)mm/min的速度。

7.4　测试直到试样完全剥离或断裂。记录破坏位置,例如在管材部分或承口部分,在线圈之间或在熔合界面。在熔接面,平行于管材轴线方向上(见图4)测量总的脆性破裂最大长度 d_2。

7.5　记录最大的断裂拉力。

7.6　对每一试样,用公式(1)计算脆性剥离的百分比 C_c:

$$C_c = \frac{d_2}{y} \times 100 \qquad \cdots\cdots (1)$$

式中:

d_2——观察到的最大脆性破裂长度;

y——电熔管件承口线圈首圈到末圈之间的距离。

8　结果判定

如果脆性剥离的百分比高于相关产品标准中的规定,则认为组件没有通过测试。

9　试验报告

试验报告应包括下列内容:

a)　本标准编号;
b)　测试试样的完整标识;
c)　组件每一部件的材料;
d)　管件的公称尺寸;
e)　管材装配前的尺寸(平均直径、不圆度、壁厚和长度);
f)　测试试样的尺寸,包括管材从承口突出来的自由长度;
g)　制备组件时的熔接条件;
h)　测试温度和温度测试的精度;
i)　试样数量;
j)　管材和管件最小及最大间隙试样的详细情况;
k)　在熔接和从组件截取试样之间的时间,及状态处理的时间;
l)　测试速度;
m)　最大断裂拉力;
n)　脆性剥离的百分比;
o)　破坏形式(在熔接面破坏,线圈之间拉裂,管材或管件破坏);
p)　在测试期间或测试后,观察到的任何特殊情况;
q)　测试日期;
r)　进行测试的实验室。

ICS 83.140.30
G 33

中华人民共和国国家标准

GB/T 19809—2005/ISO 11414:1996

塑料管材和管件　聚乙烯(PE)管材/管材或管材/管件热熔对接组件的制备

Plastics pipes and fittings—Preparation of polyethylene (PE) pipe/pipe or pipe/fitting test piece assemblies by butt fusion

(ISO 11414:1996,IDT)

2005-03-23 发布　　2005-10-01 实施

中华人民共和国国家质量监督检验检疫总局
中国国家标准化管理委员会　发布

前　言

本标准等同采用国际标准 ISO 11414:1996《塑料管材和管件——聚乙烯(PE)管材/管材或管材/管件热熔对接组件的制备》(英文版)。

为了便于使用,本标准做了下列编辑性修改:

a) “本国际标准”改为“本标准”;

b) 用小数点“.”代替作为小数点的逗号“,”;

c) 删除国际标准的前言。

本标准的附录 A 和附录 B 为规范性附录。

本标准由中国轻工业联合会提出。

本标准由全国塑料制品标准化技术委员会塑料管材、管件及阀门分技术委员会(TC48/SC3)归口。

本标准起草单位:河北宝硕管材有限公司。

本标准主要起草人:高长全、李艳英、代启勇。

塑料管材和管件　聚乙烯(PE)管材/管材或管材/管件热熔对接组件的制备

1　范围

本标准规定了聚乙烯管材与管材或管材与管件插口端热熔对接组件的制备方法。

考虑到相关产品标准中规定的使用限制条件和所用管材的类型，本标准规定了焊接参数，如环境温度、接头几何尺寸和熔接参数等。

焊接环境的不同会影响到待测组件的连接性能。根据生产商的说明书和/或相关标准，制备组件的熔接工艺和参数可以进行适当调整。

注：无论使用何种树脂，若组件及熔接连接技术符合 ISO/TR 11647:1996 的熔接匹配性，都适用于本标准。为验证连接性能，规定的熔融过程中的参数可进行适当调整。

2　规范性引用文件

下列文件中的条款通过本标准的引用而成为本标准的条款。凡是注日期的引用文件，其随后所有的修改单(不包括勘误的内容)或修订版均不适用于本标准，然而，鼓励根据本标准达成协议的各方研究是否可使用这些文件的最新版本。凡是不注日期的引用文件，其最新版本适用于本标准。

GB/T 13663—2000　给水用聚乙烯(PE)管材(neq ISO 4427:1996)

GB/T 13663.2—2005　给水用聚乙烯(PE)管道系统　第2部分:管件

GB 15558.1—2003　燃气用埋地聚乙烯(PE)管道系统　第1部分:管材(ISO 4437:1997,MOD)

GB 15558.2—2005　燃气用埋地聚乙烯(PE)管道系统　第2部分:管件(ISO 8085-2:2001,ISO 8085-3:2001,MOD)

ISO/TR 11647:1996　聚乙烯管材和管件的可熔焊性

3　符号

3.1　热熔对接过程中的通用符号

e_n:管材的公称壁厚，单位为毫米(mm)。

d_n:管材的公称外径，单位为毫米(mm)。

p:施于热熔对接接头端面的压力，单位为兆帕(MPa)。

t:熔接过程中每一阶段的时间。

T_{max}:最高允许环境温度，单位为摄氏度(℃)。

T_{min}:最低允许环境温度，单位为摄氏度(℃)。

3.2　接头几何尺寸

D_a:待熔接两连接件间外径的错边量，单位为毫米(mm)。

D_w:两待熔接面间隙，单位为毫米(mm)。

3.3　环境温度

T_a:熔接时的环境温度，单位为摄氏度(℃)。

注：环境温度可以在最低温度 T_{min} 和最高温度 T_{max} 之间变化，在相关标准中规定或生产商和用户之间达成协议。

3.4　熔接过程参数

3.4.1　总则

T:加热板温度，在与待熔管材或插口管件相接触的加热板表面区域内测量，单位为摄氏度(℃)。

3.4.2 第一阶段:加热

p_1:加热阶段的端面压力,即施加在接触区表面的压力,单位为兆帕(MPa);

B_1:初始卷边宽度,表示为加热段结束时的卷边宽度,单位为毫米(mm);

t_1:升温时间,在升温阶段连接区域获得宽度为 B_1 的卷边所用时间,单位为秒(s)。

3.4.3 第二阶段:吸热

p_2:吸热阶段施加在加热板和管材或管件间的压力,单位为兆帕(MPa);

t_2:吸热阶段的持续时间,单位为秒(s)。

3.4.4 第三阶段:抽出加热板

t_3:从加热板离开抽离到两熔接端相接触时的时间间隔,单位为秒(s)。

3.4.5 第四阶段:升压

t_4:产生对接压力所需时间,单位为秒(s)。

3.4.6 第五阶段:熔接

p_5:熔接阶段施加在接触面上的压力,单位为兆帕(MPa);

t_5:在焊机上的组件在熔接压力下保持的时间,单位为分钟(min)。

3.4.7 第六阶段:冷却

t_6:冷却时间,在此阶段熔接组件不能受到任何强外力作用,单位为分钟(min)。这一冷却过程也可以不在焊机上进行。

B_2:在冷却结束时获得的卷边宽度,单位为毫米(mm)。

4 组件用管材

组件所用管材应取自直管段。

5 设备

所用对熔焊机应配有自动熔压控制器以使第一、第二、第五熔接阶段的压力保持恒定。

6 连接步骤

将符合 GB/T 13663、GB/T 13663.2、GB 15558.1 或 GB 15558.2 的直管和管件按如下要求连接,若能够改善连接的性能(外观或机械性能),则焊接工艺可做适当调整。

a) 将管材或管件安装在焊机中,当 $d_n<200$ mm 时所产生的外径错边量 D_a 最大为 0.5 mm,当 $d_n\geqslant200$ mm 时 D_a 最大为 $0.1e_n$ 或 1 mm 中的较大值;

b) 用铣刀铣平熔接端表面,当 $d_n<200$ mm 时,间隙 D_W 应控制在 0.3 mm 内,当 $d_n\geqslant200$ mm 时,间隙 D_W 应控制在 0.5 mm 之内;

c) 用附录 A 中规定的参数进行熔接。当熔接参数在附录 B 给定的范围变化时,新试样重复熔接操作程序。

附　录　A
（规范性附录）
熔接过程和参数

图 A.1 为熔接过程的图解，表 A.1 给出了每一阶段参数的参考值。

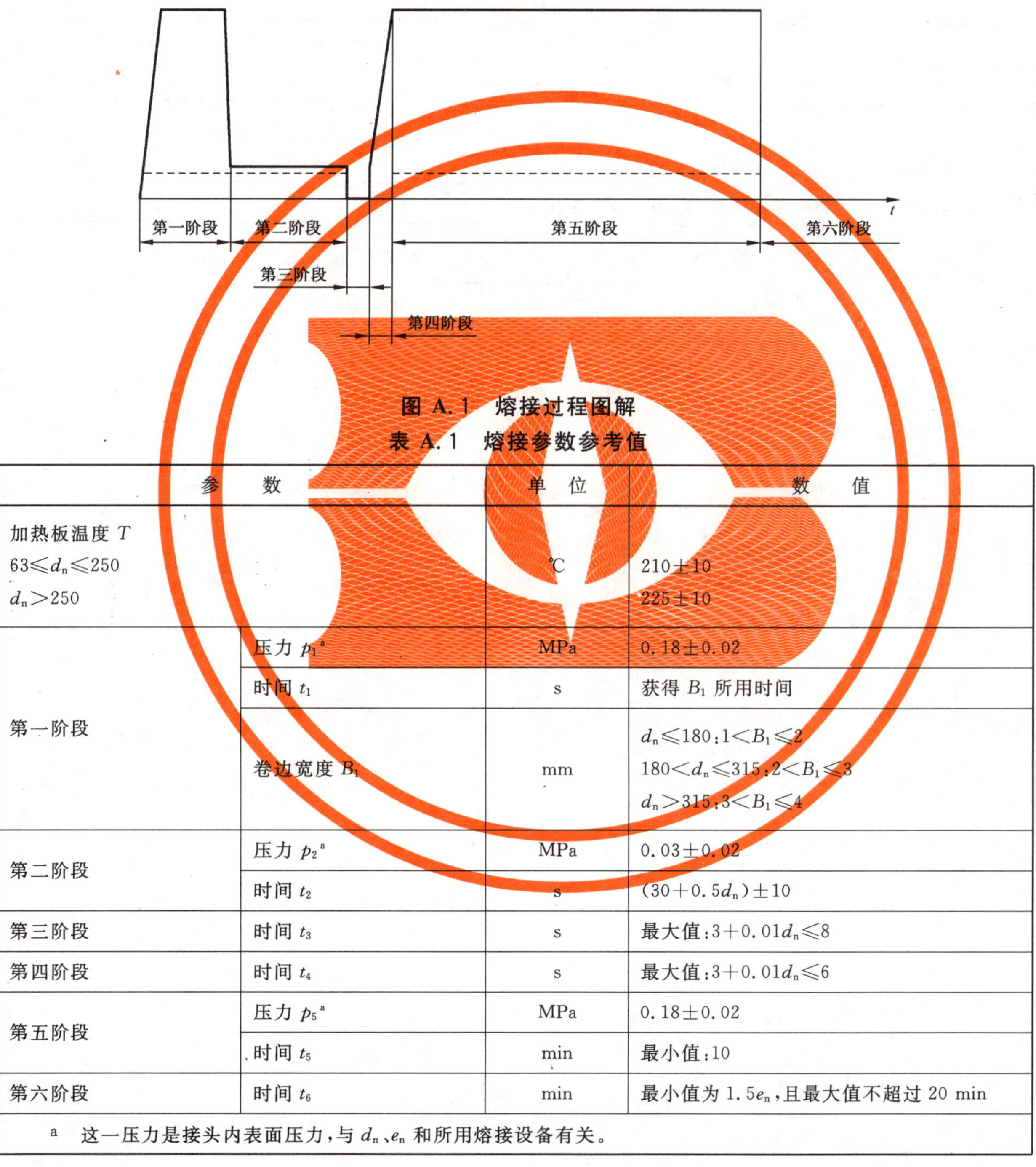

图 A.1　熔接过程图解

表 A.1　熔接参数参考值

参　数		单　位	数　值
加热板温度 T $63 \leqslant d_n \leqslant 250$ $d_n > 250$		℃	 210±10 225±10
第一阶段	压力 p_1[a]	MPa	0.18±0.02
	时间 t_1	s	获得 B_1 所用时间
	卷边宽度 B_1	mm	$d_n \leqslant 180$：$1 < B_1 \leqslant 2$ $180 < d_n \leqslant 315$：$2 < B_1 \leqslant 3$ $d_n > 315$：$3 < B_1 \leqslant 4$
第二阶段	压力 p_2[a]	MPa	0.03±0.02
	时间 t_2	s	$(30+0.5d_n)\pm 10$
第三阶段	时间 t_3	s	最大值：$3+0.01d_n \leqslant 8$
第四阶段	时间 t_4	s	最大值：$3+0.01d_n \leqslant 6$
第五阶段	压力 p_5[a]	MPa	0.18±0.02
	时间 t_5	min	最小值：10
第六阶段	时间 t_6	min	最小值为 $1.5e_n$，且最大值不超过 20 min
a　这一压力是接头内表面压力，与 d_n、e_n 和所用熔接设备有关。			

附　录　B
（规范性附录）
熔接参数值范围

表 B.1 给出了连接过程中各参数值的范围。

表 B.1　熔接参数值范围

状况	环境温度[a]		加热板温度 T/℃	熔接压力 p/MPa
	符号	数值/℃		
最小值	T_{min}	-5_{-2}^{0}	205±5	0.15±0.02
最大值	T_{max}	40±2	230±5	0.21±0.02

[a] 若在相关的标准中作了规定，也可用其他的数值。

ICS 83.140.30
G 33

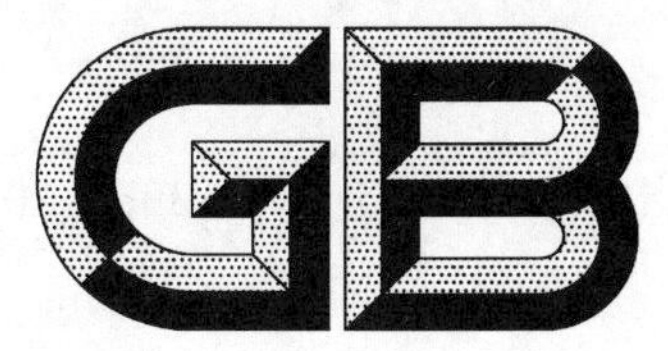

中华人民共和国国家标准

GB/T 19810—2005/ISO 13953:2001

聚乙烯(PE)管材和管件 热熔对接接头拉伸强度和破坏形式的测定

Polyethylene (PE) pipe and fittings—Determination of the tensile strength and failure mode of test pieces from a butt-fused joint

(ISO 13953:2001,IDT)

2005-03-23 发布 2005-10-01 实施

中华人民共和国国家质量监督检验检疫总局
中国国家标准化管理委员会 发布

前　言

本标准等同采用国际标准ISO 13953:2001《聚乙烯(PE)管材和管件——对接热熔接头拉伸强度和破坏形式的测定》(英文版)。

为了便于使用,本标准做了下列编辑性修改:

a) “本国际标准”改为“本标准”;

b) 用小数点“.”代替作为小数点的逗号“,”;

c) 删除国际标准的前言。

本标准由中国轻工业联合会提出。

本标准由全国塑料制品标准化技术委员会塑料管材、管件及阀门分技术委员会(TC48/SC3)归口。

本标准起草单位:河北宝硕管材有限公司、亚大塑料制品有限公司。

本标准主要起草人:代启勇、王志伟、李艳英。

聚乙烯(PE)管材和管件　热熔对接接头拉伸强度和破坏形式的测定

1　范围

本标准规定了测定聚乙烯(PE)热熔对接组件的拉伸强度和拉伸破坏形式的试验方法。

本方法适用于公称外径不小于 90 mm 的聚乙烯(PE)管材与管材或管材与管件插口端的热熔对接接头。

本方法可以与其他测试方法结合使用,来判定对熔焊接接头的质量。

2　规范性引用文件

下列文件中的条款通过本标准的引用而成为本标准的条款。凡是注日期的引用文件,其随后所有的修改单(不包括勘误的内容)或修订版均不适用于本标准,然而,鼓励根据本标准达成协议的各方研究是否可使用这些文件的最新版本。凡是不注日期的引用文件,其最新版本适用于本标准。

GB/T 19809　塑料管材和管件　聚乙烯(PE)管材/管材或管材/管件热熔对接组件的制备(GB/T 19809—2005,ISO 11414:1996,IDT)

3　原理

将聚乙烯(PE)管材热熔对接接头加工成哑铃形试样(如图 1 或图 2 所示),对试样以恒定速度施加一拉力。试样在拉伸试验机上承受负载时,应力集中于熔接部位最终在接头附近破坏。

热熔对接接头质量以破坏形式和拉伸强度进行判定。

本试验在 23℃±2℃的温度下进行。

4　设备

4.1　实验室

能够将温度控制在 23℃±2℃。

4.2　拉伸试验机

能够以(5±1)mm/min 的恒定速度拉伸,连续记录试样所承受的拉力,并能识别试样的破坏。

4.3　夹具

配有可穿过试样牵引孔的销钉。

4.4　测量仪器

测量试样的宽度和厚度,精度不低于 0.05 mm (见 7.1)。

4.5　试样样板(见表 1 和表 2)

用于标识待加工试样的形状。

5　试样

5.1　取样

制备试样所用管材/管件应按产品标准的规定进行抽取。

5.2　制备

5.2.1　总则

热熔对接接头应按生产商的说明或相关标准(如 GB/T 19809)中的规定进行制备。

对每一所需试样，应穿过接头沿管材的轴向加工出一长条，并进一步加工以制备符合以下尺寸的试样：

a) 对于壁厚 e<25 mm 的管材，见表 1 和图 1(A 型)；

b) 对于壁厚 e≥25 mm 的管材，见表 1 和图 2(B 型)。

适用时，使用样板以确保焊缝与 A 型或 B 型试样的腰部中心截面尽可能重合。

卷边可以除去。

5.2.2 A 型试样

A 型试样的尺寸和形状应符合图 1 和表 1。

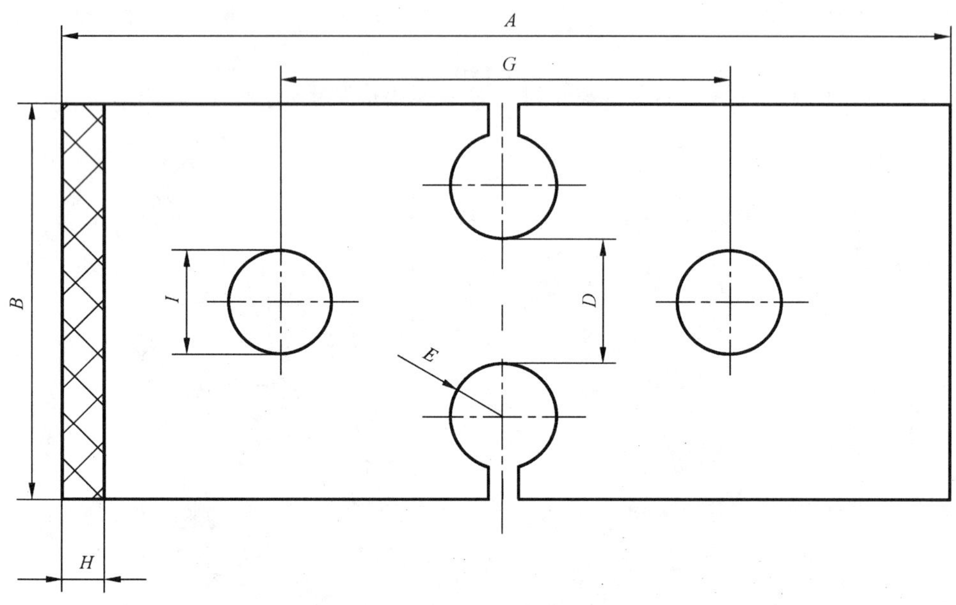

图 1 A 型试样(e<25 mm)

表 1 A 型或 B 型试样的尺寸

单位为毫米

符号	说明	A 型试样的尺寸		B 型试样的尺寸
		d_n≤160	d_n>160	
A	总长(最小值)	180	180	250
B	末端宽度	60±3	80±3	100±3
C	狭长平行段长度	—	—	25±1
D	腰部宽度	25±1	25±1	25±1
E	半径	5±0.5	10±0.5	25±1
G	牵引孔中心距	90±5	90±5	165±5
H	厚度	全壁厚	全壁厚	全壁厚
I	牵引孔直径	20±5	20±5	30±5

试样的“腰部”应通过钻孔或其他机加工方式来获得，其中心距应为 35 mm 或 45 mm，孔的中心连线与焊缝重合。然后，在样条上将孔和对应的边之间切开。试样腰部的加工面应是平滑的，其余界面不作要求。

5.2.3 B 型试样

B 型试样的尺寸和形状应符合图 2 和表 1。

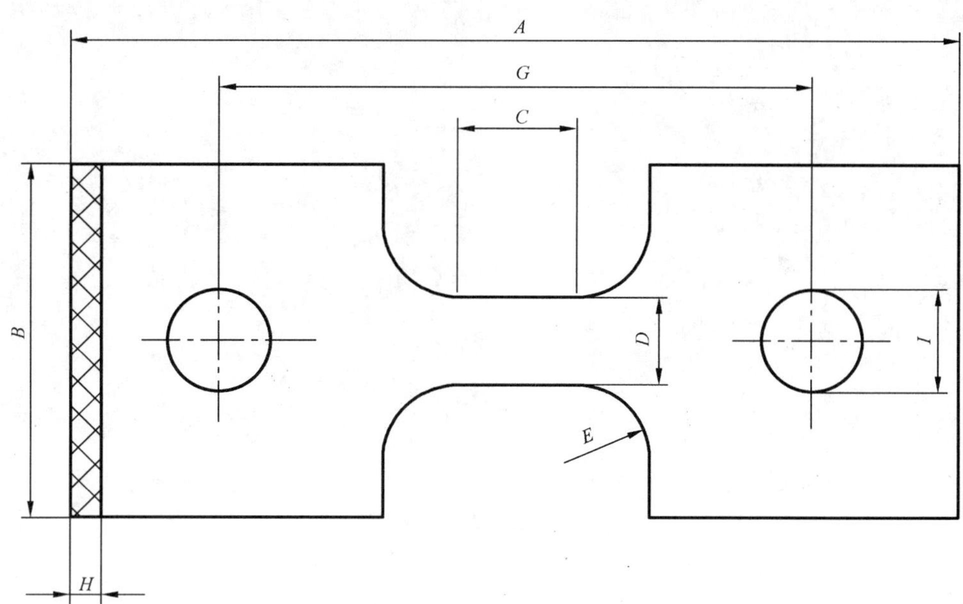

图 2 B 型试样($e \geqslant 25$ mm)

5.3 试样数量

试样数量由管材的公称外径 d_n 决定,见表 2。

表 2 试样的数目

公称外径 d_n/mm	试样的数目
$90 \leqslant d_n < 110$	2
$110 \leqslant d_n < 180$	4
$180 \leqslant d_n < 315$	6
$d_n \geqslant 315$	7

其中一个试样应取自接头错边最大处,其他试样应沿接头圆周均匀取得。

6 状态调节

应在热熔对接 24 h 后制样。试样应在 23℃±2℃的环境温度下进行状态调节不少于 6 h,状态调节后立即进行试验。

7 试验步骤

7.1 测量管材壁厚作为试样厚度,测量试样宽度:对于 A 型试样,宽度为腰部两孔的间距 D(见表 1,图 1),对于 B 型试样,宽度为狭窄部分的宽度 D(见表 1,图 2)。

7.2 将试样固定在拉伸试验机夹具上,并保证施加于试样上的力垂直于对熔焊缝。

7.3 夹具以(5±1)mm/min 的速度运动,对试样施加拉力。

7.4 记录拉伸过程中施加的拉力,直到试样完全破坏。

7.5 记录最大拉力(单位为牛顿)和试样破坏类型(如韧性破坏或脆性破坏),韧性破坏和脆性破坏类型特征见图 3,仅考虑在对熔接头处或其附近的破坏。

7.6 计算拉伸强度,用最大拉力(单位为牛顿)除以试样接头部分的截面积(即宽度×厚度,测量方法见 7.1,单位为平方毫米)。

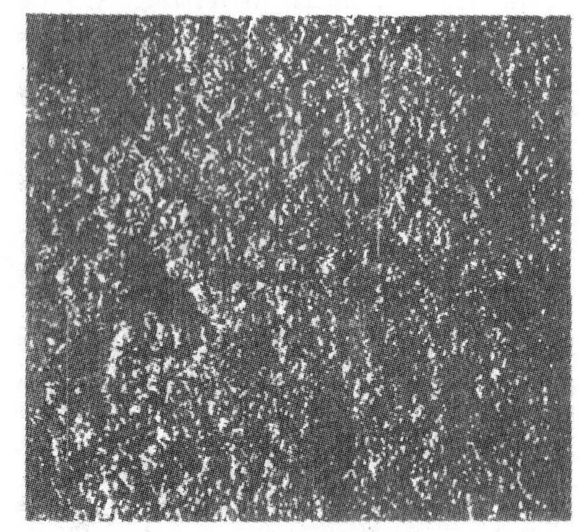

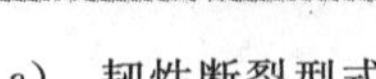

a) 韧性断裂型式

b) 脆性断裂型式

图 3 断裂型式典型图示

8 试验报告

试验报告包括以下内容：

a) 本标准编号及相关标准编号；

b) 试样的必要信息，包括试样用管材的公称尺寸、原料型号、制造商代码及所用焊接工艺；

c) 试样类型(A 或 B 型)，卷边是否去除及试样数量；

d) 试验温度；

e) 每个试样的破坏类型；

f) 每个试样的拉伸强度；

g) 试验过程中观察到的现象；

h) 任何可能影响到试验结果的因素，如未在本标准中说明的任何事件和操作细节；

i) 实验室；

j) 试验日期。

ICS 83.140.30
G 33

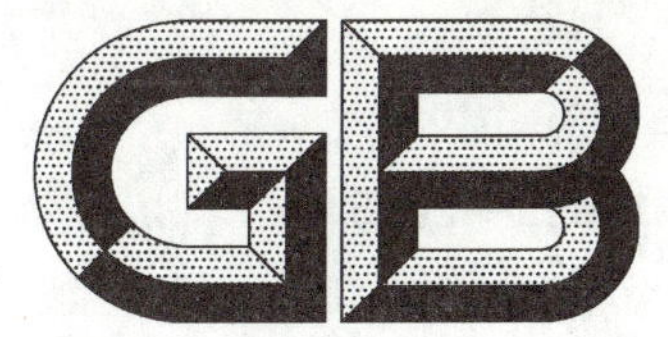

中华人民共和国国家标准

GB/T 19993—2005

冷热水用热塑性塑料管道系统管材管件组合系统热循环试验方法

Thermoplastics piping systems for hot and cold water supply—Test method for the resistance of pipes and fittings mounted assemblies to thermal cycling

2005-11-17 发布　　2006-05-01 实施

中华人民共和国国家质量监督检验检疫总局
中国国家标准化管理委员会　发布

前　言

本标准等同采用 EN 12293:1999《塑料管道系统　冷热水用热塑性塑料管材管件　组装部件耐温度循环的试验方法》。本标准在技术内容上和文本结构上与 EN 12293:1999 基本一致。

本标准由中国轻工业联合会提出。

本标准由全国塑料制品标准化技术委员会归口。

本标准负责起草单位:上海白蝶管业科技股份有限公司、国家化学建材测试中心、石家庄中实检测设备有限公司。

本标准主要起草人:邱强、潘颖、丁勇、徐红越。

冷热水用热塑性塑料管道系统
管材管件组合系统热循环试验方法

1 范围

本标准规定了管材管件组合系统耐热循环的试验方法，该方法适用于刚性或柔性的热塑性塑料管道系统。

本标准适用于承压条件下输送冷热水用热塑性塑料管道系统。

2 原理

由管材和管件组成的试验系统承受规定次数的温度循环，此温度循环是由交替输送一定压力的冷热水而实现的。

应使用合适的夹具，使试验系统中部分管材管件在温度循环下承受拉伸应力和弯曲应变。

在试验过程中应监视并记录泄漏的情况。

注：下列试验参数在引用本方法的标准中确定：

a) 试验温度（见 3.1、3.2 和 6.1）；

b) 每个完整循环的周期及其各阶段的时间（见 3.1、3.2 和 6.1）；

c) 试验压力（见 3.6 和 6.1）；

d) 拉伸应力（见 3.6 和 5.3）；

e) 弯曲半径（见第 4 章、图 1 和图 2）；

f) 总的循环数量，包括开始的 5 个循环（见 6.2 和 6.3）。

3 试验装置

3.1 冷水水源，应符合下列条件：

a) 提供足够的水流量，以使试验过程中水温变化保持在规定的最大温度偏差范围内（见 6.2）；

b) 供应的水温能达到相关标准所规定的最低温度的±5℃范围；

c) 供应的水量至少要保证能按相关标准规定对每一个实验循环持续供水。

3.2 热水水源，应符合下列条件：

a) 供应的水流量满足实验要求的流速（见 6.2）；

b) 供应的水温能达到相关标准规定的最高温度的±2℃范围；

c) 供应的水量至少要保证能按相关标准规定对每一个实验循环持续供水。

3.3 调节阀

能调节水的流速，以使整个试验过程中水温变化在规定的最大温度偏差范围内（见 6.2）。

3.4 转换装置

能使进口处冷热水的交替在 1 min 内完成。

3.5 测温计

测温范围能满足规定的测试温度要求（见 3.1、3.2 和 6.2）。

3.6 压力计和调压装置

能使试验装置的压力始终保持在相关标准规定的±0.05 MPa 范围内，冷热水在转换时可能发生的水锤现象除外。

3.7 支承架

由用于固定管道部件的固定支架与不妨碍管道部件轴向移动的滑动支架组成的符合要求的构架（见第5章和图1）。

3.8 拉伸装置

用于得到所需的拉伸预应力（见5.3）。

注：这样做是为了模拟固定管段温度降至安装温度以下时，因收缩产生的应力。

4 试验组件

试验组件由管材、管件按图1所示连接安装，并应符合生产商规定的操作规程，但如下情况除外：

如按照生产商规定的操作规程进行操作时，管材由于原材料，壁厚或外径等因素无法弯曲成图1中C段所示形状时，可按图2处理。

图1所示试验组件应包括以下内容：

a) 对于A段：至少3根直线连接的管段，其自由长度应为（3 000±5）mm；应力按5.3规定；

b) 对于B段：至少2根直管段，可自由移动，并具有（300±5）mm的自由长度；

c) 对于C段：至少具有1个两端固定的弯曲管段（见图1或图2），其自由长度为$27d_n$～$28d_n$，d_n指管材的公称外径，或者其长度能按生产商推荐的最小弯曲半径安装。

5 试验组件的预处理

5.1 必要时，应按生产商的要求对管材和管件组成的组件进行预处理（如粘接时）。

5.2 在室温（23±5）℃的条件下至少状态调节1 h。

5.3 按相关标准规定的拉伸应力要求对试验组件A段施加预应力，并将该段安装就位。

5.4 将试验组件装满冷水并排尽空气。

6 试验步骤

6.1 按相关标准规定的试验条件进行先冷水后热水的循环试验（见第2章注b）和f））。

6.2 在开始的5个循环内：

a) 调节流速，使试验后续各循环的热水阶段和冷水阶段出入口温差均不超过5℃（冷热切换的1 min阶段除外）；

b) 调整或上紧接头以消除渗漏。

6.3 完成相关标准规定的循环数，检查所有接头并记录有无渗漏情况，如果有渗漏发生，记录渗漏现象和位置。

7 试验报告

试验报告应包括以下内容：

a) 引用的标准和相关标准；

b) 试验中部件的标识，包括使用条件等级和操作压力；

c) 管道为软管或硬管；

d) 如为软管，C段的弯曲半径；

e) A段的拉伸应力；

f) 试验温度，℃；

g) 整个循环及单个循环的时间，min；

h) 循环的总数（包括开始的5个循环）；

i) 试验压力，MPa；

j) 如有渗漏，指明渗漏的时间、位置；

k) 可能影响试验结果的任何因素，如标准中未规定的偶然事件或操作细节；

m) 试验日期。

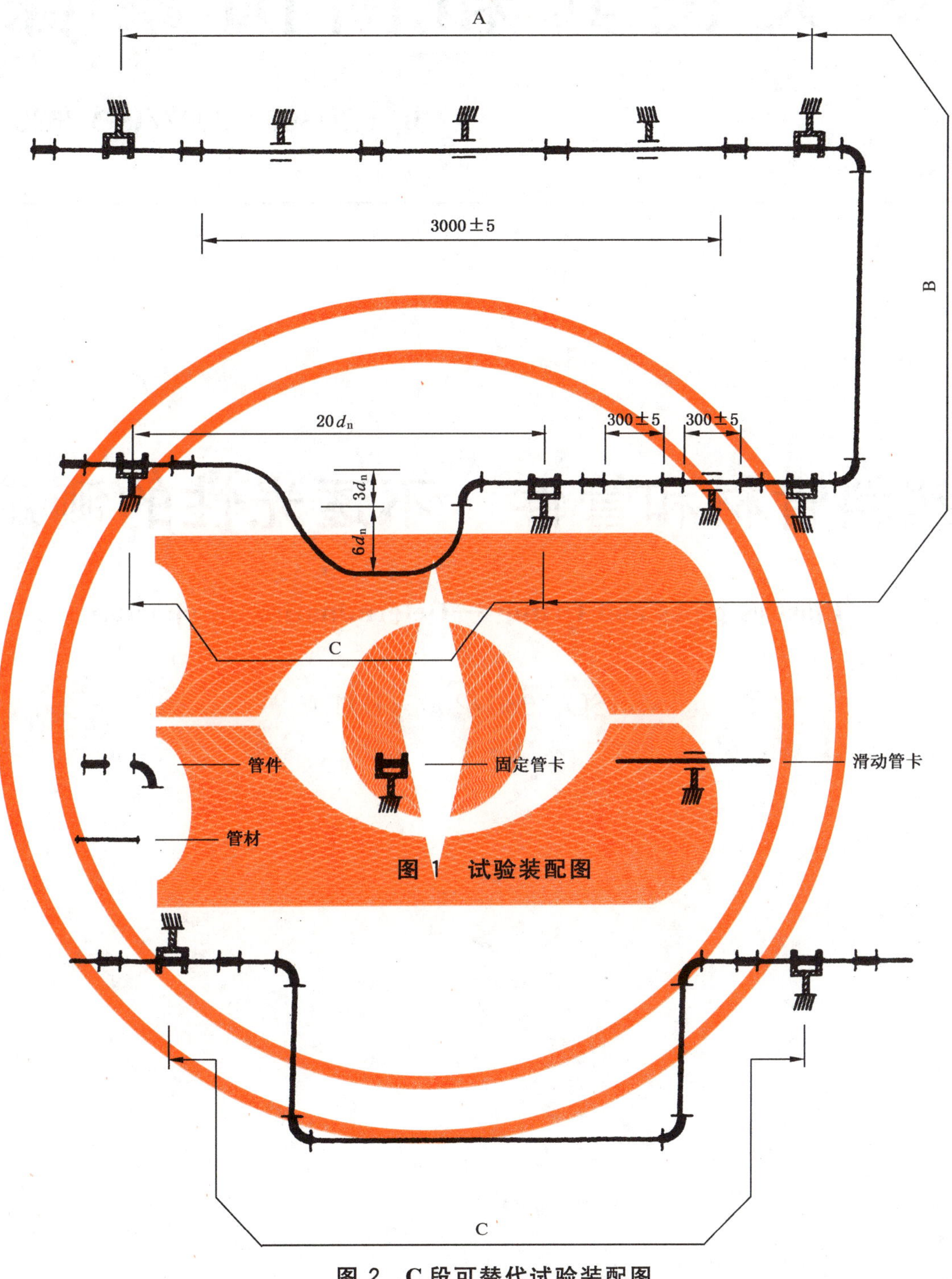

图 2 C段可替代试验装配图

ICS 83.140.30
G 33

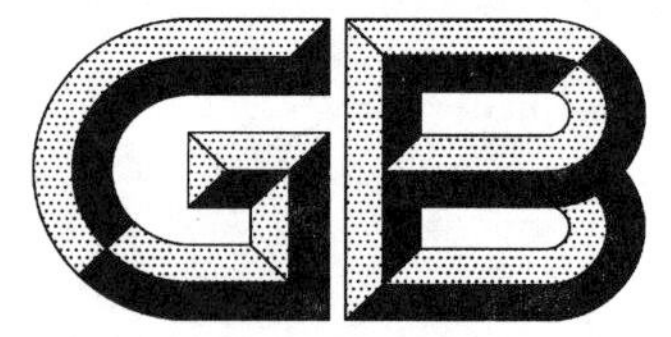

中华人民共和国国家标准

GB/T 21300—2007/ISO 7686:2005

塑料管材和管件　不透光性的测定

Plastics pipes and fittings—Determination of opacity

(ISO 7686:2005,IDT)

2007-12-05 发布　　　　2008-09-01 实施

中华人民共和国国家质量监督检验检疫总局
中国国家标准化管理委员会　发布

前　　言

本标准等同采用国际标准 ISO 7686:2005《塑料管材和管件　不透光性的测定》。

本标准的附录 A 为资料性附录。

本标准由中国轻工业联合会提出。

本标准由全国塑料制品标准化技术委员会(TC 48)归口。

本标准起草单位:国家塑料制品质量监督检验中心(北京)、上海白蝶管业科技股份有限公司、河北宇光工贸有限公司、伊特纳(北京)仪器科技有限公司。

本标准主要起草人:凌伟、徐红越、邱强、朱利平、丁勇。

塑料管材和管件　不透光性的测定

1　范围

本标准规定了塑料管材和管件不透光性的测定方法。

本标准适用于塑料管材和管件。

附录 A 中给出了不透光管材和管件推荐的透光率值。

注：为防止藻类的滋生，对于暴露在可见光下输水用的管材或管件应具有足够的不透光性。

2　术语和定义

下列术语和定义适用于本标准。

2.1

不透光性　opacity

透过试样壁厚的光通量，用该光通量对入射到试样上的光通量的百分率表示。

2.2

光通量 I　light energy

透过试样的光通量。

2.3

最大光通量 I_m　maximum light energy

接收到的来自光源的最大光通量。

3　原理

从管材或管件上截取试样，用波长为 540 nm～560 nm 的光照射试样，测定透过试样的散射和非散射的光通量，以该光通量对入射到试样上的光通量的百分率表示。

4　仪器

4.1　光电传感器

光通量在最大值 I_m 到至少 0.01 I_m 的范围内应使其与仪器的读数或记录的响应为线性关系。光电传感器应安装在垂直于光轴的方向以保证检测到所有透过试样的光通量。可以使用积分球，入射光应位于积分球入口的中心并穿过球的直径。如果使用积分球，其内表面为白色，漫反射表面的反射率要大于 70%，还应有挡屏以避免入射光或透过试样的光直接作用在光电传感器上。

4.2　光源

可调型电弧灯或白炽灯，光强度稳定在 ±1%。可使用滤光片或其他方法限定光的波长在 540 nm～560 nm 的范围内，除非产品标准另有规定。

4.3　光孔与光学透镜

能够调节入射光束为平行光并与光孔对称，根据试样的尺寸调节其宽度以保证所有的光都能照射在试样上，同时光束还应足够的小以使仪器检测出所有通过的光。

建议照射在试样轴线上的光束为矩形，其尺寸不应大于试样外径的 0.25 倍～0.3 倍，以避免从试样的边缘漏光。光束的最大尺寸不应超过仪器入口直径的 0.5 倍～0.7 倍。

4.4　试样支架

其结构应能使被测试样的表面与光轴保持垂直。

5 试样

应对生产商的产品系列中壁厚最薄的产品进行检测。截取适当长度的管材或管件，沿环向等分为四块作为试样。

对大直径的管材可分别在四块样品上再截取适当大小的样块作为试样。对小直径的管材，当光束的宽度达不到要求时，可在保证试样厚度不发生明显变化的情况下将试样压平(见 4.3)。

当发生争议时，以不将试样压平作为仲裁方法。

6 步骤

6.1 仪器安装与调整

a) 安装的调整；

b) 无入射光时仪器的光通量读数为 0，确保光电传感器不受日光的影响；

c) 有入射光而无试样时仪器的光通量读数为 100%；

d) 用透光率低于 2%的不透明塑料片或其他材料的标定值作为参考标准进行校准；

e) 测定透光率约为 0.2%的标样或滤光片，在 0～0.2%范围内的读数的准确度至少为 0.05%。

6.2 测定

6.2.1 记录无试样时来自光源的最大光通量值 I_m。

6.2.2 将试样放在试样架上并靠在接收器或积分球的入口处，保证光源位于其中心并与之垂直。管材或管件试样的凸面(外表面)面向光源。

注：实际上光是作用在制品的外表面，因此试样的放置方向代表了管材或管件的实际使用情况。

6.2.3 记录透过试样的光通量值 I。

6.2.4 每一个试样都应沿长度方向测定三处。

7 结果计算

7.1 用式(1)计算透过试样的光通量的百分率：

$$\text{透光率} = \frac{I}{I_m} \times 100\% \qquad \cdots\cdots(1)$$

7.2 计算每个试样三个测定值的算术平均值。

7.3 取四个试样平均值中的最大值作为不透光值。

8 试验报告

试验报告应包括以下内容：

a) 本标准编号；

b) 试样的所有详细说明(生产商、产品类型、原料及生产日期)；

c) 测定结果；

d) 本标准未包括的任何可能对结果产生影响的因素或操作细节；

e) 试验日期。

附 录 A
（资料性附录）
塑料管材与管件推荐的最大透光率值

A.1 推荐值

如相关的标准规定塑料管材与管件应不透光并采用本标准进行测定，建议透过试样壁厚的最大透光率值为0.2%，此条件可以抑制藻类植物在管材或管件内的生长。

A.2 校准

透光率在1%～0.1%之间的校准可用吸光度为2.0～3.0的中性滤光片进行，见6.1。这些滤光片可从国家校准实验室中获取。

ICS 83.080
G 31

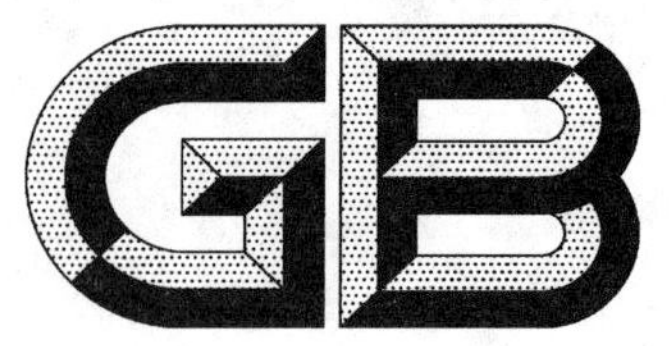

中华人民共和国国家标准

GB/T 24128—2009

塑料防霉性能试验方法

Method for testing resistance of plastics to mold

2009-06-15 发布 2010-02-01 实施

中华人民共和国国家质量监督检验检疫总局
中国国家标准化管理委员会 发布

前　言

本标准修改采用 ASTM G21:1996(2002)《合成聚合物材料防霉性能测定标准惯例》(英文版)。

本标准根据 ASTM G21:1996(2002)重新起草。

考虑到我国国情,在采用 ASTM G21:1996(2002)时,本标准做了一些修改。有关技术性差异已编入正文中,并在附录 A 中给出了这些技术性差异及其原因一览表以供参考。

为便于使用,对于 ASTM G21:1996(2002)还做了下列编辑性修改:

a) “ASTM 标准”一词改为“国家标准”;

b) 删除了 ASTM G21:1996(2002)的说明;

c) 删除了 ASTM G21:1996(2002)的出版注释;

d) 删除了 ASTM G21:1996(2002)的引用标准注释;

e) 增加了国家标准的前言;

f) 删除了 ASTM G21:1996(2002)的英寸、华氏(℉)等单位;

g) 删除了关键词。

本标准的附录 A 为资料性附录。

本标准由中国石油和化学工业协会提出。

本标准由全国塑料标准化技术委员会老化方法分技术委员会(SAC/TC 15/SC 5)归口。

本标准负责起草单位:广东省微生物研究所、金发科技股份有限公司、北京加成助剂研究所、广州合成材料研究院有限公司、浙江金海三喜空调网业有限公司、上海环谷新材料科技发展有限公司、珠海市远康企业有限公司、北京崇高纳米科技有限公司。

本标准参加起草单位:上海市工业微生物研究所。

本标准主要起草人:欧阳友生、彭红、王浩江、宁凯军、李杰、洪贤良、陶志清、谢振平、陈仪本、朱艳静、李毕忠。

本标准为首次发布。

塑料防霉性能试验方法

1 范围

1.1 本标准规定了塑料材料及其管、棒、片和薄膜等制品的防霉性能测试，本标准适用于测定霉菌生长引起的塑料光学、机械及电性能变化的影响。

1.2 本标准不涉及相关安全问题，使用本标准之前由使用人员事先制定合适的安全与健康规程，并确定适用和限制范围。

2 规范性引用文件

下列文件中的条款通过本标准的引用而成为本标准的条款。凡是注日期的引用文件，其随后所有的修改单(不包括勘误的内容)或修订版均不适用于本标准。然而，鼓励根据本标准达成协议的各方研究是否可使用这些文件的最新版本。凡是不注日期的引用文件，其最新版本适用于本标准。

GB/T 2918—1998 塑料试样状态调节和试验的标准环境(idt ISO 291:1997)

3 概要

本标准包含有下列程序：选择合适的样品；给样品接种合适的霉菌；把接种后的样品暴露于适合霉菌生长的环境中，检测并评价霉菌的生长等级；取出样品，经状态调节后进行后续试验。

注：由于测试过程涉及到使用霉菌，建议由受过微生物学培训的人员使用霉菌和接种样品。

4 用途和意义

4.1 塑料中聚合物成分不具有霉菌生长所需的碳源，对霉菌生长有抑制作用。而塑料中的其他成分如增塑剂、纤维填充剂、润滑剂、稳定剂和着色剂等往往是造成霉菌侵染的主要原因。在材料最易遭受霉菌侵染的环境下(温度 2 ℃～38 ℃和相对湿度 60%～100%)，验证其抵抗霉菌侵染的能力是很重要的。

4.2 预期影响如下：

a) 塑料及其制品受霉菌侵染后，可观察到塑料及其制品表面被腐蚀、褪色和透光性下降等现象。

b) 除去材料中的增塑剂、改性剂和润滑剂，会导致塑料的模量(刚性)增加，重量、尺寸和其他物理性能发生变化，以及电性能如绝缘性能、介电常数、功率因数和绝缘强度降低。

4.3 通常电性能变化主要取决于塑料表面霉菌生长以及由于霉菌分泌代谢产物引起的湿度、pH 值改变，因增塑剂、润滑剂和其他加工助剂的分布不均引起的霉菌优势生长也对电性能变化有影响。霉菌侵蚀材料后经常会留下离子导电通道。显著的物理变化从薄膜产品上的变化可以观测到，因为薄膜的比表面积大，当表面的营养物质如增塑剂和润滑剂被霉菌利用后，能够持续从薄膜内部迁移出来。

4.4 霉菌在材料表面局部生长或受抑制的几率大，引起检测结果的重现性很低。为了保证评价结果的可靠，宜以观察到的最大损坏程度作为试验结果。

4.5 经过水淋、自然老化和热处理等条件作用后，样品的防霉性能会受到影响，本标准不包括这些影响的测试。

5 仪器设备

5.1 主要仪器设备

5.1.1 恒温恒湿培养箱

温度能保持在 28 ℃±2 ℃，相对湿度能保持在 90%±5%。

5.1.2 **高压蒸汽灭菌锅**

温度设定105 ℃～126 ℃，压力达到0.145 MPa～0.165 MPa。

5.1.3 **干热灭菌箱**

温度能保持在162 ℃±2 ℃。

5.1.4 **天平**

精度0.000 1 g。

5.1.5 **pH计**

精度0.1。

5.1.6 **离心机**

转速能达到4 000 r/min。

5.1.7 **霉菌孢子液接种箱**

5.1.8 **显微镜**

普通光学显微镜。

5.1.9 **二级生物安全柜(也允许用超净工作台)**

5.1.10 **冰箱**

温度能保持在2 ℃～10 ℃。

5.1.11 **雾化器**

压力能达到110 kPa。

5.2 **培养器皿**

宜采用玻璃或塑料培养皿盛放样品。根据样品的尺寸，作如下建议：

a) 直径小于75 mm的样品，用100 mm×100 mm的塑料盒或者ϕ150 mm有盖培养皿。

b) 直径不小于75 mm或更大的样品，如可拉伸的和坚硬的样条，可用尺寸为400 mm×500 mm大小的器皿。

6 试剂和材料

6.1 **试剂纯度**

除另有规定，所有试验均使用化学纯的试剂，在使用其他纯度级别的试剂时，确保该纯度的试剂不会降低测试的精确性。

6.2 **水**

除另有规定，所用的水应为蒸馏水或与之纯度相当的水。

6.3 **营养盐培养基(供培养样品使用)**

6.3.1 组分

磷酸二氢钾(KH_2PO_4)	0.7 g
硫酸镁($MgSO_4 \cdot 7H_2O$)	0.7 g
硝酸铵(NH_4NO_3)	1.0 g
氯化钠(NaCl)	0.005 g
硫酸亚铁($FeSO_4 \cdot 7H_2O$)	0.002 g
硫酸锌($ZnSO_4 \cdot 7H_2O$)	0.002 g
硫酸锰($MnSO_4 \cdot H_2O$)	0.001 g
磷酸氢二钾(K_2HPO_4)	0.7 g
琼脂	15.0 g
水	1 000 mL

6.3.2 制法

将 6.3.1 组分加热溶解,用 0.01 mol·L^{-1} NaOH 溶液调 pH 达到 6.0～6.5,分装,121 ℃高压灭菌 20 min。

6.3.3 为试验需要准备充足的培养基。

6.4 营养盐溶液(稀释孢子液用)

除不加琼脂外营养盐溶液与 6.3.1 的其他组分相同,加热溶解,用 0.01 mol·L^{-1} NaOH 溶液调 pH 达到 6.0～6.5,分装,121 ℃高压灭菌 20 min。

6.5 马铃薯-蔗糖培养基(培养霉菌用)

6.5.1 组分

马铃薯	200 g
蔗糖	20 g
琼脂	20 g
水	1 000 mL

6.5.2 制法

取新鲜无霉烂的马铃薯,去皮切片,在蒸馏水中煮沸 20 min 后过滤,取汁,按 6.5.1 要求加入其余组分,定容,试管分装,121 ℃高压灭菌 20 min,趁热取出试管并倾斜摆放,自然凝固成斜面后,存放备用。

6.6 混合霉菌孢子悬浮液

6.6.1 试验所用霉菌见表 1。

表 1 塑料防霉试验菌种名称

序号	中文名称	拉丁名	菌株号
1	黑曲霉	*Aspergillus niger*	AS3.315
2	绿粘帚霉	*Gliocladium virens*	AS3.3987
3	球毛壳霉	*Chaetomium globosum*	AS3.3601
4	出芽短梗霉	*Aureobasidium pullulans*	AS3.837
5	绳状青霉	*Penicillium funiculosum*	AS3.3875
注:根据产品的使用要求或客户意见,也可适当增加其他菌种作为检测菌种。所有菌种来源于国家级微生物菌种保藏中心的典型菌种。 AS 为中国科学院微生物研究所的菌种缩写。			

在合适的培养基如马铃薯葡萄糖琼脂培养基上分别将这些霉菌进行连续培养,培养好的霉菌在 3 ℃～10 ℃ 条件下保存,时间不能超过 4 个月。孢子悬浮液应使用 28 ℃～30 ℃下经 7 d～20 d 再次培养的霉菌制备。

6.6.2 向每种再次培养的霉菌菌种中倒入 10 mL 无菌水或含有 0.05 g/L 的无毒润湿剂(如硫化丁二酸钠)无菌液,用接种环在无菌操作条件下轻轻地刮取霉菌培养物表面的孢子,制成孢子悬浮液,备用。

注:在制备霉菌孢子悬浮液前,不能取下装有菌种的试管塞子,一支打开的菌种试管应只制备一次孢子悬浮液。

6.6.3 将孢子液倒入 125 mL 带有塞子的无菌锥形瓶中,瓶内装有 45 mL 无菌水和 10 个～15 个直径 5 mm 的玻璃珠。用力振荡锥型瓶以打散孢子团并使孢子从子实体中释放出来。

6.6.4 将带有无菌玻璃棉的玻璃漏斗置于无菌锥形瓶上,把振荡后的孢子悬浮液倒入漏斗内过滤,以除去菌丝碎片。

6.6.5 无菌条件下以 4 000 r/min 的速度离心已过滤的孢子悬浮液,去掉上清液,将孢子沉淀物用 50 mL 无菌水重新制作悬浮液并再离心。

6.6.6 用上述方法清洗孢子 3 次,将清洗离心之后的孢子沉淀物用营养盐溶液稀释,使悬浮液中含有孢子 8×10^5 cfu/mL～1.2×10^6 cfu/mL(可用计数器计算)。

6.6.7 试验中用到的每种霉菌均重复以上操作，并等量混合，获得混合的孢子悬浮液。

6.6.8 每次试验都要准备新鲜的孢子悬浮液，或者将孢子悬浮液在 3 ℃～10 ℃保存不超过 4 d。

7 孢子活力检查

裁剪边长为 25 mm 正方形大小的 3 片滤纸，灭菌后，分别将滤纸平放在装有营养盐培养基的平皿中，再用灭菌的喷雾器将混合孢子悬浮液(6.6)均匀向滤纸表面喷洒，使混合孢子悬浮液湿润整个滤纸表面(喷雾压力≥110 kPa)，并将已接种的平皿置于 28 ℃～30 ℃，相对湿度不低于 85%的条件下培养到 14 d 后检测，在 3 片滤纸上均应有明显可见霉菌生长，如果没有生长，重新试验。

8 试验样品

8.1 样品可以是 50 mm×50 mm 的方片，或直径 50 mm 的圆片，或者从被试验的材料上切取不小于 76 mm 长的片(杆或管)，整个产品材料或者其上的一部分均可作为检测的样品。样品试验结果仅限于观测其外观、菌生长密度、光的反射或透射，或硬度等物理性能变化的评估。

8.2 薄膜材料以 50 mm×25 mm 的尺寸作为样品进行试验。

8.3 目测评估需要接种 3 个平行样品，如果样品的正反面不同，样品的正反面都要进行试验。

注：设计一个用于检测霉菌作用期间和作用后定量变化的试验程序，确定一个有效的数据评价样品的初始性能需足量的样品。如确定一种薄膜材料的拉伸强度需要 5 个平行的样品，那么每个暴露周期均需选择相同数量的样品。在霉菌作用的各阶段材料的物理性能的期望值是不同的，而最大降解的数值是最有效的(4.4)。

9 试验步骤

9.1 接种

向灭菌的平皿中倒入厚度约 3 mm～6 mm 营养盐培养基，当培养基凝固后，将样品放置在该培养基表面。

用灭菌后的喷雾器混合孢子悬浮液(6.6)均匀向样品表面喷洒，使混合孢子悬浮液湿润整个样品表面(喷雾压力≥110 kPa)。

9.2 培养控制

9.2.1 培养

盖好已接种的试验样品的平皿，并将它置于温度 28 ℃～30 ℃，相对湿度≥85%的条件下培养。

注：将营养琼脂的器皿盖上盖子是为了保持所需要的湿度，大的器皿必要时加用封条密封。

9.2.2 培养时间

试验标准的培养时间为 28 d，当试样表面生长的霉菌达到 2 级或更高等级时，也可少于 28 d 终止试验。最终的报告应详述培养的持续时间。

9.3 可见效果观察

如试验仅为检测可见效果，可以将样品从培养箱中拿出，直接进行如下评级(表 2)。

表 2 样品上霉菌的生长情况及评价

样品上霉菌的生长情况	等级
不生长	0
痕量生长(在显微镜观察，长霉面积<10%)	1
少量生长(长霉面积≥10%，并<30%)	2
中度生长(长霉面积≥30%，并<60%)	3
重度生长(长霉面积≥60%，并≤100%)	4
确定痕量生长或不生长(1 级或 0 级)应通过显微镜观测证实，因为在没有形成孢子情况下，不借助显微镜很难判断。报告应记录使用显微镜的放大倍数以证实观测有效。	

痕量生长(1级)可定义为分散的、稀少的霉菌生长,如霉菌培养物中有一定量的孢子萌发,或含有外部的污物如指纹、昆虫的粪便等。连续的网状的生长延伸到整个样品,但未覆盖整个样品,应评价为2级。

9.4 物理性能、光学性能、电性能的影响

将样品上的霉菌洗掉,浸入氯化汞溶液(体积比 1∶1 000)中 5 min,再用自来水清洗,室温干燥 8 h~12 h。按 GB/T 2918—1998 中规定,在温度 23 ℃±1 ℃,相对湿度 50%±5%的试验条件下进行状态调节。对照样品的状态调节也按 GB/T 2918—1998 中规定进行。

注:对于某些电性能的测试,如绝缘和耐电弧性,样品可以不经过清洗,在使之润湿的情况下进行测试。其测试值会受到表面霉菌生长和其湿度的影响。

10 试验报告

试验报告应包括以下内容:

a) 使用的霉菌;

b) 培养的时间(如果提前结束试验,在报告中注明);

c) 可见霉菌生长等级(见 9.3);

d) 列出物理、光学及电性能随着培养时间的变化,给出观测的样品数量及其相关性能变化的平均值和最大值。

11 不确定度

因未得到实验室间的试验数据,因此还未得到试验方法的不确定度。当获得实验室间数据后,将在下次修订版本给出不确定度的说明。

附　录　A
（资料性附录）
本标准与 ASTM G21:1996(2002)技术性差异及其原因

表 A.1 给出了本标准与 ASTM G21:1996(2002)技术性差异及其原因一览表。

表 A.1　本标准与 ASTM G21:1996(2002)技术性差异及原因

本标准的章条编号	技术性差异	原　　因
2	用 GB/T 2918—1998 代替 ASTM D618 塑料测试的试验条件的操作	使用方便
4.3	删除了涂料的相关性能描述	本标准不涉及涂料
5.1	强调了如下几种仪器设备： 恒温恒湿培养箱、湿热蒸汽灭菌锅、干热灭菌箱、pH 计、天平、离心机、霉菌孢子液喷雾箱、显微镜、生物安全柜、冰箱、雾化器、玻璃或塑料密闭容器	对一些仪器参数进行相应规定，更具操作性
6.4	增加的该条款对营养液(稀释孢子液用)进行了具体规定	更具体、明确
6.5	增加的该条款对马铃薯-蔗糖培养基(培养霉菌用)作了具体规定	更具体、明确
6.6.1	试验所用霉菌 AS 级别。国家标准中增加了与相应的国际标准条款同等地位的条款，作为对该国际标准条款的另一种选择	符合我国国情
6.6.2	增加了“注”	对操作人员起提示作用
6.6.5	规定离心机的转速为:4 000 r/min	对转速进行明确规定，更具操作性
8.2	删除了涂料的制备及其制备内容	本标准不涉及涂料
9.4	室温干燥 8 h～12 h	更具体、更明确
参考文献	用国家标准代替相应的 ASTM 标准	使用方便
	删除了以下 3 个标准 TAPPI 标准: T 451-CM-484 纸的弯曲性能试验方法 美国联邦政府(FED)标准: FED 标准 191 方法 5204 织物的刚性，定向，悬臂梁自重法 FED 标准 191 方法 5206 织物的皱折和褶曲的刚性，悬臂弯曲法	这些标准与塑料无关

参 考 文 献

GB/T 1037—1988 塑料薄膜和片材透水蒸气性试验方法 杯式法

GB/T 1040.1—2006 塑料 拉伸性能的测定 第1部分:总则(ISO 527-1:1993,IDT)

GB/T 1040.2—2006 塑料 拉伸性能的测定 第2部分:模塑和挤塑塑料的试验条件(ISO 527-2:1993,IDT)

GB/T 1040.3—2006 塑料 拉伸性能的测定 第3部分:薄膜和薄片的试验条件(ISO 527-3:1993,IDT)

GB/T 1408.1—2006 绝缘材料电气强度试验方法 第1部分:工频下试验(ISO 60243.1:1998,IDT)

GB/T 1411—2002 固体绝缘材料 耐高电压、小电流电弧放电的试验(ISO 61621:1997,IDT)

GB/T 1693—2007 硫化橡胶 介电常数和介质损耗角正切值的测定方法

GB/T 1695—2005 硫化橡胶 工频击穿电压强度和耐电压的测定方法

GB/T 2410—1980 透明塑料透光率和雾度的测定

GB/T 9341—2008 塑料 弯曲性能的测定(ISO 178:1993,IDT)

GB/T 9342—1988 塑料洛氏硬度试验方法(eqv ISO 2039.2:1981)

GB/T 10064—2006 测定固体绝缘材料绝缘电阻的试验方法(ISO 60167:1964,IDT)

GB/T 20146—2006 色度学用 CIE 标准照明体(CIE S 005:1999,IDT)

HG/T 3840—2006 塑料弯曲性能小试样试验方法

ICS 83.080.01
G 31

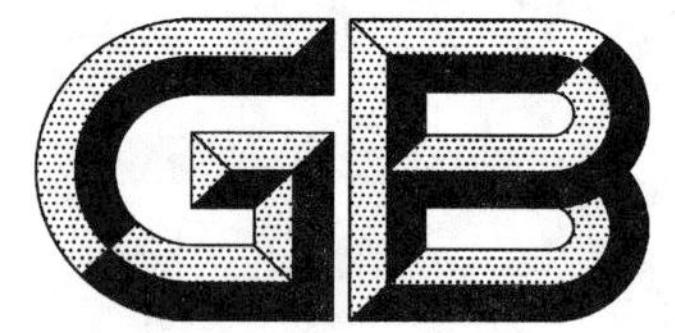

中华人民共和国国家标准

GB/T 25278—2010

塑料　用毛细管和狭缝口模流变仪测定塑料的流动性

Plastics—Determination of the fluidity of plastics using capillary and slit-die rheometers

(ISO 11443:2005,MOD)

2010-09-26 发布　　2011-08-01 实施

中华人民共和国国家质量监督检验检疫总局
中国国家标准化管理委员会　发布

前　言

本标准修改采用 ISO 11443:2005《塑料　用毛细管和狭缝口模流变仪测定塑料的流动性》(英文版)。

本标准与 ISO 11443:2005 的主要技术性差异为:

——第 2 章增加了规范性引用文件:GB/T 6379.2—2004;

——第 9 章改为我国精密度数据,将 ISO 11443:2005 的精密度作为本标准的资料性附录 D。

为便于使用,本部分做了下列编辑性修改:

——删除了 ISO 11443:2005 的前言;

——增加了国家标准的前言;

——对 ISO 11443:2005 中引用的国际标准,用已被采用为我国的标准代替对应的国际标准,未被采用为我国标准的直接引用国际标准。

本标准的附录 A、附录 B、附录 C 和附录 D 为资料性附录。

本标准由中国石油化工集团公司提出。

本标准由全国塑料标准化技术委员会石化塑料树脂产品分会(SAC/TC 15/SC 1)归口。

本标准负责起草单位:中国石油化工股份有限公司北京燕山分公司树脂应用研究所。

本标准参加起草单位:天津大学。

本标准主要起草人:郑慧琴、杨黎黎、李景庆、曾伟丽、王晓丽、李景清、王灵肖。

塑料 用毛细管和狭缝口模流变仪测定塑料的流动性

1 范围

本标准规定了在塑料加工工艺的剪切速率和温度条件下，测定剪切应力作用下熔体流动性的方法。由于塑料熔体的流动性不仅依赖于温度，而且依赖于其他参数，尤其是剪切应力和剪切速率，因此建立该方法十分必要。

本标准适用于测定的熔体黏度范围为 10 Pa·s～10^7 Pa·s，这依赖于压力和(或)力传感器的测量范围以及流变仪的机械及物理特性，挤出式流变仪产生的剪切速率范围为 1 s^{-1}～10^6 s^{-1}。

口模入口的拉伸效应引起口模出口的挤出胀大，本标准也包括了评定挤出胀大的方法。

本标准所涉及的流变测试技术不只限于表征壁粘附的热塑性塑料，如有“壁滑移”效应的热塑性塑料[1],[2]，也能适用于热固性塑料的表征。本标准不适用于非壁粘附材料的剪切速率和剪切黏度测定，但能够用于表征此类流体在具有一定几何形状流道中的流变行为。

注：试验过程中不能发生固化反应。

2 规范性引用文件

下列文件中的条款通过本标准的引用而成为本标准的条款。凡是注日期的引用文件，其随后所有的修改单(不包括勘误的内容)或修订版均不适用于本标准，然而，鼓励根据本标准达成协议的各方研究是否可使用这些文件的最新版本。凡是不注日期的引用文件，其最新版本适用于本标准。

GB/T 3505—2009 产品几何技术规范(GPS) 表面结构 轮廓法 术语、定义及结构参数(ISO 4287:1997,IDT)

GB/T 3682—2000 热塑性塑料熔体质量流动速率和熔体体积流动速率的测定(idt ISO 1133:1997)

GB/T 4340.1—2009 金属 维氏硬度试验 第1部分:试验方法(ISO 6507-1:2005,MOD)

GB/T 6379.2—2004 测量方法与结果的准确度(正确度和精密度) 第2部分:测定标准测量方法重复性与再现性的基本方法(ISO 5725-2:1994,IDT)

ISO 11403-2:2004 塑料 可比多点数据的获得和表示 第2部分:热性能和加工性能

3 术语和定义

下列术语及定义适用于本标准。

3.1

牛顿流体 Newtonian fluid

黏度不依赖于剪切速率和时间的流体。

3.2

非牛顿流体 non-Newtonian fluid

黏度随剪切速率和(或)时间变化而变化的流体。

注：本标准中定义的非牛顿流体仅指黏度随剪切速率变化的流体。

3.3

表观剪切应力　apparent shear stress

τ_{ap}

熔体在口模壁上受到的非真实剪切应力。

注：由口模截面积与壁表面积之比乘以试验压力计算得到。τ_{ap}用帕斯卡(Pa)表示。

3.4

表观剪切速率　apparent shear rate

$\dot{\gamma}_{ap}$

假定熔体为牛顿流体，由体积流动速率得到的对应于口模壁上的非真实剪切速率。

注：$\dot{\gamma}_{ap}$用每秒(s^{-1})表示。

3.5

真实剪切应力　true shear stress

τ

熔体在管壁上受到的实际剪切应力。

注1：该值用经过入口和出口压力损失修正后的试验压力 p 估算；或者由流道中熔体的压力梯度确定。

注2：不带下角标的符号表示真实值。τ 用帕斯卡(Pa)表示。

3.6

真实剪切速率　true shear rate

$\dot{\gamma}$

考虑熔体流动行为对牛顿流体的偏离程度，将表观剪切速率 $\dot{\gamma}_{ap}$进行修正(见 8.2.2 的注)得到的剪切速率。

注：不带下角标的符号表示真实值。$\dot{\gamma}$ 用每秒(s^{-1})表示。

3.7

黏度　viscosity

η

稳态剪切流动中，黏度为真实剪切应力 τ 与真实剪切速率 $\dot{\gamma}$ 之比 $\tau/\dot{\gamma}$。

注：η 用帕斯卡秒(Pa·s)表示。

3.8

表观黏度　apparent viscosity

η_{ap}

表观剪切应力 τ_{ap}与表观剪切速率 $\dot{\gamma}_{ap}$之比 $\tau_{ap}/\dot{\gamma}_{ap}$。

注：η_{ap}用帕斯卡秒(Pa·s)表示。

3.9

Bagley 修正的表观黏度　Bagley corrected apparent viscosity

η_{apB}

真实剪切应力 τ 与表观剪切速率 $\dot{\gamma}_{ap}$之比 $\tau/\dot{\gamma}_{ap}$。

注：η_{apB}用帕斯卡秒(Pa·s)表示。

3.10

Rabinowitsch 修正的表观黏度　Rabinowitsch corrected apparent viscosity

η_{apR}

表观剪切应力 τ_{ap} 与真实剪切速率 $\dot{\gamma}$ 之比 $\tau_{ap}/\dot{\gamma}$。

注：该术语适用于可忽略入口效应的大长径比单口模的试验。η_{apR} 用帕斯卡秒(Pa·s)表示。

3.11

体积流动速率　volume flow rate

Q

单位时间内流经口模的熔体体积。

注：Q 用立方毫米每秒(mm^3/s)表示。

3.12

室温下的胀大比　swell ratio at room temperature

S_a

在室温下测量的挤出物直径与毛细管口模直径之比。

3.13

试验温度下的胀大比　swell ratio at test temperature

S_T

在试验温度下测量的挤出物直径与毛细管口模直径之比。

3.14

室温下的胀大率　percent swell at room temperature

s_a

在室温下测量的挤出物直径与毛细管口模直径之差与毛细管口模直径的百分比。

3.15

试验温度下的胀大率　percent swell at test temperature

s_T

在试验温度下测量的挤出物直径与毛细管口模直径之差与毛细管口模直径的百分比。

注：可根据挤出物胀大厚度和相应的狭缝口模厚度，推导出等同的狭缝口模挤出物胀大术语。

3.16

预热时间　preheating time

完成料筒加料到开始测量之间的时间间隔。

3.17

停留时间　dwell time

完成料筒加料到结束测量之间的时间间隔。

注：某些特定情况下，用一筒料进行多次测量时，有可能需要在每次测量结束后记录停留时间。

3.18

挤出时间　extrusion time

在某一给定剪切速率下进行测量的相应时间。

3.19

临界剪切应力　critical shear stress

τ_c

出现下列任一情况时口模壁上的剪切应力值：

——在剪切应力与流动速率或剪切速率关系曲线上的突变点；

——挤出物离开口模时变得粗糙(或有波纹)。

注：τ_c 用帕斯卡(Pa)表示。

3.20

临界剪切速率　critical shear rate

$\dot{\gamma}_c$

与临界剪切应力相对应的剪切速率。

注：$\dot{\gamma}_c$ 用每秒(s^{-1})表示。

4　基本原理

塑料熔体被挤压通过已知尺寸的毛细管口模或狭缝口模，能够使用以下两种主要方法：

——方法1：规定试验压力 p，测定体积流动速率 Q；

——方法2：规定体积流动速率 Q，测定试验压力 p。

这些方法均能用于毛细管口模(方法A)和狭缝口模(方法B)。试验方法的完整命名见表1。

表1　试验方法的命名

口模截面	预定参数	
	压力 p	体积流动速率 Q
圆形(毛细管口模)	A1	A2
矩形(狭缝口模)	B1	B2

使用预定参数范围值进行测定(设定方法1的试验压力或者设定方法2的体积流动速率)。

若使用狭缝口模，沿口模长度方向安装压力传感器，并且传感器的排序方向与口模入口方向相逆，能够测得入口和出口的压力降；若使用半径相同但长度不同的毛细管口模，能测得入口和出口压力降之和。

沿口模长度方向装有压力传感器的狭缝口模特别适用于在线计算机评价的自动测量。

试验采用的毛细管口模尺寸、流动速率和温度的推荐值见以下相关条款或ISO 11403-2:2004。

注：使用狭缝口模时，其厚度 H 与宽度 B 之比 H/B 要小，否则需要修正(见附录A)，修正值受修正公式假设条件的影响，与弹性效应无关。

5　仪器

5.1　试验仪器

5.1.1　概述

试验仪器应由加热料筒组成，其内膛底部用可互换的毛细管口模和狭缝口模封住。试验压力应通过柱塞、螺杆或使用气压施加到料筒内的熔体上。图1和图2为典型示例，允许有其他尺寸。

单位为毫米

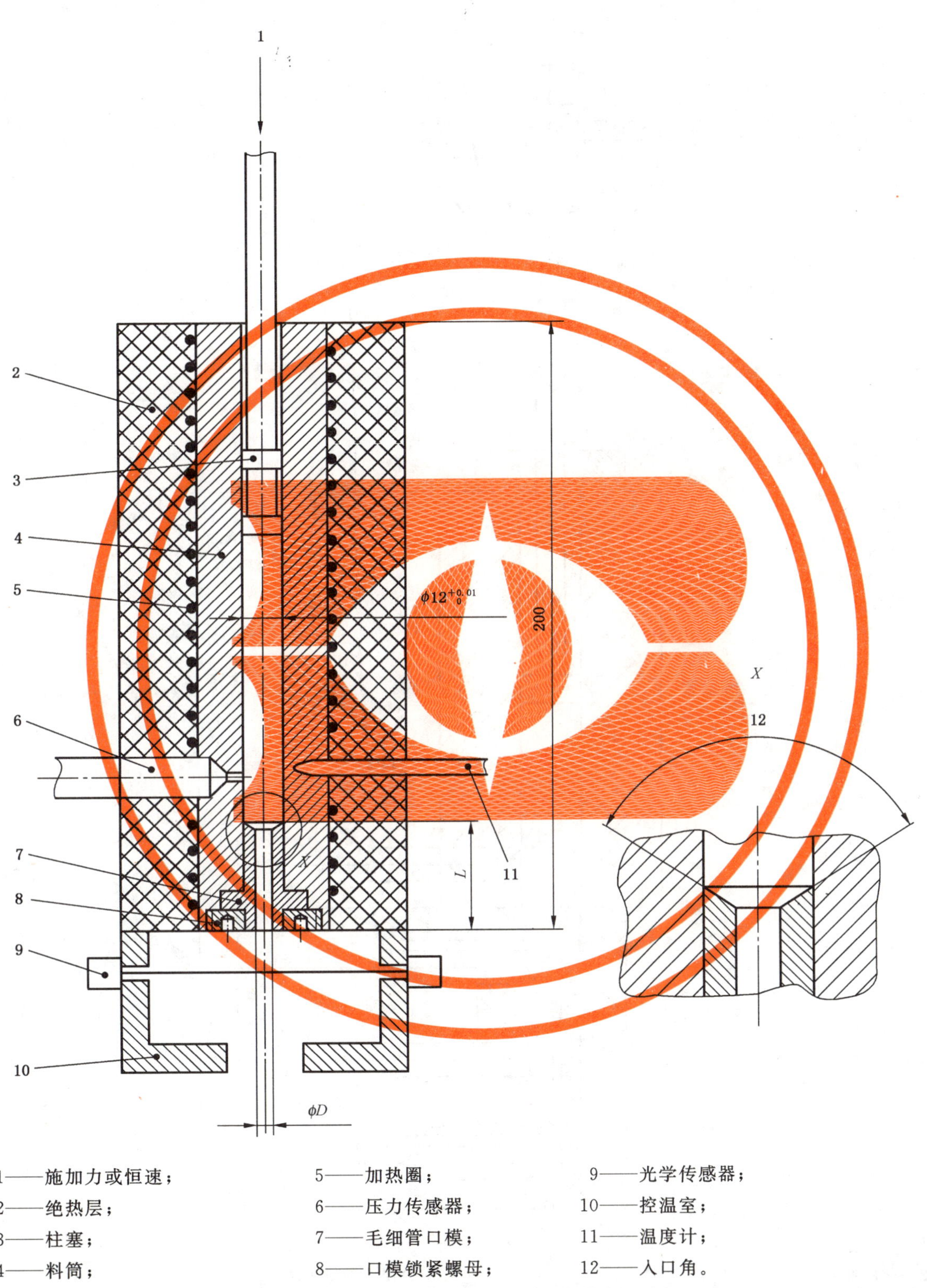

1——施加力或恒速；
2——绝热层；
3——柱塞；
4——料筒；
5——加热圈；
6——压力传感器；
7——毛细管口模；
8——口模锁紧螺母；
9——光学传感器；
10——控温室；
11——温度计；
12——入口角。

图 1　毛细管口模挤出流变仪的典型示例

单位为毫米

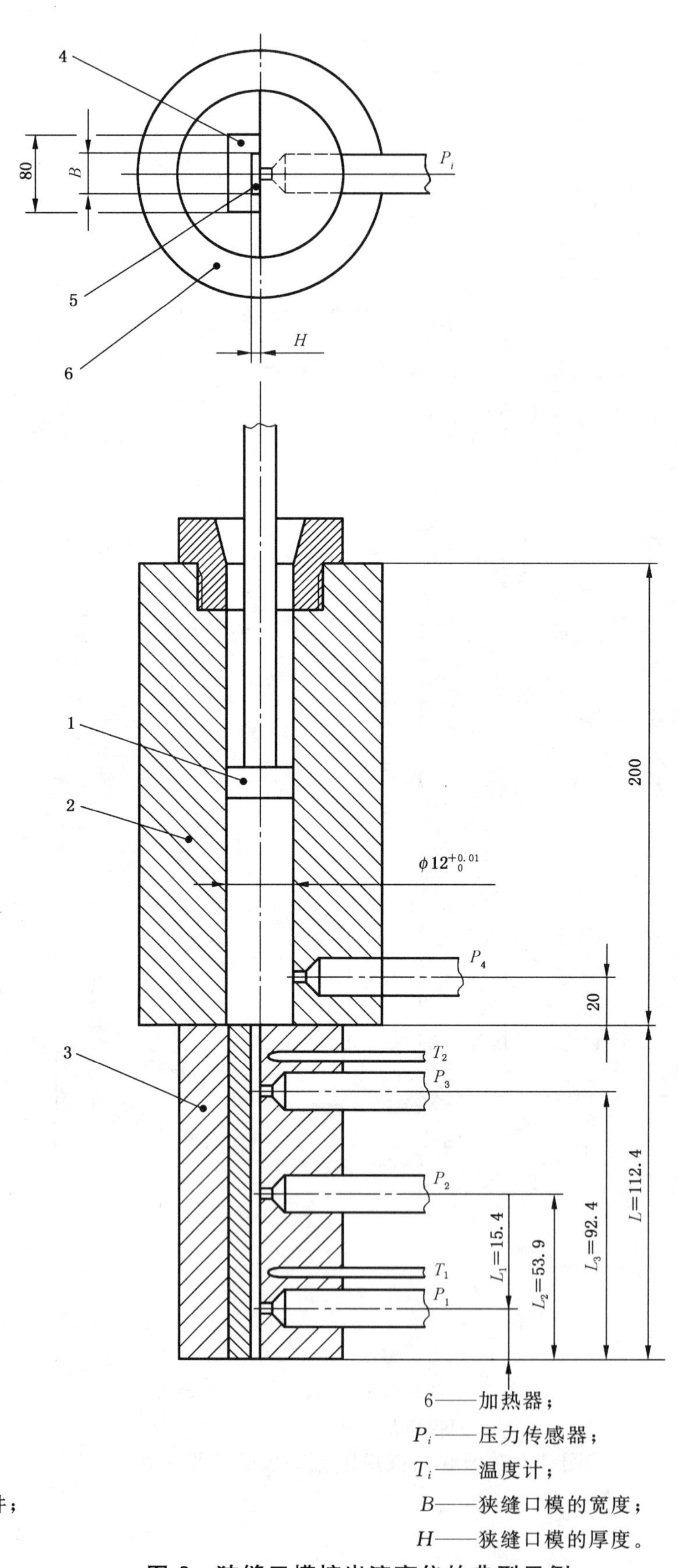

1——柱塞；
2——料筒；
3——口模；
4——可更换部件；
5——流道；
6——加热器；
P_i——压力传感器；
T_i——温度计；
B——狭缝口模的宽度；
H——狭缝口模的厚度。

图 2　狭缝口模挤出流变仪的典型示例

5.1.2 流变仪的料筒

料筒应由能够在加热系统的最高温度下抗磨损和抗腐蚀的材料制成。

料筒内靠近口模入口处可有一侧孔，以插入熔体压力传感器。

料筒整个长度上平均内膛直径的允许偏差应少于±0.007 mm。

料筒应使用维氏硬度至少为800 HV 30的材料进行加工(见GB/T 4340.1—2009和注1)，并且表面粗糙度 Ra 小于0.25 μm(算术平均偏差，见GB/T 3505—2009)。

注1：氮化钢材料适于高达400 ℃的温度。硬度值虽然低于规定值，但足以抗腐蚀和磨损的材料，同样可用于制作料筒和口模组件。

注2：料筒内膛直径的增大，增加了单个料筒试验能够测量的次数以及增大了仪器的剪切速率范围。但较大内膛直径的料筒需用的样品量大，且样品达到温度平衡所需的时间长。商业化流变仪的料筒内膛直径范围为6.35 mm～25 mm。

5.1.3 毛细管口模(方法A)

5.1.3.1 毛细管口模壁的整个长度上直径(D)的机加工精度应为±0.007 mm，长度(L)的机加工精度应为±0.025 mm(见图1)。

毛细管口模应使用维氏硬度至少为800 HV 30的材料进行加工(见GB/T 4340.1—2009和5.1.2中的注1)，并且表面粗糙度 Ra 小于0.25 μm(算术平均偏差，见GB/T 3505—2009)。

毛细管孔不应有明显的机械加工痕迹和偏心。

注1：通常使用的毛细管口模直径范围为0.5 mm～2 mm，使用不同的口模长度来获得所要求的长径比 L/D。测定填充材料可能需要较大直径的口模。

注2：最常用的口模材料为硬化钢、碳化钨、钨铬钴合金和硬化不锈钢。

注3：能够测得的毛细管尺寸的精度取决于毛细管的半径和长度。对直径小于1.25 mm的毛细管，难以得到规定的精度(±0.007 mm)。由于流动数据对毛细管尺寸极其敏感，对已知的或测量的毛细管尺寸及其精度，有必要在试验报告中加以说明，这同样也适用于狭缝口模的尺寸(厚度、宽度和长度)(见5.1.4)。

5.1.3.2 用单个毛细管口模测定表观剪切速率 $\dot{\gamma}_{ap}$ 和表观剪切应力 τ_{ap}，其长径比 L/D 至少应为16，入口角为180°，除非相关标准另有规定。使用入口角(±1°)、长度(±0.025 mm)和直径(±0.007 mm)均相同的毛细管获得的数据才有可比性。入口角的定义见图1。

推荐使用长度16 mm或20 mm、直径1 mm、入口角180°的口模(见注1)。当推荐值不适合时，例如对高填充材料，允许选择直径为0.5 mm、2 mm或4 mm的口模。对直径不是1 mm的口模，如有可能，推荐长径比(L/D)应与1 mm口模的长径比相同。

注1：最常用的口模长度是16 mm和20 mm，其选择常依赖并受限于仪器的设计。

注2：对某一给定表观剪切速率，使用较小直径的毛细管口模会减少熔体剪切热的影响。

5.1.3.3 测定真实剪切速率 $\dot{\gamma}$ 和真实剪切应力 τ 时，要求用相同直径(±0.007 mm)、相同入口角(±1°)的毛细管口模，从推荐系列 L/D 为0.25、1、5、10、16、20、30和40中至少选两个不同长径比的口模(见8.4.2)，并满足下列条件。

当用附加口模(见8.4)对每一类别样品预先确定了试验条件，并且在这样的条件下获得的Bagley作图结果基本为线性(不是显著的非线性)时，允许只使用两个直径(±0.007 mm)和入口角(±1°)均相同、L/D 小于或等于5和 L/D 大于或等于16的口模，并且两个口模的长径比之差应至少为15。

当只使用两个口模测定修正了入口压力降效应的剪切黏度时，推荐使用短口模长径比范围为0.25～1，长口模长径比范围为16～20，口模直径均为1 mm，入口角180°。当1 mm的推荐值不适合时，如对高填充材料，应允许选择直径为0.5 mm、2 mm或4 mm的口模。对直径不是1 mm的口模，如有可能，推荐长径比(L/D)应与1 mm口模的长径比相同。

注：修正入口压力降效应(见8.4)的方法是把数据外推到口模长度为零，而不是采用短口模上产生的入口压力降做近似值。

5.1.4 狭缝口模(方法B)

5.1.4.1 狭缝口模整个长度上厚度的机加工精度应为±0.007 mm，宽度的机加工精度应为

±0.01 mm，长度的机加工精度应为±0.025 mm。各压力传感器中心与出口平面之间的距离应测量至±0.05 mm(见5.1.3.1的注3)。

口模应使用维氏硬度至少为800 HV 30的材料进行加工(见GB/T 4340.1—2009和5.1.2中的注1)，并且表面粗糙度 Ra 小于0.25 μm(算术平均偏差，见GB/T 3505—2009)。

注：狭缝口模使用的材料见5.1.2中的注1和5.1.3.1中的注2。

5.1.4.2 测定表观剪切速率 $\dot{\gamma}_{ap}$ 和表观剪切应力 τ_{ap} 时，狭缝口模的厚度 H 与宽度 B 之比 H/B 应不超过0.1，且入口角应为180°，除非相关标准另有规定。使用入口角(±1°)、厚度(±0.007 mm)、宽度(±0.01 mm)和长度(±0.025 mm)均相同的狭缝口模获得的数据才有可比性。

5.1.4.3 测定真实剪切速率 $\dot{\gamma}$ 和真实剪切应力 τ 时，对符合5.1.4.1和5.1.4.2规定的狭缝口模，可使用与毛细管口模一致的方法，即使用对应修改的Bagley修正方法(见8.4)。沿狭缝口模流道长度方向安装压力传感器也能够测得真实剪切应力值。

5.1.5 柱塞

如果使用柱塞，其直径应比料筒内膛直径小0.040 mm±0.005 mm。为减少熔体在柱塞上的回流，可安装断开的或完整的密封圈。柱塞的硬度应比料筒的低，但不应低于375 HV 30(见GB/T 4340.1—2009)。

5.2 温度的控制

对于任何设定的料筒温度，在整个试验过程中，从毛细管口模或狭缝口模到可允许加料高度整个范围内的温度都应得到有效控制，在筒壁所测温度的差异和变化不得超过表2规定的范围。

表2 随距离和时间变化的最大允许温差

试验温度 θ ℃	随距离的温差[a] ℃	随时间的温差[a] ℃
≤200	±1.0	±0.5
200<θ≤300	±1.5	±1.0
>300	±2.0	±1.5
[a] 在整个试验过程中，从毛细管口模或狭缝口模到可允许加料高度整个范围内的所有位置。		

试验仪器应设计能以1 ℃或更小的间隔设置试验温度。

5.3 温度的测量和校准

5.3.1 试验温度

5.3.1.1 方法A：毛细管口模

使用毛细管口模时，试验温度应是料筒中毛细管入口附近熔体的温度，若不可能，则用毛细管入口附近料筒壁的温度，最好在口模入口上方不大于10 mm的位置进行测定(见5.3.2)。

5.3.1.2 方法B：狭缝口模

使用狭缝口模时，应测量口模壁的温度作为试验温度。在表2规定的与距离和时间相关的温度允差范围内，这一温度应相当于料筒中测到的温度(见5.3.1.1和5.3.2)。

5.3.2 试验温度的测定

温度测量装置的顶端应与熔体接触，若不可能，则与料筒的金属部分或距离熔体流道小于1.5 mm的口模壁接触。温度计中可使用热传导流体来更好地提高传导，温度计最好是热电偶或者铂电阻传感器，可按图1和图2进行安装。

5.3.3 温度的校准

试验中使用的温度测量装置应读至0.1℃内，并通过误差限度为±0.1℃的标准温度计进行校准。校准时该温度计应遵照规定浸入一定的深度，为此，料筒可用低黏度熔体填满。

校准时应使用不污染口模、料筒或影响随后测量的流体做导热介质，如硅油。

5.4 压力的测量和校准

5.4.1 试验压力

试验压力应是熔体上的压力降，试验中测量的是熔体进入毛细管口模或狭缝口模前的压力和出口压力之差。如有可能，试验压力应使用安放在毛细管口模入口附近的熔体压力传感器测量，在所有试验的情况下，压力传感器到口模入口面之间的距离应保持不变，且最好不大于 20 mm(见注)。否则，试验压力应通过施加在熔体上的力来测量，如通过柱塞，其力通过柱塞上方的力值传感器测得(见附录 B 的 B.1)。

注：对于所有试验，口模入口面到压力传感器的距离保持恒定是很重要的，否则将影响压力降的测量。口模入口面上方的环流会引起压力波动，在口模入口面到料筒直径的等距离上使用压力传感器，测量压力时可减少这种波动。

如果试验在压力大于大气压的流道或容器中进行，应测量口模的出口压力，最好使用直接安装在口模出口下方的压力传感器测量。

力或压力测量装置应在其公称能力的 1%～95%范围内使用。

5.4.2 沿狭缝口模长度方向上的压力降

使用狭缝口模时，应通过口模壁上与壁部平齐安装的熔体压力传感器来测量沿口模长度上的压力分布。

当使用未装熔体压力传感器的狭缝口模时，通过使用为狭缝口模修订的 Bagley 法来考虑进出口压力损失之和(见 8.4.3)。

5.4.3 校准

熔体压力传感器可用外部液压式试验仪进行校准，力值传感器应按照仪器厂家的使用说明书进行校准。压力传感器或负荷单元的读数最大允差均应小于或等于满量程的 1%和小于或等于绝对值的 5%，熔体压力传感器的校准应最好在规定的试验温度下进行。

5.5 体积流动速率的测定

体积流动速率应由柱塞的喂料速率确定，或者通过称量一定测量时间内挤出的试样质量来确定。

如果进行称量，体积流动速率应采用常用试验温度下的熔体密度来换算。静压力对密度的影响可以忽略。

体积流动速率的测量误差应不超过 1%。

为提供可比较数据，试验中使用的表观剪切速率及流动速率，推荐在 ISO 11403-2:2004 中规定的真实剪切速率下通过插值法得到的数据。表观剪切速率应按平均分布设定，并且当使用对数作图时，每个数量级上应至少取两点。

注：只有满足了设想条件，其中之一就是柱塞和料筒间泄漏量足够少的要求，才能符合由柱塞喂料速率确定体积流动速率而规定的最大允许误差。经验表明，若料筒与柱塞间的间隙不超过 0.045 mm，则能够达到目的(见 5.1.5)。

6 取样

应从试验材料中取有代表性的样品作为试样。料筒中每次加料后能够测量的次数取决于试验条件下的模塑材料，并且相关方应协调一致。准备试样的温度应低于测试的温度。

7 步骤

7.1 试验仪器的清洗

试验前，确保料筒、必要时压力传感器的插入孔、柱塞和毛细管口模或狭缝口模上无粘附异物，目视检查其清洁度。

如果用溶剂清洗，确保其对料筒、柱塞、毛细管口模或狭缝口模不会造成可影响试验结果的污染。

注：经证明，用铜锌合金(黄铜)圆刷子或亚麻布可达到满意的清洗目的。而当测试聚乙烯和聚丙烯材料时，使用含铜的材料可能加速聚合物的降解。清洗也能用小心烧净的方式进行。用石墨涂在螺纹上，试验后便于松开。

警告——试验过程中选择的操作条件可能使材料部分分解，或排出有害挥发物，本标准的使用者应知道可能发生的危险，应采取适当的防护措施，避免或尽量把危险降至最低。

7.2 试验温度的选择

为给比对或建模提供数据，推荐获取三个温度下的数据(见 ISO 11403-2:2004)。对任一给定类型材料，所用温度之一应最好与适当的材料命名或规范标准中用于熔体流动速率试验的规定相一致(见 GB/T 3682—2000)，其他两个温度建议采用 20 ℃的温度间隔(见注 1 和注 2)。另两个温度均可高于或低于熔体流动速率试验所使用的推荐温度(GB/T 3682—2000)，或者一个高于另一个低于。而根据材料的特定牌号和所要求数据的实际应用，可以且最好使用其他温度。

注 1：来自 CAMPUS 数据库的分析报告，测定剪切黏度使用的平均温度间隔范围为 10 ℃～30 ℃，与材料牌号有关。

注 2：表 3 给出了几种材料的典型试验温度，仅作为信息列出。最有用的数据通常在材料的加工温度下获得，所用的剪切应力和剪切速率也应尽量接近实际加工过程。

表 3 典型的试验温度

材料	温度/℃	材料	温度/℃
聚缩醛	190～220	聚苯乙烯(PS)和苯乙烯共聚物	180～280
聚丙烯酸酯	140～300	聚氯乙烯(PVC)	170～210
丙烯腈-丁二烯-苯乙烯共聚物(ABS)	200～280	聚对苯二甲酸丁二酯(PBT)	245～270
纤维素酯	190	聚对苯二甲酸乙二酯(PET)	275～300
聚酰胺(PA66)	250～300	聚甲基丙烯酸甲酯(PMMA)及共聚物	180～300
聚酰胺(非 PA66)	190～300	聚偏二氟乙烯	195～240
聚三氟氯乙烯	265	聚偏二氯乙烯	150～170
聚乙烯(PE)、乙烯共聚物和三元共聚物	150～250	乙烯/乙烯醇共聚物	190～230
聚碳酸酯(PC)	260～300	聚醚酮	340～380
聚丙烯(PP)	190～260	聚醚砜	360

7.3 试样的准备

在熔体流动性受残留单体量、气体含量和(或)湿度等因素影响的情况下，依照参考标准和/或相关材料标准进行预处理或状态调节。

注：可能有特殊准备要求的材料，如聚对苯二甲酸乙二醇酯、聚对苯二甲酸丁二醇酯和聚碳酸酯。

适用时，对口模施加最终扭矩之前，让各部件在试验温度下达到热平衡，之后开始装料(见 7.1 的警告)。

将样品少量分次加入料筒，立即用柱塞压实以防止带入空气。装料至离料筒顶部约 12.5 mm，并在 2 min 内完成。

7.4 预热

加料后立即开始预热计时，在恒压下挤出少部分的筒料(方法 1)，或在恒流动速率下挤出至有明显压力或负荷(方法 2)，然后停止挤出或流动。除非相关标准另有规定，至少预热 5 min。检查所用预热时间能否使整筒试样充分达到热平衡，在恒定的试验条件下，对每种试验材料确保增加预热时间测量值(体积流动速率或试验压力)变化不超过±5%；或者将温度计插到料筒内的试样中，在规定的预热时间内，确保试样的温度不超过表 2 规定的与距离相关的允差范围。然后挤出少量试样，停止柱塞移动，1 min 后进行测量。

7.5 最大允许试验时间的测定

为了检验降解或其他作用不影响测量，在同一筒料的试验临近结束时，采用与试验开始相同的试验条件，进行一次重复测量。比较起始与最终的结果，数值不同则表示降解或其他作用对测试结果有影响。

或者对每个试样和试验温度，在实际试验前，使用几个不同的预热时间通过试验测定从把材料装入料筒后算起的整个时间作为最大允许的试验周期。包括在恒定的试验条件下测量数值（体积流动速率或试验压力）变化不超过±5%（见7.4）。

如果在一次试验的最大允许试验时间内不可能测得所要求的试验压力或体积流动速率的全部数据，用同种样品装几次料来分段测量（见7.8的注1）。

注：对不稳定材料，为减少测量变化的影响，建议采用剪切速率（或流动速率）由高到低的减速试验，试样的压紧程度也可影响其稳定性。

7.6 恒体积流动速率下试验压力的测定：方法2

如果测定恒体积流动速率下的试验压力（见5.4.1和7.8），使用下列方法之一（见表1）：

方法A2，用毛细管口模；

方法B2，用狭缝口模。

7.7 恒试验压力下体积流动速率的测定：方法1

作为7.6的另一选择，若测定给定试验压力下的体积流动速率，用下列方法之一（见表1）：

方法A1，用毛细管口模；

方法B1，用狭缝口模。

7.8 测量中的等待时间

每次测量应等待一段时间（如15 s）使试验压力（方法A2或方法B2）或体积流动速率（方法A1或方法B1）达到恒定（如±3%）。

注1：在用一筒料的情况下一般可测得几组体积流动速率和试验压力的数据。

注2：建议选择重复性好的测量来检查其重复性。

7.9 挤出胀大的测量

7.9.1 概述

在挤出过程中的试验温度下或在挤出料条冷却到室温下测定挤出胀大。

注：挤出物的直径与流动速率、试验温度、料条从口模挤出后的时间、冷却方式（对室温下的胀大率）、挤出物的长度、毛细管口模长度、直径、入口角度以及料筒直径有关，测量技术的细节对测量结果的影响显著。只有所有试验条件一致时，数据才有可比性。

下面给出了测量挤出胀大的步骤，也能用其他的方法。尽管所描述的步骤是针对毛细管口模，也可类推用于狭缝口模。

7.9.2 室温下的测量

挤出料条直径用测微计测量。为使重力影响最小，按以下步骤：

——尽可能靠近口模，切下毛细管口模上粘连的挤出物；

——挤出一段不超过5 cm的料条并切下，在起始端做标记；

——当切下一定长度的挤出料条时，用镊子夹住，让其悬在空气中充分冷却到室温；

——测量料条上靠近标记端的直径（避开因切除和作标记有变形的区域）。

7.9.3 试验温度下的测量

用摄像或光学方法测量，可避免与料条接触。为使重力影响最小，按以下步骤：

——尽可能靠近口模，切除毛细管口模上粘连的挤出物；

——挤出一段不超过5 cm的料条；

——在低于口模出口的一个固定点用摄像或光学技术测量料条的直径。

注：在测量挤出胀大时，为使挤出料条冷却速率最小，可以把料条挤出在一个有温控的空气箱中，如图1所示。

8 结果表示

8.1 体积流动速率

计算体积流动速率Q(mm^3/s)可用下面公式之一：

$$Q = Av \qquad \cdots\cdots(1)$$

$$\text{或 } Q = \frac{\dot{m}}{\rho} \qquad \cdots\cdots(2)$$

式中：

A——柱塞的横截面积，单位为平方毫米（mm^2）；

v——柱塞的下降速度，单位为毫米每秒（mm/s）；

$\dot{m}$——试样的质量流动速率，单位为克每秒（g/s）；

ρ——试样在试验温度下的密度，单位为克每立方毫米（g/mm^3）。

8.2 表观剪切速率

8.2.1 概述

适用时，用式（3）和式（4）计算口模壁上的表观剪切速率 $\dot{\gamma}_{ap}$，用每秒（s^{-1}）表示。

8.2.2 方法 A：毛细管口模

$$\dot{\gamma}_{ap} = \frac{32Q}{\pi D^3} \qquad \cdots\cdots(3)$$

式中：

D——口模直径，单位为毫米（mm）；

Q——体积流动速率，单位为立方毫米每秒（mm^3/s）（见 8.1）。

注：在牛顿流体情况下，式（3）给出的是毛细管壁的真实剪切速率。由于塑料熔体一般不遵从牛顿流体行为，此公式的计算值为表观剪切速率 $\dot{\gamma}_{ap}$，真实剪切速率 $\dot{\gamma}$ 需通过修正表观剪切速率 $\dot{\gamma}_{ap}$ 来获得（见 8.5.1）。

8.2.3 方法 B：狭缝口模

$$\dot{\gamma}_{ap} = \frac{6Q}{BH^2} \qquad \cdots\cdots(4)$$

式中：

B——口模宽度，单位为毫米（mm）；

H——口模厚度，单位为毫米（mm）；

Q——体积流动速率，单位为立方毫米每秒（mm^3/s）（见 8.1）。

见 8.2.2 的注。

注：式（4）只对厚度、宽度之比（H/B）无限小的口模才严格适用，若 $H/B < 0.1$，式（4）的计算结果比表观剪切速率高，但不超过 3%。与式（4）有关的近似值修正及详细分析的步骤见附录 A。

8.3 表观剪切应力

8.3.1 概述

用 8.3.2 或 8.3.3 给出的式（5）和式（6）计算口模壁的表观剪切应力 τ_{ap}（Pa）。

8.3.2 方法 A：毛细管口模

$$\tau_{ap} = \frac{pD}{4L} \qquad \cdots\cdots(5)$$

式中：

p——试验压力，单位为帕斯卡（Pa）；

L——口模长度，单位为毫米（mm）；

D——口模直径，单位为毫米（mm）。

8.3.3 方法 B：狭缝口模

$$\tau_{ap} = \frac{HB}{2(H+B)} \times \frac{p}{L} \qquad \cdots\cdots(6)$$

式中：

p——试验压力，单位为帕斯卡（Pa）；

L——口模长度，单位为毫米（mm）；

B——口模宽度,单位为毫米(mm);

H——口模厚度,单位为毫米(mm)。

注:用式(5)和式(6)计算出的剪切应力是表观值,因为口模长度上的压力降低于试验压力 p。试验压力 p 是口模入口、口模以及口模出口的总压力损失之和,通过近似修正试验压力 p 或口模长度 L 能够确定真实剪切应力(见 8.4)。

8.4 真实剪切应力

8.4.1 概述

真实剪切应力能够使用 Bagley 修正法获得[3](见 8.4.2 或 8.4.3);或者用安装了压力传感器的狭缝口模(方法 B1 和 B2)直接测定(见 8.4.4)。

如果获得了非线性的 Bagley 图或者狭缝口模的压力降与距离的关系图,试验报告中应说明其影响。这些情况下应使用短口模,除非另有协议,应在试验报告中说明其步骤。

注:用毛细管或狭缝口模挤出式流变仪测量塑料的剪切黏度,黏性损耗以及黏度对压力的依赖性能够影响试验结果,结果可能是非线性的。

8.4.2 毛细管口模的 Bagley 修正(方法 A)

用下列方法测定入口压力和出口压力损失之和。

a) 方法 A1,至少用两个、最好用多个直径和入口角度都相同但长径比 L/D 不同的口模如 $(L/D)_1<(L/D)_2$,测定毛细管壁的表观剪切速率 $\dot{\gamma}_{ap}$ 作为试验压力 p 的函数(见图 3)。

b) 方法 A2,至少用两个、最好用多个直径和入口角度都相同但长径比 L/D 不同的口模如 $(L/D)_1<(L/D)_2$,测定试验压力 p 作为毛细管壁的表观剪切速率 $\dot{\gamma}_{ap}$ 的函数。

c) 使用从 a)或 b)得到的数据绘出不同表观剪切速率 $\dot{\gamma}_{ap}$ 时试验压力 p 作为不同长径比 L/D 的关系图(见图 4)。这样的结果即所谓的 Bagley 线,其斜率为真实剪切应力的四倍。

当使用长毛细管口模时,如果由于压力对熔体黏度的影响或由于黏性损耗的影响使直线偏移,则使用短口模测量,除非协议另有规定,协议方法应在试验报告中说明(见 8.4.1 的注)。

注:Bagley 修正可用适当的计算机程序进行,不必再用上述数据画图法。然而,如果用计算机修正测量数据,输出的 Bagley 线图形能够使操作者估计一下所做假设的正确性(即检查 Bagley 线是否为直线)。

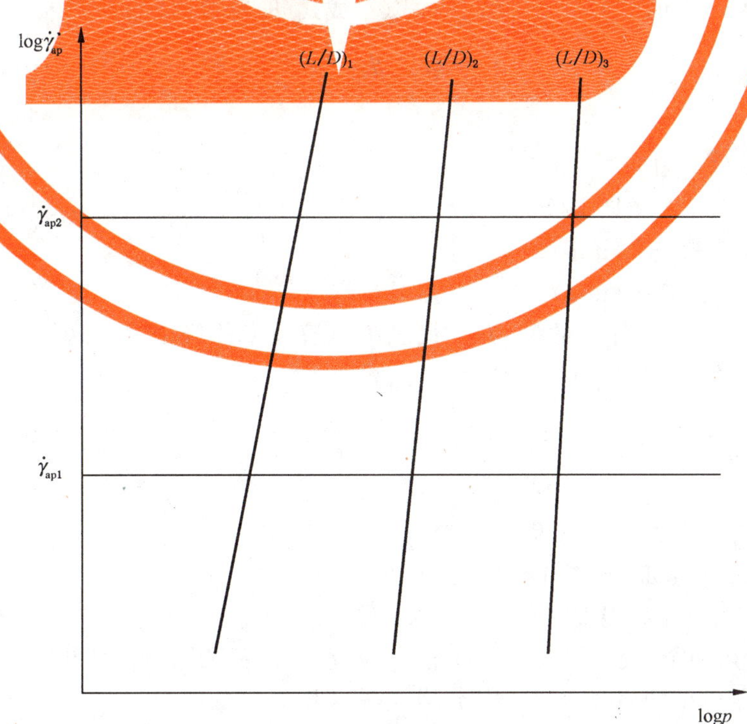

图 3 Bagley 修正法的应用[3]——不同 L/D 的表观剪切速率 $\dot{\gamma}_{ap}$ 作为试验压力 p 的函数关系图

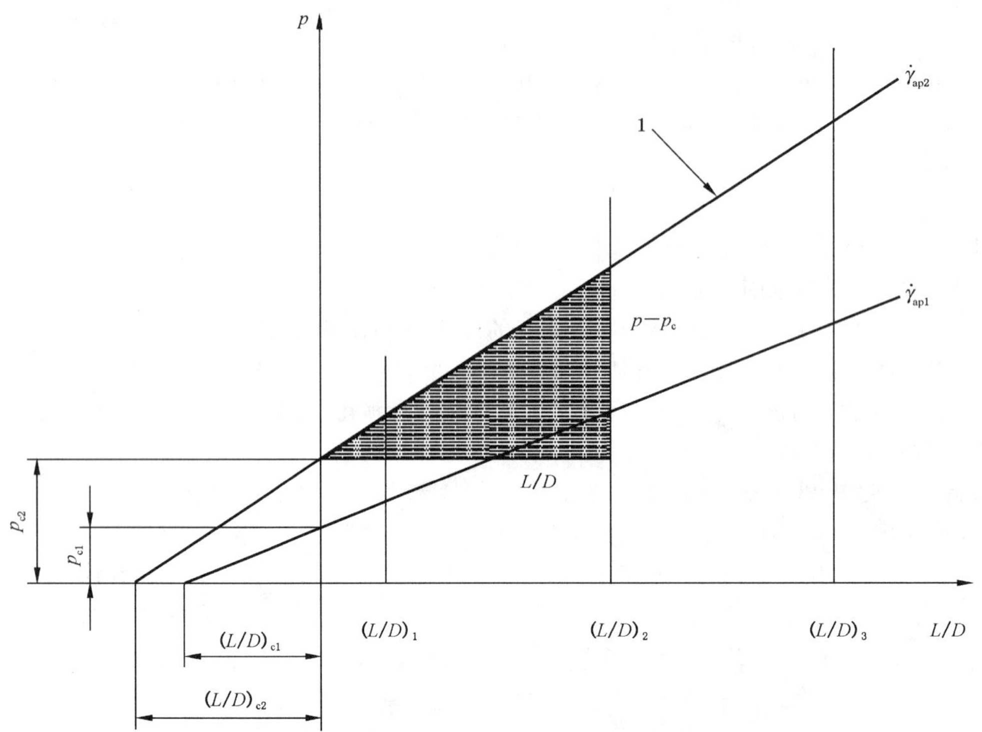

1——斜率＝4τ。

图 4　毛细管口模的 Bagley 修正示意图

（不同表观剪切速率 $\dot{\gamma}_{ap}$ 下，熔体压力 p 作为相同直径的 L/D 的函数关系图）

每个表观剪切速率 $\dot{\gamma}_{ap}$ 下将 Bagley 线压力外推到零（见图 4），纵坐标上的截距 p_c 相当于对应的表观剪切速率 $\dot{\gamma}_{ap}$ 下的口模入口和出口压力损失之和。

计算表观剪切速率 $\dot{\gamma}_{ap}$ 下的真实剪切应力 τ 如式(7)或式(8)所示：

$$\tau=(p-p_c)\frac{D}{4L} \qquad \cdots\cdots(7)$$

式中：

p——试验压力，单位为帕斯卡(Pa)；

p_c——压力修正项，单位为帕斯卡(Pa)；

D——口模直径，单位为毫米(mm)；

L——口模长度，单位为毫米(mm)。

由于口模直径 D 恒定，横坐标上的 $(L/D)_c$ 代表了口模长度的修正项。这样，计算表观剪切速率 $\dot{\gamma}_{ap}$ 下的真实剪切应力 τ 的式(7)可用式(8)替代。

$$\tau=\frac{p}{4[(L/D)+(L/D)_c]} \qquad \cdots\cdots(8)$$

式中：

$(L/D)_c$——口模长度的修正项(无量纲)。

8.4.3　狭缝口模的 Bagley 修正(方法 B)

用下列方法测量进出口压力损失之和：

a)　方法 B1，至少用两个，最好用多个入口角度、宽度、厚度都相同但长度却不同如 $L_1<L_2$ 的狭缝口模，测定毛细管壁的表观剪切速率 $\dot{\gamma}_{ap}$ 作为试验压力 p 的函数。

b)　方法 B2，至少用两个，最好用多个入口角度、宽度、厚度都相同但长度却不同如 $L_1<L_2$ 的狭缝口模，测定试验压力 p 作为毛细管壁的表观剪切速率 $\dot{\gamma}_{ap}$ 的函数。

c) 使用从 a)或 b)得到的数据绘出不同表观剪切速率 $\dot{\gamma}_{ap}$ 时试验压力 p 作为不同 $L(H+B)/(HB)$ 的函数关系图(见图 5)。这样的结果即所谓的 Bagley 线,其斜率为真实剪切应力的两倍。

当使用长狭缝口模时,如果由于压力对熔体黏度的影响或由于黏性损耗的影响使直线偏移,则使用短口模测量,除非协议另有规定,协议方法应在试验报告中说明(见 8.4.1 的注和 8.4.2 的注)。

每个表观剪切速率 $\dot{\gamma}_{ap}$ 下将 Bagley 线压力外推到零(见图 4),纵坐标上的截距 p_c 相当于对应的表观剪切速率 $\dot{\gamma}_{ap}$ 下的口模入口和出口压力损失之和。

可用式(9)或式(10)计算表观剪切速率 $\dot{\gamma}_{ap}$ 下的真实剪切应力 τ:

$$\tau=\frac{HB}{2(H+B)}\times\frac{(p-p_c)}{L} \qquad \cdots\cdots(9)$$

式中:

H——口模厚度,单位为毫米(mm);

B——口模宽度,单位为毫米(mm);

p——试验压力,单位为帕斯卡(Pa);

p_c——压力修正项,单位为帕斯卡(Pa);

L——口模长度,单位为毫米(mm)。

因口模的 H 和 B 为固定尺寸,横坐标上的截距 $L_c(H+B)/(HB)$ 代表口模长度的修正项,这样,可用式(10)替代式(9)计算表观剪切速率 $\dot{\gamma}_{ap}$ 下真实剪切应力 τ:

$$\tau=\frac{p}{2(L+L_c)}\times\frac{HB}{(H+B)} \qquad \cdots\cdots(10)$$

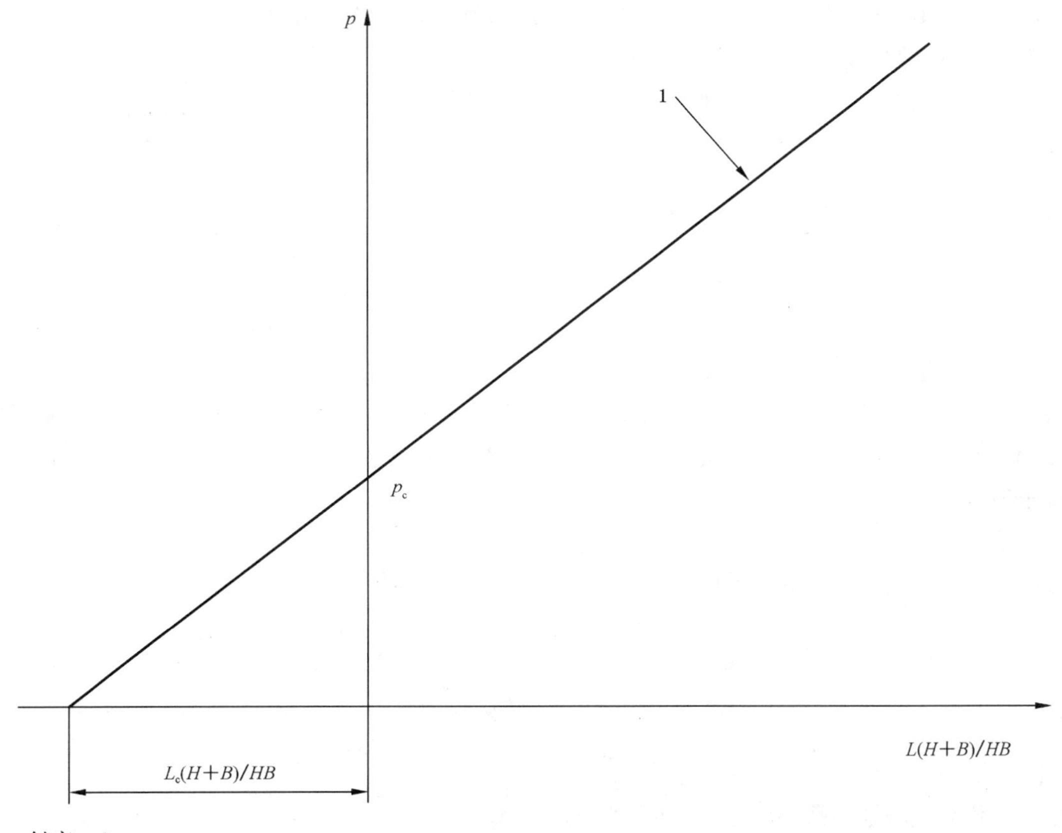

1——斜率$=2\tau$。

图 5 狭缝口模的 Bagley 线示意图

(单个表观剪切速率 $\dot{\gamma}_{ap}$ 下,试验压力 p 作为相同宽度 B 和厚度 H 口模的不同 $L(H+B)/HB$ 的函数关系图)

8.4.4 **直接的狭缝口模测量(方法 B)**

用沿狭缝口模长度方向上安装的压力传感器测量纵向的压力梯度 $\mathrm{d}p/\mathrm{d}L$,然后用式(11)计算口模壁上的真实剪切应力 τ:

$$\tau = \frac{HB}{2(H+B)} \times \frac{\mathrm{d}p}{\mathrm{d}L} \qquad \cdots\cdots(11)$$

式中:

$\mathrm{d}p/\mathrm{d}L$——纵向压力梯度,单位为帕斯卡每毫米(Pa/mm);

B——口模宽度,单位为毫米(mm);

H——口模厚度,单位为毫米(mm)。

8.5 **真实剪切速率**

8.5.1 **概述**

应用 Weissenbery-Rabinowitsch 修正方法,由表观剪切速率计算毛细管口模或狭缝口模壁上的真实剪切速率 $\dot{\gamma}$[4]。方法 A 用式(12)(见 8.5.2)、方法 B 用式(13)(见 8.5.3)。

8.5.2 **方法 A:毛细管口模**

$$\gamma = \frac{\dot{\gamma}_{\mathrm{ap}}}{4} \times \left(3 + \frac{\mathrm{dlog}\dot{\gamma}_{\mathrm{ap}}}{\mathrm{dlog}\tau}\right) \qquad \cdots\cdots(12)$$

式中:

$\frac{\mathrm{dlog}\dot{\gamma}_{\mathrm{ap}}}{\mathrm{dlog}\tau}$——曲线 $\log\dot{\gamma}_{\mathrm{ap}} = f(\log\tau)$ 的斜率。

注:应注意,使用这种修正方法,尤其是选择用于拟合 $\log\dot{\gamma}_{\mathrm{ap}}$ 对 $\log\tau$ 数据的函数及由此确定的斜率,或用另一方法确定数据的斜率时,剪切速率的修正(真实)值以及真实剪切黏度的结果都会有很大的误差。特别在曲线的斜率很大或所选择的曲线不能很好地拟合数据的情况下,例如最高或最低的剪切速率点。

8.5.3 **方法 B:狭缝口模**

$$\gamma = \frac{\dot{\gamma}_{\mathrm{ap}}}{3} \times \left(2 + \frac{\mathrm{dlog}\dot{\gamma}_{\mathrm{ap}}}{\mathrm{dlog}\tau}\right) \qquad \cdots\cdots(13)$$

式中:

$\frac{\mathrm{dlog}\dot{\gamma}_{\mathrm{ap}}}{\mathrm{dlog}\tau}$——曲线 $\log\dot{\gamma}_{\mathrm{ap}} = f(\log\tau)$ 的斜率。

见 8.5.2 的注。

8.6 **黏度**

黏度为剪切应力与剪切速率之比。

若不是通过真实剪切应力和剪切速率推导出的比值,得到的应该是一系列的表观黏度其中之一,这些表观黏度已在 3.8~3.10 的定义中被命名并用下脚标加以区分。

8.7 **挤出胀大的测定**

8.7.1 **室温下的测定**

用式(14)和式(15)计算室温下的挤出胀大比 S_{a} 和室温下的胀大率 s_{a}:

$$S_{\mathrm{a}} = \frac{D_{\mathrm{a}}}{D} \qquad \cdots\cdots(14)$$

$$s_{\mathrm{a}} = \frac{D_{\mathrm{a}} - D}{D} \times 100\% \qquad \cdots\cdots(15)$$

式中:

D_{a}——室温下测量的挤出物直径,单位为毫米(mm);

D——口模直径,单位为毫米(mm)。

8.7.2 **试验温度下的测定**

用式(16)和式(17)计算试验温度下的挤出胀大比 S_{T} 和试验温度下的胀大率 s_{T}:

$$S_T = \frac{D_m}{D_T} \quad \cdots\cdots(16)$$

$$s_T = \frac{D_m - D_T}{D_T} \times 100\% \quad \cdots\cdots(17)$$

式中：

D_m——试验温度下测量的挤出物直径，单位为毫米(mm)；

D_T——试验温度下测量的毛细管口模直径，单位为毫米(mm)。

注：当使用狭缝口模时，分别用挤出物的厚度(或宽度)、口模的厚度(或宽度)替代式(14)～式(17)中的挤出物的直径、毛细管口模的直径，便能够进行计算。挤出胀大可在宽度和厚度方向上不同，最好应在这两个方向上都测定。

9 精密度

9.1 2008年在九个实验室对高密度聚乙烯、线型低密度聚乙烯和聚丙烯三个样品进行了精密度试验，使用了两种类型流变仪和相同的测量步骤：

——测量毛细管入口挤出压力的流变仪(七个实验室)和测量柱塞力的流变仪(两个实验室)；

——试验中所用剪切速率均按照数量级递增进行。

高密度聚乙烯和线型低密度聚乙烯的试验温度为190 ℃、聚丙烯为230 ℃，料筒直径与口模直径之比为9.55～20。

对每个样品在几个不同剪切速率下测定的剪切黏度进行了精密度计算，结果见表4、表5和表6。

注1：本方法的精密度按GB/T 6379.2—2004进行计算，用r和R表征。表4中数据只是有限的试验结果，并不能覆盖所有材料、批号、试验条件及实验室，因此，严格地说，不能将其视为判别接收或拒收的依据。

注2：按本标准进行的毛细管挤出流变试验剪切黏度的测量不确定度见附录C。

注3：ISO 11443:2005的精密度见附录D。

表4 高密度聚乙烯(MFR:5.6 g/10 min，密度:0.952 g/cm³)剪切黏度的精密度数据

剪切速率/s^{-1}	15	30	60	150	300	600	900
平均值 X/(Pa·s)	3 338.7	2 331.4	1 604.9	921.7	594.7	378.1	286.0
重复性标准差 S_r/(Pa·s)	91.9	68.9	42.8	14.4	9.1	6.5	4.6
再现性标准差 S_R/(Pa·s)	200.8	151.9	89.0	59.7	42.2	26.2	19.8
重复性限 r/(Pa·s)	257.3	193.0	120.0	40.3	25.4	18.3	12.9
再现性限 R/(Pa·s)	562.3	425.4	249.1	167.1	118.0	73.4	55.3
(r/X)/%	8	8	7	4	4	5	4
(R/X)/%	17	18	16	18	20	19	19

表5 线型低密度聚乙烯(MFR:2.0 g/10 min，密度:0.922 g/cm³)剪切黏度的精密度数据

剪切速率/s^{-1}	20	50	100	200	500	1 000
平均值 X/(Pa·s)	2 339.9	1 771.7	1 369.9	982.2	576.6	372.4
S_r/(Pa·s)	66.1	31.1	29.4	21.5	11.0	11.3
S_R/(Pa·s)	179.1	122.6	117.8	86.0	43.3	30.7
r/(Pa·s)	185.0	87.1	82.5	60.3	30.9	31.5
R/(Pa·s)	501.6	343.3	329.8	240.9	121.3	86.0
(r/X)/%	8	5	6	6	5	8
(R/X)/%	21	19	24	25	21	23

表 6 聚丙烯(MFR:3.2 g/10 min,密度:0.905 g/cm³)剪切黏度的精密度数据

剪切速率/s^{-1}	20	50	100	200	400	500
平均值 X/(Pa·s)	1 308.3	820.2	550.9	358.3	226.8	195.4
S_r/(Pa·s)	51.1	23.6	12.7	7.7	5.1	3.0
S_R/(Pa·s)	129.7	57.7	37.0	25.3	15.7	14.5
r/(Pa·s)	143.2	66.2	35.7	21.6	14.4	8.3
R/(Pa·s)	363.2	161.6	103.7	70.9	44.0	40.5
(r/X)/%	11	8	6	6	6	4
(R/X)/%	28	20	19	20	19	21

9.2 重复性限(r)——在重复性试验条件下(即:由同一个操作者、在同一天、用同一台设备对相同材料进行的两次测试结果进行比较)所得两次测试结果,如果两值之差大于 r 值,则认为两个结果不一致。其中,$r=2.8\ Sr$。

9.3 再现性限(R)——在再现性试验条件下(即:由不同的操作者、用不同的设备、在不同的实验室对相同材料进行的两次测试结果进行比较)所得两次测试结果,如果两值之差大于 R 值,则认为两个结果不一致。其中,$R=2.8\ S_R$。

9.4 任何重复性和再现性的判定都有接近 95%的置信概率。

10 试验报告

10.1 概述

试验报告应包括以下内容:

a) 注明参照本标准和任何涉及标准;

b) 10.2、10.3、10.4 中规定的信息;

c) 试验日期。

10.2 试验条件

a) 试验材料的说明;

b) 任何状态调节、材料或样品的准备的详细说明,如干燥或混合;

c) 采用的方法(A1、A2、B1 或 B2);

d) 流变仪的说明及其料筒直径 D_b;

e) 毛细管口模的直径 D、长度 L 和长径比 L/D 及其测量的精密度;

f) 狭缝口模的厚度 H、宽度 B 和长度 L 及其测量的精密度;

g) 毛细管口模或狭缝口模入口角形状的说明;

h) 测量挤出物胀大的方法(采用的技术说明);

i) 试验温度;

j) 在口模出口下面的挤出压力不同于大气压力时,说明测量该压力的方法及其测量的精密度,可行时;

k) 样品的预热时间;

l) 停留时间;

m) 材料外观发生变化的停留时间;

n) 最大允许的试验周期;

o) 挤出时间;

p) 任何偏离本标准的要求和可能影响试验结果的详细说明。

10.3 流动特性

10.3.1 概述

报告剪切速率、剪切应力和黏度的“表观”值或“真实”值。

若 Bagley 图或压力降与距离的关系图为非线性时，报告测定黏度的方法。

非壁粘附的塑料，结果以表观剪切应力 τ_{ap} 作为流动速率 Q 的函数关系图表示，反之亦可。

10.3.2 图形表示法

必要时包括下列图形：

a） 剪切应力对剪切速率的双对数关系图，反之亦可；

b） 黏度对剪切应力或者剪切速率的双对数关系图；

c） 在恒剪切应力或恒剪切速率下的黏度对数对绝对温度倒数的关系图；

d） 在恒剪切应力或恒剪切速率下的黏度对数对摄氏温度关系图；

e） 发生外观变化时的临界剪切应力对数或临界剪切速率对数（见 3.19 和 3.20）对绝对温度倒数的关系图；

f） 发生外观变化时的临界剪切应力对数或临界剪切速率对数（见 3.19 和 3.20）对摄氏温度的关系图；

g） 体积流动速率对剪切应力的双对数关系图，反之亦可；

h） 压力对口模长度的关系图；

i） 压力对压力传感器到口模出口（狭缝口模）距离的关系图；

j） 修正压力对剪切应力或剪切速率或体积流动速率的双对数关系图；

k） 毛细管口模或狭缝口模进出口压力损失对剪切应力或剪切速率或体积流动速率的关系图；

l） 室温或试验温度下的胀大比对剪切速率或体积流动速率的关系图；

m） 室温或试验温度下的胀大率对剪切速率或体积流动速率的关系图。

亦可用剪切速率、剪切应力和黏度的表观值和/或真实值表示。

10.3.3 单点值

必要时对于规定的系列试验条件，可给出以下数值：

a） 剪切应力，Pa；

b） 剪切速率，s^{-1}；

c） 黏度，Pa·s；

d） 室温下胀大比；

e） 室温下胀大率；

f） 试验温度下的胀大比；

g） 试验温度下的胀大率。

亦可用剪切速率、剪切应力和黏度的表观值和/或真实值表示。

10.4 目测

如果可能进行目测，报告挤出物表面的任何变化（如熔体破裂、挤出畸变），记录发生这些变化时的试验条件。

这些变化可能与临界剪切应力相关，在试验报告中记做临界剪切应力的“目测”值。

另外，若材料颜色发生变化，报告相应的停留时间。

附 录 A
(资料性附录)
修正 H/B 对表观剪切速率影响的方法

8.2.3 中给出的计算表观剪切速率的式(4)只对无限宽的狭缝口模有效,假设在口模宽度和厚度的方向不发生流动、宽度 B 上流过体积流动速率为 Q 时,该公式才成立。在限定的 H/B 下,式(4)仍近似适用,如图 A.1 所示。该图显示在相同体积流动速率 Q 下,由式(4)和式(A.1)中获得的表观剪切速率之比,参考文献[5]给出了修正公式。

$$\dot{\gamma}_{ap}^{c}=\frac{QBH}{2(B+H)\left[\frac{BH^3}{12}-\frac{16H^4}{5}\sum_{n=1}^{5}\left(\frac{1}{n^5}\tanh\frac{n\pi B}{2H}\right)\right]} \quad \cdots\cdots\cdots\cdots\cdots\cdots(\text{A}.1)$$

式中:

n——奇数;

$\dot{\gamma}_{ap}^{c}$——修正了 H/B 影响的表观剪切速率。

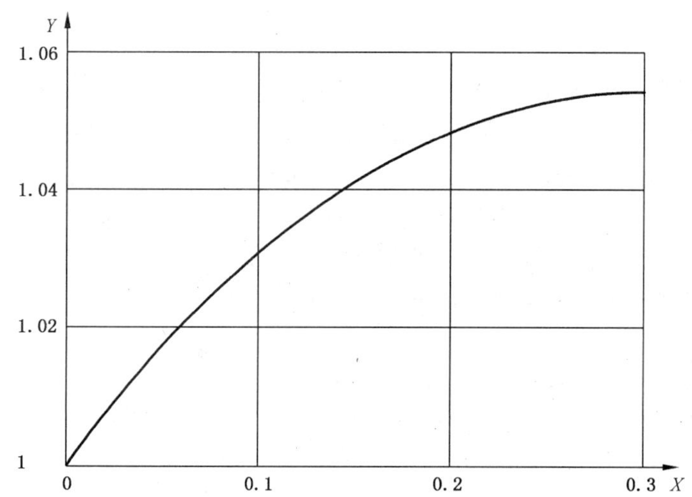

X——厚宽比 H/B;

Y——剪切速率比 $\dot{\gamma}_{ap}/\dot{\gamma}_{ap}^{c}$。

图 A.1 剪切速率比 $\dot{\gamma}_{ap}/\dot{\gamma}_{ap}^{c}$ 对厚宽比 H/B 的关系图

用式(4)除以式(A.1)得到式(A.2):

$$\frac{\dot{\gamma}_{ap}}{\dot{\gamma}_{ap}^{c}}=\left(1+\frac{H}{B}\right)\left[1-0.627\,4\,\frac{H}{B}\sum_{n=1}^{5}\left(\frac{1}{n^5}\tanh\frac{n\pi B}{2H}\right)\right] \quad \cdots\cdots\cdots\cdots\cdots(\text{A}.2)$$

式(A.2)表示修正前后的表观剪切速率之比是厚宽之比 H/B 的函数。

当 $H/B\leqslant 0.3$,式(A.2)的加和项之和为 1.004 4,管壁处的表观剪切速率的修正值可由式(A.3)[用式(4)和式(A.2)推导出]计算:

$$\dot{\gamma}_{ap}^{c}=\frac{6Q}{BH^2}\left[\left(1+\frac{H}{B}\right)\left(1-0.630\,\frac{H}{B}\right)\right]^{-1} \quad \cdots\cdots\cdots\cdots\cdots\cdots(\text{A}.3)$$

对于厚度之比小于 0.1 的口模,用式(4)代替式(A.3)所产生的误差小于 3%。

附 录 B
（资料性附录）
测 量 误 差

B.1 柱塞摩擦产生的误差

柱塞与料筒接触时产生摩擦，通常摩擦力的影响与作用在毛细管或狭缝口模上的压力降相比可以忽略不计，但应确认试验温度下空载运行时的摩擦力可忽略不计。

如果恒速下测量，用离口模入口很近的压力传感器测定压力，上述警示可以忽略。

B.2 材料回流产生的误差

柱塞头与料筒之间的缝隙会使得少量试样在柱塞上回流，而未流进毛细管或狭缝口模，造成测量的剪切速率低于由柱塞速度计算的结果，这种误差通常忽略不计。但在特定条件下，特别是当柱塞在高负荷下低速运行时，有必要进行修正。收集回流柱塞顶部的材料并称重，其质量与相同时间内挤出的质量相比，以测定回流产生的百分误差。

B.3 熔体可压缩性产生的误差

某些流体的可压缩性很大，由于口模壁处的剪切速率是由柱塞的下降速率计算而来，所以流体静压沿口模长度方向下降会产生误差（因此密度降低）。流体密度降低、流动速率增大，导致口模出口处的剪切速率增加。

B.4 口模壁处的流体速度不为零产生的误差

口模中与流动相关的计算是基于流体在口模壁处速度为零的假设。对于高黏性聚合物熔体，聚合物与口模壁之间可能发生滑移。

附 录 C
（资料性附录）
毛细管挤出流变试验剪切黏度的测量不确定度

C.1 不确定度分析

被测量 y(被测的量)的合成不确定度 $u_c(y)$ 能够从函数 $y=f(x_i)$ 的偏导数和参数 x_i 的不确定度 $u(x_i)$ 得到。假设各不确定度的来源互不相关，合成不确定度 $u_c(y)$ 由和的平方根计算：

$$u_c(y)=\sqrt{\sum_{i=1}^{m}[c_i u(x_i)]^2} \qquad \text{(C.1)}$$

式中：

c_i——与 x_i 有关的灵敏系数(偏导数)；

$u(x_i)$——x_i 的不确定度。

合成不确定度 $u_c(y)$ 与标准偏差一致，其相关的置信水平约 68%。假设正态分布，相当于 95% 的置信水平，包含因子取 2，得到扩展不确定度 U，即合成不确定度的两倍。相对不确定度是某个参数的不确定度与参数值之比。

为测定不确定度，必须从式(3)、式(7)和式(12)、条款 3.7 和以下公式中先推导出与剪切黏度相关的测量参数的表达式：

$$\gamma=\dot{\gamma}_{ap}\left[\frac{3n+1}{4n}\right] \qquad \text{(C.2)}$$

$$n=\left[\frac{\mathrm{dlog}\dot{\gamma}_{ap}}{\mathrm{dlog}\tau}\right]^{-1} \qquad \text{(C.3)}$$

$$\dot{\gamma}_{ap}=\frac{32Q}{\pi D^3} \qquad \text{(C.4)}$$

$$Q=\frac{v\pi D_b^2}{4} \qquad \text{(C.5)}$$

经入口压力降和非牛顿速度分布(Weissenberg-Robinowitsch 修正)修正的剪切黏度由式(C.6)给出：

$$\eta=\frac{D^4}{(32LvD_b^2)}\times\left(\frac{4n}{3n+1}\right)\times(p-p_c) \qquad \text{(C.6)}$$

式中：

$\dot{\gamma}_{ap}$——表观剪切速率，单位为每秒(s^{-1})；

Q——体积流动速率，单位为立方毫米每秒(mm^3/s)；

D——毛细管直径，单位为毫米(mm)；

v——柱塞速度，单位为毫米每秒(mm/s)；

D_b——料筒直径，单位为毫米(mm)；

p——挤出压力，单位为帕斯卡(Pa)；

p_c——压力修正项，单位为帕斯卡(Pa)；

L——毛细管长度，单位为毫米(mm)。

因此，用式(C.1)、式(C.2)和式(C.6)测定剪切黏度的合成不确定度 $u_c(\eta)$ 可由式(C.7)给出：

$$u_c(\eta)=\eta\sqrt{\left[\frac{4u(D)}{D}\right]^2+\left[\frac{u(L)}{L}\right]^2+\left[\frac{u(v)}{v}\right]^2+\left[\frac{2u(D_b)}{D_b}\right]^2+\left[\frac{u(p)^2+u(p_c)^2}{(p-p_c)^2}\right]+\left[\frac{u(n)}{u(3n+1)}\right]^2} \qquad \text{(C.7)}$$

剪切速率 $u_c(\dot{\gamma})$ 的合成不确定度由式(C.8)给出：

$$u_c(\dot{\gamma})=\dot{\gamma}\sqrt{\left[\frac{3u(D)}{D}\right]^2+\left[\frac{u(v)}{v}\right]^2+\left[\frac{2u(D_b)}{D_b}\right]^2+\left[\frac{u(n)}{n(3n+1)}\right]^2} \quad \cdots\cdots\cdots\cdots(C.8)$$

不确定度 $u(x_i)$ 与 x_i 之比为该参数的相对不确定度，即 $u(D)/D$ 是 D 的相对不确定度。

黏度的温度依赖性和降解的影响可作为附加项并入式(C.7)中，这样：

$$u_c(\eta)=\eta\sqrt{\left[\frac{4u(D)}{D}\right]^2+\left[\frac{u(L)}{L}\right]^2+\left[\frac{u(v)}{v}\right]^2+\left[\frac{2u(D_b)}{D_b}\right]^2+\left[\frac{u(p)^2+u(p_c)^2}{(p-p_c)^2}\right]+\left[\frac{u(n)}{n(3n+1)}\right]^2+f(d)^2+f(\theta)^2} \quad \cdots\cdots\cdots\cdots(C.9)$$

式中：

$f(d)$——由降解产生的相对不确定度；

$f(\theta)$——由黏度的温度依赖性和试验温度误差的综合影响产生的相对不确定度。

$f(\theta)$ 可表示如式(C.10)所示：

$$f(\theta)=\frac{\partial\eta}{\partial\theta}u(\theta) \quad \cdots\cdots\cdots\cdots(C.10)$$

式(C.9)用于给出了各分量不确定度值的测定剪切黏度不确定度的评定，式(C.7)和式(C.9)用于经修正入口效应和非牛顿速度分布(Weissenberg-Rabinowitsch)的真实剪切黏度的不确定度评定，式(C.8)用于真实剪切速率的不确定度评定。从这些公式中去掉 n 和 $u(n)$，能够推导出表观剪切黏度和表观剪切速率的不确定度评定所用的公式[设定 $u(n)$ 为 0]，在式(C.7)中用表观剪切黏度 η_{ap} 代替真实剪切黏度 η，在式(C.8)中用表观剪切速率 $\dot{\gamma}_{ap}$ 代替真实剪切速率 $\dot{\gamma}$。同样，去掉式(C.7)中的 $u(p_c)$ 和 p_c 两项，能够得到未经修正入口效应的表观剪切黏度的不确定度评定[令 $u(p_c)$ 和 p_c 为 0]。

C.2 工作示例

对于特定样品，基于本标准规定的允差和假设，计算了测定剪切黏度不确定度的各种因素不确定度值，结果列于表 C.1。为避免不确定度分析过度复杂，用两个口模的剪切黏度测量进行分析：一个 20 mm 的长口模和一个可以忽略长度的短口模，短口模用来确定入口压力降。

对特定仪器进行不确定度分析时，最好利用校准数据来确定实际量的范围，采用正态分布优于矩形分布。

表 C.1 测定剪切黏度的不确定分量及其评定

分量、符号和单位	评定类型[a]	概率分布[b]	除数[c]	分量的估计值，m	分量的置信区间[d]	标准不确定度 $u(x)$[e]	相对不确定度 $u(x)/m$
毛细管长度 L/mm	B	R	$\sqrt{3}$	20	±0.025	0.014	0.000 7
毛细管直径 D/mm	B	R	$\sqrt{3}$	1	±0.007	0.004	0.004 0
料筒直径 D_b/mm	B	R	$\sqrt{3}$	15	±0.007	0.004	0.000 27
压力测量 p/Pa	B	R	$\sqrt{3}$	变化的	量程范围 ±1%	—	0.005 8[f]
压力校准 p_c/Pa	B	R	$\sqrt{3}$	变化的（假设 $p_c=0.2p$）	量程范围 ±1%	—	0.005 8[f]
流动速率测量 Q/(mm^3/s)	B	R	$\sqrt{3}$	—	±1%	—	—
柱塞速度 v/(mm/s)	B	R	$\sqrt{3}$	—	±1%[g]	—	0.005 8[g]

表 C.1（续）

分量、符号和单位	评定类型[a]	概率分布[b]	除数[c]	分量的估计值，m	分量的置信区间[d]	标准不确定度 $u(x)$[e]	相对不确定度 $u(x)/m$
$\log\tau/\log\dot{\gamma}_{ap}$ 斜率，n	A	N	1	0.4	0.03[h]	0.03	0.075
温度 θ/℃ （对于 $\theta \leqslant 200$ ℃）	B	R	$\sqrt{3}$	—	±1.5 ℃	0.87	0.008 7[i]
温度 θ/℃ （200 ℃ $< \theta \leqslant$ 300 ℃）	B	R	$\sqrt{3}$	—	±2.5 ℃	1.4	0.014[j]
温度 θ/℃ （$\theta >$ 300 ℃）	B	R	$\sqrt{3}$	—	±3.5 ℃	2.0	0.020[j]
由于降解效应挤出压力随时间的变化	B	R	$\sqrt{3}$	—	±5%	—	0.029[k]

a,b A 类不确定度分量用统计分析的方法评定，基于观测值的变化并假设呈正态分布(N)。B 类不确定度分量按本标准给出的允差进行评定。B 类分量均按矩形分布(R)进行评定，即实际值落在提供的允差范围内有均等的几率。

c,d,e 标准不确定度是分量的置信区间(d)除以假设的概率分布(b)下的除数(c)。

f 提供的数值是在满量程使用压力传感器，当使用其低量程部分时，该值必须乘以一个系数，如在量程的50%，相对不确定度应为两倍(0.012)。挤出压力 p 和修正压力 p_c 的测量不确定度采用相同的值，规定为压力传感器满量程的 1%，也可假设修正压力 p_c 的大小是长口模的挤出压力的五分之一，即 $p_c = 0.2p$。该假设意味着在每个长、短口模上用适当范围的不同传感器。两种情况下用相同的传感器，p_c 的不确定度会很大，用接近 5 的系数评定。

g 由于料筒直径的相对不确定度的贡献可忽略不计，柱塞速度的不确定度与流动速率的近似相同。

h 评估 n 分量的置信区间是一个标准偏差。

i,j 剪切速率的测量不确定度与测试样品的温度依赖性有关，对实验室间比对使用的高密度聚乙烯和玻纤填充聚丙烯样品，基于不同温度下的测量，剪切黏度的温度依赖性因子是 1%/℃。对于温度的依赖性因子不同于此的聚合物，相对不确定度值须乘以一个系数，如对于一种温度依赖性为 2%/℃ 的材料，在温度 $\theta \leqslant 200$ ℃下，相对不确定度是 0.028，假设分量的置信区间等于在空间和时间上温度变化的允差之和。

k 在测定可能发生降解的剪切黏度测量不确定度时，按照本标准，假设试验是在挤出压力(黏度)变化不超过5%的一段时间进行的。

表 C.1 中规定了这些假设的数值，对于不同温差和温度依赖性、只利用压力传感器的部分量程、有和没有降解效应的贡献，分别计算得到的剪切黏度扩展不确定度见表 C.2。假设 5% 的降解效应，其计算值见括弧内。

表 C.2 测量真实剪切黏度的扩展不确定度

黏度的温度依赖性 %/℃	温度误差 ℃	黏度测量的扩展不确定度(95%的置信水平)[b] %			
		用压力传感器量程的 100%	用压力传感器量程的 50%	用压力传感器量程的 20%	用压力传感器量程的 10%
0	—	7.9(9.7)	8.7(10.4)	11.1(12.6)	21.8(22.5)
1	±1.5	8.1(9.9)[a]	8.8(10.6)	11.3(12.7)	21.9(22.6)
1	±2.5	8.4(10.2)	9.1(10.8)	11.5(12.9)	22.0(22.7)
3	±1.5	9.5(11.1)	10.0(11.6)	12.3(13.6)	22.4(23.1)

注：提供的数据用 1 位小数表示数据趋势，不作为该数据的精密度。

a 与表 C.1 列出的相对不确定度一致，温度的相对不确定度用 0.008 7。

b 由于只使用压力传感器量程的一部分，不包括降解效应[括弧里的值包含了 5% 的降解效应，$f(d)=0.05$]

计算出表观剪切速率的扩展不确定度(95%置信水平)约 2.7%,真实剪切速率的扩展不确定度约为 7%,由于对非牛顿速度分布进行 Weissenherg-Rabinowitsch 修正产生的差异以及不确定度均与此相关(通过斜率 n 即 $\log\tau/\log\gamma_{ap}$ 的不确定度)。该修正也是在 Weissenherg-Rabinowitsch 修正真实剪切黏度中对所有不确定度贡献显著的一个因素,以上例子中,这一因素单独规定了一个扩展不确定,为真实剪切黏度的 6.8%。

表 C.2 可明显看出,仅用压力传感器量程较低部分的重要影响,只在量程的 10%使用传感器时,不确定度能以 3 倍的系数增加。

不确定度值不考虑由于黏性热和黏度对压力的依赖性引起的误差。这些因素将增大测量不确定度和结果的再现性,特别是不同试验条件下得到的类似剪切速率下的黏度,例如用不同尺寸的口模。

附 录 D
（资料性附录）
ISO 11443:2005 的精密度

已经进行了两次实验室间的精密度试验。第一次于 1990 年完成，包括七个实验室、两种材料（PP 和 PVC）。

在第一次实验室间比对中，使用了两类仪器和两种测量步骤：

——测量毛细管入口挤出压力的流变仪（四个实验室）和测量柱塞力的流变仪（两个实验室）；

——试验用剪切速率按照数量级递减（两个实验室）或递增（四个实验室）进行。

由两个实验室进行了重复性测验，结果表明测量毛细管入口处压力优于测量作用在柱塞上的力，并且在低剪切速率（<100 s^{-1}）不及在高剪切速率（>100 s^{-1}），估计重复性分别为±10%和±5%。若使用长口模（L/D>20），入口角≥90°时，入口处几何形状的影响可忽略。

由七个实验室进行了方法再现性的评估，测量了 180 ℃和 190 ℃下 PVC 的黏度以及 210 ℃和 240 ℃下 PP 的黏度。结果表明低剪切速率的再现性较高剪切速率的再现性差，分别为±20%和±10%。

测验结果表明，再现性受以下因素影响：

——在单次试验中被检不同剪切速率的顺序；

——所用的压力传感器或力传感器的灵敏度：用相同的传感器在高压力（高剪切速率）和低压力（低剪切速率）下不能进行相同精密度的测量；

——测定剪切应力的方法：优先在毛细管入口处测量压力，因为这种测量方法更准确。

试验中，毛细管清洁度对结果的影响尚未进行研究。

1996 年，由 20 个实验室使用聚乙烯（PE）和玻纤填充聚丙烯（GFPP）完成了第二次实验室间精密度试验[6]。测定挤出压力、入口压力降和剪切黏度的精密度数据见表 D.1，其中剪切黏度经过了入口效应和非牛顿流体速率分布两种修正。所示值为 95%的置信水平、对标准偏差计算值取包含因子为其 2.8 倍而确定。

注 1：收缩比定义为料筒直径与口模直径之比。

注 2：根据参考文献[7]确定标准偏差、重复性限和再现性限（95%置信水平）。

注 3：见附录 A 至 C。

表 D.1 挤出流变仪精密度数据

挤出压力的测量			
材料	PE	GFPP	
试验温度/℃	190	230	
重复性（95%置信水平）	20%	38%	
剪切黏度的测量[经过入口压力降和非牛顿速度分布的修正（Weissenberg-Rabinowitsch 修正）]			
材料	PE	GFPP	
试验温度/℃	190	230	
重复性（95%置信水平）	20%	24%	
再现性（95%置信水平）	28%	34%	
入口压力降的测量			
材料	PE	PE	GFPP
试验温度/℃	190	190	230
收缩比	15	9.55～15.5	15
再现性（95%置信水平）	42%	50%	56%

参 考 文 献

[1] CHUNG,B. ,COHEN,C. Glass Fiber-Filled Thermoplastics,I. Wall and Processing Effects on Rheological Properties. Polym. Eng. Sci. [J],1985,25:1001-1007.

[2] LUPTON,J. M. ,REGISTER,J. W. Free radical polymerization of methyl methacrylate at high temperatures. Polymer Engineering & science[J]. 1985;25(4):232-244.

[3] BAGLEY,E. B. J. Appl. Physics,1957,28:624.

[4] EISENSCHITZ, R. , RABINOWITSCH, B. , WEISSENBERG, K. Mitt. Dtsch. Mat. -Prf. -Anst. (Bulletin of German Materials—Testing Institution),Sonderheft 9,1929:91.

[5] MCKELVEY,J. M. Polymer Processing. John Wiley and Sons,New York/London,1962.

[6] RIDES, M. , ALLEN, C. R. G. Capillary extrusion rheometry intercomparison using polyethylene and glass-fibre filled polypropylene melts: measurement of shear viscosity and entrance pressure drop, NPL Report CMMT (A) 25, May 1996, National Physical Laboratory, Teddington, Middlesex,United Kingdom,TW11 0LW.

[7] ISO document TC 61/SC 5/WG 21 N18 E 14,Determination of the precision of a test method—Practical guide.

ICS 65.060.35
B 91

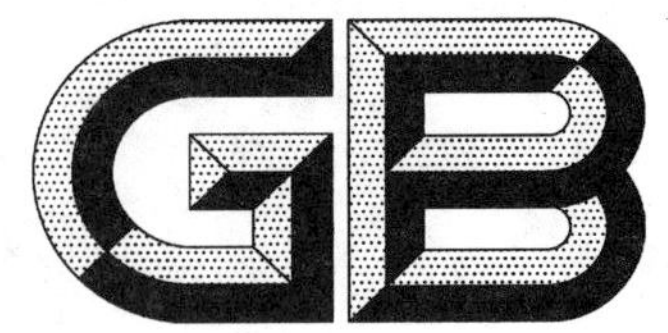

中华人民共和国国家标准

GB/T 26729—2011/ISO 16149:2006

农业灌溉设备 地表灌溉用聚氯乙烯(PVC)低压管 技术规范和试验方法

Agricultural irrigation equipment—PVC above-ground low-pressure pipe for surface irrigation—Specifications and test methods

(ISO 16149:2006,IDT)

2011-07-20 发布　　2012-01-01 实施

中华人民共和国国家质量监督检验检疫总局
中国国家标准化管理委员会　发布

前　言

本标准按照 GB/T 1.1—2009 给出的规则起草。

本标准使用翻译法等同采用 ISO 16149:2006《农业灌溉设备　地表灌溉用聚氯乙烯(PVC)低压管技术规范和试验方法》。

与本标准中规范性引用的国际文件有一致性对应关系的我国文件如下:

——GB/T 6111　流体输送用热塑性塑料管材耐内压试验方法(GB/T 6111—2003,ISO 1167:1996,IDT)

——GB/T 6671　热塑性塑料管材　纵向回缩率的测定(GB/T 6671—2001,eqv ISO 2505:1994)

——GB/T 8802　热塑性塑料管材、管件　维卡软化温度的测定(GB/T 8802—2001,eqv ISO 2507:1995)

本标准由中国机械工业联合会提出。

本标准由全国农业机械标准化技术委员会(SAC/TC 201)归口。

本标准起草单位:中国农业机械化科学研究院、江苏大学流体机械工程技术研究中心。

本标准主要起草人:皇才进、王洋、张金风、张蒙、赵丽伟、王新坤、郎涛。

农业灌溉设备 地表灌溉用聚氯乙烯(PVC)低压管 技术规范和试验方法

1 范围

本标准规定了用于灌溉中通过阀门供给和分配低压灌溉水的未增塑聚氯乙烯(PVC)管的技术要求。

本标准适用于管径范围为 50 mm～315 mm 低压室外用 PVC 管。

2 规范性引用文件

下列文件对于本文件的应用是必不可少的。凡是注日期的引用文件,仅注日期的版本适用于本文件。凡是不注日期的引用文件,其最新版本(包括所有的修改单)适用于本文件。

ISO 1167-1 流体传输用热塑管、接头和组件 抗内压力的测定 第1部分:通用方法(Thermoplastics pipes,fittings and assemblies for the conveyance of fluids—Determination of the resistance to internal pressure—Part 1: General method)

ISO 1167-2 流体传输用热塑管、接头和组件 抗内压力的测定 第2部分:管试件的准备(Thermoplastics pipes,fittings and assemblies for the conveyance of fluids—Determination of the resistance to internal pressure—Part 2: Preparation of pipe test pieces)

ISO 2505(所有部分) 热塑性塑料管材 纵向回缩率的测定(Thermoplastics pipes—Longitudinal reversion)

ISO 2507-1 热塑性塑料管材和管件 维卡软化温度的测定 第1部分:一般试验方法(Thermoplastics pipes and fittings—Vicat softening temperature—Part 1:General test method)

ISO 2507-2 热塑性塑料管材和管件 维卡软化温度的测定 第2部分:硬聚氯乙烯(PVC-U)或氯化聚氯乙烯(PVC-C)管材及管件和高抗冲聚氯乙烯(PVC-HI)管材的试验条件[Thermoplastics pipes and fittings—Vicat softening temperature—Part 2:Test conditions for unplasticized poly(vinyl chloride)(PVC-U)or chlorinated poly(vinyl chloride)(PVC-C)pipes and fittings and for high impact resistance poly(vinyl chloride) (PVC-HI)pipes]

ISO 9852 未增塑聚氯乙烯管(PVC-U)规定温度下耐二氯甲烷(DCMT)试验方法[Unplasticized poly(vinyl chloride) (PVC-U) pipes—Dichloromethane resistance at specified temperature (DCMT)—Test method]

3 术语和定义

下列术语和定义适用于本文件。

3.1

钟形套 bell

管子端部的钟形部分,当邻接管的套管端部插入钟形套时,钟形套起到密封作用。

3.2

斜角　bevel

套管端部平滑的环形和角形区域，用于帮助连接钟形套和套管。

3.3

耐二氯甲烷性能　dichloromethane resistance

将管子置于二氯甲烷中，以给出管子凝胶化水平和凝胶化的均匀性。

3.4

阀门　gate

开度大小可调、允许水通过的安装在管子上的装置。

3.5

冲击强度　impact strength

材料的脆性或韧性的度量标准。

3.6

纵向回缩率　longitudinal reversion

将管子试验部分浸入150 ℃下的惰性液体中保持一段时间（时间长短由管子壁厚决定）以评价在高于环境温度的条件下管子长度的变化。

3.7

低压　low pressure

压力不超过100 kPa。

3.8

管公称直径　nominal pipe diameter

公称直径是安装阀门的管子尺寸的参考值，其大小近似等于管子外径，圆整到最接近的数值，精确到毫米。

3.9

套管　spigot

将管子一端插入钟形套的装置。

3.10

维卡软化温度　vicat softening temperature

将一个从管壁上取下的试片以50 ℃/h速度加热，用一标准压针压入试片表面，在50 N载荷下、压入深度达到1 mm时的温度即为维卡软化温度。

3.11

最大工作压力　maximum working pressure

装有阀门的管路单元入口处的最高水压。为保证正常使用，最大工作压力由制造厂给出。

4　标记

每根管子上应具有清晰耐久标记，内容应包括：

a)　制造厂名称/注册商标；

b)　材料等级代号；

c)　公称直径；

d)　执行标准编号（例如：GB/T 26729—2011）；

e)　产品编号——复合材料、抗拉 、年、月、日、伸缩量。

5 技术要求

5.1 一般要求

符合本标准的产品应符合 5.2～5.4 的要求。

5.2 尺寸

5.2.1 外径

外径及相应的公差应符合表 1 的规定。

表 1 外径及相应公差

单位为毫米

公称直径 d_n	外径 d_0	公差
50	50	+0.3
75	75	+0.4
100	100	+0.4
125	125	+0.5
160	160	+0.5
200	200	+0.6
250	250	+0.8
315	315	+0.9
注：其他直径尺寸可由供需双方协商确定。		

5.2.2 壁厚

最小壁厚应为 2.2 mm 或由式(1)计算的结果，取二者中的较大值：

$$t=\frac{d_0 P}{2S+P} \qquad (1)$$

式中：

t ——最小壁厚，单位为毫米(mm)；

P ——压力，单位为千帕(kPa)；

S ——设计压力，单位为千帕(kPa)；

d_0——外径，单位为毫米(mm)。

壁厚公差应为+12%或 0.8 mm 中的较大值。

尺寸测量应按 8.1 规定的方法进行。

5.3 力学性能

5.3.1 抗冲击性能

试验中，冲击点的选取应保证阀门的稳定性。按 8.2 规定的方法进行试验时，装有阀门的管子不应破裂或折断，且阀不应从管子上脱落。试验冲击能应符合表 2 的规定。

表 2 试验冲击能

公称直径 d_n/mm	冲击能	
	N·m	kg·m
50	40	4
75	40	4
160	50	5
200	50	5
250	60	6
315	60	6
注：实际使用中，1 kg 力等于 10 N。		

5.3.2 抗变形性能

按 8.3 的规定进行抗变形试验时，装有阀门的管子不应出现破损、裂痕或裂缝，且阀门不应脱落或出现永久性扭曲。

5.3.3 抗加速老化(侵蚀)性能

按 8.4 规定的条件进行试验时，管子上不应有裂缝、起泡和其他影响其性能的缺陷。

5.3.4 阀门和连接处的密封性

按 8.5 规定的条件对装配连接处的密封性进行试验，压力为 250 kPa，至少保压 15 min 不应出现渗漏。

5.4 物理及化学性能

5.4.1 耐二氯甲烷性能

按 8.6 的规定进行试验时，管子所有内外表面及斜面应耐腐蚀。

5.4.2 纵向回缩率

按 8.7 的规定进行试验时，样品长度变化应小于 5%。试验部分不应出现起泡、裂缝、不透明区或其他明显缺陷。

5.4.3 维卡软化温度

按 8.8 的规定进行试验时，维卡软化温度应大于 80 ℃。

6 阀门流量

阀门流量的测量应按 8.9 的规定进行，并且在制造厂推荐的试验压力下通过阀门的流量变化不应超过制造厂规定值的+10%。

注：本要求适用于承受压力超过大气压的管子。

7 样本数和合格判定数

见表3。

表3 合格判定数

章条编号	检验项目	样本数	合格判定数
4	标记	13	0
5.2	尺寸	13	0
5.3.1	抗冲击性能	5	0
5.3.2	抗变形性能	5	0
5.3.3	抗加速老化性能	5	0
5.3.4	阀门和连接处的密封性	5	0
5.4.1	耐二氯甲烷性能	5	0
5.4.2	纵向回缩率	5	0
5.4.3	维卡软化温度	5	0
6	阀门流量	13	0

8 试验

8.1 尺寸测量

8.1.1 一般要求

尺寸测量精度为0.025 mm。

8.1.2 壁厚

用带有球面测砧的千分尺或其他具有相同精度的测量仪器测量壁厚。

8.1.3 外径

使用滑动卡规测量外径，读数精确至0.1 mm。在同一个截面上进行测量，卡规垂直于管子轴线，在截面所在平面转动卡规直至找到最大值和最小值。

8.2 抗冲击性能

冲击试验中采用锤头为B型(半径，50 mm)的冲锤，样品长度应至少等于公称外径，但不小于150 mm。试验前，将样品置于温度为23 ℃±2 ℃相对湿度为50%±5%的环境中至少40 h。试验设备及详细试验步骤见参考文献[6]。

8.3 抗变形性能

应确保样品长度，在其中心附近至少可安装一个阀门。对两平行盘之间的样品施加一个合适的压力，直到两盘之间的距离为管子外径的40%。试验过程中，保证负荷加载率相同，以便在2 min～5 min内完成压缩。见参考文献[5]。

8.4 抗加速老化(侵蚀)性能

应确保样品厚度小于20 mm。将试验样品安装在样品架上，并且测试面应朝向灯光。当样品不能完全充满样品架时，用备用板填充剩余空间。进行一个循环，温度条件如下：60 ℃下紫外照射4 h，然后在50 ℃下冷凝。试验设备及详细试验步骤见参考文献[6]。

8.5 阀门和连接处的密封性

用带有端盖的圆柱形容器进行试验，此容器上装有温度和压力提供装置，以维持温度为23 ℃±2 ℃、压力符合5.3.4的规定。

按式(2)、式(3)计算试验样品的长度：

a) 对于直径小于250 mm的样品：

$$L = 250 + 3d_0 + X \qquad (2)$$

b) 对于直径大于等于250 mm的样品：

$$L = 1\,000 + 2X \qquad (3)$$

式中：

L ——试验样品长度，单位为毫米(mm)；

d_0 ——管子外径，单位为毫米(mm)；

X ——容器盖子端部之间的长度，单位为毫米(mm)。

试验设备和试验步骤按ISO 1167-1和ISO 1167-2的规定进行。

8.6 耐二氯甲烷性能

试验中应采用不锈钢容器，并且容器应具有容纳二氯甲烷和试验样品的能力，此容器应安装合适的设备使试验样品悬浮，并且容器上装有温度控制设备，能够将二氯甲烷的温度维持在20 ℃±1 ℃持续15 min。从管子上取下长度至少为100 mm的样品进行耐二氯甲烷试验。试验设备和试验步骤按ISO 9852的规定进行。

8.7 纵向回缩率

按ISO 2505的规定，将一个装有惰性液体的容器保持在150 ℃±2 ℃温度下一段时间，时间由管子壁厚决定。试验样品的长度应为200 mm±20 mm。试验设备和步骤应符合ISO 2505的规定。

8.8 维卡软化温度

试验样品为从管子上取下的长度约为50 mm、宽度为10 mm～20 mm、厚度为2.4 mm～6 mm的弧形管段，将样品浸入盛有合适溶液的加热容器中，测定标准压针压入试验样品1 mm+0.01 mm时的温度(见图1)。试验装置和步骤应符合ISO 2507-1和ISO 2507-2的规定。

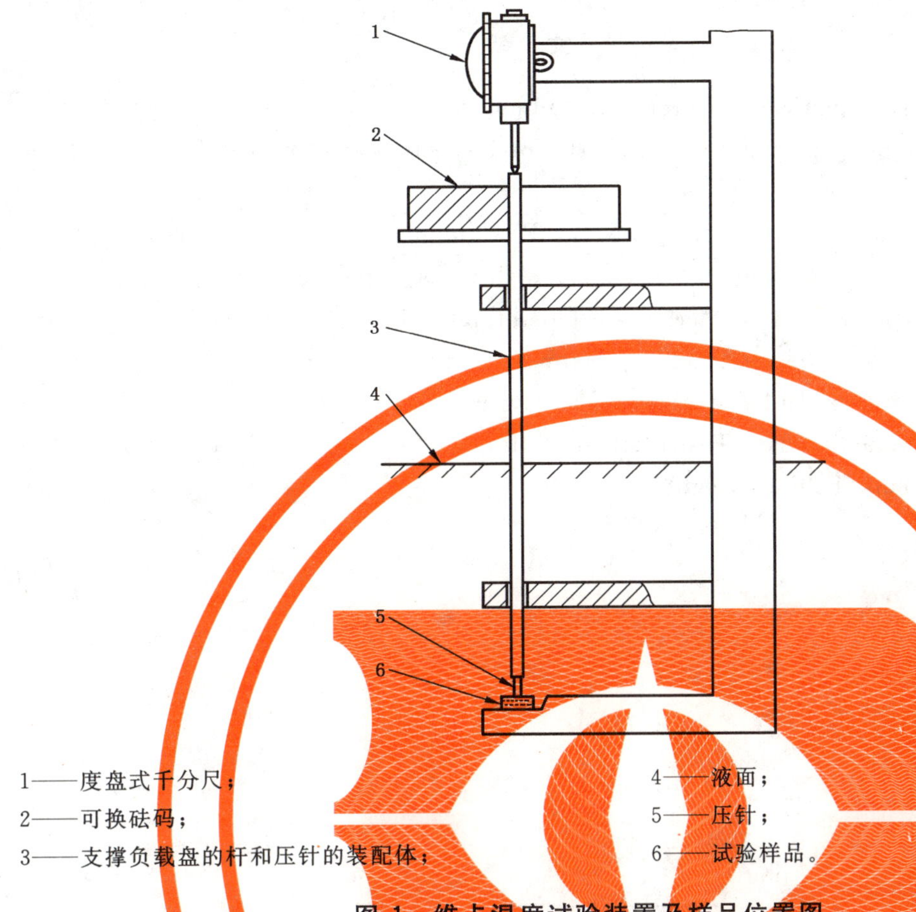

1——度盘式千分尺；
2——可换砝码；
3——支撑负载盘的杆和压针的装配体；
4——液面；
5——压针；
6——试验样品。

图 1 维卡温度试验装置及样品位置图

8.9 阀门流量

在制造厂推荐的压力、阀门开度和其他必要参数条件下，测量通过管子的第一个和最后一个阀门的流量。

参 考 文 献

[1] ISO 3126, Plastics pipes—Measurement of dimensions

[2] ISO 3951, Sampling procedures and charts for inspection by variables for percent nonconforming

[3] NMX-E-234-SCFI-2001, Plastic industry—PVC piping—Unplasticized polyvinyl chloride (PVC) pipes for irrigation low-pressure water supply with gates—Specifications[1)]

[4] ASTM[2)] G 53, Standard Test Method for Operating Light—Exposure and Water—Exposure Apparatus (Fluorescent UV—Condensation-Type) for Nonmetallic Materials

[5] ASTM D 2441-89, Standard Test Method for Polyvinyl Chloride (PVC) Pressure-Rated Pipe

[6] ASTM D 2444-99, Standard Test Method for Impact Resistance of Thermoplastic Pipe and Fittings by Means of a Tup (Falling Weight)

1) 墨西哥标准

2) 美国材料实验协会

ICS 83.140.30
G 31

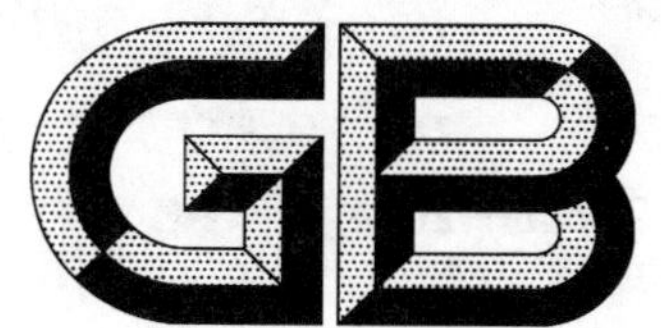

中华人民共和国国家标准

GB/T 27726—2011

热塑性塑料阀门压力试验方法及要求

Thermoplastics valves—Pressure test methods and requirements

(ISO 9393-1:2004,Thermoplastics valves for industrial applications—Pressure test methods and requirements—Part 1:General,MOD)

2011-12-30 发布

2012-07-01 实施

中华人民共和国国家质量监督检验检疫总局
中国国家标准化管理委员会 发布

前　言

本标准按照 GB/T 1.1—2009 给出的规则起草。

本标准修改采用 ISO 9393-1:2004《工业用热塑性塑料阀门压力试验方法及要求　第 1 部分:总则》,将 ISO 9393-2:2005《工业用热塑性塑料阀门压力试验方法及要求　第 2 部分:试验条件和基本要求》的内容作为规范性附录。

除编辑性修改外本标准与 ISO 9393 主要技术差异如下:

——对 ISO 9393 引用的标准已转化为我国标准的,则引用我国国家标准;

——将标准中所涉及的压力单位统一改为我国法定单位“MPa”;

——对第 2 部分重复于第 1 部分的内容进行了合并和顺序调整,主要为“范围”、“规范性引用文件”和“术语和定义”。

本标准由中国轻工业联合会提出。

本标准由全国塑料制品标准化技术委员会塑料管材、管件及阀门分技术委员会(SAC/TC 48/SC 3)归口。

本标准起草单位:公元塑业集团有限公司、承德市精密试验机有限公司、上海乔治费歇尔管路系统有限公司、浙江中财管道科技股份有限公司、石家庄开发区中实检测设备有限公司。

本标准主要起草人:黄剑、王新华、赵启辉、丁良玉、党孝刚、孙华丽。

热塑性塑料阀门压力试验方法及要求

1 范围

本标准规定了热塑性塑料阀门的耐内压和密封性能的试验方法和要求。

本标准适用于冷水和工业流体输送用热塑性塑料阀门。

本标准不适用于输送气体用的热塑性塑料阀门。

2 规范性引用文件

下列文件对于本文件的应用是必不可少的。凡是注日期的引用文件，仅注日期的版本适用于本文件。凡是不注日期的引用文件，其最新版本(包括所有的修改单)适用于本文件。

GB/T 6111—2003 流体输送用热塑性塑料管材耐内压试验方法(ISO 1167:1996,IDT)

GB/T 18252—2008 塑料管道系统 用外推法确定热塑性塑料材料以管材形式的长期静液压强度(ISO 9080:2003,IDT)

GB/T 19278—2003 热塑性塑料管材、管件及阀门通用术语及其定义

3 术语和定义

GB/T 19278—2003 界定的以及下列术语和定义适用于本文件。

3.1

公称压力 nominal pressure (PN)

阀门在 20 ℃使用时允许的最大持续工作压力，单位为 MPa。

3.2

试验压力 test pressure

试验中阀门受到的内压，单位为 MPa。

3.3

关闭扭矩 closing torque

在最大允许压力下，完全关闭阀门所需的扭矩，单位为 N·m。

3.4

材料试验 materials test

测定内部静液压下热塑性塑料材料以注塑成型管段形式的长期性能的试验。

3.5

壳体试验 shell test

根据已知液压曲线，检验静液压下阀门壳体的设计强度的试验。

3.6

阀门整体的长期性能试验 long-term behaviour test of a complete valve

用于测定阀门整体耐内压能力的试验。

3.7

阀门的密封性试验 seat and packing test

用于测定阀门以下性能的试验：

——阀门关闭时，阀座的密封性(单向阀为一个方向，双向和多向阀为所有方向)；
——阀门打开时，阀体的密封性。

4 压力试验分类

4.1 材料试验：用于确定生产阀门部件的热塑性塑料材料的长期耐内压性能的试验。

4.2 壳体压力试验：用于检验阀门中承压部件的性能的试验。

4.3 阀门整体的长期性能试验：用于检验阀门设计和连接是否会对阀门的长期性能产生不良影响的试验。

4.4 阀门的密封性试验：用于检验阀门密封性的试验。

5 试样

5.1 材料试验的试样

按照相应的产品标准对材料的要求制备试样。

试样与试验设备的连接和其他要求见 GB/T 6111—2003。

5.2 壳体试验的试样

阀体部件的压力试验(壳体试验)，按照 GB/T 6111—2003 要求进行。

5.3 阀门整体的长期性能试验的试样

阀门整体的长期性能试验的试样，应为阀门与连接件按生产说明书装配后形成的组件，如下：

a) 用法兰或活接头连接的阀门
   试样通过法兰或活接头与试验装置连接。
b) 螺纹连接的阀门(内螺纹和/或外螺纹)
   试样通过螺纹管件与试验装置连接。
c) 用热熔方式或溶剂胶粘连接的阀门
   试样包括阀门以及与阀门熔接或溶剂粘接的一个或多个管段。管段的最小自由长度应是其公称直径的 3 倍。
   管材两端应垂直于轴线切割平整。
   对于热熔或溶剂粘接的部件，在按照 5.5 进行预处理之前，应按厂家规定的时间固化。
d) 挤压夹紧式管件连接的阀门
   试样由一个或多个管段与阀门连接而成。与阀门连接的每个管段的自由长度应不小于管材外径。
e) 用弹性密封圈式承口连接的阀门
   试样由一个或多个管段与阀门连接而成。与阀门连接的每个管段的自由长度应不小于管材外径。

5.4 阀门密封性试验的试样

试样为组装完整的阀门，其开口端用管帽，丝堵和柔性密封件进行封堵。

对于热熔或溶剂粘接的部件，在按照 5.5 进行预处理之前，应按厂家规定的时间固化。

5.5 预处理

5.5.1 以水作为试验介质的预处理

试样放置于试验设备之前或之后，将其内部充满水，并在规定的试验温度中预处理至少 1 h，温度偏差为±2 ℃。

5.5.2 以气体作为试验介质的预处理

在规定的试验温度中预处理至少 1 h，温度偏差为±8 ℃。

6 试验设备

6.1 加压装置

按 GB/T 6111—2003 中规定，能与试样进行连接，试验装置不能有对阀体试验可能产生影响的应力，并能在规定的温度下能持续地施加规定的压力，在附录 A 规定的相关的时间内，压力值应保持在要求值 99%～102%之间，同时维持该产品标准规定的温度。

如果使用空气或氮气作为试验介质，那么使用这些压缩气体时必须采取安全措施。

阀座和密封件的试验，如果以空气或氮气作为试验介质，设备应具有施加 0.6 MPa 恒定气压的能力，并应包括一个能完全浸没试样的恒温水箱。

对于阀门整体的长期性能试验和壳体试验，试样应悬置，以免结果受到紧固试样所施载荷的影响，并且试验装置不应对阀门提供额外支撑。

6.2 压力测量装置

能检测试验压力与规定压力的一致性，对于压力表或类似的压力测量装置，应满足设定的压力值在所用测量装置的测量范围之内。

压力测量装置不应污染试验液体。

建议用标准仪表校准测量装置。

6.3 温度计或测温装置

能检测试验温度与规定温度的一致性。

6.4 计时器

计时器能记录达到相关标准规定的压力直至试样破坏的持续时间，并能测量阀座和密封件试验规定时间。

7 试验步骤

7.1 材料试验

按照相应的产品标准规定的材料要求进行试验。

7.2 壳体试验

制备试样，按 5.5 进行预处理，然后按下述步骤试验：

a） 将试样连接到加压装置；

b） 放置试样，使整个阀门壳体都能够受到试验压力的作用；

c） 确保试样中的水温符合规定要求；

d） 排净试样中的空气；

e） 尽可能平稳且快地升高压力到附录 A 中表 A.1 壳体试验条件中的规定值，但升压时间不要少于 30 s。保持压力、温度、时间符合附录 A 表 A.1 的规定；

f) 将压力降低到常压。

7.3 阀门整体长期性能试验

制备试样，按 5.5 进行预处理，然后按下述步骤试验：

a) 将试样连接到加压装置；

b) 放置试样，使整个阀门壳体都能够受到试验压力的作用；

c) 确保试样中的水温符合规定要求；

d) 排净试样中的空气；

e) 尽可能平稳且快地升高压力到附录 A 中表 A.2 阀门长期性能试验条件的规定值，但升压时间不要少于 30 s。保持压力、温度、时间符合附录 A 表 A.2 阀门长期性能试验条件的规定；

f) 将压力降低到常压。

7.4 阀门的密封性试验

7.4.1 制样

制备试样，按 5.5 进行试样预处理。

7.4.2 阀门完全关闭试验

a) 把试样的一端连接到压力源；

b) 在规定温度下，将已关闭的试样内部注满试验流体；

c) 排净试样中的空气(适用时)；

d) 按产品标准中规定的关闭扭矩关闭阀门；

e) 尽可能平稳且快地升高压力到附录 A 的规定值，但升压时间不要少于 30 s。保持压力、温度、时间符合附录 A 表 A.3 阀门的密封性试验条件的规定；

f) 检查阀座是否渗漏；

g) 将压力降低到常压。

7.4.3 阀门完全打开或部分打开试验

a) 打开阀门到一定程度，使得阀门内腔及所有密封件都能受到试验压力的作用；

b) 把试样的一端连接到压力源，另一端用合适的连接管或堵头连接；

c) 在规定温度下，将试样内部注满试验介质，然后切断试样介质；

d) 排净试样中的空气(适用时)；

e) 尽可能平稳且快地升高压力到附录 A 的规定值，但升压时间不要少于 30 s。保持压力、温度、时间符合附录 A 表 A.3 阀门的密封性试验条件的规定；

f) 检查壳体和密封件是否渗漏；

g) 将压力降低到常压。

8 结果判定

8.1 材料试验

材料试验结果符合规定的材料要求，则判定材料合格。

如果试样与设备的连接失败，试验判为无效，取另一试样，重复试验。

如果试样在离末端 0.1l_0（l_0 为试样的自由长度）内发生破坏，取另一试样，重复试验。

8.2 壳体试验

试验过程中，阀门不发生渗漏、破裂及其他可见破坏，则判定为合格。如果阀门在试验结束之前阀体破裂，则判定试样不合格。

如果管材或连接处出现破坏，试验无效，取另一试样，重复试验。

8.3 阀门整体长期性能试验

如果试验过程中，阀门没有渗漏、破裂及其他可见破坏，则试样判为合格。

如果阀体在试验结束前破裂，则判定试样不合格。

如果管材或连接处破坏，试验判为无效，取另一试样，重复试验。

8.4 阀门的密封性试验

如果试验中阀座和密封件无渗漏，则判定试样合格。

9 试验报告

试验报告应包括下列内容：

a) 本标准号及试验类型。

b) 描述阀门特征所必需的细节，包括：

   1) 阀门类型，公称规格和接口类型；
   2) 阀体材料和接口材料；
   3) 阀门的公称压力(PN)；
   4) 厂家名称或商标；
   5) 流向（如果适用）；
   6) 所使用管材的公称规格和壁厚（如果适用）。

c) 试验条件。

d) 试样数量。

e) 阀门是否满足试验要求——如果阀门破坏（渗漏或破裂），标明试验条件和破裂（如果出现）出现的位置及尺寸。

f) 本标准中没有规定的操作细节，以及任何可能影响结果的因素。

g) 测试日期。

h) 试验人员。

附 录 A
（规范性附录）
压力试验条件

A.1 材料试验

A.1.1 材料应按 GB/T 18252—2008 规定的条件和要求进行定级。

A.1.2 对于原材料生产商已经试验过的材料无需重新定级。

A.2 壳体试验

5.2 所述试样应按照表 A.1 中试验条件进行。

表 A.1 壳体试验条件

<table>
<tr><th rowspan="2">材料</th><th rowspan="2">最短试验时间/h</th><th rowspan="2">试验压力[a]
P_{test}/MPa</th><th rowspan="2">设计应力
σ_s/MPa</th><th rowspan="2">温度/℃</th><th colspan="2">试验介质</th></tr>
<tr><th>内部</th><th>外部</th></tr>
<tr><td>ABS</td><td>1</td><td>3.12×PN</td><td rowspan="2">8</td><td rowspan="9">20±2</td><td rowspan="9">水</td><td rowspan="9">水或空气[b]</td></tr>
<tr><td>PE100</td><td rowspan="2">100</td><td>1.55×PN</td></tr>
<tr><td>PE80</td><td>1.59×PN</td><td>6.3</td></tr>
<tr><td>PPH
PP-R-GR</td><td rowspan="6">1</td><td>4.2×PN</td><td rowspan="3">5</td></tr>
<tr><td>PP-B</td><td>3.2×PN</td></tr>
<tr><td>PP-R</td><td>3.2×PN</td></tr>
<tr><td>PVC-C</td><td>3.4×PN</td><td rowspan="2">10</td></tr>
<tr><td>PVC-U</td><td>4.2×PN</td></tr>
<tr><td>PVDF</td><td>2.0×PN</td><td>16</td></tr>
</table>

[a] 试验压力 P_{test} 由以下公式计算得出：

$$P_{test}=(\sigma_t/\sigma_s)\times PN$$

其中：

σ_t——试验条件下的诱导应力；

σ_s——设计应力，单位为 MPa。

[b] 如有争议，外部应为水。

A.3 阀门整体长期性能试验

5.3 所述试样应按照表 A.2 中试验条件进行。

表 A.2 阀门长期性能试验条件

材料	最短试验时间/h	试验压力[a] P_{test}/MPa	温度/℃	试验介质	
				内部	外部
ABS	1 000	0.55×PN	60±2	水	水或空气[b]
PE100		1.5×PN	20±2		
PE80		1.5×PN			
PPH		2.16×PN			
PP-B		1.5×PN			
PP-R PP-R-GR		1.52×PN			
PVC-C		0.39×PN	80±2		
PVC-U		0.37×PN	60±2		
PVDF		1.45×PN	20±2		
对于隔膜阀，试验温度为20℃，最大压力不应超过1.5×PN。					

[a] 试验压力 P_{test} 由以下公式计算得出：

$$P_{test}=(\sigma_t/\sigma_s)\times PN$$

其中：

σ_t——试验条件下的诱导应力；

σ_s——设计应力，单位为MPa。

[b] 如有争议，外部应为水。

A.4 阀座及密封件试验

对于不同材料制成的阀门试验条件相同。试样应符合7.4.1和7.4.2的要求，试验条件如表A.3所示。

表 A.3 阀门密封性试验条件

试验	最短试验时间/s	试验压力/MPa	试验温度/℃	试验介质	
				内部	外部
阀座试验 (阀门关闭)	60	0.05	20±2	空气	水
	DN≤200 mm:15	1.1×PN[a]		水[b]	空气
	DN>200 mm:30				
密封件试验 (阀门开启)	DN≤50 mm:15	1.5×PN[a]		水[b]	空气
	DN>50 mm:30				

[a] 最大试验压力为(PN+0.5)MPa；

[b] 或者内部空气压力为(0.6±0.1)MPa、外部介质为水；如有争议，内部介质为水，外部介质为空气。

ICS 25.160.40
J 33

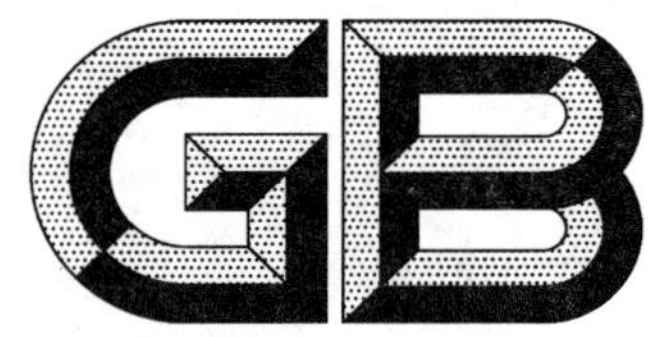

中华人民共和国国家标准

GB/T 29461—2012

聚乙烯管道电熔接头超声检测

Ultrasonic testing for electrofusion joint of polyethylene pipe

2012-12-31 发布　　　　2013-07-01 实施

中华人民共和国国家质量监督检验检疫总局
中国国家标准化管理委员会　发布

前　言

本标准按照 GB/T 1.1—2009 给出的规则起草。

本标准由全国锅炉压力容器标准化技术委员会(SAC/TC 262)提出并归口。

本标准起草单位:浙江大学、浙江省特种设备检验研究院、国家质检总局特种设备安全监察局、中国特种设备检测研究院、浙江中财管道科技股份有限公司。

本标准主要起草人:郑津洋、郭伟灿、施建峰、丁守宝、高继轩、徐平、胡斌、丁良玉、李翔、王笑梅。

本标准为首次制定。

聚乙烯管道电熔接头超声检测

1 范围

本标准规定了聚乙烯管道电熔接头超声检验的术语和定义、一般要求、检测程序、验收标准及检测报告。

本标准适用于公称直径为 40 mm～400 mm 的聚乙烯管道电熔接头的超声检测。

2 规范性引用文件

下列文件对于本文件的应用是必不可少的。凡是注日期的引用文件，仅注日期的版本适用于本文件。凡是不注日期的引用文件，其最新版本(包括所有的修改单)适用于本文件。

GB/T 9445 无损检测 人员资格鉴定与认证

GB/T 12604.1 无损检测 术语 超声检测

GB 15558.2 燃气用埋地聚乙烯(PE)管道系统 第 2 部分：管件

GB/T 29460 含缺陷聚乙烯管道电熔接头安全评定

《特种设备无损人员考核与监督管理规则》国质检锅字[2003]248 号文

3 术语和定义

GB/T 9445、GB/T 12604.1、GB 15558.2、GB/T 29460 界定的术语和定义适用于本文件。

4 一般要求

4.1 超声检测人员

从事聚乙烯压力管道电熔接头的超声检测人员应按 GB/T 9445 和相关工业部门规定的要求进行资格鉴定与认证并取得相应等级的证书。取得各资格级别的超声检测人员，只能从事与该资格级别相应的无损检测工作，并负相应的技术责任。检测人员应了解聚乙烯管道的特性、制造工艺和焊接工艺，通过聚乙烯管道电熔接头超声检测专业技术培训，并能独立进行聚乙烯管道电熔接头的超声检测。

4.2 检测设备

4.2.1 检测设备系统性能应符合下列要求：

a) 水平线性误差不大于 1%；

b) 垂直线性误差不大于 5%；

c) 增益范围不小于 30 dB；

d) 在达到所探工件的最大检测声程时，其有效灵敏度余量应不小于 10 dB。

4.2.2 检测设备应具有 B 扫描实时成像功能，能实时显示电熔接头纵向截面的二维超声波亮度(或彩色)图像，并具有测量图像尺寸的功能。

4.3 探头

4.3.1 聚乙烯管道电熔接头超声检测应采用聚焦探头，优先采用相控阵聚焦探头。

4.3.2 聚焦探头的会聚区范围应能满足聚乙烯管道电熔接头中缺陷检测的要求，且与被检测面有良好的配合。

4.3.3 探头频率应根据管件厚度选定。不同管件厚度范围适用的探头频率见表1。

表 1 不同管件厚度适用的探头频率

管件厚度 e mm	探头频率 f MHz
$3<e\leqslant10$	$f\geqslant6$
$10<e<25$	$4<f<6$
$e\geqslant25$	$f\leqslant4$

4.4 试块

4.4.1 标准试块

应采用与被检电熔接头管件材料声学性能相同或近似的材料制成，该材料不得有大于或等于 ϕ1 mm 平底孔当量直径的缺陷。标准试块的规格尺寸见附录 A。

4.4.2 对比试块

对比试块的外形尺寸应能代表被检工件的特征，试块厚度应与被检工件的厚度相对应，也可采用正常的电熔接头作为对比试块，试块中的反射体可以是人工缺陷或者是正常焊接接头中分布整齐的电阻丝。

4.5 耦合剂

应采用透声性好，且不损伤检测表面的耦合剂，如浆糊、甘油和水等。

4.6 电熔接头

电熔接头管件的材料、几何尺寸应符合 GB 15558.2 的要求。电熔接头的表面应尽量平整，不影响探头与工件的声耦合。

5 检测程序

5.1 检测时机

聚乙烯管道的电熔接头应在焊接工作全部完成，自然冷却 2 h 后，方可进行超声检测。

5.2 表面清理

电熔接头的表面质量应经外观检验合格。所有影响超声检测的污物等都应予以清除，其表面粗糙度应满足检测要求。表面的不规则状态不得影响检测结果的正确性和完整性。

5.3 灵敏度设定

调节灵敏度可采用两种方法：标准试块调节法和对比试块调节法。

5.3.1 标准试块调节法

将探头放置在标准试块表面，探头中心应位于试块表面中心线上，选择孔深与电熔接头管件厚度接近的侧面钻孔进行检测，调节检测设备的检测参数，直至获得的图像有足够的分辨力和灵敏度，并可以鉴别侧面的每一个钻孔，如图 1 所示。

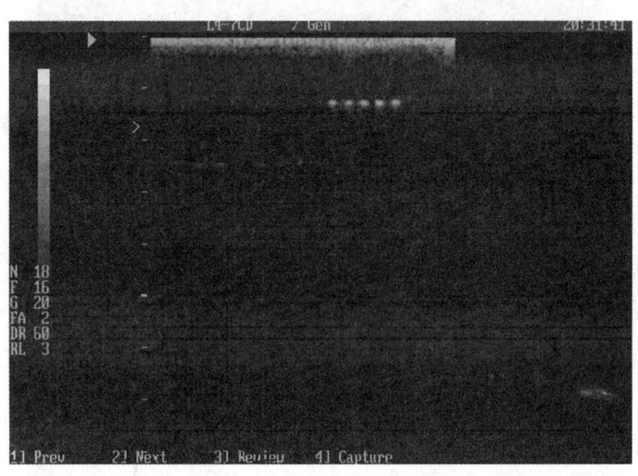

图 1　标准的灵敏度设定——标准试块的图像

5.3.2 对比试块调节法

将探头放置在与待测件同厚度的合格电熔接头外表面。调节检测设备的检测参数，直至获得的图像有足够的分辨力和灵敏度，并可以鉴别每一根电阻丝，如图 2 和图 3 所示。

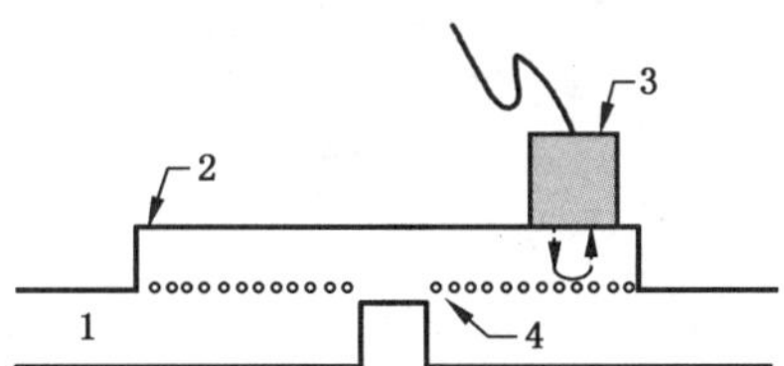

说明：

1——管材；

2——电熔管件；

3——超声探头；

4——电阻丝。

图 2　对比试块校准方法

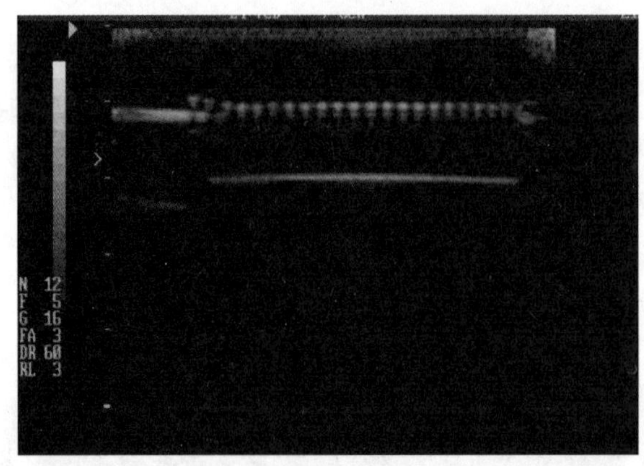

图 3 对比试块灵敏度设定方法——合格电熔接头的图像

5.4 检测步骤

5.4.1 根据管件的厚度按 4.3.3 选用合适频率的探头，按规定与超声波检测仪进行连接。

5.4.2 按 5.3 规定在标准试块或对比试块上调节检测灵敏度。

5.4.3 在待检的电熔接头上使用耦合剂，以 90°为间隔选择 4 个检测点（如图 4 所示），观测仪器显示屏上是否有可记录的信号。以探头宽度为扫描区域宽度沿管件圆周移动探头检测整个接头，如果检测到可记录信号，将探头沿周向扫查，以确定缺陷分布的范围。

注：可记录缺陷信号由接头中孔洞、熔合面缺陷、冷焊、电阻丝错位等所造成，不包括内在的几何形状如正常分布的电阻丝、界面冷区和管道内界面等。如果信号没有从熔融区的两边穿射到各边第二根电阻丝的位置，则此熔融区边缘的信号不应该被认为是可记录信号。

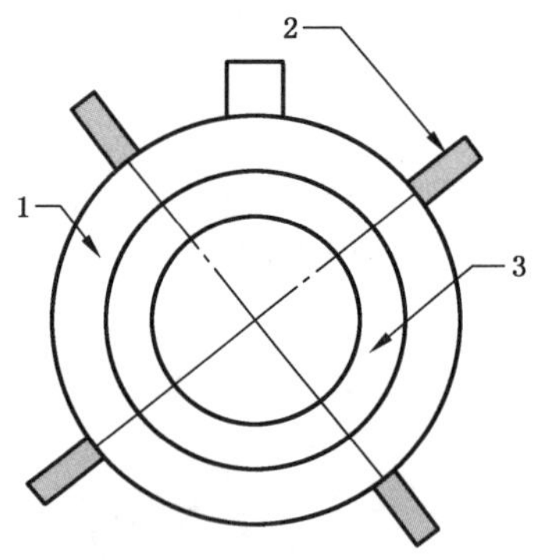

说明：

1——管件；

2——探头；

3——管材。

图 4 在电熔接头圆周上的四个探测点

5.5 系统复核

遇有下述情况应对系统进行复核：

a) 校准后的探头、耦合剂和仪器调节旋钮发生改变时；

b) 检测人员怀疑检测灵敏度有变化时；

c) 连续工作 4 h 以上时；

d) 工作结束时。

6 验收标准

6.1 缺陷应按 GB/T 29460 的规定进行验收。

6.2 正常焊接超声图谱及焊接缺陷超声图谱见附录 B。

7 检测报告

超声检测报告至少应包括以下内容：

a) 委托单位和报告编号；

b) 电熔接头编号、材质和表面状况；

c) 检测系统名称、编号、检测系统的校准时间、校准有效期；

d) 探头型号和频率；

e) 耦合剂；

f) 试块和检测灵敏度；

g) 检测草图，包括可记录信号位置，假如有不合格的信号被检测到，则需有反映缺陷的图像；

h) 缺陷的类型、尺寸、位置和分布；

i) 检测结果、检测标准名称；

j) 检测人员和责任人员签字及其技术资格等级；

k) 检测日期。

附 录 A
（规范性附录）
标准试块

A.1 标准试块用于调整检测灵敏度，确定缺陷位置，校验仪器的准确性。标准试块应该由与待测试样同质的或声学相似的材料制成，试块的尺寸规格见图A.1，试块的表面粗糙度应与测试样相接近，试块的检测面为平面或带有一定曲率半径的曲面，在试块的不同深度位置上含有5个排列均匀的侧面钻孔。试块的型号、相应的曲率半径和适用的电熔接头范围见表A.1的规定。

单位为毫米

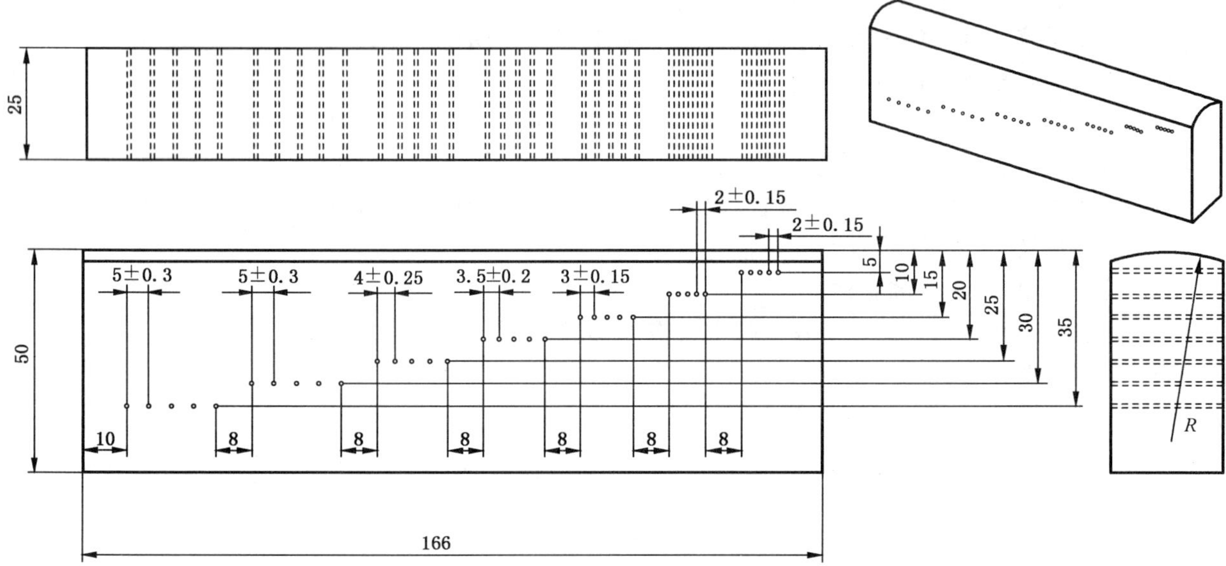

图 A.1 标准试块

表 A.1 试块圆弧曲率半径

试块型号	试块圆弧曲率半径 R mm	适用的电熔接头范围(公称直径) mm
PE-1	30	≥(40～80)
PE-2	60	≥(80～160)
PE-3	平面	≥160

A.2 标准试块加工应符合下列要求：

a) 钻或铰出的孔应该平行于测试表面；

b) 试块的长度、高度、宽度、孔层之间的空间和孔层与样条边缘之间的距离不得小于图A.1中的尺寸；

c) 孔径：(1±0.15)mm。

A.3 标准试块尺寸精度应符合本标准的要求，并应经检验合格。

附 录 B
（资料性附录）
特征图谱

B.1 正常焊接

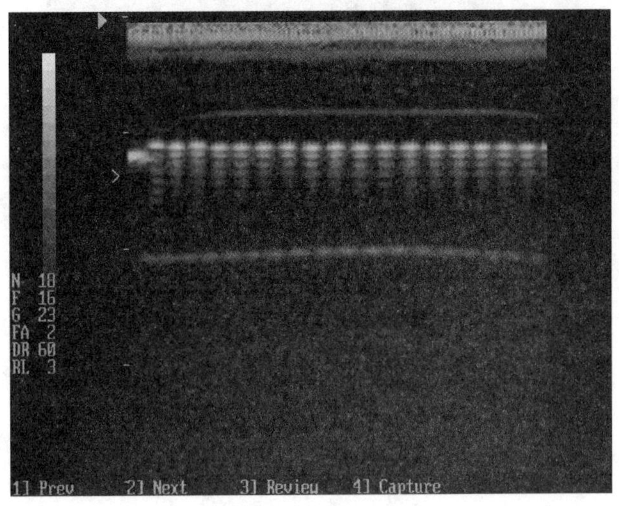

图 B.1 正常焊接接头超声图谱

正常焊接电熔接头超声图像电阻丝排布规整，没有明显错位现象；电熔管件内壁与管材外壁融为一体，熔合面没有间隙和孔洞。除电阻丝外，超声图像还显示出清晰的内、外冷焊区界面及管材内壁面的回波信号。

B.2 熔合面夹杂

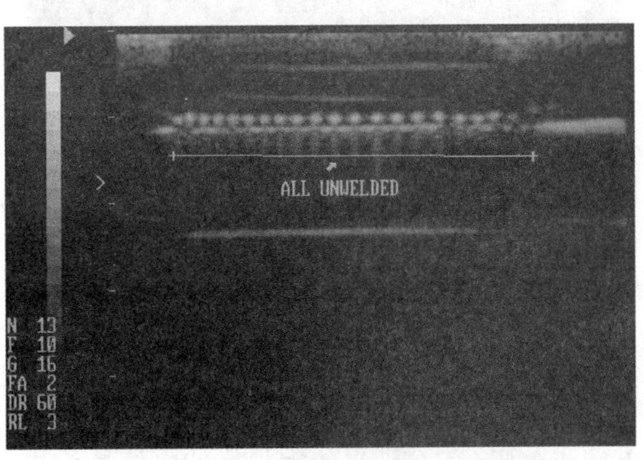

图 B.2 未熔合接头超声图谱

熔合面夹杂属于面积型缺陷。在电熔接头超声图像熔合面缺陷出现在在电阻丝下端一定距离处，其位置基本与内、外冷焊区界面反射的信号线平行；由于熔合面上的信号会受到电阻丝信号的干扰，所以缺陷信号出现在相邻两电阻丝信号之间。

B.3 电阻丝错位

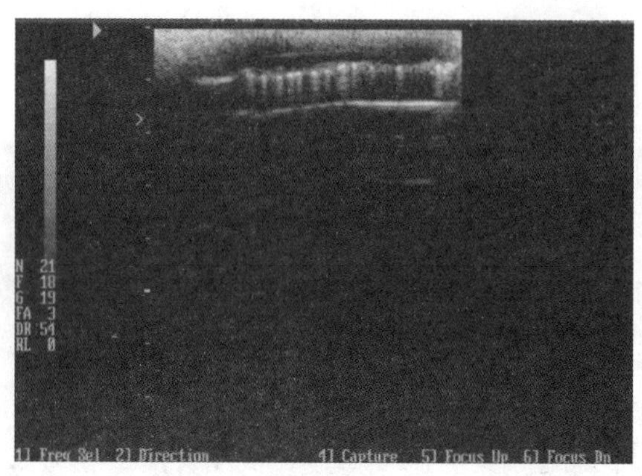

图 B.3 电阻丝错位接头超声图谱

金属丝错位指原先均匀排布的电阻丝在焊接后发生了水平或垂直方向的位移。在电熔接头超声图像中,可通过判断检测截面上电阻丝的相对位置变化,从而判断电阻丝的错位情况。

B.4 孔洞

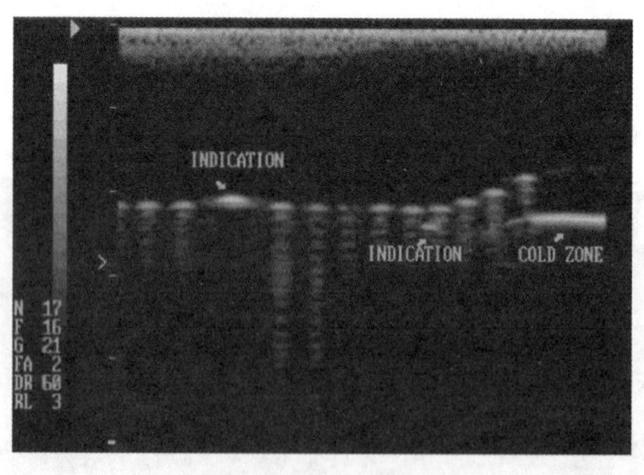

图 B.4 电阻丝周围含孔洞接头超声图谱

孔洞一般出现在电阻丝上端或电阻丝附近,当较大规格的电接接头焊接时间较长时,孔洞会出现在两电阻丝之间。

B.5 管件上的孔洞

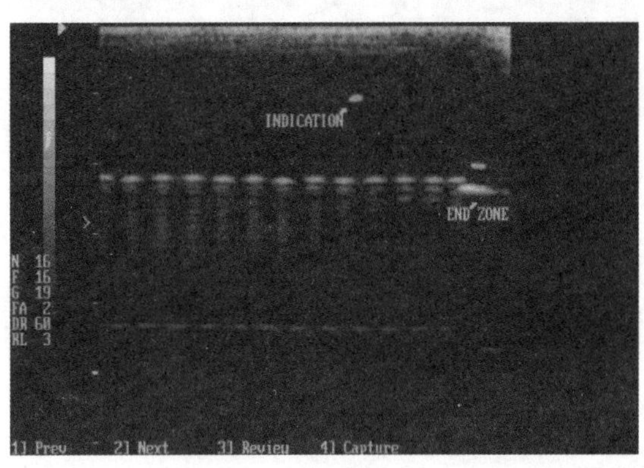

图 B.5 管件上含孔洞的超声图谱

此类孔洞与电熔连接并无关系，出现在加热电阻丝信号的远上端处。

B.6 冷焊

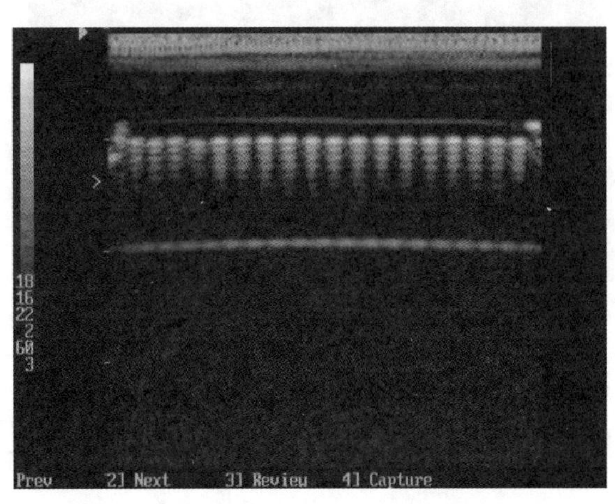

图 B.6 冷焊焊接电熔接头超声图谱

冷焊焊接电熔接头超声图像中，特征线与电阻丝之间的距离小于正常焊接接头中特征线与电阻丝之间的距离。

B.7 过焊

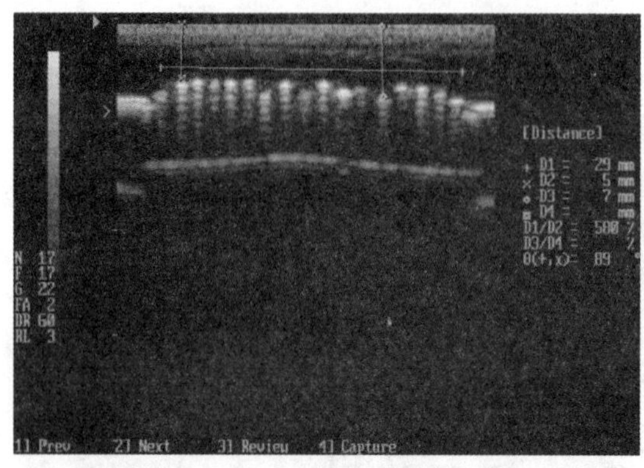

图 B.7 过焊焊接电熔接头超声图谱

电熔接头如果输入热量过长会造成过焊，在电熔接头超声图像中过焊主要呈现以下主要特征：

a) 电阻丝错位；

b) 管材内壁面出现较明显的弯曲；

c) 在接头中容易产生孔洞。

B.8 边界信号

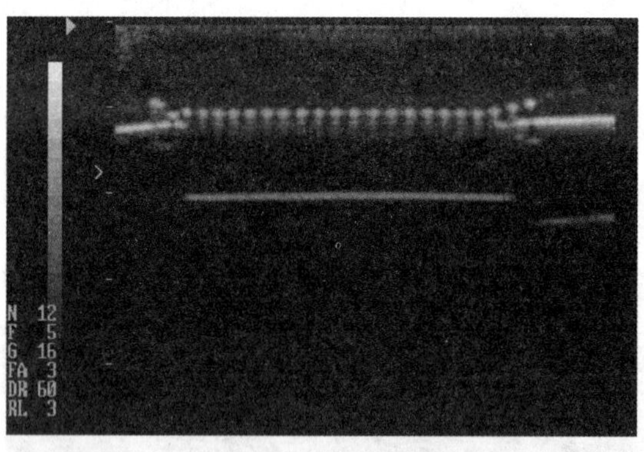

图 B.8 电熔管件的边界信号

通常电熔接头在边界总不是完美的，电熔接头内、外冷焊区界面会形成边界信号，这些信号不应该被包括在判定信号里。

ICS 83.140.30
G 33

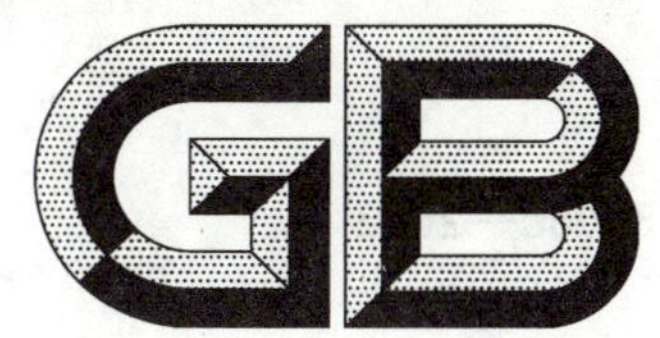

中华人民共和国国家标准

GB/T 30086—2013

给水塑料管道轴向线膨胀系数试验方法

Determination of axial coefficient of linear expansion of plastics pipes for water supply

2013-12-17 发布　　　　2014-03-01 实施

中华人民共和国国家质量监督检验检疫总局
中国国家标准化管理委员会　发布

前　言

本标准按照GB/T 1.1—2009给出的规则起草。

本标准由全国质量监管重点产品检验方法标准化技术委员会(SAC/TC 374)提出并归口。

本标准负责起草单位:上海市建筑科学研究院(集团)有限公司、上海建科检验有限公司。

本标准参加起草单位:浙江伟星新型建材股份有限公司、上海瑞河企业集团有限公司、永高股份有限公司、上海白蝶管业科技股份有限公司、爱康企业集团(上海)有限公司、上海天力实业(集团)有限公司、上海上塑控股(集团)有限公司、上海久通塑胶制品有限公司。

本标准主要起草人:赵敏、王静、戚锦秀、胥巍然、陈晓光、苏宇、王怡筠、毕麟波、赫赫。

给水塑料管道轴向线膨胀系数试验方法

1 范围

本标准规定了给水塑料管道轴向线膨胀系数试验的术语和定义、原理、设备、试样、试验步骤、结果计算与评定和试验记录与报告。

本标准适用于用顶杆示差法测量各类给水塑料管道直管的轴向线膨胀系数。

2 规范性引用文件

下列文件对于本文件的应用是必不可少的。凡是注日期的引用文件，仅注日期的版本适用于本文件。凡是不注日期的引用文件，其最新版本(包括所有的修改单)适用于本文件。

GB/T 8806 塑料管道系统 塑料部件 尺寸的测定

QB/T 2803 硬质塑料管材弯曲度测定方法

3 术语和定义

下列术语和定义适用于本文件。

3.1

轴向线膨胀系数 axial coefficient of linear expansion

温度每变化 1 ℃时，塑料管材在轴向长度上的相对变化值。

4 原理

塑料管材的自由段在环境温度和(或)管材内流体温度发生变化时，在轴向长度上会发生尺寸的膨胀或收缩。

本方法是用顶杆示差法线膨胀系数试验仪对试样进行均匀加热，并控制温度上升速率，测量两温度点间试样轴向长度变化量，计算线膨胀系数。

5 设备

顶杆示差法线膨胀系数试验仪包括恒温水槽、温度控制系统、形变测量系统，并应符合以下要求：

a） 恒温水槽及温度控制系统可提供温度范围为 20 ℃～95 ℃的温度环境，保持恒定的温度后，其平均温差不大于±0.5 ℃，最大温差不大于±1.0 ℃，能获得稳定的升温速率，升温速率为 4 ℃/10 min±1 ℃/10 min，温度示值的最大允许误差为±0.1 ℃；

b） 固定管材试样后，应保证在试验过程中试样仅在轴向发生滑动，径向不应有位移，且滑动摩擦力应小于 5 N；

c） 形变测量装置示值的最大允许误差为±0.01 mm，且测长计的接触力不应超过 1 N。

6 试样

管材试样长 1 000 mm±20 mm,弯曲度不大于 0.5%,其端面应平整,且与轴线垂直。

每组管材试样数量为 3 个。

7 试验步骤

7.1 状态调节

试样在 23 ℃±1 ℃条件下状态调节 24 h 后进行试验。

7.2 试验过程

在状态调节结束后,记录环境温度 t_0,按照 GB/T 8806 的规定测量的试样长度 L_0,按照 QB/T 2803的规定测量试样弯曲度。

将恒温水槽的水温调节至起始温度,待水温稳定后将试样水平安放于水槽中,使试样的中心轴与轴向线膨胀系数试验仪形变测量装置顶杆的轴线保持一致,试样应完全浸没于水中。放置 30 min 后,记录水槽温度 t_1,并将测量仪指针调至零点,使其稳定。

启动加热装置,以 4 ℃/10 min±1 ℃/10 min 的升温速率对恒温水槽加热,直至所需的试验温度,稳定30 min后记录温度 t_2 及试样长度变化量 ΔL,t_2 与 t_1 之间的温差宜不小于 30 ℃。

8 结果计算与评定

8.1 计算

轴向线膨胀系数按式(1)计算:

$$\alpha = \frac{\Delta L}{L_0 \Delta t} + \alpha_1 \quad \cdots\cdots(1)$$

式中:

α ——轴向线膨胀系数,单位为毫米每米每摄氏度[mm/(m·℃)];

ΔL ——温度 t_1 和 t_2 间试样轴向长度的变化量,单位为毫米(mm);

L_0 ——温度 t_0 时试样的长度,单位为米(m);

Δt ——t_1 和 t_2 间的温度差($t_1 < t_2$),单位为摄氏度(℃);

α_1 ——测试装置中顶杆及其载体的膨胀系数,单位为毫米每米每摄氏度[mm/(m·℃)]。

8.2 评定

计算 3 个试样测试值的算术平均值作为该组试样的轴向线膨胀系数,结果保留 2 位有效数字。

3 个试样的测试值如有 1 个或 1 个以上与平均值的差值超过平均值的 10%,则该组试样的测试结果无效,重新取样试验。

9 试验记录与报告

试验报告应包括以下内容:

a) 注明本标准号及相关引用标准；

b) 试样的名称、规格尺寸和试样弯曲度；

c) 基准温度 t_0；

d) 试验温度 t_1、t_2 和测试装置中顶杆及其载体的膨胀系数 α_1；

e) 试验结果；

f) 任何可能影响结果的因素；

g) 试验日期或试验开始和终止时间。

ICS 83.080.01
G 31

中华人民共和国国家标准

GB/T 31402—2015/ISO 22196:2007

塑料 塑料表面抗菌性能试验方法

Plastics—Measurement of antibacterial activity on plastics surfaces

(ISO 22196:2007,IDT)

2015-05-15 发布　　2015-10-01 实施

中华人民共和国国家质量监督检验检疫总局
中国国家标准化管理委员会　发布

前　言

本标准按照 GB/T 1.1—2009 给出的规则起草。

本标准使用翻译法等同采用 ISO 22196:2007《塑料　塑料表面抗菌性能试验方法》。

为了便于使用，本标准还做了下列编辑性修改：

——4.1 中用注的形式说明了与测试菌种等同的国内菌株号。

本标准由中国石油和化学工业联合会提出。

本标准由全国塑料标准化技术委员会老化方法分技术委员会(SAC/TC 15/SC 5)归口。

本标准起草单位：广东省微生物研究所、广州合成材料研究院有限公司、北京崇高纳米科技有限公司、海信容声(广东)冰箱有限公司、松下家电研究开发(杭州)有限公司、晋大纳米科技(厦门)有限公司、成都交大晶宇科技有限公司、海尔科化工程塑料国家工程研究中心股份有限公司、全国卫生产业企业管理协会抗菌产业分会。

本标准主要起草人：谢小保、欧阳友生、王浩江、李毕忠、吴继贤、李维义、周祚万、胡哲、李文东、贾春耕。

塑料
塑料表面抗菌性能试验方法

警告:处理和操作具有潜在危险的微生物需要很高的技术能力,必须遵守现行国家法律和条例。只有经过微生物学技术培训的人员才能进行这些检测工作。并应严格执行相关的消毒、灭菌和个人卫生规范程序。

1 范围

本标准规定了经抗菌处理的塑料制品(包括半成品)的抗菌性能的评价方法。

注:本标准也适用于经抗菌处理的其他无孔材料的抗菌性能检测。

本方法不适用于未经抗菌处理塑料上细菌作用和繁殖的评价。ISO 846 描述了不同于本标准所覆盖方法的一些评价塑料上细菌作用及其繁殖的试验方法。感兴趣者可以参阅 ISO 846:1997 方法 C。

本标准不涉及因抗菌处理而带来的次生效应,如预防塑料的生物腐蚀和异味,也不适用于评价塑料的生物降解性能。生物降解试验可参考 ISO 14851、ISO 14852、ISO 14855(见参考文献)及其他相关标准。

本标准并不涉及建筑用塑料,如 PVC 或复合材料,除非将其以相同方式进行抗菌处理。

根据本标准所得到的任何结果均需参照本标准及其试验条件。利用本标准所得到的结果是在本标准的实验条件下得到的抗菌性能,而不代表在其他温度、湿度、菌种和营养等条件下的抗菌性能。利用本方法进行抗菌试验需要最低剂量的抗菌剂(化学品)溶入到接种菌液中。

建议试验人员查阅 ISO 7218 进行微生物操作。

2 规范性引用文件

下列文件对于本文件的应用是必不可少的。凡是注日期的引用文件,仅注日期的版本适用于本文件。凡是不注日期的引用文件,其最新版本(包括所有的修改单)适用于本文件。

ISO 7218 食品和动物饲料的微生物学 微生物检验通用要求和指南(Microbiology of food and animal feeding stuffs—General requirements and guidance for microbiological examinations)。

3 术语和定义

下列术语和定义适用于本文件。

3.1

抗菌 antibacterial

制品表面抑制细菌生长的状态或药剂抑制制品表面细菌生长的效果。

3.2

抗菌剂 antibacterial agent

通过表面抗菌处理或添加到制品而抑制细菌在制品表面生长的药剂。

3.3

抗菌性能　antibacterial activity

经过抗菌处理后的制品和未经抗菌处理后的制品在接种细菌培养后,得到的活菌数的对数的差值。

3.4

抗菌效果　antibacterial effectiveness

使用抗菌剂的制品表面抑制细菌生长繁殖的能力,由计算得到的抗菌性能值决定。

4　材料

4.1　试验细菌

采用以下两种细菌:

a)　金黄色葡萄球菌(*Staphylococcus aureus*);

b)　大肠杆菌(*Escherichia coli*)。

根据需要也可采用其他菌种。使用其他菌种时,应在检测报告中注明并说明理由。

试验所用菌株如表1所示。如从表1以外的机构获取菌株,则该机构应是世界菌种保藏联合会(WFCC)的成员或日本菌种保藏协会(JSCC)的成员,并且菌株应和表1相同,根据供应商的使用说明制备菌种。

表1　试验所用菌株

菌种名称	菌株号
金黄色葡萄球菌	ATCC 6538P CIP 53.156 DSM 346 NBRC 12732 NCIB 8625
大肠杆菌	ATCC 8739 CIP 53.126 DSM 1576 NBRC 3972 NCIB 8545

注:中国普通微生物菌种保藏管理中心(CGMCC)是WFCC成员,与金黄色葡萄球菌ATCC 6538P等同的国内菌株号为CGMCC 1.2910,与大肠杆菌ATCC 8739等同的国内菌株号为CGMCC 1.2463。

4.2　试剂、培养基与溶液

所使用的水都应是蒸馏水或去离子水,电导率小于1 μS/cm。

所有试剂都应是分析纯或微生物实验试剂。

4.2.1　非离子表面活性剂

——聚氧乙烯山梨醇酐单油酸酯(吐温80)。

4.2.2 生物材料

以下是需要的生物材料：
——卵磷脂；
——D-葡萄糖；
——酵母膏；
——牛肉膏(见附录A)；
——蛋白胨(见附录A)；
——酪蛋白胨；
——大豆蛋白胨；
——胰蛋白胨。

4.2.3 培养基

4.2.3.1 概述

应用下述专用培养基。如采用商品培养基,应按照制造商的说明书制备。

4.2.3.2 悬浮液—1/500 营养肉汤(1/500 NB)

将3.0 g牛肉膏、10.0 g蛋白胨和5.0 g氯化钠溶入1 000 mL蒸馏水或去离子水中。用蒸馏水或去离子水稀释至500倍体积,并用氢氧化钠溶液或盐酸将pH值调整至6.8～7.2。用高压蒸汽灭菌(见6.2)。如不立即使用,于5 ℃～10 ℃保藏。不得使用存放一个星期或以上的1/500营养肉汤。

4.2.3.3 营养琼脂

将5.0 g牛肉膏、10.0 g蛋白胨、5.0 g氯化钠、15.0 g琼脂粉加入1 000 mL蒸馏水或去离子水中。将容器放在电炉上或浸入沸水水浴锅中加热搅拌,直到琼脂溶解。用氢氧化钠溶液或盐酸将pH值调整至7.0～7.2(25 ℃)。用高压蒸汽灭菌(见6.2)。如不立即使用,于5 ℃～10 ℃保藏。不得使用存放一个月或以上的营养琼脂。

4.2.3.4 平板计数琼脂

将2.5 g酵母膏、5.0 g胰蛋白胨、1.0 g葡萄糖、15.0 g琼脂粉加入1 000 mL蒸馏水或去离子水中。将容器放在电炉上或浸入沸水水浴锅中加热搅拌,直到琼脂溶解。用氢氧化钠溶液或盐酸将pH值调整至7.0～7.2(25 ℃)。用高压蒸汽灭菌(见6.2)。如不立即使用,于5 ℃～10 ℃保藏。不得使用存放一个月或以上的平板计数琼脂。

4.2.3.5 斜面培养基

将6 mL～10 mL加热溶解的营养琼脂加入旋盖的试管中,用高压蒸汽灭菌(见6.2)。灭菌后将试管置于倾角约15°的位置,让培养基凝固。如不立即使用,于5 ℃～10 ℃保藏。不得使用存放一个月或以上的斜面培养基。

4.2.3.6 卵磷脂吐温大豆酪蛋白培养液(SCDLP培养液)

将17.0 g酪蛋白胨、3.0 g大豆蛋白胨、5.0 g氯化钠、2.5 g磷酸氢二钠、2.5 g葡萄糖与1.0 g卵磷脂溶入1 000 mL蒸馏水或去离子水中。搅拌均匀后加入7.0 g非离子型表面活性剂吐温80,用氢氧化钠溶液或盐酸将pH值调整至6.8～7.2(25 ℃),高压蒸汽灭菌(见6.2)。如不立即使用,于5 ℃～10 ℃保藏。不得使用存放一个月或以上的 SCDLP 培养液。

注:在大多数的情况下 SCDLP 是默认的中和剂,在 ASTM E 1054 和 EN 1040 中规定了替代的中和剂选择和评价方法。

4.2.3.7 磷酸盐缓冲液

将 34.0 g 磷酸二氢钾放入 1 000 mL 容量瓶中,加入 500 mL 去离子水或蒸馏水,搅拌溶解后,用氢氧化钠溶液调整 pH 值至 6.8～7.2(25 ℃)。加入去离子水或蒸馏水至 1 000 mL,高压蒸汽灭菌(见 6.2)。不得使用存放一个月或以上的磷酸盐缓冲液。

4.2.3.8 磷酸盐缓冲生理盐水

将 8.5 g 氯化钠加入 1 000 mL 去离子水或蒸馏水中,搅拌均匀,制成生理盐水。以生理盐水稀释磷酸盐缓冲液(见 4.2.3.7)至 800 倍体积。高压蒸汽灭菌(见 6.2)。如不立即使用,于 5 ℃～10 ℃保藏。不得使用存放一个月或以上的磷酸盐缓冲生理盐水。

5 仪器

如无特别说明,使用以下器具和材料:

5.1 干热灭菌箱:能保持 160 ℃～180 ℃的温度,温度波动不超过±2 ℃。

5.2 高压蒸汽灭菌锅:能保持(121±2)℃的温度,保持(103±5)kPa 压力。

5.3 带搅拌的加热电炉或水浴锅。

5.4 pH 计:精度±0.2。

5.5 天平:精度±0.01 g。

5.6 移液器:带有 1 000 μL 的枪头,灭菌后使用。

5.7 培养箱:在设定温度下,温度精度±1 ℃。

5.8 漩涡搅拌器。

5.9 超声波清洗器。

5.10 接种环:直径 4 mm,灭菌后使用。

5.11 覆盖膜:不影响细菌生长并且不吸水的材料(以聚乙烯、聚丙烯或聚酯如聚对苯二甲酸乙二醇酯制成)。建议膜厚度在 0.05 mm～0.10 mm 之间。

注:均质袋(Stomacher bags)切下的膜也适用。

5.12 带螺盖试管。

5.13 培养皿:直径 90 mm～100 mm,灭菌后使用。

5.14 纱布或脱脂棉。

5.15 1 000 mL 容量瓶。

5.16 制备培养基用的加塞锥形瓶或三角瓶。

6 仪器灭菌和菌种保藏

6.1 干热灭菌

将物品放入干热灭菌器,灭菌温度和时间如下:

温度	最短灭菌时间
180 ℃	30 min
170 ℃	60 min
160 ℃	120 min

6.2 高压蒸汽灭菌

将物品放入高压蒸汽灭菌锅，于(121±2)℃灭菌15 min或以上。

6.3 玻璃器皿的准备

以碱性或中性清洁剂清洗，然后用蒸馏水或去离子水冲洗干净。使用前用干热灭菌箱或高压蒸汽灭菌锅灭菌。

6.4 菌种的保藏

菌种接种于适当的培养基上，存放在5℃～10℃条件下，每月转种一次。不得使用转种超过5次或转种间隔超过1个月的菌种，应从相关菌种保藏机构获取新的菌种进行试验。

7 检测步骤

7.1 细菌预培养

用无菌接种环将细菌从保藏菌种的培养基上转移到斜面培养基(见4.2.3.5)上并在(35±1)℃培养16 h～24 h。再用无菌接种环将此细菌转移至新鲜的斜面培养基上，在(35±1)℃培养16 h～20 h。

7.2 试样的制备

每种经过抗菌处理的材料至少准备3片试样，未经抗菌处理的材料至少准备6片试样。3片未经抗菌处理试样用于接种后立即测量活的细菌数，另3片用于测量接种后24 h的活细菌数。

注：使用3个以上的经过抗菌处理的试样有助于减少误差，尤其对于抗菌效果较差的材料是这样。

在对同一材料进行一系列不同抗菌处理时，若所有抗菌试样都同时采用相同菌液进行检测，则每种抗菌处理只需一组未经抗菌处理的试样作为对照。

制备抗菌处理和未经抗菌处理的试样，试样尺寸为(50±2)mm×(50±2)mm，试样厚度不超过10 mm。如果不能切割成这样大小的样片，只要样品能够被面积为400 mm^2～1 600 mm^2 薄膜覆盖即可。优先考虑从制品上制备试样。如果不能从制品上制备上述大小的试样，则利用相同原料和工艺单独制备试样。如果试样尺寸不同于50 mm×50 mm，则应在试验报告中写明实际的试样尺寸。

在制样时，注意避免试样被微生物或有机物污染。同时，试样不能互相接触。如果使用金属器具防止交叉污染，应保证该金属不含有抗菌效果。必要时，试样可以在测试前进行清洗、消毒或杀菌(如以70%酒精擦洗)。

清洗试样可能导致表面软化、表面涂层溶解或者组分洗脱等，所以应避免清洗。如果因严重污染需要清洗，清洗方法应在试验报告中注明。

7.3 接种液的制备

使用无菌的接种环，转移一环预培养好的细菌(见7.1)到少量的1/500 NB(见4.2.3.2)中。确保细菌分散均匀，并采用显微镜观测及计数板或利用其他合适的方法(如分光光度计法)测定细菌数量。用1/500 NB稀释菌悬液，使细菌的浓度在2.5×10^5 CFU/mL～10×10^5 CFU/mL之间，最佳浓度为6.0×10^5 CFU/mL，用作接种液。如果接种液不立即使用，将其放置于冰块上(0 ℃)并在2 h内使用。

7.4 试样接种

制品的外表面作为测试表面，制品的横切面不需要测试。将试样(见7.2)分别放入无菌的培养皿中，测试面朝上。用移液管吸取0.4 mL接种液(见7.3)，滴到每个试样表面。并将制备好的40 mm×

40 mm 薄膜(见 5.11)盖于接种好的菌液上,并向下轻轻按压薄膜使菌液向四周扩散,确保菌液不要从薄膜边缘溢出。在试样接种完并盖上薄膜后,盖上培养皿盖(见图 1)。

单位为毫米

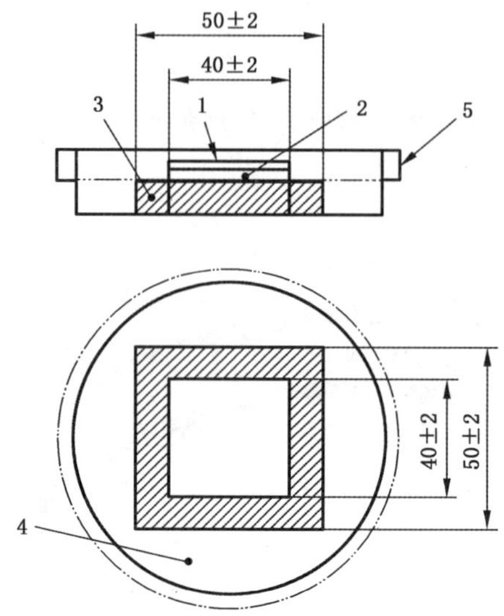

说明:

1——覆盖膜;

2——接种液(0.4 mL);

3——试样;

4——培养皿;

5——培养皿盖。

图 1 试样接种与覆盖膜放置

除特别说明外,覆盖膜的标准尺寸为(40±2)mm×(40±2)mm,而试样尺寸为 50 mm×50 mm。如果试样不是标准尺寸,则根据试样的大小按比例减小覆盖膜的尺寸,但覆盖膜尺寸不应小于 400 mm^2,并且覆盖膜边缘距试样边缘 2.5 mm～5.0 mm 之间。如果覆盖膜的尺寸不是 40 mm×40 mm,应在试验报告中说明其实际尺寸。所使用的接种液体积应按覆盖膜面积变化的比例相应调整并在试验报告中记录。

接种液不能从覆盖膜边缘溢出。有些表面(如亲水性非常强的表面)很难防止菌液溢出。可采用选项 1 防止溢出。如果采用选项 1 仍发生溢出,则选用选项 2。如果某选项能抑制溢出,应在试验报告中记录。

——选项 1:减少菌液体积以适应试样表面。但菌液体积不小于 0.1 mL。当菌液体积减少时,应增加接种液细菌的浓度,以保证测试时与标准规定的细菌数相同。

——选项 2:通过增加惰性增稠剂以增加菌液的粘度,如琼脂或其他材料。

7.5 接种试样的培养

除特别说明外,含有接种试样(包括 3 片未经抗菌处理制品的接种试样)的培养皿,在(35±1)℃、相对湿度不小于 90%的条件下培养(24±1)h。根据在培养温度下检测所得到的抗菌性能值来确定制品的抗菌效果。在相关方同意的条件下,也可采用其他培养温度。如使用的不是(35±1)℃,应在试验报告中记录。

注: 若培养温度低于 35 ℃,活菌总数将会减少。这将使所测得的抗菌性能值与 35 ℃下所测得的结果不同。

7.6 试样上的细菌回收

7.6.1 试样接种后即时测试

接种后,立即对已接种的3片未做抗菌处理试样进行菌种回收,在各培养皿中加入10 mL SCDLP培养液(见4.2.3.6)或其他适宜而有效的中和剂。以此种方法得到试样上细菌的回收率。应对试样进行充分冲洗,即用移液管吸取和释放SCDLP培养液,冲洗试样4次以上。

需特别注意的是,需要达到足够的菌液回收量。尤其是如试验中采用了7.4中的选项2,导致菌液的粘度增大。在此种情况下就需要采用机械搅拌,如均质、旋动和超声波振动等。若采用这些方法后回收率能达到或超过冲洗法,则可以采用。若变更回收方法,则应在报告中说明。由于试样的尺寸和性质的关系,采用10 mL中和剂回收细菌有困难,则可增加中和剂溶液用量。若中和剂的体积不等于10 mL,则在报告中注明,并在计算抗菌效果时予以考虑。

其他冲洗方法将影响所测得的抗菌性能结果,因而应充分证实其有效性才可使用。

7.6.2 试样接种培养后的测试

根据7.5的程序培养后,按照7.6.1处理试样,然后立即对试样上的活菌进行计数(见7.7)。

7.7 平板培养法测定活菌数

用磷酸盐生理盐水缓冲液(见4.2.3.8)对SCDLP回收液进行10倍梯度稀释,以计算活菌。将试样上的回收液及其10倍稀释液各取1 mL,分别放入无菌培养皿中,每个稀释度做2个培养皿。每个培养皿中注入15 mL平板计数琼脂(见4.2.3.4),轻轻搅拌以分散细菌。倒置培养皿,并于(35±1)℃培养40 h～48 h。

培养后,对培养皿中菌落数在30～300之间的菌落进行计数。记下每个稀释度培养皿上的菌落数并保留2位有效数字,记录稀释倍数。若1 mL洗脱液中的菌落数小于30,则对该培养皿直接计数。如所有培养皿中均没有菌落,则记录为<1。

8 试验结果

8.1 活菌数测定

对于每个试样,都按照式(1)来计算活菌数。

$$N=(100\times C\times D\times V)/A \qquad \cdots\cdots(1)$$

式中:

N ——每个试样每平方厘米的活菌数;

C ——两个培养皿的平均菌落数;

D ——稀释倍数;

V ——用于洗脱的SCDLP培养液的体积,单位为毫升(mL);

A ——覆盖膜的表面积,单位为平方毫米(mm^2)。

计算每组试样回收活菌数的几何平均数并记录菌数时取2位有效数字,若某一稀释倍数的所有琼脂平板上都没有菌落,则将活菌计作<V(用于洗脱的SCDLP培养液的体积mL)。计算平均数时,如各稀释度均没有菌数,则记录为V。

例如:V=10 mL,计算所得平均菌数为10。

8.2 试验有效的条件

8.2.1 当8.2.2、8.2.3、8.2.4中给定的3个条件均得到满足时,试验才被认定为有效。反之,则试验无效，应重新进行试验。

8.2.2 未经抗菌处理试样接种后即时测得的细菌数的对数值应满足式(2)的要求：

$$(L_{\max}-L_{\min})/(L_{mean})\leqslant 0.2 \qquad \cdots\cdots(2)$$

式中：

$L_{\max}$——试样上最大活菌数的对数值；

$L_{\min}$——试样上最小活菌数的对数值；

L_{mean}——试样上几何平均活菌数的对数值。

8.2.3 未经抗菌处理的试样接种后即时测得的平均活菌数应在 6.2×10^3 CFU/cm² ～ 2.5×10^4 CFU/cm² 范围内。

8.2.4 每个未经抗菌处理试样接种后培养 24 h 的活菌数不应小于 62 CFU/cm²。

注：若 7.5 中接种温度低于 35 ℃，那么未经抗菌处理试样测得的活菌数可能达不到这个标准。

8.3 抗菌性能的计算

在试验被认为有效的情况下，用式(3)计算抗菌性能值，结果保留到小数点后 1 位。

$$R=(U_t-U_0)-(A_t-U_0)=U_t-A_t \qquad \cdots\cdots(3)$$

式中：

R ——抗菌性能值；

U_0 ——未经抗菌处理试样接种后即时菌数的对数平均值，单位为细菌数每平方厘米(CFU/cm²)；

U_t ——未经抗菌处理试样接种后 24 h 的菌数的对数平均值，单位为细菌数每平方厘米(CFU/cm²)；

A_t ——经抗菌处理试样接种后 24 h 的菌数的对数平均值，单位为细菌数每平方厘米(CFU/cm²)。

8.4 抗菌剂的效果

抗菌性能值可以用于描述抗菌效果。

9 重复性与再现性

重复性和再现性在附录 B 中进行了定量讨论。

10 试验报告

试验报告应包括以下信息：

a) 注明采用本标准；

b) 经抗菌处理和未经抗菌处理试样所用的塑料材质、尺寸、形状和厚度；

c) 覆盖膜的聚合物类型、尺寸、形状和厚度；

d) 试验用菌种和菌株号，如采用其他菌种需说明原因；

e) 接种菌液的体积；

f) 接种菌液中的活菌数；

g) 8.3 中 U_0、U_t 和 A_t 值；

h) 抗菌性能值；

i) 若采用了不同于本标准的一些操作，如试样清洗方法的变更、惰性增稠剂的使用、所用中和剂的种类和体积有变化、菌液回收方法变更及培养温度不同时，均应详细说明；

j) 实验室的名称等识别资料及实验室负责人的姓名和签字；

k) 试验开始日期；

l) 试验报告日期。

附 录 A
(规范性附录)
生物材料的质量要求

A.1 总则

根据来源的不同,用于接种液制备的材料的质量会有所差异,从而对结果产生重大影响,因而其组成需要加以专门规范。

A.2 1/500 营养肉汤(1/500 NB)的化学成分

牛肉膏和蛋白胨是控制 1/500 营养肉汤质量差异的关键成分。以下是本标准对商品化材料中总氮和 α-氨基氮化物要求,蛋白胨要求是酪蛋白的酶消解产物。

牛肉膏

总氮　　6.0%~15.0%;

α-氨基氮　　2.0%~5.0%。

蛋白胨(酪蛋白的酶消解产物)

总氮　　12.0%~16.0%;

α-氨基氮　　3.0%~6.0%。

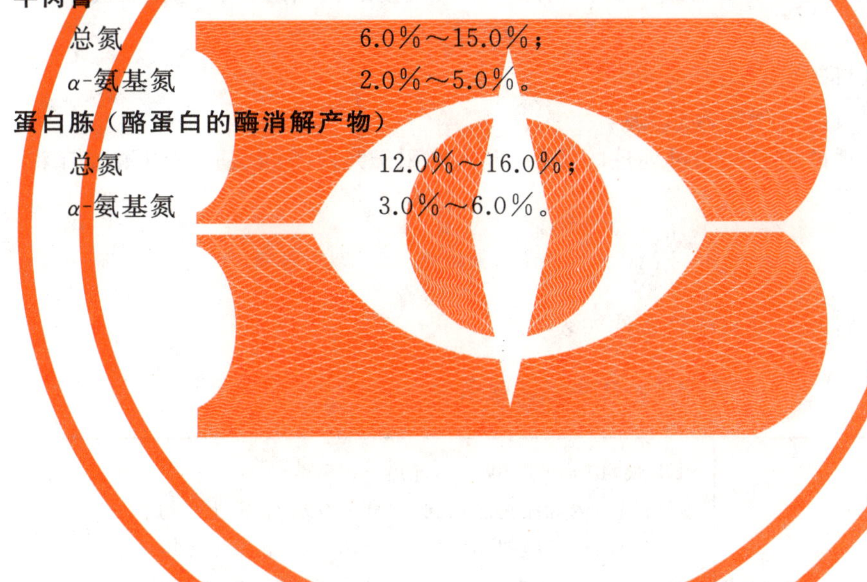

附 录 B
（资料性附录）
重复性和再现性

B.1 背景

本附录内容是基于大量研究结果所获得的本试验的重复性和再现性。该研究于2000年至2004年由日本国家技术与评价研究所完成，其目的一方面是采纳ISO/IEC 17025:2000作为实验室认可体系的一部分，另一方面是测定JIS Z 2801:2000的不确定度，该方法是本试验标准制定的依据。

B.2 概述

本方法的重复性和再现性是根据ISO 5725-2的统计分析得到的。对两种经处理过的测试样品在5个实验室进行，从而得出抗菌性能的试验结果。在剔除一个实验室的数据后，根据其他实验室的数据分析，得到以下结果：

同一实验室相同测试项目的重复性为0.087；

不同实验室相同测试项目的再现性为0.304。

这些数据是用本方法获得的重复性和再现性的实例，但不能用于判定不同实验室的测试结果。

B.3 试验

实验室间测试所用的材料和应用的试验条件如表B.1。

表 B.1 材料与试验条件

经抗菌处理的试样	PET膜，40 mm×40 mm，厚度0.055 mm Ⅰ类试样：丙烯酸树脂涂层，混合350 μg/g银化合物 Ⅱ类试样：丙烯酸树脂涂层，混合450 μg/g银化合物
未经抗菌处理对照试样	PET膜同上，但涂层中不加银化合物
覆盖膜	PE膜，50 mm方块0.09 mm厚
菌种	金黄葡萄球菌CGMCC 1.291 0（见注3）
接种菌液体积	0.4 mL

参加实验室间测试的5个实验室都对两种样品进行了重复性测试。用于各个阶段的样品数均遵照本标准要求。样品、菌种和培养基等，都在测试前提供给各个实验室。

注1：样品包含涂了水溶性丙烯酸树脂涂层的PET薄膜。在涂涂料前混入一定量的银系抗菌剂，以确保试验样品上的抗菌剂均匀分布。

注2：由于丙烯酸树脂涂层是水溶性的，接种菌液容易扩散到涂层以外的区域。样品/涂层的结构与本标准的样品有所不同，所以，应先在薄膜上接种，然后将样品覆盖在其上。

注3：仅用金黄色葡萄球菌是因为它比大肠杆菌表现更大的变异性。

B.4 结果与讨论

经初步分析，采用裂区分析计算得到一个实验室的 Z 值大于 2.0，因此，该实验室的数据结果被弃用，数据分析仅采用剩余 4 个实验室的测试结果。表 B.2 列出了抗菌性能的平均值和每种抗菌处理试样的标准差。重复性试验显示为下表第一组和第二组。

表 B.2 平均抗菌性能和标准差

样品种类（见表 B.1）	平均抗菌性能（括号内为标准差）	
	第一组	第二组
Ⅰ类试样	1.72(0.42)	1.78(0.26)
Ⅱ类试样	2.29(0.45)	2.42(0.41)

每个实验室对两种类型样品均做了 2 次重复实验。每种类型样品采用 3 个相同的试样。考虑分析结果的变异性来源包括重复试验变异性 V_R（即结果或来自第一组或来自第二组），实验室间变异性 V_L 和 3 种被测试样之间的变异性 V_S。因为 V_R 和 V_L 不是随机的，每组都要单独分析。

表 B.3 列出了方差分析结果和不确定度。

表 B.3 方差分析表与不确定度

变异性来源	平方和	自由度	平方平均值	F-比率	$F(p=0.05)$	$F(p=0.01)$	F(测试)
重复，V_R	0.120 0	1	0.120 0	0.40	10.13	34.12	
实验室，V_L	4.656 9	3	1.552 3	5.18	9.28	29.46	
$V_R \times V_L$（一阶误差 e_1）	0.899 1	3	0.229 7	13.84	2.90	4.46	a
试样，V_S	4.440 8	1	4.440 8	205.12	4.15	7.50	a
$V_L \times V_S$	0.388 7	3	0.129 6	5.98	2.90	4.46	a
$V_R \times V_S$	0.013 3	1	0.013 3	0.62	4.15	7.50	
$V_R \times V_L \times V_S$	0.116 0	3	0.038 7	1.79	2.90	4.46	
二阶误差 e_2	0.692 8	32	0.021 7				
总计	11.327 7	47					
a 1%显著差异水平。							

如表 B.3 所示，主要区组误差 V_RV_L（一阶误差 e_1）比二阶误差 e_2 在 1%水平时差异性更显著。另一方面，与 e_2 相比，$V_R \times V_S$ 和 $V_R \times V_L \times V_S$ 没有统计学意义。所以这两个量的影响就被合并于二阶误差 e_2 中，表 B.4 列出了合并非显著性差异后的方差分析结果。

表 B.4 方差分析表和不确定度（合并了非显著性差异）

变异性来源	平方和	自由度	平方平均值	F-比率	$F(p=0.05)$	$F(p=0.01)$	F(测试)
重复，V_R	0.120 0	1	0.120 0	0.40	10.13	34.12	
实验室，V_L	4.656 9	3	1.552 3	5.18	9.28	29.46	
$V_R \times V_L$（一阶误差 e_1）	0.899 1	3	0.229 7	13.84	2.90	4.46	a

表 B.4（续）

变异性来源	平方和	自由度	平方平均值	F-比率	$F(p=0.05)$	$F(p=0.01)$	F(测试)
试样,V_S	4.440 8	1	4.440 8	194.46	4.11	7.50	[a]
$V_L \times V_S$	0.388 7	3	0.129 6	5.67	2.87	4.46	[a]
二阶误差 e'_2	0.822 1	36	0.022 8				
总计	11.327 7	47					

[a] 1%显著差异水平。

上述结果证明,V_R 来源于重复性试验的差异;V_L 来源于实验室之间的差异,相互独立并无统计意义。

本实验结果可得出下列结论:

——重复性:在 3 个重复性测试中,可重复性条件下的标准不确定度可由上述数据计算如下:

$$\sigma(e_2)=[V(e'_2)/3]^{1/2}=(0.022\ 8/3)^{1/2}=0.087$$

——再现性:在再现性条件下的标准不确定度可由上述数据计算如下:

$$\sigma(e_1)=\{[V(e_1)-V(e'_2)]/3\}^{1/2}=[(0.229\ 7-0.022\ 8)/3]^{1/2}=0.304$$

参 考 文 献

[1] JIS Z 2801:2000,Antimicrobial products—Test for antimicrobial activity and efficacy.

[2] Suzuki,S.,IMAI,S.,and KoURAI,H. Background and evidence leading to the establishment of the JIS standard for antimicrobial products ,Biocontrol Science,19(2006),pp. 135-145.

[3] Establishment of traceability and estimation of uncertainty in evaluation methods using bacteria,International Accreditation Japan/National Institute of Technology and Evaluation (IA Japan/NITE) report,March 2004.

[4] ASTM E 1054,Standard test methods for evaluation of inactivators of antimicrobial agents.

[5] EN 1040,Chemical disinfectants and antiseptics—Quantitative suspension test for the evaluation of basic bactericidal activity of chemical disinfectants and antiseptics—Test method and requirements (phase 1).

[6] ISO 846:1997,Plastics—Evaluation of the action of microorganisms.

[7] ISO 4833,Microbiology of food and animal feeding stuffs—Horizontal method for the enumeration of microorganisms—Colony-count technique at 30 ℃.

[8] ISO 5725-2,Accuracy (trueness and precision) of measurement methods and results—Part 2:Basic method for the determination of repeatability and reproducibility of a standard measurement method.

[9] ISO 6887-1,Microbiology of food and animal feeding stuffs—preparation of test samples,initial suspension and decimal dilutions for microbiological examination—Part 1:General rules for the preparation of the initial suspension and decimal dilutions.

[10] ISO 14851,Determination of the ultimate aerobic biodegradability of plastic materials in an aqueous medium—Method by measuring the oxygen demand in a closed respirometer.

[11] ISO 14852,Determination of the ultimate aerobic biodegradability of plastic materials in an aqueous medium—Method by analysis of evolved carbon dioxide.

[12] ISO 14855 (both parts),Determination of the ultimate aerobic biodegradability of plastic materials under controlled composting conditions—Method by analysis of evolved carbon dioxide.

[13] ISO/IEC 17025:2000,General requirements for the competence of testing and calibration laboratories.

ICS 59.080.40
Y 20

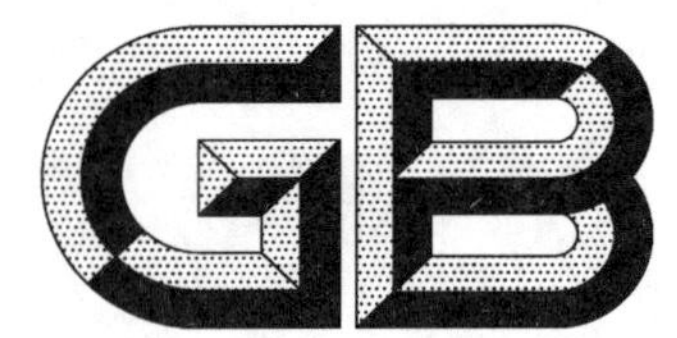

中华人民共和国国家标准

GB/T 32463—2015

聚丙烯(PP-R、PP-B、PP-H)管材、管件材质鉴别方法

Identification method for material of polypropylene (PP-R,PP-B,PP-H) pipes or fittings

2015-12-31 发布　　　　2016-07-01 实施

中华人民共和国国家质量监督检验检疫总局
中国国家标准化管理委员会　发布

前 言

本标准按照 GB/T 1.1—2009 给出的规则起草。

本标准由全国质量监管重点产品检验方法标准化技术委员会(SAC/TC 374)提出并归口。

本标准起草单位:广州质量监督检测研究院、顾地科技股份有限公司、广东炜林纳功能材料有限公司、广东联塑科技实业有限公司、佛山市日丰企业有限公司。

本标准主要起草人:孙世彧、段晓霞、吴玉銮、黄仕明、宋科明、陈国南、石兴凤、王文治、彭晓翊、林少全。

引　言

三种聚丙烯建筑输送管道材料(PP-R、PP-B、PP-H)结构不同,性能和应用范围也不同。目前聚丙烯管材、管件产品在材质标识上存在混淆现象,特别是误标为 PP-R 管材、管件的问题较为严重。例如标称为 PP-R,而实际上是另外一种材料或是共混材料。本标准主要针对这一问题,建立材质鉴别方法。

考虑到共混和使用添加剂的干扰,应用本标准,对于各项特性参数均符合特征评价指标的样品,可以进行判定,而对于测试结果只是部分符合评价指标的,或分析数据处于临界值的样品,则需要慎重。几种有代表性的共混样品的参考谱图与特征指标参见附录 A,可为材质鉴别提供一定程度的参考。依据本标准,可以鉴别聚丙烯管材、管件的材质是否为 PP-R、PP-B 或 PP-H 中的一种,但不适用于共混材料的成分分析。

在分析过程中,由于仪器、试样处理条件等因素可能导致红外光谱、差示扫描量热曲线产生细微差别,因此在对未知样品分析之前,在同一台仪器上制备一套参考谱图是适宜的。

聚丙烯(PP-R、PP-B、PP-H)管材、管件材质鉴别方法

1 范围

本标准规定了采用红外光谱法和差示扫描量热法，对于主要原料为聚丙烯(PP-R、PP-B 或 PP-H)的管材、管件的材质鉴别方法，并给出了试样制备和谱图解析的指南。

本标准适用于由单一聚丙烯树脂(PP-R、PP-B 或 PP-H)制成的管材、管件的材质鉴别，聚丙烯树脂也可参照使用。

本标准不适用于共混树脂制成的管材、管件的材质鉴别，也不适用于 β-PP 材料。

2 规范性引用文件

下列文件对于本文件的应用是必不可少的。凡是注日期的引用文件，仅注日期的版本适用于本文件。凡是不注日期的引用文件，其最新版本(包括所有的修改单)适用于本文件。

GB/T 6040—2002 红外光谱分析方法通则

GB/T 19466.1—2004 塑料 差示扫描量热法(DSC) 第1部分：通则

GB/T 19466.3 塑料 差示扫描量热法(DSC) 第3部分：熔融和结晶的温度及热焓的测定

3 缩略语

下列缩略语适用于本文件。

DSC：差示扫描量热法(Differential Scanning Calorimetry)

IR：红外光谱法(Infrared Spectrum)

PP-B：嵌段共聚聚丙烯(Propylene Block Copolymer)

PP-H：均聚聚丙烯(Propylene Homopolymer)

PP-R：无规共聚聚丙烯(Propylene Random Copolymer)

4 方法提要

对 PP-R、PP-B、PP-H 管材、管件样品采用红外光谱法和差示扫描量热法鉴别，依据红外吸收峰位置、吸光度比值、熔融温度等特征指标和已知材质的参考光谱/曲线进行定性分析。

典型的 PP-R、PP-B、PP-H 管材、管件的参考光谱/曲线可从附录 B、附录 C、附录 D 查出，特征指标见表 1。

表 1 PP-R、PP-B、PP-H 管材、管件的 IR、DSC 分析的特征指标

材料	$\sigma_{1(729\sim733)}$ /cm^{-1}	$\sigma_{2(719\sim721)}$ /cm^{-1}	$A_{\sigma_1}/A_{\sigma_2}$	T_m/℃
PP-R	主峰	肩带(易被覆盖)	>1.000	140～149
PP-B	肩带(微弱)	主峰	<1.000	>160
PP-H	无吸收	无吸收	—	>160

注：$\sigma_{1(729\sim733)}$ 为 729 cm^{-1}～733 cm^{-1} 范围内的红外光谱吸收峰，$\sigma_{2(719\sim721)}$ 为 719 cm^{-1}～721 cm^{-1} 范围内的红外光谱吸收峰，相同条件下，PP-R 的 σ_1 吸收峰位置比 PP-B 高约 1 cm^{-1}～3 cm^{-1}；$A_{\sigma_1}/A_{\sigma_2}$ 为两峰吸光度比值；T_m 为 DSC 测试所得熔融温度(二次升温)。

5 仪器和材料

5.1 红外光谱仪应符合 GB/T 6040—2002 中 4.2.1 的规定。

5.2 差示扫描量热仪应符合 GB/T 19466.1—2004 中 5.1 的规定。

5.3 天平：称量准确度为±0.1 mg。

5.4 气源：氮气，分析级。

6 红外光谱法(IR)分析

6.1 样品制备

6.1.1 取样：在管材、管件横截面对称位置上取 2 份有代表性的试样，对于多层共挤制品，每层分别取样。

6.1.2 试样制备：采用热塑压膜方法，分别将 2 份试样在 200 ℃加压保持 5 min 后自然冷却，制得适宜厚度的薄膜(一般不超过 0.02 mm)，为便于识别全谱图，建议厚度以红外光谱图中 1 400 cm^{-1} 以下不出现饱和现象为宜。

注：热塑压膜，即采用热压模具(购买或自制)，将少许聚合物加热熔融同时施加压力，压成适当厚度的薄膜。

6.2 试验条件

按 GB/T 6040—2002 中 6.2 规定进行。波数范围 4 000 cm^{-1}～400 cm^{-1}，分辨率 4 cm^{-1}，扫描次数 32 次。

6.3 参考谱图

在一定温度和时间范围内具有稳定性的已知样品，按照规定的方法进行测试所得到的红外光谱图。

注：建议以生产管材、管件所用牌号的树脂制备参考谱图。

6.4 谱图分析

6.4.1 首先确定样品是否为聚丙烯材料，附录 E 给出聚丙烯的透射红外光谱全谱图。之后，重点分析 710 cm^{-1}～750 cm^{-1} 谱图，附录 B 给出了典型的 PP-R、PP-B、PP-H 管材、管件的透射红外光谱图。附录 C 给出了 PP-R、PP-B、PP-H、PE 管材、管件的吸收红外光谱图。除了峰形、位置不同外，不同材质样品吸光度值大小也存在明显差异。

注：聚丙烯(PP-R、PP-B、PP-H)管材、管件中因某些添加剂的使用，在 710 cm^{-1}～750 cm^{-1} 范围内可能会出现干扰红外吸收峰，影响材质分析结果。

6.4.2 吸光度取值方法为基线法(见图 1),经基线校正后,取谱图上 710 cm^{-1}与 750 cm^{-1}处两点做直线,从峰顶点位置对该直线做垂线,峰顶点到直线的距离即为吸光度值。

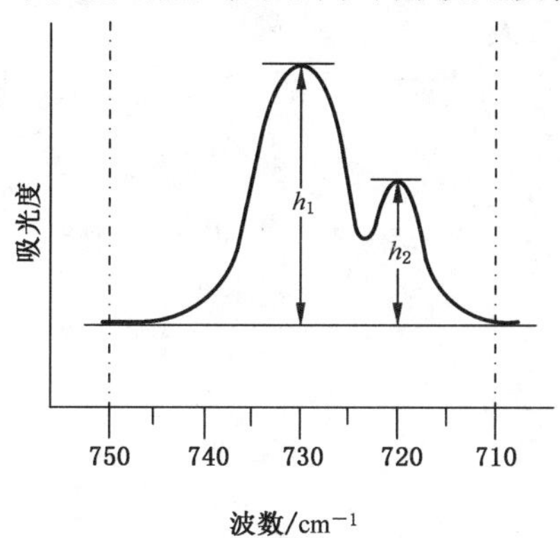

说明:

h_1——主峰吸光度值;

h_2——肩带吸光度值。

图 1 吸光度取值方法示意图

6.4.3 根据谱图特征与表 1 吸光度比值指标结合,对待测样品的材质进行判定。

7 差示扫描量热法(DSC)分析

7.1 取样

取样方法与 6.1.1 相同,取样量为 5 mg~10 mg,精确到 0.1 mg。

7.2 试验条件

测定按 GB/T 19466.3 规定进行。测定前,需用标准样品铟校正 DSC 仪器的温度及热焓。氮气流速为 50×(1±10%)mL/min,DSC 仪加热和冷却速率为 10 ℃/min。

试验需要消除试样的热历史,取第 2 次加热扫描 DSC 曲线上的峰值温度为熔融温度。

取两次平行测定的算术平均值作为试验结果。

7.3 参考曲线

在一定温度和时间范围内具有稳定性的已知样品,按照规定的方法进行测试所得到的 DSC 曲线。

注:建议以生产管材、管件所用牌号的树脂制备参考曲线。

7.4 曲线分析

7.4.1 附录 D 给出了典型 PP-R、PP-B、PP-H 管材、管件的参比 DSC 曲线,不同材质样品的熔融峰的位置和形状不同。

7.4.2 根据参比曲线与表 1 熔融温度指标结合进行判定。

8 试验报告

试验报告应包含下列内容:

a) 本标准编号及名称;

b） 仪器设备；

c） 环境条件；

d） 试验方法；

e） 鉴别结果；

f） 试验时间和试验人员等。

附 录 A
（资料性附录）
几种有代表性的共混样品的参考谱图/曲线与特征指标

几种有代表性的共混样品的质量配比见表 A.1。其红外光谱图见图 A.1、图 A.2、图 A.3，其 DSC 曲线图见图 A.4、图 A.5、图 A.6。表 A.2 对比了共混样品的 IR 与 DSC 输出信号。

表 A.1 共混样品中 PP-R 与 PP-B、PP-H、PE 的质量比例

样品编号	成分的质量分数/%			
	PP-R	PP-B	PP-H	PE
1	100	0	—	—
2	80	20	—	—
3	60	40	—	—
4	40	60	—	—
5	20	80	—	—
6	0	100	—	—
7	80	—	20	—
8	60	—	40	—
9	40	—	60	—
10	20	—	80	—
11	0	—	100	—
12	80	—	—	20
13	60	—	—	40
14	40	—	—	60
15	20	—	—	80
16	0	—	—	100

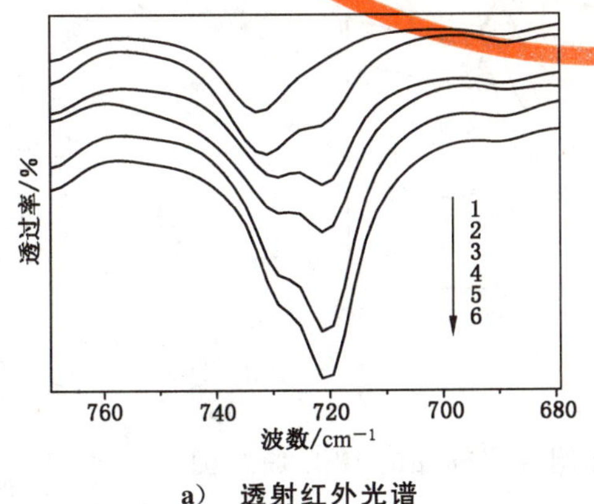

a） 透射红外光谱

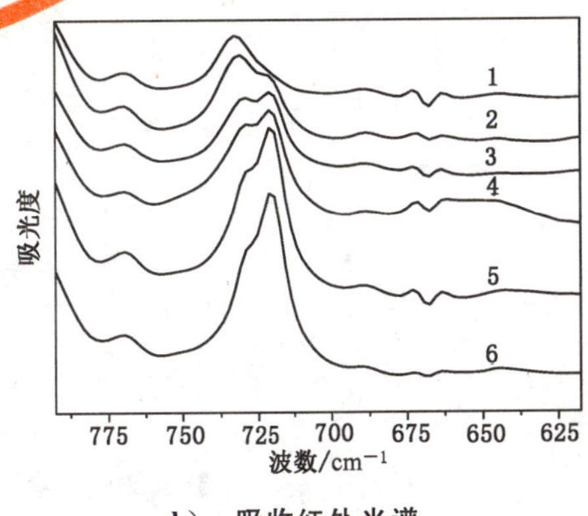

b） 吸收红外光谱

图 A.1 PP-R 和 PP-B 树脂不同质量比例共混样品红外光谱图

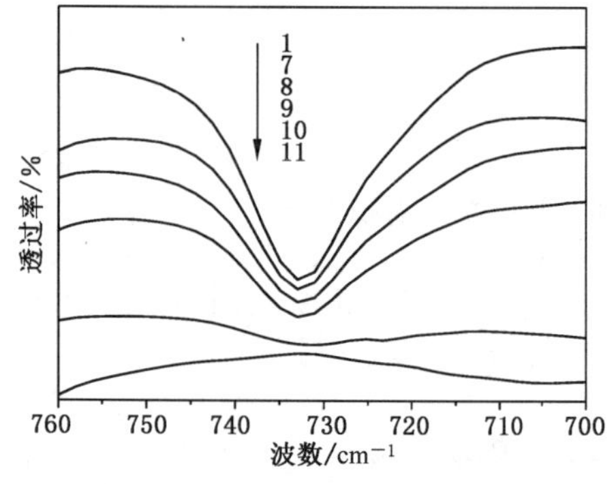

a） 透射红外光谱

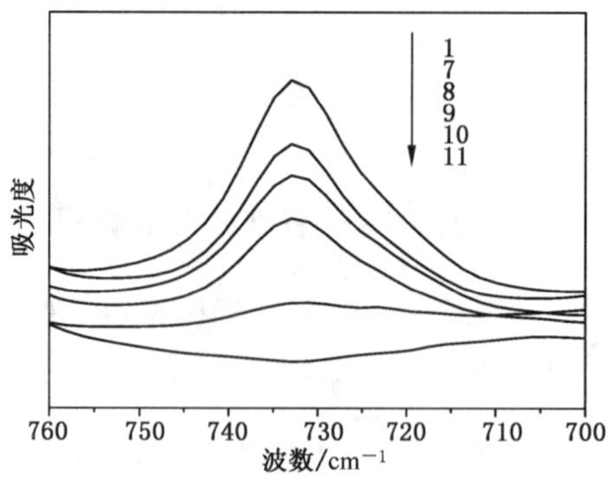

b） 吸收红外光谱

图 A.2 PP-R 和 PP-H 树脂不同质量比例共混样品红外光谱图

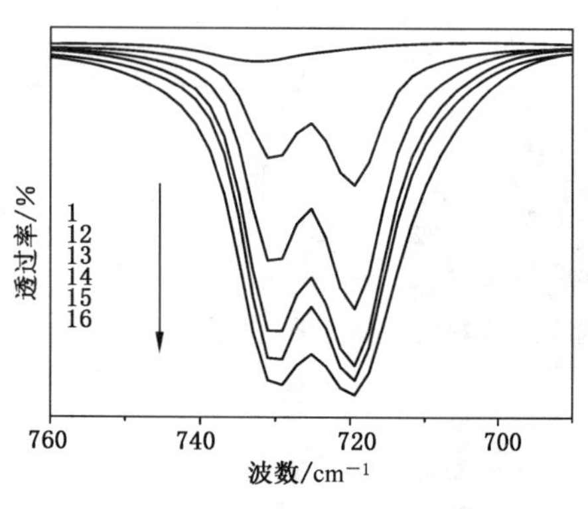

a） 透射红外光谱

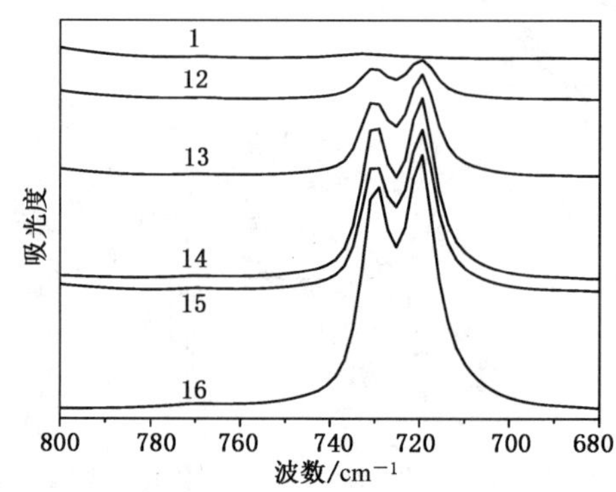

b） 吸收红外光谱

图 A.3 PP-R 和 PE 树脂不同质量比例共混样品红外光谱图

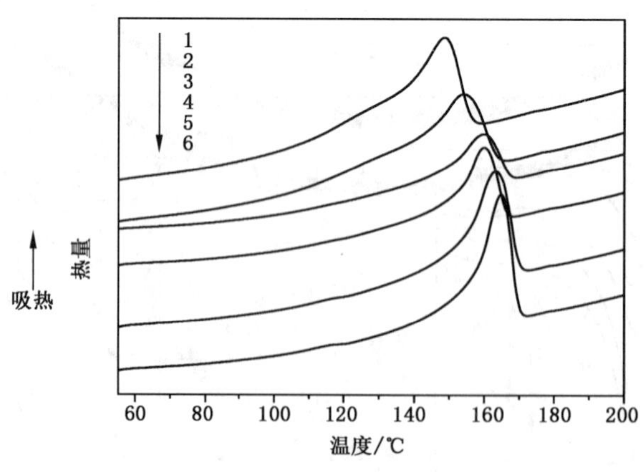

图 A.4 PP-R 和 PP-B 树脂不同质量比例共混样品的 DSC 曲线图

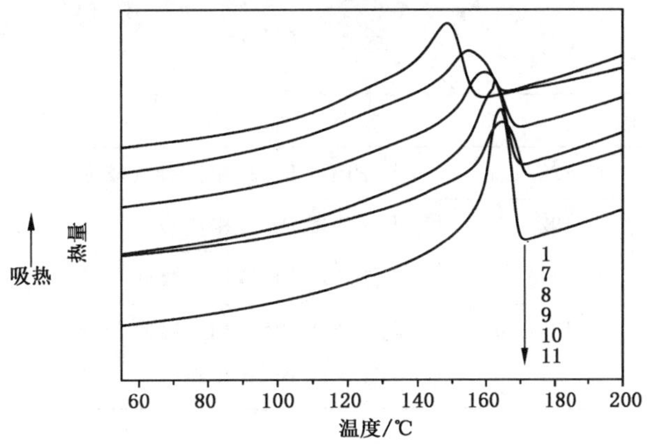

图 A.5 PP-R 和 PP-H 树脂不同质量比例共混样品的 DSC 曲线图

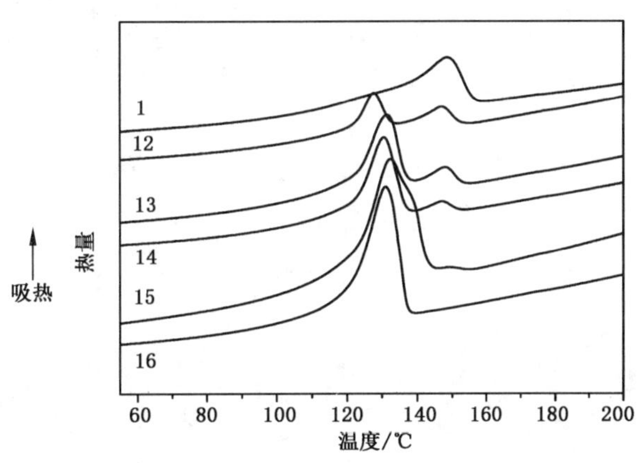

图 A.6 PP-R 和 PE 树脂不同质量比例共混样品的 DSC 曲线图

表 A.2 PP-R 与 PP-B、PP-H、PE 不同质量比例共混样品 FT-IR、DSC 输出信号

样品编号	$A_{\sigma1}/A_{\sigma2}$	T_m/℃	$\sigma_{1(729\sim733)}$/cm^{-1}	$\sigma_{2(719\sim721)}$/cm^{-1}
1	2.267	145	主峰	肩带(微弱)
2	1.305	154	主峰	肩带
3	0.936	159	两峰强度接近	两峰强度接近
4	0.878	160	两峰强度接近	两峰强度接近
5	0.756	163	肩带	主峰
6	0.687	165	肩带	主峰
7	2.797	155	主峰	肩带(微弱)
8	2.122	159	主峰	肩带(微弱)
9	1.845	163	主峰	肩带(微弱)
10	1.231	165	微弱	更弱
11	—	165	无吸收	无吸收

表 A.2（续）

样品编号	$A_{\sigma1}/A_{\sigma2}$	T_m/℃	$\sigma_{1(729\sim733)}$/cm^{-1}	$\sigma_{2(719\sim721)}$/cm^{-1}
12	0.778	128/147	与 PP-R、PP-B 相比吸收较强	更强
13	0.718	132/149	与 PP-R、PP-B 相比吸收较强	更强
14	0.766	131/147	与 PP-R、PP-B 相比吸收较强	更强
15	0.834	133/140	与 PP-R、PP-B 相比吸收较强	更强
16	0.875	131	与 PP-R、PP-B 相比吸收较强	更强

附　录　B
（资料性附录）
聚丙烯(PP-R、PP-B、PP-H)管材、管件样品参考透射红外光谱图

典型的聚丙烯(PP-R、PP-B、PP-H)管材、管件样品参考透射红外光谱图见图B.1、图B.2、图B.3。

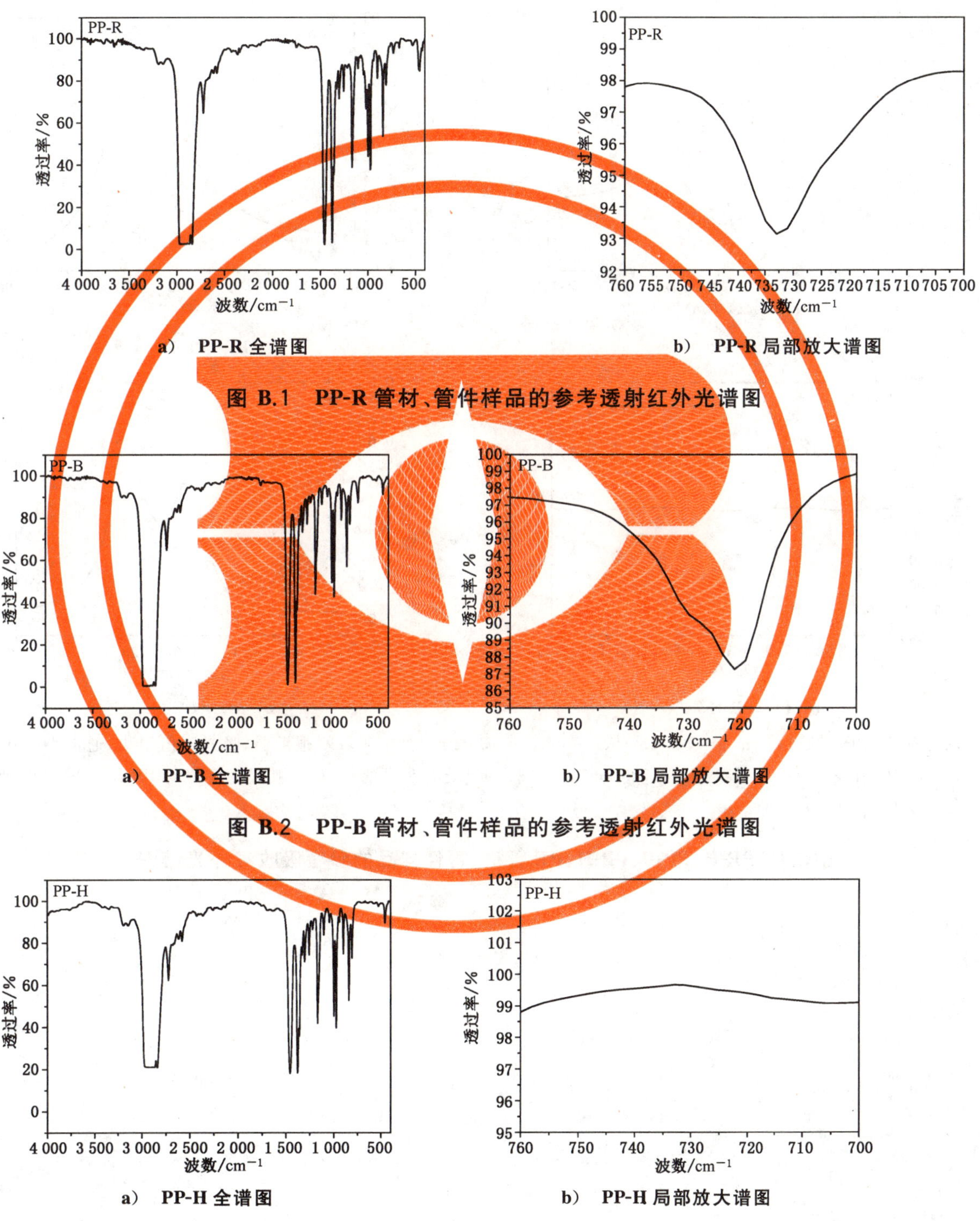

a)　PP-R 全谱图

b)　PP-R 局部放大谱图

图 B.1　PP-R 管材、管件样品的参考透射红外光谱图

a)　PP-B 全谱图

b)　PP-B 局部放大谱图

图 B.2　PP-B 管材、管件样品的参考透射红外光谱图

a)　PP-H 全谱图

b)　PP-H 局部放大谱图

图 B.3　PP-H 管材、管件样品的参考透射红外光谱图

附　录　C

（资料性附录）

聚丙烯（PP-R、PP-B、PP-H）、聚乙烯（PE）管材、管件样品参考吸收红外光谱图

典型的聚丙烯（PP-R、PP-B、PP-H）、聚乙烯（PE）管材、管件样品的参考吸收红外光谱图见图 C.1。

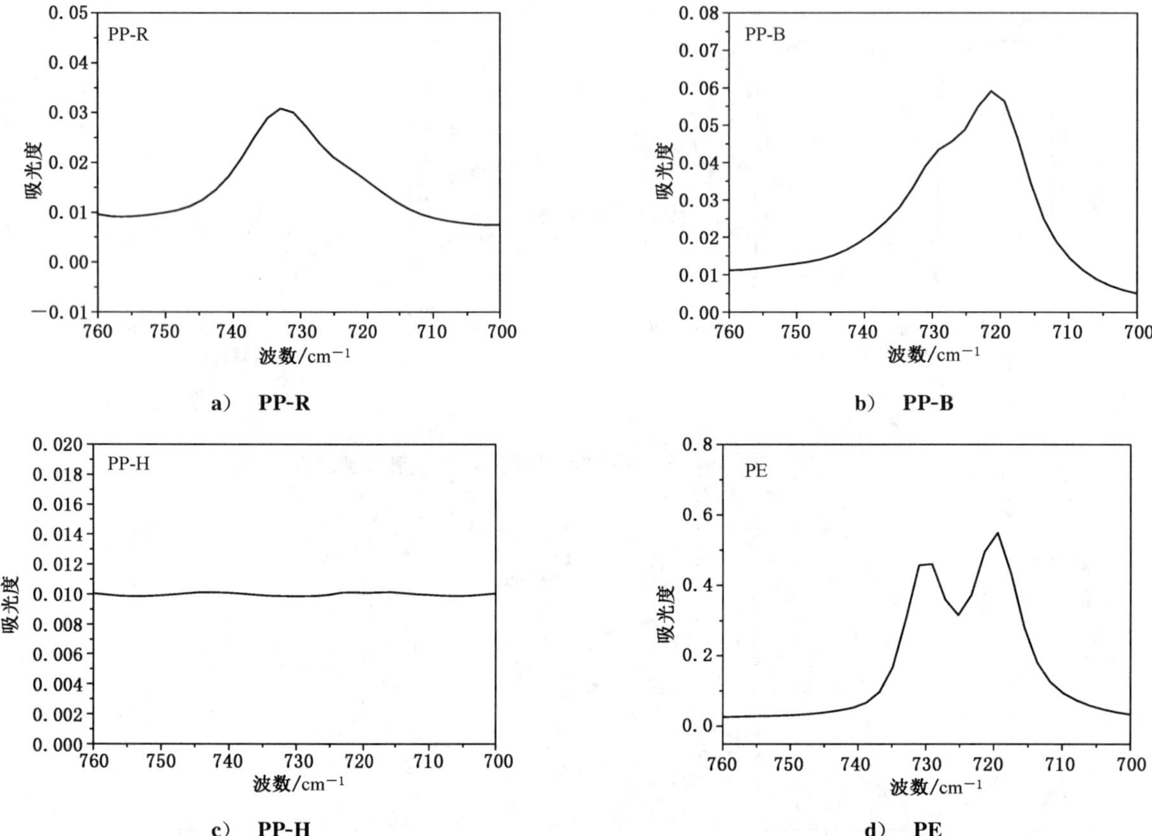

a）　PP-R　　b）　PP-B

c）　PP-H　　d）　PE

注：PP-R、PP-B 在 719 cm^{-1}～721 cm^{-1}、729 cm^{-1}～733 cm^{-1}处的吸收峰很微弱，吸光度值很小（通常小于 0.1）；而 PE 在 719 cm^{-1}～721 cm^{-1}、729 cm^{-1}～733 cm^{-1}处有明显的吸收峰，其吸光度值与 PP-R、PP-B 相比明显较大。

图 C.1　PP-R、PP-B、PP-H、PE 管材、管件样品的参考吸收红外光谱图

附　录　D
（资料性附录）
聚丙烯（PP-R、PP-B、PP-H）管材、管件样品 DSC 曲线图

典型的聚丙烯（PP-R、PP-B、PP-H）管材、管件样品的 DSC 曲线图见图 D.1、图 D.2、图 D.3。

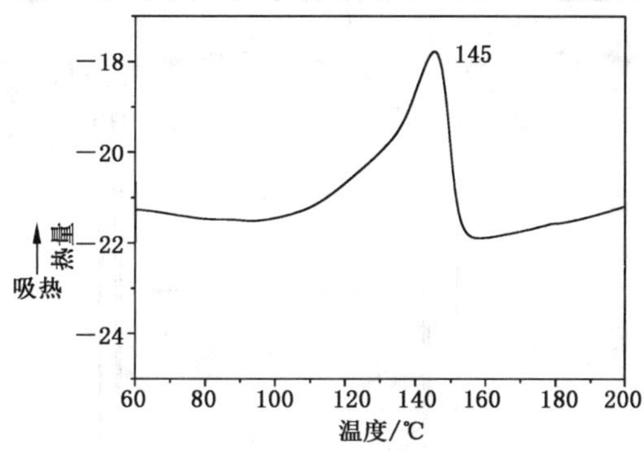

图 D.1　PP-R 管材、管件样品的 DSC 曲线图

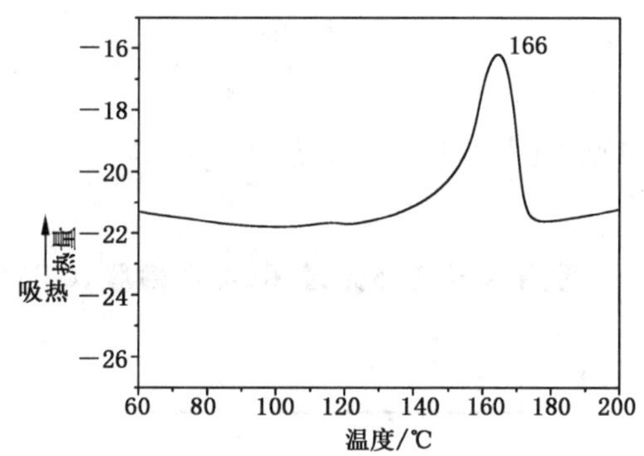

图 D.2　PP-B 管材、管件样品的 DSC 曲线图

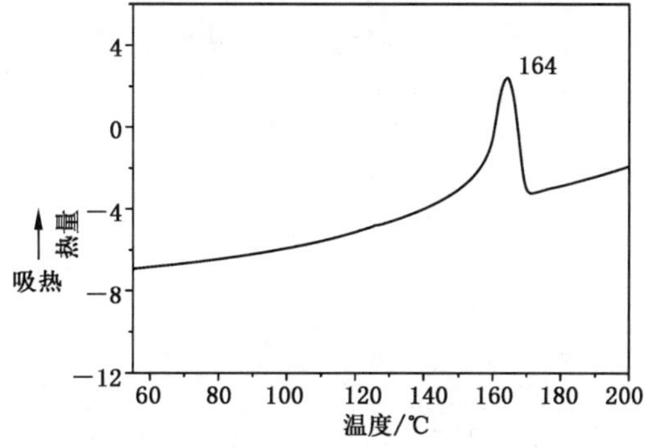

图 D.3　PP-H 管材、管件样品的 DSC 曲线图

附 录 E
(资料性附录)
聚丙烯透射红外光谱图

聚丙烯透射红外光谱图见图 E.1。

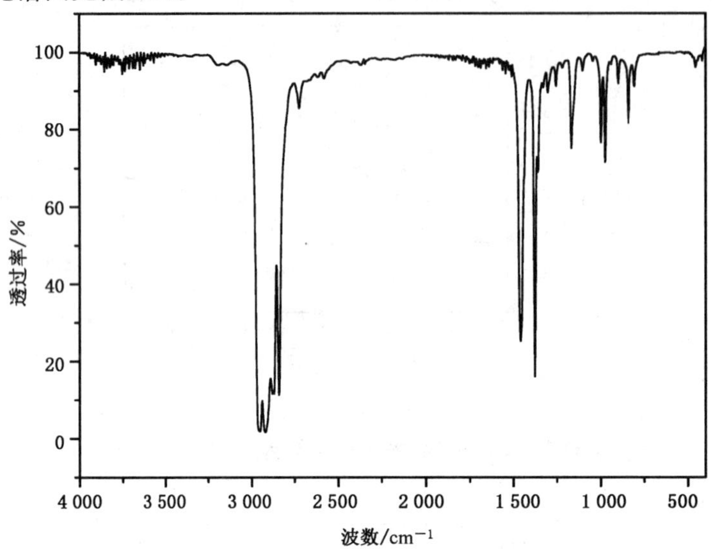

注：聚丙烯的主要特征峰为：1 460 cm^{-1}、1 380 cm^{-1}、1 168 cm^{-1}、998 cm^{-1}、974 cm^{-1}、899 cm^{-1}、842 cm^{-1}、810 cm^{-1}。

图 E.1 聚丙烯透射红外光谱图(热压薄膜,0.014 mm)

ICS 83.080.20
G 31

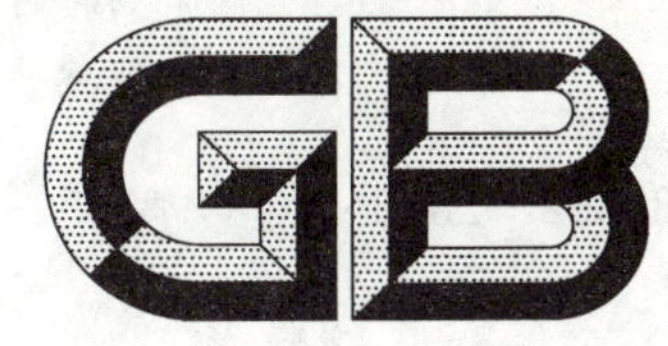

中华人民共和国国家标准

GB/T 32682—2016

塑料 聚乙烯环境应力开裂(ESC)的测定 全缺口蠕变试验(FNCT)

Plastics—Determination of environment stress cracking (ESC) of polyethylene—Full-notch creep test (FNCT)

(ISO 16770:2004,MOD)

2016-06-14 发布 2017-01-01 实施

中华人民共和国国家质量监督检验检疫总局
中国国家标准化管理委员会 发布

前　言

本标准按照 GB/T 1.1—2009 给出的规则起草。

本标准使用重新起草法修改采用 ISO 16770:2004《塑料　聚乙烯环境应力开裂(ESC)的测定　全缺口蠕变试验(FNCT)》(英文版)。

本标准与 ISO 16770:2004 相比,在结构上增加了一个附录(附录 B)。

本标准与 ISO 16770:2004 的技术性差异及其原因如下:

——增加了图注,说明此图所示夹具间距离对应长度 100 mm 的试样(见 5.1 图 2),与标准中规定相一致;

——更改了本标准列举的试剂,将 ISO 16770 中列举的试剂作为注(见 6.1),以适应国内使用试剂的实际情况;

——删除了试剂溶液在试验温度下具体的老化时间,将 ISO 16770 规定的老化时间作为注(见 6.1),以满足不同温度下的使用;

——增加了采用不溢式模具压塑试片的要求(见 7.2),以使标准规定更加明确;

——删除了热带地区试样状态调节的要求(见 7.4),以符合我国实际地区分布状况;

——将 ISO 16770:2004 重复性和再现性作为资料性附录 B。

本标准做了下列编辑性修改:

——修改了图 3 中缺口位置;

——将附录 B 中每个应力重复试样数量修改为 4 个。

本标准由中国石油化工集团公司提出。

本标准由全国塑料标准化技术委员会石化塑料树脂产品分技术委员会(SAC/TC 15/SC 1)归口。

本标准负责起草单位:中国石油化工股份有限公司北京燕山分公司树脂应用研究所。

本标准参加起草单位:承德市金建检测仪器有限公司、中国石油化工股份有限公司北京化工研究院、北京华塑晨光科技有限责任公司。

本标准主要起草人:王晓丽、陈宏愿、任雨峰、孙佳文、郑慧琴、苗翠霞、刘欢胜、于洋、申英、黄鹤柳。

塑料　聚乙烯环境应力开裂(ESC)的测定　全缺口蠕变试验(FNCT)

1　范围

本标准规定了在环境试剂中测定聚乙烯(PE)材料耐应力开裂性能的试验方法。该试验在压塑试片或制品上切取带缺口试样，将试样浸入保持在规定温度的环境试剂，如表面活性剂溶液中，并施以静态拉伸载荷，测定破坏时间。

本标准适用于评价聚乙烯材料，也适用于评价危险物/化学品等侵蚀性环境对聚乙烯挤出件，如管段、聚乙烯熔接件以及聚乙烯吹塑容器等的影响，其他热塑性材料，如聚丙烯(PP)也可参照使用。

注：制品在加工时的应力/取向可能会对结果产生影响。

2　规范性引用文件

下列文件对于本文件的应用是必不可少的。凡是注日期的引用文件，仅注日期的版本适用于本文件。凡是不注日期的引用文件，其最新版本(包括所有的修改单)适用于本文件。

ISO 2818　塑料　用机加工法制备试样(Plastics—Preparation of test specimens by machining)

3　术语和定义

下列术语和定义适用于本文件。

3.1

破坏　failure

试样两部分完全分离。

注：本标准已对破坏断面进行简述，见3.2和3.3。更多信息可在文献中得到，见参考文献。

3.2

脆性破坏　brittle failure

断面显示出无肉眼可见的永久性材料形变，如延展、伸长或颈缩，见图1 a)。

注：韧性较大的材料断面中心处可能形成拉伸韧带，见图1 b)。

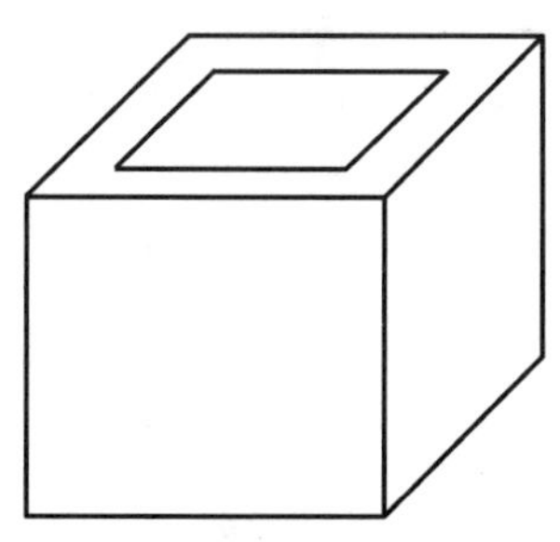

a)　脆性破坏(无形变)

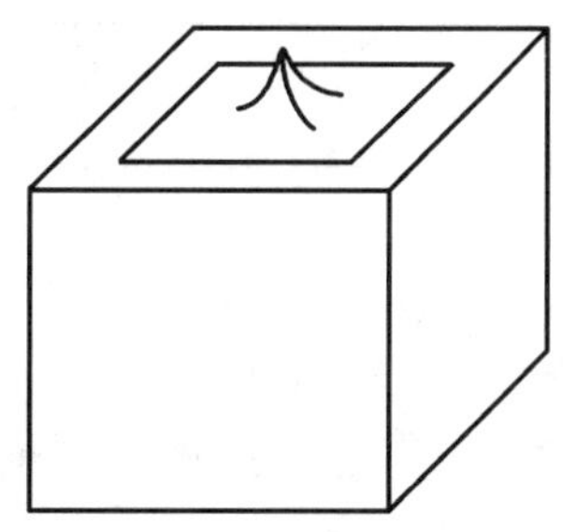

b)　脆性破坏(中心形成拉伸韧带)

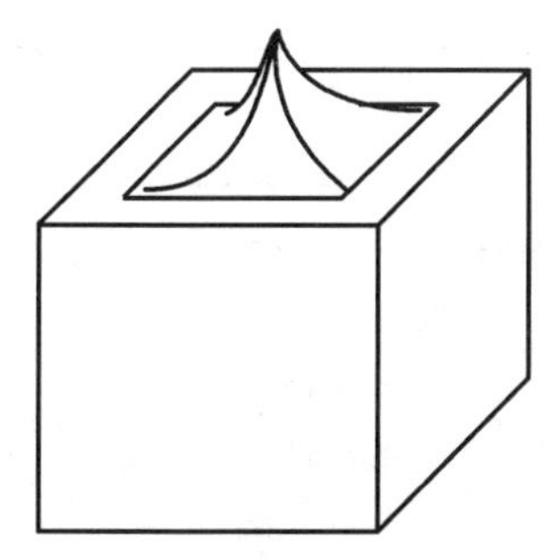

c)　韧性破坏

图1　破坏断面

3.3

韧性破坏 ductile failure

断面清晰可见由于延展、伸长和颈缩造成的永久性材料形变,见图 1 c)。

3.4

韧带区 ligament area

铣制缺口后的剩余横截面区域。

4 原理

在空气、水或表面活性剂等介质的控温环境中,对一方形截面的长条试样施加静态拉伸载荷,试样中部四面刻有共平面的缺口。试样尺寸应使试样在合适的拉伸载荷和温度条件下得到平面应变状态,并发生脆性破坏。记录加载后脆性破坏时间。

5 仪器

5.1 加荷装置

合适的加荷装置是臂长比为 4∶1～10∶1 的杠杆加荷机构,典型示例见图 2。杠杆臂长比 R 等于 L_1/L_2。当杠杆与试样上部夹具和砝码盘组装后,杠杆应水平,即平衡。

单位为毫米

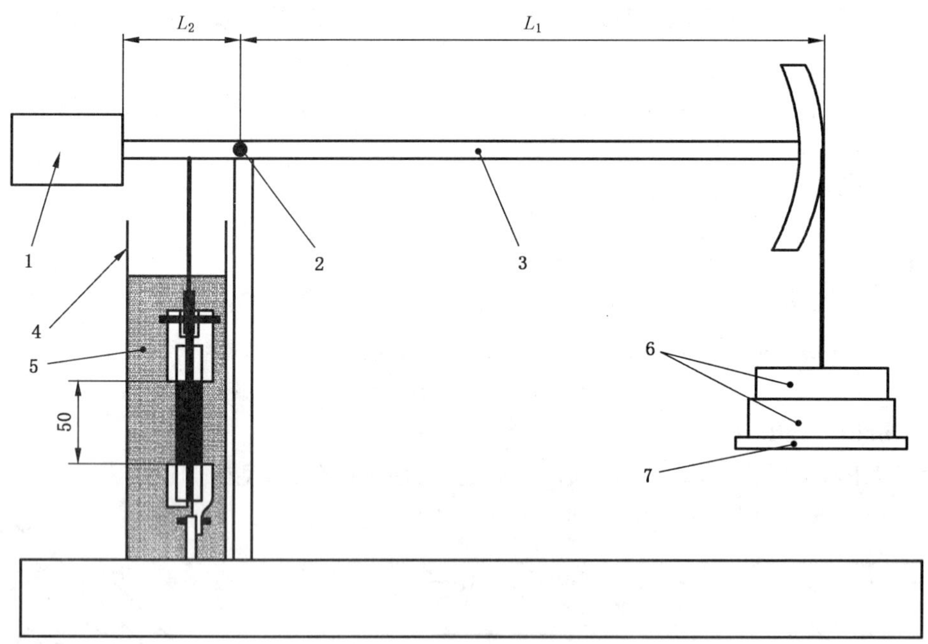

说明:

1——配重;
2——低摩擦辊轴;
3——平衡杠杆;
4——环境试剂槽;
5——环境试剂;
6——砝码;
7——砝码盘。

注 1:L_1/L_2 表示杠杆臂长比。

注 2:图中所示夹具间距离 50 mm 对应长度 100 mm 的试样。

图 2 加荷装置

试样夹具的设计应防止试样滑动并确保载荷沿试样轴向传递，如通过低摩擦连接，防止试样在试验中弯曲和扭转。典型的试样夹具装配图见图 3。

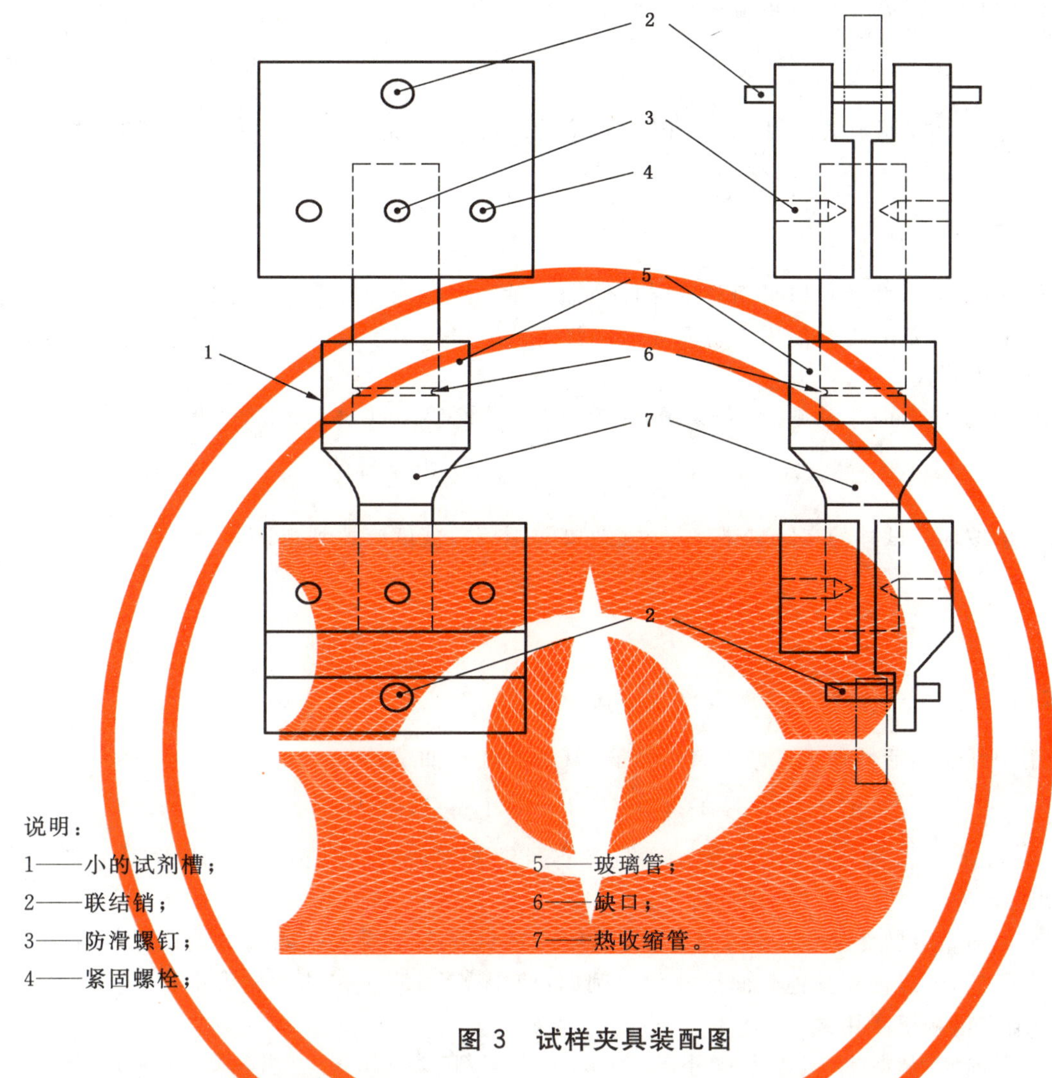

说明：

1——小的试剂槽；
2——联结销；
3——防滑螺钉；
4——紧固螺栓；
5——玻璃管；
6——缺口；
7——热收缩管。

图 3　试样夹具装配图

除上述例子外，施加拉伸载荷可直接使用静载荷、气动驱动载荷或其他能产生恒定载荷的任何方法。加荷装置精度应达到加荷的±1%。ISO 6252 中的平衡加荷装置的使用效果较好。

由于所施加载荷是一个关键参数，因此应对仪器的运行和校准作定期检查。杠杆加荷机构的校准可通过在杠杆的试样端挂上已知质量的系列荷重（或电子测力计），测量平衡时杠杆臂加砝码端的标准砝码荷重。前后荷重之比提供了杠杆臂长比的直接测量值，进而检查仪器的荷载准确度情况。

在多个试样试验中，当一个或多个试样破坏后，应注意避免对剩余试样的干扰。

注： 测量试样伸长或杠杆臂运动能提供有用的信息。缺口破裂初始时，试样伸长速率将变快，破坏即将来临时，此速率会迅速变大。

5.2　恒温控制槽

恒温控制槽用来盛装环境试剂，并确保试样的缺口部分浸入试剂。控制槽材料应与环境试剂无相互影响。环境试剂的温度应控制在规定试验温度的±1.0 ℃以内。如果试验环境具有侵蚀性，控制槽可以很小，见图 3。

如果试剂溶液的浊点比试验温度低，将产生相分离，因此要求试剂保持适度的层流以确保分散的一致性，也就是确保恒温浴中任何位置温度都是相同的。

5.3 温度测量装置

可使用经校准的精度为±0.1 ℃的温度计、热电偶或热敏电阻。

5.4 记时器

夹具位移过度增大表明试样发生破坏，记时器应自动显示或记录这一时间点。记时器精度为±1 min。

5.5 缺口加工设备

该设备应使缺口共面，并使缺口平面与试样拉伸轴向垂直。同时，应使缺口位于试样的中心位置。缺口尖端半径应小于 10 μm，推荐使用剃刀刀片。只要能使缺口尖端半径小于 10 μm，也可使用带有类似拉削工具的切割设备。

注：使用类似于 GB/T 21461.2—2008 图 B.1 所示的具有合适尺寸的装置，可以达到满意的效果。

5.6 显微镜

用来精确测量破坏后试样的实际韧带区尺寸(缺口间距离)，精度应达到±100 μm。

6 环境试剂

6.1 表面活性剂

本标准使用中性表面活性剂壬基酚聚氧乙烯醚，其化学通式如下：

$$C_9H_{19}-\langle\bigcirc\rangle-O-(CH_2-CH_2-O)_n-H$$

n 可以为 10 或 11。试剂可在高温下试验并且具有足够的侵蚀性可以在合理的时间内产生破坏。n 为 11 的试剂比 n 为 10 的试剂破坏时间短。

用去离子水按质量分数 2%配制足够量的溶液，以保证试样全部浸入。如果相关产品标准中有规定或相关方协商一致，可以使用其他表面活性剂。例如：使用 TX-10，应在试验报告中指明溶液浓度和规格，因为试验结果依赖于所用试剂。

注 1：试剂对 PE 的影响依据材料密度不同而不同。对于 LDPE，试剂的影响比单独使用水或空气作为介质更大。

注 2：ISO 16770 中列举的使用试剂为 Igepal CO630。

使用某些新配制的溶液试验可能产生不稳定的结果。因此，溶液应在试验温度下“老化”以保证醇基团转化为酸基团，以改进试验结果的重现性。溶液可能继续老化，建议使用 2 500 h 后检验。用已知材料的试样在溶液中试验可验证溶液活性是否改变。

注 3：ISO 16770 中规定“老化”14 天，不同试剂老化时间可能不同。

6.2 其他环境试剂

本标准适用于用其他化学试剂(包括蒸馏水)对聚乙烯试样进行比较试验。试验报告中应包括试剂的组成、浓度、所用化学品的生产商以及聚乙烯的命名等详细信息。在较高温度下，特别是在 80 ℃以上，由于吸收、发生化学反应，或聚乙烯本身结晶的变化，试验结果可能受到影响，试验中应予以考虑。

7 试样制备

7.1 试样尺寸

典型的试样尺寸参见附录 A。如果使用其他试样，韧带区面积应约为试样横截面积的 50%，见

图 4,以此确保试样可按预期的状态发生破坏。哑铃型试样比较易于夹持,但要求缺口两侧的窄部平行部分长度至少为 15 mm。相同聚乙烯材料使用不同尺寸试样试验,会产生不同结果。仅当使用相同尺寸的试样及试样制备方法时,材料间比较才是有效的。

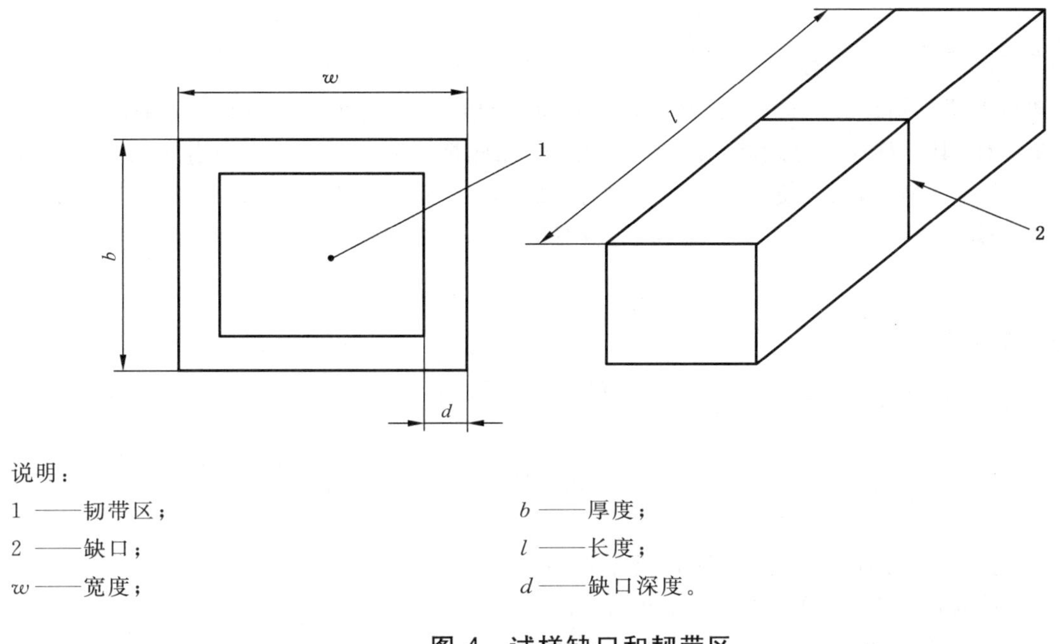

说明:

1 ——韧带区;
2 ——缺口;
w ——宽度;
b ——厚度;
l ——长度;
d ——缺口深度。

图 4 试样缺口和韧带区

7.2 试样制备

除制品试验外,应从压塑试片上制备试样,压塑试片采用不溢式模具进行。GB/T 1845.2、GB/T 21461.2 及 GB/T 9352 给出了压塑和冷却的一般条件,较厚试片的压塑条件见表 1。不同压塑条件对试验结果有影响。压片后至少放置 24 h,再按 ISO 2818 的规定从压塑试片上机加工切取试样,并修理掉试样边棱处的任何残余切屑。制品试验时,按 ISO 2818 的规定从挤出或模塑的制品上切取试样,更多细节应参见相关产品标准。

表 1 试片压塑条件

厚度 mm	模塑温度 ℃	平均冷却速率 ℃/min	脱模温度 ℃	全压压力 MPa	全压时间 min	预热压力 MPa	预热时间 min
6	180	15±2	≤40 ℃	5	10	接触	20
10	180	2±0.5	≤40 ℃	10	25	接触	45

如果试验材料为粉料,压塑试片之前应进行压延或混合。此时应确保材料的热稳定性。

7.3 缺口的铣制

在室温下铣制缺口。操作中应注意避免使用过高的速度或力造成缺口钝化,钝化的缺口可使试验结果失效。如果使用刀片,则每片刀片可铣制缺口不超过 100 个。无论使用何种装置铣制缺口,缺口深度偏差应不大于 0.1 mm。

注:使用显微镜能够检查缺口的完整性。

7.4 试样的状态调节

缺口试样应存放在 23 ℃±2 ℃环境中。在其他温度下试验时,试样安装后,加载前,应在试验温度的环境试剂中调节 10 h±2 h。

8 试验步骤

8.1 应力和温度的选择

对于已知材料或已知种类的材料，从附录 A 中选择使试样发生脆性破坏的参考应力和温度。一组试验至少 4 个试样，其标称应力分别高于或低于选定值，以此抵消缺口铣制过程中引入的韧带区面积偏差。例如，选定应力 9 MPa，试验使用的标称应力为 8.25 MPa、8.75 MPa、9.25 MPa 和 9.75 MPa。

对于未知的聚乙烯材料，绘制出某一温度下、较宽应力范围内的性能曲线是有用的。典型曲线示例见图 5。

8.2 试验载荷的计算

试验载荷按式(1)计算：

$$M=\frac{A_n\sigma}{9.81R} \qquad \cdots\cdots(1)$$

式中：

M ——试验载荷所用砝码的质量，单位为千克(kg)；

A_n ——标称韧带区面积，单位为平方毫米(mm^2)；

σ ——标称应力，单位为兆帕(MPa)；

R ——杠杆臂长比(静态载荷，该值为 1)；

9.81——质量(kg)与载荷(N)间的换算系数。

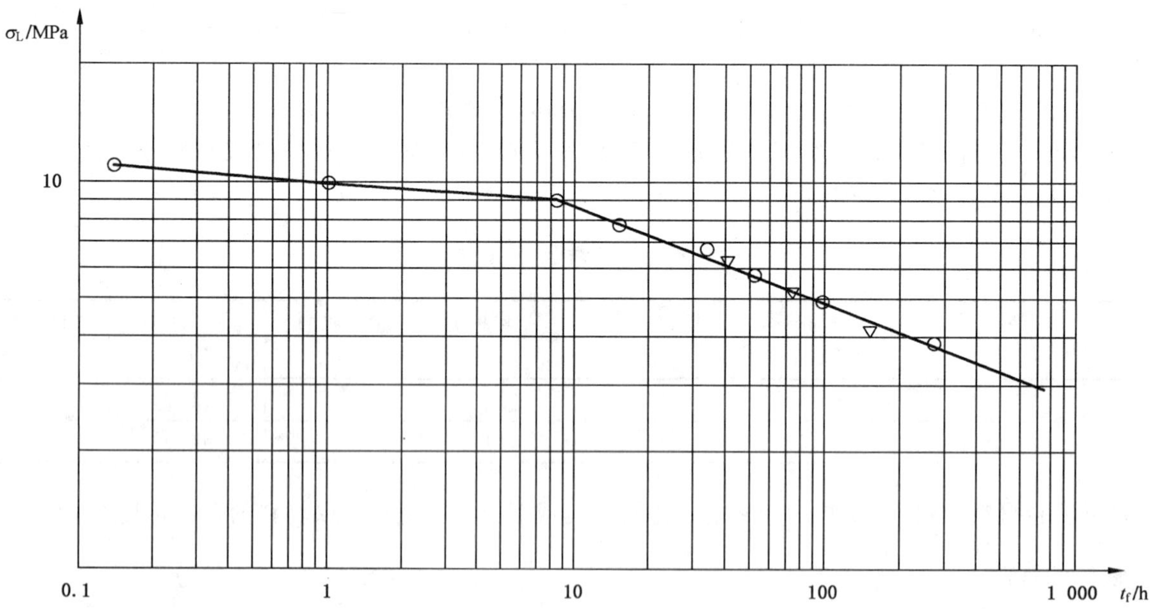

说明：

○——拉削缺口；

▽——刀片压制缺口。

图 5 典型的应力/破坏时间曲线

8.3 试样载荷施加

将缺口试样置于杠杆加荷装置的夹具中(见图2和图3),注意避免试样弯曲或扭转。夹具间距离为试样长度的一半,并且使缺口平面位于两夹具中间。将试样浸入环境试剂中,确保缺口部分与环境试剂相接触,并按7.4状态调节。状态调节后,将计算出的载荷逐渐加到杠杆臂上,避免对试样产生冲击载荷。同时开启计时器记时。

如果试样是从制品上切取的,可能因含有内应力而使试样略微弯曲。可参见具体的产品标准以获得更多指导。

注:较低的试验温度将延长试样破坏时间。较高温度将缩短破坏时间,但如使用过高的温度,结晶将有变化,并且可能发生氧化老化。使用不同的环境试剂时,应使用相同的温度。

8.4 结果计算

检查每一试样的破坏断面,确保为脆性破坏(见图1)。使用行程式显微镜测量韧带区尺寸,计算韧带区面积。

实际应力按式(2)计算:

$$\sigma_L = \frac{9.81RM}{A_L} \qquad \cdots\cdots(2)$$

式中:

σ_L ——实际应力,单位为兆帕(MPa);

R ——杠杆臂长比(静态载荷,该值为1);

M ——试验载荷,所用砝码的质量,单位为千克(kg);

A_L——实际韧带区面积,单位为平方毫米(mm^2)。

以实际应力对相应的破坏时间作图,数据拟合按式(3)的幂律曲线形式进行,并由此计算 C 和 n。参考应力 σ_{ref}(见附录A)下的破坏时间再按式(3)计算:

$$t_f = C(\sigma_L)^n \qquad \cdots\cdots(3)$$

式中:

t_f ——破坏时间,单位为小时(h);

σ_L ——实际应力,单位为兆帕(MPa);

C 和 n ——常数。

或者,以实际应力对相应的破坏时间作双对数图,数据拟合按式(4)的直线形式进行,并由此计算 A 和 B。参考应力 σ_{ref} 下的破坏时间再按式(4)计算,由 $\lg t_f$ 的反对数给出:

$$\lg t_f = A\lg\sigma_L + B \qquad \cdots\cdots(4)$$

式中:

t_f ——破坏时间,单位为小时(h);

σ_L ——实际应力,单位为兆帕(MPa);

A 和 B——常数。

9 精密度

本标准暂无重复性和再现性。

ISO 16770:2004 的重复性和再现性参见附录B。

10 试验报告

试验报告应包括以下内容:

a） 注明参照本标准；

b） 试验材料的全部详细信息，如生产商，产品数据等；

c） 试样的全部详细信息，如从压塑试片、管材或模塑件上切取；

d） 附录 A 中规定的试样尺寸；

e） 缺口制备的方法，如刀片压制或拉削方法；

f） 环境试剂的详细信息；

g） 环境试剂的温度和浓度；

h） 以韧带区面积计算的实际应力；

i） 破坏时间或当未发生破坏时已经历的试验时间；

j） 任何偏离本标准规定方法的情况，如模塑条件；

k） 试验开始和结束的日期、时间。

附 录 A
（资料性附录）
试样尺寸和试剂

A.1 表面活性剂

可以使用符合 6.1 要求的任何合适的产品，如 Arkopal N110(n=11)。

A.2 试样尺寸和试验条件

试样 A 和 B(见表 A.1)适用于具有非常高的耐应力开裂性的聚乙烯材料，如压力管材和管件用材料。95 ℃下不会总发生完全脆性破坏，应注意在结果中阐明。表 A.2 给出了一些预期的破坏时间范围。经验表明横截面积小于 6 mm×6 mm 的试样太小以至于不能得到低 ESC 材料的平面应变状态，因而得不到脆性破坏模式。

表 A.1 试样尺寸和试验条件

试样	试样尺寸 (长×宽×厚) mm (偏差：±0.2 mm)	缺口深度 mm	参考应力 MPa	温度 ℃
A	100×10×10	1.60	4.5	95
B	100×10×10	1.60	4.00 或 6.00	80
C	90×6×6	1.00	9.00	50
D	90×6×6	1.00	12.00	23
E	100×10×4	1.60	3.5	80
F	100×10×4	1.60	9.0	50
G	100×10×4	1.60	12.0	23

表 A.2 预期的破坏时间范围

应用	试样	破坏时间范围 h
管材	A 或 B	10～1 000
模塑料	C 或 F	5～100
模塑料	D、E 或 G	5～50

附 录 B
（资料性附录）
ISO 16770:2004 的重复性和再现性

因为尚未获得实验室间的试验数据，因此无法得知本试验方法的精密度。已获得的实验室间数据、一个重复性数据见图 B.1。完整的精密度表述将在全部工作完成后，在下次修订中增加。图 B.1 给出的是在 4 个不同应力下，每个应力重复 4 个试样。参考应力 9 MPa 时的破坏时间为 30.5 h，95%置信限为 ±0.5 h。回归线的标准偏差为 1 h。

误差的主要来源是：

a） 施加负荷过快，缺口钝化导致结果无效；

b） 制备的缺口过钝；

c） 缺口不共面；

d） 环境试剂温度误差没有达要求；

e） 环境试剂老化或没有搅动。

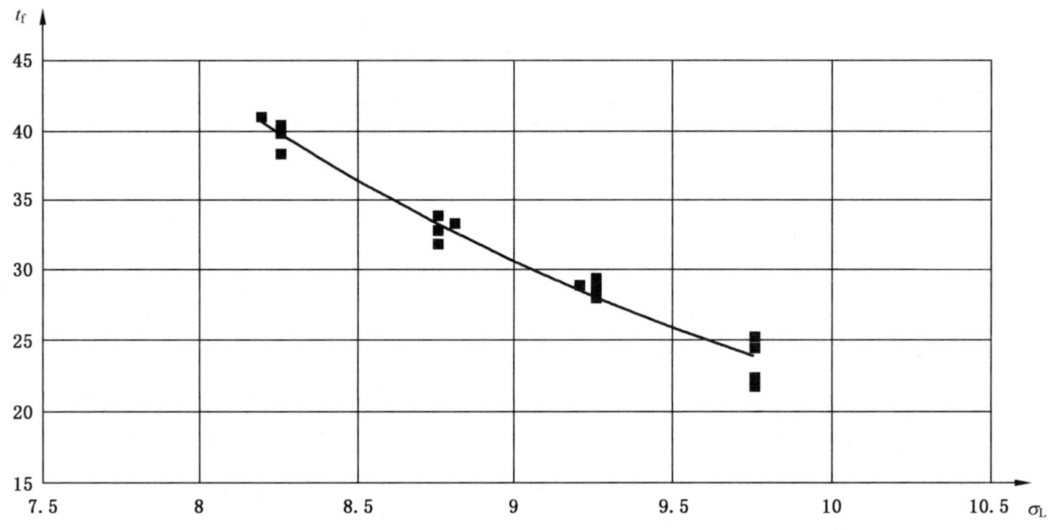

图 B.1 模塑级 PE 在 50 ℃ 2%Arkopal 溶液中数据

参 考 文 献

[1] GB/T 9352 塑料 热塑性塑料材料试样的压塑(ISO 293)

[2] GB/T 1845.1 聚乙烯(PE)模塑和挤出材料 第1部分:命名系统和分类基础(ISO 1872-1)

[3] GB/T 1845.2 塑料 聚乙烯(PE)模塑和挤出材料 第2部分:试样制备和性能测定(ISO 1872-2)

[4] ISO 6252 Plastics—Determination of environmental stress cracking(ESC)—Constant-tensile-stress method

[5] GB/T 21461.1 塑料 超高分子量聚乙烯(PE-UHMW)模塑和挤出材料 第1部分:命名系统和分类基础(ISO 11542-1)

[6] GB/T 21461.2—2008 塑料 超高分子量聚乙烯(PE-UHMW)模塑和挤出材料 第2部分:试样制备和性能测定(ISO 11542-2:1998)

[7] CHAN and WILLIAMS,Polymer,24(1983),p.234

[8] IIMURA,AKIYAMA and KASAHARA,Eleventh Plastic Fuel Gas Pipe Symposium,San Francisco,1989,p.421

[9] LU and BROWN,Journal of Materials Science,25(1990),pp.411-416

[10] WARD,LU,HUANG and BROWN,Polymer,32(1991),p.2172

[11] BEECH,PALMER and BURBAGE,1997 International Pipe Symposium,Lake Buena Vista,USA

[12] DRÈZE and SCHEELEN,International Plastics Pipes Symposium X,Gothenberg,1998

[13] FLEISSNER,Polymer Engineering and Science,38(1998),2,p.334

[14] S.H.BEECH,C.R.FERGUSON and E.Q.CLUTTON,Mechanisms of slow crack growth in PE pipe grades,Plastics Pipes XI,Munich,Germany,September 2001

ICS 83.140.30
G 33

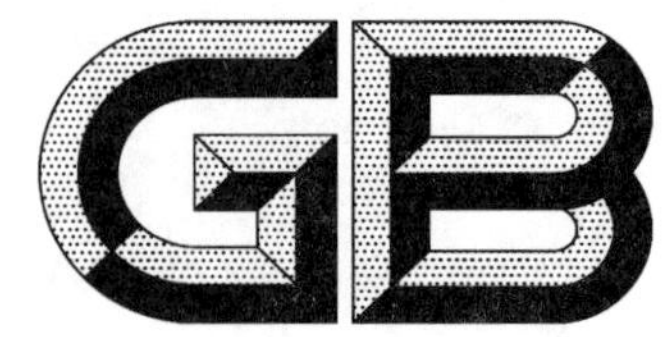

中华人民共和国国家标准

GB/T 33466.1—2016/ISO 18373-1:2007

硬聚氯乙烯管材　差示扫描量热法(DSC)　第1部分:加工温度的测量

Rigid PVC pipes—Differential scanning calorimetry (DSC) method—Part 1:Measurement of the processing temperature

(ISO 18373-1:2007,IDT)

2016-12-30 发布　　2017-07-01 实施

中华人民共和国国家质量监督检验检疫总局
中国国家标准化管理委员会　发布

前　言

GB/T 33466《硬聚氯乙烯管材　差示扫描量热法(DSC)》分为两个部分:

——第1部分:加工温度的测量;

——第2部分:微晶熔融焓的测量。

本部分为GB/T 33466的第1部分。

本部分按照GB/T 1.1—2009给出的规则起草。

本部分使用翻译法等同采用ISO 18373-1:2007《硬聚氯乙烯管材　差示扫描量热法(DSC)　第1部分:加工温度的测量》。

本部分做了下列编辑性修改:

——ISO 18373-1:2007中6.4 d)的单位℃/min错误,已在本部分中更改为mL/min。

本部分由全国质量监管重点产品检验方法标准化技术委员会提出。

本部分由全国质量监管重点产品检验方法标准化技术委员会(SAC/TC 374)、全国塑料制品标准化技术委员会(SAC/TC 48)归口。

本部分起草单位:广州质量监督检测研究院、中检华纳(北京)质量技术中心有限公司、中检联盟(北京)质检技术研究院有限公司、广东联塑科技实业有限公司、永高股份有限公司、德国耐驰仪器制造有限公司、国家高分子工程材料及制品质量监督检验中心(广东)。

本部分主要起草人:潘永红、王万卷、陈伟力、宋科明、何国山、容腾、黄剑、余巧玲、刘志健、曾智强、魏远芳、徐运祺、叶元坚、曹志祥、李晓增、孙秀慧、尹诗衡、杨大中。

引　言

国际上一直在研究硬 PVC 管材生产过程中的 B 峰起始点或最高加工温度的测量方法。这些研究表明使用差示扫描量热法(DSC)测试方法能够满足要求。

该方法包括从管壁取少量样品,然后在 DSC 中加热。通过微弱的吸热峰来检测样品的热历史,从这些数据可以获得 B 峰起始点或最高加工温度。

该技术要求实验员对 DSC 设备和技术有着良好的理解,特别是与 PVC 相关的知识。重要的是新实验员在进行测试之前,必须先熟悉测试设备和测试方法。

以后相关产品标准中可能会加入规定 B 峰起始点或最高加工温度的要求。

该方法也适用于其他类型的挤出型硬质 PVC 产品,但是可能需要不同的取样规则。

硬聚氯乙烯管材　差示扫描量热法(DSC)
第1部分:加工温度的测量

1 范围

GB/T 33466 的本部分规定了一种测量硬聚氯乙烯(PVC)管材样品加工温度的方法。该方法基于使用差示扫描量热法(DSC)来测量样品的热历史。

本部分适用于各种类型的硬 PVC 管材。

2 术语和定义

下列术语和定义适用于本文件。

2.1

基线调平　baseline tilting

调整基线的角度并使其水平。

2.2

曲线放大　curve magnification

放大 A 峰起始点温度和 B 峰起始点温度附近的 DSC 曲线("放大")。

2.3

A 峰起始点　A-onset

表示微晶熔程的起始点。

2.4

B 峰起始点　B-onset

表示最高加工温度 T_p。

2.5

仪器基线　instrumental baseline

测量空样品盘,即扣除背景。

2.6

样品位置　position of sample

产品中的取样部位。

2.7

吹扫气体　purge gas

用于保证惰性氛围的气体。

2.8

重复样品　repeat samples

取自相同位置的样品。

3 原理

DSC 是一种测试 PVC 产品熔融温度的成熟方法(见参考文献[1]和[2])。

该测试方法的优点是能准确评估加工温度，并能测得产品局部区域加工温度的差异。该测试只需要小尺寸的样品，使得操作者能从管材圆周的不同部位取样，因而可测得管壁加工温度的差异。

特征B峰起始点温度的出现是由于熔点等于或高于最高加工温度(T_p)的微晶发生退火，导致熔点的轻微提高，同时熔点等于或低于 T_p 温度的微晶在冷却过程中发生重结晶，其熔点低于 T_p。所以几乎没有熔点刚好在 T_p 温度附近的微晶。

4 设备

4.1 DSC仪器，配有相关软件，已校准。

宜使用至少两种不同的金属来进行仪器校准。应在跟样品分析相同的温度程序和吹扫气体条件下，通过空样品盘和参比盘来获得仪器的基线。

4.2 铝样品盘。

4.3 惰性吹扫气体(如 N_2、Ar等)，至少为工业级纯度。

4.4 分析天平，精度不低于0.01 mg。

4.5 低速锯(见参考文献[3])、刀，或其他在切割样品时不会产生热量或应力的装置。

5 试样及试验的准备

5.1 分别在管材圆周的0°、90°、180°和270°等4个方位的每个方位上取至少4个样品，样品皆取自管壁的芯层。

注：在管壁芯层部位取样是由于管壁芯层的加工温度通常低于管壁内外表面的加工温度，内外表面会受到更大的剪切力。

注意——在交叉瞄准线中心部位取样将会导致结果范围加宽。

5.2 准备(20±10)mg试样，尽可能扩大样品盘和试样的接触面。

注：扩大样品盘和试样的接触面可以减少热流流过DSC温度传感器的热阻，使得峰形更尖锐并提高分辨率。

5.3 为了达到最佳效果，最适宜的试样是薄片状，并置于样品盘底部。试样可通过低速锯、剃刀片或刀方便地切割制备(见4.5)。如果样品很薄，也可使用打孔器或钻木器。

6 试验步骤

6.1 确保DSC仪器已经过校准。

6.2 将试样装入带盖的铝样品盘。

6.3 在测试过程中保证试样不发生移动至关重要。固定试样最常用的方法是用加压机将样品盘盖压实，从而制得一个紧密而又不完全密封的样品盘，避免测试过程中试样在样品盘中发生移动。也可使用其他封盘固定试样的方法。

6.4 设置如下参数，进行试验并记录DSC扫描曲线：

a) 开始温度：(35±15)℃；

b) 结束温度：225 ℃；

c) 升温速率：(20±1)℃/min；

d) 吹扫气体(见4.3)：(20±5)mL/min。

7 结果表示

如需要，使用DSC仪器的放大功能放大曲线的相关部分。通过在DSC曲线上B峰起始点两侧的最大斜率处作切线来确定B峰起始点温度，如图1所示。

注1：一条典型曲线包括在约100 ℃和约200 ℃之间的两个吸热峰，其中B峰起始点温度非常接近地对应着最高加工温度 T_p。热量信号的变化通常非常微弱。示例见图2。

如果在一根管材同一位置(如同样的角度位置)取样测得的3个独立结果之间的差异大于3 ℃，则应进行进更多的测试和/或对仪器进行重新校准。

注2：如果玻璃化转变温度 T_g(通常在70 ℃和80 ℃之间)在几个测试结果之间的差异没有大于3 ℃，则所得的加工温度的差异反映了样品的内部的真实差异。

应舍弃无规律或不规则的扫描曲线。

可能的误差来源参见附录C。

B峰起始点温度和静液压试验破裂时间的关系参见附录D。

注3：DSC曲线的显示可随"放热峰向上"(见图1和图2)"放热峰向下"而有所不同。后者类型的曲线是跟图1和图2是"反转"的。不同表达类型的示例参见附录A。

注4：DSC可检测到某些添加剂的存在，并导致在DSC曲线上出现干扰峰。这些示例参见附录B。

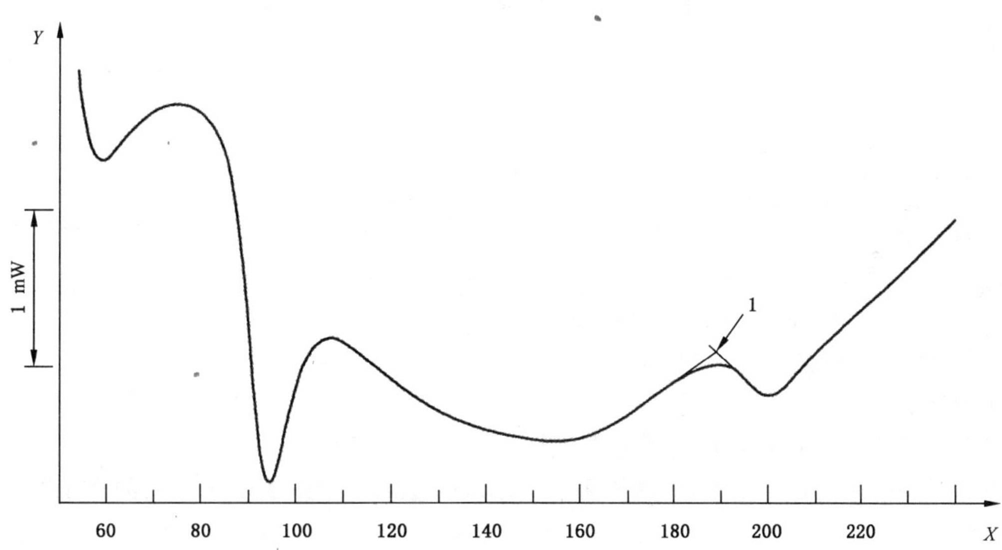

说明：

X ——温度，单位为摄氏度(℃)；

Y ——热流，单位为毫瓦(mW)；

1 ——外推温度188.36 ℃。

图1 放大后的DSC结果曲线

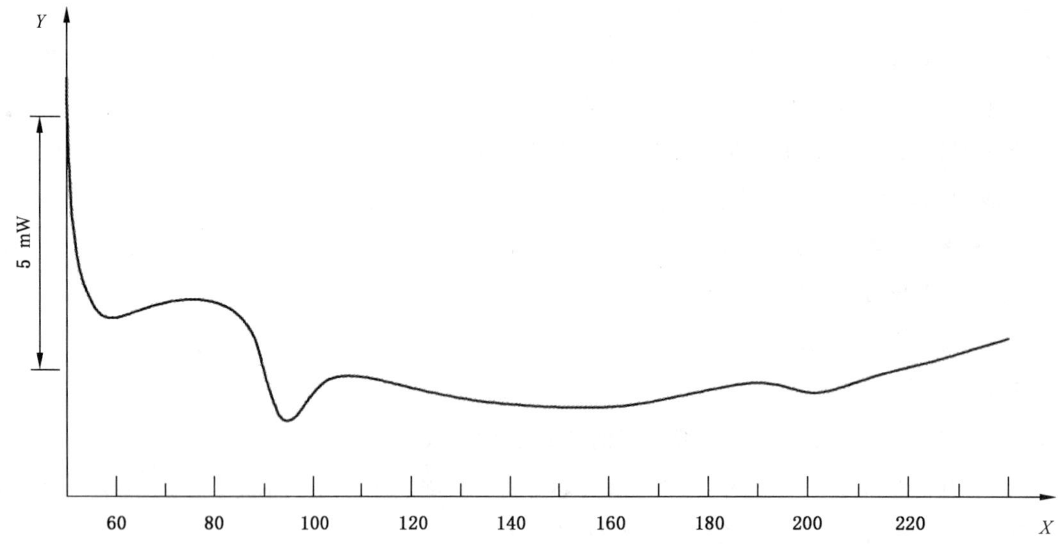

说明:

X ——温度,单位为摄氏度(℃);

Y ——热流,单位为毫瓦(mW)。

图 2　测试 PVC 管材时所得的典型 DSC 曲线

8　试验报告

试验报告应包括以下内容:

a)　注明采用 GB/T 33466 的本部分;

b)　样品编号(如管材的产品编码);

c)　取样部位(如管材圆周 0°、90°、180°和 270°);

d)　B 峰起始点温度的平均值和标准偏差;

e)　所测试试样的数量;

f)　单次扫描所得的 B 峰起始点温度最小值;

g)　可能影响结果的任何因素,例如任何意外、试验干扰或其他本部分未注明的操作细节;

h)　试验日期。

附 录 A
（资料性附录）
DSC 曲线的可能形式

图 A.1 显示了使用“放热峰向下”的仪器时所得的典型曲线；图 A.2 显示了使用“放热峰向上”的仪器时所得的典型曲线。

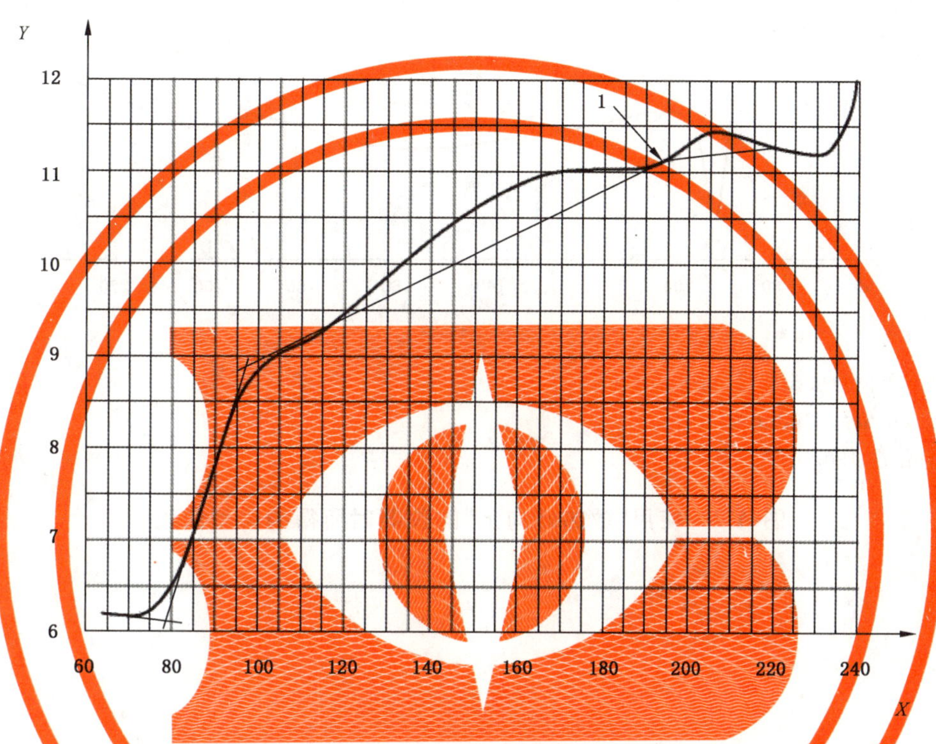

说明：

X ——温度，单位为摄氏度（℃）；

Y ——热流，单位为毫瓦（mW）；

1 ——推算温度 189.40 ℃。

图 A.1 使用“放热峰向下”的仪器时所得的典型曲线

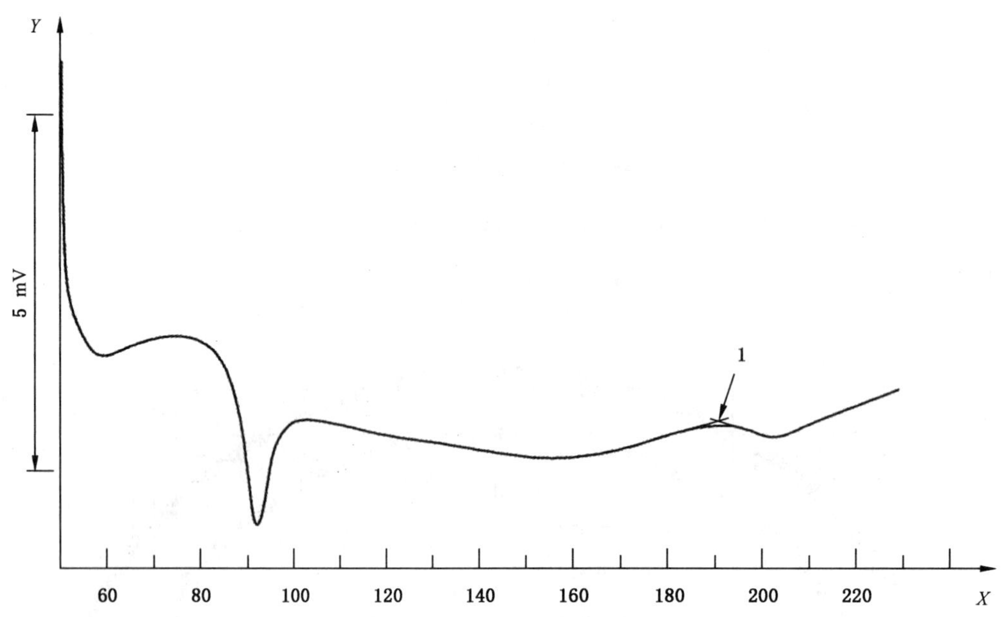

说明：

X ——温度，单位为摄氏度(℃)；

Y ——热流，单位为毫瓦(mW)；

1 ——推算温度 190.91 ℃。

图 A.2 使用“放热峰向上”的仪器时所得的典型曲线

附 录 B
（资料性附录）
由于添加剂的存在而出现干扰峰的示例

图 B.1 显示了由于管材生产过程中使用了氧化 PE 蜡作为润滑剂，导致样品的 DSC 曲线在约 130 ℃处出现一个干扰峰。

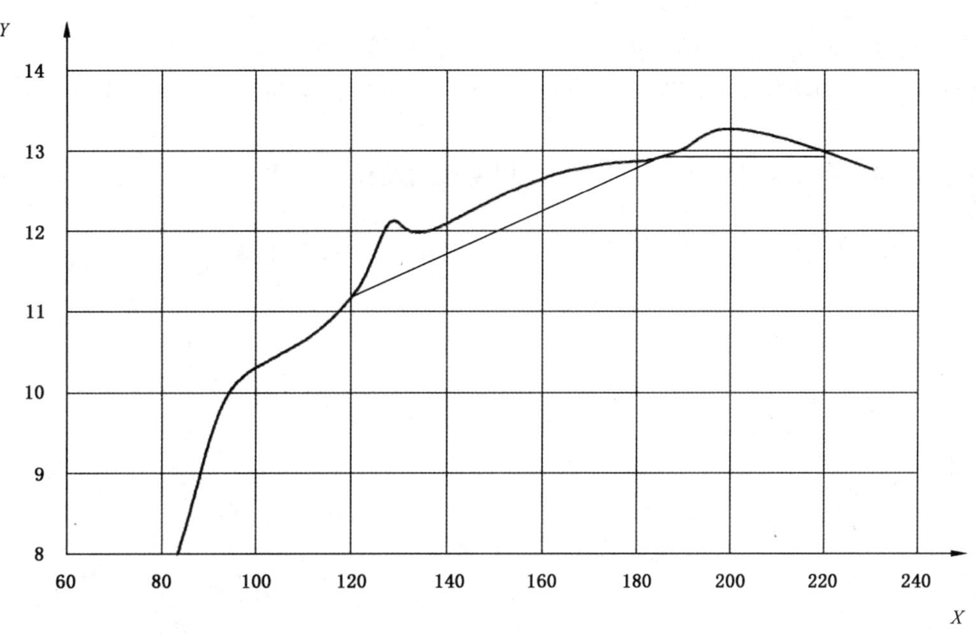

说明：

X ——温度，单位为摄氏度（℃）；

Y ——热流，单位为毫瓦（mW）。

图 B.1 干扰峰示例

附 录 C
（资料性附录）
可能的误差来源

可能的误差来源包括：

a） 由于硬质 PVC 的部分结晶性质而导致的样品不均一性；

b） 测试时样品在样品盘中发生移动；

c） 当样品受热时材料内部的应力释放而掩盖或干扰所得的曲线；

d） 管材中存在的添加剂、发泡剂等物质在接近 B 峰起始点温度时发生的挥发、降解和/或熔化等热行为；

e） 样品制备过程中产生的摩擦热，例如使用高速锯制样。

附 录 D
(资料性附录)
B峰起始点温度与静液压试验破裂时间的关系

图D.1显示了按照ISO 1167-1(见参考文献[4]),在60 ℃和14 MPa环压力下硬PVC管材的测试结果。

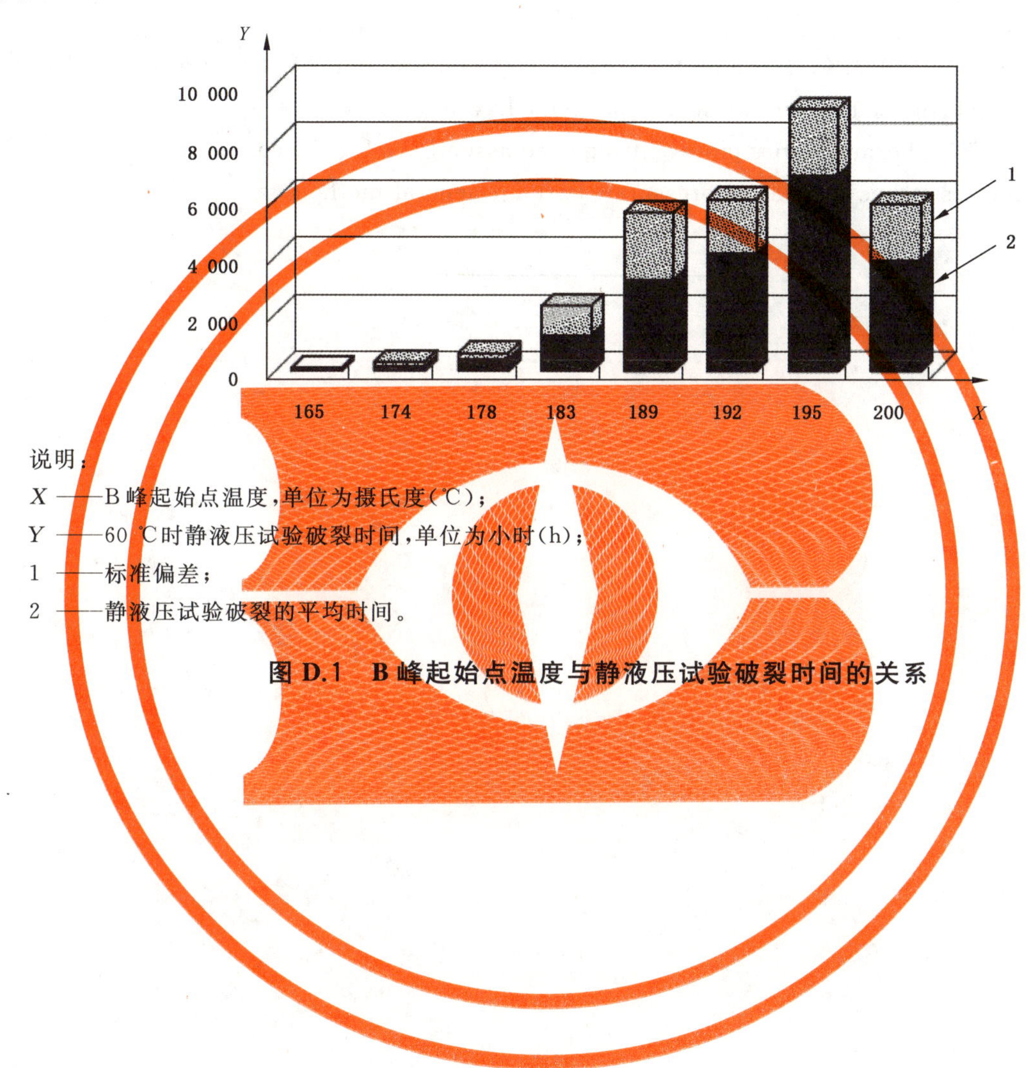

说明:

X ——B峰起始点温度,单位为摄氏度(℃);

Y ——60 ℃时静液压试验破裂时间,单位为小时(h);

1 ——标准偏差;

2 ——静液压试验破裂的平均时间。

图D.1 B峰起始点温度与静液压试验破裂时间的关系

参 考 文 献

[1] GILBERT, M., HEMSLEY, D.A. and MIADONYE, A. Assessment of fusion in PVC compounds. Plastics and Rubber Processing and Applications, 3 (1983) pp. 343-351

[2] FILLOT, L.A., GAUTHIER, C. and HAJJI, P. DSC Technique: a powerful tool to characterise PVC gelation. Proc. of 9th International PVC Conference Brighton 2005, Brighton, April 2005, pp. 425-437

[3] VANSPEYBROECK, P. and DEWILDE, A. Determination of the degree of gelation of PVC-U using a DSC.Annex 1, Proc. Plastics Pipes XII, Baveno, April 2004

[4] ISO 1167-1 Thermoplastics pipes, fittings and assemblies for the conveyance of fluids—Determination of the resistance to internal pressure—Part 1: General method

前　　言

本标准是原国家标准 GB/T 4218—1984《化工用硬聚氯乙烯管材的腐蚀度试验方法》，经由国轻行〔1999〕112 号文发布转化标准编号为 QB/T 3801—1999，内容不变。

本标准由国家轻工业局行业管理司提出。

本标准由轻工业塑料加工应用研究所归口。

本标准由上海化工厂负责起草。

本标准主要起草人：应曰进。

本标准自实施之日起，同时代替原国家标准 GB/T 4218—1984《化工用硬聚氯乙烯管材的腐蚀度试验方法》。

中华人民共和国轻工行业标准

化工用硬聚氯乙烯管材的腐蚀度试验方法

QB/T 3801—1999

代替 GB/T 4218—1984

Test method of corrosion on the unplasticized polyvinyl chloride (PVC) pipes for chemical industry

---

本方法是将试样浸入保持一定温度的腐蚀介质中,经过一定时间后,测定其重量的变化并计算单位表面积的重量变化值。

1 试样及预处理

1.1 试样尺寸见表。

毫米

管材外径	样品尺寸
<25	管段长度为 50
25~50	管段长度为 25
≥60	取弧宽为 25,长为 50

1.2 试样必须符合 GB 4219—84《化工用硬聚氯乙烯管材》中的外观质量要求。

1.3 取管材试样四组,每组三块,试样加工表面应光滑。

1.4 试样用酒精擦净,放入干燥器中干燥,干燥时间不少于 2 小时。称重并做好标记。

1.5 计算表面积 S(毫米^2)(弧形按弧形面积计算):

a. 管材外径小于 60 毫米

$$S=2\pi(D-\delta)(h+\delta) \qquad \cdots\cdots(1)$$

b. 管材外径大于 60 毫米

$$S=2[(h\times b)+(h\times\delta)+(b\times\delta)] \qquad \cdots\cdots(2)$$

式中:h ——试样长(高)度,毫米;

D——试样外径,毫米;

δ ——试样平均壁厚,毫米;

b ——试样宽度,毫米。

2 试验设备和腐蚀介质

2.1 分析天平:能称准至 0.000 1 克。

2.2 量具:能测到 0.05 毫米的游标卡尺。

2.3 容器:适用于样品浸渍化学试剂的密闭容器,并应与腐蚀介质不起化学作用,容器的口必须密封,以确保腐蚀介质浓度的稳定。

2.4 恒温水浴:温度波动不大于±2 ℃。

2.5 腐蚀介质:

国家轻工业局 1999-04-21 批准　　　　1999-04-21 实施

a. HCl 溶液:浓度为 28～32%;

b. H_2SO_4 溶液:浓度为 28～32%;

c. HNO_3 溶液:浓度为 38～42%;

d. NaOH 溶液:浓度为 38～42%。

注:其他腐蚀介质的种类、浓度、指标,可根据使用情况由供需双方另行确定。腐蚀介质须用试剂和蒸馏水配制,浓度为重量百分浓度。

3 试验条件

3.1 腐蚀介质温度:60±2℃。

3.2 浸渍于腐蚀介质的时间:5 小时。

4 试验步骤

4.1 称重预处理过的试样,并测量试样的尺寸。

4.2 每组试样分别全部浸入 60±2 ℃的腐蚀介质中,然后密封容器,以防腐蚀介质浓度的变化。

4.3 浸渍 5 小时后取出试样,用清水冲洗干净,再用布或滤纸吸干表面水分,放入干燥器中,干燥时间不少于 2 小时,然后称重。

5 试验结果

腐蚀度 A(克/米²)按式(3)计算

$$A=\frac{G-G_0}{S} \quad \cdots\cdots(3)$$

式中:G ——试样腐蚀后的重量,克;

G_0——试样腐蚀前的重量,克;

S ——试样表面积,米²。

试验结果以每组试样绝对值的算术平均值表示,取二位有效数字。

ICS 83.140.30
分类号:G 33
备案号:58764—2017

中华人民共和国轻工行业标准

QB/T 5101—2017

塑料管材耐磨损性试验方法

Test method for abrasion resistance of plastics pipes

2017-04-12 发布　　　　2017-10-01 实施

中华人民共和国工业和信息化部　发布

前　言

本标准按照 GB/T 1.1—2009 给出的规则起草。

本标准由中国轻工业联合会提出。

本标准由全国塑料制品标准化技术委员会(SAC/TC 48)归口。

本标准起草单位:承德市金建检测仪器有限公司、四川鑫成新材料有限公司、北京工商大学、浙江伟星新型建材股份有限公司、上海化工研究院、山东科力新材料有限公司、中国电建集团装备研究院有限公司。

本标准主要起草人:张香玲、陈晓梅、谢建玲、项爱民、陆国强、沈贤婷、齐宏岗、操梅芳。

本标准为首次发布。

塑料管材耐磨损性试验方法

1 范围

本标准规定了以砾石/水混合物为磨损介质的塑料管材(以下简称“管材”)耐磨损性试验方法。

本标准适用于热塑性和热固性塑料管材耐磨损性能的评价。

本标准也适用于改性塑料管材以及多层复合塑料管材等耐磨损性能的评价。

2 规范性引用文件

下列文件对于本文件的应用是必不可少的。凡是注日期的引用文件,仅所注日期的版本适用于本文件。凡是不注日期的引用文件,其最新版本(包括所有的修改单)适用于本文件。

GB/T 1033.1—2008 塑料 非泡沫塑料密度的测定 第1部分:浸渍法、液体比重瓶法和滴定法

GB/T 2918—1998 塑料试样状态调节和试验的标准环境

GB/T 19278—2003 热塑性塑料管材、管件及阀门通用术语及其定义

3 术语和定义

GB/T 19278—2003 界定的以及下列术语和定义适用于本文件。

3.1

耐磨损性 abrasion resistance

材料耐受运动的固/液混合物机械作用对管材试样表面产生磨损的能力。

3.2

质量磨损量 mass abrasion value

Δm

试样磨损后减少的质量值。

3.3

体积磨损量 volume abrasion value

ΔV

试样磨损后减少的体积值。

3.4

壁厚磨损量 wall thickness abrasion value

Δe

试样磨损后减少的壁厚值。

3.5

摇摆周期 rolling period

T

试样在管材耐磨损性试验机上,轴向从0°到−22.5°,再到+22.5°,然后回到0°的过程,记为1个摇摆周期次数。

4 符号、代号

下列符号、代号适用于本文件。

e_{em}：磨损前平均壁厚

e_{emi}：磨损第 i 次后平均剩余壁厚

e_y：任一点壁厚

m_0：管材试样初始质量

m_i：第 i 个 10 万次摇摆周期磨损后试样剩余质量

Δe_i：第 i 个 10 万次摇摆周期磨损后的壁厚磨损量

Δm_i：第 i 个 10 万次摇摆周期磨损后的质量磨损量

ΔV_i：第 i 个 10 万次摇摆周期磨损后的体积磨损量

5 原理

把准备好的磨损介质放入一端封好的管材中，再密封另一端。将该管材固定到管材耐磨损性试验机上，使管材在轴向做角度为±22.5°的正弦式的往复倾斜动作，测试磨损介质的运动对管材内表面产生的磨损量。原理见图 1。

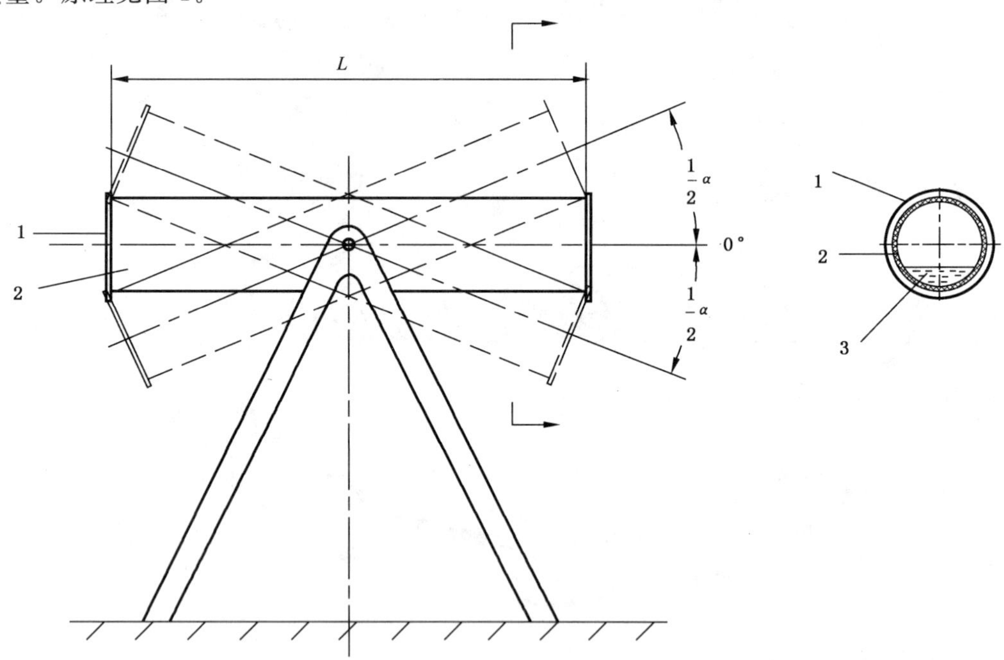

说明：

1——端封；

2——试样；

3——磨损介质：砾石和水的混合物；

L——管材长度；

α——摇摆角度：45°(－22.5°到＋22.5°)。

图 1 管材耐磨损性试验原理图

6 设备和材料

6.1 设备

6.1.1 管材耐磨损性试验机

管材耐磨损性试验机由摇摆机构、试样固定装置、计数器、端封等组成。管材耐磨损性试验机应完成－22.5°到＋22.5°的正弦式的往复倾斜动作。

端封的端面应为平面，与管材轴向垂直，且与试样端面紧密接触，避免磨损介质过多的滞留于端部。

6.1.2 壁厚测量仪

分辨力不小于 0.01 mm，能测量管材任一点壁厚的仪器。

6.1.3 衡器

根据不同质量范围选取适当的衡器称量。量程小于等于 5 kg 的衡器，分度值为 0.1 g；量程大于 5 kg的衡器，分度值为 1 g。

6.1.4 标准筛

标准筛，筛孔尺寸见表 1。

6.2 磨损介质

6.2.1 磨损介质应采用天然的、未破碎的砾石和水的混合物。砾石规格及质量配比见表 1。

注：磨损介质宜取自河滩的砾石。

表 1 标准筛筛孔尺寸、砾石规格及质量配比

筛孔尺寸/mm	砾石规格/mm	砾石质量配比/%
31.5	＞32	0
16.0	16～32	20
8.0	8～16	18
4.0	4～8	15
1.5	2～4	47

6.2.2 磨损介质的加入量见表 2。质量误差为±0.01 kg。

表 2 磨损介质的加入量

试样公称外径/mm	砾石质量/kg	水的质量/kg
110	2.80	1.20
140	3.10	1.30
160	3.50	1.50
200	4.00	1.70
250	4.50	1.90

表 2（续）

试样公称外径/mm	砾石质量/kg	水的质量/kg
315	5.50	2.30
400	5.80	2.50
500	6.50	2.80

7 试样

从试验管材上截取长度 L 为(1 000±10) mm 的试样至少 2 根，试样两端面应平整，与轴向垂直，便于用端封封堵。

8 试验程序

8.1 试样状态调节和试验环境

将试样用清水冲洗干净，按照 GB/T 2918—1998 的要求在温度为(23±2)℃，相对湿度不大于 50% 的环境下状态调节至少 24 h，自然晾干。并在此温度、湿度下进行试验。

8.2 试验步骤

8.2.1 将试样放在天平或其他衡器上称量，并记录为 m_0。

注：用于测量试样质量磨损量和体积磨损量时的初始质量，仅进行壁厚磨损量测量时可不进行此步质量测量。

8.2.2 在试样外壁沿纵向进行画线标记，用壁厚测量仪沿该标线连续测试或每隔 10 mm 测量管材的壁厚 e_y，测量长度不包括试样两端 150 mm 的范围，计算所有测量值的平均值 e_{em}。

注：此步骤仅用于测量试样壁厚磨损量时初始壁厚的测量。

8.2.3 将第 7 章制备管材试样时切下的碎片，剪切至 10 mm×10 mm 左右样块，经状态调节后，按 GB/T 1033.1—2008 测定密度。

注：此步骤仅用于计算试样体积磨损量时。

8.2.4 按 6.2.1 表 1 的规定，分别采用不同筛孔尺寸的标准筛筛分砾石。

8.2.5 按 6.2.2 表 2 的规定，根据管材试样公称外径，称量磨损介质。

8.2.6 用端封封住试样的一端，把准备好的磨损介质从另一端加入到试样中，再密封另一端。

8.2.7 将两端密封的管材试样固定到管材耐磨损性试验机上。使 9.2.3 标记的 1 面位于正下方。

8.2.8 启动试验机，使其以(20±1)次/min 的频率连续往复摇摆。

8.2.9 将经过 10 万次摇摆后的试样取下，按 8.1 对管材进行状态调节，然后按 8.2.1 称量试样质量 m_i 或按 8.2.2 测量试样壁厚 e_{emi}，记录数据。

8.2.10 按 8.2.4～8.2.8 进行第 2 个 10 万次摇摆的磨损试验。每 10 万次摇摆后重复步骤 8.2.4～8.2.8，直至万次 100 万次摇摆的磨损试验。

注 1：试验过程及聚乙烯管材与超高分子量聚乙烯管材的对比数据参见附录 A。

注 2：亦可进行更多次数，如 200 万次、300 万次甚至更高磨损次数的试验。

9 结果表示

9.1 质量磨损量

第 i 个 10 万次摇摆周期后的质量磨损量 Δm_i，按公式(1)计算，以克(g)表示：

$$\Delta m_i = m_0 - m_i \quad \cdots\cdots(1)$$

式中：

Δm_i ——第 i 个 10 万次摇摆周期后的质量磨损量，单位为克(g)；

m_0 ——管材试样初始质量，单位为克(g)；

mi ——第 i 个 10 万次摇摆周期后管材试样剩余质量，单位为克(g)；

i ——1～10 中的数，当 $i=1$ 时表示摇摆 10 万次，$i=10$ 表示累计摇摆 100 万次。

所得结果保留 3 位有效数字。

9.2 体积磨损量

第 i 个 10 万次摇摆周期后的体积磨损量 ΔV_i，按公式(2)计算，以立方厘米(cm^3)表示：

$$\Delta V_i = \frac{\Delta m_i}{\rho} \quad \cdots\cdots(2)$$

式中：

ΔV_i ——第 i 个 10 万次摇摆周期后的体积磨损量，单位为立方厘米(cm^3)；

ρ ——管材密度，单位为克每立方厘米(g/cm^3)。

i ——1～10 中的数，当 $i=1$ 时表示摇摆 10 万次，$i=10$ 表示累计摇摆 100 万次。

所得结果保留 3 位有效数字。

9.3 壁厚磨损量

第 i 个 10 万次摇摆周期后的壁厚磨损量 Δe_i，按公式(3)计算，以毫米(mm)表示：

$$\Delta e_i = e_{em} - e_{emi} \quad \cdots\cdots(3)$$

式中：

Δe_i ——第 i 个 10 万次摇摆周期后的壁厚磨损量，单位为毫米(mm)；

e_{em} ——磨损前平均壁厚，单位为毫米(mm)；

e_{emi} ——第 i 个 10 万次摇摆周期后的平均剩余壁厚，单位为毫米(mm)；

i ——1～10 中的数，当 $i=1$ 时表示摇摆 10 万次，$i=10$ 表示累计摇摆 100 万次。

所得结果保留两位小数。

9.4 平均磨损量

取至少 2 根同批次管材试样进行试验，其平均磨损量为两根试验管材第 i 个 10 万次摇摆后的磨损量的算术平均值。所得结果保留 3 位有效数字，壁厚磨损量的算术平均值保留 2 位小数。

9.5 重做试验

如果所测得两个试样的结果偏差大于 10%，应重做试验。

10 试验报告

试验报告应包括以下内容：

a） 试验材料的描述，包括制造商、型号、批号、材质等；
b） 注明参照本标准；
c） 试样规格，公称外径，公称壁厚；
d） 试样数量；
e） 磨损介质；
f） 试样干燥方法、条件；
g） 摇摆频率；
h） 质量磨损量和/或体积磨损量和/或壁厚磨损量，注明单个值及算术平均值；
i） 与规定程序的任何偏差；
j） 在试验过程中观测到的任何异常现象；
k） 试验机构名称；
l） 试验日期。

附 录 A
（资料性附录）
试验过程及聚乙烯管材与超高分子量聚乙烯管材对比数据的示例

A.1 为对比不同材质的管材耐磨损性能，使用同一台管材耐磨损性试验机，对超高分子量聚乙烯管材和聚乙烯管材各两根样品，分别进行了累积 100 万次摇摆的耐磨损性试验。质量磨损量和壁厚磨损量的测量结果分别见图 A.1 和图 A.2。

A.2 按照表 1 的要求，筛取磨损介质，并分别放置，做好标记，如图 A.1 所示。

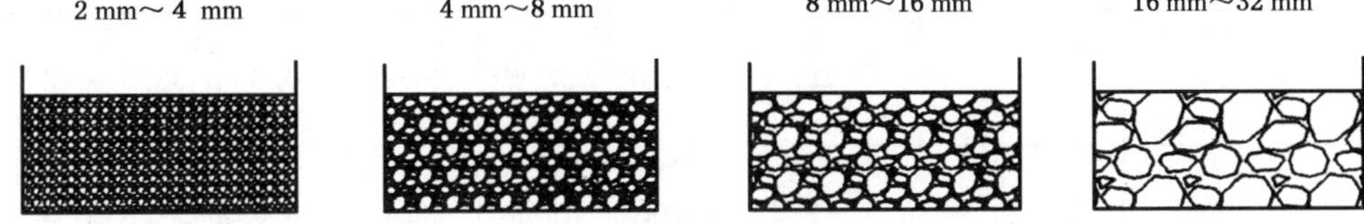

图 A.1 磨损介质筛取

A.3 截取两根外径 160 mm，长 1 000 mm 的超高分子量聚乙烯管材，管材要求干燥、清洁。

A.4 沿管材轴向粘贴直尺，作为壁厚测量的标记点，如图 A.2 所示。

单位为毫米

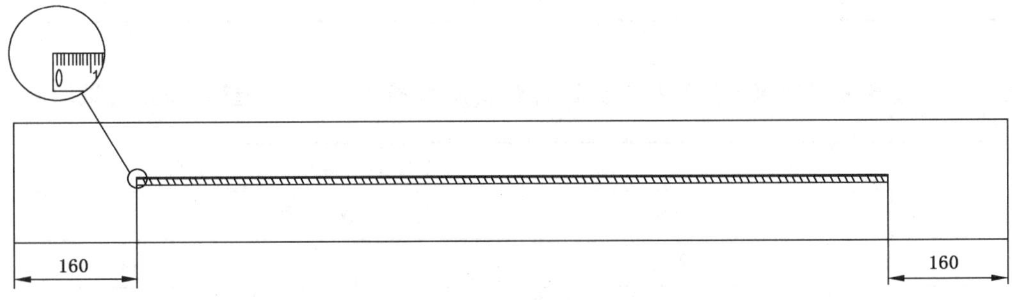

图 A.2 管材磨损处标记

A.5 将两根管材分别进行质量称量，记录初始质量 m_0，或用壁厚测量仪沿直尺每 10 mm 测量一点壁厚，并记录。计算平均值 e_{em}，如图 A.3 所示。

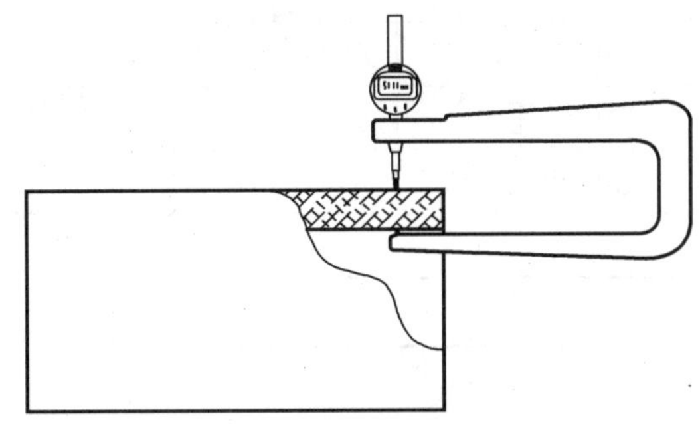

图 A.3 管材壁厚测量示例

A.6 按照表 A.1 和表 A.2 的配比要求对磨损介质进行混合。

A.7 将两根管材的一端用端封密封，然后倒入混合好的磨损介质，将管材的另一端也密封好。

A.8 将密封好的两根管材放置到管材耐磨损性试验机上，设定摇摆周期为 10 万次，启动试验。摇摆 10 万次结束后，将管材冲洗干净，干燥。

A.9 称量管材磨损后的剩余质量和/或测量剩余壁厚,并记录数据。

A.10 将管材重新装入磨损介质,再放到管材耐磨损性试验机上进行试验,每10万次清洗、称量、记录数据、更换磨损介质,直至完成100万次的磨损试验。

A.11 计算两根管材磨损100万次后的平均磨损量,并作出试验报告。

表 A.1 超高分子量聚乙烯管材与聚乙烯管材耐磨损性试验——质量磨损量试验数据

管材类型	管材公称外径 d_n/mm	质量磨损量/g 摇摆次数/万次									
		10	20	30	40	50	60	70	80	90	100
超高分子量聚乙烯管材1	160	4.10	8.80	12.7	15.5	22.0	25.8	30.6	33.5	37.6	40.6
超高分子量聚乙烯管材2	160	3.80	8.40	12.3	14.7	19.9	23.1	28.7	31.6	35.6	38.3
算术平均值	160	3.95	8.60	12.50	15.1	20.9	24.4	29.6	32.5	36.6	39.4
聚乙烯管材1	160	8.00	16.3	24.6	33.2	40.2	48.0	57.7	64.3	72.3	80.2
聚乙烯管材2	160	7.90	15.8	24.4	31.6	39.6	47.0	56.0	62.6	70.5	78.2
算术平均值	160	7.95	16.0	24.5	32.4	39.9	47.5	56.8	63.4	71.4	79.2

表 A.2 超高分子量聚乙烯管材与聚乙烯管材耐磨损性试验——壁厚磨损量试验数据

管材类型	管材公称外径 d_n/mm	壁厚磨损量/mm 摇摆次数/万次									
		10	20	30	40	50	60	70	80	90	100
超高分子量聚乙烯管材1	160	0.05	0.13	0.20	0.26	0.35	0.42	0.48	0.52	0.58	0.65
超高分子量聚乙烯管材2	160	0.07	0.14	0.19	0.25	0.32	0.36	0.42	0.49	0.55	0.61
算术平均值	160	0.06	0.13	0.19	0.25	0.33	0.39	0.45	0.50	0.56	0.63
聚乙烯管材1	160	0.12	0.27	0.40	0.54	0.68	0.82	0.94	1.08	1.23	1.37
聚乙烯管材2	160	0.13	0.27	0.39	0.53	0.68	0.81	0.93	1.07	1.19	1.35
算术平均值	160	0.12	0.27	0.39	0.53	0.68	0.81	0.93	1.07	1.21	1.36

GB/T 1033.3—2010	塑料 非泡沫塑料密度的测定 第3部分:气体比重瓶法
GB/T 1843—2008	塑料 悬臂梁冲击强度的测定
GB/T 1632.5—2008	塑料 使用毛细管粘度计测定聚合物稀溶液粘度 第5部分:热塑性均聚和共聚型聚酯(TP)
GB/T 2035—2008	塑料术语及定义
GB/T 2407—2008	塑料 硬质塑料小试样与炽热棒接触时燃烧特性的测定
GB/T 2793—1995	胶粘剂不挥发物含量的测定
GB/T 2794—2013	胶粘剂粘度的测定 单圆筒旋转粘度计法
GB/T 2412—2008	塑料 聚丙烯(PP)和丙烯共聚物热塑性塑料等规指数的测定
GB/T 2828.1—2012	计数抽样检验程序 第1部分:按接收质量限(AQL)检索的逐批检验抽样计划
GB/T 2828.4—2008	计数抽样检验程序 第4部分:声称质量水平的评定程序
GB/T 2828.10—2010	计数抽样检验程序 第10部分:GB T 2828计数抽样检验系列标准导则
GB/T 2829—2002	周期检查计数抽样程序及抽样表(适用于生产过程稳定性的检查)
GB/T 3960—2016	塑料 滑动摩擦磨损试验方法
GB/T 5349—2005	纤维增强热固性塑料管轴向拉伸性能试验方法
GB/T 5350—2005	纤维增强热固性塑料管轴向压缩性能试验方法
GB/T 5351—2005	纤维增强热固性塑料管短时水压失效压力试验方法
GB/T 5352—2005	纤维增强热固性塑料管平行板外载性能试验方法
GB/T 5470—2008	塑料 冲击法脆化温度的测定
GB/T 7123.1—2015	多组分胶粘剂可操作时间的测定
GB/T 7123.2—2002	胶粘剂贮存期的测定
GB/T 7142—2002	塑料长期热暴露后时间——温度极限的测定
GB/T 8323.1—2008	塑料 烟生成 第1部分:烟密度试验方法导则
GB/T 8323.2—2008	塑料 烟生成 第2部分:单室法测定烟密度试验方法
GB/T 8324—2008	塑料 模塑材料体积系数的测定
GB/T 9343—2008	塑料燃烧性能试验方法 闪燃温度和自燃温度的测定
GB/T 10294—2008	绝缘材料稳态热阻及有关特性的测定 防护热板法
GB/T 10297—2015	非金属固体材料导热系数的测定热线法
GB/T 11546.1—2008	塑料 蠕变性能的测定 第1部分:拉伸蠕变

GB/T 11998—1989	塑料玻璃化温度测定方法　热机械分析法
GB/T 14486—2008	塑料模塑塑料件尺寸公差
GB/T 15047—1994	塑料扭转刚性试验方法
GB/T 15662—1995	导电、防静电塑料体积电阻率测试方法
GB/T 15738—2008	导电和抗静电纤维增强塑料电阻率试验方法
GB/T 16422.1—2006	塑料　实验室光源暴露试验方法　第1部分:总则
GB/T 16422.2—2014	塑料　实验室光源暴露试验方法　第2部分:氙弧灯
GB/T 16422.3—2014	塑料　实验室光源暴露试验方法　第3部分:荧光紫外灯
GB/T 16422.4—2014	塑料　实验室光源暴露试验方法　第4部分:开放式碳弧灯
GB/T 16582—2008	塑料　用毛细管法和偏光显微镜法测定部分结晶聚合物熔融行为(熔融温度或熔融范围
GB/T 21060—2007	塑料流动性的测定
GB/T 32376—2015	纤维增强复合材料弹性常数测试方法
GB/T 32377—2015	纤维增强复合材料动态冲击剪切性能试验方法
GB/T 32378—2015	玻璃纤维增强热固性塑料(GRP)管　湿态环境下长期极限弯曲应变和长期极限相对环变形
GB/T 32434—2015	塑料管材和管件　燃气和给水输配系统用聚乙烯(PE)管材及管件的热熔对接程序
GB/T 32683.1—2016	塑料　用落球黏度计测定黏度　第1部分:斜管法
GB/T 33047.1—2016	塑料　聚合物热重法(TG)　第1部分:通则
GB/T 33061.1—2016	塑料　动态力学性能的测定　第1部分:通则
QB/T 2591—2003	抗菌塑料　抗菌性能试验方法和抗菌效果
QB/T 2669—2004	泡沫塑料吸水性试验方法
QB/T 2854—2007	塑料土工格栅蠕变试验和评价方法
GB/T 1041—2008	塑料　压缩性能的测定